新工科自动化国家级特色专业系列教材

指导委员会

XG新工科 自动化国家级特色专业系列教材

石油和化工行业“十四五”规划教材

浙江省普通本科高校“十四五”重点教材

浙江省自动化学会优秀教材奖特等奖

自动控制原理

第二版

ZIDONG
KONGZHI
YUANLI

孙优贤 王 慧 宋春跃 等编著

 化学工业出版社

· 北 京 ·

内容简介

《自动控制原理》（第二版）共分九章。第一章概述自动控制系统的基本概念以及发展的历程；第二章较为全面地描述控制系统各单元的微分方程、传递函数、方块图、状态空间等形式不一的数学模型和模型之间的关系；第三章讨论如何获取控制系统的时域响应和时域性能指标，着重分析二阶系统的特点；第四章说明系统的稳定性与稳态误差；第五章与第六章分别给出根轨迹与频率特性两种图解分析方法；第七章则将连续时间控制系统分析与综合的方法推广应用到线性离散时间控制系统；第八章阐述基于状态空间模型的线性系统理论基础；第九章简单介绍非线性系统的基本概念、相平面分析法与描述函数法的基本知识。

本书立足自动控制的基础理论与概念，注意到知识的完整性与系统性。因此，不仅可作为自动化类、电气类、电子信息类相关专业本科生、研究生相应课程的教材，而且还可以作为广大从事自动控制人员教学、科研的参考书。

图书在版编目（CIP）数据

自动控制原理/孙优贤等编著．—2 版．—北京：化学工业出版社，2023.2（2024.9重印）
新工科自动化国家级特色专业系列教材
ISBN 978-7-122-42524-9

Ⅰ．①自…　Ⅱ．①孙…　Ⅲ．①自动控制理论-高等学校-教材　Ⅳ．①TP13

中国版本图书馆 CIP 数据核字（2022）第 208778 号

责任编辑：唐旭华　郝英华　　装帧设计：史利平
责任校对：田睿涵

出版发行：化学工业出版社（北京市东城区青年湖南街 13 号　邮政编码 100011）
印　　装：大厂回族自治县聚鑫印刷有限责任公司
880mm×1230mm　1/16　印张 24¾　字数 824 千字　2024 年 9 月北京第 2 版第 3 次印刷

购书咨询：010-64518888　　售后服务：010-64518899
网　　址：http：//www.cip.com.cn
凡购买本书，如有缺损质量问题，本社销售中心负责调换。

定　　价：89.00 元

总　序

随着工业化、信息化进程的不断加快，“以信息化带动工业化、以工业化促进信息化”已成为推动我国工业产业可持续发展、建立现代产业体系的战略举措，自动化正是承载两化融合乃至社会发展的核心。 自动化既是工业化发展的技术支撑和根本保障，也是信息化发展的主要载体和发展目标，自动化的发展和应用水平在很大意义上成为一个国家和社会现代工业文明的重要标志之一。 从传统的化工、炼油、冶金、制药、电力等产业，到能源、材料、环境、航天、国防等新兴战略发展领域，社会发展的各个方面均和自动化息息相关，自动化无处不在。

本系列教材是在建设浙江大学自动化国家级一流本科专业、国家级特色专业的过程中，围绕新工科自动化人才培养目标，针对新时期自动化专业的知识体系，为培养新一代的自动化创新人才而编写的，体现了在新工科专业建设过程中的一些新思考与新成果。

浙江大学控制科学与工程学院自动化专业在人才培养方面有着悠久的历史，其前身是浙江大学于 1956 年创立的化工自动化专业，这也是我国第一个化工自动化专业。 1961 年该专业开始培养研究生，1981 年以浙江大学化工自动化专业为基础建立的“工业自动化”学科点，被国务院学位委员会批准为首批博士学位授予点，1988 年被原国家教委批准为国家重点学科，1989 年确定为博士后流动站，同年成立了工业控制技术国家重点实验室，1992 年原国家计委批准成立了工业自动化国家工程研究中心，2007 年启动了由国家教育部和国家外专局资助的高等学校学科创新引智计划（“111”引智计划），2013 年由国家发改委批准成立了工业控制系统安全技术国家工程实验室，2016 年由国家科技部批准成立流程生产质量优化与控制国家级国际联合研究中心，2017 年控制科学与工程学科入选国家“双一流”建设学科，同年在教育部第四轮学科评估中获评“A+”学科，2020 年由教育部认定为国家级一流本科专业建设点。 经过 50 多年的传承和发展，浙江大学自动化专业建立了完整的高等教育人才培养体系，沉积了深厚的文化底蕴，其高层次人才培养的整体实力在国内外享有盛誉。

作为知识传播和文化传承的重要载体，浙江大学自动化专业一贯重视教材的建设工作，历史上曾经出版过一系列优秀的教材和著作，对我国的自动化及相关专业的人才培养起到了引领作用。 近年来，以新技术、新业态、新模式、新产业为代表的新经济蓬勃发展，对工程科技人才提出了更高要求，迫切需要加快工程教育改革创新。 教育部积极推进新工科建设，发布了《关于开展新工科研究与实践的通知》《关于推进新工科研究与实践项目的通知》，全力探索形成领跑全球工程教育的中国模式、中国经验，助力高等教育强国建设。 大力开展新工科专业建设、加强新工科人才培养是高等教育新时期的主要指导方针。 浙江大学自动化专业正是在教育部“加快建设新工科、实施卓越工程师教育培养计划 2.0”相关精神的指导下，以“一体两翼、创新驱动”为特色对新工科自动化专业的培养主线、知识体系和培养模式进行重新调整和优化，对传统核心课程的教学内容进行了新工科化改造，并新增多门智能自动化和创新实践类课程，突出了对学生创新能力和实践能力的培养，力求做到理论和实践相结合，知识目标和能力目标相统一，使该系列教材能和研讨式、探究式教学方法和手段相适应。

本系列教材涉及范围包括自动控制原理、控制工程、传感与检测、计算机控制、智能控制、人工智能、建模与仿真、系统工程、工业互联网、自动化综合创新实验等方面，所有成果都是在传承老一辈教育家智慧的基础上，结合当前的社会需求，经过长期的教学实践积累形成的。

大部分已出版教材和其前身在我国自动化及相关专业的培养中都具有较大的影响，其中既有国家“九五”重点教材，也有国家“十五”“十一五”“十二五”规划教材，多数教材或其前身曾获得过国家级教学成果奖或省部级优秀教材奖。

本系列教材主要面向控制科学与工程、计算机科学和技术、航空航天工程、电气工程、能源工程、化学工程、冶金工程、机械工程等学科和专业有关的高年级本科生和研究生，以及工作于相应领域和部门的科学工作者和工程技术人员。我希望，这套教材既能为在校本科生和研究生的知识拓展提供学习参考，也能为广大科技工作者的知识更新提供指导帮助。

本系列教材的出版得到了很多国内知名学者和专家的悉心指导和帮助，在此我代表系列教材的作者向他们表示诚挚的谢意。同时要感谢使用本系列教材的广大教师、学生和科技工作者的热情支持，并热忱欢迎提出批评和意见。

2022 年 10 月

前　言

自动控制原理是国内外各高校自动化及相关专业最重要的专业基础课，本书吸取了国内外同类教材的优点，抓住自动控制理论中最基础的知识点组织编写，比较全面地介绍包括经典控制与现代控制的理论与应用的理论基础与基本原理。

全书共分九章，第一章概述自动控制系统的基本概念以及发展的历程；第二章从具体的物理系统入手，较为全面地推导控制系统各单元的微分方程、传递函数、方块图、状态空间等不同的模型形式，以及模型之间的关系；第三章介绍如何获取控制系统的时域响应，着重分析二阶系统与高阶系统的特点，求取系统的时域性能指标；由于控制系统设计中的稳定性非常重要，因此将系统的稳定性与稳态误差计算单独设立在第四章中介绍；作为经典控制理论中的重要组成部分，第五章与第六章分别介绍根轨迹与频率特性两种图解分析方法；第七章将连续时间控制系统分析与综合的方法应用于线性离散时间控制系统，如数学模型、时域分析、稳定性分析等；而基于状态空间模型的现代控制理论中的线性系统理论如能控性、能观性的分析，状态反馈与状态观测器的设计等在第八章得到阐述；虽然本书的着眼点是线性时不变系统，但作为知识的扩展，第九章简单介绍非线性系统的基本概念、基本的相平面分析法与描述函数法。本书在 2011 年出版的《自动控制原理》的基础上修订而成。在原书的框架下，针对原书各章中不那么准确或不妥的文字与内容均做了仔细的修订，在删去一部分放在教材中不合适或已经过时的内容的同时，也少量地增加了一些内容，如第七章中的“网络控制系统”一节。

本书既深入浅出、较为全面地介绍自动控制系统的基本概念、控制理论基础、控制系统的分析与综合方法，又突出经典控制理论与现代控制理论的发展演变以及它们自然融会贯通的重点，使读者在了解半个多世纪来控制理论的发展的基础上，从科学方法论的高度上掌握系统与连贯的知识，提高分析问题与解决问题的能力，从而可以从更全面更客观的视角认识世界。

由于本书立足自动控制的基础理论与概念，注意到知识的完整性与系统性。因此，本书不仅可作为自动化类、电气类、电子信息类相关专业本科生、研究生相应课程的教材，而且还可以作为广大从事自动控制人员教学、科研的参考书。为方便教学，本书配套的电子教案可免费提供给采用本书作为教材的院校使用，如有需要可登录 www.cipedu.com.cn 注册后下载。本书配套有《自动控制原理学习辅导——知识精粹、习题详解、考研真题》(第二版)，欢迎选用。

本次修订由孙优贤院士、王慧教授、宋春跃教授主编。其中王慧教授负责第一、二章，赵豫红副教授负责第三、四章，徐正国教授与王慧教授负责第五、六章，宋春跃教授负责第七章，吴俊教授负责第八、九章。王慧教授与宋春跃教授承担全书的统稿工作，孙优贤院士负责全书内容的审阅与定稿。

需要说明的是，在原书的编写与本次修订期间，始终得到了浙江大学本科生院、教务处、控制学院领导与同仁的大力支持；原书在浙江大学控制学院自动控制原理课程中十多年的使用也得到来自于不同届次学生的反馈意见与建议。化学工业出版社的领导与编辑们，更是一直对本书的出版尽心尽力，不断鼓励与鞭策。岁月匆匆而过，疫情还未退去，点点滴滴的回忆与深深的情谊，在本书付诸印刷之际，编者惟有感激。

由于编者水平有限，书中尚有不妥之处，敬请读者指正，以便在下次印刷或再版时修正。

编者

2022年8月于杭州浙大求是园

目 录

第一章 概 述

第二章 连续时间控制系统的数学模型

第三章 连续时间控制系统的时域分析

第四章　连续时间控制系统的稳定性与稳态误差

第五章　根轨迹分析法

第六章　频率特性分析法

第七章　线性离散时间控制系统分析与综合

第八章　线性定常系统的状态空间分析法

第九章　非线性系统分析

附录　拉普拉斯变换

参考文献

第一章　概　述

目前，自动控制系统几乎不知不觉地渗透到人们生活的每个角落，从航天空间站、飞行器、高速列车、城市交通，到工业生产、现代农业、垃圾处理、机器人，再到轿车、家用电器等，它们几乎无所不在。可以毫不夸张地说，自动控制系统不知不觉地影响和改变着人们的生活。

自动控制理论研究的是所有自动控制系统工作的基本原理与共同规律。它的任务是：①对各类系统中的信息传递与转换关系进行定量分析，然后可由这些定量关系预见整个系统的行为；②在分析的基础上进行系统的综合与校正，使系统达到某种性能指标。定量分析在自动控制中非常重要，需要广泛地用到各种数学与物理工具，例如微积分、微分方程、线性代数、复变函数、电学、力学以及相关应用学科的背景知识。同时，自动控制又是一门涉及多个学科的应用性学科，必须注意到将基础理论与具体的实际问题相结合。今天我们所能看到的许多用在不同领域的自动控制系统，正是控制工程专家与这些领域专家合作，将控制理论与各领域的专业知识相结合的产物；也正是应用的需求驱动使自动控制理论自身不断地向前发展，将更多的人类梦想变成现实。

第一节　自动控制系统的基本概念

“控制”是个常用词，在人们日常生活与工作中出现的频率非常高。现代汉语词典对其所作的解释是：“掌握住对象不使其任意活动或超出范围；或使其按控制者的意愿活动”。在本教材中，“控制”是指通过对某个装置或生产过程的某个或某些物理量进行操作，以达到使变量保持恒定或沿预设轨迹运动的一个动态过程。例如，对房间室内温度与湿度、电机的转速、锅炉的压力、机器人的动作、航天器的发射轨迹等的控制。在这些控制问题中，房屋、电机、锅炉、机器人、航天器等被称为被控对象；室内温度与湿度、电机转速、锅炉压力、航天器发射角度与速度等是控制的目的，称为被控变量（简称被控量）；为达到控制目标，人们在控制过程中操纵的那些物理量被称为控制变量（简称控制量）或操纵变量。

那么，什么是控制系统呢？简单地说，就是人们为了达到某种“目标”设计并予以实施的一套系统。例如，城市道路交叉口的红绿灯信号控制系统控制着各个方向的车辆与行人，保证人们出行的安全，城市交通的通畅。控制系统中的基本要素应该包含：①被控变量，也就是控制系统的目标；②被控对象，被控制的设备或过程；③检测传感器，通过它知道被控对象当前状态；④控制器，体现设计者意愿的控制策略；⑤执行机构，实现控制目标的手段。如果控制系统在启动工作之后不再需要人工干预而能自动地完成预先设置的任务，称该系统是自动控制系统；否则为手动（或称人工）控制系统。比如说，同为道路交叉口的交通系统，由交警指挥车辆通行是典型的人工控制系统；而若采用信号灯自动控制，则为自动控制系统。

【例 1-1】 图 1-1(a) 描述的是一个工业用水槽。为了稳定生产，要求通过调节出水口的阀门开度将水槽的液位保持在高度 H 上。当工况稳定时，进水与出水的阀门开度一定，进水量 Q_{in} 与出水量 Q_{out} 保持平衡，液位恒定在 H；但若进水量 Q_{in} 因为某种原因变大时，液位显然会上升，此时若要让液位回到 H，应相应加大出水阀门开度。

本例中，若采用人工控制，需要操作工用眼睛时刻观测实际的液位高度 h，并在大脑里直接将观测到的液位 h 与目标值 H 比较。当实际液位 h 不等于 H 时，大脑将根据 h 与 H 间的偏差方向与大小，发出将出水阀门“开多少”或“关多少”的控制“命令”，目的是尽可能减少误差，将液位调整到给定的 H 值。在手动控制系统中，为了保持液位的恒定，操作工需要不间断地观测、判断并实施调节作用。

同样的目的，可以通过设计一个如图 1-1(b) 所示的自动控制系统来达到。其中，液位测量传感仪表 LT 代替了操作工的眼睛，将连续测量的水槽实际液位 h 传送给代替了操作工大脑的液位控制器 LC；LC 比较 h 与期望值 H，根据它们间的偏差值得到出水流量的调节量，并将该调节量送出，驱动出水阀门动作。正常情况下，水槽的进出水量处于平衡状态，偏差为零；若进水量 Q_{in} 增大，实际液位 h 上升，控制器 LC 给出加大出水阀开度以增加出水量 Q_{out} 的指令；反之，若进水量 Q_{in} 减少，h 下降，控制器 LC 就会发出关小出水阀门的指令。由上述调节过程看出，无论进水量变大还是变小，只要液位 h 发生变化，系统都会自动而及时地采取控制作用，以使液位自动上升或下降，直至偏差为零，达到新的平衡状态。

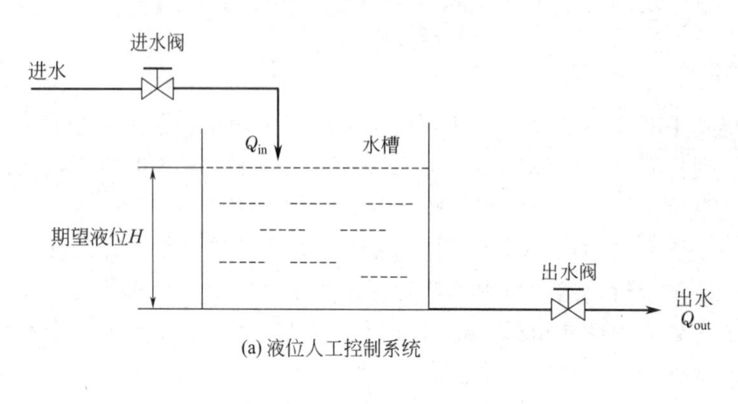

(a) 液位人工控制系统

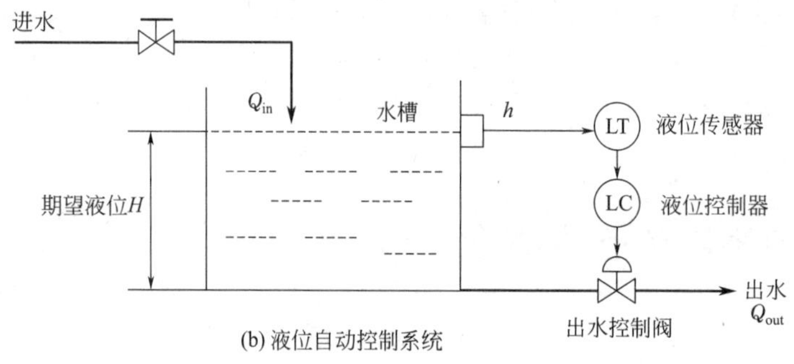

(b) 液位自动控制系统

图 1-1 水槽液位控制系统示意图

在例 1-1 所示的液位控制系统中，称系统的被控对象是水槽，被控变量是水槽液位，控制变量为出口流量，出水阀门为执行机构——即由它具体地执行控制器的“指令”完成控制任务。该系统中，由于进水流量是引起液位变化又未加控制的主要因素，称其为干扰或扰动。可以看出，所谓自动控制系统，是指将被控对象和测量传感器、控制器、执行机构等按一定的方式有机连接在一起的整体，目的是代替人工控制系统中由操作工完成的功能。虽然自动控制系统根据被控对象、控制目标和应用场合的不同，可能有各种各样的结构形式，但就其工作原理而言，闭环自动控制系统的基本组成部分已经在例 1-1 中出现，即被控对象（过程）、测量传感器、控制器、执行机构，一般用如图 1-2 所示的方块图表示。其中，系统的输入分为参考输入（即期望值）与扰动输入两部分，由扰动引起输出（被控变量）变化的这条通道称为扰动通道；由偏差 e 驱动控制器引起输出变化的通道称为控制通道（又称为前向通道）；从输出信号返回到输入信号的通道称为反馈通道；比较器一般不独立存在，而是包括在控制器中，如图中虚线框所示。图中的箭头指出了信息的流向。

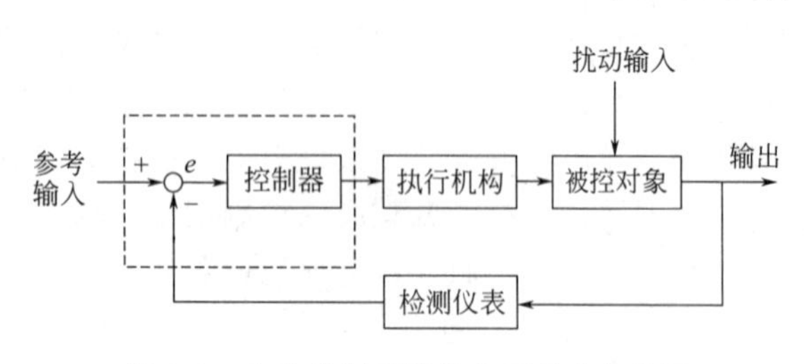

图 1-2 自动控制系统的典型组成方块图

图 1-1 和图 1-2 都可表示系统的结构与组成。其中，图 1-1 清晰地表示出了被控对象的物理过程，称为工艺流程图或物理结构图，图中的箭头方向表示的是实际系统中的物料流方向；图 1-1(b) 因为画上了控制系统，称为带控制点的工艺流程图，图中除了表示物料（水）流向的箭头外，还增加了连接 LT-LC-阀门等

表示信息流方向的箭头。图 1-2 表示的是自动控制系统的组成部分及信息流向，称其为控制系统方块图（简称方块图），图中每个方块代表系统的一个组成部分（又称一个环节）。

下面给出自动控制理论中常用的一些术语。

系统　作为一个有机的整体，将一些部件组合在一起完成特定的任务。系统不仅限于物理系统，还可用于软件系统，甚至抽象的动态过程，如计算机操作系统、经济系统、工程系统进行某种数学上的变换（如 Laplace 变换、Z 变换）等。

被控对象（或过程）　指被控制的设备、物体或者一个运行的变化过程，如化学反应过程、炼油生产过程、生物学过程等。

被控变量（系统输出）　被控对象的输出，表征了对象或过程的状态和性能。

控制变量（操作变量）　作用于被控对象，改变对象运行状态的量。

参考输入　人们希望被控变量能达到的数值，又称给定输入、给定值、给定信号等。

反馈信号　从系统输出端取出并反向送回到系统输入端的信号称为反馈信号。当反馈信号的符号与被比较信号相反时称为负反馈，相同时称为正反馈。

反馈控制　将系统的输出量与参考输入进行比较，根据其偏差进行控制，力图消除或减小不管由于什么原因产生的这个偏差。

偏差信号　指期望输出值与实际输出值之间的偏差，有时也称为误差。在反馈控制系统中，参考输入和反馈信号间的偏差也称为误差。所以，在有可能引起误解时，最好能用文字或公式进行说明。

扰动信号　使系统的输出量偏离期望值的信号。如果扰动产生在系统内部，称为内部扰动（简称内扰）；当扰动来自系统外部时，称为外部扰动（简称外扰）。

控制器　使被控对象具有期望的性能或状态的控制设备。它的作用是将系统输出与参考输入比较，根据得到的偏差，按预先设计好的控制规律给出控制量输出到执行机构。

执行机构　执行来自控制器的指令，并将控制作用施加于被控对象，以使被控变量按照预定的控制规律变化。

特性　指系统输入与输出之间的关系，可用数学式表示，也可用曲线或图表方式表示。系统特性分为静态特性与动态特性。静态特性是系统稳定以后表现出来的输入输出关系，通常表现为静态的放大倍数；动态特性指的是系统在从一个平稳状态过渡到另一个平稳状态的过程中所表现出来的输入输出随时间变化的关系，又称为过渡过程特性。

第二节　自动控制系统的基本结构形式

自动控制系统的种类虽多，但就其基本结构形式可分成开环控制与闭环控制两大类。

一、开环控制系统

【例 1-2】　举个日常生活中用微波炉将冷牛奶加热到合适温度的例子来说明控制系统的基本概念。由于微波炉面板上无直接设定温度的按键，通常只能设定加热的时间长短。假定微波炉功率是一个定值，若在加热前没有任何先验知识，则加热牛奶的时间长短是否合适只有等取出牛奶才能知道。

将上述牛奶加热的过程视作一个控制过程，可以控制加热牛奶温度的只有时间。若取出牛奶后发现加热得还不够热，只能重新设定时间再次加热，重复该过程直至满意为止。这是因为微波炉无法感知被加热牛奶的实际温度并据此影响定时器设定的时间长短。用控制系统的术语来描述这样一个简单的加热过程：合适的牛奶温度是系统的参考输入值（给定值），它是系统的输入，但因为不能直接在微波炉上设定，需要将其转换为加热时间；加热后的牛奶温度为被控变量，即系统的输出。图 1-3 给出了该系统输入输出之间的关系。

由生活经验、文字描述与图 1-3 都可以看出，不管被加热牛奶的温度是否满足要求，它都不能影响到定时器的动作。称这类输出量不能对系统的控制作用产生影响的系统为开环控制系统。系统中，被控对象微波炉承担了将冷牛奶加热的动态任务，又称其为系统的动态部分；时间按钮称为参考值转换器，定时器是控制器，微波炉中的加热部分为执行机构。

【例 1-3】　再举一个工业上常见的直流电动机转速控制系统的例子，如图 1-4 所示。图中电动机是电枢

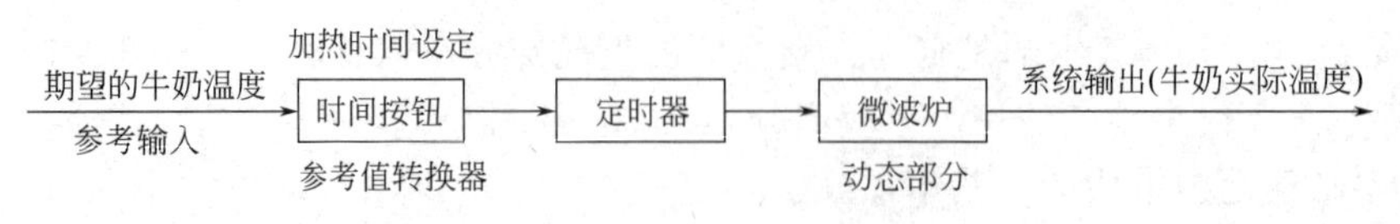

图 1-3　微波炉加热牛奶过程的方块图

控制的直流电动机，要求带动负载以一定的转速转动，其电枢电压由功率放大器提供。通过调节滑臂在电位器上的位置，可以改变功率放大器的输入电压，从而改变电动机的电枢电压，达到改变电动机的转速的目的。与例 1-2 相仿，可用方块图 1-4(c) 简单直观地表示上述控制过程。显然，这也是一个开环控制系统。

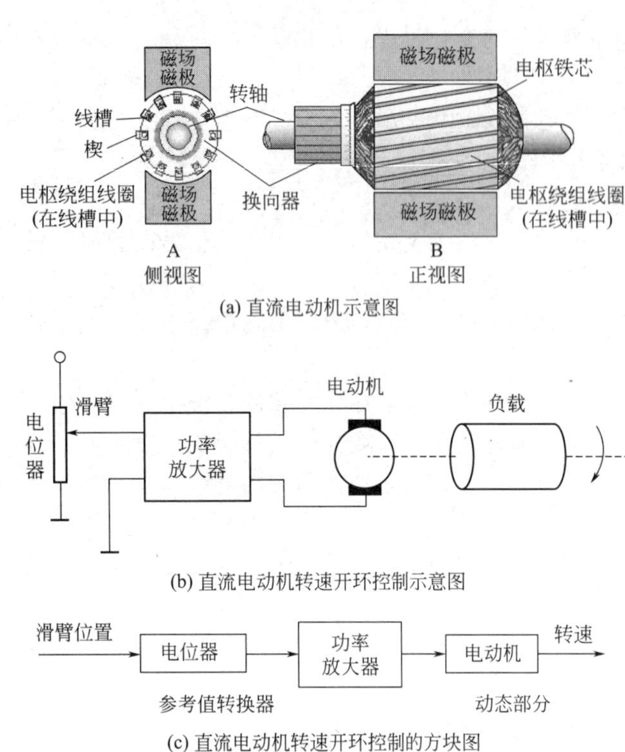

(c) 直流电动机转速开环控制的方块图

图 1-4　直流电动机转速开环控制系统

由例 1-2、例 1-3 可以明显地看出开环控制系统的特点：首先，控制作用的传递具有单向性，直接由系统的输入驱动产生，输入一旦给定，它就沿箭头方向逐级地影响到输出；其次，输出无法影响到输入端，控制的精度完全取决于系统中所用元器件的性能与精度。

开环控制系统结构简单，调整方便，成本相对较低，在日常生活中应用很广，如自动售货机、产品的自动生产线、数控机床、许多家用电器。缺点是精度较差，这是因为当系统输出在干扰影响下发生改变时，控制器无法知晓，不能随之而变。比如例 1-3 给出的直流电动机转速控制系统，正常工作状态是，输入电压值与输出转速保持着相应的平衡关系；但当系统受到外界扰动时，例如电动机的负载增大，输出转速就会下降，而电位器的位置并不会随之变化。因此，在控制精度要求较高的场合，应该采用闭环控制。

二、闭环控制系统

为克服开环控制系统的缺点，提高系统的控制精度，人们希望控制器能感知系统输出的变化，“随机应变”地给出相应控制指令。这种在控制系统中将输出量反馈到输入端，对控制作用产生影响的系统就称为闭环控制系统。下面仍用例子来说明。

【例 1-4】 在图 1-4 的基础上，只需要增加一个测速发电机就可构成直流电动机转速闭环控制系统，如图 1-5(a) 所示。其中反馈通道的测速发电机用来检测输出转速，并给出与电动机转速成正比的反馈电压。将这个代表实际输出转速的反馈电压与代表期望输出转速的参考电压进行比较，所得到的偏差信号通过功率放大器来控制电动机的转速，以消除电动机实际转速与给定转速之间的偏差，使电动机转速保持在期望值附近。用方块图 1-5(b) 表示上述过程，可以更清晰地进行分析。

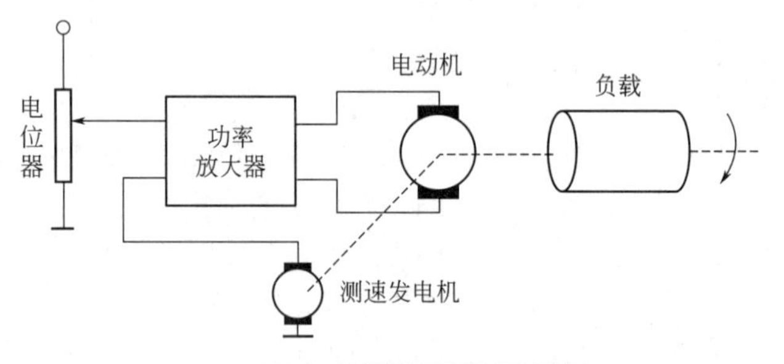

(a) 直流电动机转速闭环控制示意图

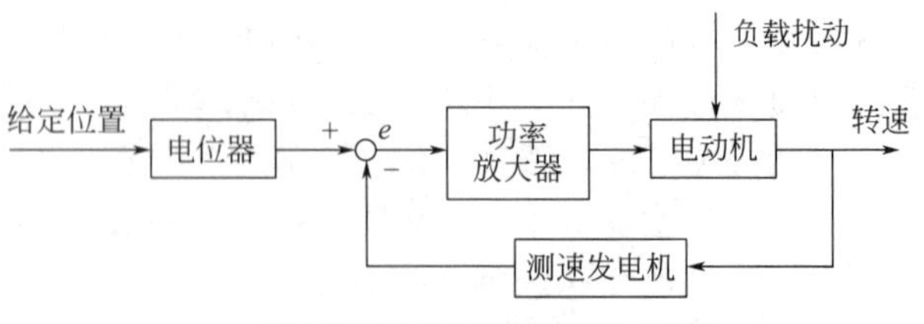

(b) 直流电动机转速闭环控制方块图

图 1-5　直流电动机转速闭环控制示意图

电动机转速的自动调节过程如下：当系统受到扰动时，例如负载增大，引起电动机的转速降低，测速发电机的端电压减小。在给定电压不变情况下，

偏差电压 e 将会增大，也即功率放大器输入电压增加，电动机的电枢电压上升，使得电动机的转速增加；如果负载减小，则电动机转速的调节过程与上述调节过程相反。同样，如果有其他因素变化（如系统内部元器件因磨损老化等引起参数变化）影响到电动机输出转速变化，上述调节过程仍会自动进行。因此，闭环控制系统提高了系统抗干扰的能力，可以保证系统的控制精度。

由上面描述的电动机转速闭环控制过程，可以大概得到开环控制不具备的特点：①控制作用不是直接来自给定输入，而是由系统的偏差信号 e 驱动产生；②系统被控量被反馈到输入端，在有偏差产生的情况下影响系统的控制作用发生变化；③系统中，这种自成循环的信息传递路径形成了一个闭合的环路，称为闭环回路。由此，给出闭环控制的一般定义：凡是系统输出信号对系统的控制作用直接产生影响，都叫作闭环控制系统。

三、开环与闭环控制系统的比较

闭环控制系统的核心是采用了反馈（绝大多数情况是负反馈），使得系统既能克服外部干扰的影响又对系统的内部参数变化不灵敏，从而可使系统被控变量与输入保持一致。

下面考察反馈系统对参数变化的敏感程度。考虑如图 1-6(a) 所示的单回路反馈系统。由图可知，系统输入输出分别为 r 与 y，设 G 是系统内部可能变化的前向通道增益，H 是反向通道的增益，求得系统的闭环增益 M（先假定系统是线性时不变系统，且只考虑静态状况）：

由于系统输出

$$y=G(r-Hy)$$

若定义闭环增益 M

$$M=\frac{y}{r}=\frac{G}{1+GH} \tag{1-1}$$

再定义系统的闭环增益 M 对 G 变化的敏感度

$$S_G^M=\frac{\partial M/M}{\partial G/G}=\frac{M\text{ 变化的百分比}}{G\text{ 变化的百分比}} \tag{1-2}$$

式中，∂M 表示由于 G 的增量引起的 M 增量。将式(1-1) 代入式(1-2)，可得

$$S_G^M=\frac{\partial M/M}{\partial G/G}=\frac{\partial M}{\partial G}\times\frac{G}{M}=\frac{\partial M}{\partial G}(1+GH)=(1+GH)\frac{\partial}{\partial G}\left(\frac{G}{1+GH}\right)=\frac{1}{1+GH} \tag{1-3}$$

式(1-3) 表明：如果 GH 是正常数，则可以在系统保持稳定的情况下，通过增加 GH 来减少敏感度函数的幅值。

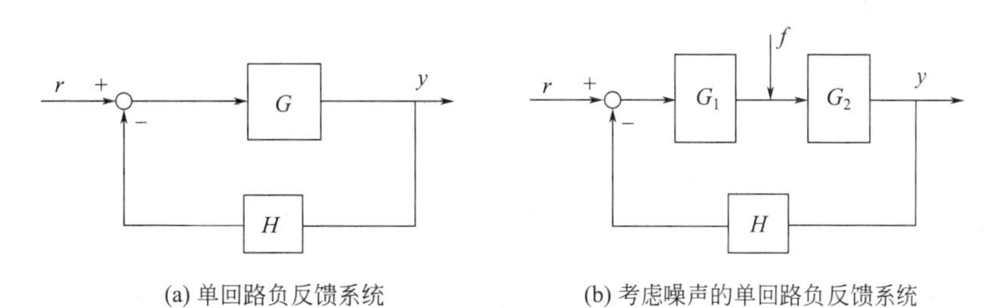

(a) 单回路负反馈系统　(b) 考虑噪声的单回路负反馈系统

图 1-6　单回路反馈系统示意图

比较：开环系统的开环增益是 $G_0=GH$，代入敏感度函数，有

$$S_G^{G_0}=\frac{\partial G_0/G_0}{\partial G/G}=\frac{\partial G_0}{\partial G}\times\frac{G}{G_0}=\frac{1}{H}\times\frac{\partial}{\partial G}(GH)=1 \tag{1-4}$$

从式(1-4) 知，系统增益 G_0 与 G 的变化一一对应，即开环系统对内部参数的变化敏感。一般地，反馈系统增益对于参数变化的敏感度取决于参数所在位置。请读者自己推导闭环反馈系统对反馈回路增益 H 变化的敏感度，可比较如图 1-6(b) 中所示的外加干扰（或噪声）f 对输出 y 的影响。

如果没有反馈回路，即在开环情况下，输出 y 与干扰 f 的关系为

$$y=G_2 f \tag{1-5}$$

在有闭环负反馈的情况下

$$y=\frac{G_2}{1+G_1G_2H}f \tag{1-6}$$

当 $1+G_1G_2H\gg 1$ 并且系统保持稳定时，包含在输出中的干扰噪声将会被削弱。所以，如果干扰是加在如图所示的环内位置，则干扰对输出的影响较小，可以较好地被抑制；但若是处于反馈回路的环外，则反馈对其没有影响。这就是在绝大多数控制系统设计时都考虑将主要干扰包含在控制回路以内的原因。

由于开环控制针对预先确定的输入输出关系设计，对无法预计的输入将无能为力，在系统输入量能预先知道并且可以忽略其他干扰时，可以采用开环控制。在系统的组成上，显然，闭环控制系统的组成要比开环控制系统复杂，其成本通常比开环控制高。从设计的观点出发，开环控制系统更容易设计与实现。

仍然考虑图 1-6(a) 所示的单回路负反馈系统。设原开环系统稳定，在式(1-2) 给出的系统闭环增益 M 中，如果分母 $GH=-1$，则意味着对于任意的有限输入，系统的输出均为无穷大，闭环系统将不稳定。可见，如果控制系统设计得不好，反馈可能会使原来稳定的开环系统变得不稳定。需要指出，为简化讨论，这里仅考虑了静态情况。一般情况下，$GH=-1$ 并非是使系统不稳定的惟一条件。有关稳定性的问题，在本课程的后续章节中还会详细讨论。然而，采用反馈的好处之一在于可以使原本不稳定的开环系统变得稳定。假设原图所示系统因为 $GH=-1$ 而变得不稳定，可以再引入另一个反馈增益为 F 的负反馈回路，如图 1-7 所示。整个系统的输入输出关系 Φ 即为

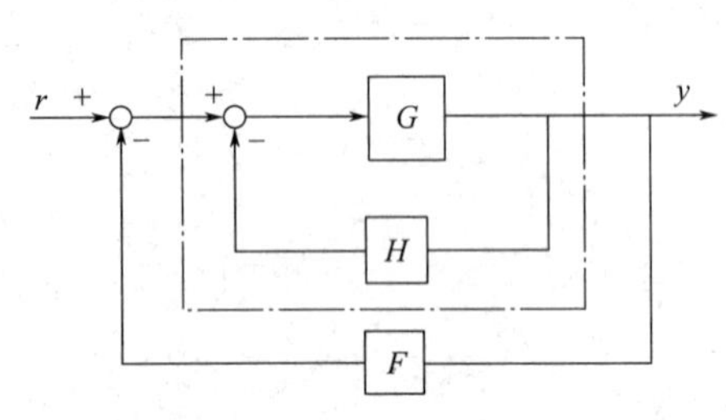

图 1-7　多回路反馈系统示意图

$$\Phi=\frac{y}{r}=\frac{\frac{G}{1+GH}}{1+\frac{G}{1+GH}F}=\frac{G}{1+GH+GF} \tag{1-7}$$

从式(1-7) 可看出，虽然因为 $GH=-1$ 而使得反馈系统的内环不稳定，但通过适当选择外环反馈增益 F 仍然可以使整个闭环系统稳定。所以，概括地说，反馈可以改善系统的稳定性，也会因为不恰当的使用而损害系统的稳定性。

工程上通常将开环控制与闭环控制结合起来使用，以获得满意的综合系统性能，这种方式称为复合控制。复合控制的实质是在闭环控制回路的基础上，增加一个输入信号的通道，对该信号实行补偿，以达到更精确的控制效果。例如，为了补偿可测量的主要扰动输入对系统被控量的影响，常常在反馈回路上再附加一个前向通道，一旦测量到该扰动有变化，在它还没有影响到输出时，即采取相应的控制作用。

【例 1-5】 假设例 1-1 中的主要干扰来自可以检测的进水量。由于进水量与水槽液位之间存在对应的关系，所以可设计如图 1-8 所示的控制系统。其中的补偿装置按不变性原理设计，一旦检测到进水量发生变化，预先设计好的补偿装置将立即产生一个控制的变化量施加到系统上，以抵消该扰动引起系统输出的变化。如进水量减少，补偿装置则根据具体减少的量“命令”出水流量相应减少，以使液位保持恒定。这类不等到扰动影响到输出发生变化后再采取控制作用的开环控制系统称为前馈控制系统。

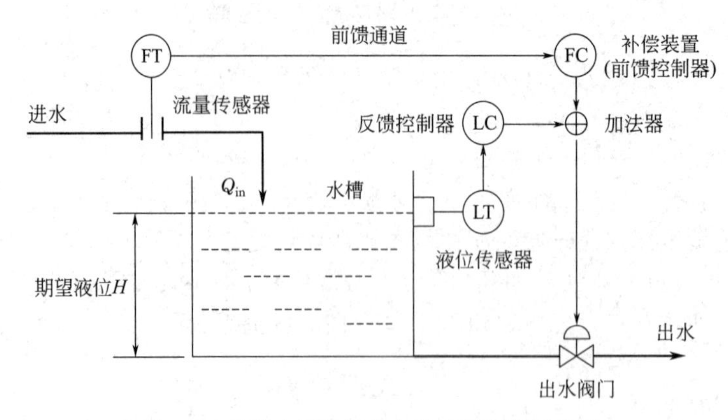

图 1-8　前馈＋反馈液位自动控制系统示意图

与图 1-8 相对应的方块图如图 1-9 所示。画方块图的一般原则是，将输入置于图的最左边，按照汉字的书写规律，从输入端开始按信息流向画出系统中的每个环节，直到输出为止。通常，反馈通道放在图的下方，前馈通道放在图的上方。特别注意的是，方块图中的箭头方向是信息流方向，与物料流方向可能不一致。如果考虑将此例中的控制量改为进水量，扰动为出水量，请读者试画出系统带控制点的工艺流程图与方块图。

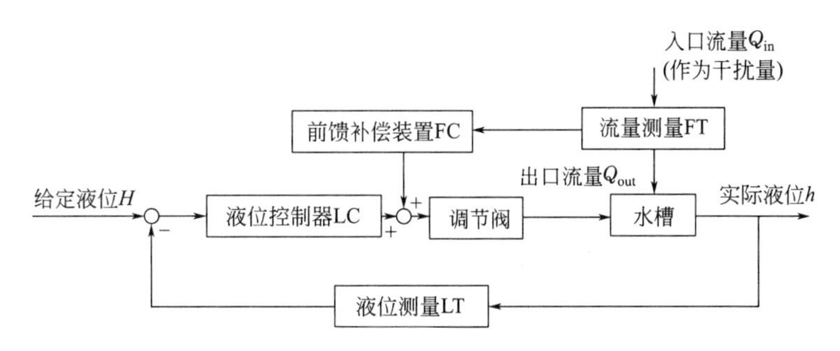

图 1-9　前馈＋反馈液位自动控制系统原理方块图

前馈控制系统与反馈控制系统的最大区别在于，反馈控制是“事后”控制，即输出与给定值之间出现偏差之后，由偏差驱动控制器产生控制作用以消除偏差；而前馈控制是“事前”控制，即一旦检测到设计控制系统时考虑的扰动出现，控制作用就随之产生，以抵消该扰动对系统输出的影响。明显看出，前馈控制是开环控制系统，只对特定的扰动输入产生控制作用，不能克服其他扰动对输出的影响。如图 1-8 所示的既有前馈控制又有反馈控制的复合系统称为前馈＋反馈控制系统，在工程上得到广泛的应用。

第三节　自动控制系统的分类

自动控制系统应用广，种类多，根据不同的分类原则有不同的类型，这里介绍几种常见的分类。

一、按控制系统的结构分类

如前所述，开环控制与闭环控制是自动控制系统中的两种基本结构，其各自的特点在前面已经介绍。

二、按系统给定信号的特征分类

给定信号代表了期望系统达到的输出值，反映了所设计的控制系统要完成的基本任务和职能。

1. 恒值控制系统（或称定值控制系统、自动调节系统）

恒值控制系统的特点是给定信号一经设定就是一个恒值（或在一定的时间内保持不变），控制系统的主要任务是当被控量受某种干扰偏离期望值时，能够通过自动调节系统回到正常状况；如果不能完全恢复，当系统达到稳态时，误差应在一个许可的范围。工业生产中的恒温、恒压、恒速等控制系统都属于这类系统，前面例子中的水槽液位控制系统、直流电动机调速系统也都属于恒值系统。显然，这类系统要解决的主要问题是克服扰动的影响（术语称为抗干扰）。

2. 随动控制系统（或称伺服系统）

随动控制系统的特点是给定信号不断变化且变化规律不能预先确定，系统的任务是使输出快速、准确地随给定输入的变化而变化。如跟踪卫星的雷达天线控制系统、火炮的自动跟踪系统、航天航海中的自动导航系统等。人们事先无法驱动雷达或火炮瞄向一个确定的位置，而只能是跟踪目标的运行变化轨迹。这类系统主要关注的是良好的跟随性能。

3. 程序控制系统

程序控制系统的特点是给定信号按照预先已知的规律变化，系统的控制按照预定的程序进行，常用于特定的工艺或工业生产。由于输入的变化规律已知，可根据要求事先选择好控制方案，以保证控制性能。工业生产中广泛应用的程序控制系统有机床数控加工系统、热处理炉温控制系统（其升温、保温、降温等过程需严格按照预先设定的规律执行）等。

三、按系统传输信号的性质分类

1. 连续时间控制系统

连续时间控制系统（常简称为连续系统）的特点是系统中各环节的输入信号与输出信号均是时间 t 的连续函数，其运动状态用微分方程描述。在工程上，连续系统传输的信息称为模拟量，多数实际的物理系统属于连续系统。

2. 离散时间控制系统

离散时间控制系统（常简称为离散系统）的特点是系统中存在一处或多处的脉冲序列信号或数字信号。离散系统的运动规律一般用差分方程描述。近年来，随着计算机技术的迅速发展，计算机控制系统已经普及。由于计算机处理的是数字信号，而实际物理对象多为连续系统，所以必须要在控制系统中加入采样环节，将模拟信号转变成脉冲序列，再由 A/D 转换成数字信号送入计算机，经计算机处理的数字信号经过 D/A 转换成模拟信号后送到连续的执行机构实施控制任务。凡是有计算机参与的自动控制系统均属于离散系统，相关的内容将在第七章介绍。

四、按系统的输入输出信号的数量分类

1. 单变量系统（Single Input Single Output，SISO）

单变量系统指的是只考虑一个输入和一个输出的系统。在单变量系统中，系统的内部结构可以是多回路的，内部变量也可能有多个，但在对系统作性能分析时只研究呈现出的系统外部输入输出变量间的关系，而将内部变量均看作是系统的中间变量。图 1-10 给出了一个具有两个回路的单变量系统。

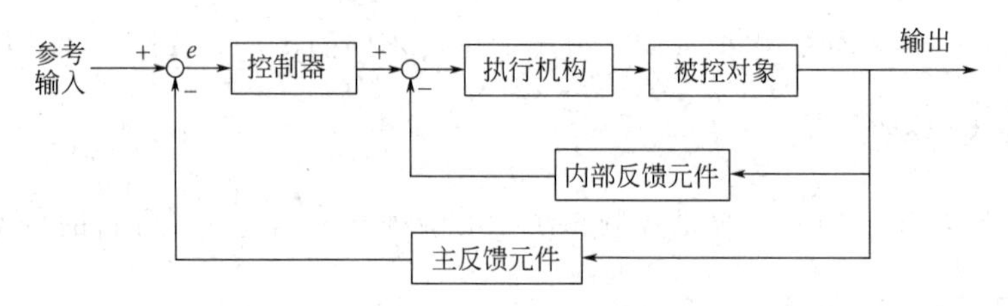

图 1-10　双回路的单变量控制系统

单变量系统是经典控制理论的主要研究对象，输入输出间的关系通常以微分方程、差分方程、传递函数等描述。

2. 多变量系统（Multi Input Multi Output，MIMO）

多变量系统有多个输入量和多个输出量，如图 1-11 所示。其特点是变量多，回路多，变量之间存在耦合，考虑的因素比单变量系统要多，研究起来也复杂得多。

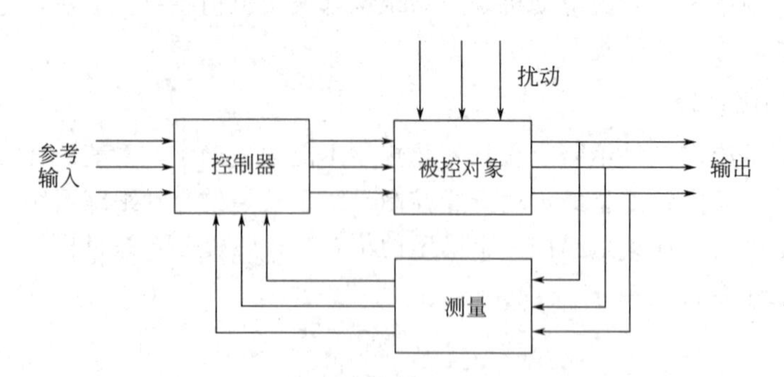

图 1-11　多变量控制系统示意图

多变量系统是现代控制理论研究的主要对象，在数学描述上多以状态空间方法为基础。

五、按系统的数学描述分类

从控制理论的角度，任何系统都可由数学模型来抽象表示，根据系统的特性可分成线性系统与非线性系统两大类。

1. 线性系统

凡是满足线性原理的系统称为线性系统。线性原理包括叠加性与均匀性。叠加性是指当有几个输入信号同时作用于系统时，系统总的输出响应等于每个输入信号单独作用于系统时所产生的响应之和；均匀性（又称齐次性）是指当系统的输入信号放大或缩小时，系统响应也按同一倍数增大或缩小。若用 $r(t)$ 表示系统输入信号，$y(t)$ 表示系统输出，且有

$$r_1(t)\rightarrow y_1(t),\quad r_2(t)\rightarrow y_2(t) \tag{1-8}$$

则线性系统必满足

$$r(t)=ar_1(t)+br_2(t) \tag{1-9}$$

$$y(t)=ay_1(t)+by_2(t) \tag{1-10}$$

其中，系数 a、b 可以是与时间无关的常数，也可以是时变的。

线性系统的特性使得系统分析大大简化。例如，对于实际上的多输入单输出系统，应用叠加原理可以分别考虑每个输入单独作用时系统输出，然后将它们叠加，从而将问题简化成单变量问题处理。又比如，实际系统输入信号的幅值各种各样，运算很不方便，应用均匀性原理可将输入信号的幅值均取为 1，这样得到的响应和实际输入信号所产生的响应，除了在幅值上的比例放大或缩小外，其变化特性完全相同。

线性系统用线性函数来描述。一个 n 阶的单变量连续系统，可用 n 阶线性微分方程描述

$$\frac{\mathrm{d}^n y(t)}{\mathrm{d}t^n}+a_{n-1}\frac{\mathrm{d}^{n-1}y(t)}{\mathrm{d}t^{n-1}}+\cdots+a_1\frac{\mathrm{d}y(t)}{\mathrm{d}t}+a_0y(t)=b_m\frac{\mathrm{d}^m r(t)}{\mathrm{d}t^m}+b_{m-1}\frac{\mathrm{d}^{m-1}r(t)}{\mathrm{d}t^{m-1}}+\cdots+b_1\frac{\mathrm{d}r(t)}{\mathrm{d}t}+b_0r(t) \tag{1-11}$$

式中 $r(t)$ 和 $y(t)$ 分别为系统的输入与输出，系数 $a_i(i=0,1,\cdots,n-1)$ 和 $b_j(j=0,1,\cdots,m)$ 为常数或时间的函数。众所周知，微分方程描述的是系统的动态特性，如果只需要了解系统的静态特性，则代数方程即可。

2. 非线性系统

凡是不满足线性原理，即不同时满足叠加性与均匀性的系统称为非线性系统，也即系统中只要有一个非线性环节存在，它就是非线性系统。由于非线性特性的多样性，数学上没有通用的方法描述，至今仍然是系统分析的难点，只能具体问题具体分析。

自然界中的任何物理系统在本质上不同程度地存在非线性。但是，为了研究问题、解决问题的方便，在一定的条件下，可将许多非线性系统先近似为线性系统，然后用线性系统理论对其进行分析研究。

六、按系统的参数是否随时间变化分类

1. 定常系统（时不变系统）

如果描述系统运动的微分方程或差分方程的系数均为常数，则称这类系统为定常系统，（又称为时不变系统）。这类系统的特点是，系统的响应只取决于输入信号的形状和系统的特性，与输入信号作用于系统的时刻无关。若系统在输入信号 $r(t)$ 作用下的响应为 $y(t)$，则当输入延长一段时间 τ 再作用于系统，系统的响应也将同样延长一段时间 τ，且形状保持不变，如图 1-12 所示。定常系统的这一特性给系统的分析与研究带来了很大的方便。

对于式(1-11) 描述的线性连续系统，如果微分方程的系数 $a_i(i=0,1,\cdots,n-1)$ 和 $b_j(j=0,1,\cdots,m)$ 均为常数的话，则该系统为线性定常连续系统。本教材主要研究这类系统。

2. 时变系统

如果一个系统的结构与参数随时间而变化，则称这类系统为时变系统。时变系统的特点是：系统的响应不仅取决于输入信号的形状和系统的特性，而且与输入信号作用于系统的时刻有关。对于同一系统来说，当

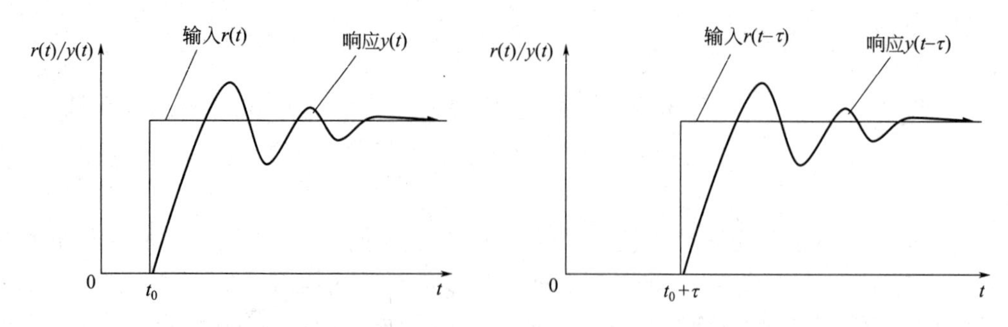

图 1-12 线性定常系统的时间响应

输入信号 $r(t)$ 在不同时刻作用于系统时，系统的响应 $y(t)$ 是不同的。时变系统的这一特点给系统的分析研究带来了很大困难。

对于式(1-11) 描述的线性连续系统，如果微分方程的系数 $a_i(i=0,1,\cdots,n-1)$ 和 $b_j(j=0,1,\cdots,m)$ 是时间的函数，则称该系统为线性时变连续系统。

第四节 对自动控制系统的基本要求

设计自动控制系统的目的是让被控对象能按照人们的意愿工作，它应该满足：①系统的输出快速准确地按输入信号的要求而变化；②系统的输出尽量不要受任何扰动的影响。然而，要精确地保持被控量与期望值在任何时刻一致，且不受扰动的影响，实际上是做不到的。因此，在实际的工程实践中，往往会根据被控对象与环境的具体情况对控制系统的设计提出某种性能指标，将设计控制系统的任务转化为实现性能指标的要求。综合来看，对自动控制系统的性能指标在时域上可归纳为体现稳定性、快速性与准确性三大类。

一、稳定性

稳定性是保证控制系统能够正常工作的先决条件。除了应保证系统绝对稳定以外，往往还希望系统有一定的稳定裕度，以防止系统参数变化产生的干扰影响系统的稳定性。若系统稳定裕度太小或处于临界稳定状态的话，当系统的参数稍有变化，就可能进入不稳定状态。所以，从工程的角度，临界稳定状态也常视作不稳定状态。

二、瞬态性能

当系统的给定值改变或者有外界扰动时，系统输出响应会偏离原平衡状态。由于控制系统中一般都含有能量不可能突变的储能元件或惯性元件，输出不可能跳变到新的平稳状态或克服干扰后马上恢复到原平衡状态，而是需要经过一个动态的过渡过程，或称为瞬态响应过程。

一般都希望系统在控制系统作用下，瞬态响应过程既快又稳。快，是指过渡过程的时间短，反映系统快速复现信号的能力；稳，反映动态过程的振荡以及偏离给定值的程度较小，除了过大的波动可能会使系统的运动部件受损外，有些系统是不允许出现大的波动的；而动态偏离给定值的大小则是对动态精度的一种衡量。

三、稳态误差

对于一个稳定系统，当系统的过渡过程结束达到新的平稳状态后，被控量与期望值之间的偏差称为稳态误差，它体现的是系统最终响应的准确度，是系统稳态响应的重要指标。通常希望系统的稳态误差尽可能地小。工程上，往往会将其限制在某个范围。

由于被控对象的具体情况不同，各种系统对上述性能指标的要求是有所侧重的，如定值系统对稳定性和稳态误差要求严格，随动系统对快速性要求更高。

第五节 自动控制理论的发展概况

自动控制理论是研究控制系统建模、分析与综合设计共同规律的基础理论，它可以看作是控制系统的应用数学分支，但它又绝不是数学，而是一门技术科学；它始于解决生产实践活动中产生的实际需求，并由需求推动随着技术的发展而发展。

一、早期的自动控制系统

最早的控制系统应用可以追溯到中国古代发明。例如用来指示方向的指南车，那是一个利用齿轮传动系统、根据车轮的转动按扰动控制原理构成的控制系统。又如，北宋年间苏颂和韩公廉在他们制造的水运仪象台里使用的一个天衡装置，实际上就是一个按被调量偏差控制原理构成的闭环控制系统。英国著名的科技史专家李约瑟博士在他的著作中曾高度评价了这些中国古代的发明。

在国外，公元前三世纪希腊的凯特斯比斯（Kitesibbios）在油灯中使用了浮子控制器以保持油面液位稳定。后来，赫容（Heron）在公元一世纪时出版了名为《浮力学》的书，介绍了好几种用浮阀控制液位的方法。1620 年左右，荷兰的德勒贝尔（Drebbel）设计了通过控制壁炉温度来给一个培育箱加热的系统；1681 年，伦敦皇家科学院的邓尼斯·帕平（Dennis Papin）发明了与现在压力锅的减压安全阀类似的锅炉压力调节器。

在自动控制发展历史上具有重要意义的反馈控制系统是俄国的普尔佐诺夫（Polzunov）在 1765 年发明的蒸汽锅炉水位调节器，以及英国人瓦特（J. Watt）在 1784 年发明的蒸汽机离心式转速调节器，因为他们将具有比例控制作用的反馈控制系统真正引入了工业生产。

上述这些系统的出现多数是出于直觉和解决实际问题的需要，缺乏理论上的分析与指导，当出现难以仅用直觉解释的问题时，对控制理论的研究开始引起重视。

二、经典控制理论

19 世纪是经典控制理论的起步期。1868 年，针对蒸汽机离心调速器在某些条件下失效会出现蒸汽机转速自发产生剧烈振荡的情况，英国物理学家麦克斯韦尔（J. C. Maxwell）研究后在他发表的“论调节器”论文中，指出必须从整个控制系统出发推导描述系统的微分方程，然后讨论系统稳定性，分析实际控制系统是否会出现不稳定现象。首次从理论上全面地论述了反馈系统的稳定性问题，将控制系统稳定性分析与判别微分方程特征根的实部符号问题联系起来，被公认为是自动控制理论研究的一个重要里程碑。数学家劳斯（E. J. Routh）和霍尔维茨（A. Hurwitz）分别在 1877 年、1895 年独立地给出了对于高阶线性系统的稳定性代数判据。1892 年，俄国的数学家李雅普诺夫（A. M. Lyapunov）用严格的数学分析方法全面地论述了稳定性理论及方法，发表了“运动稳定性的一般问题”的论文，提出了两个著名的研究系统稳定问题的方法，被后人称之为李雅普诺夫稳定性判别方法。上述这些关于系统稳定性的开拓性工作为控制理论奠定了坚实的基础，沿用至今。

进入 20 世纪后，在应用需求的强烈牵引下，特别是第二次世界大战的爆发，自动控制理论得到了空前的发展，逐步成为一门独立的学科，并分别在时域与频域得到了快速发展。时域方面，1922 年，米罗斯基（N. Minorsky）发表了位置控制系统的分析与 PID 控制规律公式。1934 年，哈仁（H. I. Hazen）给出了伺服机构的理论研究成果。1942 年，齐格勒（J. G. Zigler）与尼科尔斯（N. B. Nichols）提出了 PID 控制器的最优参数整定法。在频域方面，早在 20 世纪 30 年代初期，美国贝尔实验室就建设了一个长距离电话网，使用高增益的负反馈放大器，可在使用中发现放大器有时会变成振荡器。针对该问题，奈奎斯特（H. Nyquist）在 1932 年提出了基于频率响应实验数据判别负反馈系统稳定性的判据。1940 年，波特（H. Bode）在研究通信系统频域方法时，提出了频域响应的对数坐标图描述方法，进一步简化了频域分析方法。1943 年，哈尔（A. C. Hall）利用 S 域传递函数与方块图，将频域响应方法与时域方法统一起来，构成复域分析方法。1948 年，伊万斯（W. Evans）提出了根轨迹方法，给出了系统参数变化与时域性能变化之间直观的图示分析方法。

到20世纪的40年代末，建立在微分方程、传递函数基础上的时域、频域及复频域的分析方法已经相当成熟，构成经典控制理论并成为许多大学理工科的正式课程。特别是基于复频域传递函数的方法，常常借助于图表分析，比直接求解微分方程更为简单直观，且物理概念清楚，至今仍在工程上广泛应用。但在应用中也暴露出如下一些局限性：

① 只适用于线性定常系统和单输入单输出系统；

② 数学模型描述的是系统的外部特性，无法了解系统内部状态，研究系统时往往要用试探法，难以得到精确结果。

如果说，第二次世界大战中为适应战争需求的武器进化与高质量的通信要求极大地刺激了经典控制理论的发展，则在进入20世纪50年代后，其局限性限制了它解决更为复杂的控制问题。这是因为忽视了系统结构内在特性的经典控制理论很难处理多变量问题，难以满足实际中已经出现的更加严苛的控制性能指标要求，比如说，必须为导弹和太空卫星设计高精度的控制系统。在此背景下，需求再次驱动控制理论的发展。

三、现代控制理论

相关应用背景领域的迅速发展，使得优化的理念在控制系统设计中变得十分重要。20世纪50年代后期至60年代初期，建立在系统状态空间模型上的现代控制理论应运而生。而计算机的发展则为理论应用于实际提供了强有力的工具，反过来促进了现代控制理论的发展以及在航天航空领域中的首先应用，并随着计算机技术的发展与普及而应用到各个领域。值得一提的是，中国科学家钱学森1954年在美国用英文出版的《控制工程论》一书是由经典控制理论向现代控制理论发展过程的重要著作，影响很大，被翻译成德文、俄文及中文版出版。

一般认为，现代控制理论的奠基人及其贡献主要有：1957年，美国贝尔曼（R. Bellman）的“动态规划”理论；1960年，苏联庞特里亚金（I. S. Pontryagin）阐述最优控制必要条件的论文“最佳控制的极大值原则”，1960年，美国卡尔曼（R. E. Kalman）采用状态空间法研究线性系统，提出的“最优滤波与线性最优调节器”，即经典的“卡尔曼滤波器”。

这些理论均基于本质上是一阶微分（差分）方程组的状态空间模型，借助计算机作为系统建模、分析乃至设计及控制的手段，适应的范围可以从单变量的线性定常系统扩展到多变量、非线性、时变系统，从研究系统的外部特性拓展到了研究系统内在的特性。所以说，现代控制理论不是经典控制理论的简单延伸与推广，而是对客观世界认识上的飞跃，且其理论与应用的发展远远没有结束。

四、大系统控制理论与智能控制理论

与经典控制理论与现代控制理论发展路径相似的是，大系统控制理论与智能控制理论也是针对实际应用中不断提出的控制需求变化而发展起来的新型理论；不同之处在于经典控制理论与现代控制理论均以描述被控系统的数学模型作为研究基础，而大系统控制理论与智能控制理论则没有如此明显的特征。

大系统控制理论的提出，首先是由于实际应用的范围扩大，从过去只针对单个的特定对象设计控制系统，发展到要对若干个相互关联的子系统组成的大系统进行整体优化控制，被控对象从传统的工业装置推广到了包括生物、能源、交通、环境、经济、管理等各个领域；其次是控制系统的设计目标已经从保证被控对象的安全平稳生产，升华到了追求经济利益最大化。显然，原有的控制理论已经无法处理这些规模庞大、结构复杂、功能繁杂、目标非单一、影响因素众多、静态与动态交织的系统，必须研究新的理论。

智能控制理论是人工智能在控制上的应用。主要针对采用传统的控制理论无法处理、需要人的智能参与才能解决的复杂控制问题，如难以建模的被控对象，复杂多变的内外环境，模糊的系统信息等。智能控制发展的最初阶段是“仿人”控制，如模糊控制、专家控制等。后来在此基础上又有了许多新的发展，且与传统的控制理论取长补短、结合起来应用，以得到更好的控制效果。

目前大系统控制理论与智能控制理论仍然处于一个继续发展与完善、远未成熟的阶段。

总之，随着信息科学技术与计算机技术的发展，无论是在数学工具、理论基础，还是在研究方法上，控制理论仍处于一个发展过程中。然而，必须要看到的是，虽然先进的控制理论及算法层出不穷，但从应用的角度看，仍然缺乏行之有效的控制理论与控制技术去满足不断发展的工业生产和各行各业提出的各种复杂的控制要求，理论研究与实际应用之间始终存在严重脱节的现象。作为自动控制领域的工作者，应坚持提倡理论紧密联系实际，努力将科研成果转化为现实生产力。

第六节　本书的主要内容及结构体系

本书的主要内容是介绍控制系统中的数学模型、控制系统分析和设计的基本概念、基本原理和方法，同时对非线性系统的相关知识也会作简单介绍。

系统分析，是指在已知系统结构和参数的情况下，根据系统对于某种典型输入信号作用下的输出响应，求出反映系统稳定性、瞬态性能与稳态性能的性能指标。如果给定的系统经过分析，其性能指标满足要求，则不存在控制系统设计的问题，如果不满足要求而被控对象本身又不能改变，则控制系统设计的任务就是改变系统的某些参数或加入某种控制装置，使其满足性能指标的要求。附加校正装置以改变控制系统的性能——又称为对控制系统进行校正。

系统分析与系统设计通常是互相联系、交替进行的，系统分析是为了更好地了解系统，设计出合适的控制系统。

本书共分九章。第一章为概述部分。简单介绍控制系统基本概念、分类以及控制理论的发展过程。

第二章是控制系统的数学模型及系统描述。涉及的数学模型有微分方程、传递函数、方块图、信号流图以及状态空间表达式。

第三章是在时域对连续时间控制系统进行动态响应分析。重点讨论连续时间线性控制系统的微分方程求解；标准一阶、二阶及高阶系统的动态特性及动态、稳态性能指标，常规控制系统调节规律及其对系统调节质量的影响，系统状态空间模型的求解。

第四章讨论系统的稳定性与稳态误差。说明劳斯稳定性判据，系统的“型”别以及利用稳态误差系数求取稳态误差。

第五章是根轨迹分析方法。重点讲解绘制常规和参量根轨迹的方法，用根轨迹方法分析系统稳定性、瞬态性能和稳态性能，以及如何基于根轨迹进行系统补偿器设计。

第六章是频域分析方法。主要内容有系统的 Bode 图、极坐标图，奈奎斯特稳定判据，最小相位系统，稳定裕度等，以及基于频率响应的系统分析、校正与设计。

第七章是离散控制系统的分析与设计。主要包括信号的采样与保持、Z 变换及反变换、离散系统的数学模型描述及求解、离散控制系统的分析与设计。

第八章是线性控制系统的状态空间分析法。重点阐述基于状态空间模型对线性定常系统进行分析和设计的基础理论，包括系统的能控性与能观性、状态反馈控制器与状态观测器的设计等。

上述八章内容涉及的均是线性定常系统，对非线性系统的基本知识在第九章中介绍。主要包括描述函数法、相平面法以及李雅普诺夫稳定性分析法。

习　题　一

1-1　精确的光信号源可以将功率输出精度控制在 1% 以内。激光器由输入电流控制并产生输出功率，作用在激光器上的输入电流由一个微处理器控制，微处理器将期望的功率值与传感器测得的激光器的输出功率值作比较。这个闭环控制系统的方块图如图 1-13 所示。试指明该系统的被控对象、输出变量、输入变量、被测变量和控制变量。

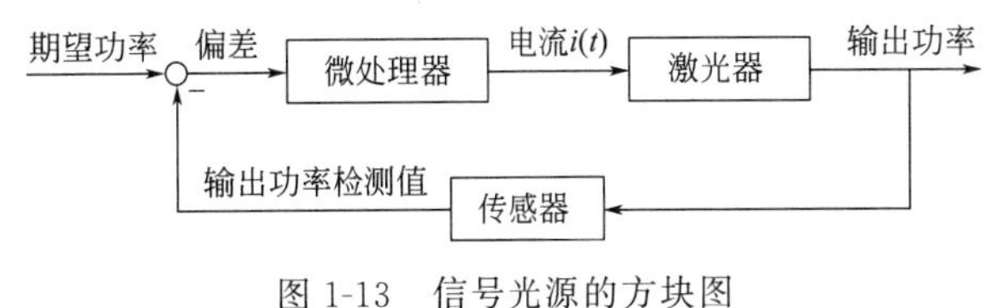

图 1-13　信号光源的方块图

1-2　画出由驾驶员驾驶汽车时的汽车速度控制系统的方块图。如果采用目前很多车辆上已经安装了的速度保持控制系统（只要按下按钮，它就会自动地保持一个设定的速度，由此司机驾车就可以限定的速度行驶，不需要经常查看速度表，也不需要长时间控制油门）。试画出汽车速度保持控制系统的反馈控制系统方块图。

1-3　许多汽车都安装有控制温度的空调系统。使用空调系统时，司机可以在控制板上设置期望的车内温度。

请画出该空调系统的方块图，并指明该系统各部分的功能。

1-4　生物反馈是人能够自觉而且成功地调整脉搏、疼痛反应和体温等感觉的一种机能。请描述人调整痛觉、体温等感觉时的生物反馈过程。

1-5　图 1-14 是水槽液位系统的两种不同控制方案。

① 分别画出两个控制系统的方块图；

② 分别指出两个控制系统的被控对象、被控变量和操纵（或称控制）变量；

③ 结合这两个系统的方块图，说明方块图中的信号流与工艺流程中的物料流。

④ 如果在方案一中，已知主要干扰为进水量的变化，如何设计控制系统的改善系统的控制品质？

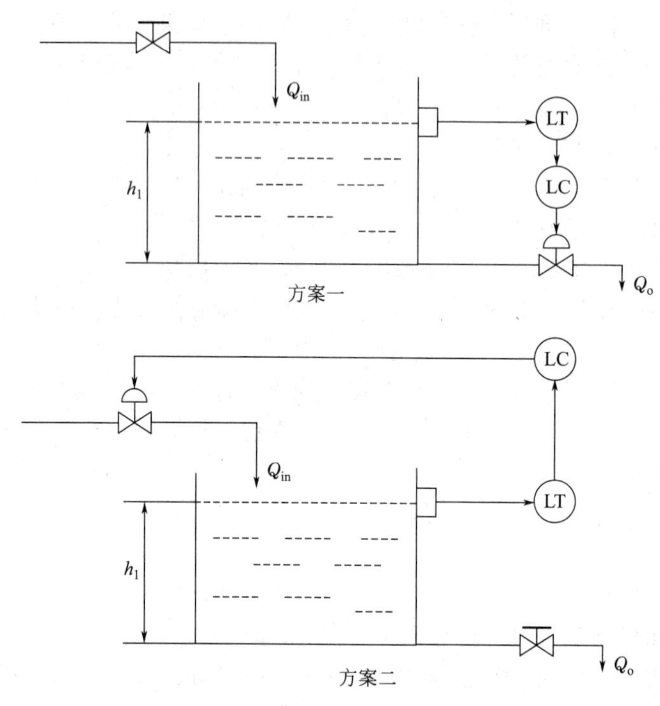

图 1-14　水槽液位控制的工艺流程图

1-6　在石油化工生产过程中，常常利用液态丙烯汽化吸收裂解气体的热量，使裂解气体的温度下降到规定的数值上。图 1-15 是一个简化的丙烯冷却器温度控制系统。被冷却的物料是乙烯裂解气，其温度要求控制在 (15±1.5)℃。如果太高，冷却后的气体会包含过多的水分，对生产造成有害影响；如果温度太低，乙烯裂解气会产生结晶析出，堵塞管道。

① 指出该系统的被控对象、被控变量、操纵变量各是什么？设定值是多少？

② 画出该系统的方块图。

③ 可能的扰动有哪些？

④ 该系统是属于定值控制系统还是随动控制系统？为什么？

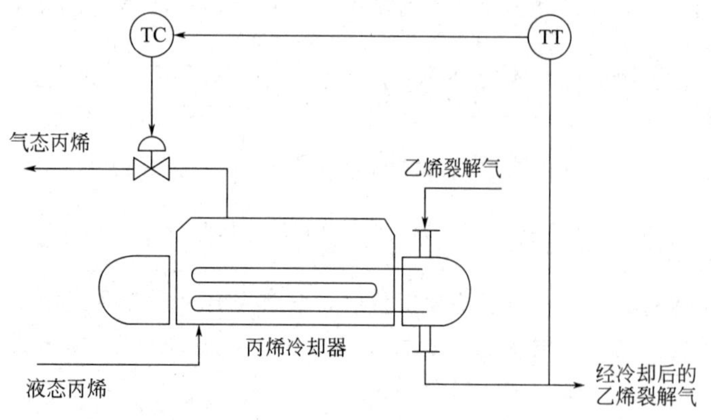

图 1-15　丙烯冷却器温度控制系统示意图

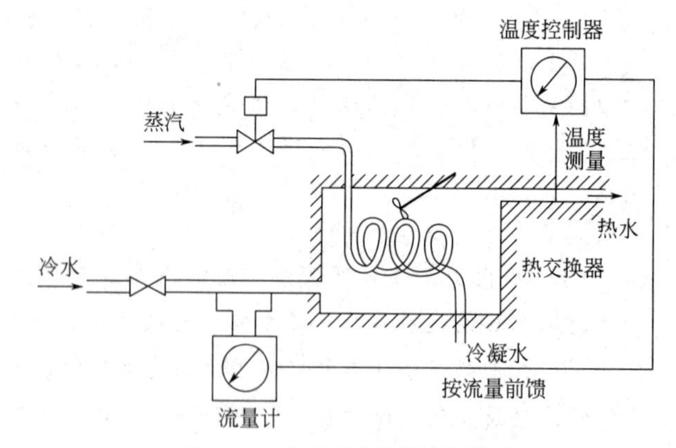

图 1-16　水温控制系统示意图

1-7 图 1-16 为水温控制系统示意图。冷水在热交换器中由通入管道的蒸汽加热，从而得到具有一定温度的热水。冷水流量变化用流量计测量。试绘制系统方块图，并说明为了使热水温度维持在期望值，系统是如何工作的？系统的被控对象、控制器和执行机构各是什么？

1-8 图 1-17 为谷物的湿度控制系统示意图。在谷物磨粉的生产过程中，有一个出粉最多的湿度值。因此，磨粉之前要给谷物加水以得到合适的给定湿度。图中，谷物用传送装置按一定流量通过加水处，加水量由自动阀门控制。加水过程中，谷物流量、加水前谷物湿度以及水压都是对谷物湿度控制的扰动作用。为了提高控制精度，系统中采用了谷物湿度的前馈控制，试画出系统方块图。

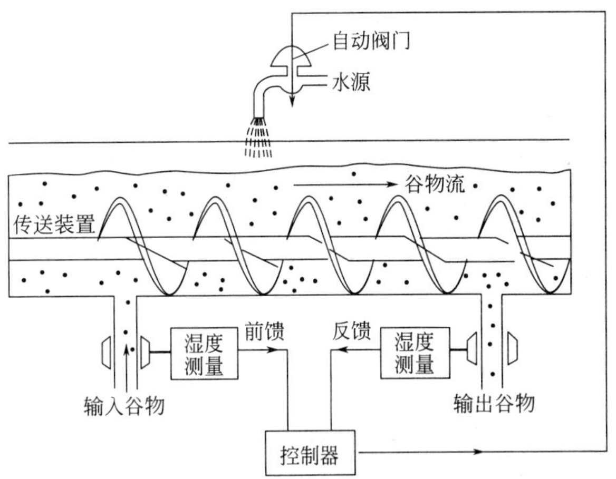

图 1-17 谷物湿度控制系统示意图

1-9 反馈系统不一定都是负反馈的。以物价持续上涨为标志的经济膨胀就是一个正反馈系统。该正反馈系统如图 1-18 所示。它将反馈信号与输入信号相加，并将合成的信号作为过程的输入。这是一个以价格、工资描述通货的简单模型。增加其他的反馈回路，比如立法控制或税率控制，可以使该系统稳定。如果工人工资有所增加，经过一段时间的延迟后，将导致物价有所上升。请问在什么条件下，通过修改或延缓分配生活费用，可以使物价稳定？国家的工资与物价政策是怎么影响这个反馈系统的？

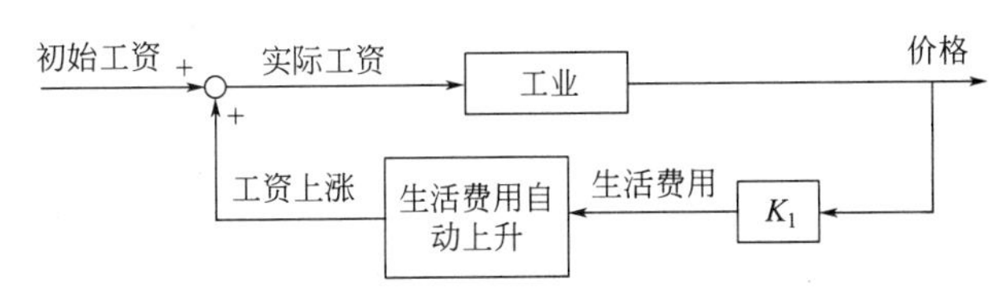

图 1-18 正反馈系统框图

1-10 下列各式是描述系统的数学方程，$c(t)$ 为输出量，$r(t)$ 为输入量，试判断哪些是线性定常或时变系统？哪些是非线性系统？哪些是动态系统？哪些是静态系统？

① $c(t)=5+r^2(t)+t\dfrac{\mathrm{d}^2 r(t)}{\mathrm{d}t^2}$；

② $\dfrac{\mathrm{d}^3 c(t)}{\mathrm{d}t^3}+3\dfrac{\mathrm{d}^2 c(t)}{\mathrm{d}t^2}+6\dfrac{\mathrm{d}c(t)}{\mathrm{d}t}+8c(t)=r(t)$；

③ $t\dfrac{\mathrm{d}c(t)}{\mathrm{d}t}+c(t)=r(t)+3\dfrac{\mathrm{d}r(t)}{\mathrm{d}t}$；

④ $c(t)=r(t)\cos\omega t+5$；

⑤ $c(t)=3r(t)+6\dfrac{\mathrm{d}r(t)}{\mathrm{d}t}+5\int_{-\infty}^{t} r(\tau)\mathrm{d}\tau$；

⑥ $c(t)=r^2(t)$；

⑦ $c(t)=\begin{cases}0, & t<6\\ r(t), & t\geqslant 6\end{cases}$

⑧ $A\dfrac{\mathrm{d}c(t)}{\mathrm{d}t}+\alpha f\sqrt{c(t)}=r(t)$

第二章　连续时间控制系统的数学模型

典型的自动控制系统通常由被控对象、控制器、传感器和执行机构等基本环节组成，控制系统的设计人员必须首先建立这些环节（特别是被控对象）与整个系统的数学模型，分析系统的动态特性和静态特性，从而设计出满意的控制系统。

数学模型，指的是将系统（或环节）的输出变量与输入变量（或内部变量）之间的相互关系抽象成数学表达式。静态数学模型用代数方程描述系统稳态条件下的特性；动态数学模型用微分方程或微分方程组描述系统从一个平稳状态变化到另一个平稳状态的过程特性。数学模型是分析研究系统性质以及设计控制系统的基础。

建立系统数学模型主要采用机理分析与实验测试两种方法。机理分析法是对系统的运动机理进行分析，根据它们运动的物理或化学变化规律（如电学中的基尔霍夫定理，力学中的牛顿定律，以及物料与能量守恒等），忽略次要因素后，列写出相应的运动方程。所建模型称为机理模型。实验测试法建模的基础是数据。一般是人为地在系统的输入端施加测试信号，记录系统在该输入下的输出响应数据，采用适当的数学模型去模拟该过程，所获得的数学模型称为辨识模型。经过几十年的发展，实验法建模已经成为控制理论的一个重要分支，称为系统辨识。这两种方法的区别在于，机理建模需要对系统内部机构、运动机理有清楚的了解；而辨识建模不需要了解系统内部情况，故常被称为黑箱建模方法。

需要说明的是，对复杂对象的建模非常困难和耗时，本教材只关注最基本的物理系统建模，侧重于基本概念与方法的介绍，研究的系统以线性时不变系统为主，并假设系统变量均与几何位置无关。

第一节　列写动态系统的微分方程

一、几个典型的例子

1. *R-L-C* 电路系统

电路通常由电阻、电容和电感组成。其中，电感 L 和电容 C 分别储存磁能和电能，电阻 R 本身不储存能量，是一种将电能转换为热能耗散掉的耗能元件。欲分析任何实际的电路系统，首先是依据基尔霍夫的回路电压定律和节点电流定律建立该电路的数学模型。

① 回路电压定律：任一电路中，一个封闭回路的所有电压的代数和为零。

② 节点电流定律：任一电路中，流入一个节点的电流总和等于流出该节点的电流总和。

电阻两端的电压满足欧姆（Ohm）定理

$$v_R = Ri \tag{2-1}$$

电感的电压满足法拉第（Faraday）定理

$$v_L = L\frac{\mathrm{d}i}{\mathrm{d}t} \tag{2-2}$$

电容的电压满足

$$v_C = \frac{q}{C} = \frac{1}{C}\int_0^t i\,\mathrm{d}\tau + \frac{Q_0}{C} \tag{2-3}$$

式中，R、L、C 分别为电阻、电感和电容；q 和 Q_0 分别为电容上的电荷及其初值。

【例 2-1a】 图 2-1(a) 中的电源是时间的函数，电路系统由电阻 R、电感 L 和电容 C 组成。试写出当开关合上后，以 $e(t)$ 为输入、$v_C(t)$ 为输出的微分方程。

解 由基尔霍夫定律，当开关合上后，回路中升高的电压等于降低的电压，于是

$$v_L(t)+v_C(t)+v_R(t)=e(t) \tag{2-4}$$

设回路电流为 $i(t)$，即有

$$L\frac{\mathrm{d}i(t)}{\mathrm{d}t}+\frac{1}{C}\int i(t)\mathrm{d}t+Ri(t)=e(t) \tag{2-5}$$

由式(2-3)，得 $i(t)=C\dfrac{\mathrm{d}v_C(t)}{\mathrm{d}t}$，代入式(2-5)，消去中间变量 $i(t)$，可得到描述该电路开关合上后系统输出 $v_C(t)$ 与输入 $e(t)$ 之间关系的微分方程

$$LC\frac{\mathrm{d}^2v_C(t)}{\mathrm{d}t^2}+RC\frac{\mathrm{d}v_C(t)}{\mathrm{d}t}+v_C(t)=e(t) \tag{2-6}$$

将上式整理成标准型式，令 $T_1=\dfrac{L}{R}$，$T_2=RC$，则方程为

$$T_1T_2\frac{\mathrm{d}^2v_C(t)}{\mathrm{d}t^2}+T_2\frac{\mathrm{d}v_C(t)}{\mathrm{d}t}+v_C(t)=e(t) \tag{2-7}$$

注：分析 T_1、T_2 的量纲

$$[T_1]=\left[\frac{L}{R}\right]=\frac{\mathrm{V/(A/s)}}{\mathrm{V/A}}=\mathrm{s};\quad [T_2]=[RC]=\frac{\mathrm{V}}{\mathrm{A}}\times\frac{\mathrm{A\cdot s}}{\mathrm{V}}=\mathrm{s}$$

可见，T_1、T_2 均具有时间量纲，常被称为电路网络的时间常数，它们决定了方程的解［即电容 C 上的电压 $v_C(t)$］随时间变化的快慢。注意到，电路中存在电感 L 与电容 C 两个独立的储能元件，故微分方程式左端的最高阶次为 2，称该系统为二阶系统。

由式(2-7) 可看出，电路达到稳态时有 $v_C(t)=e(t)$，说明稳态时的输出电压 $v_C(t)$ 等于输入电压 $e(t)$，这与电容的充电特性完全吻合。静态方程中输入 $e(t)$ 前的系数称为静态放大倍数，其量纲代表了输出与输入的物理量转换关系。显然，例 2-1a 的静态放大倍数是 1，且无量纲（因输入与输出的量纲相同）。

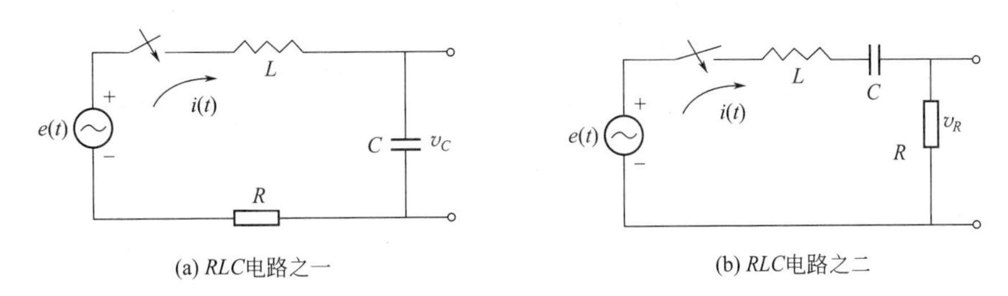

图 2-1　单回路 RLC 电路示意图

【例 2-1b】 设例 2-1a 中的输入量不变，输出量改为 $v_R(t)$，即将图 2-1(a) 改画为图 2-1(b)，请给出当开关合上时，系统输入 $e(t)$ 和输出 $v_R(t)$ 之间的微分方程。

解 仍设回路电流为 $i(t)$，可列出与例 2-1a 相同的方程(2-4) 与方程(2-5)。

因 $v_R(t)=Ri(t)$，$i(t)=\dfrac{v_R(t)}{R}$，代入式(2-5) 后消去中间变量 $i(t)$，得到描述该电路系统输入输出关系的微分方程为

$$\frac{L}{R}\times\frac{\mathrm{d}v_R^2(t)}{\mathrm{d}t^2}+\frac{\mathrm{d}v_R(t)}{\mathrm{d}t}+\frac{1}{RC}v_R(t)=\frac{\mathrm{d}e(t)}{\mathrm{d}t} \tag{2-8}$$

同样，令 $T_1=\dfrac{L}{R}$；$T_2=RC$，则可将方程整理成标准型式

$$T_1T_2\frac{\mathrm{d}^2v_R(t)}{\mathrm{d}t^2}+T_2\frac{\mathrm{d}v_R(t)}{\mathrm{d}t}+v_R(t)=T_2\frac{\mathrm{d}e(t)}{\mathrm{d}t} \tag{2-9}$$

请读者自己比较式(2-9) 与式(2-7) 的异同。从此例可以看到，即使是对同一电路系统建模，因关注点不同（例中是输出

变量不同），其数学模型也就不同。

【例 2-2】 如图 2-2(a) 所示的多回路电路，请列写描述开关合上后的输出量 $v_o(t)$ 与输入量 $e(t)$ 之间关系的微分方程，回路电压定律或节点电流定律均可采用。

解 方法一：采用回路电压法。如图 2-2(a) 所示，电路有 3 个独立的回路。设各回路的电流分别为 $i_1(t)$、$i_2(t)$ 和 $i_3(t)$，根据回路电压定律有（为简单起见，在不会引起误解的地方，下面方程中的变量均省略了时间变量 t）

第 1 个回路 $$R_1 i_1 + \frac{1}{C}\int i_1 \mathrm{d}t - R_1 i_2 - \frac{1}{C}\int i_3 \mathrm{d}t = e(t) \tag{2-10}$$

第 2 个回路 $$-R_1 i_1 + R_1 i_2 + R_2 i_2 + L\frac{\mathrm{d}i_2}{\mathrm{d}t} - R_2 i_3 = 0 \tag{2-11}$$

第 3 个回路 $$-\frac{1}{C}\int i_1 \mathrm{d}t - R_2 i_2 + R_2 i_3 + R_3 i_3 + \frac{1}{C}\int i_3 \mathrm{d}t = 0 \tag{2-12}$$

联立上述 3 个方程，消去中间变量 $i_1(t)$、$i_2(t)$ 和 $i_3(t)$，并注意到输出电压是$v_o = R_3 i_3$，且 $v_o = e - L\frac{\mathrm{d}i_2}{\mathrm{d}t}$，便可得到输出 $v_o(t)$ 与输入 $e(t)$ 之间的微分方程

$$\begin{aligned} R_1(R_2+R_3)LC\frac{\mathrm{d}^2 v_o}{\mathrm{d}t^2} + [L(R_2+R_3)+R_1R_2R_3C+R_1L]\frac{\mathrm{d}v_o}{\mathrm{d}t} + R_3(R_1+R_2)v_o \\ = R_3(L+R_1R_2C)\frac{\mathrm{d}e}{\mathrm{d}t} + R_3(R_1+R_2)e(t) \end{aligned} \tag{2-13}$$

方法二：采用节点电流法。该电路有 3 个独立的节点 a、b、c，流入流出各节点的电流如图 2-2(b) 所示。因而有

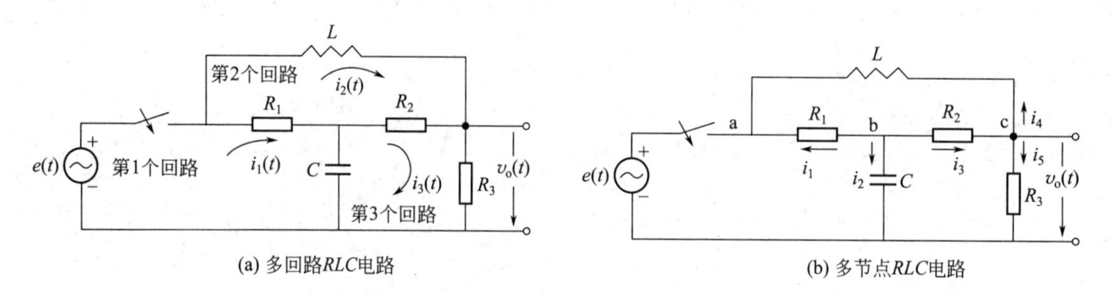

图 2-2 多回路 RLC 电路示意图

对节点 b $$i_1 + i_2 + i_3 = 0 \tag{2-14}$$

对节点 c $$-i_3 + i_4 + i_5 = 0 \tag{2-15}$$

采用节点电压表示式(2-14) 与式(2-15)

$$\frac{v_b - v_a}{R_1} + C\frac{\mathrm{d}v_b}{\mathrm{d}t} + \frac{v_b - v_o}{R_2} = 0 \tag{2-16}$$

$$\frac{v_o - v_b}{R_2} + \frac{v_o}{R_3} + \frac{1}{L}\int (v_o - e)\mathrm{d}t = 0 \tag{2-17}$$

注意到 $v_a = e$，代入并整理得

$$\frac{1}{R_1}v_b + C\frac{\mathrm{d}v_b}{\mathrm{d}t} + \frac{1}{R_2}v_b - \frac{1}{R_2}v_o = \frac{1}{R_1}e \tag{2-18}$$

$$-\frac{1}{R_2}v_b + \frac{1}{R_2}v_o + \frac{1}{R_3}v_o + \frac{1}{L}\int v_o \mathrm{d}t = \frac{1}{L}\int e\mathrm{d}t \tag{2-19}$$

联立方程(2-18)、方程(2-19)（用节点电流的方法只需要这两个方程），消去中间变量 $v_b(t)$，便可得到输出 $v_o(t)$ 与输入 $e(t)$ 之间的微分方程

$$R_1(R_2+R_3)LC\frac{\mathrm{d}^2 v_o}{\mathrm{d}t^2} + [L(R_2+R_3)+R_1R_2R_3C+R_1L]\frac{\mathrm{d}v_o}{\mathrm{d}t} + R_3(R_1+R_2)v_o$$

$$=R_3(L+R_1R_2C)\frac{\mathrm{d}e}{\mathrm{d}t}+R_3(R_1+R_2)e(t) \tag{2-20}$$

注意到，虽然在上面推导时用了两种不同的方法，但殊途同归，得到的输出 $v_o(t)$ 与输入 $e(t)$ 之间的微分方程(2-13)、方程(2-20) 相同，这是因为建模的对象是同一电路，且选取的输入输出变量相同。此外，虽然图 2-2 的电路看上去比图 2-1 的电路复杂，但由于电路系统中也只含有电感与电容两个独立的储能元件，所以描述系统动态特性的微分方程仍为 2 阶。

从例 2-2 的推导可以看出，当系统变复杂后，描述系统输入输出动态关系的微分方程相应变得复杂。是否有其他的数学模型形式可以描述系统的动态特性？是否有能描述系统内部变量动态特性的模型呢？答案是肯定的，即系统的状态空间模型。

2. 机械动力学系统

类似于电路系统均由电阻、电容和电感组成，机械动力学系统有如图 2-3 所示的三个基本无源元件：质量 m，弹簧 k 和阻尼器 b。它们的力学性质与作用是建立机械动力学系统模型的基础。

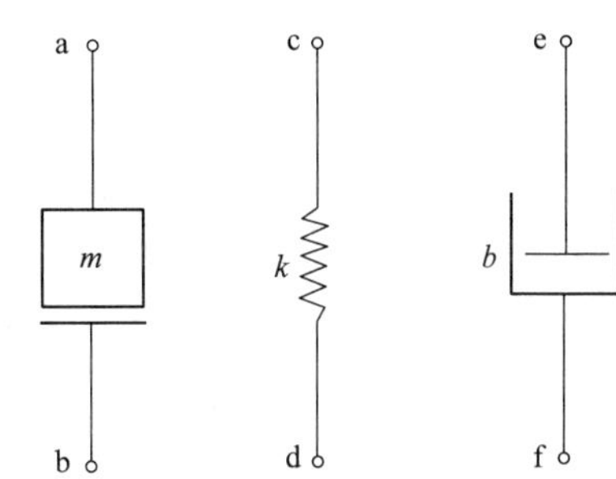

图 2-3　机械动力学系统的基本元件

① 惯性力　这是一种与质量有关的力，具有阻止启动和阻止停止运动的性质。根据牛顿第二定律

$$F_m=ma=m\frac{\mathrm{d}v}{\mathrm{d}t}=m\frac{\mathrm{d}^2y}{\mathrm{d}t^2} \tag{2-21}$$

式中，a 是矢量加速度；v 代表速度；y 代表位移；m 是物体的质量。质量 m 是系统中的固有参数，其物理意义是单位加速度的惯性力，可看成是系统中储存平移动能的储能元件。

② 弹性力　指弹簧的弹性恢复力，其大小与形变成正比，即

$$F_k=k(y_c-y_d)=k\int v\mathrm{d}t \tag{2-22}$$

式中，k 为弹簧刚度。k 在弹性力表示式中也是系统的一个固有参数，其物理意义是单位形变的恢复力。弹簧也属于储能元件，储存弹性势能。

③ 阻尼力　指阻尼器产生的黏性摩擦阻力，其大小与阻尼器中活塞和缸体的相对运动速度成正比，即

$$F_b=b(v_e-v_f)=b\frac{\mathrm{d}(y_e-y_f)}{\mathrm{d}t} \tag{2-23}$$

式中，b 为阻尼系数，也是系统的一个固有参数，其物理意义表示单位速度的阻尼力。阻尼器本身不存储任何动能和势能，主要用来吸收系统的能量，并转换成热能耗散掉。

【例 2-3】 简单的弹簧-质量-阻尼器串联系统如图 2-4 所示，设初始为静止状态。试列写出以外力 $F(t)$ 为输入量，以质量块 m 的位移 $y(t)$ 为输出量的运动方程。

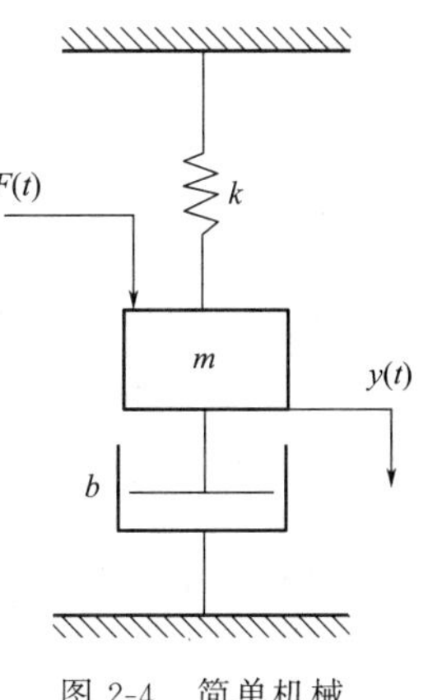

图 2-4　简单机械系统示意图

解　由题意分析，已知 $F(t)$ 是输入，$y(t)$ 为输出，弹性力 F_k 与黏性力 F_b 为中间变量。

从已知条件知：当无外力作用时，系统处于静止状况（平衡状态）。

当外力 $F(t)$ 作用于质量块 m 时，根据牛顿第二定律列写原始方程

$$\sum F=F(t)+F_k(t)+F_b(t)=ma=m\frac{\mathrm{d}^2y}{\mathrm{d}t^2} \tag{2-24}$$

由弹性力方程(2-22) 与阻尼力方程(2-23) 得

$$F_k(t)=-ky \tag{2-25}$$

$$F_b=-b\frac{\mathrm{d}y}{\mathrm{d}t} \tag{2-26}$$

将式(2-25)、式(2-26) 代入方程(2-24)，得

$$F(t)-ky-b\frac{\mathrm{d}y}{\mathrm{d}t}=m\frac{\mathrm{d}^2y}{\mathrm{d}t^2}$$

整理成标准型式，得

$$\frac{m}{k}\times\frac{\mathrm{d}^2 y}{\mathrm{d}t^2}+\frac{b}{k}\times\frac{\mathrm{d}y}{\mathrm{d}t}+y=\frac{1}{k}F(t) \tag{2-27}$$

令 $T_m{}^2=\frac{m}{k}$；$T_b=\frac{b}{k}$，则方程化为

$$T_m^2\frac{\mathrm{d}^2 y(t)}{\mathrm{d}t^2}+T_b\frac{\mathrm{d}y(t)}{\mathrm{d}t}+y(t)=\frac{1}{k}F(t) \tag{2-28}$$

此为标准的 2 阶线性常系数微分方程。考察图 2-4，系统有质量 m 和弹簧 k 这两个独立的储能元件，故描述系统动态特性的模型应为 2 阶微分方程。

注：分析 T_m、T_b 的量纲

$$[T_m^2]=\left[\frac{m}{k}\right]=\frac{\mathrm{kg}}{\mathrm{N/m}}=\frac{\mathrm{kg}}{(\mathrm{kg\cdot m/s^2})/\mathrm{m}}=\mathrm{s}^2$$

$$[T_b]=\left[\frac{b}{k}\right]=\frac{\mathrm{N/(m/s)}}{\mathrm{N/m}}=\mathrm{s}$$

$$\left[\frac{1}{k}\right]=\frac{1}{\mathrm{N/m}}=\frac{\mathrm{m}}{\mathrm{N}}$$

可见，类似于电路网络中的时间常数 T，T_m 和 T_b 均具有时间量纲，所以 T_m、T_b 被称为该机械力学系统的时间常数。静态放大倍数 $1/k$ 的量纲代表了两种物理量的转换。

例 2-1～例 2-3 分别介绍了电路系统与机械动力学系统，且均假设系统初始时处于静止状态。若被控对象是一个连续的过程，且初始条件不为零，该如何建立数学模型呢？

3. 直接蒸汽加热器

【例 2-4】 图 2-5 是一个简单换热装置——直接蒸汽加热器的示意图。其功能是将输入温度为 θ_c 的冷流体用蒸汽加热到温度为 θ_a 的热流体输出。设冷流体的流量为 G_c，蒸汽流量为 W，正常情况下加热过程连续进行。下面按部就班地建立该连续加热过程的数学模型。

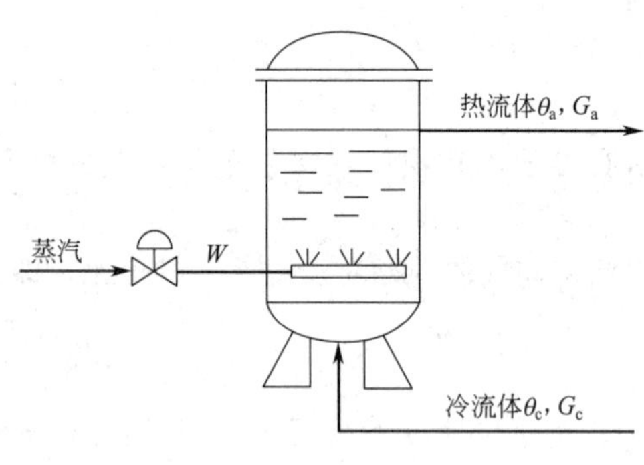

图 2-5　直接蒸汽加热器示意图

解　① 确定系统的输入变量与输出变量。

直接蒸汽加热器的作用是换热，目的是获得指定温度为 θ_a 的热流体，所以系统的输出变量（也即被控变量）显然就是热流体的温度 θ_a。输入变量是指能引起输出变量变化的量。此例中，蒸汽流量 W、冷流体的流量 G_c 和温度 θ_c，以及装置的环境温度都会引起 θ_a 的变化。从已知条件可知，工艺设计上是以蒸汽流量 W 来加热冷流体，使其达到温度 θ_a，所以选 W 作为控制变量（输入变量）。其余可能引起 θ_a 变化的量，如 G_c、θ_c 以及环境温度等由于未加控制，称为扰动变量（或干扰）。

② 忽略次要因素，并作合理的假设以简化问题。

为方便起见，在建模过程中通常需要忽略次要因素，并作一些合理的假设。首先，分析该流程中诸多影响被控变量温度 θ_a 变化的因素：冷流体流量 G_c 代表的是设备的物料处理能力（工艺上称为负荷），应作为设计参数予以保留；而环境温度对 θ_a 变化的影响最小，可作为次要扰动予以忽略。其次，假设加热器内部温度均匀，即加热器内部各点的温度相同，这样得到的数学模型称为集中参数模型；再假设加热器的保温性能良好，加热过程中的散热量可忽略不计。最后假设冷流体流量 G_c 和冷流体温度 θ_c 变化不大，可近似为常数。

③ 根据对象的内在机理，列出系统原始方程，以及各中间变量与输入输出变量之间的关系，消去中间变量。

对于加热过程，系统应满足能量守恒定律，在单位时间内加热器存在下列平衡关系

进入加热器的热量＝带出加热器的热量＋加热器内部热量的变化量

第一种情况：稳态。此时 θ_a 保持不变，即加热器内单位时间热量变化量为零，有

$$Q_c+Q_s=Q_a+Q_l \tag{2-29}$$

式中，Q_c 为单位时间冷流体带入的热量；Q_s 为单位时间蒸汽带入的热量；Q_a 为单位时间热流体带走

的热量；Q_1 为单位时间加热器散失的热量。

由前面所作假设，令 $Q_1=0$，于是有

$$Q_c+Q_s=Q_a \tag{2-30}$$

由于 $Q_c=G_c c_c \theta_c$，$Q_s=WH$，$Q_a=G_a c_a \theta_a$，代入式(2-30) 后，得到系统输入输出变量达到稳态时的关系式

$$G_c c_c \theta_c+WH=G_a c_a \theta_a \tag{2-31}$$

式中，H 是蒸汽热焓，为常数；c_c，c_a 分别为冷流体与热流体的比热容，可近似为常数，用 c 来表示。

由于热流体的单位时间流量 $G_a=G_c+W$，一般 W 较 G_c 要小得多，故可认为 $G_a \approx G_c$，由此又有

$$\theta_a=\theta_c+\frac{H}{G_a c}W \tag{2-32}$$

上式描述了稳态情况下被控对象直接蒸汽加热器的各工艺参数 θ_a、θ_c、G_a、W 之间的关系，称为系统的稳态数学模型，反映了对象输入输出参数的静态特性，可用图 2-6 表示。

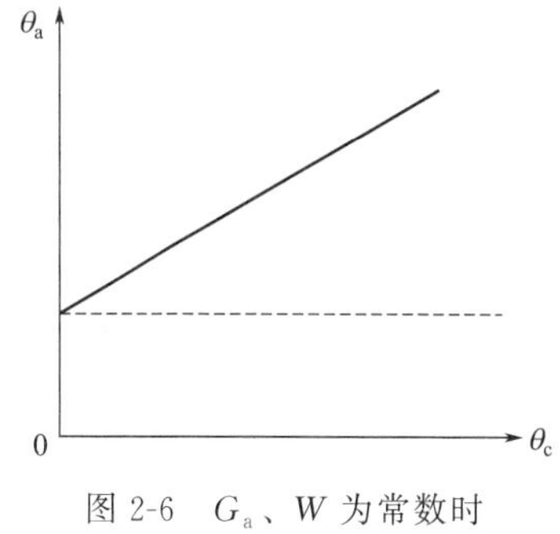

图 2-6　G_a、W 为常数时的加热器静特性示意图

第二种情况：动态。即加热器内部的单位时间能量变化量不为零。从控制的角度来说，稳态是相对的，人们更关心的是系统的动态数学模型。根据能量守恒关系，单位时间内：

容器中增加的热量＝输入的热量－输出的热量，即

$$\frac{\mathrm{d}Q}{\mathrm{d}t}=Q_c+Q_s-Q_a \tag{2-33}$$

式中，Q 为加热器中聚集的热量，$Q=V\gamma c\theta_a$；V 为加热器的有效容积；γ 为流体的密度。

一般 $V\gamma c$ 为一常数，称为热容，用 C 表示。代入式(2-33)，$Q=C\theta_a$，且

$$\frac{\mathrm{d}Q}{\mathrm{d}t}=C\frac{\mathrm{d}\theta_a}{\mathrm{d}t}=G_c c\theta_c+WH-G_a c\theta_a \tag{2-34}$$

可见，上式是只含有系统输入变量 θ_c 和 W 与输出变量 θ_a 的微分方程。

④ 将已经得到的微分方程式(2-34) 写成标准形式。

为方便起见，令 $R=\frac{1}{G_c c}$，$T=RC=\frac{C}{G_c c}$，$K=HR=\frac{H}{G_c c}$，代入式(2-34)，得到

$$T\frac{\mathrm{d}\theta_a}{\mathrm{d}t}+\theta_a=KW+\theta_c \tag{2-35}$$

式中，T 称为时间常数，它具有时间量纲；R 称为热阻，表示加热器阻止带走热量的能力；K 为放大倍数或静态增益。这就是直接蒸汽加热器的输入输出动态数学模型，它刻画了加热器系统输出变量 θ_a 与输入变量 θ_c、W 之间的动态关系，可理解为，热流体温度 θ_a 的变化是由于蒸汽流量 W 和冷流体温度 θ_c 等因素变化的共同作用。其中，W 是已选择的控制变量，当输出温度 θ_a 因为某种原因（如 θ_c 变化或环境温度突变）偏离给定值时，控制系统将通过调整 W 使 θ_a 回到给定值上。W-θ_a 通道称为调节通道；作为扰动变量，冷流体温度 θ_c 的变化也会引起 θ_a 变化，θ_c-θ_a 通道称为扰动通道；而环境温度或加热器散热等引起的 θ_a 变化在建模时已经忽略，只能作为未建模因素，视为外界干扰。

由于该系统只有加热器本身可储存能量，所以动态模型为一阶微分方程。

若式(2-35) 中的$\frac{\mathrm{d}\theta_a}{\mathrm{d}t}=0$，则式(2-35) 退化为式(2-32) 所表达的稳态数学模型。可见，稳态模型仅是动态模型的一种特殊情况。一般情况下，可以直接建立动态数学模型，而将稳态情况视为相对的静止状态。

4. 汽车控制系统的简单模型

【例 2-5】 图 2-7 是一辆正在行驶的汽车示意图，前进方向如图所示。假设发动机的牵引力为 u，列写以汽车速度 v 为变量的动态方程(即在 u 作用下，汽车速度变化的动态方程)。

解　为方便建模起见，先作一些合理的简化：①忽略车轮的旋转惯性，且假设阻碍汽车运动的摩擦力与汽车的速度 v 成正比（应该是与 v^2 成正比，此处已作线性近似），比例系数为 b；②将汽车看成是一个质量

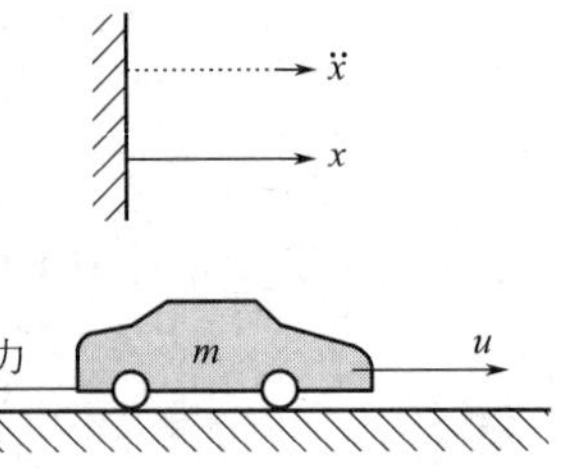

图 2-7　汽车控制模型示意图

为 m 的自由体，图中的 x 表示汽车在牵引力 u 作用下的位移，其 2 阶导数为车的加速度。由图 2-7，易得

$$u-b\dot{x}=m\ddot{x} \tag{2-36a}$$

或

$$m\ddot{x}+b\dot{x}=u \tag{2-36b}$$

由于关注的变量是速度 v（$v=\dot{x}$），则汽车在牵引力 u 作用下的速度 v 的运动方程为

$$\frac{\mathrm{d}}{\mathrm{d}t}v+\frac{b}{m}v=\frac{u}{m} \tag{2-37}$$

假设初始条件为零（或者可以理解为汽车加速前为匀速运动），对上式进行拉普拉斯变换，可求得车速 v（系统输出）的拉普拉斯变换式与牵引力 u（系统输入）的拉普拉斯变换式之比为

$$G(s)=\frac{V(s)}{U(s)}=\frac{1/m}{s+b/m} \tag{2-38}$$

这里的 $G(s)$ 称为系统的传递函数（或复域数学模型），它是零初始条件下的输出拉普拉斯变换与输入拉普拉斯变换之比。传递函数概念的引入将微积分运算转化为代数运算，给控制系统的分析与设计带来很大方便，在后面的章节中将会大量地用到。实际上，可以认为，式(2-38) 是用算子 s 取代了微分方程(2-37) 中的运算符 $\mathrm{d}/\mathrm{d}t$（即式中隐含着的 $\dot{v}$）而得到。

由微分方程(2-37) 知，速度 v 与牵引力 u 的动态关系呈一阶特性。式中的 m 为汽车的质量，系数 b 可以通过第三章将介绍的阶跃响应测试法获得（即突然猛踩油门——相当于给汽车加入一个阶跃输入信号，观察其输出速度的变化，在某特定速度处可以得到 b 值）。假设输入的牵引力 u 幅值为 1，求解方程(2-37)，可得到速度 v 对牵引力输入 u 随时间发生的动态变化（即阶跃响应）为

$$v(t)=\frac{1}{b}(1-\mathrm{e}^{-\frac{b}{m}t}) \tag{2-39}$$

根据实验，当汽车以 60mile[1]/h 的速度匀速行驶时，若松开油门，汽车速度在 5s 内将衰减到 55mile/h。由此推断出时间常数 T 大约为 60s，因此，$b/m=1/60\mathrm{s}^{-1}$。因为汽车的质量大约为 1580kg，可得 $m=1580$kg，$b\approx26$kg/s（具体计算可参见第三章中关于“时间常数”的内容）。

二、微分方程模型及相似系统

微分方程是描述控制系统动态特性的基本数学模型。通过上面的几个例子，大家已经初步了解如何针对一个具体系统建立微分方程模型。但实际中的物理系统多种多样，组成控制系统各个环节的部件种类繁多，结构各异，人们研究系统的目的也可能各不相同，这就要求在具体建模时，结合建模的目的和条件，列写出符合要求的数学模型。为了对更复杂的系统建模，下面给出列写微分方程的一般步骤及微分方程的一般特征。

1. 列写微分方程的一般步骤

① 找出系统的因果关系，确定系统的输入量、输出量以及内部中间变量，分析中间变量与输入输出量之间的关系。

② 为了简化运算，方便建模，可作一些合乎实际情况的假设，以忽略次要因素。

③ 根据对象的内在机理，找出支配系统动态特性的基本定律，列出系统各个部分的原始方程。常用的基本定律有基尔霍夫定律、牛顿定律、能量守恒定律、物质守恒定律等。

④ 列写各中间变量与输入输出变量之间的因果关系式。至此，列写出的方程数目与所设的变量数目（除输入变量）应相等。

⑤ 联立上述方程，消去中间变量，最终得到只包含系统输入与输出变量的微分方程。

⑥ 将已经得到的方程化成标准型，即将与输入量有关的各项放在方程的右边，与输出量有关的各项放在方程的左边，且各导数项以降阶次形式从左至右排列。

⑦ 对连续时间线性时不变系统而言，得到的微分方程是线性定常系数微分方程。

[1] 1mile＝1.609km。

⑧ 若得到的微分方程或差分方程是非线性的，则通常需要进行线性化处理。

当然，并不是对所有系统的建模均需经过以上步骤，对简单的系统建模或在建模熟悉以后可直接进行，但掌握一般的建模步骤显然对分析复杂系统大有好处。

2. 线性微分方程的一般特征

当用线性定常微分方程模型抽象描述实际的线性时不变系统时，该模型一般具有

$$a_n \frac{\mathrm{d}^n y}{\mathrm{d}t^n} + a_{n-1} \frac{\mathrm{d}^{n-1} y}{\mathrm{d}t^{n-1}} + \cdots + a_1 \frac{\mathrm{d}y}{\mathrm{d}t} + a_0 y = b_m \frac{\mathrm{d}^m u}{\mathrm{d}t^m} + b_{m-1} \frac{\mathrm{d}^{m-1} u}{\mathrm{d}t^{m-1}} + \cdots + b_1 \frac{\mathrm{d}u}{\mathrm{d}t} + b_0 u \tag{2-40}$$

的形式。从实际可实现的角度出发，上式应满足以下约束。

① 方程的系数 a_i（$i=0,1,2,\cdots,n$），b_j（$j=0,1,2,\cdots,m$）为实常数，是由物理系统本身的结构特性决定的。

② 方程右边的导数阶次不高于方程左边的阶次，这是因为一般物理系统含有质量、惯性或滞后的储能元件，故输出的阶次会高于或等于输入的阶次，即 $n \geqslant m$。

③ 方程两边的量纲应该一致。当 $a_n=1$ 时，方程的各项都应有输出 y 的量纲。

在满足上述约束条件下，微分方程(2-40) 可以代表各种具有不同物理性质的实际系统，不同的实际系统也完全有可能具有相同的数学模型。例如例 2-1a 针对 RLC 串联电路列写的式(2-7) 和例 2-3 针对机械系统列写的式(2-28)，具有相同阶次、相同形式，也即输入输出之间具有相同的运动规律。通常将具有这种性质的两个系统称为相似系统。

3. 相似系统

定义：如果描述两个系统动态特性的微分方程具有相同的形式，就称它们为相似系统，在微分方程中处于相同位置的物理量称为相似量。

现将例 2-1a 的 RLC 串联系统［式(2-6)］与例 2-3 的弹簧-质量-阻尼器串联系统［式(2-27)］进行比较

$$LC \frac{\mathrm{d}^2 v_C(t)}{\mathrm{d}t^2} + RC \frac{\mathrm{d}v_C(t)}{\mathrm{d}t} + v_C(t) = e(t) \tag{2-6}$$

$$\frac{m}{k} \times \frac{\mathrm{d}^2 y}{\mathrm{d}t^2} + \frac{b}{k} \times \frac{\mathrm{d}y}{\mathrm{d}t} + y = \frac{1}{k} F(t) \tag{2-27}$$

显然，这是两个具有相同方程形式的相似系统。为更清楚地说明问题，试作一变量代换，令 $v_C = \dfrac{q}{C}$，即将例 2-1a 的电路系统以电量 q 为输出量，代入式(2-6)，得

$$L \frac{\mathrm{d}^2 q(t)}{\mathrm{d}t^2} + R \frac{\mathrm{d}q(t)}{\mathrm{d}t} + \frac{1}{C} q(t) = e(t) \tag{2-6$'$}$$

比较式(2-27) 与式(2-6′)，相似系统的特征更加明显，且很容易地可以找出 RLC 串联电路系统与机械系统之间对应的相似量，如表 2-1 中的机械系统与电路系统Ⅰ所示。

表 2-1　相似系统的相似量

机械力学系统	$F(t)$	m	b	k	位移 y	速度 v
RLC 电路系统Ⅰ	$e(t)$	L	R	$1/C$	q	i
相似电路系统Ⅱ	$i(t)$	C	$1/R$	$1/L$		电压 v

相似系统的概念在系统分析与实践中很有用，因为经常会有某种系统比另一种系统更容易进行分析或进行实验研究的情况出现。

注：由于对电路系统的研究比较透彻，实验也方便，所以往往利用相似系统的概念采用电路系统来模拟其他物理系统。例如，例 2-3 的弹簧-质量-阻尼器串联系统（图 2-4）可以采用如图 2-8 所示的电路系统进行模拟，了解原系统的动态性能。若将这两个系统视作相似系统，相似量为表 2-1 中的第 3 行。

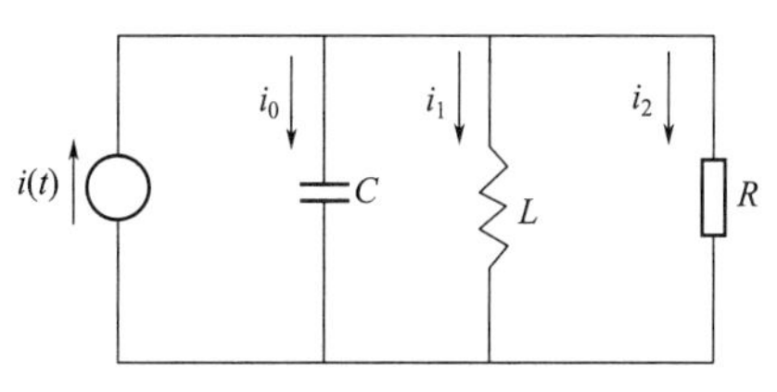

图 2-8　图 2-4 的相似电路系统示意图

三、动态系统建模举例

本小节再通过两个实例来说明建模过程中的一些共性问题。

1. 电枢控制直流电动机

【例 2-6】 列写如图 2-9 所示电枢控制的直流电动机的微分方程。

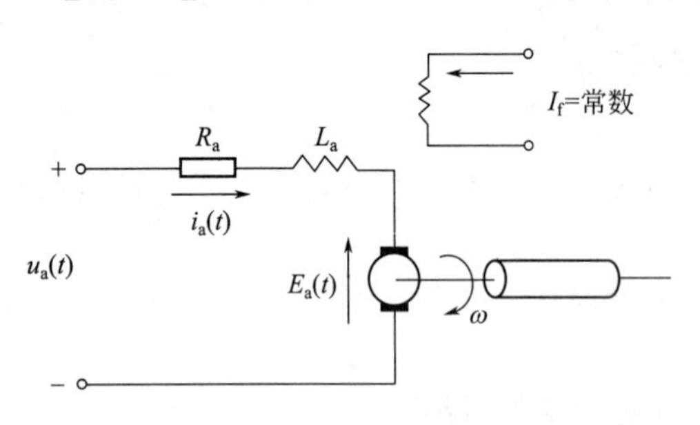

图 2-9　电枢控制的直流电动机系统示意图

解　直流电动机是将电能转化为机械能的一种典型的机电转换装置。在如图 2-9 所示的电枢控制直流电动机中，由输入的电枢电压 u_a 在电枢回路中产生电枢电流 i_a，再由电枢电流 i_a 与励磁磁通相互作用产生电磁转矩 M_m，从而使电枢旋转并拖动负载运动，将电能转换为机械能。图中 R_a 和 L_a 分别是电枢绕组总电阻和总电感。与一般电路系统模型突出的不同之处在于电枢是一个在磁场中运动的部件。在完成能量转换的过程中，其绕组在磁场中切割磁力线会产生感应反电势 E_a，其大小与励磁磁通及转速成正比，方向与外加电枢电压 u_a 相反。

① 取电枢电压 u_a 为控制输入，负载转矩 M_L 为扰动输入，电动机角速度 ω 为输出量。

② 忽略一些影响较小的次要因素，如电枢反应、磁滞、涡流效应等，并且当励磁电流 I_f 为常数时，励磁磁通视为不变，将变量关系看作是线性的。

③ 列写原始方程与中间变量的辅助方程。

由基尔霍夫定律写出电枢回路方程

$$L_a\frac{\mathrm{d}i_a}{\mathrm{d}t}+R_ai_a+E_a=u_a \tag{2-41}$$

由刚体的转动定律得到电机轴上机械运动方程

$$J\frac{\mathrm{d}\omega}{\mathrm{d}t}=M_m-M_L \tag{2-42}$$

式中，J 为负载折合到电动机轴上的转动惯量；M_m 为电枢电流产生的电磁转矩；M_L 为折合到电动机轴上的总负载转矩。

由于已经假设励磁磁通不变，电枢反电势 E_a 只与转速成正比，即

$$E_a=k_e\omega \tag{2-43}$$

式中，k_e 为电势系数，由电动机结构参数确定。

电磁转矩 M_m 只与电枢电流成正比，即

$$M_m=k_mi_a \tag{2-44}$$

式中，k_m 为转矩系数，由电动机结构参数确定。

④ 消去中间变量，将微分方程化为只含有输入量 u_a 和 M_L、输出量 ω 的标准型。

由式(2-41)～式(2-44) 4 个方程得

$$\frac{L_aJ}{k_ek_m}\frac{\mathrm{d}^2\omega}{\mathrm{d}t^2}+\frac{R_aJ}{k_ek_m}\frac{\mathrm{d}\omega}{\mathrm{d}t}+\omega=\frac{1}{k_e}u_a-\frac{R_a}{k_ek_m}M_L-\frac{L_a}{k_ek_m}\frac{\mathrm{d}M_L}{\mathrm{d}t} \tag{2-45}$$

令 $T_m=\frac{R_aJ}{k_ek_m}$，$T_a=\frac{L_a}{R_a}$，它们都具有时间量纲，分别称为机电时间常数、电磁时间常数。代入上式，得微分方程的标准型

$$T_aT_m\frac{\mathrm{d}^2\omega}{\mathrm{d}t^2}+T_m\frac{\mathrm{d}\omega}{\mathrm{d}t}+\omega=\frac{1}{k_e}u_a-\frac{T_m}{J}M_L-\frac{T_aT_m}{J}\frac{\mathrm{d}M_L}{\mathrm{d}t} \tag{2-46}$$

该方程表达了电动机的角速度 ω 与电枢电压 u_a 和负载转矩 M_L 之间的关系。由于系统含有电感 L_a 和惯量 J 这两个储能元件，对输出量 ω 来说，数学模型为 2 阶的微分方程。

注：分析 T_m、T_a 的量纲

$$[T_m]=\left[\frac{R_aJ}{k_ek_m}\right]=\left[\frac{(\mathrm{V/A})\mathrm{kg}\cdot\mathrm{m}\cdot\mathrm{s}^2}{\mathrm{V}/(1/\mathrm{s})\cdot\mathrm{kg}\cdot\mathrm{m/A}}\right]=[\mathrm{s}]$$

$$[T_a]=\left[\frac{L_a}{R_a}\right]=\left[\frac{\mathrm{V/(A/s)}}{\mathrm{V/A}}\right]=[\mathrm{s}]$$

电枢控制直流电机是重要的控制装置，在工程上广泛应用。根据具体的用途，电机的结构设计与制造有很大的区别。因此，在微分方程的建立过程中，在简化特性时有不同要求，主要有以下几种。

① 普通电机电枢绕组的电感 L_a 一般都较小，可以忽略（即电磁时间常数趋于零），此时微分方程(2-46)左边的第一项与右边的最后一项近似为零，微分方程简化成一阶

$$T_m\frac{d\omega}{dt}+\omega=\frac{1}{k_e}u_a-\frac{T_m}{J}M_L \tag{2-47}$$

② 对于微型电机，要求其非常灵敏，即转动惯量 J 很小，而且 R_a、L_a 都可忽略，则微分方程(2-47)可进一步简化为代数方程

$$\omega=\frac{1}{k_e}u_a \tag{2-48}$$

此时，电动机转速 ω 与电枢电压 u_a 成正比。反之，当把微电机用作发电机时，输入为 ω，输出为电枢电压 u_a。这时，由于无外加电压，电枢电压实际上就是电枢绕组的感应电势，即

$$u_a=k_e\omega \tag{2-49}$$

用于检测的测速发电机就属于这类。

③ 在位置随动系统中，电动机输出一般取转角 θ，由于 $\omega=\frac{d\theta}{dt}$，代入方程(2-47)，得

$$T_m\frac{d^2\theta}{dt^2}+\frac{d\theta}{dt}=\frac{1}{k_e}u_a-\frac{T_m}{J}M_L \tag{2-50}$$

④ 在实际使用中，电机转速常用 n(r/min) 来表示。若设 $M_L=0$，由于 $\omega=(2\pi/60)n$，代入式(2-46)，并令 $k'_e=k_e\cdot(\pi/30)$，则得

$$T_aT_m\frac{d^2n}{dt^2}+T_m\frac{dn}{dt}+n=\frac{1}{k'_e}u_a \tag{2-51}$$

2. 液位系统

【例 2-7】 图 2-10 表示的是由 2 个液体储槽串联而成的系统，通过改变储槽 2 的流出量 Q_{out} 来控制其液位 h_2 在一定高度。试建立该系统的数学模型。

解　系统输出变量即被控变量是储槽 2 的液位 h_2。引起 h_2 变化的因素与控制变量 Q_{out} 有关，也与储槽 1 的流出量 Q_1 有关。

分析：Q_1 与储槽 1 的液位 h_1 和阀 R_1 的开度有关。如果阀 R_1 的开度为常数，则 h_1 的变化仅与液体的流入量 Q_{in} 有关。因此，系统的输入变量为液体的流入量 Q_{in} 和控制变量 Q_{out}。储槽 1 的液位 h_1 和流出量 Q_1 为中间变量。

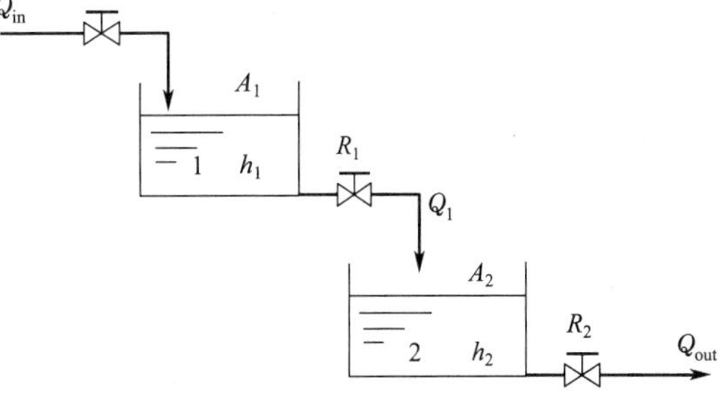

图 2-10　串联液体储槽示意图

注：这里的难点是作为物料流的 Q_{out} 是流出量，但作为信息流考虑，在控制系统中它是输入量，因为 Q_{out} 的增加或减少，会引起被控变量（输出）h_2 的减少或增加。

由上述分析，可列出该流体系统的基本物料平衡关系式如下

输入到储槽的流体－输出储槽的流体＝储槽中流体的变化量

对第 1 个储槽，有

$$A_1\frac{dh_1}{dt}=Q_{in}-Q_1 \tag{2-52}$$

$$Q_1=\frac{1}{R_1}h_1 \tag{2-53}$$

同样，对第 2 个储槽有

$$A_2\frac{dh_2}{dt}=Q_1-Q_{out} \tag{2-54}$$

由式(2-53)、式(2-54)，可得

$$A_1A_2\frac{d^2h_2}{dt^2}=\frac{A_1}{R_1}\frac{dh_1}{dt}-A_1\frac{dQ_{out}}{dt} \tag{2-55}$$

将式(2-52) 代入上式，得

$$A_1A_2\frac{d^2h_2}{dt^2}=\frac{1}{R_1}Q_{in}-\frac{1}{R_1}Q_1-A_1\frac{dQ_{out}}{dt} \tag{2-56}$$

由式(2-54) 得 $Q_1=A_2\frac{dh_2}{dt}+Q_{out}$，代入式(2-56) 有

$$A_1A_2\frac{d^2h_2}{dt^2}=\frac{1}{R_1}Q_{in}-\frac{A_2}{R_1}\frac{dh_2}{dt}-\frac{1}{R_1}Q_{out}-A_1\frac{dQ_{out}}{dt} \tag{2-57}$$

式(2-57) 中 Q_{out}的改变包含两个因素：液位 h_2 的变化与控制阀 R_2 的开度变化，将它们引起的 Q_{out}变化量分别记为 Q_h 与 Q_f，即

$$Q_{out}=Q_h+Q_f \tag{2-58}$$

其中

$$Q_h=\frac{1}{R_2}h_2 \tag{2-59}$$

将式(2-58)、式(2-59) 代入式(2-57)，得

$$A_1A_2\frac{d^2h_2}{dt^2}=\frac{1}{R_1}Q_{in}-\frac{A_2}{R_1}\frac{dh_2}{dt}-\frac{1}{R_1}Q_f-\frac{1}{R_1R_2}h_2-A_1\frac{dQ_f}{dt}-\frac{A_1}{R_2}\frac{dh_2}{dt} \tag{2-60}$$

整理后得

$$R_1R_2A_1A_2\frac{d^2h_2}{dt^2}+(A_1R_1+A_2R_2)\frac{dh_2}{dt}+h_2=R_2Q_{in}-R_2Q_f-A_1R_1R_2\frac{dQ_f}{dt} \tag{2-61}$$

令 $T_1=A_1R_1$，$T_2=A_2R_2$，则方程(2-61) 化为

$$T_1T_2\frac{d^2h_2}{dt^2}+(T_1+T_2)\frac{dh_2}{dt}+h_2=R_2Q_{in}-R_2Q_f-T_1R_2\frac{dQ_f}{dt} \tag{2-62}$$

式(2-62) 为标准的二阶线性常系数微分方程，它反映了输入变量 Q_{in}和 Q_f 与输出变量 h_2 之间随时间而变化的动态关系。其中 h_2-Q_{in}之间的关系称为扰动通道模型，h_2-Q_f 之间关系称为调节通道模型。

注：与前面例子一样，式(2-62) 中的 T_1、T_2 具有时间量纲，称为系统的时间常数；R_1、R_2 称为液阻，A_1、A_2 称为液容系数（简称液容），定义为：液容$=\frac{储槽中流体量的变化}{液位的变化}$。一般地，容量系数有如下的定义：容量系数$=\frac{容器中储存的物料量或能量的变化}{输出参数的变化}$。

称式(2-62) 为输入输出模型，它反映的是输入量 Q_{in}、Q_f 与输出量 h_2 之间的关系，但不能表现中间变量 h_1 的信息，对更高阶次的系统来说，输入输出模型将损失更多的内部信息，建模也更麻烦。从控制工程的角度看，为了更好地设计控制器，很多时候需要了解内部的情况，于是另一种可以描述内部状态的模型形式——状态空间表达式应运而生。

状态方程实际上就是将原 n 阶微分方程表示成含有 n 个一阶微分方程的微分方程组。例如描述液位系统的式(2-62) 是一个二阶微分方程，可用两个一阶微分方程来表示。

设该系统的输出仍然是 h_2，输入也仍然是 Q_{in}和 Q_f。由式(2-52)、式(2-53) 得

$$\frac{dh_1}{dt}=-\frac{1}{T_1}h_1+\frac{1}{A_1}Q_{in} \tag{2-63}$$

由式(2-54)、式(2-58) 和式(2-59) 得

$$\frac{dh_2}{dt}=\frac{1}{R_1A_2}h_1-\frac{1}{T_2}h_2-\frac{1}{A_2}Q_f \tag{2-64}$$

由输出定义
$$y=h_2 \tag{2-65}$$
状态空间模型往往写成矩阵形式
$$\begin{aligned}\dot{\boldsymbol{x}}&=\boldsymbol{A}\boldsymbol{x}+\boldsymbol{B}\boldsymbol{u}\\ \boldsymbol{y}&=\boldsymbol{C}\boldsymbol{x}\end{aligned} \tag{2-66}$$
对该例有

$\boldsymbol{x}=\begin{bmatrix}h_1\\h_2\end{bmatrix}$（称为状态变量）；$\boldsymbol{u}=\begin{bmatrix}Q_{\text{in}}\\Q_{\text{f}}\end{bmatrix}$（称为输入变量）；$y=h_2$（称为输出变量）

$\boldsymbol{A}=\begin{bmatrix}-\dfrac{1}{T_1} & 0\\ \dfrac{1}{R_1A_2} & -\dfrac{1}{T_2}\end{bmatrix}$（称为系统矩阵）；$\boldsymbol{B}=\begin{bmatrix}\dfrac{1}{A_1} & 0\\ 0 & -\dfrac{1}{A_2}\end{bmatrix}$（称为输入矩阵）

$\boldsymbol{C}=[0\quad 1]$（称为输出矩阵）

故二级串联的流体储槽的状态空间表达式为
$$\begin{bmatrix}\dot{h}_1\\ \dot{h}_2\end{bmatrix}=\begin{bmatrix}-\dfrac{1}{T_1} & 0\\ \dfrac{1}{R_1A_2} & -\dfrac{1}{T_2}\end{bmatrix}\begin{bmatrix}h_1\\h_2\end{bmatrix}+\begin{bmatrix}\dfrac{1}{A_1} & 0\\ 0 & -\dfrac{1}{A_2}\end{bmatrix}\begin{bmatrix}Q_{\text{in}}\\Q_{\text{f}}\end{bmatrix} \tag{2-67a}$$
$$h_2=[0\quad 1]\begin{bmatrix}h_1\\h_2\end{bmatrix} \tag{2-67b}$$
称式(2-67a) 为状态方程，式(2-67b) 为输出方程，它们一起被称为状态空间表达式或状态空间模型。

第二节　状态及状态空间模型

上一节的例 2-7 同时给出了液位系统的微分方程模型（2-62）与状态空间模型（2-67）。微分方程模型描述的是系统输入与输出间的外部特性，基于该模型可以对系统进行分析与设计。而状态空间模型同时反映了系统内部结构关系以及输入输出间的外部特性，可以更为全面地揭示出系统的内在特性。

在 20 世纪 50 年代的巨大需求推动下，现代控制理论开拓性工作的一个重要标志就是卡尔曼将状态空间概念引入到控制理论中，奠定了现代控制理论发展的基础。

一、状态空间的基本概念

对于一个被控过程来说，变量可分为三类：输入变量、输出变量和状态变量。

输入变量：外界作用于被控过程的变量，包括控制变量与干扰变量。控制变量是按人们的要求，通过控制元件，作用于被控过程的变量，它可以在允许的范围内独立地变化。例 2-7 中的 Q_{f} 即为控制变量，当被控变量 h_2 发生变化时，控制系统可通过改变 Q_{f} 达到控制 h_2 的目的。干扰变量是客观存在的外界对被控对象的作用，它不随人们主观愿望而变化。如例 2-7 中的 Q_{in}，它的变化也将引起 h_2 变化。通常，建模时常会忽略一些次要的外界影响因素，将它们作为未建模的干扰因素。

输出变量：对输入变量的响应，即系统的被控变量。一般可通过仪表测量得到。如工业过程中的温度、压力、流量、液位与浓度等。

状态变量：状态变量是指确定系统运动状态所需的一组最少数目的变量。一个用 n 阶微分方程描述的系统最少需要用 n 个独立变量 $x_1(t)$，$x_2(t)$，…，$x_n(t)$完全描述系统的行为，这 n 个变量即为一组状态变量。状态变量在某个给定时刻 t_1 的值，就组成了过程在 t_1 时刻的状态；若再减少变量的数目，就不能表示过程在 t_1 时刻的状态；同时，当 n 个初始条件 $x(t_0)$，$\dot{x}(t_0)$，…，$x^{(n-1)}(t_0)$及 $t\geqslant t_0$ 的输入 $u(t)$ 给定时，可惟一确定方程的解，也即系统的行为被完全确定。因此，用 n 阶微分方程描述的系统有 n 个状态变量。要注意的是，状态变量不一定是物理上可观察的量，它们可以是纯数学量。由于不同的状态变量能表达同一个系统的行为，状态变量具有非惟一性。

状态向量：若以描述系统状态的 n 个状态变量 $x_1(t)$，$x_2(t)$，…，$x_n(t)$ 作为 n 维向量 $\boldsymbol{x}(t)$ 的分量，则 $\boldsymbol{x}(t)=[x_1(t),x_2(t),\cdots,x_n(t)]^{\mathrm{T}}$ 称为 n 维状态向量。当给定 $t=t_0$ 时的初始状态向量 $\boldsymbol{x}(t_0)$ 及 $t\geqslant t_0$ 的输入向量 $\boldsymbol{u}(t)$，则 $t\geqslant t_0$ 的状态由状态向量 $\boldsymbol{x}(t)$ 惟一确定。

状态空间：以 n 个状态变量作为基底所组成的 n 维空间称为状态空间。

状态轨线：系统在任一时刻的状态都可在状态空间中用一点来表示。随着时间的推移，系统状态也在变化，并在状态空间中描绘出一条轨迹。这种状态向量在状态空间中随时间变化的轨迹称为状态轨迹或状态轨线。

状态方程：描述系统状态变量与输入变量之间关系的一阶微分方程组称为状态方程。状态方程表征了系统由输入所引起的内部状态的变化，其一般形式

$$\dot{\boldsymbol{x}}(t)=\boldsymbol{f}(\boldsymbol{x}(t),\boldsymbol{u}(t),t) \tag{2-68}$$

若式中的 $\boldsymbol{f}$ 是线性函数且不显含时间，则称系统是线性定常（时不变）系统，其标准形式为

$$\dot{\boldsymbol{x}}(t)=\boldsymbol{A}\boldsymbol{x}(t)+\boldsymbol{B}\boldsymbol{u}(t) \tag{2-69}$$

输出方程：描述系统输出变量与状态变量、输入变量之间关系的代数方程称为输出方程，其一般形式

$$y(t)=\boldsymbol{g}(\boldsymbol{x}(t),\boldsymbol{u}(t),t) \tag{2-70}$$

若式中的 $\boldsymbol{g}$ 是线性函数且不显含时间，则标准形式为

$$\boldsymbol{y}(t)=\boldsymbol{C}\boldsymbol{x}(t)+\boldsymbol{D}\boldsymbol{u}(t) \tag{2-71}$$

对于很多系统来说，式(2-71) 中的 $\boldsymbol{D}=0$。

状态空间表达式：状态方程和输出方程合称为状态空间表达式，又称系统的状态空间模型或动态方程。

线性定常系统的状态空间模型标准形式为

$$\begin{aligned}\dot{\boldsymbol{x}}(t)&=\boldsymbol{A}\boldsymbol{x}(t)+\boldsymbol{B}\boldsymbol{u}(t)\\ \boldsymbol{y}(t)&=\boldsymbol{C}\boldsymbol{x}(t)+\boldsymbol{D}\boldsymbol{u}(t)\end{aligned} \tag{2-72}$$

为表示上的方便，式(2-72) 常简记为系统 $\Sigma(\boldsymbol{A},\boldsymbol{B},\boldsymbol{C},\boldsymbol{D})$，或更简单的系统（$\boldsymbol{A},\boldsymbol{B},\boldsymbol{C},\boldsymbol{D}$）。其中，称 $\boldsymbol{A}_{n\times n}$ 为系统矩阵，$\boldsymbol{B}_{n\times m}$ 为输入矩阵，$\boldsymbol{C}_{l\times n}$ 为输出矩阵，$\boldsymbol{D}_{m\times l}$ 为前馈矩阵。

二、状态空间模型的建立

建立状态空间模型的方法主要有两种：一是由系统机理推导得到的微分方程，选择状态变量，导出状态空间模型（如例 2-7 的推导过程，例中状态变量为 h_1 和 h_2），这种方法中的状态变量通常选择物理上可量测的储能元件的相关变量，如表 2-2 所示；二是由已知系统的其他数学模型形式转化而得，这种方法选择的状态变量往往不一定是物理上可量测的，但对于分析与设计控制系统却可能带来更大的方便。

表 2-2　能量储存元件

储能元件	能　量	物理变量
电容 C	$\frac{Cv^2}{2}$	电压 v
电感 L	$\frac{Li^2}{2}$	电流 i
质量 M	$\frac{Mv^2}{2}$	传递速度 v
弹簧 k	$\frac{kx^2}{2}$	位移 x
流体容量 $C=\rho A$	$\frac{\rho Ah^2}{2}$	高度 h
热能 C	$\frac{C\theta^2}{2}$	温度 θ
流体可压缩性 V/K_{B}	$\frac{Vp_{\mathrm{L}}^2}{2K_{\mathrm{B}}}$	压力 p_{L}

1. 第一种建模方法：状态变量为物理量

【例 2-8】 串联的 RL 电路如图 2-11 所示，写出当开关合上时的状态空间模型。

解 该电路仅有电感 L 为储能元件，通过电感的电流 i 是一个自由变量，它在时刻 t 的值不仅与输入有关，还取决于其初始值的大小。若已知 $t=t_0$ 时的 $i(t_0)$ 值，以及 $t\geqslant t_0$ 时的输入电压 $e(t)$，则能完全掌握该电路在$t>t_0$时的动态情况。所以系统只需要 1 个状态变量，即$n=1$。由基尔霍夫定律得回路电压方程为

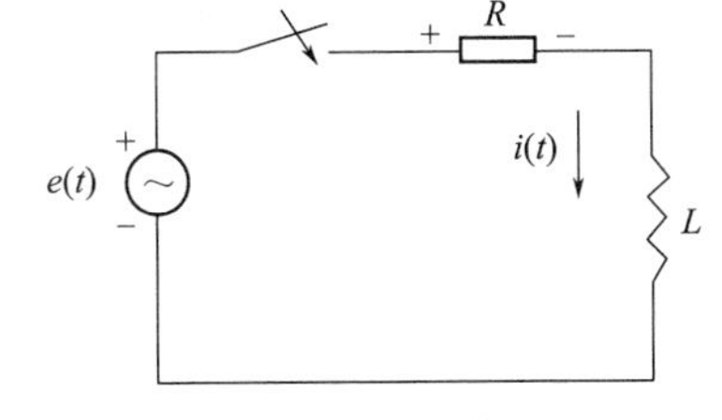

图 2-11　R-L 串联电路系统示意图

$$Ri+L\frac{\mathrm{d}i}{\mathrm{d}t}=u \tag{2-73}$$

选择状态变量为 $x_1=i$（可查表 2-2），令输入 $u=e(t)$，则

$$Rx_1+L\dot{x}_1=u \tag{2-74}$$

写成标准的状态方程形式

$$\dot{x}_1=-\frac{R}{L}x_1+\frac{1}{L}u \tag{2-75}$$

即 $A=a=-R/L$，$B=b=1/L$（由于 $n=1$，系统矩阵 $\boldsymbol{A}$ 为标量，因输入仅有 1 个，$m=1$，输入矩阵 $\boldsymbol{B}$ 亦为标量），至于输出方程，则需要看系统定义的输出变量是什么。若令输出 $y=i$，则有

$$y=x_1 \tag{2-76}$$

即 $C=c=1$，$D=d=0$。若选择电感上的电压为输出，即令 $y=u_L$，则有输出方程

$$y=L\dot{x}_1=-Rx_1+u \tag{2-77}$$

此时，$C=c=-R$，$D=d=1$。

【例 2-9】 串联的 RLC 电路参见图 2-1(a)。写出该电路的状态方程。

解 该电路包含电感 L 和电容 C 两个储能元件，电容上的充电电压 v_C 与通过电感的电流 i 为自由变量。若已知 $t=t_0$ 时的 $v_C(t_0)$ 和 $i(t_0)$ 值，以及 $t\geqslant t_0$ 时输入电压 $e(t)$，则该电路在 $t>t_0$ 的动态情况就可完全知晓。由基尔霍夫定律

$$v_L(t)+v_C(t)+v_R(t)=e(t) \tag{2-78}$$

$$L\frac{\mathrm{d}i(t)}{\mathrm{d}t}+\frac{1}{C}\int i(t)\mathrm{d}t+Ri(t)=e(t) \tag{2-79}$$

选取状态变量为 $x_1=v_C$，$x_2=i$（亦可查表 2-2），$n=2$，输入 $u=e(t)$，$m=1$，则

$$C\dot{x}_1=x_2 \tag{2-80}$$

$$L\dot{x}_2+x_1+Rx_2=u \tag{2-81}$$

重新整理，得

$$\begin{bmatrix}\dot{x}_1\\ \dot{x}_2\end{bmatrix}=\begin{bmatrix}0 & \dfrac{1}{C}\\ -\dfrac{1}{L} & -\dfrac{R}{L}\end{bmatrix}\begin{bmatrix}x_1\\ x_2\end{bmatrix}+\begin{bmatrix}0\\ \dfrac{1}{L}\end{bmatrix}u \tag{2-82}$$

如果输出量选为 $v_C(t)$，则 $l=1$，输出方程为

$$y=v_C=x_1 \tag{2-83}$$

写成状态空间模型的标准形式

$$\dot{\boldsymbol{x}}(t)=\boldsymbol{A}\boldsymbol{x}(t)+\boldsymbol{B}u(t)$$

$$\boldsymbol{y}=\boldsymbol{C}\boldsymbol{x}+\boldsymbol{D}u$$

其中　$\boldsymbol{x}=\begin{bmatrix}x_1\\ x_2\end{bmatrix}=\begin{bmatrix}v_C\\ i\end{bmatrix}$（为 $n\times1$ 的状态向量）

$$\boldsymbol{A}=\begin{bmatrix}a_{11} & a_{12}\\ a_{21} & a_{22}\end{bmatrix}=\begin{bmatrix}0 & \dfrac{1}{C}\\ -\dfrac{1}{L} & -\dfrac{R}{L}\end{bmatrix}\text{（为 }n\times n\text{ 的系数矩阵）}$$

$$\boldsymbol{B}=\boldsymbol{b}=\begin{bmatrix}b_1\\ b_2\end{bmatrix}=\begin{bmatrix}0\\ \dfrac{1}{L}\end{bmatrix}\text{（为 }n\times m\text{ 的输入矩阵，这里 }m=1\text{）}$$

$$\boldsymbol{C}=\boldsymbol{c}=[1\quad 0]\text{（为 }l\times n\text{ 的输出矩阵，这里 }l=1\text{）}$$

$$\boldsymbol{D}=[0]\text{（为 }m\times l\text{ 的前馈矩阵）}$$

【例 2-10】 推导图 2-12 所示电路的状态空间模型，其中 i_2 是系统输出，且指定状态变量为 $x_1=i_1$，$x_2=i_2$，$x_3=v_C$。

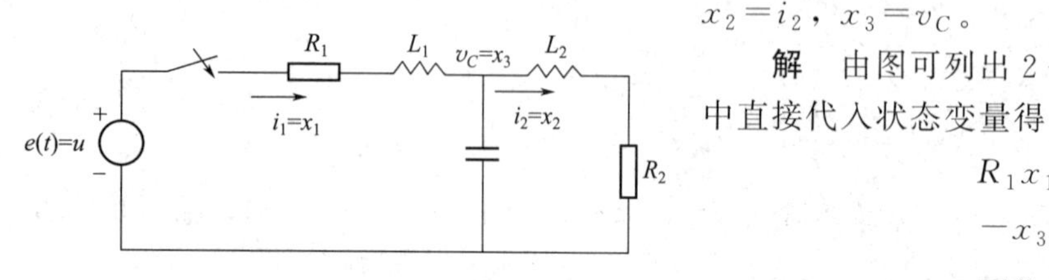

图 2-12 一种 *RLC* 电路系统示意图

解 由图可列出 2 个回路方程与 1 个节点方程，在方程中直接代入状态变量得

$$R_1x_1+L_1\dot{x}_1+x_3=u \tag{2-84}$$

$$-x_3+L_2\dot{x}_2+R_2x_2=0 \tag{2-85}$$

$$-x_1+x_2+C\dot{x}_3=0 \tag{2-86}$$

由于电路含 3 个独立的储能元件，故状态方程为三阶。整理上述方程可得系统状态方程与输出方程如下

$$\begin{bmatrix}\dot{x}_1\\ \dot{x}_2\\ \dot{x}_3\end{bmatrix}=\begin{bmatrix}-\dfrac{R_1}{L_1} & 0 & -\dfrac{1}{L_1}\\ 0 & -\dfrac{R_2}{L_2} & \dfrac{1}{L_2}\\ \dfrac{1}{C} & -\dfrac{1}{C} & 0\end{bmatrix}\begin{bmatrix}x_1\\ x_2\\ x_3\end{bmatrix}+\begin{bmatrix}\dfrac{1}{L_1}\\ 0\\ 0\end{bmatrix}u \tag{2-87}$$

$$y=[0\quad 1\quad 0]\boldsymbol{x} \tag{2-88}$$

注：读者可以自己试一下若状态变量与输出变量选取得与例题中不一样，其结果如何？

在前面例子中，提到系统中独立的储能元件个数决定了状态方程的阶次。如果储能元件不独立会发生什么情况呢？

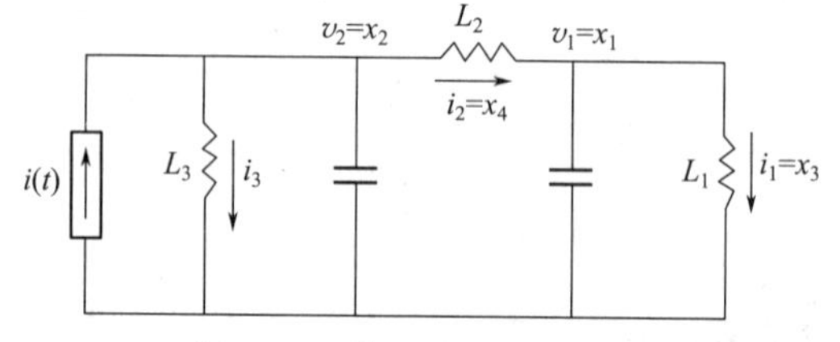

图 2-13 某电路系统示意图

【例 2-11】 推导图 2-13 所示电路的状态空间模型，其中 v_1 是系统输出，输入是电流 $i(t)$。指定状态变量为 i_1，i_2，i_3，v_1，v_2。

解 由图 2-13，可列出 3 个回路方程与 2 个节点方程

$$v_1=L_1\dot{i}_1 \tag{2-89}$$

$$v_2=L_2\dot{i}_2+v_1 \tag{2-90}$$

$$v_2=L_3\dot{i}_3 \tag{2-91}$$

$$i_2=C_1\dot{v}_1+i_1 \tag{2-92}$$

$$i=i_3+C_2\dot{v}_2+i_2 \tag{2-93}$$

将式(2-89)和式(2-91)代入式(2-90)后方程两边同时积分，得

$$L_3i_3=L_2i_2+L_1i_1+K \tag{2-94}$$

式中 K 是初始条件的函数。式(2-94)表明，某个电感的电流取决于电路中其他 2 个电感的电流，也就是说，图 2-13 所示电路仅有 4 个独立的物理状态变量：2 个电感电流，2 个电容电压。若将这 4 个独立的变量指定为 $x_1=v_1$，$x_2=v_2$，$x_3=i_1$，$x_4=i_2$，且控制变量为 $u=i$，则从式(2-89)、式(2-90)、式(2-92)可

得到 3 个状态方程，再联立式(2-93) 和式(2-94)，消去不独立的一个变量，如 i_3，即可得第 4 个状态方程。写成标准的矩阵形式为

$$\begin{bmatrix}\dot{x}_1\\\dot{x}_2\\\dot{x}_3\\\dot{x}_4\end{bmatrix}=\begin{bmatrix}0 & 0 & -\dfrac{1}{C_1} & \dfrac{1}{C_1}\\0 & 0 & -\dfrac{L_1}{L_3C_2} & -\dfrac{L_2+L_3}{L_3C_2}\\\dfrac{1}{L_1} & 0 & 0 & 0\\-\dfrac{1}{L_2} & \dfrac{1}{L_2} & 0 & 0\end{bmatrix}\begin{bmatrix}x_1\\x_2\\x_3\\x_4\end{bmatrix}+\begin{bmatrix}0\\\dfrac{1}{C_2}\\0\\0\end{bmatrix}u \tag{2-95}$$

$$y=[1\quad 0\quad 0\quad 0]\boldsymbol{x} \tag{2-96}$$

注：式(2-94) 所示的电流 i_1, i_2, i_3 之间的相关性可能不是很容易看出来，这种情况下，状态变量可能就会选择为 5 个，则矩阵式(2-95) 就为 5 阶，状态变量有冗余。

【例 2-12】 图 2-14 是一个高阶对象的例子，它由 3 个具有一阶特性的流体储槽组成，与例 2-7 类似，通过改变储槽 3 的流出量 Q_{out}来控制其液位 h_3 在一定高度。要求建立该系统的状态空间模型。

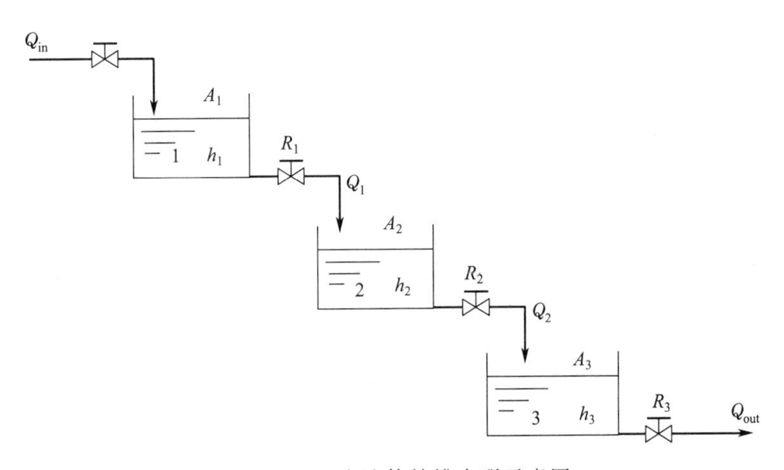

图 2-14　三个液体储槽串联示意图

解　仿照例 2-7 的推导，可以得到如下的方程。

对第 1 个储槽

$$\begin{cases}A_1\dfrac{\mathrm{d}h_1}{\mathrm{d}t}=Q_{in}-Q_1\\Q_1=\dfrac{1}{R_1}h_1\end{cases}$$

对第 2 个储槽

$$\begin{cases}A_2\dfrac{\mathrm{d}h_2}{\mathrm{d}t}=Q_1-Q_2\\Q_2=\dfrac{1}{R_2}h_2\end{cases}$$

对第 3 个储槽

$$\begin{cases}A_3\dfrac{\mathrm{d}h_3}{\mathrm{d}t}=Q_2-Q_{out}\\Q_{out}=\dfrac{1}{R_3}h_3+Q_f\end{cases}$$

式中，A 为储槽的面积，R 为阀的阻力系数。

整理上面三组方程后得到

$$\begin{cases}\dfrac{\mathrm{d}h_1}{\mathrm{d}t}=-\dfrac{1}{A_1R_1}h_1+\dfrac{1}{A_1}Q_{\text{in}}\\ \dfrac{\mathrm{d}h_2}{\mathrm{d}t}=\dfrac{1}{A_2R_1}h_1-\dfrac{1}{A_2R_2}h_2\\ \dfrac{\mathrm{d}h_3}{\mathrm{d}t}=\dfrac{1}{A_3R_2}h_2-\dfrac{1}{A_3R_3}h_3-\dfrac{1}{A_3}Q_{\text{f}}\end{cases} \tag{2-97}$$

易得该三阶系统的状态空间模型为

$$\begin{bmatrix}\dot{h}_1\\ \dot{h}_2\\ \dot{h}_3\end{bmatrix}=\begin{bmatrix}-\dfrac{1}{A_1R_1} & 0 & 0\\ \dfrac{1}{A_2R_1} & -\dfrac{1}{A_2R_2} & 0\\ 0 & \dfrac{1}{A_3R_2} & -\dfrac{1}{A_3R_3}\end{bmatrix}\begin{bmatrix}h_1\\ h_2\\ h_3\end{bmatrix}+\begin{bmatrix}\dfrac{1}{A_1} & 0\\ 0 & 0\\ 0 & -\dfrac{1}{A_3}\end{bmatrix}\begin{bmatrix}Q_{\text{in}}\\ Q_{\text{f}}\end{bmatrix} \tag{2-98}$$

$$y=\begin{bmatrix}0 & 0 & 1\end{bmatrix}\begin{bmatrix}h_1\\ h_2\\ h_3\end{bmatrix}=h_3 \tag{2-99}$$

【例 2-13】 图 2-15 是一个具有 2 个储槽的液位系统，要求同时观察 2 个储槽的液位变化。请推导其状态空间模型，并比较其与例 2-7 的不同之处。

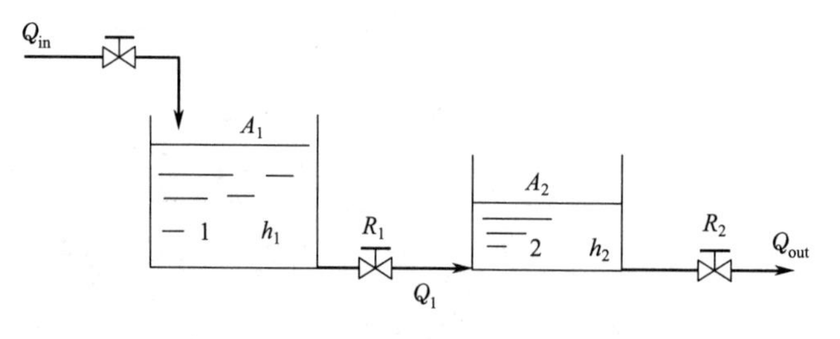

图 2-15　2 个储槽液体系统示意图

解　显然，分别对第 1、2 个储槽建立模型，就有

$$\begin{cases}A_1\dfrac{\mathrm{d}h_1}{\mathrm{d}t}=Q_{\text{in}}-Q_1\\ Q_1=\dfrac{h_1-h_2}{R_1}\end{cases} \tag{2-100}$$

$$\begin{cases}A_2\dfrac{\mathrm{d}h_2}{\mathrm{d}t}=Q_1-Q_{\text{out}}\\ Q_{\text{out}}=\dfrac{1}{R_2}h_2\end{cases} \tag{2-101}$$

令状态变量为 $x_1=h_1$，$x_2=h_2$，控制变量为 $u=Q_{\text{in}}$。根据题意，输出变量取为 $y_1=h_1$，$y_2=h_2$，且令 $T_1=A_1R_1$，$T_2=A_2R_2$，则可写出该二阶系统的状态空间模型为

$$\begin{gathered}\begin{bmatrix}\dot{x}_1\\ \dot{x}_2\end{bmatrix}=\begin{bmatrix}-\dfrac{1}{T_1} & \dfrac{1}{T_1}\\ \dfrac{1}{A_2R_1} & -\dfrac{1}{A_2R_1}-\dfrac{1}{T_2}\end{bmatrix}\begin{bmatrix}x_1\\ x_2\end{bmatrix}+\begin{bmatrix}\dfrac{1}{A_1}\\ 0\end{bmatrix}u\\ y=\begin{bmatrix}1 & 0\\ 0 & 1\end{bmatrix}\begin{bmatrix}x_1\\ x_2\end{bmatrix}\end{gathered} \tag{2-102}$$

若采用相似系统的概念，储槽储能用电容储能$\frac{Cv_C{}^2}{2}$来表示，h 的相似量是 v_C。对储槽建模的式(2-100)和式(2-101) 在其相似电路系统中的相应量如表 2-3 所示。

表 2-3 液位及电路相似系统

液位系统		电路系统	
符号	变量	符号	变量
q_i	输入流量	i_i	电流
h	液位	v_C	电容电压
A	储槽截面积	C	电容
R	液阻	R	电阻

相应的电路系统方程

$$\begin{aligned} C_1\frac{\mathrm{d}v_1}{\mathrm{d}t}&=i_i-\frac{v_1-v_2}{R_1}\\ C_2\frac{\mathrm{d}v_2}{\mathrm{d}t}&=\frac{v_1-v_2}{R_1}-\frac{v_2}{R_2}\end{aligned}\tag{2-103}$$

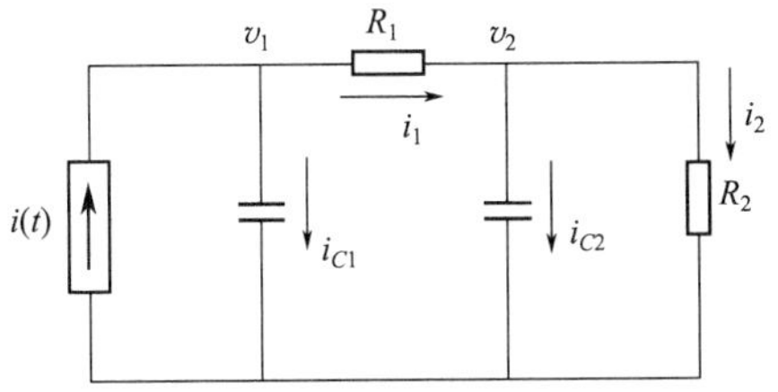

由式(2-103)，可得到图 2-16 所示的相似电路。采用此相似系统，可以很容易地进行系统分析的相关实验。

图 2-16 液位系统的相似电路示意图

【例 2-14】 如图 2-17 所示的一个夹套式加热器。具有流量为 q_{in} kg/s，温度为 θ_{in}℃的冷液自顶部加入，加热后物料由溢流管流出，其流量为 q_{out} kg/s。今假设：①加热器内搅拌均匀，温度为 θ_a℃；②加热器保温性好，外部散热可以忽略；③夹套内层壁较薄，壁温均匀，其温度为 θ_1℃；④加热蒸汽在饱和状态下冷凝。若选蒸汽流量 W 为控制变量，进料温度 θ_{in} 为主要干扰，试列出其状态空间模型。

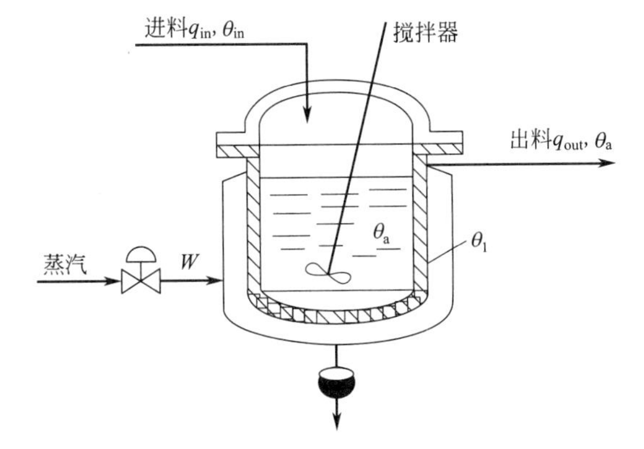

图 2-17 夹套式加热器示意图

解 对于该蒸汽加热器，蒸汽先对夹套内壁给热，然后夹套内壁又对容器给热，所以可以用如下 2 个热量平衡方程来描述各变量间关系。

对于夹套内层
$$Mc_1\frac{\mathrm{d}\theta_1}{\mathrm{d}t}=(H-h)W-KA(\theta_1-\theta_a)\tag{2-104}$$

对于容器内部
$$V\gamma c_2\frac{\mathrm{d}\theta_a}{\mathrm{d}t}=KA(\theta_1-\theta_a)+q_{in}c_2\theta_{in}-q_{out}c_2\theta_a\tag{2-105}$$

式中，M 为夹套内层的质量；c_1 为夹套内层材料的比热容；W 为加热蒸汽流量；H 为加热蒸汽的热焓；h 为冷凝水的热焓；A 为夹套内层与被加热液体间的给热面积；K 为夹套内层与被加热液体的给热系数；γ 为被加热液体的质量；c_2 为被加热液体的比热容。

式(2-104)、式(2-105) 经过整理后，可得

$$\frac{\mathrm{d}\theta_1}{\mathrm{d}t}=\frac{-KA}{Mc_1}\theta_1+\frac{KA}{Mc_1}\theta_a+\frac{(H-h)W}{Mc_1}\tag{2-106}$$

$$\frac{\mathrm{d}\theta_a}{\mathrm{d}t}=\frac{KA\theta_1}{V\gamma c_2}-\frac{KA+q_{out}c_2}{V\gamma c_2}\theta_a+\frac{q_{in}}{V\gamma}\theta_{in}\tag{2-107}$$

令状态变量 $x_1=\theta_1$，$x_2=\theta_a$；输入变量为 $u_1=W$，$u_2=\theta_{in}$；输出变量为 $y=\theta_a=x_2$。显然，由式(2-106)和式(2-107) 可以很容易地写出状态空间模型

$$\begin{bmatrix}\dot{x}_1\\ \dot{x}_1\end{bmatrix}=\begin{bmatrix}-\dfrac{KA}{Mc_1} & \dfrac{KA}{Mc_1}\\ \dfrac{KA}{V\gamma c_2} & -\dfrac{(KA+q_{out}c_2)}{V\gamma c_2}\end{bmatrix}\begin{bmatrix}x_1\\ x_2\end{bmatrix}+\begin{bmatrix}\dfrac{H-h}{Mc_1} & 0\\ 0 & \dfrac{q_{in}}{V\gamma}\end{bmatrix}\begin{bmatrix}u_1\\ u_2\end{bmatrix}$$

$$y=\begin{bmatrix}0 & 1\end{bmatrix}\begin{bmatrix}x_1\\x_2\end{bmatrix} \tag{2-108}$$

该模型描述了加热器内部的状态变量 x_1、x_2（夹套内层温度 θ_1 与液体出口温度 θ_a），输出变量 y（出口温度 θ_a）和输入变量 u（包括控制变量 W 与干扰变量 θ_{in}）之间的动态关系。

2. 第二种建模方法：状态变量选为相变量

在建立状态空间模型时，为了方便起见，人们往往将状态变量选为相变量。关于这种方法，这里只通过一个简单的例子说明，更多的内容将在后面章节涉及。

【例 2-15】 图 2-1(a) 所示的串联 RLC 电路在例 2-1a 中已经由基尔霍夫定律得到方程［式(2-6)］

$$LC\frac{\mathrm{d}^2 v_C(t)}{\mathrm{d}t^2}+RC\frac{\mathrm{d}v_C(t)}{\mathrm{d}t}+v_C(t)=e(t) \tag{2-6}$$

若选取状态变量为 $x_1=v_C$，$x_2=\mathrm{d}v_C/\mathrm{d}t$，$u=e$，即可得状态空间模型。

状态方程

$$\dot{x}_1=x_2$$

$$\dot{x}_2=-\frac{1}{LC}x_1-\frac{R}{L}x_2+\frac{1}{LC}u \tag{2-109}$$

输出方程

$$y=v_C=x_1 \tag{2-110}$$

请读者将该模型写成状态方程的标准形式，并与式(2-82) 比较。由此例可看出，同一个系统，由于选择的状态变量不同，其状态空间模型形式也就不同。这些不同的形式之间，有什么内在的联系吗?

三、关于状态空间模型的说明

对于一般的控制系统，被控对象的变量间关系可以用图 2-18 简单表示（图中省略了时间 t）。

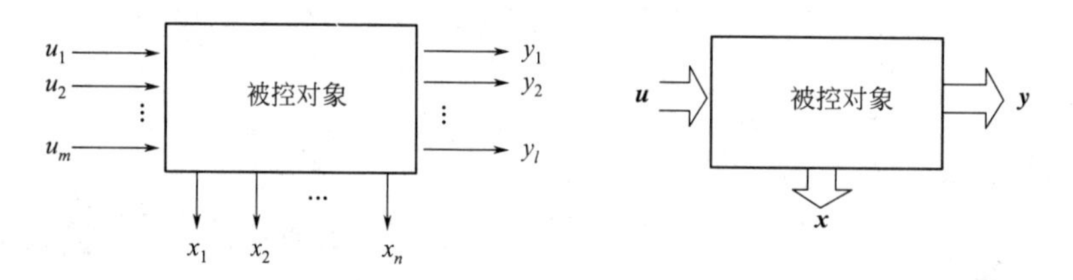

图 2-18　被控对象的三种变量之间的关系

图中，输入变量 $\boldsymbol{u}(t)=[u_1(t) \quad u_2(t) \quad \cdots \quad u_m(t)]^{\mathrm{T}}\in R^m$

状态变量　$\boldsymbol{x}(t)=[x_1(t) \quad x_2(t) \quad \cdots \quad x_n(t)]^{\mathrm{T}}\in R^n$

输出变量　$\boldsymbol{y}(t)=[y_1(t) \quad y_2(t) \quad \cdots \quad y_l(t)]^{\mathrm{T}}\in R^l$

而系统的状态方程与输出方程的一般形式可如式(2-68) 和式(2-70) 所示，即

$$\dot{\boldsymbol{x}}(t)=\boldsymbol{f}(\boldsymbol{x}(t),\boldsymbol{u}(t),t) \tag{2-68}$$

$$\boldsymbol{y}(t)=\boldsymbol{g}(\boldsymbol{x}(t),\boldsymbol{u}(t),t) \tag{2-70}$$

其中

$$\boldsymbol{f}(\boldsymbol{x}(t),\boldsymbol{u}(t),t)=\begin{bmatrix}f_1(x_1,x_2,\cdots,x_n,u_1,u_2,\cdots,u_m,t)\\f_2(x_1,x_2,\cdots,x_n,u_1,u_2,\cdots,u_m,t)\\\vdots\\f_n(x_1,x_2,\cdots,x_n,u_1,u_2,\cdots,u_m,t)\end{bmatrix}$$

$$\boldsymbol{g}(\boldsymbol{x}(t),\boldsymbol{u}(t),t)=\begin{bmatrix}g_1(x_1,x_2,\cdots,x_n,u_1,u_2,\cdots,u_m,t)\\g_2(x_1,x_2,\cdots,x_n,u_1,u_2,\cdots,u_m,t)\\\vdots\\g_l(x_1,x_2,\cdots,x_n,u_1,u_2,\cdots,u_m,t)\end{bmatrix}$$

式(2-68) 和式(2-70) 方程中显含时间变量 t，表示系统特性与时间相关，称之为时变系统；若系统的行为特性不随时间变化而变化，即输入输出特性不随输入的时间而变化，则称系统为时不变系统，式(2-68) 和式(2-70) 可简化为式(2-68′) 和式(2-70′)

$$\dot{\boldsymbol{x}}(t)=\boldsymbol{f}(\boldsymbol{x}(t),\boldsymbol{u}(t)) \tag{2-68'}$$

$$\boldsymbol{y}(t)=\boldsymbol{g}(\boldsymbol{x}(t),\boldsymbol{u}(t)) \tag{2-70'}$$

线性系统是系统研究的基础，对其研究得比较透彻，现实中的许多非线性系统也可通过一些合理的简化处理建立线性化的系统模型。线性系统的特征是满足叠加性和齐次性，如果考虑时间变量，即为线性时变系统，通常用式(2-68″) 和式(2-70″) 描述

$$\dot{\boldsymbol{x}}(t)=\boldsymbol{A}(t)\boldsymbol{x}(t)+\boldsymbol{B}(t)\boldsymbol{u}(t) \tag{2-68''}$$

$$\boldsymbol{y}(t)=\boldsymbol{C}(t)\boldsymbol{x}(t)+\boldsymbol{D}(t)\boldsymbol{u}(t) \tag{2-70''}$$

若上式中的矩阵 $\boldsymbol{A}$、$\boldsymbol{B}$、$\boldsymbol{C}$、$\boldsymbol{D}$ 均不随时间而变化，即可得到最常用的线性时不变系统模型

$$\dot{\boldsymbol{x}}(t)=\boldsymbol{A}\boldsymbol{x}(t)+\boldsymbol{B}\boldsymbol{u}(t)$$

$$\boldsymbol{y}(t)=\boldsymbol{C}\boldsymbol{x}(t)+\boldsymbol{D}\boldsymbol{u}(t) \tag{2-111}$$

多数情况下，上式中的前馈矩阵 $\boldsymbol{D}=0$，称为惯性系统；$\boldsymbol{D}\neq 0$ 时称为非惯性系统，这时意味着输入变量与输出变量直接有关联。在本书中，一般讨论线性时不变系统。

线性系统的状态空间模型还常用如图 2-19 的结构图方式表示。图中的双线表示多变量，箭头方向为信息流方向，方块中的 $\boldsymbol{A}$、$\boldsymbol{B}$、$\boldsymbol{C}$、$\boldsymbol{D}$ 均为状态空间模型中具有相应维数的各个矩阵，每个方块的输入与输出间关系为

输出＝(方块内矩阵)×(输入)

且在运算中满足矩阵的乘法运算规则，相乘的顺序不允许任意颠倒。由图易得式(2-111)。

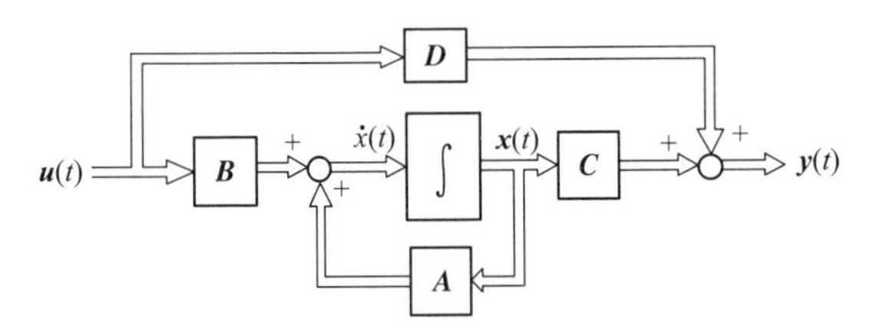

图 2-19　线性连续时间系统结构图

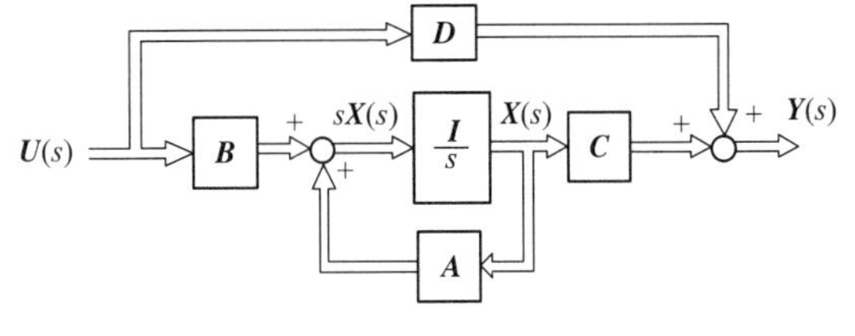

图 2-20　线性连续时间系统结构图的拉氏变换形式

若对式(2-111) 两边取拉普拉斯变换，且设初始条件为零，则有

$$\boldsymbol{X}(s)=(s\boldsymbol{I}-\boldsymbol{A})^{-1}\boldsymbol{B}\boldsymbol{U}(s)$$

$$\boldsymbol{Y}(s)=[\boldsymbol{C}(s\boldsymbol{I}-\boldsymbol{A})^{-1}\boldsymbol{B}+\boldsymbol{D}]\boldsymbol{U}(s)=\boldsymbol{G}(s)\boldsymbol{U}(s) \tag{2-112}$$

式中 $\boldsymbol{G}(s)$ 称为传递函数矩阵，它表示了输出变量 $\boldsymbol{Y}$ 与输入变量 $\boldsymbol{U}$ 之间的关系，图 2-19 又通常画为图 2-20 的形式。图中的 $\boldsymbol{I}$ 为 $n\times n$ 阶单位矩阵，s 是拉普拉斯算子（标量）。

注意到上面所有状态空间模型中的相关矩阵 $\boldsymbol{A}$、$\boldsymbol{B}$、$\boldsymbol{C}$、$\boldsymbol{D}$ 中的元素均只与被控过程本身的内部结构特性相关（如电路系统的 R、L、C；液位系统的 A、R 等），与外部的输入无关。

第三节　特殊环节的建模及处理

用数学模型准确地描述实际存在的物理对象其实是一件非常困难的事情，这一节将简单讨论一些较为特殊的物理特性以及相关的建模与处理。

一、纯滞后

在日常生活与实际工业过程中，有些对象在输入变量改变后，输出变量并不立即改变，而是要过一段时间才开始变化。例如，例 2-4 中介绍的直接蒸汽加热器，若加热蒸汽阀门距加热器较远，当某个时刻突然开大蒸汽阀加大蒸汽量 W 以提高被加热物料的温度时，蒸汽量的改变需要经过一段时间 τ 才能影响到被加热物料的温度 θ_a，如图 2-21 所示。图中的虚线表示 $\tau=0$ 时的输出响应，实线表示 $\tau\neq 0$ 时的输出响应，τ 是蒸汽从蒸汽阀流到加热器入口处所需的时间。

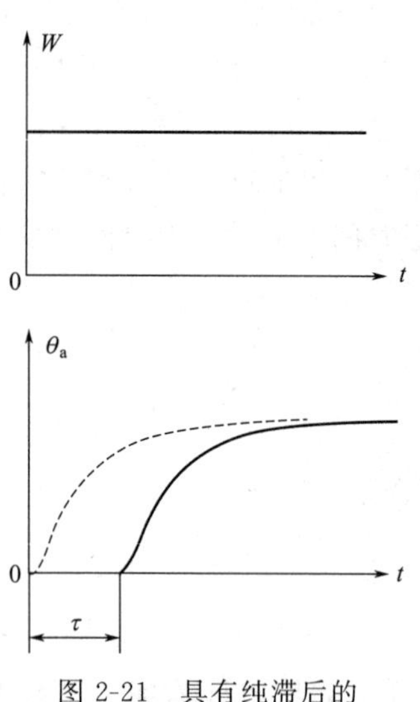

图 2-21 具有纯滞后的对象阶跃响应曲线

又如图 2-22 所示的溶解槽，料斗中的溶质由长度 l、速度 v 的传输带输送至加料口。若在料斗挡板处加大送料量 $q_{in}(t)$，则溶解槽中的溶液浓度要等增加的溶质由料斗口送到加料口并落入槽中后才会改变。也即，虽然 $q_{in}(t)$ 和 $q_f(t)$ 应具有相同的变化规律，但 $q_f(t)$ 在时间上滞后 $q_{in}(t)$ 一段时间，溶液浓度的改变也就落后加料量的改变一个输送时间 $\tau(\tau=l/v)$。这种输出变量的变化落后于输入变量变化的现象就称为纯滞后现象，落后的时间 τ 称为纯滞后时间。

在工业过程中，皮带输送机、长输送管路或是气动信号导管、测量点的位置（如图 2-22 中溶液出口的浓度检测处 D 点）等都可能引起纯滞后。如图 2-22 所示的皮带输送机一类的纯滞后数学模型

$$q_f(t)=q_{in}(t-\tau) \tag{2-113}$$

对上式两边取拉氏变换，并经整理后可得纯滞后环节的传递函数

$$\frac{Q_f(s)}{Q_{in}(s)}=e^{-\tau s} \tag{2-114}$$

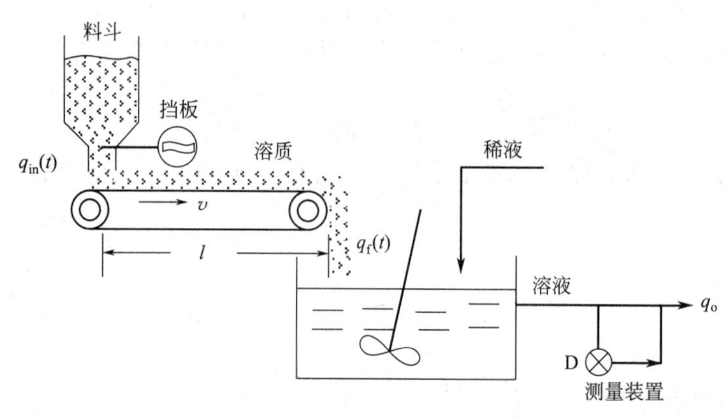

图 2-22 具有纯滞后特性的溶解槽

已知例 2-4 的直接蒸汽加热器没有纯滞后存在时的数学模型为式(2-35)（设输入只考虑 W）

$$T\frac{d\theta_a(t)}{dt}+\theta_a(t)=KW(t) \tag{2-35}$$

如果蒸汽阀出口到加热器入口处较远，则必须考虑纯滞后 τ 的存在，此时数学模型为

$$T\frac{d\theta_a(t)}{dt}+\theta_a(t)=KW(t-\tau) \tag{2-35$'$}$$

它们相应的传递函数分别如下。

无纯滞后存在时 $$G(s)=\frac{\Theta(s)}{W(s)}=\frac{K}{Ts+1}$$

考虑纯滞后存在时 $$G_\tau(s)=\frac{\Theta(s)}{W(s)}=\frac{Ke^{-\tau s}}{Ts+1}$$

除了时间上延迟 τ 以外，有纯滞后存在的对象其输出对输入的时间响应与其无纯滞后时的响应完全相同，请读者比较图 2-21 中的实、虚线。需要注意的是，纯滞后是一种非线性特性，它的存在会给控制系统的分析、设计以及实施都带来很大麻烦。

二、分布参数

也许大家没有注意到，前面建立数学模型时实际上都有一个前提条件，即不考虑所建模对象的物理空间位置分布。这意味着，例 2-7、例 2-12 储槽中的液位高度各处相同；例 2-4 中蒸汽直接加热器内部搅拌均匀，容器内各点温度相同；例 2-14 夹套式加热器的夹套内壁各点温度均匀；例 2-3 给出的机械动力学系统

各处受力一致等。称这种前提下所建模型为“集中参数模型”。实际上，有些物理系统是不能忽略空间位置的。例如，当夹套式加热器的夹套内层金属壁较厚，沿着内壁传热就必然存在温度梯度，此时壁上的温度并非处处相同，而是与壁厚方向的几何位置有关，称有这种特性的对象为分布参数对象。对分布参数明显的建模对象（或者对模型精度要求较高的场合）再简单地建立集中参数模型就不尽合理，应针对其特点，考虑建立分布参数模型。

实际系统中描述各处状态的变量可以引入“场”的概念，如传热介质各处存在温度场，化学反应器体系中各处存在浓度场，某一空间的空气存在湿度场等。对这类系统建立数学模型即为分布参数模型。与集中参数模型用微分方程描述不同的地方在于，分布参数模型需要用偏微分方程来描述，模型中的各变量不仅要随时间变化，而且还要随几何位置变化，这类数学模型即为分布参数模型。

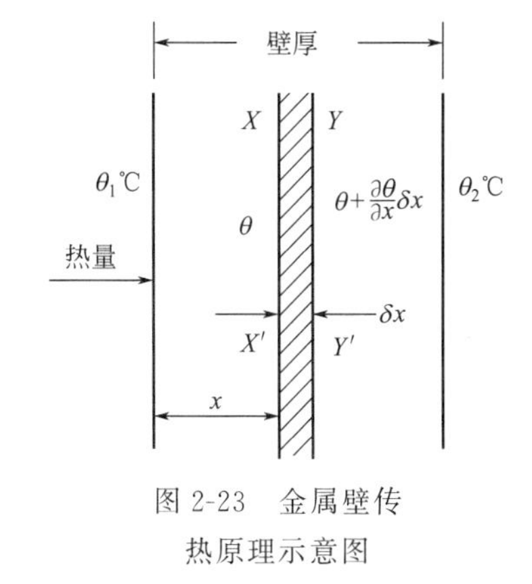

图 2-23　金属壁传热原理示意图

【例 2-16】 若考虑例 2-4 中蒸汽直接加热器的金属内壁温度分布不均匀，则需要建立分布参数模型。先将其理想化为一块具有很大面积 A 的金属平板，如图 2-23 所示。热量从左向右传递，两边壁面温度分别为 $\theta_1(t)$℃和$\theta_2(t)$℃，壁内温度 θ 随时间 t 和距离 x 变化，所以应该写成 $\theta(t,x)$。

随温度场的分布，在距离左边 x 处的某一薄层 XY 的表面温度为θ 和 $\theta+\dfrac{\partial\theta}{\partial x}\delta x$，其中 δx 是薄层厚度，$\dfrac{\partial\theta}{\partial x}$是温度梯度，则可推导薄层 XY 在时间 t 时的热平衡方程。

单位时间由 XX'平面输入薄层的热量为$-K\dfrac{\partial\theta}{\partial x}A$；

单位时间由 YY'平面输出薄层的热量为

$$-K\frac{\partial}{\partial x}\left(\theta+\frac{\partial\theta}{\partial x}\delta x\right)A=-K\frac{\partial\theta}{\partial x}A-K\frac{\partial^2\theta}{\partial x^2}\delta x\cdot A$$

单位时间内薄层 XY 中积聚的热量为

$$Ac_p\frac{\partial\theta}{\partial t}\delta x$$

其中，c_p 是金属壁的比热容；K 是传热系数；A 是金属壁的面积。于是可得金属壁的由偏微分方程描述的数学模型

$$Ac_p\frac{\partial\theta}{\partial t}\delta x=KA\frac{\partial^2\theta}{\partial x^2}\delta x \tag{2-115}$$

化简得

$$\frac{\partial\theta}{\partial t}=\frac{K}{c_p}\times\frac{\partial^2\theta}{\partial x^2} \tag{2-116}$$

方程(2-116) 给出了金属壁上温度 θ 和距离 x、时间 t 的关系。由于偏微分方程描述的系统比较复杂，已经超出本书范围，故这里仅举此例加以说明，不再作深入讨论。通过该例可以看到，实际系统中的变量有可能与几何位置相关。也就是说，用集中参数模型描述对象动态特性需要充分考虑对象的工艺机理并考察假设的合理性。一般情况下，集中参数模型能满足大多数的控制系统设计要求。因此，本书中提到的数学模型均指集中参数数学模型。

三、积分

【例 2-17】 如图 2-24 所示的液体储槽，液体由正位移泵抽出。因为正位移泵的排液能力只与活塞位移相关，与管路情况无关，不能用出口阀调节流量，所以从储槽流出的液体为一常量，即液位的变化仅与注入量的变化有关。

它的数学模型

$$A\frac{\mathrm{d}\Delta h(t)}{\mathrm{d}t(t)}=\Delta Q_{\mathrm{in}}(t) \tag{2-117}$$

式中 A 为储槽的截面积。其传递函数

$$G(s)=\frac{H(s)}{Q_{\mathrm{in}}(s)}=\frac{1}{As}=\frac{K_A}{s}$$

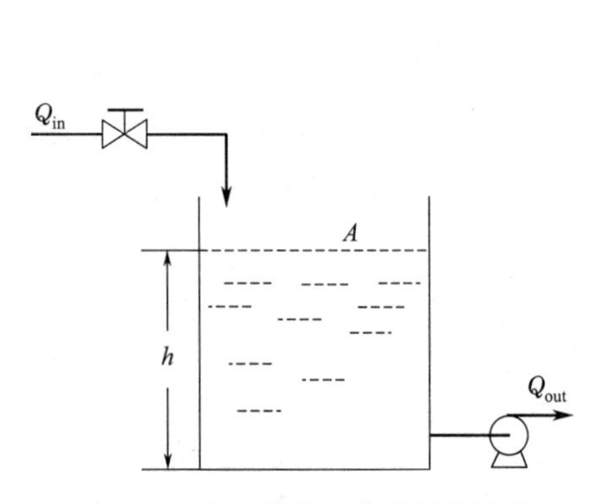

图 2-24 出口装有正位移泵的储槽

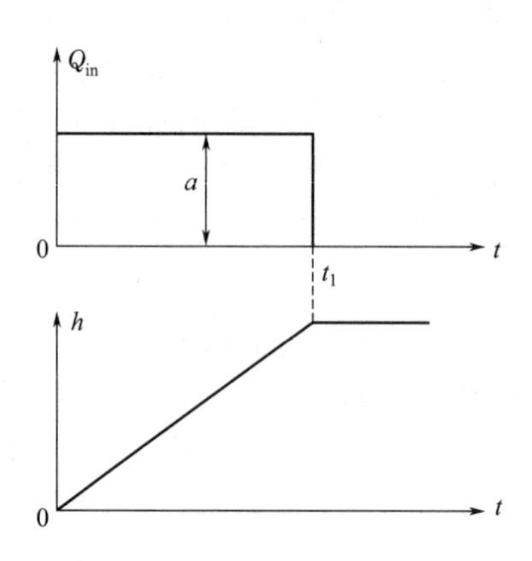

图 2-25 积分环节的阶跃响应曲线

这说明，若把某时刻的流入量 Q_{in}作幅值为 a 的阶跃变化，液位 h 将随时间不断增长，其增长的速度与储槽的截面积 A 成反比。因而可以说，只要有一个增量不为零的输入变量作用于该对象，其输出变量就会随时间无限制地增加；只有当输入变量的增量为零时，输出变量才会稳定在一个值上，如图 2-25 所示。这种特性称为积分特性，具有积分特性的对象称为积分环节。

四、高阶

【例 2-18】 例 2-12 中讨论了一个由 3 个液体储槽串联而成的三阶对象的状态方程模型，若将该例中的 h_3 视为输出变量，且只考虑它与第一个储槽的输入流量 Q_{in}之间的关系，则联立对 3 个储槽分别建立的微分方程，消去中间变量 h_1、h_2 后，可以推导出输出 h_3 与输入 Q_{in}之间的微分方程模型如下

$$\begin{aligned}A_1A_2A_3R_1R_2R_3\frac{\mathrm{d}^3h_3}{\mathrm{d}t^3}&+(A_1R_1A_2R_2+A_1R_1A_3R_3+A_2R_2A_3R_3)\frac{\mathrm{d}^2h_3}{\mathrm{d}t^2}\\&+(A_1R_1+A_2R_2+A_3R_3)\frac{\mathrm{d}h_3}{\mathrm{d}t}+h_3=R_3Q_{\mathrm{in}}\end{aligned} \tag{2-118}$$

一般称三阶或更高阶次的方程为高阶方程，相应的对象就称为高阶对象。

采用前面用过的时间常数标记：$T_1=A_1R_1$；$T_2=A_2R_2$；$T_3=A_3R_3$。代入式(2-118)

$$T_1T_2T_3\frac{\mathrm{d}^3h_3}{\mathrm{d}t^3}+(T_1T_2+T_1T_3+T_2T_3)\frac{\mathrm{d}^2h_3}{\mathrm{d}t^2}+(T_1+T_2+T_3)\frac{\mathrm{d}h_3}{\mathrm{d}t}+h_3=R_3Q_{\mathrm{in}} \tag{2-119}$$

依次类推，若有 n 个具有一阶特性的液体储槽相串联，最后一只储槽的液位 h_n 对第一只储槽流入量 Q_{in}改变的响应是 n 阶的微分方程

$$a_nh^{(n)}(t)+a_{n-1}h^{(n-1)}(t)+a_{n-2}h^{(n-2)}(t)+\cdots+a_1\frac{\mathrm{d}h}{\mathrm{d}t}+a_0h=R_nQ_{\mathrm{in}} \tag{2-120}$$

的解。与式(2-119) 对应的代数特征方程

$$T_1T_2T_3\lambda^3+(T_1T_2+T_1T_3+T_2T_3)\lambda^2+(T_1+T_2+T_3)\lambda+1=0 \tag{2-121}$$

若方程有 3 个负实根 λ_1、λ_2、λ_3，当流入量 Q_{in}作阶跃变化后，液位 h_3 的响应将是

$$h_3=\alpha_1\mathrm{e}^{\lambda_1t}+\alpha_2\mathrm{e}^{\lambda_2t}+\alpha_3\mathrm{e}^{\lambda_3t}+\overline{h}_3 \tag{2-122}$$

式中，$\overline{h}_3$ 为原来的平衡状态。相似地，式(2-120) 的解是

$$h_n=\alpha_1 e^{\lambda_1 t}+\alpha_2 e^{\lambda_2 t}+\cdots+\alpha_{n-1} e^{\lambda_{n-1} t}+\alpha_n e^{\lambda_n t}+\overline{h}_n \tag{2-123}$$

式(2-122) 和式(2-123) 可如图 2-26 所示，这类曲线有类似二阶对象响应曲线的特点。

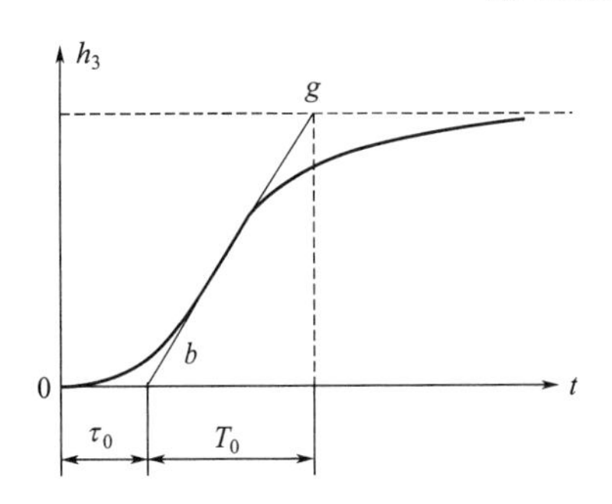

图 2-26 高阶对象阶跃响应曲线示意图

① 可以证明：

当 $t=0$ 时，$y(0)=0$，$y'(0)=0$，$y''(0)=0$；

当 $t\to\infty$时，$y(\infty)=$新稳态值，$y'(\infty)=0$。

因而在 $t=0$ 到 $t\to\infty$的时间内，液位的变化速度先是逐步增加，而后再逐步减小，这样在曲线上必有拐点。

② 在流入量 Q_{in}变化后的不太长的时间内，液位 h_3 的变化值较小，以至图 2-26 所示的曲线在初始阶段较平，且接近于 t 轴，类似于纯滞后特性。因而工程上为简单起见，有时就用具有纯滞后的一阶对象来近似二阶或更高阶次的对象。其方法是：在二阶或高阶对象的阶跃响应曲线的拐点作一切线，该切线与 t 轴相交于 b 点，与新稳态值相交于 g 点，把 Ob 段的时间间隔近似看作是纯滞后时间，把从 b 到 g 在 t 轴上投影的时间间隔 T_0 近似看作时间常数，即用含有纯滞后时间 τ_0 和时间常数 T_0 的一阶加纯滞后的对象来近似二阶或更高阶的对象。

五、非线性环节的线性化处理

前面所述的大多数对象包括特殊环节中的积分及高阶都属于线性特性，满足线性叠加原理。但实际系统中除了前面介绍的纯滞后特性外，或多或少地含有非线性环节。由于对非线性方程的处理远复杂于线性方程，为了便于分析与设计控制系统，在一定的前提条件下或忽略一些不太重要的建模因素后，人们或是用线性微分方程描述被控对象的动态特性，或是对非线性特性在其平衡状态（又称平衡工作点）的某个邻域进行线性化处理，以获得描述平衡状态点附近的线性化数学模型。需要注意的是，这种线性化处理仅仅是一种近似的方法，只在平衡状态附近的某个邻域成立。

将非线性数学模型进行线性化近似处理的常用方法是泰勒级数法。首先将已知的非线性函数 $y=f(x)$ 在平衡工作点 x_0 的某个邻域展开为泰勒级数

$$y=f(x_0)+f'(x_0)(x-x_0)+\frac{f''(x_0)}{2}(x-x_0)^2+\cdots \tag{2-124}$$

由于在平衡状态附近的增量（$x-x_0$）很小，忽略展开式(2-124) 中的二次项和高次项，即得到原式 $y=f(x)$ 的线性化近似方程

$$y=f(x_0)+f'(x_0)(x-x_0) \tag{2-125}$$

式中，$f'(x_0)$ 是非线性函数 $y=f(x)$ 在（x_0，y_0）点的导数，可以用图 2-27 表示。可见，将非线性环节线性化的实质就是以平衡点 x_0 附近的直线代替原来的曲线。

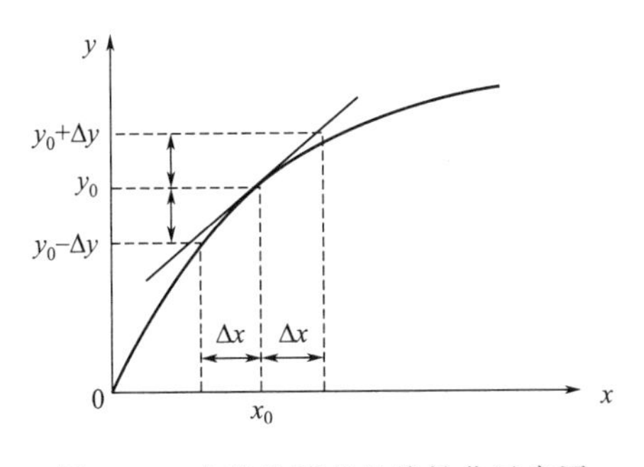

图 2-27 非线性环节的线性化示意图

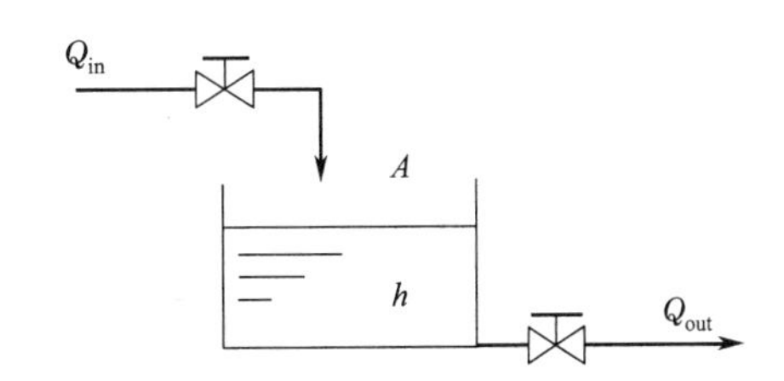

图 2-28 液体储槽示意图

【例 2-19】 图 2-28 是一个液体储槽的示意图。在这个例子中，液体流入量 Q_{in}在阀前压力恒定的情况下仅与阀的开度有关；而流出量 Q_{out}除与阀的流通面积 f 有关外，还与液体的液位 h 有关。根据流体力学知识

$$Q_{out}=\alpha f\sqrt{h} \tag{2-126}$$

式中，α 是阀的节流系数，当流量变化不大时，可近似为常数。根据进出储槽液体的物料平衡关系

$$Q_{in}-Q_{out}=\frac{dV}{dt} \tag{2-127}$$

式中，$\frac{dV}{dt}$表示单位时间内储槽中液体的变化量。设储槽的截面积为 A，则有$\frac{dV}{dt}=A\frac{dh}{dt}$，于是可得

$$Q_{in}-Q_{out}=Q_{in}-\alpha f\sqrt{h}=A\frac{dh}{dt} \tag{2-128}$$

式(2-128) 已经表示了储槽中液位 h 随着输入量 Q_{in}变化的动态关系。按照微分方程书写的一般习惯，将输出量按导数项从高阶到低阶依次写在方程的左边，输入量列写在方程的右边，整理得

$$A\frac{dh}{dt}+\alpha f\sqrt{h}=Q_{in} \tag{2-129}$$

这就是储槽液位的动态数学模型。可见，式(2-129) 为非线性微分方程。采用泰勒级数展开法将其在平衡工作点附近进行线性化处理。

设该系统的平衡工作点为 (Q_{out0},f_0,h_0)。在平衡工作点的某个邻域内将式(2-126) 展开为泰勒级数，并忽略二次及以上的高次项，得

$$\begin{aligned}Q_{out}=\alpha f\sqrt{h}&=Q_{out0}+\left.\frac{\partial Q_{out}}{\partial h}\right|_{\substack{h=h_0\\ f=f_0}}(h-h_0)+\left.\frac{\partial Q_{out}}{\partial f}\right|_{\substack{h=h_0\\ f=f_0}}(f-f_0)\\&=Q_{out0}+\frac{1}{2}\alpha f_0\sqrt{\frac{1}{h_0}}\Delta h+\alpha\sqrt{h_0}\Delta f\end{aligned} \tag{2-130}$$

式中，Δ 为增量符号；$\frac{1}{2}\alpha f_0\sqrt{\frac{1}{h_0}}\Delta h$ 表示由于液位变化引起的 Q_{out}变化量，通常记为$\frac{1}{R}\Delta h$（R 称为阻力系数）；$\alpha\sqrt{h_0}\Delta f$ 表示由阀开度变化即控制作用而引起的 Q_{out}变化，通常记为 $k\Delta f$。

将已经线性化的式(2-130) 代入式(2-129)，得

$$A\frac{d(h_0+\Delta h)}{dt}+Q_{out0}+k\Delta f+\frac{1}{R}\Delta h=Q_{in0}+\Delta Q_{in} \tag{2-131}$$

因为 $Q_{out0}=Q_{in0}$，$\frac{dh_0}{dt}=0$，整理上式，得到以增量形式表示的储槽液位的近似线性化数学模型

$$A\frac{d(\Delta h)}{dt}+\frac{1}{R}\Delta h=\Delta Q_{in}-k\Delta f \tag{2-132}$$

如果不考虑阀门开度的变化，则上式最后一项为零。

【例 2-20】 两相交流伺服电机是控制系统中常用的一种执行机构，如图 2-29 所示。这种电机由定子和转子组成。定子中配置两个绕组，一个为励磁绕组，由固定频率的恒定交流电供电；另一个是控制绕组，由与励磁电压同频率可变电压的交流电供电，即伺服电机的控制电压 u_c。两相交流伺服电机的机械特性如图 2-30 所示。

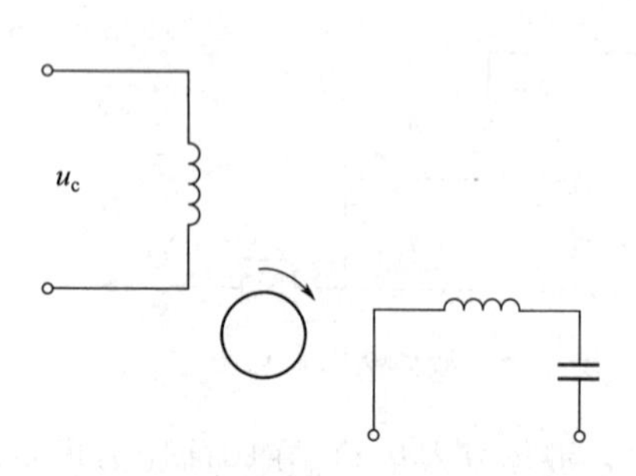

图 2-29 两相伺服交流电机示意图

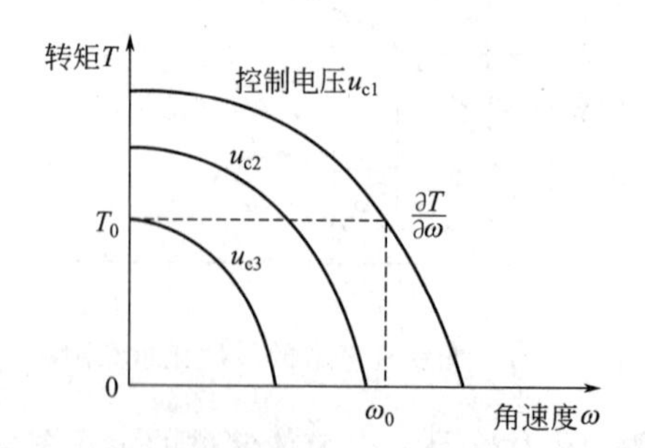

图 2-30 两相交流伺服电机的机械特性曲线

根据两相交流伺服电机的工作原理，可以确定输入变量和控制变量为控制电压 u_c，输出变量是电机角速度 ω；根据两相交流伺服电机的原始平衡方程有下列关系式

转矩 T 与控制电压 u_c 及角速度 ω 之间的函数关系式

$$T=f(u_c,\omega) \tag{2-133}$$

转矩平衡方程

$$T-B\omega=0 \tag{2-134}$$

式中，B 为比例系数。

在有微小变化的情况下，系统的平衡方程可表达为下列增量形式

$$J\frac{\mathrm{d}(\omega_0+\Delta\omega)}{\mathrm{d}t}=(T_0+\Delta T)-B(\omega_0+\Delta\omega) \tag{2-135}$$

式中，J 为转动惯量。

由于稳态时 $T_0-B\omega_0=0$，消去稳态项，可以得到

$$J\frac{\mathrm{d}(\Delta\omega)}{\mathrm{d}t}=\Delta T-B\Delta\omega \tag{2-136}$$

将式(2-133) 代入上式，可得

$$J\frac{\mathrm{d}(\Delta\omega)}{\mathrm{d}t}+B\Delta\omega=f(u_c,\omega)-T_0 \tag{2-137}$$

这样就获得了表达两相交流伺服电机输入输出动态关系的微分方程模型。很明显，此为一个非线性微分方程。在稳态工作点附近进行线性化处理，可得到近似的线性数学模型。

式(2-137) 中的非线性特性是由于式(2-133) 引起的，所以只需要将式(2-133) 进行泰勒级数展开

$$T=f(u_c,\omega)=T_0\Bigg|_{\substack{u_c=u_{c0}\\ \omega=\omega_0}}+\frac{\partial f}{\partial u_c}\Bigg|_{\substack{u_c=u_{c0}\\ \omega=\omega_0}}(u_c-u_{c0})+\frac{\partial f}{\partial \omega}\Bigg|_{\substack{u_c=u_{c0}\\ \omega=\omega_0}}(\omega-\omega_0) \tag{2-138}$$

令 $C_u=\frac{\partial f}{\partial u_c}\bigg|_{\substack{u_c=u_{c0}\\ \omega=\omega_0}},C_\omega=-\frac{\partial f}{\partial \omega}\bigg|_{\substack{u_c=u_{c0}\\ \omega=\omega_0}}$，并注意到 $u_c-u_{c0}=\Delta u_c$，$\omega-\omega_0=\Delta\omega$，则式(2-138) 可简化为

$$T=f(u_c,\omega)=T_0+C_u\Delta u_c-C_\omega\Delta\omega \tag{2-139}$$

代入式(2-137)，得

$$J\frac{\mathrm{d}(\Delta\omega)}{\mathrm{d}t}+(B+C_\omega)\Delta\omega=C_u\Delta u_c \tag{2-140}$$

此式是以增量形式描述的两相交流伺服电机输入输出关系的近似线性数学模型。

上面两个例子从平衡点出发，推导出含增量符号 Δ 的描述系统动态特性的增量微分方程式(2-132)和式(2-140)，习惯上一般将增量号 Δ 省略，式(2-132) 和式(2-140) 可直接写成

$$A\frac{\mathrm{d}h}{\mathrm{d}t}+\frac{1}{R}h=Q_{in}+kf \tag{2-132$'$}$$

$$J\frac{\mathrm{d}\omega}{\mathrm{d}t}+(B+C_\omega)\omega=C_u u_c \tag{2-140$'$}$$

这是因为在增量形式的表达中，初始条件已经假设为稳态工作点，它在增量形式的坐标系中可视为零。要注意的是，虽然在微分方程模型式(2-132′) 和式(2-140′) 中省略了增量符号 Δ，但表达式中的各相应变量还是应该理解为是稳态工作点基础上的增量。

采用泰勒级数展开非线性微分方程以得到近似线性模型的方法应用很广，但需要注意泰勒级数展开的条件，即非线性函数必须是可导的；对于不满足泰勒级数展开条件的非线性函数（如继电器特性函数），不能采用这种方法。本书的第九章将会讨论控制系统中一些常见的非线性特性。此外，泰勒级数展开的近似性只在展开点的某一个邻域中成立，邻域的大小不仅与近似的误差要求有关，而且与非线性函数在展开点的性质有关。因此，在进行线性化处理时要十分注意这些问题。

第四节　控制系统中其他环节的数学模型

图 2-31 为控制系统组成部分的示意图。前面主要讨论了如何建立被控对象的微分方程模型或状态空间模型，为了对整个控制系统的动态行为进行分析与研究，还必须建立控制系统其他组成部分的数学模型。本

节通过例子简单介绍控制器、测量元件以及执行机构的数学模型。可以发现，本质上，建模的方法与前面介绍的是相通的。

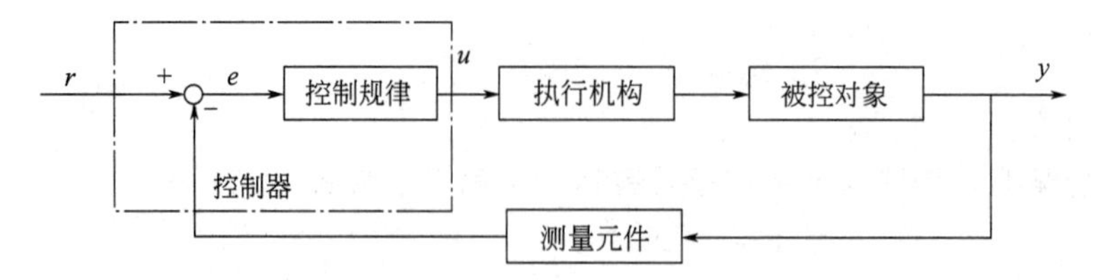

图 2-31　控制系统组成部分示意图

一、控制器的数学模型

图 2-31 所示的控制系统中，控制器的功能是将测量元件检测到的对象输出值 y 与给定值 r 进行比较，若存在偏差 e，就按照事先设计好的控制规律计算出欲施加到执行机构上的控制作用 u 作用于被控对象；继续检测、比较控制，直至偏差 e 至零（或在允许范围内）。控制器可以用硬件（如调节器仪表）实现，也可以用软件实现（如计算机控制系统中的控制策略）。在控制系统组成后，系统运行的质量很大程度上取决于控制规律的选择。

1. PID 控制器

在自动控制领域，最常用的控制规律为：比例-积分-微分（proportional plus integral plus derivative）作用或其中的一部分，取它们英语单词的第一个字母，简称为 PID 控制器或 PD、PI 等。实际上，已经存在半个多世纪的 PID 控制器可以看作是对具有丰富经验的熟练操作工的动作模仿，其含义是控制器输出的控制作用 u 是对偏差 e 进行比例、积分和微分的综合。图 2-31 中设测量元件的传递函数为 1，则有

$$e(t)=r(t)-y(t) \tag{2-141}$$

$$u(t)=K_{\mathrm{c}}\left[e(t)+\frac{1}{T_{\mathrm{i}}}\int_{0}^{t}e(\tau)\mathrm{d}\tau+T_{\mathrm{d}}\frac{\mathrm{d}e(t)}{\mathrm{d}t}\right] \tag{2-142}$$

式中，K_{c} 为比例系数；T_{i} 为积分时间；T_{d} 为微分时间。

式(2-142) 即为 PID 控制器的数学模型，其输入为偏差 e，输出为控制作用 u。在实际应用时，要根据被控对象的特性合理地选择 K_{c}、T_{i} 和 T_{d} 值（选择这 3 个参数的过程称为 PID 控制器的参数整定），以达到满意的控制效果。

2. 一步模型算法控制 MAC

目前，计算机控制系统已非常普及，系统中控制器的数学模型实际上就是用软件实现的控制规律。利用计算机强大的计算功能，有可能实现考虑得更为周全的先进控制算法与多变量控制算法。这里仅以一种最简单的单变量预测控制算法“一步模型算法控制 MAC（Model Algorithm Control）”为例，其控制器输出表达式为

$$u(k)=\frac{1}{g_1}\left\{(1-\alpha)[w-y(k)]+g_N u(k-N)+\sum_{i=1}^{N-1}(g_i-g_{i+1})u(k-i)\right\} \tag{2-143}$$

式中，k 为当前采样时刻；$u(k)$ 为欲求的控制器当前控制作用；$u(k-i)$ 为前 $k-i$ 步所采取的控制作用；g_1，g_2，…，g_N 为如图 2-32 所示的实际测定的被控对象脉冲响应的系数；w 为给定值，$y(k)$ 为

图 2-32　系统的离散脉冲响应示意图

即时的输出采样值；α 是一个根据实际情况可调整的参数值。

注意到，式(2-142) 和式(2-143) 表现形式不同，前者为连续时间 PID 控制器的数学模型，若要用于计算机控制系统，还需要将其离散化；后者则为离散时间系统的控制器，可直接应用于计算机控制系统。

二、测量元件的数学模型

实际的控制系统中，一些工艺变量通过检测装置得到测量值，然后再经过变送器转换为可以远传的电信号或气信号送往控制器。由于工艺参数众多，测量元件也各不相同，这里不可能一一涉及，仅举一些典型例子来了解测量元件的动态特性。

1. 测速发电机

测速发电机是运动控制系统中用于测量角速度并将它转换成电压量的常见装置，常用的有直流的和交流的测速发电机。

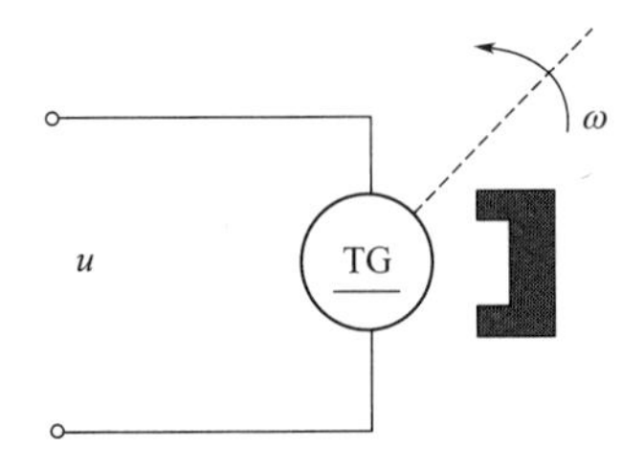

图 2-33　测速发电机示意图

【例 2-21】 图 2-33 是永磁式直流测速发电机的原理图。测速发电机的转子与待测量的轴相连接，在电枢两端输出与转子角速度 ω 成正比的直流电压，即

$$u(t)=K_t\omega(t)=K_t\frac{\mathrm{d}\theta(t)}{\mathrm{d}t} \tag{2-144}$$

式中，$\theta(t)$ 是转子角位移；$\omega(t)=\mathrm{d}\theta(t)/\mathrm{d}t$ 是转子角速度；K_t 是测速发电机输出斜率；$u(t)$ 表示单位角速度的输出电压。其传递函数为

电压与角速度　$$G_\omega(s)=\frac{U(s)}{\Omega(s)}=K_t$$

电压与角位移　$$G_\theta(s)=\frac{U(s)}{\Theta(s)}=K_t s$$

2. 热电阻测量元件

【例 2-22】 图 2-34 表示一个热电阻测温元件插入温度为 T 的被测介质中。假设导线向外传出的热量 Q 可以忽略，电阻体温度为 T_R 且分布均匀。热电阻测温原理是：T_R 与电阻体电阻 R 存在一一对应关系，R 随 T_R 的变化而变化。根据能量守恒关系，对电阻体有

$$Mc\frac{\mathrm{d}T_R}{\mathrm{d}t}=Q_{\mathrm{in}}-Q_{\mathrm{out}}=A\alpha(T-T_R) \tag{2-145}$$

即

$$\frac{Mc}{A\alpha}\cdot\frac{\mathrm{d}T_R}{\mathrm{d}t}+T_R=T \tag{2-146}$$

式中，M 为热电阻质量；c 为热电阻体比热容；A 为热电阻体表面积；α 为热电阻与介质间的热导率。

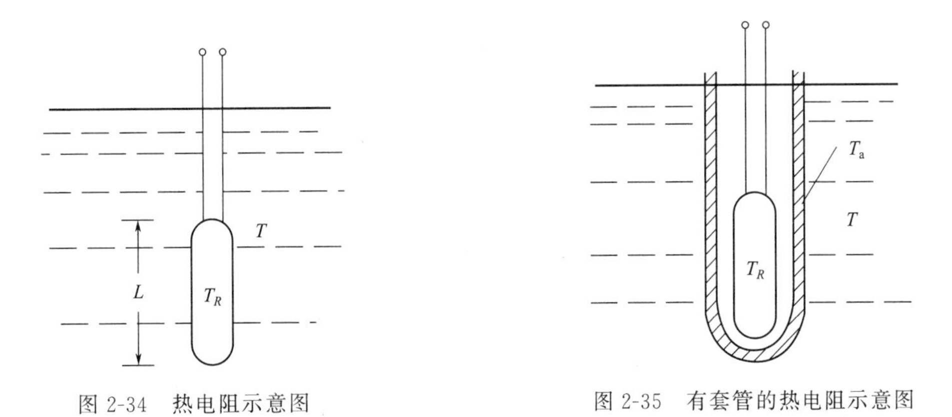

图 2-34　热电阻示意图　　图 2-35　有套管的热电阻示意图

显然，式(2-146) 具有一阶特性，$\frac{Mc}{A\alpha}$ 为时间常数。对一个现成的热电阻体来说，Mc/A 是常数；所以时间常数反比于热导率 α。由于 α 和介质的物理性质和流动状态等有关，所以即使是同一个热电阻，在用于

不同的场合时，其测量的动态时间常数也可能有所不同。

在大多数工业现场，都需要在热电阻外加上保护套管，以延长其使用寿命，其结构如图 2-35 所示。设保护套管插入被测介质较深，由上部传出的热损耗可以忽略，并且保护套管具有均匀的温度 T_a。若介质温度为 T，则对保护套管有

$$M_1c_1\frac{dT_a}{dt}=\alpha_1A_1(T-T_a)-\alpha_2A_2(T_a-T_R) \tag{2-147}$$

式中，M_1 为保护套管质量；c_1 为保护套管比热容；α_1 为介质与保护套管间的热导率；α_2 为保护套管与热电阻体间的等效热导率；A_1 为保护套管有效表面积；A_2 为热电阻体表面积。

对于热电阻体，有

$$M_2c_2\frac{dT_R}{dt}=\alpha_2A_2(T_a-T_R) \tag{2-148}$$

式中，M_2 为热电阻体质量；c_2 为热电阻体比热容；T_R 为热电阻体温度。

式(2-147) 和式(2-148) 为具有保护套管热电阻体的动态特性。若令 $R_1=\frac{1}{\alpha_1A_1}$，$R_2=\frac{1}{\alpha_2A_2}$，$C_1=M_1c_1$，$C_2=M_2c_2$，联立式(2-147)、式(2-148)，可得以 T 为输入、T_R 为输出的输入输出数学模型

$$T_1T_2\frac{d^2T_R}{dt^2}+(T_1+T_2+R_1C_2)\frac{dT_R}{dt}+T_R=T \tag{2-149}$$

其中，$T_1=R_1C_1$，$T_2=R_2C_2$，均为时间常数。注意到，式中一阶导数项前的系数为 $T_1+T_2+R_1C_2$，与例 2-7 两个串联液体储槽的二阶数学模型式(2-62) 相比多了一个 R_1C_2 项。表明保护套管传送给热电阻体的热量和它们的温差有关，热电阻体的温度改变时，会影响套管对热电阻的给热；而不包括该项的式(2-62) 表明，第二个储槽液位会受到第一个储槽流出的流量影响，但第二个储槽的液位不会反过来影响到第一个储槽。

三、执行机构的数学模型

自动控制系统中的执行机构种类很多，工业控制中使用得最多的是控制阀，用于控制介质的流量。常见的控制阀有电动、气动、液动等，这里介绍气动控制阀的建模过程。

【例 2-23】 图 2-36 为一个薄膜式气动控制阀的结构示意图。它由上部的薄膜式气室、刚性弹簧及下部的阀体组成。膜室中气压 p 的变动引起阀杆成正比地上下移动，从而改变阀座和阀芯之间的开启面积，以改变介质流过的流量 q。由于阀体开启面积的改变基本无惯性地使介质流量 q 发生改变，所以控制阀的动态特性主要取决于执行机构的膜室气容和阻力 R。

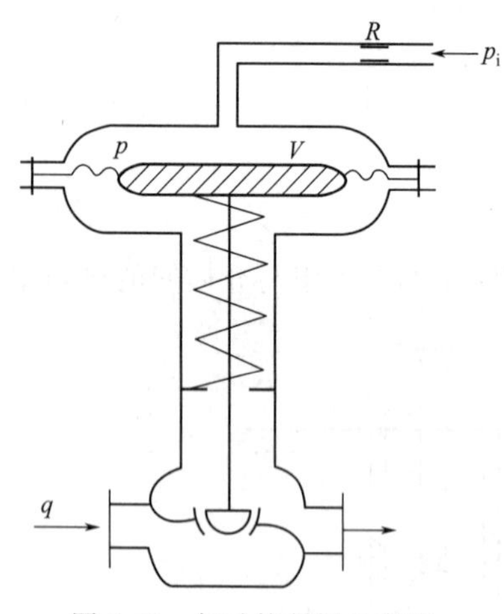

图 2-36　气动控制阀示意图

若膜室体积为 V，并设阀杆上下移动距离较小，膜室体积近似不变，因而可以视作一个压力容器，其输入是加到膜室的气压 p_i，输出是介质的流量 q。

单位时间进入膜室的气体质量增量

$$\Delta G_{in}=V\frac{d\Delta\gamma}{dt} \tag{2-150}$$

式中，$\Delta\gamma$ 是膜室中气体密度的增量。

由流体力学原理，流过阀的气体流量增量 ΔG_{in} 和阀前后的压差的开方值 $\sqrt{p_i-p}$ 成正比，即

$$G_{in}=\alpha f\sqrt{p_i-p}$$

当 p_i 变化不大时，线性化后得压差与空气流量的变化关系近似为

$$\Delta G_{in}=\frac{1}{R}(\Delta p_i-\Delta p) \tag{2-151}$$

因为气体压力不高，膜室中气体可近似看作是理想气体，则有

$$pV=n\overline{R}\,\overline{T} \tag{2-152}$$

式中，n 为膜室中气体分子的物质的量；$\overline{R}$ 为通用气体常数；$\overline{T}$ 为膜室中气体的热力学温度。

式(2-152) 中的 p 应使用绝对压力。由式(2-152)，得 $\frac{n}{V}=\frac{p}{\overline{R}\,\overline{T}}$，故

$$\gamma=\frac{n}{V}\cdot M=\frac{p}{\overline{R}\,\overline{T}}\cdot M \tag{2-153}$$

式中，M 是膜室中气体的平均分子量。对式(2-153) 两边求导，有

$$\frac{\mathrm{d}\gamma}{\mathrm{d}t}=\frac{M}{\overline{R}\,\overline{T}}\frac{\mathrm{d}p}{\mathrm{d}t} \tag{2-154}$$

或

$$\frac{\mathrm{d}\Delta\gamma}{\mathrm{d}t}=\frac{M}{\overline{R}\,\overline{T}}\frac{\mathrm{d}\Delta p}{\mathrm{d}t} \tag{2-154$'$}$$

将上式与式(2-151) 代入式(2-150)，得

$$\frac{VM}{\overline{R}\,\overline{T}}\frac{\mathrm{d}\Delta p}{\mathrm{d}t}+\frac{1}{R}\Delta p=\frac{1}{R}\Delta p_{\mathrm{i}} \tag{2-155}$$

或

$$\frac{VMR}{\overline{R}\,\overline{T}}\frac{\mathrm{d}p}{\mathrm{d}t}+p=p_{\mathrm{i}} \tag{2-155$'$}$$

设阀体呈线性特性，则有 $q=-Kp$，故得

$$\frac{VMR}{\overline{R}\,\overline{T}}\frac{\mathrm{d}q}{\mathrm{d}t}+q=-Kp_{\mathrm{i}} \tag{2-156}$$

此为气动薄膜控制阀的数学模型。

实际工业控制中，习惯上也常将控制器称为调节器，将控制阀称为调节阀。

第五节　传递函数与方块图

当获得反映系统或环节动态性能的微分方程或状态空间模型之后，在给定初始条件和输入的情况下求解，就可得到系统或环节的输出响应。但求解微分方程往往较为困难，如果系统的结构或某个参数发生变化，还需要重新列写并求解微分方程，不利于对系统进行分析和设计。所以，经典控制理论中常采用传递函数与方块图来描述系统或环节。

传递函数的形式简单明了，借助于方块图或信号流图可使运算变得十分简便，而且它不仅可以表征系统的动态性能，还可以用来研究系统的结构或参数变化对系统性能的影响。经典控制理论中的根轨迹分析法与频率响应分析法就是建立在传递函数基础上的，所以传递函数是经典控制理论中最基本与最重要的系统描述。

一、基本概念

1. 传递函数

若一个线性定常系统或环节用常系数微分方程描述，则传递函数的定义可表示为：零初始条件下，系统或环节的输出量与输入量的线性变换算子之比，该算子可以是时域的微分算子 D、频域的算子 $\mathrm{j}\omega$ 以及复域的拉普拉斯变换算子 s （$s=\sigma+\mathrm{j}\omega$）。

例如，图 2-1(a) 所示系统的微分方程模型 [式(2-6)]

$$LC\frac{\mathrm{d}v_C^2(t)}{\mathrm{d}t^2}+RC\frac{\mathrm{d}v_C(t)}{\mathrm{d}t}+v_C(t)=e(t) \tag{2-6}$$

其微分算子形式的传递函数是

$$G(D)=\frac{y(t)}{u(t)}=\frac{v_C(t)}{e(t)}=\frac{1}{LCD^2+RCD+1}$$

复域形式的传递函数是
$$G(s)=\frac{Y(s)}{U(s)}=\frac{1}{LCs^2+RCs+1}$$

频域形式的传递函数是
$$G(j\omega)=\frac{Y(j\omega)}{U(j\omega)}=\frac{1}{LC(j\omega)^2+RCj\omega+1}$$

上述式中的 $G(D)$、$G(s)$ 或 $G(j\omega)$ 都表示该系统的传递函数，括号中的 D、s 或 $j\omega$ 表示不同的算子，$G(*)$ 在不会引起误解的情况下也常简写为 G，其中用得最多是 $G(s)$。

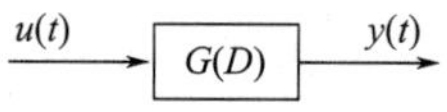

u(t) → G(D) → y(t)

图 2-37 方块图示意图

2. 方块图

一个系统或环节的方块图如图 2-37 所示，它表示的是输入与输出之间的数学运算关系

$$y(t)=G(D)u(t) \tag{2-157}$$

即方块图的输出等于传递函数乘以该方块的输入。

该关系在复域或频域同样成立，即

$$Y(s)=G(s)U(s) \tag{2-157$'$}$$

$$Y(j\omega)=G(j\omega)U(j\omega) \tag{2-157$''$}$$

方块图在简化控制系统的运算、分析、研究中起到了重要的作用。

【例 2-24】 以例 2-4 的直接蒸汽加热器为例，若已得到其输入输出数学模型为

$$3\frac{d\theta_a}{dt}+\theta_a=0.04W(t-0.5)+0.01\theta_c \tag{2-158}$$

要求给出其传递函数，并画出方块图。

解 设初始条件为零，对已知微分方程进行拉氏变换（需要应用滞后定理），得

$$3s\Theta_a(s)+\Theta_a(s)=0.04e^{-0.5s}W(s)+0.01\Theta_c(s)$$

或
$$\Theta_a(s)=\frac{0.04e^{-0.5s}}{3s+1}W(s)+\frac{0.01}{3s+1}\Theta_c(s)$$

$\Theta_a(s)$ 与 $W(s)$ 间的传递函数

$$\frac{\Theta_a(s)}{W(s)}=\frac{0.04e^{-0.5s}}{3s+1}$$

$\Theta_a(s)$ 与 $\Theta_c(s)$ 间的传递函数

$$\frac{\Theta_a(s)}{\Theta_c(s)}=\frac{0.01}{3s+1}$$

其方块图如图 2-38 所示。

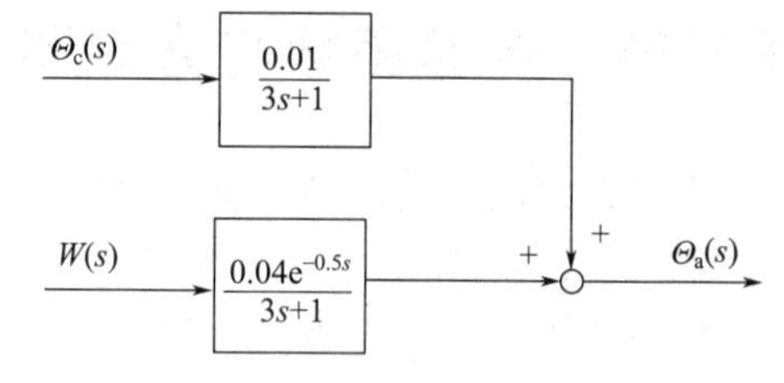

图 2-38 例 2-24 的方块图

二、关于传递函数的讨论

1. 传递函数的一般形式

通常，一个 n 阶的线性定常系统在时域由一个 n 阶的常微分方程表示

$$y^{(n)}(t)+a_{n-1}y^{(n-1)}(t)+\cdots+a_0y(t)=b_mx^{(m)}(t)+\cdots+b_0x(t) \tag{2-159}$$

该系统的传递函数（不失一般性，下面的讨论均基于复域）

$$G(s)=\frac{Y(s)}{X(s)}=\frac{b_ms^m+b_{m-1}s^{m-1}+\cdots+b_1s+b_0}{s^n+a_{n-1}s^{n-1}+\cdots+a_1s+a_0} \tag{2-160}$$

其中，考虑到物理可实现问题，分母的阶次 $n\geqslant$分子的阶次 m。

比较式(2-159)与式(2-160)，可见式(2-160)是在零初始条件下由微分方程(2-159)经拉氏变换后得到的。拉氏变换是一种线性积分变换，将实数 t 域变换到了复数 s 域，所以 $G(s)$与微分方程一样能表征系统的固有特性，是另一种形式的数学模型。事实上，$G(s)$ 的分母多项式就是微分方程左端的特征多项式，而系统的动态分量完全由特征方程的根决定。

传递函数本质上是与微分方程等价的数学模型，但却以函数的代数形式表现，使得运算大为简化，同时可以方便地借用图形表示，因而，在分析系统时获得普遍应用。

2. 传递函数的性质

① 传递函数是系统输入输出模型的一种表现形式，它只取决于系统的结构与参数，与输入的具体形式与性质无关；也不反映系统内部的信息，因而被称为是系统的外部描述。它可与常微分方程、状态方程相互转换。

② 传递函数是在零初始条件下定义的，因而它不能反映非零初始条件下系统的运动情况。这里的零初始条件有两方面的含义：一是指输入量在 $t\geqslant 0$ 时作用于系统，因此，在 $t=0^-$ 时，输入量及其各阶导数均为零；二是指在输入量加于系统之前，系统处于稳定的工作状态，输出量及其各阶导数在 $t=0^-$ 时也为零。实际中的工程控制系统多数属于这种情况。对于非零初始条件对线性系统所产生的影响，可以考虑成增量线性系统，用叠加原理进行处理。

③ 传递函数分母多项式的阶次总是大于或等于分子多项式的阶次，即 $n\geqslant m$，并且所有的系数均为实数。这是因为物理上可实现的系统总是存在惯性，且能源有限。由于系数均由元件的参数组成，故只能是实数。

④ 系统传递函数 $G(s)$ 的拉氏反变换是该系统的脉冲响应 $g(t)$。脉冲响应 $g(t)$ 是指系统在单位脉冲 $\delta(t)$ 输入作用下的输出，参见图 2-39。

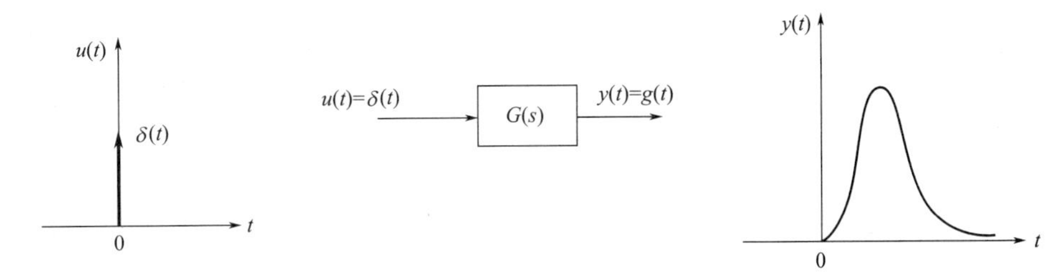

图 2-39　系统脉冲响应示意图

因为 $U(s)=\mathscr{L}[\delta(t)]=1$，故有

$$Y(s)=G(s)U(s)=G(s) \tag{2-161}$$

$$y(t)=g(t)=\mathscr{L}^{-1}[Y(s)]=\mathscr{L}^{-1}[G(s)] \tag{2-162}$$

可见，脉冲响应函数 $g(t)$ 与传递函数 $G(s)$ 具有单值的变换关系，两者包含了关于系统动态特性的相同信息。

3. 传递函数的零极点表示

传递函数的分子、分母在各自因式分解后通常写成零极点形式

$$G(s)=\frac{b_m s^m+b_{m-1}s^{m-1}+\cdots+b_1 s+b_0}{a_n s^n+a_{n-1}s^{n-1}+\cdots+a_1 s+a_0}=\frac{K\prod_{k=1}^{m}(s-z_k)}{\prod_{j=1}^{n}(s-p_j)} \tag{2-163}$$

式中，$K=b_m/a_n$，称为传递系数或根轨迹增益；$p_j(j=1,2,\cdots,n)$ 称为传递函数的极点；$z_k(k=1,2,\cdots,m)$ 称为传递函数的零点。传递函数的极点与零点可以是实数，亦可为复数。为便于在复平面图上标识，通常用“×”表示极点；用“○”表示零点，这种图称为传递函数的零极点分布图。例如

$$G(s)=\frac{s+2}{(s+3)(s^2+2s+2)}$$

其零极点分布图如图 2-40 所示。第五章介绍的根轨迹方法将用到零极点分布图。

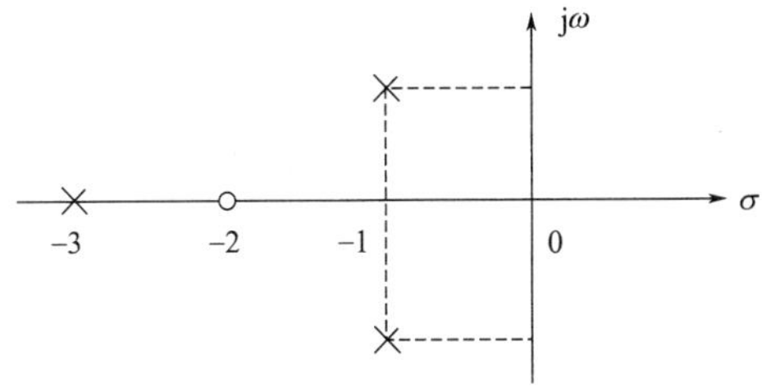

图 2-40　零极点分布图

4. 典型环节的传递函数

对于一般高阶的线性系统传递函数，通过因式分解后，总可以写成是如下一些典型环节的组合。常见的

典型环节有以下几种：

① 比例（放大）环节 K，如常用的电位器即为一个比例环节；

② 一阶惯性环节$\dfrac{K}{Ts+1}$，如 RC 电路、单容水槽；

③ 积分环节$\dfrac{K}{s}$，如出口装有正位移泵的液体储槽；

④ 微分环节 Ks，如测速发电机；

⑤ 二阶振荡环节$\dfrac{K}{As^2+Bs+1}$或$\dfrac{K(\alpha s+1)}{As^2+Bs+1}$，如弹簧质量阻尼系统、二阶 RLC 电路；

⑥ 超前-滞后环节$\dfrac{K(T_i s+1)}{T_j s+1}$（$T_i \geqslant T_j$）；

⑦ 纯滞后环节 $e^{-\tau s}$。

三、系统方块图

1. 系统方块图的基本元素

方块图是控制系统或对象中每个环节（元件）的功能和信号流向的图解表示，各环节之间的作用关系用方块图来表示简单明确。若是在各方块内填入传递函数，则可明确地表达出信息传递的动态关系且运算方便。构成方块图的基本元素有加法器、信息和环节。

(1) 加法器

加法器（又称比较器），用图 2-41 表示，它用于信号相加或相减。

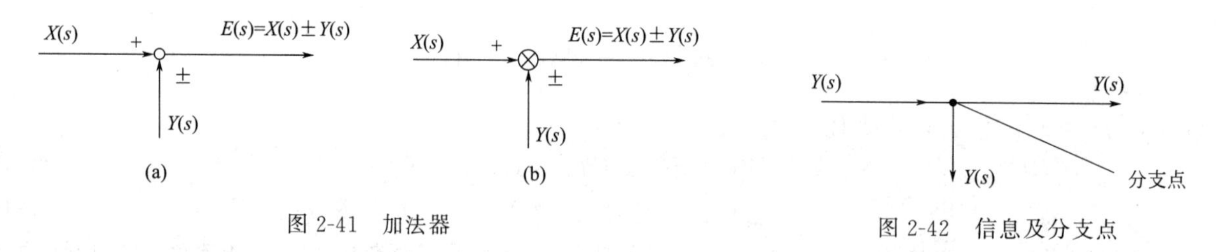

图 2-41　加法器　　　图 2-42　信息及分支点

图中的“±”符号表示“+”号或“−”号。

(2) 信息

控制系统中传递的信息，也即系统中各环节输入输出的变量，用标有信息流向方向的线段表示，如图 2-42 所示。图中箭头指出了信息的作用方向，信息的各分支点（线段上的任一点）都具有相同的值。

(3) 环节

方块中填入传递函数，加上其输入输出信息就构成了环节，可参见图 2-37。环节的信息传输具有单向性，即任何环节的输出只能是输入乘以方块内的传递函数，而不能逆着箭头方向传输信息。

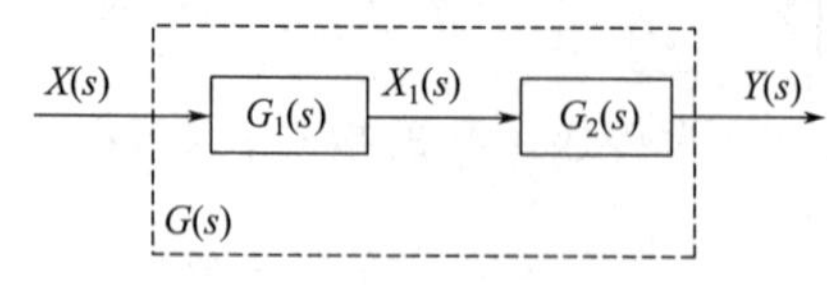

图 2-43　环节方块的串联示意图

2. 方块图的基本连接方式及其运算法则

方块图中的各环节有三种基本的连接方式，即串联、并联和反馈，分别如图 2-43、图 2-44 及图 2-45 所示。相应的运算法则分别为式(2-164)、式(2-165) 和式(2-166)。

(1) 串联

$$Y(s)=G_2(s)X_1(s)=G_2(s)G_1(s)X(s)$$

式中

$$X_1(s)=G_1(s)X(s)$$

由传递函数的定义，虚框内的传递函数为

$$G(s)=\frac{Y(s)}{X(s)}=G_1(s)G_2(s) \tag{2-164}$$

若图中有 n 个环节串联，则式(2-164) 所示的运算法则仍然存在，即

$$G(s)=\frac{Y(s)}{X(s)}=G_1(s)G_2(s)\cdots G_{n-1}(s)G_n(s) \tag{2-164'}$$

(2) 并联

由图 2-44(a)，有

$$Y(s)=Y_1(s)+Y_2(s)=G_1(s)X(s)+G_2(s)X(s)=[G_1(s)+G_2(s)]X(s)$$

虚框内的传递函数为

$$G(s)=\frac{Y(s)}{X(s)}=G_1(s)+G_2(s) \tag{2-165}$$

若图 2-44(a) 中有 n 个环节如此并联，则

$$G(s)=\frac{Y(s)}{X(s)}=G_1(s)+G_2(s)+\cdots+G_{n-1}(s)+G_n(s) \tag{2-165'}$$

由图 2-44(b)，有

$$Y(s)=Y_1(s)+Y_2(s)=G_1(s)X_1(s)+G_2(s)X_2(s)$$

注意：① 对图 2-44(b) 这种情况，写不出如式(2-165) 那样总的传递函数 $G(s)$，只能写出输出表达式；②如果图中“+”号改成“−”号，运算式中作相应改变即可。

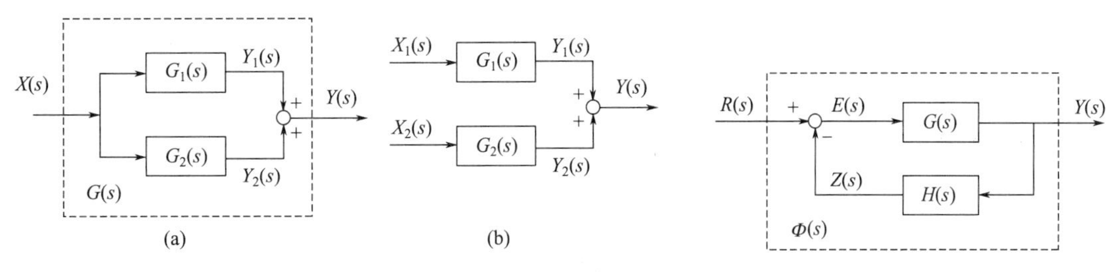

图 2-44　环节方块的并联示意图　　图 2-45　环节反馈连接示意图

(3) 反馈

如图 2-45，按照前面的运算规则

$$Y(s)=G(s)E(s)$$
$$E(s)=R(s)-Z(s)=R(s)-H(s)Y(s)$$
$$Y(s)=G(s)[R(s)-H(s)Y(s)]$$

虚框内的传递函数为

$$\Phi(s)=\frac{Y(s)}{R(s)}=\frac{G(s)}{1+G(s)H(s)} \tag{2-166}$$

图 2-45 所示的反馈连接方式形成了最基本的闭环单回路系统，用 $\Phi(s)$ 表示该闭环回路的传递函数。其中，从输入端 r 到输出端 y 的信息通道称为前向通道；从输出端 y 通过 z 再回到输入端的通道称为反馈通道，若反馈通道中 $H(s)=1$，则称为是单位反馈系统。若将闭环回路断开，$G(s)H(s)$ 称为开环传递函数。基本单回路闭环系统的传递函数一般公式

$$\Phi(s)=\frac{Y(s)}{R(s)}=\frac{G(s)}{1\mp G(s)H(s)}=\frac{\text{前向通道传递函数}}{1\mp\text{开环传递函数}}$$

注意，上式分母中的符号“+”表示负反馈，相应于图 2-45 中反馈通道到比较点的符号为“−”，且 $E(s)=R(s)-Z(s)$；符号“−”表示正反馈，相应于图 2-45 中反馈通道到比较点的符号为“+”，且 $E(s)=R(s)+Z(s)$。绝大多数的控制系统为负反馈，因此，若不加以特别说明，则控制系统默认是如图 2-45 所示的负反馈系统。

(4) 定值控制系统与随动控制系统

如图 2-46 所示的负反馈系统，当存在干扰变量 $D(s)$ 时，假设给定值 $R(s)$ 不变，则干扰通道的传递函数为

$$\Phi_D(s)=\frac{Y_d(s)}{D(s)}=\frac{G_d(s)}{1+G(s)H(s)} \tag{2-167}$$

式中 $Y_d(s)$ 表示仅考虑由干扰 d 引起的输出，此时给定值不变（意味着其增量为零），但反馈通道的负号"−"仍然起作用，故分母仍然为 $1+G(s)H(s)$。这种以扰动变量 d 为输入，y_d 为输出的系统称为定值系统，图 2-46(a) 可简化为图 2-46(b) 所示。若仅考虑以 r 为输入，y_r 为输出，则称其为随动系统，此时 $d=0$，图 2-46 简化为图 2-45。若同时考虑 r 和 d 作为输入，y 为输出的话，则有

$$Y(s)=\frac{G(s)}{1+G(s)H(s)}R(s)+\frac{G_d(s)}{1+G(s)H(s)}D(s) \tag{2-168}$$

很明显，式(2-168) 是式(2-166) 的输出和式(2-167) 的输出的线性叠加，因为线性定常系统满足线性叠加原理。

注意，在进行方块图运算时，从输出端逆着箭头方向推导出与输入的关系，不易出错。而且适用于多变量的传递函数矩阵运算。

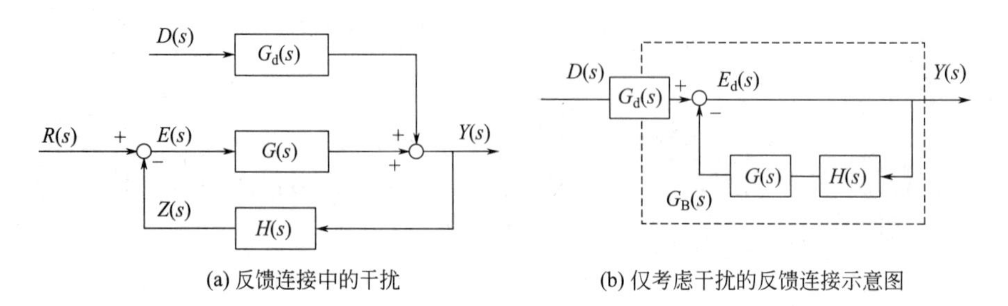

图 2-46　负反馈系统中的干扰

3. 从物理系统到方块图表示

方块图是分析与研究控制系统的有力工具，如何将实际的物理系统用方块图表示出来是控制工程师的一项很重要的基本技能。

【例 2-25】 试用方块图表示图 2-47 所示的无源网络。

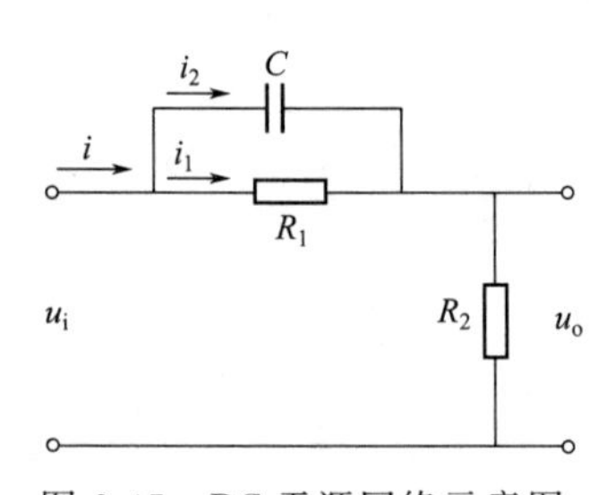

图 2-47　RC 无源网络示意图

解　可将该无源网络视为一个系统，组成网络的元件就对应于系统的各环节。设电路中各变量如图中所示，应用电路中的复阻抗概念，根据基尔霍夫定律从输出端开始逆推至输入端写出以下方程

$$U_o(s)=I(s)R_2$$
$$I_1(s)+I_2(s)=I(s)$$
$$I_2(s)\frac{1}{Cs}=I_1(s)R_1$$
$$U_i(s)=I_1(s)R_1+U_o(s)$$

按照上述方程分别绘制相应环节的方块图如图 2-48(a)～(d) 所示。然后再用信号线按信息流向依次将各环节连接起来，便得到无源网络的方块图，如图 2-48(e) 所示。绘图时需要注意到，控制系统方块图一般都遵循给定值输入在方块图最左边，输出在方块图最右边的规律。此例的输入为 $U_i(s)$，输出为 $U_o(s)$。

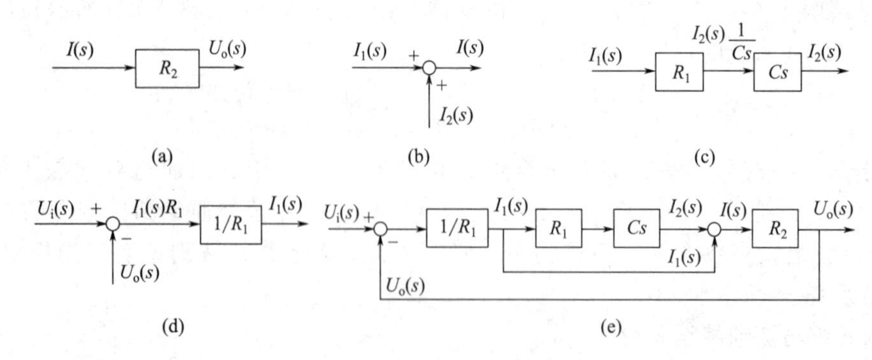

图 2-48　RC 无源网络的结构方块图

【例 2-26】 图 2-49 是直接蒸汽加热器带控制点的工艺流程示意图。控制的目的是使加热器内温度 T 恒定。由于现场蒸汽压力 p 波动较大，控制系统中采用了一个蒸汽流量控制系统稳定蒸汽流量 W，以减少蒸

汽压力波动对加热器内温度的影响。温度定值控制系统的给定值为 T_r，控制器 TC 根据测量变送器 TT 给出的温度实测值 T 与 T_r 之差，输出控制作用作为流量控制器 GC 的给定值，通过流量控制器 GC 来改变蒸汽量 W。这类由两个控制回路组成且一个控制器的输出为另一个控制器的给定值的系统称为串级控制系统，其中温度控制系统称为主回路，流量控制系统称为副回路，请画出该系统的方块图。设该系统的主要扰动量为冷流体进料温度 T_c。

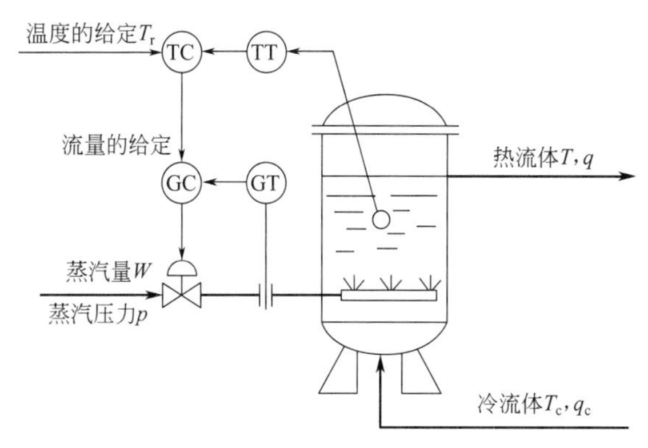

图 2-49 直接蒸汽加热器的温度控制系统示意图

解 被控对象是蒸汽直接加热器，设其传递函数为 $G_{01}(s)$，输入为蒸汽流量 W 时，输出是温度 T_1，如图 2-50(a) 所示。由于冷流体温度 T_c 也会引起加热器内温度的变化，若变化后的温度为 T_d，则对象干扰通道的传递函数为 $G_{02}(s)=\dfrac{T_d(s)}{T_c(s)}$。于是，热流体温度 T 为 T_1 与 T_d 之和，如图 2-50(b) 所示。设控制阀的传递函数为 $G_V(s)$，由于蒸汽压力 p 的变化和阀开度的变化都会引起蒸汽流量 W 的变化，故有图 2-51。图中，$G_{03}(s)$ 为阀开度变化引起蒸汽流量变化的传递函数；$G_{04}(s)$ 为压力 p 变化引起蒸汽流量变化的传递函数。若控制器 GC 和 TC 的传递函数分别为 $G_{GC}(s)$、$G_{TC}(s)$，测量变送器 TT 和 GT 的传递函数分别为 $G_{TT}(s)$、$G_{GT}(s)$，结合图 2-50 和图 2-51，就可绘制出如图 2-52 所示的控制系统方块图。

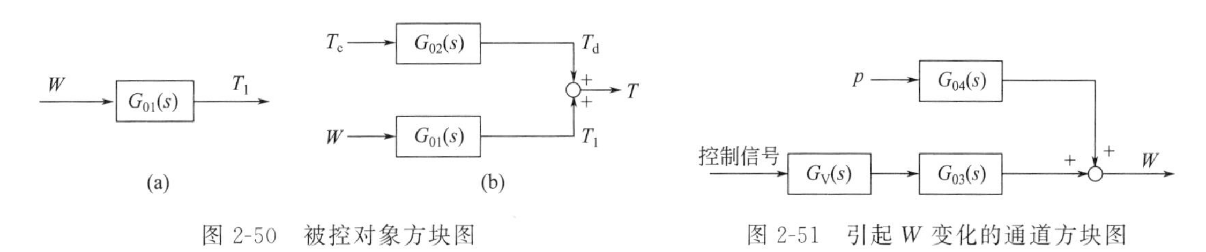

图 2-50 被控对象方块图

图 2-51 引起 W 变化的通道方块图

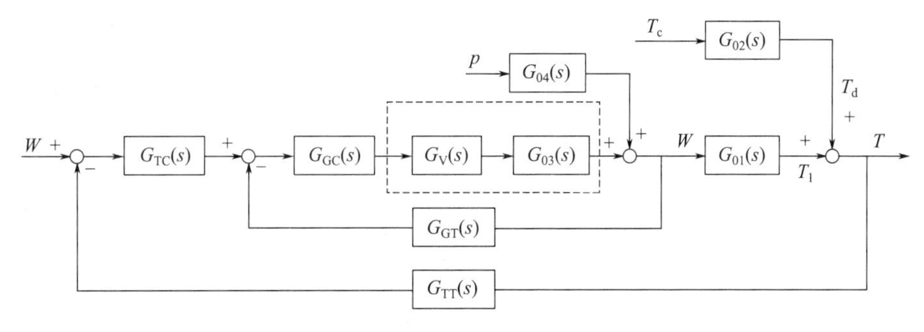

图 2-52 直接蒸汽加热器温度串级控制系统方块图

【例 2-27】 某水槽控制系统如图 2-53 所示。由图知，系统采用一个控制阀同时控制水槽内温度 T 和液面 H，即温度与液位均通过控制加热水的流量来达到控制目的。图中，HT 和 TT 分别为液位与温度的测量变送器，HC 和 TC 分别为液位与温度的控制器，它们的给定值分别为 X_1 和 X_2。试画出该控制系统的方块图。

解 仍然可以从输出端入手分析。系统的被控对象是水槽，因为只有一个传递函数为 G_V 的控制阀，当阀位 u 发生变化时，引起液位与温度分别变化，设它们的传递函数分别为 $G_{HO}(s)=\dfrac{H(s)}{U(s)}$ 和 $G_{TO}(s)=\dfrac{T(s)}{U(s)}$，则可绘制如图 2-54(a) 所示的方块图，其中 $B(s)$ 为控制器的输出。又设液位与温度的测量变送器的传递函数分别为 $G_{HM}(s)$ 和 $G_{TM}(s)$，它们的输出值将与给定值 X_1 和 X_2 相比较；又设液位控制器 HC 和温度控制器 TC 的传递函数分别为 $G_{HC}(s)$、$G_{TC}(s)$。显然，不管是液位发生变化还是温度发生变化或是两者同时变化，控制器 HC 和 TC 产生的控制作用都需要通过控制阀 G_V 去调节热水流量。考虑是线性系

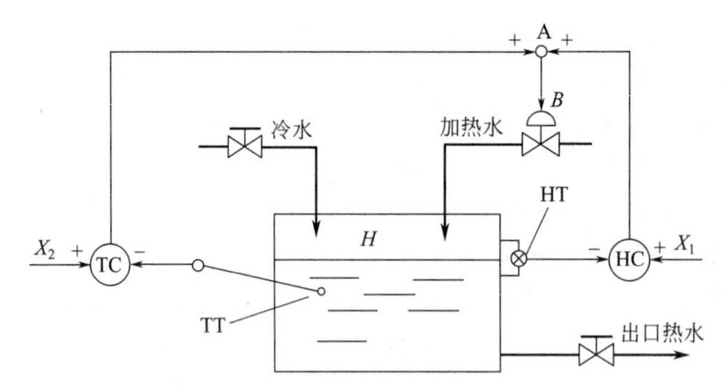

图 2-53　某水槽液面与温度控制系统示意

统，控制作用的这种叠加关系在图 2-53 中采用加法器 A 来表示。通过分析，将每一环节的输入输出关系搞清楚，就可得到如图 2-54(b) 所示的整个控制系统的方块图。

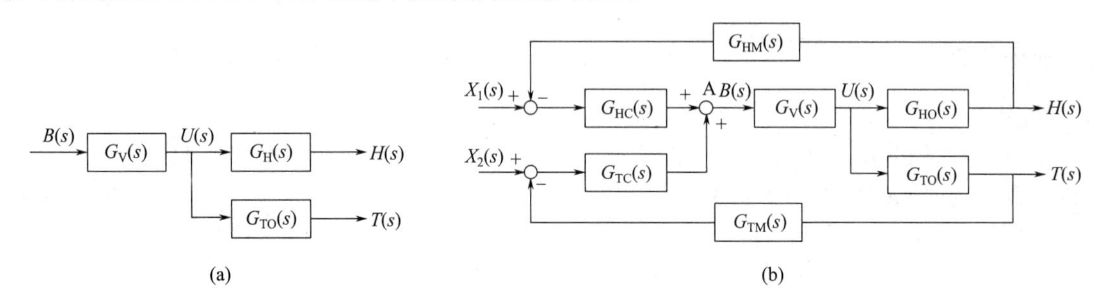

图 2-54　水槽液面与温度控制系统方块图

需要指出，系统的原理图与方块图并非一一对应。一个环节可以用一个方块或几个方块来表示，如图 2-54 分别用 $G_{HO}(s)$ 和 $G_{TO}(s)$ 来表示被控对象在相同输入下引起关于液位与温度的不同动态特性；又如图 2-52 分别用 $G_{01}(s)$、$G_{02}(s)$ 两个方块来表示不同的输入输出通道特性。有时一个方块也可以是几个环节的组合，表示几个环节组合在一起的特性，例如图 2-52 中，虚框中的被控对象 $G_{03}(s)$ 与控制阀 $G_V(s)$ 可以用一个方块 $G_0(s)$ 来表示。有时为分析系统的方便，将除控制器外的所有环节均放在一个方块中，称为广义对象。

4. 利用方块图进行分析运算

绘制出一个系统的方块图可以让系统的信息流清晰明了，但这并不是目的，重要的是如何利用方块图对控制系统进行分析。从前面例子已经依稀可见，一个控制系统方块图的连接方式可能是错综复杂的。如何将较为复杂的方块图逐步化简到基本的串联、并联以及单回路反馈三种基本关系的简单组合，再求出系统输入与输出间的传递函数，正是本小节的目的。实质上，微分方程模型与传递函数模型不仅同属输入输出模型，而且存在一一对应的关系，系统方块图的化简过程，正对应着建立微分方程模型时的消去中间变量的过程。

(1) 方块图简化的等效原则

方块图简化必须遵循等效变换原则，即变换前后对应的输入输出信号必须等价。常见的等效规则如表 2-4 所示，从表中可以看到，方块图等效变换主要有如下运算规则。

表 2-4　方块图等效变换运算规则

原方块图	等效方块图	等效运算关系
A + − $A-B$ + + $A-B+C$ B C	A + + $A+C$ + − $A-B+C$ C B	(1)相加减次序无关
A → G → AG + − $AG-B$ B	A + − $A-B/G$ → G → $AG-B$ B/G ← $1/G$ ← B	(2)相加点前移

续表

原方块图	等效方块图	等效运算关系
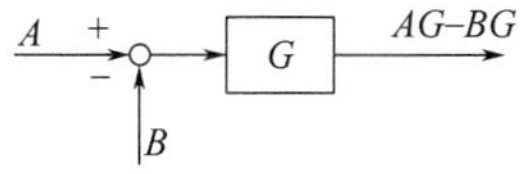	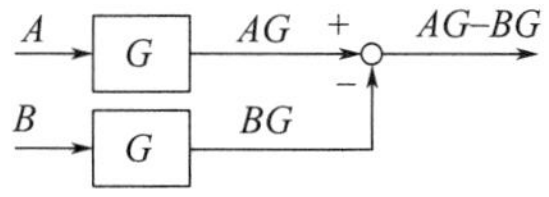	(3)相加点后移
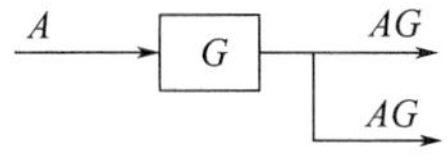	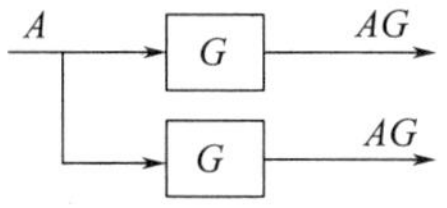	(4)分支点前移
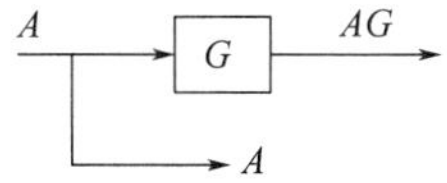	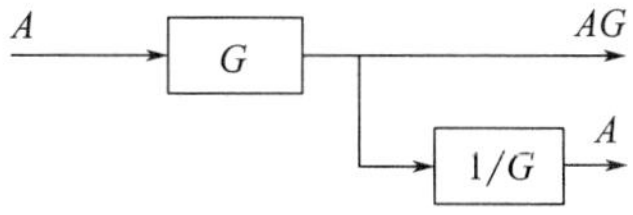	(5)分支点后移
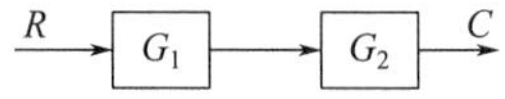	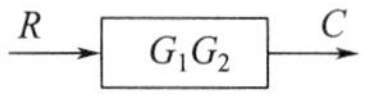	(6)串联等效 $C=G_1G_2R$
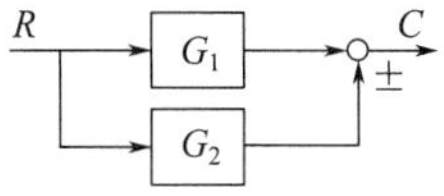	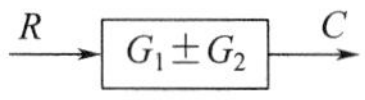	(7)并联等效 $C=(G_1\pm G_2)R$
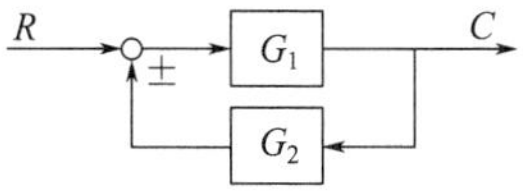	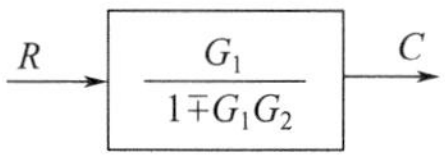	(8)反馈等效 $C=\frac{G_1}{1\mp G_1G_2}R$
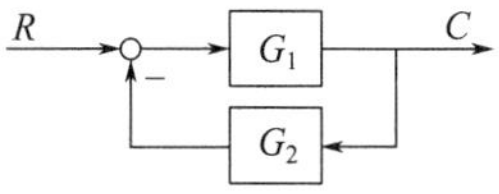	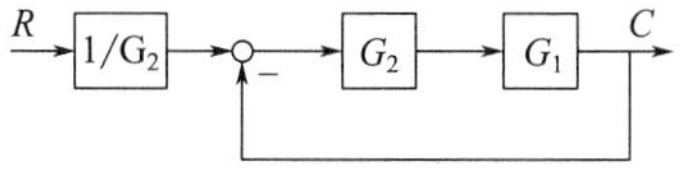	(9)等效单位负反馈 $\frac{C}{R}=\frac{1}{G_2}\times\frac{G_1G_2}{1+G_1G_2}$
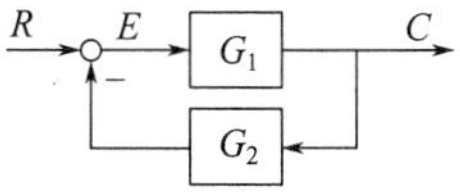	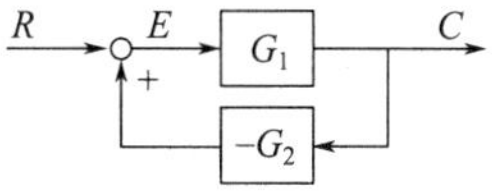	(10)负号在支路移动 $E=R-G_2C$

① 各支路信号相加或相减与加减的次序无关；

② 在总线路上引出支路时，与引出的次序无关；

③ 线路上的负号可在线路上移动，并可越过函数方块，但不能越过相加点和分支点；

④ 在环节前面加入信号，可变换成在环节后加入；同样，在环节后面加入的信号，也可变换成在环节前面加入。

由表 2-4 给出的运算规则，可对复杂方块图逐步地计算、整理和简化。在这过程中，一般采取的方法是：

① 移动分支点和相加点；

② 交换相加点；

③ 减少内反馈回路。

当然，作为代价，在方块图简化后得到的新方块中的传递函数将变得复杂。

(2) 复杂方块图的化简例子

【例 2-28】 设一系统方块图如图 2-55 所示，求它的传递函数 $\Phi(s)=\frac{C(s)}{R(s)}$。

解　由于 $G_1(s)$、$G_2(s)$、$G_3(s)$ 之间存在交叉的分支点与相加点，无法直接应用方块图运算法则，必须首先应用等效变换的规则进行化简。

方法一：应用相加点 B 前移的等效变换规则。

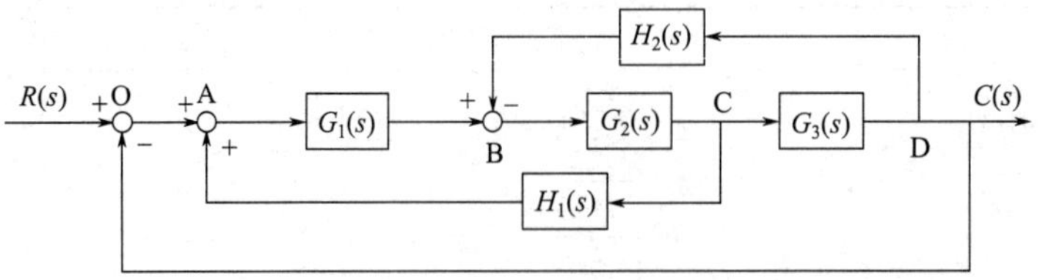

图 2-55　例 2-28 系统方块图

环节 $H_2(s)$ 乘以 $1/G_1(s)$ 后越过 $G_1(s)$ 从 B 点前移至 A 点，为看得更清楚，由加法器次序无关规则，在 OA 线段间指定另一个相加点 B′，将 $H_2(s)/G_1(s)$ 的输出量从 A 点移到 B′点，如图 2-56(a) 所示。为方便起见，在以下图中的加法器旁省略了信号的“+”号。

现在，图 2-56(a) 中仅有基本的串联、并联与反馈关系，可从内环开始逐步化简，注意反馈回路的符号，区分正或负反馈。将图 2-56(a) 化简至图 2-56(b)。

进一步化简至图 2-56(c) 与图 2-56(d)。

显然，图 2-56(d) 已经是最简形式，方块图中的传递函数即为要求的系统传递函数

$$\Phi(s)=\frac{C(s)}{R(s)}=\frac{G_1(s)G_2(s)G_3(s)}{1+G_2(s)G_3(s)H_2(s)-G_1(s)G_2(s)H_1(s)+G_1(s)G_2(s)G_3(s)}$$

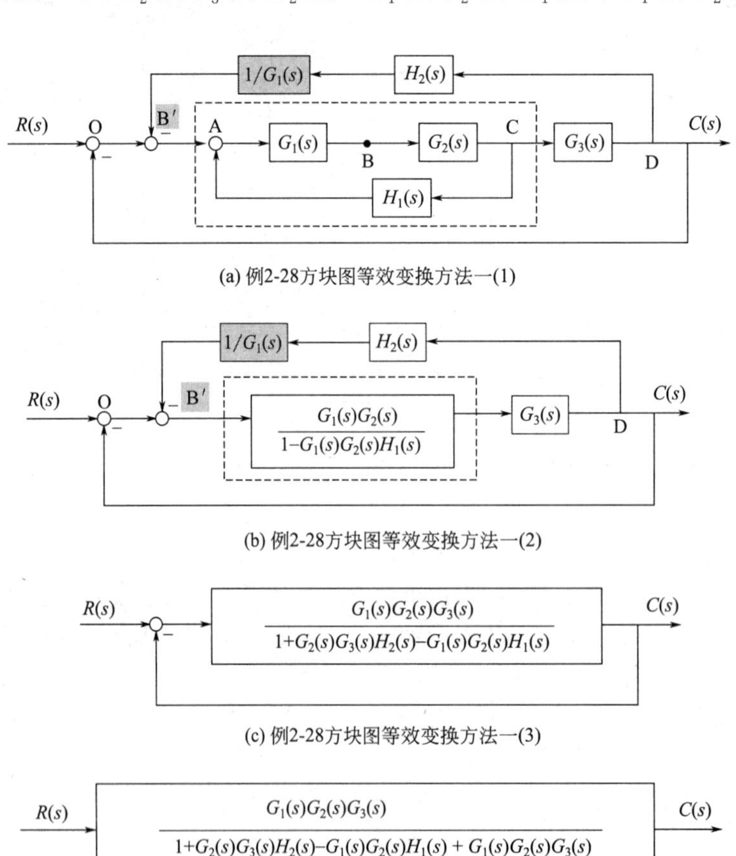

(a) 例2-28方块图等效变换方法一(1)

(b) 例2-28方块图等效变换方法一(2)

(c) 例2-28方块图等效变换方法一(3)

(d) 例2-28方块图等效变换方法一(4)

图 2-56　例 2-28 方块图等效变换方法之一过程

方法二：应用分支点 C 后移的等效变换规则。

将图 2-55 中的分支点 C 后移后得到图 2-57(a)。图 2-57(a) 中仅有基本的串联、并联与反馈关系，可进一步化简为图 2-57(b)，再化简到图 2-56(c)，进而化简到图 2-56(d)。

由此例可见，方块图等效变换是指变换前后所关注的输入输出信号不变，但并不意味着输入与输出之间

(a) 例2-28方块图等效变换方法二(1)

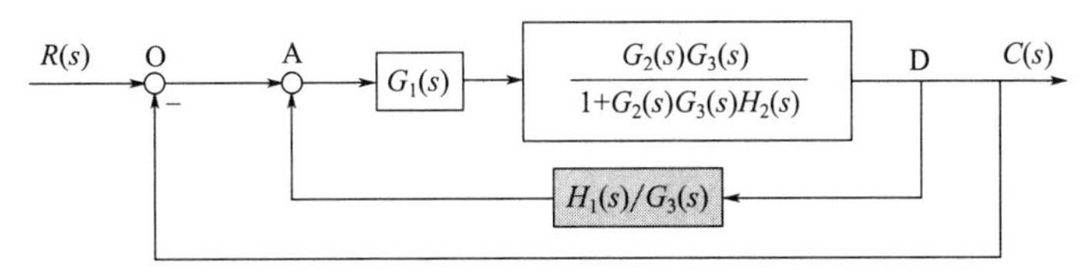

(b) 例2-28方块图等效变换方法二(2)

图 2-57　例 2-28 方块图等效变换方法之二过程

的其他信号也不变。如图 2-55，经反馈环节 $H_2(s)$ 的反馈量是 $-H_2(s)C(s)$，输出至 B 点，而图 2-56(a) 中的反馈量是 $-H_2(s)/G_1(s)C(s)$，原系统中不存在该反馈量；但该反馈量输出至 B′点，再经环节 $G_1(s)$ 输出至 B 点后，反馈量又是 $-H_2(s)C(s)$，因此对 B 点而言，等效变换前后信号保持不变。而对 A 点来说，图2-55与图 2-56(a) 中其信号不一致。但对输入 $R(s)$ 与输出 $C(s)$ 而言，图 2-55 与图2-56、图 2-57 是等效的。读者可试着分析图 2-55 中的 D 点与图 2-57(a) 中的 D 点信号，看其是否等效。

【例 2-29】 化简如图 2-58(a) 所示系统方块图，并求系统传递函数 $\Phi(s)=\dfrac{C(s)}{R(s)}$。

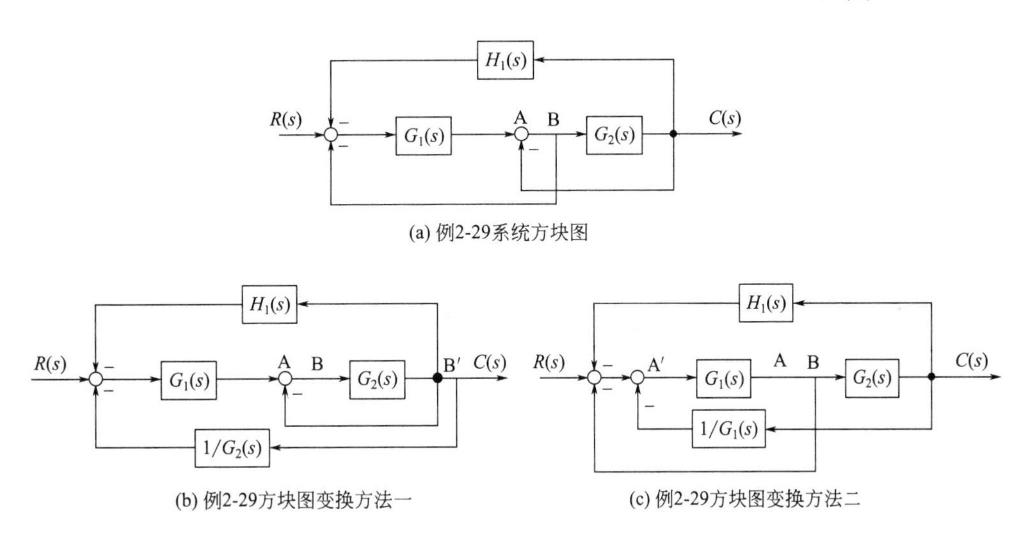

(a) 例2-29系统方块图

(b) 例2-29方块图变换方法一　　(c) 例2-29方块图变换方法二

图 2-58　方块图等效变换示意图

解　由于 $G_1(s)$ 与 $G_2(s)$ 之间有交叉的比较点 A 和分支点 B，不能直接进行运算，也不能简单地互换位置。可采取的方法：①将分支点 B 后移至 B′，如图 2-58(a)；②将相加点 A 前移至 A′，如图 2-58(b)。经过移动后，再由同一线路上分支点与引出的次序无关以及相加点位置可交换的规则，逐步计算 3 个独立的反馈回路（请读者自己推导），即可得到系统总的传递函数为

$$\Phi(s)=\frac{C(s)}{R(s)}=\frac{G_1(s)G_2(s)}{1+G_1(s)+G_2(s)+G_1(s)G_2(s)H_1(s)}$$

5. 多变量系统的传递函数矩阵表示

前面定义的是单输入单输出系统的传递函数，若将传递函数的概念推广至多输入多输出系统，即可用**传递函数矩阵**来表示多变量系统的动态特性。

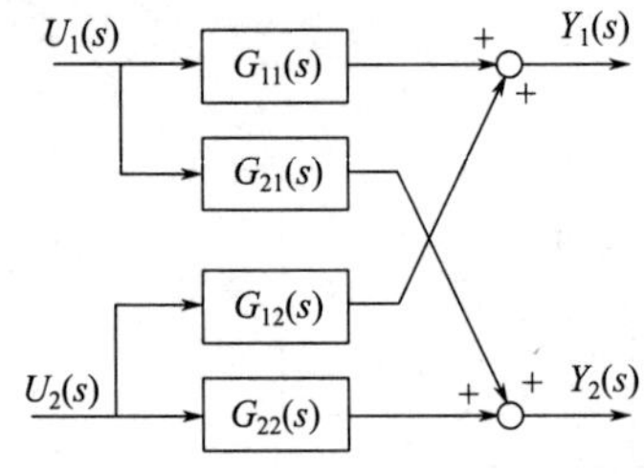

图 2-59　两变量系统的方块图

传递函数矩阵（简称传递矩阵）是传递函数的推广。设有一个如图 2-59 所示的两输入两输出系统。当初始条件为零时，由图知其输入输出变量的关系为

$$\begin{aligned}Y_1(s)&=G_{11}(s)U_1(s)+G_{12}(s)U_2(s)\\Y_2(s)&=G_{21}(s)U_1(s)+G_{22}(s)U_2(s)\end{aligned}\tag{2-169}$$

其中，$G_{ij}(i=1,2;\ j=1,2)$ 表示第 i 个输出量与第 j 个输入量之间的传递函数。可将式(2-169) 写成矩阵形式

$$\begin{bmatrix}Y_1(s)\\Y_2(s)\end{bmatrix}=\begin{bmatrix}G_{11}(s) & G_{12}(s)\\G_{21}(s) & G_{22}(s)\end{bmatrix}\begin{bmatrix}U_1(s)\\U_2(s)\end{bmatrix}\tag{2-170}$$

或

$$\boldsymbol{Y}(s)=\boldsymbol{G}(s)\boldsymbol{U}(s)\tag{2-171}$$

式中，$\boldsymbol{G}(s)$为传递函数矩阵；$\boldsymbol{U}(s)$为输入向量；$\boldsymbol{Y}(s)$为输出向量。

【例 2-30】 对于例 2-7 所建的 2 个独立液体储槽串联的数学模型［式(2-62)］

$$T_1T_2\frac{\mathrm{d}^2h_2}{\mathrm{d}t^2}+(T_1+T_2)\frac{\mathrm{d}h_2}{\mathrm{d}t}+h_2=R_2Q_{\mathrm{in}}-R_2Q_{\mathrm{f}}-T_1R_2\frac{\mathrm{d}Q_{\mathrm{f}}}{\mathrm{d}t}\tag{2-62}$$

① 在考虑输入变量 Q_{in} 和 Q_{f} 同时存在，输出为 h_2 时，求系统的传递矩阵；②若考虑 h_1 为另一输出变量时，其系统传递矩阵又如何？

解 ① 对式(2-62) 求拉氏变换，并代入零初始条件，得

$$[T_1T_2s^2+(T_1+T_2)s+1]H_2(s)=R_2Q_{\mathrm{in}}(s)-R_2(T_1s+1)Q_{\mathrm{f}}(s)\tag{2-172}$$

或

$$H_2(s)=\frac{R_2}{T_1T_2s^2+(T_1+T_2)s+1}Q_{\mathrm{in}}(s)-\frac{R_2}{T_2s+1}Q_{\mathrm{f}}(s)\tag{2-173}$$

也即

$$H_2(s)=\begin{bmatrix}\dfrac{R_2}{T_1T_2s^2+(T_1+T_2)s+1} & -\dfrac{R_2}{T_2s+1}\end{bmatrix}\begin{bmatrix}Q_{\mathrm{in}}(s)\\Q_{\mathrm{f}}(s)\end{bmatrix}\tag{2-174}$$

传递矩阵（因有 2 个输入，此处为一行向量）

$$\boldsymbol{G}(s)=\begin{bmatrix}\dfrac{R_2}{T_1T_2s^2+(T_1+T_2)s+1} & -\dfrac{R_2}{T_2s+1}\end{bmatrix}\tag{2-175}$$

② 考虑 h_1 为另一输出变量时，对式(2-52)

$$A_1\frac{\mathrm{d}h_1}{\mathrm{d}t}=Q_{\mathrm{in}}-Q_1=Q_{\mathrm{in}}-\frac{1}{R_1}h_1\tag{2-52′}$$

两边求拉氏变换，并代入零初始条件，得

$$A_1sH_1(s)+\frac{1}{R_1}H_1(s)=Q_{\mathrm{in}}$$

或

$$H_1(s)=\frac{R_1}{(A_1R_1s+1)}Q_{\mathrm{in}}$$

此时的输入输出关系为

$$\begin{bmatrix}H_1(s)\\H_2(s)\end{bmatrix}=\begin{bmatrix}\dfrac{R_1}{A_1R_1s+1} & 0\\\dfrac{R_2}{T_1T_2s^2+(T_1+T_2)s+1} & -\dfrac{R_2}{T_2s+1}\end{bmatrix}\begin{bmatrix}Q_{\mathrm{in}}\\Q_{\mathrm{f}}\end{bmatrix}$$

传递矩阵为

$$\boldsymbol{G}(s)=\begin{bmatrix}\dfrac{R_1}{A_1R_1s+1} & 0\\\dfrac{R_2}{T_1T_2s^2+(T_1+T_2)s+1} & -\dfrac{R_2}{T_2s+1}\end{bmatrix}$$

与单变量系统相类似，多变量系统也可用方块图表示。为区别于单变量系统，一般的多变量反馈控制系统的方块图如图 2-60 所示，即信号线采用双线。要注意的是，其中 $\boldsymbol{R}(s)$、$\boldsymbol{Y}(s)$、$\boldsymbol{E}(s)$ 均为向量，须满足矩阵运算规则。

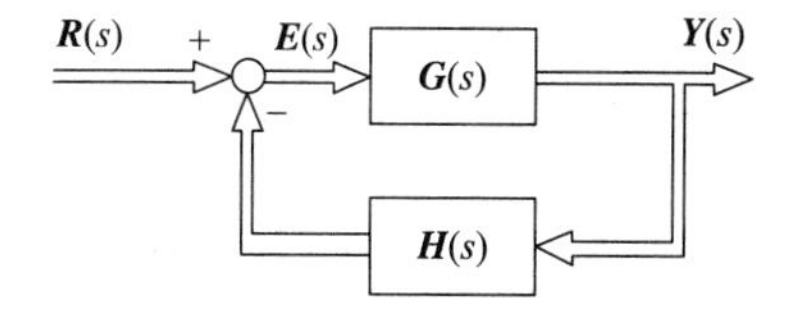

图 2-60　多变量反馈控制系统示意图

$$\boldsymbol{Y}(s)=\boldsymbol{G}(s)\boldsymbol{E}(s) \tag{2-176}$$

$$\boldsymbol{E}(s)=\boldsymbol{R}(s)-\boldsymbol{H}(s)\boldsymbol{Y}(s) \tag{2-177}$$

将式(2-177) 代入式(2-176) 得

$$\boldsymbol{Y}(s)=\boldsymbol{G}(s)\boldsymbol{R}(s)-\boldsymbol{G}(s)\boldsymbol{H}(s)\boldsymbol{Y}(s)$$

因为是矩阵乘法，次序不能混淆，整理上式得

$$\boldsymbol{Y}(s)=[\boldsymbol{I}+\boldsymbol{G}(s)\boldsymbol{H}(s)]^{-1}\boldsymbol{G}(s)\boldsymbol{R}(s)=\boldsymbol{M}(s)\boldsymbol{R}(s) \tag{2-178}$$

其中，$\boldsymbol{M}(s)=[\boldsymbol{I}+\boldsymbol{G}(s)\boldsymbol{H}(s)]^{-1}\boldsymbol{G}(s)$被称为闭环传递函数矩阵。

当 $\boldsymbol{R}(s)$、$\boldsymbol{Y}(s)$ 为单变量时，$M(s)=\dfrac{G(s)}{1+G(s)H(s)}$，这时的 $M(s)$、$G(s)$、$H(s)$ 是传递函数，与前面单变量时的讨论一致，可以说，单变量系统是多变量系统的一个特例。

【例 2-31】 图 2-61 给出的是一个双输入双输出的负反馈控制系统，求系统的闭环传递函数矩阵。

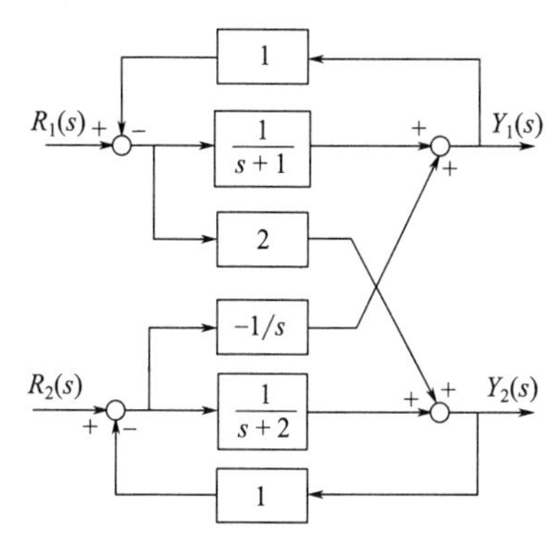

图 2-61　双输入双输出的负反馈控制系统

解　由图知

$$\boldsymbol{R}(s)=\begin{bmatrix}R_1(s)\\R_2(s)\end{bmatrix};\ \boldsymbol{Y}(s)=\begin{bmatrix}Y_1(s)\\Y_2(s)\end{bmatrix}$$

$$\boldsymbol{G}(s)=\begin{bmatrix}\dfrac{1}{s+1} & -\dfrac{1}{s}\\ 2 & \dfrac{1}{s+2}\end{bmatrix};\ \boldsymbol{H}(s)=\begin{bmatrix}1 & 0\\0 & 1\end{bmatrix}$$

式中，$\boldsymbol{G}(s)$ 是在两个负反馈没有加上时的对象传递矩阵，称开环传递矩阵；而整个控制系统的传递矩阵即为系统的闭环传递矩阵，即式(2-178) 中的 $\boldsymbol{M}(s)$。

因为

$$\boldsymbol{I}+\boldsymbol{G}(s)\boldsymbol{H}(s)=\begin{bmatrix}1+\dfrac{1}{s+1} & -\dfrac{1}{s}\\ 2 & 1+\dfrac{1}{s+2}\end{bmatrix}=\begin{bmatrix}\dfrac{s+2}{s+1} & -\dfrac{1}{s}\\ 2 & \dfrac{s+3}{s+2}\end{bmatrix}$$

故

$$[\boldsymbol{I}+\boldsymbol{G}(s)\boldsymbol{H}(s)]^{-1}=\begin{bmatrix}\dfrac{s+2}{s+1} & -\dfrac{1}{s}\\ 2 & \dfrac{s+3}{s+2}\end{bmatrix}^{-1}=\begin{bmatrix}\dfrac{s+3}{s+2} & \dfrac{1}{s}\\ -2 & \dfrac{s+2}{s+1}\end{bmatrix}\cdot\frac{s(s+1)}{s^2+5s+2}$$

由此可得到系统的闭环传递矩阵为

$$\boldsymbol{M}(s)=[\boldsymbol{I}+\boldsymbol{G}(s)\boldsymbol{H}(s)]^{-1}\boldsymbol{G}(s)=\begin{bmatrix}\dfrac{3s^2+9s+4}{s(s+1)(s+2)} & -\dfrac{1}{s}\\ 2 & \dfrac{3s+2}{s(s+1)}\end{bmatrix}\cdot\frac{s(s+1)}{s^2+5s+2}$$

第六节　信号流图与梅逊公式

方块图作为描述系统的一种图形表示，是简化系统中各变量运算关系的一个有力工具，但当系统很复杂时，通过方块图的化简来求取系统的传递函数还是相当繁琐。为简化运算，人们常采用描述线性代数方程组变量间输入输出关系的一种图示法——信号流图。当控制系统的数学模型用传递函数表示时，系统内各环节输入输出变量关系正是一组线性代数方程。采用信号流图的优点是系统不必经过如前所述的方块图化简步骤，利用梅逊（Mason）公式便可方便地直接求出系统的等效传递函数。

一、信号流图的基本构成

信号流图由小圆圈表示的节点和连接两节点的支路组成。每个节点表示一个变量，两节点间的连接支路相当于信号乘法器，乘法因子标注在支路上方。规定信号只能单向通过，流通的方向由支路上的箭头表示。如图 2-62 所示。其运算规则为 $x_2=ax_1$。

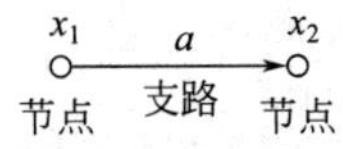

图 2-62 信号流图的基本构成

信号流图中的一些基本概念如下。

① 节点　表示变量的点，此变量值是所有进入该节点的信号代数和。从节点流出的信号值都等于这个变量的值。

② 支路与增益　连接两节点的有向线段称为支路，支路的增益标注在支路上方，又称为传输。输入信号乘上该支路的增益得输出信号值。

③ 源点或输入节点　只有输出支路的节点称为源点或输入节点，它对应于输入变量。

④ 阱点或输出节点　只有输入支路的节点称为阱点或输出节点，它对应于输出变量。

⑤ 混合节点　既具有输入支路又具有输出支路的节点称为混合节点。

⑥ 通路　沿支路箭头方向穿过各相连支路的路径叫通路；如果通路与任一节点相交不多于一次就叫开通路。可以有多个通路同时通过一个节点。

⑦ 前向通路　如果自源点到阱点的通路通过任何节点不多于一次，则该通路就是前向通路。

⑧ 回路　如果通路的起点就是终点，并且与其他节点相交不多于一次就称为回路。

⑨ 不接触回路　如果回路中没有任何公共节点，则该回路称不接触回路。

⑩ 前向通路增益　前向通路上各支路增益的乘积称前向通路增益。

⑪ 回路增益　回路内各支路增益的乘积称回路增益。

图 2-63 中给出了上述基本概念的图示。

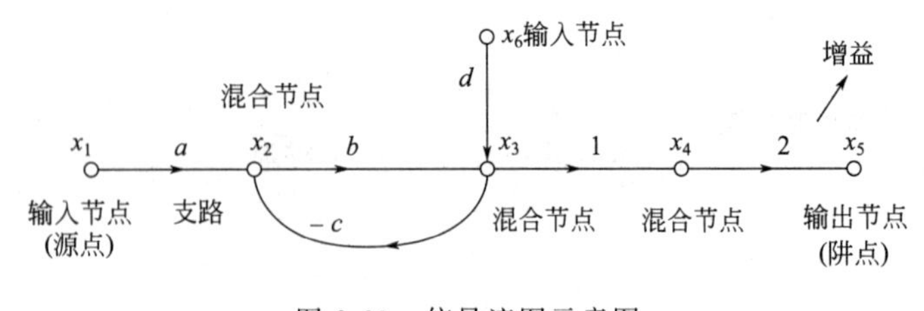

图 2-63 信号流图示意图

图中前向通路有 2 条：

① x_1—x_2—x_3—x_4—x_5，其前向通路增益为 $P_1=2ab$；

② x_6—x_3—x_4—x_5，其前向通路增益为 $P_2=2d$。

图中回路只有一个：x_2—x_3。其回路增益为：$L_1=-bc$。

二、信号流图的绘制

【例 2-32】 设有线性代数方程组

$$\begin{cases}x_2=a_{12}x_1+a_{32}x_3+a_{42}x_4+a_{52}x_5\\ x_3=a_{23}x_2\\ x_4=a_{34}x_3+a_{44}x_4\\ x_5=a_{35}x_3+a_{45}x_4\end{cases}$$

绘制其信号流图。

解　方程组中 x_i（$i=1,2,3,4,5$）是变量，相当于控制系统中各环节的输入输出信号，可用节点表示；方程中的系数 a_{ij} 是各节点间的支路增益，相当于控制系统中各环节的传递函数。假设 x_1 是系统的输入变量，将其置于最左边；x_5 是输出变量，置于右边；其他节点的次序无一定的要求，则可以作出该方程组的信号流图如图 2-64 所示。

先画出 5 个节点，用图（a）表示。下面分别根据方程画出相应的信号流图。

图（b）表示方程 1

$$x_2=a_{12}x_1+a_{32}x_3+a_{42}x_4+a_{52}x_5$$

图（c）表示方程 2

$$x_3=a_{23}x_2$$

图（d）表示方程 3

$$x_4=a_{34}x_3+a_{44}x_4$$

图（e）表示方程 4

$$x_5=a_{35}x_3+a_{45}x_4$$

最后，综合图（b）～（e），得到图（f）表示的 4 个方程联立的整个方程组。

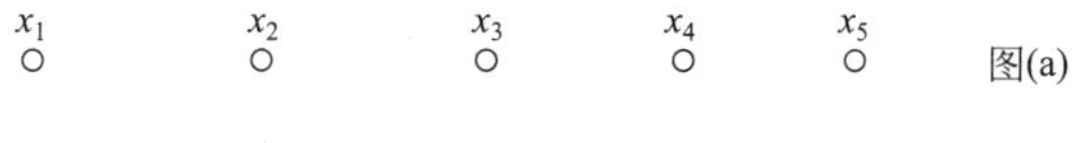

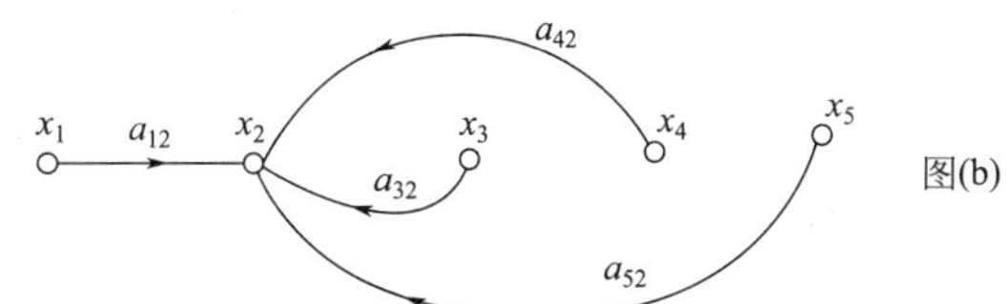

图(c)

图(d)

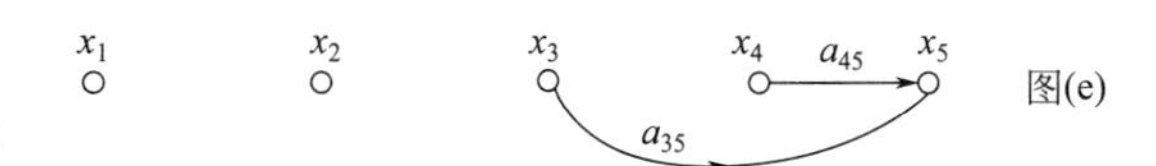

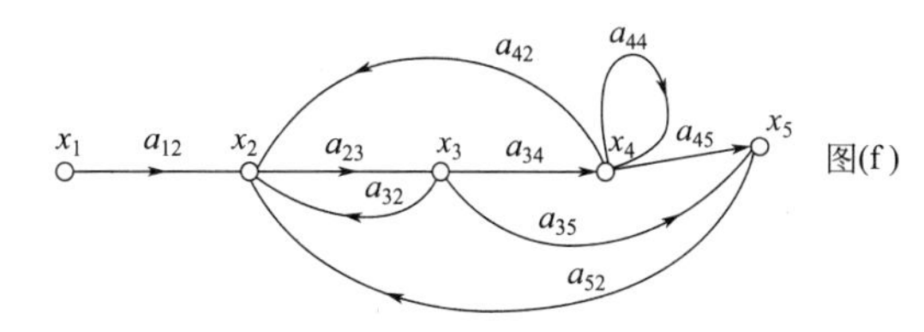

图 2-64　例 2-32 的信号流图

三、梅逊增益公式

有了系统的信号流图后，就可以利用梅逊增益公式进一步求取输出变量和输入变量之间的总增益，它也就等效于系统的传递函数。

梅逊增益公式

$$M=\frac{1}{\Delta}\sum_{k=1}^{N}(P_k\Delta_k) \tag{2-179}$$

式中，P_k 为第 k 条前向通路的增益；N 为系统的前向通路数目；Δ 为信号流图的特征式

$$\Delta=1-\sum_k L_k+\sum_{i,j}L_iL_j-\sum_{l,m,n}L_lL_mL_n+\cdots \tag{2-180}$$

或用文字表示为

$$\Delta=1-\begin{pmatrix}\text{所有不同单回路}\\ \text{增益之和}\end{pmatrix}+\begin{pmatrix}\text{所有可能的两两互不接触}\\ \text{回路增益乘积之和}\end{pmatrix}-\begin{pmatrix}\text{所有可能的三个互不接触}\\ \text{回路增益乘积之和}\end{pmatrix}+\cdots$$

所谓互不接触回路是指回路间没有公共节点；Δ_k 为抽去第 k 条前向通路后剩下的信号流图的特征式 Δ 值，故也称为第 k 条前向通路特征式的余子式，若第 k 条前向通路与所有回路都有接触，则 $\Delta_k=1$。

应注意的是，梅逊增益公式只能用于求取输出节点和输入节点之间的总增益，不适合求任意两个混合节点之间的增益。

【例 2-33】 计算例 2-32 的系统总增益。

解　例 2-32 整个系统的信号流图如图 2-64(f) 所示，其中 x_1、x_5 分别为输入变量和输出变量。现在利用梅逊增益公式来求系统总增益。具体计算如下。

① 前向通路 P_k：有 2 条前向通路，它们的增益分别是

$$P_1=a_{12}a_{23}a_{34}a_{45}；\ P_2=a_{12}a_{23}a_{35}$$

② 单回路：共有 5 个单回路，它们的增益分别是

$$L_1=a_{23}a_{32}；\ L_2=a_{23}a_{34}a_{42}；\ L_3=a_{44}；\ L_4=a_{23}a_{34}a_{45}a_{52}；\ L_5=a_{23}a_{35}a_{52}$$

③ 可能的两两互不接触的回路：有 2 个，它们的增益分别是

$$L_1L_3=a_{23}a_{32}a_{44}；\ L_3L_5=a_{44}a_{23}a_{35}a_{52}$$

④ 可能的三个以上的互不接触的回路：无。

⑤ 特征式

$$\begin{aligned}\Delta&=1-\sum_k L_k+\sum_{i,j}L_iL_j=1-(L_1+L_2+L_3+L_4+L_5)+L_1L_3+L_3L_5\\&=1-(a_{23}a_{32}+a_{23}a_{34}a_{42}+a_{44}+a_{23}a_{34}a_{45}a_{52}+a_{23}a_{35}a_{52})+a_{23}a_{32}a_{44}+a_{44}a_{23}a_{35}a_{52}\end{aligned}$$

⑥ 特征余子式 Δ_k

第 1 条前向通路 P_1 与所有回路都接触：$\Delta_1=1$；

第 2 条前向通路 P_2 只与回路 L_3 不接触：$\Delta_2=1-a_{44}$。

⑦ 以 x_1 为输入、x_5 为输出的系统总增益为

$$M=\frac{x_1}{x_5}=\frac{P_1\Delta_1+P_2\Delta_2}{\Delta}$$

$$=\frac{a_{12}a_{23}a_{34}a_{45}+a_{12}a_{23}a_{35}(1-a_{44})}{1-a_{23}a_{32}-a_{23}a_{34}a_{42}-a_{44}-a_{23}a_{34}a_{45}a_{52}-a_{23}a_{35}a_{52}+a_{23}a_{32}a_{44}+a_{44}a_{23}a_{35}a_{52}}$$

通过这个例子，可以看到梅逊增益公式是如何用于求控制系统的传递函数。

【例 2-34】 用信号流图方法求取图 2-65 所示系统的传递函数 $C(s)/R(s)$。

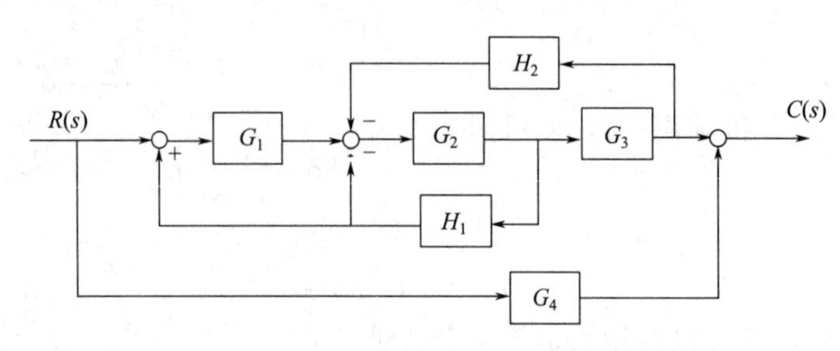

图 2-65 例 2-34 系统的方块图

解 将系统的方块图画成信号流图形式，如图 2-66 所示。

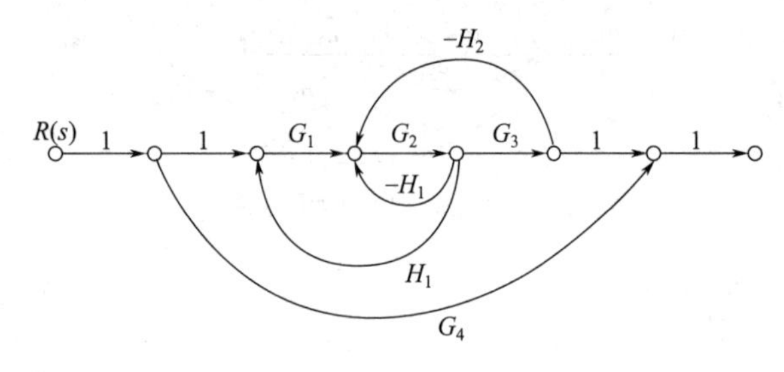

图 2-66 例 2-34 系统的信号流图形式

从信号流图可知，该系统

有 2 条前向通路

$$P_1=G_1G_2G_3;\ P_2=G_4$$

有 3 个相互接触的单独回路，没有互不接触的回路

$L_1=-G_2H_1$；$L_2=G_1G_2H_1$；$L_3=-G_2G_3H_2$

特征式

$$\Delta=1-(L_1+L_2+L_3)$$
$$=1+G_2H_1+G_2G_3H_2-G_1G_2H_1$$

前向通路 P_1 与所有回路均接触，余子式 $\Delta_1=1$；

前向通路 P_2 与所有回路均不接触，余子式 $\Delta_2=\Delta$。

利用梅逊增益公式求取系统传递函数

$$\frac{C(s)}{R(s)}=\frac{1}{\Delta}(P_1\Delta_1+P_2\Delta_2)=G_4+\frac{G_1G_2G_3}{1+G_2H_1+G_2G_3H_2-G_1G_2H_1}$$

由此例的解题过程知，第一步要先将方块图转化为信号流图，再应用梅逊增益公式。实际上，在熟练以后，可以在方块图上直接应用梅逊增益公式。此时，只需要将信号流图中节点间带增益的连线与方块图中的一个函数方块等价看待：支路增益相当于方块内的传递函数；信号流图拥有 2 个以上输入支路的节点与方块图中的加法器相当；信号流图中的回路与方块图中的反馈回路相当，但需要注意其反馈符号。

【例 2-35】 用信号流图方法求取例 2-28 中图 2-55 所示系统的传递函数 $C(s)/R(s)$。

解 这里直接在图 2-55 所示的方块图上利用梅逊增益公式。

系统只有 1 条前向通路

$$P_1=G_1G_2G_3$$

有 3 个相互接触的单独回路，没有互不接触的回路

$$L_1=G_1G_2H_1;\ L_2=-G_1G_2G_3;\ L_3=-G_2G_3H_2$$

所以特征式

$$\Delta=1-(L_1+L_2+L_3)=1-G_1G_2H_1+G_1G_2G_3+G_2G_3H_2$$

又由图知，前向通路 P_1 与所有回路均接触，所以余子式 $\Delta_1=1$。

利用梅逊增益公式求取系统传递函数

$$\frac{C(s)}{R(s)}=\frac{P_1\Delta_1}{\Delta}=\frac{G_1G_2G_3}{1-G_1G_2H_1+G_2G_3H_2+G_1G_2G_3}$$

其结果与例 2-28 采用方块图简化方法所得到的结果是一样的。

第七节　各种数学模型间的关系

通过前面的介绍已经知道对同一个系统的动态特性可以用不同形式的数学模型描述，如时域中的微分方程和状态空间表达式；复域中的传递函数；图示法的方块图和信号流图等。虽然数学模型不是系统本身，但它是系统的抽象表示，由此可以针对数学模型进行分析研究。除了微分方程与传递函数之间的转换外，其他形式的数学模型之间是否可以互相转换呢？答案是肯定的。

一、由微分方程转换为状态方程

1. 微分方程右端不含输入量的导数项

设 y 为输出变量，u 为输入变量，描述系统动态特性的微分方程模型：

$$y^{(n)}+a_{n-1}y^{(n-1)}+\cdots+a_1\dot{y}+a_0y=b_0u \tag{2-181}$$

若给定初始条件 $y(0)$，$\dot{y}(0)$，…，$y^{(n-1)}(0)$ 及 $t\geqslant 0$ 的输入变量 u，则微分方程(2-181）的解是惟一的，也即系统的动态行为已经完全确定。取 $y(t)$，$\dot{y}(t)$，…，$y^{(n-1)}(t)$ 为 n 个状态变量，由于它们都是变量的各阶导数，称其为相变量（注意与第三节中储能物理状态变量的区别)。

选状态变量为：$x_1=y(t)$，$x_2=\dot{y}(t)$，…，$x_n=y^{(n-1)}(t)$，式(2-181）可以改写为状态方程

$$\begin{aligned}\dot{x}_1&=x_2\\ \dot{x}_2&=x_3\\ &\vdots\\ \dot{x}_n&=-a_0x_1-a_1x_2-\cdots-a_{n-1}x_n+bu\end{aligned} \tag{2-182}$$

及输出方程

$$y=x_1 \tag{2-183}$$

用矩阵表示

$$\begin{bmatrix}\dot{x}_1\\ \dot{x}_2\\ \vdots\\ \dot{x}_n\end{bmatrix}=\begin{bmatrix}0 & 1 & 0 & \cdots & 0\\ 0 & 0 & 1 & \cdots & 0\\ \vdots & \vdots & \vdots & & \vdots\\ 0 & 0 & 0 & \cdots & 1\\ -a_0 & -a_1 & -a_2 & \cdots & -a_{n-1}\end{bmatrix}\begin{bmatrix}x_1\\ x_2\\ \vdots\\ x_n\end{bmatrix}+\begin{bmatrix}0\\ \vdots\\ 0\\ b\end{bmatrix}u \tag{2-184}$$

即

$$\dot{\boldsymbol{x}}(t)=\boldsymbol{A}\boldsymbol{x}(t)+\boldsymbol{B}u(t)$$

及

$$y=\begin{bmatrix}1 & 0 & \cdots & 0\end{bmatrix}\begin{bmatrix}x_1\\ x_2\\ \vdots\\ x_n\end{bmatrix}=\boldsymbol{C}\boldsymbol{x} \tag{2-185}$$

对于相变量，一般较难直接测量，通常没有物理意义。选用它们作为状态变量的优点是比选用物理变量更容易写成某种标准型，便于分析与设计控制系统。

状态方程可以用状态变量图（又称状态模拟图或仿真图）来表示。式(2-184）和式(2-185）的状态变量图如图 2-67 所示。

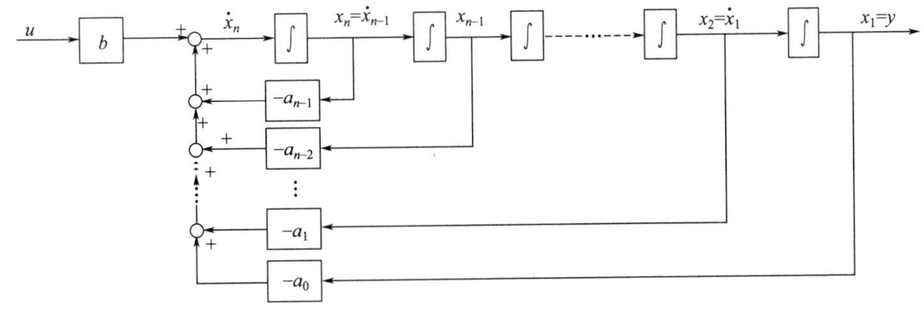

图 2-67　输入无导数项的状态变量图

图中，$\boxed{\int}$为积分器，$\boxed{a}$为比例（或乘法）器。

【例 2-36】 将微分方程式 $y^{(4)}+2y^{(3)}+4y^{(2)}+y=6u$ 表示的系统用状态方程模型描述，并画出状态变量图。

解 若选相变量作为状态变量，将 $a_3=2$，$a_2=4$，$a_1=0$，$a_0=1$，$b_0=6$ 代入式(2-184）和式(2-185)，即可得

$$\begin{bmatrix}\dot{x}_1\\\dot{x}_2\\\dot{x}_3\\\dot{x}_4\end{bmatrix}=\begin{bmatrix}0&1&0&0\\0&0&1&0\\0&0&0&1\\-1&0&-4&-2\end{bmatrix}\begin{bmatrix}x_1\\x_2\\x_3\\x_4\end{bmatrix}+\begin{bmatrix}0\\0\\0\\6\end{bmatrix}u$$

$$y=\begin{bmatrix}1&0&0&0\end{bmatrix}\begin{bmatrix}x_1\\x_2\\x_3\\x_4\end{bmatrix}$$

其状态变量图如图 2-68 所示。

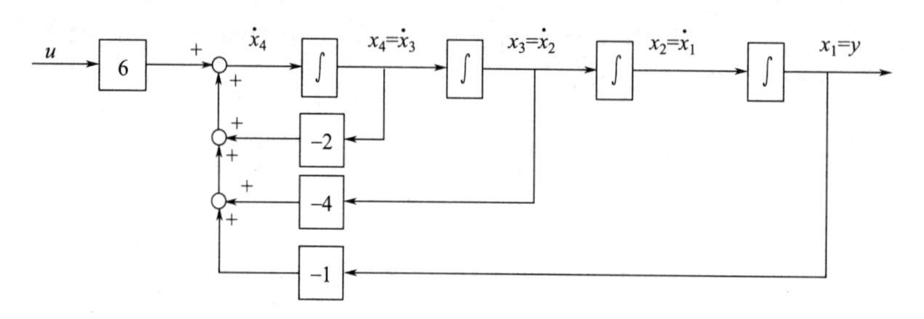

图 2-68 例 2-36 的状态变量图

由于积分器在零初始条件下的拉氏变换式为 $1/s$，所以很方便地可将状态变量图用信号流图来等价地表示。例如，图 2-68 就可用图 2-69 表示。

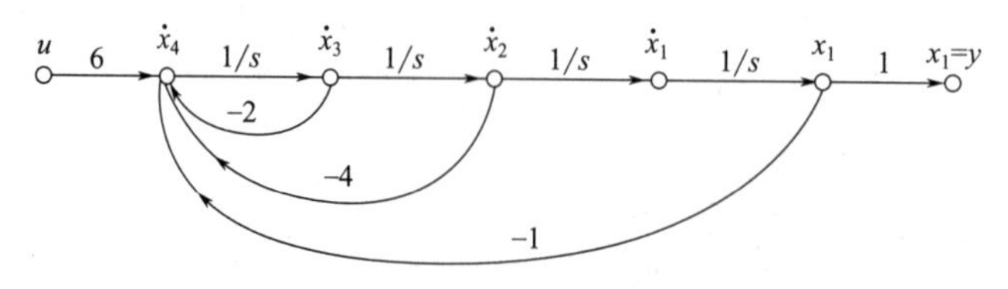

图 2-69 例 2-36 的状态变量信号流图

2. 微分方程右端含有输入量的导数项

当微分方程右端含有输入量的导数时，不能和前面一样直接由微分方程就写出状态方程，因为状态方程的右边不含输入变量的导数。

设描述系统动态特性的微分方程

$$y^{(n)}+a_{n-1}y^{(n-1)}+\cdots+a_1\dot{y}+a_0y=b_mu^{(m)}+b_{m-1}u^{(m-1)}+\cdots+b_1\dot{u}+b_0u \tag{2-186}$$

式中输入导数的阶次一般小于等于系统的阶次，即 $m\leqslant n$。先研究 $m=n$，$b_m\neq0$ 的情况。为避免在状态方程中出现输入导数项，按如下规则选择一组状态变量，设

$$\begin{aligned}&x_1=y-\beta_0u\\&x_i=\dot{x}_{i-1}-\beta_{i-1}u;\quad i=2,3,\cdots,n\end{aligned} \tag{2-187}$$

式中 $\beta_0,\beta_1,\beta_2,\cdots,\beta_{n-1}$ 为 n 个特定的待定常数。式(2-187）展开后共有 n 个方程，由第一个方程可得输出方程：$y=x_1+\beta_0u$。其余可得 $n-1$ 个状态方程：$\dot{x}_i=x_{i+1}+\beta_iu$；$i=1,2,\cdots,n-1$。

对 x_n 求导数并考虑式(2-186)，得到含有 y 各阶导数的表达式。

$$\dot{x}_n = y^{(n)} - \beta_0 u^{(n)} - \beta_1 u^{(n-1)} - \cdots - \beta_{n-2} u'' - \beta_{n-1} u'$$

由式(2-187)，将 y 的各阶导数以 x_i 和 u 的各阶导数表示并整理，再令 u 的各阶导数项的系数为零，确定 β 值如下。

$$\begin{aligned}
&\beta_0 = b_n \\
&\beta_1 = b_{n-1} - a_{n-1}\beta_0 \\
&\beta_2 = b_{n-2} - a_{n-1}\beta_1 - a_{n-2}\beta_0 \\
&\quad\vdots \\
&\beta_{n-1} = b_1 - a_{n-1}\beta_{n-2} - a_{n-2}\beta_{n-3} - \cdots - a_1\beta_0
\end{aligned} \tag{2-188}$$

记
$$\beta_n = b_0 - a_{n-1}\beta_{n-1} - a_{n-2}\beta_{n-2} - \cdots - a_1\beta_1 - a_0\beta_0$$

则可得
$$\dot{x}_n = -a_0 x_1 - a_1 x_2 - \cdots - a_{n-2} x_{n-1} - a_{n-1} x_n + \beta_n u$$

于是，式(2-186) 的矩阵形式状态空间模型为

$$\begin{bmatrix} \dot{x}_1 \\ \dot{x}_2 \\ \vdots \\ \dot{x}_n \end{bmatrix} = \begin{bmatrix} 0 & 1 & 0 & \cdots & 0 \\ 0 & 0 & 1 & \cdots & 0 \\ \vdots & \vdots & \vdots & & \vdots \\ 0 & 0 & 0 & \cdots & 1 \\ -a_0 & -a_1 & -a_2 & \cdots & -a_{n-1} \end{bmatrix} \begin{bmatrix} x_1 \\ x_2 \\ \vdots \\ x_n \end{bmatrix} + \begin{bmatrix} \beta_1 \\ \beta_2 \\ \vdots \\ \beta_{n-1} \\ \beta_n \end{bmatrix} u \tag{2-189}$$

$$y = [1 \quad 0 \quad \cdots \quad 0] \begin{bmatrix} x_1 \\ x_2 \\ \vdots \\ x_n \end{bmatrix} + \beta_0 u \tag{2-190}$$

注意与式(2-184)、式(2-185) 的比较。这种情况的状态变量图如图 2-70 所示。若输入量导数阶次 $m<n$，可将高于 m 次导数项的系数置零。显然，此时的 $\beta_0=0$。

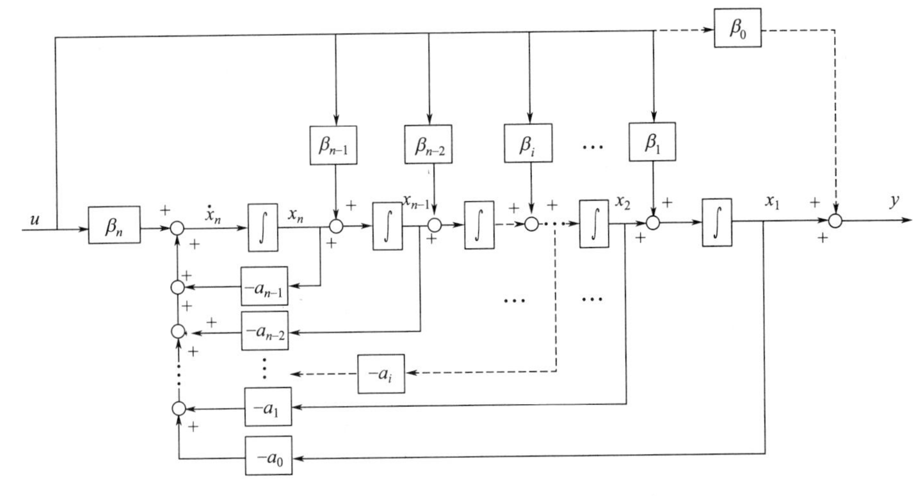

图 2-70　输入含导数项的状态变量图

【例 2-37】 将微分方程式 $\dddot{y}+9\ddot{y}+8\dot{y}=\ddot{u}+4\dot{u}+4u$ 表示的系统用式(2-18) 定义的状态变量进行状态空间模型描述，并画出状态变量图。

解　选择状态变量为

$$\begin{aligned}
&x_1 = y - \beta_0 u \\
&x_2 = \dot{x}_1 - \beta_1 u = \dot{y} - \beta_0 \dot{u} - \beta_1 u \\
&x_3 = \dot{x}_2 - \beta_2 u = \ddot{y} - \beta_0 \ddot{u} - \beta_1 \dot{u} - \beta_2 u
\end{aligned}$$

由式(2-188)，得

$$\begin{aligned}
&\beta_0 = b_3 = 0 \\
&\beta_1 = b_2 - a_2\beta_0 = 1 - 9\times 0 = 1
\end{aligned}$$

$$\beta_2=b_1-a_2\beta_1-a_1\beta_0=4-9\times1=-5$$
$$\beta_3=b_0-a_2\beta_2-a_1\beta_1-a_0\beta_0=4-9\times(-5)-8\times1=41$$

于是可得系统的相变量状态空间模型为

$$\begin{bmatrix}\dot{x}_1\\\dot{x}_2\\\dot{x}_3\end{bmatrix}=\begin{bmatrix}0&1&0\\0&0&1\\0&-8&-9\end{bmatrix}\begin{bmatrix}x_1\\x_2\\x_3\end{bmatrix}+\begin{bmatrix}1\\-5\\41\end{bmatrix}u$$

$$y=[1\quad 0\quad 0]\begin{bmatrix}x_1\\x_2\\x_3\end{bmatrix}$$

其状态变量图如图 2-71 所示。

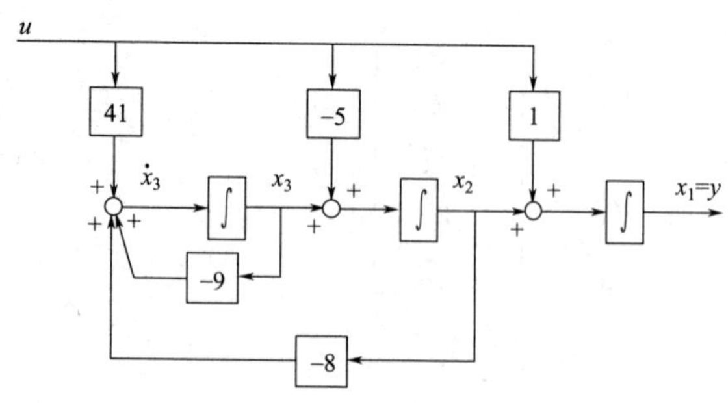

图 2-71　例 2-37 的状态变量图

由微分方程模型转化为状态空间模型的另一种方法是先将微分方程转换为传递函数，再由传递函数转换为状态空间模型。并可根据需要转换为某种标准型的形式，方法比较简洁。

二、由状态空间表达式求传递函数

与微分方程一样，传递函数也是一种外部描述系统动态特性的形式。若只考虑输入输出之间的关系，不考虑系统内部信息，则系统完全可用传递函数描述。设有状态空间模型

$$\begin{aligned}\dot{\boldsymbol{x}}&=\boldsymbol{Ax}+\boldsymbol{Bu}\\\boldsymbol{y}&=\boldsymbol{Cx}+\boldsymbol{Du}\end{aligned}\tag{2-191}$$

其中，$\boldsymbol{x}\in R^n$，$\boldsymbol{A}\in R^{n\times n}$，$\boldsymbol{B}\in R^{n\times m}$，$\boldsymbol{u}\in R^m$，$\boldsymbol{y}\in R^l$，$\boldsymbol{C}\in R^{l\times n}$，$\boldsymbol{D}\in R^{l\times m}$。

对式(2-191) 两边取拉氏变换，得

$$\begin{aligned}s\boldsymbol{X}(s)-\boldsymbol{x}(0)&=\boldsymbol{AX}(s)+\boldsymbol{BU}(s)\\\boldsymbol{Y}(s)&=\boldsymbol{CX}(s)+\boldsymbol{DU}(s)\end{aligned}\tag{2-192}$$

在零初始条件下，$\boldsymbol{x}(0)=0$，即 $x_1(0)=x_2(0)=x_3(0)=\cdots=0$，则可得

$$\boldsymbol{X}(s)=(s\boldsymbol{I}-\boldsymbol{A})^{-1}\boldsymbol{BU}(s)\tag{2-193}$$

或

$$\boldsymbol{Y}(s)=\boldsymbol{C}(s\boldsymbol{I}-\boldsymbol{A})^{-1}\boldsymbol{BU}(s)+\boldsymbol{DU}(s)=\boldsymbol{G}(s)\boldsymbol{U}(s)\tag{2-194}$$

其中

$$\boldsymbol{G}(s)=\boldsymbol{C}(s\boldsymbol{I}-\boldsymbol{A})^{-1}\boldsymbol{B}+\boldsymbol{D}=\frac{\boldsymbol{C}\mathrm{adj}(s\boldsymbol{I}-\boldsymbol{A})\boldsymbol{B}+|s\boldsymbol{I}-\boldsymbol{A}|\boldsymbol{D}}{|s\boldsymbol{I}-\boldsymbol{A}|}\tag{2-195}$$

称传递函数矩阵，或简称传递矩阵。当 $\boldsymbol{D}=0$ 时，式(2-195) 简化为

$$\boldsymbol{G}(s)=\frac{\boldsymbol{C}\mathrm{adj}(s\boldsymbol{I}-\boldsymbol{A})\boldsymbol{B}}{|s\boldsymbol{I}-\boldsymbol{A}|}\tag{2-196}$$

特别地，当 $m=l=1$ 时，系统为单输入单输出，$G(s)$ 即为传递函数。

【例 2-38】 设一个单输入单输出系统的状态方程为

$$\begin{bmatrix}\dot{x}_1\\\dot{x}_2\\\dot{x}_3\end{bmatrix}=\begin{bmatrix}0&1&0\\0&0&1\\0&-8&-9\end{bmatrix}\begin{bmatrix}x_1\\x_2\\x_3\end{bmatrix}+\begin{bmatrix}0\\0\\1\end{bmatrix}u$$

$$y=[4\quad 4\quad 1]\begin{bmatrix}x_1\\x_2\\x_3\end{bmatrix}$$

求其传递函数。

解　$D=0$，由式(2-196)，得

$$G(s)=\frac{Y(s)}{U(s)}=C(sI-A)^{-1}B=[4\quad 4\quad 1]\begin{bmatrix}s & -1 & 0\\ 0 & s & -1\\ 0 & 8 & s+9\end{bmatrix}^{-1}\begin{bmatrix}0\\0\\1\end{bmatrix}$$

$$=[4\quad 4\quad 1]\begin{bmatrix}s(s+9)+8 & s+9 & 1\\ 0 & s(s+9) & s\\ 0 & -8s & s^2\end{bmatrix}\times\frac{1}{s(s^2+9s+8)}\begin{bmatrix}0\\0\\1\end{bmatrix}$$

$$=\frac{1}{s(s^2+9s+8)}[4\quad 4\quad 1]\begin{bmatrix}1\\ s\\ s^2\end{bmatrix}=\frac{s^2+4s+4}{s^3+9s^2+8s}$$

【例 2-39】 设一个两输入两输出系统的动态方程为

$$\dot{\boldsymbol{x}}=\begin{bmatrix}0 & 1 & 0\\ 0 & -2 & -3\\ -7 & 0 & -5\end{bmatrix}\boldsymbol{x}+\begin{bmatrix}2 & 0\\ 2 & 4\\ 0 & 10\end{bmatrix}\boldsymbol{u}$$

$$\boldsymbol{y}=\begin{bmatrix}1 & 0 & 0\\ 0 & 0 & 1\end{bmatrix}\boldsymbol{x}$$

求其传递函数矩阵。

解　$\boldsymbol{D}=0$，且有 $\boldsymbol{x}\in R^3$，$\boldsymbol{A}\in R^{3\times 3}$，$\boldsymbol{B}\in R^{3\times 2}$，$\boldsymbol{u}\in R^2$，$\boldsymbol{y}\in R^2$，$\boldsymbol{C}\in R^{2\times 3}$

$$G(s)=\frac{Y(s)}{U(s)}=C(sI-A)^{-1}B=\begin{bmatrix}1 & 0 & 0\\ 0 & 0 & 1\end{bmatrix}\begin{bmatrix}s & -1 & 0\\ 0 & s+2 & 3\\ 7 & 0 & s+5\end{bmatrix}^{-1}\begin{bmatrix}2 & 0\\ 2 & 4\\ 0 & 10\end{bmatrix}$$

$$=\begin{bmatrix}1 & 0 & 0\\ 0 & 0 & 1\end{bmatrix}\begin{bmatrix}(s+2)(s+5) & s+5 & -3\\ 21 & s(s+5) & -3s\\ -7(s+2) & -7 & s(s+2)\end{bmatrix}\times\frac{1}{s(s+2)(s+5)-21}\begin{bmatrix}2 & 0\\ 2 & 4\\ 0 & 10\end{bmatrix}$$

$$=\begin{bmatrix}\dfrac{2(s+5)(s+3)}{s^3+7s^2+10s-21} & \dfrac{4s-10}{s^3+7s^2+10s-21}\\ \dfrac{-14(s+3)}{s^3+7s^2+10s-21} & \dfrac{10s^2+20s-28}{s^3+7s^2+10s-21}\end{bmatrix}=\begin{bmatrix}G_{11}(s) & G_{12}(s)\\ G_{21}(s) & G_{22}(s)\end{bmatrix}$$

方块图参见图 2-59，只需将各环节的传递函数填入图中各相应方块即可。

三、状态变换和状态变换中特征值的不变性

前面已经介绍到，状态变量的选取不是惟一的，因此，同一物理系统可以用不同的状态方程来描述。如例 2-9 和例 2-15 就是针对同一 RLC 串联电路分别选取了物理变量与相变量作为状态变量得到状态空间模型。

例 2-9：选取物理变量作为状态变量，$x_1=v_C$，$x_2=i$，得到式(2-82)

$$\begin{bmatrix}\dot{x}_1\\ \dot{x}_2\end{bmatrix}=\begin{bmatrix}0 & \dfrac{1}{C}\\ -\dfrac{1}{L} & -\dfrac{R}{L}\end{bmatrix}\begin{bmatrix}x_1\\ x_2\end{bmatrix}+\begin{bmatrix}0\\ \dfrac{1}{L}\end{bmatrix}u \tag{2-82}$$

$$y=v_C=x_1$$

例 2-15：选取相变量作为状态变量，$x_1=v_C$，$x_2=\mathrm{d}v_C/\mathrm{d}t$，得到式(2-109)

$$\begin{bmatrix}\dot{x}_1\\ \dot{x}_2\end{bmatrix}=\begin{bmatrix}0 & 1\\ -\dfrac{1}{LC} & -\dfrac{R}{L}\end{bmatrix}\begin{bmatrix}x_1\\ x_2\end{bmatrix}+\begin{bmatrix}0\\ \dfrac{1}{LC}\end{bmatrix}u \tag{2-109}$$

$$y=v_C=x_1$$

尽管式(2-82) 与式(2-109) 的表现形式不同，但它们描述的是同一个电路系统，因此必然存在着内在

关系，使不同形式的状态方程能互相转换；且无论如何转换，模型仍然对应着原来的系统。这个变换中的不变量就是表征系统动态性质的特征值。读者可以试求一下式(2-82)与式(2-109)的特征值。

1. 状态变换

对于一般的动态系统，假设系统的状态空间表达式

$$\begin{aligned}\dot{\boldsymbol{x}}(t)&=\boldsymbol{A}\boldsymbol{x}(t)+\boldsymbol{B}\boldsymbol{u}(t)\\ \boldsymbol{y}(t)&=\boldsymbol{C}\boldsymbol{x}(t)+\boldsymbol{D}\boldsymbol{u}(t)\end{aligned}\tag{2-197}$$

式中 $\boldsymbol{x}$ 为 n 维状态变量。

设 $\boldsymbol{T}$ 为任意非奇异 $n\times n$ 矩阵，用 $\boldsymbol{T}$ 对 $\boldsymbol{x}$ 作状态的线性变换，得 $\overline{\boldsymbol{x}}$，即

$$\overline{\boldsymbol{x}}=\boldsymbol{T}^{-1}\boldsymbol{x}\qquad 或\qquad \boldsymbol{x}=\boldsymbol{T}\overline{\boldsymbol{x}}\tag{2-198}$$

将式(2-198)代入式(2-197)，得

$$\begin{cases}\boldsymbol{T}\dot{\overline{\boldsymbol{x}}}=\boldsymbol{A}\boldsymbol{T}\overline{\boldsymbol{x}}+\boldsymbol{B}\boldsymbol{u}\\ \boldsymbol{y}=\boldsymbol{C}\boldsymbol{T}\overline{\boldsymbol{x}}+\boldsymbol{D}\boldsymbol{u}\end{cases}\tag{2-199}$$

或

$$\begin{cases}\dot{\overline{\boldsymbol{x}}}=\boldsymbol{T}^{-1}\boldsymbol{A}\boldsymbol{T}\overline{\boldsymbol{x}}+\boldsymbol{T}^{-1}\boldsymbol{B}\boldsymbol{u}\\ \boldsymbol{y}=\boldsymbol{C}\boldsymbol{T}\overline{\boldsymbol{x}}+\boldsymbol{D}\boldsymbol{u}\end{cases}\tag{2-200}$$

即

$$\begin{cases}\dot{\overline{\boldsymbol{x}}}=\overline{\boldsymbol{A}}\overline{\boldsymbol{x}}+\overline{\boldsymbol{B}}\boldsymbol{u}\\ \boldsymbol{y}=\overline{\boldsymbol{C}}\overline{\boldsymbol{x}}+\boldsymbol{D}\boldsymbol{u}\end{cases}\tag{2-201}$$

这就是线性变换后的状态空间表达式，其中 $\overline{\boldsymbol{A}}=\boldsymbol{T}^{-1}\boldsymbol{A}\boldsymbol{T}$，$\overline{\boldsymbol{B}}=\boldsymbol{T}^{-1}\boldsymbol{B}$，$\overline{\boldsymbol{C}}=\boldsymbol{C}\boldsymbol{T}$，称式(2-197)与式(2-201)代数等价。线性系统的状态变换有无穷多种，每一个非奇异的 $\boldsymbol{T}$ 阵就对应着一种状态变换。

例如，对例 2-9 若取状态变换 $\boldsymbol{T}$ 阵为 $\boldsymbol{T}=\begin{bmatrix}1&0\\0&C\end{bmatrix}$，则 $\boldsymbol{T}^{-1}=\begin{bmatrix}1&0\\0&\dfrac{1}{C}\end{bmatrix}$

$$\overline{\boldsymbol{A}}=\boldsymbol{T}^{-1}\boldsymbol{A}\boldsymbol{T}=\begin{bmatrix}0&1\\-\dfrac{1}{LC}&-\dfrac{R}{L}\end{bmatrix},\quad \overline{\boldsymbol{B}}=\boldsymbol{T}^{-1}\boldsymbol{B}=\begin{bmatrix}0\\\dfrac{1}{LC}\end{bmatrix},\quad \overline{\boldsymbol{C}}=\boldsymbol{C}\boldsymbol{T}=[1\quad 0]$$

可见，当取了该线性变换后，例 2-9 的式(2-82)与例 2-15 的式(2-109)完全相同。

2. 特征方程、特征值和特征向量

设线性定常系统的微分方程为

$$y^{(n)}+a_{n-1}y^{(n-1)}+\cdots+a_1\dot{y}+a_0y=b_mu^{(m)}+b_{m-1}u^{(m-1)}+\cdots+b_1\dot{u}+b_0u\tag{2-202}$$

设特征根为 s，易知，它的特征方程为

$$s^n+a_{n-1}s^{n-1}+\cdots+a_1s+a_0=0\tag{2-203}$$

该系统的传递函数为前面已经得到的式(2-160)

$$G(s)=\frac{Y(s)}{U(s)}=\frac{b_ms^m+b_{m-1}s^{m-1}+\cdots+b_1s+b_0}{s^n+a_{n-1}s^{n-1}+\cdots+a_1s+a_0}\tag{2-160}$$

令式(2-160)的分母为零，即得到该系统的特征方程(2-203)。所对应的传递函数为式(2-195)

$$\boldsymbol{G}(s)=\boldsymbol{C}(s\boldsymbol{I}-\boldsymbol{A})^{-1}\boldsymbol{B}+\boldsymbol{D}=\frac{\boldsymbol{C}\mathrm{adj}(s\boldsymbol{I}-\boldsymbol{A})\boldsymbol{B}+|s\boldsymbol{I}-\boldsymbol{A}|D}{|s\boldsymbol{I}-\boldsymbol{A}|}\tag{2-195}$$

令分母为零，也就是

$$|s\boldsymbol{I}-\boldsymbol{A}|=0\tag{2-204}$$

展开后即得式(2-203)。因此，特征方程(2-203)是同一系统的微分方程、传递函数与状态空间三种不同模型表达形式的一个公共特征，方程的根称为特征根，同时也是系统矩阵 $\boldsymbol{A}$ 的特征值。行列式 $|s\boldsymbol{I}-\boldsymbol{A}|$ 称为 $\boldsymbol{A}$ 的特征多项式，$|s\boldsymbol{I}-\boldsymbol{A}|=0$ 称为 $\boldsymbol{A}$ 的特征方程。若采用相变量作为状态变量，特征方程的系数刚好就是 $\boldsymbol{A}$ 矩阵的最后一行元素。若有某 $n\times 1$ 向量 $\boldsymbol{P}_i$，满足矩阵方程 $(s_i\boldsymbol{I}-\boldsymbol{A})\boldsymbol{P}_i=0$，式中，$s_i$ 是矩阵 $\boldsymbol{A}$ 的第 i 个特征值，则称 $\boldsymbol{P}_i$ 是特征值 s_i 所对应的特征向量。

3. 状态变换后特征值和传递函数的不变性

由于一个物理系统在指定输入、输出变量后，其传递函数是确定的。所以，在状态变换后，虽然可得到不同的系数方程，但它们应该有相同的传递函数和特征值。

(1) 状态变换后特征值的不变性

对于式(2-198) 所示的状态变换，比较变换前后的 $|s\boldsymbol{I}-\boldsymbol{A}|$ 与 $|s\boldsymbol{I}-\overline{\boldsymbol{A}}|$，其中 $\overline{\boldsymbol{A}}=\boldsymbol{T}^{-1}\boldsymbol{A}\boldsymbol{T}$，$\overline{\boldsymbol{B}}=\boldsymbol{T}^{-1}\boldsymbol{B}$，$\overline{\boldsymbol{C}}=\boldsymbol{C}\boldsymbol{T}$ 且 $\boldsymbol{T}\boldsymbol{T}^{-1}=\boldsymbol{I}$。

$$|s\boldsymbol{I}-\overline{\boldsymbol{A}}|=|s\boldsymbol{I}-\boldsymbol{T}^{-1}\boldsymbol{A}\boldsymbol{T}|=|\boldsymbol{T}^{-1}s\boldsymbol{I}\boldsymbol{T}-\boldsymbol{T}^{-1}\boldsymbol{A}\boldsymbol{T}|=|\boldsymbol{T}^{-1}(s\boldsymbol{I}-\boldsymbol{A})\boldsymbol{T}| \tag{2-205}$$

因为行列式的乘积和乘积的行列式相等，即

$$|\boldsymbol{T}^{-1}(s\boldsymbol{I}-\boldsymbol{A})\boldsymbol{T}|=|\boldsymbol{T}^{-1}|\cdot|s\boldsymbol{I}-\boldsymbol{A}|\cdot|\boldsymbol{T}|=|s\boldsymbol{I}-\boldsymbol{A}| \tag{2-206}$$

故可得

$$|s\boldsymbol{I}-\overline{\boldsymbol{A}}|=|s\boldsymbol{I}-\boldsymbol{A}| \tag{2-207}$$

所以进行状态变换后，特征多项式不变，特征方程不变，特征根也不变。

(2) 状态变换后传递函数的不变性

状态变换后的系统传递函数为

$$\begin{aligned}\overline{G}(s)&=\overline{\boldsymbol{C}}(s\boldsymbol{I}-\overline{\boldsymbol{A}})^{-1}\overline{\boldsymbol{B}}=\boldsymbol{C}\boldsymbol{T}(s\boldsymbol{I}\boldsymbol{T}^{-1}\boldsymbol{T}-\boldsymbol{T}^{-1}\boldsymbol{A}\boldsymbol{T})^{-1}\boldsymbol{T}^{-1}\boldsymbol{B}\\&=\boldsymbol{C}\boldsymbol{T}(\boldsymbol{T}^{-1}s\boldsymbol{I}\boldsymbol{T}-\boldsymbol{T}^{-1}\boldsymbol{A}\boldsymbol{T})^{-1}\boldsymbol{T}^{-1}\boldsymbol{B}=\boldsymbol{C}\boldsymbol{T}[\boldsymbol{T}^{-1}(s\boldsymbol{I}-\boldsymbol{A})\boldsymbol{T}]^{-1}\boldsymbol{T}^{-1}\boldsymbol{B}\end{aligned} \tag{2-208}$$

由矩阵理论，若矩阵 $\boldsymbol{A}$、$\boldsymbol{B}$ 均为非奇异阵，则有 $(\boldsymbol{A}\boldsymbol{B})^{-1}=\boldsymbol{B}^{-1}\boldsymbol{A}^{-1}$，代入式(2-208)，得

$$\begin{aligned}\overline{G}(s)&=\boldsymbol{C}\boldsymbol{T}[\boldsymbol{T}^{-1}(s\boldsymbol{I}-\boldsymbol{A})\boldsymbol{T}]^{-1}\boldsymbol{T}^{-1}\boldsymbol{B}=\boldsymbol{C}\boldsymbol{T}\boldsymbol{T}^{-1}[\boldsymbol{T}^{-1}(s\boldsymbol{I}-\boldsymbol{A})]^{-1}\boldsymbol{T}^{-1}\boldsymbol{B}\\&=\boldsymbol{C}(s\boldsymbol{I}-\boldsymbol{A})^{-1}\boldsymbol{T}\boldsymbol{T}^{-1}\boldsymbol{B}=\boldsymbol{C}(s\boldsymbol{I}-\boldsymbol{A})^{-1}\boldsymbol{B}=G(s)\end{aligned} \tag{2-209}$$

可见，系统进行状态变换后，其传递函数不变。读者在此亦可试求式(2-82) 与式(2-109) 所描述系统的传递函数。

四、由传递函数求状态空间表达式

由上面讨论，系统状态方程在经过非奇异线性变换后，其传递函数不变。同一系统，由于状态变量选择的不惟一，其对应的状态方程表达也就有多种可能。这些不同的方程从物理意义上来看，代表着不同的结构形式。已知系统的传递函数或微分方程，选用一定的结构形式和状态变量来表达，在控制理论中称为“实现问题”。

在不考虑纯滞后、非线性等环节特性的情况下，传递函数为一个有理分式，分子与分母间没有公因子的有理分式称为不可约有理分式，若分子的阶次小于等于分母的阶次，则叫作真有理分式，称不可约真有理分式的分母阶次为该有理分式的阶次。

当用状态空间模型来实现由传递函数表达的系统时，由于传递函数的分子、分母可能存在可约性，实现的维数可能不同，但一定存在一个最小维数的实现，称为最小实现。即使是最小实现，也存在状态变量选择的不惟一性。下面介绍三种常用的状态空间表达式的最小实现：便于设计与实现状态反馈的能控标准型、便于设计与实现状态观测器的能观标准型和状态变量之间完全解耦的正则型（对角型）。

设系统传递函数

$$G(s)=\frac{Y(s)}{U(s)}=\frac{b_ns^n+b_{n-1}s^{n-1}+\cdots+b_1s+b_0}{s^n+a_{n-1}s^{n-1}+\cdots+a_1s+a_0} \tag{2-210}$$

应用综合除法，有

$$G(s)=\frac{Y(s)}{U(s)}=b_n+\frac{\beta_{n-1}s^{n-1}+\cdots+\beta_1s+\beta_0}{s^n+a_{n-1}s^{n-1}+\cdots+a_1s+a_0}=b_n+\frac{N(s)}{D(s)} \tag{2-211}$$

式中，b_n 是直接连接输入、输出量的前馈系数，当 $G(s)$ 的分母阶次大于分子阶次时，$b_n=0$。$\dfrac{N(s)}{D(s)}$ 是严格有理真分式，式(2-211) 中分子的各系数由综合除法得到

$$\beta_0=b_0-a_0b_n$$

$$\beta_1 = b_1 - a_1 b_n$$
$$\vdots$$
$$\beta_{n-2} = b_{n-2} - a_{n-2} b_n$$
$$\beta_{n-1} = b_{n-1} - a_{n-1} b_n$$

1. 能控标准型

① $b_n = 0$　$G(s) = \dfrac{Y(s)}{U(s)} = \dfrac{N(s)}{D(s)}$，将 $\dfrac{N(s)}{D(s)}$ 分解为两部分相串联，如图 2-72 所示，$Z(s)$ 为中间变量。

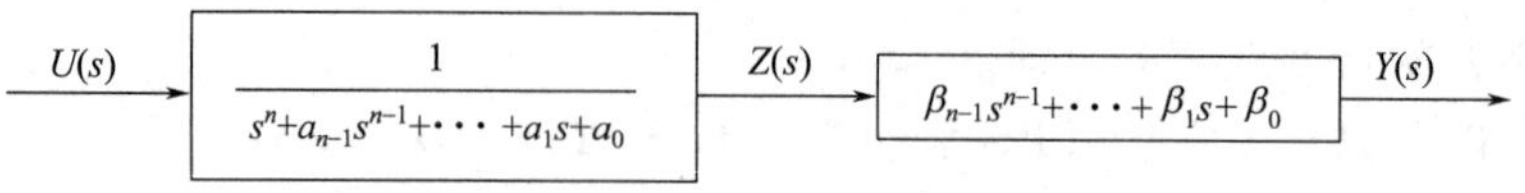

$U(s)$ → $\dfrac{1}{s^n + a_{n-1}s^{n-1} + \cdots + a_1 s + a_0}$ → $Z(s)$ → $\beta_{n-1}s^{n-1} + \cdots + \beta_1 s + \beta_0$ → $Y(s)$

图 2-72　$N(s)/D(s)$ 的串联分解

由图 2-72，$Z(s)$、$Y(s)$ 应满足

$$U(s)\frac{1}{s^n + a_{n-1}s^{n-1} + \cdots + a_1 s + a_0} = Z(s) \Rightarrow z^{(n)} + a_{n-1}z^{(n-1)} + \cdots + a_1 \dot{z} + a_0 z = u$$

$$Z(s)(\beta_{n-1}s^{n-1} + \cdots + \beta_1 s + \beta_0) = Y(s) \Rightarrow y = \beta_{n-1}z^{(n-1)} + \cdots + \beta_1 \dot{z} + \beta_0 z$$

选取状态变量

$$x_1 = z,\ x_2 = \dot{z},\ x_3 = \ddot{z},\ \cdots,\ x_n = z^{(n-1)}$$

可列写出状态方程为

$$\left.\begin{aligned} \dot{x}_1 &= x_2 \\ \dot{x}_2 &= x_3 \\ &\vdots \\ \dot{x}_n &= z^{(n)} = -a_0 x_1 - a_1 x_2 - \cdots a_{n-1} x_n + u \end{aligned}\right\} \tag{2-212}$$

输出方程为

$$y = \beta_0 x_1 + \beta_1 x_2 + \cdots + \beta_{n-1} x_n \tag{2-213}$$

写成矩阵形式

$$\dot{\boldsymbol{x}} = \boldsymbol{A}_c \boldsymbol{x} + \boldsymbol{b}_c \boldsymbol{u}$$
$$\boldsymbol{y} = \boldsymbol{c}_c \boldsymbol{x}$$

式中

$$\boldsymbol{A}_c = \begin{bmatrix} 0 & 1 & 0 & \cdots & 0 \\ 0 & 0 & 1 & \cdots & 0 \\ \vdots & \vdots & \vdots & & \\ 0 & 0 & 0 & \cdots & 1 \\ -a_0 & -a_1 & -a_2 & \cdots & -a_{n-1} \end{bmatrix},\ \boldsymbol{b}_c = \begin{bmatrix} 0 \\ 0 \\ \vdots \\ 0 \\ 1 \end{bmatrix},\ \boldsymbol{c}_c = [\beta_0 \quad \beta_1 \quad \cdots \quad \beta_{n-1}],\ d_c = 0$$

注意矩阵 $\boldsymbol{A}_c$、$\boldsymbol{b}_c$ 的特征，下标 c 表示能控标准型。若状态方程中的 $\boldsymbol{A}$、$\boldsymbol{b}$ 具有这种形式，称为能控标准型，其中的 $\boldsymbol{A}$ 阵又称为友矩阵。当 $\beta_1 = \beta_2 = \cdots = \beta_{n-1} = 0$ 时，$\boldsymbol{A}_c$、$\boldsymbol{b}_c$ 阵的形式不变，$\boldsymbol{c}_c = [\beta_0 \quad 0 \quad \cdots \quad 0]$。可见，能控标准型只与矩阵 $\boldsymbol{A}$、$\boldsymbol{b}$ 相关，有时会用简单的记号 $\sum_c\{\boldsymbol{A}_c, \boldsymbol{b}_c\}$ 甚至简单地用 $\sum_c$ 来表示一个能控标准型系统。

② $b_n \neq 0$　$G(s) = \dfrac{Y(s)}{U(s)} = b_n + \dfrac{N(s)}{D(s)}$ 时，状态方程不变，但 $\boldsymbol{y} = \boldsymbol{c}\boldsymbol{x} + b_n u$，即 $d_c = b_n$。

能控标准型的状态变量图如图 2-73 所示。

2. 能观标准型

① $b_n = 0$　对于式(2-210) 所示的系统，若按下式选取状态变量

$$x_n = y$$
$$x_i = \dot{x}_{i+1} + a_i y - \beta_i u \tag{2-214}$$

其状态方程为

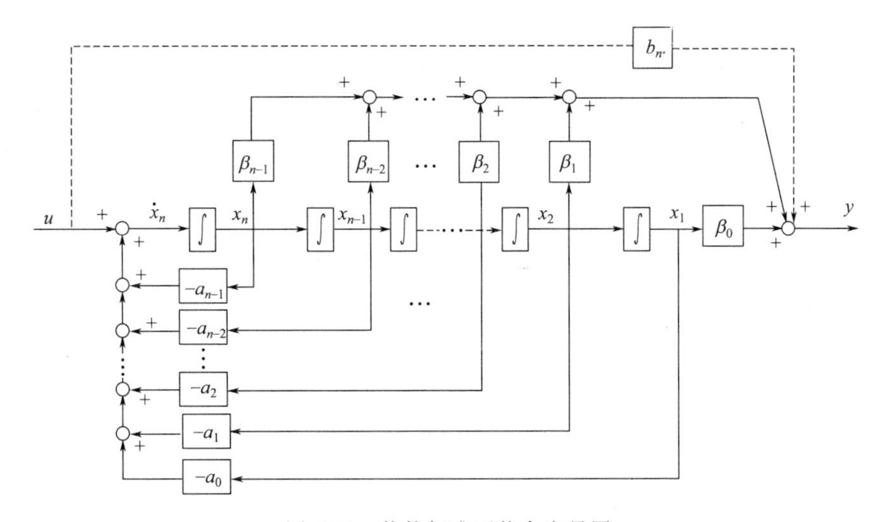

图 2-73　能控标准型状态变量图

$$\left.\begin{aligned}\dot{x}_1&=-a_0x_n+\beta_0u\\\dot{x}_2&=x_1-a_1x_n+\beta_1u\\&\vdots\\\dot{x}_n&=x_{n-1}-a_{n-1}x_n+\beta_{n-1}u\end{aligned}\right\}\tag{2-215}$$

输出方程为

$$y=x_n\tag{2-216}$$

则系统的矩阵 $\boldsymbol{A}$、$\boldsymbol{b}$、$\boldsymbol{c}$ 为

$$\boldsymbol{A}_o=\begin{bmatrix}0&0&\cdots&0&-a_0\\1&0&\cdots&0&-a_1\\0&1&\cdots&0&-a_2\\\vdots&\vdots&\ddots&\vdots&\vdots\\0&0&\cdots&1&-a_{n-1}\end{bmatrix},\ \boldsymbol{b}_o=\begin{bmatrix}\beta_0\\\beta_1\\\beta_2\\\vdots\\\beta_{n-1}\end{bmatrix},\ \boldsymbol{c}_o=[0\quad 0\quad\cdots\quad 0\quad 1],\ d_o=0$$

注意矩阵 $\boldsymbol{A}_o$、$\boldsymbol{c}_o$ 的特征，下标 o 表示能观标准型，这里的 $\boldsymbol{A}_o$ 阵是友矩阵 $\boldsymbol{A}_c$ 的转置。若状态方程中的 $\boldsymbol{A}$、$\boldsymbol{c}$ 阵具有这种形式，称为能观标准型。可见，能观标准型只与矩阵 $\boldsymbol{A}$、$\boldsymbol{c}$ 相关，有时会用简单的记号 $\Sigma_o\{\boldsymbol{A}_o,\boldsymbol{b}_o\}$ 或更简单的 Σ_o 来表示一个能观标准型系统。

② $b_n\neq0$　$G(s)=\dfrac{Y(s)}{U(s)}=b_n+\dfrac{N(s)}{D(s)}$时，状态方程不变，但 $\boldsymbol{y}=\boldsymbol{cx}+b_nu$，$d_o=b_n$。

能观标准型的状态变量图如图 2-74 所示。

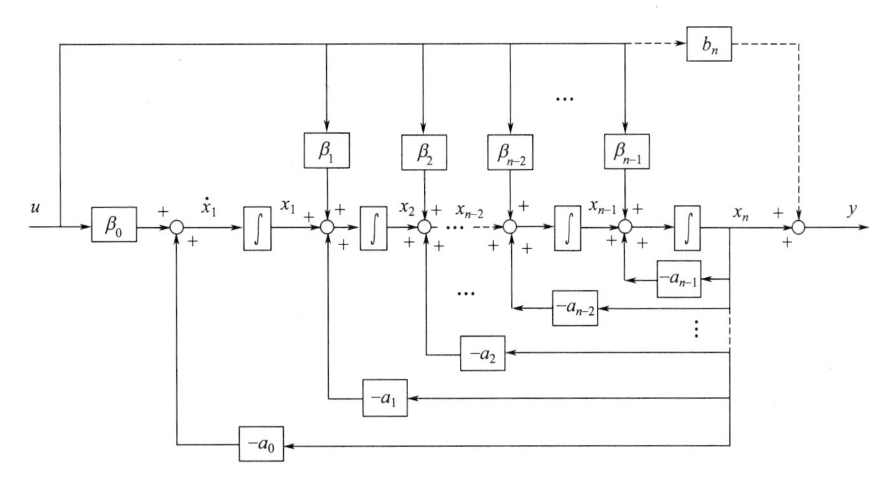

图 2-74　能观标准型状态变量图

从能控标准型和能观标准型的表达式可以看出，各矩阵之间存在如下关系

$$\boldsymbol{A}_c=\boldsymbol{A}_o^T,\ \boldsymbol{b}_c=\boldsymbol{c}_o^T,\ \boldsymbol{c}_c=\boldsymbol{b}_o^T \tag{2-217}$$

式中的“T”为矩阵的转置符号。式(2-217)的这种关系称为对偶关系。

【例 2-40】 设有传递函数 $G(s)=\dfrac{Y(s)}{U(s)}=\dfrac{3s^5+6s^4-10s^3+6s+2}{2s^5+4s^4-8s^3+2s+2}$，求其能控标准型实现和能观标准型实现。

解

$$G(s)=\frac{Y(s)}{U(s)}=1.5+\frac{s^3+1.5s-0.5}{s^5+2s^4-4s^3+s+1}$$

由式(2-212)、式(2-213)以及式(2-215)、式(2-216)，根据传递函数的系数，可得能控标准型

$$\dot{\boldsymbol{x}}_c=\begin{bmatrix}0&1&0&0&0\\0&0&1&0&0\\0&0&0&1&0\\0&0&0&0&1\\-1&-1&0&4&-2\end{bmatrix}\boldsymbol{x}_c+\begin{bmatrix}0\\0\\0\\0\\1\end{bmatrix}u$$

$$y=[-0.5\quad 1.5\quad 0\quad 1\quad 0]\boldsymbol{x}_c+1.5u$$

能观标准型

$$\dot{\boldsymbol{x}}_o=\begin{bmatrix}0&0&0&0&-1\\1&0&0&0&-1\\0&1&0&0&0\\0&0&1&0&4\\0&0&0&1&-2\end{bmatrix}\boldsymbol{x}_o+\begin{bmatrix}-0.5\\1.5\\0\\1\\0\end{bmatrix}u$$

$$y=[0\quad 0\quad 0\quad 0\quad 1]\boldsymbol{x}_o+1.5u$$

3. 正则型(*A* 阵为对角型或约当型)

当 $G(s)=\dfrac{Y(s)}{U(s)}=\dfrac{N(s)}{D(s)}$ 只含有单极点 λ_i 时，可将 $G(s)$ 写成部分分式之和

$$G(s)=\frac{Y(s)}{U(s)}=\frac{N(s)}{D(s)}=\sum_{i=1}^{n}\frac{c_i}{s-\lambda_i} \tag{2-218}$$

式中 $c_i=\left[\dfrac{N(s)}{D(s)}(s-\lambda_i)\right]_{s=\lambda_i}$ 是 $G(s)$ 在 $s=\lambda_i$ 处的留数。显然

$$Y(s)=\sum_{i=1}^{n}\frac{c_i}{s-\lambda_i}\times U(s)$$

此时的信号流图如图 2-75 所示。若令状态变量的拉氏变换式

$$X_i(s)=\frac{1}{s-\lambda_i}U_i(s),\quad i=1,2,\cdots,n$$

反变换后得状态方程和输出方程

$$\dot{x}_i(t)=\lambda_i x_i(t)+u(t),\quad i=1,2,\cdots,n$$

$$y(t)=\sum_{i=1}^{n}c_i x_i(t)$$

或表示成矩阵形式

$$\dot{\boldsymbol{x}}=\begin{bmatrix}\lambda_1&0&0&0&0\\0&\lambda_2&0&0&0\\0&0&\lambda_3&\cdots&0\\\vdots&\vdots&\vdots&&\vdots\\0&0&0&\cdots&\lambda_n\end{bmatrix}\boldsymbol{x}+\begin{bmatrix}1\\1\\1\\1\\1\end{bmatrix}u$$

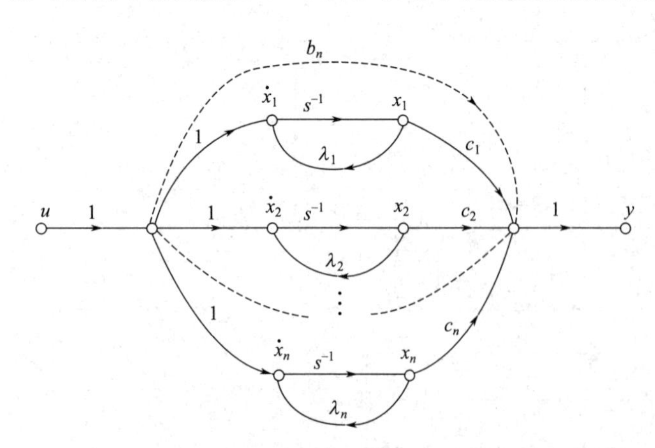

图 2-75 对角型实现的信号流图

$$\boldsymbol{y}=[c_1 \quad c_2 \quad \cdots \quad c_{n-1} \quad c_n]\boldsymbol{x}+b_n u$$

也可将状态变量取为 $X_i(s)=\frac{c_i}{s-\lambda_i}U_i(s), i=1,2,\cdots,n$，请读者自行推导相应的状态空间表达式。

当 $G(s)=\frac{Y(s)}{U(s)}=\frac{N(s)}{D(s)}$ 除了含有单极点外还含有重极点时，在正则实现时对角阵 $\boldsymbol{A}$ 将为一个含约当块的对角阵，读者可参阅其他教材。

【例 2-41】 设有传递函数 $G(s)=\frac{Y(s)}{U(s)}=\frac{s^3+8s^2+17s+8}{s^3+6s^2+11s+6}$，求其正则型实现。

解

$$G(s)=\frac{Y(s)}{U(s)}=1+\frac{2s^2+6s+2}{s^3+6s^2+11s+6}=1-\frac{1}{s+1}+\frac{2}{s+2}+\frac{1}{s+3}$$

其正则型实现的状态表达式

$$\dot{\boldsymbol{x}}=\begin{bmatrix}-1 & 0 & 0\\ 0 & -2 & 0\\ 0 & 0 & -3\end{bmatrix}\boldsymbol{x}+\begin{bmatrix}1\\1\\1\end{bmatrix}u$$

$$y=[-1 \quad 2 \quad 1]\boldsymbol{x}+u$$

此例状态变量图略。

五、由方块图求系统状态空间表达式

当已知一个闭环系统的方块图时，假如需了解系统内部变量的情况，或者想利用状态方程作仿真研究或实现状态反馈，就必须写出系统的状态方程。由方块图直接写出状态表达式的一个显著优点是可以用物理变量作为状态变量，进而容易实现状态反馈。下面是一个例子。

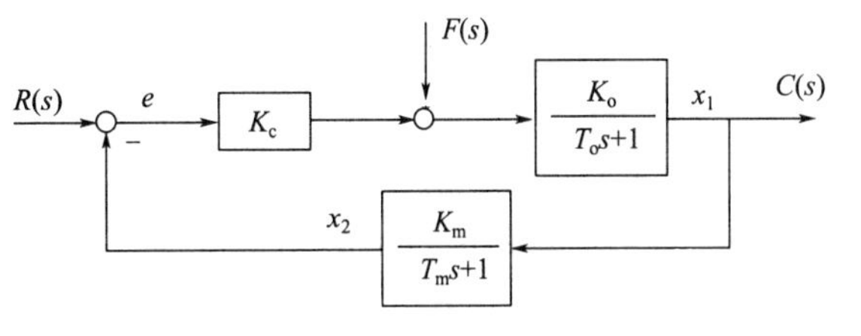

图 2-76　例 2-42 控制系统方块图

【例 2-42】 设有一闭环控制系统的方块图如图 2-76 所示，请写出其状态空间表达式。

解　选择一阶环节的输出变量作为状态变量，可以将方块图化为状态变量图，或者直接列写如下方程

s 域

$$X_1(s)=\frac{K_o}{T_o s+1}[F(s)+K_c E(s)]$$

$$X_2(s)=\frac{K_m}{T_m s+1}X_1(s)$$

时域

$$T_o\dot{x}_1+x_1=K_o(f+K_c e)=K_o[f+K_c(r-x_2)]=K_o f+K_o K_c r-K_o K_c x_2$$

$$T_m\dot{x}_2+x_2=K_m x_1$$

经整理得

$$\dot{x}_1=-\frac{1}{T_o}x_1-\frac{K_o K_c}{T_o}x_2+\frac{K_o K_c}{T_o}r+\frac{K_o}{T_o}f$$

$$\dot{x}_2=\frac{K_m}{T_m}x_1-\frac{1}{T_m}x_2$$

$$y=x_1$$

故可得到对应于系统方块图的状态方程

$$\dot{\boldsymbol{x}}=\begin{bmatrix}-\frac{1}{T_o} & -\frac{K_o K_c}{T_o}\\ \frac{K_m}{T_m} & -\frac{1}{T_m}\end{bmatrix}\begin{bmatrix}x_1\\x_2\end{bmatrix}+\begin{bmatrix}\frac{K_o K_c}{T_o} & \frac{K_o}{T_o}\\ 0 & 0\end{bmatrix}\begin{bmatrix}r\\f\end{bmatrix}$$

及输出方程 $y=\begin{bmatrix}1 & 0\end{bmatrix}\begin{bmatrix}x_1\\x_2\end{bmatrix}$。

请读者思考，如果图 2-76 方块图中某环节的传递函数阶次为 2 阶，如何选择状态变量？

本章小结

本章主要介绍了从对象或环节的工艺机理出发，建立描述对象动态特性的数学模型，包括微分方程模型、状态空间模型及传递函数模型。其中微分方程模型和传递函数模型属于输入输出模型，描述的是系统输入输出变量之间的动态关系；而状态空间模型描述的是系统内部变量与输入变量和输出变量之间的动态关系。对于同一个系统，采用不同方法建立的数学模型之间必然存在着本质的联系，即它们的特征值。本章讨论了这些模型之间的关系以及它们间的相互转换。还介绍了分析系统的常用工具——方块图与信号流图。

习 题 二

2-1 试列写图 2-77 所示 RLC 串联电路的输入电压 u_1 与输出电压 u_2 之间的微分方程式，并求其传递函数。

2-2 试列写图 2-78 所示 RC 电路系统的微分方程式，并求其传递函数。

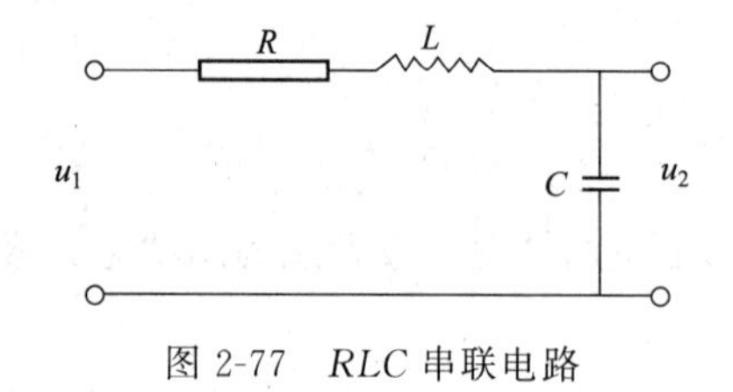

图 2-77 RLC 串联电路

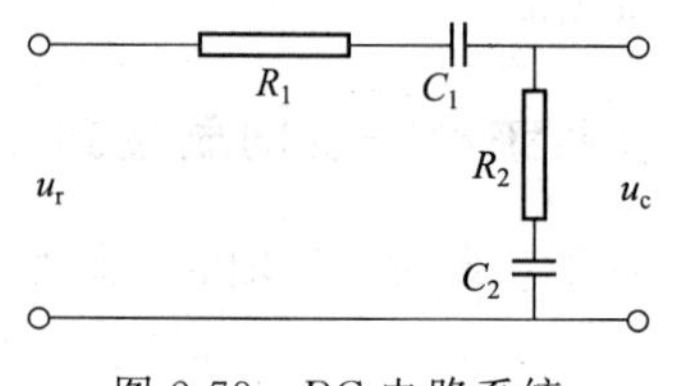

图 2-78 RC 电路系统

2-3 试列写出如图 2-79 所示的无源网络的微分方程式，并求其传递函数。

2-4 在图 2-80 的液位自动控制系统中，设容器横截面积为 F，期望液位为 h_0。若液位高度变化率与液体流量差 Q_1-Q_2 成正比，试列写以液位为输出量的微分方程式。

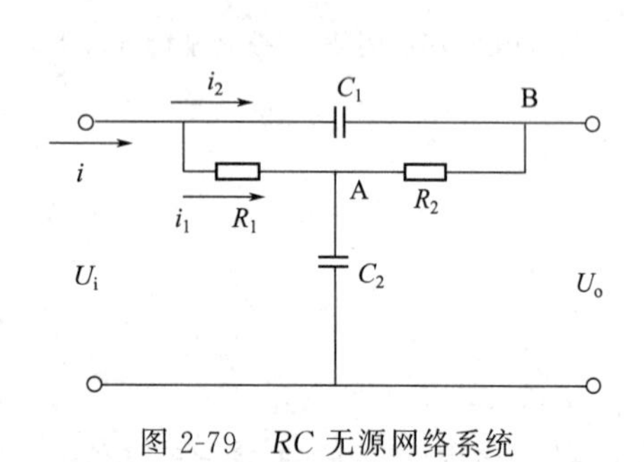

图 2-79 RC 无源网络系统

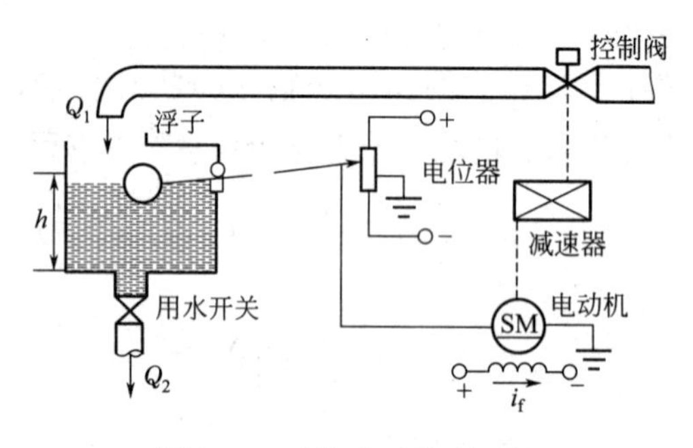

图 2-80 液位自动控制系统

2-5 如图 2-81 所示电路。请列写当开关 S 闭合后的电路：①回路方程；②节点方程；③状态方程，设 $u=e$，$y_1=V_c$，$y_2=V_{R2}$；④确定传递函数 $\frac{Y_1}{u}=G_1$，$\frac{Y_2}{u}=G_2$。（提示：令 $R=R_2+R_3$；$R'=\frac{R_1}{R_2+R_3}$）

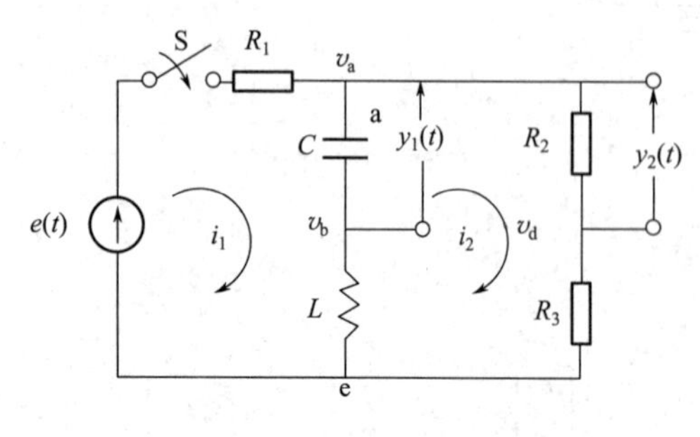

图 2-81 题 2-5 电路

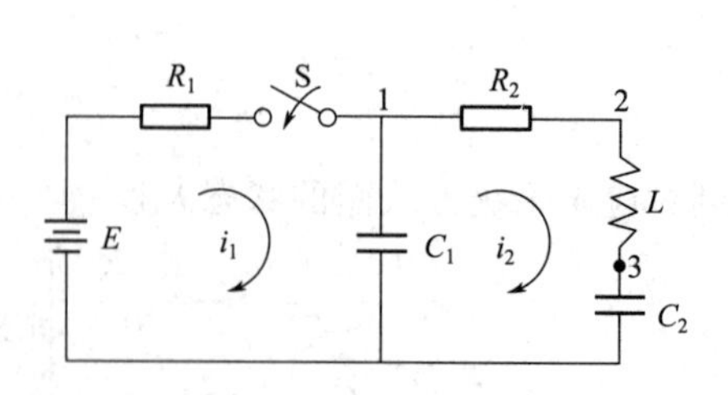

图 2-82 题 2-6 电路

2-6　如图 2-82 所示电路。请列写当开关 S 闭合后的电路：①回路方程；②节点方程；③状态方程，设 $x_1=v_1=v_{C1}$，$x_2=v_3=v_{C2}$，$x_3=i_L$。

2-7　设机械系统如图 2-83 所示，其中 x_i 是输入位移，x_o 是输出位移。试分别列写出系统的微分方程式。

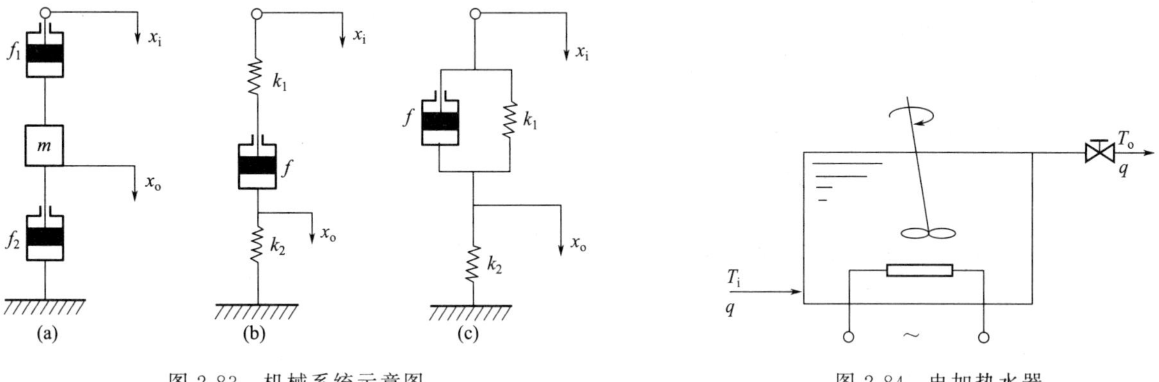

图 2-83　机械系统示意图　　　　图 2-84　电加热水器

2-8　图 2-84 所示为一电加热水器。设流入流出量不变且相等为 q，流入水的温度 T_i 恒定。热水器内搅拌均匀，各处温度相等且等于出水温度 T_o，试建立加热量 Q 与出水温度的微分方程式，并写出其传递函数。

2-9　图 2-85 所示为三个储槽组成的系统，其中 Q_i 为输入变量，h_3 为输出变量。试建立该系统下列三种形式的数学模型：①微分方程式；②传递函数；③状态空间模型。其中 R_1、R_2、R_3 分别为三只阀线性化后的阻力系数，F_1、F_2、F_3 为三只储槽的截面积。

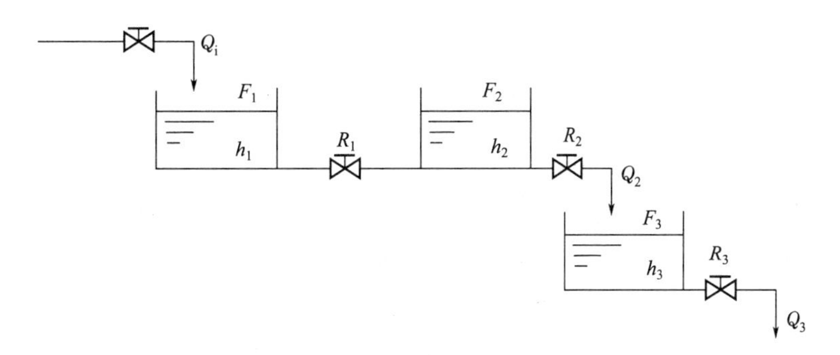

图 2-85　三个储槽

2-10　如图 2-86 所示。①推导位移 $y(t)$ 与外力 $f(t)$ 间的微分方程；②画出该机械系统对应的相似电路图；③给出传递函数 $G(s)=\dfrac{Y(s)}{F(s)}$；④列写出系统的状态方程。

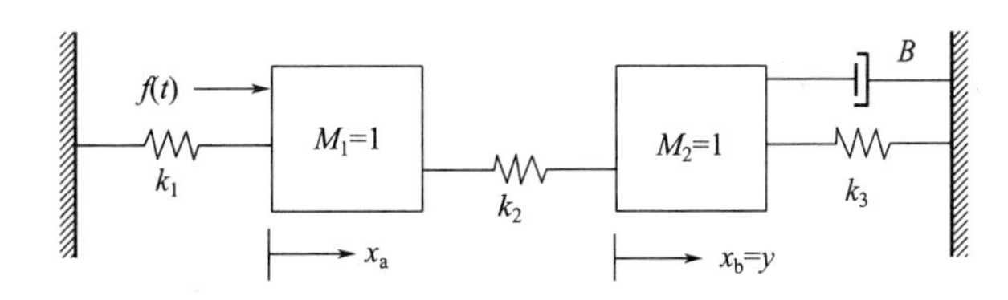

图 2-86　题 2-10 机械系统示意图

2-11　图 2-87 所示电路网络系统中，假设电源内阻为零，外接负载为无穷大，试列写输出 u_2 与输入 u_1 之间的微分方程式。

2-12　图 2-88 表示弹簧阻尼器系统，图中，f 表示黏性摩擦系数，k 表示弹簧刚度。试列写输入位移 x_i 与输出位移 x_o 之间的微分方程式。并证明该机械系统与图 2-87 所示的电路网络系统具有相同的数学模型，它们为相似系统。

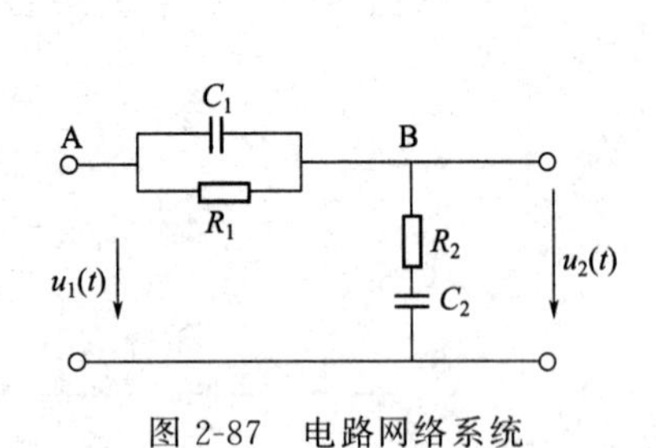

图 2-87　电路网络系统

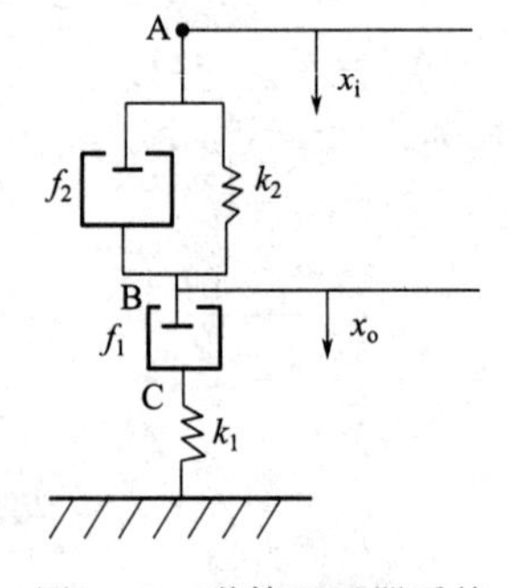

图 2-88　弹簧阻尼器系统

2-13　试求图 2-89 所示系统的传递函数$\dfrac{Y(s)}{X(s)}$、$\dfrac{Y(s)}{F(s)}$、$\dfrac{Z(s)}{X(s)}$、$\dfrac{Z(s)}{F(s)}$。

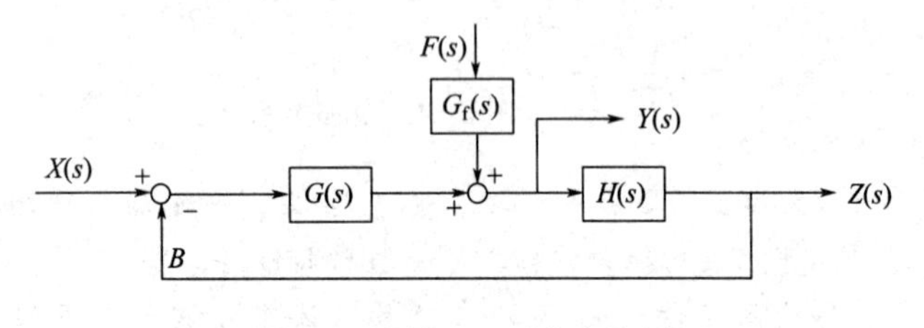

图 2-89　题 2-13 系统方块图

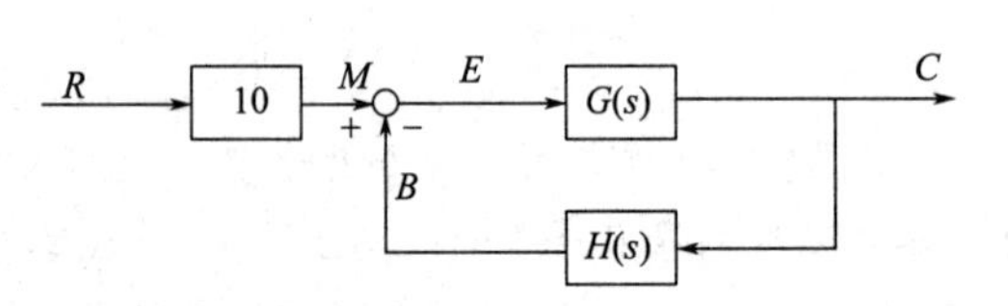

图 2-90　题 2-14 系统框图

2-14　在图 2-90 中，已知 $G(s)$ 和 $H(s)$ 两方框相对应的微分方程分别是

$$6\frac{\mathrm{d}c(t)}{\mathrm{d}t}+10c(t)=20e(t) \tag{1}$$

$$20\frac{\mathrm{d}b(t)}{\mathrm{d}t}+5b(t)=10c(t) \tag{2}$$

且初始条件均为零，试求传递函数$\dfrac{C(s)}{R(s)}$和$\dfrac{E(s)}{R(s)}$。

2-15　试求图 2-91 中（a）、（b）、（c）所示有源网络的传递函数。

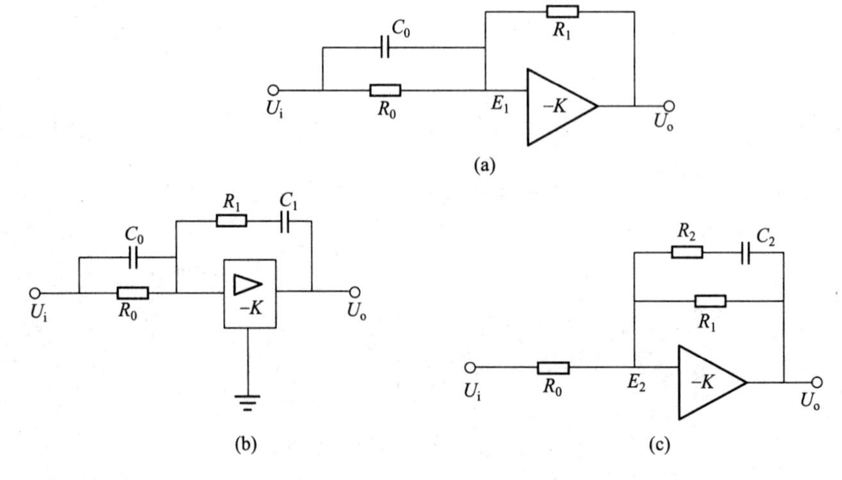

图 2-91　题 2-15 有源网络图

2-16　试通过方块图等效变换求图 2-92 所示系统的传递函数。

2-17　试通过方块图等效变换求图 2-93 所示系统的传递函数$\dfrac{C(s)}{R(s)}$。

2-18　试求图 2-94 所示系统的传递函数$\dfrac{Y(s)}{X(s)}$。

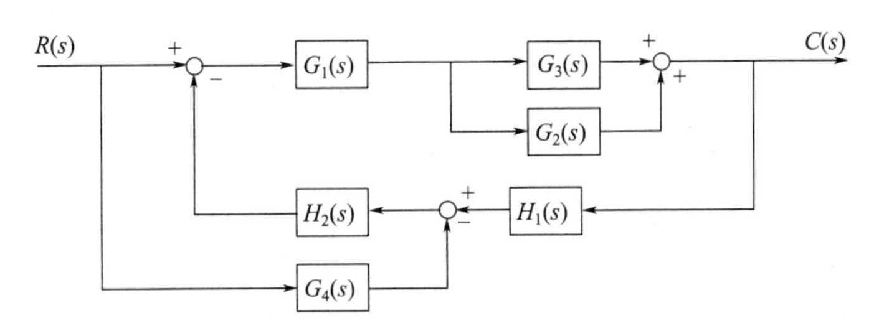

图 2-92　题 2-16 方块图

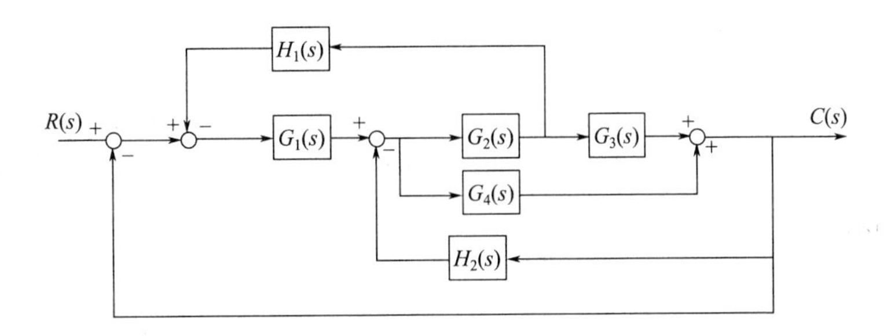

图 2-93　题 2-17 方块图

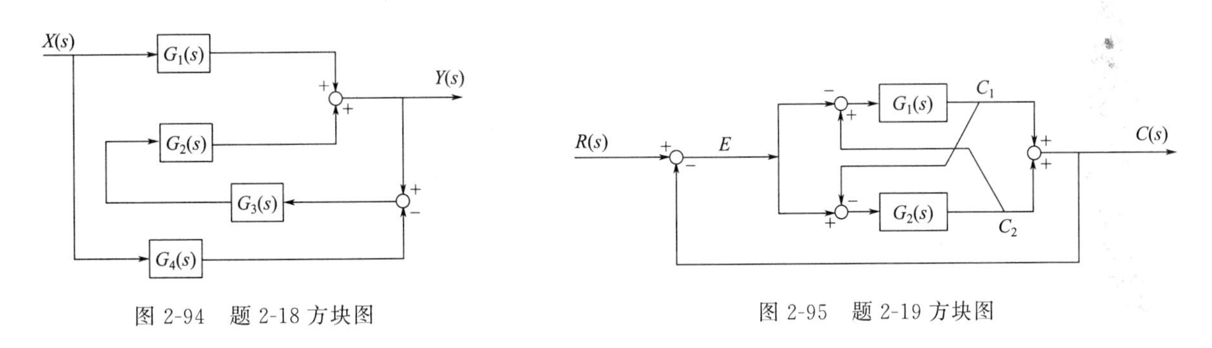

图 2-94　题 2-18 方块图　　图 2-95　题 2-19 方块图

2-19　试求图 2-95 所示系统的传递函数$\dfrac{C(s)}{R(s)}$。

2-20　试求图 2-96 所示系统在输入作用 θ_i、D_1、D_2、D_3 同时作用下的输出 θ_o。

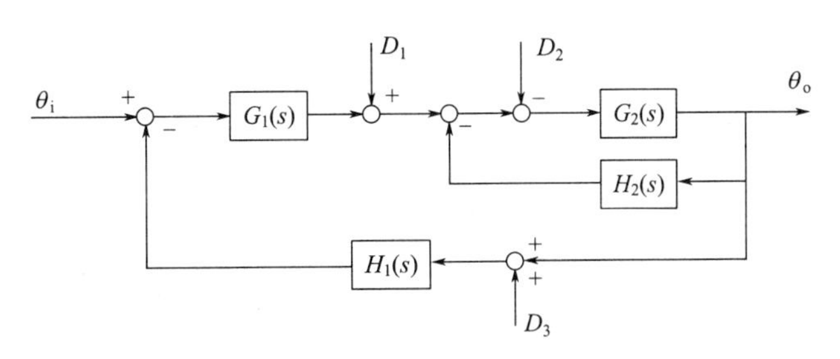

图 2-96　题 2-20 方块图

2-21　图 2-97 所示是系统的方块图。①通过方块图等效变换求$\dfrac{C(s)}{R(s)}$；②将方块图转化为信号流图，并运用梅逊增益公式求出$\dfrac{C(s)}{R(s)}$。

2-22　①请简化图 2-98 中系统结构图，求传递函数 $C(s)/R(s)$和 $C(s)/N(s)$；②用梅逊增益公式验证你的结果。

2-23　试用梅逊增益公式求图 2-99 所示信号流图的总增益 P。

2-24　试用梅逊增益公式求图 2-100 中各系统的传递函数$\dfrac{C(s)}{R(s)}$。

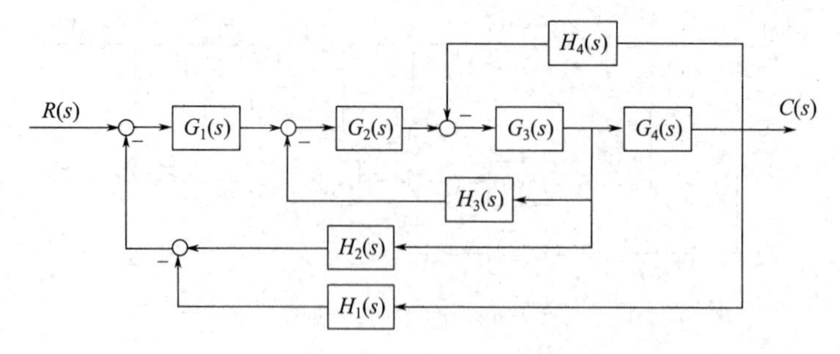

图 2-97　题 2-21 方块图

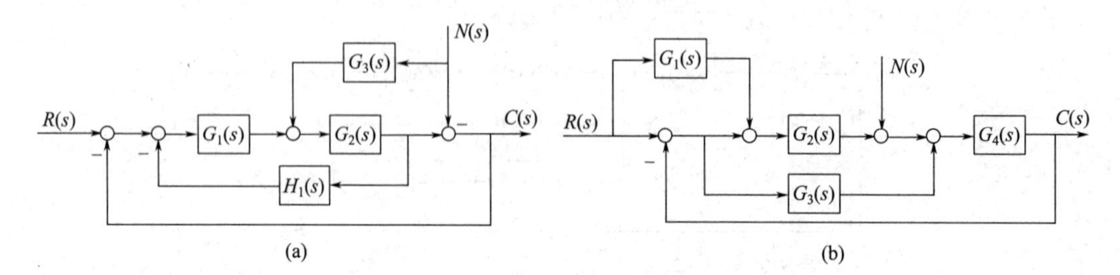

图 2-98　题 2-22 方块图

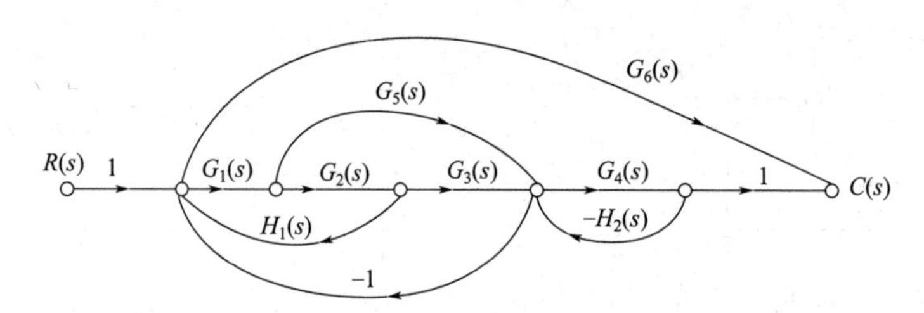

图 2-99　题 2-23 信号流图

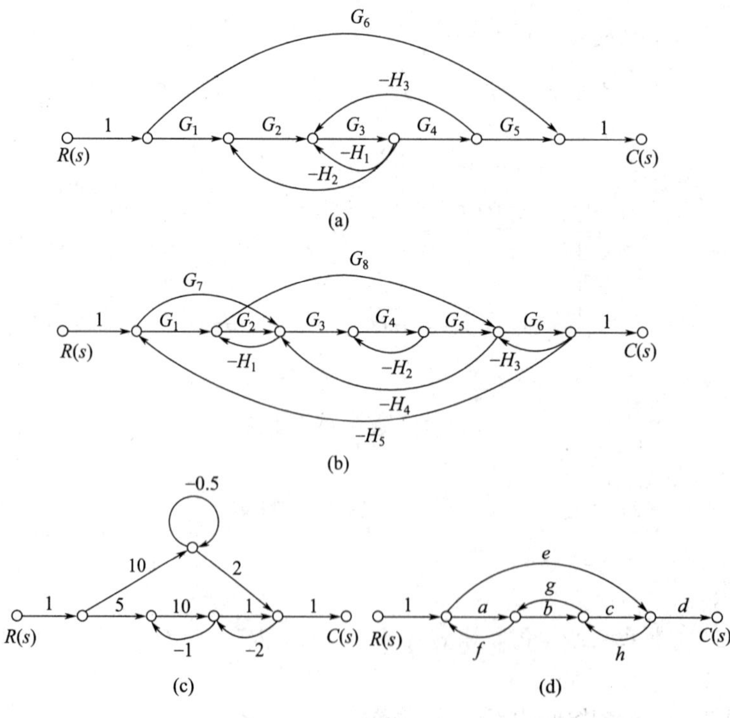

图 2-100　题 2-24 系统信号流图

2-25　设系统的微分方程式为

$$\ddot{y}+3\dot{y}+2y=5u$$

① 求出该系统的传递函数；

② 写出系统的状态方程与输出方程；

③ 画出系统的状态变量图。

2-26　设系统的微分方程式为

$$\dddot{y}+28\ddot{y}+196\dot{y}+740y=360\dot{u}+440u$$

① 导出系统的传递函数（复域模型）；

② 写出系统的状态方程式；

③ 画出系统的状态变量图。

2-27　设系统的传递函数为

$$G(s)=\frac{s^2+3s+2}{s(s^2+7s+12)}$$

① 写出系统的微分方程式；

② 写出系统的能控标准型实现；

③ 写出系统的能观标准型实现；

④ 写出系统的正则标准型实现；

⑤ 说明上述各种实现的特征值不变性。

2-28　设系统的状态方程和输出方程为

$$\dot{\boldsymbol{x}}=\begin{bmatrix}0 & 1\\ -6 & 5\end{bmatrix}\boldsymbol{x}+\begin{bmatrix}1\\ 1\end{bmatrix}u$$

$$y=\begin{bmatrix}1 & 0\end{bmatrix}\boldsymbol{x}$$

试求系统的传递函数。

2-29　已知微分方程如下：

$$\frac{\mathrm{d}^3y}{\mathrm{d}t^3}-11\frac{\mathrm{d}^2y}{\mathrm{d}t^2}+38\frac{\mathrm{d}y}{\mathrm{d}t}-40y=2\frac{\mathrm{d}^2u}{\mathrm{d}t^2}+6\frac{\mathrm{d}u}{\mathrm{d}t}+u$$

请按下列方式选取状态变量给出系统状态方程与输出方程：①相变量；②正则型变量。

2-30　某系统的方块图如图 2-101 所示。

① 先求出$\frac{Y(s)}{U(s)}$，然后写出状态空间模型的能控标准实现；

② 如图选取状态变量，直接由方块图画出相应的状态变量图，然后写出状态空间表达式。

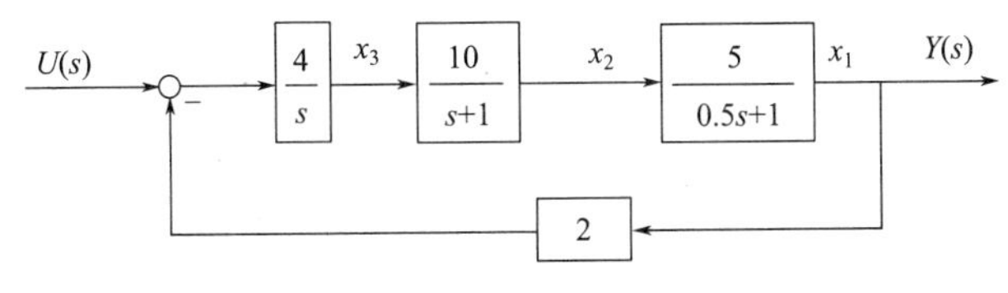

图 2-101　题 2-30 系统方块图

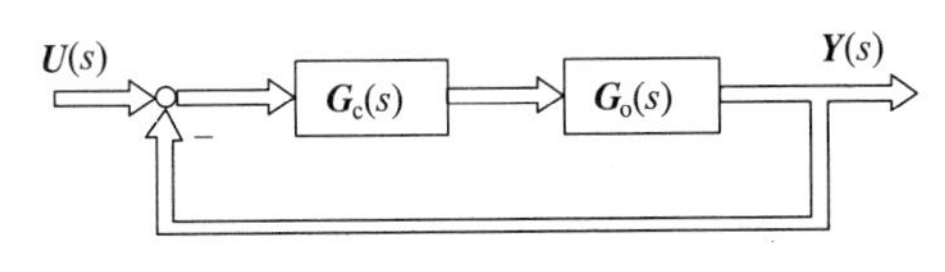

图 2-102　方块图

2-31　某双输入双输出系统，方块图如图 2-102 所示。已知对象传递矩阵为

$$\boldsymbol{G}_{\mathrm{o}}=\begin{bmatrix}\frac{1}{2s+1} & 0\\ -1 & \frac{1}{s+1}\end{bmatrix}$$

解耦补偿装置传递矩阵为

$$\boldsymbol{G}_{\mathrm{c}}(s)=\begin{bmatrix}\frac{2s+1}{s} & 0\\ \frac{2s^2+3s+1}{s} & \frac{s+1}{5s}\end{bmatrix}$$

试写出闭环系统的传递函数矩阵$\boldsymbol{M}(s)$。

2-32　在液压系统管道中，设通过阀门的流量Q满足如下流量方程

$$Q=K\sqrt{p}$$

式中，K为比例常数；p为阀门前后的压差，若流量Q与压差p在其平衡点（Q_0，p_0）附近作微小变化，试导出线性化流量方程。

2-33　设弹簧特性由下式描述

$$F=12.65y^{1.1}$$

其中，F是弹簧力，y是变形位移。若弹簧在变形位移0.25附近作微小变化，试推导ΔF的线性化方程。

第三章 连续时间控制系统的时域分析

第一节 概述

一、概述

第二章详细地介绍了如何建立系统的数学模型，从中可知系统的数学模型完全取决于系统本身的结构与参数，与外界输入无关。进一步，人们还想知道，对某个具体的系统施加一个已知的输入信号，这个系统的输出会如何变化？根据获得的系统输出如何评判系统的性能？如果系统性能不满足要求，能否通过设计控制器（或校正装置）改进？将这些问题抽象地用数学表示并进行分析即为本章的主要内容，而基础就是系统的数学模型。

在输入作用下，系统输出随时间的变化称为系统的时间响应，通常由动态响应和稳态响应两部分组成。若以 $y(t)$ 表示系统的时间响应，则有

$$y(t)=y_t(t)+y_{ss}(t) \tag{3-1}$$

式中，$y_t(t)$ 表示动态响应部分，$y_{ss}(t)$ 表示稳态响应部分。对稳定系统而言，$y_t(t)$ 将随时间增大逐渐趋于零（故又称为暂态响应、过渡过程）；$y_{ss}(t)$ 是指当时间趋于无穷大时系统达到的一个新稳态或某一固定的变化规律。用数学式表示，即为

$$\lim_{t\to\infty} y_t(t)=0 \tag{3-2}$$

$$\lim_{t\to\infty} y_{ss}(t)=y_{ss}(\infty) \tag{3-3}$$

对连续时间的线性定常系统而言，常系数微分方程模型可以完全描述系统的特性，要得到系统的时间响应实际上就是求解已知的微分方程，即求出微分方程的通解与特解两部分。其中通解部分相应于系统的暂态部分，完全由系统的特征根决定；特解部分相应于系统的稳态部分，具有与输入信号相同的形式。在考察一个系统时，相应于系统的暂态响应与稳态响应，其性能指标也包括动态部分和稳态部分。基于系统的时间响应尤其是暂态响应，可以对控制系统的性能优劣进行分析和评价，继而可设计和修正控制器参数或结构。

本章从系统的微分方程模型出发，求取并分析典型输入作用下系统的时间响应，引出评价和分析系统性能的常用指标，介绍常规控制规律及测量滞后对控制系统的影响。为深入了解系统内部的时域特性，基于状态空间模型讨论了状态方程的求解。

二、典型输入信号

系统的时间响应不仅取决于系统本身特性，还与输入信号的形式有关。在实际的工业生产过程中，输入信号形式可能多种多样，并且很多情况下会随时间变化或具有随机性，无法用解析式表示。然而，分析和评价控制系统时，需要有一个对控制系统的性能进行比较的基准，因此人们抽象出一些具有代表性的输入信号。这些信号满足如下条件：①信号的形式可以反映系统在实际工作过程中所遇到的输入信号或是它们的叠加；②数学表达上尽量简单，以便对系统响应进行分析；③可使系统工作在最不利的情况。下面是通常选用

的典型输入信号。

1. 单位脉冲函数

单位脉冲函数的数学表达式为

$$\begin{cases}\delta(t)=0, & t\neq 0\\ \delta(t)=\infty, & t=0\\ \int_{-\infty}^{+\infty}\delta(t)\mathrm{d}t=1 \end{cases} \tag{3-4}$$

其拉氏变换为

$$\mathscr{L}[\delta(t)]=1 \tag{3-4'}$$

单位脉冲函数是对脉冲宽度足够小的实际脉冲函数的数学抽象，可用于考察系统在脉冲扰动后的恢复特性。单位脉冲函数的示意图参见图 3-1。系统在单位脉冲函数输入下的输出称为系统的单位脉冲响应 $g(t)$，其拉氏变换即为系统的传递函数 $G(s)$，可参见图 2-39。

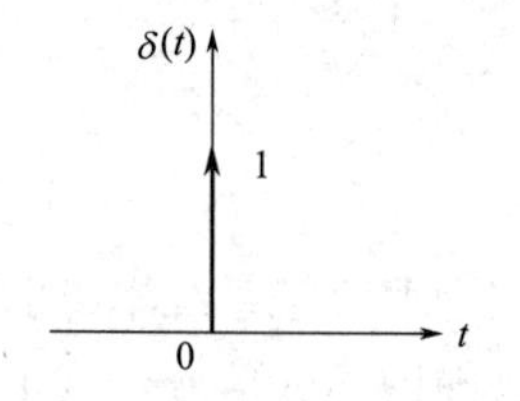

图 3-1　单位脉冲函数示意图

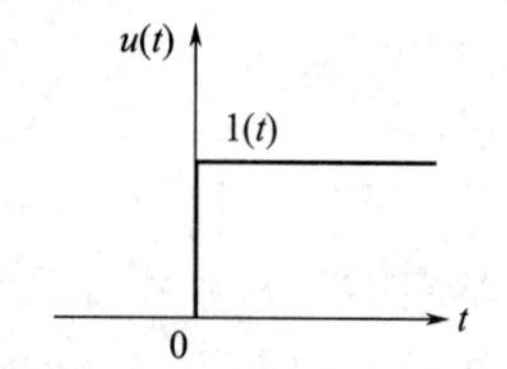

图 3-2　单位阶跃函数示意图

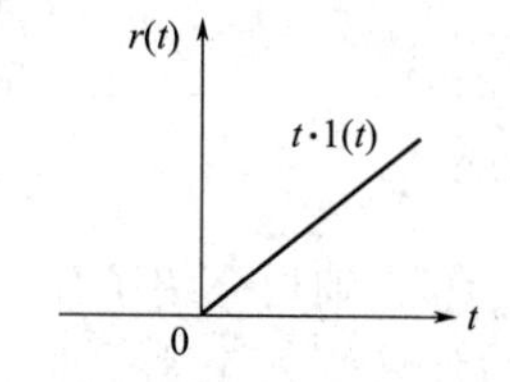

图 3-3　单位斜坡函数示意图

2. 单位阶跃函数

单位阶跃函数如图 3-2 所示，数学表达式为

$$u(t)=1(t)=\begin{cases}1, & t\geqslant 0\\ 0, & t<0\end{cases} \tag{3-5}$$

其拉氏变换为

$$U(s)=\mathscr{L}[1(t)]=\frac{1}{s} \tag{3-5'}$$

单位阶跃函数用于考查系统对于一个突然变化及恒值信号的跟踪能力。系统在单位阶跃函数激励下的输出称为系统的单位阶跃响应，它往往作为系统动态性能指标评价的基础。

3. 单位斜坡函数

单位斜坡函数如图 3-3 所示，数学表达式为

$$r(t)=t\cdot 1(t) \tag{3-6}$$

其拉氏变换为

$$R(s)=\mathscr{L}[t\cdot 1(t)]=\frac{1}{s^2} \tag{3-6'}$$

单位斜坡函数用于考察系统对匀速输入信号的跟踪能力。

4. 单位抛物线（匀加速）**函数**

单位抛物线函数如图 3-4 所示，数学表达式为

$$r(t)=\frac{1}{2}t^2\cdot 1(t) \tag{3-7}$$

其拉氏变换为

$$R(s)=\mathscr{L}\left[\frac{1}{2}t^2\cdot 1(t)\right]=\frac{1}{s^3} \tag{3-7'}$$

单位抛物线函数可用于考察系统的机动跟踪能力。

若上面 4 种输入的幅值不是“1”，则只需要将式(3-4)～式(3-7) 的幅值改为相应的输入幅值即可。例如，阶跃函数的数学表达式为 $u(t)=R_0\cdot 1(t)$，表示该阶跃函数的幅值为常量 R_0。后文如无特殊说明，阶跃函数常简写为相应常数。

5. 正弦函数

正弦函数如图 3-5 所示，数学表达式为

$$r(t)=A\sin\omega t \tag{3-8}$$

其拉氏变换为

$$R(s)=\mathscr{L}[A\sin\omega t]=\frac{A\omega}{s^2+\omega^2} \tag{3-8'}$$

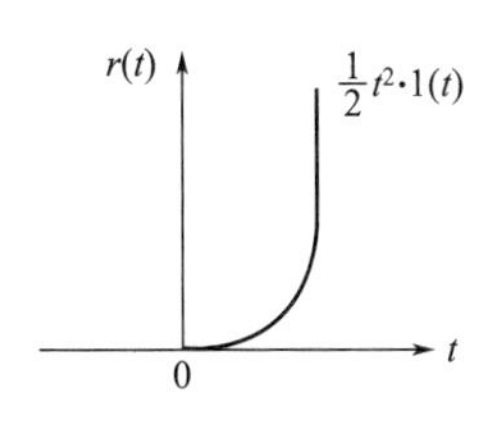

图 3-4　单位抛物线函数示意图

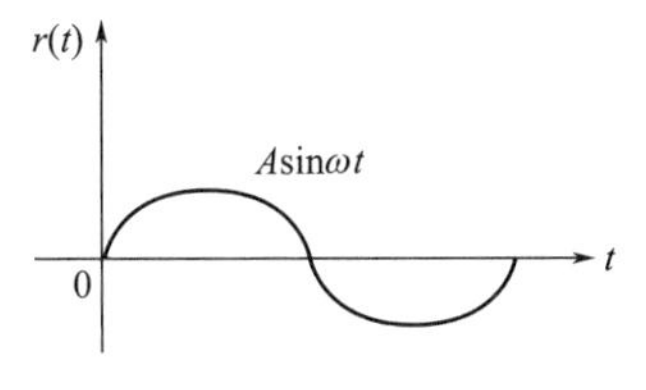

图 3-5　正弦函数示意图

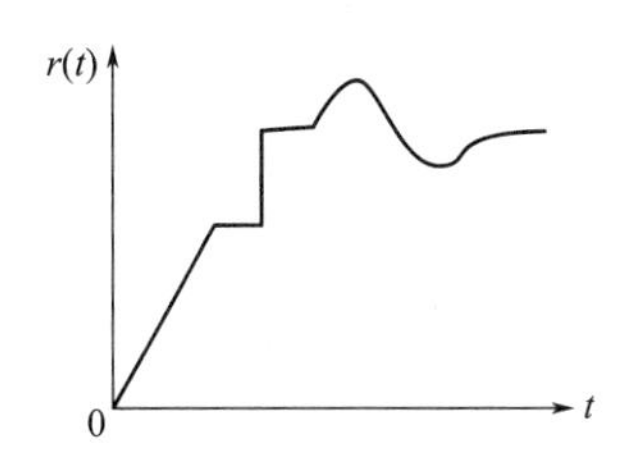

图 3-6　输入信号叠加示意图

正弦函数主要用于频域分析，在经典控制理论中占有重要地位。

上述几种时间函数，形式简单，选择它们作为系统的典型输入信号，对系统进行分析和实验都容易实现。在分析与设计控制系统时，究竟选哪一种典型输入信号作为实验信号，需要根据系统的实际情况来决定。一般而言，如果系统的实际输入大多是突变的形式，应选阶跃函数；如果系统的实际输入大部分是随时间逐渐增加的信号，选择斜坡函数较合适；如果是工作在舰船上的控制系统，由于经常受到海浪的干扰，则用正弦或抛物线函数作为实验信号更为合理。系统的实际输入往往不是时间的单一函数，但只要是线性系统，就可以将输入分解成典型信号的叠加。例如图 3-6 所示信号可分解为斜坡、阶跃与抛物线函数的线性组合。在求系统响应时先求出系统在各信号单独作用下的输出，然后将它们叠加就得到系统总的响应。

要注意的是，对于线性定常控制系统，虽然在不同输入信号作用下的输出响应不同，但它们所表征的系统性能是一致的。在经典控制理论中，通常以单位阶跃信号作为典型输入，以便在一个统一的基础上比较和研究不同控制系统的性能。

第二节　微分方程的经典求解方法

对于常微分方程模型表示的线性定常系统，有两种方法可以得到系统的时间响应。一种是经典的常微分方程时域求解法，在分别求得特解（相应于稳态响应）与通解（相应于暂态响应）后，将它们相加得到全响应。另一种是拉普拉斯变换法求解，先对微分方程求拉氏变换，得到输出的复频域表达式后，再求其拉氏反变换，得到方程的时域解。

一、系统的稳态响应求解

稳态响应是指稳定系统在时间趋于无穷大时达到的稳定状态。稳态响应决定了系统稳态误差的大小，且与输入信号密切相关。在考虑系统的稳态响应时将第一节中的典型输入分为正弦函数与多项式函数两大类讨论。

1. 正弦输入

假设系统的输入是正弦函数，记作

$$r(t)=B\cos(\omega t+\alpha) \tag{3-9}$$

由欧拉恒等式

$$e^{j\omega t}=\cos\omega t+j\sin\omega t$$

可将输入写成

$$\begin{aligned}r(t)&=B\cos(\omega t+\alpha)=[B e^{j(\omega t+\alpha)}]\text{的实部}=\mathrm{Re}[B e^{j(\omega t+\alpha)}]\\&=\mathrm{Re}(B e^{j\alpha}e^{j\omega t})=\mathrm{Re}(\boldsymbol{R}e^{j\omega t})\end{aligned} \tag{3-10}$$

式中的“Re”表示复数的实部，$\boldsymbol{R}=B\mathrm{e}^{\mathrm{j}\alpha}$，为一具有幅值 B 和相位 α 的矢量。幅值 B 代表了输入 $r(t)$ 的最大值，为简单起见，经常选择 $\alpha=0°$进行分析。

设系统的微分方程模型为

$$a_v D^v y(t)+a_{v-1}D^{v-1}y(t)+\cdots+a_0 D^0 y(t)+a_{-1}D^{-1}y(t)+\cdots+a_{-w}D^{-w}y(t)=r(t) \tag{3-11}$$

式中，$y(t)$ 为系统输出；$r(t)$ 为系统输入；a_i 是微分方程的常系数；“D”为微分算子，其指数的正阶次形式表示微分，负阶次表示积分。

将式(3-10)代入式(3-11)，欲使等式(3-11)成立，稳态解 $y_{ss}(t)$ 一定具有如下形式

$$y_{ss}(t)=C\cos(\omega t+\phi)=\mathrm{Re}(C\mathrm{e}^{\mathrm{j}\phi}\mathrm{e}^{\mathrm{j}\omega t})=\mathrm{Re}(\boldsymbol{Y}\mathrm{e}^{\mathrm{j}\omega t}) \tag{3-12}$$

式中 $\boldsymbol{Y}=C\mathrm{e}^{\mathrm{j}\phi}$，为一具有幅值 C 和相位 ϕ 的矢量。输出 $y_{ss}(t)$ 对时间 t 的 n 阶导数为

$$D^n y_{ss}(t)=\mathrm{Re}[(\mathrm{j}\omega)^n\boldsymbol{Y}\mathrm{e}^{\mathrm{j}\omega t}] \tag{3-13}$$

将 $y_{ss}(t)$ 和它的导数式(3-12)、式(3-13)代入式(3-11)，得

$$\begin{aligned}&\mathrm{Re}[a_v(\mathrm{j}\omega)^v\boldsymbol{Y}\mathrm{e}^{\mathrm{j}\omega t}+a_{v-1}(\mathrm{j}\omega)^{v-1}\boldsymbol{Y}\mathrm{e}^{\mathrm{j}\omega t}+\cdots+a_0\boldsymbol{Y}+a_{-1}(\mathrm{j}\omega)^{-1}\boldsymbol{Y}\mathrm{e}^{\mathrm{j}\omega t}+\cdots+a_{-w}(\mathrm{j}\omega)^{-w}\boldsymbol{Y}\mathrm{e}^{\mathrm{j}\omega t}]\\&=\mathrm{Re}(\boldsymbol{R}\mathrm{e}^{\mathrm{j}\omega t})\end{aligned} \tag{3-14}$$

从方程两边消去 $\mathrm{e}^{\mathrm{j}\omega t}$，解出 $\boldsymbol{Y}$ 为

$$\boldsymbol{Y}(\mathrm{j}\omega)=\frac{\boldsymbol{R}(\mathrm{j}\omega)}{a_v(\mathrm{j}\omega)^v+a_{v-1}(\mathrm{j}\omega)^{v-1}+\cdots+a_0+a_{-1}(\mathrm{j}\omega)^{-1}+\cdots+a_{-w}(\mathrm{j}\omega)^{-w}} \tag{3-15}$$

式中 $\boldsymbol{Y}(\mathrm{j}\omega)$ 为一输出矢量，具有幅值 C 和相位 ϕ，且 C 和 ϕ 均为频率 ω 的函数。相似地，用 $\boldsymbol{R}(\mathrm{j}\omega)$ 来表示输入为正弦且是频率 ω 的函数。

比较时域表达式(3-11)和频域表达式(3-14)，可以看出，两个方程之间存在某种联系，很容易相互转换。比如，在时域方程(3-11)中，用 $\mathrm{j}\omega$ 代替 D，用 $\boldsymbol{Y}(\mathrm{j}\omega)$ 代替 $y(t)$，以及用 $\boldsymbol{R}(\mathrm{j}\omega)$ 代替 $r(t)$，则得到频域方程(3-14)。反过来也一样，并且与方程的阶次无关。

由方程(3-14)，可得到

$$G(\mathrm{j}\omega)=\frac{\boldsymbol{Y}(\mathrm{j}\omega)}{\boldsymbol{R}(\mathrm{j}\omega)}=\frac{1}{a_v(\mathrm{j}\omega)^v+a_{v-1}(\mathrm{j}\omega)^{v-1}+\cdots+a_0+a_{-1}(\mathrm{j}\omega)^{-1}+\cdots+a_{-w}(\mathrm{j}\omega)^{-w}} \tag{3-16}$$

此式称为频率传递函数，又称为频率特性。从正弦输入的稳态响应式(3-12)出发，推导出了表征系统动态特性的频率传递函数 $G(\mathrm{j}\omega)$，这在实际应用中非常有意义，为系统的建模提供了一种方法。频率特性是经典控制理论中的重要内容，将在第六章中作详细介绍。

由式(3-12)，可以得到系统的稳态时间响应（又常称为频率响应）

$$y_{ss}(t)=\mathrm{Re}(\boldsymbol{Y}\mathrm{e}^{\mathrm{j}\omega t})=|\boldsymbol{Y}|\cos(\omega t+\phi) \tag{3-17}$$

可见，当输入为正弦信号时，系统的输出是频率与输入相同的正弦信号，只不过幅值与相位发生了变化。

【例 3-1】 考虑【例 2-1a】给出的 RLC 串联电路的频率特性。

解 在例 2-1a 中已经得到电路系统的微分方程模型是式(2-7)，即

$$T_1T_2\frac{\mathrm{d}^2v_C(t)}{\mathrm{d}t^2}+T_2\frac{\mathrm{d}v_C(t)}{\mathrm{d}t}+v_C(t)=e(t)$$

若输入 $e(t)$ 为正弦信号，则由式(3-17)知，输出 $v_C(t)$ 达到稳态后的输出 $v_{Css}(t)$ 是与输入同频的正弦信号，其频率特性为

$$G(\mathrm{j}\omega)=\frac{V_C(\mathrm{j}\omega)}{E(\mathrm{j}\omega)}=\frac{1}{T_1T_2(\mathrm{j}\omega)^2+T_2(\mathrm{j}\omega)+1}$$

显然上式为复数，可进一步写成幅值与相位的形式，且幅值与相位都是频率 ω 的函数。

本质上，频率特性是传递函数的特例，其物理意义反映了系统对正弦信号的三大传递能力：同频、变幅、相移。

2. 多项式输入

多项式输入的一般形式为

$$r(t)=R_0+R_1t+\frac{R_2}{2!}t^2+\cdots+\frac{R_k}{k!}t^k \tag{3-18}$$

式中输入的最高阶次项为 $R_kt^k/k!$，且对于 $t<0$，$r(t)=0$。现要求出在此多项式输入下，方程(3-11)的稳

态解 $y_{ss}(t)$。由微分方程求解方法，假设稳态解 $y_{ss}(t)$ 具有多项式的形式

$$y_{ss}(t)=c_0+c_1t+\frac{c_2t^2}{2!}+\cdots+\frac{c_qt^q}{q!} \tag{3-19}$$

式中系数 $c_0,c_1,\cdots,c_q$ 待定，阶次 q 由下列方法决定。

将输入式(3-18) 和假设的稳态解 (3-19) 代入原微分方程(3-11)，令方程(3-11) 等号两边关于 t 的相同阶次相等，可以求得式(3-19) 中的系数 $c_0,c_1,\cdots,c_q$。因为，方程右边输入端 t 的最高阶次为 k，方程左边也必须出现 t^k，它由最低阶的导数项 $D^{-w}y(t)$ 产生，且等于 q 加上最低导数项的阶次 w，所以，出现在稳态解中 t 的最高阶次应为

$$q=k-w,\ q\geqslant 0 \tag{3-20}$$

式中，k 为输入多项式函数中 t 的最高阶次；w 是出现在微分方程(3-11) 中输出 $y(t)$ 的导数最低阶次。要注意的是，式(3-20) 仅对正值的 q 有效。当 $w=0$ 时［即方程 (3-11) 中不含积分项］，$q=k$。

(1) 阶跃函数输入 $r(t)=R_0$

考虑输入为阶跃函数，即输入式(3-18) 中 $k=0$，显然由式(3-20) 有 $w=0$，$q=0$，再由式(3-19) 可得

$$y_{ss}=c_0 \tag{3-21}$$

代入式(3-11)，有

$$a_vD^vy(t)+a_{v-1}D^{v-1}y(t)+\cdots+a_0D^0y(t)=R_0$$

令方程两边关于 t 的同阶次项相等，得阶跃输入下的稳态响应

$$y_{ss}=c_0=\frac{R_0}{a_0} \tag{3-22}$$

(2) 单位斜坡函数输入 $r(t)=t\cdot 1(t)$

在单位斜坡函数输入下，因 $Dr(t)=1(t)$，即式(3-18) 中 $k=1$，由式(3-20) 有 $w=0$，$q=1$，再由式(3-19) 可得

$$y_{ss}(t)=c_0+c_1t \tag{3-23}$$

将 $Dy_{ss}(t)=c_1$，$D^2y_{ss}(t)=0$，代入式(3-11)，得关于 t 的相同阶次项

$$t^1:\ a_0c_1=1,\ c_1=\frac{1}{a_0}$$

$$t^0:\ a_1c_1+a_0c_0=0,\ c_0=-\frac{a_1c_1}{a_0}=-\frac{a_1}{a_0{}^2}$$

由此可得，单位斜坡函数输入下的稳态响应为

$$y_{ss}(t)=-\frac{a_1}{a_0{}^2}+\frac{1}{a_0}t \tag{3-24}$$

(3) 单位匀加速函数输入 $r(t)=\frac{t^2}{2!}\cdot 1(t)$

采用与前面完全相似的方法，可得到匀加速函数输入下的稳态响应为

$$y_{ss}(t)=-\frac{a_1^2}{a_0^3}-\frac{a_2}{a_0^2}-\frac{a_1}{a_0^2}t+\frac{1}{2}\times\frac{1}{a_0}t^2 \tag{3-25}$$

二、微分方程的暂态响应求解

1. 特征根及暂态响应

对线性系统来说，微分方程的通解（即系统的齐次方程解）相应于系统的暂态响应，其完全取决于系统特征方程的根。考虑描述系统的微分方程模型具有齐次方程

$$a_vD^vy(t)+a_{v-1}D^{v-1}y(t)+\cdots+a_0D^0y(t)+a_{-1}D^{-1}y(t)+\cdots+a_{-w}D^{-w}y(t)=0 \tag{3-26}$$

设方程通解（暂态响应）的一般形式为

$$y(t)_t=\sum A_\lambda \mathrm{e}^{\lambda t} \tag{3-27}$$

式中 λ 是特征方程的根。将式(3-27) 代入式(3-26)，得

$$A_\lambda \mathrm{e}^{\lambda t}(a_v\lambda^v+a_{v-1}\lambda^{v-1}+\cdots+a_0+a_{-1}\lambda^{-1}+\cdots+a_{-w}\lambda^{-w})=0$$

对所有 $t\neq0$，式中的 $A_\lambda e^{\lambda t}$ 不可能为零，故后面括号里的多项式为零，即

$$Q(\lambda)=a_v\lambda^v+a_{v-1}\lambda^{v-1}+\cdots+a_0+a_{-1}\lambda^{-1}+\cdots+a_{-w}\lambda^{-w}=0 \tag{3-28}$$

此为特征方程，含有 $v+w$ 个根（即特征根）。特征根可分为三种情况，分别考虑如下。

① 所有的根均为单实根，方程解含有 $v+w$ 项 $A_\lambda e^{\lambda t}$，暂态解具有以下形式

$$y_t(t)=A_1e^{\lambda_1 t}+A_2e^{\lambda_2 t}+\cdots+A_ke^{\lambda_k t}+\cdots+A_{v+w}e^{\lambda_{v+w}t} \tag{3-29}$$

式中每一项 $e^{\lambda_k t}$ 均是暂态响应的一部分，描述了系统的一个模态。

② 若特征方程中有一个根 λ_q 为 p 重实根，方程暂态解中相应项的形式为

$$A_{q_1}e^{\lambda_q t}+A_{q_2}te^{\lambda_q t}+\cdots+A_{q_p}t^{p-1}e^{\lambda_q t} \tag{3-30}$$

③ 若特征方程中存在复数根 λ_k，λ_{k+1}（它们总是成对地以共轭复数的形式出现），即

$$\lambda_k=\sigma+j\omega_d,\quad \lambda_{k+1}=\sigma-j\omega_d \tag{3-31}$$

式中，σ 称为衰减系数，ω_d 称为衰减振荡频率。相应于复根 λ_k，λ_{k+1} 的暂态响应项为

$$A_ke^{(\sigma+j\omega_d)t}+A_{k+1}e^{(\sigma-j\omega_d)t}=e^{\sigma t}(A_ke^{j\omega_d t}+A_{k+1}e^{-j\omega_d t}) \tag{3-32}$$

应用欧拉恒等式

$$e^{\pm j\omega_d t}=\cos\omega_d t\pm j\sin\omega_d t$$

即有

$$e^{\sigma t}(B_1\cos\omega_d t+B_2\sin\omega_d t)=Ae^{\sigma t}\sin(\omega_d t+\phi) \tag{3-33}$$

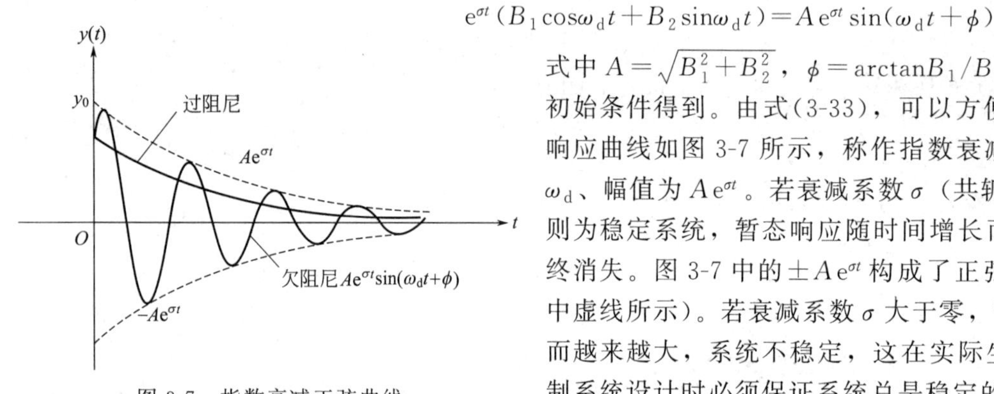

图 3-7　指数衰减正弦曲线

式中 $A=\sqrt{B_1^2+B_2^2}$，$\phi=\arctan B_1/B_2$，其中的常数通常由初始条件得到。由式(3-33)，可以方便地绘制出该暂态项的响应曲线如图 3-7 所示，称作指数衰减正弦曲线，其频率为 ω_d、幅值为 $Ae^{\sigma t}$。若衰减系数 σ（共轭复根的实部）为负数，则为稳定系统，暂态响应随时间增长而呈指数衰减，直至最终消失。图 3-7 中的 $\pm Ae^{\sigma t}$ 构成了正弦曲线的包络线（如图中虚线所示）。若衰减系数 σ 大于零，暂态响应将随时间增加而越来越大，系统不稳定，这在实际生产中是不允许的。控制系统设计时必须保证系统总是稳定的。

2. 阻尼比 ζ 与自然频率 ω_n

(1) 阻尼比 ζ

当特征方程(3-28)具有一对共轭复根 $\lambda_{1,2}$ 时，意味着特征方程中一定含有二次项因子：$a_2\lambda^2+a_1\lambda+a_0$，可求得该因子的根的具体表达式为

$$\lambda_{1,2}=\frac{-a_1}{2a_2}\pm j\sqrt{\frac{4a_2a_0-a_1^2}{4a_2^2}}=\sigma\pm j\omega_d \tag{3-34}$$

其中实部 σ 是 e 的指数，ω_d 是由这对复数特征根产生的如式(3-33)所示的振荡频率。

式(3-34)中的 a_1 是系统的有效衰减常数。如果式(3-34)中平方根号内的分子为零，即有 $a_1'=2\sqrt{a_2a_0}$，称为衰减常数的临界值。此时，二次项因子的根为 2 个相等的负实根，处于振荡与不振荡的临界状态。

阻尼比 ζ 定义为实际的衰减常数与衰减常数的临界值之比

$$\zeta=\frac{实际的衰减常数}{临界的衰减常数}=\frac{a_1}{a_1'}=\frac{a_1}{2\sqrt{a_2a_0}} \tag{3-35}$$

对二次项来说，阻尼比 ζ 非常重要，根据其具体的值，人们就可大概知道系统的时间响应情况。参见图 3-7。

① 当 $\zeta>0$ 时，系统稳定，暂态响应由具有负实数指数的项组成，随着时间增加，输出响应逐渐接近新的稳态值。

- 当 $0<\zeta<1$ 时，特征根为一对共轭复根，暂态响应为具有式(3-33)形式的衰减正弦，称为欠阻尼振荡响应，如图中衰减振荡的实线所示。
- 当 $\zeta>1$ 时，特征根为 2 个不等的负实根，暂态解中含有 2 个负实指数项，称为过阻尼响应，如图中单调下降的实线所示。

② 当 $\zeta=0$ 时，特征根为一对幅值相等的共轭虚根，暂态响应为无阻尼的等幅振荡。此为稳定与否的临

界状态。

③ 当 $\zeta<0$ 时，特征根具有正实部，系统不稳定，暂态响应中含有2个正实指数项，它们随时间而增加，最后趋于无穷大。

(2) 自然频率 ω_n

所谓自然频率 ω_n 是指暂态响应在没有衰减情况下持续振荡的频率。定义为

$$\omega_n=\sqrt{\frac{a_0}{a_2}} \tag{3-36}$$

系统的有效衰减常数 $a_1=0$ 意味着暂态响应不会随时间而消失，它是一个具有固定幅值的正弦振荡。

阻尼比 ζ 与自然频率 ω_n 可以完全表征二次项因子的特征，因此欠阻尼系统（$0<\zeta<1$）通常用这2个参数来表示。考虑二次项因子：$a_2\lambda^2+a_1\lambda+a_0$，每一项同除以 a_0，有

$$\frac{a_2}{a_0}\lambda^2+\frac{a_1}{a_0}\lambda+1=\frac{1}{\omega_n^2}\lambda^2+\frac{2\zeta}{\omega_n}\lambda+1 \tag{3-37}$$

式(3-37) 等号右边每一项同乘 ω_n^2，得

$$\lambda^2+2\zeta\omega_n\lambda+\omega_n^2 \tag{3-38}$$

式(3-37) 和式(3-38) 被称为是二次项因子的两种标准型，其根为

$$\lambda_{1,2}=\sigma\pm j\omega_d=-\zeta\omega_n\pm j\omega_n\sqrt{1-\zeta^2} \tag{3-39}$$

因此，式(3-33) 表示的欠阻尼系统的暂态响应可用阻尼比 ζ 与自然频率 ω_n 表征，即

$$Ae^{\sigma t}\sin(\omega_d t+\phi)=Ae^{-\zeta\omega_n t}\sin(\omega_n\sqrt{1-\zeta^2}\,t+\phi) \tag{3-40}$$

式中 $\omega_d=\omega_n\sqrt{1-\zeta^2}$ 称为衰减振荡频率。从上式可以清楚地看到 ζ 与 ω_n 对暂态响应的影响：$\zeta\omega_n$ 越大，暂态消失得越快；它们同时也影响到 ω_d，其关系是 ω_d 与 ω_n 成正比、与 ζ 成反比。

微分方程的稳态解与暂态解之和即为系统的时间全响应。暂态解中的系数由初始条件确定。

三、暂态响应的时间常数

"时间常数"这个词已经在第二章建模时碰到过，知道它具有时间单位的量纲，那么其物理意义是什么？又如何确定呢？

对稳定系统而言，设暂态项 $Ae^{\lambda t}$ 中的 λ 为单根，且 $\lambda=-\alpha<0$。当 $A=1$ 时，$Ae^{\lambda t}$ 的形式如图3-8所示。则时间常数 T 的定义是：使e的指数项等于−1所需的时间，用公式表示有

$$-\alpha T=-1,\qquad 则\ T=\frac{1}{\alpha}$$

其物理意义是，从 $0\sim T$ 的时间间隔里，指数项 $e^{\lambda t}$ 的值从 $e^{0t}=1$ 降到 $e^{-1}=0.368$。从几何上看，曲线 $Ae^{-\alpha t}$ 在 $t=0$ 处的切线与时间轴相交的点即为时间常数 T。

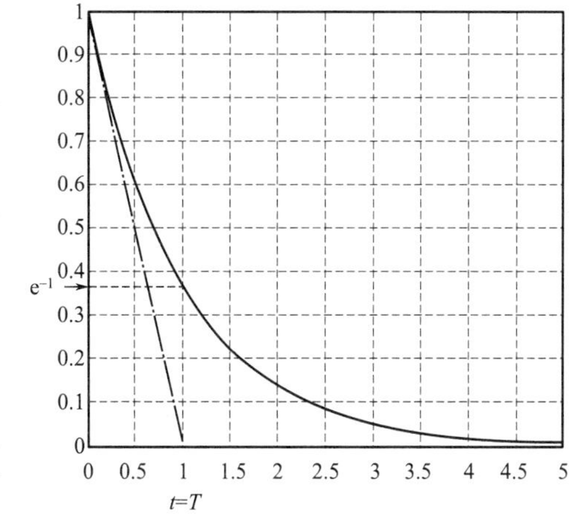

图3-8　指数 $e^{-\alpha t}$ 曲线示意图

若 λ 为复数根，且 $\lambda=\sigma\pm j\omega_d$，暂态项中将含有 $Ae^{\sigma t}\sin(\omega_d t+\phi)$ 项（参见图3-7）。在这种情况下，$\pm Ae^{\sigma t}$ 构成了正弦曲线的包络线，时间常数可采用参数 σ 来定义

$$T=\frac{1}{|\sigma|}$$

用阻尼比与自然频率来表示的话，时间常数是 $T=1/\zeta\omega_n$。由此可知，$\zeta\omega_n$ 越大（时间常数越小），暂态项消失的速率越大，达到新稳态越快。

第三节　微分方程的拉氏变换求解方法

拉普拉斯变换是一种线性变换，利用它可将时域上的微分方程求解问题转换为 s 域上的代数方程求解问题，大大降低了求解难度，应用很广。

一般，一个 n 阶的线性时不变系统可用常微分方程表示为

$$y^{(n)}(t)+a_{n-1}y^{(n-1)}(t)+\cdots+a_0y(t)=b_wr^{(w)}(t)+\cdots+b_1r'(t)+b_0r(t) \tag{3-41}$$

在零初始条件下对方程(3-41)两边求拉氏变换，求得系统的传递函数

$$G(s)=\frac{Y_{zs}(s)}{R(s)}=\frac{b_ws^w+b_{w-1}s^{w-1}+\cdots+b_1s+b_0}{s^n+a_{n-1}s^{n-1}+\cdots+a_1s+a_0} \tag{3-42}$$

考虑系统的物理意义，通常 $n \geqslant w$。可以看出，式(3-42)的分母等于0即为微分方程(3-41)的特征方程，其根决定了系统的暂态响应。对式(3-42)求拉氏反变换

$$y(t)=\mathscr{L}^{-1}[G(s)R(s)] \tag{3-43}$$

即得到系统在零初始条件下的时间响应。若初始条件不为零，可以采用单边拉氏变换，这种情况下，特征方程是一样的。假设

$$Y(s)=G(s)R(s)=\frac{P(s)}{Q(s)}=\frac{P(s)}{(s-s_1)(s-s_2)\cdots(s-s_n)} \tag{3-44}$$

进一步，可将上式写成部分分式的形式，与第二节中相仿，特征根可能出现几种情况。

① 所有的根 s_k 均为单实根，则式(3-44)具有以下形式

$$Y(s)=\frac{P(s)}{Q(s)}=\frac{A_1}{s-s_1}+\frac{A_2}{s-s_2}+\cdots+\frac{A_n}{s-s_n} \tag{3-45}$$

式中的 A_k 可用留数定理求得

$$A_k=\left[(s-s_k)\frac{P(s)}{Q(s)}\right]_{s=s_k} \tag{3-46}$$

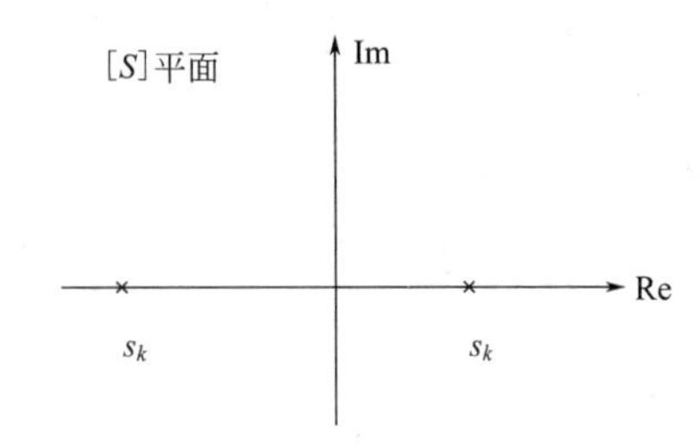

图 3-9　单实极点示意图

且式(3-45)中每一项的极点分布都可用图3-9表示，它对应于时域中的一个模态 $A_k e^{s_kt}$。若 s_k 为正（极点位于S平面的右边），显然随着时间增大，$A_k e^{s_kt}$ 无限增大，系统不稳定；若 s_k 为负（极点位于S平面的左边），$A_k e^{s_kt}$ 将随时间增大而减小直至消失。

【例 3-2】 若系统的传递函数为 $G(s)=\dfrac{s+2}{(s+1)(s+3)}$，求该系统的单位阶跃响应。

解 因为单位阶跃输入的拉氏变换为 $R(s)=\dfrac{1}{s}$，传递函数为 $G(s)=\dfrac{Y(s)}{R(s)}$，故

$$Y(s)=G(s)R(s)=\frac{1}{s}\times\frac{s+2}{(s+1)(s+3)}=\frac{A_0}{s}+\frac{A_1}{s+1}+\frac{A_2}{s+3}$$

上式具有实数单极点，由式(3-46)，可求得

$$A_0=\frac{2}{3},\ A_1=-\frac{1}{2},\ A_2=-\frac{1}{6}$$

通过求输出拉氏变换 $Y(s)$ 的反变换，可得到系统的单位阶跃响应

$$y(t)=\frac{2}{3}-\frac{1}{2}e^{-t}-\frac{1}{6}e^{-3t}$$

② 如果有一个根 s_q 为 p 重实根，其形式为

$$Y(s)=\frac{P(s)}{Q(s)}=\frac{P(s)}{(s-s_q)^p(s-s_1)\cdots}=\frac{A_{qp}}{(s-s_q)^p}+\frac{A_{q(p-1)}}{(s-s_q)^{p-1}}+\cdots+\frac{A_{q1}}{s-s_q}+\frac{A_1}{s-s_1}+\cdots \tag{3-47}$$

式中的 A_{qp}、$A_{q(p-k)}$ $(k=1,2,\cdots,p-1)$ 分别如下

$$A_{qp}=\left[(s-s_q)^p\frac{P(s)}{Q(s)}\right]_{s=s_q} \tag{3-48}$$

$$A_{q(p-k)}=\left\{\frac{1}{k!}\frac{d^k}{ds^k}\left[(s-s_q)^p\frac{P(s)}{Q(s)}\right]\right\}_{s=s_q} \tag{3-49}$$

其他 A_k 的确定同方法①。

p 重根对应的时域项为

$$y_p(t)=\frac{1}{(p-1)!}A_{qp}t^{p-1}e^{s_pt}+\frac{1}{(p-2)!}A_{q(p-1)}t^{(p-2)}e^{s_pt}+\cdots+A_{q_1}e^{s_pt}$$

【例 3-3】 若一系统的输出拉氏变换式为 $Y(s)=\dfrac{P(s)}{Q(s)}=\dfrac{1}{(s+2)^3(s+3)}$，求其零初始条件下的时间响应。

解 由式(3-47) 有

$$Y(s)=\frac{1}{(s+2)^3(s+3)}=\frac{A_{13}}{(s+2)^3}+\frac{A_{12}}{(s+2)^2}+\frac{A_{11}}{s+2}+\frac{A_2}{s+3}$$

上式中含有一个 3 重的实数极点 ($s=-2$)，由式(3-48)、式(3-49)，可求得

$$A_{13}=[(s+2)^3Y(s)]_{s=-2}=1$$

$$A_{12}=\left\{\frac{\mathrm{d}}{\mathrm{d}s}[(s+2)^3Y(s)]\right\}_{s=-2}=-1$$

$$A_{11}=\left\{\frac{\mathrm{d}^2}{2\mathrm{d}s^2}[(s+2)^3Y(s)]\right\}_{s=-2}=1$$

$$A_2=[(s+3)Y(s)]_{s=-3}=-1$$

代入系统输出的拉氏变换式，并求其反变换，得系统时间响应为

$$y(t)=\frac{t^2}{2}\mathrm{e}^{-2t}-t\mathrm{e}^{-2t}+\mathrm{e}^{-2t}-\mathrm{e}^{-3t}$$

③ 存在共轭复根，假设

$$\begin{aligned}Y(s)=\frac{P(s)}{Q(s)}&=\frac{P(s)}{(s^2+2\zeta\omega_n s+\omega_n^2)(s-s_3)}=\frac{A_1}{s-s_1}+\frac{A_2}{s-s_2}+\frac{A_3}{s-s_3}\\&=\frac{A_1}{s+\zeta\omega_n-\mathrm{j}\omega_n\sqrt{1-\zeta^2}}+\frac{A_2}{s+\zeta\omega_n+\mathrm{j}\omega_n\sqrt{1-\zeta^2}}+\frac{A_3}{s-s_3}\end{aligned}\tag{3-50}$$

反变换后得

$$\begin{aligned}y(t)&=A_1\mathrm{e}^{(-\zeta\omega_n+\mathrm{j}\omega_n\sqrt{1-\zeta^2})t}+A_2\mathrm{e}^{(-\zeta\omega_n-\mathrm{j}\omega_n\sqrt{1-\zeta^2})t}+A_3\mathrm{e}^{s_3t}\\&=2|A_1|\mathrm{e}^{-\zeta\omega_n t}\sin(\omega_n\sqrt{1-\zeta^2}\,t+\phi)+A_3\mathrm{e}^{s_3t}\\&=2|A_1|\mathrm{e}^{\sigma t}\sin(\omega_d t+\phi)+A_3\mathrm{e}^{s_3t}\end{aligned}\tag{3-51}$$

式中 $A_1=\left[(s-s_1)\dfrac{P(s)}{Q(s)}\right]_{s=s_1}$ 以及 $\phi=\text{angle of }A_1+90°$，$\sigma=-\zeta\omega_n$，以及 $\omega_d=\omega_n\sqrt{1-\zeta^2}$。由于 s_1 是复数，故 A_1 也是复数。如果这对共轭复根具有负实部，$\sigma=-\zeta\omega_n$，阻尼比 $\zeta>0$，则式(3-50) 在 S 平面上的零极点分布可用图 3-10 表示。从图中可以很直观地看出阻尼比 ζ、自然频率 ω_n 与拉氏变换式的零极点位置的关系。其暂态响应参见图 3-7。

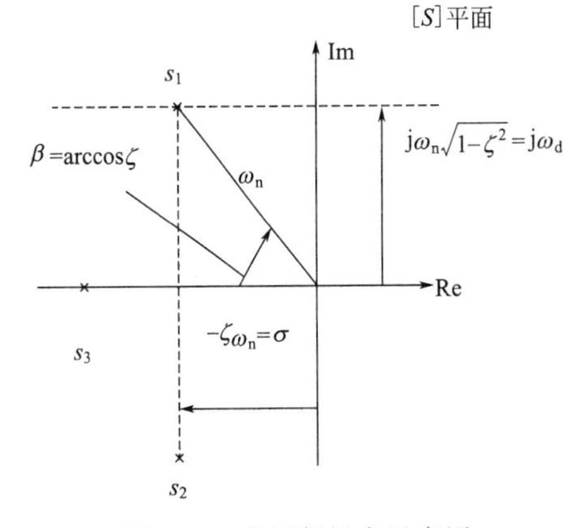

图 3-10 共轭复极点示意图

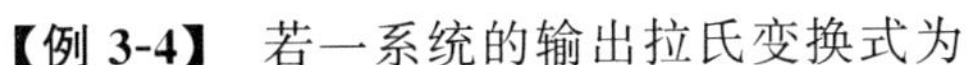
【例 3-4】 若一系统的输出拉氏变换式为

$$Y(s)=\frac{P(s)}{Q(s)}=\frac{10}{(s^2+6s+25)(s+2)}$$

求其零初始条件下时间响应。

解 将系统的输出拉氏变换式写成零极点形式

$$Y(s)=\frac{P(s)}{Q(s)}=\frac{10}{(s^2+6s+25)(s+2)}=\frac{A_1}{s+3-4\mathrm{j}}+\frac{A_2}{s+3+4\mathrm{j}}+\frac{A_3}{s+2}$$

式中

$$A_1=\left[(s+3-4\mathrm{j})\frac{10}{(s^2+6s+25)(s+2)}\right]_{s=-3+4\mathrm{j}}=0.303\angle-194°$$

$$\phi=\text{angle of }A_1+90°=-194°+90°=-104°$$

$$A_3=\left[(s+2)\frac{10}{(s^2+6s+25)(s+2)}\right]_{s=-2}=0.59$$

由拉氏反变换可得系统时间响应

$$y(t)=2|A_1|\mathrm{e}^{\sigma t}\sin(\omega_d t+\phi)+A_3\mathrm{e}^{s_3 t}=0.606\mathrm{e}^{-3t}\sin(4t-104°)+0.59\mathrm{e}^{-2t}$$

如果由已知的输出拉氏变换式直接查拉氏变换表也可得到相同的结果

$$y(t)=10\left[\frac{\mathrm{e}^{-ct}}{(c-a)^2+b^2}+\frac{\mathrm{e}^{-\sigma t}\sin(bt-\phi)}{b\sqrt{(c-a)^2+b^2}}\right],\ \phi=\arctan\frac{b}{c-a}$$

$$y(t)=0.606\mathrm{e}^{-3t}\sin(4t-104°)+0.59\mathrm{e}^{-2t}$$

第四节　控制系统的性能指标及时域分析

一、控制系统的时域性能指标

对控制系统的设计师及使用者来说，由微分方程模型得到系统的时间响应还远远不够，他们必须要知道控制系统运行的质量如何。而要评价和比较控制系统性能的优劣，必须建立定量的标准。常用的标准有两类：一类是基于系统单位阶跃响应（过渡过程）给出的反映系统动态性能的指标，如超调量（最大偏差）、调节时间、峰值时间、上升时间等；另一类是基于误差计算的性能指标，如平方误差积分、时间乘平方误差积分、绝对误差积分等，它们主要用于优化设计与分析比较。下面分别讨论这两类指标。

1. 以单位阶跃响应（过渡过程）表示的质量指标

在保证系统稳定的前提下，控制系统的优劣体现在系统的“调整”能力上，即当外界输入发生变化之后，系统能否及时地作出响应？系统最大的波动幅度是多少？到达或恢复到新的平衡状态需要多少时间？是否存在稳态误差？等等。一般认为，阶跃输入对系统来说是最为严峻的一种工作状态，若系统在阶跃输入下的动态性能可以满足要求的话，在其他输入作用下也就能满足，这就是系统的动态性能指标通常用单位阶跃响应的特征量来描述的原因。

为便于分析和比较，假定系统在单位阶跃输入作用前都处于静止状态，而且系统输出量及其各阶导数都等于零（即零初始条件，对于大多数系统而言，该假设符合实际情况）。控制系统的单位阶跃响应曲线如图 3-11 所示。

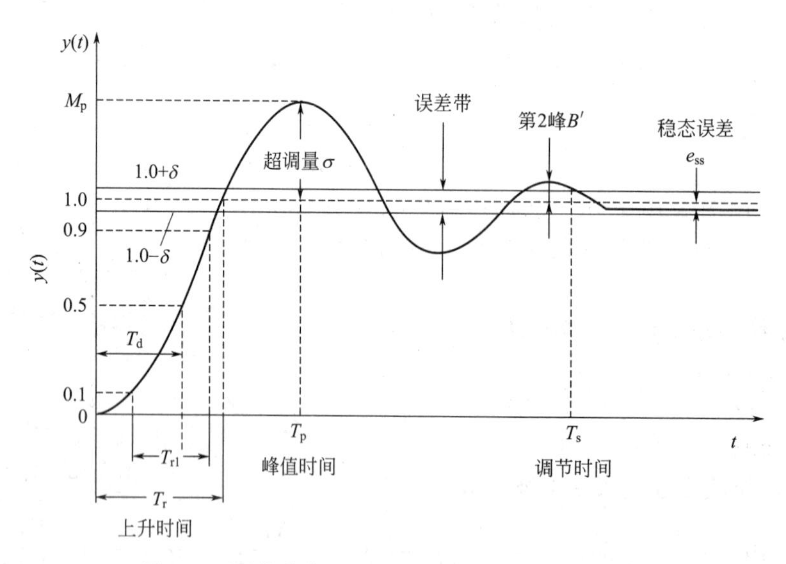

图 3-11　系统单位阶跃响应及动态性能指标示意图

根据图 3-11 展示的响应特性，定义如下的系统动态性能指标。

① 上升时间 T_r　对具有衰减振荡的过渡过程曲线，T_r 定义为系统响应从初始平衡状态（图中坐标原点）开始，第一次达到系统最终平稳状态（图 3-11 中虚线所示）所需的时间；对于非振荡过渡过程曲线，则一般把从响应终值的 10%上升到终值的 90%所需要的时间定义为上升时间，如图 3-11 中的 T_{r1}（图中未画出非振荡曲线）。上升时间 T_r 是系统响应速度的一种度量，T_r 越短，表明响应速度越快。

② 峰值时间 T_p　峰值时间是过渡过程曲线达到第一峰值所需的时间。如图 3-11 中的 T_p。T_p 愈小，

表示系统反应愈灵敏。

③ 超调量σ与最大偏差　超调量σ是指系统响应的最大偏离量M_p［即$y(T_p)$］与终值$y(\infty)$之差，通常用百分比的形式表示，即超调量占最终稳态值$y(\infty)$的百分比

$$\sigma\%=\frac{y(T_p)-y(\infty)}{y(\infty)}\times 100\% \tag{3-52}$$

若$M_p<y(\infty)$，即响应无超调。假设系统无稳态偏差，$y(\infty)$为1，超调量就可直接如图3-11那样在响应曲线上标注出来。这个指标表示了被控变量偏离给定值的程度，超调量σ越大，表示在峰值时间偏离生产规定的状态越远，往往这是不希望看到的。

对于定值系统，给定值$r(t)$不变，因干扰输入而引起的过渡过程在结束后应该仍然回到原给定值，因此常用最大偏差B来表示响应偏离给定的最大值。将图3-11稍加变形，该值就是第一个波形的峰值与给定值$r(t)$的差，即为$B=M_p-r(t)$。对于连续生产过程的定值控制系统而言，最大偏差指标非常重要。特别是在一些有危险条件限制时，往往对该指标有直接的要求，如反应器中化合物爆炸的压力极限、催化剂的温度极限等。

④ 调节时间T_s　又称回复时间或过渡过程时间。它是系统在输入作用下，被控变量从一个稳态过渡到另一稳态所需的时间。理论上，输出达到新的稳态值需要无限长的时间；在工程上，通常将被控变量进入新稳态值的一个区间［$y(\infty)\pm\delta$］并不再越出认为是已达到新稳态值，相应进入该区间所需要的时间就称为调节时间T_s，如图3-11所示。

⑤ 延迟时间T_d　指阶跃响应从运动开始到第一次到达其稳态值的50%所需要的时间。

⑥ 衰减比n　这是一个直观的工程常用指标。它是过渡过程曲线上同方向的两个相邻波峰之比。在图3-11中，$n=\sigma/B'$，通常它也表示为$n:1$的形式。当$n=1$时，过渡过程为等幅振荡；当$n>1$时，n愈小，过渡过程的衰减程度也愈小，反之n愈大，过渡过程越接近非振荡过程。n究竟多大合适，没有严格的规定，需要根据具体对象分析。若只从过程进行得快的角度考虑，过程接近非周期临界情况最快，这时n将趋于∞，但这种过程可能并不是最好。比如在控制某种产品某个质量指标时（如浓度），若n很大，一旦被控变量偏离给定值，由于系统处于非振荡状态，意味着整个过渡过程的产品指标都过高（或过低），该段时间内都生产了不合格的产品；但如果n适中，系统具有振荡的过渡过程，则产品指标在超过给定值后不久又会低于给定值，经混合后，其质量会远远优于非振荡过程生产的产品质量。不仅如此，振荡过程还会给操作人员心理上带来安慰，因为当操作人员看到被控变量偏离给定值后，他希望快点看到控制系统产生作用，使输出迅速回复到给定值附近。对一个振荡过程来说，只要将最大偏差控制在允许范围内就可以让操作者十分放心；而对于非振荡过程，在被控变量偏离给定值后，操作者只能看见被控变量慢慢地趋近给定值且越来越慢，这种现象容易让操作者着急。故连续工业生产过程一般希望控制系统的过渡过程稍带振荡，约对应于4∶1～10∶1的衰减比，尽管并不一定是最优的，但的确是实际生产过程操作人员希望看到的。

⑦ 稳态误差e_{ss}　它是过渡过程结束后新稳态值与给定值之差（又称余差）。这是一个稳态性能指标，相当于生产中允许的输出变量与给定值之间长时间存在的偏差。由于这是一个很重要的质量指标，往往会在设计控制系统时一起提出。设控制系统期望的输出与实际的输出分别为$r(t)$和$y(t)$，定义误差（或称偏差）$e(t)$为

$$e(t)=r(t)-y(t) \tag{3-53}$$

则系统的稳态误差为

$$e_{ss}(t)=e(\infty)=\lim_{t\to\infty}e(t)=r(\infty)-y(\infty) \tag{3-54}$$

稳态误差可以由式(3-54)求，也可先求出误差传递函数$G_{ER}(s)=\dfrac{E(s)}{R(s)}$，再运用拉氏变换的终值定理求得［注意前提条件是：系统稳定，即在S右半平面及虚轴上（原点除外）无极点］。

2. 误差性能指标

误差性能指标是体现系统动态特性的一种综合性指标，一般以误差函数的积分形式表示。在最优控制系统设计中，可以通过最小化误差性能指标得到对应的最优系统参数。下面介绍4种常用的这类指标形式。

① 平方误差积分指标（ISE）的定义是

$$J_1=\int_0^{\infty}e^2(t)\mathrm{d}t \tag{3-55}$$

其中积分上限∞可以选择足够大的 T 来代替［意味着当 $t>T$ 时，$e(t)$ 可忽略］。对应于指标 J_1 极小时的系统参数称之为“最优参数”。

【例 3-5】 已知标准二阶系统的数学模型为

$$\frac{\mathrm{d}^2y(t)}{\mathrm{d}t^2}+2\zeta\omega_n\frac{\mathrm{d}y(t)}{\mathrm{d}t}+\omega_n^2y(t)=\omega_n^2r(t)$$

在 $t=0$ 时，输入 $r(t)$ 作单位阶跃变化。现用平方误差积分指标，确定系统特征参数 ζ 的最优值。

解 以误差信号 $e(t)=r(t)-y(t)$ 作参量，系统的数学模型为

$$\frac{\mathrm{d}^2e(t)}{\mathrm{d}t^2}+2\zeta\omega_n\frac{\mathrm{d}e(t)}{\mathrm{d}t}+\omega_n^2e(t)=\frac{\mathrm{d}^2r(t)}{\mathrm{d}t^2}+2\zeta\omega_n\frac{\mathrm{d}r(t)}{\mathrm{d}t}$$

因为 $r(t)$ 为单位阶跃，代入上式

$$\frac{\mathrm{d}^2e(t)}{\mathrm{d}t^2}+2\zeta\omega_n\frac{\mathrm{d}e(t)}{\mathrm{d}t}+\omega_n^2e(t)=0$$

显然，这是一个二阶常系数齐次线性微分方程式，它的解是

$$e(t)=C_1\mathrm{e}^{s_1t}+C_2\mathrm{e}^{s_2t}$$

其中，两个根为 $s_{1,2}=-\zeta\omega_n\pm\omega_n\sqrt{\zeta^2-1}$；积分常数 C_1、C_2 根据初始条件决定。

将方程解代入式(3-55)，则得平方误差积分的值

$$\begin{aligned}J_1&=\int_0^{\infty}e^2(t)\mathrm{d}t=\int_0^{\infty}[C_1^2\mathrm{e}^{2s_1t}+2C_1C_2\mathrm{e}^{(s_1+s_2)t}+C_2^2\mathrm{e}^{2s_2t}]\mathrm{d}t\\&=C_1^2\frac{1}{2s_1}\mathrm{e}^{2s_1t}\Big|_0^{\infty}+2C_1C_2\frac{1}{s_1+s_2}\mathrm{e}^{(s_1+s_2)t}\Big|_0^{\infty}+C_2^2\frac{1}{2s_2}\mathrm{e}^{2s_2t}\Big|_0^{\infty}\end{aligned}$$

由于 s_1、s_2 具有负实部，当 $t\to\infty$时上式中各指数值等于零，所以

$$J_1=-\frac{C_1^2}{2s_1}-\frac{2C_1C_2}{s_1+s_2}-\frac{C_2^2}{2s_2}=\frac{C_1^2s_2+C_2^2s_1}{2\omega_n^2}+\frac{C_1C_2}{\zeta\omega_n}$$

因为 $t=0$ 时，$y(0)=0$，$r(0)=1$，则有

$$e(0)=r(0)=1\text{ 和}\frac{\mathrm{d}e(t)}{\mathrm{d}t}\Big|_{t=0}=0$$

据此可求得积分常数 C_1、C_2。即由 $C_1+C_2=1$ 和 $C_1s_1+C_2s_2=0$，得

$$C_1=\frac{s_2}{s_2-s_1},\quad C_2=\frac{-s_1}{s_2-s_1}$$

将 C_1、C_2 代入平方误差积分式中，有

$$J_1=\frac{C_1^2s_2+C_2^2s_1}{2\omega_n^2}+\frac{C_1C_2}{\zeta\omega_n}=\frac{\zeta}{\omega_n}+\frac{1}{4\zeta\omega_n}$$

因为最优的 ζ 值应使 J_1 为最小，所以令 $\frac{\mathrm{d}J_1}{\mathrm{d}\zeta}=0$ 的 ζ 值即为最优 ζ 值，因而由

$$\frac{\mathrm{d}J_1}{\mathrm{d}\zeta}=\frac{1}{\omega_n}-\frac{1}{4\zeta^2\omega_n}=0$$

得 $\zeta>0$ 的最优值是 $\zeta=0.5$。可以证明，对二阶系统来说，当阻尼比 ζ 从 0.5～0.7 变化时，J_1 的值变化不大，说明 ISE 准则的灵敏度不很高。

② 时间乘平方误差的积分指标（ITSE）的表达式为

$$J_2=\int_0^{\infty}te^2(t)\mathrm{d}t \tag{3-56}$$

此时，最优系统就是使这个积分减至极小的系统。使得积分指标 J_2 最小的二阶系统的阻尼比 ζ 为 0.595，其灵敏度比 ISE 高得多。

③ 绝对误差积分指标（IAE）的定义是

$$J_3=\int_0^{\infty}|e(t)|\mathrm{d}t \tag{3-57}$$

用解析的方法计算该积分值较为困难，但用计算机很方便。使积分指标 J_3 最小的二阶系统的阻尼比 ζ 在 0.7 左右，此时，在单位阶跃作用下，系统具有较快的过渡过程和不大的超调量（约为 5%），所以它是一种常用的误差性能指标。

④ 时间乘绝对误差的积分指标（ITAE）的定义是

$$J_4=\int_0^{\infty} t|e(t)|\mathrm{d}t \tag{3-58}$$

该指标的灵敏度很高。同样，应用这个指标设计的系统超调量较小，过渡过程衰减振荡且衰减较快。

总之，按这些性能指标设计的二阶系统皆能得到较满意的过渡过程。然而在高阶系统中所起的作用还不甚清楚，但可以把这些指标作为控制系统质量比较的基准之一。

二、控制系统的时域分析

1. 一阶系统

一阶微分方程描述的系统称为一阶系统。除了实际中存在许多一阶系统外，工程上为了处理上的方便，常用带纯滞后的一阶系统来近似表征一些高阶系统。无纯滞后的一阶系统的微分方程模型具有形式

$$a_1\frac{\mathrm{d}y(t)}{\mathrm{d}t}+a_0y(t)=b_0r(t) \tag{3-59}$$

式中 $y(t)$ 和 $r(t)$ 分别是系统的输出信号和输入信号。

如图 3-12 所示的 RC 串联电路是典型的一阶系统，其微分方程模型

$$T\frac{\mathrm{d}v_C(t)}{\mathrm{d}t}+v_C(t)=e(t) \tag{3-60}$$

式中，$T=RC$ 为一阶系统的时间常数，代表了系统的惯性。$v_C(t)$ 和 $e(t)$ 分别是系统的输出信号和输入信号。其方块图如图 3-13 所示。

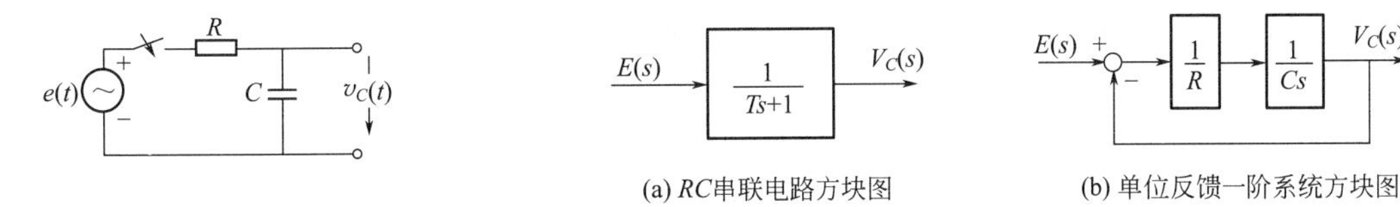

(a) RC串联电路方块图　(b) 单位反馈一阶系统方块图

图 3-12　RC 串联电路

图 3-13　RC 串联电路与单位反馈一阶系统方块图

具有如式(3-59) 形式的所有一阶线性系统，对同一输入信号的时间响应是相同的，只是响应的各参变量代表的物理意义不同而已。

(1) 一阶系统的单位阶跃响应

如图 3-13 所示，一阶系统的传递函数为 $\frac{1}{Ts+1}$，单位阶跃函数的拉氏变换式为 $\frac{1}{s}$，故其零初始条件下的单位阶跃响应为

$$y(t)=\mathscr{L}^{-1}\left\{\frac{1}{Ts+1}\times\frac{1}{s}\right\}=1-\mathrm{e}^{-\frac{t}{T}},\quad t\geqslant 0 \tag{3-61}$$

因此，一阶系统的单位阶跃响应是一条初值为零、以指数规律上升到终值为 $y_{ss}=1$ 的非周期响应曲线，如图 3-14 所示。它有两个重要的特点：①可用时间常数 T 度量系统输出值，当 $t=T$、$2T$、$3T$、$4T$、$5T$ 时，系统的单位阶跃响应分别等于其稳态值 y_{ss} 的 63.2%、86.5%、95%、98.2%和 99.3%；②在初始时刻 $t=0$ 处，系统运动有最大的变化率 $1/T$，如果系统始终以初始时刻的变化率运动，只要一个 T 的时间，即可达到稳态值。但实际上系统的变化率随着时间的推移而递减。一阶系统单位阶跃响应的上述特点是采用实验方法测定一阶系统

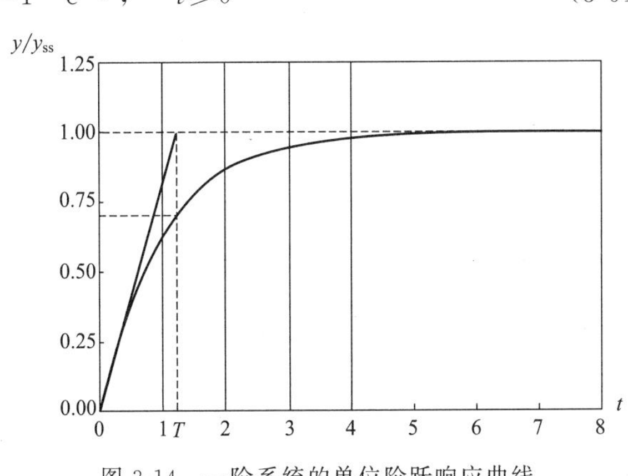

图 3-14　一阶系统的单位阶跃响应曲线

的时间常数 T 或确定所测系统是否为一阶系统的理论基础。

由前面系统动态性能指标的定义知，一阶系统的单位阶跃响应不存在峰值时间 T_p、超调量 σ 与衰减比 n，只有如下的指标。

延迟时间
$$T_d=0.69T \tag{3-62}$$

上升时间
$$T_r=2.20T \tag{3-63}$$

调节时间
$$T_s=\begin{cases}3T, & \delta=5\%y(\infty)\\ 4T, & \delta=2\%y(\infty)\end{cases} \tag{3-64}$$

一阶系统的时间常数 T 是最重要的系统特征参数，它反映了系统固有的惯性：T 越小，系统响应过程越快，T 越大，响应越慢。

【例 3-6】 如图 3-15 所示单位负反馈系统，图中的一阶系统环节代表被控对象的广义数学模型，G_c 代表欲设计的控制器。问设计怎样的控制器能消除系统单位阶跃响应的余差？

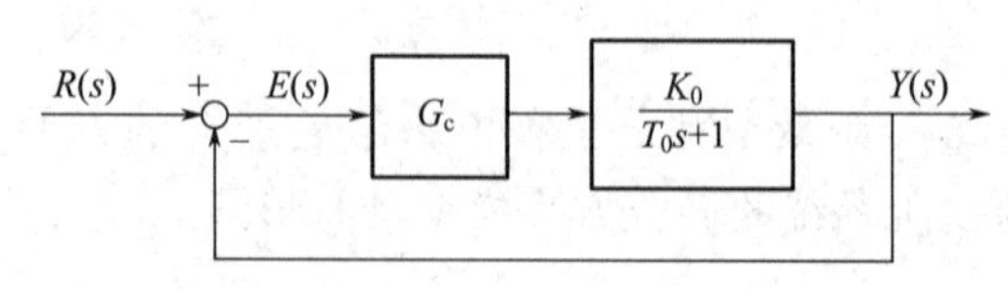

图 3-15 带控制器的一阶单位负反馈系统示意图

解 系统的闭环传递函数为

$$\Phi(s)=\frac{\dfrac{G_cK_0}{T_0s+1}}{1+\dfrac{G_cK_0}{T_0s+1}}=\frac{G_cK_0}{T_0s+1+G_cK_0} \tag{3-65}$$

① 若选择比例控制器，即 $G_c=K_c$，则

$$\Phi(s)=\frac{K_cK_0}{T_0s+1+K_cK_0}=\frac{\dfrac{K_cK_0}{T_0}}{s+\dfrac{K_cK_0+1}{T_0}}$$

可见，一阶系统在比例控制器控制下的闭环系统仍是一阶系统，其单位阶跃响应为

$$y(t)=\mathscr{L}^{-1}\left[\Phi(s)\cdot\frac{1}{s}\right]=\frac{K_cK_0}{K_cK_0+1}[1-\mathrm{e}^{-\frac{(K_cK_0+1)}{T_0}t}]$$

显然，因为
$$y(\infty)=\frac{K_cK_0}{K_cK_0+1}$$

$$e(\infty)=1-y(\infty)=1-\frac{K_cK_0}{K_cK_0+1}=\frac{1}{K_cK_0+1}$$

可见，该控制系统存在余差，虽然随着 $K_c\uparrow$，$e(\infty)\downarrow$，但不会为零。也即，一阶的闭环控制系统总是存在余差。

还可以用另一种方法计算系统的余差。将图 3-15 中的 $E(s)$ 作为输出变量，则闭环系统的误差传递函数为

$$G_{ER}(s)=\frac{E(s)}{R(s)}=\frac{1}{1+\dfrac{K_cK_0}{T_0s+1}}=\frac{T_0s+1}{T_0s+1+K_cK_0} \tag{3-66}$$

误差 $e(t)$ 的拉氏变换式

$$E(s)=G_{ER}(s)R(s)=\frac{T_0s+1}{T_0s+1+K_cK_0}\times\frac{1}{s}$$

对于稳定系统，可对上式直接利用拉氏变换的终值定理求出误差的稳态值，即

$$e(\infty)=\lim_{t\to\infty}e(t)=\lim_{s\to 0}s\cdot E(s)=\lim_{s\to 0}s\times\frac{\mathrm{T}_0s+1}{T_0s+1+K_cK_0}\times\frac{1}{s}=\frac{1}{K_cK_0+1}$$

以上两种求误差的方法得到的是同样的结果。

② 若选择比例-积分控制器，即 $G_c(s)=K_c\left(1+\dfrac{1}{T_is}\right)$，则系统输出的拉氏变换式为

$$Y(s)=\frac{1}{s}\times\frac{K_cK_0(T_is+1)}{T_is(T_0s+1)+K_cK_0(T_is+1)}$$

显然，闭环系统已为二阶系统，此时

$$y(\infty)=\lim_{s\to 0}[s \cdot Y(s)]=1$$

$$e(\infty)=1-1=0$$

可见，选用比例-积分控制器后，系统已经可以消除稳态误差。其实，这是一个规律：在有积分作用的控制系统中，只要有偏差存在，积分就会起作用，直至误差为零。

(2) 一阶系统的单位脉冲响应

由于理想单位脉冲信号 $\delta(t)$ 的拉氏变换为 1，故系统的单位脉冲响应的拉氏变换与系统的闭环传递函数相同，即

$$Y(s)=\Phi(s)R(s)|_{R(s)=1}=\frac{1}{Ts+1} \tag{3-67}$$

一阶系统的单位脉冲响应是

$$y(t)=\mathscr{L}^{-1}\left\{\frac{1}{Ts+1}\right\}=\frac{1}{T}\mathrm{e}^{-\frac{t}{T}},\ t\geqslant 0 \tag{3-68}$$

其为非周期的单调衰减函数。当 $t\to\infty$ 时，响应的幅值为零；当 $t=0$ 时，响应取到最大值

$$y(t)|_{\max}=y(0)=\frac{1}{T} \tag{3-69}$$

由此可见，一阶系统对于脉冲输入信号具有自动调节能力。经过一定时间后，可以将输入对于系统的影响衰减到允许的误差之内。单位脉冲响应曲线如图 3-16 所示。

(3) 一阶系统的单位斜坡响应

单位斜坡信号的拉氏变换为$\frac{1}{s^2}$，故系统单位斜坡响应的拉氏变换为

$$Y(s)=\Phi(s)R(s)=\frac{1}{Ts+1}\times\frac{1}{s^2}=\frac{1}{s^2}-\frac{T}{s}+\frac{T}{s+\frac{1}{T}} \tag{3-70}$$

系统在时域的单位斜坡响应表达式如下

$$y(t)=t-T+T\mathrm{e}^{-\frac{t}{T}},\ t\geqslant 0 \tag{3-71}$$

由式(3-71) 可以看出，一阶系统的单位斜坡响应由暂态分量和稳态分量组成，其暂态分量随时间增加而呈指数衰减；其稳态分量有 2 项：其一是跟踪输入信号的 t，其二是等于系统的时间常数 T 的常值，它也是系统的稳态误差。系统的单位斜坡响应曲线如图 3-17 所示。

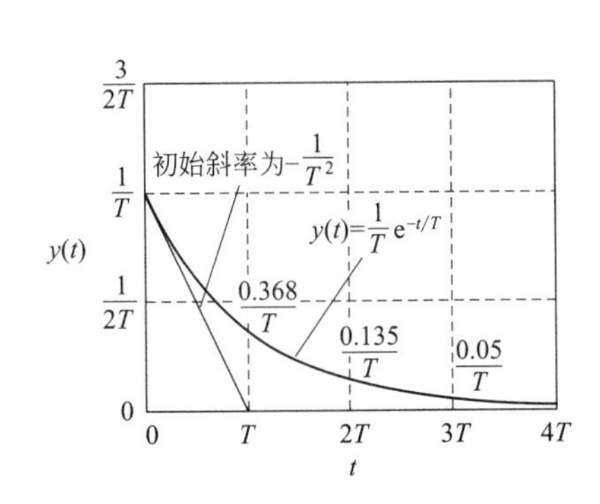

图 3-16　一阶系统的单位脉冲响应曲线

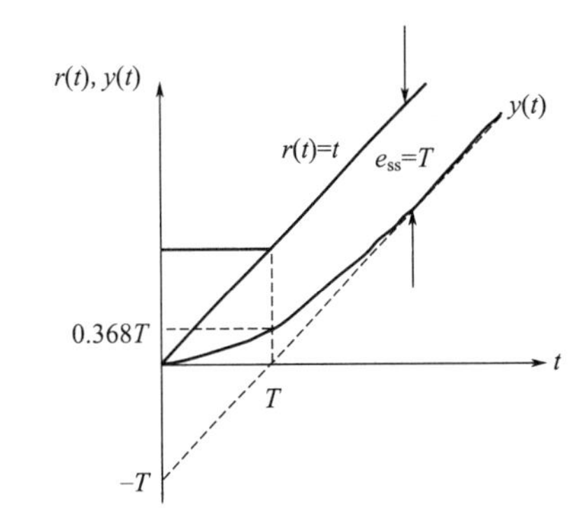

图 3-17　一阶系统的单位斜坡响应曲线

从上述一阶系统的分析可以看出：①一阶系统只有时间常数 T 一个特征参数，时间响应 $y(t)$ 由 T 惟一确定；②单位脉冲函数 $\delta(t)$ 和单位斜坡函数 t 分别是阶跃函数 $1(t)$ 对时间 t 的一阶微分和积分，系统的单位脉冲响应和单位斜坡响应分别是系统的单位阶跃响应对时间 t 的一阶微分和积分。这一关系表明，系统对输入信号导数的响应等于系统对该输入信号响应的导数；系统对输入信号积分的响应等于系统对该输入信号响应的积分，积分常数由初始条件确定。实际上，这一结论适用于任何线性定常连续时间控制系统。这一规律也说明，对线性定常连续时间控制系统时间响应的研究，可以只研究单位阶跃信号的时间响应。

2. 二阶系统

前面已经介绍过很多二阶系统的例子，如第二章中的 RLC 串联电路、两储槽液位系统等。从微分方程的暂态响应求解中知道，阻尼比 ζ 与自然频率 ω_n 是二阶系统的特征参数，基于这两个参数就可描述二阶系统并进行性能分析。任何线性定常二阶系统均可通过无因次化处理，化成以 ζ 与 ω_n 表征的标准二阶微分方程。

(1) 二阶系统的标准型式

考虑如图 3-18 所示的液位控制系统。

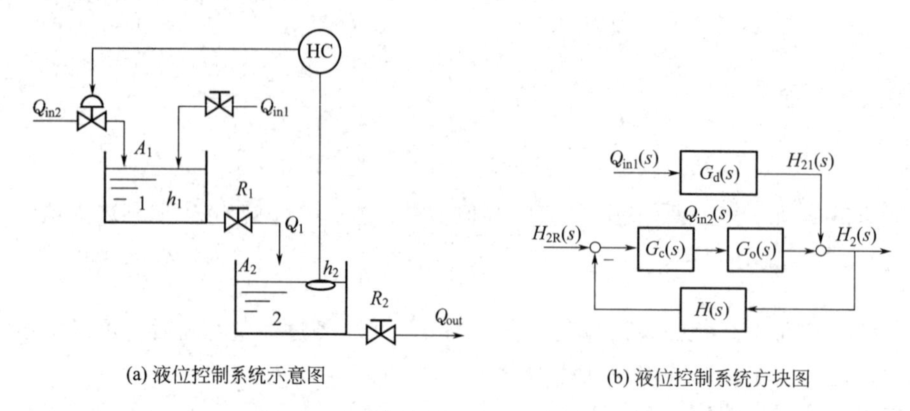

(a) 液位控制系统示意图　　(b) 液位控制系统方块图

图 3-18　液位控制系统示意图与方块图

设系统以 h_2 为输出变量，Q_{in2} 为控制输入，Q_{in1} 为干扰输入，又设控制器 HC 采用比例控制（$G_c=K_c$），调节阀与测量仪表的传递函数都是 1，即 $G_v=1$，$G_m=H=1$，则可列出调节通道与干扰通道的传递函数模型分别为（可参见例 2-7）

$$G_o(s)=\frac{H_2(s)}{Q_{in2}(s)}=\frac{R_2}{(R_1A_1s+1)(R_2A_2s+1)} \tag{3-72}$$

$$G_d(s)=\frac{H_{21}(s)}{Q_{in1}(s)}=\frac{R_2}{(R_1A_1s+1)(R_2A_2s+1)} \tag{3-73}$$

若考虑定值系统，由图 3-18 可得被控变量 h_2 与干扰 Q_{in1} 之间的闭环传递函数为

$$\frac{H_2(s)}{Q_{in1}(s)}=\frac{R_2}{(R_1A_1s+1)(R_2A_2s+1)+K_cR_2} \tag{3-74}$$

写成微分方程形式

$$R_1R_2A_1A_2\frac{d^2h_2}{dt^2}+(A_1R_1+A_2R_2)\frac{dh_2}{dt}+(1+K_cR_2)h_2=R_2Q_{in1} \tag{3-75}$$

若考虑随动系统，由图 3-18 可得被控变量 h_2 与给定值 H_{2R} 之间的传递函数为

$$\frac{H_2(s)}{H_{2R}(s)}=\frac{K_cR_2}{(R_1A_1s+1)(R_2A_2s+1)+K_cR_2} \tag{3-76}$$

写成微分方程形式

$$R_1R_2A_1A_2\frac{d^2h_2}{dt^2}+(A_1R_1+A_2R_2)\frac{dh_2}{dt}+(1+K_cR_2)h_2=K_cR_2H_{2R} \tag{3-77}$$

可见，无论是定值系统还是随动系统，都为二阶微分方程模型，写成一般形式

$$a\frac{d^2y_1(t)}{dt^2}+b\frac{dy_1(t)}{dt}+cy_1(t)=kx(t) \tag{3-78}$$

或

$$\frac{d^2y_1(t)}{dt^2}+\frac{b}{a}\frac{dy_1(t)}{dt}+\frac{c}{a}y_1(t)=\frac{k}{a}x(t) \tag{3-79}$$

当输入为单位阶跃函数时，由微分方程知识可得系统的稳态解即式(3-79) 的特解为

$$y_1(\infty)=\frac{k}{c} \tag{3-80}$$

方程(3-79) 两边同除以 k/c，即可得无因次形式的微分方程

$$\frac{\mathrm{d}^2\left[\dfrac{y_1(t)}{k/c}\right]}{\mathrm{d}t^2}+\frac{b}{a}\frac{\mathrm{d}\left[\dfrac{y_1(t)}{k/c}\right]}{\mathrm{d}t}+\frac{c}{a}\left[\frac{y_1(t)}{k/c}\right]=\frac{c}{a}x(t) \tag{3-81}$$

若记 $y(t)=\dfrac{y_1(t)}{k/c}$，$\dfrac{b}{a}=2\zeta\omega_n$，$\dfrac{c}{a}=\omega_n^2$，便得到二阶系统的微分方程标准形式

$$\frac{\mathrm{d}^2y(t)}{\mathrm{d}t^2}+2\zeta\omega_n\frac{\mathrm{d}y(t)}{\mathrm{d}t}+\omega_n^2y(t)=\omega_n^2x(t) \tag{3-82}$$

式中，$x(t)$ 为系统的无因次输入；$y(t)$ 为系统的无因次输出；ω_n 为具有 1/时间的因次，为系统的自然频率；ζ 为无因次系数，称为阻尼比或阻尼系数。

标准形式的二阶系统通常表示成图 3-19 所示的单位负反馈结构。

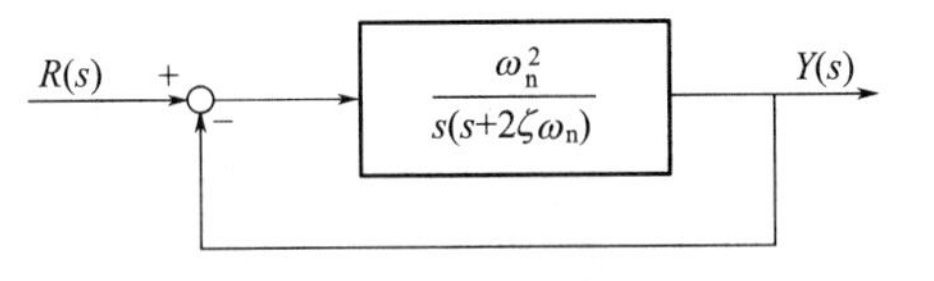

图 3-19　标准的二阶系统示意图

(2) 二阶系统的单位阶跃响应

单位阶跃输入作用下的二阶系统的输出拉氏变换式为

$$Y(s)=\frac{\omega_n^2}{s^2+2\zeta\omega_ns+\omega_n^2}\times\frac{1}{s}=\frac{\omega_n^2}{s(s-s_1)(s-s_2)}=\frac{A_0}{s}+\frac{A_1}{s-s_1}+\frac{A_2}{s-s_2} \tag{3-83}$$

式(3-83) 右边第一项是系统时间响应的稳态部分，后两项为系统的暂态响应部分，取决于闭环特征根 s_1、s_2 在 S 平面上的位置，也即归结到阻尼比 ζ 的值上，这与第二节中讨论的关于二次项的结论是一致的。

① 无阻尼响应　当 $\zeta=0$ 时，系统的响应称为无阻尼单位阶跃响应。此时，系统的闭环特征根为一对共轭虚根，即

$$s_{1,2}=\pm \mathrm{j}\omega_n \tag{3-84}$$

对式(3-83) 取拉氏反变换，得系统的无阻尼单位阶跃响应

$$y(t)=1-\cos\omega_nt,\ t\geqslant 0 \tag{3-85}$$

表明一旦阶跃函数作用于系统，系统立刻进入了等幅振荡过程，其频率为系统的自然频率 ω_n，也即 $\zeta=0$ 时，系统对阶跃输入不存在任何阻尼作用。

② 欠阻尼响应　当 $0<\zeta<1$ 时，系统的响应称为欠阻尼单位阶跃响应。这时，系统的闭环特征根为一对具有负实部的共轭复根，即

$$s_{1,2}=-\zeta\omega_n\pm \mathrm{j}\omega_n\sqrt{1-\zeta^2} \tag{3-86}$$

特征根与系统的特征参数 ζ 和 ω_n 之间的关系可参见图 3-10。系统的欠阻尼单位阶跃响应为

$$y(t)=1-\frac{1}{\sqrt{1-\zeta^2}}\mathrm{e}^{-\zeta\omega_nt}\sin(\omega_dt+\beta),\ t\geqslant 0 \tag{3-87}$$

式中，ω_d 为系统衰减（阻尼）振荡频率；β 为时间响应的初始相位角，且有 $\beta=\arctan\dfrac{\sqrt{1-\zeta^2}}{\zeta}=\arccos\zeta$。欠阻尼系统的单位阶跃响应曲线可参见图 3-11。

③ 临界阻尼响应　当 $\zeta=1$ 时，系统的闭环特征根为一对等值负实根，即

$$s_{1,2}=-\omega_n \tag{3-88}$$

此时，系统的时间响应称为临界阻尼响应，其表达式为

$$y(t)=1-\mathrm{e}^{-\omega_nt}(1+\omega_nt),\ t\geqslant 0 \tag{3-89}$$

这种情况下的系统没有超调量，且经过调节时间 T_s 的动态过程后，系统进入稳态，稳态分量等于系统的输入量，稳态误差为零。

④ 过阻尼响应　当 $\zeta>1$ 时，系统的闭环特征根为一对相异的负实根

$$s_{1,2}=-\zeta\omega_n\pm\omega_n\sqrt{\zeta^2-1} \tag{3-90}$$

将上式代入式(3-83)，并定义等效时间常数

$$T_{1,2}=\frac{1}{\omega_n(\zeta\pm\sqrt{\zeta^2-1})} \tag{3-91}$$

系统的时间响应为

$$y(t)=1+\frac{e^{-t/T_1}}{T_2/T_1-1}+\frac{e^{-t/T_2}}{T_1/T_2-1},\ t\geqslant 0 \tag{3-92}$$

在过阻尼情况，二阶系统等效为两个一阶惯性环节的串联，响应的暂态分量为两个衰减的指数项，响应的稳态分量为1。与临界阻尼的情况类似，在过阻尼情况下的时间响应也是单调增加的，但速度更慢。在式(3-90)表示的2个特征根绝对值相差很大（如3倍以上）的情况下，可以将过阻尼的二阶系统近似为一阶系统。

⑤ 不稳定响应　当$\zeta<0$，系统的闭环特征根位于S平面的右半部分，系统的响应是发散的，即系统阶跃响应的幅值随时间增大而趋于无穷大，系统实际上不能正常工作。

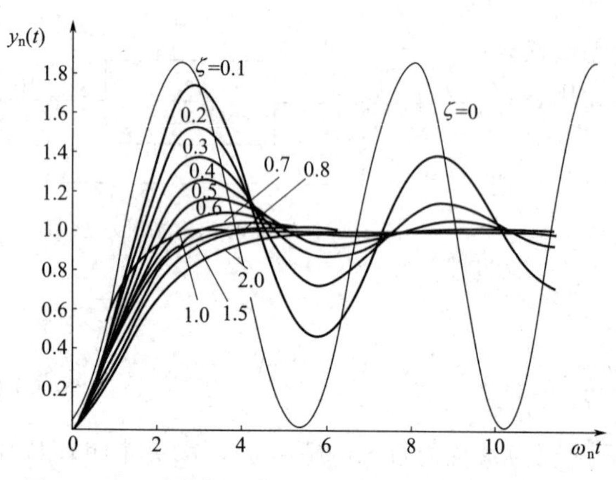

图3-20　二阶线性系统的标准单位阶跃响应示意图

从上述二阶系统的时间响应分析可以看出：当$0<\zeta<1$时，系统的响应虽然有超调，但上升的速度比较快，调节时间也比较短，合理选择阻尼比ζ的取值，可以使系统既具有令人满意的响应快速性，又具有较好的响应平稳性。因此，工程上常将阻尼比$\zeta=0.7$附近的系统称为二阶最优系统。$\zeta>0$情况下的二阶系统的单位阶跃响应曲线如图3-20所示。图中，曲线簇的纵坐标与横坐标均已无因次化，被称为是二阶系统的标准阶跃响应曲线，如果曲线画得足够精确的话，根据这组曲线，任何一个二阶线性定常系统不需要求解方程，可以按ζ值由该图求得实际的阶跃响应。

【例3-7】　如图3-18所示的系统，若第一个储槽的时间常数为2.5min，第二个储槽的时间常数为5min，对象调节通道的放大系数为162 $\frac{\text{cm}}{\text{m}^3/\text{min}}$，调节阀的放大系数为1 $\frac{\text{m}^3/\text{min}}{\text{kg/cm}^2}$，调节器的放大倍数为0.08 $\frac{\text{kg/cm}^2}{\text{cm}}$，求当液位的给定值突然改变1cm时系统的输出响应。

解　将各参数值代入式(3-77)，得

$$5\times 2.5\frac{d^2h_2}{dt^2}+(5+2.5)\frac{dh_2}{dt}+(1+0.08\times 162\times 1)h_2=(0.08\times 162\times 1)h_{2R}$$

整理得

$$\frac{d^2h_2}{dt^2}+0.6\frac{dh_2}{dt}+1.117h_2=1.037h_{2R} \tag{3-93}$$

与无因次化的式(3-82)比较，得

$$\omega_n=\sqrt{1.117}=1.057(\text{rad/min})\quad 和\quad \zeta=\frac{0.6}{2\times 1.057}=0.284$$

由题意知系统输入可视为阶跃，输出即为阶跃响应。从图3-20的标准曲线簇求得$\zeta=0.284$的曲线各极值和对应的时间，以及曲线与$y=1$的直线相交的时间分别列于表3-1。

表3-1　例3-7系统阶跃响应查标准曲线结果

$\omega_n t$	0	1.93	3.27	5.19	6.54	8.49	9.82	11.7	13.1
y_n	0	1	1.39	1	0.844	1	1.06	1	0.977

因为标准曲线的横坐标为无因次时间$\omega_n t$，所以当$\omega_n t=n$时，对应的实际时间$t=n/\omega_n$。又因为标准曲线的纵坐标为无因次值$y_n=y(t)/y(\infty)$，所以，实际的纵坐标刻度应为标准曲线纵坐标刻度乘以$y(\infty)=kR/c$，即

$$y(t)=y_n\frac{kR}{c}$$

其中，R为阶跃输入的幅值。对于上面所研究的系统，$y(\infty)=\frac{kR}{c}=0.929\text{cm}$。

将表3-1中各值进行因次化的换算即得实际曲线的有关坐标点，换算数据列于表3-2。

表 3-2　标准曲线与实际曲线换算值

时间	标准曲线横坐标 $\omega_n t$	0	1.93	3.27	5.19	6.54	8.49	9.82	11.7	12.75
	实际曲线时间 t	0	1.83	3.10	4.92	6.20	8.05	9.30	11.1	12.4
曲线值	标准曲线纵坐标 $y_n(t)$	0	1	1.39	1	0.84	1	1.06	1	0.98
	实际曲线值 $y(t)$	0	0.929	1.295	0.929	0.784	0.929	0.986	0.929	0.907

通过例题看出，凡是二阶系统，当输入作用是阶跃形式，而且输出及其一阶导数的初始值为零时，其阶跃响应曲线都可以从图 3-20 的标准曲线按下式的关系换算得到。

实际曲线的纵坐标＝标准曲线的纵坐标乘新稳态值，即

$$y(t)=y_n(t)\cdot y(\infty) \tag{3-94a}$$

实际曲线的横坐标＝标准曲线的横坐标除以自然频率，即

$$t=\frac{\omega_n t}{\omega_n} \tag{3-94b}$$

3. 欠阻尼二阶系统的动态性能指标

单位阶跃响应下的控制系统各项质量指标为评价和分析系统的动态性能建立了一种标准。大多数实际控制系统的暂态响应与二阶系统的阶跃响应相近，特别是具有一对主导极点的高阶系统。为了计算上的简单和方便，通常以二阶系统的标准单位阶跃响应曲线来计算各质量指标。由前已知，二阶系统阶跃响应曲线的形式与其特征参数 ζ 和 ω_n 有密切关系，因此，各质量指标与 ζ 和 ω_n 值之间也必然存在着定量关系。

下面通过动态性能指标的定义和系统单位阶跃响应的表达式，推导出由特征参数 ζ 和 ω_n 表达的欠阻尼二阶系统各项质量指标的计算公式。

已知欠阻尼二阶系统的单位阶跃响应为式(3-87) 所示

$$y(t)=1-\frac{1}{\sqrt{1-\zeta^2}}e^{-\zeta\omega_n t}\sin(\omega_d t+\beta),\ t\geqslant 0$$

① 上升时间 T_r　根据上升时间定义，令式(3-87) 中 $y(T_r)=1$，即

$$y(T_r)=1=1-\frac{1}{\sqrt{1-\zeta^2}}e^{-\zeta\omega_n T_r}\sin(\omega_n\sqrt{1-\zeta^2}\,T_r+\beta)$$

因 $e^{-\zeta\omega_n T_r}\neq 0$，$\beta=\arccos\zeta$（可参见图 3-10），所以有

$$\sin(\omega_n\sqrt{1-\zeta^2}\,T_r+\beta)=0$$

或

$$\omega_n\sqrt{1-\zeta^2}\,T_r+\beta=k\pi$$

取 $k=1$，即可求得上升时间为

$$T_r=\frac{\pi-\beta}{\omega_n\sqrt{1-\zeta^2}}=\frac{\pi-\arccos\zeta}{\omega_n\sqrt{1-\zeta^2}} \tag{3-95}$$

② 峰值时间 T_p　仍从式(3-87) 出发，将 $y(t)$ 对时间 t 求导并令其为零，即

$$\left.\frac{dy(t)}{dt}\right|_{t=T_p}=\frac{\zeta\omega_n}{\sqrt{1-\zeta^2}}e^{-\zeta\omega_n T_p}\sin(\omega_n\sqrt{1-\zeta^2}\,T_p+\beta)-\omega_n e^{-\zeta\omega_n T_p}\cos(\omega_n\sqrt{1-\zeta^2}\,T_p+\beta)=0$$

从而可得到方程

$$\frac{\sin(\omega_n\sqrt{1-\zeta^2}\,T_p+\beta)}{\cos(\omega_n\sqrt{1-\zeta^2}\,T_p+\beta)}=\frac{\sqrt{1-\zeta^2}}{\zeta}=\tan\beta\quad 或\quad \tan(\omega_n\sqrt{1-\zeta^2}\,T_p+\beta)=\tan\beta$$

解此方程，得

$$\omega_n\sqrt{1-\zeta^2}\,T_p=0,\ \pi,\ 2\pi,\ 3\pi,\ \cdots$$

因为峰值时间的定义是达到第一个峰值时的时间，故有

$$\omega_n\sqrt{1-\zeta^2}\,T_p=\pi\quad 或\quad T_p=\frac{\pi}{\omega_n\sqrt{1-\zeta^2}} \tag{3-96}$$

③ 最大偏差或超调量 σ　将峰值时间 T_p 代入式(3-87)，便得到响应的第一个峰值

$$y(T_p)=1-\frac{1}{\sqrt{1-\zeta^2}}e^{-\frac{\zeta\pi}{\sqrt{1-\zeta^2}}}\sin(\pi+\beta)$$

因为 $\sin(\pi+\beta)=-\sin\beta=-\sqrt{1-\zeta^2}$，所以系统的最大偏差为

$$y(T_p)=1+e^{-\frac{\zeta\pi}{\sqrt{1-\zeta^2}}} \tag{3-97}$$

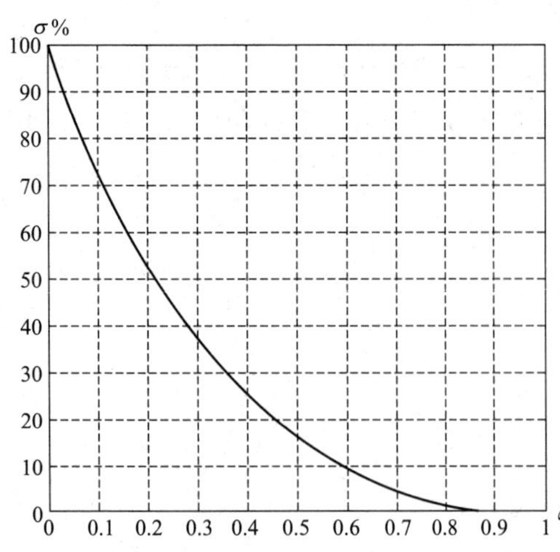

图 3-21　超调量 σ 与阻尼比 ζ 之间的对应关系

由超调量的定义

$$\sigma=\frac{y(T_p)-y(\infty)}{y(\infty)}=\frac{1+e^{-\frac{\zeta\pi}{\sqrt{1-\zeta^2}}}-1}{1}=e^{-\frac{\zeta\pi}{\sqrt{1-\zeta^2}}} \tag{3-98}$$

可见，超调量 σ 与阻尼比 ζ 之间存在一一对应的关系，图 3-21 给出了这一关系。

④ 调节时间 T_s　由式(3-87) 知，曲线 $y(t)=1\pm\frac{1}{\sqrt{1-\zeta^2}}e^{-\zeta\omega_n t}$ 是系统单位阶跃响应曲线的包络线（可参考图 3-7）。这表明，过渡过程的稳态值由 $1\pm\frac{e^{-\zeta\omega_n t}}{\sqrt{1-\zeta^2}}$ 决定，若调节时间 T_s 定义为阶跃响应曲线进入最终稳态值 $y(\infty)\pm\Delta$ 范围内所需的时间，则应有

$$1\pm\frac{e^{-\zeta\omega_n T_s}}{\sqrt{1-\zeta^2}}=1\pm\Delta$$

解得

$$T_s=\left|\frac{\ln(\Delta\sqrt{1-\zeta^2})}{\zeta\omega_n}\right| \tag{3-99a}$$

当 Δ 取 5%时

$$T_s\approx\frac{3}{\zeta\omega_n} \tag{3-99b}$$

当 Δ 取 2%时

$$T_s\approx\frac{4}{\zeta\omega_n} \tag{3-99c}$$

需要提及的是，调节时间 T_s 与阻尼比 ζ 和自然频率 ω_n 的乘积成反比。在设计和调整控制系统时，一般的原则是：由对超调量的要求确定 ζ，调节时间 T_s 主要靠 ω_n 的改变来调整，这样便保证了超调量不变的情况下改变过渡过程时间 T_s。

⑤ 衰减比 n　由前面对峰值时间的分析过程可知，过渡过程出现第三个峰值的时间是

$$T_3=\frac{3\pi}{\omega_n\sqrt{1-\zeta^2}}$$

对应的第三个峰值为

$$y(T_3)=1+e^{-\frac{3\zeta\pi}{\sqrt{1-\zeta^2}}}$$

所以图 3-11 中的 B' 值为

$$B'=e^{-\frac{3\zeta\pi}{\sqrt{1-\zeta^2}}}$$

衰减比 n 即为

$$n=\frac{B}{B'}=e^{\frac{2\zeta\pi}{\sqrt{1-\zeta^2}}} \tag{3-100}$$

可见，它与超调量 σ 类似，与阻尼比 ζ 之间也有一一对应的关系。

⑥ 静态误差 $e(\infty)$　又称余差，它不是过渡过程的动态指标，但在实际中却很重要。

对于定值系统，由于给定值不变，故有

$$e(\infty)=-y(\infty)=-\lim_{t\to\infty}y(t)=-\lim_{s\to0}\Phi(s) \tag{3-101}$$

对于随动系统

$$e(\infty)=1-\lim_{t\to\infty}y(t)=1-\lim_{s\to0}\Phi(s) \tag{3-102}$$

式中 $\Phi(s)$ 为系统的闭环传递函数。

对于标准的二阶系统，由式(3-87) 可知，系统不存在余差。

由上述讨论可知，通过选取合适的系统阻尼比 ζ 和自然频率 ω_n，可以使二阶系统满足一定的质量指标

要求。例如，增大 ζ 值可以减弱系统的振荡，增大衰减比，降低超调量 σ；增大 ω_n，可以提高系统的快速性，缩短调节时间。然而，快速性与振荡性之间会产生矛盾，往往需要折中考虑。

【例 3-8】 已知例 3-7 所示的液位系统为二阶系统，其闭环传递函数为

$$\Phi(s)=\frac{H_2(s)}{H_{2R}}=\frac{1.037}{s^2+0.6s+1.117}$$

试求在给定值为单位阶跃时，系统的质量指标 T_r,T_p,σ,n,T_s 和 $e(\infty)$。

解 由系统的闭环传递函数得

$$\omega_n=\sqrt{1.117}=1.057(\text{rad/min}) \quad 和 \quad \zeta=\frac{0.6}{2\times1.057}=0.284$$

按照前面的性能指标计算式(3-95)～式(3-100)，得

$$T_r=\frac{\pi-\beta}{\omega_n\sqrt{1-\zeta^2}}=\frac{\pi-\arccos\zeta}{\omega_n\sqrt{1-\zeta^2}}=\frac{3.14-1.283}{1.057\sqrt{1-0.284^2}}=1.834(\text{min})$$

$$T_p=\frac{\pi}{\omega_n\sqrt{1-\zeta^2}}=\frac{3.14}{1.057\times\sqrt{1-0.284^2}}=3.1(\text{min})$$

$$\sigma=e^{-\frac{\zeta\pi}{\sqrt{1-\zeta^2}}}=e^{-\frac{0.284\times3.14}{\sqrt{1-0.2842}}}=0.395=39.5\%$$

$$n=e^{\frac{2\zeta\pi}{\sqrt{1-\zeta^2}}}=e^{\frac{2\times0.284\times3.14}{\sqrt{1-0.2842}}}=6.424$$

$$T_s\approx\frac{3}{\zeta\omega_n}=\frac{3}{0.284\times1.057}=10(\text{min}) \quad (若取\ \Delta=0.05)$$

$$T_s\approx\frac{4}{\zeta\omega_n}=\frac{4}{0.284\times1.057}=13.3(\text{min}) \quad (若取\ \Delta=0.02)$$

$$e(\infty)=1-\lim_{s\to0}\Phi(s)=1-\lim_{s\to0}\frac{1.037}{s^2+0.6s+1.117}=0.072(\text{cm})$$

注：这些质量指标是在比例控制器作用下获得的，若不能满足系统的要求，则需要根据质量性能指标要求重新设计控制器。

第五节　高阶系统的暂态响应

在控制理论中，常把用三阶及以上微分方程描述的系统称作高阶系统。直接求解高阶微分方程通常较复杂，一般采取某种间接的方法。常见的有：①利用线性系统的叠加原理，先将高阶系统分解为若干个一阶与二阶环节的线性组合，分别求取这些环节的响应后再叠加得到高阶系统的动态响应；②利用主导极点的概念，将高阶系统简化为低阶系统，然后再进行近似地分析；③随着计算机的普及，在对精度要求高的场合，利用计算机对高阶微分方程进行数值求解；④只作定性的分析。这一节将简单介绍前两种方法。

一、高阶系统的阶跃响应

设单回路高阶反馈系统的闭环传递函数为

$$\Phi(s)=\frac{Y(s)}{R(s)}=\frac{G(s)}{1+G(s)H(s)}=\frac{N(s)}{D(s)}=\frac{b_ms^m+b_{m-1}s^{m-1}+\cdots+b_1s+b_0}{s^n+a_{n-1}s^{n-1}+\cdots+a_1s+a_0},\quad m\leqslant n \tag{3-103}$$

对上式分子 $N(s)$ 和分母 $D(s)$ 进行因式分解，得

$$\Phi(s)=\frac{N(s)}{D(s)}=b_m\cdot\frac{\prod_{j=1}^{m}(s-z_j)}{\prod_{i=1}^{n}(s-p_i)},\quad m\leqslant n \tag{3-104}$$

式中，z_j 是系统的闭环零点；p_i 是系统的闭环极点，也是系统的闭环特征根；$N(s)$、$D(s)$ 均为实系数多项式，所以，z_j 和 p_i 或为实数，或为成对出现的共轭复数。由于动态时间响应的类型取决于系统闭环极点，故式(3-104) 又可表示为

$$\Phi(s)=\frac{N(s)}{D(s)}=b_m\cdot\frac{\prod_{j=1}^{m}(s-z_j)}{\prod_{i=1}^{q}(s+p_i)\prod_{k=1}^{r}(s^2+2\zeta_k\omega_k+\omega_k^2)} \tag{3-105}$$

式中 $0<\zeta_k<1$，即系统有 q 个实极点和 r 对共轭复数极点。于是，可得到系统单位阶跃响应的拉氏变换式

$$Y(s)=\Phi(s)R(s)=b_m\cdot\frac{\prod_{j=1}^{m}(s-z_j)}{\prod_{i=1}^{q}(s+p_i)\prod_{k=1}^{r}(s^2+2\zeta_k\omega_k+\omega_k^2)}\times\frac{1}{s} \tag{3-106}$$

对上式求拉氏反变换，并设初始条件为零，得到时域的系统单位阶跃响应表达式

$$y(t)=A_0+\sum_{i=1}^{q}A_i e^{-p_i t}+\sum_{k=1}^{r}B_k e^{-\zeta_k\omega_{dk}t}\sin(\omega_{dk}t+\beta_k),\quad t\geqslant 0 \tag{3-107}$$

式中，$\omega_{dk}=\omega_k\sqrt{1-\zeta_k^2}$；$\beta_k=\arccos\zeta_k$；$A_i$、$B_k$ 是与 $Y(s)$ 在对应闭环极点上的留数有关的常数。式(3-107) 中的第一项是其阶跃响应的稳态分量；第二项是与系统的实极点对应的 q 个暂态分量之和，各分量均具有与一阶系统类似的按指数规律单调变化的动态过程；第三项是与系统的共轭复数极点对应的 r 个暂态分量之和，其各分量均具有与二阶系统类似的动态过程，即幅值是按指数规律变化的正弦振荡函数。

从式(3-107) 可知，如果系统的所有闭环极点都具有负实部，则系统时间响应的各暂态分量都将随时间的增长而趋于零，这时的高阶系统是稳定的，且闭环极点负实部的绝对值越大，其对应的暂态分量衰减越快。

需要注意的是，尽管系统时间响应的类型取决于系统的闭环极点，但从式(3-107) 可知，系统时间响应的具体形状还与其闭环零点有关。

二、高阶系统的闭环主导极点

在稳定的高阶系统中，往往会有一些在其时间响应中起主导作用的闭环极点存在，这类闭环极点就称为该系统的主导极点。一般认为，系统的主导极点具有下列特征：①距离 S 平面的虚轴较近，且周围没有其他闭环零极点；②实部的绝对值比其他极点的实部绝对值小 5 倍以上。这样，具有较大负实部的其他闭环极点对应的暂态响应分量将较快地衰减，对系统的影响小到几乎可以忽略，系统的响应由离虚轴较近的主导极点左右，原高阶系统的响应就近似为主导极点构成的低阶系统的时间响应。

应用闭环主导极点的概念，可以方便地进行系统动态性能的近似评估。

【例 3-9】 对于三阶闭环系统 $\Phi(s)=\dfrac{K}{(s+6)(s^2+2s+5)}$，求其单位阶跃响应。

解 容易求出该系统的闭环极点

$$p_1=-6,\quad p_{2,3}=-1\pm 2j$$

由前面讨论可知，系统的阶跃响应具有如下形式

$$y(t)=A_0+A_1e^{-6t}+B_1e^{-t}\sin(\omega_1\sqrt{1-\zeta_1^2}\,t+\beta_1)$$

代入已知数据，得

$$y(t)=\frac{K}{30}-\frac{K}{6\times 29}e^{-6t}+\frac{K}{2\sqrt{5}\times\sqrt{29}}e^{-t}\sin(2t-138.4°)$$

应用主导极点的概念，该系统的时间响应 $y(t)$ 可由主导极点 $p_{2,3}$ 构成的二阶系统的动态响应来近似，即有

$$y(t)\approx\frac{K}{30}+\frac{K}{2\sqrt{5}\times\sqrt{29}}e^{-t}\sin(2t-138.4°)$$

然而，一定要注意的是，应用主导极点的概念是有前提条件的，不能为了简化问题而不顾是否符合条件就随便应用。

【例 3-10】 对于三阶闭环系统 $\Phi(s)=\dfrac{62.5(s+2.5)}{(s+6.25)(s^2+6s+25)}$，求其单位阶跃响应。

解　系统有 1 个闭环零点和 3 个闭环极点：$z_1=-2.5$；$p_1=-6.25$；$p_{2,3}=-3\pm 4\mathrm{j}$
通过直接查表，易知系统的单位阶跃响应应具有如下形式

$$y(t)=1+0.188\mathrm{e}^{-6.25t}+2.444\mathrm{e}^{-3t}\sin(4t-80.7^{\circ})$$

若是像例 3-9 一样直接忽略实数极点的影响，将一对共轭复根视为主导极点的话，简化系统的闭环传递函数为

$$\Phi_1(s)\approx\frac{10(s+2.5)}{s^2+6s+25}$$

此时

$$\zeta=0.6；\ \omega_{\mathrm{n}}=5$$

其单位阶跃响应应为

$$y_1(t)=1+2.016\mathrm{e}^{-3t}\sin(4t-29.8^{\circ})$$

可以计算得到

$$\frac{\mathrm{d}[y_1(t)]}{\mathrm{d}t}=0\Rightarrow T_{\mathrm{p}}=0.362\mathrm{s}$$

$$y_1(T_{\mathrm{p}})=1+2.016\mathrm{e}^{-3T_{\mathrm{p}}}\sin(4T_{\mathrm{p}}-29.8^{\circ})=1.55$$

进而得到简化系统的超调量与调节时间（设误差带为终值的 $\pm 2\%$）分别为

$$\sigma=55\%；\ T_{\mathrm{s}}=\frac{4}{\zeta\omega_{\mathrm{n}}}=1.33\mathrm{s}$$

但是，由计算机仿真可得实际系统的超调量与调节时间为

$$\sigma=38\%；\ T_{\mathrm{s}}=1.6\mathrm{s}$$

可见，由于该系统的第 3 个实极点（$p_1=-6.25$）距离其他极点并不远，它对系统仍有相当大的影响，可使系统的超调量减少、调节时间增加。所以，不能忽略该极点，也即主导极点的应用是有条件的，此例就不适宜应用主导极点的概念。

第六节　常规控制器及其对系统的影响

一个系统的特性取决于构成系统的环节及其参数。当被控系统本身的特性不能满足人们的要求时，便需要设计控制器。在工业控制领域，PID 调节器由于其方便易行，已经存在半个世纪以上，至今仍应用于基本控制回路的 85%以上，被称为常规控制器。下面以二阶系统为例来分析和讨论 PID 控制器的参数以及它们对系统性能的影响。

一、常规控制器的控制规律

控制器的作用是将被控对象的输出值 $y(t)$ 与给定值 $r(t)$ 进行比较，根据它们之间的偏差 $e(t)$，按预先设计好的控制规律产生一个使偏差下降的控制作用 $p(t)$ 施加到被控对象上，如图 3-22 所示。

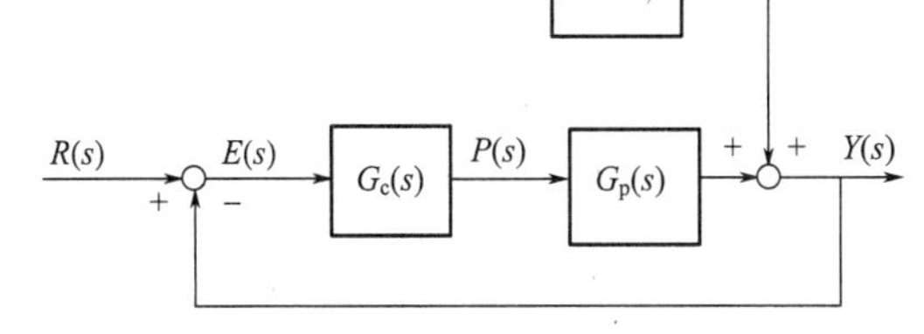

图 3-22　带控制器的闭环控制系统示意图

在实际的工业控制中，PID 控制器常用的控制规律是：比例、比例＋积分、比例＋微分、比例＋积分＋微分等。

1. 比例控制规律 P

比例控制器的输出 $p(t)$ 与偏差信号 $e(t)$ 之间存在比例关系

$$p(t)=K_{\mathrm{c}}e(t) \tag{3-108}$$

其传递函数为

$$G_{\mathrm{c}}(s)=\frac{P(s)}{E(s)}=K_{\mathrm{c}} \tag{3-108'}$$

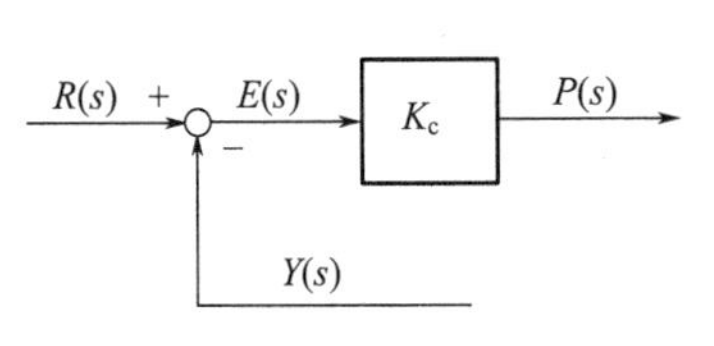

图 3-23　比例控制器的方块图

式中的 K_{c} 为控制器的比例放大倍数，故比例控制器实际上是一个可调增益（放大倍数）的放大器，其方块图如图 3-23 所示。控制器的输入 $e(t)$ 与对应的输出 $p(t)$ 曲线如图 3-24 所示。由图可知，输出函数 $p(t)$ 与输入函数 $e(t)$ 在形状上相似，只是放大了 K_{c} 倍。式(3-108) 和图 3-24 都表明控制器的输出与输入一一对应，即不等于零的控制器信号，要求有不

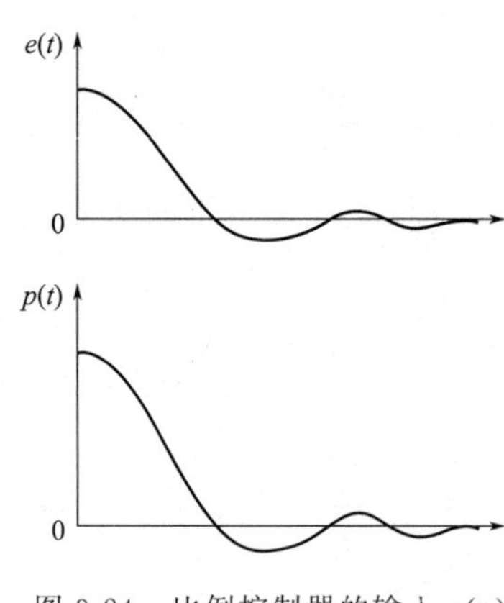

图 3-24　比例控制器的输入 $e(t)$ 与输出 $p(t)$ 曲线示意图

等于零的偏差信号；若偏差信号等于零，则控制器的控制信号亦为零。这样，在应用比例控制器的系统中，为克服干扰所需的控制作用，只有当控制器的输入信号不为零时才能得到，这就意味着在稳态时系统的输出值和给定值有偏差，也就是说，仅有比例作用控制器的系统存在余差。

2. 比例＋积分控制规律 PI

PI 控制器的输出 $p(t)$ 与偏差信号 $e(t)$ 之间存在以下关系

$$p(t)=K_c e(t)+\frac{K_c}{T_i}\int_0^t e(\tau)\mathrm{d}\tau=K_c\left[e(t)+\frac{1}{T_i}\int_0^t e(\tau)\mathrm{d}\tau\right] \tag{3-109}$$

其传递函数为

$$G_c(s)=\frac{P(s)}{E(s)}=K_c(1+\frac{1}{T_i s}) \tag{3-109'}$$

式中控制器除比例放大倍数 K_c 外，还有一个重要参数 T_i，称为控制器的积分时间。在 PI 控制器中，K_c 和 T_i 均可以调整，但 T_i 的改变只影响积分作用，而 K_c 的改变却同时影响比例及积分两个部分。

在一定的 K_c 和 T_i 下，调节器输入信号 $e(t)$ 与对应的输出 $p(t)$ 如图 3-25 所示。由图 3-25 及式(3-109)可得出以下结论。

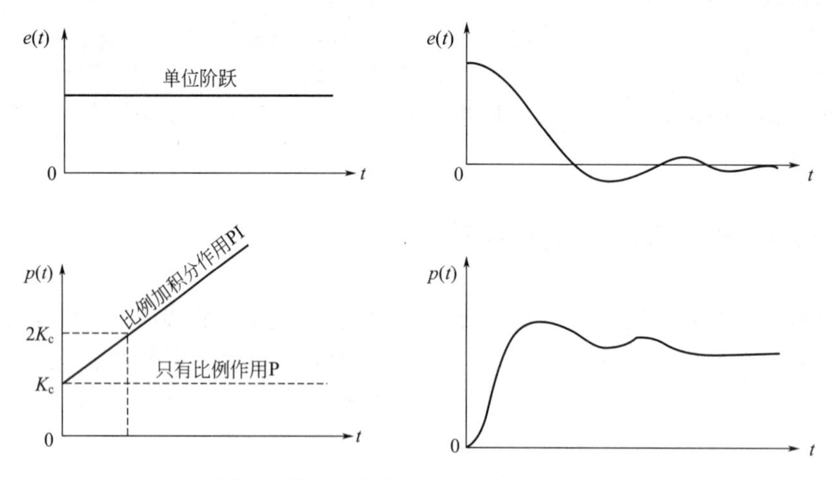

图 3-25　比例积分控制器的输入 $e(t)$ 与输出 $p(t)$ 曲线示意图

① 只要有偏差存在，积分作用就会一直进行，直到积分饱和。

② 只有当偏差为零时，积分作用才停止。这时输出信号 $p(t)$ 的大小是偏差信号曲线下面从零开始到这个瞬间 t 所包含的面积。因而偏差信号 $e(t)$ 为零时，控制信号可以有不等于零的值，也即可以停止在任何值上（以模拟调节器为例，在未达到积分饱和时，气动控制器可以是 20～100kPa，电动调节器可以是 0～10mA 或 4～20mA 之间的任何值），所以应用了具有积分作用控制器的系统，其控制系统将不存在余差。

3. 比例＋微分控制规律 PD

PD 控制器的输出 $p(t)$ 与偏差信号 $e(t)$ 之间存在关系

$$p(t)=K_c e(t)+K_c T_d\frac{\mathrm{d}e(t)}{\mathrm{d}t}=K_c\left[e(t)+T_d\frac{\mathrm{d}e(t)}{\mathrm{d}t}\right] \tag{3-110}$$

其传递函数为

$$G_c(s)=\frac{P(s)}{E(s)}=K_c(1+T_d s) \tag{3-110'}$$

式中，K_c 仍为控制器的比例放大倍数，T_d 称为控制器的微分时间，它们均可调。

设被控二阶系统的开环传递函数为

$$G_p(s)=\frac{Y(s)}{P(s)}=\frac{\omega_n^2}{s(s+2\zeta\omega_n)} \tag{3-111}$$

则加上 PD 控制器后的系统闭环传递函数为

$$\Phi(s)=\frac{Y(s)}{R(s)}=\frac{\omega_n^2(1+T_d s)}{s^2+2\zeta_d\omega_n s+\omega_n^2} \tag{3-112}$$

式中 $\zeta_d=\zeta+\frac{1}{2}\omega_n T_d$，称为系统的有效阻尼比。比例微分控制不改变系统的自然频率，但可以增大系统的阻尼比 ζ，以抑制振荡。适当选择微分时间常数 T_d，可使系统既具有较好的响应平稳性，又具有满意的响应快速性。

从物理概念上分析，由式(3-112) 可得

$$Y(s)=\Phi(s)R(s)=\frac{\omega_n^2(1+T_d s)}{s^2+2\zeta_d\omega_n s+\omega_n^2}R(s)$$

$$=\frac{\omega_n^2}{s^2+2\zeta_d\omega_n s+\omega_n^2}R(s)+\frac{\omega_n^2 T_d s}{s^2+2\zeta_d\omega_n s+\omega_n^2}R(s)$$

式中右边第一项对应着典型的二阶系统时间响应，第二项为微分附加项。正是由于附加项的存在，增加了时间响应中的高次谐波分量，使得响应曲线的前沿变陡，提高了系统响应的快速性。比例微分控制的二阶系统的时间响应如图 3-26 所示。

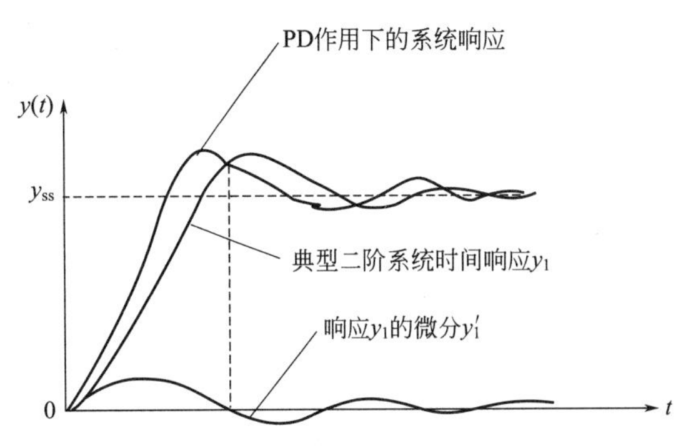

图 3-26　比例微分控制二阶系统的时间响应示意图

4. 比例＋积分＋微分控制规律 PID

PID 控制器的输出 $p(t)$ 与偏差信号 $e(t)$ 之间存在以下关系

$$p(t)=K_c e(t)+\frac{K_c}{T_i}\int_0^t e(\tau)\mathrm{d}\tau+K_c T_d\frac{\mathrm{d}e(t)}{\mathrm{d}t}=K_c\left[e(t)+\frac{1}{T_i}\int_0^t e(\tau)\mathrm{d}\tau+T_d\frac{\mathrm{d}e(t)}{\mathrm{d}t}\right] \tag{3-113}$$

或以传递函数表示为

$$G_c(s)=\frac{P(s)}{E(s)}=K_c\left(1+\frac{1}{T_i s}+T_d s\right) \tag{3-114}$$

式中 K_c, T_i, T_d 均如上所述。

PID 控制器是比例、积分、微分的组合，集三种控制作用的优点，因而在常用的控制规律中是较完善的一种。

PID 控制器在单位斜坡输入 $e(t)$ 的作用下，输出 $p(t)$ 的曲线如图 3-27 所示。

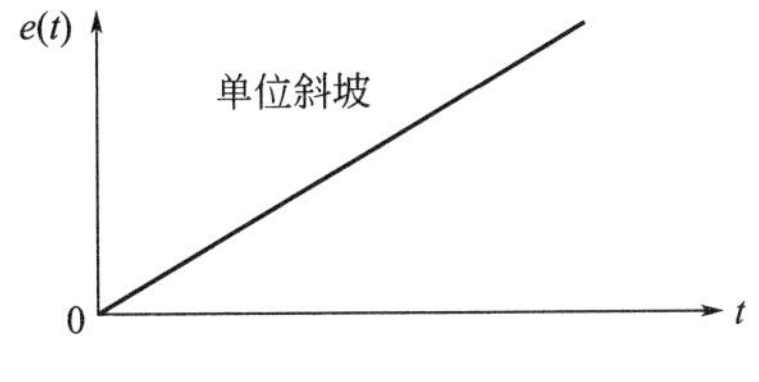

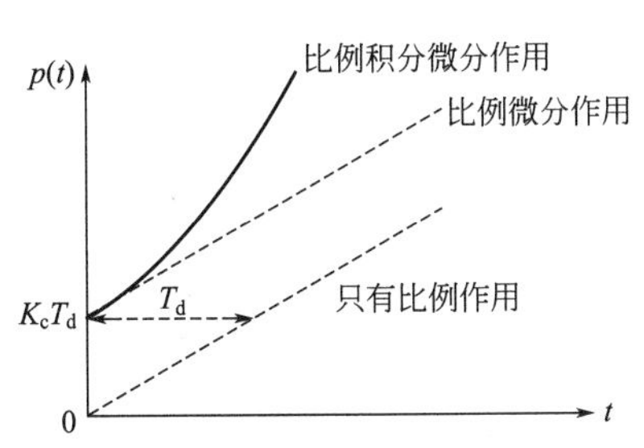

图 3-27　PID 控制器的输入 $e(t)$ 与输出 $p(t)$ 曲线示意图

由图 3-27 和式(3-113)、式(3-114) 可见，微分作用和偏差变化的速率成正比，所以它能使系统具有超前作用，可使系统的被控变量提前得到修正，有助于增加系统的稳定性和控制品质。微分时间 T_d 表示微分作用超前于比例作用的时间间隔，当偏差信号变化速率等于零时，微分作用也就消失了。微分控制作用只有在输入信号变化的瞬间有效，不能单独使用。

二、控制器参数对控制过程的影响

1. 比例作用

假设二阶控制系统的方块图如图 3-28 所示，图中，$G_c(s)$ 表示控制器的拉氏变换式。

设控制器为比例控制规律，$G_c=K_c$，则 $Y(s)$ 与 $F(s)$ 之间的系统闭环传递函数为

$$\frac{Y(s)}{F(s)}=\frac{K_f(T_2 s+1)}{(T_1 s+1)(T_2 s+1)+K_c K} \tag{3-115}$$

设系统稳定，在幅值为 A 的阶跃干扰 F 作用下，其稳态值（余差）可应用终值定理求得

$$y(\infty)=\lim_{t\to\infty}y(t)=\lim_{s\to 0}s\frac{Y(s)}{F(s)}F(s)=s\cdot\frac{K_f(T_2 s+1)}{(T_1 s+1)(T_2 s+1)+K_c K}\times\frac{A}{s}=\frac{AK_f}{1+K_c K} \tag{3-116}$$

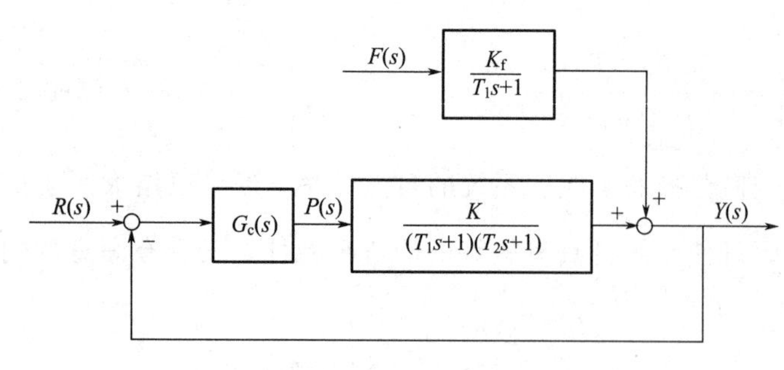

图 3-28 带控制器的闭环系统示意图

式(3-116) 再次表明，采用纯比例控制器构成的系统，系统总是存在余差，虽然余差的值随着控制器的放大倍数 K_c 的增大会减小，但不能完全消除。

式(3-115) 所示的二阶系统，在单位阶跃干扰作用下的过渡过程将由系统特征方程的根或阻尼比决定。该系统的特征方程是

$$T_1T_2s^2+(T_1+T_2)s+1+K_cK=0$$

或用二阶系统的标准形式表示

$$s^2+2\zeta_p\omega_ns+\omega_n^2=0$$

式中 $\omega_n^2=\dfrac{1+K_cK}{T_1T_2}$；$2\zeta_p\omega_n=\dfrac{T_1+T_2}{T_1T_2}$，即

$$\zeta_p=\frac{T_1+T_2}{2\sqrt{T_1T_2(1+K_cK)}} \tag{3-117}$$

由式(3-117) 可见：当 K_c 较小时，ζ_p 值较大，并有可能大于 1。设一开始 $\zeta_p>1$，这时过渡过程为不振荡过程；随着 K_c 的增加，ζ_p 值将逐渐减小，直至小于 1，相应的过渡过程将由不振荡过程变为不振荡与振荡的临界情况直至衰减振荡，并随着 K_c 的继续增大，ζ_p 值继续减小，过渡过程的振荡加剧（参见图 3-29)。随着 K_c 的变化，过渡过程各项质量指标的变化情况如表 3-3 所示。

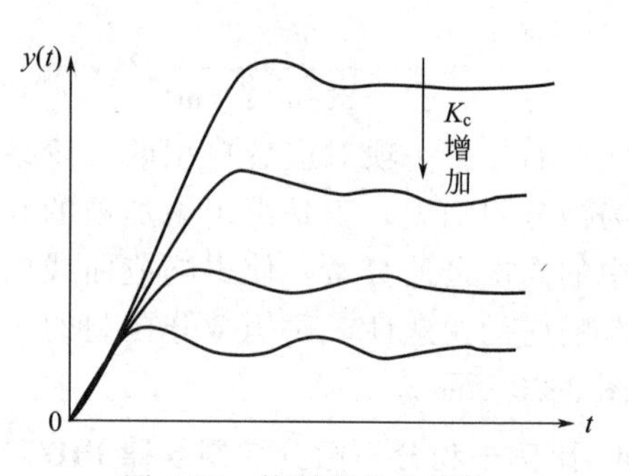

图 3-29 控制器放大倍数对过渡过程的影响示意图

表 3-3 比例控制作用下 K_c 变化对过渡过程的影响

放大倍数 K_c	小→大	稳定程度	逐渐降低
阻尼比 ζ	大→小	最大偏差 A	大→小
衰减比 B/B'	大→小	余差	大→小

2. 微分作用

若图 3-28 所示系统的控制器采用比例微分作用，即 $G_c(s)$ 如式(3-110′) 所示，则系统的闭环传递函数为

$$\frac{Y(s)}{F(s)}=\frac{\dfrac{K_f}{T_1s+1}}{1+K_c(1+T_ds)\dfrac{K}{(T_1s+1)(T_2s+1)}}=\frac{K_f(T_2s+1)}{T_1T_2s^2+(T_1+T_2+K_cKT_d)s+1+K_cK}$$

可见这也是一个二阶系统，其阻尼比为

$$\zeta_d=\frac{T_1+T_2+K_cKT_d}{2\sqrt{T_1T_2(1+K_cK)}} \tag{3-118}$$

比较式(3-117) 与式(3-118)，它们的分母相同，仅是式(3-118) 的分子多了一项 K_cKT_d。考虑所研究的系统为稳定系统，K_c,K,T_d 均为正值，故当 K_c 相同时，$\zeta_d>\zeta_p$，且 T_d 愈大，ζ_d 愈大。ζ 值的增加，将使系统过渡过程的振荡程度降低（衰减比增大)，因而在比例作用的基础上增加微分作用将提高系统的稳定性。为了维持纯比例作用时的衰减比，使$\zeta_d=\zeta_p$，需将放大倍数 K_c 适当增加。从前面的讨论知道，K_c 的增加，将全面提高过渡过程质量。但微分作用不能加得太大，否则，反应速度过快，反而会引起系统过分的振荡，给系统带来不利影响。

利用终值定理，可求得阶跃干扰作用下的系统稳态值

$$y(\infty)=\lim_{t\to\infty}y(t)=\lim_{s\to 0}s\frac{Y(s)}{F(s)}F(s)$$

$$=s\cdot\frac{K_f(T_2s+1)}{T_1T_2s^2+(T_1+T_2+K_cKT_d)s+1+K_cK}\times\frac{A}{s}=\frac{AK_f}{1+K_cK}$$

可见系统仍有余差。但如上分析，由于带微分作用时的 K_c 值较纯比例作用时的 K_c 大，因此余差会比纯比

例作用时小。也就是说，微分作用能减小余差，但不能消除余差。

3. 积分作用

若图 3-28 中的控制器采用比例积分作用，即图中的控制器为

$$G_c(s)=\frac{P(s)}{E(s)}=K_c\left(1+\frac{1}{T_i s}\right)$$

为了便于比较与分析，假设此时被控系统的调节通道与干扰通道的传递函数分别为

$$G_p(s)=\frac{Y(s)}{P(s)}=\frac{K}{Ts+1};\ G_f(s)=\frac{Y(s)}{F(s)}=\frac{K_f}{Ts+1}$$

这样，系统的扰动通道闭环传递函数为

$$\frac{Y(s)}{F(s)}=\frac{\dfrac{K_f}{Ts+1}}{1+K_c\left(1+\dfrac{1}{T_i s}\right)\dfrac{K}{Ts+1}}=\frac{K_f T_i s}{T_i T s^2+T_i(1+K_c K)s+K_c K} \tag{3-119}$$

该二阶系统的阻尼比为

$$\zeta_i=\frac{1+K_c K}{2\sqrt{TK_c K/T_i}} \tag{3-120}$$

显然，T_i 越大，ζ_i 越大，并可能使 $\zeta_i>1$；T_i 越小，ζ_i 也越小，亦可能使 $\zeta_i<1$。这说明当 T_i 由大到小变化时，系统的过渡过程可能由不振荡到振荡，T_i 越小，振荡越剧烈，表示积分作用越强。这和前面定性分析得到的在比例作用的基础上增加积分作用使过渡过程振荡加剧的结论是一致的。不难想象，要维持和纯比例作用时同样的阻尼比或同样的调节质量，应将比例放大倍数 K_c 适当减小。这就是在实际工作中采用比例积分控制器时，控制器的放大倍数 K_c 要比纯比例作用时小的原因。当然对于采用比例积分控制器的同一系统，为了保证相同的调节质量，由式(3-120) 可见，K_c 和 T_i 的值可以在一定的范围内作适当的不同匹配。

若对式(3-119) 使用终值定理，可以求得阶跃扰动下系统过渡过程的稳态值为零（等于给定值)，即

$$y(t)=\lim_{s\to 0}s\cdot\frac{Y(s)}{F(s)}F(s)=\lim_{s\to 0}s\cdot\frac{K_f T_i s}{T_i T s^2+T_i(1+K_c K)s+K_c K}\times\frac{A}{s}=0$$

可见，积分作用能完全消除余差。这是积分作用最重要的特点。

三、测量滞后对控制过程的影响

前面对控制系统进行分析时，都是着眼于系统被控变量 $y(t)$ 的实际变化情况，即讨论的前提是 $y(t)$ 已知，但实际上控制器所接收到的信号是被控变量的测量值 $z(t)$。测量值$z(t)$ 与真实值 $y(t)$ 之间的差异主要由测量装置的滞后引起。例如，具有一阶特性的测量装置

$$G_m(s)=\frac{Z(s)}{Y(s)}=\frac{K_m}{T_m s+1}$$

当用它测量一个作阶跃变化的被控变量 $y(t)$ 时（设幅值为 y_0)，实际上反映出来的却是

$$z(t)=K_m y_0(1-e^{-\frac{t}{T_m}})$$

即一个呈指数曲线变化的响应，按第四节中关于一阶系统的时域分析，要等到 $3T_m$ 后，$z(t)$ 才接近真实值 y_0 的 K_m 倍。显然，测量装置的时间常数 T_m 越大，该过渡过程越长。

直观地看，由于控制器接收到的是失真的输出信号，以致系统虽然按照预期的性能指标进行控制，但实际的结果却并不能完全达到预期的要求。这个差异就是由于测量滞后 T_m 引起的。由于有此差异，有时虽然仪表上所指示的被控变量的测量值满足工艺要求，但有可能实际的被控变量已经超出了规定的质量指标。所以在实际的工作中，应选择滞后尽可能小的测量元件，特别是在控制质量要求高的场合。

第七节　状态方程的求解与分析

前面几节从系统的微分方程模型出发，分析了系统特别是二阶系统的时域特性。但是对于高阶系统和多变量系统，仍用前面的方法分析系统就比较困难。从第二章已经知道，微分方程描述的是系统输入输出的外

部特性，采用状态空间模型可以更清楚地刻画系统内部特征，且可无障碍地推广到描述高阶系统与多变量系统，同时，借助于计算机，求解状态方程变得非常容易。这一节，介绍控制系统的状态方程求解与分析。

一、线性定常齐次状态方程的解

考虑描述线性定常控制系统（以后若无特别说明，均指的是线性定常系统）的状态方程

$$\dot{\boldsymbol{x}}(t)=\boldsymbol{A}\boldsymbol{x}(t)+\boldsymbol{B}\boldsymbol{u}(t)$$
$$\boldsymbol{x}(0)=\boldsymbol{x}_0 \tag{3-121}$$

式中矩阵 $\boldsymbol{A}$、$\boldsymbol{B}$ 的元素均为常量。为得到系统的时间响应，首先求出齐次状态方程的解，即先求解控制作用为零（$\boldsymbol{u}=0$）时的状态方程

$$\dot{\boldsymbol{x}}(t)=\boldsymbol{A}\boldsymbol{x}(t) \tag{3-121'}$$

该方程满足初始条件$\boldsymbol{x}(t)|_{t=t_0}=\boldsymbol{x}_0$的解就代表了系统在初始条件作用下的自由运动。

为得到齐次方程(3-121′）的解，先回顾一下求解标量齐次微分方程的方法。对于标量微分方程（考虑初始时间 $t_0=0$）

$$\dot{x}(t)=ax(t);\ x(0)=x_0 \tag{3-122}$$

其解为

$$x(t)=\mathrm{e}^{at}x_0 \tag{3-123}$$

对于其他的初始条件，如 $t_0\neq0$，则其解为

$$x(t)=\mathrm{e}^{a(t-t_0)}x(t_0) \tag{3-123'}$$

类似地，设齐次状态方程(3-121′）有形如（$t_0=0$ 初始条件下）

$$\boldsymbol{x}(t)=\mathrm{e}^{\boldsymbol{A}t}\boldsymbol{x}_0 \tag{3-124}$$

形式的解，两边关于 t 求导，有

$$\dot{\boldsymbol{x}}(t)=\boldsymbol{A}\mathrm{e}^{\boldsymbol{A}t}\boldsymbol{x}_0=\boldsymbol{A}\boldsymbol{x}(t)$$

可见，形如 $\boldsymbol{x}(t)=\mathrm{e}^{\boldsymbol{A}t}\boldsymbol{x}_0$形式的解满足方程(3-121′)，且有

$$\boldsymbol{x}(0)=\mathrm{e}^{\boldsymbol{A}0}\boldsymbol{x}_0=\boldsymbol{I}\boldsymbol{x}_0=\boldsymbol{x}_0$$

也满足初始条件。所以，$\boldsymbol{x}(t)=\mathrm{e}^{\boldsymbol{A}t}\boldsymbol{x}_0$是齐次方程(3-121′）的解。同样，若 $t_0\neq0$，类似地有

$$\boldsymbol{x}(t)=\mathrm{e}^{\boldsymbol{A}(t-t_0)}\boldsymbol{x}(\boldsymbol{t}_0) \tag{3-124'}$$

式(3-123）中关于标量 a 的指数项可以表示为无穷级数

$$\mathrm{e}^{at}=1+at+\frac{1}{2!}(at)^2+\frac{1}{3!}(at)^3+\cdots+\frac{1}{k!}(at)^k+\cdots \tag{3-125}$$

类似地，式(3-124）中关于矩阵 $\boldsymbol{A}$ 的指数也可以表示为无穷级数

$$\mathrm{e}^{\boldsymbol{A}t}=\boldsymbol{I}+\boldsymbol{A}t+\frac{1}{2!}(\boldsymbol{A}t)^2+\frac{1}{3!}(\boldsymbol{A}t)^3+\cdots+\frac{1}{k!}(\boldsymbol{A}t)^k+\cdots \tag{3-126}$$

显然，$\mathrm{e}^{\boldsymbol{A}t}$是一个具有与$\boldsymbol{A}$ 阵相同阶次的方阵，称为矩阵指数函数。

回顾求解微分方程的方法，在此也可采用拉氏变换的方法求解方程(3-121′)。对方程(3-121′）两边求拉氏变换，可得

$$s\boldsymbol{X}(s)-\boldsymbol{x}(0)=\boldsymbol{A}\boldsymbol{X}(s) \tag{3-127}$$

移项后，即为

$$(s\boldsymbol{I}-\boldsymbol{A})\boldsymbol{X}(s)=\boldsymbol{x}(0)$$

所以，有

$$\boldsymbol{X}(s)=(s\boldsymbol{I}-\boldsymbol{A})^{-1}\boldsymbol{x}(0)$$

取拉氏反变换，可求得方程解为

$$\boldsymbol{x}(t)=\mathscr{L}^{-1}[(s\boldsymbol{I}-\boldsymbol{A})^{-1}]\boldsymbol{x}(0) \tag{3-128}$$

考虑到

$$(s\boldsymbol{I}-\boldsymbol{A})^{-1}=\frac{\boldsymbol{I}}{s}+\frac{\boldsymbol{A}}{s^2}+\frac{\boldsymbol{A}}{s^3}+\cdots$$

$$\mathscr{L}^{-1}[(s\boldsymbol{I}-\boldsymbol{A})^{-1}]=\boldsymbol{I}+\boldsymbol{A}t+\frac{1}{2!}(\boldsymbol{A}t)^2+\frac{1}{3!}(\boldsymbol{A}t)^3+\cdots+\frac{1}{k!}(\boldsymbol{A}t)^k+\cdots=\mathrm{e}^{\boldsymbol{A}t} \tag{3-129}$$

所以

$$\boldsymbol{x}(t)=\mathrm{e}^{\boldsymbol{A}t}\boldsymbol{x}_0$$

这正是方程(3-121′）的解。在状态空间分析中，矩阵指数函数 $\mathrm{e}^{\boldsymbol{A}t}$ 很重要，它起到了将初始时刻的状态向量

$\boldsymbol{x}(0)$ 转移到了 t 时刻 $\boldsymbol{x}(t)$ 的作用。

二、状态转移矩阵

1. 状态转移矩阵的基本概念

由前已知，齐次状态方程

$$\dot{\boldsymbol{x}}(t)=\boldsymbol{A}\boldsymbol{x}(t);\ \boldsymbol{x}(t_0)=\boldsymbol{x}_0 \tag{3-130}$$

的解为

$$\boldsymbol{x}(t)=\mathrm{e}^{\boldsymbol{A}(t-t_0)}\boldsymbol{x}(t_0) \tag{3-131}$$

当 $t=t_0$ 时，满足

$$\mathrm{e}^{\boldsymbol{A}(t-t_0)}=\mathrm{e}^{\boldsymbol{A}0}=\boldsymbol{I}$$

如果将 $\mathrm{e}^{\boldsymbol{A}t}$ 看作是一个时变的变换矩阵，则上述方程的解可认为是通过变换将 t_0 时刻的状态向量 $\boldsymbol{x}(t_0)$ 转移到了 t 时刻的状态向量 $\boldsymbol{x}(t)$。这里的矩阵指数函数 $\mathrm{e}^{\boldsymbol{A}t}$ 起到了状态转移的作用，因此有以下的定义。

定义： 线性定常系统 $\dot{\boldsymbol{x}}(t)=\boldsymbol{A}\boldsymbol{x}(t)$ 对应的矩阵指数函数 $\mathrm{e}^{\boldsymbol{A}t}$ 决定的矩阵 $\boldsymbol{\Phi}(t,\tau)$

$$\boldsymbol{\Phi}(t,\tau)=\mathrm{e}^{\boldsymbol{A}(t-\tau)} \tag{3-132}$$

称为该系统的状态转移矩阵。

在上述定义下，任意初始条件下，系统 $\dot{\boldsymbol{x}}(t)=\boldsymbol{A}\boldsymbol{x}(t)$ 的响应都可表示为

$$\boldsymbol{x}(t)=\boldsymbol{\Phi}(t,t_0)\boldsymbol{x}(t_0) \tag{3-133}$$

特别当 $t_0=0$ 时，有

$$\boldsymbol{x}(t)=\boldsymbol{\Phi}(t)\boldsymbol{x}(0) \tag{3-134}$$

状态转移矩阵 $\boldsymbol{\Phi}(t,\tau)$ 包含了系统自由运动的全部信息。

2. 状态转移矩阵的性质

① $\boldsymbol{\Phi}(t,\tau)$ 满足与系统同样形式的微分方程，即

$$\dot{\boldsymbol{\Phi}}(t,\tau)=\boldsymbol{A}\boldsymbol{\Phi}(t,\tau) \tag{3-135}$$

且有

$$\boldsymbol{\Phi}(t_0,t_0)=\boldsymbol{I} \tag{3-136}$$

② $\boldsymbol{\Phi}(t,\tau)$ 具有传递性

$$\boldsymbol{\Phi}(t_2,t_1)\cdot\boldsymbol{\Phi}(t_1,t_0)=\boldsymbol{\Phi}(t_2,t_0) \tag{3-137}$$

③ $\boldsymbol{\Phi}(t,\tau)$ 具有逆转性

$$\boldsymbol{\Phi}^{-1}(t,t_0)=\boldsymbol{\Phi}(t_0,t) \tag{3-138}$$

特别地有

$$\boldsymbol{\Phi}^{-1}(t)=\boldsymbol{\Phi}(-t) \tag{3-139}$$

④ $\boldsymbol{\Phi}(t,\tau)$ 满足结合律

$$\boldsymbol{\Phi}(t_1+t_2)=\boldsymbol{\Phi}(t_1)\cdot\boldsymbol{\Phi}(t_2)=\boldsymbol{\Phi}(t_2)\cdot\boldsymbol{\Phi}(t_1) \tag{3-140}$$

⑤

$$[\boldsymbol{\Phi}(t)]^n=\boldsymbol{\Phi}(nt) \tag{3-141}$$

需要指出的是，虽然对线性定常系统来讲，矩阵指数函数 $\mathrm{e}^{\boldsymbol{A}(t-\tau)}$ 与状态转移矩阵 $\boldsymbol{\Phi}(t,\tau)$ 相等，但两者在概念上有着本质差异。矩阵指数函数 $\mathrm{e}^{\boldsymbol{A}t}$ 只是一个数学函数，状态转移矩阵则带有明确的物理意义，且具有一般性，不仅适用于线性连续定常系统，而且对离散系统、时变系统也仍然适用。用状态转移矩阵的概念可写出各种系统解的统一形式。

3. 状态转移矩阵的计算

对于线性定常系统，可利用矩阵指数函数 $\mathrm{e}^{\boldsymbol{A}(t-\tau)}$ 与状态转移矩阵 $\boldsymbol{\Phi}(t,\tau)$ 的等价关系来计算 $\boldsymbol{\Phi}(t,\tau)$。常见的方法有以下几种。

(1) 对角型矩阵 A 的矩阵指数函数

若矩阵 $\boldsymbol{A}$ 为对角阵，则 $\mathrm{e}^{\boldsymbol{A}t}$ 也是对角矩阵，即若

$$\boldsymbol{A}=\mathrm{diag}[\lambda_1\quad\lambda_2\quad\cdots\quad\lambda_n] \tag{3-142}$$

容易证明

$$\mathrm{e}^{\boldsymbol{A}t}=\mathrm{diag}[\mathrm{e}^{\lambda_1 t}\quad\mathrm{e}^{\lambda_2 t}\quad\cdots\quad\mathrm{e}^{\lambda_n t}] \tag{3-143}$$

又，若 $\boldsymbol{A}$ 是非对角矩阵，设有任一非奇异阵 $\boldsymbol{T}$ 存在，则有

$$e^{T^{-1}ATt}=T^{-1}e^{At}T \tag{3-144}$$

进而可得到

$$e^{At}=Te^{T^{-1}ATt}T^{-1} \tag{3-145}$$

这样，当矩阵 A 具有 n 个互异的特征根时，通过非奇异变换必能将其化为对角矩阵，且对角元素为 n 个特征值，即 $\mathrm{diag}[\lambda_1 \quad \lambda_2 \quad \cdots \quad \lambda_n]$，记为 $\Lambda=T^{-1}AT$。由式(3-142)、式(3-143) 可直接写出变换后的对角矩阵指数函数 $e^{\Lambda t}=e^{T^{-1}ATt}$，由式(3-145) 再求出变换前的 e^{At}。

【例 3-11】 设 $A=\begin{bmatrix}2 & -1\\ -1 & 2\end{bmatrix}$，试用化矩阵 A 为对角型的方法求 e^{At}。

解 $\det(\lambda I-A)=\det\begin{bmatrix}\lambda-2 & 1\\ 1 & \lambda-2\end{bmatrix}=\lambda^2-4\lambda+3=(\lambda-1)(\lambda-3)$

系统特征值：$\lambda_1=1$，$\lambda_2=3$

设变换矩阵 $T=[v_1 \quad v_2]$，其中 v_1 为对应于 λ_1 的特征向量，v_2 为对应于 λ_2 的特征向量。

记 $v_1=\begin{bmatrix}t_{11}\\ t_{21}\end{bmatrix}$，$v_2=\begin{bmatrix}t_{12}\\ t_{22}\end{bmatrix}$，由方程

$$(A-\lambda_1 I)v_1=\begin{bmatrix}1 & -1\\ -1 & 1\end{bmatrix}\begin{bmatrix}t_{11}\\ t_{21}\end{bmatrix}=0 \quad 及 \quad (A-\lambda_2 I)v_2=\begin{bmatrix}-1 & -1\\ -1 & -1\end{bmatrix}\begin{bmatrix}t_{12}\\ t_{22}\end{bmatrix}=0$$

解得

$$v_1=\begin{bmatrix}t_{11}\\ t_{21}\end{bmatrix}=\begin{bmatrix}1\\ 1\end{bmatrix}, \quad v_2=\begin{bmatrix}t_{12}\\ t_{22}\end{bmatrix}=\begin{bmatrix}-1\\ 1\end{bmatrix}$$

故

$$T=[v_1 \quad v_2]=\begin{bmatrix}1 & -1\\ 1 & 1\end{bmatrix}, \quad T^{-1}=\frac{1}{2}\begin{bmatrix}1 & 1\\ -1 & 1\end{bmatrix}$$

变换后的对角阵

$$\Lambda=T^{-1}AT=\frac{1}{2}\begin{bmatrix}1 & 1\\ -1 & 1\end{bmatrix}\begin{bmatrix}2 & -1\\ -1 & 2\end{bmatrix}\begin{bmatrix}1 & -1\\ 1 & 1\end{bmatrix}=\begin{bmatrix}1 & 0\\ 0 & 3\end{bmatrix}$$

由式(3-145)，可得

$$e^{At}=Te^{\Lambda t}T^{-1}=\begin{bmatrix}1 & -1\\ 1 & 1\end{bmatrix}\begin{bmatrix}e^t & 0\\ 0 & e^{3t}\end{bmatrix}\begin{bmatrix}1 & 1\\ -1 & 1\end{bmatrix}\frac{1}{2}=\frac{1}{2}\begin{bmatrix}e^t+e^{3t} & e^t-e^{3t}\\ e^t-e^{3t} & e^t+e^{3t}\end{bmatrix}$$

(2) 约当型矩阵 A 的矩阵指数函数

若矩阵 A_i 为一个 $m\times m$ 约当块，即

$$A_i=\begin{bmatrix}\lambda_i & 1 & 0 & 0\\ & \ddots & \ddots & 0\\ & & \lambda_i & 1\\ 0 & & & \lambda_i\end{bmatrix}_{m\times m} \tag{3-146}$$

则

$$e^{A_i t}=e^{\lambda_i t}\cdot\begin{bmatrix}1 & t & \frac{1}{2!}t^2 & \cdots & \frac{1}{(m-2)!}t^{(m-2)} & \frac{1}{(m-1)!}t^{(m-1)}\\ 0 & 1 & t & \frac{1}{2!}t^2 & \cdots & \frac{1}{(m-2)!}t^{(m-2)}\\ \vdots & 0 & 1 & & & \\ \vdots & \vdots & & \ddots & 1 & t\\ 0 & \cdots & & & 0 & 1\end{bmatrix}_{m\times m} \tag{3-147}$$

当 A 为一约当矩阵，并且有 l 个约当块时，即

$$A=\begin{bmatrix}A_1 & 0 & 0 & 0\\ 0 & A_2 & \ddots & 0\\ & & \ddots & 0\\ 0 & \cdots & 0 & A_l\end{bmatrix}_{n\times n} \tag{3-148}$$

式中 $A_1, A_2, \cdots, A_l$ 代表约当块，则

$$e^{At}=\begin{bmatrix} e^{A_1 t} & 0 & 0 & 0 \\ 0 & e^{A_2 t} & \ddots & 0 \\ & & \ddots & 0 \\ 0 & \cdots & 0 & e^{A_l t} \end{bmatrix}_{n\times n} \tag{3-149}$$

式中 $e^{A_1 t}, e^{A_2 t}, \cdots, e^{A_l t}$ 是由式(3-147) 表示的矩阵。

【例 3-12】 已知一线性定常系统的系统矩阵 $\boldsymbol{A}$ 为如下约当矩阵，求状态转移矩阵 $\boldsymbol{\Phi}(t)$。

$$\boldsymbol{A}=\begin{bmatrix} 3 & 0 & 0 & 0 \\ 0 & -2 & 1 & 0 \\ 0 & 0 & -2 & 1 \\ 0 & 0 & 0 & -2 \end{bmatrix}$$

解 可将矩阵 $\boldsymbol{A}$ 表示为

$$\boldsymbol{A}=\begin{bmatrix} \boldsymbol{A}_1 & 0 \\ 0 & \boldsymbol{A}_2 \end{bmatrix}，其中 \boldsymbol{A}_1=3，\boldsymbol{A}_2=\begin{bmatrix} -2 & 1 & 0 \\ 0 & -2 & 1 \\ 0 & 0 & -2 \end{bmatrix}$$

由式(3-149)、式(3-147)，可直接求得状态转移矩阵 $\boldsymbol{\Phi}(t)$ 为

$$\boldsymbol{\Phi}(t)=e^{\boldsymbol{A}t}=\begin{bmatrix} e^{3t} & 0 & 0 & 0 \\ 0 & e^{-2t} & te^{-2t} & \frac{t^2}{2}e^{-2t} \\ 0 & 0 & e^{-2t} & te^{-2t} \\ 0 & 0 & 0 & e^{-2t} \end{bmatrix}$$

当系统矩阵 $\boldsymbol{A}$ 可表示为约当阵时，表明矩阵 $\boldsymbol{A}$ 的特征根具有重根，这种情况下，经非奇异变换可将 $\boldsymbol{A}$ 化为如式(3-148) 所示的约当型，可记为

$$\boldsymbol{\Lambda}=\boldsymbol{T}^{-1}\boldsymbol{A}\boldsymbol{T}=\begin{bmatrix} \boldsymbol{\Lambda}_1 & & 0 \\ & \boldsymbol{\Lambda}_2 & \\ 0 & & \boldsymbol{\Lambda}_l \end{bmatrix}$$

式中 $\boldsymbol{\Lambda}_i$ 为约当块，对应于第 i 个特征根，$\boldsymbol{\Lambda}_i$ 的维数等于特征根 λ_i 的重数。利用约当块标准矩阵的指数函数式(3-149)、式(3-147)，可求出 $e^{\boldsymbol{\Lambda}t}=e^{\boldsymbol{T}^{-1}\boldsymbol{A}\boldsymbol{T}t}$，进而求得 $e^{\boldsymbol{A}t}=\boldsymbol{T}e^{\boldsymbol{\Lambda}t}\boldsymbol{T}^{-1}$。式中 $\boldsymbol{T}$ 由 λ_i 对应的独立特征向量和广义特征向量构成。

【例 3-13】 设 $\boldsymbol{A}=\begin{bmatrix} 0 & 1 & 0 \\ 0 & 0 & 1 \\ 2 & 3 & 0 \end{bmatrix}$，试用化 $\boldsymbol{A}$ 为约当型的方法求 $e^{\boldsymbol{A}t}$。

解 先求系统阵 $\boldsymbol{A}$ 的特征根

$$\det(\lambda\boldsymbol{I}-\boldsymbol{A})=\det\begin{bmatrix} \lambda & -1 & 0 \\ 0 & \lambda & -1 \\ -2 & -3 & \lambda \end{bmatrix}=\lambda^3-3\lambda-2=(\lambda+1)^2(\lambda-2)=0$$

其特征根为 $\lambda_1=2，\lambda_2=\lambda_3=-1$

对应于 $\lambda_1=2$ 的特征向量 $\boldsymbol{v}_1$ 由方程

$$(\lambda_1\boldsymbol{I}-\boldsymbol{A})\boldsymbol{v}_1=\begin{bmatrix} 2 & -1 & 0 \\ 0 & 2 & -1 \\ -2 & -3 & 2 \end{bmatrix}\begin{bmatrix} t_{11} \\ t_{21} \\ t_{31} \end{bmatrix}=0，解得 \boldsymbol{v}_1=\begin{bmatrix} t_{11} \\ t_{21} \\ t_{31} \end{bmatrix}=\begin{bmatrix} 1 \\ 2 \\ 4 \end{bmatrix}$$

对应于 $\lambda_2=-1$ 的特征向量 $\boldsymbol{v}_2$ 由方程

$$(\lambda_2\boldsymbol{I}-\boldsymbol{A})\boldsymbol{v}_2=\begin{bmatrix} -1 & -1 & 0 \\ 0 & -1 & -1 \\ -2 & -3 & -1 \end{bmatrix}\begin{bmatrix} t_{12} \\ t_{22} \\ t_{32} \end{bmatrix}=0，解得 \boldsymbol{v}_2=\begin{bmatrix} t_{12} \\ t_{22} \\ t_{32} \end{bmatrix}=\begin{bmatrix} 1 \\ -1 \\ 1 \end{bmatrix}$$

对应于 $\lambda_3=-1$ 的广义特征向量 $\boldsymbol{v}_3$ 由方程

$$(\lambda_3\boldsymbol{I}-\boldsymbol{A})\boldsymbol{v}_3=-\boldsymbol{v}_2$$

即由 $\begin{bmatrix}-1 & -1 & 0\\ 0 & -1 & -1\\ -2 & -3 & -1\end{bmatrix}\begin{bmatrix}t_{13}\\ t_{23}\\ t_{33}\end{bmatrix}=\begin{bmatrix}-1\\ 1\\ -1\end{bmatrix}$，解得 $\boldsymbol{v}_3=\begin{bmatrix}t_{13}\\ t_{23}\\ t_{33}\end{bmatrix}=\begin{bmatrix}1\\ 0\\ -1\end{bmatrix}$

于是，有

$$\boldsymbol{T}=[\boldsymbol{v}_1\quad \boldsymbol{v}_2\quad \boldsymbol{v}_3]=\begin{bmatrix}1 & 1 & 1\\ 2 & -1 & 0\\ 4 & 1 & -1\end{bmatrix},\ \boldsymbol{T}^{-1}=\frac{1}{9}\begin{bmatrix}1 & 2 & 1\\ 2 & -5 & 2\\ 6 & 3 & -3\end{bmatrix}$$

所以

$$\mathrm{e}^{\boldsymbol{A}t}=\boldsymbol{T}\mathrm{e}^{\boldsymbol{\Lambda}t}\boldsymbol{T}^{-1}=\begin{bmatrix}1 & 1 & 1\\ 2 & -1 & 0\\ 4 & 1 & -1\end{bmatrix}\begin{bmatrix}\mathrm{e}^{2t} & 0 & 0\\ 0 & \mathrm{e}^{-t} & t\mathrm{e}^{-t}\\ 0 & 0 & \mathrm{e}^{-t}\end{bmatrix}\begin{bmatrix}1 & 2 & 1\\ 2 & -5 & 2\\ 6 & 3 & -3\end{bmatrix}\frac{1}{9}$$

$$=\frac{1}{9}\begin{bmatrix}\mathrm{e}^{2t}+(8+6t)\mathrm{e}^{-t} & 2\mathrm{e}^{2t}+(-2+3t)\mathrm{e}^{-t} & \mathrm{e}^{2t}-(1+3t)\mathrm{e}^{-t}\\ 2\mathrm{e}^{2t}-(2+6t)\mathrm{e}^{-t} & 4\mathrm{e}^{2t}+(5-3t)\mathrm{e}^{-t} & 2\mathrm{e}^{2t}+(-2+3t)\mathrm{e}^{-t}\\ 4\mathrm{e}^{2t}+(-4+6t)\mathrm{e}^{-t} & 8\mathrm{e}^{2t}+(-8+3t)\mathrm{e}^{-t} & 4\mathrm{e}^{2t}+(5-3t)\mathrm{e}^{-t}\end{bmatrix}$$

(3) 由定义式(3-126) 出发直接计算 $\mathrm{e}^{\boldsymbol{A}t}$

【例 3-14】 已知一矩阵 $\boldsymbol{A}=\begin{bmatrix}0 & 1 & 0\\ 0 & 0 & 1\\ 0 & 1 & 0\end{bmatrix}$，要求用直接方法求状态转移矩阵 $\boldsymbol{\Phi}(t)$。

解 由矩阵指数函数定义

$$\mathrm{e}^{\boldsymbol{A}t}=\boldsymbol{I}+\boldsymbol{A}t+\frac{1}{2!}(\boldsymbol{A}t)^2+\frac{1}{3!}(\boldsymbol{A}t)^3+\cdots+\frac{1}{k!}(\boldsymbol{A}t)^k+\cdots$$

因为 $\boldsymbol{A}^2=\begin{bmatrix}0 & 0 & 1\\ 0 & 1 & 0\\ 0 & 0 & 1\end{bmatrix}$，继续计算有

$$\boldsymbol{A}=\boldsymbol{A}^3=\boldsymbol{A}^5=\cdots,\qquad \boldsymbol{A}^2=\boldsymbol{A}^4=\boldsymbol{A}^6\cdots$$

代入 $\mathrm{e}^{\boldsymbol{A}t}$ 的展开式，有

$$\boldsymbol{\Phi}(t)=\mathrm{e}^{\boldsymbol{A}t}=\begin{bmatrix}1 & t+\frac{t^3}{3!}+\frac{t^5}{5!}+\cdots & \frac{t^2}{2!}+\frac{t^4}{4!}+\frac{t^6}{6!}+\cdots\\ 0 & 1+\frac{t^2}{2!}+\frac{t^4}{4!}+\cdots & t+\frac{t^3}{3!}+\frac{t^5}{5!}+\cdots\\ 0 & t+\frac{t^3}{3!}+\frac{t^5}{5!}+\cdots & 1+\frac{t^2}{2!}+\frac{t^4}{4!}+\cdots\end{bmatrix}$$

$$=\begin{bmatrix}1 & \frac{1}{2}(\mathrm{e}^t-\mathrm{e}^{-t}) & \frac{1}{2}(\mathrm{e}^t+\mathrm{e}^{-t})-1\\ 0 & \frac{1}{2}(\mathrm{e}^t+\mathrm{e}^{-t}) & \frac{1}{2}(\mathrm{e}^t-\mathrm{e}^{-t})\\ 0 & \frac{1}{2}(\mathrm{e}^t-\mathrm{e}^{-t}) & \frac{1}{2}(\mathrm{e}^t+\mathrm{e}^{-t})\end{bmatrix}$$

由该例可看出，直接计算的方法一般不易获得解析结果，但方法简单，适用于计算机计算。

(4) 拉氏变换法计算 $\mathrm{e}^{\boldsymbol{A}t}$

由式(3-129)，有

$$\mathrm{e}^{\boldsymbol{A}t}=\mathscr{L}^{-1}[(s\boldsymbol{I}-\boldsymbol{A})^{-1}]=\mathscr{L}^{-1}[\boldsymbol{\Phi}(s)]=\boldsymbol{\Phi}(t)\tag{3-150}$$

【例 3-15】 $\boldsymbol{A}$ 阵如例 3-14 所示，用拉氏变换法求状态转移矩阵 $\boldsymbol{\Phi}(t)$。

解 由式(3-150)，得

$$\boldsymbol{\Phi}(s)=(s\boldsymbol{I}-\boldsymbol{A})^{-1}=\begin{bmatrix} s & -1 & 0 \\ 0 & s & -1 \\ 0 & -1 & s \end{bmatrix}^{-1}=\frac{1}{s(s^2-1)}\begin{bmatrix} s^2-1 & s & 1 \\ 0 & s^2 & s \\ 0 & s & s^2 \end{bmatrix}$$

$$=\begin{bmatrix} \frac{1}{s} & \frac{1}{s^2-1} & \frac{1}{s(s^2-1)} \\ 0 & \frac{s}{s^2-1} & \frac{1}{s^2-1} \\ 0 & \frac{1}{s^2-1} & \frac{s}{s^2-1} \end{bmatrix}=\begin{bmatrix} \frac{1}{s} & \frac{1}{2}(\frac{1}{s-1}-\frac{1}{s+1}) & \frac{1}{2}(\frac{1}{s-1}+\frac{1}{s+1})-\frac{1}{s} \\ 0 & \frac{1}{2}(\frac{1}{s-1}+\frac{1}{s+1}) & \frac{1}{2}(\frac{1}{s-1}-\frac{1}{s+1}) \\ 0 & \frac{1}{2}(\frac{1}{s-1}-\frac{1}{s+1}) & \frac{1}{2}(\frac{1}{s-1}+\frac{1}{s+1}) \end{bmatrix}$$

求反变换，得

$$\boldsymbol{\Phi}(t)=\mathrm{e}^{\boldsymbol{A}t}=\mathscr{L}^{-1}[\boldsymbol{\Phi}(s)]=\begin{bmatrix} 1 & \frac{1}{2}(\mathrm{e}^{t}-\mathrm{e}^{-t}) & \frac{1}{2}(\mathrm{e}^{t}+\mathrm{e}^{-t})-1 \\ 0 & \frac{1}{2}(\mathrm{e}^{t}+\mathrm{e}^{-t}) & \frac{1}{2}(\mathrm{e}^{t}-\mathrm{e}^{-t}) \\ 0 & \frac{1}{2}(\mathrm{e}^{t}-\mathrm{e}^{-t}) & \frac{1}{2}(\mathrm{e}^{t}+\mathrm{e}^{-t}) \end{bmatrix}$$

计算结果与例 3-14 相同。

【例 3-16】 已知一线性定常系统 $\dot{\boldsymbol{x}}(t)=\boldsymbol{A}\boldsymbol{x}(t)$ 具有下列解

$$当\ \boldsymbol{x}(0)=\begin{bmatrix} 1 \\ -1 \end{bmatrix}时，\boldsymbol{x}(t)=\begin{bmatrix} \mathrm{e}^{-2t} \\ -\mathrm{e}^{-2t} \end{bmatrix}$$

$$当\ \boldsymbol{x}(0)=\begin{bmatrix} 2 \\ -1 \end{bmatrix}时，\boldsymbol{x}(t)=\begin{bmatrix} 2\mathrm{e}^{-t} \\ -\mathrm{e}^{-t} \end{bmatrix}$$

试根据状态转移矩阵的性质，求出系统的 $\boldsymbol{\Phi}(t,0)$ 和矩阵 $\boldsymbol{A}$。

解　由状态方程解的形式

$$\boldsymbol{x}(t)=\boldsymbol{\Phi}(t,t_0)\boldsymbol{x}(t_0)$$

代入已知条件，有

$$\begin{bmatrix} \mathrm{e}^{-2t} \\ -\mathrm{e}^{-2t} \end{bmatrix}=\boldsymbol{\Phi}(t,0)\begin{bmatrix} 1 \\ -1 \end{bmatrix},\ \begin{bmatrix} 2\mathrm{e}^{-t} \\ -\mathrm{e}^{-t} \end{bmatrix}=\boldsymbol{\Phi}(t,0)\begin{bmatrix} 2 \\ -1 \end{bmatrix}$$

两式合写后，有

$$\begin{bmatrix} \mathrm{e}^{-2t} & 2\mathrm{e}^{-t} \\ -\mathrm{e}^{-2t} & -\mathrm{e}^{-t} \end{bmatrix}=\boldsymbol{\Phi}(t,0)\begin{bmatrix} 1 & 2 \\ -1 & -1 \end{bmatrix}$$

所以

$$\boldsymbol{\Phi}(t,0)=\begin{bmatrix} \mathrm{e}^{-2t} & 2\mathrm{e}^{-t} \\ -\mathrm{e}^{-2t} & -\mathrm{e}^{-t} \end{bmatrix}\begin{bmatrix} 1 & 2 \\ -1 & -1 \end{bmatrix}^{-1}=\begin{bmatrix} \mathrm{e}^{-2t} & 2\mathrm{e}^{-t} \\ -\mathrm{e}^{-2t} & -\mathrm{e}^{-t} \end{bmatrix}\begin{bmatrix} -1 & -2 \\ 1 & 1 \end{bmatrix}$$

$$=\begin{bmatrix} 2\mathrm{e}^{-t}-\mathrm{e}^{-2t} & 2\mathrm{e}^{-t}-2\mathrm{e}^{-2t} \\ \mathrm{e}^{-2t}-\mathrm{e}^{-t} & 2\mathrm{e}^{-2t}-\mathrm{e}^{-t} \end{bmatrix}$$

又因状态转移矩阵的性质 1

$$\dot{\boldsymbol{\Phi}}(t)=\boldsymbol{A}\boldsymbol{\Phi}(t)\ 和\ \boldsymbol{\Phi}(0)=\boldsymbol{I}$$

令 $t=0$，$\dot{\boldsymbol{\Phi}}(t)\big|_{t=0}=\boldsymbol{A}\boldsymbol{\Phi}(0)=\boldsymbol{A}\cdot\boldsymbol{I}=\boldsymbol{A}$，则有

$$\boldsymbol{A}=\dot{\boldsymbol{\Phi}}(t,0)\big|_{t=0}=\frac{\mathrm{d}}{\mathrm{d}t}\begin{bmatrix} 2\mathrm{e}^{-t}-\mathrm{e}^{-2t} & 2\mathrm{e}^{-t}-2\mathrm{e}^{-2t} \\ \mathrm{e}^{-2t}-\mathrm{e}^{-t} & 2\mathrm{e}^{-2t}-\mathrm{e}^{-t} \end{bmatrix}_{t=0}=\begin{bmatrix} 0 & 2 \\ -1 & -3 \end{bmatrix}$$

三、线性定常状态方程的解

建立了状态转移矩阵的概念后，下面讨论线性定常系统的非齐次状态方程求解问题。

考虑非齐次的状态方程

$$\dot{\boldsymbol{x}}(t)=\boldsymbol{A}\boldsymbol{x}(t)+\boldsymbol{B}\boldsymbol{u}(t) \tag{3-151}$$

式中，$\boldsymbol{x}$ 为 n 维向量；$\boldsymbol{u}$ 为 r 维向量；$\boldsymbol{A}$ 为 $n\times n$ 阶常系数矩阵；$\boldsymbol{B}$ 为 $n\times r$ 阶常系数矩阵。

1. 直接法求解

改写方程(3-151) 为
$$\dot{\boldsymbol{x}}(t)-\boldsymbol{A}\boldsymbol{x}(t)=\boldsymbol{B}\boldsymbol{u}(t)$$
在上述方程两边左乘 $\mathrm{e}^{-\boldsymbol{A}t}$，得
$$\mathrm{e}^{-\boldsymbol{A}t}[\dot{\boldsymbol{x}}(t)-\boldsymbol{A}x(t)]=\mathrm{e}^{-\boldsymbol{A}t}\boldsymbol{B}\boldsymbol{u}(t)$$
上述方程左端恰好为$\dfrac{\mathrm{d}}{\mathrm{d}t}[\mathrm{e}^{-\boldsymbol{A}t}\boldsymbol{x}(t)]$，所以有
$$\frac{\mathrm{d}}{\mathrm{d}t}[\mathrm{e}^{-\boldsymbol{A}t}\boldsymbol{x}(t)]=\mathrm{e}^{-\boldsymbol{A}t}\boldsymbol{B}\boldsymbol{u}(t)$$
欲求 $\boldsymbol{x}(t)$，将上式在 $[t_0,t]$ 区间上积分
$$\int_{t_0}^{t}\frac{\mathrm{d}}{\mathrm{d}\tau}[\mathrm{e}^{-\boldsymbol{A}\tau}\boldsymbol{x}(\tau)]\mathrm{d}\tau=\int_{t_0}^{t}\mathrm{e}^{-\boldsymbol{A}\tau}\boldsymbol{B}\boldsymbol{u}(\tau)\mathrm{d}\tau$$
得
$$\mathrm{e}^{-\boldsymbol{A}t}\boldsymbol{x}(t)=\mathrm{e}^{-\boldsymbol{A}t_0}\boldsymbol{x}(t_0)+\int_{t_0}^{t}\mathrm{e}^{-\boldsymbol{A}\tau}\boldsymbol{B}\boldsymbol{u}(\tau)\mathrm{d}\tau$$
方程两边同时左乘 $\mathrm{e}^{\boldsymbol{A}t}$，则有
$$\boldsymbol{x}(t)=\mathrm{e}^{\boldsymbol{A}(t-t_0)}\boldsymbol{x}(t_0)+\int_{t_0}^{t}\mathrm{e}^{\boldsymbol{A}(t-\tau)}\boldsymbol{B}\boldsymbol{u}(\tau)\mathrm{d}\tau$$
用状态转移矩阵形式表示，则有
$$\boldsymbol{x}(t)=\boldsymbol{\Phi}(t,t_0)\boldsymbol{x}(t_0)+\int_{t_0}^{t}\boldsymbol{\Phi}(t,\tau)\boldsymbol{B}\boldsymbol{u}(\tau)\mathrm{d}\tau \tag{3-152}$$
式中等号右边第一项是由初始条件引起的自由响应（系统齐次状态方程的解）；第二项是由外部输入 $\boldsymbol{u}(t)$ 引起的状态响应。方程(3-152) 有时也称为状态转移方程。

2. 拉氏变换法求解

对方程(3-151) 两边取拉氏变换
$$s\boldsymbol{X}(s)-\boldsymbol{x}(0)=\boldsymbol{A}\boldsymbol{X}(s)+\boldsymbol{B}\boldsymbol{U}(s)$$
即
$$(s\boldsymbol{I}-\boldsymbol{A})\boldsymbol{X}(s)=\boldsymbol{x}(0)+\boldsymbol{B}\boldsymbol{U}(s)$$
上式等号两边左乘$(s\boldsymbol{I}-\boldsymbol{A})^{-1}$，得
$$\boldsymbol{X}(s)=(s\boldsymbol{I}-\boldsymbol{A})^{-1}\boldsymbol{x}(0)+(s\boldsymbol{I}-\boldsymbol{A})^{-1}\boldsymbol{B}\boldsymbol{U}(s) \tag{3-153}$$
对上式取拉氏反变换，可得
$$\boldsymbol{x}(t)=\mathrm{e}^{\boldsymbol{A}t}\boldsymbol{x}(0)+\int_{0}^{t}\mathrm{e}^{\boldsymbol{A}(t-\tau)}\boldsymbol{B}\boldsymbol{u}(\tau)\mathrm{d}\tau \tag{3-154}$$
因为是线性系统，上式又可写成转移矩阵的形式：
$$\boldsymbol{x}(t)=\boldsymbol{\Phi}(t,0)\boldsymbol{x}(0)+\int_{0}^{t}\boldsymbol{\Phi}(t,\tau)\boldsymbol{B}\boldsymbol{u}(\tau)\mathrm{d}\tau \tag{3-155}$$
可见，虽然用了不同的方法，但结果与式(3-152) 完全相同（这里 $t_0=0$）。

【例 3-17】 设系统的状态方程为 $\dot{\boldsymbol{x}}(t)=\begin{bmatrix}0 & 1\\ -2 & -3\end{bmatrix}\boldsymbol{x}(t)+\begin{bmatrix}0\\1\end{bmatrix}u$，其初始条件为$\boldsymbol{x}(0)=\begin{bmatrix}x_1(0)\\x_2(0)\end{bmatrix}$，试求系统在单位阶跃函数作用下的输出响应。

解 利用拉氏变换法
$$(s\boldsymbol{I}-\boldsymbol{A})=\begin{bmatrix}s & -1\\ 2 & s+3\end{bmatrix}$$
$$\boldsymbol{\Phi}(s)=(s\boldsymbol{I}-\boldsymbol{A})^{-1}=\frac{1}{(s+1)(s+2)}\begin{bmatrix}s+3 & 1\\ -2 & s\end{bmatrix}$$
由式(3-153)，可得
$$\begin{aligned}\boldsymbol{X}(s)&=(s\boldsymbol{I}-\boldsymbol{A})^{-1}\boldsymbol{x}(0)+(s\boldsymbol{I}-\boldsymbol{A})^{-1}\boldsymbol{B}\boldsymbol{U}(s)\\&=\frac{1}{(s+1)(s+2)}\begin{bmatrix}s+3 & 1\\ -2 & s\end{bmatrix}\begin{bmatrix}x_1(0)\\x_2(0)\end{bmatrix}+\frac{1}{(s+1)(s+2)}\begin{bmatrix}s+3 & 1\\ -2 & s\end{bmatrix}\begin{bmatrix}0\\1\end{bmatrix}\frac{1}{s}\end{aligned}$$

对上式取拉氏反变换，得

$$\begin{aligned}\boldsymbol{x}(t)&=\mathscr{L}^{-1}\{(s\boldsymbol{I}-\boldsymbol{A})^{-1}\boldsymbol{x}(0)+(s\boldsymbol{I}-\boldsymbol{A})^{-1}\boldsymbol{B}U(s)\}\\&=\begin{bmatrix}2\mathrm{e}^{-t}-\mathrm{e}^{-2t} & \mathrm{e}^{-t}-\mathrm{e}^{-2t}\\-2\mathrm{e}^{-t}+2\mathrm{e}^{-2t} & -\mathrm{e}^{-t}+2\mathrm{e}^{-2t}\end{bmatrix}\begin{bmatrix}x_1(0)\\x_2(0)\end{bmatrix}+\begin{bmatrix}\frac{1}{2}-\mathrm{e}^{-t}+\frac{1}{2}\mathrm{e}^{-2t}\\\mathrm{e}^{-t}-\mathrm{e}^{-2t}\end{bmatrix}\end{aligned}$$

四、状态空间模型下的系统输出响应

一个控制系统的完整状态空间表达式由状态方程和输出方程组成，即

$$\dot{\boldsymbol{x}}(t)=\boldsymbol{A}\boldsymbol{x}(t)+\boldsymbol{B}\boldsymbol{u}(t) \tag{3-156}$$

$$\boldsymbol{y}(t)=\boldsymbol{C}\boldsymbol{x}(t)+\boldsymbol{D}\boldsymbol{u}(t) \tag{3-157}$$

通过前述的方法得到系统的状态方程解后，由输出方程(3-157) 可以求得系统的输出响应。若将式(3-155)直接代入式(3-157)，系统输出响应

$$\boldsymbol{y}(t)=\boldsymbol{C\Phi}(t,0)\boldsymbol{x}(t)+\boldsymbol{C}\int_0^t\boldsymbol{\Phi}(t,\tau)\boldsymbol{B}\boldsymbol{u}(\tau)\mathrm{d}\tau+\boldsymbol{D}\boldsymbol{u}(t) \tag{3-158}$$

【例 3-18】 已知状态方程为 $\dot{\boldsymbol{x}}(t)=\begin{bmatrix}0 & 1\\-1 & -2\end{bmatrix}\boldsymbol{x}(t)+\begin{bmatrix}0\\1\end{bmatrix}u$，其中初始条件是 $\boldsymbol{x}(0)=\begin{bmatrix}1\\0\end{bmatrix}$，输入条件是 $u(t)=\sin t+\cos t$，输出方程是 $y(t)=[1\quad 0]\boldsymbol{x}(t)$，试用直接法求出输出 $y(t)$ 的动态响应。

解 首先根据矩阵指数函数的求法，求出 $\mathrm{e}^{\boldsymbol{A}t}$，不难得到

$$\boldsymbol{\Phi}(t)=\mathrm{e}^{\boldsymbol{A}t}=\begin{bmatrix}(1+t)\mathrm{e}^{-t} & t\mathrm{e}^{-t}\\-t\mathrm{e}^{-t} & (1-t)\mathrm{e}^{-t}\end{bmatrix}$$

根据式(3-152) 及状态转移矩阵的定义（此处 $t_0=0$），有

$$\begin{aligned}y(t)&=\boldsymbol{C\Phi}(t)\boldsymbol{x}(0)+\boldsymbol{C}\int_0^t\boldsymbol{\Phi}(t,\tau)\boldsymbol{B}\boldsymbol{u}(\tau)\mathrm{d}\tau\\&=\boldsymbol{C}\begin{bmatrix}(1+t)\mathrm{e}^{-t} & t\mathrm{e}^{-t}\\-t\mathrm{e}^{-t} & (1-t)\mathrm{e}^{-t}\end{bmatrix}\begin{bmatrix}1\\0\end{bmatrix}+\boldsymbol{C}\int_0^t\begin{bmatrix}(1+t-\tau)\mathrm{e}^{-(t-\tau)} & (t-\tau)\mathrm{e}^{-(t-\tau)}\\-(t-\tau)\mathrm{e}^{-(t-\tau)} & (1-t+\tau)\mathrm{e}^{-(t-\tau)}\end{bmatrix}\begin{bmatrix}0\\1\end{bmatrix}(\sin\tau+\cos\tau)\mathrm{d}\tau\\&=[1\quad 0]\begin{bmatrix}(1+t)\mathrm{e}^{-t}\\-t\mathrm{e}^{-t}\end{bmatrix}+[1\quad 0]\int_0^t\begin{bmatrix}(t-\tau)\mathrm{e}^{-(t-\tau)}\\(1-t+\tau)\mathrm{e}^{-(t-\tau)}\end{bmatrix}(\sin\tau+\cos\tau)\mathrm{d}\tau\\&=(1+t)\mathrm{e}^{-t}+\int_0^t(t-\tau)\mathrm{e}^{-(t-\tau)}(\sin\tau+\cos\tau)\mathrm{d}\tau\\&=\frac{3}{2}\mathrm{e}^{-t}+t\mathrm{e}^{-t}+\frac{1}{2}\sin t-\frac{1}{2}\cos t\end{aligned}$$

【例 3-19】 已知状态方程为 $\dot{\boldsymbol{x}}(t)=\begin{bmatrix}0 & 1\\-\omega_{\mathrm{n}}^2 & -2\zeta\omega_{\mathrm{n}}\end{bmatrix}\boldsymbol{x}(t)+\begin{bmatrix}0\\\omega_{\mathrm{n}}^2\end{bmatrix}u(t)$，输出方程为 $y(t)=[1\quad 0]\begin{bmatrix}x_1(t)\\x_2(t)\end{bmatrix}$，初始条件为 $\boldsymbol{x}(0)=\begin{bmatrix}x_{10}\\x_{20}\end{bmatrix}$，利用拉氏变换法求解系统在单位阶跃函数作用下的输出响应。

解 由拉氏变换法

$$(s\boldsymbol{I}-\boldsymbol{A})=\begin{bmatrix}s & -1\\2\omega_{\mathrm{n}}^2 & s+2\zeta\omega_{\mathrm{n}}\end{bmatrix}$$

$$\boldsymbol{\Phi}(s)=(s\boldsymbol{I}-\boldsymbol{A})^{-1}=\frac{1}{s(s+2\zeta\omega_{\mathrm{n}})+\omega_{\mathrm{n}}^2}\begin{bmatrix}s+2\zeta\omega_{\mathrm{n}} & 1\\-\omega_{\mathrm{n}}^2 & 0\end{bmatrix}$$

为方便起见，令

$$\Delta(s)=s(s+2\zeta\omega_{\mathrm{n}})+\omega_{\mathrm{n}}^2$$

取式(3-158) 的拉氏变换式

$$\boldsymbol{Y}(s)=\boldsymbol{C}(s\boldsymbol{I}-\boldsymbol{A})^{-1}\boldsymbol{x}(0)+\boldsymbol{C}(s\boldsymbol{I}-\boldsymbol{A})^{-1}\boldsymbol{B}U(s) \tag{3-159}$$

代入上述已知参数，得

$$\boldsymbol{Y}(s)=[1\quad 0]\cdot\frac{1}{\Delta(s)}\begin{bmatrix} s+2\zeta\omega_n & 1\\ -\omega_n^2 & 0\end{bmatrix}\begin{bmatrix} x_{10}\\ x_{20}\end{bmatrix}+[1\quad 0]\cdot\frac{1}{\Delta(s)}\begin{bmatrix} s+2\zeta\omega_n & 1\\ -\omega_n^2 & 0\end{bmatrix}\begin{bmatrix} 0\\ \omega_n^2\end{bmatrix}\boldsymbol{U}(s)$$

$$=\frac{1}{\Delta(s)}[s+2\zeta\omega_n\quad 1]\begin{bmatrix} x_{10}\\ x_{20}\end{bmatrix}+\frac{1}{\Delta(s)}\cdot\omega_n^2\boldsymbol{U}(s)$$

当输入为单位阶跃函数时

$$U(s)=1/s$$

$$\boldsymbol{Y}(s)=\frac{1}{\Delta(s)}[s+2\zeta\omega_n\quad 1]\begin{bmatrix} x_{10}\\ x_{20}\end{bmatrix}+\frac{\omega_n^2}{\Delta(s)}\times\frac{1}{s}$$

$$=\frac{1}{(s+\zeta\omega_n)^2+(\omega_n\sqrt{1-\zeta^2})^2}[s+2\zeta\omega_n\quad 1]\begin{bmatrix} x_{10}\\ x_{20}\end{bmatrix}+\frac{\omega_n^2}{s[(s+\zeta\omega_n)^2+(\omega_n\sqrt{1-\zeta^2})^2]}$$

取其拉氏反变换（查表）可得

$$y(t)=\frac{1}{\sqrt{1-\zeta^2}}\left[\mathrm{e}^{-\zeta\omega_n t}\sin(\omega_n\sqrt{1-\zeta^2}\,t+\varphi)\quad \frac{1}{\omega_n}\mathrm{e}^{-\zeta\omega_n t}\sin(\omega_n\sqrt{1-\zeta^2}\,t)\right]\begin{bmatrix} x_{10}\\ x_{20}\end{bmatrix}$$
$$+1-\frac{1}{\sqrt{1-\zeta^2}}\mathrm{e}^{-\zeta\omega_n t}\sin(\omega_n\sqrt{1-\zeta^2}\,t+\beta) \tag{3-160}$$

式中
$$\beta=\arctan\frac{\sqrt{1-\zeta^2}}{\zeta}$$

式(3-160) 实际上就是非零初始条件下的二阶系统的单位阶跃响应。而已知的系统状态方程其实为标准二阶系统

$$\frac{\mathrm{d}^2y(t)}{\mathrm{d}t^2}+2\zeta\omega_n\frac{\mathrm{d}y(t)}{\mathrm{d}t}+\omega_n^2y(t)=\omega_n^2u(t)$$

取其相变量 $x_1(t)=y(t)$；$x_2(t)=\dot{y}(t)$ 作为状态变量时的状态空间表达式。

若此例的初始条件为零，由式(3-160) 得

$$y(t)=1-\frac{1}{\sqrt{1-\zeta^2}}\mathrm{e}^{-\zeta\omega_n t}\sin(\omega_n\sqrt{1-\zeta^2}\,t+\beta) \tag{3-161}$$

可见，式(3-161) 与第四节中推导的二阶系统的单位阶跃响应式(3-87) 完全一致。由此，前面讨论的过渡过程的各种质量指标对系统输出而言，在用状态空间方法分析系统时仍适用。

对于状态空间模型描述的控制系统，根据实际的需要有时不仅对系统的输出有一定的要求，而且对系统的状态也有要求，某些场合下甚至对状态更为关注，控制系统设计中常采用一种称之为二次型性能指标的评价准则，其具有如下形式

$$J=\int_0^{\infty}(\boldsymbol{x}^{\mathrm{T}}\boldsymbol{Q}\boldsymbol{x}+\boldsymbol{u}^{\mathrm{T}}\boldsymbol{R}\boldsymbol{u})\mathrm{d}t \tag{3-162}$$

式中，$\boldsymbol{R}$ 为正定矩阵；$\boldsymbol{Q}$ 为半正定或正定矩阵。使该性能指标达到最小的控制系统称为二次型最优控制系统。它的求解是经典的最优控制问题。

需要提及的是，采用状态空间方法分析系统具有许多突出的优点，例如能够揭示系统内部特性、处理高阶系统和多变量系统、实现状态反馈控制和状态最优控制等。

第八节　被控对象的实验建模

第二章中介绍的应用机理分析建立对象及各环节数学模型的方法，具有便于理论上分析推导、普遍适用等优点，但实际应用中也碰到一些困难。原因在于：①一些工业对象结构复杂，内部工艺机理尚不完全清楚，经常存在非线性、分布参数等复杂情况；②有些对象虽然用理论推导可以得到数学模型，但由于模型复

杂，不便于实际应用；③在理论推导过程中，往往需要作一些假设，虽然这些假设有一定的依据，但毕竟不能完全反映实际情况。

解决上述问题的方法便是采用实验测试建模。这是因为对于用机理分析建立的数学模型，人们仍希望采用实验的办法予以验证；而对于无法用理论推导的情况就更需要通过实验测试的方法来获取系统的动态特性。在工程应用中，有时机理模型过于复杂，难以直接应用，需要有一个近似的实用模型。用实验方法虽然结果比较粗糙，但却是了解系统的简易途径。

实验测试法一般用于在实际的工业设备上建立被测对象的输入-输出模型。通过对实际对象施加典型的输入信号（常用的有阶跃、方波脉冲、正弦波、矩形波、伪随机方波等信号），测取输出数据后，加以整理、计算就可得到对象特性。这种方法的局限性在于实验是针对某一具体的对象，甚至针对具体的实验条件，不具有普遍性。如果要得到较为准确的对象模型，需要在各种条件下反复测试。

一、常用的实验测试方法

被测系统的动态特性只有当它们处于被激励状态才会表现出来。因此，要获得系统的动态特性，必须激励被研究的系统。根据加入的激励信号和对结果的分析方法不同，测试动态特性的实验方法，主要有以下几种。

1. 时域法

由于时域法简单，工作量小，因而在实际工业生产中应用广泛，缺点是其精度不够高。具体测试方法是：对于渐近稳定的被控系统，在它的某个稳态下快速地改变它的输入量，加上阶跃或脉冲输入信号，在输出端记录输出随时间变化的响应曲线；再对曲线进行分析，确定被测系统的传递函数。为区别于后来发展起来的“系统辨识”方法，这种方法往往被称为“经典测试法”，也是本节要介绍的方法。

2. 频域法

频域法的测试过程是：对被测系统施加不同频率的正弦波，测出输入信号与输出信号间的幅值比和相位差，从而获得被测系统的频率特性（即频率传递函数）。这种方法的原理（将在第六章中详细介绍）和数据处理都比较简单，测试结果的精度比时域法高，但需要专门的频率测试设备，测试工作量较大。

3. 统计相关法（系统辨识法）

这种测试方法的主要过程是对被研究系统施加某种随机信号，根据被测系统各参数的变化，采用统计法确定被测系统的动态特性。该方法可以在被测系统或生产过程正常运行状态下进行在线辨识，测试结果精度较高，但要求采集大量测试数据，并需用相关仪器和计算机进行数据计算和处理。有兴趣的读者可参见“系统辨识”教材或相关文献。

二、输入测试信号

阶跃输入 $x_1(t)$ 及其相应的输出响应曲线如图 3-30 所示。特别地，若输入信号的幅度为归一化后的“1”，则称其为单位阶跃信号。该方法简单易行，但由于施加阶跃信号后将使对象的某个输出单方向变化或较长时期偏离正常值，有时会影响正常的生产。为避免产生这种情况，可以将输入信号 $x_2(t)$ 选为方波，相应的输出 $y_2(t)$ 称为方波响应函数，如图3-31所示。

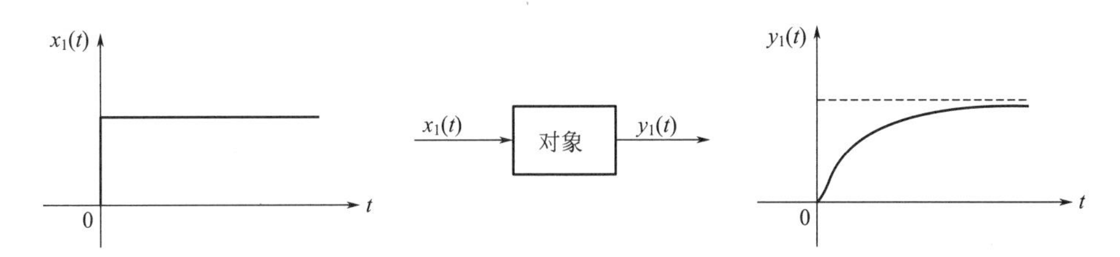

图 3-30　阶跃响应实验示意图

方波响应与阶跃响应有着密切的关系。因为从方波响应可以方便地得到阶跃响应。设所加方波输入的幅度为 x_0，时间宽度为 Δt，则方波可以认为是两个阶跃输入 $x_1(t)$ 和 $x_2(t)$ 的叠加，它们的幅值等于

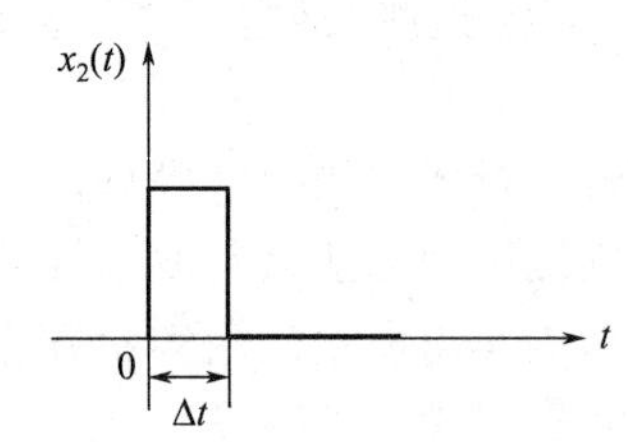

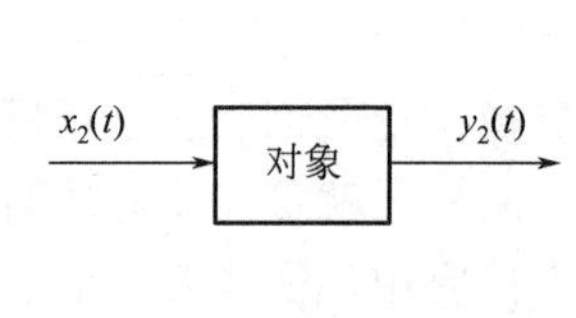

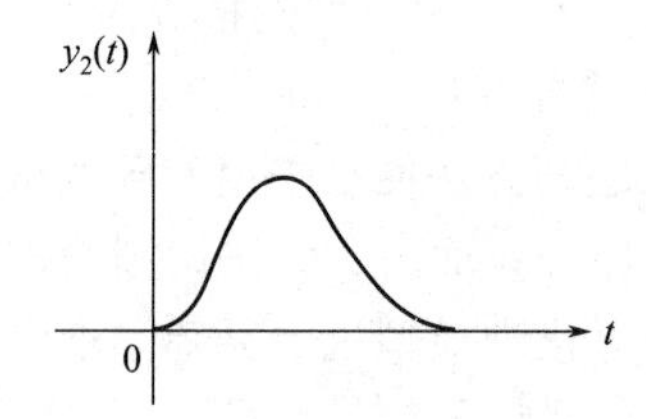

图 3-31　方波响应实验示意图

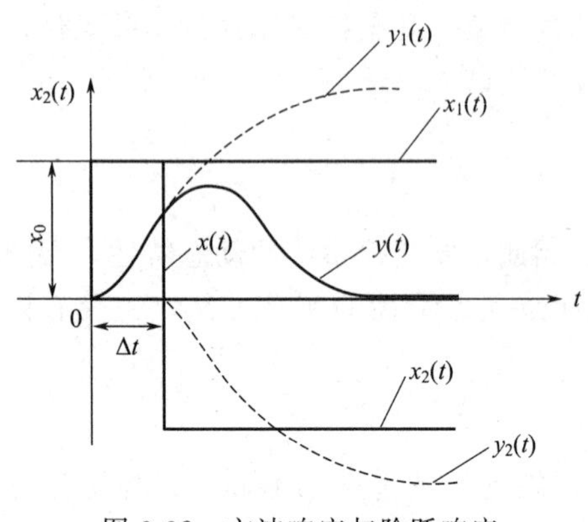

图 3-32　方波响应与阶跃响应的关系曲线示意图

x_0，只是 $x_2(t)$ 的方向与 $x_1(t)$ 的方向相反，且往后推延了 Δt 时间，如图 3-32 所示。设方波响应为 $y(t)$，阶跃 $x_1(t)$ 的响应为 $y_1(t)$，阶跃 $x_2(t)$ 的响应为 $y_2(t)$，则有

$$\begin{cases} y(t)=y_1(t), & 0<t\leqslant\Delta t \\ y(t)=y_1(t)+y_2(t)=y_1(t)-y_1(t-\Delta t), & \Delta t<t \end{cases} \tag{3-163}$$

或

$$\begin{cases} y_1(t)=y(t), & 0<t\leqslant\Delta t \\ y_1(t)=y(t)+y_1(t-\Delta t), & \Delta t<t \end{cases} \tag{3-164}$$

通过计算机辅助计算可以方便地将方波响应转换为阶跃响应。

特别要注意的是，由于这种方法不考虑随机因素的影响，所以在做测试实验时，必须采取措施防止在实验过程中产生其他干扰，尽可能保证输出仅受到输入信号的影响。考虑到实际对象中或多或少存在的非线性，在条件允许的情况下，应选取不同的负荷进行多次测试；特别是在主要运行工况（如额定负荷、平均负荷等），应该重复进行多次测试，包括提量和减量，以消除偶然因素的影响。

三、实验测试数据的处理

根据测试得到的阶跃响应或方波响应数据拟合传递函数的方法很多，所采用的传递函数形式也各有不同。一般来说，可将测试得到的阶跃响应曲线与标准的一阶或二阶甚至更高阶次的阶跃响应曲线相比较，选择相近的传递函数形式，然后对实验数据进行处理，求得相应传递函数的参数。显然，对同一条响应曲线，拟合为低阶传递函数的数据处理简单，但准确度可能较低。因此在满足精度要求的情况下，实际的工业过程经常采用低阶加纯滞后的模型拟合被控系统。

1. 一阶传递函数模型

测试中常见的一种阶跃响应曲线为图 3-33 所示的单调曲线。如果将对象模型近似为

$$G(s)=\frac{K\mathrm{e}^{-\tau s}}{Ts+1} \tag{3-165}$$

式中，K 为稳态放大倍数；T 为时间常数；τ 为纯滞后时间。设阶跃输入幅值为 x_0，输出响应为 $y(t)$，新稳态值为 $y(\infty)$，则可求得

$$K=\frac{y(\infty)}{x_0} \tag{3-166}$$

时间常数 T 和纯滞后时间 τ 可用作图法确定：在图 3-33 响应曲线的拐点 p 作切线，切线与时间轴交于 A 点，则 OA 对应纯滞后时间 τ，AB 对应时间常数 T。响应曲线对应的传递函数为式(3-165)。

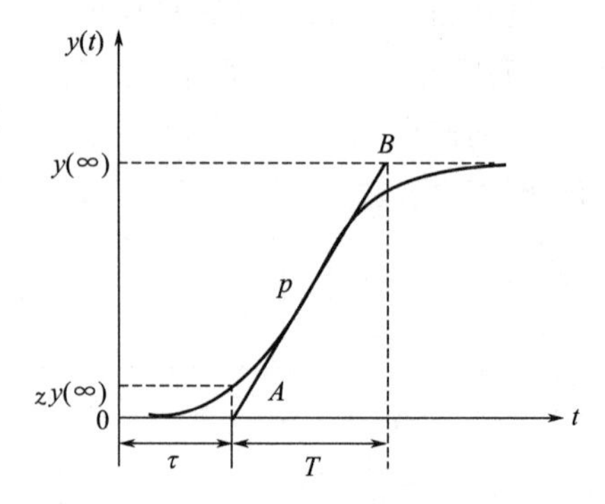

图 3-33　有延迟的一阶近似示意图

纯滞后时间 τ 也可以根据过程知识和经验人为地确定，将一个比较值作为纯滞后的比较阈值。具体地说，就是在给过程加上输入信号以后，将输出响应$y(t)$小于等于该阈值的时间认为是纯滞后时间 τ，如图 3-33 所示。如设比较阈值为 z，则有

$$y(t)\leqslant zy(\infty),\quad 0\leqslant t\leqslant\tau$$

由于图 3-33 中所示的切线法有较大的随意性，故 T 和 τ 的取值精度受到影响。为提高精度，可以采用两点拟合法。

K 仍如式(3-166)，为便于处理，将 $y(t)$ 作归一化处理，并用 $y_1(t)$ 表示，即

$$y_1(t)=\frac{y(t)}{y(\infty)} \tag{3-167}$$

由式(3-165) 所示的传递函数，$y_1(t)$ 可表示成

$$y_1(t)=\begin{cases}0, & t<\tau \\ 1-e^{-(t-\tau)/T}, & t\geqslant\tau\end{cases} \tag{3-168}$$

若对于两个任意时刻 t_1 和 t_2，归一化后的输出值为 $y_1(t_1)$ 和 $y_1(t_2)$，则可得以下方程：

$$\begin{cases}y_1(t_1)=1-e^{-(t_1-\tau)/T} \\ y_1(t_2)=1-e^{-(t_2-\tau)/T}\end{cases} \tag{3-169}$$

假设 $t_2>t_1>\tau$，则通过解方程(3-169)，得

$$T=\frac{t_2-t_1}{\ln[1-y_1(t_1)]-\ln[1-y_1(t_2)]} \tag{3-170}$$

$$\tau=\frac{t_2\ln[1-y_1(t_1)]-t_1\ln[1-y_1(t_2)]}{\ln[1-y_1(t_1)]-\ln[1-y_1(t_2)]} \tag{3-171}$$

若选择 $y_1(t_1)=0.39$，$y_1(t_2)=0.63$，则式(3-170) 和式(3-171) 可简化为

$$T=2(t_2-t_1) \tag{3-170$'$}$$

$$\tau=2t_1-t_2 \tag{3-171$'$}$$

对于计算所得结果，可在

$$t_3\leqslant\tau, \qquad y_1(t_3)=0$$
$$t_4=0.8T+\tau, \qquad y_1(t_4)=0.53$$
$$t_5=2T+\tau, \qquad y_1(t_5)=0.87$$

这几个时刻处对阶跃响应曲线的坐标值进行校对。

如果对象纯滞后很小，可以忽略不计，则以上算法变得更为简单。

2. 二阶传递函数模型

如果将被控对象近似成二阶环节加纯滞后模型，则欲拟合的传递函数可写成是两个一阶惯性环节的串联形式

$$G(s)=\frac{Ke^{-\tau s}}{(T_1s+1)(T_2s+1)} \tag{3-172}$$

式中对增益 K 的计算和对 $y(t)$ 的归一化处理都仍为式(3-166) 和式(3-167)，如果对纯滞后 τ 先不作考虑，则问题转化为用

$$G(s)=\frac{1}{(T_1s+1)(T_2s+1)}, \quad T_1\geqslant T_2 \tag{3-173}$$

去拟合已截去纯滞后部分并已化为无量纲形式的阶跃响应 $y_1(t)$。

与式(3-173) 相对应的阶跃响应为

$$y_1(t)=1-\frac{T_1}{T_1-T_2}e^{-t/T_1}-\frac{T_2}{T_2-T_1}e^{-t/T_2}$$

或

$$1-y_1(t)=\frac{T_1}{T_1-T_2}e^{-t/T_1}+\frac{T_2}{T_1-T_2}e^{-t/T_2} \tag{3-174}$$

由式(3-174)，可利用阶跃响应上 $[t_1,y_1(t_1)]$ 和 $[t_2,y_1(t_2)]$ 两个点的数据确定参数 T_1 和 T_2。例如，可以取 $y_1(t)$ 分别等于 0.4 和 0.8，从曲线上定出 t_1 和 t_2，如图 3-34 所示，就可以得到下述联立方程

$$\begin{cases}\dfrac{T_1}{T_1-T_2}e^{-t_1/T_1}-\dfrac{T_2}{T_1-T_2}e^{-t_1/T_2}=0.6 \\ \dfrac{T_1}{T_1-T_2}e^{-t_2/T_1}-\dfrac{T_2}{T_1-T_2}e^{-t_2/T_2}=0.2\end{cases} \tag{3-175}$$

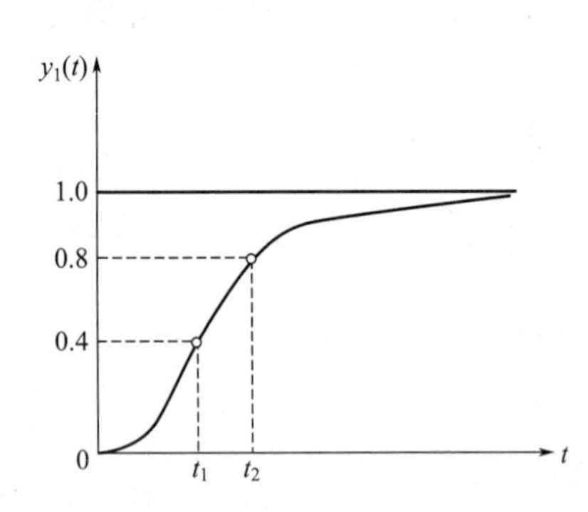

图 3-34 根据阶跃响应曲线上两个点的数据确定 T_1 和 T_2

式(3-175)的近似解为

$$T_1+T_2\approx\frac{1}{2.16}(t_1+t_2) \tag{3-176}$$

$$\frac{T_1T_2}{(T_1+T_2)^2}\approx 1.74\frac{t_1}{t_2}-0.55 \tag{3-177}$$

对于用式(3-173)表示的二阶对象，应有

$$0.32<\frac{t_1}{t_2}\leqslant 0.46 \tag{3-178}$$

式(3-172)中纯滞后时间 τ 的考虑如图 3-33 所示的阈值方法。

易知，当 $T_2=0$ 时，式(3-173)变为一阶对象，对于一阶对象应有

$$\frac{t_1}{t_2}=0.32,\quad t_1+t_t=2.12T_1$$

当 $T_2=T_1$ 时

$$\frac{t_1}{t_2}=0.46,\quad t_1+t_2=2.18\times 2T_1$$

如果 $t_1/t_2>0.46$，则说明该阶跃响应需要用更高阶的传递函数才能拟合得更好。例如可以取成 n 个一阶环节串联的传递函数

$$G(s)=\frac{K\mathrm{e}^{-\tau s}}{(Ts+1)^n} \tag{3-179}$$

如果取作式(3-179)的形式，可仍根据 $y_1(t)=0.4$ 和 0.8 分别定出 t_1 和 t_2，然后再根据比值 t_1/t_2，利用表 3-4 查出 n 值，最后再用下式计算式(3-179)中的时间常数 T

$$nT\approx\frac{t_1+t_2}{2.16} \tag{3-179$'$}$$

表 3-4 高阶惯性对象 $1/(Ts+1)^n$ 中阶数 n 与比值 t_1/t_2 的关系

n	t_1/t_2	n	t_1/t_2
1	0.32	8	0.685
2	0.46	9	
3	0.53	10	0.71
4	0.58	11	
5	0.62	12	0.735
6	0.65	13	
7	0.67	14	0.75

读者可以考虑，如果采用脉冲信号作为被控系统的输入信号，该如何从获得的输出量求得系统的传递函数？

本章小结

对于实际的控制系统，人们关心的是当输入（包括给定输入与扰动输入）信号作用于被控系统后，系统的输出是否符合要求，也即需要掌握输出随时间变化的情况，因而，本章的主要内容是在已知被控系统模型的基础上，求解在典型输入信号激励下的微分方程解——系统输出响应。为了比较分析系统的动态性能，选择二阶系统作为讨论对象，采用典型的单位阶跃函数作为输入信号，引出分析与评估线性控制系统的动态与稳态的性能指标。为简化对高阶系统的分析，引入了系统主导极点的概念。本章还讨论了常规的控制规律（比例、积分与微分）对系统控制质量的影响。

基于线性系统的状态空间模型，本章介绍了状态转移矩阵的概念及其计算，推导了状态方程的求解方法。

针对实际应用的需要，在本章的最后，简单给出了被控系统的实验建模方法。

习题三

3-1 分别采用时域方法与拉氏变换方法求解下列微分方程，假设初始条件为零。

① $\frac{\mathrm{d}^2x}{\mathrm{d}t^2}+4\frac{\mathrm{d}x}{\mathrm{d}t}+3x=9$； ② $\frac{\mathrm{d}^2x}{\mathrm{d}t^2}+\frac{\mathrm{d}x}{\mathrm{d}t}+4.25x=t+1$

3-2 在零初始条件下，求出如下方程分别在不同输入激励下的全解。其中输入 $f(t)$ 分别为：
① 单位脉冲；② 单位阶跃；③ 单位斜坡。

$$(D^2+2D+2)(D+5)x(t)=(D+3)f(t)$$

（注：式中的符号"D"是微分算子）

3-3 对题 2-6，图 2-82 所示电路，求解 $i_2(t)$。其中电路参数
$E=10\text{V}$，$L=1\text{H}$，$C_1=C_2=0.001\text{F}$，$R_1=10\Omega$，$R_2=15\Omega$

3-4 已知传递函数 $G(s)=\frac{6}{s^3+4s^2+4s}$，求单位阶跃函数作用下的时间响应。

3-5 设单位负反馈系统开环传递函数 $G(s)=\frac{4}{s(s+5)}$，求这个系统的单位阶跃响应。

3-6 设单位负反馈系统开环传递函数 $G(s)=\frac{2s+1}{s^2}$，求这个系统的单位阶跃响应和单位斜坡响应。

3-7 某控制系统的传递函数是 $G(s)=\frac{10(2s+1)}{(s+1)(s^2+4s+8)}$，求出该系统的单位脉冲响应 $g(t)$ 与单位阶跃响应 $h(t)$。

3-8 已知各系统的单位脉冲响应如下，试求系统的传递函数 $\Phi(s)$。
① $g(t)=7-5\mathrm{e}^{-6t}$；
② $g(t)=0.0125\mathrm{e}^{-1.25t}$；
③ $g(t)=\frac{k}{\omega}\sin\omega t$；
④ $g(t)=5t+10\sin(4t+45^\circ)$；
⑤ $g(t)=0.02(\mathrm{e}^{-0.5t}-\mathrm{e}^{-0.2t})$

3-9 已知控制系统的单位阶跃响应为

$$h(t)=1+0.2\mathrm{e}^{-60t}-1.2\mathrm{e}^{-10t}$$

试确定系统的阻尼比 ζ 和自然频率 ω_n。

3-10 已知二阶系统的单位阶跃响应为 $h(t)=10-12.5\mathrm{e}^{-1.2t}\sin(1.6t+53.1^\circ)$。求出该系统的百分比超调量 $\sigma\%$、峰值时间 T_p 以及调节时间 T_s。

3-11 已知某控制系统的方块图如图 3-35 所示，求：
① K_c 为多少时，系统产生振荡；
② K_c 为多少时，系统不稳定；
③ K_c 为多少时，系统产生 4∶1 衰减振荡；
④ 定值控制系统产生 4∶1 衰减振荡时的最大偏差、余差、调节时间、峰值时间；
⑤ 随动系统产生 4∶1 衰减振荡时的超调量、余差、调节时间、峰值时间。

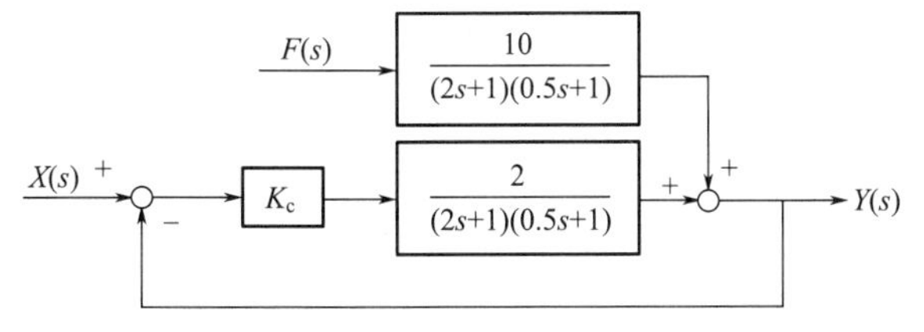

图 3-35 题 3-11 示意图

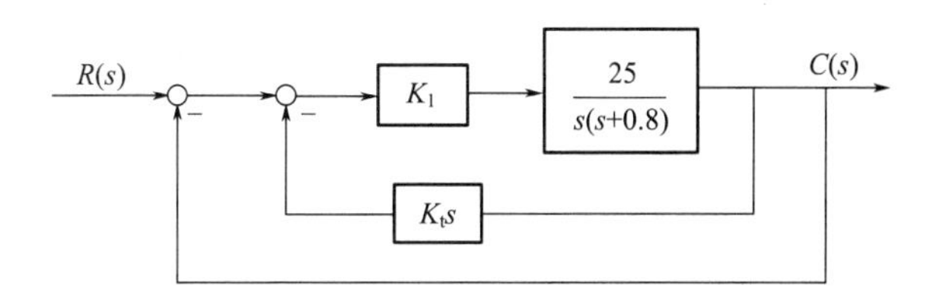

图 3-36 简化的飞行控制系统结构图

3-12 已知某一系统的广义对象传递函数是 $G(s)=\frac{4}{(2s+1)^2}$，控制器是比例作用，比例系数为 K_c，求：
① 使衰减比达到 4∶1 时的 K_c 值；
② 如果采用 $K_c=0.75$，问衰减比和振荡频率是多少？

3-13 设图 3-36 是简化的飞行控制系统结构图，试选择参数 K_1 和 K_t，使系统的 $\omega_n=6$，$\zeta=1$。

3-14 试分别求出图 3-37 各系统的自然频率和阻尼比，并列表比较其动态性能。

3-15 已知控制系统方块图如图 3-38 所示，求：
① $T_d=0$ 和 $T_d=3$ 两种情况下，$\zeta=0.7$ 时的 K_c 值；

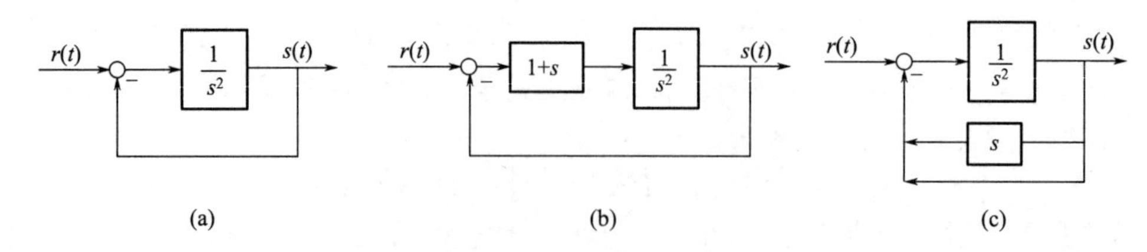

图 3-37 控制系统结构图

② 求上述两种情况下，定值控制系统测量值的最大偏差、调节时间、峰值时间、余差，并说明增加微分作用的效果。

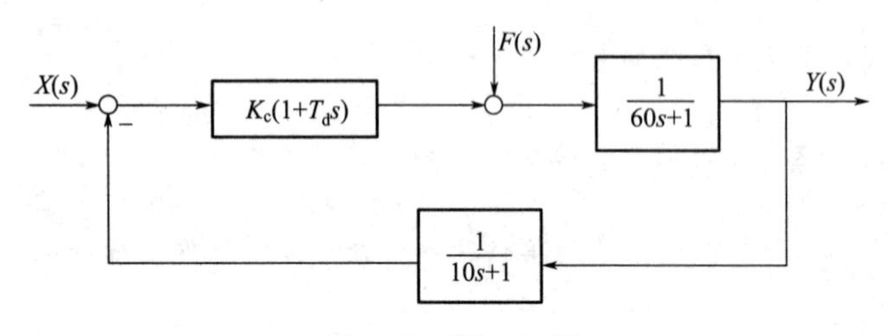

图 3-38 题 3-15 图

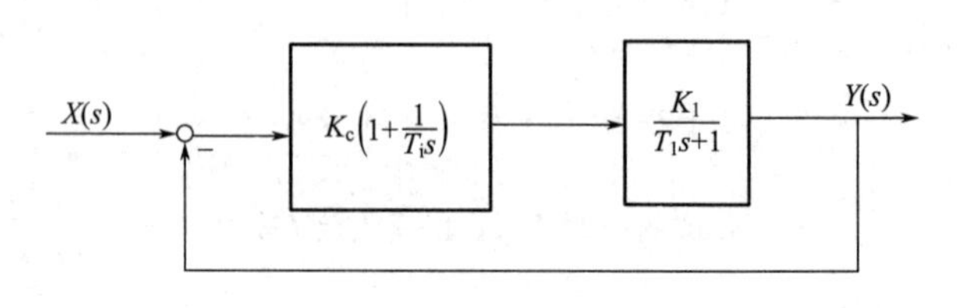

图 3-39 题 3-16 图

3-16 已知控制系统方块图如图 3-39 所示，求当回路放大倍数 K_cK_1 保持不变时，加强积分作用对系统稳定性的影响。

3-17 设二阶控制系统的单位阶跃响应曲线如图 3-40 所示，如果该系统是单位负反馈控制系统，试确定其开环传递函数。

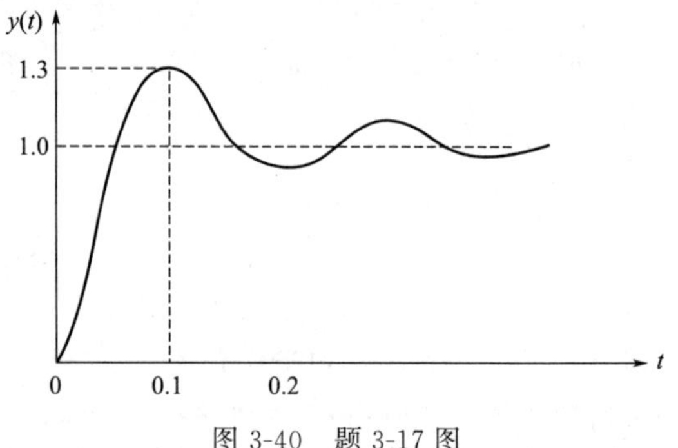

图 3-40 题 3-17 图

3-18 若一个系统的单位阶跃响应为 $y(t)=1+0.2e^{-60t}-1.2e^{-10t}$。

① 求该系统的传递函数；

② 求出系统的衰减比 ζ 和自然振荡角频率 ω_n；

③ 求系统的稳态误差。

3-19 已知线性定常系统的状态方程为 $\dot{\boldsymbol{x}}(t)=\boldsymbol{Ax}(t)$，其中

① $\boldsymbol{A}=\begin{bmatrix}0 & 1\\ -6 & -5\end{bmatrix}$； ② $\boldsymbol{A}=\begin{bmatrix}0 & 1 & 0\\ 0 & 0 & 1\\ 0 & 1 & 0\end{bmatrix}$； ③ $\boldsymbol{A}=\begin{bmatrix}0 & 1 & 0 & 0\\ 0 & 0 & 1 & 0\\ 0 & 0 & 0 & 1\\ 0 & 0 & 0 & 0\end{bmatrix}$

试用级数展开法求系统的状态转移阵。

3-20 已知线性定常系统的状态方程为 $\dot{\boldsymbol{x}}(t)=\boldsymbol{Ax}(t)$，其中

① $\boldsymbol{A}=\begin{bmatrix}0 & 1\\ 0 & -2\end{bmatrix}$； ② $\boldsymbol{A}=\begin{bmatrix}0 & 1\\ -1 & 0\end{bmatrix}$； ③ $\boldsymbol{A}=\begin{bmatrix}0 & 1 & 0\\ 0 & 0 & 1\\ 0 & 1 & 0\end{bmatrix}$

④ $\boldsymbol{A}=\begin{bmatrix}0 & 0\\ -1 & -1\end{bmatrix}$； ⑤ $\boldsymbol{A}=\begin{bmatrix}0 & 1\\ -2 & -3\end{bmatrix}$； ⑥ $\boldsymbol{A}=\begin{bmatrix}1 & 0 & 0\\ 0 & 1 & 0\\ 0 & 1 & 2\end{bmatrix}$

试用拉普拉斯变换法求系统的状态转移阵。

3-21 已知线性定常系统的状态方程为 $\dot{\boldsymbol{x}}(t)=\boldsymbol{Ax}(t)$，并且 $\boldsymbol{A}=\begin{bmatrix}0 & 1 & 0\\ 0 & 0 & 1\\ -6 & -11 & -6\end{bmatrix}$，试用标准型法求系统的状态转移阵。

3-22 已知系统的状态方程为 $\dot{\boldsymbol{x}}(t)=\boldsymbol{Ax}(t)+\boldsymbol{Bu}(t)$，式中 $\boldsymbol{A}=\begin{bmatrix}-12 & \frac{2}{3}\\ -36 & -1\end{bmatrix}$，$\boldsymbol{B}=\begin{bmatrix}\frac{1}{3}\\ 1\end{bmatrix}$，$u(t)=1(t)$。初

始条件为$\boldsymbol{x}(0)=\begin{bmatrix}x_1(0)\\x_2(0)\end{bmatrix}=\begin{bmatrix}2\\1\end{bmatrix}$，试求系统状态响应$\boldsymbol{x}(t)$。

3-23　已知齐次状态方程

$$\dot{\boldsymbol{x}}(t)=\begin{bmatrix}0&1&0\\0&0&1\\-5&-7&-3\end{bmatrix}\boldsymbol{x}(t)$$
$$y(t)=[1\quad 0\quad 0]\boldsymbol{x}(t)$$

① 求系统的特征值；② 由拉氏变换方法求出状态转移矩阵$\boldsymbol{\Phi}(t)$。

3-24　已知状态空间模型

$$\dot{\boldsymbol{x}}(t)=\begin{bmatrix}-6&4\\-2&0\end{bmatrix}\boldsymbol{x}(t)+\begin{bmatrix}0\\1\end{bmatrix}u(t)$$
$$y(t)=[1\quad 0]\boldsymbol{x}(t)$$
$$u(t)=1(t)$$

初始条件为$x_1(0)=2$，$x_2(0)=0$。请给出$\boldsymbol{\Phi}(t)$、$\boldsymbol{x}(t)$以及$y(t)$。

3-25　已知线性系统模型为

$$\dot{\boldsymbol{x}}(t)=\begin{bmatrix}-2&1\\2&-3\end{bmatrix}\boldsymbol{x}(t)+\begin{bmatrix}0\\1\end{bmatrix}u(t)$$
$$y(t)=[1\quad 0]\boldsymbol{x}(t)$$

当$u=1(t)$且初始条件为$x_1(0)=0$和$x_2(0)=1$时，要求：①采用拉氏变换方法，求出$\boldsymbol{\Phi}(s)$；②给出系统的传递函数$G(s)$；③求系统输出$y(t)$。

3-26　已知一系统由下述方程描述

$$\dot{\boldsymbol{x}}(t)=\begin{bmatrix}-6&-1\\5&0\end{bmatrix}\boldsymbol{x}(t)+\begin{bmatrix}1\\0\end{bmatrix}u(t)$$
$$y(t)=x_1(t)$$

①已知$\boldsymbol{x}(0)=0$和$u(t)=1(t)$，求$\boldsymbol{x}(t)$；②确定传递函数$G(s)=Y(s)/U(s)$。

3-27　已知某系统的状态空间模型如下

$$\dot{\boldsymbol{x}}(t)=\begin{bmatrix}-2&-1\\0&3\end{bmatrix}\boldsymbol{x}(t)+\begin{bmatrix}0\\10\end{bmatrix}u(t)$$
$$y(t)=x_1(t)$$

①给出系统传递函数$G(s)=Y(s)/U(s)$；②画出相应的状态变量图；③在零初始条件下，求出单位阶跃输入作用下的$x_1(t)$和$x_2(t)$。

3-28　已知控制系统的状态方程为$\dot{\boldsymbol{x}}(t)=\boldsymbol{A}\boldsymbol{x}(t)$，并且当

① $\begin{bmatrix}x_1(0)\\x_2(0)\end{bmatrix}=\begin{bmatrix}1\\-1\end{bmatrix}$时，有$\boldsymbol{x}(t)=\begin{bmatrix}e^{-2t}\\-e^{-2t}\end{bmatrix}$；　② $\begin{bmatrix}x_1(0)\\x_2(0)\end{bmatrix}=\begin{bmatrix}2\\1\end{bmatrix}$时，有$\boldsymbol{x}(t)=\begin{bmatrix}2e^{-t}\\e^{-t}\end{bmatrix}$；

$\begin{bmatrix}x_1(0)\\x_2(0)\end{bmatrix}=\begin{bmatrix}2\\-1\end{bmatrix}$时，有$\boldsymbol{x}(t)=\begin{bmatrix}2e^{-t}\\-e^{-t}\end{bmatrix}$；　$\begin{bmatrix}x_1(0)\\x_2(0)\end{bmatrix}=\begin{bmatrix}1\\1\end{bmatrix}$时，有$\boldsymbol{x}(t)=\begin{bmatrix}e^{-t}+2te^{-t}\\e^{-t}+te^{-t}\end{bmatrix}$。

试求系统矩阵$\boldsymbol{A}$及系统状态转移阵。

3-29　已知矩阵为

① $\boldsymbol{\Psi}(t)=\begin{bmatrix}1&0&0\\0&\sin t&\cos t\\0&-\cos t&\sin t\end{bmatrix}$；　② $\boldsymbol{\Phi}(t)=\begin{bmatrix}2e^{-2t}&e^{-t}+e^{2t}\\e^{2t}-e^{t}&2e^{t}-e^{2t}\end{bmatrix}$

试问它们可能是某个系统的状态转移矩阵吗？为什么？

3-30　已知$\boldsymbol{\Phi}(t,0)=\begin{bmatrix}1&\frac{1}{2}(1-e^{-2t})\\0&e^{-2t}\end{bmatrix}$，求证$\boldsymbol{\Phi}(t,0)$是否满足以下三个条件：

① $\boldsymbol{\Phi}(0,0)=\boldsymbol{I}$；　② $\boldsymbol{\Phi}(t,0)=\boldsymbol{\Phi}(t,t_0)\boldsymbol{\Phi}(t_0,0)$；

③ $\boldsymbol{\Phi}^{-1}(t,0)=-\boldsymbol{\Phi}(0,t)$。若不满足，$\boldsymbol{\Phi}(t,0)$是否为转移矩阵。

3-31　设有一复杂液位被控对象，其液位阶跃响应实验结果如下表所示：

t/s	0	10	20	40	60	80	100	140	180	250	300	400	500	600
h/cm	0	0	0.2	0.8	2.0	3.6	5.4	8.8	11.8	14.4	16.6	18.4	19.2	19.6

要求：① 画出液位对象的阶跃响应曲线；

② 若该对象可用有纯滞后的一阶惯性环节近似，试用近似法确定纯滞后时间 τ 和时间常数 T。

3-32　已知被控对象的单位阶跃响应实验数据如下表所示，试用两点法确定该对象的传递函数。

t/s	0	15	30	45	60	75	90	105	120
$y(t)$	0	0.02	0.045	0.065	0.090	0.135	0.175	0.233	0.285
t/s	135	150	165	180	195	210	225	240	255
$y(t)$	0.330	0.379	0.430	0.485	0.540	0.595	0.650	0.710	0.780
t/s	270	285	300	315	330	345	360	375	390
$y(t)$	0.830	0.885	0.951	0.980	0.998	0.999	1.000	1.000	1.000

第四章 连续时间控制系统的稳定性与稳态误差

稳定性、稳态误差、能控性、能观性和参数灵敏性是反馈控制系统固有的五个重要性质。其中稳定性是控制系统分析与设计中最重要的问题，也是对系统最基本的要求。控制系统在实际运行中，总会受到外界和内部一些因素的扰动，例如负载或能源的波动、环境条件的改变、系统工艺参数的变化等。如果系统不稳定，当它受到扰动时，系统中各物理量就会偏离其平衡工作点，并随时间推移而发散，即使扰动消失了，也不可能恢复原来的平衡状态。因此，如何分析系统的稳定性并提出保证系统稳定的措施，是控制理论的基本任务之一。本章介绍线性定常控制系统的稳定性及稳态性能，主要介绍线性系统稳定性的概念、系统稳定的充分必要条件以及判别系统稳定性的方法。稳态性能是根据系统在阶跃、斜坡或抛物线等典型信号输入下的稳态误差大小来衡量的，因此本章还将详细介绍误差的概念、稳态误差的计算方法、控制系统的“型”别及稳态误差系数等。

第一节　劳斯稳定判据

一、稳定性

稳定性是自动控制系统最重要的性能指标之一。任何控制系统在扰动的作用下都会偏离平衡状态，产生偏差。所谓控制系统的稳定性，就是指当扰动消失后，系统由初始偏差状态恢复到平衡状态的性能。

可以通过一个简单的物理系统例子来说明稳定性的概念。如图 4-1 所示，考虑一个小球在曲面上的平衡问题。假设小球只能在 (x,y) 平面内运动，设曲面在 (x,y) 平面内的方程为

$$y=(1-a)x^2 \tag{4-1}$$

其中 a 是一个控制参数。a 取不同的值，曲面的形状不同。当 a 的取值分别为小于 1、大于 1 和等于 1 时，小球的初始平衡状态分别为图 4-1 中的实心小球位置。如果某一时刻突然施加一个外力使小球离开原来的位置，观察这个力消失后的情况。图 4-1(a) 中的小球会在底部作来回滚动运动，最终回到原来的位置，称此平衡状态是稳定的；图 4-1(b) 中的小球很快向下滚落，不可能回到原来的位置，这种平衡状态被称为是不稳定的；而图 4-1(c) 中的小球可能会停留在曲面上的任何位置，称这种情况为临界稳定。

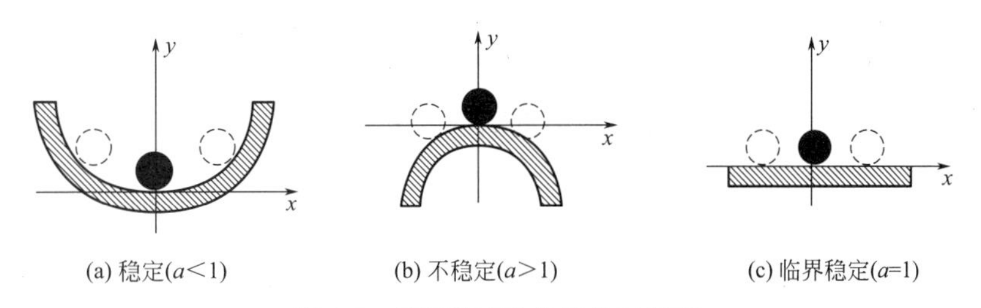

图 4-1　平衡状态的稳定性示意图

平衡状态的稳定性概念可以推广到控制系统。假设系统具有一个平衡状态，如果系统在有界扰动作用下偏离了原平衡状态，不论扰动引起的初始偏差多大，系统都能以足够的准确度恢复到初始平衡状态，称这种系统为大范围稳定的系统；如果系统受到有界扰动作用后，只有当扰动引起的初始偏差小于某一范围时，系

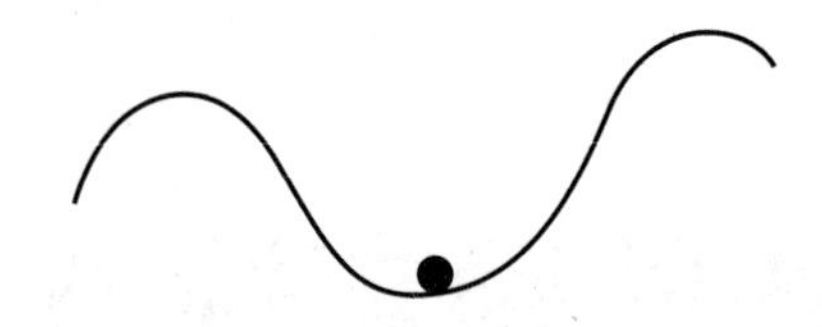
图 4-2　小范围稳定的系统

统才能在取消扰动后恢复到初始平衡状态，否则就不能恢复到初始平衡状态，称这种系统为小范围稳定的系统，如图 4-2 所示。若系统在扰动消失后，输出与原平衡状态间存在恒定的偏差或输出维持在等幅振荡，则系统处于临界稳定状态。在经典控制理论中，临界稳定也被视为不稳定。对于稳定的线性系统，必然在小范围和大范围内都能稳定，只有非线性系统才可能出现小范围稳定而大范围不稳定的情况。关于非线性系统的稳定性将在第九章介绍。

对于线性控制系统，稳定性的定义如下：若线性控制系统在初始扰动的影响下，其动态过程随时间的推移逐渐衰减并趋于零，则称系统渐近稳定，简称稳定；反之，若在初始扰动的影响下，系统的动态过程随时间的推移而发散，则称系统不稳定。

上述稳定性定义表明：线性系统的稳定性仅取决于系统自身的固有特性，而与外界条件无关。

由上一章的动态特性与极点的关系可以得出：对于线性定常系统，当系统极点位于 S 平面的左半平面时，系统是稳定的。事实上，可以由稳定性的定义得到线性定常系统稳定的充分必要条件。

设系统的传递函数为

$$G(s)=\frac{Y(s)}{R(s)}=\frac{b_m s^m+b_{m-1}s^{m-1}+\cdots+b_1 s+b_0}{a_n s^n+a_{n-1}s^{n-1}+\cdots+a_1 s+a_0}=\frac{K\prod_{i=1}^{m}(s+z_i)}{\prod_{j=1}^{n}(s+p_j)} \tag{4-2}$$

若系统的输入为单位脉冲函数 $r(t)=\delta(t)$，即 $R(s)=1$，则当作用时间 $t>0$ 时，$\delta(t)=0$，相当于扰动消失。对于稳定系统，$t\to\infty$时输出 $y(t)=0$。输出 $Y(s)$ 可表示为

$$Y(s)=G(s)R(s)=G(s)=\frac{K\prod_{i=1}^{m}(s+z_i)}{\prod_{j=1}^{n}(s+p_j)} \tag{4-3}$$

对式(4-3) 进行拉氏反变换，可得到扰动为脉冲函数的系统输出

$$y(t)=\mathscr{L}^{-1}[G(s)]=\sum_{j=1}^{n}\alpha_j \mathrm{e}^{-p_j t} \tag{4-4}$$

式中 α_j 为 $s=-p_j$ 极点处的留数。由式(4-4) 可知，$\lim\limits_{t\to\infty}y(t)=0$ 的充要条件为极点具有负实部。因此，根据稳定性的定义，线性定常系统稳定的充分必要条件是系统特征根具有负实部，或者说系统的闭环极点全部位于 S 平面的左半平面，如图 4-3 所示。若系统特征方程有根位于 S 平面的右半平面，则系统不稳定；若特征方程的根正好落在虚轴上，则系统处于临界稳定状态。

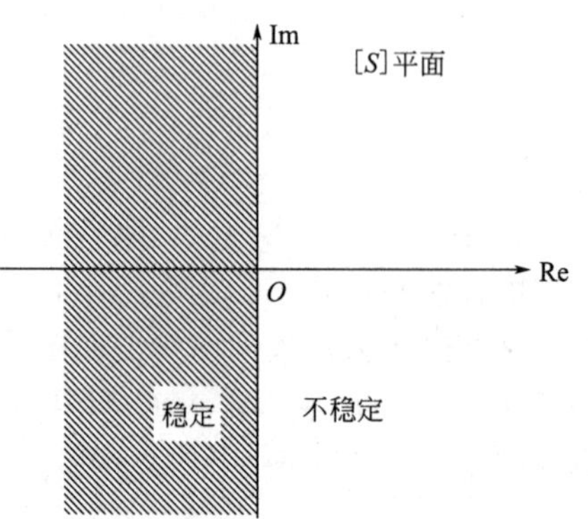

图 4-3　稳定系统的极点分布

由上述线性定常系统稳定的充分必要条件，就可以根据系统特征方程根的分布情况来判别控制系统的稳定性。对于一阶、二阶系统可以直接求解特征方程，但是对于高于二阶的系统，如果不用计算机来求取特征根，那是比较困难的。因此，下面介绍一种不用求解特征方程就能知道是否存在实部为正的特征根的方法——劳斯稳定性判据。

二、劳斯判据

在 19 世纪，劳斯（E. J. Routh）和赫尔维茨（Hurwitz）分别独立地提出了不需要求解特征方程的根，只需根据特征方程式的系数直接利用代数方法判别特征方程根的分布位置，从而判别系统是否稳定的方法，后人将这种方法统称为劳斯-赫尔维茨稳定性判据。劳斯判据采用劳斯阵列，应用不受特征方程阶次的限制；赫尔维茨判据采用赫尔维茨行列式，由于四阶以上的行列式手工计算比较麻烦，一般只适用于低阶系统。劳斯判据给出了系统稳定的充分必要条件，在介绍劳斯判据之前，先讨论系统稳定的必要条件。

1. 系统稳定的必要条件

对于式(4-2) 表示的系统，特征方程为

$$\Delta(s)=a_n s^n + a_{n-1}s^{n-1}+\cdots+a_1 s+a_0=0 \tag{4-5}$$

为了获得系统的极点，需要求解方程(4-5)。假设方程(4-5) 的左边可分解为因子形式

$$\Delta(s)=a_n(s-\lambda_1)(s-\lambda_2)\cdots(s-\lambda_n) \tag{4-6}$$

则 $\lambda_1,\lambda_2,\cdots,\lambda_n$ 为特征方程的 n 个根。将因子形式的式(4-6) 展开，可以得到

$$\begin{aligned}\Delta(s)=a_n[&s^n-(\lambda_1+\cdots+\lambda_n)s^{n-1}+(\lambda_1\lambda_2+\lambda_2\lambda_3+\cdots)s^{n-2}-(\lambda_1\lambda_2\lambda_3+\lambda_1\lambda_2\lambda_4+\cdots)s^{n-3}\\&+\cdots+(-1)^n\lambda_1\lambda_2\cdots\lambda_n]\end{aligned} \tag{4-7}$$

对比式(4-5) 和式(4-7) 可以得到特征方程的根与系数之间的关系

$$\begin{aligned}&\frac{a_{n-1}}{a_n}=(-1)^1\sum_{i=1}^{n}\lambda_i,\quad \frac{a_{n-2}}{a_n}=(-1)^2\sum_{\substack{i,j=1\\ i\neq j}}^{n}\lambda_i\lambda_j\\&\frac{a_{n-3}}{a_n}=(-1)^3\sum_{\substack{i,j,k=1\\ i\neq j\neq k}}^{n}\lambda_i\lambda_j\lambda_k,\ \cdots,\ \frac{a_0}{a_n}=(-1)^n\prod_{i=1}^{n}\lambda_i\end{aligned} \tag{4-8}$$

式中 $\sum\limits_{\substack{i,j=1\\ i\neq j}}^{n}\lambda_i\lambda_j$、$\sum\limits_{\substack{i,j,k=1\\ i\neq j\neq k}}^{n}\lambda_i\lambda_j\lambda_k$ 分别为每次取两个根、三个根乘积之和。显然，如果 $\lambda_1,\lambda_2,\cdots,\lambda_n$ 都位于 S 平面的左半平面，则 $a_n,a_{n-1},\cdots,a_1,a_0$ 具有相同的符号，且均不等于零。因此可以得到控制系统稳定的必要条件是：系统特征方程的各项系数具有相同的符号，且无一系数为零。

根据上述必要条件，在使用稳定性判据之前，可以先检查系统特征方程的系数，若其中存在有异号的系数或零系数，则此系统必不稳定，不需要再进一步判定。

2. 劳斯阵列

应用劳斯判据判定系统的稳定性，首先要根据系统特征方程的系数构成劳斯阵列，然后再按劳斯阵列第一列元素的符号来判断系统的稳定性。

设线性系统的特征方程为

$$a_n s^n + a_{n-1}s^{n-1}+\cdots+a_1 s+a_0=0 \tag{4-9}$$

系统的劳斯阵列的构成如下

$$\begin{array}{c|ccccc} s^n & a_n & a_{n-2} & a_{n-4} & a_{n-6} & \cdots \\ s^{n-1} & a_{n-1} & a_{n-3} & a_{n-5} & a_{n-7} & \cdots \\ s^{n-2} & c_1 & c_2 & c_3 & \cdots & \\ s^{n-3} & d_1 & d_2 & \cdots & & \\ \cdots & \cdots & \cdots & & & \\ s^1 & j_1 & & & & \\ s^0 & k_1 & & & & \end{array}$$

n 阶系统的劳斯阵列共有 $n+1$ 行，在竖线左边，由上至下按 s 最高幂 s^n 至最低幂 s^0 依次排列，作为行的标识符。劳斯阵列的前两行元素由特征方程式的系数组成，第一行由第 1,3,5,⋯项系数构成，第二行由第 2,4,6,⋯项系数构成，直到 s^0 项系数，最后一个系数若已不存在则用零补足；第三行元素的计算公式如下

$$c_1=-\frac{1}{a_{n-1}}\begin{vmatrix}a_n & a_{n-2}\\ a_{n-1} & a_{n-3}\end{vmatrix}=\frac{a_{n-1}a_{n-2}-a_n a_{n-3}}{a_{n-1}} \tag{4-10}$$

$$c_2=-\frac{1}{a_{n-1}}\begin{vmatrix}a_n & a_{n-4}\\ a_{n-1} & a_{n-5}\end{vmatrix}=\frac{a_{n-1}a_{n-4}-a_n a_{n-5}}{a_{n-1}} \tag{4-11}$$

$$c_3=-\frac{1}{a_{n-1}}\begin{vmatrix}a_n & a_{n-6}\\ a_{n-1} & a_{n-7}\end{vmatrix}=\frac{a_{n-1}a_{n-6}-a_n a_{n-7}}{a_{n-1}} \tag{4-12}$$

$$\vdots$$

即分母为第二行第一列元素，分子为第一、二行中 4 个元素构成的行列式值的负值，这 4 个元素为第一列 2 个元素和该元素所在列的后一列 2 个元素，直到计算出的第三行元素均为零时停止。类似地，可以计算出第四行至第 s^0 行各元素，分母为该元素所在行的上一行第一列元素，分子为该元素上两行中 4 个元素构成的行列式值的负值，这 4 个元素为第一列 2 个元素和该元素所在列的后一列 2 个元素，直到计算出的此行元素均为零，如第四行

$$d_1=-\frac{1}{c_1}\begin{vmatrix} a_{n-1} & a_{n-3} \\ c_1 & c_2 \end{vmatrix}=\frac{c_1a_{n-3}-a_{n-1}c_2}{c_1} \tag{4-13}$$

$$d_2=-\frac{1}{c_1}\begin{vmatrix} a_{n-1} & a_{n-5} \\ c_1 & c_3 \end{vmatrix}=\frac{c_1a_{n-5}-a_{n-1}c_3}{c_1} \tag{4-14}$$

$$d_3=-\frac{1}{c_1}\begin{vmatrix} a_{n-1} & a_{n-7} \\ c_1 & c_4 \end{vmatrix}=\frac{c_1a_{n-7}-a_{n-1}c_4}{c_1} \tag{4-15}$$

$$\vdots$$

当 s^0 行计算完成之后，即可得到呈倒三角形的劳斯阵列，且 s^0 行和 s^1 行均只有 1 个元素。

3. 劳斯判据

由特征方程得到劳斯阵列之后，就可很容易地用劳斯判据判断系统的稳定性。**劳斯稳定性判据**：特征方程实部为正数的根的个数等于劳斯阵列的第一列元素符号改变的次数。因此，如果劳斯阵列第一列元素具有相同的符号，则系统是稳定的。

【例 4-1】 已知系统的特征方程为

$$s^5+s^4+10s^3+72s^2+152s+240=0 \tag{4-16}$$

试判别系统的稳定性。

解 根据特征方程系数列出劳斯阵列为

$$\begin{array}{c|ccc}
s^5 & 1 & 10 & 152 \\
s^4 & 1 & 72 & 240 \\
s^3 & -62 & -88 & \\
s^2 & 70.6 & 240 & \\
s^1 & 122.8 & & \\
s^0 & 240 & &
\end{array}$$

在劳斯阵列的第一列中，元素符号改变两次，即由 1 变为 -62，再由 -62 变为 70.6，根据劳斯判据，特征方程有 2 个位于 S 平面右半平面的根，系统不稳定。另一方面，通过因式分解，可以求得式(4-16) 的根为 $s_1=-3$，$s_{2,3}=-1\pm \mathrm{j}\sqrt{3}$ 和 $s_{4,5}=+2\pm \mathrm{j}4$，表明特征方程确实存在 2 个正实部的根。

要注意的是，劳斯判据只提供了具有正实部的特征根的个数，但并不区分这个根是实根还是复根。

为了简化劳斯阵列中元素的计算，在构造劳斯阵列的过程中，可以用一个正数去除或乘某一整行，不会改变所得到的结论。

【例 4-2】 已知系统的特征方程为

$$s^6+3s^5+2s^4+9s^3+5s^2+12s+20=0 \tag{4-17}$$

试判别系统的稳定性。

解 根据特征方程系数列出劳斯阵列为

$$\begin{array}{c|cccc l}
s^6 & 1 & 2 & 5 & 20 & \\
s^5 & \not{3} & \not{9} & \not{12} & & \\
 & 1 & 3 & 4 & & \text{（整行除以 3 后）} \\
s^4 & -1 & 1 & 20 & & \\
s^3 & \not{4} & \not{24} & & & \\
 & 1 & 6 & & & \text{（整行除以 4 后）} \\
s^2 & 7 & 20 & & & \\
s^1 & 22 & & & & \text{（乘以 7 后）} \\
s^0 & 20 & & & &
\end{array}$$

在劳斯阵列的第一列中，元素符号改变两次，因此，特征方程有 2 个实部为正的根，系统不稳定。注意到，在计算劳斯阵列时，为使后面元素的计算得到简化，分别把 s^5 行除以 3、s^3 行除以 4、s^1 行乘以 7（避免了分数运算），结果不改变第一列元素变号次数，也不影响系统稳定性的判定。

在构造劳斯阵列时，可能会出现两种特殊情况。

① 劳斯阵列中某行的第一列元素为 0，但其他各元素均不为 0，这种情况下，可以通过以下三种方法继续进行计算：

- 用一个很小的正数 ε 来代替这个 0 元素，然后继续计算其他元素；
- 在原特征方程中令 $s=1/x$，判断 x 的根中具有正实部的根的个数，具有正实部的 x 的根的个数与具有正实部的 s 的根的个数相同；
- 对原特征多项式乘以 $(s+1)$，这样会引入一个附加的负根，但不会改变具有正实部根的个数，对新的多项式应用劳斯判据。

下面通过一个例子来说明这三种方法。

【例 4-3】 已知系统的特征方程为

$$s^4+s^3+2s^2+2s+5=0 \tag{4-18}$$

试判别系统的稳定性。

解 劳斯阵列为

$$\begin{array}{c|lll} s^4 & 1 & 2 & 5 \\ s^3 & 1 & 2 & \\ s^2 & 0 & & \end{array}$$

在 s^2 行的第一列元素中出现 0，而分母不能为 0，无法继续计算劳斯阵列。

方法一：用一很小的正数 ε 代替第一列出现的 0 元素，继续计算劳斯阵列

$$\begin{array}{c|ll} s^2 & \varepsilon & 5 \\ s^1 & -5 & \\ s^0 & 5 & \end{array}$$

可见，第一列元素的符号改变了 2 次，因此系统不稳定。

方法二：令 $s=1/x$，可以得到关于 x 的特征方程

$$5x^4+2x^3+2x^2+x+1=0$$

根据上面新特征方程的系数写出新的劳斯阵列为

$$\begin{array}{c|lll} x^4 & 5 & 2 & 1 \\ x^3 & 2 & 1 & \\ x^2 & -1 & 2 & \\ x^1 & 5 & 0 & \\ x^0 & 2 & & \end{array}$$

第一列元素符号改变了 2 次，因此系统不稳定。但是，如果得到的新的关于 x 的特征方程系数与原特征方程系数相同，则无法使用这种方法。

方法三：对原特征方程乘以 $(s+1)$，得到新特征方程为

$$(s+1)(s^4+s^3+2s^2+2s+5)=s^5+2s^4+3s^3+4s^2+7s+5=0$$

劳斯阵列为

$$\begin{array}{c|lll} s^5 & 1 & 3 & 7 \\ s^4 & 2 & 4 & 5 \\ s^3 & 2 & 9 & \\ s^2 & -10 & 10 & \\ s^1 & 11 & & \\ s^0 & 10 & & \end{array}$$

第一列元素符号改变了 2 次，系统不稳定。

可见，采用上述三种方法得到了相同的结论。

【例 4-4】 已知系统的特征方程为

$$s^4+3s^3+3s^2+3s+2=0 \tag{4-19}$$

试判别系统的稳定性。

解 劳斯阵列为

$$\begin{array}{c|ccc} s^4 & 1 & 3 & 2 \\ s^3 & 3 & 3 & \\ s^2 & 2 & 2 & \\ s^1 & 0(\varepsilon) & 0 & \\ s^0 & 2 & & \end{array}$$

劳斯阵列的第一列元素无符号变化，但有0出现，说明系统有一对纯虚根，因此，系统不稳定（或称临界稳定）。

② 劳斯阵列中的某行元素全部为0。这种情况下，可将全零行的上面一行元素作为系数，构成一个辅助方程，辅助方程的根是原特征方程根的一部分；再用辅助方程求一阶导数后的系数来代替各元素为0的这一行，继续计算劳斯阵列中的其他元素，判断原特征方程根中除辅助方程根外是否存在正实部的根。

全零行的出现，往往是全零行的上面两行对应列的元素相等或成比例。而且元素全零行必定出现在s的奇次行中，因为只有s的奇次行的上两行，非零元素的个数才可能相等。所以，辅助方程必为s的偶次幂方程，其根均成对出现，且关于原点对称，它们可能是共轭虚根、符号相反的实根或共轭复根等，因此系统肯定是不稳定的。

【例 4-5】 已知系统的特征方程为

$$s^4+2s^3+11s^2+18s+18=0 \tag{4-20}$$

试判别系统的稳定性。

解 劳斯阵列为

$$\begin{array}{c|cccl} s^4 & 1 & 11 & 18 & \\ s^3 & 1 & 9 & 0 & \text{（除以 2 后）} \\ s^2 & 1 & 9 & & \text{（除以 2 后）} \\ s^1 & 0 & & & \end{array}$$

在s行出现全零行，以此行的上一行（s^2行）的元素为系数构造辅助方程为

$$s^2+9=0$$

求解此辅助方程可得

$$s=\pm \mathrm{j}3$$

这两个根也是系统的特征根。对辅助方程求一阶导数

$$2s+0=0$$

继续构造劳斯阵列

$$\begin{array}{c|c} s^1 & 2 \\ s^0 & 9 \end{array}$$

观察这种情况下的劳斯阵列，虽然第一列元素无符号变化，但因为已经知道系统具有的根$s=\pm \mathrm{j}3$，系统不稳定。第一列元素无符号变化说明没有其他正实部的特征根存在。

【例 4-6】 已知系统的特征方程为

$$s^6+s^5+5s^4+3s^3+8s^2+2s+4=0 \tag{4-21}$$

试判别系统的稳定性。

解 劳斯阵列为

$$\begin{array}{c|ccccl} s^6 & 1 & 5 & 8 & 4 & \\ s^5 & 1 & 3 & 2 & 0 & \\ s^4 & 2 & 6 & 4 & 0 & \rightarrow 2s^4+6s^2+4=0 \\ s^3 & 0(8) & 0(12) & 0(0) & & \leftarrow 8s^3+12s=0 \\ s^2 & 3 & 4 & 0 & & \\ s^1 & 4/3 & 0 & & & \\ s^0 & 4 & & & & \end{array}$$

求解辅助方程 $2s^4+6s^2+4=0$ 得

$$s_{1,2}=\pm \mathrm{j},\ s_{3,4}=\pm \mathrm{j}\sqrt{2}$$

劳斯阵列第一列元素无符号改变，但存在 2 对共轭虚根，系统不稳定。

三、劳斯判据的应用

1. 参数取值范围

劳斯判据除了用于判定系统稳定性外，还可确定系统中某个参数变化对系统稳定性的影响，以及在保证系统稳定的前提下，这些参数允许的取值范围。

【例 4-7】 已知系统传递函数为

$$G(s)=\frac{K(s+2)}{s(s+5)(s^2+2s+5)+K(s+2)} \tag{4-22}$$

试确定使系统稳定的 K 的取值范围。

解 系统的特征方程为传递函数 $G(s)$ 的分母

$$s(s+5)(s^2+2s+5)+K(s+2)=s^4+7s^3+15s^2+(25+K)s+2K=0 \tag{4-23}$$

劳斯阵列为

$$\begin{array}{c|ccc} s^4 & 1 & 15 & 2K \\ s^3 & 7 & 25+K & \\ s^2 & 80-K & 14K & \\ s^1 & \dfrac{(80-K)(25+K)-98K}{80-K} & & \\ s^0 & 14K & & \end{array}$$

根据劳斯判据，系统稳定的充分必要条件是

$$\begin{cases} 80-K>0 \\ (80-K)(25+K)-98K>0 \\ 14K>0 \end{cases}$$

解上述三个不等式，得到使系统稳定的 K 的取值范围为 $0<K<28.1$。

2. 相对稳定性

应用劳斯稳定性判据不仅可以判别系统是否稳定，即系统的绝对稳定性问题，而且可以检验系统是否具有一定的稳定裕量，即相对稳定性问题。

由于稳定系统的特征方程的根都落在 S 平面的左半部，而虚轴是系统的稳定边界，因此，人们常以最靠近虚轴的特征根到虚轴的距离 σ 表示系统的相对稳定性或稳定裕度，如图 4-4 所示。一般地，σ 越大则系统的稳定程度越高。

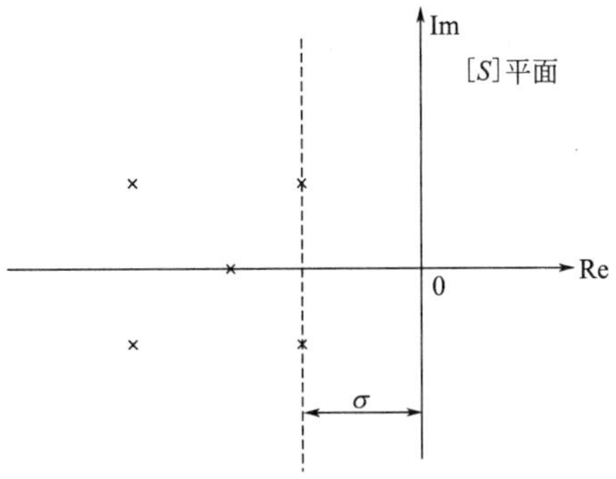

利用劳斯判据确定系统的稳定裕度的具体方法是：令 $s=z-\sigma$，即把虚轴左移 σ，将其代入原系统的特征方程，得到以 z 为变量的新特征方程式，若该新特征方程的根都位于新虚轴的左边，也即 S 平面中 $s=-\sigma$ 直线的左边，则称系统具有 σ 以上的稳定裕度。

图 4-4 系统的稳定裕度 σ

【例 4-8】 已知系统的特征方程为

$$2s^3+10s^2+13s+4=0 \tag{4-24}$$

试判断系统是否稳定，并检验是否有根在直线 $s=-1$ 的右边。

解 劳斯阵列为

$$\begin{array}{c|cc} s^3 & 2 & 13 \\ s^2 & 10 & 4 \\ s^1 & 12.2 & 0 \\ s^0 & 4 & 0 \end{array}$$

第一列元素中无符号改变，因此，系统无右半平面的根，系统稳定。为检验系统是否有根在直线 $s=-1$ 的

右边，令 $s=z-1$，代入原特征方程

$$2(z-1)^3+10(z-1)^2+13(z-1)+4=0$$

得到关于 z 的新特征方程为

$$2z^3+4z^2-z-1=0$$

新的劳斯阵列为

$$\begin{array}{c|cc} z^3 & 2 & -1 \\ z^2 & 4 & -1 \\ z^1 & -0.5 & 0 \\ z^0 & -1 & 0 \end{array}$$

第一列元素中符号改变 1 次，因此，原系统有 1 个特征根位于直线 $s=-1$ 的右边，系统的稳定裕度不到 1。

【例 4-9】 对于例 4-7 的系统，若要使系统具有 $\sigma=0.5$ 以上的稳定裕度，试确定 K 的取值范围。

解 令 $s=z-0.5$，代入式(4-23) 中，得

$$(z-0.5)^4+7(z-0.5)^3+15(z-0.5)^2+(25+K)(z-0.5)+2K=0$$

化简得到关于 z 的特征方程为

$$z^4+5z^3+6z^2+(14.75+K)z+1.5K-9.5625=0$$

劳斯阵列为

$$\begin{array}{c|ccc} z^4 & 1 & 6 & 1.5K-9.5625 \\ z^3 & 5 & 14.75+K & 0 \\ z^2 & 15.25-K & 5(1.5K-9.5625) & \\ z^1 & (14.75+K)-25(1.5K-9.5625)/(15.25-K) & & \\ z^0 & 1.5K-9.5625 & & \end{array}$$

为使系统稳定，劳斯阵列的第一列元素应为正，即

$$\begin{cases} 15.25-K>0 \\ (14.75+K)(15.25-K)-25(1.5K-9.5625)>0 \\ 1.5K-9.5625>0 \end{cases}$$

可以得到，当 $6.375<K<9.89$ 时，系统的稳定裕度在 0.5 以上。

四、赫尔维茨判据

采用赫尔维茨判据判断系统的稳定性，第一步是根据系统特征方程系数按一定规则构成各阶次赫尔维茨行列式，第二步再根据这些行列式值的符号判断系统的稳定性。

若系统的特征方程为式(4-9)，可以先构成系统的 n 阶赫尔维茨行列式

$$\Delta_n=\begin{vmatrix} a_{n-1} & a_{n-3} & a_{n-5} & & \cdots & 0 \\ a_n & a_{n-2} & a_{n-4} & & \cdots & 0 \\ 0 & a_{n-1} & a_{n-3} & & \cdots & 0 \\ & & & \ddots & & \\ \vdots & \vdots & \vdots & \cdots & a_1 & 0 \\ 0 & 0 & 0 & & a_2 & a_0 \end{vmatrix} \tag{4-25}$$

系统的 n 阶赫尔维茨行列式构成的特点是：行列式主对角线元素依次填入 $a_{n-1},a_{n-2},\cdots,a_0$；主对角线以上各元素，从主对角线元素开始按列向上填写时，各元素下标按 1 递减；主对角线以下各元素，从主对角线元素开始按列向下填写时，各元素下标按 1 递增。当递增后下标大于 n 或递减后下标小于 0 时，该元素为零。

然后再从 Δ_n 中取出各阶主子行列式

$$\Delta_1=|a_{n-1}|,\ \Delta_2=\begin{vmatrix} a_{n-1} & a_{n-3} \\ a_n & a_{n-2} \end{vmatrix},\ \cdots,\ \Delta_{n-1}=\begin{vmatrix} a_{n-1} & a_{n-3} & a_{n-5} & \cdots & 0 \\ a_n & a_{n-2} & a_{n-4} & \cdots & 0 \\ 0 & a_{n-1} & a_{n-3} & \cdots & 0 \\ \vdots & \vdots & \vdots & \ddots & \vdots \\ 0 & 0 & & \cdots & a_1 \end{vmatrix}$$

作为 1 阶～$(n-1)$ 阶赫尔维茨行列式。

赫尔维茨稳定性判据：一个系统稳定的充分必要条件是当 $a_n>0$ 时，各阶赫尔维茨行列式 $\Delta_1,\Delta_2,\cdots,\Delta_n$ 均大于零。

对比劳斯阵列第一列和各阶赫尔维茨行列式，可以得出：$a_{n-1}=\Delta_1$，$c_1=\dfrac{\Delta_2}{\Delta_1}$，$d_1=\dfrac{\Delta_3}{\Delta_2}$，…。可见，劳斯稳定性判据和赫尔维茨稳定性判据实质上是一样的。

第二节　反馈控制系统的稳态误差

控制系统的稳态误差是系统控制精度的一种度量，通常称为稳态性能。在控制系统设计中，稳态误差是一项重要的性能指标。只有当系统稳定时，研究稳态误差才有意义。控制系统的稳态误差是由很多因素造成的，系统本身的结构参数、外部作用的形式以及组成系统的元器件性能不佳等都可能引起误差。其中元器件的性能不佳包括精度不高、摩擦、间隙以及零点漂移、老化等，这种误差可以通过检测后针对性地改进，使之减少。本节只讨论由系统结构、输入信号及扰动信号引起的稳态误差。下面先介绍稳态误差的概念，再介绍反馈控制系统的“型”别及稳态误差系数。

一、稳态误差

控制系统的典型结构如图 4-5 所示，图中 $R(s)$ 为输入信号，$F(s)$ 为扰动信号，当某个输入信号作用于一个控制系统时，时间响应通常可以分为两部分：动态响应和稳态响应，即

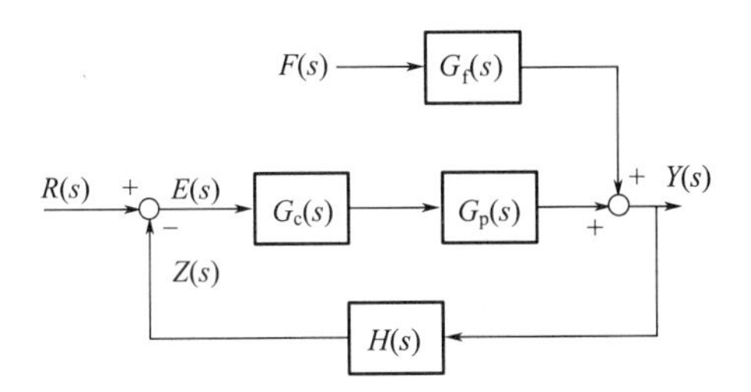

图 4-5　控制系统的典型结构

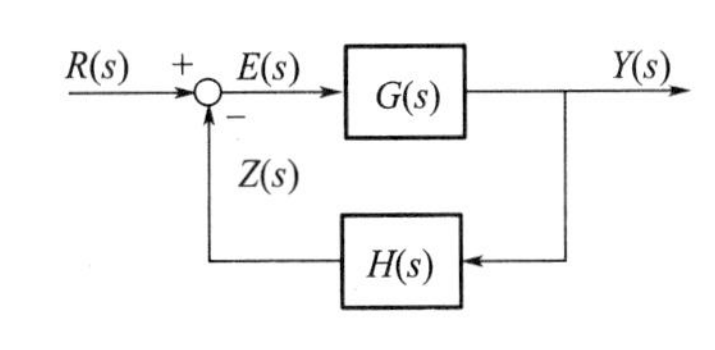

图 4-6　控制系统方块图

$$y(t)=y_t(t)+y_{ss}(t) \tag{4-26}$$

式中 $y_t(t)$ 为动态响应，$y_{ss}(t)$ 为稳态响应。对于稳定的控制系统，有

$$\lim_{t\to\infty} y_t(t)=0 \tag{4-27}$$

$$\lim_{t\to\infty} y_{ss}(t)=y_{ss}(\infty) \tag{4-28}$$

$y_{ss}(\infty)$ 与期望输出的差值反映了系统的稳态性能。

对于图 4-6 中的控制系统，系统误差有两种定义方法。

一种是从输入端定义，定义为输入信号与反馈信号的差，即

$$e(t)=r(t)-z(t) \tag{4-29a}$$

$$E(s)=R(s)-Z(s)=R(s)-H(s)Y(s) \tag{4-29b}$$

这种方法定义的误差通常又称为偏差。由于偏差信号是可以测量的，因此在应用中具有实际意义。当时间 $t\to\infty$ 时，这个差值就是系统的稳态误差，即

$$e_{ss}=\lim_{t\to\infty} e(t)=\lim_{t\to\infty}[r(t)-z(t)] \tag{4-30}$$

下面就采用这种方法定义的误差进行稳态误差分析。

另一种是从输出端定义，定义为期望输出与实际输出之间的差，即

$$e'(t)=r(t)-y(t) \tag{4-31a}$$

$$E'(s)=R(s)-Y(s) \tag{4-31b}$$

两种方法得到的误差具有一一对应的关系，对于单位负反馈系统，$H(s)=1$，$e(t)=e'(t)$，且

$$e_{ss}=\lim_{t\to\infty}e(t)=\lim_{t\to\infty}[r(t)-y(t)] \tag{4-32}$$

在图 4-5 的控制系统中，输出的拉氏变换为

$$Y(s)=\frac{G_c(s)G_p(s)}{1+G_c(s)G_p(s)H(s)}R(s)+\frac{G_f(s)}{1+G_c(s)G_p(s)H(s)}F(s) \tag{4-33}$$

由式(4-29b)，误差的拉氏变换为

$$E(s)=R(s)-H(s)Y(s)=\frac{1}{1+G_c(s)G_p(s)H(s)}R(s)-\frac{G_f(s)H(s)}{1+G_c(s)G_p(s)H(s)}F(s) \tag{4-34}$$

上式表明，系统误差不仅与给定输入信号 $r(t)$ 及扰动信号 $f(t)$ 有关，还与系统的结构和参数有关。当系统满足终值定理应用条件时，可采用终值定理计算稳态误差。

在式(4-34) 中，第一项对应于给定输入信号 $r(t)$ 引起的误差，相应的稳态误差称为给定稳态误差，记为 e_{sr}，根据终值定理有

$$e_{sr}=\lim_{s\to 0}\frac{s}{1+G_c(s)G_p(s)H(s)}R(s) \tag{4-35}$$

第二项对应于外部扰动输入 $f(t)$ 所引起的误差，相应的稳态误差称为扰动稳态误差，记为 e_{sf}，根据终值定理有

$$e_{sf}=\lim_{s\to 0}\frac{-sG_f(s)H(s)}{1+G_c(s)G_p(s)H(s)}F(s) \tag{4-36}$$

对于线性系统，当同时受到给定输入和扰动输入的作用时，系统的稳态误差是上述两项误差的代数和。

对于随动系统，要求系统的输出以一定的精度跟踪给定信号的变化，常以给定稳态误差来衡量随动系统的控制精度；对于定值控制系统，常以扰动稳态误差衡量定值控制系统的控制精度。

二、反馈控制系统的“型”

由式(4-35) 和式(4-36) 可知，无论给定稳态误差还是扰动稳态误差，都与系统的传递函数有关，尤其是与系统的开环传递函数有直接联系。在工程上，常根据开环传递函数的形式来定义反馈控制系统的“型”。为简便起见，先考虑单位负反馈的情况，如图 4-7 所示。

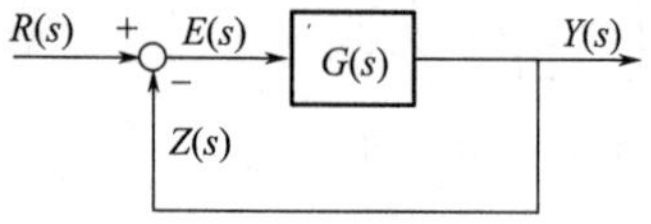

图 4-7　单位负反馈控制系统

开环传递函数为

$$G(s)=\frac{Y(s)}{E(s)}=\frac{K_m(T_1s+1)(T_2s+1)\cdots}{s^m(T_as+1)(T_bs+1)\cdots} \tag{4-37}$$

式中，$T_1,T_2,\cdots$ 和 $T_a,T_b,\cdots$ 为常数；K_m 为传递函数的放大系数。上式可以写为更一般的形式

$$G(s)=\frac{K_m(1+b_1s+b_2s^2+\cdots+b_ws^w)}{s^m(1+a_1s+a_2s^2+\cdots+a_us^u)} \tag{4-38}$$

式中，$a_1,a_2,\cdots,a_u,b_1,b_2,\cdots,b_w$ 为常数；K_m 为传递函数的放大系数。w,u 及 a,b 的值对系统稳态误差无影响，s 的指数 m 是影响稳态误差的主要参数。因此，根据 m 的值来定义控制系统的“型”，具体为：

当 $m=0$ 时，称反馈控制系统是 0 型系统；

当 $m=1$ 时，称反馈控制系统是 1 型系统；

当 $m=2$ 时，称反馈控制系统是 2 型系统；

$m>2$ 的情况比较少见。对于单位负反馈系统，E 和 Y 具有相同的单位，因此，K_0 是无单位的，K_1 的单位为 s^{-1}，K_2 的单位为 s^{-2}。不同型别的系统其稳态性能不同。

为了分析不同型的系统在不同类型输入信号下的稳态误差，先回顾拉氏变换中的两个定理，一个是终值定理

$$\lim_{t\to\infty}f(t)=\lim_{s\to 0}sF(s) \tag{4-39}$$

一个是微分定理：在零初始条件下

$$\mathscr{L}[D^m y(t)]=s^mY(s) \tag{4-40}$$

式中 $D^m y(t)$ 为 $y(t)$ 的 m 阶导数。

由式(4-37) 可得

$$E(s)=\frac{(T_a s+1)(T_b s+1)\cdots}{K_m(T_1 s+1)(T_2 s+1)\cdots}s^m Y(s) \tag{4-41}$$

对式(4-41) 应用终值定理，可得

$$e_{ss}=\lim_{s\to 0}[sE(s)]=\lim_{s\to 0}\left[\frac{s(T_a s+1)(T_b s+1)\cdots}{K_m(T_1 s+1)(T_2 s+1)\cdots}s^m Y(s)\right]=\lim_{s\to 0}\frac{s[s^m Y(s)]}{K_m} \tag{4-42}$$

对式(4-40) 应用终值定理，可得

$$\lim_{s\to 0}s[s^m Y(s)]=\lim_{t\to\infty}[D^m y(t)]=[D^m y(t)]_{ss} \tag{4-43}$$

将式(4-43) 代入式(4-42) 可以得到

$$e_{ss}=\frac{[D^m y(t)]_{ss}}{K_m} \tag{4-44}$$

或

$$K_m e_{ss}=[D^m y(t)]_{ss} \tag{4-45}$$

式(4-44) 和式(4-45) 将稳态误差与输出的导数联系起来，当输出的 m 阶导数 $D^m y(t)$ 为常数时，系统的稳态误差也为常数。因此，可以理解系统的“型”别与输出的关系：

0 型系统：定常的驱动信号 $e_{ss}(t)$ 产生定常的被控变量；

1 型系统：定常的驱动信号 $e_{ss}(t)$ 产生定常的被控变量变化率；

2 型系统：定常的驱动信号 $e_{ss}(t)$ 产生定常的被控变量的二阶导数（加速度）。

对于单位负反馈，由于

$$Y(s)=\frac{G(s)}{1+G(s)}R(s)=\frac{K_m[(T_1 s+1)(T_2 s+1)\cdots]R(s)}{s^m[(T_a s+1)(T_b s+1)\cdots]+K_m[(T_1 s+1)(T_2 s+1)\cdots]} \tag{4-46}$$

因此误差 $E(s)$ 为

$$\begin{aligned}E(s)&=\frac{Y(s)}{G(s)}=\frac{1}{G(s)}\times\frac{G(s)R(s)}{1+G(s)}=\frac{R(s)}{1+G(s)}\\&=\frac{s^m[(T_a s+1)(T_b s+1)\cdots]R(s)}{s^m[(T_a s+1)(T_b s+1)\cdots]+K_m[(T_1 s+1)(T_2 s+1)\cdots]}\end{aligned} \tag{4-47}$$

对式(4-47) 应用终值定理可以得到稳态误差为

$$e_{ss}=\lim_{s\to 0}s\left\{\frac{s^m[(T_a s+1)(T_b s+1)\cdots]R(s)}{s^m[(T_a s+1)(T_b s+1)\cdots]+K_m[(T_1 s+1)(T_2 s+1)\cdots]}\right\} \tag{4-48}$$

式(4-48) 描述了稳态误差与给定输入信号之间的关系，下面根据这个关系来分析不同型的系统对阶跃函数输入

$$r(t)=R_0(t),\quad R(s)=\frac{R_0}{s} \tag{4-49}$$

斜坡函数输入

$$r(t)=R_1 t,\ R(s)=\frac{R_1}{s^2} \tag{4-50}$$

抛物线函数输入

$$r(t)=\frac{R_2 t^2}{2},\ R(s)=\frac{R_2}{s^3} \tag{4-51}$$

的稳态误差。

1. 0 型系统（$m=0$）

在式(4-48) 中令 $m=0$，并分别将式(4-49)～式(4-51) 代入，可以得到 0 型系统的稳态误差分别如下。

对阶跃输入

$$e_{ss}=\frac{R_0}{1+K_0}=\text{constant}=E_0\neq 0 \tag{4-52}$$

可见，0 型系统在阶跃输入信号作用下是有差系统，其对阶跃输入的响应如图 4-8 所示。由图可知，0

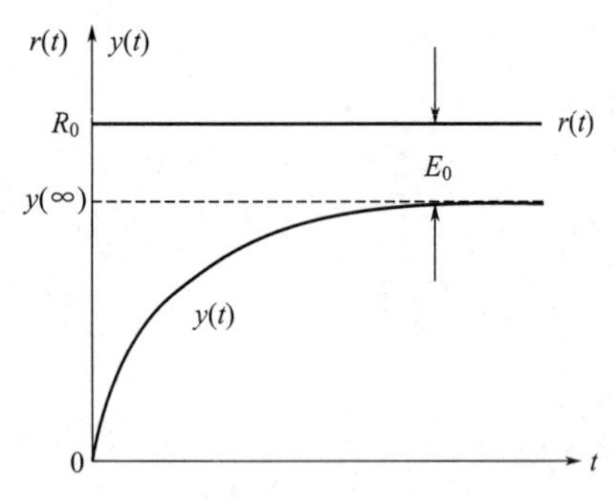

图 4-8　0 型系统对阶跃输入的响应

型系统对阶跃输入的稳态误差为常数，且稳态误差随开环放大系数 K_0 的增大而减小。这个误差也常被称为位置误差。

对于式(4-50) 的斜坡输入，由式(4-48) 知

$$e_{ss}=\infty \tag{4-53}$$

也可以从误差 $E(s)$ 的表达式(4-47) 中得到同样的结果。将斜坡输入的拉氏变换式 $R(s)=\frac{R_1}{s^2}$代入后，$e(t)$ 的特解中一定含有一项

$$e(t)=\frac{R_1}{1+K_0}t \tag{4-54}$$

即 0 型系统对斜坡输入会产生一个斜率较小的斜坡输出，误差 $e(t)$ 会随时间增大并趋于无穷。因此，0 型系统不能跟踪斜坡输入信号。

类似地，对式(4-51) 所示的抛物线输入，由式(4-48) 有

$$e_{ss}=\infty \tag{4-55}$$

由式(4-47) 知，$e(t)$ 的特解中一定含有其值随时间增大而趋于无穷的一项

$$e(t)=\frac{R_2}{2(1+K_0)}t^2 \tag{4-56}$$

因此，0 型系统也不能跟踪抛物线输入信号。

2. 1 型系统（$m=1$）

在式(4-48) 中令 $m=1$，可以得到 1 型系统的稳态误差：

对阶跃输入
$$e_{ss}=0 \tag{4-57}$$

对斜坡输入
$$e_{ss}=\frac{R_1}{K_1}=\text{constant}=E_0\neq 0 \tag{4-58}$$

对抛物线输入：
$$e_{ss}=\infty \tag{4-59}$$

即 1 型系统对阶跃输入的稳态误差为零，是无差系统；在斜坡信号输入下，稳态误差为常数，且与系统开环放大系数的倒数成比例；1 型系统不能跟踪抛物线信号。

对于斜坡输入 $r(t)=R_1t$，输出为 $y_{ss}(t)=Y_0+Y_1t$，可以得到

$$E_0=R_1t-Y_0-Y_1t \tag{4-60}$$

由于 E_0 为常数，上式的一阶导数应为零，因此有 $R_1=Y_1$，表明斜坡输出具有与斜坡输入相同的斜率，如图 4-9 所示。图中稳态输出斜坡的滞后为

$$\text{Delay}=\frac{e_{ss}(t)}{Dr(t)}=\frac{1}{K_1} \tag{4-61}$$

3. 2 型系统（$m=2$）

在式(4-48) 中令 $m=2$，可以得到 2 型系统的稳态误差：

对阶跃输入
$$e_{ss}=0 \tag{4-62}$$

对斜坡输入
$$e_{ss}=0 \tag{4-63}$$

对抛物线输入
$$e_{ss}=\frac{R_2}{K_2}=\text{constant}=E_0\neq 0 \tag{4-64}$$

即 2 型系统对阶跃输入和斜坡输入的稳态误差为零；在抛物线输入下，稳态误差为常数，且与系统开环放大系数的倒数成比例。

对于斜坡输入 $r(t)=\frac{R_2t^2}{2}$，输出为 $y_{ss}(t)=\frac{Y_2}{2}t^2+Y_1t+Y_0$，可以得到

$$E_0=\frac{R_2}{2}t^2-\frac{Y_2}{2}t^2-Y_1t-Y_0 \tag{4-65}$$

由于 E_0 为常数，上式的一阶及二阶导数均为零，因此有 $R_2=Y_2$ 和 $Y_1=0$，表明 2 型系统在抛物线输入下稳态输出与输入具有相同的形状，但存在固定的稳态误差 $E_0=-Y_0$，如图 4-10 所示。

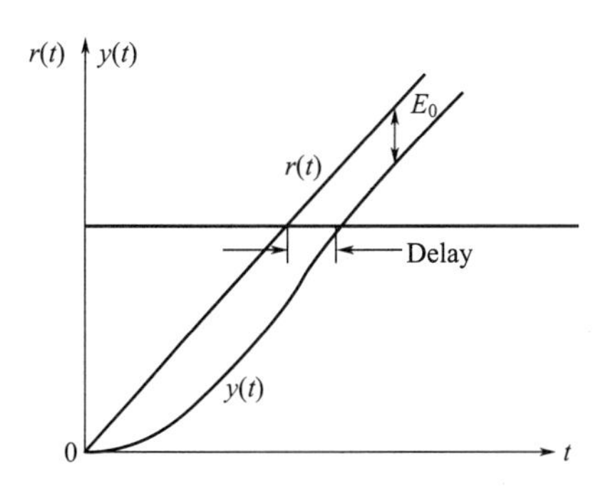

图 4-9　1 型系统对斜坡输入的响应

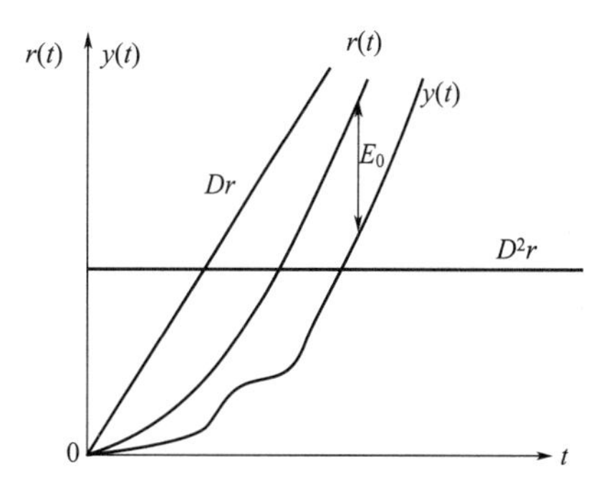

图 4-10　2 型系统对抛物线输入的响应

表 4-1 列出了稳定的单位负反馈系统在不同输入信号下的稳态响应特点。

表 4-1　稳定的单位负反馈系统在不同输入信号下的稳态响应

系统型别 m	输入信号 $r(t)$	输出稳态响应 $y_{ss}(t)$	误差稳态响应 $e_{ss}(t)$	稳态误差 $e(\infty)$
0	$R_0(t)$	$\frac{K_0}{1+K_0}R_0$	$\frac{R_0}{1+K_0}$	$\frac{R_0}{1+K_0}$
	R_1t	$\frac{K_0R_1}{1+K_0}t+Y_0$	$\frac{R_1}{1+K_0}t-Y_0$	∞
	$\frac{R_2}{2}t^2$	$\frac{K_0R_2t^2}{2(1+K_0)}+Y_1t+Y_0$	$\frac{R_2t^2}{2(1+K_0)}-Y_1t-Y_0$	∞
1	$R_0(t)$	R_0	0	0
	R_1t	$R_1t-\frac{R_1}{K_1}$	$\frac{R_1}{K_1}$	$\frac{R_1}{K_1}$
	$\frac{R_2}{2}t^2$	$\frac{R_2t^2}{2}-\frac{R_2}{K_1}t+Y_0$	$\frac{R_2}{K_1}t-Y_0$	∞
2	$R_0(t)$	R_0	0	0
	R_1t	R_1t	0	0
	$\frac{R_2}{2}t^2$	$\frac{R_2t^2}{2}-\frac{R_2}{K_2}$	$\frac{R_2}{K_2}$	$\frac{R_2}{K_2}$

【例 4-10】 已知单位负反馈系统的开环传递函数为 $G(s)=\frac{5(2s+1)}{s^2(s+1)}$，若输入信号为 $r(t)=1(t)+2t+3t^2$，试求系统的稳态误差。

解 ① 首先应该判断系统的稳定性。因为若系统不稳定，稳态误差是没有意义的。

系统的闭环特征方程为

$$s^3+s^2+10s+5=0 \tag{4-66}$$

列出劳斯阵列为

$$\begin{array}{c|cc} s^3 & 1 & 10 \\ s^2 & 1 & 5 \\ s^1 & 5 & 0 \\ s^0 & 5 & \end{array}$$

第一列元素均为正值，根据劳斯判据，系统稳定。

② 求稳态误差。根据系统的开环传递函数可知，系统为 2 型系统，开环放大系数 $K_2=5$。因此，当输入为 $r(t)=1(t)$ 时，$e_{ss1}=0$；当输入为 $r(t)=2t$ 时，$e_{ss2}=0$；当输入为$r(t)=3t^2$时，$e_{ss3}=6/K_2$，所以系统的稳态误差为

$$e_{ss}=e_{ss1}+e_{ss2}+e_{ss3}=\frac{6}{K_2}=1.2 \tag{4-67}$$

由此可见，根据系统结构特征（型别）和输入信号的形式，就可以由式(4-48) 直接得到系统的稳态误

差，但需要注意的是：

① 在分析稳态误差之前必须首先判断系统的稳定性；

② 上述规律只适用于对给定输入信号作用下的稳态误差。

系统在扰动作用下的稳态误差的大小，反映了系统的抗干扰能力。由于给定输入与扰动信号在系统的不同位置上，即使系统对某一给定输入的稳态误差为零，对同一形式的扰动作用的稳态误差也不一定是零。另外，由于扰动的作用点不同，同一系统对同一形式的扰动作用的稳态误差也不一定相同。

三、稳态误差系数

由控制系统的型别，可以很方便地计算出系统对给定输入信号的稳态误差。而对控制系统来说，一个重要的特征是系统以最小的偏差达到期望的稳态输出的能力，因此，定义稳态误差系数来衡量稳定的单位负反馈控制系统对期望输出的稳态精度。

由式(4-45) 可知：输出的导数与稳态误差和一个常数即系统开环增益 K_m 成比例。通常，对于 0 型、1 型和 2 型系统，这个常数分别称为稳态位置、速度和加速度误差系数。这些名称最初来源于位置控制系统，即输入或输出信号的物理意义为位置，其一阶、二阶导数分别为速度和加速度，但在扩展到温度、速度等控制系统时，这些名称的物理意义变得不明确。考虑到，稳态误差系数与系统的型别独立，其定义针对特定形式的输入信号，即阶跃、斜坡和抛物线输入，因此，将它们称为稳态阶跃、斜坡、抛物线误差系数更确切。稳态误差系数可以用于任意型别的系统，其定义如表 4-2 所示。要注意的是，定义仅适用于稳定的单位负反馈系统。

表 4-2 稳态误差系数的定义

误差系数	定义	值	输入信号形式
稳态位置误差系数 K_p	$\frac{[y(t)]_{ss}}{e_{ss}}$	$\lim\limits_{s\to0}G(s)$	$R_0(t)$
稳态速度误差系数 K_v	$\frac{[Dy(t)]_{ss}}{e_{ss}}$	$\lim\limits_{s\to0}sG(s)$	R_1t
稳态加速度误差系数 K_a	$\frac{[D^2y(t)]_{ss}}{e_{ss}}$	$\lim\limits_{s\to0}s^2G(s)$	$\frac{R_2}{2}t^2$

1. 稳态位置误差系数 K_p

稳态位置误差系数定义为阶跃输入下系统输出稳态值与驱动信号稳态值的比值。对式(4-46) 应用终值定理，可以得到输出稳态值为

$$[y(t)]_{ss}=\lim_{s\to0}sY(s)=\lim_{s\to0}\left[\frac{sG(s)}{1+G(s)}\times\frac{R_0}{s}\right]=\lim_{s\to0}\left[\frac{G(s)}{1+G(s)}R_0\right] \tag{4-68}$$

对式(4-47) 应用终值定理，可以得到驱动信号的稳态值为

$$e_{ss}=\lim_{s\to0}\left[\frac{s}{1+G(s)}\times\frac{R_0}{s}\right]=\lim_{s\to0}\left[\frac{1}{1+G(s)}R_0\right] \tag{4-69}$$

根据稳态位置误差系数的定义可以得到

$$K_p=\frac{[y(t)]_{ss}}{e_{ss}}=\frac{\lim\limits_{s\to0}\left[\frac{G(s)}{1+G(s)}R_0\right]}{\lim\limits_{s\to0}\left[\frac{1}{1+G(s)}R_0\right]} \tag{4-70}$$

由于上式不会出现分子、分母同时为 0 或∞的情况，因此

$$K_p=\lim_{s\to0}G(s) \tag{4-71}$$

由式(4-71) 可以得到各型别系统的稳态位置误差系数

$$K_p=\begin{cases}K_0，0\text{ 型}\\ \infty，1\text{ 型}\\ \infty，2\text{ 型}\end{cases} \tag{4-72}$$

2. 稳态速度误差系数 K_v

稳态速度误差系数定义为斜坡输入下系统输出一阶导数的稳态值与驱动信号稳态值的比值。系统输出的

一阶导数的拉氏变换为

$$\mathscr{L}[Dy(t)]=sY(s)=\frac{sG(s)}{1+G(s)}R(s) \tag{4-73}$$

对上式应用终值定理可得

$$[Dy(t)]_{ss}=\lim_{s\to 0}s[sY(s)]=\lim_{s\to 0}\left[\frac{s^2G(s)}{1+G(s)}\times\frac{R_1}{s^2}\right]=\lim_{s\to 0}\left[\frac{G(s)}{1+G(s)}R_1\right] \tag{4-74}$$

类似地，可以得到

$$e_{ss}=\lim_{s\to 0}\left[\frac{s}{1+G(s)}\times\frac{R_1}{s^2}\right]=\lim_{s\to 0}\left[\frac{1}{1+G(s)}\times\frac{R_1}{s}\right] \tag{4-75}$$

根据稳态速度误差系数的定义可以得到

$$K_v=\frac{[Dy(t)]_{ss}}{e_{ss}}=\frac{\lim\limits_{s\to 0}\left[\frac{G(s)}{1+G(s)}R_1\right]}{\lim\limits_{s\to 0}\left[\frac{1}{1+G(s)}\times\frac{R_1}{s}\right]} \tag{4-76}$$

由于上式不会出现分子、分母同时为 0 或∞的情况，因此

$$K_v=\lim_{s\to 0}sG(s) \tag{4-77}$$

由式(4-77) 可以得到各型别系统的稳态速度误差系数

$$K_v=\begin{cases}0, & 0\text{ 型}\\ K_1, & 1\text{ 型}\\ \infty, & 2\text{ 型}\end{cases} \tag{4-78}$$

3. 稳态加速度误差系数 K_a

稳态加速度误差系数定义为抛物线输入下系统输出二阶导数的稳态值与驱动信号稳态值的比值。系统输出的二阶导数的拉氏变换为

$$\mathscr{L}[D^2y(t)]=s^2Y(s)=\frac{s^2G(s)}{1+G(s)}R(s) \tag{4-79}$$

对上式应用终值定理可得

$$[D^2y(t)]_{ss}=\lim_{s\to 0}s[s^2Y(s)]=\lim_{s\to 0}\left[\frac{s^3G(s)}{1+G(s)}\times\frac{R_2}{s^3}\right]=\lim_{s\to 0}\left[\frac{G(s)}{1+G(s)}R_2\right] \tag{4-80}$$

类似地，可以得到

$$e_{ss}=\lim_{s\to 0}\left[\frac{s}{1+G(s)}\times\frac{R_2}{s^3}\right]=\lim_{s\to 0}\left[\frac{1}{1+G(s)}\times\frac{R_2}{s^2}\right] \tag{4-81}$$

根据稳态加速度误差系数的定义可以得到

$$K_a=\frac{[D^2y(t)]_{ss}}{e_{ss}}=\frac{\lim\limits_{s\to 0}\left[\frac{G(s)}{1+G(s)}R_2\right]}{\lim\limits_{s\to 0}\left[\frac{1}{1+G(s)}\times\frac{R_2}{s^2}\right]} \tag{4-82}$$

由于上式不会出现分子、分母同时为 0 或∞的情况，因此

$$K_a=\lim_{s\to 0}s^2G(s) \tag{4-83}$$

由式(4-83) 可以得到各型别系统的稳态加速度误差系数

$$K_a=\begin{cases}0, & 0\text{ 型}\\ 0, & 1\text{ 型}\\ K_2, & 2\text{ 型}\end{cases} \tag{4-84}$$

0 型、1 型和 2 型系统的稳态误差系数和稳态误差如表 4-3 所示。K_p、K_v和 K_a分别反映了系统跟踪阶跃输入信号、斜坡输入信号和抛物线输入信号的能力。稳态误差系数越大，相应的稳态误差就越小，精度越高。稳态误差系数和系统的型别一样，都是从系统本身的结构特征上，体现了系统消除稳态误差的能力，反映了系统跟踪典型输入信号的精度。对于稳定的单位负反馈系统，可以根据稳态误差系数确定其稳态误差。

表 4-3 稳定系统的稳态误差系数和稳态误差

系统型别	稳态误差系数			稳态误差		
	K_p	K_v	K_a	阶跃输入 $R_0(t)$	斜坡输入 $R_1 t$	抛物线输入 $\frac{R_2}{2}t^2$
0	K_0	0	0	$\frac{R_0}{1+K_p}$	∞	∞
1	∞	K_1	0	0	$\frac{R_1}{K_v}$	∞
2	∞	∞	K_2	0	0	$\frac{R_2}{K_a}$

由表 4-3 可见，稳态误差系数和稳态误差只有三种值：0、常数和∞，表中位于对角线上的稳态误差系数和稳态误差为有限常数，对角线以上的稳态误差系数为 0，对角线以下的稳态误差系数为∞，稳态误差正好相反。实际上有一个更一般的结论：一个 m 型的系统能够以零稳态误差跟踪形式为 t^{m-1} 的输入信号；对于 t^m 形式的输入信号稳态误差为有限常数；而对于 t^{m+1} 形式的输入信号稳态误差为∞。但通常输入信号只持续一个有限的时间段，因此对 t^{m+1} 形式的输入信号可以计算出其最大误差，具体不详述。

根据前面的分析，可以得出减小和消除稳态误差的方法：①提高系统的开环增益，即增加比例作用；②提高系统的“型”，即增加系统前向通道中积分环节的个数。对于具体系统，需要增加几个积分环节，提高多少开环增益，只要根据所要求跟踪的输入信号形式，由表 4-3 即可求出。但这样做会使系统的稳定性变差，应综合考虑。此外，还可以通过复合控制，即在反馈控制的基础上增加前馈控制来减小稳态误差。

【例 4-11】 已知单位负反馈系统的开环传递函数为

$$G(s)=\frac{50}{(0.1s+1)(2s+1)} \tag{4-85}$$

试求稳态位置、速度、加速度误差系数及当输入信号分别为 $r(t)=2t$ 和$r(t)=2+2t+t^2$时系统的稳态误差。

解 系统闭环特征方程为

$$0.2s^2+2.1s+51=0$$

根据劳斯判据可知，系统是稳定的。系统的稳态误差系数分别为

$$K_p=\lim_{s\to 0}G(s)=50$$
$$K_v=\lim_{s\to 0}sG(s)=0$$
$$K_a=\lim_{s\to 0}s^2G(s)=0$$

因为系统为 0 型系统，根据表 4-3 及线性叠加原理，当系统输入为 $r(t)=2t$ 及 $r(t)=2+2t+t^2$ 时系统的稳态误差均为∞。

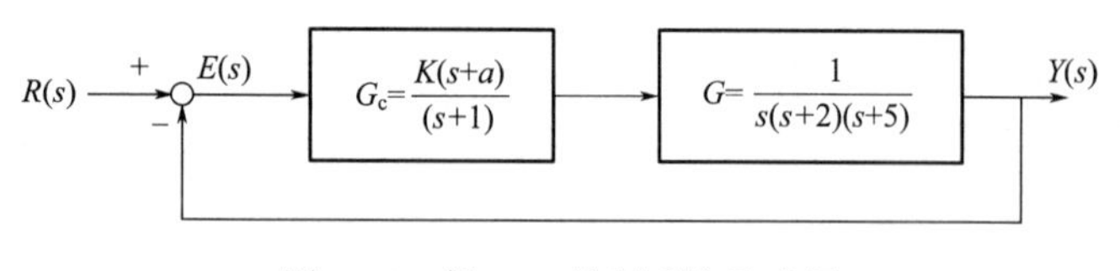

图 4-11 例 4-12 控制系统示意图

【例 4-12】 已知控制系统如图 4-11 所示，试确定控制器中 K 和 a 的值使系统稳定且对斜坡输入的稳态误差不超过输入幅值的 24%。

解 系统闭环特征方程为 $1+G_c(s)G(s)=0$，即

$$s(s+1)(s+2)(s+5)+K(s+a)=s^4+8s^3+17s^2+(K+10)s+Ka=0$$

劳斯阵列为

$$\begin{array}{c|ccc} s^4 & 1 & 17 & Ka \\ s^3 & 8 & K+10 & 0 \\ s^2 & b & Ka & \\ s^1 & c & 0 & \\ s^0 & Ka & & \end{array}$$

其中，$b=\frac{126-K}{8}$，$c=\frac{b(K+10)-8Ka}{b}$。根据劳斯判据，若使系统稳定，应满足

$$\begin{cases} K<126 \\ Ka>0 \\ a<\dfrac{(K+10)(126-K)}{64K} \end{cases}$$

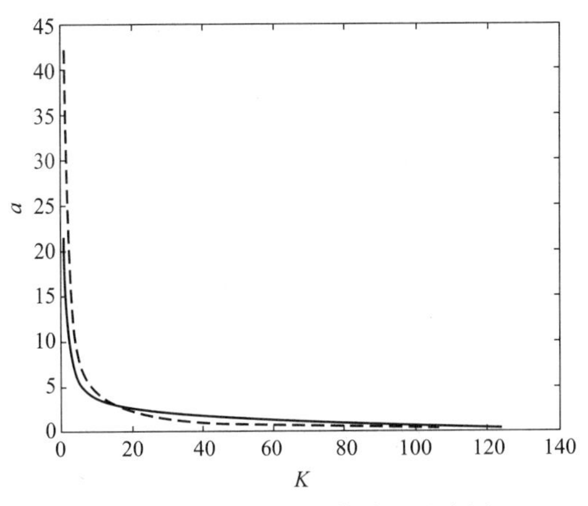

图 4-12　K 和 a 的取值范围示意图

如图 4-12 中实线下方的区域。系统为 1 型系统，根据表 4-3 可知对于幅值为 A 的斜坡输入稳态误差为 $e_{ss}=\dfrac{A}{K_v}$，而 $K_v=\lim\limits_{s\to0}sG_c(s)G(s)=\lim\limits_{s\to0}\dfrac{K(s+a)}{(s+1)(s+2)(s+5)}=\dfrac{Ka}{10}$，因此若期望 $e_{ss}\leqslant0.24A$，则要满足 $Ka\geqslant41.67$，即图 4-12 中虚线上方的区域。为同时满足稳定性和稳态误差两方面的要求，K 和 a 的取值应位于上述两部分区域的交集。

【例 4-13】 已知控制系统如图 4-13 所示，定义误差为 $e(t)=r(t)-y(t)$，$r(t)=t$，试选择 α 和 τ 的值，使稳态误差 e_{ss} 为 0。

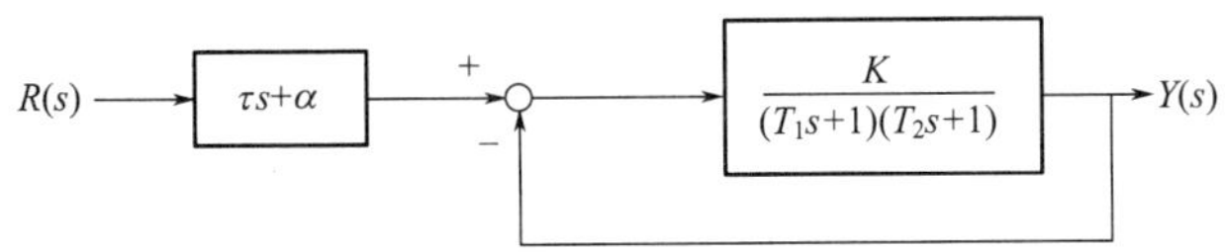

图 4-13　例 4-13 控制系统示意图

解　系统输出 $y(t)$ 的拉氏变换为

$$Y(s)=\frac{K(\tau s+\alpha)}{(T_1s+1)(T_2s+1)+K}R(s)$$

根据题意，误差为

$$E(s)=R(s)-Y(s)=\left[1-\frac{K(\tau s+\alpha)}{(T_1s+1)(T_2s+1)+K}\right]R(s)$$

根据系统闭环特征方程可知系统是稳定的，由终值定理可得

$$\begin{aligned} e_{ss}&=\lim_{s\to0}s\left[1-\frac{K(\tau s+\alpha)}{(T_1s+1)(T_2s+1)+K}\right]R(s) \\ &=\lim_{s\to0}\frac{1}{s}\times\frac{T_1T_2s^2+(T_1+T_2-K\tau)s+(1+K-K\alpha)}{(T_1s+1)(T_2s+1)+K} \end{aligned}$$

由上式可知，若 $1+K-Ka\neq0$，必有 $e_{ss}=\infty$，因此要使 $e_{ss}=0$，首先应满足

$$1+K-K\alpha=0 \tag{4-86a}$$

此时

$$e_{ss}=\lim_{s\to0}\frac{T_1T_2s+(T_1+T_2-K\tau)}{(T_1s+1)(T_2s+1)+K}=\frac{T_1+T_2-K\tau}{1+K}$$

为使 $e_{ss}=0$，要求

$$T_1+T_2-K\tau=0 \tag{4-86b}$$

由式(4-86a) 和式(4-86b) 可得，当

$$\begin{cases} \alpha=\dfrac{1+K}{K} \\ \tau=\dfrac{T_1+T_2}{K} \end{cases}$$

时，系统对单位斜坡输入的稳态误差为零。

【例 4-14】 已知控制系统如图 4-14 所示，定义误差为 $e(t)=r(t)-y(t)$，试证明：调节 K_2 可使系统对斜坡输入的稳态误差为零。

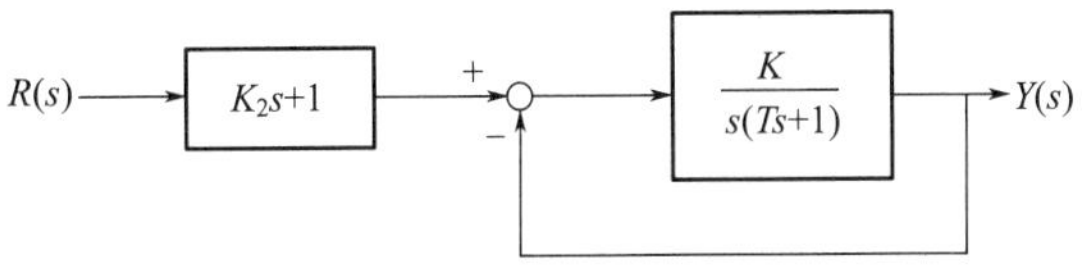

图 4-14　例 4-14 控制系统示意图

解　设斜坡输入为 $r(t)=At$，$R(s)=\dfrac{A}{s^2}$。由图 4-14 可知，系统闭环传递函数为

$$G(s)=\frac{Y(s)}{R(s)}=\frac{K(K_2s+1)}{s(Ts+1)+K}$$

显然，不论 K_2 取何值，闭环系统都是稳定的。误差的拉氏变换为

$$E(s)=R(s)-Y(s)=\left[1-\frac{K(K_2s+1)}{s(Ts+1)+K}\right]R(s)=s\frac{Ts+1-KK_2}{Ts^2+s+K}\times\frac{A}{s^2}$$

由终值定理可得

$$e_{ss}=\lim_{s\to 0}s\cdot s\frac{Ts+1-KK_2}{Ts^2+s+K}\times\frac{A}{s^2}=\frac{A(1-KK_2)}{K}$$

因此，只要取 $K_2=\frac{1}{K}$，即可使系统对斜坡输入的稳态误差为零。

第三节　等效单位负反馈系统

前面关于稳态误差系数的讨论均基于单位负反馈系统，对于图 4-6 所示的非单位负反馈系统，为了应用上述结果，需要首先将非单位负反馈系统转化为等效的单位负反馈系统。

图 4-6 所示的系统的闭环传递函数为

$$\frac{Y(s)}{R(s)}=\frac{G(s)}{1+G(s)H(s)}=\frac{N(s)}{D(s)} \tag{4-87}$$

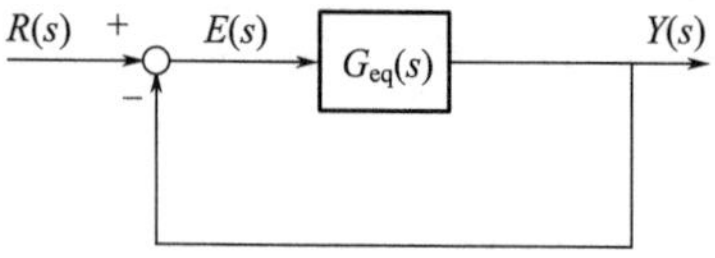

期望得到的等效单位负反馈系统如图 4-15 所示，其闭环传递函数为

$$\frac{Y(s)}{R(s)}=\frac{G_{eq}(s)}{1+G_{eq}(s)} \tag{4-88}$$

图 4-15　等效单位负反馈控制系统

由于传递函数 $G(s)$ 和 $H(s)$ 是已知的，由式(4-87) 和式(4-88) 可以得到

$$G_{eq}(s)=\frac{N(s)}{D(s)-N(s)} \tag{4-89}$$

若非单位负反馈系统是稳定的，则系统的稳态性能可以由式(4-89) 表示的开环传递函数来确定。

另外，式(4-87) 还可写为

$$\frac{Y(s)}{R(s)}=\left[\frac{G(s)H(s)}{1+G(s)H(s)}\right]\frac{1}{H(s)} \tag{4-90}$$

因此，图 4-6 所示的非单位负反馈系统可以用一个单位负反馈系统串联一个 $1/H(s)$ 环节表示，如图 4-16 所示。当 H 为常数时，通过这种等效表示方式可以采用单位负反馈的方法进行分析。

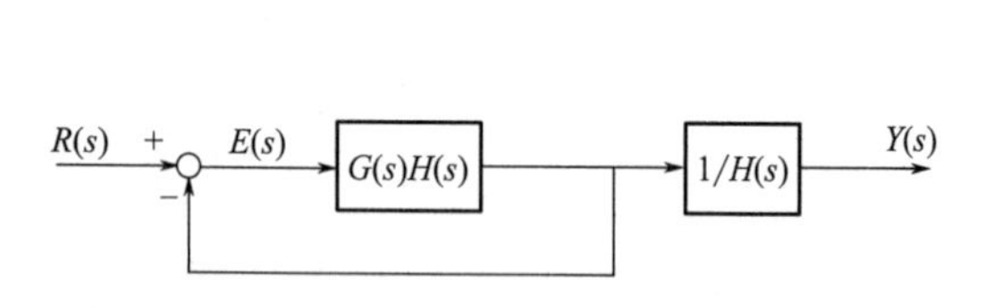

图 4-16　非单位负反馈系统的等效表示

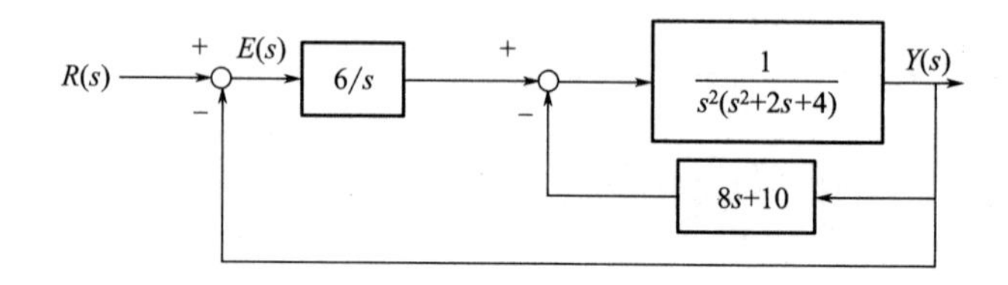

图 4-17　例 4-15 控制系统示意图

【例 4-15】 试求图 4-17 所示的系统对阶跃输入的稳态误差。

解　首先判断系统的稳定性，由图 4-17 可知系统的闭环传递函数为

$$\frac{Y(s)}{R(s)}=\frac{6}{s^5+2s^4+4s^3+8s^2+10s+6}$$

特征方程为

$$s^5+2s^4+4s^3+8s^2+10s+6=0$$

根据劳斯判据可以得到系统有 2 个位于右半平面的特征根，因此系统不稳定，计算稳态误差没有意义。

本章小结

稳定性是对控制系统最基本的要求，稳定性完全取决于系统本身的结构和参数。线性系统稳定的充分必要条

件是其特征方程根全部位于S平面左半平面。判断线性系统是否稳定通常采用稳定性判据，其中劳斯判据是最常用的稳定性判据。劳斯判据是根据系统特征方程系数构成的劳斯阵列来判断系统的稳定性。

稳态误差是用来衡量控制系统控制精度的性能指标。计算稳态误差的基本方法是通过误差传递函数并应用终值定理。稳态误差的大小与系统型别及输入信号的形式有关。工程上还常用稳态误差系数来衡量稳定的单位负反馈控制系统对期望输出的稳态精度。

习 题 四

4-1　试用劳斯判据判定下列特征方程所代表的系统的稳定性。如果系统不稳定，求特征方程在S平面右半平面根的个数。

① $s^4+2s^3+2s^2+4s+10=0$；　② $s^5+s^4+4s^3+4s^2+2s+1=0$；

③ $s^4+2s^2+9=0$；　④ $s^6+3s^5+5s^4+9s^3+8s^2+6s+4=0$。

4-2　已知单位负反馈系统的开环传递函数如下，试用劳斯判据判定系统的稳定性。

① $G(s)=\dfrac{20}{s(s+1)(s+5)}$；　② $G(s)=\dfrac{5s+1}{s^3(s+1)(s+2)}$。

4-3　设单位负反馈系统的开环传递函数如下，试确定使系统稳定的 K 的取值范围。

① $G(s)=\dfrac{K}{(s+2)(s+4)}$；　② $G(s)=\dfrac{K(s+1)}{s(s-1)(0.2s+1)}$；

③ $G(s)=\dfrac{K}{(T_1s+1)(T_2s+1)(T_3s+1)}$。

4-4　已知单位负反馈系统的开环传递函数为

$$G(s)=\frac{4}{2s^3+10s^2+13s+1}$$

试用劳斯判据判断：①系统是否稳定？②系统是否具有 $\sigma=1$ 的稳定裕度？

4-5　设单位负反馈系统的开环传递函数为

$$G(s)=\frac{K}{(s+1)(s+1.5)(s+2)}$$

若希望所有特征方程根都具有小于 -1 的实部，试确定 K 的最大值。

4-6　已知系统如图4-18所示，给定输入 $r(t)=1+t$，扰动输入 $d(t)=0.1$，试判定系统的稳定性，并计算系统的给定稳态误差和扰动稳态误差。

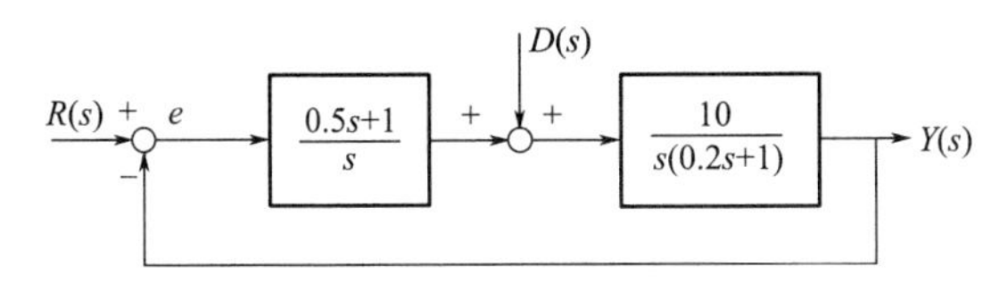

图4-18　题4-6图

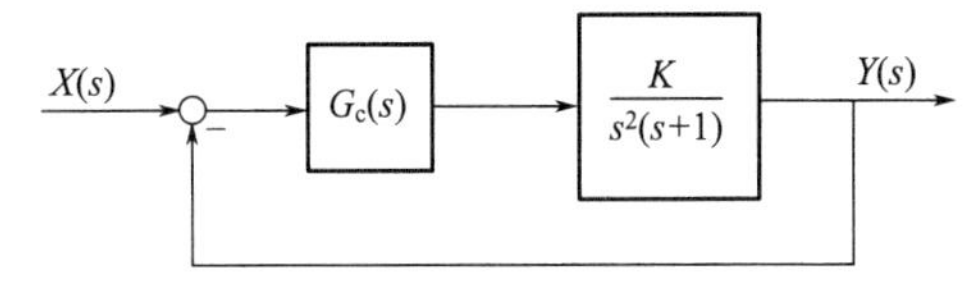

图4-19　题4-7图

4-7　已知控制系统的方块图如图4-19所示。

① 证明：当控制器采用比例作用时，系统始终不稳定；

② 当控制器采用比例积分作用时，系统是否稳定？为什么？

③ 当控制器采用比例微分作用时，系统是否稳定？为什么？

4-8　设单位负反馈系统开环传递函数 $G(s)=\dfrac{K}{(s+2)(s+4)(s^2+6s+25)}$，试应用劳斯判据确定 K 为多大时将使系统振荡，并求出振荡频率。

4-9　已知系统的方块图如图4-20所示，单位阶跃响应的超调量 $\sigma\%=16.3\%$，峰值时间 $T_p=1\text{s}$，试求：

① 系统开环传递函数 $G(s)$；

② 系统闭环传递函数 $\Phi(s)$；

③ 根据已知性能指标 $\sigma\%$ 和 T_p 确定 K 和 τ；

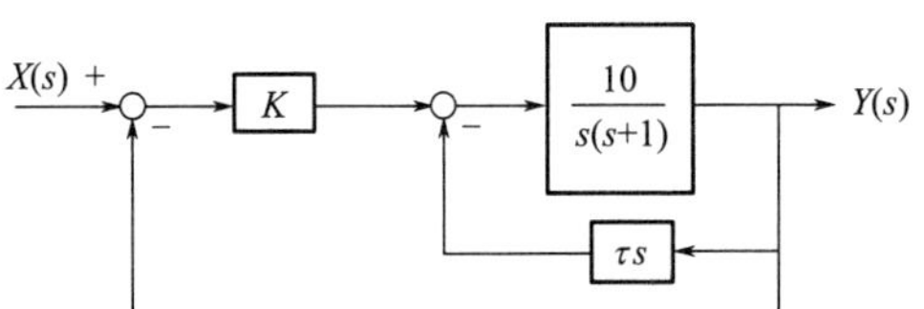

图4-20　题4-9图

④ 计算等速输入时［恒速值 $X=1.5\mathrm{s}^{-1}$，即 $x(t)=1.5t$］的系统稳态误差。

4-10 单位负反馈系统开环传递函数 $G(s)=\dfrac{K(2s+1)(s+1)}{s^2(Ts+1)}$，$K>0$，$T>0$。确定当闭环稳定时 T、K 应满足的条件。

4-11 具有扰动输入 $f(t)$ 的控制系统如图 4-21 所示，试计算扰动输入时系统的稳态误差。已知 $f(t)=f_0\cdot 1(t)$。

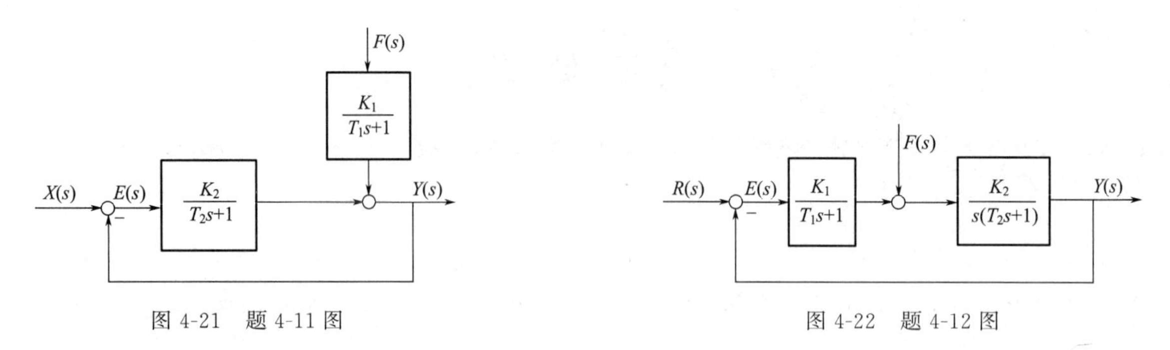

图 4-21　题 4-11 图　　　　图 4-22　题 4-12 图

4-12 控制系统方块图如图 4-22 所示，已知 $r(t)=t$，$f(t)=-1(t)$，求系统稳态误差。

4-13 已知单位负反馈系统的开环传递函数为

① $G(s)=\dfrac{100}{(0.1s+1)(s+5)}$；　② $G(s)=\dfrac{50}{s(0.1s+1)(s+5)}$；

③ $G(s)=\dfrac{10(2s+1)}{s^2(s^2+6s+100)}$。

试求出各系统的稳态位置、速度和加速度误差系数并计算当输入信号为 $r(t)=1+t+t^2$ 时系统的稳态误差。

4-14 已知单位负反馈系统的开环传递函数为

$$G(s)=\frac{K}{s(s+2)(s+2.5)}$$

① 试用劳斯判据确定使系统稳定的 K 值范围；

② 当输入信号为 $r(t)=6+8t$ 时，确定系统在此信号下可能的最小稳态误差。

4-15 已知单位负反馈系统的开环传递函数为

$$G(s)=\frac{20K}{s(s^2+10s+14+K)}$$

试确定使系统稳定的 K 的最大值，并计算当 K 取此最大值的 $\dfrac{1}{2}$ 时，系统对斜坡输入 $r(t)=2t$ 的稳态误差。

4-16 已知单位负反馈系统的开环传递函数为

$$G(s)=\frac{K(s+30)}{(s+1)(s^2+20s+116)}$$

试确定使系统稳定的 K 的最大值，并选择合适的 K，使得系统对单位阶跃输入的稳态误差小于 0.1。

第五章 根轨迹分析法

前面的章节介绍了系统闭环特征根在 S 平面上的位置直接决定了闭环系统的稳定性及其动态特性。由此产生两个问题：一是如何通过闭环特征根的分布来全面了解闭环系统的动态特性；二是如何由闭环系统的动态特性要求来决定闭环特征根的合理分布，进而确定控制器的结构和参数。这两个问题中的前者是分析问题后者是设计问题，它们都是控制理论研究的范畴。本章通过一种几何方法来解决这两个问题。

求解闭环系统特征方程的根显然是一个典型的代数问题，自然可以通过严格的代数方程求解（即解析方法）解决。然而，当方程阶次增高时，解析方法难以实现或求解工作量巨大。为了兼顾求解代数特征根方程的工作量和精度两个方面，W. R. Evans 在 1948 年的论文"控制系统的集合分析"中提出了一种特征根求解的几何图示方法，并在此后的几十年中得到了广泛的应用，这就是根轨迹分析方法。随着计算机技术的发展和计算数学的完善，避免了传统的根轨迹方法需要手工作图的繁琐计算，使得该方法更易使用和普及。反过来，计算机分析方法精确、量化的特点又给根轨迹方法以新的启示和结论，带动其进入更深更广的应用领域。

本章首先在介绍根轨迹基本概念的基础上，分析根轨迹的性质和绘制常规根轨迹的基本法则，然后将此绘制方法推广到其他参数变化时根轨迹的绘制，最后将根轨迹方法用于分析开环零点、极点、增益变化对控制系统性能的影响，并讨论如何设计控制系统的补偿器。

第一节 概述

一、根轨迹概念

根轨迹指的是当开环系统某一参数从零变化到无穷时，闭环系统特征方程的根在 S 平面上变化的轨迹。对系统的根轨迹进行研究、分析或设计系统参数的方法称为根轨迹法。

获得系统根轨迹通常有两种方法：一是对闭环特征方程解析求解，然后将根逐点描图，这种方法精确但工作量大；二是通过一些定性或半定量的规律直接得到根轨迹，不一定很准确，却简单易行，特别是对于高阶系统，差别更为明显。在考虑根轨迹的图解方法之前，先通过分析计算描绘一个简单对象的根轨迹。

【例 5-1】 如图 5-1 所示单位负反馈控制系统，绘制闭环系统的根轨迹。

解 易知，闭环系统的传递函数为

$$\Phi(s)=\frac{Y(s)}{R(s)}=\frac{K}{s^2+s+K}$$

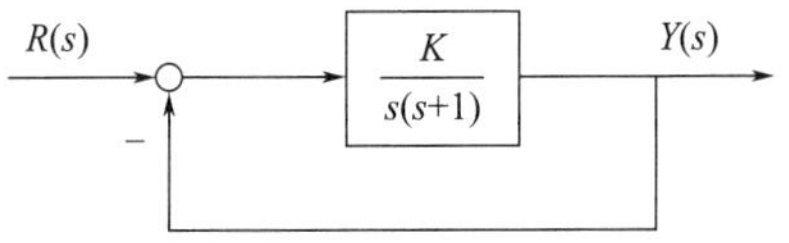

R(s) → ⊗(−) → $\frac{K}{s(s+1)}$ → Y(s)

图 5-1 控制系统

相应的闭环特征方程为

$$s^2+s+K=0$$

由二阶方程的求根公式，得到特征方程的根为 $s_{1,2}=-\frac{1}{2}\pm\frac{\sqrt{1-4K}}{2}$。显然，闭环特征根是 K 的函数，其随 K 的变化而变化的数值如表 5-1 所示。

表 5-1　K 与系统特征根的值

K	0	0.1	0.2	0.25	0.3	0.4	0.5
s_1	0	-0.1127	-0.2764	-0.5	$-0.5+j0.2236$	$-0.5+j0.3873$	$-0.5+j0.5$
s_2	-1	-0.8873	-0.7236	-0.5	$-0.5-j0.2236$	$-0.5-j0.3873$	$-0.5-j0.5$

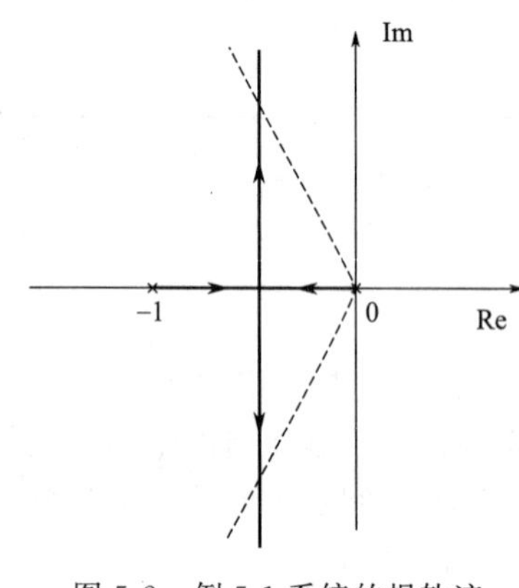

图 5-2　例 5-1 系统的根轨迹

在 S 平面上从 $K=0$ 开始（此时 $s_1=0$，$s_2=1$ 恰好是系统的开环极点），随着 K 增大，逐点地给出特征根 s_1、s_2，并将它们连成线，就得到对应的根轨迹，如图 5-2 中带箭头的实线所示，图中的箭头方向为 K 增加的方向。从表 5-1 与图 5-2 中，可以看出以下几点。

① 系统具有 2 个特征根，即根轨迹有 2 条分支。

② 当 $K=0$ 时，2 条分支起始于 2 个开环极点：0 与 -1。

③ 随着 K 的增加，在 $0\leqslant K<0.25$，2 个根均在实轴上并彼此靠近，当 $K=0.25$ 时，2 个根重合于 -0.5。

④ 当 $K>0.25$ 后，K 继续增加的结果是 2 个根从实轴 -0.5 处分离，产生共轭复根：实部不变，虚部以近似 K 的平方根的速率增加或减少，最后虚部的模趋于无穷。

⑤ 图中虚线与根轨迹的交点对应于阻尼比 $\zeta=0.5$ 的根，此时 $s_{1,2}=-\dfrac{1}{2}\pm j\dfrac{\sqrt{3}}{2}$，由特征根的公式可以得到 $K=1$。

从控制系统设计的观点看，在这个例子中，通过选取增益 K，可使闭环极点落在根轨迹上的任何位置。换句话说，如果根轨迹上的某一点能够满足对系统动态特性的要求，则可通过计算此点的参数 K 值完成设计；如果根轨迹上找不到可以满足系统动态特性的点，则必须考虑补偿环节（也即设计控制器），这些内容将在以后介绍。

考虑一般情况，设控制系统如图 5-3 所示，其闭环传递函数为

$$\Phi(s)=\frac{G(s)}{1+G(s)H(s)} \tag{5-1}$$

闭环系统的特征方程为

$$1+G(s)H(s)=0 \tag{5-2}$$

R(s)　G(s)　Y(s)　−　H(s)

图 5-3　控制系统

假设被控对象的开环传递函数 $G(s)H(s)$ 是实有理函数，其分子多项式和分母多项式分别为 $K^*b(s)$ 和 $a(s)$，即

$$G(s)H(s)=K^*b(s)/a(s)=K^*G_{GH}(s) \tag{5-3}$$

其中 $b(s)$ 和 $a(s)$ 分别为 m 阶和 n 阶首一多项式，即

$$\begin{aligned}b(s)&=s^m+b_{m-1}s^{m-1}+\cdots+b_1s+b_0=(s-z_1)(s-z_2)\cdots(s-z_m)=\prod_{j=1}^{m}(s-z_j)\\a(s)&=s^n+a_{n-1}s^{n-1}+\cdots+a_1s+a_0=(s-p_1)(s-p_2)\cdots(s-p_n)=\prod_{i=1}^{n}(s-p_i)\end{aligned} \tag{5-4}$$

z_j 和 p_i 分别为系统的开环零点和开环极点。对于一个物理可实现系统而言，总有 $n\geqslant m$。则闭环系统的特征方程(5-2) 可以表示为以下几种恒等的形式

$$1+K^*G_{GH}(s)=0 \tag{5-5}$$

$$1+K^*\frac{b(s)}{a(s)}=0 \tag{5-6}$$

$$a(s)+K^*b(s)=0 \tag{5-7}$$

$$K^*=-\frac{1}{G_{GH}(s)} \tag{5-8}$$

这些方程均具有相同的根轨迹。

二、闭环零、极点和开环零、极点之间的关系

由于开环零、极点是已知的，因此建立开环零、极点与闭环零、极点之间的关系，有助于闭环系统根轨迹的绘制，并由此导出根轨迹方程。

设控制系统如图 5-3 所示，在一般情况下，前向通路传递函数 $G(s)$ 和反馈通路传递函数 $H(s)$ 可分别表示为

$$G(s)=\frac{K_G(\tau_1 s+1)(\tau_2^2 s^2+2\xi_2\tau_2 s+1)\cdots}{s^v(T_1 s+1)(T_2^2 s^2+2\zeta_2 T_2 s+1)\cdots}=K_G^*\frac{\prod_{i=1}^{f}(s-z_{G,i})}{\prod_{i=1}^{q}(s-p_{G,i})} \tag{5-9}$$

式中，K_G 为前向通路增益；K_G^* 为前向通路根轨迹增益，它们之间满足如下关系

$$K_G^*=K_G\frac{\tau_1\tau_2^2\cdots}{T_1 T_2^2\cdots} \tag{5-10}$$

以及

$$H(s)=K_H^*\frac{\prod_{j=1}^{l}(s-z_{H,j})}{\prod_{j=1}^{h}(s-p_{H,j})} \tag{5-11}$$

式中，K_H^* 为反馈通路根轨迹增益。于是，图 5-3 系统的开环传递函数可以表示为

$$G(s)H(s)=K^*\frac{\prod_{i=1}^{f}(s-z_{G,i})\prod_{j=1}^{l}(s-z_{H,j})}{\prod_{i=1}^{q}(s-p_{G,i})\prod_{j=1}^{h}(s-p_{H,j})} \tag{5-12}$$

式中，$K^*=K_G^*K_H^*$ 称为开环系统根轨迹增益，对于有 m 个开环零点和 n 个开环极点的系统，必有 $f+l=m$ 和 $q+h=n$。将式(5-9) 和式(5-12) 代入系统闭环传递函数式(5-1)，得

$$\begin{aligned}\Phi(s)&=\frac{K_G^*\prod_{i=1}^{f}(s-z_{G,i})\prod_{j=1}^{h}(s-p_{H,j})}{\prod_{i=1}^{q}(s-p_{G,i})\prod_{j=1}^{h}(s-p_{H,j})+K^*\prod_{i=1}^{f}(s-z_{G,i})\prod_{j=1}^{l}(s-z_{H,j})}\\&=\frac{K_G^*\prod_{i=1}^{f}(s-z_{G,i})\prod_{j=1}^{h}(s-p_{H,j})}{\prod_{i=1}^{n}(s-p_i)+K^*\prod_{j=1}^{m}(s-z_j)}\end{aligned} \tag{5-13}$$

比较式(5-12) 和式(5-13)，可得以下结论。

① 闭环系统根轨迹增益，等于开环系统前向通路根轨迹增益。对于单位反馈系统，闭环系统根轨迹增益就等于开环系统根轨迹增益。

② 闭环零点由开环前向通路传递函数的零点和反馈通路传递函数的极点所组成。对于单位反馈系统，闭环零点就是开环零点。

③ 闭环极点与开环零点、开环极点以及根轨迹增益 K^* 均有关。

根轨迹法的基本任务在于：如何由已知的开环零、极点分布以及根轨迹增益，通过图解的方法找到闭环极点。一旦确定闭环极点后，闭环传递函数的形式便不难确定，因为闭环零点可以由式(5-13) 直接得到。在已知闭环传递函数的情况下，闭环系统的时间响应可利用拉氏反变换的方法求出。

三、根轨迹方程

对于如图5-3所示系统，当开环系统有 m 个开环零点和 n 个开环极点时，开环传递函数式(5-12)可以表示为

$$G(s)H(s)=K^*\frac{\prod_{j=1}^{m}(s-z_j)}{\prod_{i=1}^{n}(s-p_i)} \tag{5-14}$$

式中，z_j 为已知的开环零点；p_i 为已知的开环极点。将式(5-14)代入闭环系统特征方程 $1+G(s)H(s)=0$，得

$$K^*\frac{\prod_{j=1}^{m}(s-z_j)}{\prod_{i=1}^{n}(s-p_i)}=-1 \tag{5-15}$$

称式(5-15)为根轨迹方程。应当指出，只要闭环特征方程可以化成式(5-15)的形式，就可以绘制根轨迹。式中处于变动地位的参数，并不限定是根轨迹增益，也可以是系统中其他变化参数。

当 $K^*>0$ 时，可将根轨迹方程式(5-15)表示为以下向量方程

$$K^*\left|\frac{\prod_{j=1}^{m}(s-z_j)}{\prod_{i=1}^{n}(s-p_i)}\right|e^{j\angle\frac{\prod_{j=1}^{m}(s-z_j)}{\prod_{i=1}^{n}(s-p_i)}}=e^{j(2k+1)\pi} \tag{5-16}$$

即

$$K^*=\frac{\prod_{i=1}^{n}|s-p_i|}{\prod_{j=1}^{m}|s-z_j|} \tag{5-17}$$

$$\sum_{j=1}^{m}\angle(s-z_j)-\sum_{i=1}^{n}\angle(s-p_i)=(2k+1)\pi,\quad k=0,\pm1,\pm2,\cdots \tag{5-18}$$

式(5-17)、式(5-18)分别被称为幅值条件和相位条件。因为 K^* 的取值范围是 $0\sim+\infty$ 间的任意值，故对任意 s，幅值条件总能满足，所以绘制根轨迹图时先不考虑该条件，而是通过判断 S 平面上的某点是否满足相位条件来判断该点是否在根轨迹上。因此，闭环系统的根轨迹可以视为所有满足相位条件式(5-18)的 s 值在 S 平面上构成的轨迹。

当 $K^*<0$ 时，可将根轨迹方程式(5-15)表示为以下向量方程

$$|K^*|\left|\frac{\prod_{j=1}^{m}(s-z_j)}{\prod_{i=1}^{n}(s-p_i)}\right|e^{j\left(\pi+\angle\frac{\prod_{j=1}^{m}(s-z_j)}{\prod_{i=1}^{n}(s-p_i)}\right)}=e^{j(2k+1)\pi} \tag{5-19}$$

幅值条件和相位条件分别为

$$|K^*|=\frac{\prod_{i=1}^{n}|s-p_i|}{\prod_{j=1}^{m}|s-z_j|} \tag{5-20}$$

$$\sum_{j=1}^{m}\angle(s-z_j)-\sum_{i=1}^{n}\angle(s-p_i)=2k\pi,\quad k=0,\pm1,\pm2,\cdots \tag{5-21}$$

可见，$K^*<0$ 时的幅值条件式(5-20) 与 $K^*>0$ 时的式(5-17) 相同，不同的仅是相位条件。这类根轨迹被称为零度根轨迹或正反馈根轨迹，将在第三节中详细介绍。

【例 5-2】 单位负反馈控制系统的开环传递函数为 $G(s)=\dfrac{s+1}{s[(s+2)^2+4](s+5)}$，判断点 $s_0=-1+\mathrm{j}2$ 是否在根轨迹上。

解 将开环传递函数极点和零点标于图 5-4 所示的 S 平面坐标图中，极点用"×"表示，零点用"○"表示。然后，从零点 -1 引有向线段至试验点 s_0，即为复数向量 s_0+1，其相位如图 5-4 中的 φ_1 所示。类似地，4 个开环极点到试验点 s_0 的向量分别为 s_0、$s_0+2-\mathrm{j}2$、$s_0+2+\mathrm{j}2$ 和 s_0+5，它们的相位分别为 $\phi_1=116.6°$，$\phi_2=0°$，$\phi_3=76°$，$\phi_4=26.6°$，$G(s_0)$ 的总相位是所有零点向量相位的代数和与所有极点向量相位的代数和之差

$$\begin{aligned}\angle G(s_0)&=\varphi_1-(\phi_1+\phi_2+\phi_3+\phi_4)\\&=90°-(116.6°+0°+76°+26.6°)\\&=-129.2°\neq(2k+1)\pi\end{aligned}$$

显见，$G(s_0)$ 的相位值不满足相位条件式(5-18)，所以 s_0 不是根轨迹上的点。

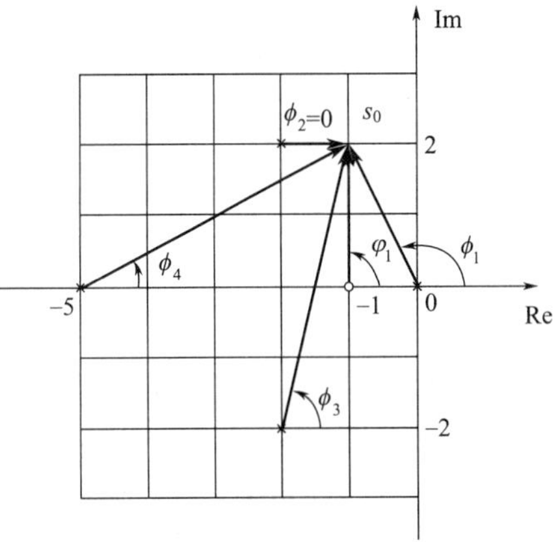

图 5-4　例 5-2 的相位条件

第二节　根轨迹的绘制方法

前面例 5-1 采用逐点计算方法绘制根轨迹，例 5-2 判断 s_0 是否在根轨迹上的方法，都显然不适用更复杂的情形。本节介绍在对系统特征方程和相位条件分析基础上归纳出的绘制系统根轨迹的基本法则。运用该法则不仅可以加快与简化根轨迹的绘制过程，而且为定性分析系统的动态特性提供依据。

在下面的讨论中，假定所研究的变化参数是根轨迹增益 K^* （$K^*>0$），且 K^* 由零变化到无穷大时，相位遵循 $(2k+1)\pi$，因此称为 180°根轨迹或者常规根轨迹。当可变参数为其他参数时，这些基本法则仍然适用。

法则 1 根轨迹的起点和终点。根轨迹起于开环极点，终于开环零点。

证明 根轨迹起点是指根轨迹增益 $K^*=0$ 时的根轨迹点，而终点则是指 $K^*\to\infty$时的根轨迹点。设闭环传递函数为式(5-13)，可得闭环系统特征方程为

$$\prod_{i=1}^{n}(s-p_i)+K^*\prod_{j=1}^{m}(s-z_j)=0 \tag{5-22}$$

根据根轨迹方程的幅值条件，可得

$$K^*=\frac{\prod_{i=1}^{n}|s-p_i|}{\prod_{j=1}^{m}|s-z_j|} \tag{5-23}$$

当 $m\leqslant n$ 时，可以得到以下结论：

① 当 $s=p_i$ （开环极点）时，根轨迹增益 $K^*=0$；

② 当 $s=z_j$ （开环零点，称有限数值的零点为开环有限零点）或者 $s=\infty$ （当 $m<n$ 时，称无穷远处的零点为开环无限零点）时，根轨迹增益 $K^*\to\infty$。

当 $m>n$ 时（绘制其他参数变化下的根轨迹时，可能会出现），可以得到以下结论：

① 当 $s=p_i$ （开环极点，称有限数值的极点为开环有限极点）或者 $s=\infty$ （称无穷远处的极点为开环无限极点）时，根轨迹增益 $K^*=0$；

② 当 $s=z_j$ （开环零点）时，根轨迹增益 $K^*\to\infty$。

因此，当 $m\leqslant n$ 时，有 $n-m$ 条根轨迹的终点将在无穷远处，即终于开环无限零点；当 $m>n$ 时，有 $m-n$

条根轨迹的起点将在无穷远处，即起始于开环无限极点。于是可以说，根轨迹起于开环极点（包括开环无限极点），终于开环零点（包括开环无限零点）。图 5-5 表示了根轨迹起点和终点。

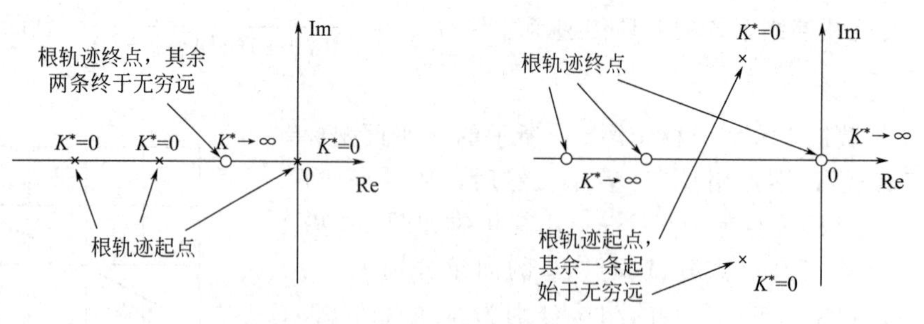

图 5-5　根轨迹的起点和终点表示图

法则 2　根轨迹的分支数、对称性和连续性。根轨迹的分支数与开环有限零点数 m 和有限极点数 n 中的大者相等［即 $\max(m,n)$］，根轨迹连续且对称于实轴。

证明　① 按照定义，根轨迹是开环系统某一参数从零变到无穷时，闭环特征方程的根在 S 平面上的变化轨迹，因此，根轨迹的分支数必与闭环特征方程根的数目相一致。由特征方程（5-22）可见，闭环特征方程根的数目就等于 m 和 n 中的大者，所以根轨迹的分支数必与开环有限零、极点数中的大者相同［为 $\max(m,n)$］。

② 由于闭环特征方程中的某些系数是根轨迹增益 K^* 的函数，当 K^* 从零到无穷大连续变化时，特征方程的某些系数也随之而连续变化，因而特征方程根的变化也必然是连续的，即根轨迹具有连续性。

③ 因为闭环特征方程的根只可能有实根、纯虚根和共轭复根三种情况。根轨迹是特征根的集合，因此根轨迹对称于实轴。

根据根轨迹的对称性，可以只绘制出上半 S 平面的根轨迹部分，然后利用对称性就可以得到下半 S 平面的根轨迹部分。

法则 3　实轴上的根轨迹。实轴上的某一区域，若其右边开环实数零、极点个数之和为奇数，则该区域必是根轨迹。

证明　设开环零、极点分布如图 5-6 所示，s_0 是实轴上的某一测试点，φ_j（$j=1,2,3,4,5$）是各开环零点到 s_0 点向量的相位，θ_i（$i=1,2,3,4,5,6$）是各开环极点到 s_0 点向量的相位。由图 5-6 可以看出：

① 复数共轭极点和复数共轭零点到实轴上任意一点（包括 s_0 点）的向量相位和为 2π，因此，在确定实轴上的根轨迹时，可以不考虑复数开环零、极点的影响；

② s_0 点左侧开环实数零、极点到 s_0 点的向量相位为零；

③ s_0 点右侧开环实数零、极点到 s_0 点的向量相位为 π。

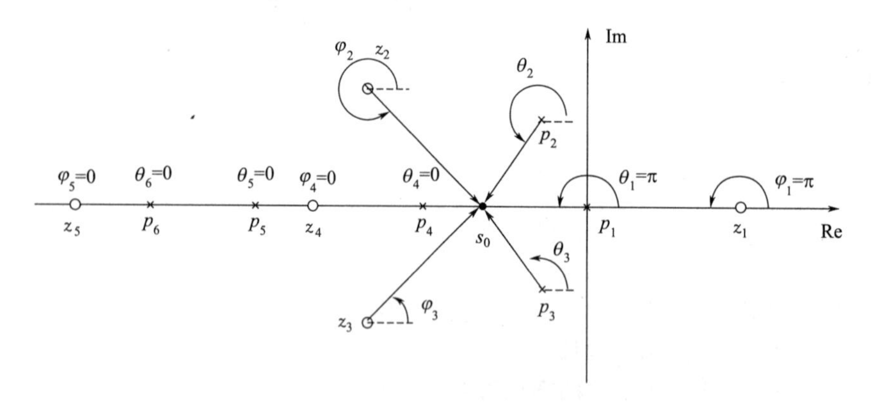

图 5-6　实轴上的根轨迹

如果令 $\sum\varphi_j$ 代表 s_0 点右边所有开环实数零点到 s_0 点的向量相位和，$\sum\theta_i$ 代表 s_0 点右边所有开环实数极点到 s_0 点的向量相位和，那么根据相位条件，s_0 点位于根轨迹上的充分必要条件是下列相位条件成立

$$\sum\varphi_j-\sum\theta_i=(2k+1)\pi,\ k=0,\pm1,\pm2,\cdots \tag{5-24}$$

由于 s_0 点右边所有开环实数零、极点到 s_0 点的向量相位均为 π，而 π 与 $-\pi$ 代表相同的角度，因此式(5-24)

中减去 π 等价于加上 π，于是 s_0 点位于根轨迹上的等效条件为

$$\sum\varphi_j+\sum\theta_i=(2k+1)\pi,\ k=0,\pm1,\pm2,\cdots \tag{5-25}$$

式中$(2k+1)$为奇数,本法则得证。

【例 5-3】 设单位负反馈系统的开环传递函数为 $G(s)=\dfrac{K(s+2)(s+6)}{s(s+4)(s+9)}$，试绘制系统的根轨迹。

解 ① 系统开环有限零点为 $z_1=-2$，$z_2=-6$，有限零点数 $m=2$；

系统的开环有限极点为 $p_1=0$，$p_2=-4$，$p_3=-9$，有限极点数 $n=3$。

② 根轨迹有 $\max(m,n)=\max(2,3)=3$ 条分支。

③ 实轴上的根轨迹区间：$(-\infty,-9]$，$[-6,-4]$，$[-2,0]$。

根轨迹如图 5-7 所示。

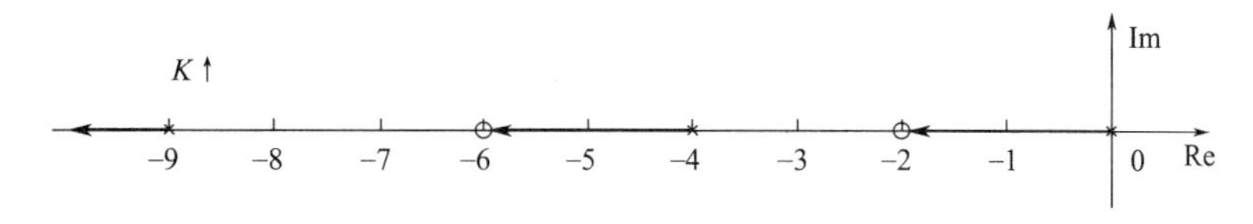

图 5-7　例 5-3 的根轨迹

法则 4　根轨迹的渐近线。当开环有限极点数 n 大于有限零点数 m 时，有 $n-m$ 条根轨迹分支沿着与实轴交角为 φ_a、交点为 σ_a 的一组渐近线趋向无穷远处。

$$\varphi_a=\frac{(2k+1)\pi}{n-m}\ ,\ k=0,1,\cdots,n-m-1;\quad \sigma_a=\frac{\sum_{i=1}^{n}p_i-\sum_{j=1}^{m}z_j}{n-m}$$

证明　渐近线就是 s 值趋于无穷大时的根轨迹，由根轨迹的对称性知渐近线一定对称于实轴。由方程(5-15) 可以得到，当 s 趋于无穷大时

$$\lim_{s\to\infty}G(s)H(s)=\lim_{s\to\infty}K^*\frac{\prod_{j=1}^{m}(s-z_j)}{\prod_{i=1}^{n}(s-p_i)}=\lim_{s\to\infty}\frac{K^*}{s^{n-m}}=-1 \tag{5-26}$$

由于 K^* 是一个变量，因此式(5-26) 必须满足以下条件

$$-K^*=s^{n-m} \tag{5-27}$$

$$\text{幅值条件}\quad |-K^*|=|s^{n-m}| \tag{5-28}$$

$$\text{相位条件}\quad \angle-K^*=\angle s^{n-m}=(2k+1)\pi,\ k=0,\pm1,\pm2,\cdots \tag{5-29}$$

由于$\angle s^{n-m}=(n-m)\angle s$，所以式(5-29) 可以重写为

$$\angle s=\varphi_a=\frac{(2k+1)\pi}{n-m},\ k=0,\pm1,\pm2,\cdots,\quad \text{当 } s\to\infty \tag{5-30}$$

$n-m$ 条根轨迹的渐近线与实轴的交点为σ_a的证明较为繁琐，此略。

法则 5　根轨迹的分离点和分离角。两条或两条以上根轨迹分支在 S 平面上相遇又立即分开的点，称为根轨迹的分离点，分离点的坐标 d 是下列方程的解

$$\sum_{i=1}^{n}\frac{1}{d-p_i}=\sum_{j=1}^{m}\frac{1}{d-z_j} \tag{5-31}$$

或者在特征方程中，令 $W(s)=-K^*$，分离点坐标 d 可以由下列方程求得

$$\left.\frac{\mathrm{d}W(s)}{\mathrm{d}s}\right|_{s=d}=0 \tag{5-32}$$

分离角定义为根轨迹进入分离点的切线方向与离开分离点的切线方向之间的夹角，当 l 条根轨迹分支进

入并立即离开分离点时，分离角可由 $(2k+1)\pi/l$ $(k=0,1,\cdots,l-1)$ 来决定，显然，当 $l=2$ 时，分离角必为直角。

证明 由根轨迹方程

$$1+K^*\frac{\prod_{j=1}^{m}(s-z_j)}{\prod_{i=1}^{n}(s-p_i)}=0$$

得闭环特征方程为

$$D(s)=\prod_{i=1}^{n}(s-p_i)+K^*\prod_{j=1}^{m}(s-z_j)=0 \tag{5-33}$$

根轨迹在 S 平面上相遇，说明闭环特征方程有重根出现。设重根为 d，根据代数中重根条件，有

$$\dot{D}(s)=\frac{\mathrm{d}}{\mathrm{d}s}\left[\prod_{i=1}^{n}(s-p_i)+K^*\prod_{j=1}^{m}(s-z_j)\right]=0 \tag{5-34}$$

式(5-33) 和式(5-34) 又可以分别写成

$$\prod_{i=1}^{n}(s-p_i)=-K^*\prod_{j=1}^{m}(s-z_j) \tag{5-35}$$

$$\frac{\mathrm{d}}{\mathrm{d}s}\prod_{i=1}^{n}(s-p_i)=-K^*\frac{\mathrm{d}}{\mathrm{d}s}\prod_{j=1}^{m}(s-z_j) \tag{5-36}$$

将式(5-36) 除以式(5-35) 得

$$\frac{\frac{\mathrm{d}}{\mathrm{d}s}\prod_{i=1}^{n}(s-p_i)}{\prod_{i=1}^{n}(s-p_i)}=\frac{\frac{\mathrm{d}}{\mathrm{d}s}\prod_{j=1}^{m}(s-z_j)}{\prod_{j=1}^{m}(s-z_j)}$$

$$\frac{\mathrm{d}\ln\prod_{i=1}^{n}(s-p_i)}{\mathrm{d}s}=\frac{\mathrm{d}\ln\prod_{j=1}^{m}(s-z_j)}{\mathrm{d}s} \tag{5-37}$$

又由于

$$\ln\prod_{i=1}^{n}(s-p_i)=\sum_{i=1}^{n}\ln(s-p_i) \quad 和 \quad \ln\prod_{j=1}^{m}(s-z_j)=\sum_{j=1}^{m}\ln(s-z_j)$$

所以式(5-37) 可以重写为

$$\sum_{i=1}^{n}\frac{\mathrm{d}\ln(s-p_i)}{\mathrm{d}s}=\sum_{j=1}^{m}\frac{\mathrm{d}\ln(s-z_j)}{\mathrm{d}s}$$

$$\sum_{i=1}^{n}\frac{1}{s-p_i}=\sum_{j=1}^{m}\frac{1}{s-z_j}$$

从上式中解出 s，即为分离点 d。

另外，也可以从另一个角度证明式(5-32)。首先绘制各种实轴上的根轨迹与根轨迹增益 K^* 之间的关系（复平面上根轨迹与 K^* 之间的关系类似），如图 5-8 所示。

由图 5-8 可以看出，分离点坐标可以通过求解特征方程中 K^* 的极值来获得，即令

$$W(s)=-K^*$$

则分离点坐标 d 为

$$\left.\frac{\mathrm{d}W(s)}{\mathrm{d}s}\right|_{s=d}=0$$

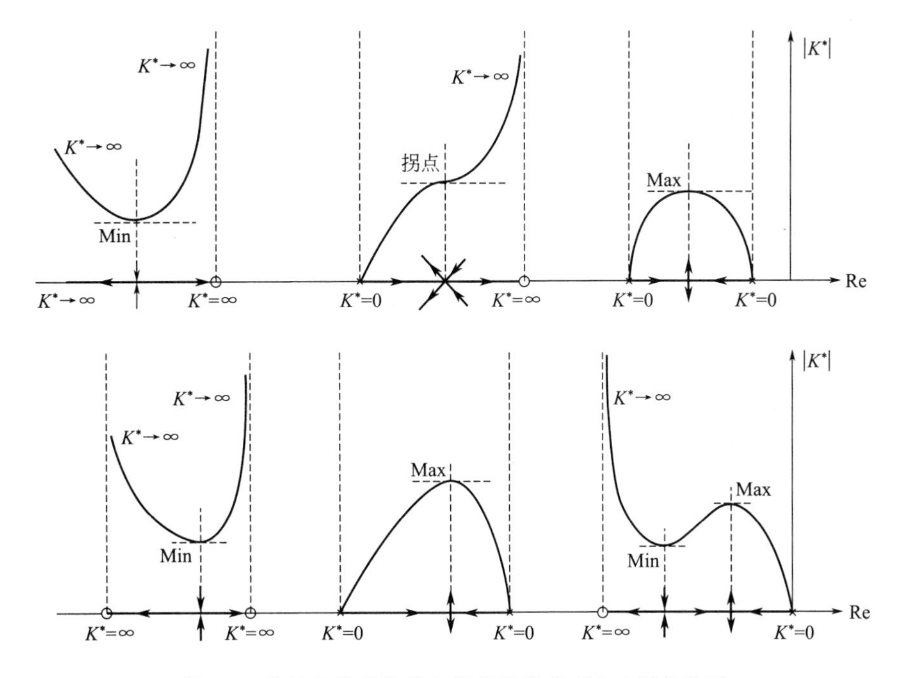

图 5-8　实轴上的根轨迹与根轨迹增益 K^* 之间的关系

若$\left.\dfrac{\mathrm{d}W(s)}{\mathrm{d}s}\right|_{s=d}=0,\cdots,\left.\dfrac{\mathrm{d}^{(k-1)}W(s)}{\mathrm{d}s^{k-1}}\right|_{s=d}=0$，则表示有 k 条根轨迹在 d 点相遇又分离，且两条相邻根轨迹分支进入 d 点的夹角为 $\lambda_d=\pm\dfrac{360°}{k}$，进入 d 点的根轨迹分支与相邻的离开 d 点的根轨迹分支的夹角为 $\theta_d=\pm\dfrac{180°}{k}$。如图 5-9 所示。

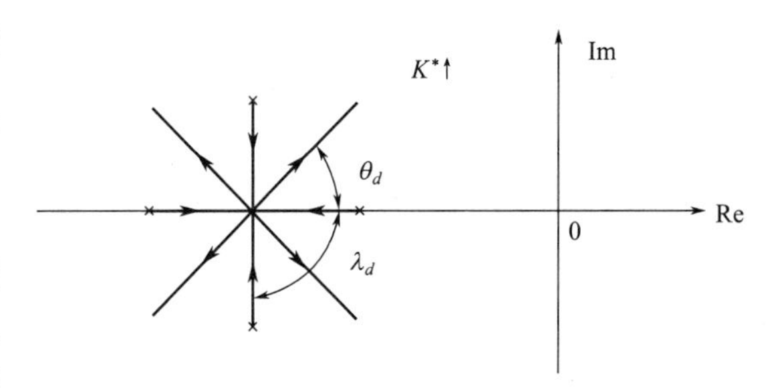

图 5-9　开环传递函数为 $G(s)H(s)=\dfrac{K^*}{(s+2)(s+4)(s^2+6s+10)}$的根轨迹图

实质上，根轨迹的分离点坐标就是 K^* 为某一特定值时，闭环系统特征方程的实数重根或复数重根的数值。因为根轨迹是实对称的，所以根轨迹的分离点或位于实轴上，或以共轭形式成对出现在复平面中。一般情况下，常见的根轨迹分离点是位于实轴上的两条根轨迹分支的交点。如果根轨迹位于实轴上两个相邻的开环极点之间（其中一个可以是无限极点），则在这两个极点之间至少存在一个分离点；同样，如果根轨迹位于实轴上两个相邻的开环零点之间（其中一个可以是无限零点），则在这两个零点之间至少有一个分离点。

【例 5-4】 设系统结构图如图 5-10 所示，试绘制其概略根轨迹。

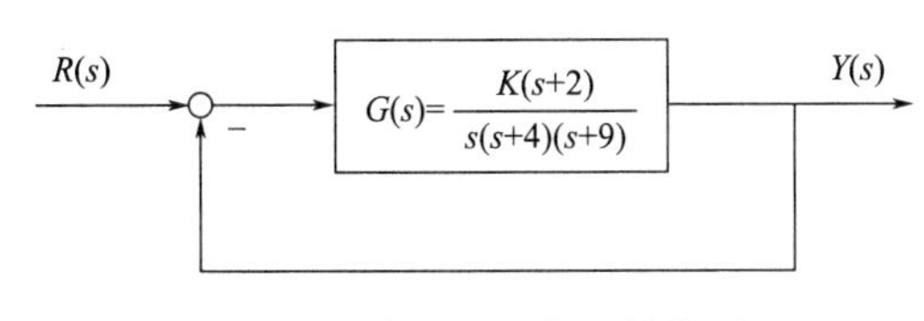

图 5-10　例 5-4 系统的结构图

解　系统的开环传递函数为

$$G(s)=\frac{K(s+2)}{s(s+4)(s+9)}$$

① 系统开环有限零点为 $z_1=-2$，有限零点数 $m=1$；

系统的开环有限极点为 $p_1=0$，$p_2=-4$，$p_3=-9$，有限极点数 $n=3$。

② 根轨迹有 $\max(m,n)=\max(1,3)=3$ 条分支。

③ 实轴上的根轨迹区间：$[-9,-4]$，$[-2,0]$。

④ 根轨迹的渐近线有 $n-m=2$ 条，根轨迹渐近线与实轴的交点为

$$\sigma_a=\frac{\sum_{i=1}^{n}p_i-\sum_{i=1}^{m}z_i}{n-m}=\frac{(0-4-9)-(-2)}{3-1}=-5.5$$

渐近线与实轴的交角为

$$\varphi_a=\frac{(2k+1)\pi}{n-m}=\frac{(2k+1)\pi}{2}=\pm\frac{\pi}{2}$$

⑤ 根轨迹的分离点 d：解分离点方程 $\sum_{i=1}^{n}\frac{1}{d-p_i}=\sum_{j=1}^{m}\frac{1}{d-z_j}$，即

$$\frac{1}{d}+\frac{1}{d+4}+\frac{1}{d+9}=\frac{1}{d+2};\quad 2d^3+19d^2+52d+72=0$$

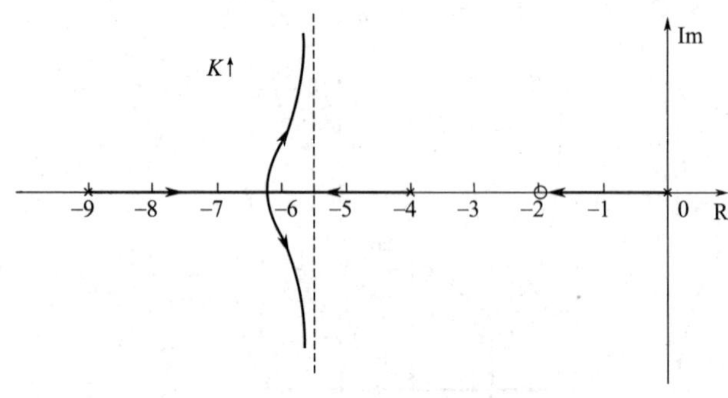

图 5-11 例 5-4 的根轨迹

因为实轴上的分离点在 -9 与 -4 之间，初步试探时取 $d=-6.5$，得到

$$\frac{1}{d}+\frac{1}{d+4}+\frac{1}{d+9}=-0.15;\quad \frac{1}{d+2}=-0.22$$

因方程两边不等，所以重取 $d_1=-6.27$，方程两边近似相等，利用长除法求出分离点方程的另外 2 个根 $d_{2,3}=-1.62\pm j1.77$，因为这 2 个根不在根轨迹上，舍去，因此分离点为 $d_1\approx-6.27$。

分离角为 $\frac{(2k+1)\pi}{l}=\frac{(2k+1)\pi}{2}=\pm\frac{\pi}{2}$

根轨迹如图 5-11 所示。

【例 5-5】 已知系统的开环传递函数 $G(s)H(s)=\frac{K(s+4)}{s(s+2)}$，试绘制闭环系统的根轨迹。

解 ① 系统开环有限零点为 $z_1=-4$，有限零点数 $m=1$；

系统的开环有限极点为 $p_1=0$，$p_2=-2$，即 $n=2$。

② 根轨迹有 $\max(m,n)=\max(1,2)=2$ 条分支。

③ 实轴上的根轨迹区间：$(-\infty,-4]$，$[-2,0]$。

④ 根轨迹的渐近线有 $n-m=1$ 条，根轨迹渐近线与实轴的交点为

$$\sigma_a=\frac{\sum_{i=1}^{n}p_i-\sum_{i=1}^{m}z_i}{n-m}=\frac{(0-2)-(-4)}{2-1}=2$$

渐近线与实轴的交角为

$$\varphi_a=\frac{(2k+1)\pi}{n-m}=\frac{(2k+1)\pi}{1}=\pi$$

即渐近线与实轴上根轨迹区域 $(-\infty,-4]$ 重叠。所以在 $n-m=1$ 的情况下，不必再确定根轨迹的渐近线。

⑤ 根轨迹的分离点 d：解分离点方程 $\sum_{i=1}^{n}\frac{1}{d-p_i}=\sum_{j=1}^{m}\frac{1}{d-z_j}$，即

$$\frac{1}{d}+\frac{1}{d+2}=\frac{1}{d+4};\quad 得\ d_1=-1.2,\ d_2=-6.8$$

分离角为

$$\frac{(2k+1)\pi}{l}=\frac{(2k+1)\pi}{2}=\pm\frac{\pi}{2}$$

根轨迹如图 5-12 所示。

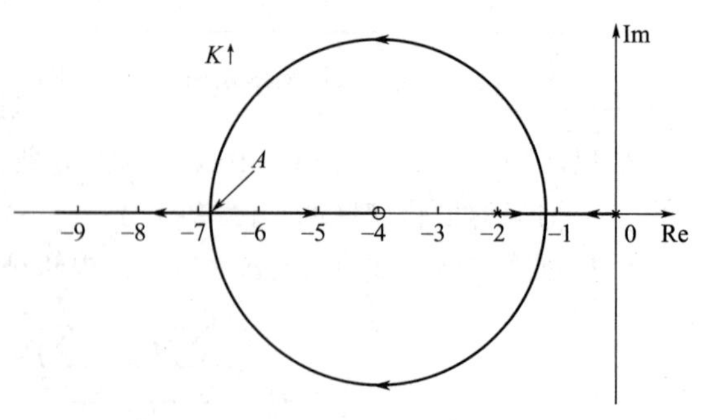

图 5-12 例 5-5 的根轨迹

图 5-12 中的 A 点是 2 条根轨迹随着 K 的增大从复平面进入实轴的重合点。在 A 点，根轨迹会合后再分开，故 A 点又常被称为是根轨迹的会合点。

由图 5-12 可以看出，其复数根轨迹部分是一个圆。可以证明：由 2 个极点（实数极点或复数极点）和 1 个有限零点组成的开环系统，只要有限零点没有位于 2 个实数极

点之间，当 K^* 从零变到无穷时，闭环根轨迹的复数部分，是以有限零点为圆心，以有限零点到分离点的距离为半径的一个圆或圆的一部分。

图 5-13 给出的是具有 2 个开环极点和 1 个开环零点系统的根轨迹例子。

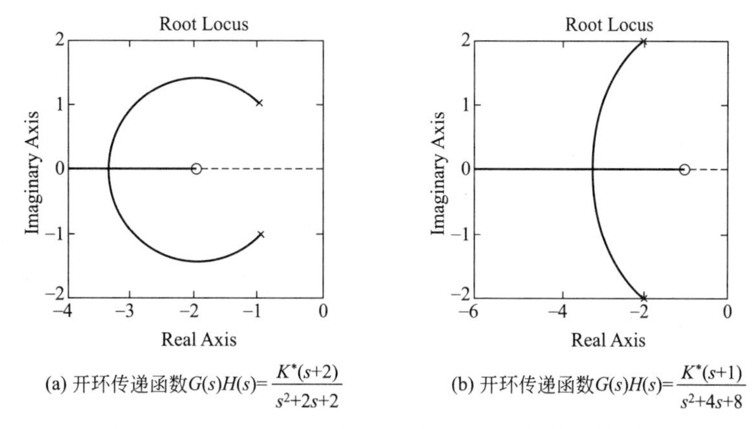

图 5-13　2 个开环极点和 1 个开环零点系统的根轨迹图

需要特别指出的是，如果开环系统无有限零点，则在分离点方程式(5-31) 中，应取

$$\sum_{j=1}^{m}\frac{1}{d-z_j}=0$$

另外，分离点方程式(5-31) 不仅可以用来确定实轴上的分离点坐标 d，而且可以用来确定复平面上的分离点坐标。只有当开环零、极点分布非常对称时，才会出现复平面上的分离点。此时一般可采用求分离点方程根的方法来确定所有的分离点。图 5-14 列出了几种开环传递函数为 $G(s)H(s)$ 的系统根轨迹图。从这些图可知，有时开环零、极点的位置稍有变化，其根轨迹就大不相同。

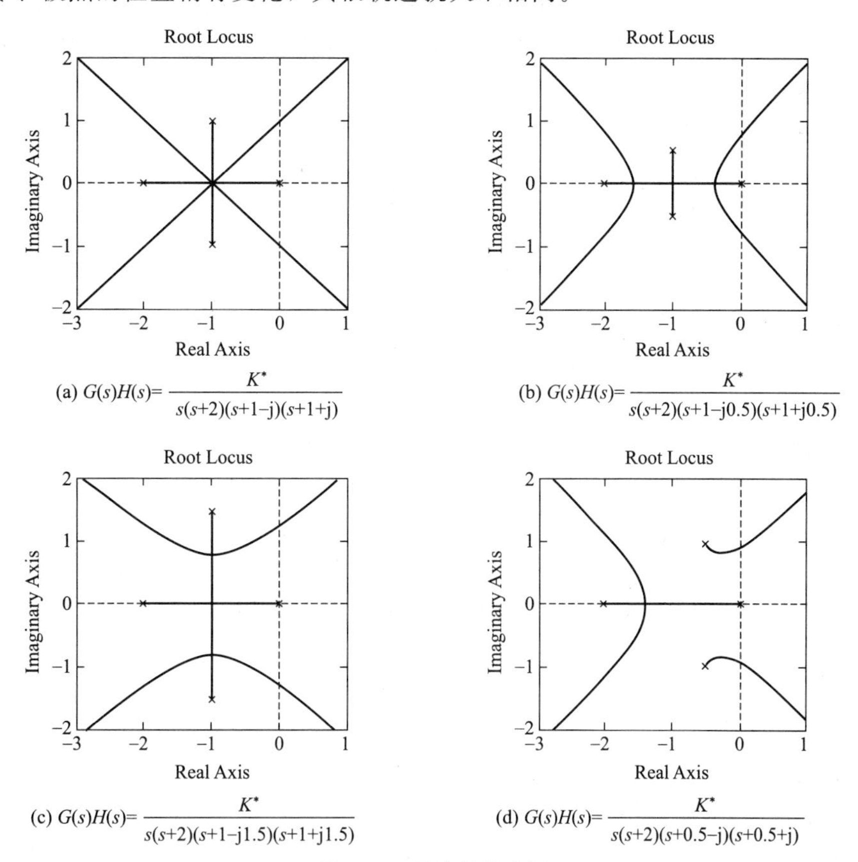

图 5-14　系统根轨迹图

法则 6　根轨迹的起始角（出射角）与终止角（入射角）。根轨迹离开第 i 个开环复数极点 p_i 处的切线与正实轴的夹角，称为起始角（出射角），以 θ_{p_i} 表示；根轨迹进入第 i 个开环复数零点 z_i 处的切线与正实

轴的夹角称为终止角（入射角），以 φ_{z_i} 表示。这些角度可以按如下关系式求出

$$\theta_{p_i}=(2k+1)\pi+\left(\sum_{j=1}^{m}\varphi_{z_jp_i}-\sum_{\substack{j=1\\(j\neq i)}}^{n}\theta_{p_jp_i}\right);\quad k=0,\pm1,\pm2,\cdots \tag{5-38}$$

$$\varphi_{z_i}=(2k+1)\pi-\left(\sum_{\substack{j=1\\(j\neq i)}}^{m}\varphi_{z_jz_i}-\sum_{j=1}^{n}\theta_{p_jz_i}\right);\quad k=0,\pm1,\pm2,\cdots \tag{5-39}$$

式中，$\varphi_{z_jp_i}$、$\theta_{p_jp_i}$ 分别为开环零点 z_j 和开环极点 p_j 到开环极点 p_i 的向量相位；$\varphi_{z_jz_i}$、$\theta_{p_jz_i}$ 分别为开环零点 z_i 和开环极点 p_j 到开环零点 z_i 的向量相位。

证明 设开环系统有 m 个有限零点，n 个有限极点。在十分靠近待求起始角（或终止角）的复数极点（或复数零点）的根轨迹上，取一点 s_1 无限接近于求起始角的复数极点（或求终止角的复数零点），根据 s_1 点必须满足的相位条件，可证明出式(5-38)、(5-39)。

【例 5-6】 设单位负反馈系统的开环传递函数为

$$G(s)=\frac{K(s+1.5)(s+2+\mathrm{j})(s+2-\mathrm{j})}{s(s+2.5)(s+0.5+\mathrm{j}1.5)(s+0.5-\mathrm{j}1.5)}$$

试绘制系统的根轨迹。

解 按照典型步骤绘制根轨迹

① 系统开环有限零点：$z_1=-1.5$，$z_2=-2+\mathrm{j}$，$z_3=-2-\mathrm{j}$，有限零点数 $m=3$。

系统开环有限极点：$p_1=0$，$p_2=-2.5$，$p_3=-0.5+\mathrm{j}1.5$，$p_4=-0.5-\mathrm{j}1.5$，有限极点数 $n=4$。

② 根轨迹有 $\max(m,n)=\max(3,4)=4$ 条分支。

③ 实轴上的根轨迹区间：$(-\infty,-2.5]$，$[-1.5,0]$。

④ 根轨迹的渐近线有 $n-m=1$ 条，不必再确定渐近线。

⑤ 根轨迹的分离点 d：一般说来，如果根轨迹位于实轴上一个开环极点和一个开环零点（有限零点或无限零点）之间，则在这 2 个相邻的零、极点之间，或者不存在任何分离点，或者同时存在离开实轴和进入实轴的 2 个分离点，本例无分离点。

⑥ 根轨迹的起始角和终止角：

$$\varphi_{z_1p_3}=\arctan\frac{1.5}{-0.5-(-1.5)}=56.3°;\quad \varphi_{z_2p_3}=\arctan\frac{1.5-1}{-0.5-(-2)}=18.4°$$

$$\varphi_{z_3p_3}=\arctan\frac{1.5-(-1)}{-0.5-(-2)}=59.0°;\quad \theta_{p_1p_3}=180°-\arctan\frac{1.5}{0.5}=108.4°$$

$$\theta_{p_2p_3}=\arctan\frac{1.5}{-0.5-(-2.5)}=36.9°;\quad \theta_{p_4p_3}=90°$$

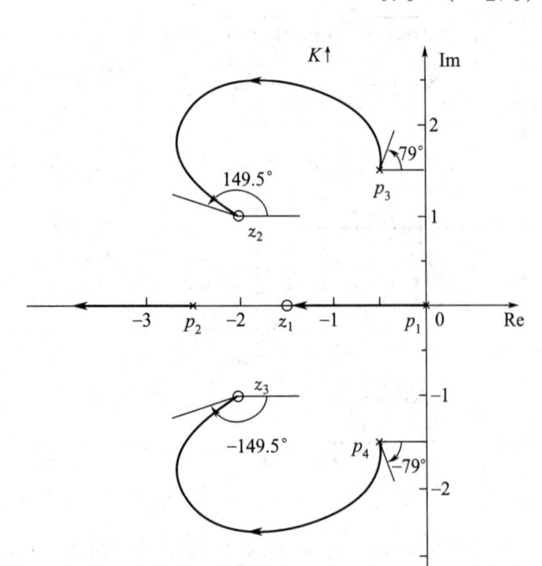

图 5-15 例 5-6 的根轨迹

因此，起始角为

$$\theta_{p_3}=(2k+1)\pi+\left(\sum_{j=1}^{3}\varphi_{z_jp_3}-\sum_{\substack{j=1\\j\neq3}}^{4}\theta_{p_jp_3}\right)=79°$$

由对称性得 $\theta_{p_4}=-79°$

同理可得终止角为

$$\varphi_{z_2}=(2k+1)\pi-\left(\sum_{\substack{j=1\\j\neq2}}^{3}\varphi_{z_jz_2}-\sum_{j=1}^{4}\theta_{p_jz_2}\right)=149.5°$$

由对称性得 $\varphi_{z_3}=-149.5°$

根轨迹如图 5-15 所示。

法则 7 根轨迹与虚轴的交点。若根轨迹与虚轴相交，则交点上的 K^* 值和 ω 值可用劳斯判据确定；也可令闭环特征方程中的 $s=\mathrm{j}\omega$，然后分别令其实部和虚部为零而求得。

这是因为若根轨迹与虚轴相交，则表示闭环系统存在一

对共轭纯虚根，也意味着 K^* 的某一取值使闭环系统处于临界稳定状态。因此，令劳斯阵列中 s^1 行的系数为零，由劳斯表中 s^2 行的系数构成辅助方程，即可解出纯虚根的数值，这一数值就是根轨迹与虚轴交点处的 ω 值。如果根轨迹与正虚轴（或负虚轴）有一个以上交点，则应采用劳斯表中幂大于 2 的 s 偶次方行的系数构造辅助方程。

确定根轨迹与虚轴交点处参数的另一种方法，是直接将 $s=\mathrm{j}\omega$ 代入闭环特征方程，得到

$$1+G(\mathrm{j}\omega)H(\mathrm{j}\omega)=0$$

令上述方程的实部和虚部分别为零，有

实部方程 $$\mathrm{Re}[1+G(\mathrm{j}\omega)H(\mathrm{j}\omega)]=0$$

虚部方程 $$\mathrm{Im}[1+G(\mathrm{j}\omega)H(\mathrm{j}\omega)]=0$$

同时求解这两个方程，便可得到根轨迹与虚轴交点处的 K^* 值和 ω 值。

法则 8　根之和。当系统的开环有限极点数 n 和有限零点数 m 满足 $n-m\geqslant 2$ 时，开环 n 个有限极点 p_i 之和总是等于闭环特征方程 n 个根 λ_i 之和，即

$$\sum_{i=1}^{n}\lambda_i=\sum_{i=1}^{n}p_i$$

证明　一般情况下，开环传递函数可以表示为

$$G(s)H(s)=\frac{K^*\prod\limits_{i=1}^{m}(s-z_i)}{\prod\limits_{j=1}^{n}(s-p_j)}$$

对于物理可实现系统来说，$n\geqslant m$，考虑闭环系统的特征方程展开，法则 8 可证。

此法则表明，在 $n-m\geqslant 2$ 的情况下，当系统增益由零向无穷大变化时，闭环系统的根之和是一个常数；当系统有几条根轨迹是趋于无穷远处时，这几条根轨迹的方向必须满足根之和是一个常数，即一条根轨迹趋向右（某些闭环根在 S 平面向右移动），则必然存在一条根轨迹趋向左（另外一些闭环根在 S 平面向左移动）。

【例 5-7】　设单位负反馈控制系统的开环传递函数为 $G(s)=\dfrac{K^*(s+1)}{s^2(s+12)}$，试绘制闭环系统的根轨迹图。

解　① 系统开环有限零点 $z_1=-1$，即 $m=1$；

系统的开环有限极点为 $p_1=0$，$p_2=0$，$p_3=-12$，即 $n=3$。

② 实轴上的根轨迹区间为：$[-12,-1]$。

③ 根轨迹渐近线有 $n-m=2$ 条，根轨迹渐近线与实轴的交点为

$$\sigma_a=\frac{\sum\limits_{i=1}^{3}p_i-\sum\limits_{i=1}^{1}z_i}{n-m}=\frac{(0+0-12)-(-1)}{2}=-5.5$$

与实轴的交角为

$$\varphi_a=\frac{(2k+1)\pi}{n-m}=\frac{(2k+1)\pi}{2}=\pm\frac{\pi}{2}$$

④ 根轨迹的分离点方程：$\dfrac{1}{d}+\dfrac{1}{d}+\dfrac{1}{d+12}=\dfrac{1}{d+1}$，求得

分离点为 $$d_1=-5.18,\ d_2=-2.31$$

分离角为 $$\frac{(2k+1)\pi}{l}=\pm\frac{\pi}{2}$$

⑤ 根轨迹的起始角：对于两重开环极点 $p_{1,2}=0$，p_2 到 p_1 点的向量相位等于 p_1 点的起始角，所以

$$\theta_{p_1}=180^\circ+\left[\sum_{j=1}^{1}\angle(p_1-z_j)-\sum_{\substack{j=1\\ j\neq 1}}^{3}\angle(p_1-p_j)\right]=180^\circ+(0^\circ-\theta_{p_1}-0^\circ)$$

$$\theta_{p_1}=90^\circ$$

$$\theta_{p_2}=-90^\circ$$

⑥ 根轨迹与虚轴的交点：系统闭环特征方程为

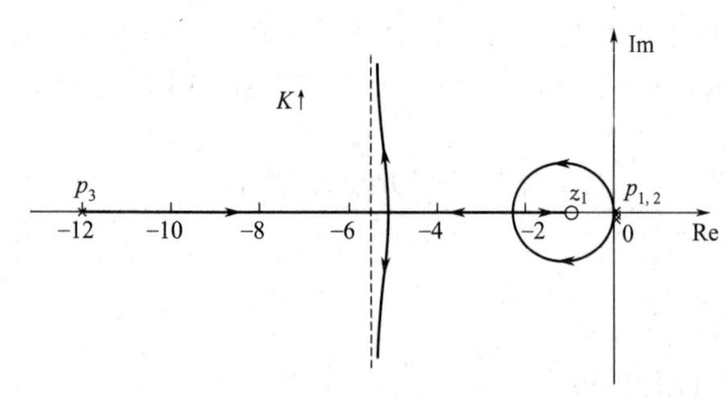

图 5-16 例 5-7 的根轨迹

$$s^3+12s^2+K^*s+K^*=0$$

易得，劳斯阵列为

s^3	1	K^*
s^2	12	K^*
s^1	$2.75K^*$	0
s^0	K^*	

当 K^* 为正时，劳斯阵列第一列为正，因此根轨迹与虚轴无交点。

根轨迹如图 5-16 所示。

【例 5-8】 设单位负反馈控制系统的开环传递函数为 $G(s)=\dfrac{K^*}{s(s+2)[(s+1)^2+4]}$，试绘制闭环系统的根轨迹图。

解 ① 系统无开环有限零点，即 $m=0$；

系统的开环有限极点为：$p_1=0$，$p_2=-2$，$p_3=-1+2\mathrm{j}$，$p_4=-1-2\mathrm{j}$，即 $n=4$。

② 实轴上的根轨迹区间为：$[-2,0]$。

③ 根轨迹渐近线有 $n-m=4$ 条，根轨迹渐近线与实轴的交点为

$$\sigma_a=\frac{\sum\limits_{i=1}^{4}p_i}{n-m}=\frac{0-2-1+2\mathrm{j}-1-2\mathrm{j}}{4}=-1$$

与实轴的交角为

$$\varphi_a=\frac{(2k+1)\pi}{n-m}=\frac{(2k+1)\pi}{4}=\pm45^\circ,\pm135^\circ$$

④ 根轨迹的分离点方程：由于开环传递函数的分子无零点，所以

$$-K^*=W(s)=s^4+4s^3+9s^2+10s$$

$$\left.\frac{\mathrm{d}W(s)}{\mathrm{d}s}\right|_{s=d}=4d^3+12d^2+18d+10=0$$

用试探法首先获得实轴上的分离点 $d_1=-1$，然后用长除法可将分离点方程分解为

$$(d+1)(4d^2+8d+10)=0$$

求得其余分离点为 $d_2=-1+1.22\mathrm{j}$，$d_3=-1-1.22\mathrm{j}$。问题：d_2和 d_3是分离点吗？

事实上，直线 $s=-1+\mathrm{j}\omega$（$-2\leqslant\omega\leqslant2$）上的任一点 s_1 与实轴上的两个极点构成一个等腰三角形，这样$\angle(s_1-p_1)+\angle(s_1-p_2)=180^\circ$，$s_1$ 点相对于共轭极点 $-1\pm2\mathrm{j}$ 的相位之和$\angle(s-p_3)+\angle(s-p_4)=-90^\circ+90^\circ=0^\circ$，因此 2 个复数共轭极点之间的线段是根轨迹的一部分，所以 d_2和 d_3也是分离点，且在 d_2和 d_3处 2 条根轨迹分离。

分离角为
$$\frac{(2k+1)\pi}{l}=\pm\frac{\pi}{2}$$

⑤ 根轨迹的起始角

$$\theta_{p_3}=180^\circ+\left(-\sum_{\substack{j=1\\j\neq3}}^{4}\angle(p_3-p_j)\right)=180^\circ-[180^\circ-\arctan(2)+\arctan(2)+90^\circ]=-90^\circ$$

$$\theta_{p_4}=90^\circ$$

⑥ 根轨迹与虚轴的交点：系统闭环特征方程为

$$s^4+4s^3+9s^2+10s+K^*=0$$

令 $s=\mathrm{j}\omega_0$，代入上式得

$$\omega_0^4-4\mathrm{j}\omega_0^3-9\omega_0^2+10\mathrm{j}\omega_0+K^*=0$$

列出实部方程与虚部方程：

$$\omega_0^4-9\omega_0^2+K^*=0$$

$$-4\omega_0^3+10\omega_0=0$$

解虚部方程得 $\omega_0=\pm1.58$，再由实部方程得 $K^*=16.25$。

根轨迹如图 5-17 所示。

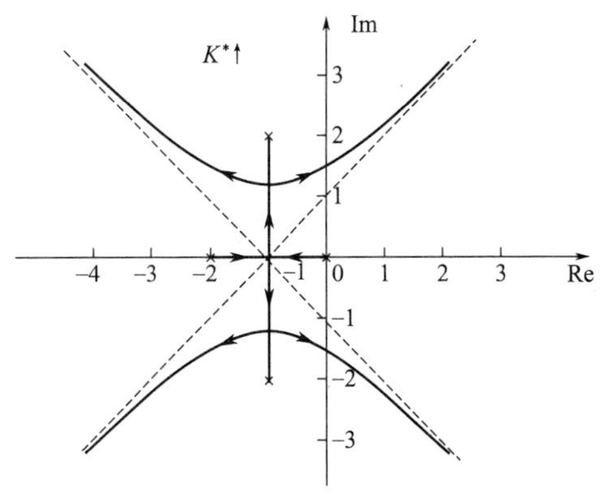

图 5-17　例 5-8 的根轨迹

将前述的所有根轨迹绘制法则归纳在表 5-2 中，便于使用时查阅。

利用根轨迹方法不仅可以分析已知系统，还可以对系统中的某一参数进行设计，以满足控制系统的某些性能指标的要求。比如确定使闭环系统稳定的增益范围；使闭环系统响应没有超调的增益范围；使闭环系统具有最小阻尼比 $\zeta_{\min}$时的闭环系统的根，以及使系统具有某指定超调量 $\sigma\%$和峰值时间 T_p 时闭环系统的根等。下面通过一个例子来说明如何利用根轨迹方法设计控制系统。

表 5-2　根轨迹图绘制法则

序号	内　　容	法　　　则
1	根轨迹的起点和终点	根轨迹始于开环极点，终于开环零点
2	根轨迹的分支数、对称性和连续性	设开环有限零点数为 m，有限极点数为 n，则根轨迹的分支数$=\max(n,m)$，它们是连续的，并且对称于实轴
3	实轴上的根轨迹	实轴上的某一区域，若其右边开环实数零、极点个数之和为奇数，则该区域必是根轨迹
4	根轨迹的渐近线	$n-m$ 条根轨迹分支沿着与实轴交角为 $\varphi_a=\dfrac{(2k+1)\pi}{n-m}(k=0,1,\cdots,n-m-1)$，交点为 $\sigma_a=\dfrac{\sum\limits_{i=1}^{n}p_i-\sum\limits_{j=1}^{m}z_j}{n-m}$ 的一组渐近线趋向无穷远处
5	根轨迹的分离点和分离角	分离点的坐标 d 是方程 $\sum\limits_{i=1}^{n}\dfrac{1}{d-p_i}=\sum\limits_{j=1}^{m}\dfrac{1}{d-z_j}$ 的解； 或者在特征方程中，令 $W(s)=-K^*$，则分离点坐标 d 可以由下列方程求得：$\left.\dfrac{\mathrm{d}W(s)}{\mathrm{d}s}\right\|_{s=d}=0$。注：分离点或会合点必须在根轨迹上
6	根轨迹的起始角与终止角	起始角：$\theta_{p_i}=(2k+1)\pi+\left(\sum\limits_{j=1}^{m}\varphi_{z_jp_i}-\sum\limits_{\substack{j=1\\(j\neq i)}}^{n}\theta_{p_jp_i}\right),k=0,\pm1,\pm2,\cdots$ 终止角：$\varphi_{z_i}=(2k+1)\pi-\left(\sum\limits_{\substack{j=1\\(j\neq i)}}^{m}\varphi_{z_jz_i}-\sum\limits_{j=1}^{n}\theta_{p_jz_i}\right),k=0,\pm1,\pm2,\cdots$
7	根轨迹与虚轴的交点	若根轨迹与虚轴相交，则交点上的 K^* 值和 ω 值可用劳斯判据确定；也可令闭环特征方程中的 $s=\mathrm{j}\omega$，然后分别令其实部和虚部为零而求得
8	根之和	当系统的开环有限极点数 n 和有限零点数 m 满足 $n-m\geqslant2$ 时，n 个开环有限极点之和总是等于 n 个闭环特征方程根之和，即 $\sum\limits_{i=1}^{n}\lambda_i=\sum\limits_{i=1}^{n}p_i$。其中，$\lambda_i$ 为闭环特征方程的根；p_i 为开环有限极点

【例 5-9】 设单位负反馈系统的开环传递函数 $G(s)=\dfrac{K(s+4)}{s(s+2)}$，试画出系统根轨迹图，并求出系统具有最小阻尼比时的闭环极点和对应的增益 K 值，并确定单位阶跃输入下系统的输出时域表达式。

解　① 系统开环有限零点 $z_1=-4$，即 $m=1$；

系统的开环有限极点为 $p_1=0$ $p_2=-2$，即 $n=2$。

② 实轴上的根轨迹区间为：$(-\infty,-4]$，$[-2,0]$。

③ 根轨迹渐近线有 $n-m=1$ 条，可以不用再求根轨迹的渐近线。

④ 根轨迹分离点：由分离点方程

$$\frac{1}{d}+\frac{1}{d+2}=\frac{1}{d+4}$$

解得
$$d_1=-4+2\sqrt{2}=-1.172;\ d_2=-4-2\sqrt{2}=-6.828$$

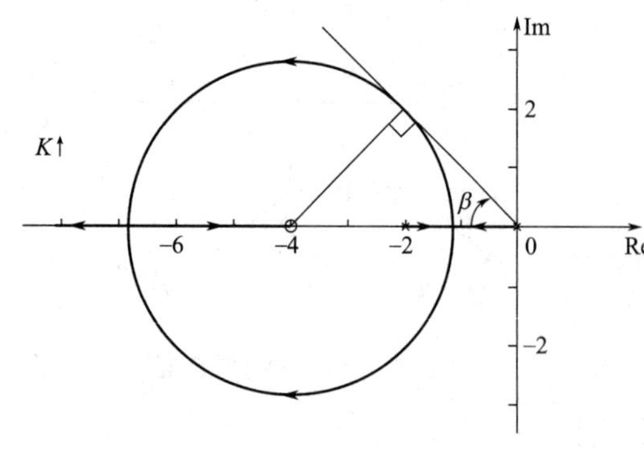

图 5-18 例 5-9 的根轨迹

分离角为 $\pm\frac{\pi}{2}$

根轨迹如图 5-18 所示。

由于根轨迹的复数部分是一个圆，若要使系统具有最小阻尼比，在图 5-18 上过原点作圆的切线，得最小阻尼比线，$\sin\beta=\frac{2.828}{4}=0.707$，阻尼比 $\zeta_{\min}=\cos\beta=0.707$，则相应的闭环极点为 $s_{1,2}=-2\pm \mathrm{j}2$。

由根轨迹的幅值条件，得

$$K=\frac{|s_1||s_1+2|}{|s_1+4|}=2$$

此时，闭环系统的传递函数为

$$\Phi(s)=\frac{2(s+4)}{(s+2-\mathrm{j}2)(s+2+\mathrm{j}2)}=\frac{2(s+4)}{s^2+4s+8}$$

当输入为单位阶跃时，输出的拉氏变换式为

$$Y(s)=\Phi(s)U(s)=\frac{2(s+4)}{s^2+4s+8}\times\frac{1}{s}=\frac{1}{s}-\frac{s+2}{(s+2)^2+2^2}$$

输出的时域表达式为

$$y(t)=1-\mathrm{e}^{-2t}\cos 2t,\quad t>0$$

图 5-19 绘制了该闭环系统的单位阶跃响应输出曲线。

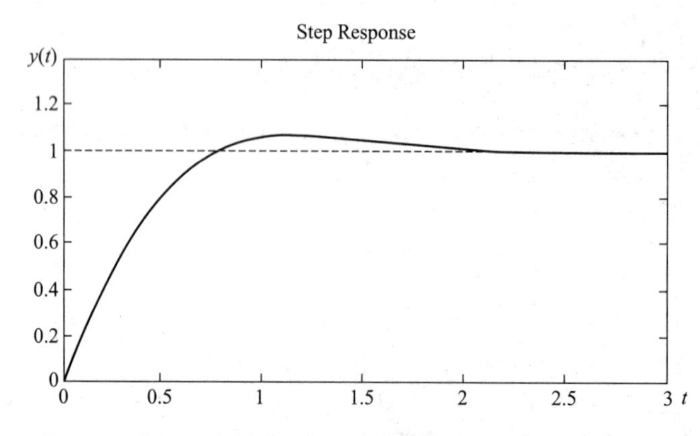

图 5-19 例 5-9 中最小阻尼比系统的单位阶跃响应输出曲线

【例 5-10】 设单位负反馈系统开环传递函数为 $G(s)=\frac{K}{s(s+3)^2}$，现要求系统工作在欠阻尼状态，且在 $r(t)=t$ 时的稳态误差 $e_{ss}\leqslant 0.2$，试确定满足要求的 K 值范围。

解 首先绘制系统的根轨迹图。

① 系统无开环零点，$m=0$；

开环极点为 $p_1=0$，$p_2=-3$，$p_3=-3$，则 $n=3$。

② 实轴上的根轨迹区间为 $(-\infty,0]$。

③ 根轨迹渐近线有 $n-m=3$ 条，根轨迹渐近线与实轴的交点为

$$\sigma_a=\frac{\sum_{i=1}^{3}p_i}{n-m}=\frac{0-3-3}{3}=-2$$

与实轴的交角为

$$\varphi_a=\frac{(2k+1)\pi}{n-m}=\frac{(2k+1)\pi}{3}=\pm 60°，180°$$

④ 根轨迹分离点：由分离点方程

$$\frac{1}{d}+\frac{2}{d+3}=0，d=-1$$

⑤ 根轨迹与虚轴的交点：由于闭环特征方程为

$$D(s)=s^3+6s^2+9s+K$$

列出劳斯阵列

$$\begin{array}{lcc} s^3 & 1 & 9 \\ s^2 & 6 & K \\ s^1 & \frac{54-K}{6} & 0 \\ s^0 & K & \end{array}$$

若根轨迹与虚轴相交，则 s^1 行全为零，所以 $K=54$，由 s^2 行构造辅助方程

$$6s^2+K=6s^2+54=0,\quad 解得\quad \omega=3$$

所以闭环系统的根轨迹如图 5-20 所示。

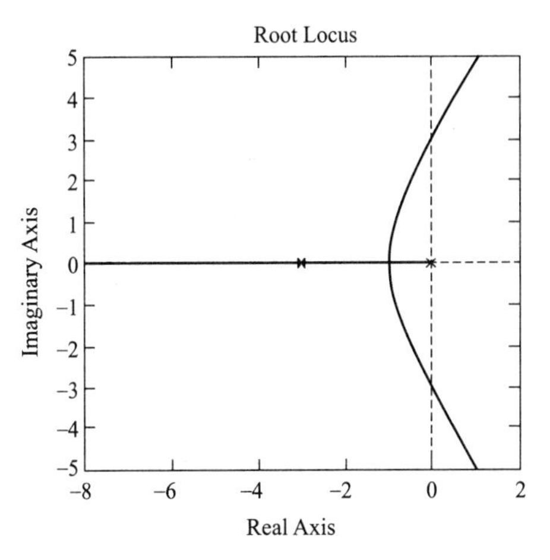

图 5-20　例 5-10 的根轨迹

欲使系统工作在欠阻尼状态，则闭环系统的根必须在 S 左半平面，且有共轭复根。由于分离点处 K 值为 $K_d=|s(s+3)^2|_{s=-1}=4$，根轨迹与虚轴交点处的 K 值为 54，所以使闭环系统稳定且工作在欠阻尼状态下的 K 值范围为 $4<K<54$。

由于系统为Ⅰ型系统，其稳态速度误差系数为 $K_v=\frac{K}{9}$，系统在单位斜坡输入下的稳态误差要求为

$$e_{ss}=\frac{1}{K_v}=\frac{9}{K}\leqslant 0.2，即\quad K\geqslant 45$$

所以满足题意要求的 K 值范围为 $45\leqslant K<54$。

关于绘制根轨迹的几点说明如下。

① 开环零、极点位置微小的变化可能引起根轨迹形状较大的变化，如图 5-14 所示。

② 当 $G(s)$ 和 $H(s)$ 有公因子相约时，根轨迹不能代表闭环系统特征方程的全部根，要将 $G(s)$ 和 $H(s)$ 中抵消掉的极点加到由根轨迹得到的闭环极点中去。

例如，有一负反馈控制系统

$$G(s)=\frac{K}{s(s+1)(s+2)}；\ H(s)=s+1$$

系统的闭环传递函数为

$$G_B(s)=\frac{G(s)}{1+G(s)H(s)}=\frac{K}{[s(s+2)+K](s+1)}$$

系统的特征方程为

$$\Delta(s)=[s(s+2)+K](s+1)$$

若由系统的开环传递函数 $G(s)H(s)=\frac{K}{s(s+2)}$ 根据 $1+G(s)H(s)=0$ 来求闭环系统的特征方程，则为 $\Delta(s)=s(s+2)+K$，减少了一个极点，且该极点正是对消的极点。

第三节　广义根轨迹

前面的分析都是以开环根轨迹增益 K^* 为变量，考虑 K^* 从 0～+∞变化时负反馈系统的根轨迹，这无形中有三个限制：K^* 由 0 变到+∞；开环传递函数为有理函数；系统为负反馈。在实际系统中，除开环根

轨迹增益 K^* 外，常常还要研究系统中其他参数变化对闭环特征根的影响；有些系统中会有正反馈；有些开环传递函数中含有纯滞后，因此有必要讨论其他参数作为根轨迹增益变量、正反馈系统、非有理传递函数等情况的根轨迹绘制方法。通常将这些根轨迹统称为广义根轨迹。

一、参数根轨迹

以非开环增益作为可变参数绘制的根轨迹称为参数根轨迹。绘制这类参数变化时的根轨迹方法与前面讨论的规则相同，但在绘制根轨迹之前，首先要求出系统的等效开环传递函数。

设系统的闭环特征方程为

$$1+G(s)H(s)=0 \tag{5-40}$$

将方程左端展开成多项式，然后将含有待讨论参数的项合并在一起，得

$$1+G(s)H(s)=Q(s)+AP(s)=0 \tag{5-41}$$

其中，A 为除 K^* 之外的欲考虑的系统任意变化的参数，而 $P(s)$ 和 $Q(s)$ 为两个与 A 无关的首一多项式。用 $Q(s)$ 除等式两端，得

$$1+A\frac{P(s)}{Q(s)}=1+GH_{\mathrm{e}}(s)=0 \tag{5-42}$$

$$A\frac{P(s)}{Q(s)}=-1 \tag{5-43}$$

显然，式(5-43)与根轨迹方程(5-15)相同，$GH_{\mathrm{e}}(s)=A\dfrac{P(s)}{Q(s)}$即为等效单位负反馈系统的等效开环传递函数。值得注意的是，“等效”是指系统的特征方程相同意义下的等效，等效开环传递函数描述的系统与原系统有相同的闭环极点，但是，闭环零点一般并不相同。例如，某单位负反馈系统的开环传递函数和闭环传递函数分别为

$$G(s)H(s)=\frac{s+2}{(s+1)(s+a)},\quad \Phi(s)=\frac{s+2}{s^2+(2+a)s+(a+2)}$$

其等效开环传递函数和等效开环传递函数描述的系统闭环传递函数为

$$GH_{\mathrm{e}}(s)=a\frac{s+1}{s^2+2s+2},\quad G_{\mathrm{B1}}(s)=\frac{a(s+1)}{s^2+(2+a)s+(a+2)}$$

显然，两个系统只有闭环极点是相同的，闭环增益和闭环零点都不一样。由于闭环零点和闭环极点对系统动态性能都有影响，所以由闭环零、极点分布来分析和估算系统性能时，可以采用由等效系统的根轨迹得到的闭环极点和原系统的闭环零点来对系统进行分析，原系统的闭环零点由原系统前向通道的零点和反馈通道的极点组成。

【例 5-11】 已知一控制系统的开环传递函数为$G(s)=\dfrac{as}{(s^2+5s+25)(s+50)+a}$，试绘制以 a 为参量的根轨迹。

解 由 $1+G(s)=0$ 可得

$$1+G(s)=1+\frac{as}{(s^2+5s+25)(s+50)+a}=0$$

得到系统等效开环传递函数

$$GH_{\mathrm{e}}(s)=\frac{a(s+1)}{(s+50)(s^2+5s+25)}$$

可见，这已经是以 a 为参量的所熟悉的开环传递函数表达形式，可据此绘制常规根轨迹。

① GH_{e}中开环零点：$z_1=-1$，则 $m=1$。

开环极点：$p_1=-50$，$p_{2,3}=-2.5\pm \mathrm{j}4.33$，即 $n=3$。

② 实轴上的根轨迹区间为 $[-50,-1]$。

③ 根轨迹的渐近线有 $n-m=2$ 条；渐近线与实轴的交点 σ_a 和渐近线与实轴的交角 φ_a 分别为

$$\sigma_a=\frac{\sum_{i=1}^{3}p_i-z_1}{3-1}=\frac{-54}{2}=-27;\quad \varphi_a=\frac{(2k+1)\pi}{n-m}=\pm\frac{\pi}{2}$$

④ 根轨迹的分离点 d：由分离点方程

$$\frac{1}{d+50}+\frac{1}{d+2.5-\mathrm{j}4.33}+\frac{1}{d+2.5+\mathrm{j}4.33}=\frac{1}{d+1}$$

解得　$d_1=26.2$，$d_2=-5.94$，$d_3=3.13$（不在根轨迹上，舍去）

分离角：$\frac{\pi}{2}$，$-\frac{\pi}{2}$。

⑤ 起始角：由

$$\theta_{p_i}=(2k+1)\pi+\left(\sum_{j=1}^{m}\varphi_{z_j p_i}-\sum_{\substack{j=1\\(j\neq i)}}^{n}\theta_{p_j p_i}\right)$$

得

$$\theta_{p_2}=180^\circ+\left(180^\circ-\arctan\frac{4.33}{1.5}\right)-90^\circ-\arctan\frac{4.33}{50-2.5}$$
$$=360^\circ-70.9^\circ-90^\circ-5.2^\circ=193.9^\circ$$

由对称性，得　$\theta_{p_3}=-193.9^\circ$

⑥ 与虚轴无交点（由绘制过程可以看出），或者由闭环特征方程

$$\Delta(s)=(s^2+5s+25)(s+50)+a+as=s^3+55s^2+(275+a)s+(1250+a)=0$$

劳斯阵列为

$$\begin{array}{lll} s^3 & 1 & (275+a) \\ s^2 & 55 & (1250+a) \\ s^1 & \dfrac{55\times(275+a)-(1250+a)}{55} & 0 \\ s^0 & 1250+a & \end{array}$$

若虚轴上有极点，则 s^1 行为全零行，需要 $a<0$（不成立），所以与虚轴无交点。

综上所述，以 a 为参量的根轨迹图如图 5-21 所示。

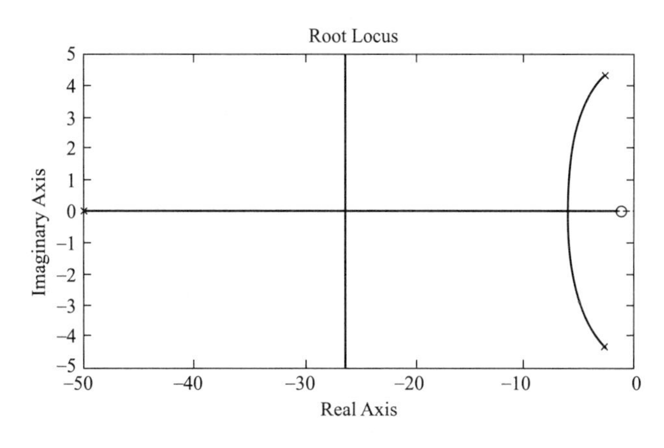

图 5-21　例 5-11 的根轨迹

二、零度根轨迹

前面均是基于负反馈系统来研究闭环系统的根轨迹，如果所研究的控制系统为正反馈系统，或者是非最小相位系统中包含 s 最高次幂的系数为负的因子，它们都可归结为开环根轨迹增益 $K^*<0$ 的情况。此时的根轨迹绘制与第二节所介绍的绘制法则有所不同，因为其相位将遵循的条件是 $0^\circ+2k\pi$，而不是 $180^\circ+2k\pi$，故一般将这种情况下的根轨迹称为零度根轨迹，或者正反馈根轨迹。

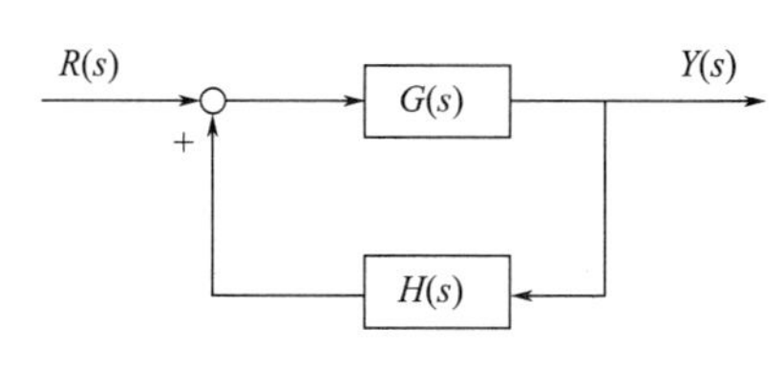

图 5-22　正反馈系统

如图 5-22 所示的正反馈系统，系统的开环传递函数为 $G(s)H(s)$，形式如式(5-14) 所示，则闭环系统的特征方程为

$$1-K^*\frac{\prod_{j=1}^{m}(s-z_j)}{\prod_{i=1}^{n}(s-p_i)}=0 \tag{5-44}$$

上式可等效为以下两个方程

$$K^*=\frac{\prod_{i=1}^{n}|s-p_i|}{\prod_{j=1}^{m}|s-z_j|} \tag{5-45}$$

和

$$\sum_{j=1}^{m}\angle(s-z_j)-\sum_{i=1}^{n}\angle(s-p_i)=0°+2k\pi,k=0,\pm1,\pm2,\cdots \tag{5-46}$$

式(5-45)称为零度根轨迹的幅值条件，式(5-46)称为零度根轨迹的相位条件。

将式(5-45)和式(5-46)与常规根轨迹的相应公式(5-17)、式(5-18)相比较可知，它们的幅值条件相同，相位条件不同，因此只需要将常规根轨迹的绘制法则中与相位条件有关的法则适当调整，而其余法则可直接应用。

绘制零度根轨迹时，需要调整的绘制法则如下。

法则 3-0° 根轨迹在实轴上的分布应改为：实轴上的某一区域，若其右边开环实数零、极点个数之和为偶数，则该区域必是根轨迹。

这里标注"3-0°"表示与前面法则3相关，但是0°根轨迹的法则。下面类似。

法则 4-0° 渐近线与实轴的交角应改为

$$\varphi_a=\frac{2k\pi}{n-m},\quad k=0,1,\cdots,n-m-1 \tag{5-47}$$

法则 6-0° 根轨迹的起始角和终止角应改为：起始角为其他零、极点到所求起始角极点的诸向量相位之差，即

$$\theta_{p_i}=2k\pi+\left(\sum_{j=1}^{m}\varphi_{z_jp_i}-\sum_{\substack{j=1\\(j\neq i)}}^{n}\theta_{p_jp_i}\right),k=0,\pm1,\pm2,\cdots \tag{5-48}$$

终止角等于其他零、极点到所求终止角零点的诸向量相位之差的负值，即

$$\varphi_{z_i}=2k\pi-\left(\sum_{\substack{j=1\\(j\neq i)}}^{m}\varphi_{z_jz_i}-\sum_{j=1}^{n}\theta_{p_jz_i}\right),k=0,\pm1,\pm2,\cdots \tag{5-49}$$

上述三个法则是绘制零度根轨迹时不同于表5-2所给出的常规根轨迹中的三条，可以看出它们均与相位有关，除了这些法则外，其他法则均与表5-2中的相应法则相同（见表5-3）。

表 5-3 零度根轨迹图不同于表 5-2 中的相关常规根轨迹的绘制法则

序号	内容	法则
3-0°	实轴上的根轨迹	实轴上的某一区域，若其右边开环实数零、极点个数之和为偶数，则该区域必是根轨迹
4-0°	根轨迹的渐近线	$n-m$ 条根轨迹分支沿着与实轴交角为 φ_a，交点为 σ_a 的一组渐近线趋向无穷远处。交角 $\varphi_a=\frac{2k\pi}{n-m}$，$k=0,1,\cdots,n-m-1$；交点 $\sigma_a=\frac{\sum_{i=1}^{n}p_i-\sum_{j=1}^{m}z_j}{n-m}$
6-0°	根轨迹的起始角与终止角	起始角：$\theta_{p_i}=2k\pi+\left(\sum_{j=1}^{m}\varphi_{z_jp_i}-\sum_{\substack{j=1\\(j\neq i)}}^{n}\theta_{p_jp_i}\right),k=0,\pm1,\pm2,\cdots$ 终止角：$\varphi_{z_i}=2k\pi-\left(\sum_{\substack{j=1\\(j\neq i)}}^{m}\varphi_{z_jz_i}-\sum_{j=1}^{n}\theta_{p_jz_i}\right),k=0,\pm1,\pm2,\cdots$

【例 5-12】 设单位正反馈控制系统的开环传递函数为 $G(s)=\frac{K^*}{s(s+2)[(s+1)^2+4]}$，试绘制闭环系统的根轨迹图。

解 闭环系统的特征方程为 $1-\dfrac{K^*}{s(s+2)[(s+1)^2+4]}=0$，按照零度根轨迹绘制闭环系统根轨迹。

① 系统无开环有限零点，即 $m=0$；

系统的开环有限极点为 $p_1=0$，$p_2=-2$，$p_3=-1+2\text{j}$，$p_4=-1-2\text{j}$，即 $n=4$。

② 实轴上的根轨迹区间为 $(-\infty,-2]$，$[0,+\infty)$

③ 根轨迹渐近线有 $n-m=4$ 条，根轨迹渐近线与实轴的交点为

$$\sigma_a=\frac{\sum_{i=1}^{4}p_i}{n-m}=\frac{0-2-1+2\text{j}-1-2\text{j}}{4}=-1$$

与实轴的交角为

$$\varphi_a=\frac{2k\pi}{n-m}=\frac{2k\pi}{4}=0°，\pm 90°，180°$$

④ 根轨迹的分离点。由例 5-8 知，由分离点方程解出的分离点为：$d_1=-1$，$d_{2,3}=-1\pm 1.22\text{j}$，由于这些点都不在根轨迹上，所以根轨迹没有分离点。

⑤ 根轨迹的起始角

$$\begin{aligned}\theta_{p_3}&=360°+\left[-\sum_{\substack{j=1\\ j\neq 3}}^{4}\angle(p_3-p_j)\right]\\&=360°-[180°-\arctan 2+\arctan 2+90°]=90°\end{aligned}$$

$$\theta_{p_4}=-90°$$

⑥ 除了根轨迹的一个起始点为 $p_1=0$ 外，根轨迹与虚轴无交点。

闭环系统的根轨迹图如图 5-23 所示。

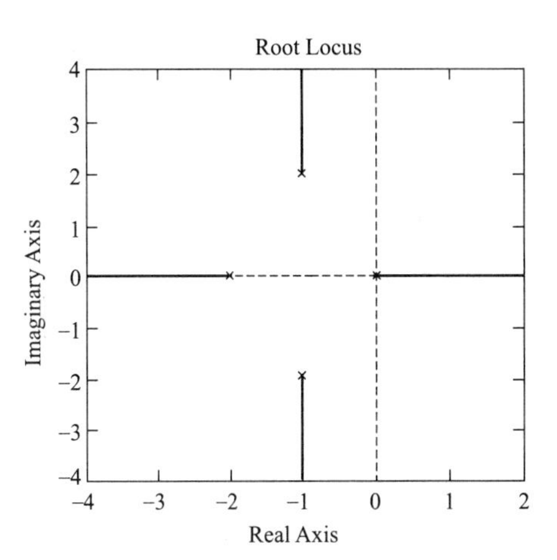

图 5-23 例 5-12 的根轨迹

三、纯滞后系统的根轨迹

纯滞后现象普遍存在于实际的工业过程中，构成一类特殊的系统，如图 5-24 所示。对于该类系统，由于其传递函数的非有理性，不能采用前面讨论的所有方法来绘制根轨迹图，需要特殊处理。

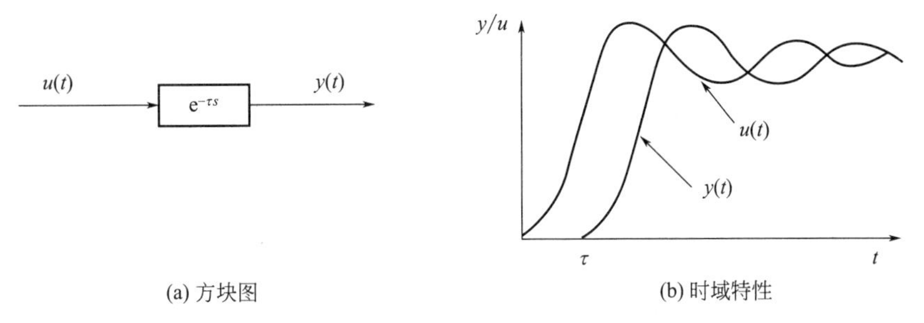

图 5-24 纯滞后系统

不失一般性，假设单位负反馈系统的开环传递函数为

$$G(s)=\frac{K\prod_{i=1}^{m}(s-z_i)}{\prod_{i=1}^{n}(s-p_i)}\mathrm{e}^{-\tau s} \tag{5-50}$$

其中，τ 为纯滞后时间，且 $K>0$。对于该系统，根轨迹方程为

$$\frac{K\prod_{i=1}^{m}(s-z_i)}{\prod_{i=1}^{n}(s-p_i)}\mathrm{e}^{-\tau s}=-1 \tag{5-51}$$

或
$$\prod_{i=1}^{n}(s-p_i)+K\prod_{i=1}^{m}(s-z_i)e^{-\tau s}=0 \tag{5-52}$$

绘制式(5-52)这一类的根轨迹一般有两种方法：一是直接应用相位条件，因为纯滞后与相位移有着密切的联系；二是先将纯滞后环节用有限阶次的有理函数近似，然后运用前面两节讲过的方法。

1. 直接法

由于开环传递函数式(5-50)是非有理函数，根轨迹的相位条件并不因此发生变化。将纯滞后与有理函数部分 $\overline{G}(s)$ 分离，得

$$G(s)=e^{-\tau s}\overline{G}(s) \tag{5-53}$$

若 $s=\sigma+j\omega$，则 $G(s)$ 的相位是 $\overline{G}(s)$ 的相位减去 $\tau\omega$。因此具有纯滞后环节的系统根轨迹的相位条件是

$$\angle\overline{G}(\sigma+j\omega)-\tau\omega=(2k+1)\pi,\quad k=0,\pm1,\pm2,\cdots \tag{5-54}$$

此时根轨迹问题即为寻找 s 使其满足方程式(5-54)。

假设开环传递函数为 $G(s)=\dfrac{Ke^{-\tau s}\prod\limits_{i=1}^{m}(s-z_i)}{\prod\limits_{i=1}^{n}(s-p_i)}$ 的一般纯滞后系统，为了一步步地绘制出根轨迹，可以先固定一个 ω 值，然后沿水平线 $s=\sigma+j\omega$ 寻找满足相位条件的 σ，一旦找到即为根轨迹上的一个点；逐渐增加 ω 值，重复上面的搜索过程。可得到具有纯滞后系统的根轨迹具有与常规根轨迹不同的以下特点。

① 实轴上的根轨迹由 $\overline{G}(s)=\dfrac{K\prod\limits_{i=1}^{m}(s-z_i)}{\prod\limits_{i=1}^{n}(s-p_i)}$ 实轴上的根轨迹决定。

② 根轨迹始于开环极点 $\sigma=-\infty$ 处，终于开环零点 $\sigma=+\infty$ 处，具有无穷多个分支。

③ 复平面的根轨迹：令 $s=\sigma+j\omega$，当 $\sigma=-\infty$ 时，$\omega=\dfrac{(2k-n+m+1)\pi}{\tau}$，当 $\sigma=+\infty$ 时，$\omega=\dfrac{(2k+1)\pi}{\tau}$，$k=0,\pm1,\pm2,\cdots$。

④ 根轨迹的渐近线有无穷多条，且都平行于实轴，渐近线与虚轴的交点由下式决定：

$$K\to0\ \text{时}\quad \omega=\begin{cases}\pm(2k+1)\pi/\tau, & n-m\ \text{为偶数}\\ \pm2k\pi/\tau, & n-m\ \text{为奇数}\end{cases};\quad k=0,1,2,\cdots$$

$$K\to\infty\text{时}\quad \omega=\pm(2k+1)\pi/\tau;\quad k=0,1,2,\cdots$$

出现这些不同于常规根轨迹的原因是由于系统特征方程中出现了 $e^{-\tau s}$ 项，这是一个超越方程，使得特征方程有无限多个根存在。

通常将位于 $\pm\pi$ 水平线内的根轨迹部分称为主根轨迹，因为它在闭环系统的动态响应中起主导作用，在对精度要求不高时，由于其他根轨迹分支对动态响应的影响较少，往往可以忽略，并将它们称为辅助根轨迹。

2. 有理函数近似法

若能将无理函数 $e^{-\tau s}$ 用有理函数近似，则前面介绍的根轨迹绘制方法均可使用。一般说来，大多数控制系统通常工作在低频范围，因此，希望该近似要在低频范围有较高的精度。最常用的方法是由 H. Padé 提出来的。其原理是在 $s=0$ 处将一个有理函数的级数展开与纯滞后 $e^{-\tau s}$ 的级数展开相一致，其中有理函数的分子为 p 阶多项式，分母为 q 阶多项式，得到的结果称为 $e^{-\tau s}$ 的（p,q）阶 Padé 近似。这里仅讨论 $p=q$ 的情况，简称为纯滞后环节的 p 阶 Padé 近似。为给出一般的近似公式，先计算 e^{-s} 的近似，在结果中只要令 s 为 τs 就得到任意纯滞后 $e^{-\tau s}$ 的有理函数近似公式。

若 $p=1$，则应选择 b_0、b_1 和 a_0，使得误差

$$e^{-s}-\frac{b_0s+b_1}{a_0s+1}=\varepsilon \tag{5-55}$$

尽可能地小。根据 Padé 近似的原理，将 e^{-s} 和一阶有理函数同时展开成麦克劳伦级数

$$e^{-s}=1-s+\frac{s^2}{2!}-\frac{s^3}{3!}+\frac{s^4}{4!}-\cdots \tag{5-56}$$

$$\frac{b_0s+b_1}{a_0s+1}=b_1+(b_0-a_0b_1)s-a_0(b_0-a_0b_1)s^2+a_0^2(b_0-a_0b_1)s^3+\cdots \tag{5-57}$$

比较以上两式中 s 的同次幂系数，令其相等

$$\begin{aligned}&b_1=1\\&b_0-a_0b_1=-1\\&-a_0(b_0-a_0b_1)=\frac{1}{2}\\&a_0^2(b_0-a_0b_1)=-\frac{1}{6}\\&\vdots\end{aligned} \tag{5-58}$$

由于未知参数只有 a_0、b_0 和 b_1，Padé 近似方法是匹配最前面的三个系数，解这三个系数方程，即可得到一阶 Padé 近似

$$e^{-s}\approx\frac{1-\frac{1}{2}s}{1+\frac{1}{2}s} \tag{5-59}$$

若采用二阶近似，则有 5 个未知参数，能匹配更多的系数方程，从而逼近精度就会提高。表 5-4 列出了 e^{-s} 的低阶 Padé 近似公式。

表 5-4　e^{-s} 的低阶 Padé 近似公式

$p=q$	$G(s)$
1	$\frac{1-0.5s}{1+0.5s}$
2	$\frac{1-0.5s+0.0833s^2}{1+0.5s+0.0833s^2}$
3	$\frac{1-0.5s+0.1s^2-0.00833s^3}{1+0.5s+0.1s^2+0.00833s^3}$

【例 5-13】 考虑一个工业热交换器的开环传递函数 $G(s)=\frac{Ke^{-5s}}{(10s+1)(6s+1)}$，试绘制系统闭环根轨迹图。要求：①不考虑纯滞后环节；②考虑纯滞后的精确方法；③用 Padé 近似纯滞后。

解　① 无纯滞后环节的根轨迹如图 5-25(a) 所示。

② 精确的根轨迹可以通过以下方法获得。首先根据相位条件分析实轴上的根轨迹，然后研究 σ 从 $-\infty\sim+\infty$ 的根轨迹变化趋势，最后令闭环系统的根为 $s=\sigma+j\omega$，将其代入闭环根轨迹方程，并令等式两端实部相等、虚部相等，得

$$\begin{aligned}&60\sigma^2-60\omega^2+16\sigma+1+Ke^{-5\sigma}\cos5\omega=0\\&120\sigma\omega+16\omega-Ke^{-5\sigma}\sin5\omega=0\end{aligned}$$

解上述方程组，得到闭环系统的根轨迹如图 5-25(b) 所示（只显示了主根轨迹分支）。

③ 采用二阶 Padé 近似，则

$$e^{-5s}=\frac{1-0.5\times5s+0.0833\times(5s)^2}{1+0.5\times5s+0.0833\times(5s)^2}=\frac{1-2.5s+2.0825s^2}{1+2.5s+2.0825s^2}$$

开环传递函数为

$$G(s)=\frac{K}{(10s+1)(6s+1)}\times\frac{1-2.5s+2.0825s^2}{1+2.5s+2.0825s^2}$$

$$=K\frac{1-2.5s+2.0825s^2}{1+18.5s+102.0825s^2+183.32s^3+124.95s^4}$$

闭环系统的根轨迹如图 5-25(c) 所示。

图 5-25(d) 给出了用精确法与近似法绘制的根轨迹的比较。可以看出，对于低增益段，近似和精确两条根轨迹十分接近。但随着增益的继续增加，两条线彼此逐渐分离。如果要求更高的近似精度，应采用三阶或三阶以上的近似。

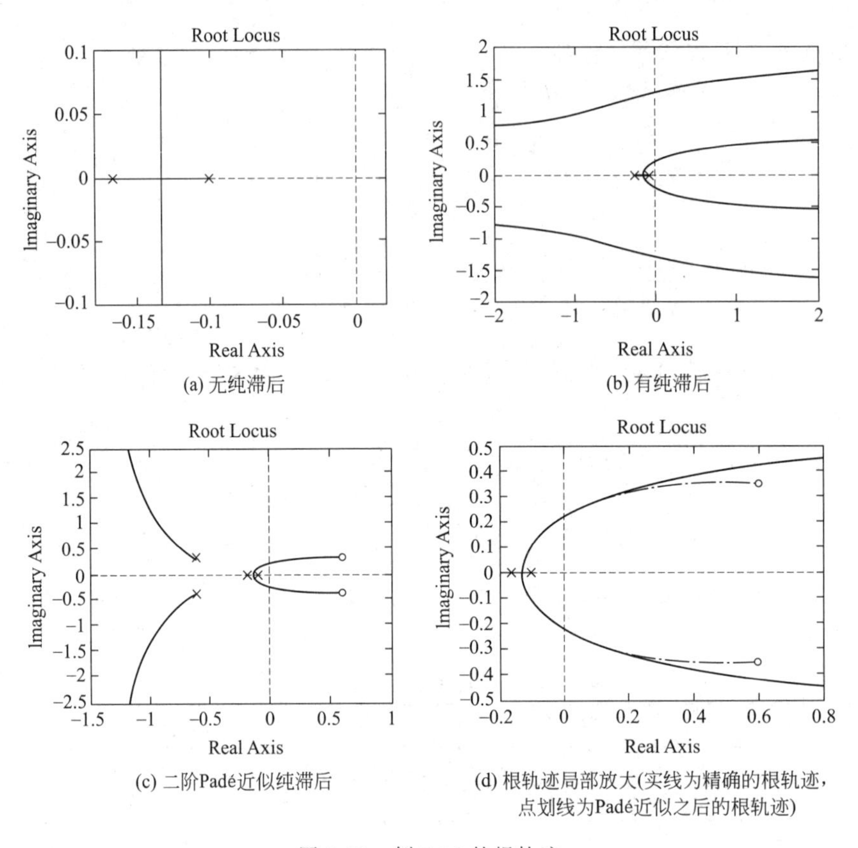

图 5-25 例 5-13 的根轨迹

从上面分析看到，即使在一个简单的低阶系统，一旦出现了纯滞后，系统的稳定性也将不能保证。例如，例 5-13 所示的二阶系统，如果没有纯滞后存在，$K>0$ 时系统总是稳定的；但有了纯滞后的影响，当参数 K 大于某个值时，根轨迹便进入了 S 平面的右半平面。因此，纯滞后给系统带来的不良影响需要特别加以注意。另外，还注意到，采用根轨迹的方法分析有纯滞后存在的系统比较麻烦，所以更常见的是采用第六章介绍的频率特性方法分析有纯滞后的系统。

第四节 基于根轨迹的系统性能分析

因为系统的稳定性由系统闭环极点惟一确定，而系统的稳态性能和动态性能又与闭环零、极点在 S 平面上的位置密切相关，所以根轨迹图不仅可以直接给出闭环系统时间响应的全部信息，而且可以用于指导开环零、极点应该怎样变化才能满足给定的闭环系统性能指标的要求。下面分别介绍开环零、极点对控制性能的影响。

一、开环极点对系统性能的影响

在自动控制系统中，各环节时间常数的变化主要表现为开环极点位置的改变，同时也改变开环系统的放大倍数。此外环节的增减或环节特性的改变也会造成开环极点的增减，下面分别讨论这些情况。

1. 时间常数的变化

考虑以下单位负反馈系统开环传递函数

$$G(s)=\frac{100K}{(T_1s+1)(T_2s+1)(T_3s+1)} \tag{5-60}$$

其中，$T_1=2$，$T_2=5$，$T_3=10$。

以第二个时间常数为例，假设 T_2 从 5 增大至 6.25（相应的极点由 -0.2 增大到 -0.16），或者由 5 减小到 3.33（相应的极点由 -0.2 减小到 -0.3），则开环传递函数分别为

$$G_1(s)=\frac{100K}{(2s+1)(6.25s+1)(10s+1)};\qquad G_2(s)=\frac{100K}{(2s+1)(3.33s+1)(10s+1)}$$

T_2 变化前后闭环系统的根轨迹如图 5-26 所示。

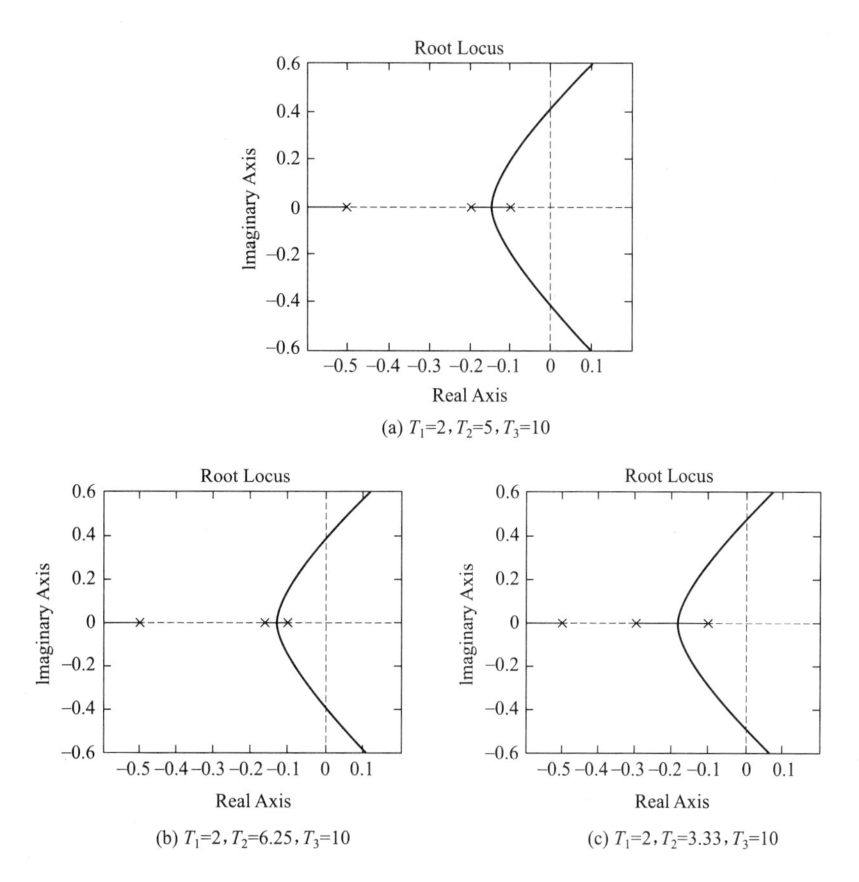

(a) T_1=2，T_2=5，T_3=10

(b) T_1=2，T_2=6.25，T_3=10　　(c) T_1=2，T_2=3.33，T_3=10

图 5-26　式(5-60) 所示系统根轨迹

由图 5-26 可以看出：当 T_2 增大时，闭环系统根轨迹向右移动，闭环主导极点也随之向右移动，如果调整 K 保持衰减比不变，则过渡过程时间必然加长，系统的稳定性下降；反之，当 T_2 减小时，闭环系统根轨迹向左移动，闭环主导极点也随之向左移动，在保持衰减比不变的条件下，调节质量可以相应提高。同样的结果可以推广至其他开环极点变化的情况。

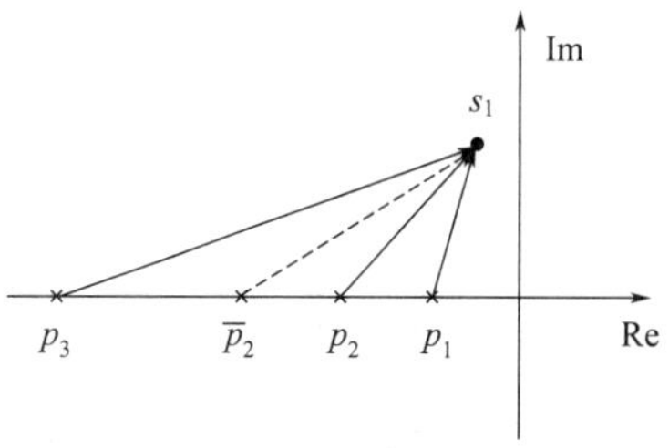

以上结果也可以从零、极点图和根轨迹的相位条件分析得到。式(5-60) 的零极点图如图 5-27 所示。假设 s_1 为原闭环系统的根，则满足相位条件

图 5-27　式(5-60) 零、极点图

$$\angle(s_1-p_1)+\angle(s_1-p_2)+\angle(s_1-p_3)=\pi \tag{5-61}$$

当 T_2 减小（p_2 向左移动到 $\overline{p}_2$）时，$\angle(s_1-\overline{p}_2)$ 小于 $\angle(s_1-p_2)$，则相位条件无法满足，即

$$\angle(s_1-p_1)+\angle(s_1-\overline{p}_2)+\angle(s_1-p_3)<\pi$$

为了满足相位条件，闭环系统的根必将在 s_1 的左侧，因此闭环系统的根轨迹必向左移动。

2. 开环极点的增减

对于一个开环稳定的系统，当时间常数减小到 $\varepsilon(\varepsilon\approx0)$ 时，对应开环系统的极点近似为 $-\infty$，可以认

为该开环极点是一个无限极点，相当于开环系统减少了一个极点。由时间常数的变化对系统性能的影响可以得到，时间常数减小，闭环系统根轨迹向左移动，可以提高控制质量。因此减少开环极点，可以提高系统的性能。简单地，从根轨迹渐近线的分析也可以得到同样的结论，减少开环极点，则根轨迹渐近线与实轴的夹角$\frac{(2k+1)\pi}{n-m}$增大，根轨迹向左移动，系统性能得到改善。

仍以式(5-60)为例，减少开环极点所得到的闭环根轨迹如图5-28所示。

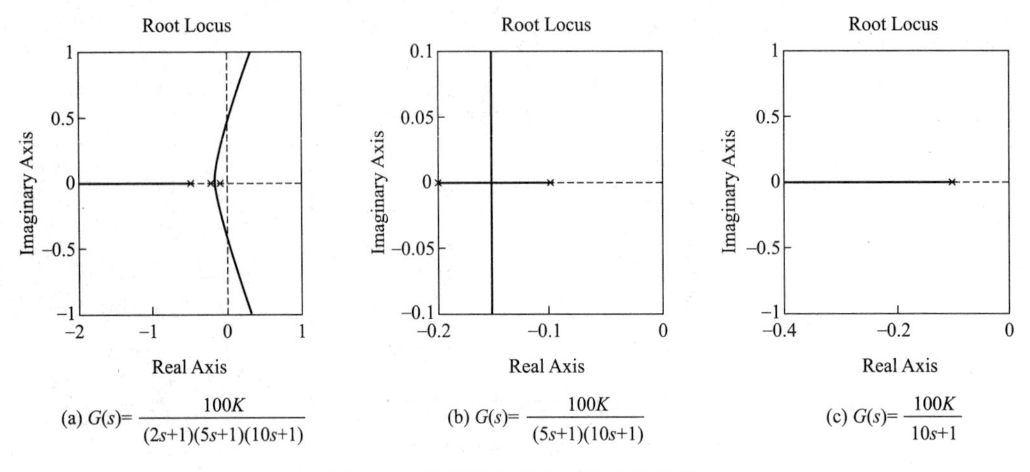

图5-28 开环极点变化时的根轨迹图

二、开环零点对系统性能的影响

开环零点对控制质量的影响同样可以从两个方面来考虑：一是开环零点位置变化；二是开环零点的增减。

1. 开环零点位置的变化

与开环极点位置变化对系统性能的影响情况相反。一般地，如果在系统中增大开环零点，则可以使根轨迹向 S 平面的左半部移动，系统的相对稳定性和动态品质将会得到改善。首先看一个例子。

假设单位负反馈系统开环传递函数为

$$G(s)=\frac{K(T_d s+1)}{(s+0.1)(s+0.2)(s+0.5)} \tag{5-62}$$

若选 $T_d=2.5$，则相应的闭环根轨迹如图5-29(a)所示，若增大微分时间常数，使 $T_d=7$，则相应的闭环根轨迹如图5-29(b)所示。

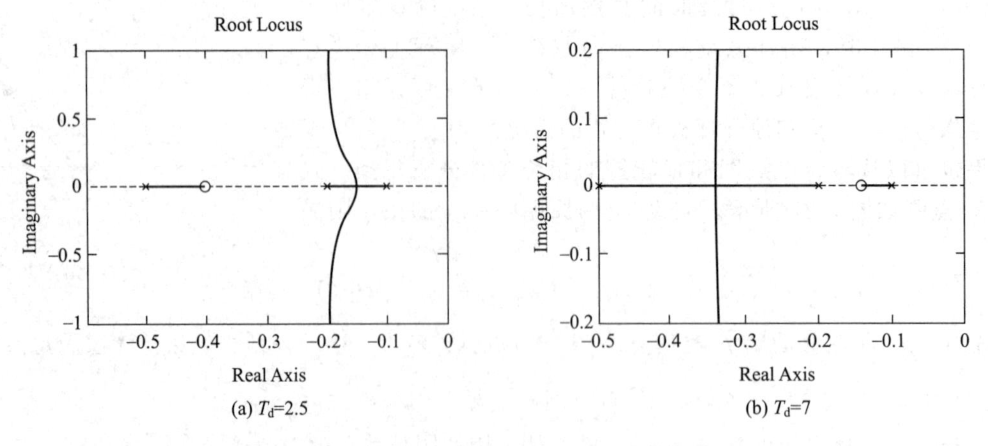

图5-29 式(5-62)所示系统根轨迹图

由图5-29可以看出：当微分时间增大，亦即开环零点更靠近虚轴时，一对复数闭环极点会离开虚轴更远，因而对过渡过程的影响更小，使靠近原点的实数极点变为主导极点，从而使过程的振荡减弱。所以说，微分时间增大有助于改善系统稳定性。

开环零点对根轨迹的影响也可以从零、极点图和根轨迹的相位条件来分析，这里就不再介绍，读者可以自己分析。

2. 开环零点的增减

对于一个开环稳定的系统，如式(5-62)，当微分时间 T_d 减小到 $\varepsilon(\varepsilon\approx 0)$ 时，对应开环系统的零点近似为 $-\infty$，可以认为该开环零点是一个无限零点，相当于开环系统减少了一个零点。由开环零点位置的变化对系统性能的影响可以得到，零点位置向左移动，闭环系统根轨迹则向右移动，系统稳定性下降。因此减少开环零点，降低了系统的稳定性。简单地，从根轨迹渐近线的分析也可以得到同样的结论，减少开环零点，则根轨迹渐近线与实轴的夹角 $\dfrac{(2k+1)\pi}{n-m}$ 减少，根轨迹向右移动，系统稳定性下降。

以式(5-62) 为例，增减开环零点所得到的闭环根轨迹如图 5-30 所示。

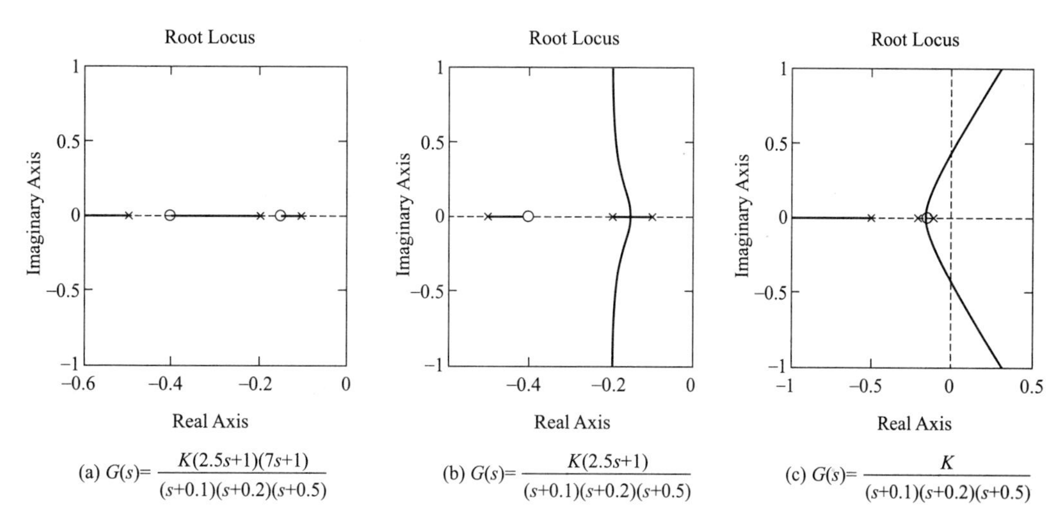

图 5-30　开环零点变化时的根轨迹图

三、增益 K 的选取

根轨迹是当增益由 0 增至无穷大时，闭环特征方程所有根的变化轨迹，增益 K 的选取不仅与系统的动态性能有关，也与系统的稳态性能有关。在确定了系统的动态响应指标之后（如例 5-9 中的最小阻尼比），或者同时要求闭环系统的稳态性能达到某个指标（如例 5-10 中的稳态误差范围），就可以确定增益 K 值或 K 值的范围。然而，很多情况下找不到 K 值能够同时满足所有的动态性能指标和稳态性能指标要求，举例如下。

单位负反馈控制系统开环传递函数为

$$G(s)=\frac{K^*}{s(s^2+4.2s+14.4)} \tag{5-63}$$

开环增益 $K=K^*/14.4$，要求选择增益 K，使得单位阶跃响应满足以下性能指标

$$\sigma\%=10\%;\ T_s\leqslant 3;\ T_p\leqslant 1.6;\ e_{ss}=0$$

采用主导极点法进行分析。由性能指标可以确定，闭环系统的主导极点为一对共轭复根，再根据动态指标，求出最小阻尼比

$$e^{-\frac{\zeta\pi}{\sqrt{1-\zeta^2}}}=0.1;\ \zeta=0.59$$

图 5-31 绘制了闭环系统的根轨迹以及 $\zeta=0.59$ 的射线，可以看出，仅靠变化增益 K 无法获得需要的主

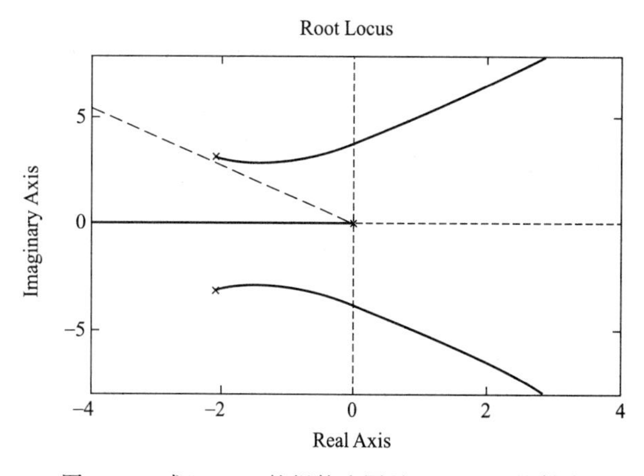

图 5-31　式(5-63) 的根轨迹图及 $\zeta=0.59$ 的射线

导极点。

因此，许多时候单靠调节增益 K 无法获得满意的动态和稳态性能，这时就必须采用下一节介绍的方法设计补偿器，使闭环系统满足性能指标的要求。

第五节　基于根轨迹的系统补偿器设计

系统无法满足性能要求的常见问题有两类：①对于所有的增益系统都不稳定；②系统虽然稳定，但瞬态响应或（和）稳态误差不满足要求。直观地从根轨迹的角度来看，解决上述问题必须调整根轨迹的形状，也即通过引入开环零、极点来对系统进行修正。通常称这种方法为“补偿”，开环零、极点的引入是通过设计补偿器加入到系统中，改变根轨迹的形状，进而改进系统的性能，使其稳定且具有满意的动态性能与稳态性能。补偿器可以是电路网络，也可以是机械系统。根据其所在的位置，分为串联补偿、反馈补偿、前馈补偿和复合补偿四种，如图 5-32 所示。

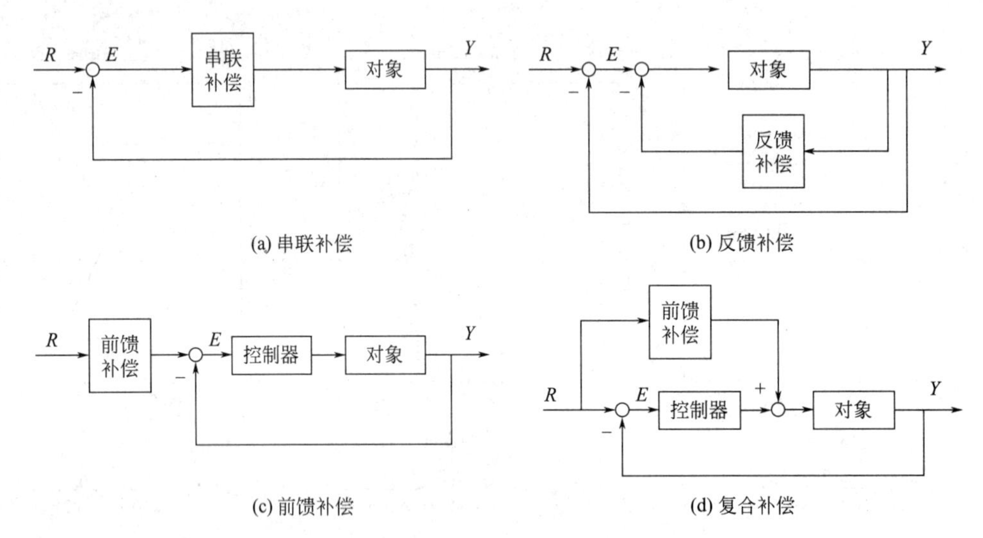

图 5-32　系统补偿器的示意方框图

串联补偿器一般串接于系统前向通道的测量点之后，如图 5-32(a) 所示；反馈补偿器多接在系统局部反馈通路之中，如图 5-32(b) 所示；前馈补偿器则一般在系统给定值之后及主反馈作用点之前的前向通道上，如图 5-32(c) 所示；复合补偿器通常是在反馈回路中加入前馈补偿通路构成一个有机整体，如图 5-32(d) 所示。补偿器位置不同，其补偿作用不一样。在控制系统设计中，常采用串联补偿和反馈补偿两种方式。而在串联补偿器中，超前补偿器和滞后补偿器因为结构简单，使用效果好而用得更多。下面基于根轨迹方法分别介绍超前补偿器和滞后补偿器及常见的 PID 控制器。

一、超前补偿器的设计

当反馈控制系统欲改善闭环系统的动态响应时，需要将根轨迹的形状向 S 左半平面弯曲，且远离虚轴。由第四节可知，在前向通路中附加开环零点可以达到此效果。因此，可以采用比例微分（PD）补偿器来改善系统动态响应。PD 补偿器传递函数为

$$G_c = K_d s + 1 \tag{5-64}$$

为了说明 PD 补偿器对根轨迹的影响，假设单位负反馈控制系统前向通道传递函数为

$$G(s) = \frac{K}{s^2(s+3)} \tag{5-65}$$

其根轨迹如图 5-33(a) 所示。假设对该系统增加一个 PD 补偿环节 $G_c = 2s + 1$，则改进的根轨迹如图 5-33(b) 所示。可以看出：该零点的影响是使原根轨迹向左弯曲，系统由不稳定变为稳定，闭环系统的动态性能得到改善。

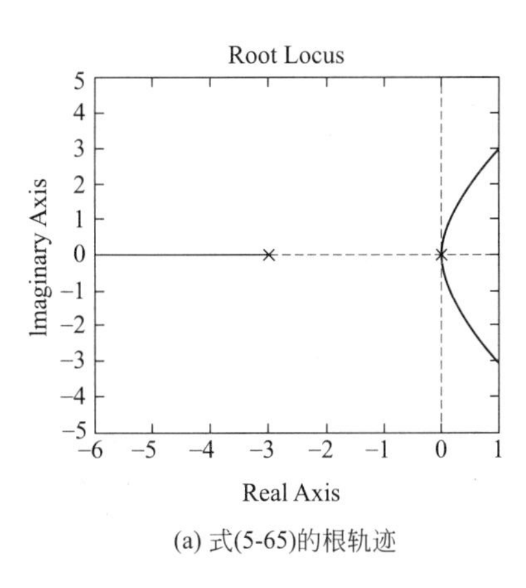

(a) 式(5-65)的根轨迹

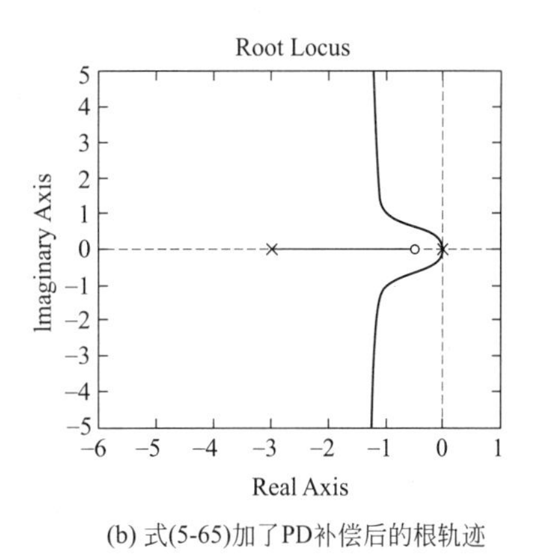

(b) 式(5-65)加了PD补偿后的根轨迹

图 5-33 式(5-65) 补偿前后系统根轨迹

从图 5-33 来看，闭环系统的动态性能在理论上已经得到改善，但实际上这样的零点补偿存在着严重的问题。其一是传递函数（$2s+1$）这样的环节在物理上是无法实现的；其二是它将严重放大实际系统普遍存在的高频噪声，损害控制质量和执行机构寿命。为解决这些问题，可在零点的左面选一极点，与零点合并构成补偿器，即将式(5-64) 改成式(5-66)

$$G_c = A\alpha\frac{1+Ts}{1+\alpha Ts} = A\frac{s+\dfrac{1}{T}}{s+\dfrac{1}{\alpha T}} \tag{5-66}$$

其中 $\alpha<1$，为了考察上述处理的效果，需要分析附加极点的位置对根轨迹的影响。由式(5-66) 可以看出，附加的零、极点之间存在关系 $|p_c|=\dfrac{1}{\alpha}|z_c|$，选择足够小的 α，使开环附加极点 p_c 远离开环附加零点 z_c，则开环附加极点对根轨迹主导部分的影响将会很小。图 5-34 给出了式(5-65) 所示系统采用式(5-66) 补偿器分别用 $\alpha=0.1$ 和 $\alpha=0.2$ 时的根轨迹图。可以看出：对于小的增益值，三个根轨迹图几乎相同，这说明附加极点对根轨迹的影响是使其向右移动，但在起始段，这种作用不是很强。一般地，选择 $\alpha=0.1$。

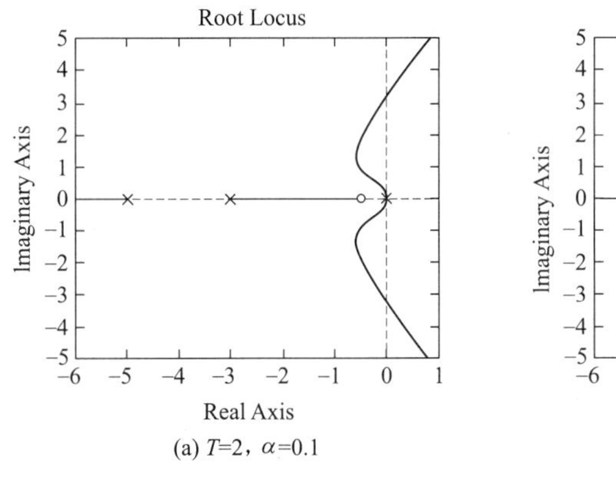

(a) T=2，α=0.1

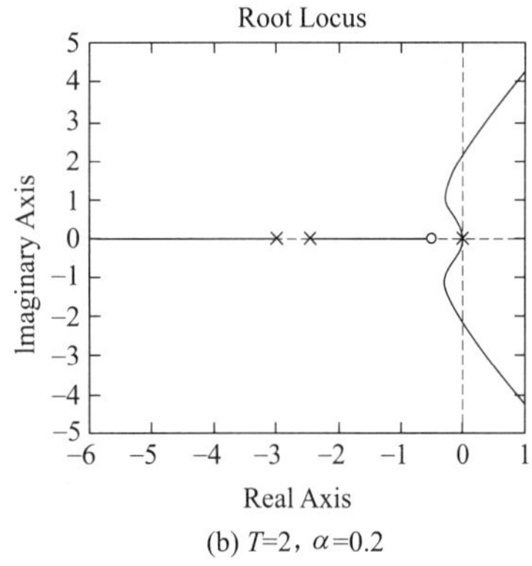

(b) T=2，α=0.2

图 5-34 不同补偿器对根轨迹的影响

确定了附加开环极点与开环零点之间的关系之后，如何选择附加开环零点的位置？仍由第四节知：开环零点越靠近虚轴，则根轨迹越向左弯曲，系统超调和调节时间将减小。下面举例说明开环零点位置变化对系统动态性能的影响。

【例 5-14】 单位负反馈系统的开环传递函数和串联补偿器分别为

$$G(s)=\frac{K}{s(s+1)(s+5)};\quad G_c=A\frac{s-z_c}{s-10z_c}$$

试分析当 z_c 分别取 -0.75 和 -1.5，以及闭环系统阻尼比 $\zeta=0.45$ 时，闭环系统的动态响应。

解 加入补偿器之后，开环传递函数为

$$G(s)=\frac{KA(s-z_c)}{s(s+1)(s+5)(s-10z_c)}$$

图 5-35 给出了 z_c 分别取 −0.75 和 −1.5 时的根轨迹图。

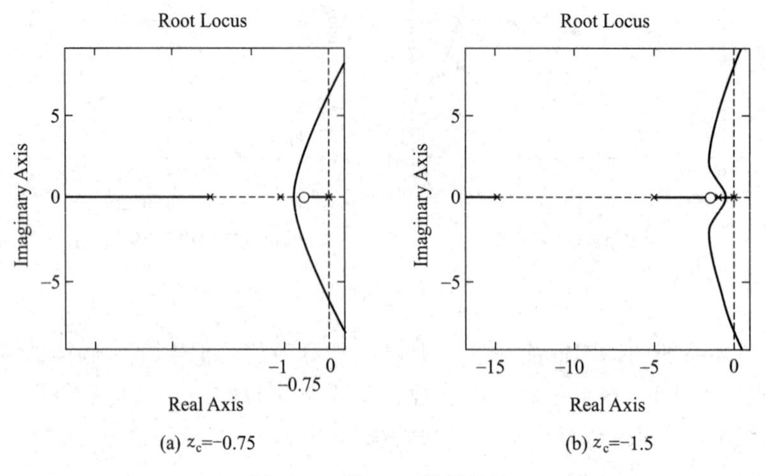

图 5-35 例 5-14 的根轨迹

当闭环系统阻尼比为 $\zeta=0.45$ 时，闭环系统特征根及 K、A 参数值如表 5-5 所示，闭环系统单位阶跃响应如图 5-36 所示。

表 5-5 $\zeta=0.45$ 时超前补偿器性能比较

补偿器	主导极点	其余极点	根轨迹增益（KA）	峰值时间	超调量	调节时间	速度误差系数
无补偿	$-0.404\pm j0.802$	−5.192	4.19	4.12	0.202	9.48	0.84
$G_c=A\dfrac{s+0.75}{s+7.5}$	$-1.522\pm j3.021$	−0.689 −9.77	102.63	1.18	0.127	2.78	2.05
$G_c=A\dfrac{s+1.5}{s+15}$	$-1.531\pm j3.039$	−1.76 −16.18	219.96	1.05	0.28	2.5	4.40

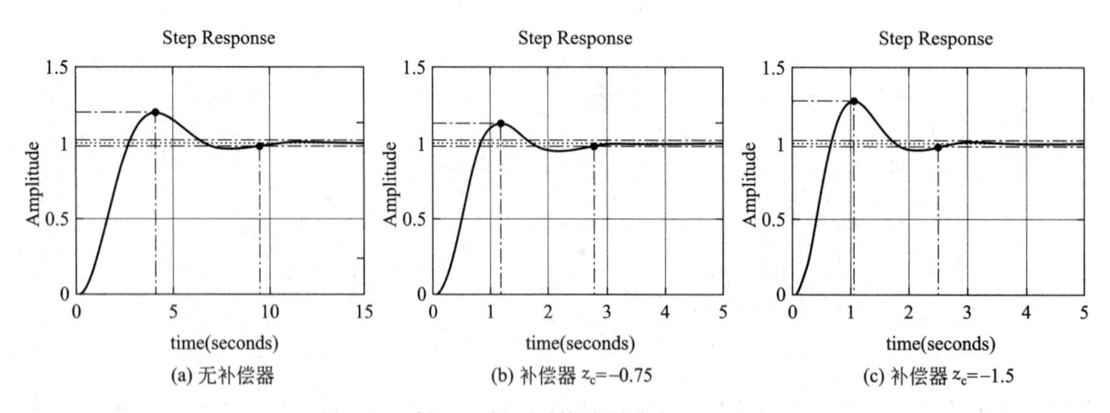

图 5-36 例 5-14 闭环系统阶跃响应（$\zeta=0.45$）

下面，考察超前补偿器的相位特性，考虑补偿器

$$G_c=A\frac{s-z_c}{s-p_c} \tag{5-67}$$

当 $s=j\omega$ 时，它的相位为

$$\phi=\arctan\frac{\omega}{-z_c}-\arctan\frac{\omega}{-p_c} \tag{5-68}$$

若 $z_c > p_c$，则 ϕ 为正，此时称为相位超前，相应的补偿器称为超前补偿器。若 $z_c < p_c$，则 ϕ 为负，此时称为相位滞后，相应的补偿器称为滞后补偿器，下一节将介绍滞后补偿器。

二、滞后补偿器的设计

当使用超前补偿器获得了相当满意的动态性能之后，设计者可能会发现开环低频增益（或有关的稳态误差系数）仍然很低，稳态误差不能满足要求。为了加大此系数，必须增添一个类似于积分作用的补偿环节，这样的补偿器应有靠近 $s=0$ 的一个极点，通常它还包括一个与此极点邻近的零点，以便减少因补偿而对原系统动态响应的影响。滞后补偿器在功能上近似于比例积分（PI）控制。

假设滞后补偿器的传递函数为

$$G_c = A\alpha \frac{1+Ts}{1+\alpha Ts} = A \frac{s+\frac{1}{T}}{s+\frac{1}{\alpha T}} \tag{5-69}$$

其中 $\alpha>1$，补偿器极点 $p_c=-1/\alpha T$ 在零点 $z_c=-1/T$ 的右侧，一般地，取 $\alpha=10$。

【例 5-15】 对例 5-14 中的单位负反馈系统，设计滞后补偿器 $G_c = A\dfrac{s+0.05}{s+0.005}$，试分析当闭环系统阻尼比 $\zeta=0.45$ 时系统的动、静态特性。

解 加入滞后补偿器之后，系统的开环传递函数为

$$G(s)G_c(s)=\frac{KA(s+0.05)}{s(s+1)(s+5)(s+0.005)}$$

图 5-37(a) 和 (b) 绘制了加入滞后补偿器前后闭环系统的根轨迹，将复数部分的根轨迹局部放大，如图 5-37(c) 所示。可以看出，滞后补偿器加入前后根轨迹的形状基本没变。

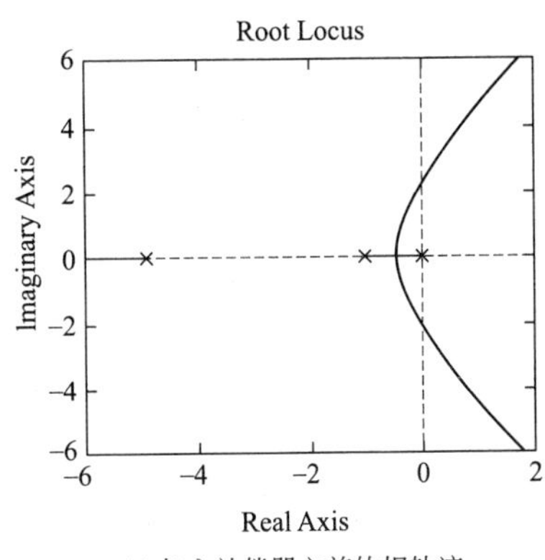

(a) 加入补偿器之前的根轨迹

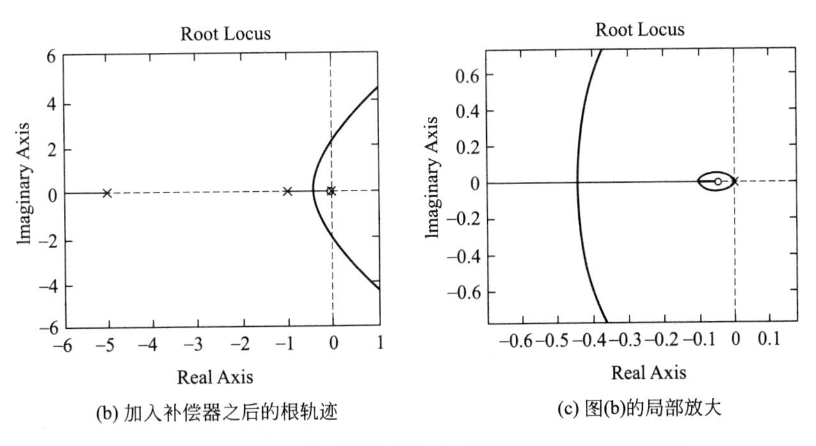

(b) 加入补偿器之后的根轨迹　　(c) 图(b)的局部放大

图 5-37　例 5-15 滞后补偿器加入前后闭环系统的根轨迹

表 5-6 列出了当闭环系统阻尼比为 $\zeta=0.45$ 时，无补偿、超前补偿以及滞后补偿系统的动、静态特性。若将超前补偿器和滞后补偿器串联起来，则超前滞后补偿器的根轨迹图如图 5-38 所示，超前滞后补偿器的动、静态特性如表 5-6 所示。

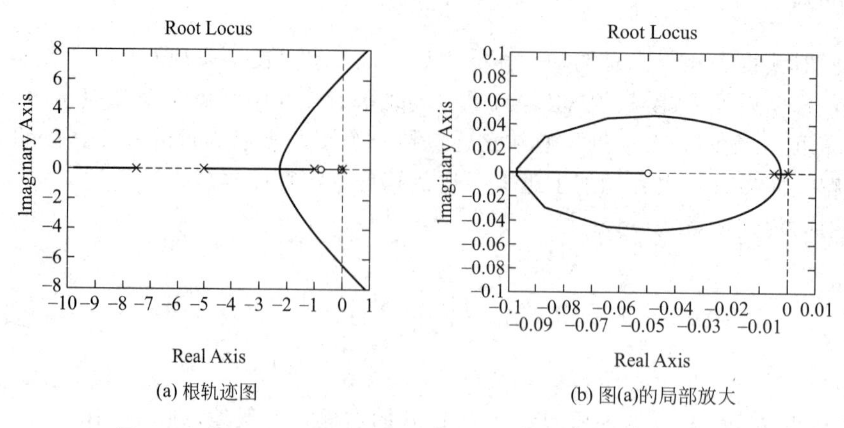

图 5-38 例 5-15 中加入超前滞后补偿器时闭环系统的根轨迹

表 5-6 $\zeta=0.45$ 时各种补偿器性能比较

补偿器	主导极点	其余极点	根轨迹增益（KA）	峰值时间	超调量	稳态时间	速度误差系数
无补偿	$-0.404\pm j0.802$	-5.192	4.19	4.12	0.202	9.48	0.84
$G_c=A\dfrac{s+0.75}{s+7.5}$	$-1.522\pm j3.021$	-0.689 -9.77	102.63	1.18	0.127	2.78	2.05
$G_c=A\dfrac{s+0.05}{s+0.005}$	$-0.384\pm j0.763$	-0.053 -5.183	4.01	4.3	0.266	22	8.02
$G_c=A\dfrac{(s+0.05)(s+0.75)}{(s+0.005)(s+7.5)}$	$-1.515\pm j2.976$	-9.742 -0.682 -0.051	101.14	1.22	0.143	2.56	20.23

本例为Ⅰ型系统，对斜坡输入是有余差的。但是在加入滞后补偿器之后，系统的速度误差系数增大，从而减小了系统的稳态偏差。

三、PID 控制器的设计

第三章中已经介绍过在工业控制中广泛应用的 PID 控制器。这里仅通过一个例子介绍根轨迹方法在常规 PID 控制系统设计中的应用。

【例 5-16】 已知单位负反馈系统的被控对象传递函数为 $G_p(s)=\dfrac{10}{s(s+2)}$，试设计一 PID 控制器，使系统的动态响应满足 $T_s=1.5$，$\zeta=0.707$ 的质量指标要求。

解 从原系统的根轨迹易知，如果不加补偿器的话，闭环系统无法达到所要求的动态响应，因此，需要考虑的是将 PID 控制器作为补偿器与被控对象串联之后，由系统的闭环主导极点满足所要求的动态性能指标。

① 确定主导闭环极点的位置。

由二阶系统质量指标计算公式

$$T_s\approx\frac{3}{|\sigma|}=1.5\ (\text{设误差 }5\%),\quad |\sigma|=2$$

又由 $|\sigma|=\omega_n\zeta=2$，得 $\omega_n=\dfrac{|\sigma|}{\zeta}=\dfrac{2}{0.707}=2.83$，可得到

$$\omega_d=\omega_n\sqrt{1-\zeta^2}=2.83\sqrt{1-0.707^2}=2$$

所以满足动态性能指标的闭环主导极点

$$s_{1,2}=-2\pm \mathrm{j}2$$

② 串接 PID 后系统的开环传递函数为

$$G_c(s)G_p(s)=K_c\left(1+\frac{1}{T_i s}+T_d s\right)\frac{10}{s(s+2)}=\frac{10K_c\left(s+\dfrac{1}{T_i}+T_d s^2\right)}{s^2(s+2)}$$

可以看出，当采用 PID 三作用控制器时，系统的阶次为三阶，因此在一对闭环主导极点 $s_{1,2}=-2\pm \mathrm{j}2$ 外，还必须确定另一个非主导闭环极点的位置。由主导极点的概念，可选取 $s_{1,2}$ 实部的 5 倍作为第三个闭环极点，即 $s_3=-2\times 5=-10$。

③ 系统特征方程

$$1+G_c(s)G_p(s)=s^2(s+2)+10K_c\left(s+\frac{1}{T_i}+T_d s^2\right)=0$$

或

$$s^3+(2+10K_cT_d)s^2+10K_c s+\frac{10K_c}{T_i}=0$$

另一方面，按指定的闭环极点，也应该满足特征方程，即

$$(s+10)(s+2+\mathrm{j}2)(s+2-\mathrm{j}2)=0$$

或

$$s^3+14s^2+48s+80=0$$

比较两个特征方程各对应的 s 同次幂项的系数，可求得

$$K_c=4.8;\qquad T_i=0.6;\qquad T_d=0.25$$

此为满足控制指标要求的 PID 参数。

此例所用到的设计方法又称为极点配置法，在状态空间设计中应用非常普遍，在后面第八章里将再对其作深入分析。

本章小结

本章从开环传递函数的零、极点入手，分析了开环零、极点与闭环零、极点之间的关系，针对闭环特征方程中可变参数对闭环极点的影响，介绍了经典控制理论的重要方法之一，系统分析和设计的几何方法——根轨迹法。主要内容有：①根轨迹的基本概念；②根轨迹的性质和绘制常规根轨迹的法则、绘制方法；③根轨迹方法的推广，包括参数根轨迹、零度根轨迹以及纯滞后根轨迹等；④基于系统根轨迹的分析，讨论了开环零点、开环极点的位置变化和数量增减以及增益 K 的选取对闭环系统性能的影响；⑤基于根轨迹方法，研究了超前、滞后补偿器对系统性能的影响。

作为经典控制理论的图示方法之一，根轨迹方法只需通过简单的计算，不必求解系统时域响应即可定性地看出某个参数变化对系统动态特性的影响，在以往的控制系统分析与设计中发挥了重要作用。随着计算机的广泛应用，人们可通过计算机辅助设计完成各种复杂控制系统的根轨迹作图与计算，不仅避免了人工绘制根轨迹图的繁琐与不精确，而且使该方法具有的方便、直观、迅速、实用等优点更为突出。

习 题 五

5-1　设单位负反馈控制系统的开环传递函数为 $G(s)=\dfrac{K}{s+2}$，试用相角条件检查下列各点是否在根轨迹上：$(-1,\mathrm{j}0)$，$(-3,\mathrm{j}0)$，$(-2,\mathrm{j}1)$，$(-5,\mathrm{j}0)$。并求出相应的 K 值。

5-2　系统的开环传递函数为 $G(s)H(s)=\dfrac{K}{(s+1)(s+2)(s+4)}$，试证明点 $s_1=-1+\mathrm{j}\sqrt{3}$ 在根轨迹上，并求出相应的 K 值和系统的开环放大系数 K^*。

5-3　设单位负反馈控制系统的开环传递函数为 $G(s)=\dfrac{K(3s+1)}{s(2s+1)}$，试用解析法绘出开环增益 K 从零增加到无穷时的闭环根轨迹图。

5-4　已知单位负反馈控制系统的前向通道传递函数为

① $G(s)=\dfrac{K}{s(s+1)^2}$；　　② $G(s)=\dfrac{K(s+4)}{s(s^2+4s+29)}$；

③ $G(s)=\dfrac{K}{s(s^2+4s+8)}$；　　④ $G(s)=\dfrac{K(s-5)(s+4)}{s(s+1)(s+3)}$

试概略画出闭环系统根轨迹图。

5-5　已知系统开环传递函数为 $G(s)H(s)=\dfrac{K}{s(s+4)(s^2+4s+20)}$，试概略画出闭环系统根轨迹图。

5-6　设单位负反馈系统的开环传递函数为 $G(s)=\dfrac{K}{s(0.01s+1)(0.02s+1)}$，要求：

① 画出准确根轨迹（至少校验三点）；

② 确定系统的临界稳定开环增益 K；

③ 确定与系统的临界阻尼比相应的开环增益 K。

5-7　已知系统的开环传递函数为 $G(s)H(s)=\dfrac{K_0}{(1+0.5s)(1+0.2s)(1+0.125s)^2}$。试：①绘制闭环系统的根轨迹图（$K_0>0$）；②确定闭环系统稳定的 K_0 值范围。

5-8　设单位负反馈控制系统的开环传递函数如下，要求：

① 确定 $G(s)=\dfrac{K^*(s+z)}{s^2(s+10)(s+20)}$ 产生纯虚根为 $\pm$j1 的 z 值和 K^* 值；

② 概略绘出 $G(s)=\dfrac{K^*}{s(s+1)(s+3.5)(s+3+\mathrm{j}2)(s+3-\mathrm{j}2)}$ 的闭环根轨迹图（要求确定根轨迹的分离点、起始角和与虚轴的交点）。

5-9　设单位负反馈控制系统的开环传递函数为 $G(s)=\dfrac{K(1-s)}{s(s+2)}$，试绘制其根轨迹图，并求出使系统产生重实根和纯虚根的 K 值。

5-10　设系统开环传递函数为 $G(s)=\dfrac{30(s+b)}{s(s+10)}$，试画出 b 从零变到无穷时的根轨迹图。

5-11　设控制系统如图 5-39 所示。

① 绘制系统的根轨迹；

② 用根轨迹法确定使系统稳定的 K 取值范围；

③ 确定使系统阶跃响应不出现超调的 K 的最大值。

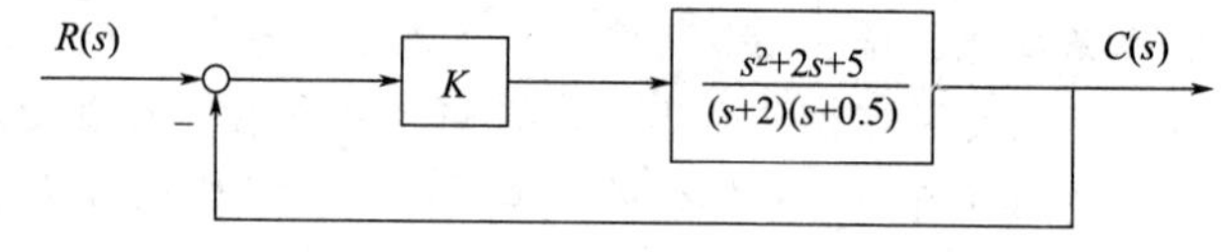

图 5-39　题 5-11 控制系统示意图

5-12　已知单位负反馈系统的开环传递函数 $G(s)=\dfrac{s+a}{s^2(s+2)}$。试绘制 a 从 $0\to\infty$ 变化时的闭环根轨迹，并求闭环稳定时 a 的取值范围。

5-13　控制系统的开环传递函数为 $G(s)=\dfrac{s+a}{s(2s-a)}$，$a\geqslant 0$。绘制以 a 为参变量的根轨迹，并利用根轨迹分析 a 取何值时系统稳定。

5-14　系统如图 5-40 所示，绘制以 α 为可变参数的根轨迹，并指出系统稳定条件下的 α 的取值范围，以及系统阶跃响应无超调时 α 的取值范围。

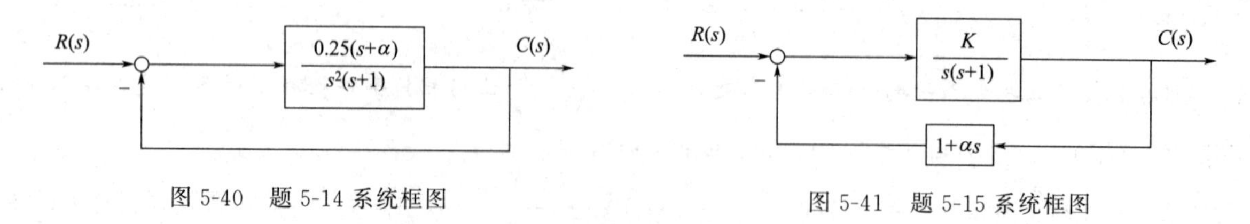

图 5-40　题 5-14 系统框图　　图 5-41　题 5-15 系统框图

5-15　设系统的框图如图 5-41 所示。

① 绘制 $\alpha=0.5$ 时的根轨迹；

② 求 $\alpha=0.5$，$K=10$ 时系统的闭环极点与相应的 ζ 值；

③ 求在 $K=1$ 时，α 分别等于 0，0.5，4 的阶跃响应的 $\sigma\%$ 与 T_s，并讨论 α 值大小对动态性能的影响。

5-16　单位负反馈系统的根轨迹如图 5-42 所示，要求：

① 写出该系统的闭环传递函数；

② 增加一个开环零点−4后，绘制根轨迹草图，并简要分析开环零点(−4)引入对系统性能的影响。

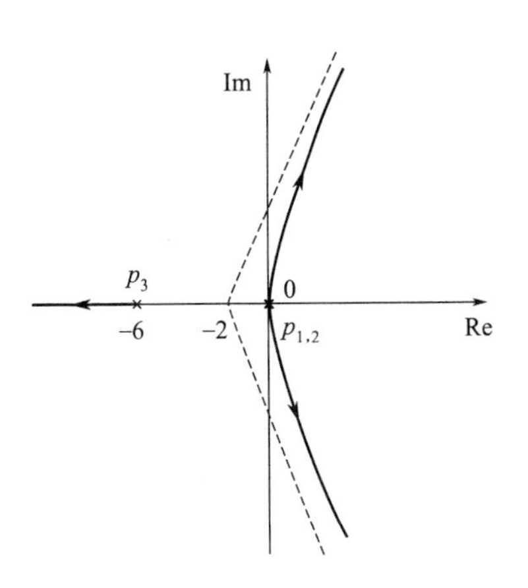

图 5-42　题 5-16 的根轨迹图

5-17　设负反馈控制系统中，前向通道传递函数 $G(s)=\dfrac{K^*}{s^2(s+2)(s+5)}$，反馈通道传递函数 $H(s)=1$。

① 概略绘出系统的根轨迹图，并判断闭环系统的稳定性；

② 如果改变反馈通道的传递函数，使 $H(s)=1+2s$，试判断 $H(s)$ 改变后的系统稳定性，研究由于 $H(s)$ 改变所产生的效应。

5-18　设系统的框图如图 5-43 所示，试求：

① 作出以 K、τ 两个变量的闭环根轨迹簇图；

② 假设此系统有一个闭环极点为 $-2+\mathrm{j}2$，用根轨迹的相位和幅值条件确定 K 与 τ 值。

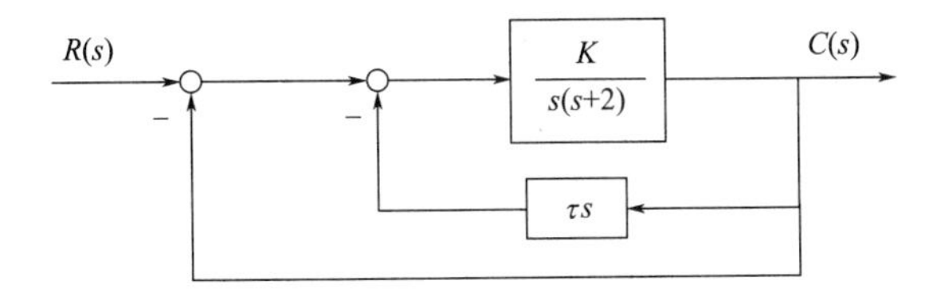

图 5-43　题 5-18 的系统框图

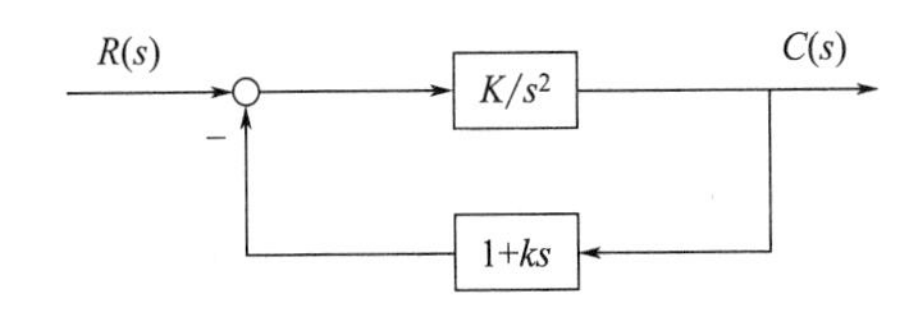

图 5-44　题 5-19 的系统框图

5-19　设控制系统如图 5-44 所示，其中 $K\geqslant 0$。为了使闭环极点为 $s=-1\pm\mathrm{j}\sqrt{3}$，试用根轨迹方法确定增益 K 和速度反馈系数 k 的值。

5-20　设控制系统如图 5-45 所示，其中 $K>0$，$T>0$。试按 $\alpha>0$ 和 $\alpha<0$ 两种情况画根轨迹图，并利用根轨迹说明 α 在什么范围内闭环系统稳定。

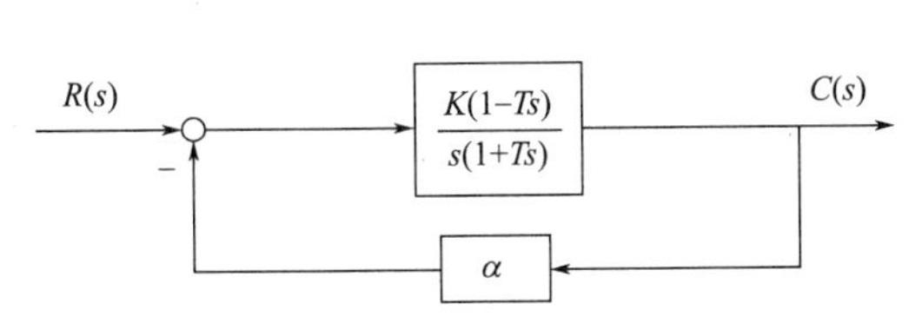

图 5-45　题 5-20 的系统框图

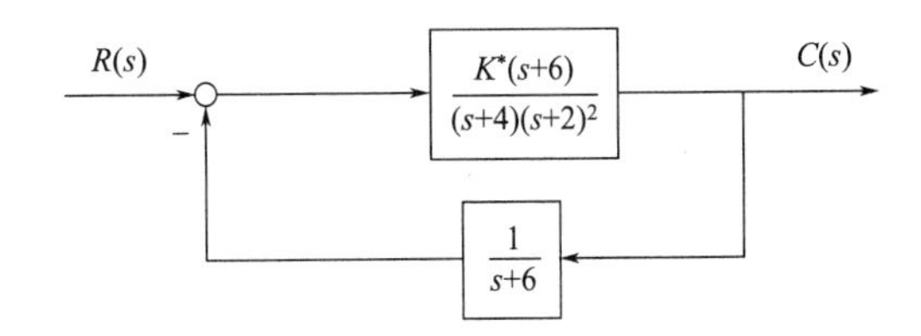

图 5-46　题 5-21 的系统框图

5-21　设系统结构图如图 5-46 所示。

① 绘制当 $K^*=0\to\infty$ 变化时的根轨迹图；

② 要使系统的一对闭环复极点实部为−1，确定满足条件的开环增益 K 及相应的闭环极点；

③ 当 $K^*=32$ 时，写出闭环传递函数表达式，并计算系统的动态性能指标（$\sigma\%$，T_s）。

5-22　设负反馈控制系统的前向通道传递函数 $G(s)$ 和反馈通道传递函数 $H(s)$ 分别为

$$G(s)=\frac{K_x}{s(s+1)(s+5)};\quad H(s)=\frac{K_h(s+5)}{s+2}$$

① 确定使闭环系统单位阶跃响应的稳态输出为 1 的 K_h 值；

② 确定使闭环复数极点具有 $\zeta=0.65$ 的 K_xK_h 值；

③ 计算系统的 M_p，T_p，T_s。

5-23　给定负反馈系统的开环传递函数

$$G(s)H(s)=\frac{K}{(s+p_1)(s+p_2)},\quad p_1>p_2>0$$

再在开环传递函数中增加一个零点 $-z$。试分别画出 $z>p_1$，$p_2>z$ 和 $p_1>z>p_2$ 时的根轨迹图，并说明根轨迹的变化趋势。

5-24　给定负反馈系统的开环传递函数

$$G(s)H(s)=\frac{K(s+z)}{(s+p_1)(s+p_2)},\ z>p_1>p_2$$

再在开环传递函数中增加一个极点$-p_3$。试分别画出$p_3<p_2$和$p_3>z$时的根轨迹图，并说明根轨迹的变化趋势。

5-25　单位负反馈系统的前向通道传递函数为

$$G_1=\frac{K}{s(s+3)(s+9)}$$

① 如果要求在单位阶跃输入下的超调量$\sigma=20\%$，试确定K值；

② 根据所得的K值，求出系统在单位阶跃输入作用下的调节时间T_s以及稳态速度误差；

③ 设计串联校正装置使系统的$\sigma\leqslant 15\%$，T_s减小一倍以上。

5-26　已知单位负反馈系统的开环传递函数为$G(s)=\frac{4}{s(s+2)}$；试设计串联校正装置使校正后的闭环系统主导极点满足$\omega_n=4\text{rad/s}$和$\zeta=0.5$。

5-27　已知单位负反馈系统的开环传递函数为$G(s)=\frac{1.06}{s(s+1)(s+2)}$；试设计串联校正装置使校正后系统静态速度误差系数$K_v=5\text{s}^{-1}$，并维持原系统的闭环主导极点基本不变。

5-28　已知单位负反馈系统的开环传递函数为$G(s)=\frac{4}{s(s+0.5)}$；试设计串联校正装置使校正后系统静态速度误差系数$K_v=50\text{s}^{-1}$，闭环主导极点满足$\omega_n=5\text{rad/s}$和$\zeta=0.5$。

5-29　请证明：由实数2个极点和1个有限零点组成的开环系统，只要有限零点没有位于2个实数极点之间，当K^*（$K^*>0$）从零变到无穷大时，闭环根轨迹的复数部分是以有限零点为圆心，以有限零点到分离点的距离为半径的一个圆或圆的一部分。

5-30　请证明：绘制根轨迹的法则6。

5-31　请证明：绘制根轨迹的法则8。

第六章　频率特性分析法

在第三章已经看到，当线性定常系统的输入为正弦信号时，其稳态响应也是正弦信号，且频率与输入信号相同，只不过幅值与相位发生了变化，但它们依然是输入信号频率的函数。本章将研究在输入信号的频率发生变化时，系统稳态响应（称之为频率响应）的变化情况。这种系统分析和设计的方法称为频率特性分析法，它是一种研究线性系统的经典方法。由于其简单直观，尤其是只需实验数据就可得到系统的数学模型，且可以兼顾系统动态响应和噪声抑制两方面的要求，设计出满意的控制系统，因而得到广泛的应用。

本章首先介绍频率特性的基本概念和频率特性曲线的图示方法：极坐标图和 Bode 图；在介绍开环系统典型环节的频率特性基础上，重点研究频率域的 Nyquist 稳定判据和性能指标的估算，最后介绍基于频率响应进行分析、校正和设计的方法。

第一节　概述

下面首先以图 6-1 所示的 RC 滤波网络为例，建立频率特性的基本概念。

由电路知识，RC 网络的输入和输出关系可由以下微分方程描述

$$T\frac{\mathrm{d}u_o}{\mathrm{d}t}+u_o=u_i \tag{6-1}$$

其中，时间常数 $T=RC$。设电容 C 的初始电压为 u_{o0}，取输入信号为正弦信号

$$u_i=X\sin\omega t \tag{6-2}$$

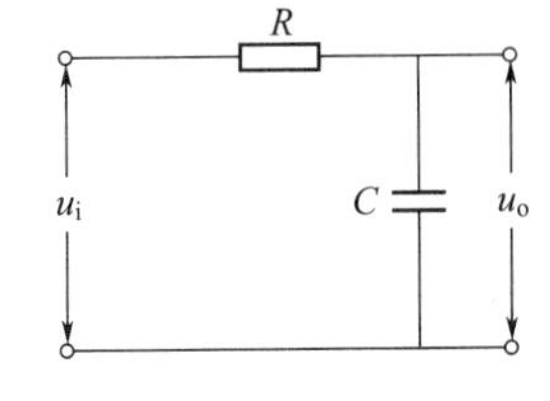

图 6-1　RC 滤波网络

对式(6-1) 两边取拉氏变换并代入初始条件 $u_o(0)=u_{o0}$，整理后得输出的拉氏变换式

$$U_o(s)=\frac{1}{Ts+1}[U_i(s)+Tu_{o0}]=\frac{1}{Ts+1}\left[\frac{X\omega}{s^2+\omega^2}+Tu_{o0}\right] \tag{6-3}$$

再由拉氏反变换，可得输出的时域响应

$$u_o(t)=\left(u_{o0}+\frac{X\omega T}{1+T^2\omega^2}\right)\mathrm{e}^{-\frac{t}{T}}+\frac{X}{\sqrt{1+T^2\omega^2}}\sin(\omega t-\arctan\omega T) \tag{6-4}$$

由于 $T>0$，式(6-4) 等式右端第一项将随时间增大而趋于零，为输出的瞬态分量；而第二项是一个频率为 ω 的正弦信号，是输出的稳态分量

$$u_{o_s}(t)=\frac{X}{\sqrt{1+T^2\omega^2}}\sin(\omega t-\arctan\omega T)=X\cdot A(\omega)\sin[\omega t+\phi(\omega)] \tag{6-5}$$

其中，$A(\omega)=\frac{1}{\sqrt{1+T^2\omega^2}}$，$\phi(\omega)=-\arctan\omega T$，分别反映 RC 网络在正弦信号作用下，输出稳态分量的幅值和相位的变化，称为幅值比和相位差，它们均为频率 ω 的函数。

下面分析该 RC 网络的传递函数

$$G(s)=\frac{1}{Ts+1} \tag{6-6}$$

若取 $s=\mathrm{j}\omega$ 代入式(6-6)，则有

$$G(\mathrm{j}\omega)=G(s)\big|_{s=\mathrm{j}\omega}=\frac{1}{\sqrt{1+T^2\omega^2}}\mathrm{e}^{-\mathrm{j}\arctan\omega T} \tag{6-7}$$

比较式(6-7) 和式(6-5) 可知，$A(\omega)$ 和 $\phi(\omega)$ 分别为 $G(\mathrm{j}\omega)$ 的幅值 $|G(\mathrm{j}\omega)|$ 和相角 $\angle G(\mathrm{j}\omega)$。这一结论反映了 $A(\omega)$ 和 $\phi(\omega)$ 与系统模型的本质关系，具有普遍性。$G(\mathrm{j}\omega)$ 即为第三章中定义过的频率传递函数。

设有稳定的线性定常系统，其传递函数为 $G(s)$，且可分解为零极点形式，即

$$G(s)=\frac{P(s)}{Q(s)}=\frac{(s+z_1)(s+z_2)\cdots(s+z_{m-1})(s+z_m)}{(s+p_1)(s+p_2)\cdots(s+p_{n-1})(s+p_n)},\quad n\geqslant m \tag{6-8}$$

若系统输入为正弦信号

$$x(t)=X\sin\omega t \tag{6-9}$$

则

$$X(s)=\frac{X\omega}{s^2+\omega^2} \tag{6-10}$$

输出响应的拉氏变换式为

$$Y(s)=G(s)X(s)=\frac{P(s)}{Q(s)}\times X(s)=\frac{P(s)}{Q(s)}\times\frac{X\omega}{s^2+\omega^2} \tag{6-11}$$

不失一般性，设 $G(s)$ 具有各不相同的极点（且都具有负实部，因为系统稳定），则

$$Y(s)=\frac{a}{s+\mathrm{j}\omega}+\frac{\overline{a}}{s-\mathrm{j}\omega}+\frac{b_1}{s+p_1}+\frac{b_2}{s+p_2}+\cdots+\frac{b_n}{s+p_n} \tag{6-12}$$

式中，a 和 $b_i(i=1,2,\cdots,n)$ 是待定常数；$\overline{a}$ 是 a 的共轭复数。

式(6-12) 的拉氏反变换式为

$$y(t)=a\mathrm{e}^{-\mathrm{j}\omega t}+\overline{a}\mathrm{e}^{\mathrm{j}\omega t}+b_1\mathrm{e}^{-p_1t}+b_2\mathrm{e}^{-p_2t}+\cdots+b_n\mathrm{e}^{-p_nt} \tag{6-13}$$

由于极点 $-p_i(i=1,2,\cdots,n)$ 均具有负实部，对应的过渡过程分量随时间趋向无穷大而趋于零，所以系统的稳态响应为

$$y_{\mathrm{s}}(t)=a\mathrm{e}^{-\mathrm{j}\omega t}+\overline{a}\mathrm{e}^{\mathrm{j}\omega t} \tag{6-14}$$

若 $G(s)$ 包含有重极点，只要符合所有极点都具有负实部的条件（系统稳定），则情况相同，在稳态时也可得到式(6-14)。

系数 a 和 $\overline{a}$ 可按下式计算

$$a=G(s)\frac{X\omega}{s^2+\omega^2}\cdot(s+\mathrm{j}\omega)\big|_{s=-\mathrm{j}\omega}=-\frac{XG(-\mathrm{j}\omega)}{2\mathrm{j}}$$

$$\overline{a}=G(s)\frac{X\omega}{s^2+\omega^2}\cdot(s-\mathrm{j}\omega)\big|_{s=\mathrm{j}\omega}=\frac{XG(\mathrm{j}\omega)}{2\mathrm{j}}$$

将 $G(\mathrm{j}\omega)$ 和 $G(-\mathrm{j}\omega)$ 分别写成复数形式，或用幅值和相位的形式表示

$$G(\mathrm{j}\omega)=|G(\mathrm{j}\omega)|\mathrm{e}^{\mathrm{j}\phi(\omega)}\quad 和\quad G(-\mathrm{j}\omega)=|G(\mathrm{j}\omega)|\mathrm{e}^{-\mathrm{j}\phi(\omega)} \tag{6-15}$$

代入式(6-14) 中，则稳态响应为

$$y_{\mathrm{s}}(t)=X|G(\mathrm{j}\omega)|\frac{\mathrm{e}^{\mathrm{j}(\omega t+\phi)}-\mathrm{e}^{-\mathrm{j}(\omega t+\phi)}}{2\mathrm{j}}=X|G(\mathrm{j}\omega)|\sin(\omega t+\phi) \tag{6-16}$$

若输入正弦信号含有初始相位 φ，即

$$x(t)=X\sin(\omega t+\varphi) \tag{6-9$'$}$$

同样可推导出

$$y_{\mathrm{s}}(t)=X|G(\mathrm{j}\omega)|\sin(\omega t+\varphi+\phi) \tag{6-16$'$}$$

比较式(6-16)、式(6-9) 和式(6-5)，得

$$\begin{cases}A(\omega)=|G(\mathrm{j}\omega)|\\ \phi(\omega)=\angle G(\mathrm{j}\omega)\end{cases}$$

从式(6-16) 看出，对于稳定的线性定常系统，由正弦输入产生的输出稳态分量仍然是与输入信号同

频率的正弦函数，而幅值$|G(j\omega)|$和相位$\phi(\omega)$均为频率ω的函数，它们就是频率传递函数$G(j\omega)$的幅值与相位。频率传递函数$G(j\omega)$又被称为频率特性，一般记为

$$G(j\omega)=|G(j\omega)|e^{j\phi(\omega)} \tag{6-17}$$

所以，系统对正弦输入的稳态响应可以直接用频率特性（频率传递函数）求出。

【例 6-1】 已知单位负反馈系统如图 6-2 所示，试确定在输入信号$r(t)=\sin(t+30°)-\cos(2t-45°)$的作用下，系统的稳态输出$y_s(t)$。

解 由图知，系统的闭环传递函数

$$\Phi(s)=\frac{\frac{1}{s+1}}{1+\frac{1}{s+1}}=\frac{1}{s+2}$$

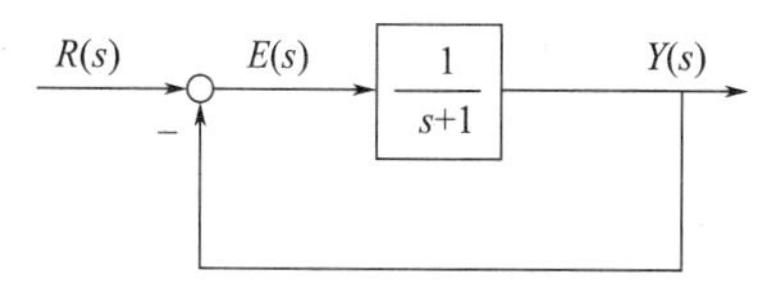

图 6-2 例 6-1 的系统结构图

系统的闭环频率特性为

$$\Phi(j\omega)=\frac{1}{2+j\omega}=\frac{1}{\sqrt{4+\omega^2}}e^{-j\arctan\frac{\omega}{2}}$$

在正弦输入信号$r(t)$的作用下，系统的稳态输出为

$$y_s(t)=\frac{1}{\sqrt{4+\omega^2}}\sin\left(t+30°-\arctan\frac{\omega}{2}\right)\bigg|_{\omega=1}-\frac{1}{\sqrt{4+\omega^2}}\cos\left(2t-45°-\arctan\frac{\omega}{2}\right)\bigg|_{\omega=2}$$
$$=\frac{1}{\sqrt{5}}\sin\left(t+30°-\arctan\frac{1}{2}\right)-\frac{1}{2\sqrt{2}}\sin(2t)$$

第二节 频率特性及其图示法

一、频率特性的定义

定义谐波输入下，输出响应中与输入同频率的谐波分量与谐波输入的幅值比$A(\omega)$为幅频特性，相位差$\phi(\omega)$为相频特性，并称$G(j\omega)$为系统的频率特性，经常采用其指数表达式表示。

$$G(j\omega)=A(\omega)e^{j\phi(\omega)} \tag{6-18}$$

频率特性的定义既适用于稳定系统，也适用于不稳定系统。稳定系统的频率特性可以用实验方法确定，即在系统的输入端施加不同频率的正弦信号，然后测量系统输出的稳态响应，再根据幅值比$A(\omega)$和相位差$\phi(\omega)$作出系统的频率特性$G(j\omega)$曲线，例如图 6-1 所示的 RC 滤波网络的频率特性曲线如图 6-3所示。要注意的是，对于不稳定系统，输出响应中含有由系统的不稳定极点产生的发散或振荡发散的分量［参见式(6-13)］，所以不稳定系统的频率特性不能通过实验的方法获取。

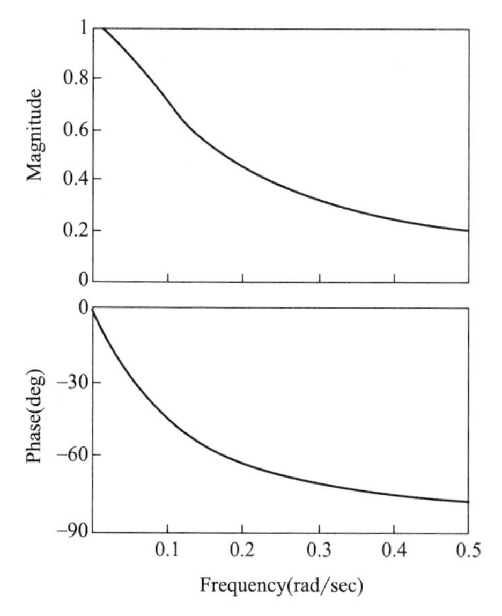

图 6-3 RC 滤波网络的频率特性曲线（$RC=10$）

尽管频率特性反映的是正弦输入下系统稳态情况下的输入输出关系，但所得结果却与反映动态特性的$G(s)$在形式上完全一致，因此可以说，它反映了动态传递函数的结构与参数。从物理概念上解释，频率响应是系统在强制振荡输入信号下的输出响应，尽管研究和观测系统的频率响应是在过渡过程结束后，但是系统并没有真正进入静态，系统仍处于往复振荡中，当系统的动态性能不同时，稳态后的往复振荡值和相位也不相同，所以频率特性可以描述系统的动态性能，也是系统模型的一种表达形式。

频率特性与微分方程、传递函数一样，也表征了系统的运动

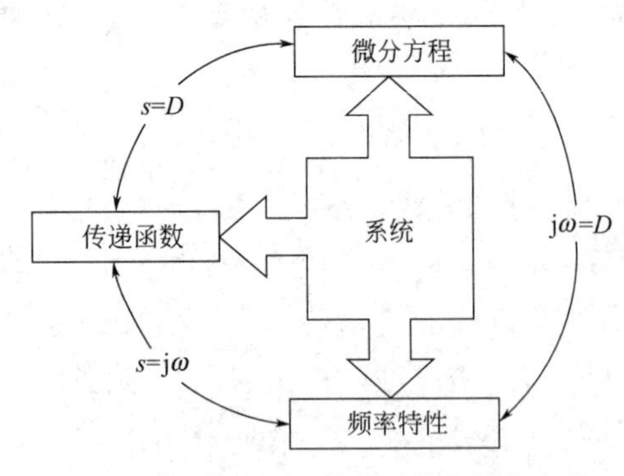

图 6-4 频率特性、传递函数和微分方程三种系统描述之间的关系

规律，它是系统频域分析的理论依据。系统的这三种描述方法之间的关系如图 6-4 所示。

二、频率特性的图示法

为了便于分析，经常将系统的频率特性绘制成曲线，再用图解法进行研究。常见的频率特性曲线有两种：一种是以频率为参数将频率特性曲线绘制在复平面上的极坐标图；一种是采用频率的对数值作为横坐标、幅频特性和相频特性分别为纵坐标的对数频率特性曲线，简称为 Bode 图。

1. 极坐标图

极坐标图又简称幅相曲线。对于任一给定的频率 ω，频率特性值为复数，它既可表示为实部与虚部之和的形式，也可表示为复指数形式。在复平面上，频率特性值为一向量，向量的长度为频率特性的幅值，向量与实轴正方向的夹角为频率特性的相位。由式(6-15) 可知，幅频特性 $A(\omega)$ 为 ω 的偶函数，相频特性 $\phi(\omega)$ 为 ω 的奇函数，故 ω 从 0^+ 变化到 $+\infty$ 和 ω 从 $-\infty$ 变化到 0^- 的幅相曲线关于实轴完全对称。因此可以只绘制 ω 从 0 变化到 $+\infty$ 的幅相曲线，并在曲线中用箭头表示 ω 增大时幅相曲线的变化方向。

考虑图 6-1 所示 RC 滤波网络。系统的频率特性为

$$G(\mathrm{j}\omega)=\frac{1}{1+\mathrm{j}\omega T}=\frac{1}{1+(\omega T)^2}-\mathrm{j}\frac{\omega T}{1+(\omega T)^2} \tag{6-19}$$

当 ω 从 0 变化到 $+\infty$ 时，依次根据式(6-19) 计算频率特性的实部和虚部，然后用光滑的曲线将这些点连接起来就是 RC 网络的幅相曲线图。另外，由式(6-19) 可以得到

$$\left[\mathrm{Re}G(\mathrm{j}\omega)-\frac{1}{2}\right]^2+\mathrm{Im}^2G(\mathrm{j}\omega)=\left(\frac{1}{2}\right)^2 \tag{6-20}$$

表明 RC 滤波网络的幅相曲线是以$\left(\frac{1}{2},\mathrm{j}0\right)$为圆心，半径为$\frac{1}{2}$的半圆，如图 6-5 所示（图中只画出了$\omega>0$ 的部分）。

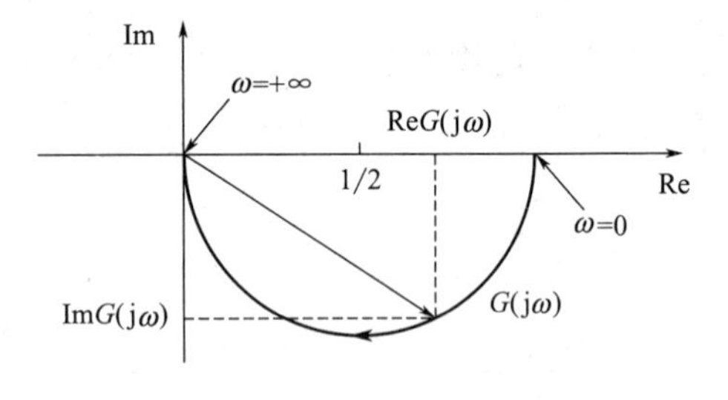

图 6-5 RC 网络的幅相曲线

2. Bode 图（或称对数频率特性曲线）

极坐标图除了计算繁琐之外，从图中无法明显地看出每个零点和极点的影响，若增加或减少系统的零极点，只有重新计算系统的频率特性才能绘制得到新的极坐标图，而 Bode 图在这些方面要方便很多，因此在工程中得到广泛应用。

Bode 图由对数幅频曲线和对数相频曲线两部分组成，横坐标按 $\lg\omega$ 分度，单位为弧度/秒（rad/s）。其中对数幅频曲线的纵坐标按

$$\mathrm{Lm}G(\mathrm{j}\omega)=20\lg|G(\mathrm{j}\omega)|=20\lg A(\omega) \tag{6-21}$$

线性分度（对数幅值 logarithm magnitude，简称为 Lm），单位是分贝（dB）；对数相频曲线的纵坐标按 $\phi(\omega)$线性分度，单位为度（°）。由此构成的坐标系称为半对数坐标系。

线性分度和对数分度如图 6-6 所示。线性分度中，当变量增大或减小 1 时，坐标间距离变化一个单位长度；而对数分度中，当变量增大或减少 10 倍［称为十倍频（记 dec)］时，坐标间距离变化一个单位长度。

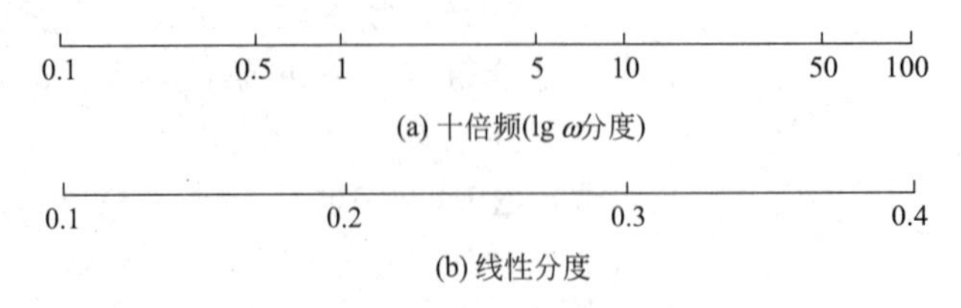

图 6-6 对数分度与线性分度示意图

采用对数坐标绘制 Bode 图具有以下优点。

① ω 的对数分度实现了横坐标的非线性压缩，便于在较大频率范围反映频率特性的变化情况，且扩展了工程中经常出现的低频范围。

② 对数幅频特性采用 $20\lg|G(\mathrm{j}\omega)|$ 可以将实际系统的串联环节演化为环节特性的直接相加，这一点对控制系统的分析和设计有着特别重要的意义，也是频率特性法得以应用和发展的重要原因。

③ 可用渐近折线法快速绘制 $G(\mathrm{j}\omega)$ 的近似图形，即对数渐近特性曲线，这对于系统进行初步分析非常方便。

例如，对图 6-1 所示的 RC 滤波网络，系统的对数幅频特性和相频特性分别为

$$20\lg A(\omega)=-20\lg\sqrt{1+\omega^2T^2} \tag{6-22}$$

$$\phi(\omega)=-\arctan(\omega T) \tag{6-23}$$

若在 RC 网络中取 $T=0.5$，其 Bode 图如图 6-7 所示。

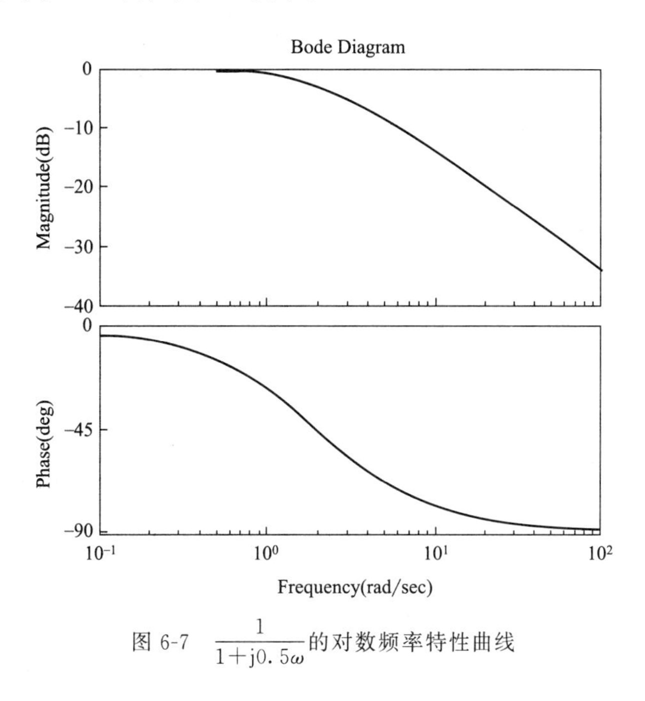

图 6-7　$\dfrac{1}{1+\mathrm{j}0.5\omega}$的对数频率特性曲线

第三节　开环系统典型环节分解和频率特性曲线的绘制

一、开环系统典型环节分解

一般地，系统开环传递函数可以表示为

$$G(s)H(s)=\frac{K(\tau_1s+1)(\tau_2^2s^2+2\zeta_1\tau_2s+1)\cdots}{s^{\nu}(T_1s+1)(T_2^2s^2+2\zeta_2T_2s+1)\cdots} \tag{6-24}$$

可将式(6-24) 看成是各典型环节的组合。这些典型环节可分为两大类：一类为最小相位环节，即对应于S 左半平面的开环零点或极点；另一类为非最小相位环节，即对应于 S 右半平面的开环零点或极点。如表 6-1所示。

表 6-1　典型环节

最小相位环节	非最小相位环节	最小相位环节	非最小相位环节
比例环节 $K(K>0)$	比例环节 $K(K<0)$	二阶微分环节 $\dfrac{s^2}{\omega_n^2}+\dfrac{2\zeta s}{\omega_n}+1$ $(\omega_n>0,0\leqslant\zeta<1)$	二阶微分环节 $\dfrac{s^2}{\omega_n^2}-\dfrac{2\zeta s}{\omega_n}+1$ $(\omega_n>0,0\leqslant\zeta<1)$
惯性环节 $1/(Ts+1)(T>0)$	惯性环节 $1/(-Ts+1)(T>0)$		
一阶微分环节 $Ts+1(T>0)$	一阶微分环节 $-Ts+1(T>0)$		
振荡环节 $1\Big/\left(\dfrac{s^2}{\omega_n^2}+\dfrac{2\zeta s}{\omega_n}+1\right)$ $(\omega_n>0,0\leqslant\zeta<1)$	振荡环节 $1\Big/\left(\dfrac{s^2}{\omega_n^2}-\dfrac{2\zeta s}{\omega_n}+1\right)$ $(\omega_n>0,0\leqslant\zeta<1)$	积分环节 $1/s$	
		微分环节 s	

式(6-24)所示开环传递函数可以表示为典型环节的乘积，即

$$G(s)H(s)=\prod_{i=1}^{n}G_i(s) \tag{6-25}$$

令 $s=\mathrm{j}\omega$，代入上式得系统开环频率特性

$$G(\mathrm{j}\omega)H(\mathrm{j}\omega)=\prod_{i=1}^{n}G_i(\mathrm{j}\omega)=A(\omega)\mathrm{e}^{\mathrm{j}\phi(\omega)}$$

其中，$G_i(\mathrm{j}\omega)=A_i(\omega)\mathrm{e}^{\mathrm{j}\phi_i(\omega)}$，则系统开环幅频特性和相频特性为

$$A(\omega)=\prod_{i=1}^{n}A_i(\omega) \quad 和 \quad \phi(\omega)=\sum_{i=1}^{n}\phi_i(\omega) \tag{6-26}$$

对数幅频特性

$$\mathrm{Lm}G(\mathrm{j}\omega)=20\lg A(\omega)=\sum_{i=1}^{n}20\lg A_i(\omega)=\sum_{i=1}^{n}\mathrm{Lm}G_i(\mathrm{j}\omega) \tag{6-27}$$

式(6-26)、式(6-27)表明，系统开环频率特性表现为组成开环系统的诸典型环节频率特性的合成；而系统开环对数频率特性，则表现为诸典型环节的对数频率特性的叠加这一更为简单的形式。所以，很有必要掌握各典型环节的频率特性。

二、典型环节的幅相曲线绘制

1. 比例环节

比例环节的频率特性为

$$G(\mathrm{j}\omega)=K$$

幅频特性 $|G(\mathrm{j}\omega)|=K$

相频特性

$$\angle G(\mathrm{j}\omega)=\begin{cases}0^\circ, & K>0\\ 180^\circ, & K<0\end{cases} \tag{6-28}$$

可以看出：比例环节的幅值和相角不随频率 ω 而变化，所以，在复平面上比例环节的幅相曲线为正实轴（$K>0$）或负实轴（$K<0$）上的一点，如图 6-8 所示。

2. 积分/微分环节

积分环节的频率特性为

$$G(\mathrm{j}\omega)=\frac{1}{\mathrm{j}\omega}$$

幅频特性 $|G(\mathrm{j}\omega)|=\dfrac{1}{\omega}$

相频特性 $\angle G(\mathrm{j}\omega)=-90^\circ$ (6-29)

微分环节的频率特性为

$$G(\mathrm{j}\omega)=\mathrm{j}\omega$$

幅频特性 $|G(\mathrm{j}\omega)|=\omega$

相频特性 $\angle G(\mathrm{j}\omega)=90^\circ$ (6-30)

由式(6-29)和式(6-30)知，当频率 ω 从 0 变化到 $+\infty$ 时，积分环节的幅频特性由 $+\infty$ 变化到 0，相频特性始终等于 -90°，幅相曲线是一条与负虚轴重合的曲线；微分环节的幅频特性由 0 变化到 $+\infty$，相频特性始终等于 90°，幅相曲线是一条与正虚轴重合的曲线。积分/微分环节的幅相曲线如图 6-9 所示。

可以看出：积分环节为相位滞后环节，微分环节为相位超前环节。

3. 惯性/一阶微分环节

惯性环节的频率特性为

$$G(\mathrm{j}\omega)=\frac{1}{1+\mathrm{j}\omega T}$$

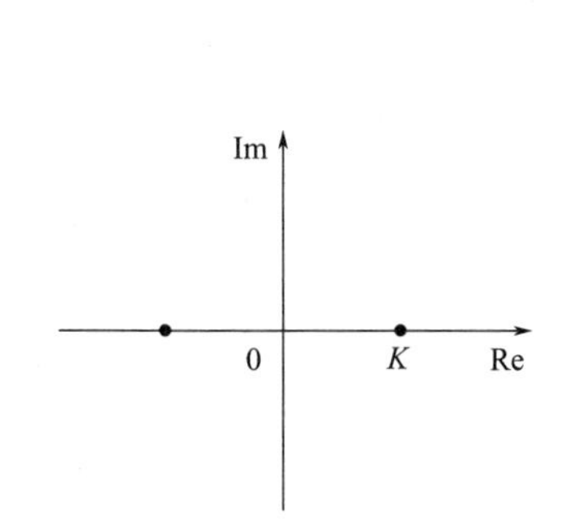

图 6-8 比例环节幅相曲线

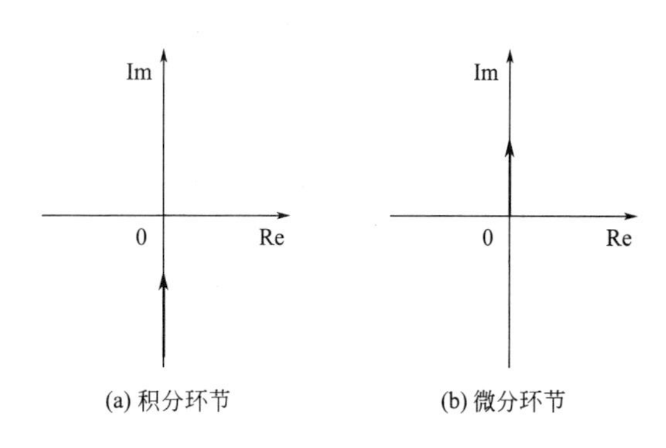

图 6-9 积分/微分环节的幅相曲线

$$
\begin{aligned}
&\text{幅频特性} \quad |G(\mathrm{j}\omega)|=\frac{1}{\sqrt{1+\omega^2T^2}} \\
&\text{相频特性} \quad \angle G(\mathrm{j}\omega)=-\arctan\omega T
\end{aligned}
\tag{6-31}
$$

由式(6-31) 可知

当 $\omega=0$，　$|G(\mathrm{j}\omega)|=1$，　$\angle G(\mathrm{j}\omega)=0°$

当 $\omega=\frac{1}{T}$，　$|G(\mathrm{j}\omega)|=\frac{1}{\sqrt{2}}$，　$\angle G(\mathrm{j}\omega)=-45°$

当 $\omega=+\infty$，　$|G(\mathrm{j}\omega)|=0$，　$\angle G(\mathrm{j}\omega)=-90°$

所以，当 ω 从 0 变化到 $+\infty$ 时，惯性环节的幅频特性从 1 变化到 0，相频特性从 0°变化到 $-90°$。可以证明，惯性环节的幅相曲线在复平面上是正实轴下方的半圆。

$$
G(\mathrm{j}\omega)=\frac{1}{1+\mathrm{j}\omega T}=\frac{1}{1+\omega^2T^2}-\mathrm{j}\frac{\omega T}{1+\omega^2T^2}=u(\omega)+\mathrm{j}v(\omega) \tag{6-32}
$$

$$
\left[u(\omega)-\frac{1}{2}\right]^2+[v(\omega)]^2=\left(\frac{1}{1+\omega^2T^2}-\frac{1}{2}\right)^2+\left(\frac{-\omega T}{1+\omega^2T^2}\right)^2=\left(\frac{1}{2}\right)^2 \tag{6-33}
$$

显然，式(6-33) 是一个圆的方程，圆心在 (1/2,0)，半径为 1/2。

一阶微分环节的频率特性为

$$
G(\mathrm{j}\omega)=1+\mathrm{j}\omega T
$$

$$
\begin{aligned}
&\text{幅频特性} \quad |G(\mathrm{j}\omega)|=\sqrt{1+\omega^2T^2} \\
&\text{相频特性} \quad \angle G(\mathrm{j}\omega)=\arctan\omega T
\end{aligned}
\tag{6-34}
$$

由式(6-34) 可知

当 $\omega=0$，　$|G(\mathrm{j}\omega)|=1$，　$\angle G(\mathrm{j}\omega)=0°$

当 $\omega=\frac{1}{T}$，　$|G(\mathrm{j}\omega)|=\sqrt{2}$，　$\angle G(\mathrm{j}\omega)=45°$

当 $\omega=+\infty$，　$|G(\mathrm{j}\omega)|=+\infty$，　$\angle G(\mathrm{j}\omega)=90°$

所以，ω 从 0 变化到 $+\infty$ 时，一阶微分环节的幅频特性曲线是一条起始于 (1,0) 点，在实轴上方且与实轴垂直的直线。

惯性环节和一阶微分环节的幅相曲线如图 6-10 所示。

由图 6-10 可以看出：惯性环节是一个相位滞后环节，最大的滞后相位为 90°；一阶微分环节为相位超前环节，最大的超前相位为 90°。

4. 振荡环节/二阶微分环节

振荡环节的频率特性为

$$
G(\mathrm{j}\omega)=\frac{1}{1+\frac{2\zeta}{\omega_\mathrm{n}}\mathrm{j}\omega+\frac{1}{\omega_\mathrm{n}^2}(\mathrm{j}\omega)^2}
$$

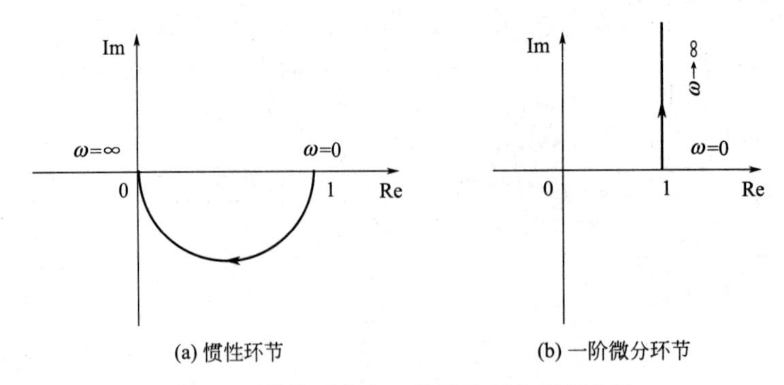

(a) 惯性环节　　(b) 一阶微分环节

图 6-10　惯性环节和一阶微分环节幅相曲线

幅频特性
$$|G(j\omega)|=\frac{1}{\sqrt{\left(1-\frac{\omega^2}{\omega_n^2}\right)^2+4\zeta^2\frac{\omega^2}{\omega_n^2}}} \tag{6-35}$$

相频特性
$$\angle G(j\omega)=\begin{cases}-\arctan\left(\dfrac{2\zeta\frac{\omega}{\omega_n}}{1-\frac{\omega^2}{\omega_n^2}}\right), & \omega\leqslant\omega_n\\ -\left[180^\circ-\arctan\left(\dfrac{2\zeta\frac{\omega}{\omega_n}}{\frac{\omega^2}{\omega_n^2}-1}\right)\right], & \omega>\omega_n\end{cases} \tag{6-36}$$

由式(6-35) 和式(6-36) 可知

当 $\omega=0$，　$|G(j\omega)|=1$，　$\angle G(j\omega)=0^\circ$

当 $\omega=\omega_n$，　$|G(j\omega)|=\frac{1}{2\zeta}$，　$\angle G(j\omega)=-90^\circ$

当 $\omega=+\infty$，　$|G(j\omega)|=0$，　$\angle G(j\omega)=-180^\circ$

可见，振荡环节的幅频特性和相频特性不仅与频率 ω 有关，还与阻尼比 ζ 有关，相频特性从 0°单调减至 -180°，幅频特性与虚轴的交点为$-\frac{1}{2\zeta}$。为分析幅频特性的变化，令

$$\frac{d|G(j\omega)|}{d\omega}=\frac{-\left[-\frac{2\omega}{\omega_n^2}\left(1-\frac{\omega^2}{\omega_n^2}\right)+4\zeta^2\frac{\omega}{\omega_n^2}\right]}{\left[\left(1-\frac{\omega^2}{\omega_n^2}\right)^2+4\zeta^2\frac{\omega^2}{\omega_n^2}\right]^{\frac{3}{2}}}=0 \tag{6-37}$$

得谐振频率

$$\omega_r=\omega_n\sqrt{1-2\zeta^2} \tag{6-38}$$

将 ω_r代入式(6-35)，求得谐振峰值

$$M_r=\frac{1}{2\zeta\sqrt{1-\zeta^2}} \tag{6-39}$$

由式(6-38) 和式(6-39) 可以得到以下结论。

① 当 $0<\zeta<\sqrt{2}/2$，$\omega<\omega_r$时，$\frac{d|G(j\omega)|}{d\omega}>0$，振荡环节的幅频特性随 ω 的增大而增大。

② 当 $0<\zeta<\sqrt{2}/2$，$\omega>\omega_r$时，$\frac{d|G(j\omega)|}{d\omega}<0$，振荡环节的幅频特性随 ω 的增大而减小。

③ 当 $0<\zeta<\sqrt{2}/2$ 时，ω_r、M_r均为阻尼比 ζ 的减函数。

④ 当 $\zeta=\sqrt{2}/2$ 时，$\omega_r=0$，$M_r=1$。

⑤ 当$\sqrt{2}/2<\zeta<1$时，$\dfrac{d|G(j\omega)|}{d\omega}<0$，谐振频率不存在，振荡环节的幅频特性随$\omega$的增大而减小。

振荡环节的频率特性如图 6-11 所示，图中的半圆是以振荡环节的 2 个共轭极点的虚部为半径绘制的。

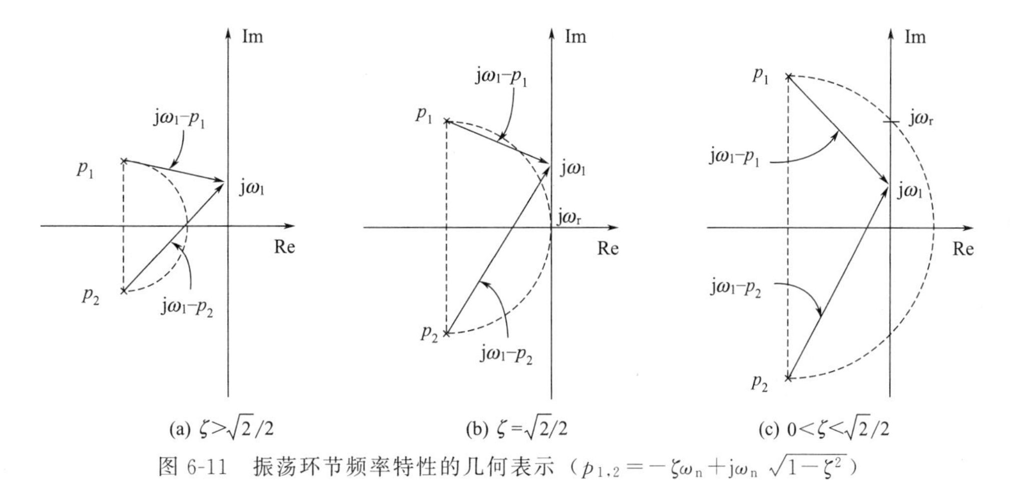

图 6-11　振荡环节频率特性的几何表示（$p_{1,2}=-\zeta\omega_n+j\omega_n\sqrt{1-\zeta^2}$）

二阶微分环节的频率特性为

$$G(j\omega)=1+\frac{2\zeta}{\omega_n}j\omega+\frac{1}{\omega_n^2}(j\omega)^2$$

幅频特性

$$|G(j\omega)|=\sqrt{\left(1-\frac{\omega^2}{\omega_n^2}\right)^2+4\zeta^2\frac{\omega^2}{\omega_n^2}} \tag{6-40}$$

相频特性

$$\angle G(j\omega)=\begin{cases}\arctan\left(\dfrac{2\zeta\dfrac{\omega}{\omega_n}}{1-\dfrac{\omega^2}{\omega_n^2}}\right), & \omega\leqslant\omega_n\\[2ex] 180^\circ-\arctan\left(\dfrac{2\zeta\dfrac{\omega}{\omega_n}}{\dfrac{\omega^2}{\omega_n^2}-1}\right), & \omega>\omega_n\end{cases} \tag{6-41}$$

由式(6-40) 和式(6-41) 可知

当$\omega=0$，　$|G(j\omega)|=1$，　$\angle G(j\omega)=0^\circ$

当$\omega=\omega_n$，　$|G(j\omega)|=2\zeta$，　$\angle G(j\omega)=90^\circ$

当$\omega=+\infty$，　$|G(j\omega)|=+\infty$，　$\angle G(j\omega)=180^\circ$

当阻尼比$\sqrt{2}/2<\zeta<1$时，幅频特性$|G(j\omega)|$从 1 单调增至∞；当阻尼比$0\leqslant\zeta\leqslant\sqrt{2}/2$，且$0<\omega<\omega_r$时，幅频特性$|G(j\omega)|$从 1 单调减至$|G(j\omega_r)|=2\zeta\sqrt{1-\zeta^2}$；当$\omega_r<\omega<\infty$时，幅频特性$|G(j\omega)|$单调增。

振荡环节与二阶微分环节的幅相曲线如图 6-12 所示。可以看出：振荡环节是一个相位滞后环节；二阶

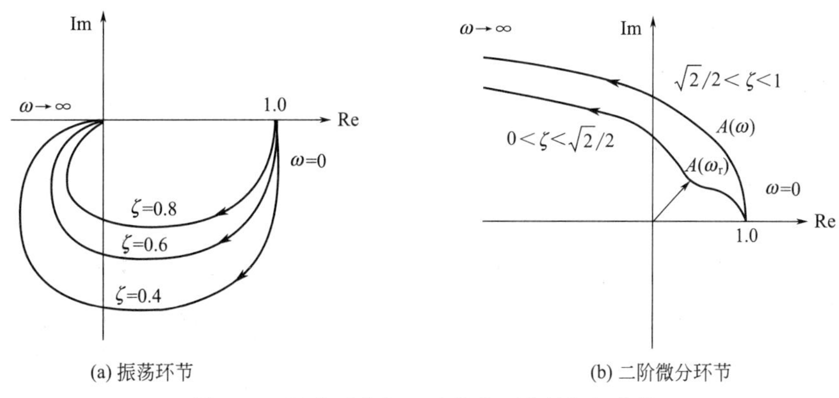

图 6-12　振荡环节与二阶微分环节的幅相曲线

微分环节为相位超前环节，最大的滞后/超前相角为 180°。

5. 最小相位环节与非最小相位环节

非最小相位环节和与之相对应的最小相位环节的区别在于开环零极点的位置。非最小相位环节对应于 S 右半平面的开环零点或极点，而最小相位环节对应 S 左半平面的开环零点或极点，如非最小相位惯性环节 $G_1(s)$ 与最小相位惯性环节 $G_2(s)$ 为

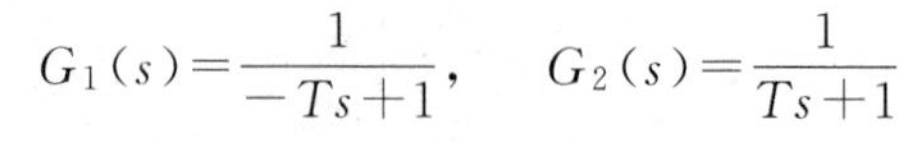

$$G_1(s)=\frac{1}{-Ts+1},\quad G_2(s)=\frac{1}{Ts+1}$$

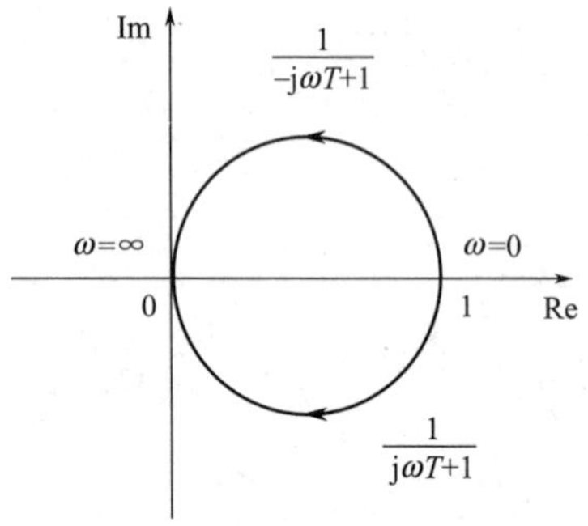

相应的幅频特性和相频特性分别为

非最小相位惯性环节

$$|G_1(j\omega)|=\frac{1}{\sqrt{1+\omega^2T^2}}$$

$$\angle G_1(j\omega)=\arctan(\omega T)$$

最小相位惯性环节

$$|G_2(j\omega)|=\frac{1}{\sqrt{1+\omega^2T^2}}$$

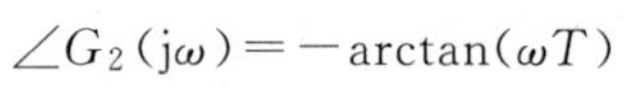

$$\angle G_2(j\omega)=-\arctan(\omega T)$$

图 6-13　非最小相位惯性环节和最小相位惯性环节的幅相曲线

可以看出：当 ω 从 0 变化至 $+\infty$ 时，非最小相位惯性环节和最小相位惯性环节的幅频特性相同；非最小相位惯性环节的相角从 0°变化到 90°，最小相位惯性环节的相角从 0°变化到 −90°。所以它们的幅相曲线关于实轴对称，如图 6-13 所示。该特点对于振荡环节、一阶微分环节、二阶微分环节均适用。

三、系统的开环幅相曲线绘制

系统的开环幅相曲线可以通过 ω 在 $0\sim+\infty$ 范围内取值，计算出每一个对应的开环频率特性的幅值和相位，然后在复平面上绘制相应的点，最后依 ω 增大的方向将所有的点用光滑的曲线连接起来而得。为简单起见，工程上往往绘制概略开环幅相曲线。

概略开环幅相曲线应该反映开环频率特性以下三个要素。

① 起点（$\omega=0_+$）和终点（$\omega=\infty$）。

② 与实轴的交点。交点处频率 $\omega=\omega_x$ 称为穿越频率，满足以下条件

$$\mathrm{Im}\left[G(j\omega_x)H(j\omega_x)\right]=0 \tag{6-42}$$

或

$$\phi(\omega_x)=\angle G(j\omega_x)H(j\omega_x)=k\pi;\quad k=0,\pm1,\pm2,\cdots \tag{6-43}$$

开环幅相曲线与实轴的交点的坐标值为

$$\mathrm{Re}\left[G(j\omega_x)H(j\omega_x)\right]=G(j\omega_x)H(j\omega_x)$$

③ 变化范围：象限与单调性。

由于这几个因素与系统的型别有关，所以下面结合不同型别的系统加以介绍。

1. 0 型系统

假设 0 型系统的开环频率特性为

$$G(j\omega)H(j\omega)=\frac{K_0}{(1+j\omega T_f)(1+j\omega T_m)} \tag{6-44}$$

则开环幅相曲线的起点和终点为

$$G(j\omega)H(j\omega)\rightarrow\begin{cases}K_0\angle0°, & \omega\rightarrow0^+\\ 0\angle-180°, & \omega\rightarrow\infty\end{cases}$$

由于式(6-44) 可以分解为两个典型的一阶惯性环节，当 ω 从 0 变化到 $+\infty$ 时，一阶惯性环节的相角从 0°变化到 −90°，因此，幅相曲线从 $G(j\omega)|_{\omega=0}=K_0\angle0°$ 点出发，依次穿越第Ⅳ象限与第Ⅲ象限，最后到达终点 $\lim\limits_{\omega\rightarrow\infty}G(j\omega)=0\angle-180°$。也就是说，幅相曲线的相角变化是顺时针从 0°递减到 −180°，幅相曲线的形状取决于时间常数 T_f 和 T_m，图 6-14 给出了不同 T_m 时的幅相曲线。

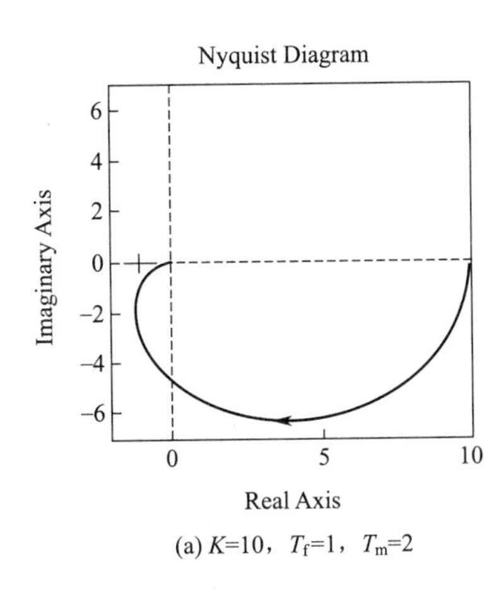

(a) K=10，T_f=1，T_m=2

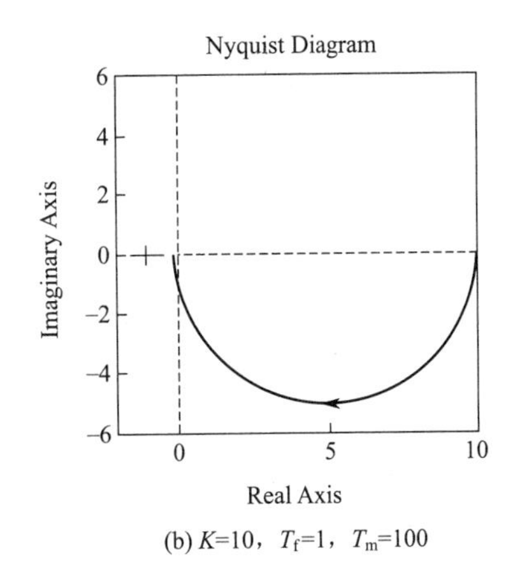

(b) K=10，T_f=1，T_m=100

图 6-14　0 型系统的幅相曲线图

由图 6-14 可以看出：当其中一个时间常数（如 T_m）很大时，如图 6-14(b) 所示，式(6-44) 所表示的系统近似于一阶惯性环节。

如果在式(6-44) 所示系统的分母上添加因子（$1+j\omega T$），如

$$G(j\omega)H(j\omega)=\frac{K_0}{(1+j\omega T_f)(1+j\omega T_m)(1+j\omega T)} \tag{6-45}$$

即等价于原系统再串联一个一阶惯性环节。由于一阶惯性环节随着 ω 的变化，相角顺时针由 0°变化到 −90°，所以当 $\omega\to\infty$时，系统的开环幅相曲线 $G(j\omega)\to 0\angle-270°$，如图 6-15 所示，其中图 6-15(b) 是针对图 6-15(a)，在其原点附近进行放大所得的结果。

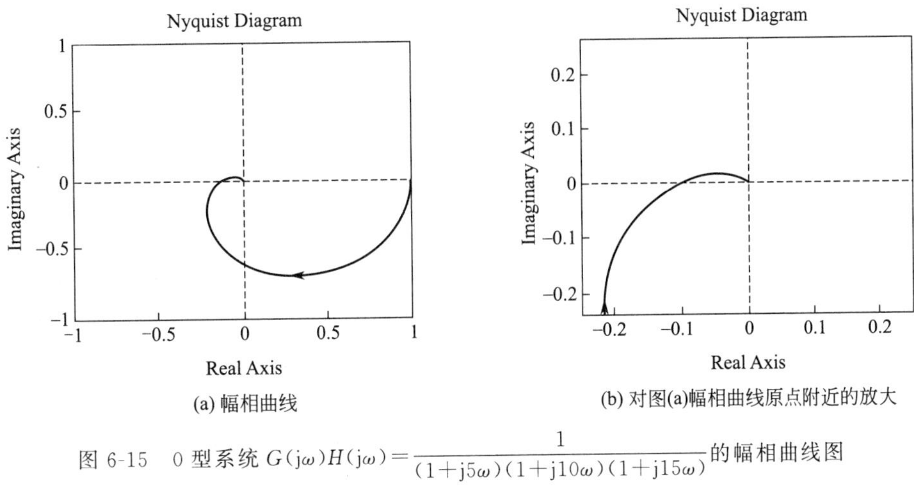

(a) 幅相曲线　　(b) 对图(a)幅相曲线原点附近的放大

图 6-15　0 型系统 $G(j\omega)H(j\omega)=\dfrac{1}{(1+j5\omega)(1+j10\omega)(1+j15\omega)}$ 的幅相曲线图

若在式(6-44) 所示系统的分子上添加因子（$1+j\omega T$），即等价于系统又串联了一个一阶微分环节，由于一阶微分环节随着 ω 的变化，相角逆时针由 0°变化到 90°，所以串联一阶微分环节之后的系统 $G(j\omega)$ 的相角将不一定会单调变化，取决于各环节的参数及它们间的关系，如图 6-16 所示。

同理可以分析串联振荡环节或二阶微分环节之后开环幅相曲线的变化情况。

由以上分析及例子可以看出：假设 0 型系统分子的阶次为 m，分母的阶次为 n，开环放大倍数为 K_0，则 0 型系统的开环幅相曲线起始于实轴上的 K_0 点（$K_0\angle 0°$），终止于原点且相角为$(n-m)\times(-90°)$，即 $0\angle(n-m)\times(-90°)$点处。

2. Ⅰ型系统

假设Ⅰ型系统的开环频率特性为

$$G(j\omega)H(j\omega)=\frac{K_1}{j\omega(1+j\omega T_m)(1+j\omega T_c)(1+j\omega T_q)} \tag{6-46}$$

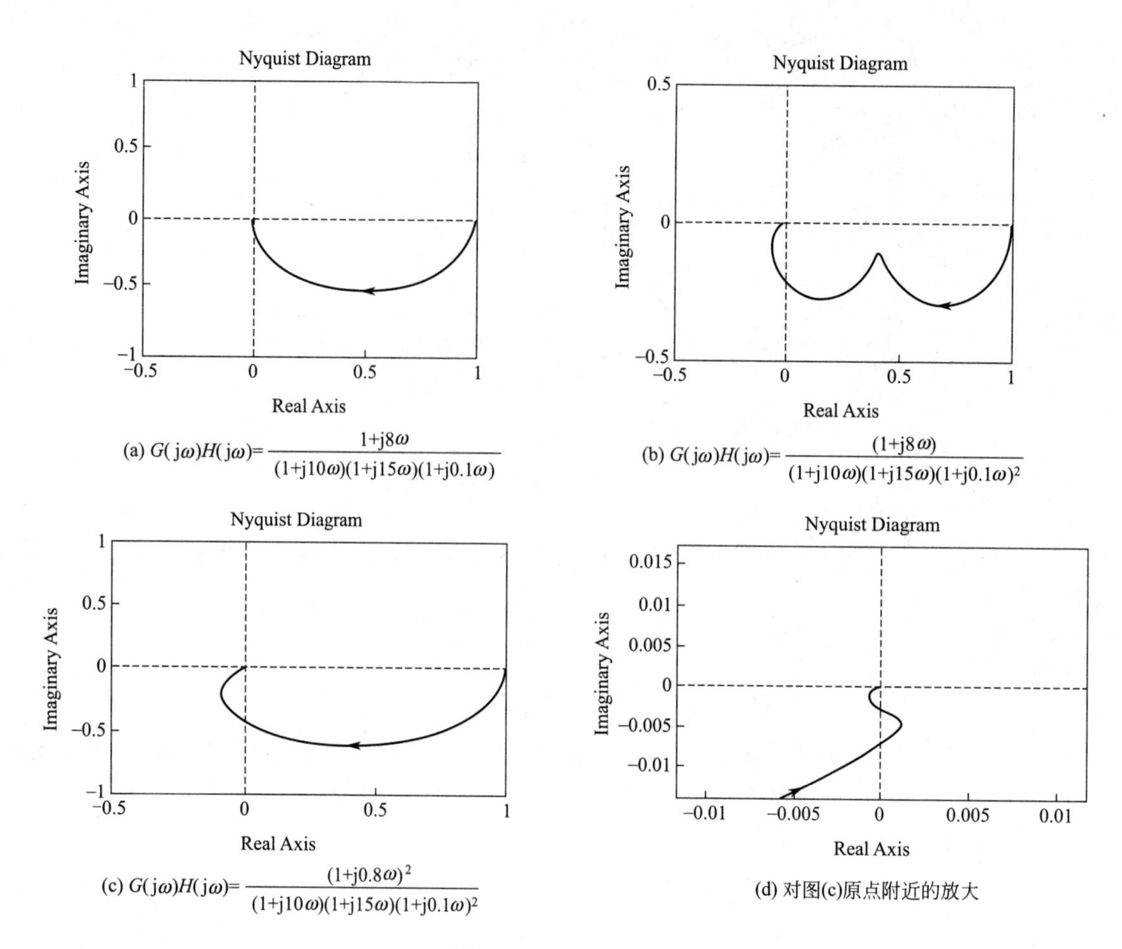

(a) $G(j\omega)H(j\omega)=\dfrac{1+j8\omega}{(1+j10\omega)(1+j15\omega)(1+j0.1\omega)}$

(b) $G(j\omega)H(j\omega)=\dfrac{(1+j8\omega)}{(1+j10\omega)(1+j15\omega)(1+j0.1\omega)^2}$

(c) $G(j\omega)H(j\omega)=\dfrac{(1+j0.8\omega)^2}{(1+j10\omega)(1+j15\omega)(1+j0.1\omega)^2}$

(d) 对图(c)原点附近的放大

图 6-16　幅相曲线图

则开环幅相曲线的起点和终点为

$$G(j\omega)H(j\omega)\rightarrow\begin{cases}\infty\angle-90^\circ,\ \omega\rightarrow0^+\\0\angle-360^\circ,\ \omega\rightarrow\infty\end{cases}$$

式(6-46)与式(6-45)相比多了一个积分环节。积分环节使得式(6-46)的相角在式(6-45)相角的基础上增加-90°，如图 6-17 所示。当ω由 0 变化到$+\infty$时，开环系统的相角顺时针由-90°单调变化至-360°，若原系统串联一个一阶惯性环节，则对开环幅相曲线的影响与 0 型系统类似。

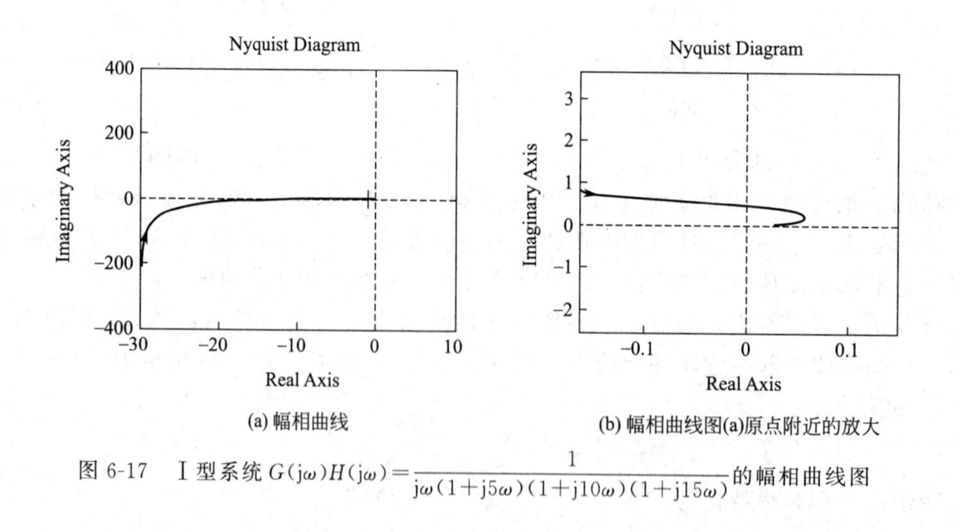

(a) 幅相曲线　　(b) 幅相曲线图(a)原点附近的放大

图 6-17　Ⅰ型系统 $G(j\omega)H(j\omega)=\dfrac{1}{j\omega(1+j5\omega)(1+j10\omega)(1+j15\omega)}$ 的幅相曲线图

由于Ⅰ型系统开环幅相曲线起始于幅值为∞、相角为-90°处，因此，当$\omega\rightarrow0$时，开环幅相曲线趋近于

一条与虚轴平行的渐近线，如图 6-18 所示。设该渐近线与实轴的交点为 V_x，则

$$V_x=\lim_{\omega\to 0}\mathrm{Re}[G(\mathrm{j}\omega)H(\mathrm{j}\omega)] \tag{6-47}$$

对于式(6-46) 所示系统，渐近线与实轴的交点为

$$V_x=-K_1(T_q+T_c+T_m) \tag{6-48}$$

开环幅相曲线与实轴交点处频率为 ω_x，其满足

$$\mathrm{Im}[G(\mathrm{j}\omega_x)H(\mathrm{j}\omega_x)]=0 \tag{6-49}$$

对于式(6-46) 所示系统

$$\omega_x=(T_cT_q+T_qT_m+T_mT_c)^{-1/2} \tag{6-50}$$

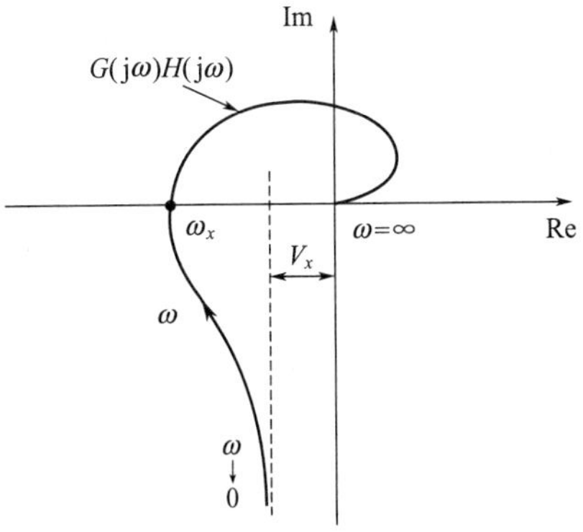

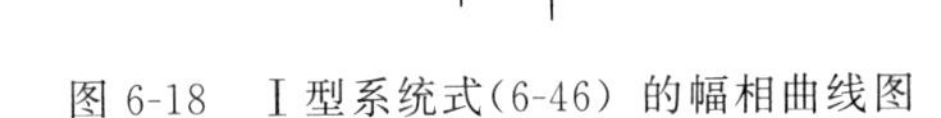

图 6-18　Ⅰ型系统式(6-46) 的幅相曲线图

【例 6-2】 已知单位负反馈系统开环传递函数为

$$G(s)=\frac{K(\tau s+1)}{s(T_1s+1)(T_2s+1)};\ K,T_1,T_2,\tau>0$$

试绘制系统概略开环幅相曲线。

解　系统开环频率特性为

$$G(\mathrm{j}\omega)=\frac{K(\mathrm{j}\omega\tau+1)}{\mathrm{j}\omega(\mathrm{j}\omega T_1+1)(\mathrm{j}\omega T_2+1)}$$

$$=\frac{K\omega(\tau-T_1-T_2-T_1T_2\tau\omega^2)-\mathrm{j}K(1-T_1T_2\omega^2+T_1\tau\omega^2+T_2\tau\omega^2)}{\omega(1+\omega^2T_1^2)(1+\omega^2T_2^2)}$$

开环幅相曲线的起点　$G(\mathrm{j}\omega_{0+})=\infty\angle(-90°)$

终点　$G(\mathrm{j}\infty)=0\angle(-180°)$

由于该系统是Ⅰ型系统，当 $\omega\to 0$ 时，开环幅相曲线趋近于一条与虚轴平行的渐近线，该渐近线与实轴的交点为 V_x，可以求得

$$V_x=\lim_{\omega\to 0}\mathrm{Re}[G(\mathrm{j}\omega)]=\lim_{\omega\to 0}\frac{K\omega(\tau-T_1-T_2-T_1T_2\tau\omega^2)}{\omega(1+T_1^2\omega^2)(1+T_2^2\omega^2)}=K(\tau-T_1-T_2)$$

由开环频率特性可以看出，当 $\tau<\dfrac{T_1T_2}{T_1+T_2}$ 时，开环幅相曲线与实轴的交点存在，且满足

$$\begin{cases}\omega_{\mathrm{x}}=\dfrac{1}{\sqrt{T_1T_2-T_1\tau-T_2\tau}}\\ G(\mathrm{j}\omega_{\mathrm{x}})=-\dfrac{K(T_1+T_2)(T_1T_2-T_1\tau-T_2\tau+\tau^2)(T_1T_2-T_1\tau-T_2\tau)}{(T_1T_2-T_1\tau-T_2\tau+T_1^2)(T_1T_2-T_1\tau-T_2\tau+T_2^2)}\end{cases}$$

变化范围：$\tau>\dfrac{T_1T_2}{T_1+T_2}$ 且 $\tau<T_1+T_2$ 时，开环幅相曲线位于第Ⅲ象限；

$\tau>\dfrac{T_1T_2}{T_1+T_2}$ 且 $\tau>T_1+T_2$ 时，开环幅相曲线位于第Ⅳ象限与第Ⅲ象限；

$\tau<\dfrac{T_1T_2}{T_1+T_2}$ 时，开环幅相曲线位于第Ⅲ象限与第Ⅱ象限。

该系统的开环幅相曲线举例如图 6-19 所示。

3. Ⅱ型系统

假设Ⅱ型系统的开环频率特性为

$$G(\mathrm{j}\omega)H(\mathrm{j}\omega)=\frac{K_2}{(\mathrm{j}\omega)^2(1+\mathrm{j}\omega T_f)(1+\mathrm{j}\omega T_m)} \tag{6-51}$$

则开环幅相曲线的起点和终点为

$$G(\mathrm{j}\omega)H(\mathrm{j}\omega)\to\begin{cases}\infty\angle-180°,\ \omega\to 0^+\\ 0\angle-360°,\ \omega\to\infty\end{cases}$$

由于 $1/(\mathrm{j}\omega)^2$ 因子的相角为 $-180°$，所以式(6-51) 所示系统的相角从 $-180°$ 单调变化至 $-360°$，如图 6-20 所示。

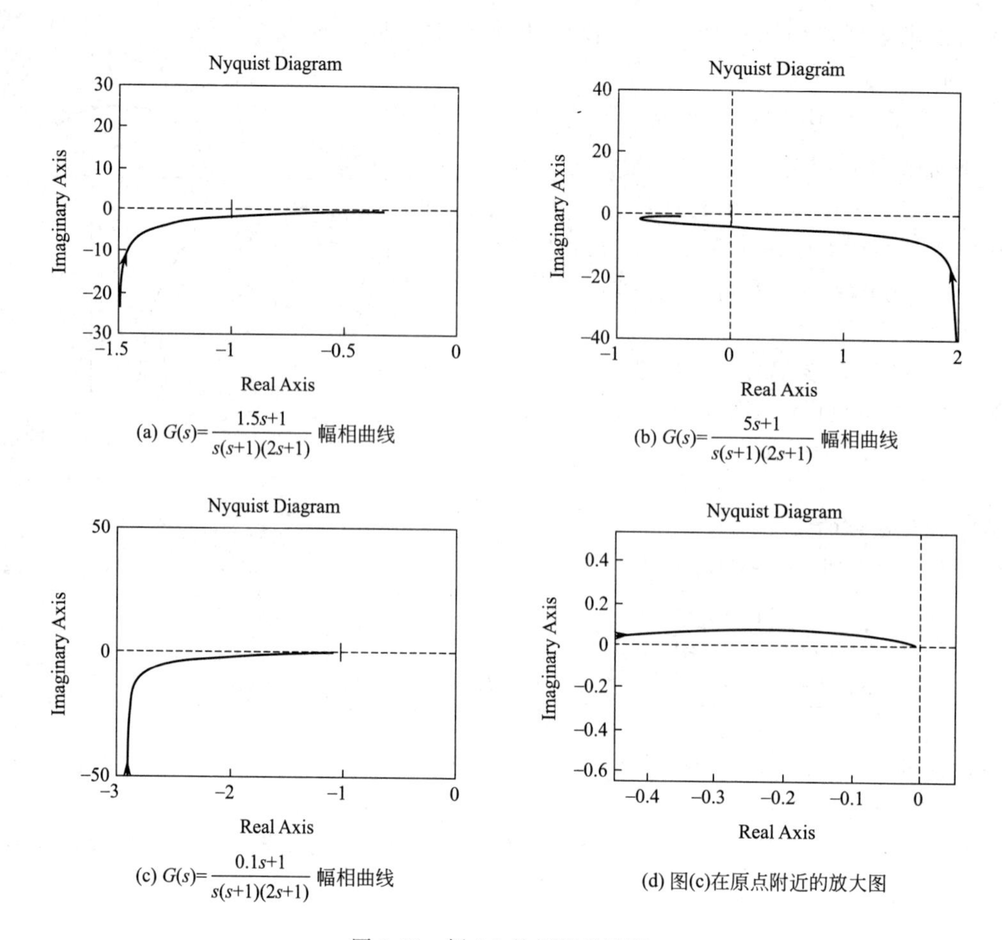

(a) $G(s)=\dfrac{1.5s+1}{s(s+1)(2s+1)}$ 幅相曲线

(b) $G(s)=\dfrac{5s+1}{s(s+1)(2s+1)}$ 幅相曲线

(c) $G(s)=\dfrac{0.1s+1}{s(s+1)(2s+1)}$ 幅相曲线

(d) 图(c)在原点附近的放大图

图 6-19　例 6-2 的幅相曲线图

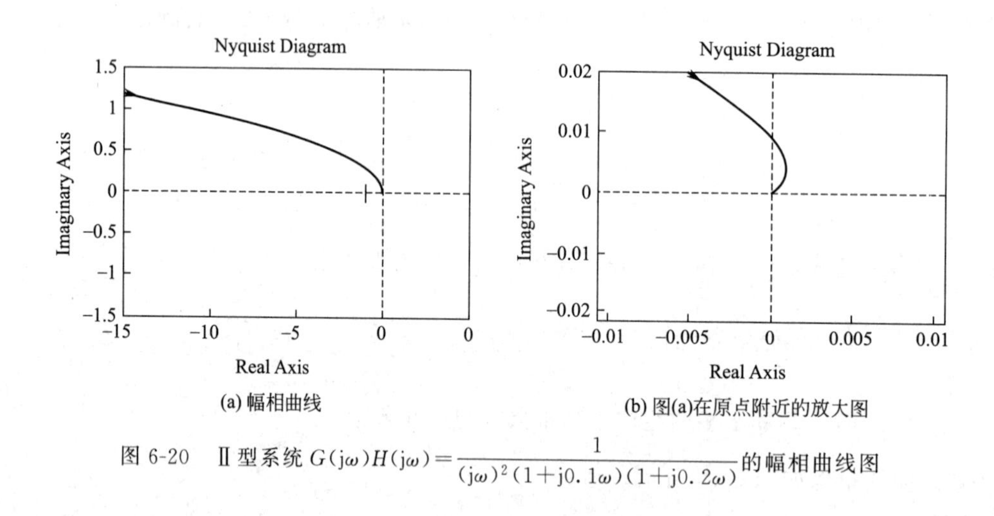

(a) 幅相曲线

(b) 图(a)在原点附近的放大图

图 6-20　Ⅱ型系统 $G(\mathrm{j}\omega)H(\mathrm{j}\omega)=\dfrac{1}{(\mathrm{j}\omega)^2(1+\mathrm{j}0.1\omega)(1+\mathrm{j}0.2\omega)}$ 的幅相曲线图

若在式(6-51)所示Ⅱ型系统附加一个零点和一个极点，即如

$$G(\mathrm{j}\omega)H(\mathrm{j}\omega)=\frac{K_2(1+\mathrm{j}\omega T_1)}{(\mathrm{j}\omega)^2(1+\mathrm{j}\omega T_f)(1+\mathrm{j}\omega T_m)(1+\mathrm{j}\omega T_2)}$$

其中 $T_1>T_2$，则当 $\omega=0^+$ 时，相角为 $-180°$。随着频率 ω 的变化，在低频段 $1+\mathrm{j}\omega T_1$ 的相角变化大于由 S 左半平面极点产生的相角之和，所以在低频段，$G(\mathrm{j}\omega)H(\mathrm{j}\omega)$ 的相角大于 $-180°$；随着频率增加至 ω_x，$G(\mathrm{j}\omega)H(\mathrm{j}\omega)$ 的相角等于 $-180°$，幅相曲线穿越实轴；随着频率 ω 的进一步增大，$1+\mathrm{j}\omega T_1$ 的相角变化减慢，而由极点产生的相角变化加快；当 $\omega\to\infty$ 时，$1+\mathrm{j}\omega T_1$ 与 $1/(1+\mathrm{j}\omega T_2)$ 的相角大小相等、符号相反，所以 $G(\mathrm{j}\omega)H(\mathrm{j}\omega)$ 的相角接近 $-360°$。系统的开环幅相曲线如图 6-21 所示。

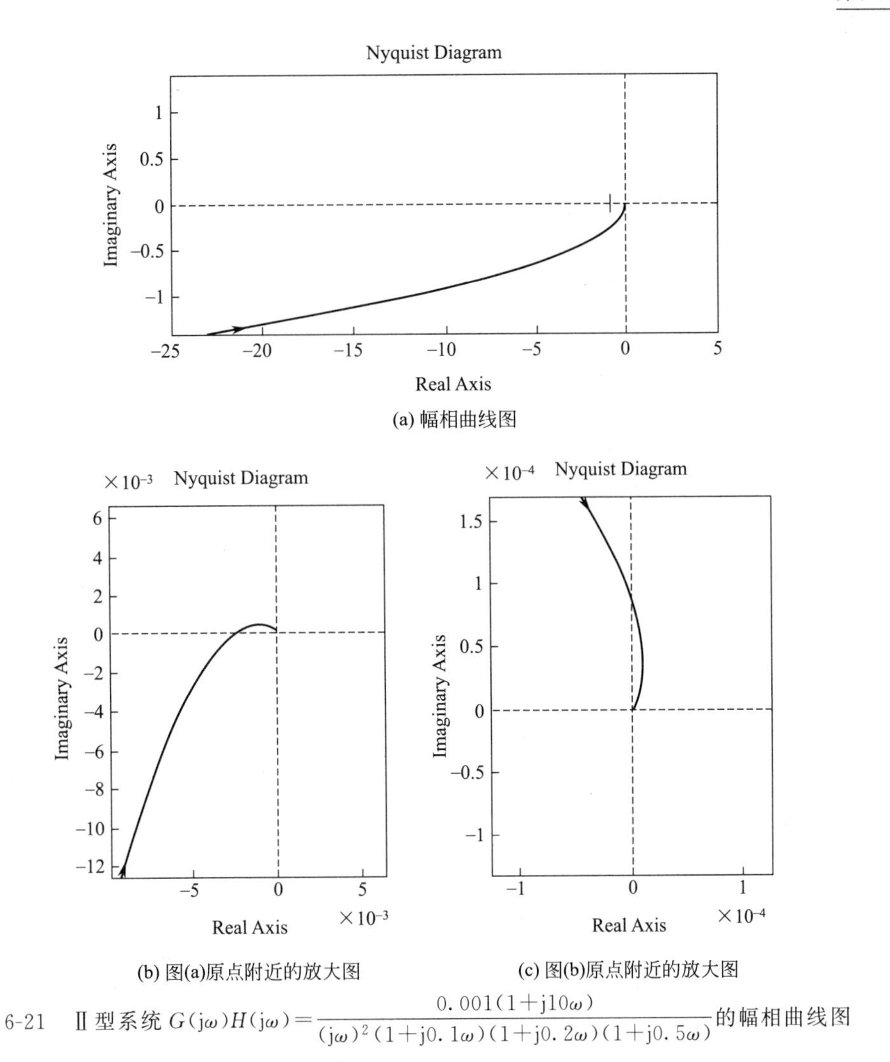

图 6-21　Ⅱ型系统 $G(\mathrm{j}\omega)H(\mathrm{j}\omega)=\dfrac{0.001(1+\mathrm{j}10\omega)}{(\mathrm{j}\omega)^2(1+\mathrm{j}0.1\omega)(1+\mathrm{j}0.2\omega)(1+\mathrm{j}0.5\omega)}$的幅相曲线图

可以看出：假设Ⅱ型系统分子的阶次为 m，分母的阶次为 $n(n>m)$，则Ⅱ型系统的开环幅相曲线起始于$\infty\angle-180°$，且当$\sum(T_{分子})-\sum(T_{分母})>0$ 时（其中 $T_{分子}$表示分子中的时间常数，$T_{分母}$表示分母中的时间常数），起点在实轴下方，当$\sum(T_{分子})-\sum(T_{分母})<0$ 时，起点在实轴上方，图 6-20 和图 6-21 也证明了这一点；当 $\omega\to\infty$时，曲线终止于 $0\angle(n-m)\times(-90°)$。

4. 振荡环节

若开环系统中存在振荡环节，如

$$G(\mathrm{j}\omega)H(\mathrm{j}\omega)=\frac{K}{\mathrm{j}\omega(1+\mathrm{j}\omega T)[1+(\mathrm{j}\omega)^2/\omega_n^2]} \tag{6-52}$$

则开环幅相曲线的起点　$\lim\limits_{\omega\to0}G(\mathrm{j}\omega)H(\mathrm{j}\omega)=\infty\angle(-90°)$

终点　$\lim\limits_{\omega\to\infty}G(\mathrm{j}\omega)H(\mathrm{j}\omega)=0\angle(-360°)$

由开环频率特性表达式知 $G(\mathrm{j}\omega)H(\mathrm{j}\omega)$ 的虚部不为零，所以与实轴没有交点。同时，由于开环系统含有等幅振荡环节，当 $\omega\to\omega_n$ 时，幅频特性趋于无穷大，而相频特性满足

$$\angle G(\mathrm{j}\omega_{n-})H(\mathrm{j}\omega_{n-})\approx-90°-\arctan T\omega_n>-180°,$$
$$\omega_{n-}=\omega_n-\varepsilon,\quad \varepsilon>0$$
$$\angle G(\mathrm{j}\omega_{n+})H(\mathrm{j}\omega_{n+})\approx-90°-\arctan T\omega_n-180°,$$
$$\omega_{n+}=\omega_n+\varepsilon,\quad \varepsilon>0$$

即在 $\omega=\omega_n$ 附近，相角突变$-180°$，幅相曲线在 ω_n 处呈现不连续现象，系统开环幅相曲线如图 6-22、图 6-23 所示。

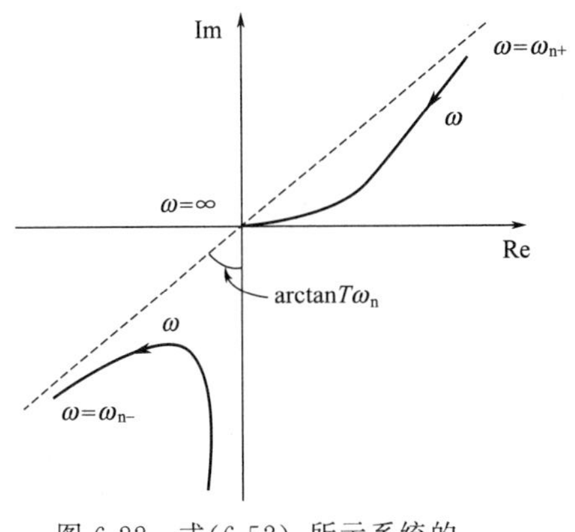

图 6-22　式(6-52) 所示系统的开环概略幅相曲线

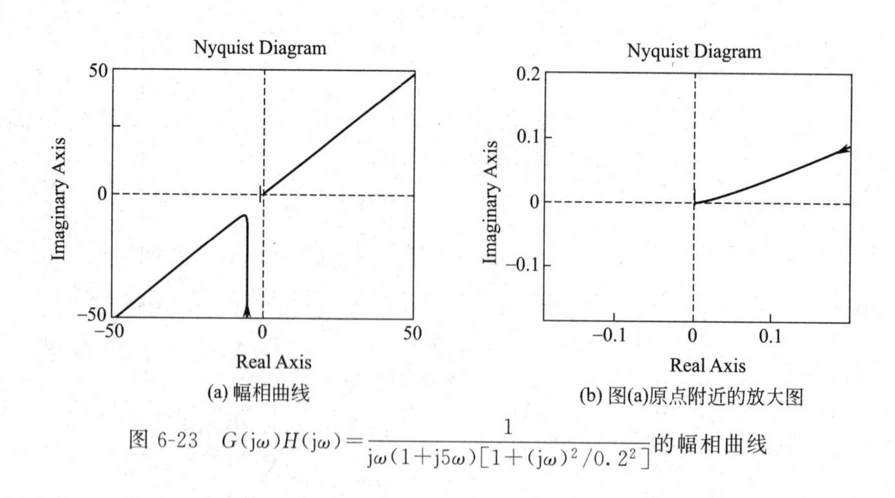

(a) 幅相曲线

(b) 图(a)原点附近的放大图

图 6-23　$G(\mathrm{j}\omega)H(\mathrm{j}\omega)=\dfrac{1}{\mathrm{j}\omega(1+\mathrm{j}5\omega)[1+(\mathrm{j}\omega)^2/0.2^2]}$的幅相曲线

根据以上分析，可以归纳出绘制开环概略幅相曲线的几个要点如下。

① 假设开环频率特性具有如下形式

$$G(\mathrm{j}\omega)H(\mathrm{j}\omega)=\frac{K_\nu(1+\mathrm{j}\omega T_a)(1+\mathrm{j}\omega T_b)\cdots(1+\mathrm{j}\omega T_w)}{(\mathrm{j}\omega)^\nu(1+\mathrm{j}\omega T_1)(1+\mathrm{j}\omega T_2)\cdots(1+\mathrm{j}\omega T_u)} \tag{6-53}$$

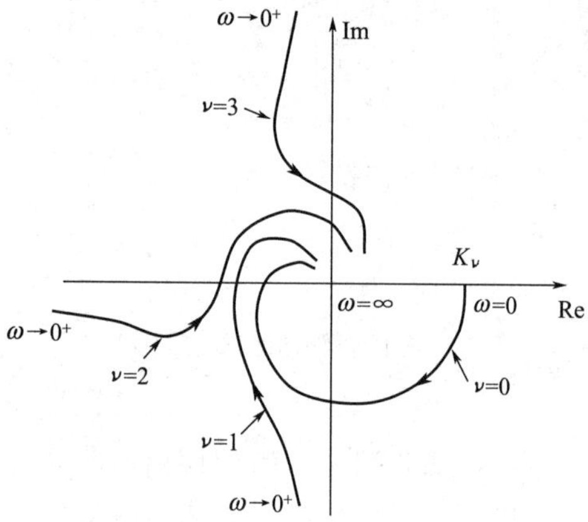

其中，分子多项式的阶次为 m，分母多项式的阶次为 $n(n=\nu+u)$。则开环幅相曲线的起点取决于比例环节 K_ν 和系统型别 ν，如图 6-24 所示。

$\nu<0$，起点为原点；

$\nu=0$，起点为实轴上的点 K_0；

$\nu>0$，则 $K_\nu>0$ 时起点为 $\nu\times(-90°)$ 的无穷远处，$K_\nu<0$ 时起点为 $\nu\times(-90°)-180°$的无穷远处。

图 6-24　不同型别系统的幅相曲线图

② 开环幅相曲线的终点，取决于开环传递函数分子、分母多项式中最小相位环节和非最小相位环节的阶次和。

考虑式(6-53) 所示系统，分子多项式中最小相位环节的阶次和为 m_1，非最小相位环节的阶次和为 m_2，$m_1+m_2=m$；分母多项式中最小相位环节的阶次和为 n_1，非最小相位环节的阶次和为 n_2，$n_1+n_2=n$，则有

$$\lim_{\omega\to\infty}\angle G(\mathrm{j}\omega)H(\mathrm{j}\omega)=\begin{cases}[(m_1-m_2)-(n_1-n_2)]\times 90°, & K_\nu>0\\ [(m_1-m_2)-(n_1-n_2)]\times 90°-180°, & K_\nu<0\end{cases} \tag{6-54}$$

$$\lim_{\omega\to\infty}|G(\mathrm{j}\omega)H(\mathrm{j}\omega)|=\begin{cases}|K^*|, & m=n\\ 0, & m<n\end{cases} \tag{6-55}$$

K^* 为系统开环根轨迹增益。特殊地，当开环系统为最小相位系统时

$$\lim_{\omega\to\infty}G(\mathrm{j}\omega)H(\mathrm{j}\omega)=\begin{cases}|K^*|, & m=n\\ 0\angle(n-m)\times(-90°), & m<n\end{cases} \tag{6-56}$$

③ 对于Ⅰ型系统，开环幅相曲线低频段的渐近线由下式决定

$$V_x=\lim_{\omega\to 0}\mathrm{Re}[G(\mathrm{j}\omega)H(\mathrm{j}\omega)]$$

④ 幅相曲线与实轴交点处的频率 ω 可令 $\mathrm{Im}[G(\mathrm{j}\omega)H(\mathrm{j}\omega)]=0$ 求解得到，与虚轴交点处的频率 ω 可令 $\mathrm{Re}[G(\mathrm{j}\omega)H(\mathrm{j}\omega)]=0$ 求解得到。

⑤ 若开环系统存在等幅振荡环节，重数 l 为正整数，即开环传递函数具有以下形式：

$$G(\mathrm{j}\omega)H(\mathrm{j}\omega)=\frac{1}{\left[\dfrac{(\mathrm{j}\omega)^2}{\omega_\mathrm{n}^2}+1\right]^l}G_1(\mathrm{j}\omega)H_1(\mathrm{j}\omega) \tag{6-57}$$

$G_1(\mathrm{j}\omega)H_1(\mathrm{j}\omega)$不含$\pm\mathrm{j}\omega_\mathrm{n}$的极点，则当 ω 趋于 ω_n 时，开环系统的幅值和相角满足

$$G(\mathrm{j}\omega_{n-})H(\mathrm{j}\omega_{n-})\approx\infty\angle G_1(\mathrm{j}\omega_n)H_1(\mathrm{j}\omega_n)$$
$$G(\mathrm{j}\omega_{n+})H(\mathrm{j}\omega_{n+})\approx\infty[\angle G_1(\mathrm{j}\omega_n)H_1(\mathrm{j}\omega_n)-l\times180°] \tag{6-58}$$

即开环频率特性的相角在 $\omega=\omega_n$ 附近突变 $-l\times180°$。

5. 纯滞后环节

假设系统的输入为 $x(t)$，输出为 $y(t)$，则纯滞后环节的传递函数为

$$G(s)=\frac{Y(s)}{X(s)}=\mathrm{e}^{-\tau s} \tag{6-59}$$

式中，τ 为纯滞后时间。纯滞后环节的频率特性为

$$G(\mathrm{j}\omega)=\mathrm{e}^{-\mathrm{j}\tau\omega}=1\cdot\angle(-\tau\omega)(\mathrm{rad})$$
$$=\angle(-57.3\tau\omega)(°) \tag{6-60}$$

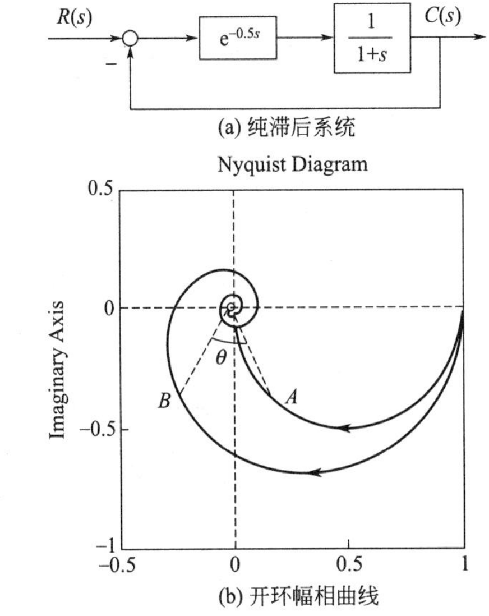

图 6-25　纯滞后系统及其开环幅相曲线

由式(6-60) 可以看出，纯滞后环节的幅相曲线为单位圆。当开环系统传递函数中存在纯滞后环节时，纯滞后环节对系统开环频率特性的影响造成相频特性的明显变化。如图 6-25 所示系统，当线性环节 $G(s)=\dfrac{1}{1+s}$ 与纯滞后环节 $\mathrm{e}^{-0.5s}$ 串联后，系统开环幅相曲线为如图 6-25(b) 中的螺旋线；同一图中以 (0.5,j0) 为圆心，半径为 0.5 的半圆为无纯滞后的惯性环节 $G(s)=\dfrac{1}{1+s}$ 的幅相曲线。任取频率点 ω，设惯性环节的频率点为 A，则纯滞后系统的幅相曲线的 B 点位于以 $|OA|$ 为半径，距 A 点圆心角 $\theta=57.3\times0.5\omega$ 的圆弧处。

四、典型环节 Bode 图的绘制

1. 比例环节

由于比例环节（$K,K>0$）的幅值和相角都不随 ω 变化，即

对数幅频特性　$\mathrm{Lm}K=20\lg K$

对数相频特性　$\phi(\omega)=0°$

可见，比例环节的对数幅频特性只与 K 大小相关，对数相频特性则恒为零。比例环节的 Bode 图如图 6-26 所示。

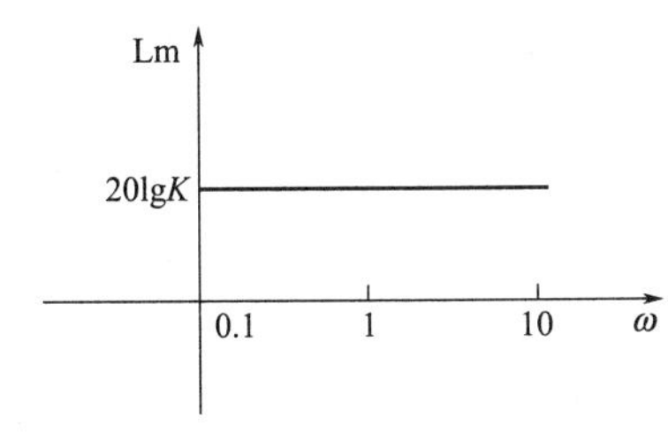

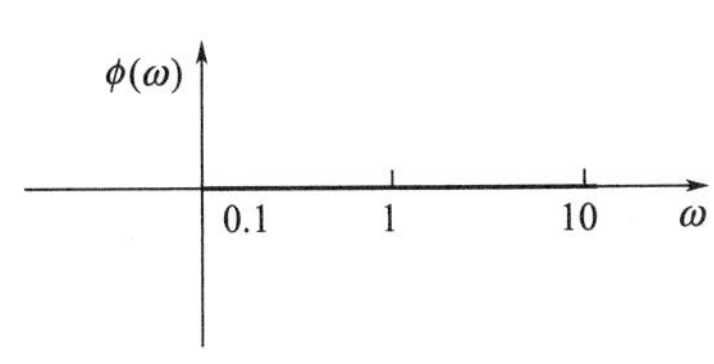

图 6-26　比例环节的 Bode 图

2. 积分/微分环节

积分环节 $(\mathrm{j}\omega)^{-1}$ 的对数频率特性为

幅频特性　$\mathrm{Lm}\left(\dfrac{1}{\mathrm{j}\omega}\right)=-20\lg\omega$

相频特性　$\phi(\omega)=-90°$

由于当 $\omega=1$ 时，积分环节的对数幅频特性为 0，所以积分环节的对数幅频特性是一条经过 (1,0)、斜率为 −20dB/dec 的直线；相频特性恒为 −90°，是平行于 ω 轴的直线，如图 6-27(a) 所示。

同理，易得微分环节 $(\mathrm{j}\omega)^{+1}$ 的对数频率特性为

幅频特性　$\mathrm{Lm}(\mathrm{j}\omega)=20\lg\omega$

相频特性　$\phi(\omega)=90°$

当 $\omega=1$ 时，微分环节的对数幅频特性为 0，所以微分环节的对数幅频特性是一条经过 (1,0)、斜率为 20dB/dec 的直线；相频特性为 90°且平行于 ω 轴的直线，如图 6-27(b) 所示。

若有 ν 个积分/微分环节串联，即环节传递函数为 $(\mathrm{j}\omega)^{\pm\nu}$，则对数频率特性为

幅频特性　$\mathrm{Lm}(\mathrm{j}\omega)^{\pm\nu}=\pm20\nu\lg\omega$

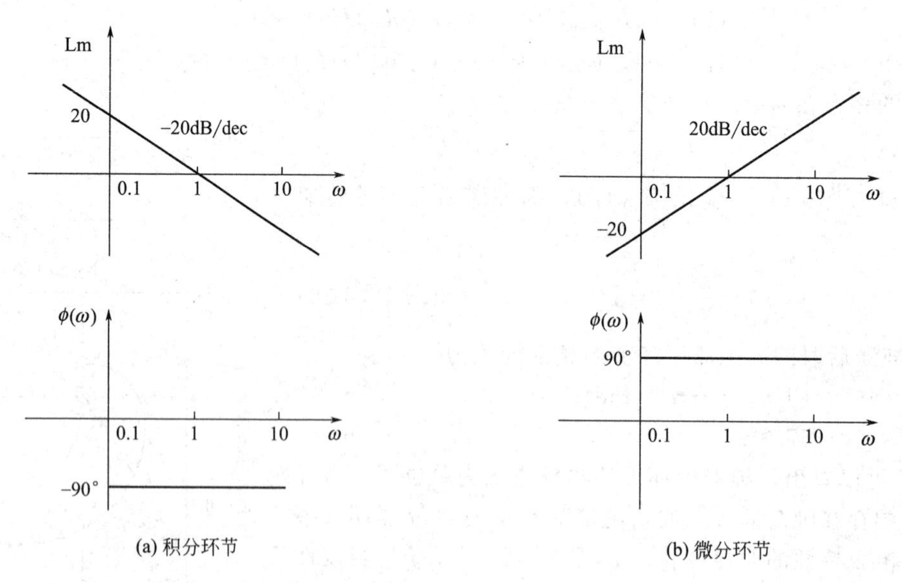

图 6-27　积分/微分环节的 Bode 图

相频特性　　$\phi(\omega)=\pm\nu\times 90°$

环节 $(\mathrm{j}\omega)^{\pm\nu}$ 的对数幅频特性是一条经过（1,0）斜率为 $\pm 20\nu$dB/dec 的直线；相频特性为 $\pm\nu\times 90°$ 且平行于 ω 轴的直线。

3. 一阶惯性环节/一阶微分环节

一阶惯性环节 $\dfrac{1}{1+\mathrm{j}\omega T}$ 的对数频率特性为

幅频特性　　$\mathrm{Lm}\left(\dfrac{1}{1+\mathrm{j}\omega T}\right)=-20\lg\sqrt{1+\omega^2T^2}$

相频特性　　$\phi(\omega)=-\arctan(\omega T)$

为了简化一阶惯性环节、一阶微分环节、振荡环节和二阶微分环节对数幅频特性曲线的作图，常用低频段和高频段的渐近线近似表示对数幅频曲线，称之为对数幅频渐近特性曲线。由于相频特性的渐近线会带来较大误差，一般只在希望快速了解相频特性概貌时使用。

在低频段（$\omega T\ll 1$），一阶惯性环节对数幅频特性可以近似为

$$\mathrm{Lm}\left(\frac{1}{1+\mathrm{j}\omega T}\right)\approx -20\lg 1=0\mathrm{dB} \tag{6-61}$$

所以，低频段的对数幅频特性是 0dB 线，与 ω 轴重合。

在高频段（$\omega T\gg 1$），一阶惯性环节对数幅频特性可以近似为

$$\mathrm{Lm}\left(\frac{1}{1+\mathrm{j}\omega T}\right)\approx -20\lg\omega T \tag{6-62}$$

即高频段的对数频率特性曲线为一条经过（$1/T$,0）、斜率为 −20dB/dec 的直线。低频段与高频段的两条直线在 $\omega=1/T$ 处相交，称频率 $1/T$ 为一阶惯性环节的转折频率。如图6-28(a) 所示。

一阶微分环节（$1+\mathrm{j}\omega T$）的对数频率特性为

幅频特性　　$\mathrm{Lm}(1+\mathrm{j}\omega T)=20\lg\sqrt{1+\omega^2T^2}$　　(6-61′)

相频特性　　$\phi(\omega)=\arctan(\omega T)$　　(6-62′)

类似地，在低频段（$\omega T\ll 1$），一阶微分环节对数幅频特性可以近似为 $\mathrm{Lm}(1+\mathrm{j}\omega T)\approx 0$dB，对数幅频特性是 0dB 线；在高频段（$\omega T\gg 1$），一阶微分环节对数幅频特性可以近似为 $\mathrm{Lm}(1+\mathrm{j}\omega T)\approx 20\lg\omega T$，即高频段的对数频率特性曲线为一条经过（$1/T$,0）、斜率为 20dB/dec 的直线，称频率 $1/T$ 为一阶微分环节的转折频率。如图 6-28(b) 所示。

一阶惯性环节的相频特性在 $\omega=0$ 时为 0°，$\omega=1/T$（转折频率）时为 −45°，$\omega=\infty$ 时为 −90°；而一阶微分环节的相频特性在 $\omega=0$ 时为 0°，$\omega=1/T$（转折频率）时为 45°，$\omega=\infty$ 时为 90°。

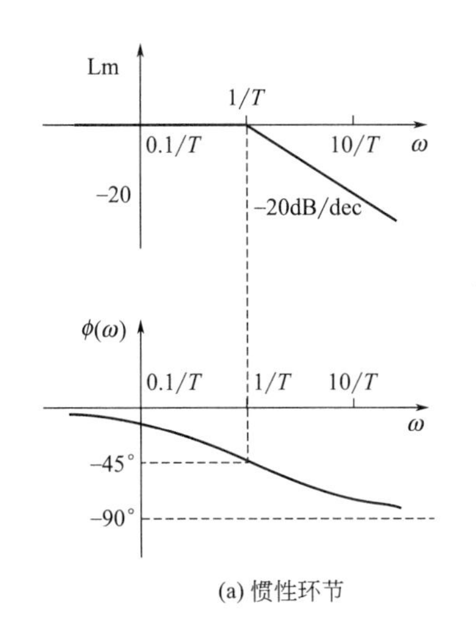

(a) 惯性环节

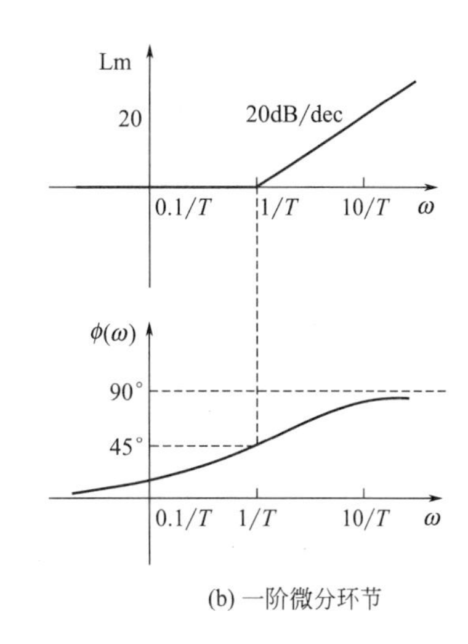

(b) 一阶微分环节

图 6-28 一阶惯性环节/一阶微分环节的 Bode 图

由图 6-28 可以看出：一阶惯性环节和一阶微分环节在低频段的特性是相同的，都可以准确复现输入端的低频信号，其特性近似于比例环节；高频特性则恰好相反，一阶微分环节扩大高频信号，与纯微分环节的特性相同，而一阶惯性环节的高频段特性与纯积分环节的特性相同。

4. 振荡环节/二阶微分环节

振荡环节$\left[1+\dfrac{2\zeta}{\omega_n}j\omega+\dfrac{1}{\omega_n^2}(j\omega)^2\right]^{-1}$的对数频率特性为

幅频特性 $$\mathrm{Lm}\left(\frac{1}{1+\dfrac{2\zeta}{\omega_n}j\omega+\dfrac{1}{\omega_n^2}(j\omega)^2}\right)=-20\lg\left[\left(1-\frac{\omega^2}{\omega_n^2}\right)^2+\left(\frac{2\zeta\omega}{\omega_n}\right)^2\right]^{1/2}$$

相频特性 $$\phi(\omega)=\begin{cases}-\arctan\left(\dfrac{2\zeta\omega/\omega_n}{1-\omega^2/\omega_n^2}\right), & \omega\leqslant\omega_n\\ -\left[180^\circ-\arctan\left(\dfrac{2\zeta\omega/\omega_n}{\omega^2/\omega_n^2-1}\right)\right], & \omega>\omega_n\end{cases}$$

可以看出：低频段的对数幅频渐近特性曲线为 Lm=0dB，在高频段，由于

$$\mathrm{Lm}\left(\frac{1}{1+\dfrac{2\zeta}{\omega_n}j\omega+\dfrac{1}{\omega_n^2}(j\omega)^2}\right)=-20\lg\left[\left(1-\frac{\omega^2}{\omega_n^2}\right)^2+\left(\frac{2\zeta\omega}{\omega_n}\right)^2\right]^{1/2}\approx-20\lg\frac{\omega^2}{\omega_n^2}=-40\lg\frac{\omega}{\omega_n} \tag{6-63}$$

所以高频段对数幅频渐近特性曲线的斜率为−40dB/dec，转折频率为 ω_n。

图 6-29 绘制了不同阻尼比 ζ 条件下，振荡环节的对数频率特性曲线。

由图 6-29 所示振荡环节的对数幅频特性可以看出：振荡环节的低频段特性与惯性环节相似，对低频输入信号的复现能力很强，高频段特性以−40dB/dec 斜率下降，有比惯性环节更强的高频滤波作用，并在高频段引起较大的相位滞后。当 $\zeta<0.707$ 时，振荡环节的对数幅频特性在 $\omega=\omega_r$（谐振频率）处出现峰值 M_r，对数幅频特性大于 0dB，且随 ζ 的减小，峰值越来越大，振荡特性越来越剧烈。出现这种现象的原因是当 $\zeta<0.707$ 时，振荡环节的幅频特性先是随着频率 ω 的增大而增大，而当 $\omega>\omega_r$ 时，环节的幅频特性随着频率 ω 的增大而减小。振荡环节的相频曲线也是阻尼比 ζ 的函数（如图 6-29 所示）。频率 $\omega=0$ 时，相角为 0°，频率 $\omega=\omega_n$（转折频率）时，相角为−90°，频率 $\omega=\infty$时，相角为−180°。

二阶微分环节的对数频率特性与振荡环节的对数频率特性幅值相同，符号相反。

幅频特性 $$\mathrm{Lm}\left(1+\frac{2\zeta}{\omega_n}j\omega+\frac{1}{\omega_n^2}(j\omega)^2\right)=20\lg\left[\left(1-\frac{\omega^2}{\omega_n^2}\right)^2+\left(\frac{2\zeta\omega}{\omega_n}\right)^2\right]^{1/2}$$

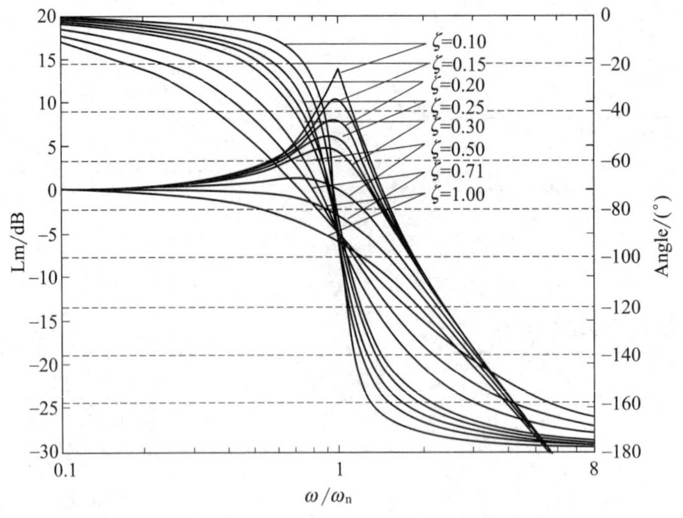

图 6-29　振荡环节的对数幅频和相频曲线

相频特性　　$\phi(\omega)=\begin{cases}\arctan\left[\dfrac{2\zeta\omega/\omega_n}{1-\omega^2/\omega_n^2}\right], & \omega\leqslant\omega_n\\ 180^\circ-\arctan\left(\dfrac{2\zeta\omega/\omega_n}{\omega^2/\omega_n^2-1}\right), & \omega>\omega_n\end{cases}$

振荡环节/二阶微分环节的对数频率特性渐近曲线如图 6-30(a)、(b) 所示。当 $0<\zeta<0.707$ 时，这两个环节受阻尼比 ζ 影响较大，一般会在转折频率 ω_n附近的谐振频率 ω_r 处的渐近特性曲线上叠加一显示对应于 ζ 值峰值的校正曲线。

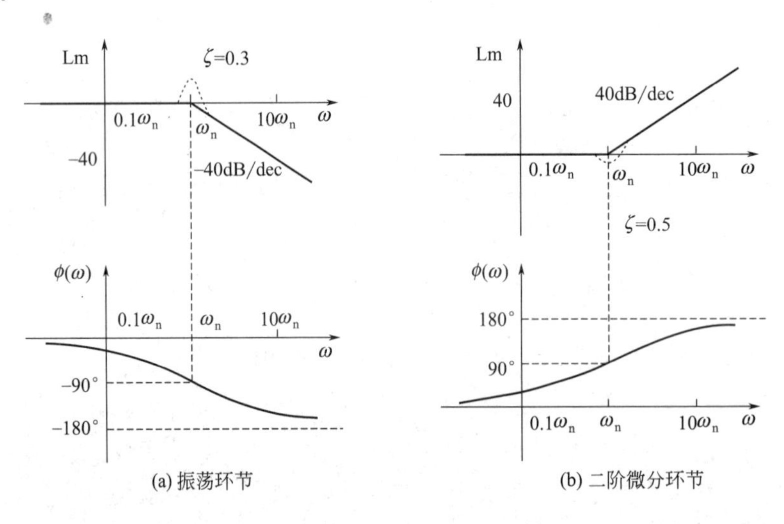

图 6-30　振荡环节/二阶微分环节的 Bode 图

由以上典型环节的对数频率特性曲线可以看出：传递函数互为倒数的典型环节幅频曲线关于 0dB 线对称，相频曲线关于 0°线对称，即关于 ω 轴对称；最小相位环节与对应非最小相位环节的幅频曲线相同，相频曲线关于 0°线（ω 轴）对称。表 6-2 表示典型环节的转折频率及其斜率变化情况。

表 6-2　典型环节的转折频率及其斜率变化

典型环节类别	典型环节传递函数	转折频率	斜率变化
一阶环节（$T>0$）	$\dfrac{1}{Ts+1}$	$\dfrac{1}{T}$	-20dB/dec
	$\dfrac{1}{-Ts+1}$		
	$Ts+1$		20dB/dec
	$-Ts+1$		

续表

典型环节类别	典型环节传递函数	转折频率	斜率变化
二阶环节 ($\omega_n>0,1>\zeta\geqslant 0$)	$\frac{1}{s^2/\omega_n^2+2\zeta s/\omega_n+1}$	ω_n	-40dB/dec
	$\frac{1}{s^2/\omega_n^2-2\zeta s/\omega_n+1}$		
	$s^2/\omega_n^2+2\zeta s/\omega_n+1$		40dB/dec
	$s^2/\omega_n^2-2\zeta s/\omega_n+1$		

五、开环对数频率特性曲线绘制

将系统开环频率特性作典型环节分解后，可先作出各典型环节的对数频率特性曲线，然后采用叠加方法即可方便地绘制系统开环对数频率特性曲线。在控制系统分析和设计中，为了快速地了解系统的特性，人们常常采用系统渐近特性，因此，下面主要介绍开环对数幅频渐近特性曲线的绘制方法。

对于任意的开环传递函数，按照典型环节分解，将组成系统的各典型环节分为三部分：

① $\frac{K}{s^\nu}$和$\frac{-K}{s^\nu}(K>0)$；

② 一阶环节，包括惯性环节、一阶微分环节以及对应的非最小相位环节，转折频率为$\frac{1}{T}$；

③ 二阶环节，包括振荡环节、二阶微分环节以及对应的非最小相位环节，转折频率为ω_n。

记ω_{min}为最小转折频率，称$\omega<\omega_{min}$的频率范围为低频段。开环对数幅频渐近特性曲线的绘制按照以下步骤进行。

① 进行开环传递函数典型环节分解。

② 确定一阶环节、二阶环节的转折频率，将各转折频率标注在半对数坐标图的ω轴上。

③ 绘制低频段渐近特性线：由于一阶环节和二阶环节的对数幅频渐近特性曲线在转折频率前斜率为0dB/dec，在转折频率处斜率发生变化，故在$\omega<\omega_{min}$频段内，渐近特性曲线的斜率取决于$\frac{K}{(j\omega)^\nu}$，因而直线斜率为-20νdB/dec。为获得低频渐近线，还需要确定该直线上的一点，可以采用以下三种方法。

方法一：在$\omega<\omega_{min}$范围内，任选一点ω_0，计算$\mathrm{Lm}\left[\frac{K}{(j\omega)^\nu}\right]=20\lg K-20\nu\lg\omega_0$。

方法二：取频率为特定值$\omega_0=1$，则$\mathrm{Lm}\left[\frac{K}{(j\omega)^\nu}\right]=20lg\mathrm{K}$。

方法三：取$\mathrm{Lm}\left[\frac{K}{(j\omega)^\nu}\right]=0$，则有$\frac{K}{\omega_0^\nu}=1$，$\omega_0=K^{\frac{1}{\nu}}$。

过点$\left[\omega_0,\mathrm{Lm}\left[\frac{K}{(j\omega)^\nu}\right]\right]$，在$\omega<\omega_{min}$范围内作斜率为$-20\nu$dB/dec的直线。显然，若$\omega_0>\omega_{min}$，则点$\left[\omega_0,\mathrm{Lm}\left[\frac{K}{(j\omega)^\nu}\right]\right]$位于低频渐近特性曲线的延长线上。

④ 作$\omega\geqslant\omega_{min}$频段渐近特性线：在$\omega\geqslant\omega_{min}$频段，系统开环对数幅频渐近特性曲线表现为分段折线。每两个相邻转折频率之间为直线，在每个转折频率点处，斜率发生变化，变化规律取决于该转折频率对应的典型环节的种类，如表6-2所示。当系统的多个环节具有相同转折频率时，该转折点处斜率的变化应为各个环节对应的斜率变化值的代数和。

所以，开环系统对数幅频渐近特性曲线是以$k=-20\nu$dB/dec的低频渐近线为起始直线，按转折频率由小到大顺序和由表6-2确定斜率变化，再逐一绘制直线。

1. 0型系统

设0型系统的频率特性为

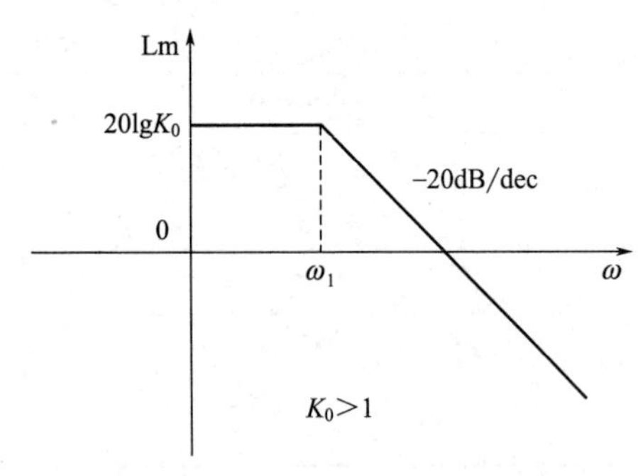

图 6-31　式(6-64) 所示系统的对数幅频渐近特性曲线

$$G(j\omega)=\frac{K_0}{1+j\omega T_a} \tag{6-64}$$

在低频段 $\omega<1/T_a$，对数幅频特性 $LmG(j\omega)=20\lg K_0$ 为常数；当频率小于转折频率 $\omega_1=1/T_a$时，对数幅频渐近特性曲线的斜率为 0dB/dec；当频率大于转折频率 $\omega_1=1/T_a$时，对数幅频渐近特性曲线的斜率为－20dB/dec。如图 6-31 所示。

因此，0 型系统的对数幅频渐近特性可以归纳如下：

① 低频段渐近线斜率为 0dB/dec；

② 低频段对数幅频特性渐近曲线的幅值为 $20\lg K_0$；

③ K_0为静态位置误差系数。

【例 6-3】 已知负反馈系统开环传递函数为 $G(s)H(s)=\dfrac{10}{(5s+1)(10s+1)}$，试绘制对数幅频渐近特性曲线。

解 ① 首先对传递函数进行典型环节分解。该系统由以下典型环节组成：10，$\dfrac{1}{5s+1}$，$\dfrac{1}{10s+1}$。

② 确定典型环节的转折频率和斜率变化值。

$\dfrac{1}{5s+1}$的转折频率为 $\omega_1=0.2$，在 ω_1处渐近线斜率变化－20dB/dec；

$\dfrac{1}{10s+1}$的转折频率为 $\omega_2=0.1$，在 ω_2处渐近线斜率变化－20dB/dec；

所以最小转折频率为 $\omega_{min}=\omega_2=0.1$。

③ 绘制低频段对数幅频渐近特性曲线。

该系统为 0 型系统，在低频段（$\omega<\omega_{min}$）斜率为 $k=0$dB/dec，幅值为 $20\lg K_0=20\lg 10=20$dB。

④ 绘制 $\omega\geqslant\omega_{min}$频段渐近特性线。

在 $\omega_{min}=0.1$ 处斜率变化－20dB/dec，则渐近线斜率为－20dB/dec；

在 $\omega_1=0.2$ 处斜率变化－20dB/dec，则渐近线斜率为－40dB/dec。

系统开环对数幅频渐近特性曲线如图 6-32(a) 所示，用 Matlab 绘制的系统 Bode 图如图 6-32(b) 所示。

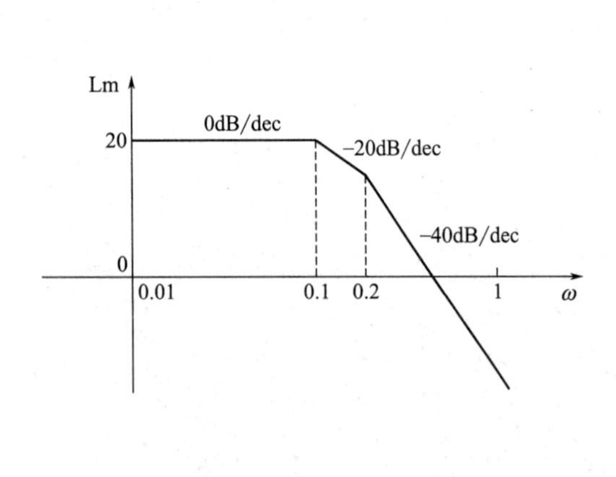

(a) 例6-3系统对数幅频特性渐近曲线

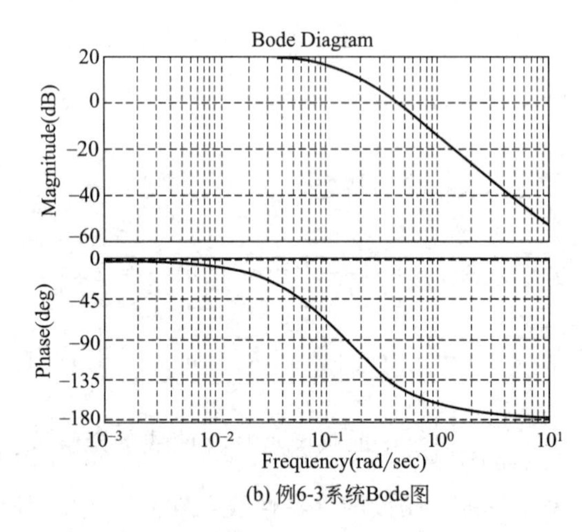

(b) 例6-3系统Bode图

图 6-32　系统对数幅频渐近特性曲线及 Bode 图

2. Ⅰ型系统

设Ⅰ型系统的频率特性为

$$G(j\omega)=\frac{K_1}{j\omega(1+j\omega T_a)} \tag{6-65}$$

在低频段 $\omega<1/T_a$，对数幅频特性 $LmG(j\omega)\approx Lm\left(\dfrac{K_1}{j\omega}\right)=20\lg K_1-20\lg\omega$。对数幅频特性在低频段的斜率

为-20dB/dec；当$\omega=K_1$时，$LmG(j\omega)=0$；当转折频率$\omega_1=1/T_a$大于K_1时，对数幅频特性曲线的低频段穿越0dB线，且穿越频率$\omega_x=K_1$，如图6-33(a)所示；当转折频率$\omega_1=1/T_a$小于K_1时，对数幅频特性曲线低频段的延长线穿越0dB线，交点处频率为$\omega_x=K_1$，如图6-33(b)所示。当$\omega=1$时，低频段渐近线或其延长线的对数幅频特性为$LmG(j\omega)=20\lg K_1$，如图6-33(b)所示。

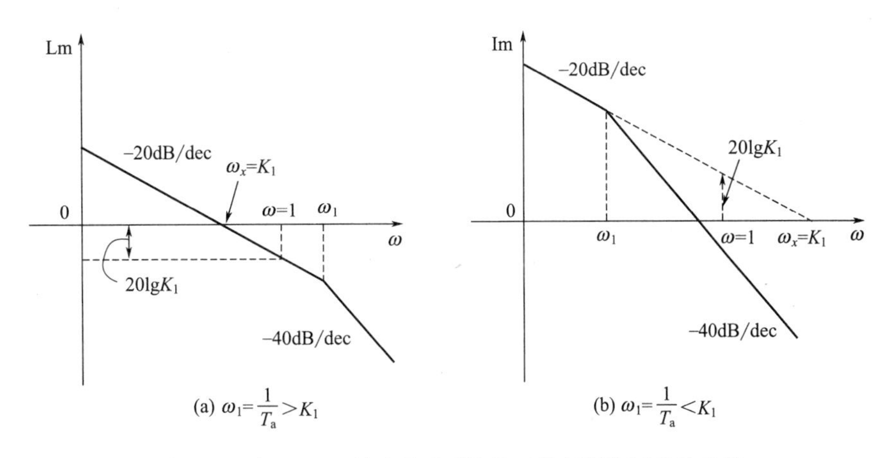

图6-33　式(6-65)所示Ⅰ型系统的对数幅频渐近特性曲线

Ⅰ型系统的对数幅频渐近特性可以归纳如下：

① 低频段渐近线斜率为-20dB/dec；

② 低频段渐近特性曲线或其延长线与0dB线的交点处频率$\omega_x=K_1$；

③ 在低频段对数幅频渐近特性曲线或其延长线上，当$\omega=1$时值为$20\lg K_1$；

④ K_1为静态速度误差系数。

【例6-4】 已知负反馈系统开环传递函数为$G(s)=\dfrac{8\left(\dfrac{s}{0.1}+1\right)}{s(s^2+s+1)\left(\dfrac{s}{2}+1\right)}$，试绘制对数幅频渐近特性曲线。

解 ① 首先对开环传递函数进行典型环节分解。该开环系统由以下典型环节组成

$$\frac{8}{s},\ \frac{s}{0.1}+1,\ \frac{1}{s^2+s+1},\ \frac{1}{\dfrac{s}{2}+1}$$

② 确定典型环节的转折频率和斜率变化值。

$\dfrac{s}{0.1}+1$的转折频率为$\omega_1=0.1$，在ω_1处渐近线斜率变化20dB/dec；

$\dfrac{1}{s^2+s+1}$的转折频率为$\omega_2=1$，在ω_2处渐近线斜率变化-40dB/dec；

$\dfrac{1}{\dfrac{s}{2}+1}$的转折频率为$\omega_3=2$，斜率变化$-20\text{dB/dec}$；

所以最小转折频率为$\omega_{\min}=\omega_1=0.1$。

③ 绘制低频段对数幅频渐近特性曲线。

由于该系统为Ⅰ型系统，所以对数幅频渐近特性曲线的低频段（$\omega<\omega_{\min}$）斜率为$k=-20\text{dB/dec}$，直线上一点为$\omega=1$，$LmG(j\omega)=20\lg K_1=18\text{dB}$。当然也可以按照开环对数幅频渐近特性曲线绘制步骤③中的方法一和方法三来确定低频段上的一点。

④ 绘制$\omega\geqslant\omega_{\min}$频段渐近特性线。

在$\omega_{\min}=\omega_1=0.1$处斜率变化$20\text{dB/dec}$，则渐近线斜率为$0\text{dB/dec}$；

在 $\omega_2=1$ 处斜率变化 -40dB/dec，则渐近线斜率为 -40dB/dec；

在 $\omega_3=2$ 处斜率变化 -20dB/dec，则渐近线斜率为 -60dB/dec。

系统开环对数幅频渐近特性曲线如图 6-34 所示，用 Matlab 绘制的 Bode 图如图 6-35 所示。

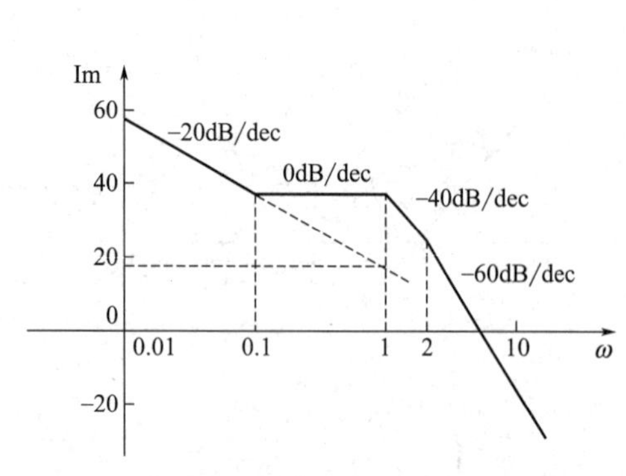

图 6-34　例 6-4 系统对数幅频渐近特性曲线

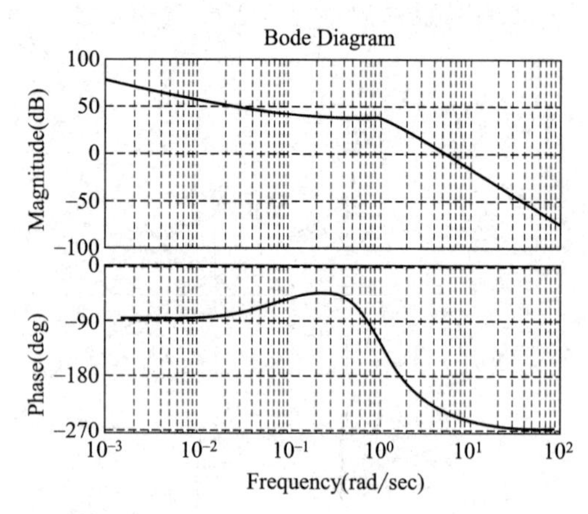

图 6-35　例 6-4 系统 Bode 图

3. Ⅱ型系统

设Ⅱ型系统的频率特性为

$$G(\mathrm{j}\omega)=\frac{K_2}{(\mathrm{j}\omega)^2(1+\mathrm{j}\omega T_a)} \tag{6-66}$$

在低频段 $\omega<1/T_a$，对数幅频特性 $\mathrm{Lm}G(\mathrm{j}\omega)=20\lg K_2-40\lg\omega$。可以看出，对数幅频特性在低频段的斜率为 -40dB/dec；当 $\omega^2=K_2$，$\omega=\sqrt{K_2}$ 时，$\mathrm{Lm}G(\mathrm{j}\omega)=0$，对数幅频特性曲线的低频段渐近线或其延长线穿越 0dB 线的频率 $\omega_y=\sqrt{K_2}$；当 $\omega=1$ 时，低频段渐近线或其延长线的对数幅频特性为 $\mathrm{Lm}G(\mathrm{j}\omega)=20\lg K_2$。式(6-66) 所示Ⅱ型系统的对数幅频渐近特性曲线如图 6-36 所示。

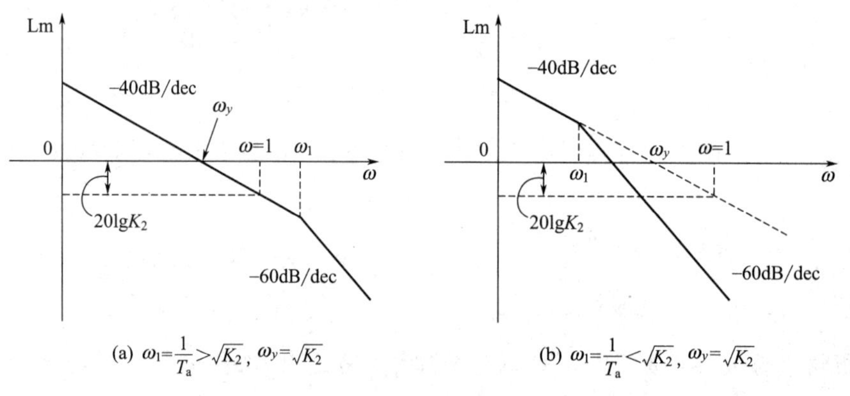

图 6-36　式(6-66) 所示Ⅱ型系统的对数幅频渐近特性曲线

Ⅱ型系统的对数幅频渐近特性可以归纳如下：

① 低频段渐近线斜率为 -40dB/dec；

② 低频段对数幅频渐近特性曲线或其延长线与 0dB 线的交点处频率 $\omega_y=\sqrt{K_2}$；

③ 在低频段对数幅频渐近特性曲线或其延长线上，当 $\omega=1$ 时值为 $20\lg K_2$；

④ K_2 为静态加速度误差系数。

【例 6-5】 已知反馈系统开环传递函数为 $G(s)=\dfrac{0.1(-10s+1)^2}{s^2(s+1)}$，试绘制对数幅频渐近特性曲线。

解 ① 该开环系统由以下典型环节组成

$$\frac{0.1}{s^2},\ (-10s+1)^2,\ \frac{1}{s+1}$$

② 确定典型环节的转折频率和斜率变化值。

$(-10s+1)^2$ 的转折频率为 $\omega_1=0.1$，由于有两个非最小相位一阶微分环节串联，所以在 ω_1 处渐近线斜率变化 40dB/dec；

$\frac{1}{s+1}$的转折频率为 $\omega_2=1$，在 ω_2 处渐近线斜率变化－20dB/dec；

所以最小转折频率为 $\omega_{\min}=\omega_1=0.1$。

③ 绘制低频段对数幅频渐近特性曲线。

由于该系统为Ⅱ型系统，所以对数幅频渐近特性曲线的低频段（$\omega<\omega_{\min}$）斜率为 $k=-40$dB/dec，直线上一点为 $\omega=1$，$\mathrm{Lm}G(\mathrm{j}\omega)=20\lg K_2=20\lg 0.1=-20$dB。

④ 绘制 $\omega\geqslant\omega_{\min}$ 频段渐近特性线。

在 $\omega_{\min}=\omega_1=0.1$ 处斜率变化 40dB/dec，则渐近线斜率为 0dB/dec；

在 $\omega_2=1$ 处斜率变化－20dB/dec，则渐近线斜率为－20dB/dec。

系统开环对数幅频渐近特性曲线如图 6-37 所示，用 Matlab 绘制的 Bode 图如图 6-38 所示。

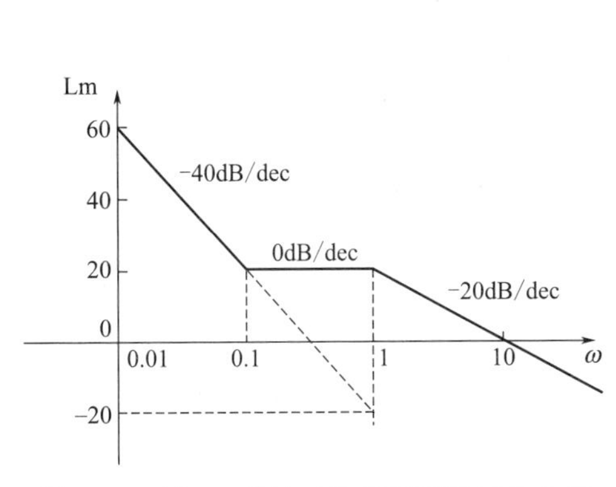

图 6-37　例 6-5 系统对数幅频渐近特性曲线

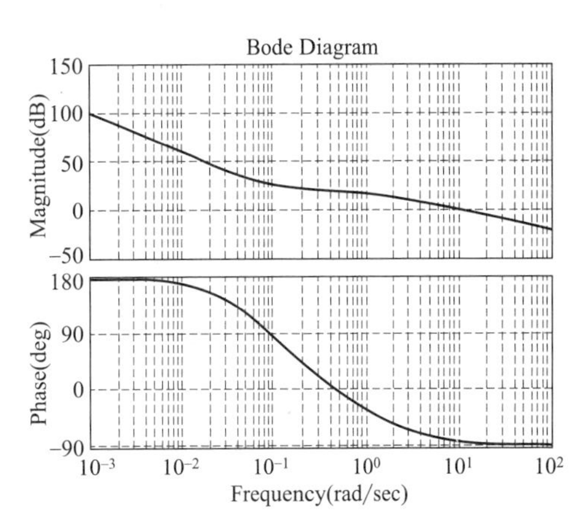

图 6-38　例 6-5 系统 Bode 图

六、由频域实验确定系统传递函数

在实际的控制系统分析与设计中，许多被控对象的数学描述往往并不清楚，需要通过实验的方法获取。由于稳定系统的频率响应是与输入同频率的正弦信号，幅值比和相位差分别为系统的幅频特性和相频特性，因此频率特性较为容易地可通过实验得到，继而可得到系统或环节的传递函数。

在频域测试动态特性的具体方法是：在系统或环节的输入端施加不同频率的正弦信号，记录不同频率下的输出响应，比较输出与输入信号的波形，得到它们的幅值比和相位差，并由此绘制系统的对数频率特性曲线。然后，从低频段起，将实验所得的对数频率特性曲线用斜率为 0dB/dec、±20dB/dec、±40dB/dec、⋯直线分段近似，获得对数频率渐近特性曲线。最后，按照以下步骤求取系统传递函数。

(1) 判断是否最小相位系统

若幅频特性曲线与相频特性曲线的变化趋势一致，则该系统为最小相位系统，可直接由幅频特性曲线求出传递函数。

(2) 由低频段渐近特性曲线确定系统积分环节的个数 ν

对数幅频渐近特性曲线低频段的斜率为-20νdB/dec，因此可以由低频段渐近特性曲线斜率确定积分环节的个数 ν。

(3) 确定系统传递函数结构形式

由于对数幅频渐近特性曲线为分段折线，各转折点对应的频率为所含一阶环节或二阶环节的转折频率，每个转折频率处斜率的变化取决于环节的种类，具体参见表 6-2。

值得注意的是：若斜率变化－40dB/dec，则对应的环节可能是振荡环节，也可能是两个相同的一阶惯性环节。判断的方法是：若系统在该处存在谐振现象，则为振荡环节；否则为两个相同的一阶惯性环节。同样类推，若斜率变化 40dB/dec，则对应的环节可能是二阶微分环节，也可能是两个相同的一阶微分环节，若存在谐振现象，则为二阶微分环节，否则为两个相同的一阶微分环节。

(4) 由给定条件确定传递函数参数

开环放大系数 K 的确定： 由于低频段直线方程为 $\mathrm{Lm}G(\mathrm{j}\omega)=20\lg K-20\nu\lg\omega$，因此可以由低频段渐近特性曲线或其延长线上的一点来确定参数 K。

转折频率的确定： 对数频率渐近特性曲线的直线方程为

$$\mathrm{Lm}G(\mathrm{j}\omega_{\mathrm{a}})-\mathrm{Lm}G(\mathrm{j}\omega_{\mathrm{b}})=k(\lg\omega_{\mathrm{a}}-\lg\omega_{\mathrm{b}}) \tag{6-67}$$

式中，k 为直线斜率，根据给定条件和式(6-67) 来确定相关参数。若系统存在振荡环节或者二阶微分环节，则需要根据谐振频率或谐振峰值来确定阻尼系数 ζ。

【例 6-6】 图 6-39 为由频率响应实验获得的某最小相位系统的对数幅频渐近特性曲线，试确定系统传递函数。

解 ① 确定系统积分环节个数。

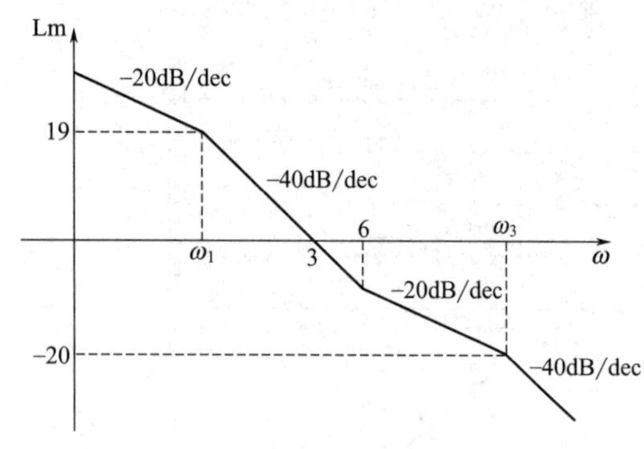

图 6-39 例 6-6 的对数幅频渐近特性曲线

由图 6-39 可知低频段渐近线斜率为 -20dB/dec，所以 $\nu=1$，系统含有一个积分环节。

② 确定系统传递函数结构形式。

$\omega=\omega_1$ 处，斜率变化 -20dB/dec，对应惯性环节 $\dfrac{1}{1+\dfrac{s}{\omega_1}}$；

$\omega=6$ 处，斜率变化 $+20$dB/dec，对应一阶微分环节 $1+\dfrac{s}{6}$；

$\omega=\omega_3$ 处，斜率变化 -20dB/dec，对应惯性环节 $\dfrac{1}{1+\dfrac{s}{\omega_3}}$；

因此系统的传递函数为

$$G(s)=\frac{K\left(1+\dfrac{s}{6}\right)}{s\left(1+\dfrac{s}{\omega_1}\right)\left(1+\dfrac{s}{\omega_3}\right)}$$

③ 确定传递函数中各环节参数。

在得到的传递函数 $G(s)$ 中，有 3 个未知参数 K、ω_1 和 ω_2 需要确定。观察图 6-39 给出的对数幅频渐近特性曲线均为直线，故反复利用式(6-67) 给出的直线方程便可求取。

- 由已知的给定点 $\omega_{\mathrm{a}}=\omega_1$，$\mathrm{Lm}G(\omega_{\mathrm{a}})=19$，$\omega_{\mathrm{b}}=3$，$\mathrm{Lm}G(\omega_{\mathrm{b}})=0$，$k=-40$ 代入直线方程

$$19-0=-40(\lg\omega_1-\lg 3) \quad 得 \quad \omega_1=10^{\frac{19-0}{-40}+\lg 3}=1$$

- 再将给定点 $\omega_{\mathrm{a}}=6$，$\omega_{\mathrm{b}}=3$，$\mathrm{Lm}G(\omega_{\mathrm{b}})=0$，$k=-40$ 代入，求解得转折频率 $\omega=\omega_{\mathrm{a}}=6$ 处的对数幅频特性

$$\mathrm{Lm}G(6)=-40(\lg 6-\lg 3)=-12.04\mathrm{dB}$$

- 代入给定点 $\omega_{\mathrm{a}}=\omega_3$，$\mathrm{Lm}G(\omega_{\mathrm{a}})=-20$，$\omega_{\mathrm{b}}=6$，$\mathrm{Lm}G(\omega_{\mathrm{b}})=-12.04$，$k=-20$ 求解得

$$-20-(-12.04)=-20(\lg\omega_3-\lg 6) \quad 得 \quad \omega_3=10^{\frac{-20+12.04}{-20}+\lg 6}=15$$

因为Ⅰ型系统低频渐近线的延长线与 0dB 线的交点处频率为 $\omega=K$，再次利用直线方程，令 $\omega_{\mathrm{a}}=\omega_1=1$，$\mathrm{Lm}G(\omega_{\mathrm{a}})=19$，$\omega_{\mathrm{b}}=K$，$\mathrm{Lm}G(\omega_{\mathrm{b}})=0$，$k=-20$ 求解得

$$19-0=-20(\lg 1-\lg K) \quad 得 \quad K=10^{\frac{19}{20}}=8.9125$$

综上所述，所测系统的传递函数为

$$G(s)=\frac{8.9125\left(1+\dfrac{s}{6}\right)}{s(1+s)\left(1+\dfrac{s}{15}\right)}$$

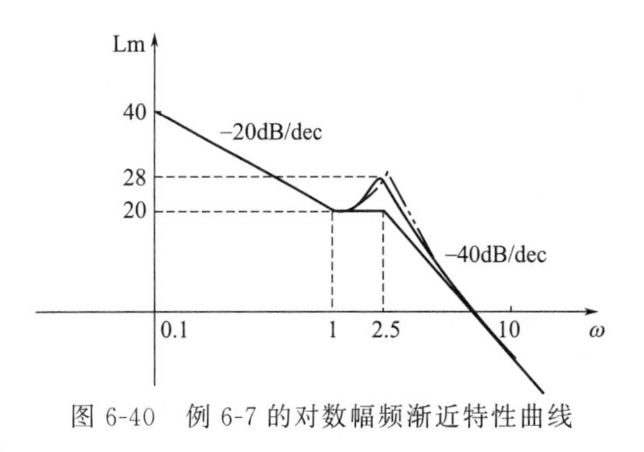

图 6-40　例 6-7 的对数幅频渐近特性曲线

【例 6-7】 假设最小相位系统的对数幅频渐近特性如图 6-40所示，试确定系统传递函数。

解 ① 确定系统积分环节个数。

由图 6-40 可知低频段渐近线斜率为-20dB/dec，所以 $\nu=1$，系统含有一个积分环节。

② 确定系统传递函数结构形式。

$\omega=\omega_1=1$ 处，斜率变化 20dB/dec，对应一阶微分环节 $1+\dfrac{s}{\omega_1}$；

$\omega=\omega_2=2.5$ 处，斜率变化-40dB/dec，可以对应振荡环节，也可以对应二重惯性环节，由于本例中对数幅频特性在 $\omega=\omega_2$ 附近存在谐振现象，故应为振荡环节$\dfrac{1}{1+2\zeta\dfrac{s}{\omega_2}+\dfrac{s^2}{\omega_2^2}}$；

因此系统的传递函数为

$$G(s)=\frac{K(1+s)}{s\left(1+2\zeta\dfrac{s}{2.5}+\dfrac{s^2}{2.5^2}\right)}$$

③ 确定传递函数中各环节参数。

确定放大系数 K：在低频渐近线上取频率特定值 $\omega_0=1$，则 $20\lg K=20$，求得 $K=10$；

由于在 $\omega=\omega_2=2.5$ 处系统存在谐振现象，且谐振峰值 $20\lg M_r=28-20=8$，由

$$M_r=\frac{1}{2\zeta\sqrt{1-\zeta^2}}\quad 得\quad 20\lg M_r=20\lg\frac{1}{2\zeta\sqrt{1-\zeta^2}}$$

$$4\zeta^4-4\zeta^2+10^{-8/20\times 2}=0$$

解得

$$\zeta_1=0.203,\ \zeta_2=0.979$$

由于 $0<\zeta<0.707$ 时系统存在谐振峰值，故应选 $\zeta=0.203$。所以，系统的传递函数为

$$G(s)=\frac{10(1+s)}{s\left[1+2\times 0.203\left(\dfrac{s}{2.5}\right)+\dfrac{s^2}{2.5^2}\right]}$$

第四节　奈奎斯特（Nyquist）稳定性判据

对控制系统进行分析和设计的一个基本要求是：闭环系统稳定。在时域分析中，根据闭环特征根在S平面的位置可以判断系统的稳定性。如果求解特征方程困难而又不需要确切地知道闭环特征根的具体位置，则可通过劳斯判据来判断系统的稳定性以及使系统稳定的某参数范围。在根轨迹分析中，可以由开环传递函数绘制出闭环特征根随某参数变化的轨迹，从而判断系统的稳定性。类似地，在频域分析中，也可以通过开环系统的频率特性来判断闭环系统的稳定性。

一、Nyquist 稳定性判据

对于一个稳定的负反馈系统，假设前向通道传递函数为$G(s)$，反馈通道传递函数为$H(s)$，则闭环特征方程为

$$B(s)=1+G(s)H(s) \tag{6-68}$$

$B(s)$ 的所有零点（即闭环极点）位于 S 左半平面。若定义 $G(s)=N_1(s)/D_1(s)$，$H(s)=N_2(s)/D_2(s)$，则式(6-68) 为

$$B(s)=1+\frac{N_1(s)N_2(s)}{D_1(s)D_2(s)}=\frac{D_1(s)D_2(s)+N_1(s)N_2(s)}{D_1(s)D_2(s)} \tag{6-68$'$}$$

系统的闭环传递函数可以表示为

$$\Phi(s)=\frac{Y(s)}{X(s)}=\frac{G(s)}{1+G(s)H(s)}=\frac{N_1(s)D_2(s)}{D_1(s)D_2(s)+N_1(s)N_2(s)} \tag{6-69}$$

由式(6-68)和式(6-69)可以看出：$B(s)$ 的极点即为开环传递函数 $G(s)H(s)$ 的极点，$B(s)$ 的分子与闭环传递函数 $\Phi(s)$ 的分母相同。于是，系统稳定性条件可以表示为：对于一个稳定系统来说，$B(s)$ 的零点［$\Phi(s)$ 的极点］只能在 S 的左半平面。下面首先简要介绍复变函数中的幅角原理，然后推导 Nyquist 稳定判据。

1. 辐角原理

设 s 为复数变量，$Q(s)$ 是 s 的有理分式函数。对于 S 平面上的任意一点 s，通过复变函数 $Q(s)$ 的映射关系，在 $Q(s)$ 平面上可以确定关于 s 的像。不失一般性，设

$$Q(s)=\frac{(s-z_1)(s-z_2)\cdots(s-z_m)}{(s-p_1)(s-p_2)\cdots(s-p_n)} \tag{6-70}$$

在 S 平面上任选一条闭合曲线 Γ，且不通过 $Q(s)$ 的任一零点 z 和极点 p。设 s 从闭合曲线的任一点 O 出发，顺时针沿 Γ 运动一周，则 $Q(s)$ 顺时针的相角变化情况可以表示为

$$\delta\angle Q(s)=\sum_{j=1}^{m}\delta\angle(s-z_j)-\sum_{i=1}^{n}\delta\angle(s-p_i) \tag{6-71}$$

假设 $Q(s)$ 的零、极点分布如图 6-41(a) 所示，S 平面上的闭合曲线为 Γ'。由于 z_1 在闭合曲线 Γ' 内，当闭合曲线 Γ' 上的 s 从任一点 O' 出发，沿 Γ' 顺时针运动一周时，有向线段 $s-z_1$ 也顺时针旋转一周，$\delta\angle(s-z_1)$ 顺时针变化 360°；而其余零、极点由于都在闭合曲线外，有向线段 $s-z_i$ $(i=2,\cdots,4)$ 和 $s-p_i$ $(i=1,\cdots,5)$ 的变化角度 $\delta\angle(s-z_i)$ $(i=2,\cdots,4)$ 和 $\delta\angle(s-p_i)$ $(i=1,\cdots,5)$ 都为 0°。因此，由式(6-71)得，$\delta\angle Q(s)$ 顺时针变化 360°，即在 S 平面上的封闭曲线 Γ' 映射到 $Q(s)$ 平面上的封闭曲线 Γ_Q 顺时针方向绕原点一圈，如图 6-41(b)所示。

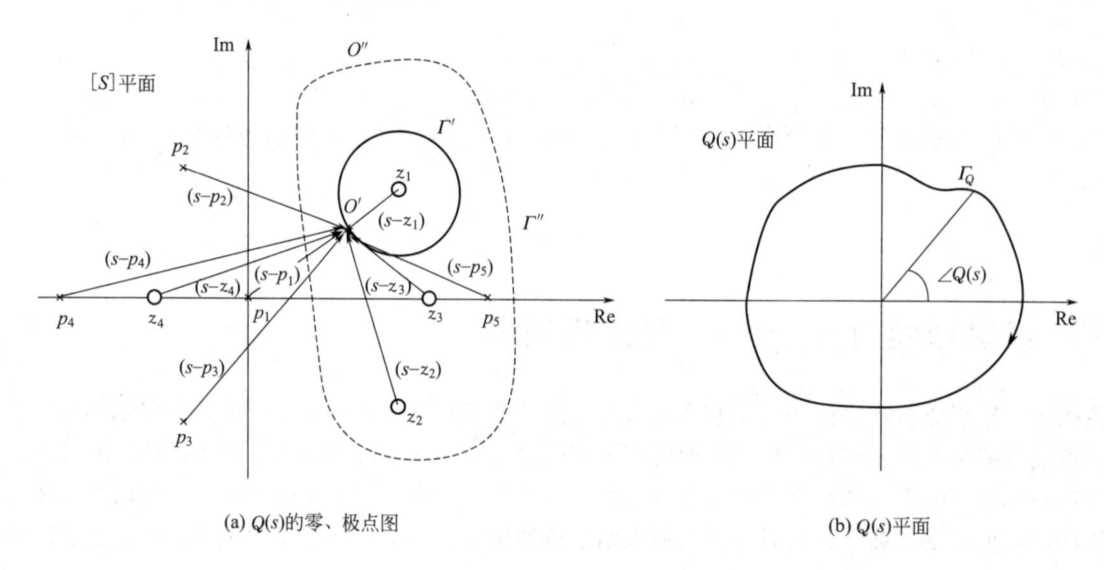

(a) Q(s)的零、极点图

(b) Q(s)平面

图 6-41　$Q(s)$ 的零、极点图与平面

若 S 平面上的闭合曲线为图 6-41(a) 中虚线所示的 Γ''，则由于 z_1,z_2,z_3,p_5 在闭合曲线 Γ'' 内，当闭合曲线 Γ'' 上的 s 从任一点 O'' 出发，沿 Γ'' 顺时针运动一周时，$\delta\angle(s-z_1)$、$\delta\angle(s-z_2)$、$\delta\angle(s-z_3)$、$\delta\angle(s-p_5)$ 分别顺时针变化 360°；而 $\delta\angle(s-z_4)$ 和 $\delta\angle(s-p_i)$ $(i=1,\cdots,4)$ 变化均为 0°。因此，根据式(6-71)，$\delta\angle Q(s)$ 顺时针变化 $(3\times360°-1\times360°)=720°$，即 $Q(s)$ 平面上的封闭曲线 Γ_Q 顺时针方向绕原点两圈。上述讨论表明，当 S 平面上任意一点 s 沿任一闭合曲线 Γ 运动一周时，复函数 $Q(s)$ 绕 $Q(s)$ 平面原点的圈数只与 $Q(s)$ 被闭合曲线 Γ 所包围的零点数和极点数的代数和相关。若定义逆时针方向旋转为正，顺时针方向旋转为负，则可以得到如下的辐角原理。

辐角原理：设 S 平面闭合曲线 Γ 包围 $Q(s)$ 的 Z 个零点和 P 个极点，则 s 沿 Γ 顺时针运动一周时，映

射到 $Q(s)$ 平面上的闭合曲线 Γ_Q 包围原点的圈数为

$$N=P-Z \tag{6-72}$$

$N<0$ 表示 Γ_Q 顺时针包围；$N>0$ 表示 Γ_Q 逆时针包围，$N=0$ 则表示不包围 $Q(s)$ 平面的原点。

2. 辅助函数 $B(s)$ 的选择

为了应用辐角原理，引入辅助函数 $B(s)$（也即特征方程）

$$B(s)=1+G(s)H(s)=1+\frac{M(s)}{N(s)}=\frac{N(s)+M(s)}{N(s)} \tag{6-73}$$

由式(6-73) 可知，函数 $B(s)$ 的零极点数相同，且具有以下特点。

① $B(s)$ 的零点为闭环传递函数的极点，$B(s)$ 的极点为开环传递函数 $G(s)H(s)$ 的极点。所以，$B(s)$ 建立起了其零极点与系统开环极点和闭环极点间的关系。

② 当 S 平面上 s 沿任一闭合曲线 Γ 运动一周时，在 $G(s)H(s)$ 平面上所产生的两条闭合曲线 Γ_B 和 Γ_{GH} 只相差常数 1，其几何关系如图 6-42 所示。即闭合曲线 Γ_B 可以由 Γ_{GH} 沿实轴正方向平移一个单位长度获得，闭合曲线 Γ_B 包围 $G(s)H(s)$ 平面原点的圈数等于闭合曲线 Γ_{GH} 包围（$-1+j0$）点的圈数。

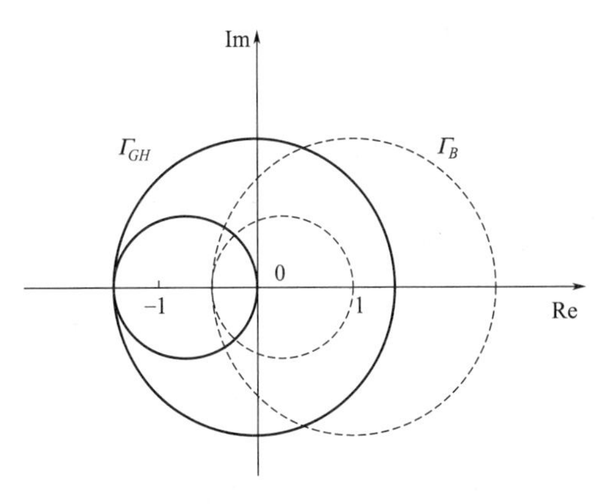

图 6-42 Γ_B 与 Γ_{GH} 的几何关系

上述特点为应用辐角原理、采用开环频率特性曲线判定系统稳定性奠定了基础。

3. 闭合曲线 Γ 的选择

由于闭环系统的稳定性只与闭环传递函数极点即特征方程 $B(s)$ 的零点的分布位置有关，只要有一个零点落在 S 右半平面，则闭环系统不稳定。因此，可直观地将闭合曲线 Γ 选择为包围整个 S 右半平面的大围线，若能求出 Γ 内包含 $B(s)$ 的零点个数，则闭环系统的稳定性也就已知。考虑到在辐角原理的分析中，所选闭合曲线 Γ 不能通过辅助函数 $B(s)$ 的零极点，所以，根据 $B(s)$ 极点的位置，所选闭合曲线 Γ 可以分为虚轴上是否有极点两种情况进行分析，如图 6-43 所示。注意到，图中的 ω 为全频率（即包括负频），箭头方向为频率 ω 增加的方向。

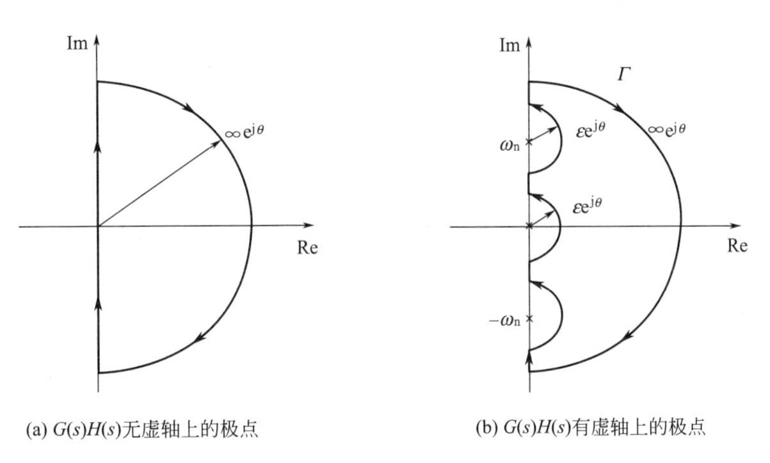

图 6-43 S 平面的闭合曲线 Γ

① $B(s)$ 在虚轴上无极点，也即开环传递函数 $G(s)H(s)$ 在虚轴上无极点，如图 6-43(a) 所示。这种情况下，S 平面的闭合曲线 Γ 由两部分组成：

- 整个虚轴，即 $s=j\omega,\omega\in(-\infty,+\infty)$；
- 半径为 ∞，包围整个右半平面的半圆，即 $s=\infty e^{j\theta}$，$\theta\in[90°,-90°]$。

② $B(s)$ 在虚轴上有极点，即开环传递函数 $G(s)H(s)$ 含有积分环节（$s=0$）和/或等幅振荡环节（$s=\pm j\omega$）。在这种情况下，为避开纯虚极点，S 平面的闭合曲线可以在图 6-43(a) 所选闭合曲线的基础上加以扩展，构成图 6-43(b) 所示的闭合曲线 Γ。扩展情况如下：

• 开环系统含有积分环节时，在原点附近，以圆心为原点作半径为 $\varepsilon\to 0$ 的半圆绕开原点处的极点，即 $s=\varepsilon e^{j\theta}$，$\theta\in[-90°,90°]$；

• 类似地，当开环系统含有等幅振荡环节时，在 $\pm j\omega_n$ 附近，取圆心为 $\pm j\omega_n$，半径为 $\varepsilon\to 0$ 的半圆，即 $s=\pm j\omega_n+\varepsilon e^{j\theta}$，$\theta\in$ $[-90°, 90°]$。

按照以上分析，在确定 $B(s)$ 位于 S 右半平面的极点数 [即开环传递函数 $G(s)H(s)$ 位于 S 右半平面的极点数] P_R 时，不包括 $G(s)H(s)$ 位于 S 平面虚轴上的极点数。

由于闭合曲线 Γ_B 包围 $G(s)H(s)$ 平面原点的圈数等于闭合曲线 Γ_{GH} 包围 $(-1+j0)$ 点的圈数，因此，下面可直接分析闭合曲线 Γ_{GH} 的绘制方法。

4. $G(s)H(s)$ 平面上的闭合曲线 Γ_{GH}

(1) 若 $G(s)H(s)$ 在虚轴上无极点

设开环传递函数为

$$G(s)H(s)=\frac{K(s-z_1)(s-z_2)\cdots(s-z_m)}{(s-p_1)(s-p_2)\cdots(s-p_n)} \tag{6-74}$$

对应于 S 平面上的 $s=j\omega,\omega\in(-\infty,+\infty)$，可知：当 $\omega=0^+\to+\infty$ 时，Γ_{GH^+} 即为前面介绍过的开环幅相曲线 $G(j\omega)H(j\omega)$；由于频率特性关于实轴对称，由 Γ_{GH^+} 按对称性得到 $\omega=-\infty\to 0^-$ 的 Γ_{GH^-}；在 $s=\infty e^{j\theta}$，θ 由 90°变化到 −90° 时，易知 Γ_{GH} 为

$$G(s)H(s)\big|_{s=\infty e^{j\theta}}=\begin{cases}0, & n>m\\ K, & n=m\end{cases}$$

因此，当 $G(s)H(s)$ 在虚轴上无极点时，闭合曲线 Γ_{GH} 是否包围 $(-1+j0)$ 点仅与系统闭合的开环幅相曲线有关。

(2) 若 $G(s)H(s)$ 在虚轴上有极点

当 $G(s)H(s)$ 在虚轴上有极点时，S 平面上闭合曲线 Γ 除了在原点或 $\pm j\omega_n$ 附近的曲线 $s=\varepsilon e^{j\theta}$ 或 $s=\pm j\omega_n+\varepsilon e^{j\theta}$ 外 ($\varepsilon\to 0$，θ 由 −90°变化到 90°)，其余分析与虚轴上无极点时相同。

① $G(s)H(s)$ 含有积分环节。

设开环传递函数为

$$G(s)H(s)=\frac{K(s-z_1)(s-z_2)\cdots(s-z_m)}{s^{\nu}(s-p_{\nu+1})\cdots(s-p_n)},\quad \nu>0 \tag{6-75}$$

如图 6-44(a) 所示。在 S 平面的原点附近，取闭合曲线 $s=\varepsilon e^{j\theta}$，当 $\varepsilon\to 0$、θ 由 −90°变化到 +90°时，$G(s)H(s)$ 平面上的闭合曲线 Γ_{GH} 为

$$\lim_{\varepsilon\to 0}G(s)H(s)\big|_{s=\varepsilon e^{j\theta}}=\lim_{\varepsilon\to 0}\frac{\overline{K}}{\varepsilon^{\nu}\ e^{j\nu\theta}}=\infty e^{-j\nu\theta} \tag{6-76}$$

即 S 平面上的 s 沿闭合曲线 Γ 上无穷小圆弧作逆时针运动时，映射到 $G(s)H(s)$ 平面上的轨迹为顺时针旋转的无穷大圆弧，旋转的相位为 $\nu\times\pi$ (ν 为系统的型别)，并将 $G(j0_-)H(j0_-)$ 与 $G(j0_+)$ $H(j0_+)$ 相连，

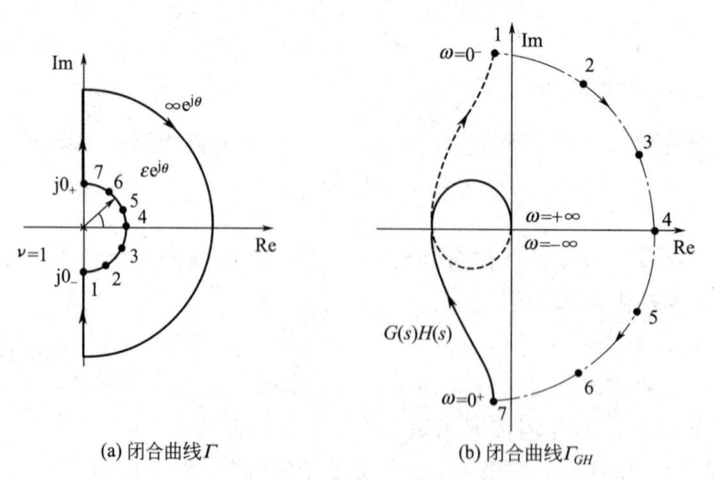

(a) 闭合曲线 Γ　　(b) 闭合曲线 Γ_{GH}

图 6-44　开环传递函数含有积分环节时的闭合曲线 Γ 和 Γ_{GH}

如图 6-44(b) 中点划线所示。

因此，当 $G(s)H(s)$ 含有积分环节时，闭合曲线 Γ_{GH} 由两部分组成：一是开环幅相曲线 $G(\mathrm{j}\omega)H(\mathrm{j}\omega)$，可先画出正频部分（$\omega=0^+\to+\infty$）后，按实轴对称原则补上负频部分（$\omega=-\infty\to0^+$），如图 6-44(b) 中的虚线所示；二是从 $G(\mathrm{j}0_-)H(\mathrm{j}0_-)$ 点起顺时针作半径无穷大、圆心角为 $\nu\times180°$ 的圆弧［注意：圆弧上频率的增加方向是顺时针的，参见图 6-44(b) 点划线上的箭头方向］。

② $G(s)H(s)$ 含有等幅振荡环节。

设开环传递函数为

$$G(s)H(s)=\frac{1}{(s^2+\omega_n^2)^{\nu_1}}G_1(s),\quad \nu_1>0,|G_1(\pm\mathrm{j}\omega_n)|\neq\infty \tag{6-77}$$

如图 6-45(a) 所示，在 $\pm\mathrm{j}\omega_n$ 附近，闭合曲线 $s=\mathrm{j}\omega_n+\varepsilon\cdot e^{\mathrm{j}\theta}$，$\varepsilon\to0$、$\theta$ 由 $-90°$ 变化到 $90°$ 时（这里只分析正频率的半闭合曲线 Γ^+，因为负频部分与正频部分关于实轴完全对称），半闭合曲线 Γ_{GH^+} 为

$$\lim_{\varepsilon\to0}G(s)H(s)\Big|_{s=\mathrm{j}\omega_n+\varepsilon e^{\mathrm{j}\theta}}=\lim_{\varepsilon\to0}\frac{1}{(2\mathrm{j}\omega_n\varepsilon e^{\mathrm{j}\theta}+\varepsilon^2e^{\mathrm{j}2\theta})^{\nu_1}}G_1(\mathrm{j}\omega_n+\varepsilon e^{\mathrm{j}\theta})=\lim_{\varepsilon\to0}\frac{e^{-\mathrm{j}(\theta+90°)\nu_1}}{(2\omega_n\varepsilon)^{\nu_1}}G_1(\mathrm{j}\omega_n)$$

$$=\begin{cases}\infty\angle G_1(\mathrm{j}\omega_n), & \theta=-90°\\ \infty\,[\angle G_1(\mathrm{j}\omega_n)-(\theta+90°)\nu_1], & \theta\in(-90°,90°)\\ \infty\,[\angle G_1(\mathrm{j}\omega_n)-\nu_1\times180°], & \theta=90°\end{cases} \tag{6-78}$$

式(6-78) 表明：s 沿 Γ 在 $\mathrm{j}\omega_n$ 附近运动时，映射到 $G(s)H(s)$ 平面为顺时针旋转的无穷大圆弧，旋转的弧度为 $\nu_1\times180°$，即从 $G(\mathrm{j}\omega_{n-})H(\mathrm{j}\omega_{n-})$ 点起以半径为无穷大顺时针作 $\nu_1\times180°$ 的圆弧至 $G(\mathrm{j}\omega_{n+})H(\mathrm{j}\omega_{n+})$ 相连，如图 6-45(b) 中点划线所示。

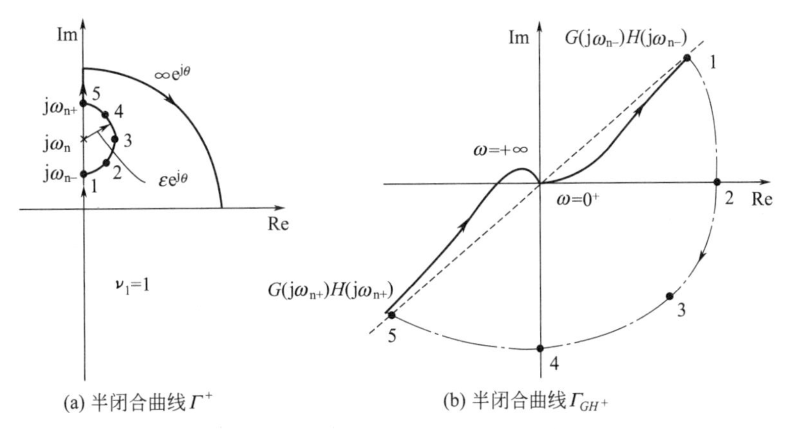

图 6-45　开环传递函数含有等幅振荡环节时的半闭合曲线 Γ^+ 和 Γ_{GH^+}

因此，当 $G(s)H(s)$ 含有等幅振荡环节时，半闭合曲线由两部分组成：一是开环幅相曲线；二是从 $G(\mathrm{j}\omega_{n-})H(\mathrm{j}\omega_{n-})$ 点起顺时针作半径无穷大、圆心角为 $\nu_1\times180°$ 的圆弧。

5. 奈奎斯特（Nyquist）稳定判据

综上分析，考虑如图 6-43 所示包围整个 S 右半平面的闭合曲线 Γ，当 s 沿 Γ 上顺时针运动一圈时，映射到 $G(s)H(s)$ 平面闭合曲线 Γ_{GH} 顺时针包围（$-1+\mathrm{j}0$）的圈数等于 $B(s)=1+G(s)H(s)$ 在 S 右半平面的零点个数 Z_R，逆时针包围（$-1+\mathrm{j}0$）的圈数等于 $B(s)$ 在 S 右半平面的极点个数 P_R。所以 Γ_{GH} 逆时针包围（$-1+\mathrm{j}0$）的圈数 N 为

$$N=P_R-Z_R \tag{6-79}$$

其中，$N>0$ 表示 Γ_{GH} 逆时针包围（$-1+\mathrm{j}0$），$N<0$ 表示 Γ_{GH} 顺时针包围。因为开环不稳定极点数 P_R 一般是已知的，闭合曲线 Γ_{GH} 可从已知的开环传递函数获取开环频率特性而得，N 则由直接观察 Γ_{GH} 得到，因此，从式(6-79) 就可很方便地求得 $B(s)$ 在 S 右半平面的零点（也即闭环系统的特征根）个数，即

$$Z_R=P_R-N \tag{6-79'}$$

从而可判别系统是否稳定。美国学者奈奎斯特（H. Nyquist）在 1932 年提出了著名的奈奎斯特稳定判据，其本质是根据闭环控制系统的开环频率响应来判断闭环系统的稳定性。

奈奎斯特（Nyquist）判据：反馈控制系统稳定的充分必要条件是闭合曲线Γ_{GH}不穿过（$-1+\mathrm{j}0$）点，且逆时针包围（$-1+\mathrm{j}0$）点的圈数N等于开环传递函数$G(s)H(s)$在S右半平面的极点数P_R，即$Z_R=0$。闭合曲线Γ_{GH}又称为奈奎斯特图。

如何确定闭合曲线Γ_{GH}包围（$-1+\mathrm{j}0$）点的圈数N呢？一个简单易行的判别方法是：从（$-1+\mathrm{j}0$）点出发沿任一方向作一射线（可挑尽可能简单的方向），在射线与Γ_{GH}的每个交点处，想象你正沿着频率增加方向行走，若（$-1+\mathrm{j}0$）点在你的左手边，则为逆时针包围一圈；若（$-1+\mathrm{j}0$）点在右手边，则为顺时针包围一圈；如射线与Γ_{GH}无交点，则没有包围。最后，可得包围（$-1+\mathrm{j}0$）点的净圈数N，逆时针为正，顺时针为负。由式(6-79)，如$Z_R=0$，系统稳定；否则不稳定，且可知不稳定的闭环极点个数。

如果出现Γ_{GH}通过（$-1+\mathrm{j}0$）的情况，意味着N不确定，对应着$B(s)$具有虚轴上的零点，也即闭环特征方程具有共轭纯虚根，系统处于临界稳定状态。

二、Nyquist稳定性判据的应用

1. 0型系统

【例6-8】 已知0型系统的开环传递函数为$G(s)H(s)=\dfrac{K_0}{(1+T_1s)(1+T_2s)}$，开环幅相曲线如图6-46中实线所示，试判断闭环系统的稳定性。

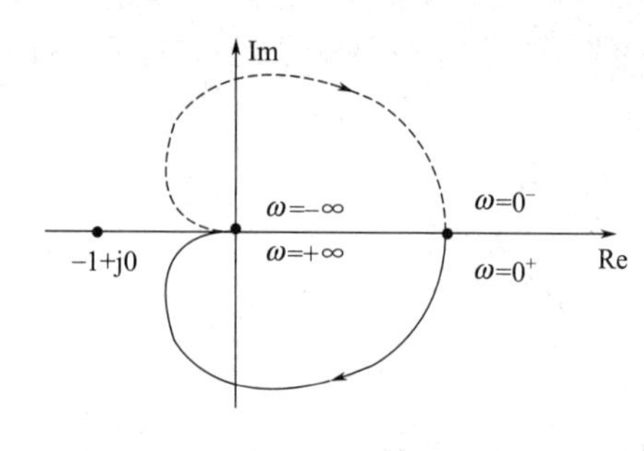

图6-46 例6-8系统幅相曲线

解 对于图6-46实线所示的半闭合曲线Γ_{GH^+}，补上对称于实轴的负频部分Γ_{GH^-}如图中虚线所示，构成完整的Nyquist图。从（$-1+\mathrm{j}0$）点沿负实轴方向作一射线，显然$P_R=0$，$N=0$，故由Nyquist稳定判据得该系统闭环稳定。

2. Ⅰ型系统

【例6-9】 已知Ⅰ型系统的开环传递函数为$G(s)H(s)=\dfrac{K_1}{s(1+T_1s)(1+T_2s)}$，试判断闭环系统的稳定性（$K_1,T_1,T_2>0$）。

解 随着参数K_1的变化，该Ⅰ型系统幅相曲线会出现如图6-47所示两种情况。

假设幅相曲线与负实轴交点处的频率为ω_1，K_1的变化只改变交点在负实轴的位置，不改变交点处的频率，交点频率ω_1可以由相位条件计算得到。

$$\angle G(\mathrm{j}\omega_1)H(\mathrm{j}\omega_1)=\angle K_1+\angle\frac{1}{\mathrm{j}\omega_1}+\angle\frac{1}{1+\mathrm{j}\omega_1T_1}+\angle\frac{1}{1+\mathrm{j}\omega_1T_2}=-180^\circ$$

$$-90^\circ-\arctan\omega_1T_1-\arctan\omega_1T_2=-180^\circ$$

解之，可得$\omega_1=\dfrac{1}{\sqrt{T_1T_2}}$。

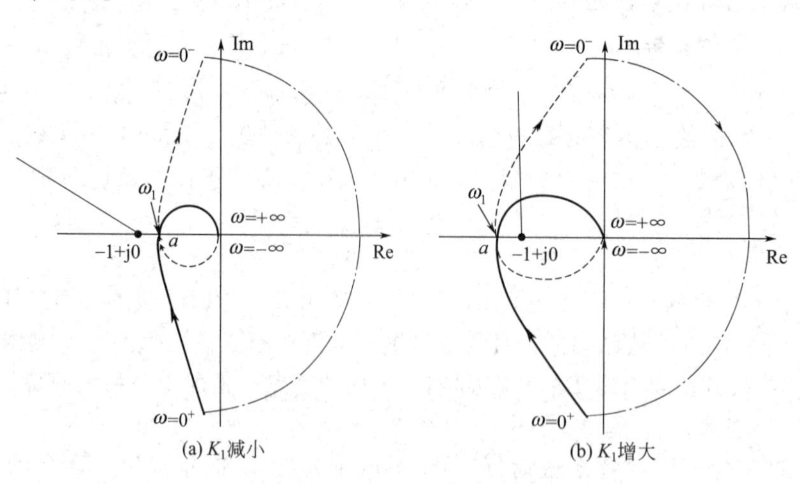

图6-47 例6-9所示系统闭合曲线

若令开环幅相曲线与负实轴的交点为-1，即$|G_1(j\omega_1)H(j\omega_1)|=-1$，可得对应的$K_1$值。

$$K_1^*=\omega_1\sqrt{1+\omega_1^2T_1^2}\sqrt{1+\omega_1^2T_2^2}=\frac{T_1+T_2}{T_1T_2}$$

当$0<K_1<K_1^*$时，闭合曲线Γ_{GH}如图6-47(a)所示，当$K_1>K_1^*$时，闭合曲线Γ_{GH}如图6-47(b)所示，其中虚线表示负频部分曲线。由于是Ⅰ型系统，$\nu=1$。在图中顺时针用点划线将0^-与0^+连接起来，相位变化是$\nu\times180°=180°$。至此得到了系统的全闭合曲线，分别如图6-47(a)、(b)所示。

在如图6-47（a）、(b)所示的奈奎斯特图上，分别从$(-1+j0)$处向任一方向画射线，设如图中所示。很显然，图(a)中$P_R=0$，$N=0$，故闭环系统稳定。图(b)中的射线2次穿过闭合曲线Γ_{GH}，在交叉处可判断Γ_{GH}顺时针2次包围$(-1+j0)$，即$N=-2$，由$Z_R=P_R-N=2$，可知闭环系统不稳定，且在S右半平面有2个闭环极点。

【例6-10】 已知单位负反馈系统开环幅相曲线($K_1=10$，$P_R=0$，$\nu=1$)如图6-48所示，试确定系统闭环稳定时K_1值的范围。

解 由图6-48可知开环幅相曲线与负实轴有三个交点，假设交点处频率分别为$\omega_1,\omega_2,\omega_3$，系统的开环传递函数可以写为

$$G(s)=\frac{K_1}{s^\nu}G_1(s)$$

由题设条件知$\nu=1$，$\lim\limits_{s\to0}G_1(s)=1$，且$G(j\omega_i)=\frac{K_1}{j\omega_i}G_1(j\omega_i)$，当$K_1=10$时

$$G(j\omega_1)=-2,G(j\omega_2)=-1.5,G(j\omega_3)=-0.5$$

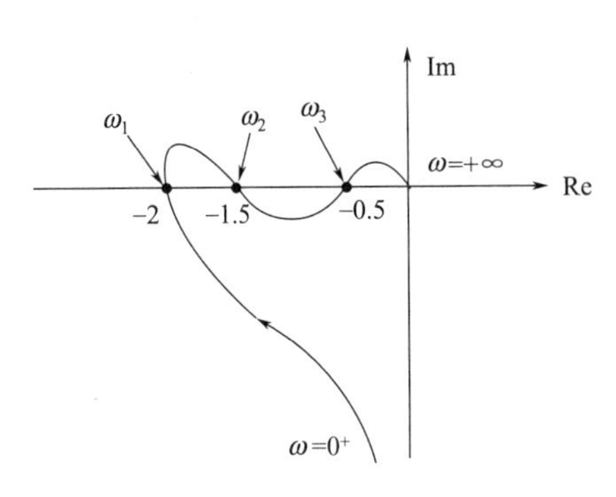

图6-48　例6-10系统的开环幅相曲线

若令$G(j\omega_i)=-1$，可得对应的K_1值

$$K_{11}=\frac{-1}{\frac{1}{j\omega_1}G_1(j\omega_1)}=\frac{-1}{G(j\omega_1)/K_1}=\frac{-1}{-2/10}=5;\ K_{12}=\frac{20}{3};\ K_{13}=20$$

分别取$0<K_1<K_{11}$，$K_{11}<K_1<K_{12}$，$K_{12}<K_1<K_{13}$，$K_1>K_3$，开环幅相曲线如图6-49(a)、(b)、

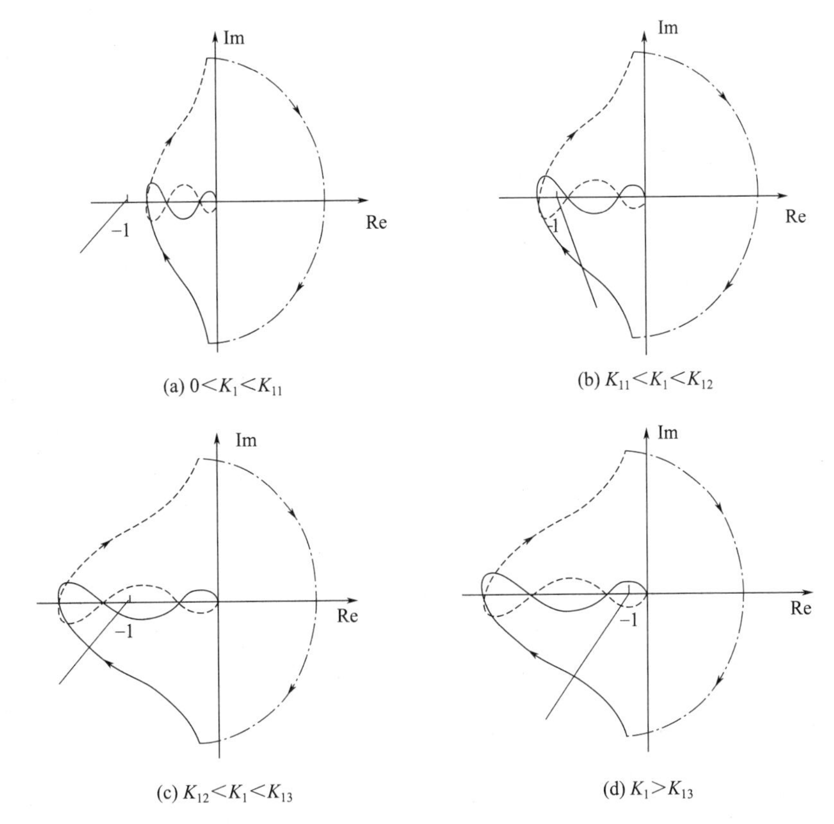

图6-49　例6-10系统在不同K_1值条件下的闭合曲线图

(c)、(d) 所示，其中虚线表示负频部分曲线。由于是Ⅰ型系统，在图 6-49 中，顺时针用点划线将 0^- 与 0^+ 连接起来，相位变化 180°，得到系统的全闭合曲线。

在如图 6-49 所示的奈奎斯特图上，分别从（$-1+j0$）处向任一方向作一射线（如图所示），根据闭合曲线 Γ_{GH} 包围（$-1+j0$）点的圈数以及 $P_R=0$，判断系统闭环稳定性。

$0<K_1<K_{11}$，$N=0$，$Z_R=0$，闭环系统稳定；

$K_{11}<K_1<K_{12}$，$N=-2$，$Z_R=P_R-N=2$，闭环系统不稳定，有 2 个 S 右半平面的闭环极点；

$K_{12}<K_1<K_{13}$，$N=0$，$Z_R=P_R-N=0$，闭环系统稳定；

$K_1>K_{13}$，$N=-2$，$Z_R=P_R-N=2$，闭环系统不稳定，有 2 个 S 右半平面的闭环极点。

综上所述，系统闭环稳定时的 K_1 值范围为 $(0,5)$ 和 $\left(\frac{20}{3},20\right)$。当 $K_1=5,\frac{20}{3},20$ 时闭合曲线 Γ_{GH} 穿越临界点（$-1+j0$），闭环系统临界稳定。

3. Ⅱ型系统

【例 6-11】 已知Ⅱ型系统的开环传递函数为 $G(s)H(s)=\dfrac{K_2(1+T_4s)}{s^2(1+T_1s)(1+T_2s)(1+T_3s)}$，其中 $T_4>T_1+T_2+T_3$，$T_1,T_2,T_3,T_4,K_2>0$，开环幅相曲线如图 6-50 中实线所示，判断系统的稳定性。

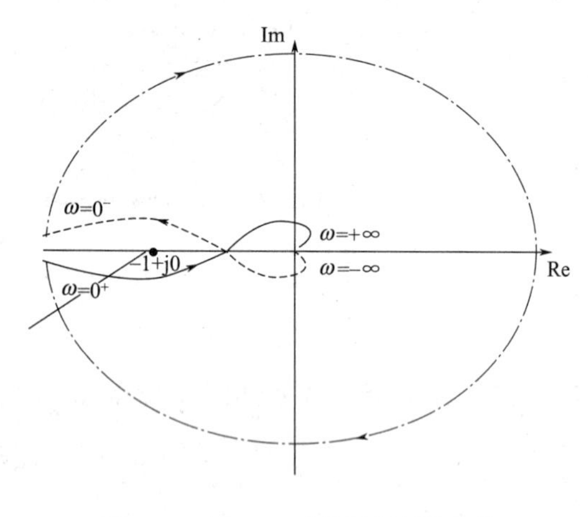

图 6-50 例 6-11 系统开环幅相曲线

解 ① 在图6-50 所示的开环幅相曲线基础上补上负频部分，如图中虚线所示。

② 在图中顺时针用点划线将 0^- 与 0^+ 连接起来，相位变化是 $\nu\times180°$，由于是Ⅱ型系统，$\nu=2$，故相位变化为 360°，至此得到了闭合曲线 Γ_{GH}。

③ 从（$-1+j0$）向任一方向作射线，设如图中所示。

④ 计算 N：射线 2 次穿越闭合曲线 Γ_{GH}，但是顺时针 1 次与逆时针各 1 次，故 $N=0$（为方便起见，在作射线时往往越简单越好，此例如果选择负实轴会更简单直接得到 $N=0$）。

⑤ 因为已知 $P_R=0$，故 $Z_R=0$，应用 Nyquist 稳定判据可知，闭环系统稳定。

与Ⅰ型系统类似，若 $G(s)H(s)$ 的增益 K_2 不断增大，使得开环幅相曲线与负实轴的交点在（$-1+j0$）的左侧，则对应的闭环系统不稳定。

4. 开环不稳定系统

【例 6-12】 假设负反馈系统开环传递函数为 $G(s)H(s)=\dfrac{K_1(T_2s+1)}{s(T_1s-1)}$，其中 $K_1>0$，$T_1>0$，$T_2>0$。试分析闭环系统的稳定性。

解 对于某一给定 K_1，闭合曲线 Γ_{GH} 如图 6-51 所示。由于开环传递函数在 S 右半平面有一个极点，即 $P_R=1$。

① 当 $0<K_1<K_{1x}$ 时，闭合曲线 Γ_{GH} 与实轴的交点 b 在 $-1+j0$ 点的右侧，从（$-1+j0$）点向任一方向作射线 [如图 6-51(a) 所示]，射线穿越闭合曲线 Γ_{GH} 1 次，Γ_{GH} 顺时针包围（$-1+j0$）点 1 圈，因此 $N=-1$，$Z_R=P_R-N=2$，闭环系统在 S 右半平面有 2 个极点，闭环系统不稳定。

② 当 $K_{1x}<K_1<\infty$ 时，闭合曲线 Γ_{GH} 与实轴的交点 b 在 $-1+j0$ 点的左侧，从（$-1+j0$）点向任一方向作射线 [如图 6-51(b) 所示]，射线穿越闭合曲线 Γ_{GH} 3 次，Γ_{GH} 逆时针包围（$-1+j0$）点 2 圈，顺时针包围（$-1+j0$）点 1 圈，因此 $N=1$，$Z_R=P_R-N=0$，闭环系统稳定。

三、稳定裕度

控制系统能正常工作的前提条件是系统必须稳定，除此之外，还要求具有适当的稳定裕度。也就是说，系统某一参数（或特性）在一定范围内发生变化时，系统仍然能保持稳定，即具有一定的相对稳定性。

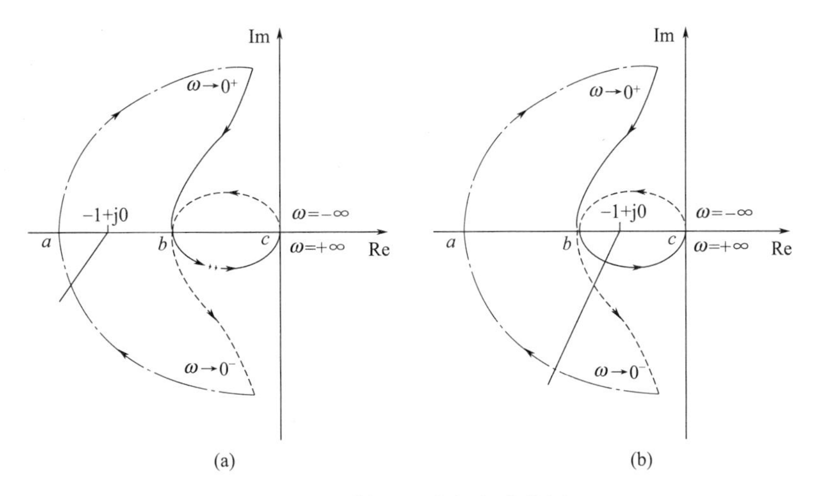

图 6-51　例 6-12 的幅相曲线图

Nyquist 稳定判据分析系统稳定性是通过闭合曲线 Γ_{GH} 绕（$-1+\mathrm{j}0$）的情况来进行判断的。假设系统在 S 右半平面无开环极点，在闭合曲线 Γ_{GH} 不包围（$-1+\mathrm{j}0$）点时，闭环系统稳定；若闭合曲线 Γ_{GH} 穿过（$-1+\mathrm{j}0$）点，则闭环系统临界稳定。因此，在稳定性研究中，（$-1+\mathrm{j}0$）点为临界点，闭合曲线 Γ_{GH} 相对于临界点的位置即偏离临界点的程度，反映系统的相对稳定性。闭合曲线 Γ_{GH} 离（$-1+\mathrm{j}0$）点越远，系统稳定程度越高，相对稳定性越好。频域的相对稳定性常采用稳定裕度包括相位裕度 γ 和幅值裕度 h 来度量。

1. 相位裕度 γ

称 ω_c 为系统的截止频率，满足

$$|G(\mathrm{j}\omega_c)H(\mathrm{j}\omega_c)|=1 \tag{6-80}$$

则相位裕度定义为

$$\gamma=180°+\angle G(\mathrm{j}\omega_c)H(\mathrm{j}\omega_c) \tag{6-81}$$

对于最小相位系统（如图 6-52 所示），如果相位裕度 $\gamma>0$，系统是稳定的［图 6-52(a)］，且 γ 越大，系统的相对稳定性越好；如果相位裕度 $\gamma<0$，系统则不稳定［图 6-52(b)］；当 $\gamma=0$ 时，系统的开环频率特性曲线穿越（$-1+\mathrm{j}0$）点，系统为临界稳定。

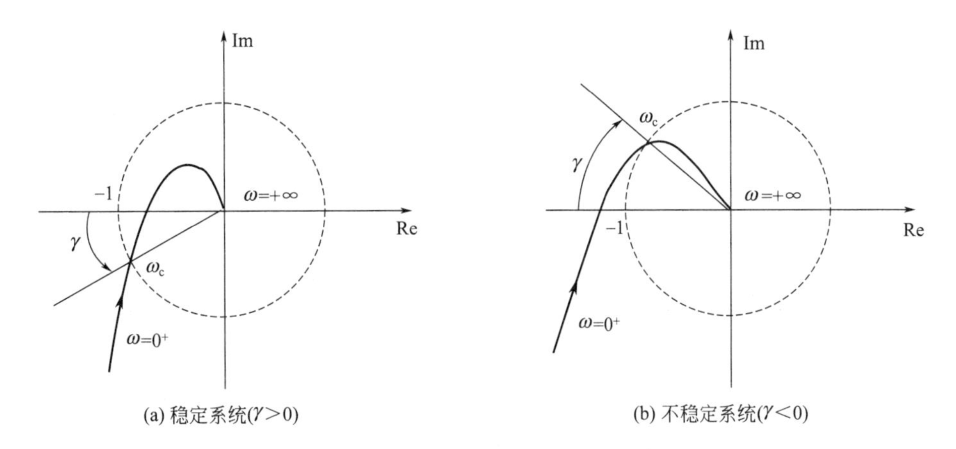

图 6-52　最小相位系统的相位裕度

相位裕度的含义：使系统达到临界稳定状态时开环频率特性的相位 $\angle G(\mathrm{j}\omega_c)H(\mathrm{j}\omega_c)$ 减小（对应稳定系统）或增加（对应不稳定系统）的数值；或者说对于闭环稳定系统，如果系统的开环相频特性再滞后 γ，则系统将处于临界稳定状态。

2. 幅值裕度 h

称 ω_x 为系统的穿越频率，满足

$$\angle G(\mathrm{j}\omega_{\mathrm{x}})H(\mathrm{j}\omega_{\mathrm{x}})=(2k+1)\pi \tag{6-82}$$

则幅值裕度定义为

$$h=\frac{1}{|G(\mathrm{j}\omega_{\mathrm{x}})H(\mathrm{j}\omega_{\mathrm{x}})|} \tag{6-83}$$

对于最小相位系统（如图 6-53 所示），如果幅值裕度 $h>1$，系统是稳定的［图 6-53(a)］，且 h 越大，系统的相对稳定性越好；如果幅值裕度 $h<1$，系统则不稳定［图 6-53(b)］；当 $h=1$ 时，系统的开环频率特性曲线穿越（$-1+\mathrm{j}0$）点，系统为临界稳定。

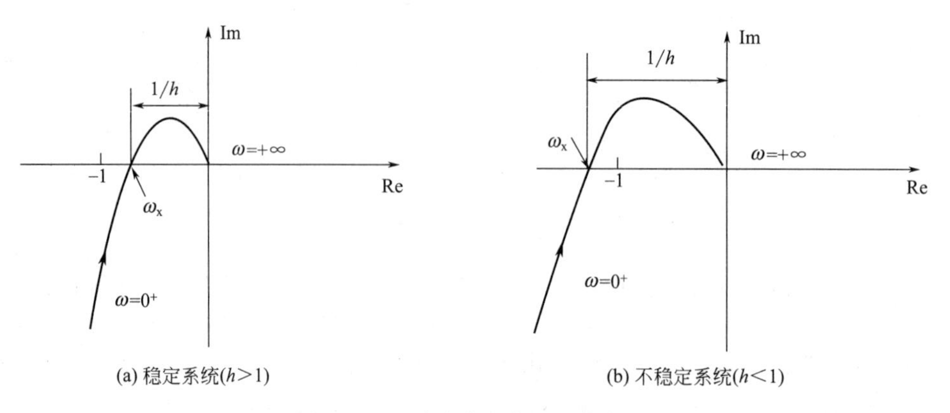

图 6-53　最小相位系统的幅值裕度

幅值裕度的含义：使系统达到临界稳定状态时开环频率特性的幅值 $|G(\mathrm{j}\omega_{\mathrm{x}})H(\mathrm{j}\omega_{\mathrm{x}})|$ 增大（对应稳定系统）或缩小（对应不稳定系统）的倍数；或者说对于闭环稳定系统，如果系统的开环幅频特性再增大 h 倍，则系统将处于临界稳定状态。

对数坐标下，幅值裕度的定义为

$$h'=-20\lg|G(\mathrm{j}\omega_{\mathrm{x}})H(\mathrm{j}\omega_{\mathrm{x}})| \quad (\mathrm{dB}) \tag{6-84}$$

因此，对于最小相位系统（图 6-53 所示），若 $h'>0\mathrm{dB}$，则系统稳定［图 6-53(a)］；若 $h'<0\mathrm{dB}$，则系统不稳定［图 6-53(b)］；若 $h'=0\mathrm{dB}$，则系统临界稳定。

值得注意的是，系统相对稳定性的好坏不能仅从相位裕度或者幅值裕度的大小来判断，必须同时考虑相位裕度和幅值裕度。从图 6-54 所示两个系统可以得到直观的说明：图 6-54(a) 所示系统的幅值裕度大，但相位裕度小；相反，图 6-54(b) 所示系统的相位裕度大，但幅值裕度小。这两个系统的相对稳定性都不好。对于一般系统，通常要求相位裕度 $\gamma=45°\sim60°$。

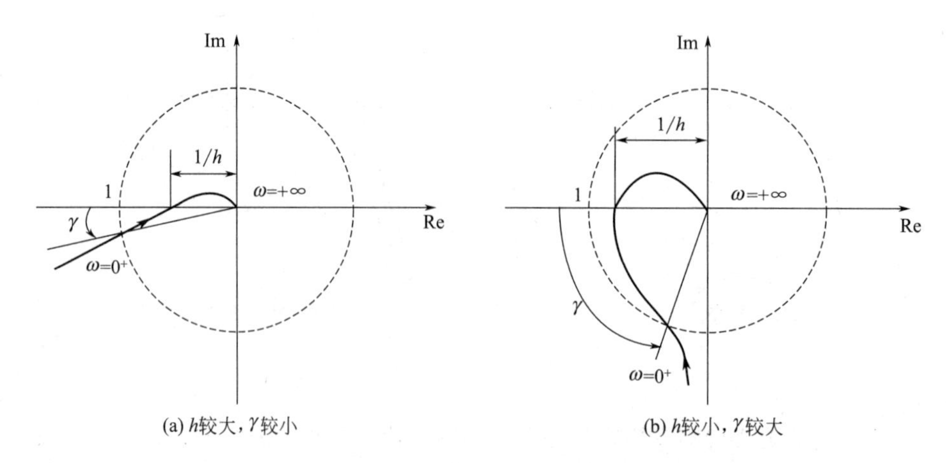

图 6-54　稳定裕度的比较

【例 6-13】 已知单位负反馈系统的开环传递函数为 $G(s)=\dfrac{K}{(s+1)^3}$，当 K 分别为 4 和 10 时，试确定系统的稳定裕度。

解　系统开环频率特性为

$$G(\mathrm{j}\omega)=\frac{K}{(1+\omega^2)^{\frac{3}{2}}}\angle(-3\arctan\omega)$$

按照 ω_{x}、ω_{c} 的定义可得

$$\omega_{\mathrm{x}}=\sqrt{3},\quad \omega_{\mathrm{c}}=\sqrt{K^{\frac{2}{3}}-1}$$

① 当 $K=4$ 时

$G(\mathrm{j}\omega_{\mathrm{x}})=-0.5$，$h=2$

$\omega_{\mathrm{c}}=1.233$，$\angle G(\mathrm{j}\omega_{\mathrm{c}})=-152.9°$

$\gamma=27.1°$

② 当 $K=10$ 时

$G(\mathrm{j}\omega_{\mathrm{x}})=-1.25$，$h=0.8$

$\omega_{\mathrm{c}}=1.908$，$\angle G(\mathrm{j}\omega_{\mathrm{c}})=-187.0°$

$\gamma=-7.0°$

$K=4$ 和 $K=10$ 的开环幅相曲线如图 6-55 所示。

易知：

当 $K=4$ 时，系统闭环稳定，$h>1$，$\gamma>0$；

当 $K=10$ 时，系统闭环不稳定，$h<1$，$\gamma<0$。

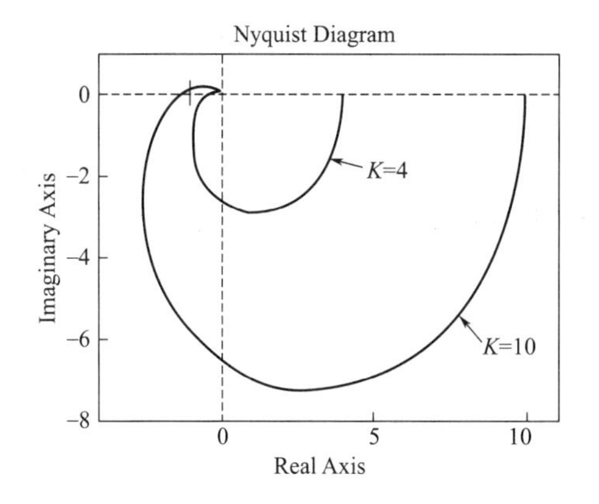

图 6-55　例 6-13 系统开环幅相曲线

第五节　基于频率响应的补偿器设计

第五章介绍了利用根轨迹方法进行补偿器的设计，其实质是通过调整根轨迹的形状来改变系统的时域动态特性。本节将在频域内对系统进行补偿器设计，以满足某些频域性能指标。常用的频域性能指标为系统的相位裕度 γ、幅值裕度 h、截止频率 ω_{c}、穿越频率 ω_{x}，以及误差系数 K 等。当简单地改变系统参数无法达到期望性能指标时，可以考虑设计补偿器来改变系统的频率响应。甚至对于一些开环不稳定的系统，也可以通过设计补偿器来使其稳定并获得满意的性能。一般来说，开环频率特性的低频段表征了闭环系统的稳态性能；中频段表征了闭环系统的动态性能；高频段表征了闭环系统的复杂性与噪声抑制性能。因此，用频率法设计控制系统的实质，就是在系统中加入合适的校正装置，使开环系统频率特性变成所期望的动态性能：低频段增益充分大，以保证稳态误差要求；中频段对数幅频特性的斜率大致为 -20dB/dec，并有充分的带宽，以保证具有适当的相位裕度；高频段增益尽快减小，以削弱噪声影响。其实，不管是在时域设计还是在频域设计补偿器或控制器，目标是一致的：改进系统的稳定性、动态性能和稳态性能。

下面首先分析频域性能指标与时域性能指标之间的关系，然后介绍串联补偿器中的超前补偿器和滞后补偿器的设计。

一、频域指标与时域指标的关系

频域中用相位裕度 γ 和幅值裕度 h 表征系统的稳定程度，稳定裕度大的系统其过渡过程阻尼就大。对于二阶系统来说，稳定裕度和阻尼比 ζ 之间可以有严格的数学关系；对于高阶系统，假如有一对主要复根作为主导极点，则也可以有与二阶系统近似的关系，下面仅以二阶系统为例。

1. 截止频率 ω_{c} 与阻尼比 ζ、自然频率 ω_{n} 的关系

考虑一具有开环传递函数为下式的典型单位负反馈二阶系统

$$G(s)=\frac{K}{s(Ts+1)};\quad G(\mathrm{j}\omega)=\frac{\omega_{\mathrm{n}}^2}{\mathrm{j}\omega(\mathrm{j}\omega+2\zeta\omega_{\mathrm{n}})}\tag{6-85}$$

式中，$\omega_{\mathrm{n}}=\sqrt{K/T}$，$2\zeta\omega_{\mathrm{n}}=\dfrac{1}{T}$。由截止频率 ω_{c} 的定义（$|G(\mathrm{j}\omega_{\mathrm{c}})|=1$），可以得到

$$|G(\mathrm{j}\omega_{\mathrm{c}})|=\frac{\omega_{\mathrm{n}}^2}{\omega_{\mathrm{c}}\sqrt{\omega_{\mathrm{c}}^2+4\zeta^2\omega_{\mathrm{n}}^2}}=1\tag{6-86}$$

即
$$(\omega_c^2)^2+4\zeta^2\omega_n^2\omega_c^2-\omega_n^4=0$$
得
$$\left(\frac{\omega_c^2}{\omega_n^2}\right)^2+4\zeta^2\left(\frac{\omega_c^2}{\omega_n^2}\right)-1=0$$
将$\left(\frac{\omega_c}{\omega_n}\right)^2$视为未知数，利用二次方程求根公式，有$\left(\frac{\omega_c}{\omega_n}\right)^2=\sqrt{4\zeta^4+1}-2\zeta^2$，可以得
$$\left(\frac{\omega_c}{\omega_n}\right)=\left(\sqrt{4\zeta^4+1}-2\zeta^2\right)^{\frac{1}{2}} \tag{6-87}$$

由式(6-87) 可以看出：当阻尼比 ζ 一定的情况下，截止频率 ω_c 越大，自然频率 ω_n 也越大，闭环系统的上升时间、峰值时间和调节时间越小，系统的响应速度加快。

2. 相位裕度 γ 与阻尼比 ζ 的关系

由相位裕度的定义式 $\gamma=180°+\angle G(j\omega_c)$，可计算式(6-85) 的相位裕度为
$$\gamma=180°-90°-\arctan\frac{\omega_c}{2\zeta\omega_n} \tag{6-88}$$
将式(6-87) 代入式(6-88) 得
$$\gamma=\arctan\frac{2\zeta\omega_n}{\omega_c}=\arctan\left(\frac{2\zeta}{\sqrt{\sqrt{4\zeta^4+1}-2\zeta^2}}\right) \tag{6-89}$$
上式与图 6-56 给出了欠阻尼二阶系统 ζ 值和相位裕度 γ 之间的单值关系。可以看出，γ 仅与 ζ 有关，ζ 为 γ 的增函数，且在 $\zeta\leqslant0.7$ 的范围内，可以近似地用一条直线表示它们之间的关系，即
$$\zeta\approx0.01\gamma \tag{6-90}$$

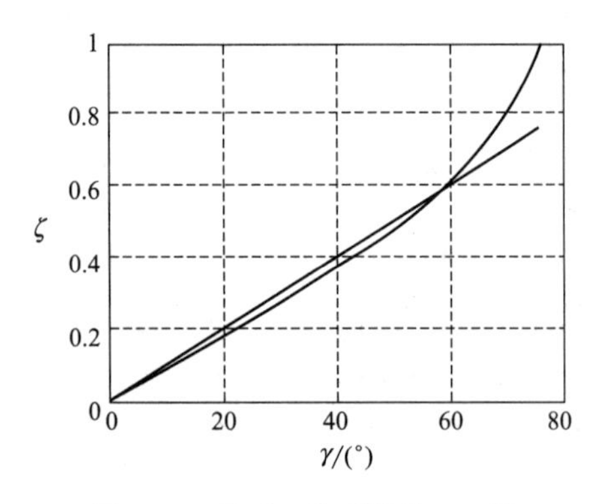

图 6-56 典型二阶系统的 γ-ζ 图

上式表明，选择 30°～60°的相角时，对应的阻尼比 ζ 约为 0.3～0.6。应指出的是，二阶系统的相位裕度 γ 可以决定系统的 ζ，但不能决定系统的自然频率 ω_n。具有相同阻尼比 ζ 的系统，当 ω_n 不同时，过渡过程的调节时间相差很大。标准二阶系统中，假定时间常数 T 是固定的，放大倍数 K 可调整，则可由要求的 ζ 值定出相位裕度 γ，然后由下式决定 K 值
$$K=\frac{1}{4\zeta^2T}=\frac{1}{4(0.01\gamma)^2T}$$

对于二阶和二阶以下的简单系统，幅值裕度 h 无意义。请考虑：这是为什么？

对于高阶系统，根据经验，较满意的稳定裕度范围如下：$h\geqslant0.5$ 或 $h'\geqslant6\text{dB}$，$\gamma=30°\sim35°$。

3. 频域指标与时域指标的关系

在控制系统设计中，采用的设计方法一般依据性能指标的形式而定。如果性能指标是以系统单位阶跃响应的峰值时间、调节时间、超调量、阻尼比、稳态误差等时域指标给出时，可采用根轨迹方法进行校正；如果性能指标以系统的相位裕度、幅值裕度、谐振峰值、闭环带宽、稳态误差系数等频域指标给出时，一般就采用频率法校正。目前，工程技术界比较习惯于采用频率法，通常可以通过它们之间的近似公式进行两种指标的互换。下面直接给出这两种指标之间的常用关系。

(1) 二阶系统频域指标与时域指标的关系

谐振峰值 $\qquad M_r=\frac{1}{2\zeta\sqrt{1-\zeta^2}}$，$\zeta\leqslant0.707$

谐振频率 $\qquad \omega_r=\omega_n\sqrt{1-2\zeta^2}$，$\zeta\leqslant0.707$

带宽频率 $\qquad \omega_b=\omega_n\sqrt{1-2\zeta^2+\sqrt{2-4\zeta^2+4\zeta^4}}$

截止频率 $\qquad \omega_c=\omega_n\sqrt{\sqrt{1+4\zeta^4}-2\zeta^2}$

相位裕度 $\qquad \gamma=\arctan\left(\frac{2\zeta}{\sqrt{\sqrt{1+4\zeta^4}-2\zeta^2}}\right)$

调节时间　　$T_s=\frac{3.5}{\zeta\omega_n}$　或　$\omega_c T_s=\frac{7}{\tan\gamma}$

其中，带宽频率 ω_b 是频域性能指标中一项重要的技术指标。设 $\Phi(j\omega)$ 为系统闭环频率特性，当闭环幅频特性下降到频率为零时的分贝值以下 3dB 时，对应的频率称为带宽频率，记为 ω_b，如图 6-57 所示，频率范围 $(0,\omega_b)$ 称为系统的带宽。

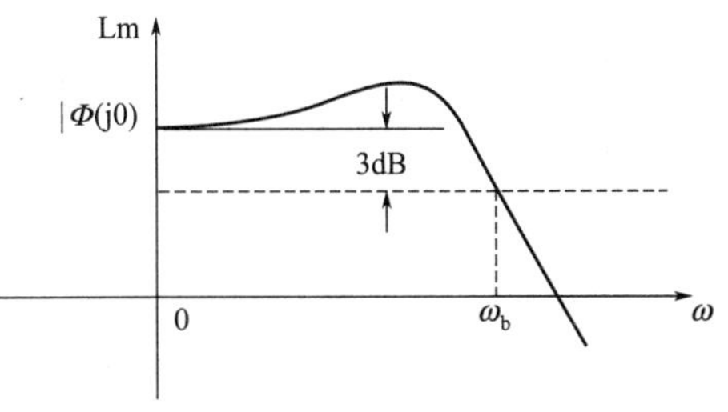

图 6-57　带宽频率示意图

$$20\lg|\Phi(j\omega)|<20\lg|\Phi(j0)|-3$$

带宽定义表明，对高于带宽频率的正弦输入信号，系统输出将呈现较大的衰减。一般人们希望，设计好的系统既能以所需精度跟踪输入信号，又能抵制噪声扰动信号。在实际系统运行中，输入信号一般是低频信号，而噪声往往是高频信号。因此，合理选择控制系统的带宽在系统设计中是一个重要的问题。

(2) 高阶系统频域指标与时域指标的关系

谐振峰值　$M_r=\frac{1}{|\sin\gamma|}$

超调量　　$\sigma=0.16+0.4(M_r-1)$，$1\leqslant M_r\leqslant 1.8$

调节时间　$T_s=\frac{K_0\pi}{\omega_c}$

$$K_0=2+1.5(M_r-1)+2.5(M_r-1)^2,\ 1\leqslant M_r\leqslant 1.8$$

二、超前补偿器的设计

利用超前补偿器进行串联校正的基本原理就是利用超前补偿器的相位超前特性。最简单的频率特性补偿是比例微分控制，频率特性是：$G_c(j\omega)=K(Tj\omega+1)$。易知，其转折频率为 $\omega=1/T$，如果让增加的相位出现在待补偿系统的截止频率 ω_c 附近，就可达到增加相位的目的。相位的增加具有稳定系统的作用，能提高系统稳定性。然而，这种补偿器的增益将随频率的增加而不断增加，将放大物理系统中普遍存在的高频噪声，并且在物理上也是不可实现的。因此，实际应用的超前补偿器是在原比例微分式中增加一个一阶滞后环节［参见式(5-66)］：$G_c(j\omega)=K\alpha\frac{Tj\omega+1}{\alpha Tj\omega+1}$，其中 $\alpha<1$。其新增加的环节产生转折频率较原转折频率 $\omega=1/T$ 高许多倍，使得相位的超前作用仍然保留下来，而高频放大作用被明显限制。在对数坐标图上，最大相位超前出现在两个转折频率的几何中心点，这一结论对任意 α 均成立。图 6-58 给出了超前补偿器的频率特性。

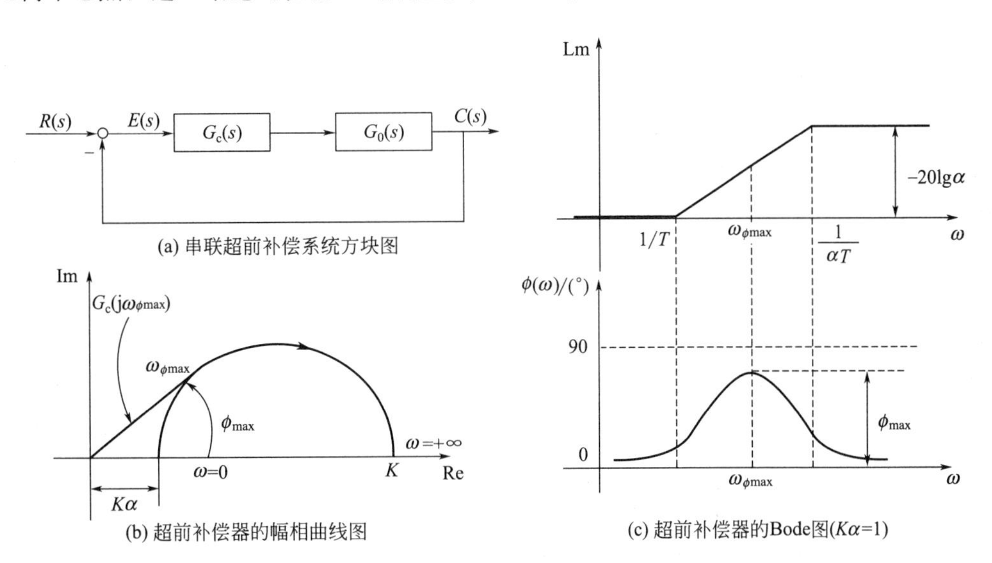

图 6-58　串联超前补偿系统 $G_c(j\omega)=K\alpha\frac{1+j\omega T}{1+j\alpha\omega T}$，$\alpha<1$

若在超前补偿器中选择 $K=1/\alpha$，则可以使串联超前补偿系统的稳态特性保持不变，即 $G_c(j\omega)=\dfrac{1+j\omega T}{1+j\omega\alpha T}$，$\alpha<1$。选择超前补偿器的作用是使得开环频率特性的幅相曲线逆时针旋转，超前补偿器的相角为

$$\phi_c(\omega)=\arctan\omega T-\arctan\omega\alpha T=\arctan\frac{(1-\alpha)\omega T}{1+\alpha\omega^2T^2} \tag{6-91}$$

将式(6-91) 对 ω 求导并令其为 0，得最大超前角 $\phi_{\max}$、最大超前角频率 $\omega_{\phi\max}$ 和对数幅频特性 $\mathrm{Lm}[G_c(j\omega_{\phi\max})]$

$$\phi_{\max}=\angle G_c(j\omega_{\phi\max})=\arcsin\frac{1-\alpha}{1+\alpha} \tag{6-92}$$

$$\omega_{\phi\max}=\frac{1}{T\sqrt{\alpha}} \tag{6-93}$$

$$\mathrm{Lm}[G_c(j\omega_{\phi_{\max}})]=-10\lg\alpha \tag{6-94}$$

可以看出：最大超前角 $\phi_{\max}$ 仅与参数 α 有关，α 值越大，超前角越小。超前补偿器的 Bode 图随参数 α 的变化情况如图 6-59 所示。

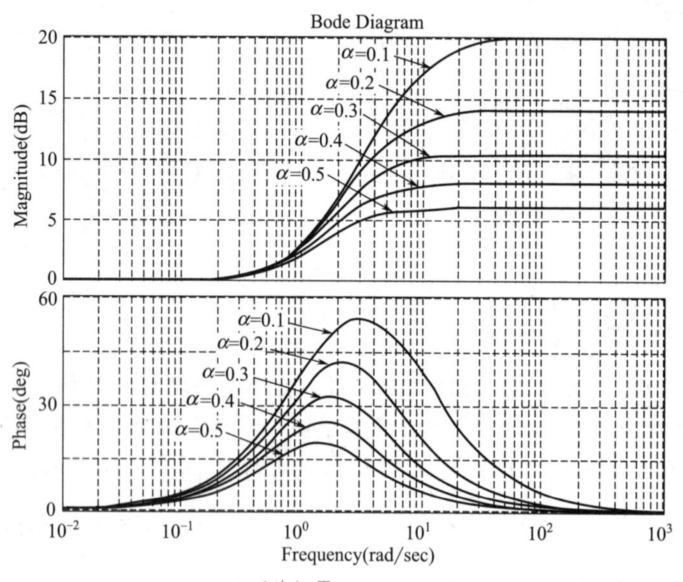

图 6-59　超前补偿器 $G_c(j\omega)=\dfrac{1+j\omega T}{1+j\omega\alpha T}$，$T=1$，$\alpha<1$ 随参数 α 变化的 Bode 图

从上推导过程可以看出，只要正确地将超前补偿器的转折频率 $\dfrac{1}{\alpha T}$ 和 $\dfrac{1}{T}$ 选在待校正系统截止频率 ω_c 的两边，并适当选择参数 α 和 T，就可以使校正系统的截止频率和相位裕度满足性能指标的要求，从而改善闭环系统的动态特性。闭环系统的稳态性能要求，可以通过选择已校正系统的开环增益来保证。用频域法设计超前补偿器（确定参数 α 和 T）的步骤如下。

① 根据稳态误差要求，确定开环增益 K。

② 利用已确定的开环增益 K 和原系统的传递函数，绘制系统的对数频率特性曲线图，计算待校正系统的截止频率 ω_c 和相位裕度 γ。

③ 根据截止频率 ω'_c 的要求，计算超前补偿器的参数 α 和 T。一般地，选择超前补偿器最大超前角频率 $\omega_{\phi\max}$ 等于要求的系统截止频率 ω'_c，以保证系统的响应速度，并充分利用补偿器的相位超前特性。显然，$\omega_{\phi\max}=\omega'_c$ 成立的条件是

$$-\mathrm{Lm}[G_0(j\omega'_c)]=\mathrm{Lm}[G_c(j\omega_{\phi\max})]=-10\lg\alpha \tag{6-95}$$

由式(6-95) 确定参数 α，然后由式(6-93) 确定参数 T。

④ 由式(6-95) 和式(6-92) 可以看出，系统的截止频率 ω'_c 与超前补偿器的最大超前角 $\phi_{\max}$ 都与参数 α 有关，而 $\phi_{\max}$ 直接影响到系统的相位裕度 γ。因此，按照满足系统截止频率 ω'_c 要求选择参数 α 之后，必须

验证校正后系统的相位裕度 γ' 是否满足要求，其中 $\gamma'=\phi_{\max}+\gamma(\omega_c')$。若验证结果 γ' 不满足指标要求，需要重新选择 $\omega_{\phi\max}(=\omega_c')$，一般使 $\omega_{\phi\max}$ 增大，然后重复以上步骤。

【例 6-14】 单位负反馈系统开环传递函数为 $G_0(s)=\dfrac{K}{s(s+1)}$，要求校正后系统满足：

① 相位裕度 $\gamma\geqslant45°$；开环系统截止频率 $\omega_c'\geqslant4.4$；

② 稳态速度误差系数 $K_v=10$。

解 ①原被控系统为I型系统，由稳态速度误差系数 K_v 的要求，得原系统的开环放大系数 $K=K_v=10$。

② 根据原系统的开环传递函数 $G_0(s)$ 以及开环放大系数 $K=10$，计算系统原来的相位裕度。

原系统的频率特性为

$$G_0(j\omega)=\frac{10}{j\omega(j\omega+1)}=\frac{10}{\omega\sqrt{1+\omega^2}}\angle(-90°-\arctan\omega)$$

截止频率：由 $|G_0(j\omega_c)|=1$ 得 $\dfrac{10}{\omega_c\sqrt{1+\omega_c^2}}=1$，从而求得 $\omega_c=3.1$。

相位裕度：$\gamma=180°-90°-\arctan3.1=17.9°$。

原系统的截止频率与相位裕度指标不满足设计要求，需要设计超前补偿器

$$G_c(j\omega)=\frac{1+j\omega T}{1+j\omega\alpha T},\quad \alpha<1$$

③ 假设校正之后开环系统截止频率 $\omega_c'=4.4$，则利用式(6-95) 计算参数 α

$$-10\lg\alpha=-\text{Lm}[G_0(j\omega_c')]=-20\lg\frac{10}{\omega_c'\sqrt{1+\omega_c'^2}}$$

$$\alpha=0.25$$

由式(6-93) 确定参数 T

$$T=\frac{1}{\omega_{\phi\max}\sqrt{\alpha}}=\frac{1}{\omega_c'\sqrt{\alpha}}=0.455$$

则此超前补偿器传递函数为

$$G_c(s)=\frac{1+0.455s}{1+0.114s}$$

对以上参数进行验证，得串联超前补偿之后系统的截止频率和相位裕度分别为 $\omega_c'=4.4$，$\gamma=49.6°$，已经满足设计要求。校正前后系统的 Bode 图如图 6-60 所示。

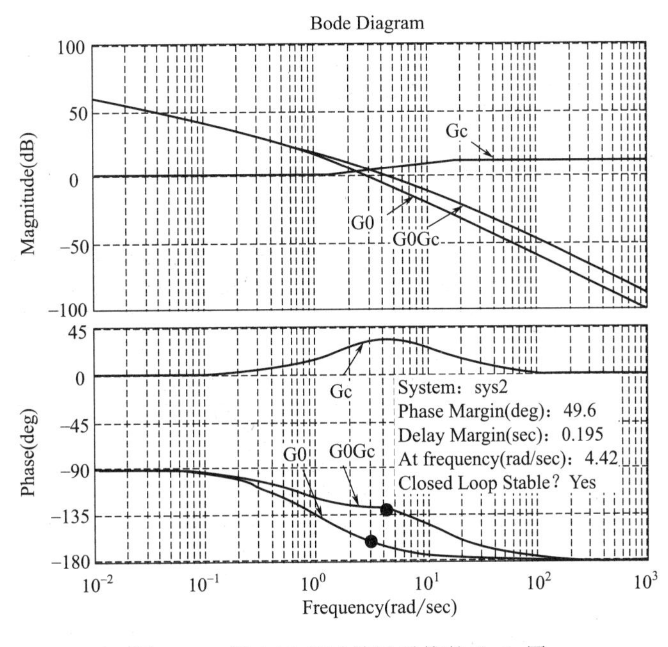

图 6-60　例 6-15 校正前后系统的 Bode 图

串联超前补偿器对系统性能有如下影响：

① 增加开环频率特性在截止频率附近的正相角，提高了系统的相位裕度；

② 减小对数幅频特性在截止频率上的负斜率，提高了系统的稳定性；

③ 提高了系统的截止频率，从而可提高系统的响应速度。

若原系统不稳定或稳定裕度很小，且开环对数幅频特性曲线在截止频率附近有较大的负斜率，不宜采用超前补偿器，因为随着截止频率的增加，原系统负相角增加的速度将超过超前补偿器正相角增加的速度，超前补偿器就不能满足要求了。

三、滞后补偿器的设计

串联校正中采用滞后补偿器的目的是利用其高频幅值衰减特性，使得已校正系统的截止频率下降，从而可使系统获得足够的相位裕度。考虑图 6-61 所示串联滞后补偿系统，可以看出：当滞后补偿器中选择 $K=1$，则可以使串联滞后补偿系统的稳态特性保持不变，即$G_c(j\omega)=\dfrac{1+j\omega T}{1+j\omega\alpha T}$，$\alpha>1$，且 α 值越大，滞后补偿器的幅值衰减越快。滞后补偿器的 Bode 图随参数 α 的变化情况如图 6-62 所示。

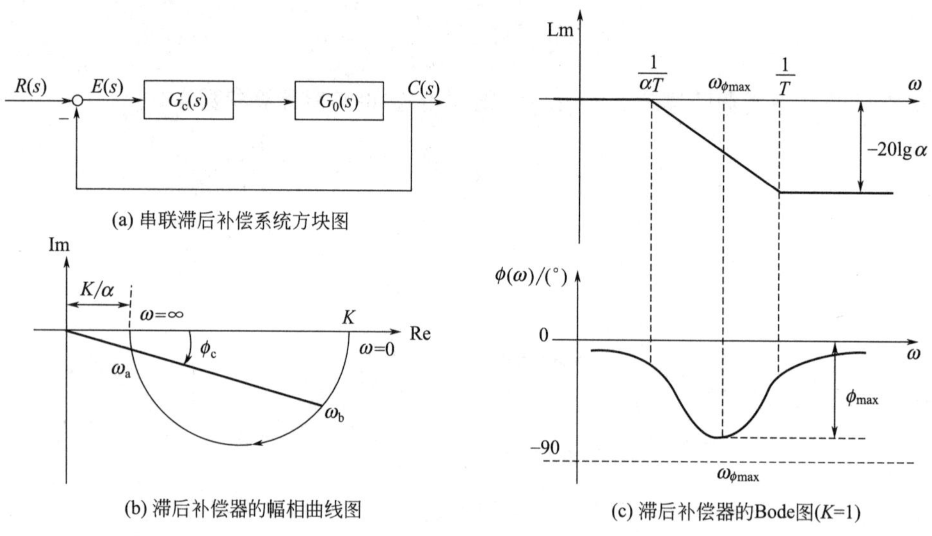

图 6-61 串联滞后补偿系统 $G_c(j\omega)=K\dfrac{1+j\omega T}{1+j\alpha\omega T}$，$\alpha>1$

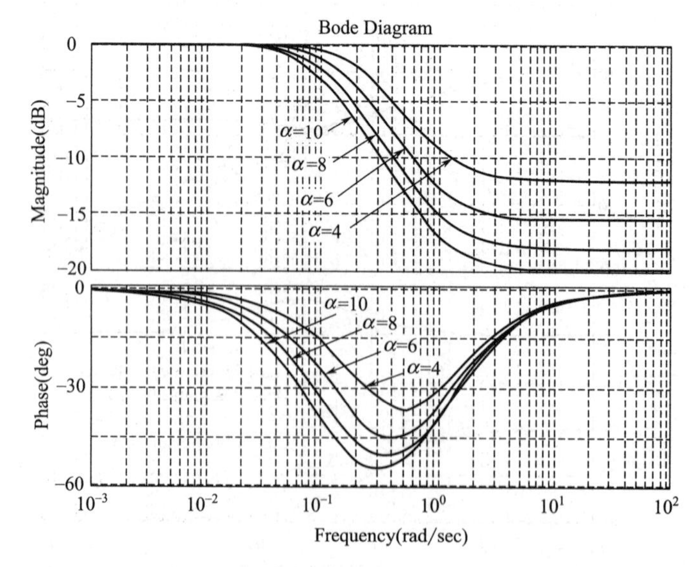

图 6-62 滞后补偿器 $G_c(j\omega)=\dfrac{1+j\omega T}{1+j\omega\alpha T}$，$T=1$，$\alpha>1$ 随参数 α 变化的 Bode 图

由滞后补偿的目的与原理可知，滞后补偿器的最大滞后角应力求避免发生在已校正系统截止频率 ω_c' 附近。选择滞后补偿器参数时，通常使滞后补偿器的第二个转折频率 $1/T$ 远小于 ω_c'，一般选择

$$\frac{1}{T}<\frac{\omega_c'}{10} \tag{6-96}$$

由滞后补偿器在截止频率 ω_c' 的相角

$$\phi_c(\omega_c')=\arctan(\omega_c'T)-\arctan(\alpha\omega_c'T)$$

$$\tan\phi_c(\omega_c')=\frac{(1-\alpha)\omega_c'T}{1+\alpha(\omega_c'T)^2}$$

代入式(6-96) 以及 $\alpha>1$ 关系，上式可化简为

$$\phi_c(\omega_c')=\arctan\left(\frac{1-\alpha}{10\alpha}\right) \tag{6-97}$$

其中 α 与 $\phi_c(\omega_c')$ 的关系如图 6-63 所示

由图 6-63 可以看出，当 α 在 [1,100] 范围内变化时，滞后补偿器最大幅值衰减所对应的相角不超过$-6°$，对校正后系统的相位裕度影响不大，因此，一般可先将滞后补偿器的相位滞后近似为$-6°$，然后在设计出滞后补偿器之后，验证校正后系统的性能指标。

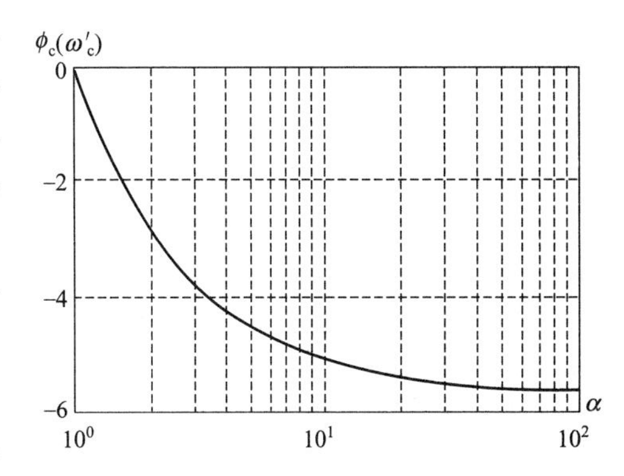

图 6-63　滞后补偿器 α 与 $\phi_c'(\omega_c')$ 之间的关系

若原系统为单位负反馈最小相位系统，则应用频域法设计串联滞后补偿器的步骤如下。

① 根据稳态误差要求，确定开环增益 K。

② 利用已确定的开环增益 K 和原系统的传递函数，绘制系统的对数频率特性曲线图，计算待校正系统的截止频率 ω_c 和相位裕度 γ。

③ 根据相位裕度 γ' 的要求，选择校正后系统的截止频率 ω_c'。先假设滞后补偿器在新的截止频率处产生的相位滞后为$\phi_c=-6°$，则

$$\gamma'=\gamma(\omega_c')+\phi_c(\omega_c')=\gamma(\omega_c')-6° \tag{6-98}$$

$$\gamma(\omega_c')=\gamma'+6° \tag{6-99}$$

由系统 Bode 图，确定满足条件（6-99）的截止频率 ω_c'。

④ 确定滞后补偿器参数 α 和 T。为了补偿因滞后补偿器带来的幅值衰减，原系统在截止频率 ω_c' 处的幅值必须满足

$$\mathrm{Lm}[G_0(\omega_c')]=-\mathrm{Lm}[G_c(\omega_c')]=20\lg\alpha \tag{6-100}$$

同时，为了保证滞后补偿器在截止频率 ω_c' 处的滞后角度不大于$-6°$，可令参数 T 满足

$$\frac{1}{T}=\frac{\omega_c'}{10} \tag{6-101}$$

⑤ 验证已校正系统的相位裕度，若不满足要求，则重新选择截止频率 ω_c'，重复以上步骤。

【例 6-15】 单位负反馈系统开环传递函数为 $G_0(s)=\dfrac{K}{s(0.5s+1)(0.2s+1)}$，要求校正后系统满足：

① 相位裕度 $\gamma'\geqslant 40°$；开环系统截止频率 $\omega_c'\geqslant 1$；

② 稳态速度误差系数 $K_v=7$。

解　① 原被控系统为 I 型系统，由稳态速度误差系数 K_v 的要求，得原系统的开环放大系数 $K=K_v=7$。

② 根据原系统的开环传递函数 $G_0(s)$ 以及开环放大系数 $K=7$，绘制原系统的 Bode 图如图 6-64 所示。原系统的频率特性为

$$G_0(\mathrm{j}\omega)=\frac{7}{\mathrm{j}\omega(\mathrm{j}0.5\omega+1)(\mathrm{j}0.2\omega+1)}$$

$$=\frac{7}{\omega\sqrt{1+0.25\omega^2}\sqrt{1+0.04\omega^2}}\angle(-90°-\arctan0.5\omega-\arctan0.2\omega)$$

截止频率 $\omega_c=3.16$

相位裕度 $\gamma=0°$

原系统不稳定，不满足设计要求。从相频特性可以看出，在截止频率 ω_c 附近相位变化比较快，若采用串联超前校正很难奏效，且截止频率 $\omega_c>\omega_c'$，所以需要设计串联滞后补偿器

$$G_c(j\omega)=\frac{1+j\omega T}{1+j\omega\alpha T},\ \alpha>1$$

③ 假设滞后补偿器在新的截止频率处产生的相位滞后为 $\phi_c=-6°$，由相位裕度 $\gamma'\geqslant40°$的要求，得原系统在 ω_c' 处的相位裕度为

$$\gamma(\omega_c')=\gamma'+6°=46°$$

由系统 Bode 图或者通过相位公式

$$\gamma(\omega_c')=180°-90°-\arctan0.5\omega_c'-\arctan0.2\omega_c'$$

计算得截止频率 $\omega_c'=1.186$，满足设计要求。

④ 确定滞后补偿器参数 α 和 T。由式(6-100) 确定参数 α

$$20\lg\alpha=\mathrm{Lm}[G_0(\omega_c')]$$

$$\alpha=\frac{7}{\omega_c'\sqrt{1+0.25\omega_c'^2}\sqrt{1+0.04\omega_c'^2}}=4.9396$$

由式(6-101) 确定参数 T

$$T=\frac{10}{\omega_c'}=8.43$$

则滞后补偿器传递函数为

$$G_c(s)=\frac{1+8.43s}{1+41.64s}$$

⑤ 验证校正后系统的相位裕度和截止频率。

校正后系统的开环传递函数为

$$G_0(s)G_c(s)=\frac{7(1+8.43s)}{s(0.5s+1)(0.2s+1)(1+41.64s)}$$

$$\omega_c'=1.19,\ \gamma'=41.3$$

满足设计要求。校正前后系统的 Bode 图如图 6-64 所示。

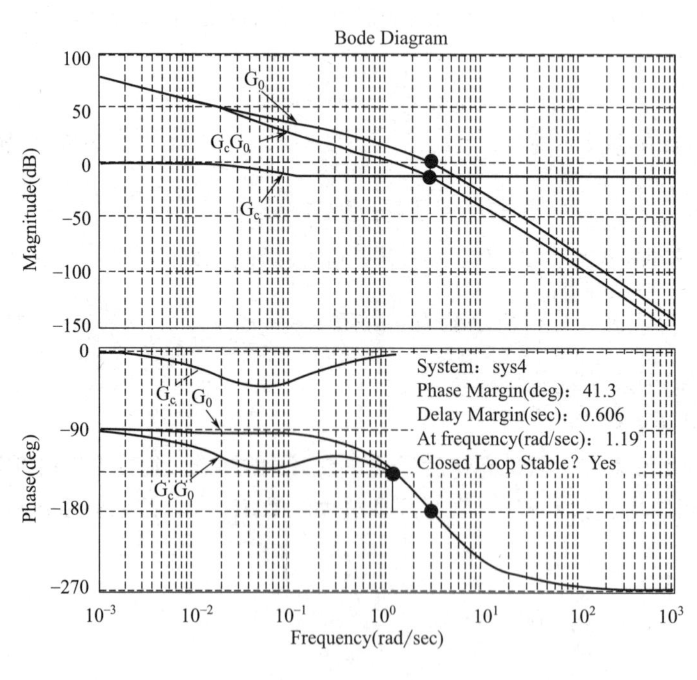

图 6-64 例 6-15 校正前后系统的 Bode 图

串联滞后补偿器对系统性能有如下影响：

① 在保持系统开环放大系数不变的情况下，减小截止频率可增加相位裕度，提高系统的稳定性；

② 由于降低了系统的截止频率，使系统的响应速度降低，但系统抗干扰能力增强；

③ 在保持系统相对稳定性不变的情况下，可以提高系统的开环放大系数，改善系统的稳态性能。

串联超前校正主要是利用超前补偿器的相位超前特性来提高系统的相位裕度或相对稳定性，而串联滞后校正则是利用滞后补偿器在高频段的幅值衰减特性来提高系统的开环放大系数，从而改善系统的稳态性能。在实际系统中，存在单独采用超前校正或滞后校正都不能获得满意的动态和稳态性能的情况，此时可以考虑滞后-超前校正方式。关于滞后-超前补偿器的设计请参阅有关资料。

本章小结

本章主要介绍了频率特性的基本概念、频率特性的图形表示方法以及利用开环频率特性分析系统稳定性、稳定裕量。在分析了时域指标与频域指标的关系后，介绍了利用系统的 Bode 图来设计串联超前补偿器和滞后补偿器的设计过程。

习　题　六

6-1　若系统单位阶跃响应 $h(t)=1-1.8\mathrm{e}^{-4t}+0.8\mathrm{e}^{-9t}$，试确定系统的频率特性。

6-2　设系统的结构图如图 6-65 所示，试确定在输入信号 $r(t)=\sin(t+30°)-\cos(2t-45°)$ 作用下，系统的稳态误差 $e_{ss}(t)$。

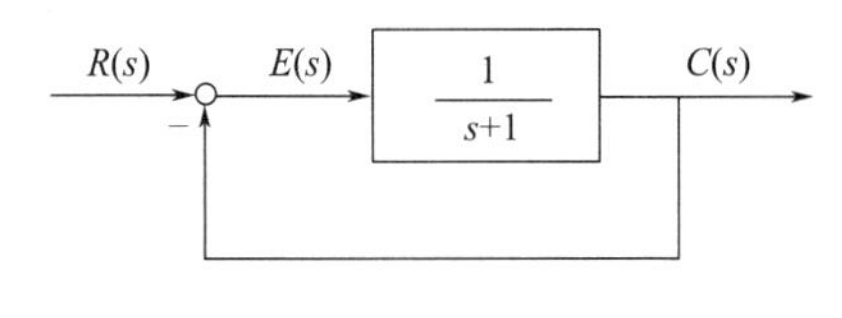

图 6-65　题 6-2 图

6-3　典型二阶系统的开环传递函数 $G(s)=\dfrac{\omega_n^2}{s(s+2\zeta\omega_n)}$，当取 $r(t)=2\sin t$ 时，系统的稳态输出为 $c_{ss}(t)=2\sin(t-45°)$，试确定系统的参数 ω_n，ζ。

6-4　绘制下列传递函数的幅相特性曲线。

① $G(s)=\dfrac{2}{(2s+1)(5s+1)}$；　　② $G(s)=\dfrac{3.6}{s(5s+1)(10s+1)}$。

6-5　已知系统的开环传递函数 $G(s)H(s)=\dfrac{10}{s(s+1)(s^2/4+1)}$，试绘制系统概略开环幅相曲线。

6-6　设控制系统的开环传递函数为

① $G(s)H(s)=\dfrac{1}{(1+s)(1+2s)}$；　　② $G(s)H(s)=\dfrac{1}{s(1+s)(1+2s)}$；

③ $G(s)H(s)=\dfrac{1}{s^2(1+s)(1+2s)}$；　　④ $G(s)H(s)=\dfrac{(1+0.2s)(1+0.025s)}{s^2(1+0.005s)(1+0.001s)}$。

试画出开环频率特性的极坐标图（$\omega=0\to\infty$），并确定 $G(\mathrm{j}\omega)H(\mathrm{j}\omega)$ 曲线与实轴是否相交，试确定相交点处的频率和相应幅值。

6-7　绘制 $\zeta=0.2$ 的二阶环节对数频率特性曲线（幅频、相频曲线）。

6-8　已知系统开环传递函数 $G(s)H(s)=\dfrac{K(\tau s+1)}{s^2(Ts+1)}$，$K,\tau,T>0$，试分析并绘制 $\tau>T$ 和 $T>\tau$ 情况下的概略开环幅相曲线。

6-9　已知系统开环传递函数 $G(s)=\dfrac{K(-T_2s+1)}{s(T_1s+1)}$，$K,T_1,T_2>0$，当 $\omega=1$ 时，$\angle G(\mathrm{j}\omega)=-180°$，$|G(\mathrm{j}\omega)|=0.5$，当输入为单位速度输入信号时，系统的稳态误差为 0.1，试写出系统开环频率特性表达式$G(\mathrm{j}\omega)$。

6-10　绘制下列传递函数的对数幅频渐近特性曲线。

① $G(s)\dfrac{2}{(2s+1)(8s+1)}$；　　② $G(s)=\dfrac{200}{s^2(s+1)(10s+1)}$；　　③ $G(s)=\dfrac{8\left(\dfrac{s}{0.1}+1\right)}{s(s^2+s+1)\left(\dfrac{s}{2}+1\right)}$；

④ $G(s)=\dfrac{1}{s(1+0.5s)(1+0.4s)}$；

⑤ $G(s)=\dfrac{32(s+2)}{s(s^2+4s+16)}$。

6-11　假设单位负反馈系统开环传递函数的对数幅频渐近特性曲线如图 6-66 所示。①确定系统的开环传递函数（假设只有一阶环节）；②计算 $|G(j\omega)|=1$ 时的频率及相位。

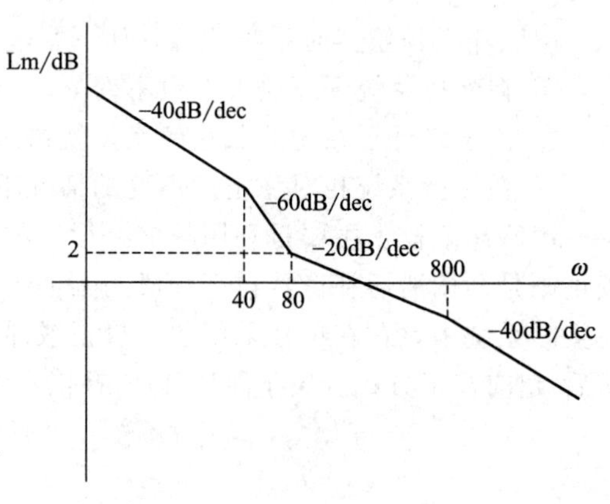

图 6-66　题 6-11 图

6-12　开环系统的对数幅频渐近特性曲线分别如图 6-67 所示。

① 确定系统的开环传递函数；

② 计算 $\omega=4$ 点渐近特性曲线与真实值的偏差；

③ 计算系统的稳态误差系数（假设只有一阶环节）。

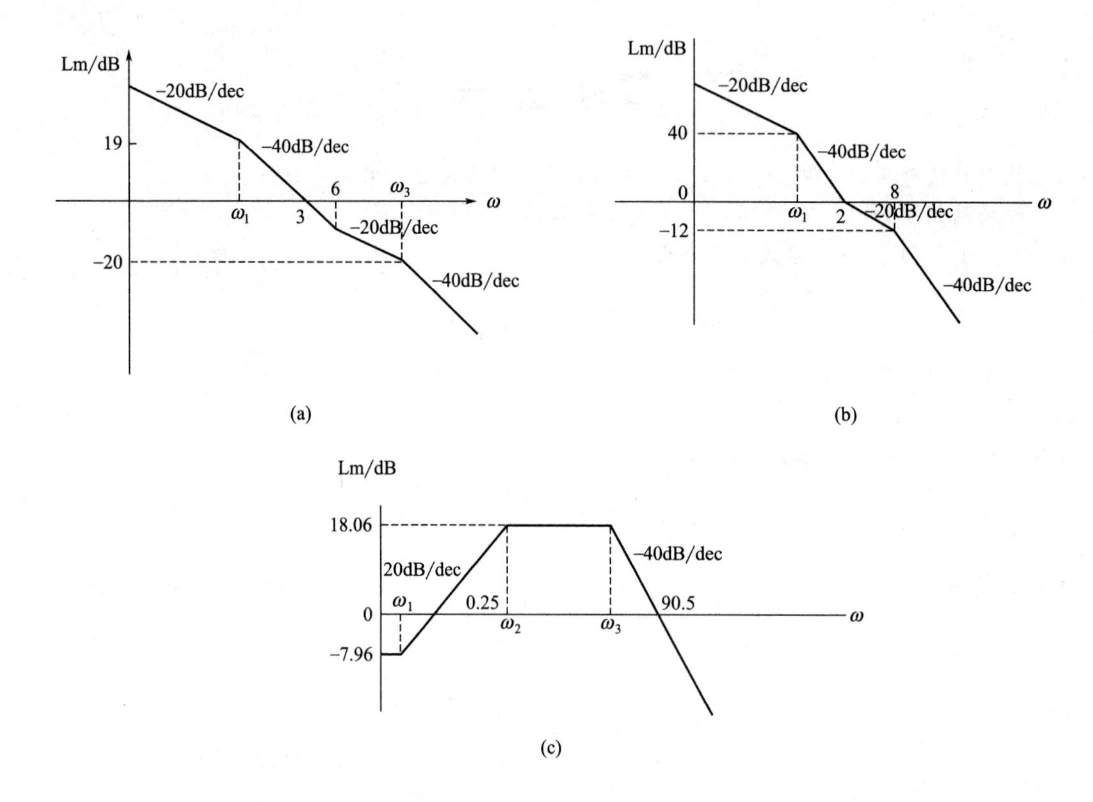

图 6-67　题 6-12 图

6-13　确定如图 6-68 所示系统的稳态误差系数。

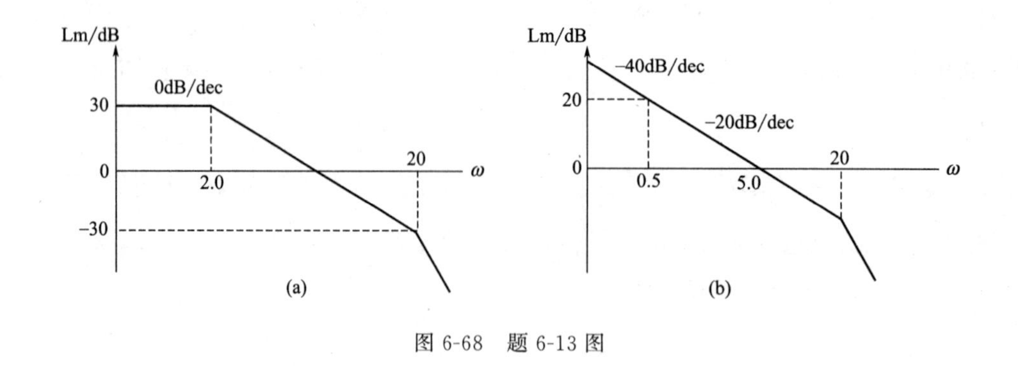

图 6-68　题 6-13 图

6-14　已知最小相位系统的对数幅频渐近特性曲线如图 6-69 所示，试确定系统的传递函数。

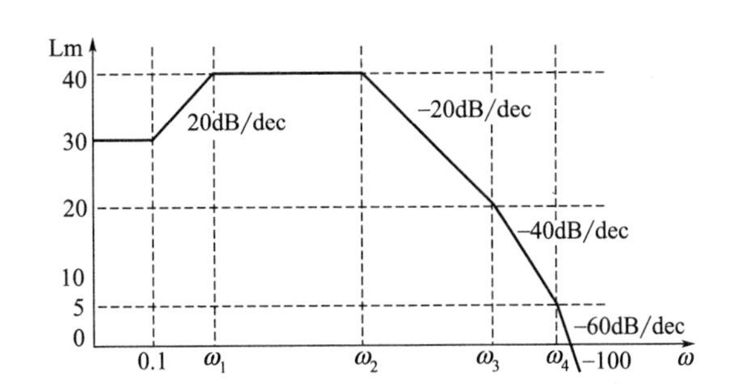

图 6-69 题 6-14 图

6-15 已知最小相位系统的近似对数幅频特性如图 6-70 所示，试求该系统的传递函数。

	ω	$\|G\|$
A	0.1	1.25
B	0.2	5
C	0.5	5
D	2.5	1
E	25	10

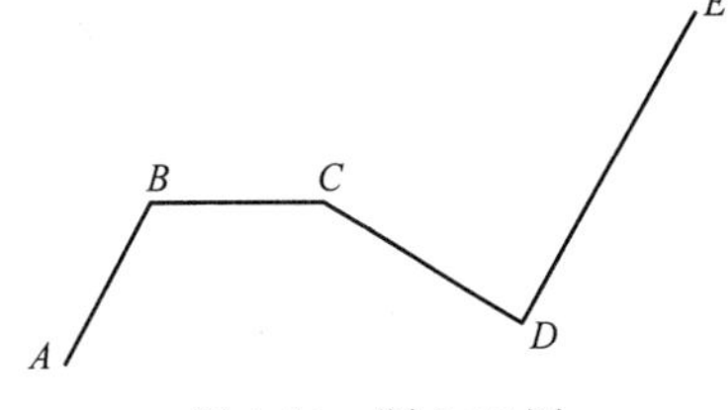

图 6-70 题 6-15 图

6-16 已知最小相位系统的对数幅频渐近特性曲线如图 6-71 所示，试确定系统的开环传递函数。

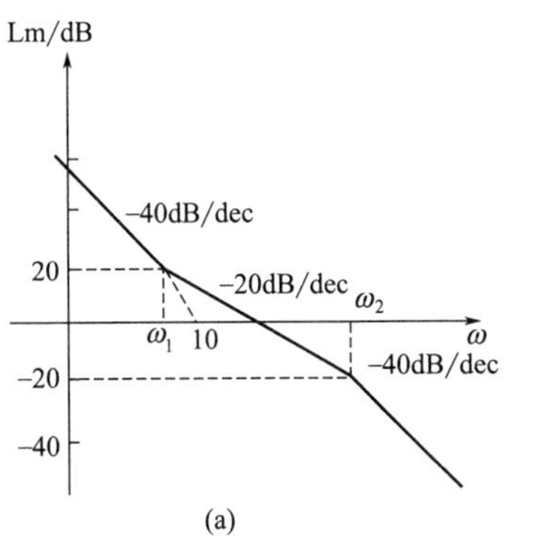

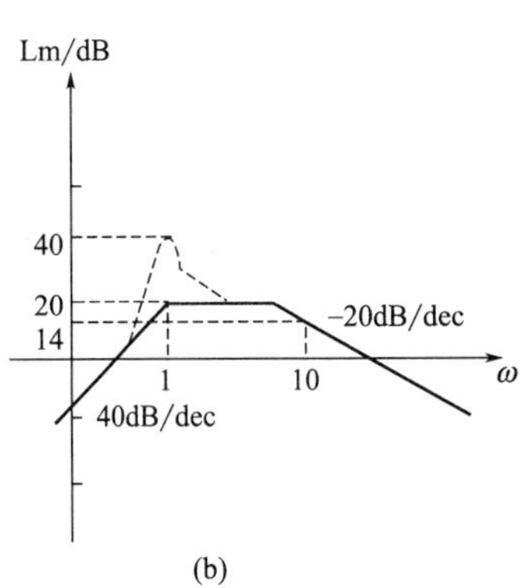

图 6-71 题 6-16 图

6-17 如图 6-72 所示为奈奎斯特曲线的正频部分。

① 试绘制完整的奈奎斯特图；②试判断闭环系统的稳定性。

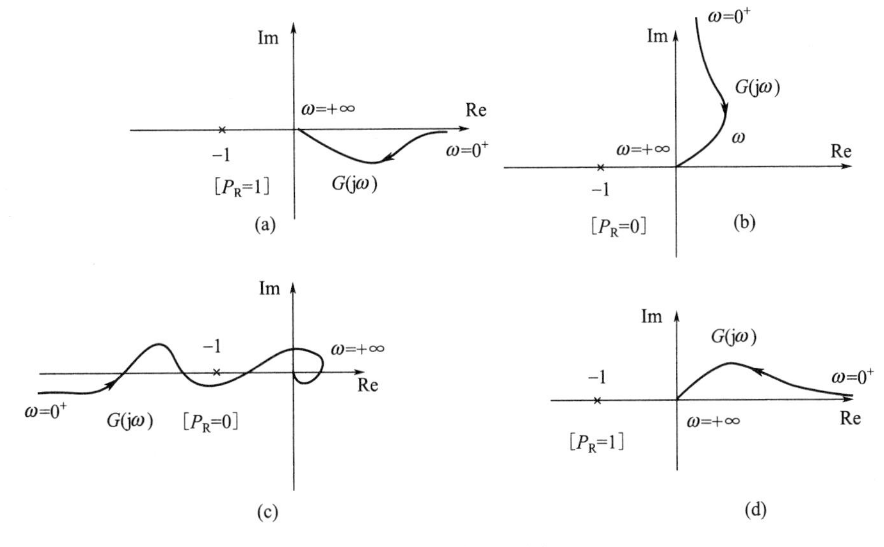

图 6-72 题 6-17 图

6-18　图 6-73(a)、(b) 分别表示一个系统的开环幅相曲线图，试从下列四个传递函数中找出它们各自对应的开环传递函数（$K>0$），并判断闭环稳定性。

① $G(s)=\dfrac{K(s+1)}{s^3(0.5s+1)}$；　　② $G(s)=\dfrac{K}{s(Ts-1)}$；

③ $G(s)=\dfrac{K(s+1)(0.5s+1)}{s^3(0.1s+1)(0.05s+1)}$；　　④ $G(s)=\dfrac{K}{s(1-Ts)}$。

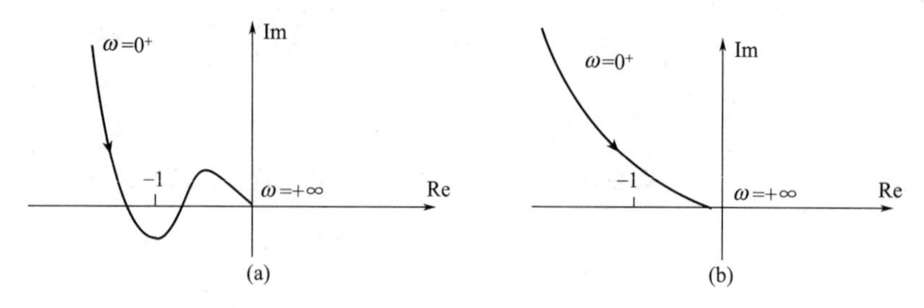

图 6-73　题 6-18 图

6-19　已知系统开环传递函数 $G(s)=\dfrac{K}{s(Ts+1)(s+1)}$ $(K,T>0)$，试根据奈奎斯特判据，确定其闭环稳定条件：

① $T=2$ 时，K 值的范围；② $K=10$ 时，T 值的范围；③ K,T 值的范围。

6-20　已知系统的开环传递函数为

$$G(s)=\frac{K(0.2s+1)}{s^2(0.02s+1)}$$

① 若 $K=1$，求该系统的相位裕度；

② 若要求系统的相位裕度为 45°，求 K 值。

6-21　已知单位负反馈系统的开环传递函数为 $G(s)=\dfrac{K}{s(s+5)}$，试求当 K 为 20 时，闭环系统幅频特性峰值 M_r、谐振频率 ω_r，以及频带宽度 ω_b，并求出其阶跃响应的动态指标 δ 和 T_s。

6-22　设单位负反馈系统的开环传递函数为 $G(s)=\dfrac{as+1}{s^2}$，试确定使相位裕度为 45°时的 a 值。

6-23　设开环传递函数 $G(s)H(s)=\dfrac{K}{s(s+2)(s+4)}$，试求：

① 根轨迹法求出使闭环系统 $\zeta=0.5$ 的 K 值；

② 对所求出的 K 值，求幅值和相位裕度；

③ 求使闭环系统稳定的 K 值临界值 K_{max}，并用劳斯判据验证讨论。

6-24　若 $G(s)H(s)=\dfrac{2e^{-\tau s}}{s+1}$，利用：

① 开环频率特性；② 开环对数频率特性，求取使系统等幅振荡时的 τ 和 ω 值。

6-25　已知单位负反馈系统的开环传递函数为 $G_p(s)=\dfrac{4K}{s(s+2)}$，试设计串联校正装置，使校正后系统的相位裕度 $\gamma \geqslant 50°$，静态速度误差系数 $K_v=20s^{-1}$。

6-26　已知单位负反馈系统的开环传递函数为

$$G_p(s)=\frac{K}{s(1+s)(1+0.5s)}$$

试设计串联校正装置使系统具有相位裕度 $\gamma \geqslant 40°$、增益裕度 $K_g \geqslant 10dB$、静态速度误差系数$K_v \geqslant 5s^{-1}$。

第七章 线性离散时间控制系统分析与综合

前面几章均是在连续时间域研究控制系统的建模、分析及设计问题，也即系统中所有环节的信号均为时间的连续函数，称这类系统为连续时间控制系统，简称连续系统。当系统中含有采样开关或数字处理环节时，系统中便有离散的数字序列信号存在。为区别连续系统，称这类系统为线性离散时间控制系统，简称离散系统。随着微处理器和数字计算机的蓬勃发展，以计算机为代表的数字控制器在绝大多数场合已经取代了模拟控制器。图 7-1 所示是计算机控制系统的原理框图。图中，$e^*(t)$ 和 $u^*(t)$ 为离散信号，$u(t)$是分段的连续信号，其余为连续信号。除了如图 7-1 所示的这类同时存在连续与离散信号的系统外，还有一类本质上就具有采样特性的系统，如周期地将飞机的位置信息提供给数字处理器的雷达跟踪系统等。无论是哪种离散系统，都不能直接应用前面几章的分析与设计方法，必须了解离散系统的特点，结合已经掌握的知识，学习相关离散控制系统的理论与方法。

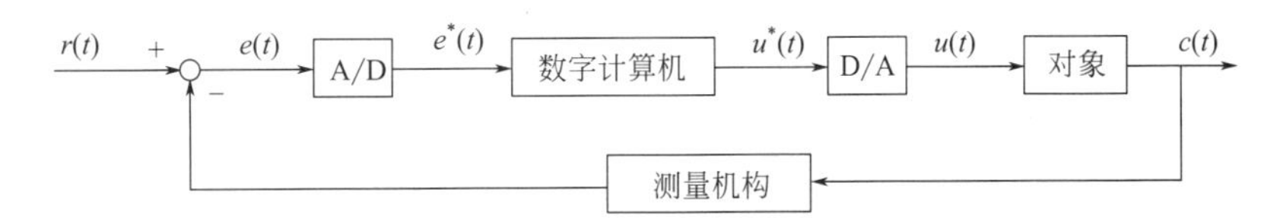

图 7-1 典型的数字计算机控制系统方框图

离散系统与连续系统既有本质的区别又有分析方面的相似，在很多数学工具与分析方法上都有一定的对应关系。例如连续时间域中用微分方程描述系统，常采用拉氏变换作为简化问题的工具；离散时间域则用差分方程描述系统，往往采用 Z 变换法。连续系统中采用的时域响应、稳定分析、根轨迹以及频率特性等分析研究系统的方法，也可以相应地推广应用于线性离散系统。本章在采样过程与采样定理的基础上，先介绍离散系统的重要分析基础——Z 变换理论；然后着重介绍离散系统的数学描述及其求解、系统的分析及其设计方法，最后对数字控制系统进行简要的分析和说明。

第一节 采样过程与采样定理

对控制系统的采样有多种形式：周期采样、随机采样、多速采样等，其中应用最广又最简单的是采样间隔相等的周期采样。以下讨论的范围也仅限于周期采样。

一、采样过程的数学描述

把在时间和量值上均连续的模拟信号 $e(t)$，按一定的时间间隔 T（采样周期）转变为只在瞬时 $0,1T,2T,\cdots,kT$ 才有脉冲输出信号 $e^*(t)$ 的过程称为采样过程，如图 7-2 所示。实现采样的装置称为采样器或采样开关。采样器的输入信号 $e(t)$ 称为原信号，采样器的输出信号 $e^*(t)$ 称为采样信号。在图 7-2 中，当采样开关的闭合时间 τ 远远小于采样周期 T 时，可以将实际采样开关看成是理想采样开关（即接通电阻为零、断开电阻为无穷大）。经理想化后的采样信号 $e^*(t)$ 可近似为一串宽度为 τ，高度为$\dfrac{e(kT)}{\tau}$的矩形波脉冲。

其数学描述可写成

$$e^*(t)=e(0)\left[\frac{u(t)-u(t-\tau)}{\tau}\right]+e(T)\left[\frac{u(t-T)-u(t-T-\tau)}{\tau}\right]+\cdots$$
$$=\sum_{k=0}^{\infty}e(kT)\left[\frac{u(t-kT)-u(t-kT-\tau)}{\tau}\right] \tag{7-1}$$

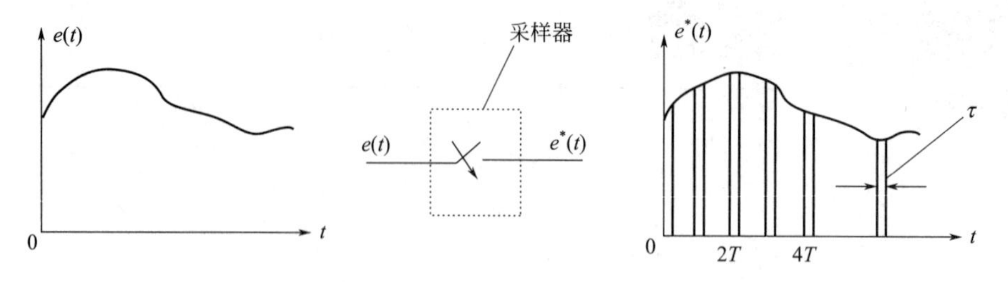

图 7-2　采样过程示意图

当 $\tau\to0$ 时，上式中的矩形窄脉冲用 kT 时刻的理想 δ 函数近似表示为

$$e^*(t)=\sum_{k=0}^{\infty}e(kT)\cdot\delta(t-kT) \tag{7-2}$$

示意图如图 7-3 所示。其中 δ 函数有一个重要性质，即

$$f(t)\delta(t-t_0)=f(t_0)\delta(t-t_0) \tag{7-3}$$

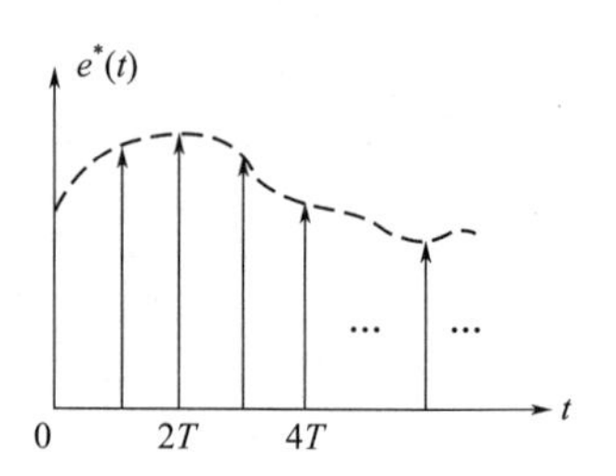

图 7-3　理想采样过程示意图

利用该性质来描述理想采样过程，可将理想采样器看作一个载波为 $\delta_T(t)$ 的幅值调制器，采样过程就可看成是一个幅值调制的过程，如图 7-4所示，其中，载波信号 $\delta_T(t)$ 是周期单位脉冲序列函数

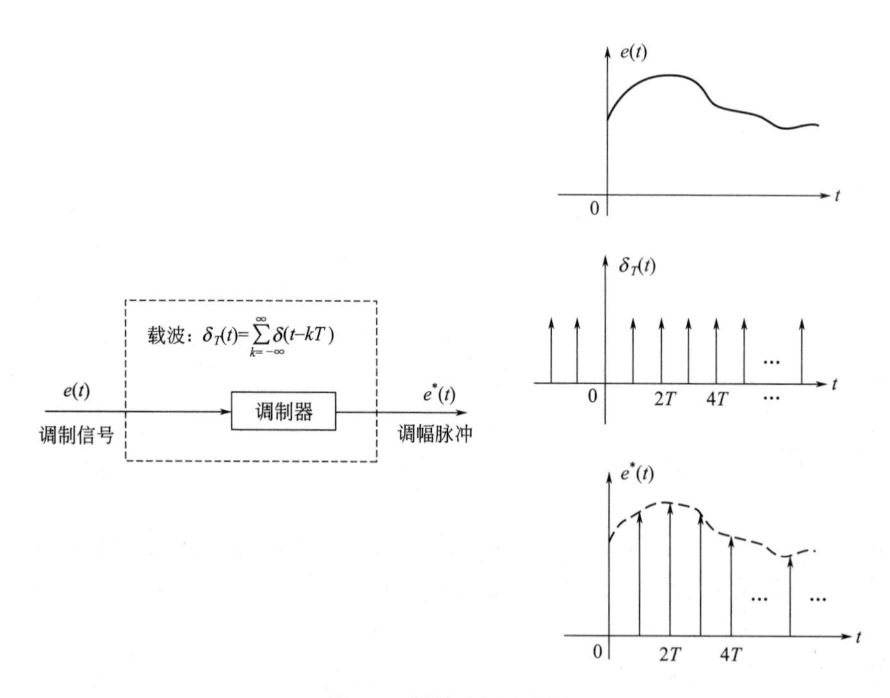

图 7-4　调制过程示意图

$$\delta_T(t)=\cdots+\delta(t)+\delta(t-T)+\delta(t-2T)+\cdots=\sum_{k=-\infty}^{\infty}\delta(t-kT) \tag{7-4}$$

$e(t)$ 为调制信号，采样器为幅值调制器，则输出脉冲序列可看作调制信号与载波信号相乘的结果，即

$$e^*(t)=e(t)\sum_{k=-\infty}^{\infty}\delta(t-kT) \tag{7-5}$$

二、采样信号的频谱分析

所谓频谱是指一个时间函数所含不同频率谐波成分的分布情况。由傅里叶级数定义，周期单位脉冲序列可表示为

$$\delta_T(t)=\sum_{k=-\infty}^{\infty}\delta(t-kT)=\sum_{k=-\infty}^{\infty}C_k\mathrm{e}^{\mathrm{j}k\omega_s t} \tag{7-6}$$

式中，T 为采样周期，$\omega_s=\dfrac{2\pi}{T}$是采样角频率。可以求得系数

$$C_k=\frac{1}{T}\int_{-T/2}^{T/2}\delta_T(t)\mathrm{e}^{\mathrm{j}k\omega_s t}\mathrm{d}t=\frac{1}{T}\int_{0^-}^{0^+}\delta(t)\mathrm{d}t=\frac{1}{T}$$

将 C_k 代入式(7-6)，得

$$\delta_T(t)=\sum_{k=-\infty}^{\infty}C_k\mathrm{e}^{\mathrm{j}k\omega_s t}=\frac{1}{T}\sum_{k=-\infty}^{\infty}\mathrm{e}^{\mathrm{j}k\omega_s t} \tag{7-7}$$

将式(7-7) 代入式(7-5)，得

$$e^*(t)=\frac{1}{T}\sum_{k=-\infty}^{\infty}e(t)\cdot\mathrm{e}^{\mathrm{j}k\omega_s t} \tag{7-8}$$

对式(7-8) 取拉氏变换，并由拉氏变换的位移定理可得离散信号 $e^*(t)$ 的拉氏变换式

$$E^*(s)=\frac{1}{T}\sum_{k=-\infty}^{\infty}L\{e(t)\cdot\mathrm{e}^{\mathrm{j}k\omega_s t}\}=\frac{1}{T}\sum_{k=-\infty}^{\infty}E(s-\mathrm{j}k\omega_s) \tag{7-9}$$

令 $s=\mathrm{j}\omega$ 并代入式(7-9)，则可得采样后的信号频谱函数

$$E^*(\mathrm{j}\omega)=\frac{1}{T}\sum_{k=-\infty}^{\infty}E(\mathrm{j}\omega-\mathrm{j}k\omega_s) \tag{7-10}$$

其中，$E(\mathrm{j}\omega)$ 是 $e(t)$ 的频谱，$E^*(\mathrm{j}\omega)$ 是 $e^*(t)$ 的频谱。显见，$E^*(\mathrm{j}\omega)$ 是以 ω_s 为周期频率的周期函数。

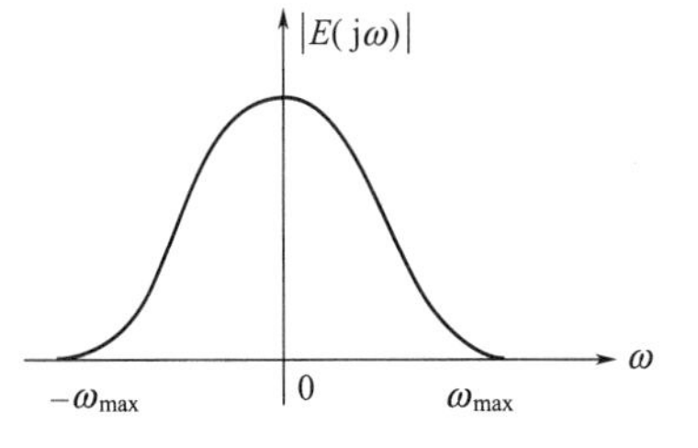

图 7-5　连续信号频谱

通常，连续函数 $e(t)$ 的频带宽度有限，如图 7-5 所示，设上限频率为 ω_{max}。采样信号的频谱是周期函数，其幅值为$|E(\mathrm{j}\omega)|$的$\dfrac{1}{T}$，周期为 ω_s，如图 7-6 所示。称 $k=0$ 时的频谱分量$\dfrac{1}{T}|E(\mathrm{j}\omega)|$为主频谱，其余的频谱分量（$k=\pm1$，$\pm2$,…）都是由采样而产生的高频分量，称为附加频谱。采样信号频谱$E^*(\mathrm{j}\omega)$的主

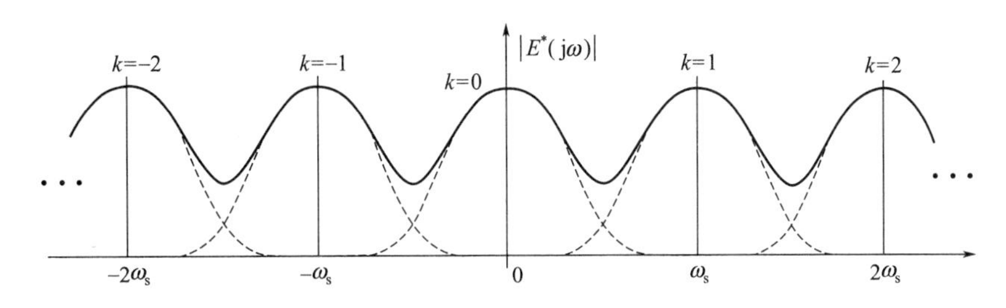

(a) 采样信号频谱之一

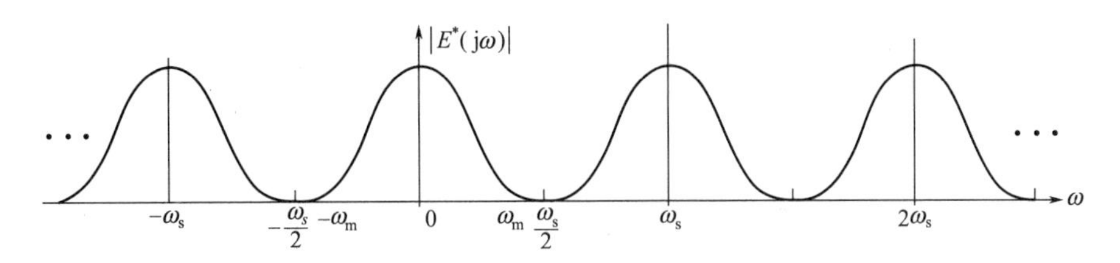

(b) 采样信号频谱之二

图 7-6　采样信号频谱

频谱与原连续函数的频谱 $E(\mathrm{j}\omega)$ 相比，只是幅值相对变化了 $\frac{1}{T}$ 倍，形状是完全一样的。这一结论给出了连续信号$e(t)$与采样后的离散信号 $e^*(t)$ 之间的内在联系。由于离散频谱是各频谱分量求和的结果，若频区相互重叠，幅值就会发生畸变，如图 7-6(a) 所示，在这种情况下，从离散信号的频谱中分离出原信号的频谱成分就很困难。因此，要想从离散信号 $e^*(t)$ 中完全复现采样前的连续信号 $e(t)$，必须对离散频谱函数的频率周期 ω_s 有一定要求，这个要求便是著名的香农（Shannon）采样定理。

三、采样定理

香农采样定理：对有限频谱（$-\omega_{\max}\leqslant\omega\leqslant\omega_{\max}$）的连续信号 $e(t)$ 采样，只要采样频率 ω_s 满足

$$\omega_s\geqslant 2\omega_{\max} \tag{7-11}$$

通过理想滤波器，采样信号 $e^*(t)$ 就能无失真地完全复现采样前的连续信号 $e(t)$。也即，如果采样周期满足采样定理，当把采样后的信号$e^*(t)$加到如图 7-7 所示的理想低通滤波器，则在滤波器输出端得到的频谱能准确地等于连续信号频谱 $|E(\mathrm{j}\omega)|$ 的$\frac{1}{T}$倍，再经过放大器对$\frac{1}{T}$的补偿，便可无失真地将原连续信号 $e(t)$ 完整地提取出来。采样定理指出了从采样信号中不失真地复现原连续信号所必需的理论上的最小采样频率，这是在设计离散控制系统时应严格遵守的。

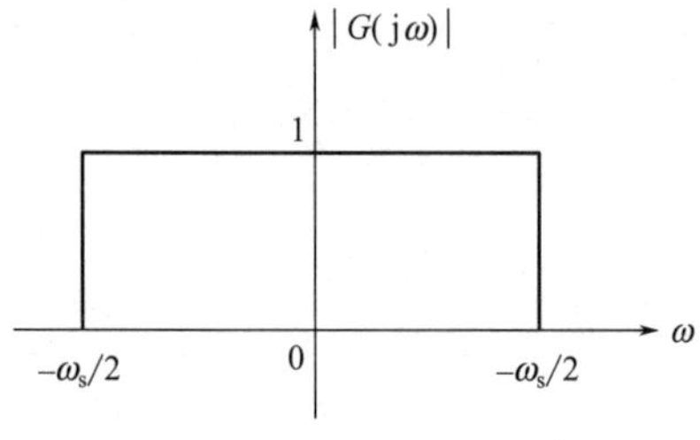

图 7-7　理想低通滤波器频率特性

需要指出的是，采样定理只是给出了选择采样周期 $T=\frac{2\pi}{\omega_s}=\frac{2\pi}{\geqslant 2\omega_{\max}}\leqslant\frac{\pi}{\omega_{\max}}$ 的基本原则。显然，采样周期越小（采样频率越高），获得的信息越多，采样的精度就越高，但同时带来计算机资源开销越大的负效应；反之，采样周期若选得过大，就可能反映不出信息的全部变化情况，会降低系统的动态性能，甚至有可能导致整个系统失去稳定。所以，要依据实际情况综合考虑，合理选择采样周期。

四、采样信号的复现

由采样所产生的高频附加频谱分量，对系统产生的影响相当于高频的干扰信号，它将导致系统被控参数产生额外的反应误差，例如，使控制系统元件过度磨损和增大损耗等。要去除附加的高频分量，可以外加低通滤波器。然而，如图 7-7 所示的理想低通滤波器是无法在实际中实现的，通常采用实际的低通滤波器代替，其中应用广泛的是保持器。保持器作用是将如图 7-4 所示的各个瞬时的采样信号按某种方式保持到下一个采样时刻，即在满足采样定理的条件下，将离散采样信号恢复为被控对象能够感知的连续模拟信号。

保持器的原理是根据现在或过去时刻的采样值，用常数、直线或抛物线等函数去逼近两个采样时刻之间的原信号，相应的保持器称为零阶保持器、一阶保持器和高阶保持器。

1. 零阶保持器

零阶保持器的作用是把当前采样时刻 kT 的采样值 $e(kT)$ 一直保持到下一个采样时刻 $(k+1)T$，在获得新采样值 $e[(k+1)T]$ 后继续外推，从而使采样信号 $e^*(t)$ 变成阶梯信号 $e_h(t)$，如图 7-8 所示。因为 $e_h(t)$ 在每个采样周期内的值保持常数，其导数为零，故称之为“零阶”。

由零阶信号保持器将离散的采样信号 $e(kT)$（图 7-8 中折线的顶点值）转换成的连续的模拟信号 $e_h(t)$

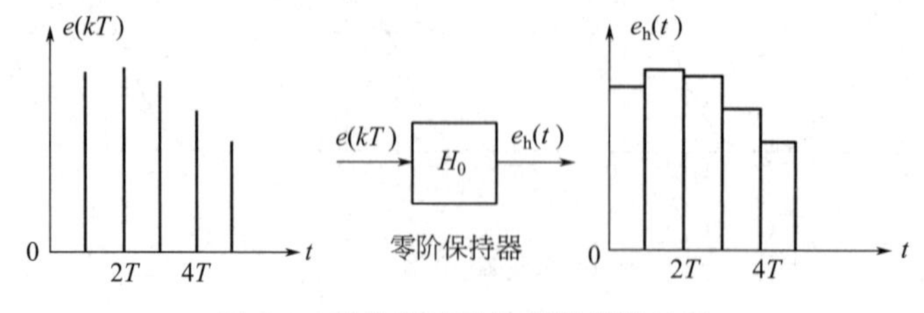

图 7-8　零阶保持器的信号保持过程

与原信号 $e(t)$ 的比较如图 7-9 所示。由图 7-9 可知，只有当采样周期 T 足够小时，保持器的恢复信号 $e_h(t)$ 与原信号 $e(t)$ 的误差方可忽略。根据零阶保持器的特性，写出其输出与输入之间的关系为

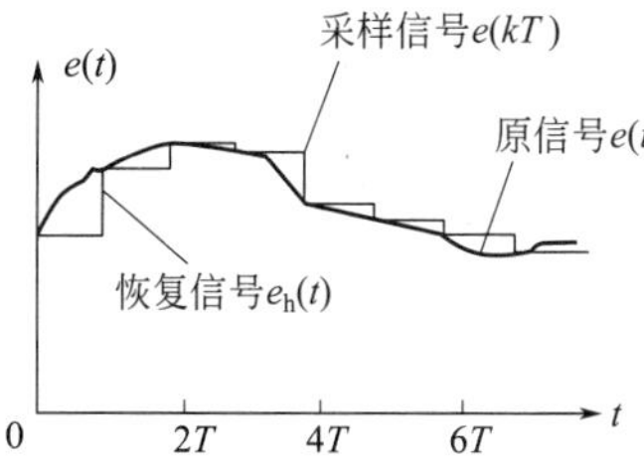

$$e_h(t)=\sum_{k=0}^{\infty} e(kT)[u(t-kT)-u(t-kT-T)] \tag{7-12}$$

图 7-9　零阶保持器的信号恢复示意图

其中每个矩形波 $[u(t-kT)-u(t-kT-T)]$ 的宽度 T 由采样周期决定。给零阶保持器输入一个理想单位脉冲 $\delta(t)$，则其单位脉冲响应函数是幅值为 1、持续时间为 T 的矩形脉冲，可表示为

$$g_h(t)=u(t)-u(t-T)$$

由此可写出零阶保持器的传递函数

$$H_0(s)=\frac{E_h(s)}{E^*(s)}=\frac{1-e^{-Ts}}{s} \tag{7-13}$$

令 $s=j\omega$，并代入式(7-13)，可得零阶保持器的频率特性

$$H_0(j\omega)=\frac{1-e^{-j\omega T}}{j\omega}=T\frac{\sin\frac{\omega T}{2}}{\frac{\omega T}{2}}\cdot e^{-j\frac{\omega T}{2}}=|H_0(j\omega)|\ e^{j\angle H_0(j\omega)} \tag{7-14}$$

图 7-10 为零阶保持器的幅频特性与相频特性。由图 7-10 可见，零阶保持器的幅频特性的幅值随频率的增大而衰减，具有明显的低通滤波特性。与理想滤波器相比，当 $\omega=\omega_s/2$ 时，其幅值只有初值的 63.7%；除了允许主频谱分量通过外，还允许一部分高频分量通过；从幅频特性看，它使振幅增加了 T 倍，刚好能补偿采样信号主频谱的 $\frac{1}{T}$ 衰减［参见式(7-10)］。要注意的是，从相频特性可以看到，零阶保持器产生了正比于频率的相位滞后，频率越高，滞后越厉害，性质上有点类似于引入了一个滞后时间为 $T/2$ 的纯滞后环节，它会导致闭环系统的稳定性下降。所以，经过恢复得到的连续信号 $e_h(t)$ 与原有信号 $e(t)$ 是有区别的。

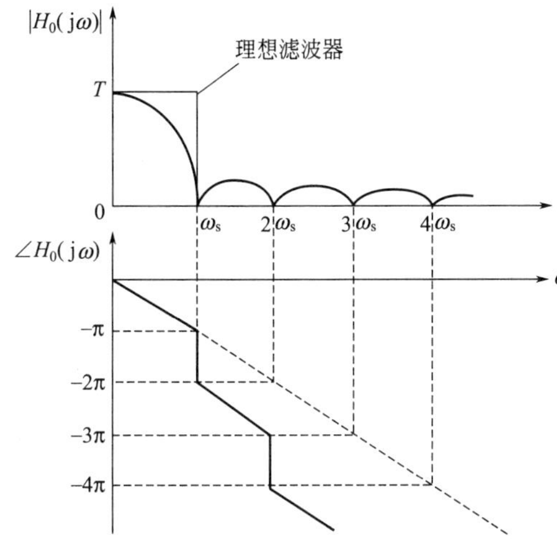

图 7-10　零阶保持器的频率特性

零阶保持器是工程上最常用的一种信号保持器，步进电机、数控系统中的寄存器等都是零阶保持器的实例。图 7-11 是一个运算放大器与采样开关组成的采样-保持电路。其工作原理是：当开关 S 闭合时，电路为一阶惯性环节，时间常数 $T_1=R_2C$ 很小，很快达到瞬时值 $e_k(kT)$。当开关断开时，由于放大器输入阻抗为无穷大，截断了电容 C 的放电回路，使输出维持不变，直到下一次开关闭合。

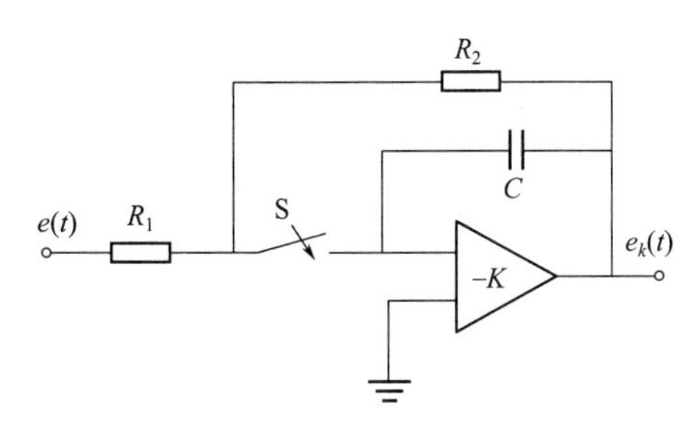

图 7-11　实际零阶采样-保持电路示意图

步进电机的工作原理是每发一个脉冲转动一步；然后等待，直到下一个脉冲来后再走一步。而数字控制系统中的寄存器会将 kT 时刻的数字一直保持到下一个采样时刻，由 D/A 转换器再将数字转换为模拟量输出，从而实现信号的恢复。

2. 一阶保持器

一阶保持器具有一阶多项式的形式，即具有直线方程形式

$$e_h(kT+t)=a_1t+a_0;\quad 0\leqslant t<T, k=0,\pm1,\pm2,\cdots \tag{7-15}$$

由于

$$e_h(kT)=e(kT)$$

$$e_h[(k-1)T]=e[(k-1)T]$$

可得到

$$a_0=e(kT);\quad a_1=\frac{e(kT)-e[(k-1)T]}{T}$$

故，一阶保持器可用下式来描述

$$e_h(kT+t)=\frac{e(kT)-e[(k-1)T]}{T}t+e(kT);\ 0\leqslant t<T,\ k=0,\pm1,\pm2,\cdots \tag{7-16}$$

同理，还可以得到二阶或更高阶次的保持器描述形式，但一般在实际中不太采用。因为虽然它们可以减少输出的波动程度，但将把固有的滞后引进系统的响应中；同时对噪声太灵敏，且实现起来比较麻烦。

第二节　Z 变换基础

拉氏变换是研究线性定常连续系统的基本数学工具，而 Z 变换则是研究线性定常离散系统的基本工具。Z 变换是在离散信号拉氏变换基础上，经过变量替代引申出来的一种变换方法。

一、Z 变换

1. Z 变换的定义

设连续信号 $y(t)$，对其进行周期脉冲串的采样，得 $y^*(t)$。对 $y^*(t)$ 进行拉氏变换

$$Y^*(s)=\mathscr{L}[y^*(t)]=\mathscr{L}\left[\sum_{k=0}^{\infty}y(kT)\delta(t-kT)\right]=\sum_{k=0}^{\infty}y(kT)e^{-kTs} \tag{7-17}$$

式中，e^{-Ts} 是 s 的超越函数，不便于直接计算，故引入一个变量替代，令

$$z=e^{sT}\quad 或\quad s=\frac{1}{T}\ln z \tag{7-18}$$

将式(7-18) 代入式(7-17)，得到以 z 为自变量的函数，定义 $Y(z)$

$$Y(z)=Y^*(s)\big|_{z=e^{sT}}=\sum_{k=0}^{\infty}y(kT)z^{-k} \tag{7-19}$$

或记为 $Y(z)=\mathscr{Z}[y^*(t)]$，称 $Y(z)$ 为采样信号 $y^*(t)$ 的 Z 变换，也称其为离散拉氏变换。

对于 Z 变换需要注意以下几点。

① 只有采样函数能定义 Z 变换。

② 在式(7-19) 的右边求和式中的每一项，$y(kT)$ 决定幅值，z^{-k} 决定时间，即 Z 变换和离散序列之间有非常明确的幅值和时间的对应关系。

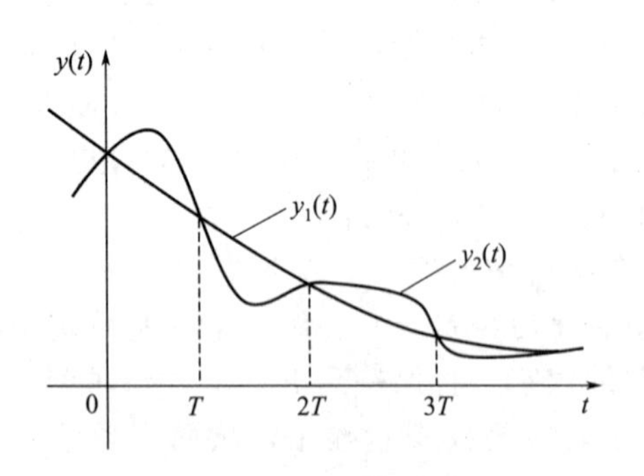

图 7-12　采样值相同的两个不同的连续函数

③ Z 变换由采样函数决定，它不反映非采样时刻的信息。如图 7-12所示，虽 $y_1(t)$ 和 $y_2(t)$ 是两个不同的连续函数，由于 $y_1^*(t)$ 和 $y_2^*(t)$ 相等，故 $Y_1(z)$ 等于 $Y_2(z)$。因此，Z 变换对应惟一的采样函数 $y^*(t)$，但是不对应惟一的连续函数。

2. Z 变换方法

常用的 Z 变换方法有定义法（又称为级数求和法）、部分分式法、留数法等。

(1) 定义法（级数求和法）

根据 Z 变换的定义求函数的 Z 变换，当 $Y(z)$ 表达式所示的无穷级数收敛时，可表示为闭合的解析形式，否则只能表示为级数形式的表达式。

$$Y(z)=y(0)+y(T)z^{-1}+y(2T)z^{-2}+\cdots+y(kT)z^{-k}+\cdots \tag{7-20}$$

【例 7-1】 求对幅值为 A 的阶跃函数 $y(t)=A\cdot 1(t)$ 进行采样后信号的 Z 变换。

解　题目的含义是对阶跃函数 $y(t)$ 进行采样后的离散值 $y^*(t)$ 求 Z 变换。

由于
$$y^*(t)=\sum_{k=0}^{\infty}A\delta(t-kT)$$
故
$$Y(z)=A\sum_{k=0}^{\infty}z^{-k}=A[1+z^{-1}+z^{-2}+\cdots+z^{-k}+\cdots]$$
当$|z|>1$（Z变换成立的限制条件）时级数收敛，上式可写成闭合的解析形式：
$$Y(z)=\frac{Az}{z-1}=\frac{A}{1-z^{-1}}$$
该例因为较简单，得到了闭合解析式。一般情况下，采用定义法不易得到解析式。

(2) 部分分式法

在已知原连续函数$y(t)$拉氏变换$Y(s)$的基础上，将$Y(s)$分解成部分分式之和，直接查Z变换表7-1求出$Y(z)$。但这时需注意的是，虽然省略了中间步骤，但求出的$Y(z)$也只表示是连续函数$y(t)$采样后的采样函数$y^*(t)$的Z变换。

【例7-2】 已知连续函数的拉氏变换为$Y(s)=\dfrac{a}{s(s+a)}$，求相应的Z变换$Y(z)$。

解 对$Y(s)$进行部分分式分解
$$Y(s)=\frac{a}{s(s+a)}=\frac{1}{s}-\frac{1}{s+a}$$
对上式逐项查Z变换表7-1可得
$$Y_1(z)=\mathscr{Z}\left[\frac{1}{s}\right]=\frac{1}{1-z^{-1}}=\frac{z}{z-1}$$
$$Y_2(z)=\mathscr{Z}\left[\frac{1}{s+a}\right]=\frac{1}{1-\mathrm{e}^{-aT}z^{-1}}=\frac{z}{z-\mathrm{e}^{-aT}}$$
故
$$Y(z)=\mathscr{Z}[Y(s)]=\frac{z}{z-1}-\frac{z}{z-\mathrm{e}^{-aT}}=\frac{z(1-\mathrm{e}^{-aT})}{(z-1)(z-\mathrm{e}^{-aT})}$$

表7-1给出了一些常见典型函数的拉氏变换和相应的Z变换。由该表可见，这些函数的Z变换都是z的有理分式。

(3) 留数法

若已知连续函数$y(t)$的拉氏变换$Y(s)$及其全部极点$p_i(i=1,2\cdots,n)$，当$Y(s)$分母的阶次比分子的阶次高2阶及以上时，通过留数计算公式可以求得$Y(z)$
$$Y(z)=\hat{Y}(z)+\beta \tag{7-21}$$
其中
$$\hat{Y}(z)=\sum_{i=1}^{n}\mathrm{Res}\left[Y(p_i)\frac{z}{z-\mathrm{e}^{p_iT}}\right]=\sum_{i=1}^{n}\left\{\frac{1}{(r_i-1)!}\times\frac{\mathrm{d}^{r_i-1}}{\mathrm{d}s^{r_i-1}}\left[(s-p_i)^{r_i}Y(s)\frac{z}{z-\mathrm{e}^{sT}}\right]\right\}_{s=p_i}$$
$$\beta=\lim_{s\to\infty}sY(s)-\lim_{z\to\infty}\hat{Y}(z)$$
n为全部极点数，r_i为极点$s=p_i$的重数，β保证$Y(s)$和$Y(z)$所表示的初值$y(0)$的一致性。下面通过例子说明Z变换的计算方法。

【例7-3】 已知控制系统的传递函数为$Y(s)=\dfrac{1}{(s+1)(s+4)}$，求其相应的$Z$变换。

解 传递函数的极点为：$s_1=-1$，$r_1=1$；$s_2=-4$，$r_2=1$。通过留数计算可得
$$\hat{Y}(z)=(s+1)\frac{1}{(s+1)(s+4)}\times\frac{z}{z-\mathrm{e}^{sT}}\bigg|_{s=-1}+(s+4)\frac{1}{(s+1)(s+4)}\times\frac{z}{z-\mathrm{e}^{sT}}\bigg|_{s=-4}$$
$$=\frac{z}{3(z-\mathrm{e}^{-T})}-\frac{z}{3(z-\mathrm{e}^{-4T})}=\frac{z(\mathrm{e}^{-T}-\mathrm{e}^{-4T})}{3(z-\mathrm{e}^{-T})(z-\mathrm{e}^{-4T})}$$
$$\beta=\lim_{s\to\infty}sY(s)-\lim_{z\to\infty}\hat{Y}(z)=0$$

所以

$$Y(z)=\frac{z(e^{-T}-e^{-4T})}{3(z-e^{-T})(z-e^{-4T})}$$

当然，此题也可用部分分式法求解，读者可试一下。

二、Z 变换的几个性质

与拉氏变换的基本性质相对应，Z 变换也有一些重要性质，它们可直接用于简化 Z 变换的计算，下面不加证明地给出一些常用的定理。

1. 线性定理

Z 变换是线性变换，故满足线性叠加原理。若 $y_1(t)$ 和 $y_2(t)$ 的 Z 变换分别为 $Y_1(z)$ 和 $Y_2(z)$，且 a_1和 a_2为常数，则

$$\mathscr{Z}[a_1y_1(t)\pm a_2y_2(t)]=\mathscr{Z}[a_1y_1(t)]\pm\mathscr{Z}[a_2y_2(t)]=a_1Y_1(z)\pm a_2Y_2(z) \tag{7-22}$$

2. 滞后（右移）定理

设函数 $y(t)$ 当 $t<0$ 时为零，且其 Z 变换为 $Y(z)$，则滞后 k 个采样周期的函数 $y(t-kT)$ 的 Z 变换为

$$\mathscr{Z}[y(t-kT)]=z^{-k}Y(z) \tag{7-23}$$

3. 超前（左移）定理

若函数 $y(t)$ 的 Z 变换为 $Y(z)$，则函数 $y(t+kT)$ 的 Z 变换为

$$\mathscr{Z}[y(t+kT)]=z^kY(z)-z^ky(0)-z^{k-1}y(T)-\cdots-zy[(k-1)T] \tag{7-24}$$

4. 复位移定理

若函数 $y(t)$ 的 Z 变换为 $Y(z)$，则

$$\mathscr{Z}[e^{\mp at}y(t)]=Y[ze^{\pm aT}] \tag{7-25}$$

5. 初值定理

若 $\mathscr{Z}[y(t)]=Y(z)$，且 $\lim\limits_{z\to\infty}Y(z)$ 存在，则

$$y(0)=\lim_{t\to 0}y(t)=\lim_{z\to\infty}Y(z) \tag{7-26}$$

6. 终值定理

若 $\mathscr{Z}[y(t)]=Y(z)$，且 $(1-z^{-1})Y(z)$ 在单位圆上和单位圆外无极点［确保 $y^*(t)$ 存在有界终值］，则

$$y(\infty)=\lim_{t\to\infty}y(t)=\lim_{z\to 1}(z-1)Y(z)=\lim_{z\to 1}(1-z^{-1})Y(z) \tag{7-27}$$

7. 卷积定理

若 $y_1(t)$ 和 $y_2(t)$ 的 Z 变换分别为 $Y_1(z)$ 和 $Y_2(z)$，且当 $t<0$ 时，$y_1(t)=y_2(t)=0$，$y_1^*(t)$ 和 $y_2^*(t)$的卷积定义为

$$y_1^*(t)*y_2^*(t)=\sum_{n=0}^{k}y_1(nT)y_2(kT-nT) \tag{7-28}$$

则

$$\mathscr{Z}[y_1^*(t)*y_2^*(t)]=\mathscr{Z}\left[\sum_{n=0}^{k}y_1(nT)y_2(kT-nT)\right]=Y_1(z)Y_2(z) \tag{7-29}$$

请读者自己从 Z 变换的定义出发证明上述 Z 变换的定理。

三、Z 反变换

若已知 Z 变换表达式 $Y(z)$，要求出时域中的相应离散序列 $y(kT)$，$k=0,1,2,\cdots$，这个过程称为 Z 反变换，记为

$$y(kT)=\mathscr{Z}^{-1}[Y(z)],\ k=0,1,2,\cdots \tag{7-30}$$

求 Z 反变换的方法很多，常用的基本方法有长除法、部分分式法和留数法。

1. 长除法（又称幂级数法或综合除法）

展开 Z 变换的定义式(7-19)

$$Y(z)=\sum_{k=0}^{\infty}y(kT)z^{-k}=y(0)+y(T)z^{-1}+y(2T)z^{-2}+\cdots \tag{7-31}$$

直接就可得到每个采样时刻的值 $y(kT)$。如果 $Y(z)$ 是 z 的有理函数

$$Y(z)=\frac{b_m z^m+b_{m-1}z^{m-1}+\cdots+b_1 z+b_0}{a_n z^n+a_{n-1}z^{n-1}+\cdots+a_1 z+a_0}$$

采用分子除以分母的长除法，将商按 z^{-1} 的升幂排列，则 z^{-k} 项前的系数即为 $y(kT)$。

【例 7-4】 已知 $Y(z)=\dfrac{z}{(z-1)(z-2)}$，试用长除法求 $y(kT)$ 或 $y^*(t)$。

解 用 $Y(z)$ 的分子除以分母，可得

$$Y(z)=\frac{z}{z^2-3z+2}=z^{-1}+3z^{-2}+7z^{-3}+15z^{-4}+\cdots$$

因而可得如下结果

k	0	1	2	3	4	$\cdots$
$y(kT)$	0	1	3	7	15	$\cdots$

写成采样函数表达式，即

$$y^*(t)=0+\delta(t-T)+3\delta(t-2T)+7\delta(t-3T)+15\delta(t-4T)+\cdots$$

长除法的缺点是难以得到 $y(kT)$ 的解析表达式，通常在只需求出序列 $y(kT)$ 最初几个数值或采用计算机进行数值求解时使用。

2. 部分分式展开法（又称查表法）

表 7-1 给出了典型时域函数 $y(kT)$ 或 $y^*(t)$ 与其 Z 域表达式的对应关系，所以可将已知的 $Y(z)$ 展开为部分分式之和，然后通过查表，得到 $y(kT)$ 的解析表达式。考虑到表中所有 Z 变换函数在其分子上都有因子 z，为查表的方便，往往先将 $Y(z)$ 除以 z $[Y(z)/z]$ 展开成部分分式，然后将等号右边的每一项部分分式乘以 z，得到 $Y(z)$ 的部分分式展开式后，再逐项查反变换表。下面按 $Y(z)$ 特征方程根的情况分别说明。

(1) $Y(z)$ 无重根（即只有 n 个单极点）

【例 7-5】 已知 $Y(z)=\dfrac{z}{(z-1)(z-2)}$，试用部分分式法求反变换。

解 由于

$$\frac{Y(z)}{z}=\frac{1}{(z-1)(z-2)}=\frac{-1}{z-1}+\frac{1}{z-2}$$

$$Y(z)=\frac{-z}{z-1}+\frac{z}{z-2}$$

查表得

$$\mathscr{Z}^{-1}\left[\frac{z}{z-1}\right]=1,\quad \mathscr{Z}^{-1}\left[\frac{z}{z-2}\right]=2^k$$

故得

$$y(kT)=-1+2^k$$

或

$$y^*(t)=\sum_{k=0}^{\infty}(-1+2^k)\delta(t-kT)$$

将不同的 $k(k=0,1,2,\cdots)$ 代入上式，可知所得结果与例 7-4 的结果相同。

(2) $Y(z)$ 有重根

【例 7-6】 已知 $Y(z)=\dfrac{-3z^2+z}{z^2-2z+1}$，试用部分分式法求反变换。

解 $Y(z)$ 的分母[即 $Y(z)$ 的特征方程]为

$$z^2-2z+1=0$$

其中，$z_{1,2}=1$ 是两重根。

设
$$\frac{Y(z)}{z}=\frac{A_1}{(z-1)^2}+\frac{A_2}{z-1}$$

用待定系数法可得上式中的 $A_1=-2$，$A_2=-3$，则

$$Y(z)=-\frac{2z}{(z-1)^2}-\frac{3z}{z-1}$$

查表 7-1 得

$$y(kT)=-2k-3$$

或
$$y^*(t)=\sum_{k=0}^{\infty}(-2k-3)\delta(t-kT)$$

3. 留数法（又称反演积分法）

实际问题中遇到的 Z 变换函数 $Y(z)$ 除了有理分式外，也可能是超越函数，无法应用部分分式法或长除法来求 Z 反变换，此时采用留数法则比较方便。$Y(z)$ 的长除法展开形式为

$$Y(z)=\sum_{k=0}^{\infty}y(kT)z^{-k} \tag{7-32}$$

设函数 $Y(z)z^{k-1}$ 除有限个极点 $p_1,p_2,\cdots,p_m$ 外，在 z 域上是解析的，则有反演积分公式

$$y(kT)=\frac{1}{2\pi \mathrm{j}}\oint_{\Gamma}Y(z)z^{k-1}\mathrm{d}z=\sum_{i=1}^{m}\mathrm{Res}[Y(z)z^{k-1}]_{z=p_i} \tag{7-33}$$

式中，m 表示极点数；p_i 表示第 i 个极点，$\mathrm{Res}[Y(z)z^{k-1}]_{z=p_i}$ 表示极点 p_i 的留数。

当 $Y(z)$ 的极点都是单极点时，有 $m=n$

$$y(kT)=\sum_{i=1}^{n}\lim_{z\to p_i}[(z-p_i)Y(z)z^{k-1}] \tag{7-34}$$

当 $Y(z)$ 具有 r 重极点 $z=p_r$，而其他为单极点时，则有

$$y(kT)=\sum_{i=1}^{n-r}\lim_{z\to p_i}[(z-p_i)Y(z)z^{k-1}]+\lim_{z\to p_r}\frac{1}{(r-1)!}\times\frac{\mathrm{d}^{r-1}}{\mathrm{d}z^{r-1}}[(z-p_r)^rY(z)z^{k-1}] \tag{7-35}$$

【例 7-7】 已知 $Y(z)=\dfrac{z}{(z-1)(z-2)}$，试用留数法求 Z 反变换。

解 $Y(z)$ 有 2 个极点

$$p_1=1,\ p_2=2$$

$$\begin{aligned}y(kT)&=\lim_{z\to 1}\left[(z-1)\frac{z}{(z-1)(z-2)}z^{k-1}\right]+\lim_{z\to 2}\left[(z-2)\frac{z}{(z-1)(z-2)}z^{k-1}\right]\\&=-1+2^k\end{aligned}$$

结果与采用部分分式展开法的例 7-5 结果相同。

要注意的是，Z 反变换只能给出连续信号 $y(t)$ 在采样时刻 kT 的数值 $y(kT)$，而不能提供在非采样时刻连续信号 $y(t)$ 的有关信息。

四、改进 Z 变换

因为 Z 变换只限于采样时刻的离散函数值，因而在实际应用中存在两个问题：①离散函数所对应的连续函数不惟一，因为 Z 反变换无法求出在各采样时刻之间的函数值；②很多对象都具有纯滞后，当纯滞后不是采样周期的整数倍时，Z 变换的滞后定理不能应用。改进 Z 变换就是为了解决这两个问题而提出的。

如图 7-13 所示，在输出端 $y(t)$ 加一个虚拟的纯滞后环节 $\mathrm{e}^{-\delta s}$，并作同步采样，通过这样的方法可以

得到采样点中间任意时刻的信息。

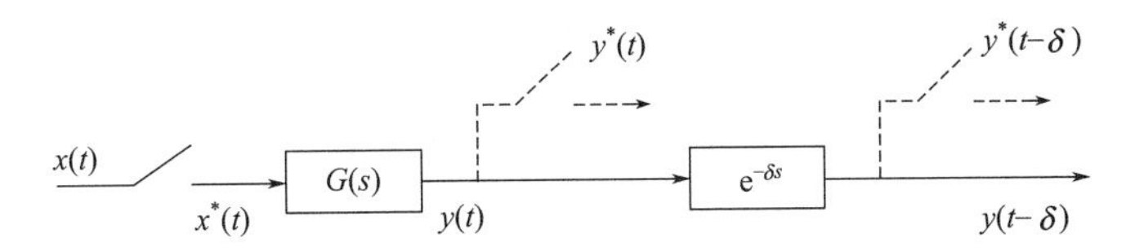

图 7-13　改进 Z 变换的示意图

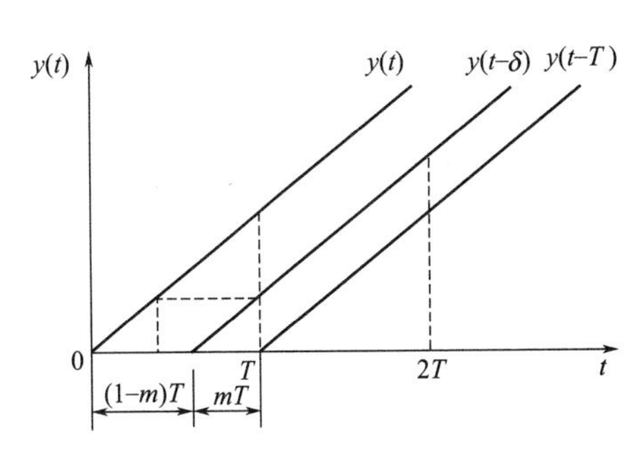

图 7-14　$y(t)$、$y(t-\delta)$、$y(t-T)$ 示意图

设 $\delta=(M-m)T$，其中 M 是一个正整数，而 m 为小于 1 的正数，即 $0<m<1$。为简化计算，令$M=1$，即 $\delta=(1-m)T$，其余整数可利用滞后定理得到。

图 7-14 是斜坡函数 $y(t)=Kt$ 的 $y(t)$，$y(t-T)$ 及 $y(t-\delta)$ 的示意图。从图中可以看出，虚拟一个 δ 的纯滞后之后，函数 $y(t-\delta)$ 在第一个采样周期的采样值是函数 $y(t)$ 在 $t=mT$ 时的值。通过这样的方法，只要改变 m 值，就可以知道函数 $y(t)$ 在采样间隔中间的变化情况。

由 Z 变换的定义及滞后定理可以写出

$$\mathscr{Z}[y(t-\delta)]=\mathscr{Z}\{y[t-(1-m)T]\}=z^{-1}Z[y(kT+mT)]=z^{-1}\sum_{k=0}^{\infty}y(kT+mT)z^{-k}$$

为区别一般的 Z 变换，定义

$$Y(z,m)=z^{-1}\sum_{k=0}^{\infty}y(kT+mT)z^{-k} \tag{7-36}$$

为改进 Z 变换。

【例 7-8】 求斜坡函数 $y(t)=Kt$ 的改进 Z 变换。

解　由定义得

$$Y(z,m)=z^{-1}\sum_{k=0}^{\infty}y(kT+mT)z^{-k}=z^{-1}\sum_{k=0}^{\infty}K(kT+mT)z^{-k}$$

$$=\frac{KT}{(z-1)^2}+\frac{KmT}{z-1}$$

也即若 $y(t)$ 为单位斜坡函数，$y(t)=t$，则改进 Z 变换为

$$Y(z,m)=\frac{T}{(z-1)^2}+\frac{mT}{z-1}$$

用长除法求上式的反变换

$$Y(z,m)=\frac{T}{(z-1)^2}+\frac{mT}{z-1}=mTz^{-1}+(T+mT)z^{-2}+(2T+mT)z^{-3}+\cdots$$

即

k	0	1	2	3	4	$\cdots$
$y[(k-1+m)T]$	0	mT	$T+mT$	$2T+mT$	$3T+mT$	$\cdots$

易知，当 $m=0$ 时为常规采样；当 $m=1$ 时为滞后一个采样周期的采样；当 $0<m<1$ 时，$Y(z,m)$的反变换为函数 $y(t)$ 在采样间隔中间的值。

需要指出的是，若将 $m=1$ 代入改进 Z 变换式 $Y(z,m)$ 中时

$$Y(z,m)=Y(z)-y(0)$$

即若函数 $y(t)$ 的初值 $y(0)\neq0$，则 $m=1$ 时的改进 Z 变换不能转化为 Z 变换。改进 Z 变换亦参见表 7-1。

当系统具有纯滞后环节，但纯滞后时间不是采样周期的整数倍时，可以采用改进 Z 变换方法。与前不同的是此处的纯滞后环节是实际的而非虚拟。若系统传递函数为 $G_0(s)=G(s)e^{-\delta s}$，其中 $G(s)$ 为扣除纯滞后部分的传递函数（可包括整数倍采样周期的纯滞后时间），δ 为除去采样周期整数倍后的纯滞后时间，即 $0<\delta<T$，可改写为 $\delta=(1-m)T$，为此有

$$\mathscr{Z}[G(s)\mathrm{e}^{-\delta s}]=\mathscr{Z}[G(s)\mathrm{e}^{-(1-m)Ts}]=z^{-1}\mathscr{Z}[G(s)\mathrm{e}^{mTs}]=G(z,m) \tag{7-37}$$

【例 7-9】 求$\dfrac{2.94\mathrm{e}^{-0.4s}}{s(13.4s+1)}$的 Z 变换，并设采样周期 $T=1$。

解 因纯滞后 $\tau=0.4$，小于采样周期 1，故用改进 Z 变换。由于

$$\mathscr{Z}\left[\frac{2.94\mathrm{e}^{-0.4s}}{s(13.4s+1)}\right]=2.94\mathscr{Z}\left[\frac{0.0746}{s(s+0.0746)}\mathrm{e}^{-(1-0.6)s}\right]=2.94z^{-1}\mathscr{Z}\left[\frac{0.0746}{s(s+0.0746)}\mathrm{e}^{0.6s}\right]$$

根据 $G(s)=\dfrac{0.0746}{s(s+0.0746)}$，$m=0.6$，查表 7-1 得改进 Z 变换为

$$G(z,m)=\frac{1}{z-1}-\frac{\mathrm{e}^{-0.0746mT}}{z-\mathrm{e}^{-0.0746T}}$$

以 $m=0.6$，代入得

$$G(z,0.6)=\frac{1}{z-1}-\frac{\mathrm{e}^{-0.0448T}}{z-\mathrm{e}^{-0.0746T}}$$

故

$$\mathscr{Z}\left[\frac{2.94\mathrm{e}^{-0.4s}}{s(13.4s+1)}\right]=2.94\left(\frac{1}{z-1}-\frac{\mathrm{e}^{-0.0448T}}{z-\mathrm{e}^{-0.0746T}}\right)$$

求出 $G(s)$ 的改进 Z 变换后，若输入 Z 变换为 $X(z)$，则输出 Z 变换为

$$Y(z)=G(z,m)X(z) \tag{7-38}$$

表 7-1 常用函数的 Z 变换对照表

序号	拉氏变换 $Y(s)$	采样函数 $y(kT)$	Z 变换 $Y(z)$	改进 Z 变换 $Y(z,m)$
1	1	$\delta(kT)$	1	0
2	e^{-nTs}	$\delta[(k-n)T]$	z^{-n}	z^{m-1-n}
3	$\frac{1}{s}$	1	$\frac{z}{z-1}$	$\frac{1}{z-1}$
4	$\frac{1}{s^2}$	kT	$\frac{Tz}{(z-1)^2}$	$\frac{mT}{z-1}+\frac{T}{(z-1)^2}$
5	$\frac{1}{s^3}$	$\frac{1}{2!}(kT)^2$	$\frac{T^2z(z+1)}{2(z-1)^3}$	$\frac{T^2}{2}\left[\frac{m^2}{z-1}+\frac{2m+1}{(z-1)^2}+\frac{2}{(z-1)^3}\right]$
6	$\frac{1}{s+a}$	e^{-akT}	$\frac{z}{z-\mathrm{e}^{-aT}}$	$\frac{\mathrm{e}^{-amT}}{z-\mathrm{e}^{-aT}}$
7	$\frac{1}{(s+a)^2}$	$kT\mathrm{e}^{-akT}$	$\frac{Tz\mathrm{e}^{-aT}}{(z-\mathrm{e}^{-aT})^2}$	$\frac{T\mathrm{e}^{-amT}[\mathrm{e}^{-aT}+m(z-\mathrm{e}^{-aT})]}{(z-\mathrm{e}^{-aT})^2}$
8	$\frac{a}{s(s+a)}$	$1-\mathrm{e}^{-akT}$	$\frac{z(1-\mathrm{e}^{-aT})}{(z-1)(z-\mathrm{e}^{-aT})}$	$\frac{1}{z-1}-\frac{\mathrm{e}^{-amT}}{z-\mathrm{e}^{-aT}}$
9	$\frac{b-a}{(s+a)(s+b)}$	$\mathrm{e}^{-akT}-\mathrm{e}^{-bkT}$	$\frac{z(\mathrm{e}^{-aT}-\mathrm{e}^{-bT})}{(z-\mathrm{e}^{-aT})(z-\mathrm{e}^{-bT})}$	$\frac{\mathrm{e}^{-amT}}{z-\mathrm{e}^{-aT}}-\frac{\mathrm{e}^{-bmT}}{z-\mathrm{e}^{-bT}}$
10	$\frac{a^2}{s(s+a)^2}$	$1-(1+akT)\mathrm{e}^{-akT}$	$\frac{z}{z-1}-\frac{z^2-z(1-aT)\mathrm{e}^{-aT}}{(z-\mathrm{e}^{-aT})^2}$	$\frac{1}{z-1}-\left[\frac{1+amT}{z-\mathrm{e}^{-aT}}+\frac{aT\mathrm{e}^{-aT}}{(z-\mathrm{e}^{-aT})^2}\right]\mathrm{e}^{-amT}$
11	$\frac{a}{s^2+a^2}$	$\sin akT$	$\frac{z\sin aT}{z^2-2z\cos aT+1}$	$\frac{z\sin amT+\sin(1-m)aT}{z^2-2z\cos aT+1}$
12	$\frac{s}{s^2+a^2}$	$\cos akT$	$\frac{z^2-z\cos aT}{z^2-2z\cos aT+1}$	$\frac{z\cos amT+\cos(1-m)aT}{z^2-2z\cos aT+1}$
13	$\frac{a}{s^2-a^2}$	$\sinh akT$	$\frac{z\sinh aT}{z^2-2z\cosh aT+1}$	$\frac{z\sinh amT+\sinh(1-m)aT}{z^2-2z\cosh aT+1}$
14	$\frac{s}{s^2-a^2}$	$\cosh akT$	$\frac{z^2-z\cosh aT}{z^2-2z\cosh aT+1}$	$\frac{z\cosh amT-\cosh(1-m)aT}{z^2-2z\cosh aT+1}$
15	$\frac{s+a}{(s+a)^2+b^2}$	$\mathrm{e}^{-akT}\cos bkT$	$\frac{z^2-z\mathrm{e}^{-aT}\cos bT}{z^2-2z\mathrm{e}^{-aT}\cos bT+\mathrm{e}^{-2aT}}$	$\frac{[z\cos mbT-\mathrm{e}^{-aT}\cos(1-m)bT]\mathrm{e}^{-amT}}{z^2-2z\mathrm{e}^{-aT}\cos bT+\mathrm{e}^{-2aT}}$
16	$\frac{b}{(s+a)^2+b^2}$	$\mathrm{e}^{-akT}\sin bkT$	$\frac{z\mathrm{e}^{-aT}\sin bT}{z^2-2z\mathrm{e}^{-aT}\cos bT+\mathrm{e}^{-2aT}}$	$\frac{[z\sin mbT+\mathrm{e}^{-aT}\sin(1-m)bT]\mathrm{e}^{-amT}}{z^2-2z\mathrm{e}^{-aT}\cos bT+\mathrm{e}^{-2aT}}$

五、Z 变换的局限性

Z 变换法是研究线性定常离散系统的一种有效工具，但是它也有其本身的局限性。

① 输出 Z 变换函数 $Y(z)$ 只确定了时间函数 $y(t)$ 在采样瞬时的数值，不能反映 $y(t)$ 在采样点间的信息。

② 用 Z 变换法分析离散系统时，系统连续部分传递函数 $G_o(s)$ 的极点数至少应比其零点数多 2 个，即 $G(s)$ 的脉冲响应 $g(t)$ 在 $t=0$ 时必须没有跳跃，或者满足 $\lim\limits_{s\to\infty} sG(s)=0$；否则，用 Z 变换法得到的系统采样输出 $y^*(t)$ 与实际连续输出 $y(t)$ 差别较大，甚至完全不符。

第三节 线性离散系统的数学描述及求解

为了研究离散系统的性能，需要建立离散系统的数学模型。常用于描述离散系统的数学模型有差分方程、脉冲传递函数、权序列和离散状态空间方程等。与连续系统相似，在一定的条件下，上述模型之间可以相互转换。

一、差分方程及其求解

连续系统中，微分方程是基本的时域模型表达形式；离散系统中，差分方程是基本的时域模型表达形式，描述的是各采样时刻系统输出与输入间的关系，其一般形式为

$$\begin{aligned}&a_n y(k+n)+a_{n-1}y(k+n-1)+\cdots+a_1 y(k+1)+a_0 y(k)\\&=b_m x(k+m)+b_{m-1}x(k+m-1)+\cdots+b_1 x(k+1)+b_0 x(k)\end{aligned} \tag{7-39a}$$

或

$$\begin{aligned}&a_n y(k)+a_{n-1}y(k-1)+\cdots+a_1 y(k-n+1)+a_0 y(k-n)\\&=b_m x(k)+b_{m-1}x(k-1)+\cdots+b_1 x(k-m+1)+b_0 x(k-m)\end{aligned} \tag{7-39b}$$

式(7-39a) 与式(7-39b) 分别称为前向差分方程与后向差分方程。式中，系数 a_i 和 b_i 为常数，k 表示第 k 个采样瞬时；n 和 m 分别为系统输出与输入的最高阶次，且 $m\leqslant n$，称 n 为差分方程的阶次。不失一般性，为方便起见，可设 $a_n=1$。

差分方程的求解主要有经典法、递推法与 Z 变换法。本节介绍常用的后两种。

1. 递推法求解

由于差分方程本身就是一种递推关系，若已知系统的差分方程，并且给出输出序列的初值和输入序列值，则可以利用递推关系，逐步计算出输出序列。随着计算机的普及，递推法的应用越来越多，但该方法的最大缺点是没有解析解，必须一步步地递推计算。

【例 7-10】 已知差分方程 $y(k+2)-5y(k+1)+6y(k)=u(k)$，其输入序列 $u(k)=1$，初始条件为 $y(0)=0$，$y(1)=1$，请用递推法求 $y(k)$。

解 由初始条件及递推关系，可以逐步递推得到 $y(k)$

$$y(2)=5y(1)-6y(0)+1=6$$
$$y(3)=5y(2)-6y(1)+1=25$$
$$y(4)=5y(3)-6y(2)+1=90$$
$$\vdots$$

2. Z 变换法求解

与连续系统往往借助拉氏变换求解微分方程类似，离散系统也常利用 Z 变换求解差分方程，将差分运算转化为以 z 为变量的代数方程进行代数运算。这种变换主要用到 Z 变换的超前定理和滞后定理。Z 变换求解差分方程的一般步骤为：

① 对差分方程(7-39) 两边作 Z 变换；

② 将已知的初始条件代入 Z 变换式；

③ 由 Z 变换式求出输出序列 $y(kT)$ 的 Z 变换表达式 $Y(z)$；

④ 对 $Y(z)$ 进行 Z 反变换，求出 $y(kT)$。

【例 7-11】 已知差分方程 $x(k+2)+3x(k+1)+2x(k)=0$，初始条件为 $x(0)=0$，$x(1)=1$，求 $x(k)$。

解 根据超前定理，对已知差分方程求 Z 变换，得

$$z^2X(z)-z^2x(0)-zx(1)+3zX(z)-3zx(0)+2X(z)=0$$

整理后得

$$X(z)=\frac{(z^2+3z)x(0)+zx(1)}{z^2+3z+2}$$

代入初始条件，得

$$X(z)=\frac{z}{z^2+3z+2}=\frac{z}{(z+1)(z+2)}=\frac{z}{z+1}-\frac{z}{z+2}$$

查表得

$$\mathscr{Z}^{-1}\left[\frac{z}{z+1}\right]=(-1)^k,\quad \mathscr{Z}^{-1}\left[\frac{z}{z+2}\right]=(-2)^k$$

所以有

$$x(k)=(-1)^k-(-2)^k;\ k=0,1,2,\cdots$$

【例 7-12】 用 Z 变换方法求解差分方程

$$y(k+2)-1.2y(k+1)+0.32y(k)=1.2x(k+1)$$

已知 $y(0)=1$，$y(1)=2.4$，$x(0)=1$，输入 $x(k)=1$ 为单位阶跃序列。

解 对差分方程两边进行 Z 变换，得

$$z^2Y(z)-z^2y(0)-zy(1)-1.2zY(z)+1.2zy(0)+0.32Y(z)=1.2zX(z)-1.2zx(0)$$

整理并将初始值代入得

$$Y(z)=\frac{1.2z}{z^2-1.2z+0.32}X(z)+\frac{z^2}{z^2-1.2z+0.32}$$

又将输入求 Z 变换得 $X(z)=\frac{z}{z-1}$，代入上式得

$$Y(z)=\frac{z^3+0.2z^2}{(z-0.8)(z-0.4)(z-1)}$$

上式有三个单极点，用留数法求 Z 反变换，可得

$$\begin{aligned}y(k)&=\sum_{i=1}^{3}\mathrm{Res}\left[Y(z)z^{k-1}\right]\\&=\lim_{z\to0.8}\left[\frac{(z^2+0.2z)z^k}{(z-0.4)(z-1)}\right]+\lim_{z\to0.4}\left[\frac{(z^2+0.2z)z^k}{(z-0.8)(z-1)}\right]+\lim_{z\to1}\left[\frac{(z^2+0.2z)z^k}{(z-0.8)(z-0.4)}\right]\\&=-10\times0.8^k+0.4^k+10\times1^k\qquad(k\geqslant0)\end{aligned}$$

显见，较之递推方法，Z 变换法可以得到差分方程的解析解。

3. 微分方程的离散化

在设计计算机控制系统时，往往需要将微分方程描述的连续被控对象离散化成差分方程模型描述。下面通过例子介绍离散化的方法。

设系统为一阶惯性环节，其微分方程为

$$T_1\frac{\mathrm{d}y(t)}{\mathrm{d}t}+y(t)=Kx(t)\tag{7-40}$$

为离散化微分方程(7-40)，现考虑在输入端引入虚拟采样开关和零阶保持器，设输入信号在一个采样周期内恒为 $x(kT)$，则在 $kT\leqslant t<(k+1)T$ 时间范围内，按微分方程的求解方法，方程(7-40) 的零输入分量为

$$y_{zi}(t)=y(kT)\mathrm{e}^{-\frac{t-kT}{T_1}}$$

零状态分量是

$$y_{zs}(t)=Kx(kT)\left(1-\mathrm{e}^{-\frac{t-kT}{T_1}}\right)$$

则 $t\geqslant kT$ 后的总输出为

$$y(t)=y_{zi}(t)+y_{zs}(t)=y(kT)e^{-\frac{t-kT}{T_1}}+K(1-e^{-\frac{t-kT}{T_1}})x(kT) \tag{7-41}$$

当 $t=(k+1)T$ 时，式(7-41) 成为

$$y[(k+1)T]=y(kT)e^{-\frac{T}{T_1}}+K(1-e^{-\frac{T}{T_1}})x(kT)$$

即

$$y[(k+1)T]-ay(kT)=Kbx(kT) \tag{7-42}$$

其中，$a=e^{-\frac{T}{T_1}}$，$b=1-e^{-\frac{T}{T_1}}$，当 $T_1\gg T$ 时，$a\approx 1-\frac{T}{T_1}$，$b\approx\frac{T}{T_1}$。

明显地，式(7-42) 已经将一阶线性微分方程式(7-40) 转变成了一阶线性差分方程，若 a，b 均为常数，则称为一阶线性常系数差分方程。

对于一些计算精度要求不高的场合，还可以采用近似方法得到差分方程。例如，在式(7-40) 中，设 $t=kT$，令 $y(t)=y(kT)$，$x(t)=x(kT)$，$\frac{y[(k+1)T]-y(kT)}{T}\approx\frac{dy}{dt}$，则

$$T_1\frac{y[(k+1)T]-y(kT)}{T}+y(kT)=Kx(kT)$$

整理得

$$y[(k+1)T]-\left(1-\frac{T}{T_1}\right)y(kT)=K\frac{T}{T_1}x(kT) \tag{7-43}$$

令 $a=1-\frac{T}{T_1}$，$b=\frac{T}{T_1}$，显然近似方法得到的差分方程(7-43) 即为式(7-42) 的近似式。

例如一个二阶微分方程

$$T_1T_2\frac{d^2y(t)}{dt^2}+(T_1+T_2)\frac{dy(t)}{dt}+y(t)=Kx(t)$$

采用近似差分方法，即将

$$\frac{dy^2(t)}{dt^2}=\frac{1}{T}\left\{\frac{y[(k+2)T]-y[(k+1)T]}{T}-\frac{y[(k+1)T]-y(kT)}{T}\right\}$$
$$=\frac{y[(k+2)T]-2y[(k+1)T]+y(kT)}{T^2}$$

$$\frac{dy}{dt}=\frac{y[(k+1)T]-y(kT)}{T}，y(t)=y(kT)，x(t)=x(kT)$$

代入微分方程，整理得

$$y[(k+2)T]-a_1y[(k+1)T]-a_2y(kT)=bx(kT)$$

式中

$$a_1=2-\left(\frac{1}{T_1}+\frac{1}{T_2}\right)T，a_2=-1+\left(\frac{1}{T_1}+\frac{1}{T_2}\right)T-\frac{T^2}{T_1T_2}，b=\frac{KT^2}{T_1T_2}$$

与 n 阶微分方程相对应的 n 阶差分方程的表达式具有式(7-39) 的形式，其中 n 表示差分方程的阶次，m 表示输入的阶次，要求 $m\leqslant n$；$k=0,1,2,\cdots$表示采样时间的进程。

在离散化时，当采样周期比系统的主要时间常数小得多时，可忽略不计模型离散化所造成的误差。

二、脉冲传递函数

连续系统中常用复数域的传递函数 $G(s)$ 来表示系统的动态特性，将微分方程的运算转化为 s 域的代数运算；同样，为简化问题，离散系统中通过 Z 变换的方式，建立起复数域的数学模型。因为系统接受的是经过采样的脉冲信号，故称为脉冲传递函数，又称为 Z 传递函数。但脉冲传递函数的求法要受采样开关数量与位置的影响。也就是说，即使两个开环离散系统的组成环节完全相同，若采样开关数量与位置不同，求出的开环脉冲传递函数也会截然不同。一般的开环采样系统如图 7-15 所示，输出端存在虚拟采样。

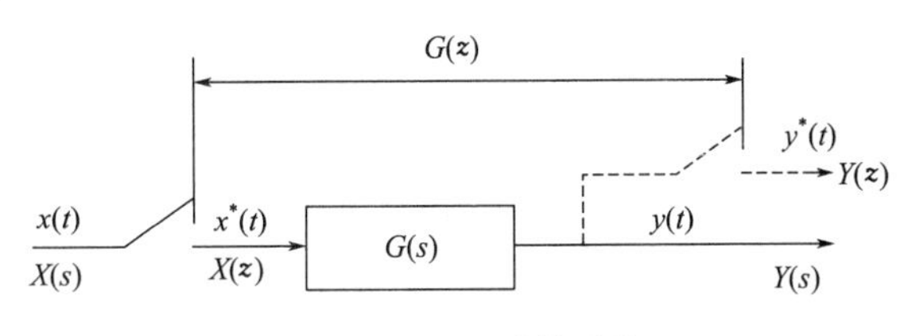

图 7-15　开环采样系统

1. 采样函数拉氏变换的两个重要性质

在求脉冲传递函数之前，先来了解采样函数 $e^*(t)$ 的拉氏变换 $E^*(s)$ 的两个重要性质：①$E^*(s)$ 具有周期性，这已经在第一节的采样信号频谱分析中得到了证明；②若 $E^*(s)$ 与连续函数的拉氏变换 $G(s)$ 相乘后再离散化，则 $E^*(s)$ 可以从离散符号中提取出来，即

$$[G(s)E^*(s)]^* = G^*(s)E^*(s) \tag{7-44}$$

证明 由式(7-9) $E^*(s)=\dfrac{1}{T}\sum\limits_{k=-\infty}^{\infty}E(s-\mathrm{j}k\omega_s)$，有

$$[G(s)E^*(s)]^* = \frac{1}{T}\sum_{k=-\infty}^{\infty}[G(s-\mathrm{j}k\omega_s)E^*(s-\mathrm{j}k\omega_s)]$$

由 $E^*(s)$ 的周期性得：$E^*(s-\mathrm{j}k\omega_s)=E^*(s)$，于是有

$$\begin{aligned}[G(s)E^*(s)]^* &= \frac{1}{T}\sum_{k=-\infty}^{\infty}[G(s-\mathrm{j}k\omega_s)E^*(s)] = E^*(s)\cdot\frac{1}{T}\sum_{k=-\infty}^{\infty}[G(s-\mathrm{j}k\omega_s)] \\ &= E^*(s)G^*(s)\end{aligned}$$

式(7-44) 得到证明。

2. 脉冲传递函数的定义

脉冲传递函数是指在零初始条件下，系统的输出采样函数的 Z 变换和输入采样函数的 Z 变换之比。图 7-15为开环采样系统的示意图。图中，输入信号为 $x(t)$，经采样后为 $x^*(t)$，其 Z 变换为 $X(z)$；连续部分输出为 $y(t)$，经过虚拟的、与输入同步理想采样开关后的脉冲序列为 $y^*(t)$，其 Z 变换为 $Y(z)$，开环脉冲传递函数可以表示为

$$G(z)=\frac{Y(z)}{X(z)} \tag{7-45}$$

若已知系统的脉冲传递函数 $G(z)$ 及输入信号的 Z 变换 $X(z)$，则输出信号为

$$y^*(t)=\mathscr{Z}^{-1}[Y(z)]=\mathscr{Z}^{-1}[G(z)X(z)] \tag{7-46}$$

需要指出，由于实际系统的输出往往是连续信号 $y(t)$，而非离散信号 $y^*(t)$，图 7-15 所示的虚拟采样开关实际上并不存在，只是表明脉冲传递函数作为离散系统的数学模型，与差分方程一样，只描述系统离散信号之间的关系，$y(t)$ 采样之后的信号为 $y^*(t)$。

3. 脉冲传递函数的代数运算法则

线性离散系统的方块图代数运算法则和线性连续系统有很多相似之处，但必须注意采样开关位置对脉冲传递函数的影响。

(1) 串联环节

不同的串联环节形式如图 7-16 所示。

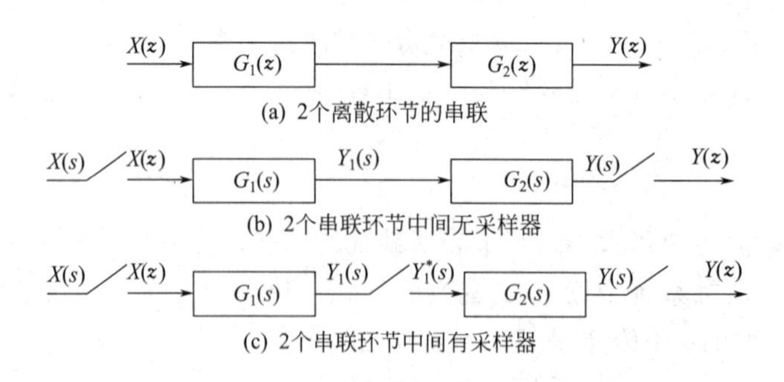

图 7-16 环节串联形式

图 7-16(a) 为两个离散的环节串联，总的脉冲传递函数等于两个环节的脉冲传递函数的乘积，即

$$G(z)=G_1(z)G_2(z) \tag{7-47}$$

图 7-16(b) 为两个连续环节串联，中间无采样器，其总的脉冲传递函数等于两个环节相乘后再取 Z 变

换，即由采样函数拉氏变换的第二个性质

$$Y^*(s)=[G_1(s)G_2(s)X^*(s)]^*=[G_1(s)G_2(s)]^*X^*(s)$$

故
$$G(z)=\mathscr{Z}[G_1(s)G_2(s)]=G_1G_2(z) \tag{7-48}$$

图 7-16(c) 为两个连续环节串联，但中间有采样器，其总的脉冲传递函数等于两个环节分别取 Z 变换后再相乘，即

$$Y^*(s)=[G_1^*(s)G_2^*(s)X^*(s)]^*=G_1^*(s)G_2^*(s)X^*(s)$$

故
$$G(z)=\mathscr{Z}[G_1(s)]\mathscr{Z}[G_2(s)]=G_1(z)G_2(z) \tag{7-49}$$

式(7-47)、式(7-48)、式(7-49) 的结论可以推广到有相应的类似 n 个环节串联的情况，请注意它们之间的区别，特别注意：$G_1G_2(z)\neq G_1(z)G_2(z)$。

【例 7-13】 设开环离散系统分别如图 7-16(b) 和图 7-16(c) 所示，其中 $G_1(s)=\frac{1}{s}$，$G_2(s)=\frac{1}{s+1}$，输入信号 $x(t)=1(t)$。试求这两个系统的脉冲传递函数和输出 Z 变换。

解　查表 7-1，得输入的 Z 变换

$$X(z)=\frac{z}{z-1}$$

① 对图 7-16(b) 所示系统，由式(7-48) 得脉冲传递函数为

$$G_1G_2(z)=\mathscr{Z}[G_1(s)G_2(s)]=\mathscr{Z}\left[\frac{1}{s}\times\frac{1}{s+1}\right]=\mathscr{Z}\left[\frac{1}{s}-\frac{1}{s+1}\right]$$

$$=\frac{z}{z-1}-\frac{z}{z-\mathrm{e}^{-T}}=\frac{z(1-\mathrm{e}^{-T})}{(z-1)(z-\mathrm{e}^{-T})}$$

输出 z 变换

$$Y(z)=G(z)X(z)=\frac{z^2(1-\mathrm{e}^{-T})}{(z-1)^2(z-\mathrm{e}^{-T})}$$

② 对图 7-16(c) 所示系统，由式(7-49) 得脉冲传递函数为

$$G_1(z)G_2(z)=\mathscr{Z}[G_1(s)]\mathscr{Z}[G_2(s)]=\mathscr{Z}\left[\frac{1}{s}\right]\mathscr{Z}\left[\frac{1}{s+1}\right]$$

$$=\frac{z}{z-1}\times\frac{z}{z-\mathrm{e}^{-T}}=\frac{z^2}{(z-1)(z-\mathrm{e}^{-T})}$$

输出 z 变换

$$Y(z)=G(z)X(z)=\frac{z^3}{(z-1)^2(z-\mathrm{e}^{-T})}$$

显然，在串联环节之间有无同步采样开关隔离，其串联后总的脉冲传递函数和输出 Z 变换是不同的，但不同处仅表现在其零点，它们的极点仍然是一样的。

(2) 并联环节

图 7-17 给出的是不同形式的并联环节。

图 7-17(a) 所示为两个离散的环节并联，总的脉冲传递函数为

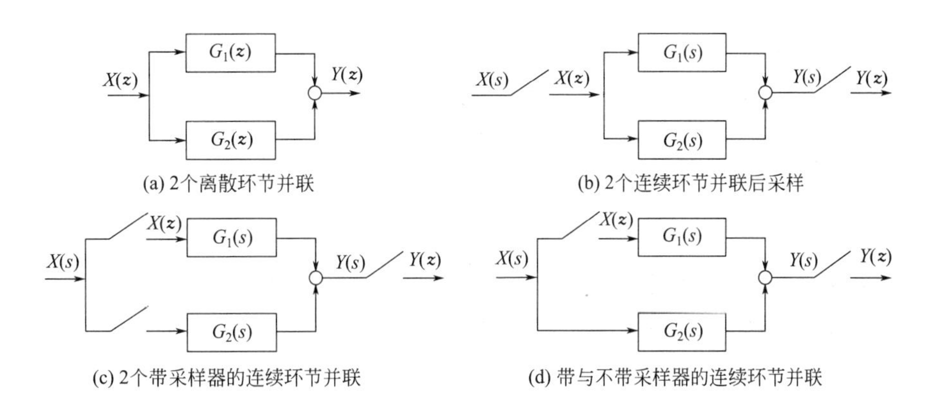

图 7-17　环节并联形式

$$G(z)=G_1(z)+G_2(z) \tag{7-50}$$

图 7-17(b) 所示为两个连续环节并联，输入输出均带采样器，总的脉冲传递函数为

$$G(z)=\mathscr{Z}[G_1(s)+G_2(s)]=G_1(z)+G_2(z) \tag{7-51}$$

图 7-17(c) 所示为分别带采样器的两个连续环节并联，总的脉冲传递函数为

$$G(z)=\mathscr{Z}[G_1(s)]+\mathscr{Z}[G_2(s)]=G_1(z)+G_2(z) \tag{7-52}$$

特别注意到，图 7-17(d) 所示的并联形式，其中一个支路有采样器，一个支路没有采样器，此时输入输出的关系为

$$Y(z)=X(z)\mathscr{Z}[G_1(s)]+\mathscr{Z}[X(s)G_2(s)]=G_1(z)X(z)+G_2X(z) \tag{7-53}$$

因为式(7-53) 中的第二项是 $G_2(s)X(s)$ 相乘后求 Z 变换，不能将 $X(z)$ 分离出来，所以这种情况下无法求得系统的脉冲传递函数 $G(z)$，只能写出输出的 Z 变换式。注意到，这与连续系统的传递函数一定存在是有区别的。

图 7-17 所示的各种情况也可推广到类似的 n 个环节并联的情况。

(3) 反馈回路

连续系统中，闭环传递函数与相应的开环传递函数之间有着确定的关系，可用一种典型的结构图来描述闭环系统。但在离散系统中，由于采样器在闭环系统中的位置存在多种可能性，因此具有反馈回路的离散系统没有惟一的结构图形式，闭环脉冲传递函数或输出 Z 变换式也就各不相同。虽然如此，但仍有一些规律可循。

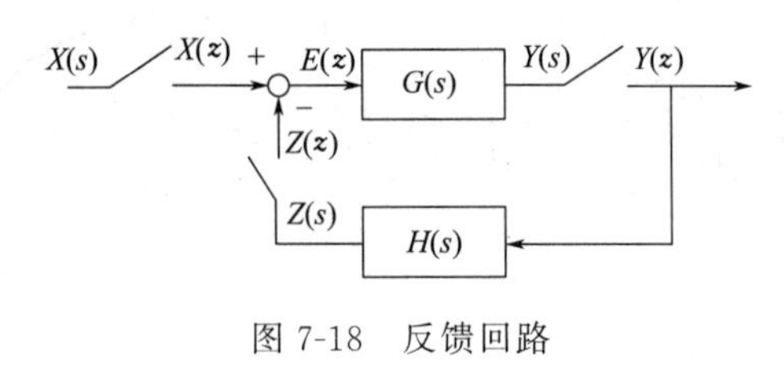

图 7-18 反馈回路

设一简单采样系统如图 7-18 所示，图中采样器以采样周期 T 同步工作。从图中输入端开始，顺着箭头方向一步步地分析计算如下。

比较器输出端：

$$E(z)=X(z)-Z(z) \tag{1}$$

$$Y(s)=G(s)E(z) \tag{2}$$

继续沿箭头方向：　$Z(s)=H(s)Y(z)$

对上式两端采样：　$Z(z)=[H(s)Y(z)]^*=H(z)Y(z)$

将 $Z(z)$ 代入式(1)：

$$E(z)=X(z)-Z(z)=X(z)-H(z)Y(z)$$

对式(2) 两端采样：　$Y(z)=[G(s)E(z)]^*=G(z)E(z)=G(z)[X(z)-H(z)Y(z)]$

整理得

$$Y(z)=\frac{G(z)}{1+G(z)H(z)}X(z) \tag{7-54}$$

【例 7-14】 设一闭环系统的结构图如图 7-19 所示，图中虚线表示输出端的虚拟采样，求该系统的输出 Z 变换式与闭环脉冲传递函数。

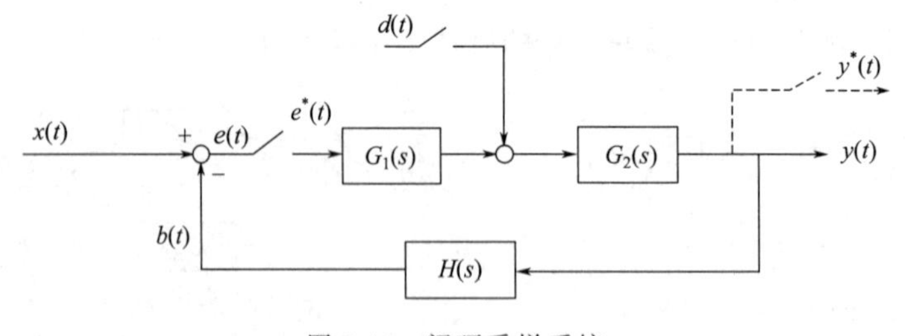

图 7-19 闭环采样系统

解 考虑是线性系统，可以分别针对给定输入与扰动输入进行计算。

① 对给定输入 $x(t)$ 的脉冲传递函数　这时令扰动输入 $d(t)=0$，从输入端相加点开始分析，有连续量关系

$$E(s)=X(s)-B(s)$$

对上式两端采样

$$E^*(s)=X^*(s)-B^*(s) \tag{7-55}$$

开环通道从 $e^*(t)$ 到 $b(t)$ 之间的关系为

$$B(s)=G_1(s)G_2(s)H(s)\cdot E^*(s)$$

对上式采样

$$B^*(s)=[G_1(s)G_2(s)H(s)]^*E^*(s) \tag{7-56}$$

将式(7-56) 代入式(7-55) 得

$$E^*(s)=X^*(s)-G_1G_2H^*(s)E^*(s)$$

写成 Z 变换形式

$$E(z)=X(z)-G_1G_2H(z)E(z)$$

化简后

$$E(z)=\frac{1}{1+G_1G_2H(z)}X(z) \tag{7-57}$$

通常称 $E(z)$ 为误差信号的 Z 变换，按脉冲传递函数定义有

$$\Phi_{EX}(z)=\frac{E(z)}{X(z)}=\frac{1}{1+G_1G_2H(z)} \tag{7-58}$$

上式称为误差采样信号对给定输入的误差脉冲传递函数。

又因为系统输出

$$Y_1(s)=G_1(s)G_2(s)E^*(s)$$

采样后写成 Z 变换形式

$$Y_1(z)=G_1G_2(z)E(z)$$

将式(7-57) 代入上式得输出 Z 变换

$$Y_1(z)=\frac{G_1G_2(z)}{1+G_1G_2H(z)}X(z)$$

由此可得系统在给定输入下的闭环脉冲传递函数

$$\Phi_{YX}(z)=\frac{Y_1(z)}{X(z)}=\frac{G_1G_2(z)}{1+G_1G_2H(z)} \tag{7-59}$$

② 对扰动输入 $d(t)$ 的脉冲传递函数　这时令 $x(t)=0$，按与上相同的分析方法，从输入端相加点开始分析

$$E(s)=-B(s)=-H(s)Y_2(s) \tag{7-60}$$

$$Y_2(s)=G_2(s)D^*(s)+G_1(s)G_2(s)E^*(s) \tag{7-61}$$

先求误差采样信号$e^*(t)$与扰动输入信号 $d^*(t)$ 之间的误差脉冲传递函数。

联立式(7-60) 和式(7-61)，消去 $Y_2(s)$ 得

$$\begin{aligned}E(s)&=-H(s)[G_2(s)D^*(s)+G_1(s)G_2(s)E^*(s)]\\&=-G_2(s)H(s)D^*(s)-G_1(s)G_2(s)H(s)E^*(s)\end{aligned}$$

对上式采样

$$E^*(s)=-[G_2(s)H(s)]^*D^*(s)-[G_1(s)G_2(s)H(s)]^*E^*(s)$$

写成 Z 变换式并整理得

$$E(z)=\frac{-G_2H(z)}{1+G_1G_2H(z)}D(z) \tag{7-62}$$

因此，误差采样信号对扰动输入的误差脉冲传递函数为

$$\Phi_{ED}(z)=\frac{E(z)}{D(z)}=\frac{-G_2H(z)}{1+G_1G_2H(z)} \tag{7-63}$$

同样，可得输出的 Z 变换和输出与扰动输入间的闭环脉冲传递函数。

对式(7-61) 采样后写成 Z 变换形式

$$Y_2(z)=G_2(z)D(z)+G_1G_2(z)E(z)$$

将式(7-62) 代入上式，消掉 $E(z)$，整理得输出的 Z 变换为

$$Y_2(z)=G_2(z)D(z)-G_1G_2(z)\frac{G_2H(z)}{1+G_1G_2H(z)}D(z) \tag{7-64}$$

进一步整理得输出与扰动输入间的闭环脉冲传递函数

$$\Phi_{YD}(z)=\frac{Y_2(z)}{D(z)}=G_2(z)-\frac{G_1G_2(z)G_2H(z)}{1+G_1G_2H(z)} \tag{7-65}$$

由上可见，闭环脉冲传递函数或输出 Z 变换的分子与前向通道上的各环节有关，分母与回路中的各环节有关，同时采样开关的位置对分子、分母都有影响。

③ 输出 Z 变换式　由线性系统特点，系统输出等于给定输入与扰动输入分别作用时的系统输出，其 Z 变换式也为分别作用的输出 Z 变换之和，故

$$Y(z)=Y_1(z)+Y_2(z)=\frac{G_1G_2(z)}{1+G_1G_2H(z)}X(z)+\left[G_2(z)-G_1G_2(z)\frac{G_2H(z)}{1+G_1G_2H(z)}\right]D(z)$$

(4) 系统中的零阶保持器

① 零阶保持器的脉冲传递函数　由零阶保持器构成的离散系统结构图如图 7-20 所示。它可等效为如图 7-21所示的并联环节离散系统。

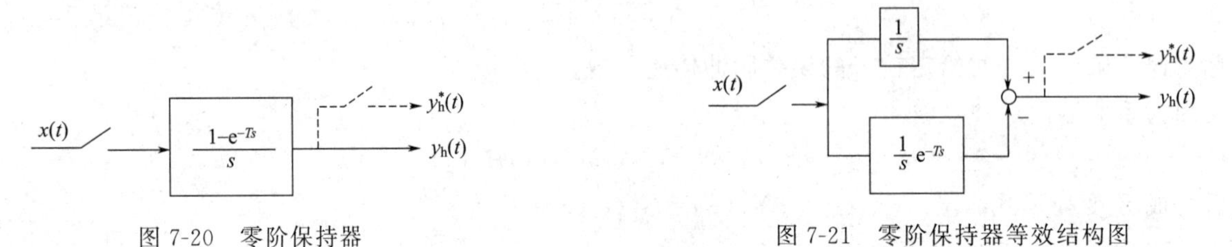

图 7-20　零阶保持器　　　　图 7-21　零阶保持器等效结构图

按并联环节的加法法则及滞后环节的概念，可得等效的脉冲传递函数

$$G(z)=\frac{Y_h(z)}{X(z)}=\mathscr{Z}\left[\frac{1}{s}\right]-\mathscr{Z}\left[\frac{1}{s}e^{-Ts}\right]=(1-z^{-1})\mathscr{Z}\left[\frac{1}{s}\right]=(1-z^{-1})\frac{z}{z-1}=1 \tag{7-66}$$

由式(7-66)，零阶保持器的脉冲传递函数为常数 1，也即其输出信号与输入信号完全一致。还可看到，零阶保持器无零极点，对系统性能没有影响，只起到恢复信号的作用。

② 零阶保持器与环节串联　零阶保持器与其他连续环节的串联如图 7-22 所示，用分解法求其开环脉冲传递函数。

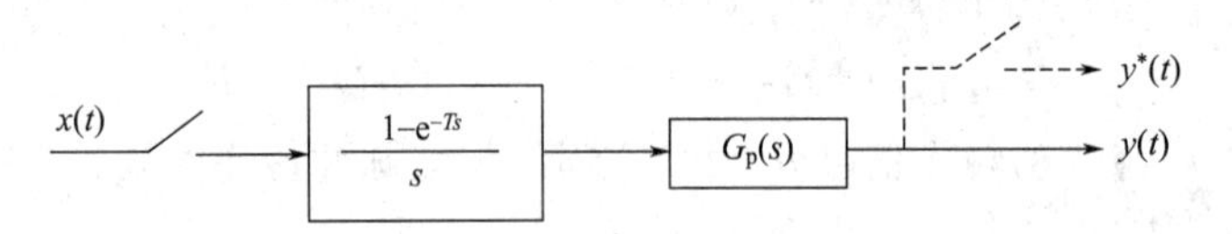

图 7-22　零阶保持器与连续环节串联的开环系统

$$G_h(s)G_p(s)=\frac{1-e^{-Ts}}{s}G_p(s)=\frac{G_p(s)}{s}-e^{-Ts}\frac{G_p(s)}{s}=G_1(s)-e^{-Ts}G_1(s)$$

式中 $G_1(s)=\dfrac{G_p(s)}{s}$。根据滞后环节和串联环节 Z 变换方法，可得开环脉冲传递函数

$$\begin{aligned}G(z)&=\mathscr{Z}[G_h(s)G_p(s)]=\mathscr{Z}[G_1(s)]-z^{-1}\mathscr{Z}[G_1(s)]\\&=(1-z^{-1})\mathscr{Z}[G_1(s)]=(1-z^{-1})\mathscr{Z}\left[\frac{G_p(s)}{s}\right]\end{aligned} \tag{7-67}$$

式中用到了 $e^{Ts}=z$ 的定义。通常，为简单起见，系统方块图中的零阶保持器经常用简略词 ZOH（Zero-Order-Hold）代替。

由上面的推导，可总结出求系统脉冲传递函数的一般步骤如下：

- 确定系统的输入、输出变量；
- 写出各连续部分因果关系式，即根据系统的方块图，将通道在各采样开关处断开，写出采样点之前各连续信号拉氏变换式；
- 对各表达式采样后取 Z 变换；
- 消去中间变量；

● 按定义写出脉冲传递函数或输出 Z 变换式。

由式(7-53) 可知，不是所有的离散系统均具有脉冲传递函数，需要视输入端是否存在采样开关而定，即系统是否具有脉冲传递函数取决于能否单独写出输入端的 Z 变换 $X(z)$。但不管怎样，总是可以假设系统的输出端存在采样开关，因此 Z 变换 $Y(z)$ 存在。表 7-2 列举了一些常见的典型系统（或环节）的输出 Z 变换，凡表中输出 Z 变换式中含有 $X(z)$ 的，则可写出系统的脉冲传递函数 $G(z)$，否则只能写出输出 Z 变换式。

表 7-2　典型系统的输出 Z 变换

系统方块图	输出的 Z 变换 $Y(z)$	系统方块图	输出的 Z 变换 $Y(z)$
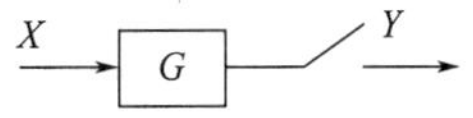	$GX(z)$	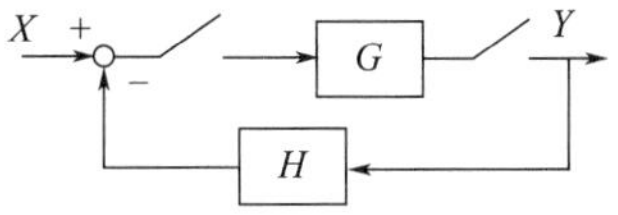	$\frac{G(z)X(z)}{1+G(z)H(z)}$
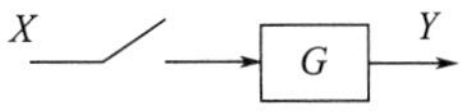	$G(z)X(z)$	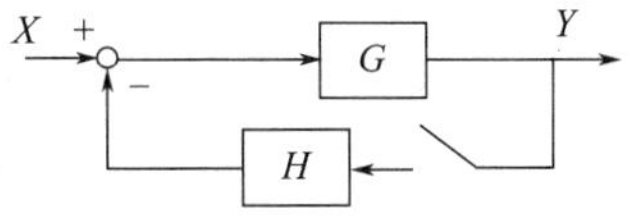	$\frac{GX(z)}{1+GH(z)}$
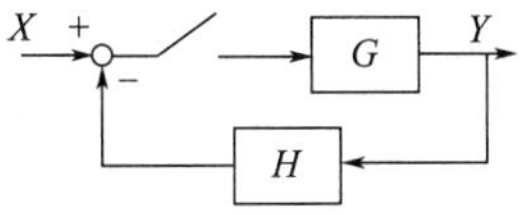	$\frac{G(z)X(z)}{1+GH(z)}$	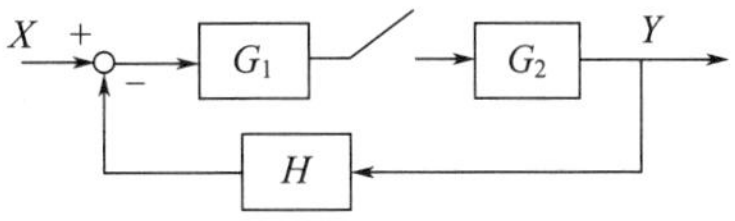	$\frac{G_2(z)G_1X(z)}{1+G_1G_2H(z)}$

4. 权序列（单位脉冲响应序列）

若对初始条件为零的系统施加一单位脉冲序列 $\{\delta(k)\}$，则其输出响应称为该系统的权序列 $\{g(k)\}$，或称之为单位脉冲响应序列。定义单位脉冲序列 $\{\delta(k)\}$ 为

$$\delta(k)=\begin{cases}1, & k=0\\ 0, & k\neq 0\end{cases}$$

若输入序列为任意一个 $\{x(k)\}$，则根据卷积公式可得此时的系统输出响应 $y(k)$ 为

$$y(k)=\sum_{i=0}^{k}x(i)g(k-i) \tag{7-68}$$

可以证明，$\{g(k)\}$ 的 Z 变换即为系统的脉冲传递函数 $G(z)$。它可完全反映离散系统的动态特性，与连续系统中的脉冲响应函数可完全反映系统的动态特性如出一辙。

5. 脉冲传递函数与差分方程

差分方程是离散系统的时域表达形式，脉冲传递函数是离散系统的 Z 域（复频域）表达形式，它们之间可以相互转化。

若 n 阶差分方程为

$$\begin{aligned}&y(k+n)+a_{n-1}y(k+n-1)+\cdots+a_1y(k+1)+a_0y(k)\\&=b_mx(k+m)+b_{m-1}x(k+m-1)+\cdots+b_1x(k+1)+b_0x(k)\end{aligned} \tag{7-69}$$

式中，k 表示第 k 个采样瞬时，$y(k)$，$x(k)$ 分别为第 k 个采样时刻的系统输出与输入变量；a_i 和 b_i 是常数；n,m 为整数，且 $m\leqslant n$。对式(7-69) 两边作 Z 变换，在零初始条件下，即 $y(0)=y(1)=\cdots=y(n-1)=0$ 及 $x(0)=x(1)=\cdots=x(m-1)=0$，系统脉冲传递函数为

$$G(z)=\frac{Y(z)}{X(z)}=\frac{b_mz^m+b_{m-1}z^{m-1}+\cdots+b_1z+b_0}{z^n+a_{n-1}z^{n-1}+\cdots+a_1z+a_0} \tag{7-70}$$

若已知系统的脉冲传递函数，则可以通过 Z 反变换得到其差分方程形式。

【例 7-15】 设一闭环系统如图 7-23 所示，$H(s)=1$，$G_p(s)=\frac{1}{s(s+1)}$，试求系统的单位阶跃响应。

解　由图可得闭环系统的脉冲传递函数

$$\frac{C(z)}{X(z)}=\frac{G(z)}{1+GH(z)}=\frac{G(z)}{1+G(z)}$$

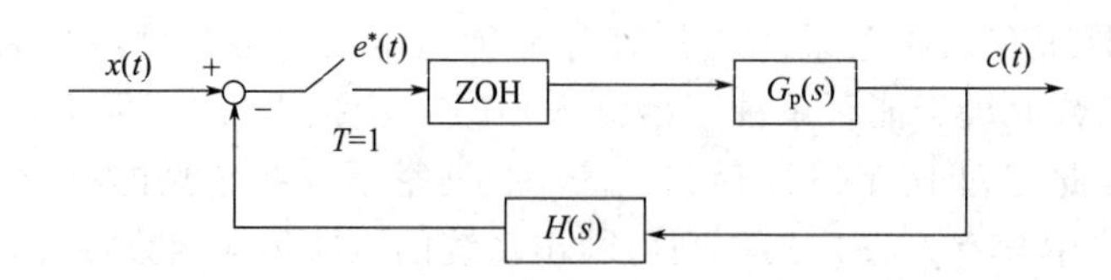

图 7-23　闭环采样系统

式中 $G(z)$ 为前向通道脉冲传递函数。当 $T=1$，由式(7-67)

$$G(z)=(1-z^{-1})\mathscr{Z}\left[\frac{G_p(s)}{s}\right]=(1-z^{-1})\mathscr{Z}\left[\frac{1}{s^2}-\frac{1}{s}+\frac{1}{s+1}\right]$$

$$=(1-z^{-1})\left[\frac{Tz}{(z-1)^2}-\frac{z}{z-1}+\frac{z}{z-e^{-T}}\right]=\frac{0.3678z+0.2644}{z^2-1.3678z+0.3678}$$

代入闭环脉冲传递函数式，有

$$\frac{C(z)}{X(z)}=\frac{0.3678z+0.2644}{z^2-z+0.6322}$$

当输入为单位阶跃信号时

$$X(z)=\frac{z}{z-1}$$

输出 Z 变换为

$$C(z)=\frac{z}{z-1}\times\frac{0.3678z+0.2644}{z^2-z+0.6322}=\frac{0.3678z^2+0.2644z}{z^3-2z^2+1.6322z-0.6322}$$

对上式作综合除法，便可得

$$C(z)=0.3678z^{-1}+z^{-2}+1.4z^{-3}+1.4z^{-4}+1.147z^{-5}+\cdots$$

作 Z 反变换，可得系统的单位阶跃响应为

$$c(kT)=0\cdot\delta(t)+0.3678\delta(t-T)+\delta(t-2T)+1.4\delta(t-3T)+1.4\delta(t-4T)+\cdots$$

为便于比较，图 7-24 同时给出了原连续系统（即 $T=0$）与采样后的离散系统的时间响应［图中用符号“□”标注$c(kT)$］。所得结果表明，离散系统的超调量为 $\sigma=40\%$，$T_r=2s$，$T_p=3.5s$，$T_s=12s$（图中未画出来）；而连续系统的超调量仅为 17%，$T_s=6s$。

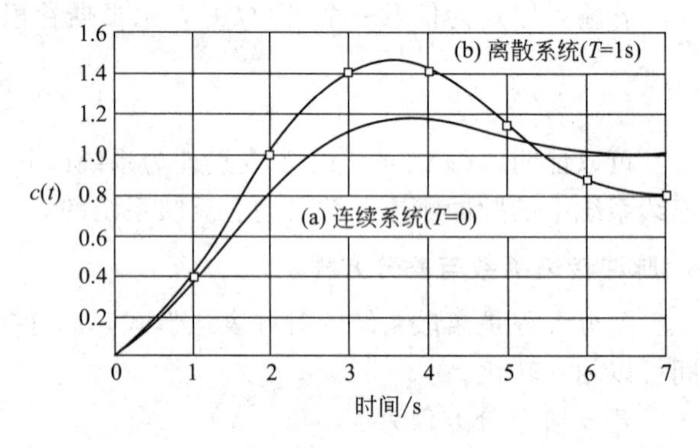

图 7-24　2 阶系统的响应

读者可自己比较一下：如果系统中不包括零阶保持器，系统的上述性能指标又如何？试分析为什么？

由例 7-15 可见，如果已知离散系统的脉冲传递函数，则系统输出在各采样时刻的值就可以利用 Z 反变换的长除法由 z^{-1}的系数方便地得到，这一点显然比连续系统简单。离散系统的时域性能指标的定义与连续系统的相同（参见第三章相关内容），在规定了零初始条件、选定了单位阶跃输入信号之后，就可由阶跃响应来评价系统的动态性能。

设系统输入是 $x(t)$，输出为 $y(t)$，由离散系统的时域解求性能指标的步骤如下。

① 由离散系统闭环脉冲传递函数 $\Phi(z)$，求出系统在阶跃输入作用下的输出 Z 变换$Y(z)$

$$Y(z)=\Phi(z)X(z)=\Phi(z)\frac{z}{z-1}$$

② 用长除法将 $Y(z)$ 展开成幂级数，通过 Z 反变换求得 $y^*(t)$。

③ 由 $y^*(t)$ 给出的各采样时刻的值，直接得出超调量 $\sigma\%$、上升时间 T_r、峰值时间 T_p、调节时间 T_s 等性能指标，这些指标的含义与连续系统的相应指标含义相同，只不过对应的不再是连续的时间，而是各采样时刻。

要注意的是，由于 Z 反变换得到的仅是系统采样瞬时的输出，离散系统的时域性能指标只能按采样周期整数倍的时间和对应的采样值来计算，所以只是近似的。

三、离散系统的状态空间模型

连续系统中的状态变量、状态方程等概念，输入输出模型和状态空间模型之间的转换等都可以容易地推广到离散系统。设线性定常离散系统的状态空间模型为

$$\boldsymbol{x}(k+1)=\boldsymbol{A}\boldsymbol{x}(k)+\boldsymbol{B}\boldsymbol{u}(k) \tag{7-71}$$

$$\boldsymbol{y}(k)=\boldsymbol{C}\boldsymbol{x}(k)+\boldsymbol{D}\boldsymbol{u}(k) \tag{7-72}$$

式中，$\boldsymbol{x}(k)$ 为 n 维状态向量，$\boldsymbol{u}(k)$ 为 m 维控制向量，$\boldsymbol{y}(k)$ 为 p 维输出向量，$\boldsymbol{A}$ 为$n\times n$系统矩阵，$\boldsymbol{B}$ 为 $n\times m$ 输入矩阵，$\boldsymbol{C}$ 为 $p\times n$ 输出矩阵，$\boldsymbol{D}$ 为 $p\times m$ 前馈矩阵。称式(7-71) 为离散状态方程，它描述了 $(k+1)T$ 时刻的状态与 kT 时刻的状态及输入量之间的关系；称式(7-72) 为输出方程，它描述了 kT 时刻输出量与 kT 时刻的状态及输入量之间的关系。

1. 离散系统状态方程的求解

线性定常离散状态方程本质上是一阶差分方程组，所以求解的方法与差分方程的求解别无二致，主要有递推法和 Z 变换法两种方法。

(1) 递推求解法

若离散状态方程如式(7-71) 所示，且初始条件 $\boldsymbol{x}(0)$ 及输入序列 $\boldsymbol{u}(k)(k=0,1,2,\cdots)$ 已知，则离散状态方程可如下递推求解

$$\begin{aligned}
&\boldsymbol{x}(1)=\boldsymbol{A}\boldsymbol{x}(0)+\boldsymbol{B}\boldsymbol{u}(0)\\
&\boldsymbol{x}(2)=\boldsymbol{A}\boldsymbol{x}(1)+\boldsymbol{B}\boldsymbol{u}(1)=\boldsymbol{A}^2\boldsymbol{x}(0)+\boldsymbol{A}\boldsymbol{B}\boldsymbol{u}(0)+\boldsymbol{B}\boldsymbol{u}(1)\\
&\qquad\vdots\\
&\boldsymbol{x}(k)=\boldsymbol{A}^k\boldsymbol{x}(0)+\sum_{i=0}^{k-1}\boldsymbol{A}^{k-i-1}\boldsymbol{B}\boldsymbol{u}(i)
\end{aligned} \tag{7-73}$$

令 $\boldsymbol{\Phi}(k)=\boldsymbol{A}^k$，称其为离散状态转移矩阵，它是满足下列两个方程的惟一解

$$\boldsymbol{\Phi}(k+1)=\boldsymbol{A}\boldsymbol{\Phi}(k)$$

$$\boldsymbol{\Phi}(0)=\boldsymbol{I}$$

式(7-73) 也可写为

$$\boldsymbol{x}(k)=\boldsymbol{\Phi}(k)\boldsymbol{x}(0)+\sum_{i=0}^{k-1}\boldsymbol{\Phi}(k-i-1)\boldsymbol{B}\boldsymbol{u}(i) \tag{7-74}$$

当状态方程的解如式(7-74) 所示，易得输出方程的解为

$$\boldsymbol{y}(k)=\boldsymbol{C}\boldsymbol{\Phi}(k)\boldsymbol{x}(0)+\boldsymbol{C}\sum_{i=0}^{k-1}\boldsymbol{\Phi}(k-i-1)\boldsymbol{B}\boldsymbol{u}(i)+\boldsymbol{D}\boldsymbol{u}(k) \tag{7-75}$$

【例 7-16】 某离散系统由状态方程给出

$$\boldsymbol{x}(k+1)=\begin{bmatrix}0 & 1\\ -0.16 & -1\end{bmatrix}\boldsymbol{x}(k)+\begin{bmatrix}1\\1\end{bmatrix}u(k)$$

且初始条件为 $\boldsymbol{x}(0)=\begin{bmatrix}x_1(0)\\x_2(0)\end{bmatrix}=\begin{bmatrix}1\\-1\end{bmatrix}$，以及 $u(k)=1$，$k=0,1,2,\cdots$，求 $\boldsymbol{x}(k)$ 的数值解。

解　当 $k=1$ 时

$$\boldsymbol{\Phi}(1)=\boldsymbol{A}=\begin{bmatrix}0 & 1\\ -0.16 & -1\end{bmatrix}$$

$$\boldsymbol{x}(1)=\boldsymbol{\Phi}(1)\boldsymbol{x}(0)+\boldsymbol{b}u(0)=\begin{bmatrix}0 & 1\\ -0.16 & -1\end{bmatrix}\begin{bmatrix}1\\-1\end{bmatrix}+\begin{bmatrix}1\\1\end{bmatrix}=\begin{bmatrix}0\\1.84\end{bmatrix}$$

当 $k=2$ 时

$$\boldsymbol{\Phi}(2)=\boldsymbol{A}^2=\begin{bmatrix}-0.16 & -1\\ 0.16 & 0.84\end{bmatrix}$$

$$\begin{aligned}
\boldsymbol{x}(2)&=\boldsymbol{\Phi}(2)\boldsymbol{x}(0)+\boldsymbol{\Phi}(1)\boldsymbol{b}u(0)+\boldsymbol{b}u(1)\\
&=\begin{bmatrix}-0.16 & -1\\ 0.16 & 0.84\end{bmatrix}\begin{bmatrix}1\\-1\end{bmatrix}+\begin{bmatrix}0 & 1\\ -0.16 & -1\end{bmatrix}\begin{bmatrix}1\\1\end{bmatrix}+\begin{bmatrix}1\\1\end{bmatrix}=\begin{bmatrix}2.84\\-0.84\end{bmatrix}
\end{aligned}$$

当 $k=3$ 时

$$\boldsymbol{\Phi}(3)=\boldsymbol{A}^3=\begin{bmatrix}0.16 & 0.84\\-0.134 & -0.68\end{bmatrix}$$

$$\begin{aligned}\boldsymbol{x}(3)&=\boldsymbol{\Phi}(3)\boldsymbol{x}(0)+\boldsymbol{\Phi}(2)\boldsymbol{b}u(0)+\boldsymbol{\Phi}(1)\boldsymbol{b}u(1)+\boldsymbol{b}u(2)\\&=\begin{bmatrix}0.16 & 0.84\\-0.134 & -0.68\end{bmatrix}\begin{bmatrix}1\\-1\end{bmatrix}+\begin{bmatrix}-0.16 & -1\\0.16 & 0.84\end{bmatrix}\begin{bmatrix}1\\1\end{bmatrix}+\begin{bmatrix}0 & 1\\-0.16 & -1\end{bmatrix}\begin{bmatrix}1\\1\end{bmatrix}+\begin{bmatrix}1\\1\end{bmatrix}\\&=\begin{bmatrix}0.16\\1.386\end{bmatrix}\\&\quad\vdots\end{aligned}$$

计算还可逐次递推，不断地继续下去。

(2) Z 变换求解法

对离散状态方程式(7-71) 进行 Z 变换，可得

$$z\boldsymbol{X}(z)-z\boldsymbol{x}(0)=\boldsymbol{A}\boldsymbol{X}(z)+\boldsymbol{B}\boldsymbol{U}(z) \tag{7-76}$$

式中

$$\boldsymbol{X}(z)=\mathscr{Z}[\boldsymbol{x}(k)],\ \boldsymbol{U}(z)=\mathscr{Z}[\boldsymbol{u}(k)]$$

将式(7-76) 整理后写成

$$(z\boldsymbol{I}-\boldsymbol{A})\boldsymbol{X}(z)=z\boldsymbol{x}(0)+\boldsymbol{B}\boldsymbol{U}(z) \tag{7-77}$$

用 $(z\boldsymbol{I}-\boldsymbol{A})^{-1}$左乘方程式(7-77)，可得

$$\boldsymbol{X}(z)=(z\boldsymbol{I}-\boldsymbol{A})^{-1}z\boldsymbol{x}(0)+(z\boldsymbol{I}-\boldsymbol{A})^{-1}\boldsymbol{B}\boldsymbol{U}(z) \tag{7-78}$$

对式(7-78) 进行 Z 反变换，求出 $\boldsymbol{x}(k)$

$$\boldsymbol{x}(k)=\mathscr{Z}^{-1}[(z\boldsymbol{I}-\boldsymbol{A})^{-1}z\boldsymbol{x}(0)+(z\boldsymbol{I}-\boldsymbol{A})^{-1}\boldsymbol{B}\boldsymbol{U}(z)] \tag{7-79}$$

式(7-79) 即为用 Z 变换法求解状态方程的公式，比较式(7-79) 和式(7-74)，下列关系成立

$$\boldsymbol{\Phi}(k)=\boldsymbol{A}^k=\mathscr{Z}^{-1}[(z\boldsymbol{I}-\boldsymbol{A})^{-1}z] \tag{7-80}$$

$$\sum_{i=1}^{k-1}\boldsymbol{A}^{k-i-1}\boldsymbol{B}\boldsymbol{u}(i)=\mathscr{Z}^{-1}[(z\boldsymbol{I}-\boldsymbol{A})^{-1}\boldsymbol{B}\boldsymbol{U}(z)] \tag{7-81}$$

式中 $k=1,2,3,\cdots$式(7-80) 给出了求离散状态转移矩阵的解析式。

【例 7-17】 利用 Z 变换法计算例 7-16 的 $\boldsymbol{\Phi}(k)$ 和 $\boldsymbol{x}(k)$。

解 因为 $\boldsymbol{\Phi}(k)=\boldsymbol{A}^k=\mathscr{Z}^{-1}[(z\boldsymbol{I}-\boldsymbol{A})^{-1}z]$

首先计算 $(z\boldsymbol{I}-\boldsymbol{A})^{-1}$，即

$$\begin{aligned}(z\boldsymbol{I}-\boldsymbol{A})^{-1}&=\begin{bmatrix}z & -1\\0.16 & z+1\end{bmatrix}^{-1}=\frac{1}{(z+0.2)(z+0.8)}\begin{bmatrix}z+1 & 1\\-0.16 & z\end{bmatrix}\\&=\begin{bmatrix}\dfrac{4/3}{z+0.2}+\dfrac{-1/3}{z+0.8} & \dfrac{5/3}{z+0.2}+\dfrac{-5/3}{z+0.8}\\\dfrac{-0.8/3}{z+0.2}+\dfrac{0.8/3}{z+0.8} & \dfrac{-1/3}{z+0.2}+\dfrac{4/3}{z+0.8}\end{bmatrix}\end{aligned}$$

$$\begin{aligned}\boldsymbol{\Phi}(k)&=\mathscr{Z}^{-1}[(z\boldsymbol{I}-\boldsymbol{A})^{-1}z]\\&=\mathscr{Z}^{-1}\begin{bmatrix}\dfrac{4}{3}\left(\dfrac{z}{z+0.2}\right)-\dfrac{1}{3}\left(\dfrac{z}{z+0.8}\right) & \dfrac{5}{3}\left(\dfrac{z}{z+0.2}\right)-\dfrac{5}{3}\left(\dfrac{z}{z+0.8}\right)\\-\dfrac{0.8}{3}\left(\dfrac{z}{z+0.2}\right)+\dfrac{0.8}{3}\left(\dfrac{z}{z+0.8}\right) & -\dfrac{1}{3}\left(\dfrac{z}{z+0.2}\right)+\dfrac{4}{3}\left(\dfrac{z}{z+0.8}\right)\end{bmatrix}\\&=\begin{bmatrix}\dfrac{4}{3}(-0.2)^k-\dfrac{1}{3}(-0.8)^k & \dfrac{5}{3}(-0.2)^k-\dfrac{5}{3}(-0.8)^k\\-\dfrac{0.8}{3}(-0.2)^k+\dfrac{0.8}{3}(-0.8)^k & -\dfrac{1}{3}(-0.2)^k+\dfrac{4}{3}(-0.8)^k\end{bmatrix}\end{aligned}$$

$\boldsymbol{x}(k)$ 可计算如下，由

$$\boldsymbol{X}(z)=(z\boldsymbol{I}-\boldsymbol{A})^{-1}[z\boldsymbol{x}(0)+\boldsymbol{B}\boldsymbol{U}(z)]$$

因为 $u(k)=1$ 相应的 $U(z)=\dfrac{z}{z-1}$，则

$$z\boldsymbol{x}(0)+\boldsymbol{B}U(z)=\begin{bmatrix} z \\ -z \end{bmatrix}+\begin{bmatrix} \dfrac{z}{z-1} \\ \dfrac{z}{z-1} \end{bmatrix}=\begin{bmatrix} \dfrac{z^2}{z-1} \\ \dfrac{-z^2+2z}{z-1} \end{bmatrix}$$

因此

$$\begin{aligned}\boldsymbol{X}(z)&=(z\boldsymbol{I}-\boldsymbol{A})^{-1}[z\boldsymbol{x}(0)+\boldsymbol{B}U(z)]\\&=\begin{bmatrix} \dfrac{(z^2+2)z}{(z+0.2)(z+0.8)(z-1)} \\ \dfrac{(-z^2+1.84z)z}{(z+0.2)(z+0.8)(z-1)} \end{bmatrix}=\begin{bmatrix} \dfrac{\frac{-17}{6}z}{z+0.2}+\dfrac{\frac{22}{9}z}{z+0.8}+\dfrac{\frac{25}{18}z}{z-1} \\ \dfrac{\frac{3.4}{6}z}{z+0.2}+\dfrac{-\frac{17.6}{9}z}{z+0.8}+\dfrac{\frac{7}{18}z}{z-1} \end{bmatrix}\end{aligned}$$

$$\boldsymbol{x}(k)=\mathscr{Z}^{-1}[\boldsymbol{X}(z)]=\begin{bmatrix} -\dfrac{17}{6}(-0.2)^k+\dfrac{22}{9}(-0.8)^k+\dfrac{25}{18} \\ \dfrac{3.4}{6}(-0.2)^k-\dfrac{17.6}{9}(-0.8)^k+\dfrac{7}{18} \end{bmatrix} \tag{7-82}$$

当 $k=1$ 时

$$\boldsymbol{x}(1)=\begin{bmatrix} -\dfrac{17}{6}(-0.2)+\dfrac{22}{9}(-0.8)+\dfrac{25}{18} \\ \dfrac{3.4}{6}(-0.2)-\dfrac{17.6}{9}(-0.8)+\dfrac{7}{18} \end{bmatrix}=\begin{bmatrix} 0 \\ 1.84 \end{bmatrix}$$

当 $k=2$ 时

$$\boldsymbol{x}(2)=\begin{bmatrix} -\dfrac{17}{6}(-0.2)^2+\dfrac{22}{9}(-0.8)^2+\dfrac{25}{18} \\ \dfrac{3.4}{6}(-0.2)^2-\dfrac{17.6}{9}(-0.8)^2+\dfrac{7}{18} \end{bmatrix}=\begin{bmatrix} 2.84 \\ -0.84 \end{bmatrix}$$

当 $k=3$ 时

$$\boldsymbol{x}(3)=\begin{bmatrix} -\dfrac{17}{6}(-0.2)^3+\dfrac{22}{9}(-0.8)^3+\dfrac{25}{18} \\ \dfrac{3.4}{6}(-0.2)^3-\dfrac{17.6}{9}(-0.8)^3+\dfrac{7}{18} \end{bmatrix}=\begin{bmatrix} 0.16 \\ 1.386 \end{bmatrix}$$

可见，当 $k=1,2,3$ 时，所计算的 $\boldsymbol{x}(k)$ 与递推法的计算结果相同。由于 Z 变换法给出的是状态方程的解析解，欲求任何 kT 时刻的状态，只需要将 k 直接代入式(7-82) 计算即可；而递推法只能逐次递推求解，得到的是数值解。这是两种方法的区别所在。

2. 离散状态变量图

在第二章第七节中介绍了连续系统的状态变量图。类似地，在离散系统中也同样可以采用状态变量图来描述状态空间模型，其优点是可以用计算机模拟出状态变量间的关系与运算规律。离散系统状态变量图的基本关系与连续系统的状态变量图非常相似，如

(1) 变量乘以常数

时域　　$x_2(k)=ax_1(k)$

复数域　　$X_2(z)=aX_1(z)$

(2) 变量求代数和

时域　　$x_3(k)=a_1x_1(k)\pm a_2x_2(k)$

复数域　　$X_3(z)=a_1X_1(z)\pm a_2X_2(z)$

(3) 时间延迟或存储（延迟或存储一个采样周期）

时域　　$x_2(k)=x_1[(k+1)]$

复数域　　$X_2(z)=zX_1(z)-zx_1(0)$　或　$X_1(z)=z^{-1}X_2(z)+x_1(0)$

离散状态变量图的基本单元是延时器，如图 7-25 所示［为简单起见，图中未画出初始条件 $x_1(0)$］，其中时域方块中的 D 或 z 域中的 z^{-1} 均表示延时一个采样周期 T。类似于连续系统，离散状态变量图也完全可以用信号流图来表示。

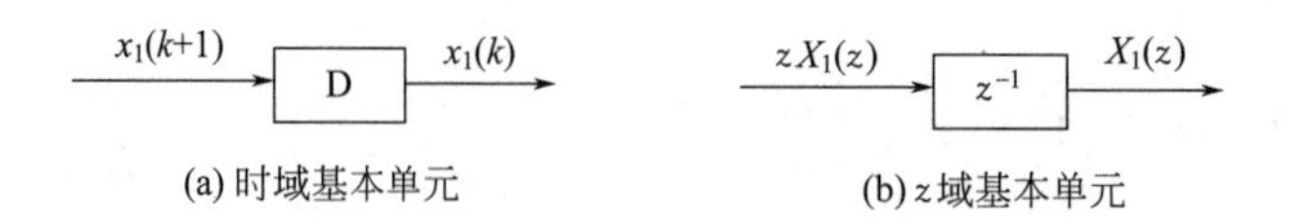

图 7-25　离散状态变量图基本单元——延时器

从前面知道，最常用的离散系统数学模型有差分方程、脉冲传递函数以及状态空间表达式。这些模型虽形式不同，但它们之间有着内在的联系，可以互相转化。下面介绍这三种模型间的关系。

3. 状态方程与差分方程

(1) 由差分方程求状态方程

设有一个单输入单输出的 n 阶差分方程

$$y(k+n)+a_{n-1}y(k+n-1)+\cdots+a_1y(k+1)+a_0y(k)=bu(k) \tag{7-83}$$

式中，k 表示第 k 个采样瞬时，$y(k)$、$u(k)$ 分别为第 k 个采样周期的系统输出与输入值；n 为差分方程阶数。由于状态变量选取的非惟一性，故转化后的状态方程也不是惟一的。

若取下列一组相变量作为状态变量

$$\begin{aligned}
&x_1(k)=y(k)\\
&x_1(k+1)=x_2(k)\\
&x_2(k+1)=x_3(k)\\
&\quad\vdots\\
&x_{n-1}(k+1)=x_n(k)\\
&x_n(k+1)=-a_{n-1}x_n(k)-a_{n-2}x_{n-1}(k)-\cdots-a_0x_1(k)+bu(k)
\end{aligned} \tag{7-84}$$

进一步写成矩阵形式的离散状态方程与输出方程，如下所示。

状态方程

$$\begin{bmatrix} x_1(k+1)\\ x_2(k+1)\\ \vdots\\ x_{n-2}(k+1)\\ x_{n-1}(k+1)\\ x_n(k+1)\end{bmatrix}=\begin{bmatrix} 0 & 1 & 0 & \cdots & 0 & 0\\ 0 & 0 & 1 & \cdots & 0 & 0\\ \cdots & \cdots & \cdots & \cdots & \cdots & \cdots\\ 0 & 0 & 0 & \cdots & 1 & 0\\ 0 & 0 & 0 & \cdots & 0 & 1\\ -a_0 & -a_1 & -a_2 & \cdots & -a_{n-2} & -a_{n-1}\end{bmatrix}\begin{bmatrix} x_1(k)\\ x_2(k)\\ \vdots\\ x_{n-2}(k)\\ x_{n-1}(k)\\ x_n(k)\end{bmatrix}+\begin{bmatrix}0\\0\\ \vdots\\0\\0\\b\end{bmatrix}u(k) \tag{7-85}$$

输出方程

$$y(k)=[1\quad 0\quad \cdots\quad 0]\begin{bmatrix} x_1(k)\\ x_2(k)\\ \vdots\\ x_n(k)\end{bmatrix} \tag{7-86}$$

由差分方程(7-83) 出发，选取相变量为状态变量转化得到的状态方程（7-85）中的系统矩阵 **A** 与能控标准型的 **A** 阵相同。

若差分方程(7-83) 的右端除了 $u(k)$ 项，还包括 $u(k+1)$，$u(k+2)$，…，$u(k+m)$ 项时，与连续系统微分方程的右端含有微分项一样，状态变量的选取不能如式(7-84) 那么简单。相应地，从差分方程转化到状态方程也相应较复杂。通常，较为简单的方法是先将差分方程化为脉冲传递函数，然后再由脉冲传递函数转化到状态方程。

(2) 由状态方程求差分方程

由状态方程转换成差分方程的结果是惟一的。通常是先将状态方程转化为脉冲传递函数，然后再求差分方程。对于较简单的情况，也可如例 7-18 那样直接求取。

【例 7-18】 已知离散系统的状态表达式为

$$\begin{bmatrix} x_1(k+1) \\ x_2(k+1) \end{bmatrix} = \begin{bmatrix} 0 & 1 \\ -3 & -5 \end{bmatrix} \begin{bmatrix} x_1(k) \\ x_2(k) \end{bmatrix} + \begin{bmatrix} 1 \\ -3 \end{bmatrix} u(k)$$

$$y(k) = [1 \quad 0] \begin{bmatrix} x_1(k) \\ x_2(k) \end{bmatrix}$$

试求该系统的差分方程。

解 由状态方程得

$$x_1(k+1) = x_2(k) + u(k) \tag{7-87}$$

$$x_2(k+1) = -3x_1(k) - 5x_2(k) - 3u(k) \tag{7-88}$$

改写式(7-87)

$$x_1(k+2) = x_2(k+1) + u(k+1) \tag{7-89}$$

将式(7-87)、式(7-88) 代入式(7-89)，得

$$x_1(k+2) + 5x_1(k+1) + 3x_1(k) = u(k+1) + 2u(k)$$

由输出方程得 $y(k) = x_1(k)$

所以，差分方程为

$$y(k+2) + 5y(k+1) + 3y(k) = u(k+1) + 2u(k)$$

4. 状态方程与脉冲传递函数（脉冲传递函数矩阵）

(1) 由状态方程求脉冲传递函数（脉冲传递函数矩阵）

若已知离散状态方程，可通过 Z 变换求出脉冲传递函数。具体方法为，对状态方程式(7-71) 的两边取 Z 变换，整理后可得

$$\boldsymbol{X}(z) = (z\boldsymbol{I} - \boldsymbol{A})^{-1} z\boldsymbol{x}(0) + (z\boldsymbol{I} - \boldsymbol{A})^{-1} \boldsymbol{B}\boldsymbol{U}(z) \tag{7-90}$$

对输出方程式(7-72) 两边取 Z 变换，得

$$\boldsymbol{Y}(z) = \boldsymbol{C}\boldsymbol{X}(z) + \boldsymbol{D}\boldsymbol{U}(z) \tag{7-91}$$

将式(7-90) 代入式(7-91)，可得

$$\boldsymbol{Y}(z) = \boldsymbol{C}(z\boldsymbol{I} - \boldsymbol{A})^{-1} z\boldsymbol{x}(0) + \boldsymbol{C}(z\boldsymbol{I} - \boldsymbol{A})^{-1} \boldsymbol{B}\boldsymbol{U}(z) + \boldsymbol{D}\boldsymbol{U}(z)$$

假设初始条件为零，则可整理得

$$G(z) = \frac{\boldsymbol{Y}(z)}{\boldsymbol{U}(z)} = \boldsymbol{C}(z\boldsymbol{I} - \boldsymbol{A})^{-1}\boldsymbol{B} + \boldsymbol{D} = \frac{\boldsymbol{C}\mathrm{adj}(z\boldsymbol{I} - \boldsymbol{A})\boldsymbol{B}}{|z\boldsymbol{I} - \boldsymbol{A}|} + \boldsymbol{D} \tag{7-92}$$

此为描述离散输入输出关系的脉冲传递函数，在多变量情况下则为脉冲传递函数矩阵。

【例 7-19】 已知离散状态表达式为

$$\begin{bmatrix} x_1(k+1) \\ x_2(k+1) \end{bmatrix} = \begin{bmatrix} 0.6 & 0.233 \\ -0.466 & -0.097 \end{bmatrix} \begin{bmatrix} x_1(k) \\ x_2(k) \end{bmatrix} + \begin{bmatrix} 0.2 \\ 0.233 \end{bmatrix} u(k)$$

$$y(k) = [1 \quad 0] \begin{bmatrix} x_1(k) \\ x_2(k) \end{bmatrix}$$

试求该系统的脉冲传递函数。

解 由式(7-92) 可知

$$G(z) = \boldsymbol{C}(z\boldsymbol{I} - \boldsymbol{A})^{-1}\boldsymbol{B} = [1 \quad 0] \begin{bmatrix} z-0.6 & -0.233 \\ 0.466 & z+0.097 \end{bmatrix}^{-1} \begin{bmatrix} 0.2 \\ 0.233 \end{bmatrix}$$

$$= \frac{0.2z + 0.074}{(z-0.135)(z-0.368)}$$

(2) 由脉冲传递函数求状态方程

与连续系统一样，将离散系统的脉冲传递函数 $G(z)$ 转化为离散状态方程的过程也称为实现，实际上指的是可由计算机实现 $G(z)$ 的运算规律。但需满足物理可实现的条件：分子的阶次 m 小于等于分母的阶次 n，即 $m \leqslant n$。若不满足该条件，则意味着 kT 时的输出要依赖于 $(k+1)T$ 时的输入，显然这是计算机无法计算的。脉冲传递函数的实现通常的方法有直接分解法、串联分解法和并联分解法。

① 直接分解法　为简单起见，这里仅考虑二阶系统，其结果可方便地推广到任意的 n 阶系统。设二阶系统的脉冲传递函数

$$G(z)=\frac{Y(z)}{U(z)}=\frac{b_2+b_1z^{-1}+b_0z^{-2}}{1+a_1z^{-1}+a_0z^{-2}}=b_2+\frac{(b_1-a_1b_2)z^{-1}+(b_0-a_0b_2)z^{-2}}{1+a_1z^{-1}+a_0z^{-2}}$$

改写上式
$$Y(z)=b_2U(z)+\widetilde{Y}(z)$$

其中
$$\widetilde{Y}(z)=\frac{(b_1-a_1b_2)z^{-1}+(b_0-a_0b_2)z^{-2}}{1+a_1z^{-1}+a_0z^{-2}}U(z)$$

引入中间变量 $Q(z)$，改写上式

$$\frac{\widetilde{Y}(z)}{(b_1-a_1b_2)z^{-1}+(b_0-a_0b_2)z^{-2}}=\frac{U(z)}{1+a_1z^{-1}+a_0z^{-2}}=Q(z)$$

则从输入端看有

$$Q(z)=U(z)-a_1z^{-1}Q(z)-a_0z^{-2}Q(z) \tag{7-93}$$

从输出端看有

$$\widetilde{Y}(z)=(b_1-a_1b_2)z^{-1}Q(z)+(b_0-a_0b_2)z^{-2}Q(z) \tag{7-94}$$

分别画出输入端 $U(z)$ 与 $Q(z)$ 的状态图、输出端 $\widetilde{Y}(z)$、$Y(z)$ 与 $Q(z)$ 的状态关系如图7-26所示。定义每个延迟单元 z^{-1} 的输出为状态变量，可得状态方程

$$x_1(k+1)=x_2(k)$$
$$x_2(k+1)=-a_0x_1(k)-a_1x_2(k)+u(k)$$

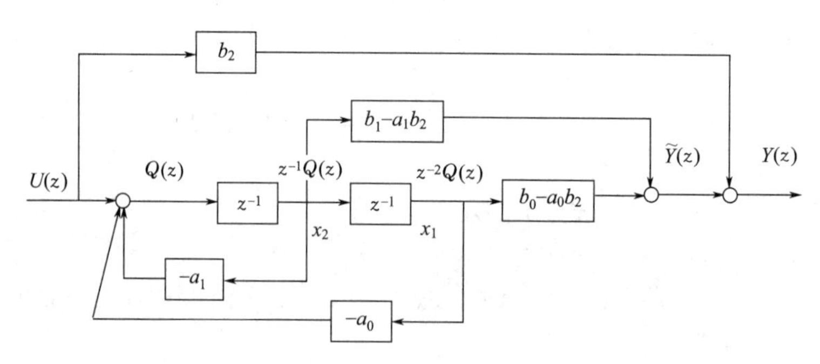

图 7-26　直接分解法得到的二阶系统的离散状态变量图

输出方程
$$y(k)=(b_0-a_0b_2)x_1(k)+(b_1-a_1b_2)x_2(k)+b_2u(k)$$

写成矩阵形式

$$\begin{bmatrix}x_1(k+1)\\x_2(k+1)\end{bmatrix}=\begin{bmatrix}0&1\\-a_0&-a_1\end{bmatrix}\begin{bmatrix}x_1(k)\\x_2(k)\end{bmatrix}+\begin{bmatrix}0\\1\end{bmatrix}u(k) \tag{7-95}$$

$$y(k)=[b_0-a_0b_2\quad b_1-a_1b_2]\begin{bmatrix}x_1(k)\\x_2(k)\end{bmatrix}+b_2u(k) \tag{7-96}$$

由式(7-95) 可知，这种方法得到的状态方程为能控标准型。

读者可将式(7-95)、式(7-96) 推广到 n 阶系统，写出一般的表达式。

前面介绍由差分方程求状态方程时也曾得到类似的结果，但推导时差分方程输入项仅限于 $u(k)$ 项，而未涉及 $u(k+1)$，$u(k+2)$，…，$u(k+m)$ 项。直接分解法处理输入端含有 $u(k+1)$，$u(k+2)$，…，$u(k+m)$项的情况十分方便，只需要调整输出方程，且有规律可循。若 $m\neq n$，输出方程中只需要补充零即可。

② 并联分解法　这种方法是利用部分分式展开而得，适用于脉冲传递函数是因式乘积或可写成因式乘积进而化为部分分式的形式。考虑脉冲传递函数

$$G(z)=\frac{Y(z)}{U(z)}=\frac{b_nz^n+b_{n-1}z^{n-1}+\cdots+b_1z+b_0}{z^n+a_{n-1}z^{n-1}+\cdots+a_1z+a_0}$$
$$=b_n+\frac{(b_{n-1}-a_{n-1}b_n)z^{n-1}+(b_{n-2}-a_{n-2}b_n)z^{n-2}+\cdots+(b_0-a_0b_n)}{(z+p_1)(z+p_2)\cdots(z+p_n)}$$

$$=b_n+\sum_{k=1}^{i}\frac{c_k}{z+p_k}+\sum_{k=i+1}^{n}\frac{c_k}{(z+p_k)^{k-i}} \tag{7-97}$$

假设 $G(z)$ 没有零极点相消，而且 n 个特征根中有 i 个是不同的，其余 $n-i$ 个是重根。并联分解法所得的状态方程当特征根全部互异时，其系统矩阵 $\boldsymbol{A}$ 为对角阵，但若有重根，则 $\boldsymbol{A}$ 阵为约当阵。

【例 7-20】 设 $G(z)=\dfrac{10(z^2+z+1)}{z^2(z-0.5)(z-0.8)}$，试求系统的状态空间表达式。

解 系统特征根为 0,0,0.5,0.8，对原式进行部分分式展开，得

$$G(z)=\frac{-233.33}{z-0.5}+\frac{127.08}{z-0.8}+\frac{106.25}{z}+\frac{25}{z^2}$$

可得状态信号流图如图 7-27 所示，请特别注意上式右边出现重根的第四项，在画状态变量图时需注意该状态与其他状态的不同之处。

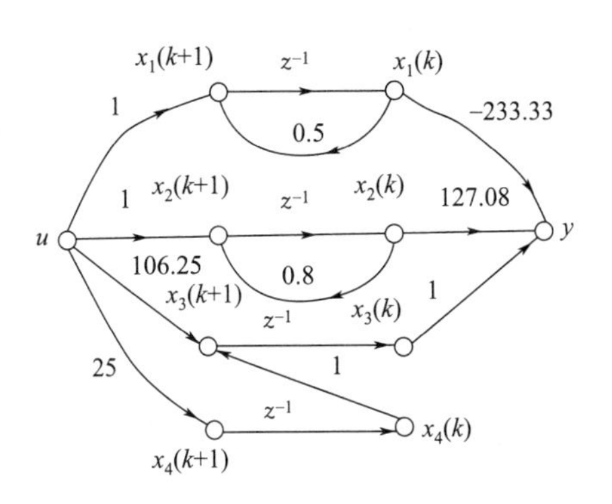

图 7-27 例 7-20 的状态图

由图 7-27，易得状态方程

$$\begin{bmatrix}x_1(k+1)\\x_2(k+1)\\x_3(k+1)\\x_4(k+1)\end{bmatrix}=\begin{bmatrix}0.5&0&0&0\\0&0.8&0&0\\0&0&0&1\\0&0&0&0\end{bmatrix}\begin{bmatrix}x_1(k)\\x_2(k)\\x_3(k)\\x_4(k)\end{bmatrix}+\begin{bmatrix}1\\1\\106.25\\25\end{bmatrix}u(k)$$

输出方程为

$$y(k)=[-233.33\quad 127.08\quad 1\quad 0]\boldsymbol{x}(k)$$

③ 串联分解法 适用于脉冲传递函数是因式分解或可写成因式分解，进而再写成一阶或二阶环节相乘的形式，每一个一阶或二阶环节可用简单的程序或状态图实现。考虑脉冲传递函数

$$G(z)=\frac{Y(z)}{U(z)}=K\frac{(z+c_1)(z+c_2)\cdots(z+c_m)}{(z+d_1)(z+d_2)\cdots(z+d_n)}\quad (n\geqslant m)$$

$$=KG_1(z)G_2(z)\cdots G_n(z)$$

式中

$$G_k(z)=\frac{z+c_k}{z+d_k}=\frac{1+c_kz^{-1}}{1+d_kz^{-1}},\quad k=1,2,\cdots,m \tag{7-98}$$

$$G_k(z)=\frac{1}{z+d_k}=\frac{z^{-1}}{1+d_kz^{-1}},\quad k=m+1,m+2,\cdots,n \tag{7-99}$$

式(7-98)、式(7-99) 的状态图分别如图 7-28、图 7-29 所示，按照图可直接写出状态方程。

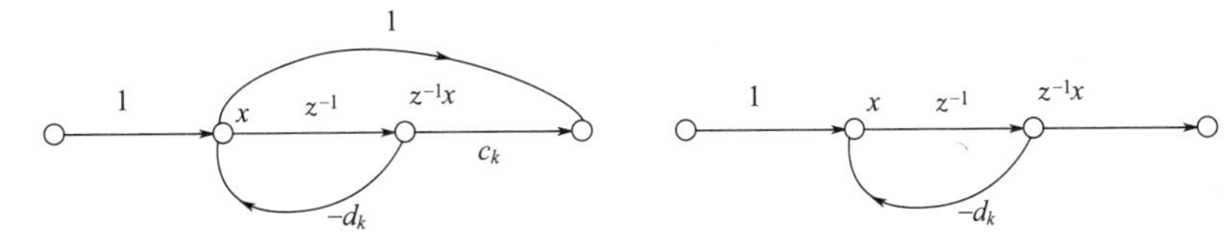

图 7-28 式(7-98) 的状态图　　图 7-29 式(7-99) 的状态图

【例 7-21】 设 $G(z)=\dfrac{Y(z)}{U(z)}=\dfrac{z+7}{z^2+4z+3}$，试求系统的串联实现。

解

$$\frac{Y(z)}{U(z)}=\frac{z+7}{(z+1)(z+3)}=\frac{1}{z+1}\times\frac{z+7}{z+3}=\frac{z^{-1}}{1+z^{-1}}\times\frac{1+7z^{-1}}{1+3z^{-1}}$$

可画出系统的串联实现状态图如图 7-30 所示。

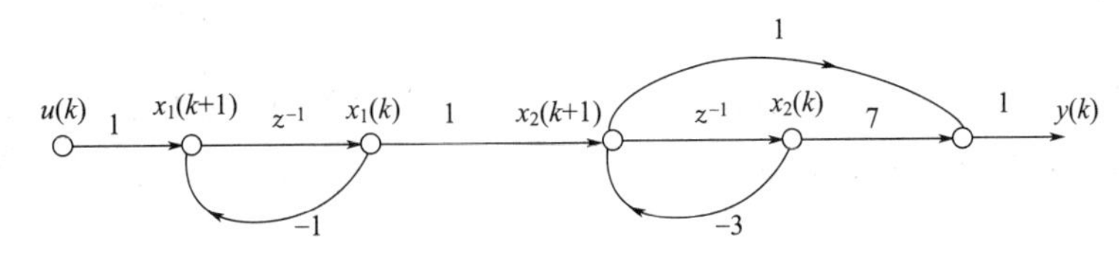

图 7-30 例 7-21 的串联实现状态图

写出状态方程

$$\begin{bmatrix}x_1(k+1)\\x_2(k+1)\end{bmatrix}=\begin{bmatrix}-1&0\\1&-3\end{bmatrix}\begin{bmatrix}x_1(k)\\x_2(k)\end{bmatrix}+\begin{bmatrix}1\\0\end{bmatrix}u(k)$$

输出方程为

$$y(k)=[1\quad 4]\boldsymbol{x}(k)$$

由于状态选取是不惟一的，状态方程也就不是惟一的。如此例中的两个串联环节前后次序可以交换，状态变量也可任意而定。

请读者试写出例 7-21 中两个环节次序不同时的状态表达式，并与例 7-21 作比较。

在系统仿真或用计算机进行实际控制时，组成系统的各个环节或串联或并联，其变量一般具有实际物理意义，这种情况下只要逐个描述环节参数和系统环节之间的拓扑关系，即可仿真或实施控制。相比之下，直接分解法虽然得到的是能控标准型的状态方程，但其状态变量往往是人为指定的，因此仿真结果不直观，工程实践亦不方便。另外，状态变量图的方块图形式与信号流图形式是等价的，均可采用。

5. 闭环离散系统的状态图

掌握了上述基本的分解方法后，也就不难写出闭环离散系统的状态方程。

【例 7-22】 写出例 7-15 的闭环系统状态方程。

解 在例 7-15 中，已经得到系统的前向通道脉冲传递函数［因为 $H(s)=1$，所以 $G(z)$ 就是系统的开环脉冲传递函数］为

$$G(z)=(1-z^{-1})\mathscr{Z}\left[\frac{G_{\mathrm{P}}(s)}{s}\right]=\frac{1}{z-1}-\frac{0.632}{z-0.368}$$

由 $G(z)$ 的形式知，采用并联形式实现最为简单。可先画出开环系统的状态图，然后再闭环（可参见图 7-23）得到闭环系统状态变量图 7-31，进而写出闭环系统的状态方程。

$$x_1(k+1)=x_1(k)+u(k)-y(k)$$
$$x_2(k+1)=0.368x_2(k)-0.632[u(k)-y(k)]$$
$$y(k)=x_1(k)+x_2(k)$$

经整理，得

$$\begin{bmatrix}x_1(k+1)\\x_2(k+1)\end{bmatrix}=\begin{bmatrix}0&-1\\0.632&1\end{bmatrix}\begin{bmatrix}x_1(k)\\x_2(k)\end{bmatrix}+\begin{bmatrix}1\\-0.632\end{bmatrix}u(k)$$
$$y(k)=[1\quad 1]\boldsymbol{x}(k)$$

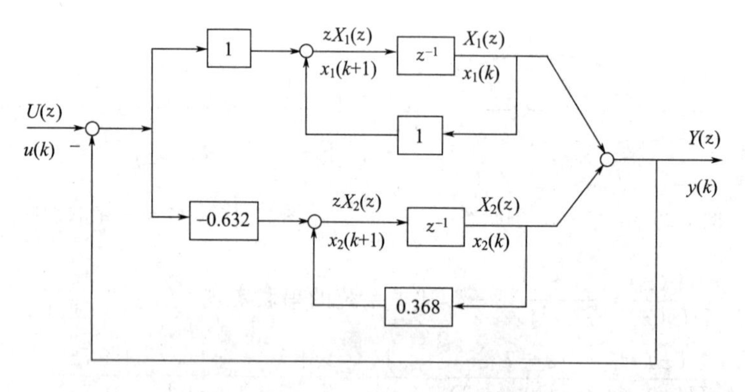

图 7-31 例 7-15（图 7-23）所示系统的闭环离散状态变量图

6. 连续系统状态方程的离散化

在计算机控制系统的分析与设计中，通常会碰到连续的被控对象用连续状态方程描述，而控制器是离散的数字控制器，为此有必要将连续的状态方程转化为离散状态方程。另外，在控制系统的数字仿真中也需要进行这种转换。

假设已知连续系统的状态方程为

$$\dot{\boldsymbol{x}}(t)=\boldsymbol{A}\boldsymbol{x}(t)+\boldsymbol{B}\boldsymbol{u}(t) \tag{7-100}$$

其中，输入$\boldsymbol{u}(t)$为m维向量。为离散化该系统，在系统输入及输出端加上虚拟采样开关并经采样保持，若采样周期为常数T，保持器为零阶，即：输入向量$u(t)$的所有分量在任意两个依次相连的采样周期之间保持不变，则该系统可用图7-32表示。

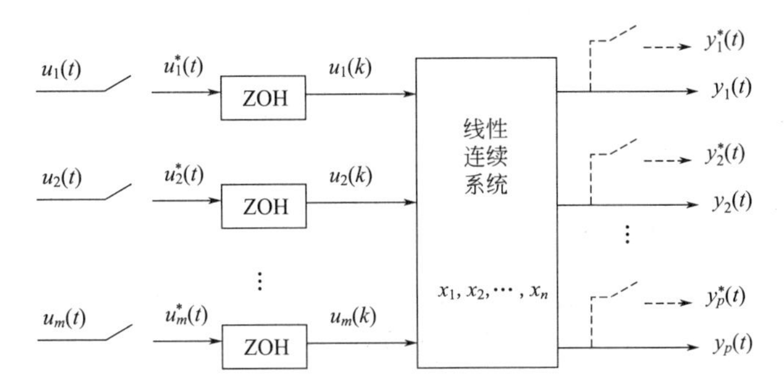

图7-32 具有采样和保持的多变量数字系统示意图

因输入有零阶采样保持器，所以在一个采样周期内输入不变。

$$u_i(t)=u_i(kT);\ kT\leqslant t<(k+1)T,\ k=0,1,2,\cdots;\ i=1,2,\cdots,m$$

由连续状态方程的解知

$$\boldsymbol{x}(t)=\mathrm{e}^{\boldsymbol{A}(t-t_0)}\boldsymbol{x}(t_0)+\int_{t_0}^{t}\mathrm{e}^{\boldsymbol{A}(t-\tau)}\boldsymbol{Bu}(\tau)\mathrm{d}\tau \tag{7-101}$$

对于kT及$(k+1)T$两个依次相连的采样周期，分别有

$$\boldsymbol{x}(kT)=\mathrm{e}^{\boldsymbol{A}(kT-t_0)}\boldsymbol{x}(t_0)+\int_{t_0}^{kT}\mathrm{e}^{\boldsymbol{A}(kT-\tau)}\boldsymbol{B}u(\tau)\mathrm{d}\tau \tag{7-102}$$

$$\boldsymbol{x}[(k+1)T]=\mathrm{e}^{\boldsymbol{A}[(k+1)T-t_0]}\boldsymbol{x}(t_0)+\int_{t_0}^{(k+1)T}\mathrm{e}^{\boldsymbol{A}[(k+1)T-\tau]}\boldsymbol{B}u(\tau)\mathrm{d}\tau \tag{7-103}$$

将式(7-103)－式(7-102)×$\mathrm{e}^{\boldsymbol{A}T}$得

$$\boldsymbol{x}[(k+1)T]=\mathrm{e}^{\boldsymbol{A}T}x(kT)+\int_{kT}^{(k+1)T}\mathrm{e}^{\boldsymbol{A}[(k+1)T-\tau]}\boldsymbol{B}u(\tau)\mathrm{d}\tau \tag{7-104}$$

由于式(7-104)右端的积分与k无关，故可令$k=0$来进行积分。同时，又由于在kT与$(k+1)T$之间$u(\tau)=u(kT)$，故有

$$\boldsymbol{x}[(k+1)T]=\mathrm{e}^{\boldsymbol{A}T}x(kT)+\int_{0}^{T}\mathrm{e}^{\boldsymbol{A}(T-\tau)}\boldsymbol{B}u(kT)\mathrm{d}\tau \tag{7-105}$$

式(7-105)右端的积分项中令$T-\tau=\lambda$，则

$$\int_{0}^{T}\mathrm{e}^{\boldsymbol{A}(T-\tau)}\boldsymbol{B}u(kT)\mathrm{d}\tau=-\int_{T}^{0}\mathrm{e}^{\boldsymbol{A}\lambda}\boldsymbol{B}u(kT)\mathrm{d}\lambda=\int_{0}^{T}\mathrm{e}^{\boldsymbol{A}\lambda}\boldsymbol{B}\mathrm{d}\lambda u(kT) \tag{7-106}$$

在式(7-106)中以τ代替λ，则式(7-105)可以表示为

$$\boldsymbol{x}[(k+1)T]=\mathrm{e}^{\boldsymbol{A}T}x(kT)+\left(\int_{0}^{T}\mathrm{e}^{\boldsymbol{A}\tau}\boldsymbol{B}\mathrm{d}\tau\right)u(kT) \tag{7-107}$$

写成一般形式为

$$\boldsymbol{x}[(k+1)T]=\boldsymbol{G}(T)\boldsymbol{x}(kT)+\boldsymbol{H}(T)u(kT)$$

即
$$\boldsymbol{x}(k+1)=\boldsymbol{G}(T)\boldsymbol{x}(k)+\boldsymbol{H}(T)u(k) \tag{7-108}$$

其中
$$\boldsymbol{G}(T)=\mathbf{e}^{\boldsymbol{A}T},\ \boldsymbol{H}(T)=\int_{0}^{T}\mathrm{e}^{\boldsymbol{A}\tau}\boldsymbol{B}\mathrm{d}\tau$$

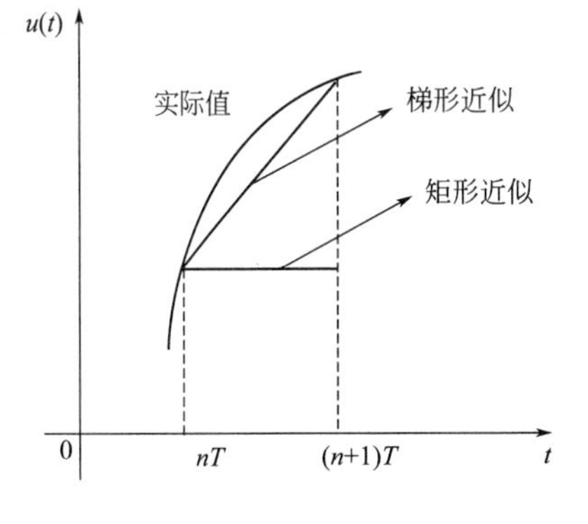

图7-33 矩形近似和梯形近似

式(7-108)就是连续系统式(7-100)离散化后的状态方程，其中$\boldsymbol{G}(T)$，$\boldsymbol{H}(T)$不仅取决于系统的$\boldsymbol{A}$,$\boldsymbol{B}$阵，还与采样周期T有关。

式(7-108)是在假定输入量$u(t)$在两个采样时刻之间保持不变的前提下（即采用虚拟零阶保持器）推导出来的，如图7-33中的矩形近似。而实际上，输入量在两个采样时刻之间经常是变化的。为了减小误差，可以假定在两个采样时刻之间，输入量$u(t)$为一斜坡函数，即图7-33中所示的梯形近似，这实际上是认为在虚拟的采样器之后加了

一个三角形保持器，此时在$kT\sim(k+1)T$之间，有一个$\Delta u_k(\tau)$存在。

$$\Delta u_k(\tau)=\frac{u(k+1)-u(k)}{T}\tau\cong\dot{u}(k)\tau,\quad 0\leqslant\tau<T \tag{7-109}$$

对应$\Delta u_k(\tau)$的输入，对$\boldsymbol{x}(n+1)$引起的变化量

$$\Delta\boldsymbol{x}(k+1)=\int_0^T e^{\boldsymbol{A}(T-\tau)}\boldsymbol{B}\Delta u_k(\tau)d\tau=\int_0^T \tau e^{\boldsymbol{A}(T-\tau)}\boldsymbol{B}d\tau\times\dot{u}(k)=\hat{\boldsymbol{H}}(T)\dot{u}(k) \tag{7-110}$$

式中$\hat{\boldsymbol{H}}(T)=\int_0^T\tau e^{\boldsymbol{A}(T-\tau)}\boldsymbol{B}d\tau$，比前面的$\boldsymbol{H}(T)$要稍复杂一些，相应地会引起转化后的离散状态方程复杂度增加。利用叠加原理，离散之后的状态方程为

$$x(k+1)=G(T)x(k)+H(T)u(k)+\hat{H}(T)\dot{u}(k) \tag{7-111}$$

下面举例说明如何利用上述方法将状态方程离散化，并进行比较。

【例 7-23】 已知连续系统的状态方程为

$$\begin{cases}\dot{\boldsymbol{x}}=\boldsymbol{Ax}+\boldsymbol{B}u\\ \boldsymbol{Y}=\boldsymbol{Cx}\end{cases}$$

其中 $\boldsymbol{A}=\begin{bmatrix}0 & 0\\ 1 & -1\end{bmatrix}$，$\boldsymbol{B}=\begin{bmatrix}K\\ 0\end{bmatrix}$，$\boldsymbol{C}=[0\quad 1]$，试求其离散状态方程。

解 因为

$$\boldsymbol{G}(T)=e^{\boldsymbol{A}T}=L^{-1}[(sI-\boldsymbol{A})^{-1}]$$

而

$$s\boldsymbol{I}-\boldsymbol{A}=\begin{bmatrix}s & 0\\ -1 & s+1\end{bmatrix},\ (s\boldsymbol{I}-\boldsymbol{A})^{-1}=\begin{bmatrix}\frac{1}{s} & 0\\ \frac{1}{s(s+1)} & \frac{1}{s+1}\end{bmatrix}$$

故

$$\boldsymbol{G}(T)=\begin{bmatrix}1 & 0\\ 1-e^{-T} & e^{-T}\end{bmatrix}$$

$$\boldsymbol{H}(T)=\int_0^T e^{\boldsymbol{A}\tau}\boldsymbol{B}d\tau=\int_0^T\begin{bmatrix}1 & 0\\ 1-e^{-\tau} & e^{-\tau}\end{bmatrix}\begin{bmatrix}K\\ 0\end{bmatrix}d\tau=\int_0^T\begin{bmatrix}K\\ K(1-e^{-\tau})\end{bmatrix}d\tau=\begin{bmatrix}KT\\ K(T-1+e^{-T})\end{bmatrix}$$

$$\hat{\boldsymbol{H}}(T)=\int_0^T\tau e^{\boldsymbol{A}(T-\tau)}\boldsymbol{B}d\tau=\int_0^T\tau\begin{bmatrix}1 & 0\\ 1-e^{-(T-\tau)} & e^{-(T-\tau)}\end{bmatrix}\begin{bmatrix}K\\ 0\end{bmatrix}d\tau$$

$$=\int_0^T\begin{bmatrix}K\tau\\ K[1-e^{-(T-\tau)}]\tau\end{bmatrix}d\tau=\begin{bmatrix}\frac{1}{2}KT^2\\ K\left(\frac{1}{2}T^2-T+1-e^{-T}\right)\end{bmatrix}$$

根据式(7-108)可得离散状态方程为

$$\boldsymbol{x}(k+1)=\begin{bmatrix}1 & 0\\ 1-e^{-T} & e^{-T}\end{bmatrix}\boldsymbol{x}(k)+\begin{bmatrix}KT\\ K(T-1+e^{-T})\end{bmatrix}u(k)$$

若$T=1$

$$\boldsymbol{x}(k+1)=\begin{bmatrix}1 & 0\\ 0.632 & 0.368\end{bmatrix}\boldsymbol{x}(k)+\begin{bmatrix}K\\ 0.368K\end{bmatrix}u(k)$$

根据式(7-111)可得离散状态方程为

$$\boldsymbol{x}(k+1)=\begin{bmatrix}1 & 0\\ 1-e^{-T} & e^{-T}\end{bmatrix}\boldsymbol{x}(k)+\begin{bmatrix}KT\\ K(T-1+e^{-T})\end{bmatrix}u(k)+\begin{bmatrix}\frac{1}{2}KT^2\\ K\left(\frac{1}{2}T^2-T+1-e^{-T}\right)\end{bmatrix}\dot{u}(k)$$

若$T=1$

$$\boldsymbol{x}(k+1)=\begin{bmatrix}1 & 0\\ 0.632 & 0.368\end{bmatrix}\boldsymbol{x}(k)+\begin{bmatrix}K\\ 0.382K\end{bmatrix}u(k)+\begin{bmatrix}\frac{1}{2}K\\ 0.132\end{bmatrix}\dot{u}(k)$$

第四节　离散系统的分析与设计

在前面介绍的离散系统数学模型的基础上，本节主要介绍如何进行离散控制系统的分析与设计，包括稳定性条件及判定系统稳定性的劳斯判据，根轨迹与频率特性等分析与设计方法，以及系统的时间响应及性能指标等。

一、离散系统的稳定性

1. 从 s 域到 z 域的映射

连续系统中，通常在 s 域研究线性定常系统的稳定性；而在离散系统中，可从 s 域映射到 z 域的关系入手，在 z 域研究系统稳定性。

根据 Z 变换的定义有

$$z=\mathrm{e}^{sT} \tag{7-112}$$

式中，T 为采样周期，与采样角频率 ω_s的关系为 $T=2\pi/\omega_s$。令 $s=\sigma+\mathrm{j}\omega$ 代入上式，则有

$$z=\mathrm{e}^{(\sigma+\mathrm{j}\omega)T}=\mathrm{e}^{\sigma T}\mathrm{e}^{\mathrm{j}\omega T}=|z|\mathrm{e}^{\mathrm{j}\angle z} \tag{7-113}$$

式中，$|z|=\mathrm{e}^{\sigma T}$，$\angle z=\omega T$，也就是说，$s$ 的实部只影响 z 的模，s 的虚部只影响 z 的相角。通过式(7-113)，建立了 S 平面和 Z 平面的联系。下面分析不同 σ 值的情况。

① $\sigma=0$，S 平面的虚轴，映射到 Z 平面，$|z|=\mathrm{e}^{\sigma T}=1$，是以原点为圆心的单位圆；

② $\sigma<0$，S 平面的左半平面，映射到 Z 平面，$|z|<1$，是以原点为圆心的单位圆内；

③ $\sigma>0$，S 平面的右半平面，映射到 Z 平面，$|z|>1$，是 Z 平面上以原点为圆心的单位圆外。

图 7-34 给出了 S 平面到 Z 平面的映射关系。很容易地可从 S 平面的系统稳定条件得出线性离散系统在 Z 平面的稳定性条件：若闭环特征方程 $1+G(z)=0$ 的根全部位于 Z 平面的单位圆之内，则闭环系统是稳定的。为更好地理解该结论，再进一步地分析映射关系。S 平面的虚轴在 Z 平面上映射为 $z=1\times \mathrm{e}^{\mathrm{j}\omega T}=\mathrm{e}^{\mathrm{j}2\pi\omega/\omega_s}$，当 s 沿虚轴变化时，可得如下关系

$\omega=0$，　$z=\mathrm{e}^{\mathrm{j}0}=1$；　$\omega=\omega_s/4$，　$z=\mathrm{e}^{\mathrm{j}\frac{\pi}{2}}=\mathrm{j}$；

$\omega=\omega_s/2$，　$z=\mathrm{e}^{\mathrm{j}\pi}=-1$；　$\omega=3\omega_s/4$，　$z=\mathrm{e}^{\mathrm{j}\frac{3\pi}{2}}=-\mathrm{j}$；

$\omega=\omega_s$，　$z=\mathrm{e}^{\mathrm{j}2\pi}=1$。

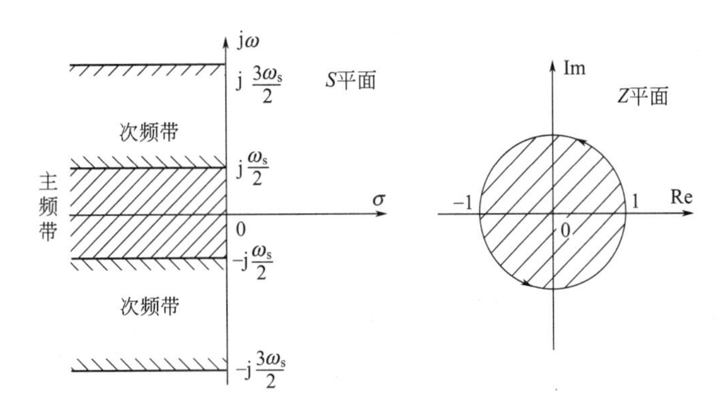

图 7-34　S 平面与 Z 平面的映射关系

这就是说，在 S 平面虚轴上的某点 s，当它由零增加到 ω_s时，映射到 Z 平面上所表现出的是逆时针旋转一周的单位圆，并且每增加一个 ω_s频段，就使 Z 平面上的单位圆旋转一周。根据这个关系，称$-\frac{\omega_s}{2}\leqslant\omega\leqslant\frac{\omega_s}{2}$为主频段，而其他频段为高频段，也称为次频段。根据频域理论，在近似考虑时可以只考虑主频段而

忽略次频段。这与线性连续系统根轨迹分析法中在一定条件下只考虑一对主极点的道理是相同的。可见，从 S 平面到 Z 平面的映射是惟一的；反之，从 Z 平面到 S 平面的映射不是惟一的，为多值映射，即在 Z 平面的每个已知点，在 S 平面有无穷个数值与其对应。

我们知道，连续系统特征根在 S 平面上的分布决定了系统的动态性能。那么，是否可以通过映射，将连续系统中已知的 S 平面上的特征根分布和系统动态品质间的对应关系也映射到 Z 平面上来呢？答案是肯定的。只要令变量 s 用复数表示，将 $s=\sigma+\mathrm{j}\omega$ 代入基本的关系式(7-112)，则有如下的映射关系。

(1) 等 ω 线(或等频线)

由 $z=\mathrm{e}^{sT}=\mathrm{e}^{(\sigma+\mathrm{j}\omega)T}=\mathrm{e}^{\sigma T}\mathrm{e}^{\mathrm{j}\omega T}$ 可知，S 平面上一条恒定频率 ω 的直线（等频线）平行于实轴，映射到 Z 平面上是从原点向外辐射并与实轴成 $\omega T=\dfrac{2\pi\omega}{\omega_s}$(rad) 夹角的直线，如图7-35(a)所示。

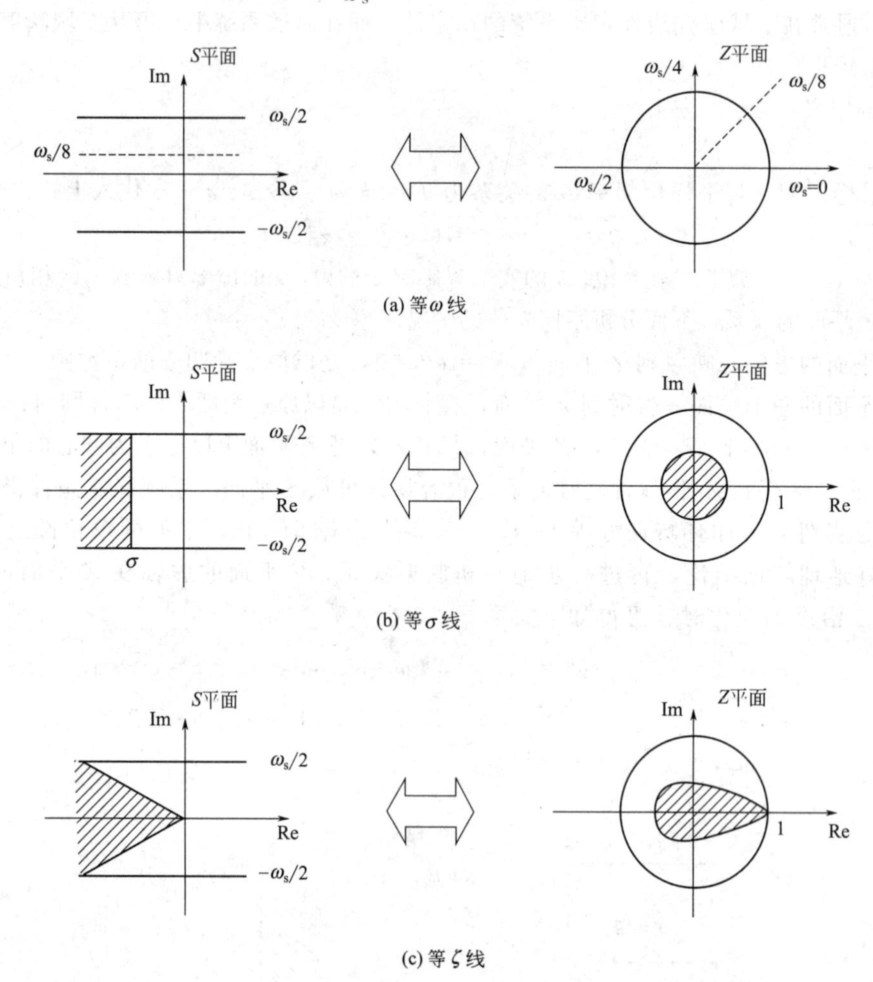

图 7-35 S 平面与 Z 平面的映射关系

(2) 等 σ 线

S 平面的等 σ 线是一条恒定平行于虚轴的直线，根据 $z=\mathrm{e}^{\sigma T}\mathrm{e}^{\mathrm{j}\omega T}$ 可知，等 σ 线映射到 Z 平面上是一半径为 $\mathrm{e}^{\sigma T}$ 的圆。当 $\sigma<0$ 时，半径小于 1，如图 7-35(b) 所示。

(3) 等 ζ 线

S 平面上的等 ζ 线是经过原点，并与实轴夹角为 θ 的轴射线，且存在关系

$$\tan\theta=\frac{\omega}{\sigma}=\frac{-\sqrt{1-\zeta^2}}{\zeta}，即\ \sigma=\frac{-\zeta}{\sqrt{1-\zeta^2}}\omega$$

映射到 Z 平面的轨迹可如下求出

$$z=\mathrm{e}^{\sigma T}\mathrm{e}^{\mathrm{j}\omega T}=\mathrm{e}^{\frac{-\zeta}{\sqrt{1-\zeta^2}}\omega T}\mathrm{e}^{\mathrm{j}\omega T}=\mathrm{e}^{\frac{-\zeta}{\sqrt{1-\zeta^2}}\times\frac{2\pi\omega}{\omega s}}\mathrm{e}^{\mathrm{j}\frac{2\pi\omega}{\omega s}} \tag{7-114}$$

令 $\omega=0\rightarrow\omega_s/2$，代入上式，得轨迹为幅值随 ω 增大成指数衰减的对数螺旋线，如图 7-35(c) 所示。

(4) 等 ω_n 线(等自然频率线)

对于标准二阶系统，当 $0<\zeta<1$ 时，根据 $\omega=\sqrt{1-\zeta^2}\,\omega_n$ 和 $\sigma=-\zeta\omega_n$ 关系，可得 $\omega^2+\sigma^2=\omega_n^2$。所以在 S 平面上等 ω_n 线是半径为 ω_n 的圆。它映射到 Z 平面上的关系为

$$z=\mathrm{e}^{sT}=\mathrm{e}^{(\sigma+\mathrm{j}\omega)T}=\mathrm{e}^{\left(-\sqrt{\omega_n^2-\omega^2}+\mathrm{j}\omega\right)T}=\mathrm{e}^{\left(-\sqrt{\omega_n^2-\omega^2}\right)\frac{2\pi}{\omega_s}}\mathrm{e}^{\mathrm{j}\frac{2\pi\omega}{\omega_s}} \tag{7-115}$$

当 ω 改变时，相角和幅值都发生改变。对于 $\omega_n=\dfrac{\pi}{10T}$，$\dfrac{2\pi}{10T}$，$\dfrac{4\pi}{10T}$，…时，等 ω_n 圆映射到 Z 平面的轨迹如图 7-36 所示，图上同时给出了等 ζ 线。

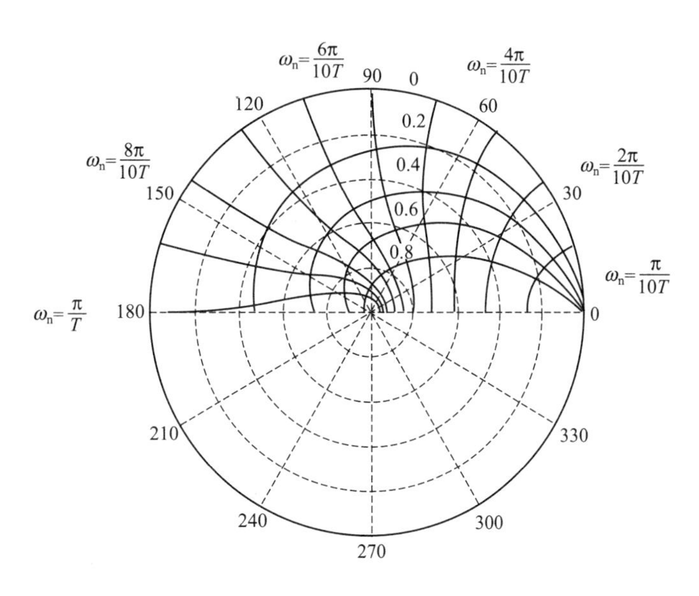

图 7-36　Z 平面上的等 ω_n 线和等 ζ 线

有了以上这些映射关系与图形后，可由线性离散系统特征根的位置直接估计出系统的动态过渡过程。图 7-37给出了一些特征根的典型分布位置和系统过渡过程间的关系。

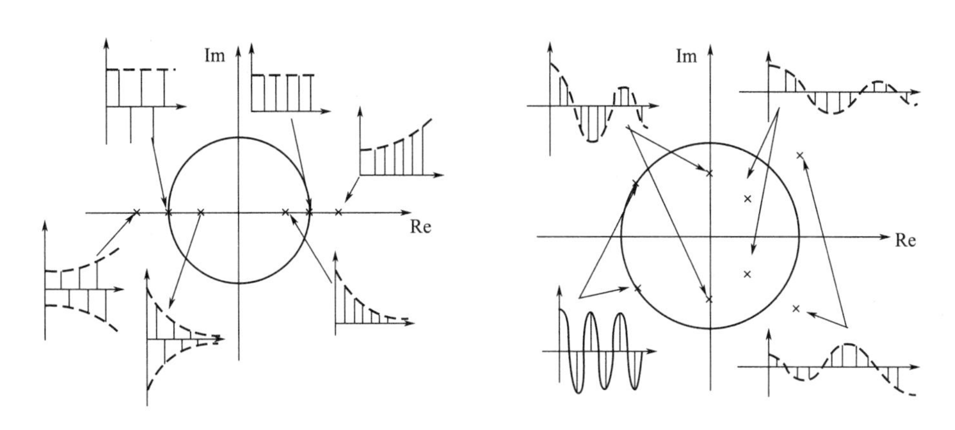

图 7-37　线性离散系统不同闭环极点的瞬态分量示意图

2. 离散系统的稳定性条件

线性定常连续系统稳定的充要条件是：系统特征方程的所有特征根都分布在左半 S 平面，即系统所有特征根均具有负实部，虚轴是稳定与否的边界。按照 S 平面与 Z 平面的映射关系，可以推断，线性定常离散系统稳定的充分必要条件是：系统特征方程的所有根，即系统 Z 传递函数的所有极点都分布在单位圆内部。Z 平面的单位圆内部是离散系统特征根分布的稳定域，单位圆周为稳定边界，如图 7-38 所示。

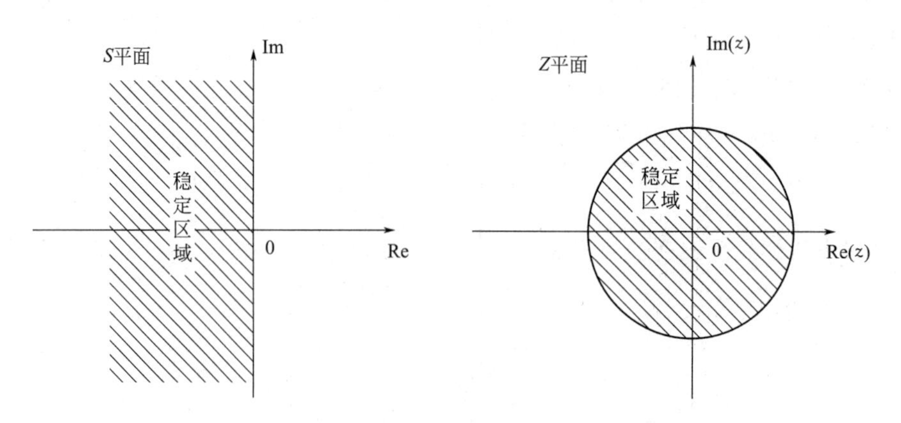

图 7-38 连续系统与离散系统极点分布稳定区域

【例 7-24】 若闭环离散系统的特征方程为 $z^2+2.3z+3=0$，试问系统是否稳定？

解 系统特征根为 $z_{1,2}=-1.15\pm j1.1295$，其模 $|z_1|=|z_2|=1.732>1$，特征根位于单位圆外，故系统不稳定。

【例 7-25】 设离散系统如图 7-39 所示，其中 $T=0.07(\mathrm{s})$，试分析该系统的稳定性。

解 由图可求出开环脉冲传递函数

$$G(z)=\frac{10z(1-e^{-10T})}{(z-1)(z-e^{-10T})}=\frac{5z}{(z-1)(z-0.5)}$$

闭环特征方程为

$$1+G(z)=1+\frac{5z}{(z-1)(z-0.5)}=0$$

即

$$z^2+3.5z+0.5=0$$

解出特征方程的根：$z_1=-3.35$，$z_2=-0.15$，其模 $|z_1|=3.35>1$，$|z_2|=0.15<1$。

因为 $|z_1|>1$，特征根位于单位圆外，故系统不稳定。

应当指出，例 7-25 所给出的二阶系统在没有采样器的情况下总是稳定的。但是当引入了采样器后，离散的二阶系统却有可能变得不稳定，这说明采样器的引入一般会降低系统的稳定性。如果提高采样频率，或者降低开环增益，离散系统的稳定性将得到改善。

根据离散系统的稳定性判别充要条件，例 7-24 和例 7-25 采取的方法是直接求出系统特征方程根，再根据其是否在单位圆内来判定系统的稳定性。该方法对特征方程有重根的情况也是正确的，但是对于阶次较高的系统，这种直接求根的方法总是不太方便，人们希望能有间接的稳定判据可利用，这也便于研究离散系统结构、参数、采样周期等变化对于稳定性的影响，进而设计性能更好的控制系统。

3. 离散系统的稳态误差

对稳定离散系统而言，稳态误差也是系统分析与设计的重要指标之一。当然，这里的稳态误差也是指采样时刻的误差值。与连续系统类似的方法，离散系统的稳态误差可以由 z 域的终值定理得到，也可以通过系统的型别和典型输入信号得到。

（1）采用终值定理计算稳态误差

由离散系统稳定条件，只要系统闭环脉冲传递函数 $\Phi(z)$ 的全部极点均位于 Z 平面的单位圆以内，则可用 Z 变换的终值定理求出采样瞬时的终值误差。

单位负反馈系统如图 7-40 所示，假设系统是稳定的，则

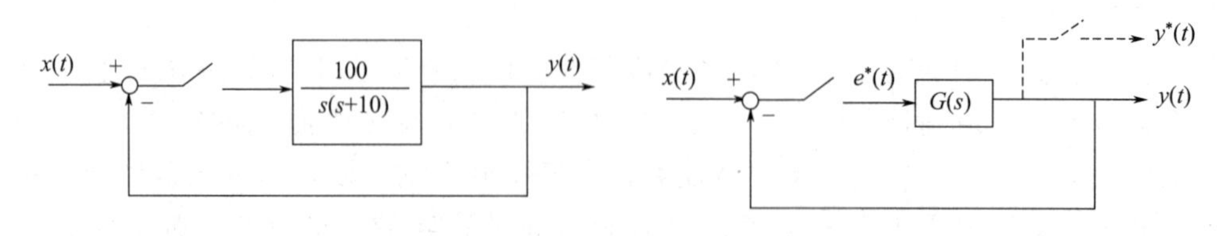

图 7-39 例 7-25 离散系统　　图 7-40 闭环离散系统

$$E(z)=X(z)-G(z)E(z)$$

$$E(z)=\frac{1}{1+G(z)}X(z)=\Phi_{e}(z)X(z)$$

其中，$\Phi_{e}(z)$ 是系统误差脉冲传递函数。由于系统是稳定的，则 $\Phi_{e}(z)$ 的全部极点均位于单位圆以内。由 Z 变换的终值定理，有

$$e^{*}(\infty)=\lim_{t\to\infty}e^{*}(t)=\lim_{z\to 1}(z-1)E(z)=\lim_{z\to 1}(z-1)\frac{1}{1+G(z)}X(z) \tag{7-116}$$

式(7-116) 表明，线性定常离散系统的稳态误差不仅与系统本身的结构参数有关，而且与输入序列的形式和幅值有关。由于 $G(z)$ 与采样器的配置以及采样周期 T 有关，以及一些典型输入 $X(z)$ 也与 T 有关，所以，采样器的采样周期也是影响离散系统稳态误差的因素。

【例 7-26】 设离散系统如图 7-40 所示，其中 $G(s)=\frac{1}{s(0.1s+1)}$，$T=0.1\text{s}$，设输入连续信号 $x(t)$ 分别为单位阶跃函数 $1(t)$ 和单位斜坡函数 t，试求离散系统的稳定误差。

解　开环脉冲传递函数

$$G(z)=\mathscr{Z}\left[\frac{1}{s(0.1s+1)}\right]=\frac{z(1-e^{-1})}{(z-1)(z-e^{-1})}=\frac{0.632z}{(z-1)(z-0.368)}$$

误差脉冲传递函数

$$\Phi_{e}(z)=\frac{1}{1+G(z)}=\frac{(z-1)(z-0.368)}{z^{2}-0.736z+0.368}$$

闭环极点

$$z_{1,2}=0.368\pm j0.482$$

显然，这对共轭复极点位于 Z 平面的单位圆内，系统稳定，故可采用终值定理求稳态误差。由式(7-116)

$$e(\infty)=\lim_{z\to 1}(z-1)E(z)=\lim_{z\to 1}(z-1)\Phi_{e}(z)X(z)$$

当输入 $x(t)=1(t)$ 时，$X(z)=\frac{z}{z-1}$，代入上式

$$e(\infty)=\lim_{z\to 1}(z-1)\frac{(z-1)(z-0.368)}{z^{2}-0.736z+0.368}\times\frac{z}{z-1}=0$$

当输入 $x(t)=t$ 时，$X(z)=\frac{Tz}{(z-1)^{2}}$，于是有

$$e(\infty)=\lim_{z\to 1}(z-1)\frac{(z-1)(z-0.368)}{z^{2}-0.736z+0.368}\times\frac{Tz}{(z-1)^{2}}=0.1$$

Z 变换的终值定理是计算离散系统稳态误差的基本公式，在系统稳定的前提下，只要能写出误差的Z 变换$E(z)$，就可以直接用公式计算。这里的 $E(z)$ 可以是给定输入，也可以是扰动输入，或者是两者的总和。

(2) 采用静态误差系数求稳态误差

第四章给出了影响连续系统稳态误差分析的两个影响因素：系统的开环结构与输入信号。当时，按照单位负反馈系统开环传递函数 $G(s)$ 含有的积分环节数定义了系统的型别；根据不同的输入信号定义了相应的稳态误差系数。在离散系统中，这两个影响因素依然存在，只不过因为 $G(s)$ 的积分环节 $s=0$ 的极点映射到 Z 平面是 $z=1$ 的极点，因此，离散系统是将单位负反馈系统开环脉冲传递函数 $G(z)$ 具有 $z=1$ 的极点个数作为划分系统型别的依据。

设单位负反馈离散系统如图 7-40 所示，系统开环脉冲传递函数可写成如下的一般形式

$$G(z)=\frac{K\prod_{i=1}^{m}(z-z_{i})}{(z-1)^{\nu}\prod_{j=1}^{n-\nu}(z-p_{j})} \tag{7-117}$$

式中，$z_{i}(i=1,2,\cdots,m)$，$p_{j}(j=1,2,\cdots,n-\nu)$ 分别为开环脉冲传递函数的零点和极点，$z=1$ 的极点有 ν 重，当 $\nu=0,1,2$ 时分别称为 0 型、1 型和 2 型系统。

下面讨论三种输入信号下稳态误差的计算，并定义相应的稳态误差系数。

① 单位阶跃输入时的稳态误差　当 $x(t)=1(t)$ 时，$X(z)=\dfrac{z}{z-1}$，代入式(7-116)，有

$$e^*(\infty)=\lim_{z\to1}(z-1)\frac{1}{1+G(z)}\times\frac{z}{z-1}=\frac{1}{1+\lim\limits_{z\to1}G(z)}=\frac{1}{1+K_p} \tag{7-118}$$

与第四章类似，式(7-118) 中的 K_p 为稳态位置误差系数，其定义为

$$K_p\equiv\frac{y^*(\infty)}{e^*(\infty)}=\lim_{z\to1}G(z) \tag{7-119}$$

对于不同型别的系统结构，有

$$K_p=\lim_{z\to1}\frac{K\prod\limits_{i=1}^{m}(z-z_i)}{(z-1)^{\nu}\prod\limits_{j=1}^{n-\nu}(z-p_j)}=\begin{cases}K_0, & \nu=0\\ \infty, & \nu\geqslant1\end{cases}$$

可见，当系统为 0 型时，稳态误差为有限值；当系统为 1 型或以上时，可以零稳态误差地跟踪单位阶跃输入。

② 单位斜坡输入时的稳态误差　当输入 $x(t)=t$ 时，$X(z)=\dfrac{Tz}{(z-1)^2}$，由式(7-116) 有

$$e(\infty)=\lim_{z\to1}(z-1)\frac{1}{1+G(z)}\times\frac{Tz}{(z-1)^2}=\frac{1}{\frac{1}{T}\lim\limits_{z\to1}[(z-1)G(z)]}=\frac{1}{K_v} \tag{7-120}$$

其中，K_v 称为稳态速度误差系数，并有定义

$$K_v\equiv\frac{D[y^*(\infty)]}{e^*(\infty)}=\frac{1}{T}\lim_{z\to1}\left[\frac{z-1}{z}G(z)\right] \tag{7-121}$$

对于不同型别的系统结构，有

$$K_v=\frac{1}{T}\lim_{z\to1}\frac{K\prod\limits_{i=1}^{m}(z-z_i)}{(z-1)^{v-1}\prod\limits_{j=1}^{n-v}(z-p_j)}=\begin{cases}0, & v=0\\ \dfrac{K_1}{T}, & v=1\\ \infty, & v\geqslant2\end{cases}$$

可见，当系统为 0 型时，稳态误差为无穷大，无法跟踪单位斜坡输入；当系统为 1 型时，可以跟踪单位斜坡输入，但存在稳态误差；当系统为 2 型或以上时，稳态误差为零。

③ 单位抛物线输入时的稳态误差　当输入 $x(t)=t^2/2$ 时，$X(z)=\dfrac{T^2z(z+1)}{2(z-1)^3}$，由式(7-116) 有

$$e(\infty)=\lim_{z\to1}(z-1)\frac{1}{1+G(z)}\times\frac{T^2z(z+1)}{2(z-1)^3}=\frac{1}{\frac{1}{T^2}\lim\limits_{z\to1}[(z-1)^2G(z)]}=\frac{1}{K_a} \tag{7-122}$$

其中，K_a 称为加速度误差系数，并有定义

$$K_a\equiv\frac{D^2[y^*(\infty)]}{e^*(\infty)}=\frac{1}{T^2}\lim_{z\to1}\left[\frac{(z-1)^2}{z^2}G(z)\right] \tag{7-123}$$

对于不同型别的系统结构，有

$$K_a=\frac{1}{T^2}\lim_{z\to1}\frac{K\prod\limits_{i=1}^{m}(z-z_i)}{(z-1)^{\nu-2}\prod\limits_{j=1}^{n-\nu}(z-p_j)}=\begin{cases}0, & \nu=0,1\\ \dfrac{K_2}{T^2}, & \nu=2\\ \infty, & \nu\geqslant3\end{cases}$$

可见，当系统为 0 型和 1 型时，稳态误差为无穷大，无法跟踪单位抛物线输入；系统为 2 型时，稳态误差为有限值；当系统为 3 型或以上时，稳态误差为零。

其实，在第四章已经指出，一个 m 型系统能够以零稳态误差跟踪形式为 t^{m-1} 的输入信号，对于 t^m 形式的输入信号稳态误差为有限常数；而对于 t^{m+1} 形式的输入信号稳态误差为∞。由上面的推导，可以看到：

该结论对离散系统同样成立。

请读者用静态误差系数的方法再求例 7-26 的稳态误差。也可以根据系统的型别先作定性的分析，因为该系统是 1 型的，所以能以零稳态误差跟踪阶跃输入；而对斜坡输入的稳态偏差则为有限常数。

读者也可自己列出类似表 4-3 那样的稳定离散系统的稳态误差系数和稳态误差关系。

二、基于 z 域的分析与设计

1. 劳斯稳定判据

线性定常连续系统的劳斯稳定判据是建立在系统闭环特征根是否全部具有负实部基础上的，而离散系统的稳定条件是系统所有特征根全部落在 Z 平面的单位圆内，稳定的边界不是虚轴，因此，离散系统不能直接引用劳斯判据。但是，从中得到一个启发：如果先进行变换，将 Z 平面的单位圆内部，映射到另一复平面的左半平面，也就是将 Z 平面的单位圆边界映射为另一复平面的虚轴，这样就可以利用劳斯判据了。

由复变函数双线性变换，可将 Z 平面的单位圆内部映射成新复平面的左半平面。令

$$z=\frac{w+1}{w-1} \quad 或 \quad z=\frac{1+w}{1-w} \tag{7-124}$$

即

$$w=\frac{z+1}{z-1} \quad 或 \quad w=\frac{z-1}{z+1} \tag{7-125}$$

式(7-124) 和/或式(7-125) 称为 w 变换。复变量 z 和 w 互为线性变换关系，故又称双线性变换。从数学上与几何上都可证明经过该双线性变换，Z 平面的单位圆内部已经映射到 W 平面的左半平面，Z 平面的单位圆已经映射成 W 平面的虚轴。

设 $z=x+\mathrm{j}y$，$w=u+\mathrm{j}v$，x、y 和 u、v 分别为 Z 平面和 W 平面的实部和虚部，则

$$w=u+\mathrm{j}v=\frac{z+1}{z-1}=\frac{x+\mathrm{j}y+1}{x+\mathrm{j}y-1}=\frac{x^2+y^2-1}{(x-1)^2+y^2}-\mathrm{j}\frac{2y}{(x-1)^2+y^2} \tag{7-126}$$

上式表明：

① Z 平面的单位圆 $x^2+y^2=1$ 映射到 W 平面，实部 $u=0$，为 W 平面虚轴；

② Z 平面的单位圆以内区域 $x^2+y^2<1$ 映射到 W 平面，实部 $u<0$，为 W 左半平面；

③ Z 平面单位圆外区域 $x^2+y^2>1$ 映射到 W 平面，实部 $u>0$，为 W 右半平面。

通过上述双线性变换后，就可以直接应用劳斯判据来判断系统的稳定性。

【例 7-27】 已知控制系统方块图如图 7-41 所示。请确定：①当 $T=100\text{ms}$，$T_{\mathrm{d}}=100\text{ms}$，$K=10$ 时闭环系统的稳定性；②参数 T，K 的变化对闭环系统稳定性的影响。

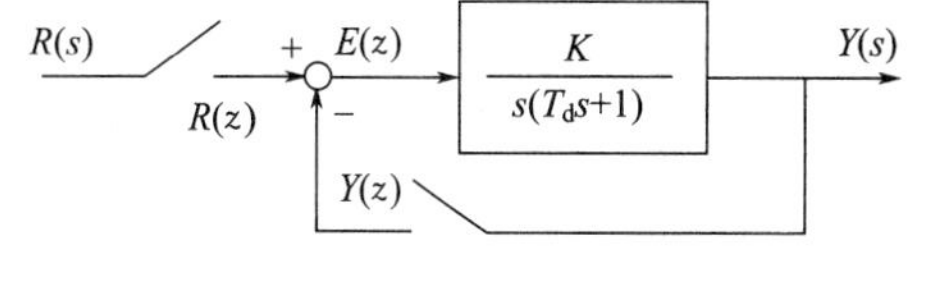

图 7-41 例 7-27 控制系统方块图

解 ① 开环脉冲传递函数为

$$G(z)=\mathscr{Z}\left[\frac{K}{s(T_{\mathrm{d}}s+1)}\right]=\frac{Kz(1-\mathrm{e}^{-T/T_{\mathrm{d}}})}{(z-1)(z-\mathrm{e}^{-T/T_{\mathrm{d}}})}$$

由闭环特征方程 $1+G(z)=0$ 得

$$(z-1)(z-\mathrm{e}^{-T/T_{\mathrm{d}}})+Kz(1-\mathrm{e}^{-T/T_{\mathrm{d}}})=0$$

即

$$z^2+[K(1-\mathrm{e}^{-T/T_{\mathrm{d}}})-(1+\mathrm{e}^{-T/T_{\mathrm{d}}})]z+\mathrm{e}^{-T/T_{\mathrm{d}}}=0 \tag{7-127}$$

代入给定的 $T=100\text{ms}$，$T_{\mathrm{d}}=100\text{ms}$，$K=10$ 得

$$z^2+4.953z+0.368=0$$

解得两极点为：$z_1=-0.075$，$z_2=-4.877$。因有一极点在单位圆外，闭环系统不稳定。

② 令 $z=\dfrac{w+1}{w-1}$，代入特征方程(7-127) 得

$$\left(\frac{w+1}{w-1}\right)^2+[K(1-\mathrm{e}^{-T/T_{\mathrm{d}}})-(1+\mathrm{e}^{-T/T_{\mathrm{d}}})]\left(\frac{w+1}{w-1}\right)+\mathrm{e}^{-T/T_{\mathrm{d}}}=0$$

整理得

$$K(1-\mathrm{e}^{-T/T_{\mathrm{d}}})w^2+2(1-\mathrm{e}^{-T/T_{\mathrm{d}}})w+2(1+\mathrm{e}^{-T/T_{\mathrm{d}}})-K(1-\mathrm{e}^{-T/T_{\mathrm{d}}})=0$$

其劳斯行列式为

$$\begin{array}{lll} w^2 & K(1-e^{-T/T_d}) & 2(1+e^{-T/T_d})-K(1-e^{-T/T_d}) \\ w^1 & 2(1-e^{-T/T_d}) & 0 \\ w^0 & 2(1+e^{-T/T_d})-K(1-e^{-T/T_d}) & \end{array}$$

由劳斯判据可得闭环系统稳定条件为

$$\begin{cases} K(1-e^{-T/T_d})>0 \\ 2(1-e^{-T/T_d})>0 \\ 2(1+e^{-T/T_d})-K(1-e^{-T/T_d})>0 \end{cases}$$

因此，当 $0<K<\dfrac{2(1+e^{-T/T_d})}{1-e^{-T/T_d}}$ 时，系统闭环稳定。

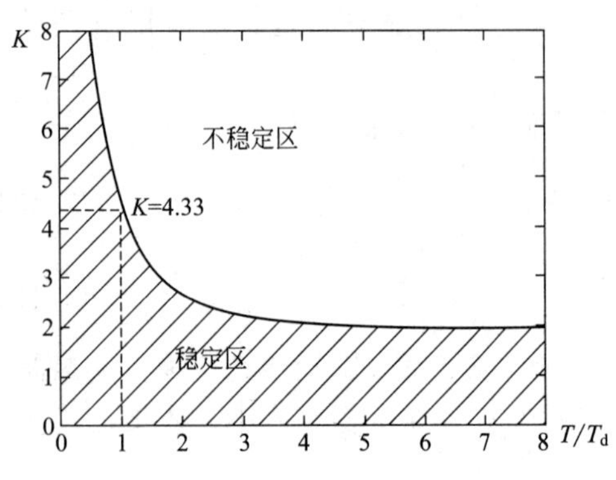

图 7-42　例 7-27 中 K 与 T 的关系曲线

若令 $K=\dfrac{2(1+e^{-T/T_d})}{1-e^{-T/T_d}}$，以 T/T_d 为自变量，K 为函数，可得到图 7-42 所示的曲线。图中阴影区域表示稳定的 T，K 值。当 $T/T_d=1$ 时，系统稳定所允许的 $K<4.33$；当 T 增大时，系统稳定所允许的 K 减小。

2. 根轨迹法

线性离散系统的特征方程为

$$1+G(z)=0，即\quad G(z)=-1$$

或可写成

$$|G(z)|=1 \tag{7-128a}$$

$$\angle G(z)=(2k+1)\pi,\ k=0,1,2,\cdots \tag{7-128b}$$

显然，这和线性连续负反馈系统根轨迹的幅值和相位条件相同，因而在 Z 平面上可完全按照连续系统中的根轨迹作图规则作出系统的根轨迹。其差异仅是由于稳定边界的不同而对特征根的位置要求不同。同理，正反馈时的条件也是一样的。

在线性离散系统中，有时会出现闭环脉冲传递函数不能定义的情况，但是闭环特征方程式总是存在的，这种情况下仍能应用根轨迹方法。下面用图 7-43 所示的采样控制系统为例来说明根轨迹法的应用。

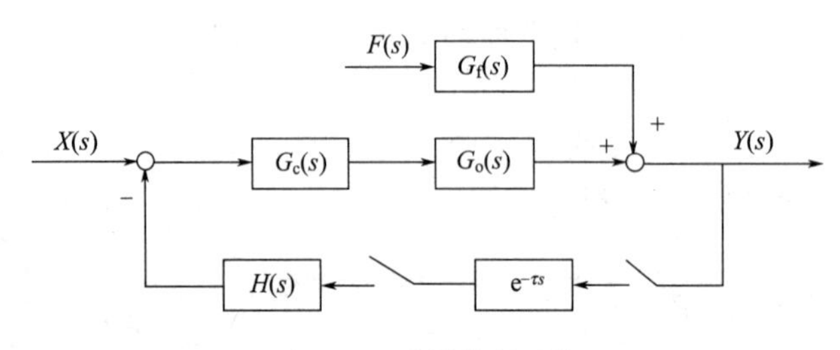

图 7-43　采样控制系统

为了能够定量计算，图中有关方块图的内容如下。

被控对象　$G_o(s)=G_f(s)=\dfrac{K_o}{T_o s+1}$

零阶保持器　$H(s)=\dfrac{1-e^{-Ts}}{s}$

比例调节器　$G_c(s)=K_c$

阶跃干扰　$F(s)=\dfrac{1}{s}$

纯滞后时间　$\tau=KT$

给定值不变　$X(s)=0$

若按定值调节考虑，无法写出闭环脉冲传递函数，但可得到输出的 Z 变换

$$Y(z)=\frac{G_fF(z)}{1+G_cG_oH(z)z^{-K}} \tag{7-129}$$

式中

$$G_fF(z)=\mathscr{Z}\left[\frac{K_o}{s(T_os+1)}\right]=\mathscr{Z}\left[K_o\left(\frac{1}{s}-\frac{T_o}{T_os+1}\right)\right]$$

$$=K_o\left[\frac{z}{z-1}-\frac{z}{z-e^{-T/T_o}}\right]=\frac{K_oz(1-b)}{(z-1)(z-b)}\quad (b=e^{-T/T_o})$$

$$G_cG_oH(z)=\mathscr{Z}\left[\frac{1-e^{-Ts}}{s}\left(\frac{K_cK_o}{T_os+1}\right)\right]=\mathscr{Z}\left[\frac{K_cK_o}{s(T_os+1)}-\frac{K_cK_o}{s(T_os+1)}e^{-Ts}\right]$$

$$=\frac{K_cK_oz(1-b)}{(z-1)(z-b)}-z^{-1}\frac{K_cK_oz(1-b)}{(z-1)(z-b)}=\frac{K_cK_o(1-b)}{z-b}$$

将上述两个结果代入式(7-129)，则

$$Y(z)=\frac{\dfrac{K_oz(1-b)}{(z-1)(z-b)}}{1+\dfrac{K_cK_o(1-b)}{z-b}z^{-K}}$$

当 $\tau=T$，即 $K=1$，上式可表示为

$$Y(z)=\frac{\dfrac{K_oz(1-b)}{(z-1)(z-b)}}{1+\dfrac{K_cK_o(1-b)}{z(z-b)}}$$

由上式可以看出，系统的闭环特征方程为

$$1+\frac{K_cK_o(1-b)}{z(z-b)}=0$$

系统的开环脉冲传递函数是

$$G(z)=\frac{K_cK_o(1-b)}{z(z-b)}$$

系统没有开环零点，只有两个开环极点，其值是 $z_1=0$，$z_2=b$。

由闭环特征方程：$z^2-bz+K_cK_o(1-b)=0$ 求得特征根 $z_{1,2}=\frac{1}{2}\left[b\pm\sqrt{b^2-4K_cK_o(1-b)}\right]$。

假设 $K_o=T_o=1$，$T=0.2$，则 $b=0.819$。当 $K_c=0$，特征根 $z_1=0$，$z_2=b=0.819$ 就是两个开环极点。当 K_c 逐渐增大，两个特征根从开环极点在实轴上相向地接近，直至 $K_c=b^2/[4K_o(1-b)]=0.93$ 时，两个特征根重合在一点。当 K_c 进一步增大时，两个特征根将从重合点在垂直于实轴的直线上向相反的方向离开，这时特征根的坐标是 $\left(\frac{1}{2}b,\pm j\,\frac{1}{2}\sqrt{4K_cK_o(1-b)-b^2}\right)$。当 K_c 增大到最大值 $(K_c)_{max}$ 时，特征根与 Z 平面上的单位圆相交，若 K_c 再增大，则系统将变为不稳定了。达到 $(K_c)_{max}$ 的条件是

$$|z|=1\quad 或\quad \sqrt{\left(\frac{b}{2}\right)^2+\left[\frac{\sqrt{4(K_c)_{max}K_o(1-b)-b^2}}{2}\right]^2}=1$$

即

$$\frac{1}{2}\sqrt{4(K_c)_{max}K_o(1-b)}=1$$

$$(K_c)_{max}=\frac{1}{K_o(1-b)}=5.56$$

上面所讨论的 K_c 变化对特征根的影响，可以完整地用图 7-44 表示出来。该图还可更加简单地在 Z 平面上，按照画根轨迹的规则得到，其根轨迹增益为 $K_c(1-b)$。由根轨迹规则，很容易可得到分离点坐标为 $z=0.41$，此时相应的 K_c 可由幅值条件求得 $K_c=\frac{|0.41|\times|0.41|}{1-b}=0.93$；当 K_c 继续增大，系统进入欠阻尼振荡区域；继续增加 K_c，一旦根轨迹进入单位圆以外区域，系统将变得不稳定，其临界点为 $K_c=\frac{|1|\times|1|}{1-b}$

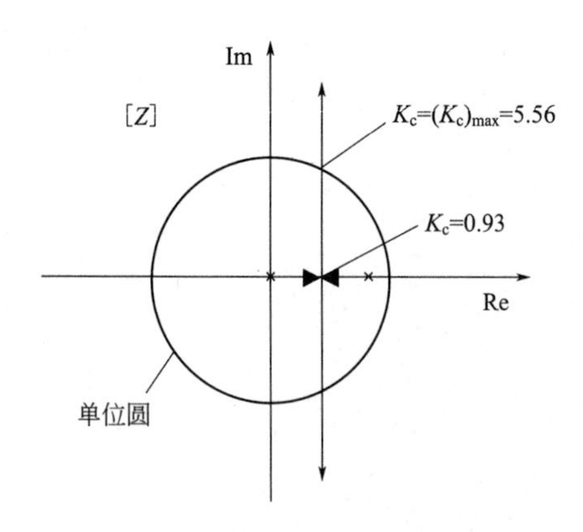

图 7-44　根轨迹示意图

$=5.56$。

从图 7-44 还可以进一步总结如下：当 K_c 在 0～0.93 之间变化时，系统是稳定的不振荡过程；当 K_c 增大到 0.93～5.56 之间时，系统输出会出现稳定的衰减振荡，随着 K_c 的增大振荡愈来愈激烈；当 K_c 增大到超过 5.56 后，系统出现不稳定的振荡过程（可以与具有负实部极点的 2 阶连续系统作一对比，后者总是稳定的）。

与线性连续系统的根轨迹法一样，线性离散系统也可从对动态指标的要求来设计控制系统。例如上述系统中，当调节器为比例积分作用时，用对衰减系数 ζ 指标要求来分析设计系统，其过程如下。

系统的开环脉冲传递函数为

$$G(z)=z^{-1}G_cG_oH(z)$$

$$=z^{-1}\mathscr{Z}\left[K_c\frac{s+\dfrac{1}{T_i}}{s}\times\frac{K_o}{T_os+1}\times\frac{1-e^{-sT}}{s}\right]=z^{-1}\mathscr{Z}\left[K_cK_o(1-e^{-sT})\frac{\dfrac{1}{T_o}\left(s+\dfrac{1}{T_i}\right)}{s^2\left(s+\dfrac{1}{T_o}\right)}\right]$$

因为

$$\mathscr{Z}\left[\frac{\dfrac{1}{T_o}\left(s+\dfrac{1}{T_i}\right)}{s^2\left(s+\dfrac{1}{T_o}\right)}\right]=\frac{\left(\dfrac{T}{T_i}\right)z}{(z-1)^2}+\frac{\left(1-\dfrac{T_o}{T_i}\right)z}{z-1}-\frac{\left(1-\dfrac{T_o}{T_i}\right)z}{z-e^{-T/T_o}}$$

故

$$G(z)=\frac{K_cK_o\left[\dfrac{T}{T_i}(z-b)+\left(\dfrac{T_o}{T_i}-1\right)(b-1)(z-1)\right]}{z(z-1)(z-b)}$$

其中 $b=e^{-T/T_o}$。

应用比例积分调节器后，开环传递函数有三个极点和一个零点：

极点

$$z_1=0,\ z_2=1,\ z_3=b$$

零点

$$z=\frac{\dfrac{T}{T_i}b+\left(\dfrac{T_o}{T_i}-1\right)(b-1)}{\dfrac{T}{T_i}+\left(\dfrac{T_o}{T_i}-1\right)(b-1)}$$

从这些极点与零点可知：闭环特征根的轨迹有三支，起始于三个极点，有一支终于零点，另两支趋向于无穷远。随着积分时间 T_i 的改变，零点将不断地改变。

图 7-45 给出了三种不同积分时间的根轨迹。从图中可以清楚地看到，在相同的衰减要求下（如 $\zeta=0.3$），积分时间越小（即积分的作用越强），则相应的 $(K_c)_{max}$ 值越小，系统的稳定性越差。这说明积分作用虽然有消除余差的优点，但同时也带来了稳定性变差的缺点。

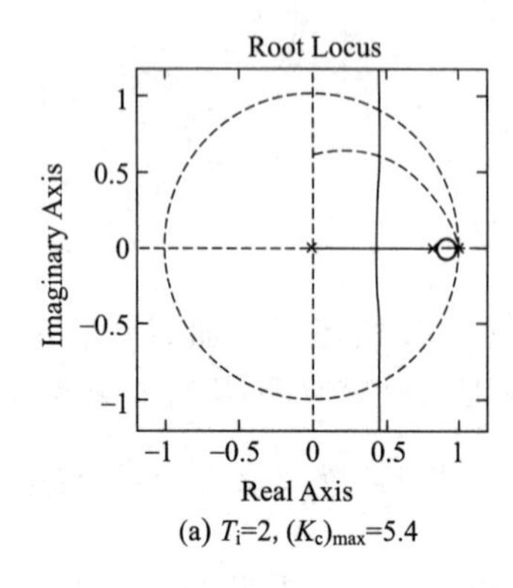

(a) $T_i=2,\ (K_c)_{max}=5.4$

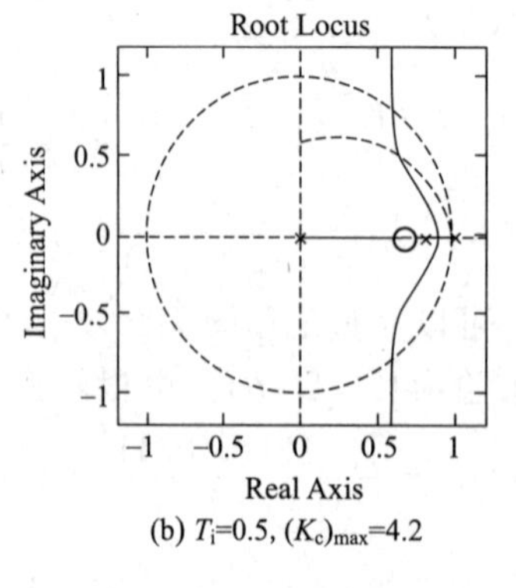

(b) $T_i=0.5,\ (K_c)_{max}=4.2$

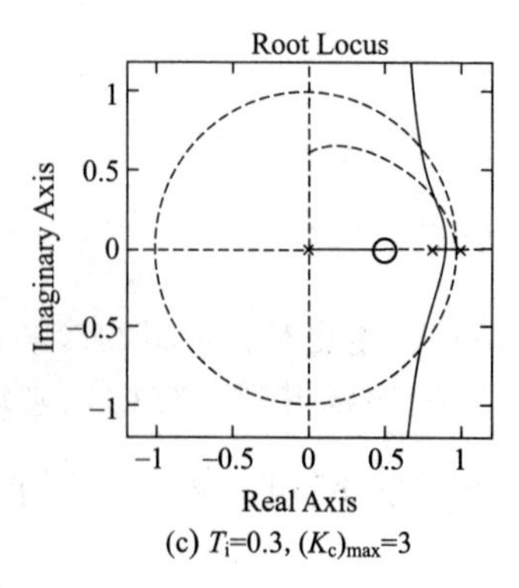

(c) $T_i=0.3,\ (K_c)_{max}=3$

图 7-45　积分时间对系统根轨迹的影响

对于离散控制系统来说，即使组成环节完全相同，若采用不同的采样周期，也会对系统的动态品质有显著的影响。下面也用一个示例来说明这个问题。

设一个比例调节系统的开环传递函数是

$$G_c(s)H(s)G_o(s)=K_c\frac{1-e^{-sT}}{s}\times\frac{K_o}{s(T_os+1)}$$

其 Z 变换式是（设 $T_o=1$）

$$G(z)=\mathscr{Z}\left[(1-e^{-sT})\frac{K_cK_o}{s^2(T_os+1)}\right]=K_cK_o(1-z^{-1})\left[\frac{Tz}{(z-1)^2}-\frac{z}{z-1}+\frac{z}{z-e^{-T}}\right]$$

针对几种不同的采样周期，开环脉冲传递函数又可具体计算得到

$T=0.1$　　$G(z)=K_cK_o\dfrac{0.005(z+0.995)}{(z-1)(z-0.905)}$

$T=1$　　$G(z)=K_cK_o\dfrac{0.368(z+0.717)}{(z-1)(z-0.368)}$

$T=4$　　$G(z)=K_cK_o\dfrac{2.982(z+0.302)}{(z-1)(z-0.02)}$

易知，虽采样周期不同，但 $G(z)$ 都有 2 个开环极点和 1 个零点，因而它们的根轨迹形状大体上相同，只是具体数值不一样。图 7-46 给出了这三种情况下的根轨迹。

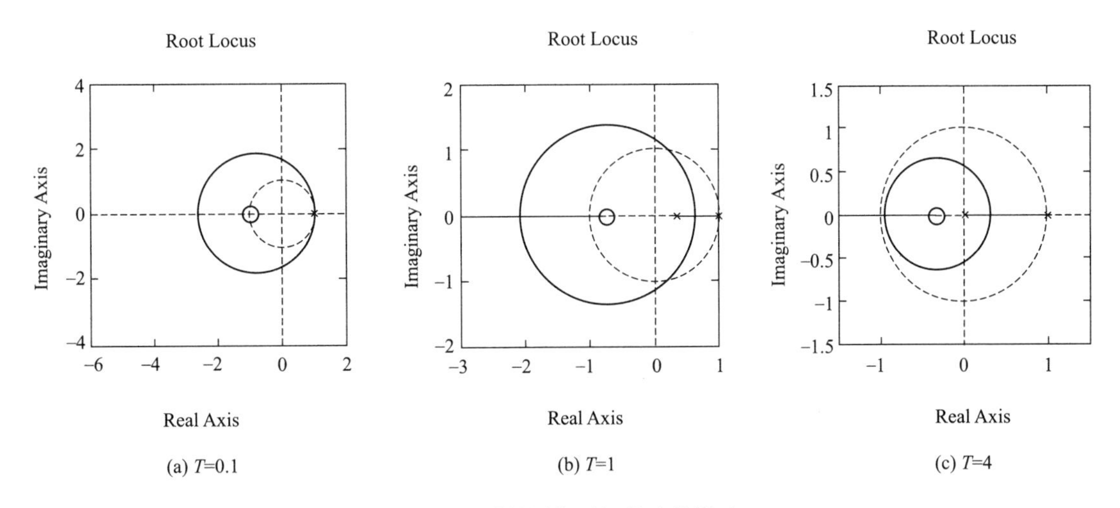

图 7-46　采样周期对根轨迹的影响

为了进行正确的分析，考虑允许采用的最大 K_c 值，由于 K_o 也是未定的，所以可按照 $(K_cK_o)_{max}$ 来考虑。由稳定边界条件，求得放大系数在不同采样周期下的最大值如下。

$T=0.1$，　$(K_cK_o)_{max}=19.1$

$T=1.0$，　$(K_cK_o)_{max}=2.39$

$T=4.0$，　$(K_cK_o)_{max}=1.08$

结合这些数据，从图 7-46 看出，当采样周期很小（$T=0.1$），K_c 在一个相当大的范围内改变时，系统都是稳定的，但由于特征根都接近于稳定的边界单位圆，过渡过程衰减得很慢，过渡时间较长；当采样周期增大（$T=1$），稳定的限度缩小，可以采用的 K_c 值范围小了；若采样周期增大得太多（$T=4$），调节器的放大倍数可选取的范围就更小了。

三、基于频率特性的分析与设计

与不能直接应用劳斯判据一样的原因，脉冲传递函数不能直接应用频域法。但相同的是，可以通过复数双线性变换来解决这个问题。

设闭环离散系统特征方程为

$$1+G(z)=0$$

令 $z=\dfrac{w+1}{w-1}$ 代入，可得

$$1+G(w)=0$$

若令 $w=\mathrm{j}\omega'$ 代入上式（称 ω' 为伪频率），可得

$$1+G(\mathrm{j}\omega')=0 \tag{7-130}$$

则与连续系统中应用 Nyquist 稳定判据的条件相符，因此各种频域判据在此都可应用。

【例 7-28】 设开环脉冲传递函数为 $G(z)=\dfrac{2.53z}{(z-1)(z-0.368)}$，试用 Nyquist 判据判别闭环系统的稳定性。

解 令 $z=\dfrac{w+1}{w-1}$ 代入 $G(z)$ 中，得

$$G(w)=\frac{2(1+w)(1-w)}{w(1+2.165w)}$$

令 $w=\mathrm{j}\omega'$ 代入，可得系统的开环伪频率特性为

$$G(\omega')=\frac{2(1+\mathrm{j}\omega')(1-\mathrm{j}\omega')}{\mathrm{j}\omega'(1+2.165\mathrm{j}\omega')}$$

作出 Bode 图如图 7-47 所示。由图可见，闭环系统是稳定的，且相位裕度为 PM=22°。

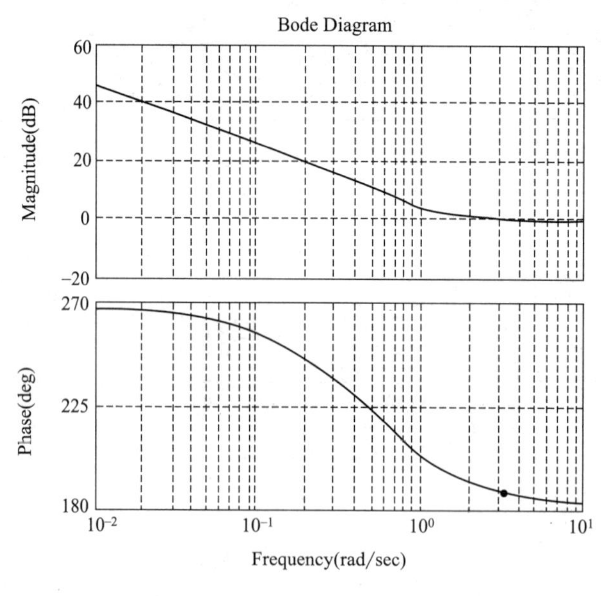

图 7-47 系统的开环伪频率特性

第五节 数字控制系统简介

大多数实际的计算机控制系统是由数字计算机与连续被控对象组成的数字信号与连续信号并存的“混合系统”，由此便产生了下述两种对计算机控制系统的分析和设计的方法。

一、基于连续系统的分析与设计

多年来，连续控制系统的分析与设计已经比较成熟，并在自动化领域为人们熟知。因此，在设计计算机控制系统时，人们往往仍出于习惯地继续沿用。

所谓模拟化设计方法，是在建立了连续的被控对象数学模型 $G(s)$ 基础上，按连续系统的性能指标进行控制器的分析和设计，得到连续的控制规律 $D(s)$，如图 7-48 所示。为使其在计算机系统中实现，必须要选择合适的采样周期 T 和离散化方法，将控制规律 $D(s)$ 转换成计算机能够实现的离

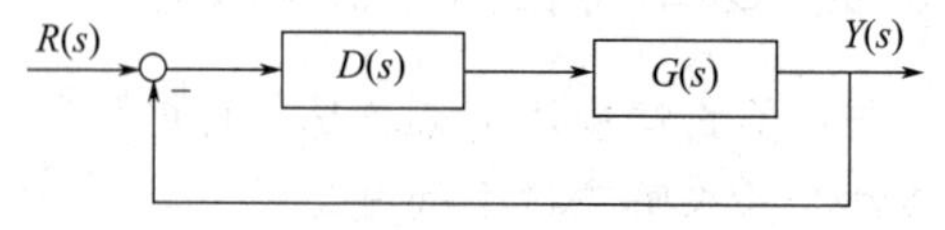

图 7-48 设计好的连续系统

散控制规律 $D(z)$。常用的离散化方法有直接差分法，匹配 z 变换法、双线性变换法等。离散后的控制规律应按离散系统检查控制性能，如不满足控制指标，则需要重新选择采样周期，或回到连续系统进行重新设计。

控制器的模拟化设计方法对于熟悉连续系统设计方法的人员来说比较容易接受和掌握，其缺点是对采样周期的选择有较严格的限制，如选择得不好，控制系统往往达不到设计的指标。实际应用中已经积累了很多如何选择采样周期的经验可供参考。

以工业控制中广泛应用的 PID 控制器为例，半个多世纪来，它对大多数被控对象都能取得满意的结果，因此，在计算机控制系统中被广泛地运用于底层控制的基本控制器。除基本的 PID 算式外，利用编程方便的特点，计算机控制中还出现了许多改进的算法，例如积分分离 PID、不完全微分 PID、自适应 PID、智能 PID、模糊 PID 等。下面给出的 PID 数字化方法同样适用于其他模拟控制器的数字化。

连续的 PID 运算方程式是

$$u=K_{\mathrm{c}}\left[e+\frac{1}{T_{\mathrm{i}}}\int_{0}^{t}e\,\mathrm{d}t+T_{\mathrm{d}}\frac{\mathrm{d}e}{\mathrm{d}t}\right] \tag{7-131}$$

利用求和与积分、差分与微分的近似关系

$$\sum_{i=0}^{k}e(i)T\approx\int_{0}^{t}e\,\mathrm{d}t \tag{7-132}$$

$$\frac{e(k)-e(k-1)}{T}\approx\frac{\mathrm{d}e}{\mathrm{d}t} \tag{7-133}$$

式(7-131) 可表示为（位置算式）

$$u(k)=K_{\mathrm{c}}\left\{e(k)+\frac{T}{T_{\mathrm{i}}}\sum_{i=0}^{k}e(i)+\frac{T_{\mathrm{d}}}{T}[e(k)-e(k-1)]\right\} \tag{7-134}$$

同样可以求得

$$u(k-1)=K_{\mathrm{c}}\left\{e(k-1)+\frac{T}{T_{\mathrm{i}}}\sum_{i=0}^{k-1}e(i)+\frac{T_{\mathrm{d}}}{T}[e(k-1)-e(k-2)]\right\} \tag{7-135}$$

由式(7-134)－式(7-135)，可以得到一般常用的 PID 增量算式

$$\Delta u(k)=K_{\mathrm{c}}\left\{[e(k)-e(k-1)]+\frac{T}{T_{\mathrm{i}}}e(k)+\frac{T_{\mathrm{d}}}{T}[e(k)-2e(k-1)+e(k-2)]\right\} \tag{7-136}$$

在实际应用中，微分作用主要用于克服对象滞后的影响，因而宜将被控变量的变化率作为计算的依据。从这一理由出发，应用下面的算式可以得到更有效的控制效果。

$$\Delta u(k)=K_{\mathrm{c}}\left\{[e(k)-e(k-1)]+\frac{T}{T_{\mathrm{i}}}e(k)+\frac{T_{\mathrm{d}}}{T}[y(k)-2y(k-1)+y(k-2)]\right\} \tag{7-137}$$

对于比例积分，还可以用另外一种表示。先考虑一个单纯的积分环节，因为

$$u(k)=\int_{0}^{kT}e\,\mathrm{d}t\quad\text{及}\quad u(k-1)=\int_{0}^{(k-1)T}e\,\mathrm{d}t$$

将上述两式相减，得

$$u(k)=u(k-1)+\int_{(k-1)T}^{kT}e\,\mathrm{d}t\approx u(k-1)+e(k)T \tag{7-138}$$

式(7-138) 的 Z 变换式是

$$U(z)\approx z^{-1}U(z)+E(z)T\quad\text{或}\quad\frac{U(z)}{E(z)}\approx\frac{T}{1-z^{-1}} \tag{7-139}$$

上式是一种近似表示积分环节脉冲传递函数的形式。当然，在近似的过程中不用式(7-138) 的关系，也可以采用另一种近似

$$u(k)=u(k-1)+\int_{(k-1)T}^{kT}e\,\mathrm{d}t\approx u(k-1)+\frac{e(k)+e(k-1)}{2}T \tag{7-140}$$

式(7-140) 的 Z 变换式是

$$U(z)=z^{-1}U(z)+\frac{T}{2}[E(z)+z^{-1}E(z)] \quad 或 \quad \frac{U(z)}{E(z)}\approx\frac{T}{2}\times\frac{1+z^{-1}}{1-z^{-1}} \tag{7-141}$$

有了两个积分环节的 Z 变换式(7-139) 及式(7-141)，就可以容易地得到比例积分控制的脉冲传递函数。因为连续时间比例积分控制器的传递函数是

$$G_c(s)=K_c\left(1+\frac{1}{T_i s}\right) \tag{7-142}$$

将式(7-139) 的近似关系代入，得

$$G_c(z)=K_c\left(1+\frac{1}{T_i}\times\frac{T}{1-z^{-1}}\right)=\frac{K_c}{\alpha}\times\frac{z-\alpha}{z-1} \tag{7-143}$$

其中
$$\alpha=\frac{T_i}{T_i+T}$$

如果用式(7-141) 的近似关系代入式(7-142)，可得

$$G_c(z)=K_c\left(1+\frac{1}{T_i}\times\frac{T}{2}\times\frac{1+z^{-1}}{1-z^{-1}}\right)=\frac{K_c}{\alpha}\times\frac{z-\alpha+\beta}{z-1} \tag{7-144}$$

其中
$$\alpha=\frac{2T_i}{2T_i+T},\qquad \beta=\frac{T}{2T_i+T}$$

当考虑微分作用时，可由近似式

$$T_d\frac{\mathrm{d}e(t)}{\mathrm{d}t}\approx\frac{T_d[e(k)-e(k-1)]}{T}$$

并取 Z 变换得

$$G_d(z)=T_d\frac{1-z^{-1}}{T}=T_d\left(\frac{z-1}{Tz}\right) \tag{7-145}$$

因此离散 PID 控制算式的 Z 变换表达式为

$$\begin{aligned}G_c(z)&=K_c\left[1+\frac{T(1+z^{-1})}{2T_i(1-z^{-1})}+\frac{T_d(z-1)}{Tz}\right]\\&=K_p+K_i\frac{T(z+1)}{2(z-1)}+K_d\frac{z-1}{Tz}\end{aligned} \tag{7-146}$$

式中 $K_p=K_c$，$K_i=\dfrac{K_c}{T_i}$，$K_d=K_cT_d$。

对于离散 PID 控制器的设计内容主要是 K_p, K_i, K_d 参数整定问题，以前所介绍的分析设计方法都可以应用。

二、基于离散系统的分析与设计

1. 数字化设计方法

基于离散系统进行控制系统直接设计，首先要获取被控对象的离散数学模型。如果已经获取的是被控对象的连续数学模型，则要先选择采样周期 T，然后将描述被控对象的连续数学模型转换为离散数学模型，如差分方程、脉冲传递函数 $G(z)$ 或离散状态方程等，与计算机一起构成纯粹的离散系统。根据离散的目标函数，用 Z 变换等工具进行控制系统的分析与设计，得到可在计算机中直接实现的离散控制规律 $D(z)$，整个系统如图 7-49 所示。相对于前面按连续系统设计的方法，这种按离散系统设计的方法称为直接数字化设计方法，它实际上是一种准确的计算机控制系统设计方法，正逐渐得到人们的重视。

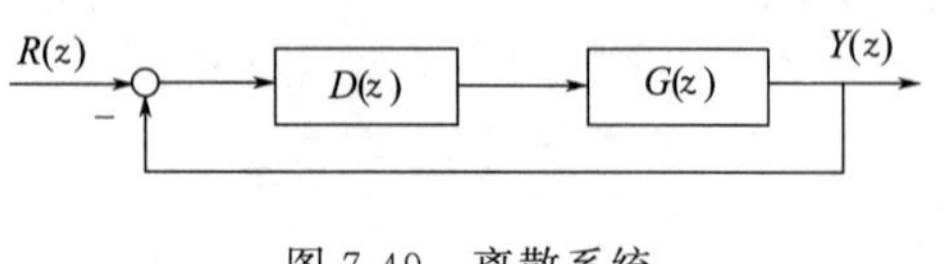

图 7-49　离散系统

以数字控制器的设计为例。数字控制器的脉冲传递函数式可以表示为

$$G_c(z)=\frac{(z-z_1)(z-z_2)\cdots(z-z_m)}{(z-p_1)(z-p_2)\cdots(z-p_n)} \tag{7-147}$$

其中，z_i 是零点，p_j 是极点，从控制器物理可实现的角度，需要分子的阶次（或零点数）不高于分母的阶次（或极点数），改变零极点的个数及其数值可以获得不同的调节效果。但在具体设计时，很少利用“试差”的方法，而是利用所谓“模式”的设计方法。下面简要地说明这种方法的要点。

由数字控制器组成的简单离散系统方块图如图 7-50 所示，系统的闭环传递函数为

$$\frac{Y(z)}{X(z)}=\frac{HG_o(z)G_c(z)}{1+HG_o(z)G_c(z)} \tag{7-148}$$

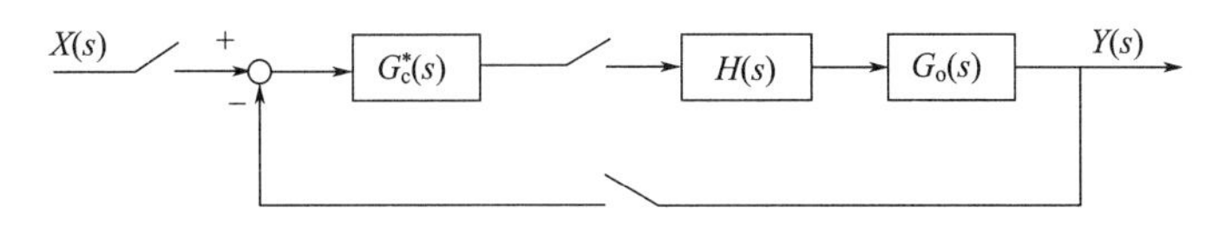

图 7-50　离散控制系统方框图

如果式(7-148) 中的输入及输出是事先规定的，被控对象 $G_o(s)$ 及保持器 $H(s)$ 的特性也是知道的，那么可以得到求取控制器的公式为

$$G_c(z)=\frac{Y(z)}{HG_o(z)[X(z)-Y(z)]} \tag{7-149}$$

记闭环脉冲传递函数为

$$\Phi(z)=\frac{Y(z)}{X(z)}=\frac{HG_o(z)G_c(z)}{1+HG_o(z)G_c(z)} \tag{7-150}$$

以及偏差脉冲传递函数为

$$\Phi_e(z)=\frac{E(z)}{X(z)}=\frac{X(z)-Y(z)}{X(z)}=\frac{1}{1+HG_o(z)G_c(z)} \tag{7-151}$$

显然

$$\Phi_e(z)=1-\Phi(z) \quad 或 \quad \Phi(z)=1-\Phi_e(z) \tag{7-152}$$

改写式(7-149)

$$G_c(z)=\frac{Y(z)}{HG_o(z)[X(z)-Y(z)]}=\frac{Y(z)/X(z)}{HG_o(z)[X(z)-Y(z)]/X(z)}=\frac{\Phi(z)}{HG_o(z)\Phi_e(z)} \tag{7-153}$$

根据对采样系统性能指标的要求，先确定闭环传递函数 $\Phi(z)$ 或误差传递函数$\Phi_e(z)$，然后利用式(7-153) 确定数字控制器的脉冲传递函数 $G_c(z)$。针对不同的采样系统性能指标，有不同的“模式”设计方法——如最小拍系统设计、无纹波最小拍系统设计、最小均方偏差系统设计等。下面仅以经典的最小拍系统的设计为例进行说明，其他系统的设计思想与方法大同小异。

2. 无稳态偏差的最小拍系统设计方法

在采样过程中，通常将一个采样周期称作一拍。所谓最小拍系统，是指在典型输入作用下，过渡过程时间最快的系统，即瞬态过程可在有限个 kT 时间内结束。其性能指标为：

① 对典型输入信号的稳态偏差为零；

② 对典型输入的过渡过程时间最短；

③ 数字控制器是物理可实现的。

最小拍系统是针对典型输入作用设计的。常见的典型输入信号有单位阶跃函数、单位斜坡函数和单位抛物线函数，其 Z 变换分别为

$$\mathscr{Z}[1(t)]=\frac{1}{1-z^{-1}};\quad \mathscr{Z}[t]=\frac{Tz^{-1}}{(1-z^{-1})^2};\quad \mathscr{Z}[\frac{1}{2}t^2]=\frac{1}{2}\times\frac{T^2z^{-1}(1+z^{-1})}{(1-z^{-1})^3}$$

可用一个一般的形式 $X(z)$ 表示上述典型输入，即

$$X(z)=\frac{A(z)}{(1-z^{-1})^m} \tag{7-154}$$

式中，$A(z)$ 不含 $(1-z^{-1})$ 因子。

根据 Z 变换的终值定理，由式(7-151) 并将式(7-154) 代入，可得采样系统稳态偏差为

$$e(\infty)=\lim_{z\to 1}(1-z^{-1})E(z)=\lim_{z\to 1}(1-z^{-1})X(z)\Phi_e(z)=\lim_{z\to 1}(1-z^{-1})\frac{A(z)}{(1-z^{-1})^m}\Phi_e(z) \tag{7-155}$$

上式表明，欲使 $e(\infty)$ 为零的条件是

$$\Phi_e(z)=(1-z^{-1})^m F(z) \tag{7-156}$$

式中 $F(z)$ 是不含 $(1-z^{-1})$ 因子的特定多项式。

因为系统的闭环脉冲传递函数为 $\Phi(z)=1-\Phi_e(z)$，并且 $\Phi(z)$ 以 z^{-1} 为变量的展开式的项数越少，说明系统的响应速度越快，因此不妨取 $F(z)=1$。

(1) 当输入 $x(t)=1(t)$ 时

$$X(z)=\frac{1}{1-z^{-1}}，\ 即\ m=1，A(z)=1$$

则

$$\Phi_e(z)=1-z^{-1}，\ \Phi(z)=1-\Phi_e(z)=z^{-1}$$

$$G_c(z)=\frac{\Phi(z)}{HG_o(z)\Phi_e(z)}=\frac{z^{-1}}{HG_o(z)(1-z^{-1})}$$

$$Y(z)=\Phi(z)X(z)=\frac{z^{-1}}{1-z^{-1}}=z^{-1}+z^{-2}+z^{-3}+\cdots$$

$$e(\infty)=\lim_{z\to 1}(1-z^{-1})\Phi_e(z)X(z)=\lim_{z\to 1}(1-z^{-1})(1-z^{-1})\frac{1}{1-z^{-1}}=0$$

比较输入的 Z 变换 $X(z)=\dfrac{1}{1-z^{-1}}=1+z^{-1}+z^{-2}+z^{-3}+\cdots$ 与输出的 Z 变换 $Y(z)$，可见一拍后输出与输入完全相同。

(2) 当输入 $x(t)=t$ 时

$$X(z)=\frac{Tz^{-1}}{(1-z^{-1})^2}，\quad 即\ m=2，\quad A(z)=Tz^{-1}$$

则

$$\Phi_e(z)=(1-z^{-1})^2，\quad \Phi(z)=1-\Phi_e(z)=2z^{-1}-z^{-2}$$

$$G_c(z)=\frac{\Phi(z)}{HG_o(z)\Phi_e(z)}=\frac{z^{-1}(2-z^{-1})}{HG_o(z)(1-z^{-1})^2}$$

$$Y(z)=\Phi(z)X(z)=(2z^{-1}-z^{-2})\frac{Tz^{-1}}{(1-z^{-1})^2}=2Tz^{-2}+3Tz^{-3}+4Tz^{-4}+\cdots$$

$$e(\infty)=\lim_{z\to 1}(1-z^{-1})\Phi_e(z)X(z)=\lim_{z\to 1}(1-z^{-1})(1-z^{-1})^2\frac{Tz^{-1}}{(1-z^{-1})^2}=0$$

比较输入的 Z 变换 $X(z)=\dfrac{Tz^{-1}}{(1-z^{-1})^2}=Tz^{-1}+2Tz^{-2}+3Tz^{-3}+\cdots$ 与输出的 Z 变换$Y(z)$，可见二拍后输出与输入完全相同。

由此可以看出，对于式(7-150) 所示的闭环脉冲传递函数，系统对单位阶跃、单位斜坡输入时的调整时间分别为一拍、二拍，分别称这两种系统为一拍、二拍系统。

不难推测，对单位抛物线函数输入时的调整时间为三拍，请读者自己推导。

可以证明，无稳态偏差的最小拍系统，最小拍数与输入形式中的 m 有关，如阶跃输入下的过渡过程至少要一拍；速度（斜坡）输入下的过渡过程至少两拍；加速度输入下的过渡过程至少三拍。

由于设计出的数字控制器必须是物理可实现的，这就要求对误差脉冲传递函数 $\Phi_e(z)$ 与闭环脉冲传递函数 $\Phi(z)$ 加以限制。考虑典型输入的一般形式式(7-154) 和误差脉冲传递函数式(7-156)，可得

$$G_c(z)=\frac{\Phi(z)}{HG_o(z)\Phi_e(z)}=\frac{1-(1-z^{-1})^m}{HG_o(z)(1-z^{-1})^m}=\frac{z^m-(z-1)^m}{HG_o(z)(z-1)^m}$$

$$=\frac{B(z)}{HG_o(z)[z^m-B(z)]}$$

式中，$B(z)$ 是 $m-1$ 次的 z 的多项式，而 $[z^m-B(z)]$ 是 m 次的 z 的多项式。为使数字控制器是物理可实现的，即分子 z 的多项式的次数小于等于分母 z 的多项式的次数，前向对象 $HG_o(z)$ 分母的极点数只能比它的零点数多一个，否则数字控制器 $G_c(z)$ 不能实现。

【例 7-29】 一采样控制系统如图 7-51 所示，采样周期 $T=1\text{s}$，输入信号为单位斜坡函数，$G_o(s)=\dfrac{10}{s(s+1)}$，试按无稳态偏差最小拍系统设计数字控制器。

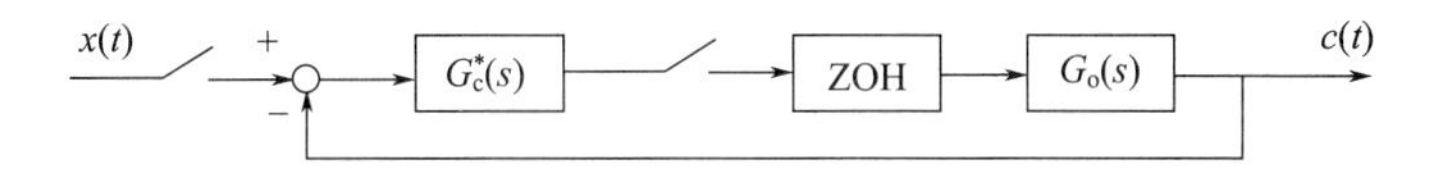

图 7-51　例 7-29 的采样控制系统

解　连续对象模型　　$H(s)G_o(s)=\dfrac{10(1-e^{-Ts})}{s^2(s+1)}$

$H(s)$ 表示零阶保持器 ZOH。

离散对象模型　　$HG_o(z)=\mathscr{Z}[H(s)G_o(s)]=\dfrac{3.68(z+0.718)}{(z-1)(z-0.368)}$

给定值输入　　$X(z)=\mathscr{Z}[t]=\dfrac{Tz^{-1}}{(1-z^{-1})^2}$

根据 $HG_o(z)$ 分子与分母的阶次关系，选取 $F(z)=1$，因而有

$$\Phi_e(z)=(1-z^{-1})^2$$

$$\Phi(z)=1-\Phi_e(z)=2z^{-1}-z^{-2}$$

$$G_c(z)=\frac{\Phi(z)}{HG_o(z)\Phi_e(z)}=0.543\frac{(z-0.5)(z-0.368)}{(z-1)(z+0.718)}$$

引入了设计的数字控制器后，系统对单位斜坡函数响应的 Z 变换为

$$C(z)=\Phi(z)X(z)=(2z^{-1}-z^{-2})\frac{Tz^{-1}}{(1-z^{-1})^2}=2z^{-2}+3z^{-3}+4z^{-4}+\cdots$$

对应的 $c^*(t)$ 如图 7-52(a) 所示，调节时间 $T_s=2T$，稳态偏差 $e(\infty)=0$。

如果例 7-29 中采样控制系统的输入改变成单位阶跃，则

$$C(z)=\Phi(z)X(z)=(2z^{-1}-z^{-2})\frac{1}{1-z^{-1}}=2z^{-1}+z^{-2}+z^{-3}+\cdots$$

对应的 $c^*(t)$ 如图 7-52(b) 所示，调节时间 $T_s=2T$，稳态偏差 $e(\infty)=0$。

如果例 7-29 中采样控制系统的输入再改为单位抛物线函数，则

$$C(z)=\Phi(z)X(z)=(2z^{-1}-z^{-2})\cdot\frac{z^{-1}(1+z^{-1})}{2(1-z^{-1})^3}=z^{-2}+3.5z^{-3}+7z^{-4}+\cdots$$

对应的 $c^*(t)$ 如图 7-52(c) 所示，调节时间 $T_s=2T$，稳态偏差 $e(\infty)=1$。

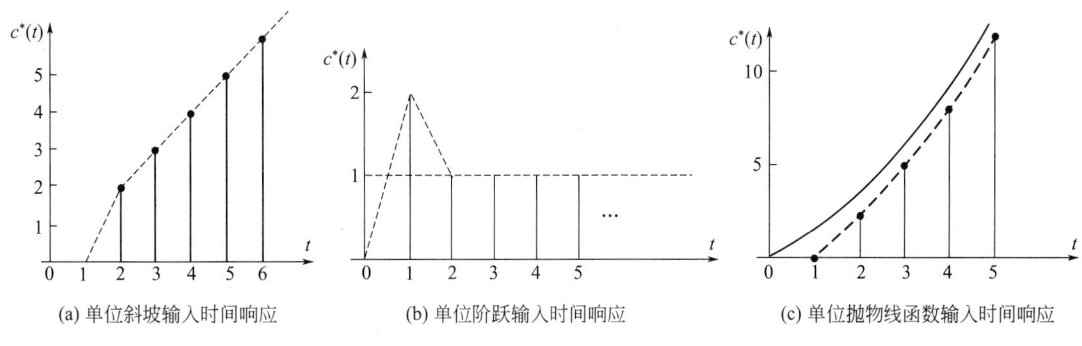

图 7-52　例 7-29 系统在不同输入下的输出时间响应

由上可知，按单位斜坡输入信号设计的数字控制器，系统在两拍后完全跟踪输入；但对抛物线输入函数，稳态偏差不为零；对单位阶跃输入函数，超调量达 100%。

通常，针对某种典型输入函数设计的控制系统，用于次数较低的输入时，系统将出现较大的超调；而用于次数较高的输入时，将不能完全跟踪输出，出现静差。另外，在有扰动输入信号时，性能也会受到较大影响。这说明，最小拍系统对输入信号的适应性较差。

再从平衡性来看，系统进入稳态后，在非采样时刻一般存在纹波，即采样点之间的稳态偏差不为零。因此，在控制要求高的场合，可以针对存在纹波的情况设计无纹波最小拍数字控制器，读者可参考其他教材或资料。

需要指出的是，不管是按连续时间系统进行控制器设计还是按离散时间系统进行控制器设计，都可采用基于经典控制理论的常规控制策略或基于现代控制理论的先进控制策略，而采用哪种控制策略往往与被控对象的特点、获取的数学模型以及对系统的控制精度要求等众多因素有关，而与采用哪种方法设计并无直接关系。

第六节　网络控制系统简介

采样获得的数据可以通过网络进行传输。随着互联网技术的发展，网络已逐渐与传统技术相结合，引领控制系统结构发生着变化。通过通信网络代替传统控制系统中点对点的结构已越来越普遍，因此网络控制技术应运而生。

1. 基本概念

目前的“网络控制”具有两个含义，一个是对网络自身的控制，另一个是通过网络实施控制。两者的对象不同，前者是对网络路由、网络流量等的调度与控制，对象是网络本身；而后者是以网络为信号传输媒介，对控制系统结构进行的改造。本书这里仅简介后者。

网络控制系统（Networked Control System，NCS）是控制回路通过通信网络而构成的闭合回路控制系统。NCS 的主要特征是控制和反馈的采样信号通过网络以信息包的形式在系统各个组成单元之间传送。

通过网络的链接，构成控制回路的控制器与被控对象不一定要部署在同一个地方，而是可以空间位置分开部署。单回路网络控制系统结构图如图 7-53 所示：

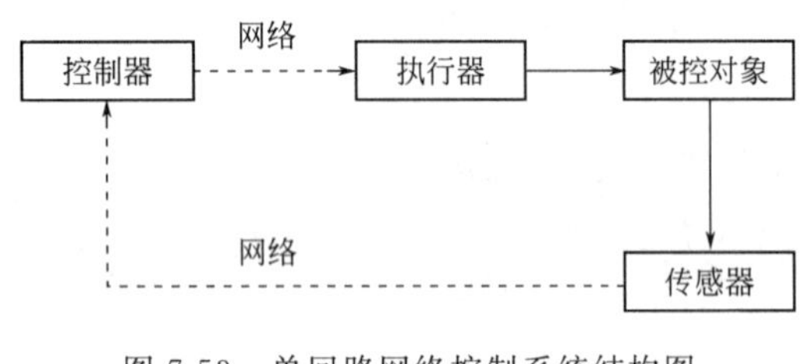

图 7-53　单回路网络控制系统结构图

图中虚线代表通过网络来传送采样信号，而实线代表物理链接。

2. 网络控制系统优点

传统的点对点控制中，采样信号在各个组成单元之间通过专线连接而传送，布线所需成本和费用与两个物理单元的距离有关，总体来讲是比较高的。对于大规模系统，该类有线连接布线多，结构复杂，成本相应也会提高。而网络控制系统中通信网络可以连接各个分布于不同空间位置的组成单元，受系统规模影响小，其拓扑结构如图 7-54 所示。控制器和被控系统、执行器、传感器的空间分布不同，通过通信网络进行采样数据信号传输。

网络控制回路的拓扑结构，使得网络控制系统具有如下优点。

① 通信网络相比于传统的有线设备安装费用低，网络布线也更加方便，有利于降低设备成本，设备即插即用。在大型工厂车间内，控制器和设备散落在各处，采用传统控制则需要大量专线连接各个设备，运行这样的系统就需要大量电力能源，总体来讲成本较高。而网络控制可以突破空间的限制，降低建设成本，工厂运行效率也会提高。

② 通过通信网络可连接多个控制器、传感器等组成单元，交换多个回路的采样数据，从而实现多回路系统的控制。

③ 网络通信有利于信息交换，实现资源共享，方便远程操作。因此对应用场景要求较低，可构建应用于高危环境的控制系统，这是传统有线控制无法做到的。

④ 网络使得物理连接线数大大减少，其维护和扩展也更加容易，成本低。

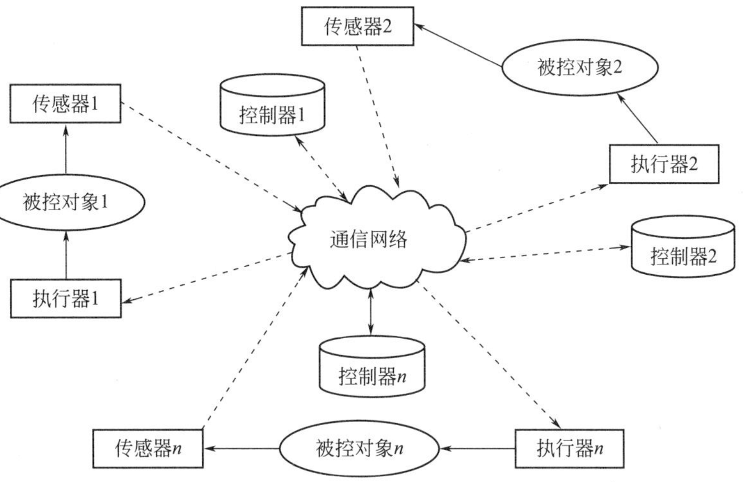

图 7-54　网络控制拓扑结构图

3. 网络控制系统存在问题

由于引入了网络通信来传递采样信号，所以网络本身的固有属性也给网络控制系统带来一些基本问题，可总结为以下几点。

① 受限于网络带宽和通讯协议，采样的数据包在传输中不可避免地会存在时延，且网络时延受负载状况和网络传输速率等因素的影响，其变化具有随机性。

② 网络拥挤、连接中断、缓冲区溢出等都会出现采样的数据包在传输过程中丢失的现象，通常具有随机性和突发性。在实时控制系统中，往往将一定时间内未到达的数据包主动丢弃以保证信号的实时更新。

③ 由于数据包的传输路径不唯一，且不同路径的传输速度也不一样，数据包到达指定节点的时序可能会发生错乱，会恶化网络控制系统的控制性能甚至导致系统不稳定。

④ 除上述问题之外，网络控制系统中还存在单包传输和多包传输、通信约束等问题，在设计网络控制系统时应考虑上述多个因素的影响。

4. 网络控制系统发展趋势

网络控制技术作为一门通信与自动化两个学术领域的交叉融合，具有其特殊性和复杂性，随着两个领域的融合、发展逐渐深入，网络控制系统必将发挥越来越大的作用。现代工业过程日益复杂化，其安全性、可靠性要求逐步提高，开展网络控制系统的控制、故障诊断与容错以及安全性研究势在必行。

本章小结

计算机控制系统作为采样控制系统的典型例子，已经越来越广泛地应用于工业过程以及各行各业的自动化系统。本章介绍的离散控制系统的理论正是分析与设计计算机控制系统的基础。主要内容包括采样过程、采样定理及其数学描述，Z 变换与脉冲传递函数；离散系统的数学模型，连续模型的离散化方法；系统输出响应及性能指标；系统的稳定性分析等；最后介绍了数字控制器的设计。注意到，离散系统与连续系统无论是在数学分析工具等基础理论，还是在建模、稳定性分析、动态与稳态特性求取与分析、控制器的设计等方面都具有一定的联系和区别，许多结论都具有相类同的形式，在学习时要注意对照与比较，特别注意它们的不同之处。

习 题 七

7-1　试证明：

① $\mathscr{Z}[k^m x(k)]=\left(-z\dfrac{\mathrm{d}}{\mathrm{d}z}\right)^m X(z)$；　　② $\mathscr{Z}[a^k x(k)]=X\left(\dfrac{z}{a}\right)$。

7-2　试求下列函数的 Z 变换。

① $e(t)=a^t$；　② $e(t)=t^2\mathrm{e}^{-3t}$；　③ $e(t)=\dfrac{1}{3!}t^3$；

④ $E(s)=\dfrac{s+1}{s^2}$；　⑤ $E(s)=\dfrac{1-\mathrm{e}^{-s}}{s^2(s+1)}$。

7-3　用长除法、部分分式法和留数法求下列表达式的 Z 反变换。

① $E(z)=\dfrac{z^3+2z^2+1}{z(z-1)(z-0.5)}$；　② $X(z)=\dfrac{z}{(z-1)^2(z-2)}$。

7-4　求下列表达式的 Z 反变换，并求其初值和终值。

① $F(z)=\dfrac{z(z+0.5)}{(z-1)(z^2-0.5z+0.3125)}$；　② $F(z)=\dfrac{-10(z^2-0.25z)}{(z-4)(z-1)^2}$。

7-5　已知 $X(z)$，求 $x(\infty)$。

① $X(z)=\dfrac{1}{1-z^{-1}}-\dfrac{1}{1-\mathrm{e}^{-aT}z^{-1}}$，$a>0$；　② $X(z)=\dfrac{z^2(z^2+z+1)}{(z^2-0.8z+1)(z^2+z+1.3)}$；

③ $X(z)=\dfrac{z}{z-\alpha}+\dfrac{z}{z-\beta}$，$\alpha>0$，$\beta>0$。

7-6　先求解差分方程，再求其终值 $y(\infty)$。

$$y(n+2)+3y(n+1)+2y(n)=3^n x(n),\ y(0)=0, y(1)=0, x(n)=1, n\geqslant 0$$

7-7　用 Z 变换法解差分方程。

① $x(t+2T)+3x(t+T)+2x(t)=0$，其中 $x(0)=0, x(T)=1$；

② $c^*(t+2T)-6c^*(t+T)+8c^*(t)=r^*(t)$，$r(t)=1(t)$，$c^*(t)=0(t\leqslant 0)$；

③ $c^*(t+2T)+2c^*(t+T)+c^*(t)=r^*(t)$，$c(0)=c(T)=0$，$r(nT)=n$；

④ $c(k+3)+6c(k+2)+11c(k+1)+6c(k)=0$，$c(0)=c(1)=1$，$c(2)=0$；

⑤ $c(k+2)+5c(k+1)+6c(k)=\cos k\dfrac{\pi}{2}$，$c(0)=c(1)=0$。

7-8　用 Z 变换法求解差分方程 $e(k+2)-3e(k+1)+2e(k)=u(k)$。已知，$u(t)=\delta(t)$，当 $k\leqslant 0$ 时，$e(k)=0$。

7-9　设一离散系统脉冲传递函数为 $G(z)=\dfrac{Y(z)}{U(z)}=\dfrac{z+1}{z^2-1.4z+0.48}$，其中输入为单位阶跃函数，求 $y(\infty)$。

7-10　求如图 7-55 所示系统的闭环脉冲传递函数 $\Phi(z)$。

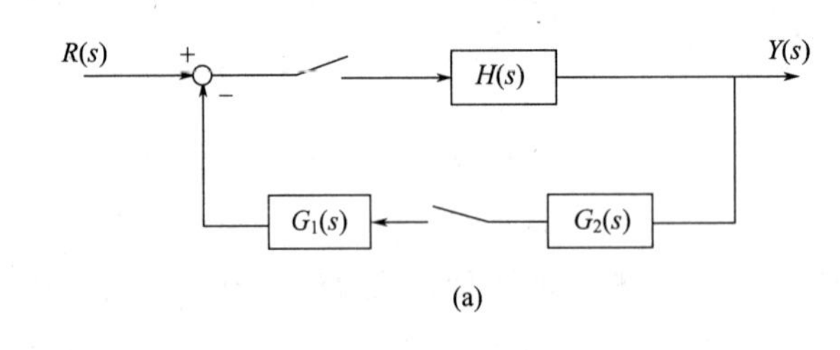

(a)

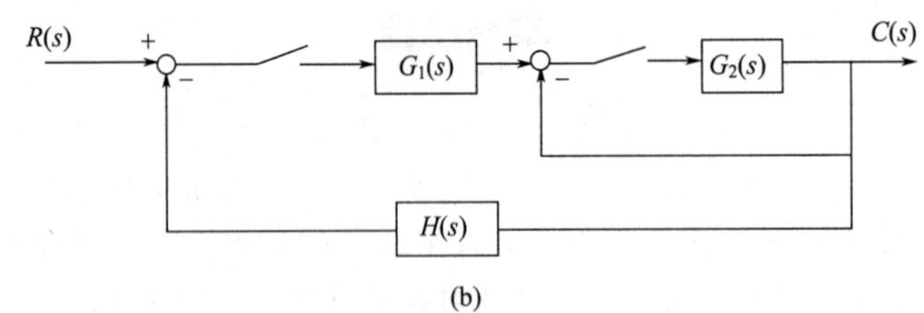

(b)

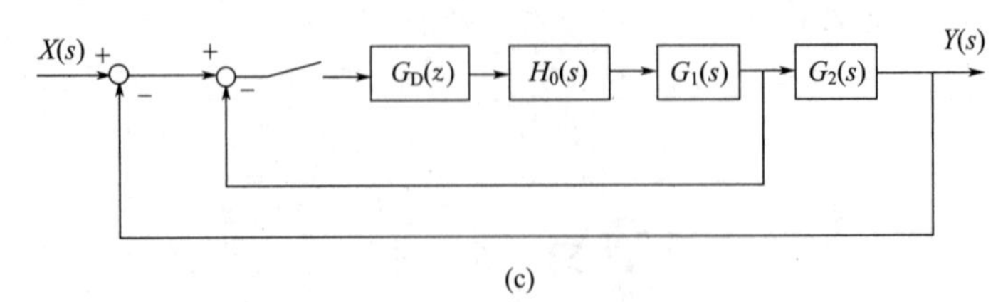

(c)

图 7-55　题 7-10 的离散系统图

7-11　已知采样系统如图 7-56 所示，求系统的闭环脉冲传递函数 $G(z)$。

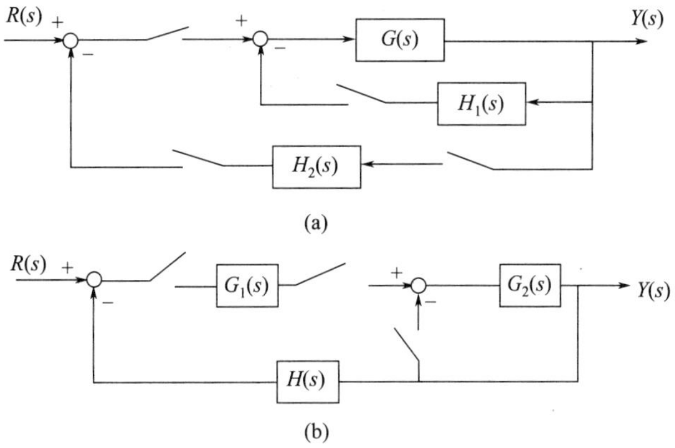

图 7-56　题 7-11 的离散系统结构图

7-12　试求如图 7-57 所示闭环离散系统的脉冲传递函数或输出 Z 变换。

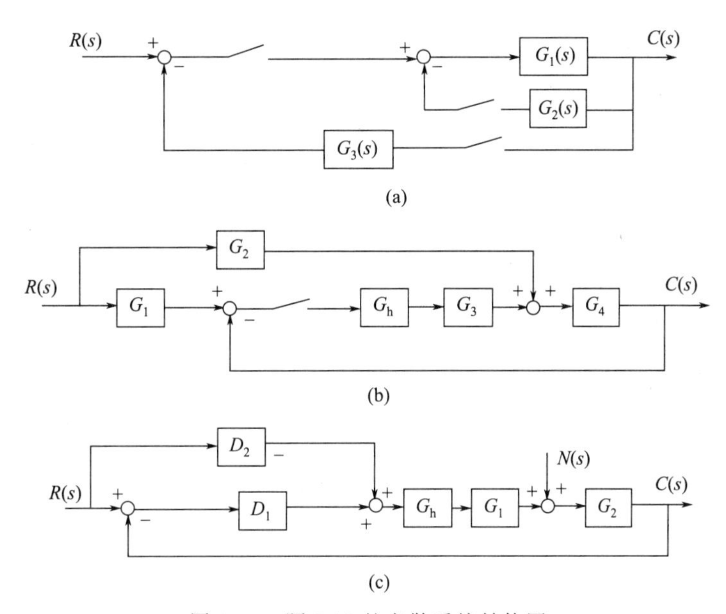

图 7-57　题 7-12 的离散系统结构图

7-13　求解下列 $\boldsymbol{x}(k)$

$$\boldsymbol{x}(k+1)=\begin{bmatrix}0 & 1\\ -0.15 & -0.8\end{bmatrix}\boldsymbol{x}(k)+\begin{bmatrix}1\\ 0\end{bmatrix}u(k)$$

初始条件　$\boldsymbol{x}(0)=\begin{bmatrix}0\\ 1\end{bmatrix}$，$u(k)\equiv 1$，$k=0,1,2,\cdots$

7-14　已知方程

$$\boldsymbol{x}(k+1)=\begin{bmatrix}0 & 1\\ -0.16 & -1\end{bmatrix}\boldsymbol{x}(k)+\begin{bmatrix}0\\ 1\end{bmatrix}u(k)$$

$$\boldsymbol{y}(k)=\begin{bmatrix}1 & 1\\ 0 & 1\end{bmatrix}\boldsymbol{x}(k)$$

求系统脉冲传递函数矩阵。

7-15　已知连续状态方程如下，采样周期为 T，求其离散状态方程。

$$\dot{\boldsymbol{x}}=\begin{bmatrix}0 & 1\\ 0 & 0\end{bmatrix}\boldsymbol{x}+\begin{bmatrix}0\\ 1\end{bmatrix}u$$

$$y=[1\quad 0]\boldsymbol{x}$$

7-16　已知连续系统状态空间表达为

$$\begin{bmatrix}\dot{x}_1(t)\\ \dot{x}_2(t)\end{bmatrix}=\begin{bmatrix}-1 & 0\\ 1 & 0\end{bmatrix}\begin{bmatrix}x_1(t)\\ x_2(t)\end{bmatrix}+\begin{bmatrix}1\\ 0\end{bmatrix}u(t)$$

$$y(t)=x_2(t)$$

试写出采样周期为 T 的对应采样系统模型。

7-17　已知离散状态方程如下，求脉冲传递函数 $G(z)=\dfrac{Y(z)}{U(z)}$。

$$\boldsymbol{x}(k+1)=\begin{bmatrix}1 & 1\\ 0 & 1\end{bmatrix}\boldsymbol{x}(k)+\begin{bmatrix}1/2\\ 1\end{bmatrix}u(k)$$

$$y(k)=[1\quad 0]\,\boldsymbol{x}(k)$$

7-18　① 求传递函数 $G(s)=\dfrac{1}{(s+2)(s+3)}$ 的 $G(z)$，$T=1\text{s}$。

② 由 $G(s)$ 求相应的状态空间表达式：$\begin{cases}\dot{\boldsymbol{x}}(t)=\boldsymbol{A}\boldsymbol{x}(t)+\boldsymbol{B}\boldsymbol{u}(t)\\ \boldsymbol{y}(t)=\boldsymbol{C}\boldsymbol{x}(t)\end{cases}$，再求相应采样系统的状态空间表达式：$\begin{cases}x(k+1)=G(T)x(k)+H(T)u(k)\\ y(k)=Cx(k)\end{cases}$ 及 $G(z)$。

7-19　如图 7-58 所示的采样系统，试求其单位阶跃响应，采样周期 $T=0.1\text{s}$。

7-20　设系统如图 7-59 所示，试说明系统在下列条件下是稳定的（用劳斯判据）。

$$0<K<\frac{2(1+\mathrm{e}^{-T/T_1})}{(1-\mathrm{e}^{-T/T_1})},\quad T_1>0,\quad K>0$$

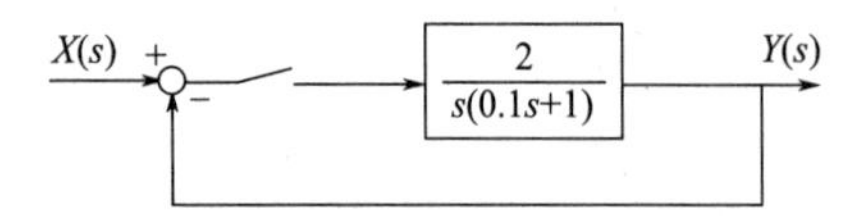

图 7-58　题 7-19 的采样系统图

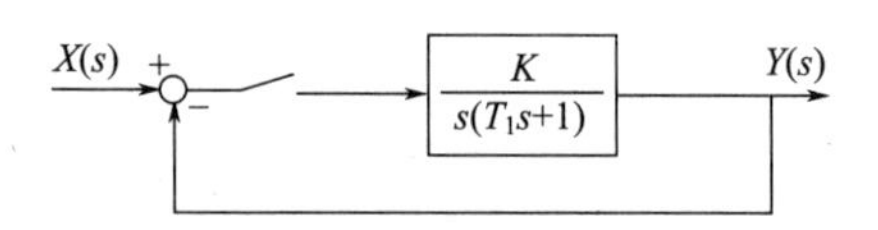

图 7-59　题 7-20 的采样系统图

7-21　系统的结构如图 7-60 所示，试用根轨迹法确定系统稳定的临界 K 值。

7-22　已知采样系统如图 7-61 所示。试用劳斯判据、根轨迹两种方法求出相应的临界放大倍数 K。设采样周期 $T=1\text{s}$。

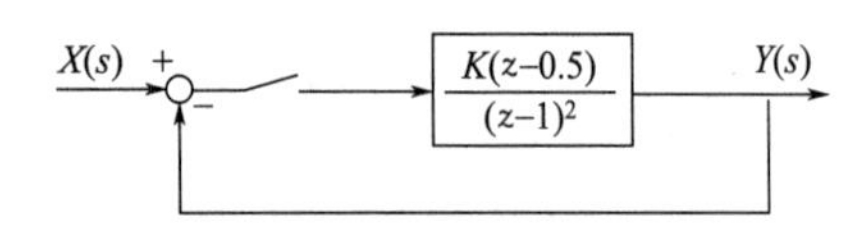

图 7-60　题 7-21 的系统结构图

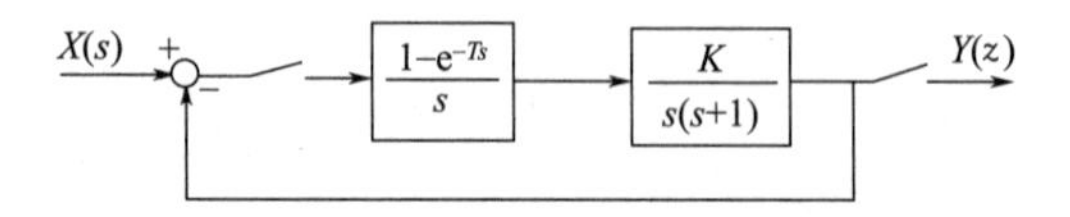

图 7-61　题 7-22 的采样系统图

7-23　如图 7-62 所示离散系统，T 为采样周期，试求使系统等幅振荡时的 T/T_1 值(希望能采用两种方法)。

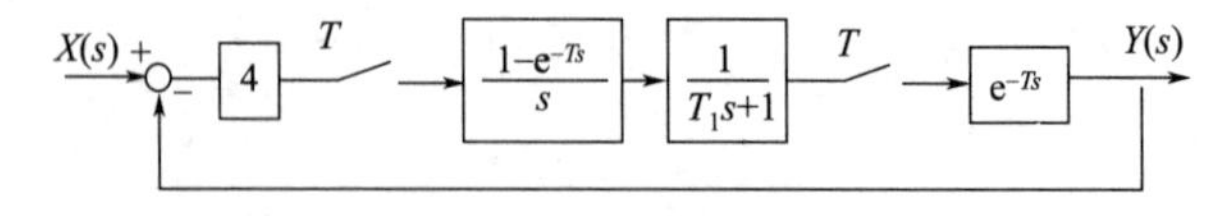

图 7-62　题 7-23 的离散系统结构图

7-24　如图 7-63 所示离散系统，T 为采样周期，试求使系统等幅振荡时的 T/T_1 值。

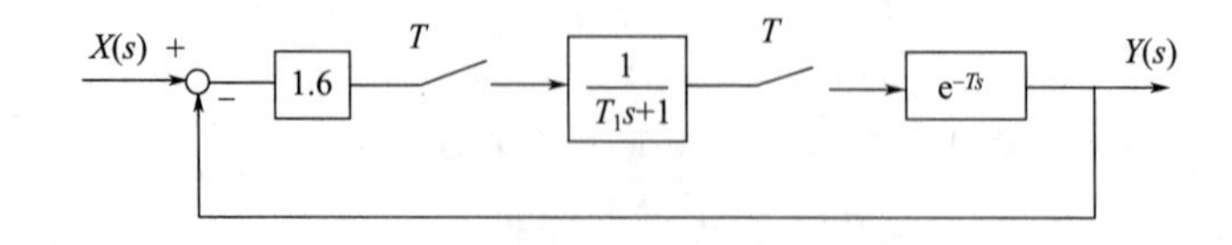

图 7-63　题 7-24 的离散系统结构图

7-25　控制系统的状态空间表达式为

$$\boldsymbol{x}(k+1)=\begin{bmatrix} e^{-T} & e^{-T}-1 \\ 1-e^{-T} & 2-T-e^{-T} \end{bmatrix}\boldsymbol{x}(k)+\begin{bmatrix} 1-e^{-T} \\ T-1+e^{-T} \end{bmatrix}\boldsymbol{u}(k)$$

$$y(k)=[1 \quad 0]\boldsymbol{x}(k)$$

试判断 $T=1\text{s}$、2s 和 5s 时系统的稳定性。

7-26　试求图 7-64 所示两个系统的位置偏差系数和稳态误差，其中 $r(t)=1(t)$，$T=1\text{s}$。

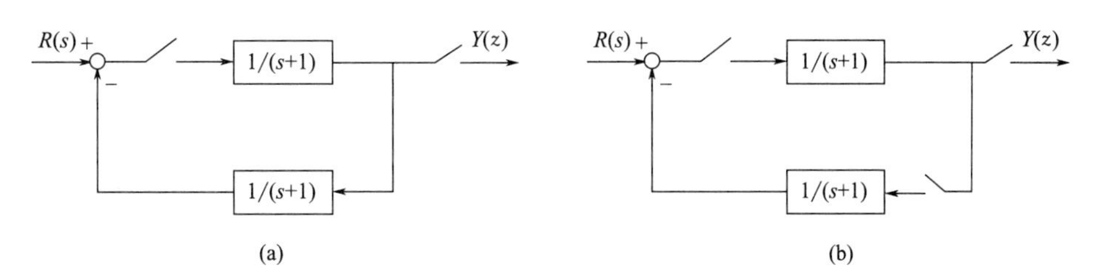

图 7-64　题 7-26 的离散系统结构图

7-27　已知系统的闭环传递函数 $\Phi_B(z)=\dfrac{0.368z+0.264}{z^2-z+0.632}$；试求系统在 $1(t)$，t，$\dfrac{t^2}{2}$ 输入时的稳态误差。

7-28　系统结构图如图 7-65 所示，$K=10$，采样周期 $T=0.2\text{s}$，$x(t)=1(t)+t+t^2/2$，$G_h(s)$ 为零阶保持器，试计算系统的稳态误差 $e(\infty)$。

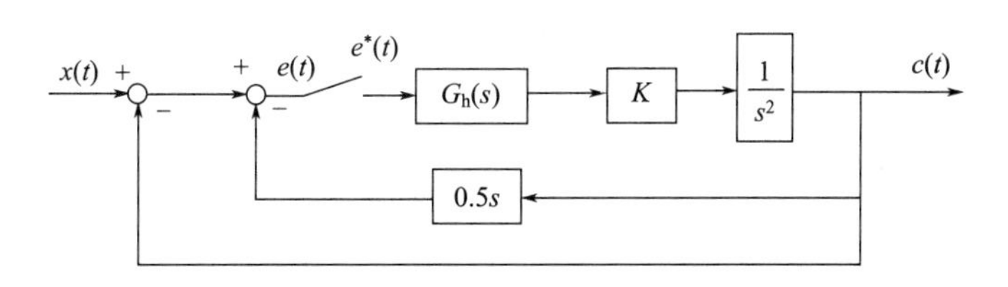

图 7-65　题 7-28 系统结构图

7-29　已知离散系统如图 7-66 所示，其中 ZOH 为零阶保持器，采样周期 $T=0.25$，当 $r(t)=2+t$ 时，欲使稳态误差小于 0.1，试求 K 值。

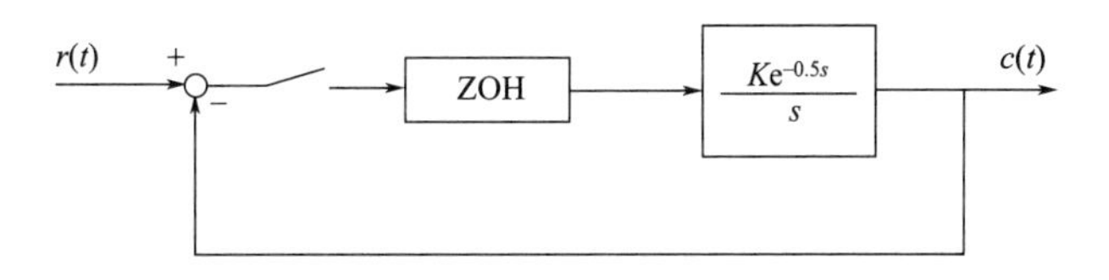

图 7-66　题 7-29 系统结构图

7-30　已知离散系统如图 7-67 所示，其中采样周期 $T=1$，连续部分传递函数 $G_0(s)=\dfrac{1}{s(s+1)}$，试求当 $r(t)=1(t)$ 时，系统无稳态误差、过渡过程在最少拍内结束的数字控制器 $D(z)$。

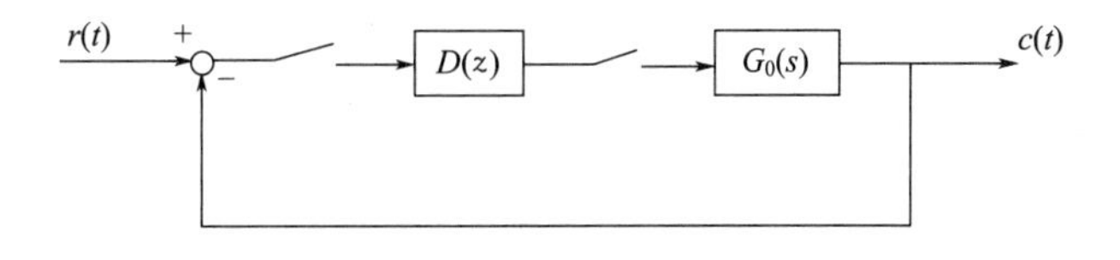

图 7-67　题 7-30 系统图

7-31　系统如图 7-68 所示，采样周期 $T=1\text{s}$，$x(t)=1(t)$，按最小拍准则设计数字控制器 $G_D(z)$，并求出调节时间 T_s。

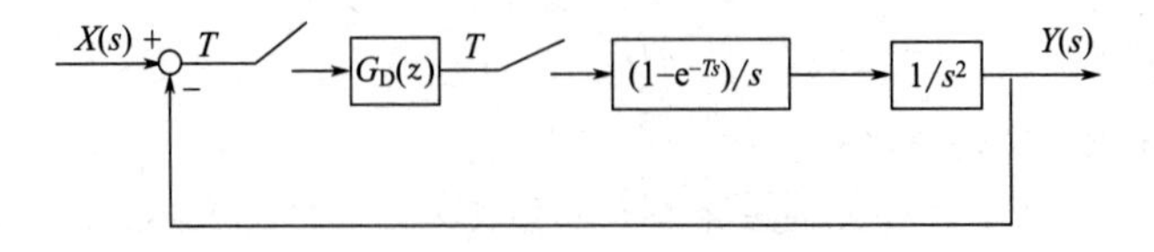

图 7-68　题 7-31 的离散系统结构图

第八章 线性定常系统的状态空间分析法

前面几章介绍的内容大都属于经典控制理论的范畴，描述系统的数学模型是常微分（差分）方程、传递函数（脉冲传递函数），主要的系统分析和设计方法是根轨迹法和频域特性法。经典控制理论的特点是能方便有效地处理线性、时不变、单输入单输出系统，但对于非线性、时变、多输入多输出系统的分析和综合往往难以奏效。随着航空航天等领域的迅速发展带来对多变量、高精度的复杂控制系统需求剧增，基于状态空间模型的控制系统分析与设计方法在20世纪50年代末应运而生。为区别与经典控制理论的不同，建立在状态空间模型基础上的控制理论被称作现代控制理论。它既适用于线性、时不变、单输入单输出系统，也可以非常容易地推广到非线性、时变、多输入多输出系统。现代控制理论诞生的标志是以奠基人名字命名的卡尔曼（Kalman）最优滤波器、庞特里亚金（Pontryagin）极大值原理和贝尔曼（Bellman）的动态规划，它们的共同点是基于状态空间模型，将“最优”作为系统设计的目标。

本章介绍线性定常系统的状态空间分析法中最基础的部分，主要包括反映系统内在特性的能控性、能观性概念，系统的结构分解，状态反馈控制的基本构成和特点、极点配置方法和状态观测器设计等内容。

第一节 线性定常连续系统的能控性和能观性

一、直观理解

线性定常连续系统的状态空间描述把系统的动力学行为分为如图8-1所示的两段来处理。第一段为状态方程，它描述了系统由输入 $\boldsymbol{u}(t)$ 变化引起内部状态 $\boldsymbol{x}(t)$ 变化的关系；第二段是输出方程，它描述系统输出 $\boldsymbol{y}(t)$ 与系统状态 $\boldsymbol{x}(t)$、输入 $\boldsymbol{u}(t)$ 之间的函数关系。如果给定输入 $\boldsymbol{u}(t)$ 和初始状态 $\boldsymbol{x}(0)$，就可根据第三章介绍的方法求出其状态响应 $\boldsymbol{x}(t)$ 和输出响应 $\boldsymbol{y}(t)$。

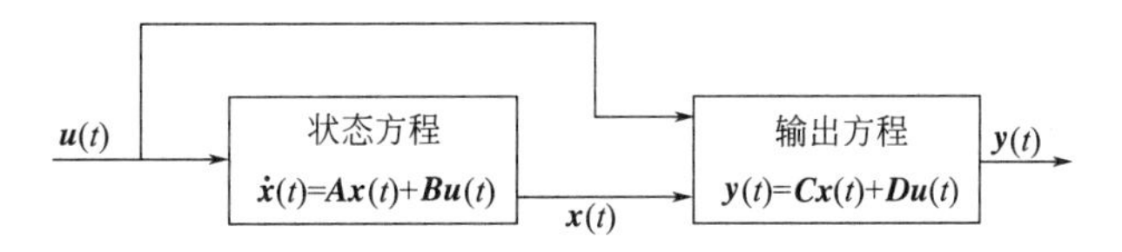

图8-1 线性定常连续系统的状态空间描述示意图

除了定量分析外，在系统分析中还有一类定性分析问题。经典控制理论中的定性分析问题多是关心系统的稳定性，而现代控制理论中涉及的还有能控性和能观性。这是因为在经典控制系统中，输出量是可控和可测量的，因而不需要特别地提及能控与能观的概念。在用状态空间模型描述系统时，输出与输入构成了系统的外部变量，状态是系统的内部变量，这就产生了系统内所有状态是否都能被输入所控制、所有状态是否都可以由外部变量反映出来的问题，也就是本节介绍的能控性与能观性要回答的问题。显然，这两个概念是与状态空间表达式对系统分段描述相对应的。为了让读者直观了解这两个概念，下面先讨论几个例子。

【例8-1】 一个 RC 电路如图8-2所示。其输入 u 是电压源，R_2 上的电压 y 是输出。控制系统的输出总是满足可量测的假设，即其信息可经测量输出信号的传感器获取。根据第二章所介绍的方法，分别取电容

C_1 和 C_2 上的电压作为该系统的两个状态变量 x_1 和 x_2。容易看出：无论 C_1 的初始电压和目标电压是多少，肯定可以找到一个充放电曲线$u(t)$，使得 C_1 上的电压在有限时间内达到目标电压值，称 x_1 是能控的；但 $R_2R_3C_2$ 是与 u 无关的放电回路，无论取什么样的 $u(t)$ 曲线都不能使 C_2 上的电压改变，x_2 显然不能由 u控制。另外，C_2 两端的电压 x_2 可以从输出 y 的信息中反算出来，称 x_2 是能观的；而 C_1 两端的电压 x_1 不能从输出 y 输入 u 的信息中反算得到，称 x_1 不能观。列出该系统的状态空间表达式

$$\begin{bmatrix}\dot{x}_1(t)\\ \dot{x}_2(t)\end{bmatrix}=\begin{bmatrix}-\dfrac{1}{R_1C_1} & 0\\ 0 & -\dfrac{1}{(R_2+R_3)C_2}\end{bmatrix}\begin{bmatrix}x_1(t)\\ x_2(t)\end{bmatrix}+\begin{bmatrix}\dfrac{1}{R_1C_1}\\ 0\end{bmatrix}u(t)$$

$$y(t)=\begin{bmatrix}0 & \dfrac{R_2}{R_2+R_3}\end{bmatrix}\begin{bmatrix}x_1(t)\\ x_2(t)\end{bmatrix}$$

可以看到：输入矩阵 $\boldsymbol{b}$ 中的零元素隔断了 u 与 x_2 的联系，虽然 u 经由$\dfrac{1}{R_1C_1}$影响$\dot{x}_1$进而影响 x_1 使得 x_1 能控，但$\dot{x}_1$和 x_1 均与 x_2 无关，故 x_2 不能控；输出方程 $\boldsymbol{c}$ 中的零元素隔断了 y 与 x_1 的联系，尽管 x_2 经由$\dfrac{R_2}{R_2+R_3}$影响 y 至 x_2 能观，但因$\dot{x}_2$和 x_2 均与 x_1 无关，所以 x_1 不能观。就该系统的状态向量 $\boldsymbol{x}=[x_1\quad x_2]^{\mathrm{T}}$ 而言，若初始状态 $\boldsymbol{x}(0)=[2\quad -1]^{\mathrm{T}}$，要求将 $\boldsymbol{x}$ 转移到 $[3\quad -3]^{\mathrm{T}}$，无论怎样调节 $u(t)$ 都是无法做到的，$\boldsymbol{x}$ 显然不能控；$\boldsymbol{x}=[x_1\quad x_2]^{\mathrm{T}}$亦不能从 y 和 u 的信息中反算得到，$\boldsymbol{x}$ 显然不能观。

【例 8-2】 在图 8-3 所示电路中，电阻与电容分别有相同的电阻值 R 与相同的电容值 C。分别取左边和右边电容上的电压 u_C 为该系统的两个状态变量 x_1 和 x_2，显然 x_1 与 x_2 都受到 u 的控制。但是，就 $\boldsymbol{x}=[x_1\quad x_2]^{\mathrm{T}}$而言，若初始状态 $x_1(0)=x_2(0)$，则不论怎样取充放电曲线 $u(t)$，对于所有 $t\geqslant 0$，只能是 $x_1(t)=x_2(t)$，不可能做到使 x_1 和 x_2 分别转移到不同的目标值。这实际上不是一个能控的系统。

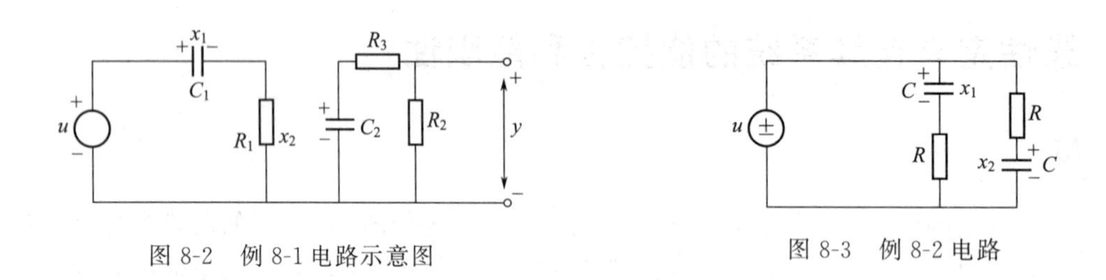

图 8-2 例 8-1 电路示意图

图 8-3 例 8-2 电路

【例 8-3】 观察图 8-4 所示的系统方块图，确定系统的能控性与能观性。

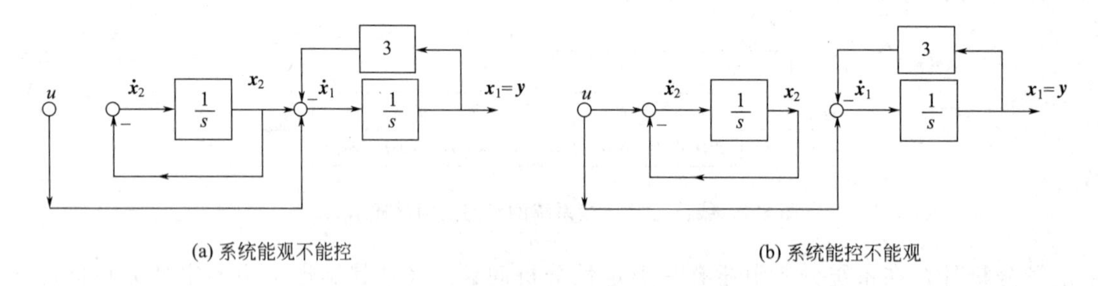

(a) 系统能观不能控

(b) 系统能控不能观

图 8-4 例 8-3 系统能控性与能观性的直观判断示意图

从图 8-4 中可以看到，图（a）中的 x_1 受 u 的控制，但 x_2 与 u 无关，故系统不能控；系统输出 $y=x_1$ 似乎与 x_2 无关，但实际上，$\dot{x}_1=x_2-3x_1+u$，意味着从 u 和 y 的信息能反算出 x_2，故系统能观。图（b）中的 $[x_1\ x_2]^{\mathrm{T}}$ 均受 u 的控制，系统能控；$y=x_1$，而 x_1 与 x_2 无关，故系统不能观。

从上述 3 个例子中，直观地了解了系统能控性和能观性的基本思想。然而，只有少数简单的系统可以直接从物理结构图或方块图中判别系统的能控性与能观性，稍复杂一些的系统都需要像判别系统稳定性那样，根据某种特定的方法进行分析与研究。

二、能控性定义和能观性定义

1. 能控性定义

考虑线性定常连续系统（$\boldsymbol{A},\boldsymbol{B},\boldsymbol{C},\boldsymbol{D}$），它的状态空间表达式为

$$\begin{cases}\dot{\boldsymbol{x}}(t)=\boldsymbol{A}\boldsymbol{x}(t)+\boldsymbol{B}\boldsymbol{u}(t)\\ \boldsymbol{y}(t)=\boldsymbol{C}\boldsymbol{x}(t)+\boldsymbol{D}\boldsymbol{u}(t)\end{cases}\qquad t\in[0,\infty) \tag{8-1}$$

其中，$\boldsymbol{A}\in R^{n\times n}$，$\boldsymbol{B}\in R^{n\times m}$，$\boldsymbol{C}\in R^{l\times n}$，$\boldsymbol{D}\in R^{l\times m}$。

定义 8-1　对于系统（$\boldsymbol{A},\boldsymbol{B},\boldsymbol{C},\boldsymbol{D}$），如果对任意初始状态 $\boldsymbol{x}(0)\in R^n$ 和任意目标状态$\boldsymbol{x}_\mathrm{f}\in R^n$，存在 $t_\mathrm{f}\in(0,\infty)$ 和 $[0\ t_\mathrm{f}]$ 上的控制 $\boldsymbol{u}(t)$，使得 $\boldsymbol{x}(t_\mathrm{f})=\boldsymbol{x}_\mathrm{f}$，称系统（$\boldsymbol{A},\boldsymbol{B},\boldsymbol{C},\boldsymbol{D}$）能控或完全能控；如果存在 $\boldsymbol{x}(0)$ 和 $\boldsymbol{x}_\mathrm{f}\in R^n$，对任意 $t_\mathrm{f}\in(0,\infty)$ 和任意 $\boldsymbol{u}(t)$，都有 $\boldsymbol{x}(t_\mathrm{f})\neq\boldsymbol{x}_\mathrm{f}$，则称系统（$\boldsymbol{A},\boldsymbol{B},\boldsymbol{C},\boldsymbol{D}$）不能控或不完全能控；如果 $\boldsymbol{B}=\boldsymbol{0}$，则称系统（$\boldsymbol{A},\boldsymbol{B},\boldsymbol{C},\boldsymbol{D}$）完全不能控。

对于定义 8-1 需要注意如下几点。

① 为简单计，定义中假设初始时刻 $t_0=0$，而 $t_\mathrm{f}\in(0,\infty)$ 意味着是在考察能否在有限时间内将系统状态由 $\boldsymbol{x}(0)$ 转移到 $\boldsymbol{x}_\mathrm{f}$。

② 在能控性中，重要的是存在控制作用 $\boldsymbol{u}(t)$ 可使初始状态转移到目标状态，对状态转移运动的轨迹形态并不加以关注和规定。

③ 完全不能控是不能控的极端情况。在完全不能控的系统中，$\boldsymbol{x}$ 的每个分量均不能控；而对于不能控的系统，不排除 $\boldsymbol{x}$ 的某些分量是能控的（如例 8-1～例 8-3）。

④ 一个系统能控，意味着一定能通过合适的 $\boldsymbol{u}(t)$ 把任意初始状态在有限时间内转移到任意目标状态。这种能在状态空间中任意两点间转移的性质对于达到控制的目的非常重要。

⑤ 系统的能控性仅取决于状态方程中的系统矩阵 $\boldsymbol{A}$ 与控制矩阵 $\boldsymbol{B}$。我们知道，系统矩阵 $\boldsymbol{A}$ 由系统的结构与内部参数决定，控制矩阵 $\boldsymbol{B}$ 与控制作用的施加点有关，因此，在讨论能控性问题时，可用符号$\sum(\boldsymbol{A},\boldsymbol{B})$ 或更简单的（$\boldsymbol{A},\boldsymbol{B}$）表示。

2. 能观性定义

定义 8-2　对于系统（$\boldsymbol{A},\boldsymbol{B},\boldsymbol{C},\boldsymbol{D}$），如果存在 $t_\mathrm{f}\in(0,\infty)$，根据 $[0,t_\mathrm{f}]$ 间的输出 $\boldsymbol{y}(t)$ 和控制作用$\boldsymbol{u}(t)$ 能确定出初始状态 $\boldsymbol{x}(0)$，则称系统（$\boldsymbol{A},\boldsymbol{B},\boldsymbol{C},\boldsymbol{D}$）能观或完全能观；如果对任意 $t_\mathrm{f}\in(0,\infty)$，根据 $[0,t_\mathrm{f}]$ 间的 $\boldsymbol{y}(t)$ 和 $\boldsymbol{u}(t)$ 均不能确定出初始状态 $\boldsymbol{x}(0)$，则称系统（$\boldsymbol{A},\boldsymbol{B},\boldsymbol{C},\boldsymbol{D}$）不能观或不完全能观；如果 $\boldsymbol{C}=0$，则称系统（$\boldsymbol{A},\boldsymbol{B},\boldsymbol{C},\boldsymbol{D}$）完全不能观。

对于系统（$\boldsymbol{A},\boldsymbol{B},\boldsymbol{C},\boldsymbol{D}$），一旦确定出其 $\boldsymbol{x}(0)$，因 $[0,t_\mathrm{f}]$ 间的 $\boldsymbol{u}(t)$ 已知，则由第三章可求得 $[0,t_\mathrm{f}]$ 间的状态响应为

$$\boldsymbol{x}(t)=\mathrm{e}^{\boldsymbol{A}t}\boldsymbol{x}(0)+\int_0^t\mathrm{e}^{\boldsymbol{A}(t-\tau)}\boldsymbol{B}\boldsymbol{u}(\tau)\mathrm{d}\tau,\qquad t\in[0,t_\mathrm{f}] \tag{8-2}$$

因此在上述定义中，考察能否确定出 $\boldsymbol{x}(0)$ 相当于考察能否确定出 $[0,t_\mathrm{f}]$ 间的 $\boldsymbol{x}(t)$。

对于定义 8-2 有如下几点说明。

① 能观性表示的是输出

$$\boldsymbol{y}(t)=\boldsymbol{c}\,\mathrm{e}^{\boldsymbol{A}t}\boldsymbol{x}(0)+\boldsymbol{c}\int_0^t\mathrm{e}^{\boldsymbol{A}(t-\tau)}\boldsymbol{B}\boldsymbol{u}(\tau)\mathrm{d}\tau \tag{8-3}$$

反映状态向量 $\boldsymbol{x}(t)$ 的能力。考虑到控制作用 $\boldsymbol{u}(t)$ 所引起的输出 $\boldsymbol{c}\int_0^t\mathrm{e}^{\boldsymbol{A}(t-\tau)}\boldsymbol{B}\boldsymbol{u}(\tau)\mathrm{d}\tau$ 是可以计算的，在分析能观性问题时，不妨令 $\boldsymbol{u}(t)=0$，即只考虑齐次状态方程和输出方程。所以，在讨论能观性问题时，可用符号$\sum(\boldsymbol{A},\boldsymbol{C})$ 或更简单的（$\boldsymbol{A},\boldsymbol{C}$）表示。

② 完全不能观是不能观的极端情况。在完全不能观的系统中，$\boldsymbol{x}$ 的每个分量均不能观；而对于不能观的系统，不排除 $\boldsymbol{x}$ 的某些分量是能观的（如例 8-1～例 8-3）。

从理论上说，系统的行为由其状态来表征。但在很多工程系统中并非所有的状态变量都是可量测的，如聚合反应过程中的分子量分布，精馏塔中各塔板上的气相浓度和液相浓度，生化发酵过程中的菌体浓度和代谢物浓度等，目前还没有测量它们的合适传感器。如果系统能观，就可以通过对输出和输入的量测获得全部

状态变量的信息，从而清楚地了解系统运行的状况。如果对系统运行的状况一无所知，反馈控制将无从谈起。

三、能控性判别

对于给定的系统$\Sigma(\boldsymbol{A},\boldsymbol{B})$仅仅依靠定义来判别其能控性显然很不方便，本小节将研究简明的能控性判别方法。

1. 预备知识

引理 8-1 凯莱-哈密尔顿（Cayley-Hamilton）定理 设$\boldsymbol{A}\in R^{n\times n}$，$\boldsymbol{A}$的特征多项式为

$$\Delta(s)=|s\boldsymbol{I}-\boldsymbol{A}|=s^n+\alpha_{n-1}s^{n-1}+\cdots+\alpha_1 s+\alpha_0 \tag{8-4}$$

矩阵$\boldsymbol{A}$满足其自身的特征方程

$$\Delta(\boldsymbol{A})=\boldsymbol{A}^n+\alpha_{n-1}\boldsymbol{A}^{n-1}+\cdots+\alpha_1\boldsymbol{A}+\alpha_0\boldsymbol{I}=0 \tag{8-5}$$

证明 考虑（$s\boldsymbol{I}-\boldsymbol{A}$）的伴随矩阵$\mathrm{adj}(s\boldsymbol{I}-\boldsymbol{A})$，其元素至多是$s$的$n-1$次多项式

$$\mathrm{adj}(s\boldsymbol{I}-\boldsymbol{A})=\boldsymbol{C}_{n-1}s^{n-1}+\boldsymbol{C}_{n-2}s^{n-2}+\cdots+\boldsymbol{C}_1 s+\boldsymbol{C}_0 \tag{8-6}$$

其中$\boldsymbol{C}_0\in R^{n\times n}$，$\boldsymbol{C}_1\in R^{n\times n}$，…，$\boldsymbol{C}_{n-1}\in R^{n\times n}$。因为

$$(s\boldsymbol{I}-\boldsymbol{A})\mathrm{adj}(s\boldsymbol{I}-\boldsymbol{A})=(s^n+\alpha_{n-1}s^{n-1}+\cdots+\alpha_1 s+\alpha_0)\boldsymbol{I} \tag{8-7}$$

即

$$(s\boldsymbol{I}-\boldsymbol{A})(\boldsymbol{C}_{n-1}s^{n-1}+\boldsymbol{C}_{n-2}s^{n-2}+\cdots+\boldsymbol{C}_1 s+\boldsymbol{C}_0)=\boldsymbol{I}s^n+\alpha_{n-1}\boldsymbol{I}s^{n-1}+\cdots+\alpha_1\boldsymbol{I}s+\alpha_0\boldsymbol{I}$$

比较上式等号两边s的同次幂的系数矩阵，得

$$\begin{aligned}
&\boldsymbol{C}_{n-1}=\boldsymbol{I}\\
&\boldsymbol{C}_{n-2}-\boldsymbol{A}\boldsymbol{C}_{n-1}=\alpha_{n-1}\boldsymbol{I}\\
&\boldsymbol{C}_{n-3}-\boldsymbol{A}\boldsymbol{C}_{n-2}=\alpha_{n-2}\boldsymbol{I}\\
&\quad\vdots\\
&\boldsymbol{C}_0-\boldsymbol{A}\boldsymbol{C}_1=\alpha_1\boldsymbol{I}\\
&-\boldsymbol{A}\boldsymbol{C}_0=\alpha_0\boldsymbol{I}
\end{aligned} \tag{8-8}$$

用$\boldsymbol{A}^n,\boldsymbol{A}^{n-1},\cdots,\boldsymbol{A},\boldsymbol{I}$分别左乘上面各式，再将等号两边各式相加，得

$$\begin{aligned}
&\boldsymbol{A}^n\boldsymbol{C}_{n-1}+\boldsymbol{A}^{n-1}(\boldsymbol{C}_{n-2}-\boldsymbol{A}\boldsymbol{C}_{n-1})+\boldsymbol{A}^{n-2}(\boldsymbol{C}_{n-3}-\boldsymbol{A}\boldsymbol{C}_{n-2})+\cdots+\boldsymbol{A}(\boldsymbol{C}_0-\boldsymbol{A}\boldsymbol{C}_1)-\boldsymbol{A}\boldsymbol{C}_0\\
&=\boldsymbol{A}^n+\alpha_{n-1}\boldsymbol{A}^{n-1}+\cdots+\alpha_1\boldsymbol{A}+\alpha_0\boldsymbol{I}\\
&=0
\end{aligned}$$

于是，可得 Cayley-Hamilton 定理的式(8-5)

$$\Delta(\boldsymbol{A})=\boldsymbol{A}^n+\alpha_{n-1}\boldsymbol{A}^{n-1}+\cdots+\alpha_1\boldsymbol{A}+\alpha_0\boldsymbol{I}=0$$

综上，引理得证。

引理 8-2 设$\boldsymbol{A}\in R^{n\times n}$，任对$k\geqslant 0$，存在$n$个实数$\beta_{0,k}$，$\beta_{1,k}$，…，$\beta_{n-2,k}$，$\beta_{n-1,k}$使得

$$\boldsymbol{A}^k=\beta_{n-1,k}\boldsymbol{A}^{n-1}+\beta_{n-2,k}\boldsymbol{A}^{n-2}+\cdots+\beta_{1,k}\boldsymbol{A}+\beta_{0,k}\boldsymbol{I} \tag{8-9}$$

证明 用数学归纳法。当$k=0$时，显然有$\boldsymbol{A}^0=0\boldsymbol{A}^{n-1}+0\boldsymbol{A}^{n-2}+\cdots+0\boldsymbol{A}+\boldsymbol{I}$。

假设$k=p\geqslant 0$时，有

$$\boldsymbol{A}^p=\beta_{n-1,p}\boldsymbol{A}^{n-1}+\beta_{n-2,p}\boldsymbol{A}^{n-2}+\cdots+\beta_{1,p}\boldsymbol{A}+\beta_{0,p}\boldsymbol{I} \tag{8-10}$$

则当$k=p+1$时，由上式和引理 8-1 可得

$$\begin{aligned}
\boldsymbol{A}^{p+1}&=(\beta_{n-1,p}\boldsymbol{A}^{n-1}+\beta_{n-2,p}\boldsymbol{A}^{n-2}+\cdots+\beta_{1,p}\boldsymbol{A}+\beta_{0,p}\boldsymbol{I})\boldsymbol{A}\\
&=\beta_{n-1,p}\boldsymbol{A}^n+\beta_{n-2,p}\boldsymbol{A}^{n-1}+\cdots+\beta_{1,p}\boldsymbol{A}^2+\beta_{0,p}\boldsymbol{A}\\
&=\beta_{n-1,p}(-\alpha_{n-1}\boldsymbol{A}^{n-1}-\alpha_{n-2}\boldsymbol{A}^{n-2}-\cdots-\alpha_1\boldsymbol{A}-\alpha_0\boldsymbol{I})+\beta_{n-2,p}\boldsymbol{A}^{n-1}+\cdots+\beta_{1,p}\boldsymbol{A}^2+\beta_{0,p}\boldsymbol{A}\\
&=(\beta_{n-2,p}-\beta_{n-1,p}\alpha_{n-1})\boldsymbol{A}^{n-1}+\cdots+(\beta_{0,p}-\beta_{n-1,p}\alpha_1)\boldsymbol{A}-\beta_{n-1,p}\alpha_0\boldsymbol{I}
\end{aligned}$$

综上，引理得证。

对于系统（8-1）和$t>0$，定义能控性格拉姆矩阵

$$\boldsymbol{W}_c[0,t]=\int_0^t \mathrm{e}^{-\boldsymbol{A}\tau}\boldsymbol{B}\boldsymbol{B}^{\mathrm{T}}\mathrm{e}^{-\boldsymbol{A}^{\mathrm{T}}\tau}\mathrm{d}\tau\in R^{n\times n} \tag{8-11}$$

对于 $z=[z_1 \quad z_2 \quad \cdots \quad z_n]^{\mathrm{T}} \in R^n$，记其欧几里得（Euclid）范数

$$\| z \| = \sqrt{z^{\mathrm{T}} z} = \sqrt{z_1^2 + z_2^2 + \cdots + z_n^2} \tag{8-12}$$

引理 8-3　对于系统（8-1），下列命题等价

① 对于某个时刻 $t_1 > 0$ 有 $\boldsymbol{W}_{\mathrm{c}}[0,t_1]$ 奇异；

② $\operatorname{rank}[\boldsymbol{B} \quad \boldsymbol{AB} \quad \boldsymbol{A}^2\boldsymbol{B} \quad \cdots \quad \boldsymbol{A}^{n-1}\boldsymbol{B}] < n$；

③ 存在非零向量 $z \in R^n$ 使得

$$\boldsymbol{B}^{\mathrm{T}} \mathrm{e}^{-\boldsymbol{A}^{\mathrm{T}} t} \boldsymbol{z} = \boldsymbol{0}, \quad t \in [0, +\infty) \tag{8-13}$$

④ 任对 $t > 0$ 有 $\boldsymbol{W}_{\mathrm{c}}[0,t]$ 奇异。

证明　按照①→②→③→④→①进行证明。

①→②：若 $\boldsymbol{W}_{\mathrm{c}}[0,t_1]$ 奇异，则存在非零向量 $z \in R^n$ 使得 $\boldsymbol{W}_{\mathrm{c}}[0,t_1]\boldsymbol{z}=\boldsymbol{0}$，进而

$$\boldsymbol{0} = \boldsymbol{z}^{\mathrm{T}} \boldsymbol{W}_{\mathrm{c}}[0,t_1]\boldsymbol{z} = \int_0^{t_1} \boldsymbol{z}^{\mathrm{T}} \mathrm{e}^{-\boldsymbol{A}t} \boldsymbol{B}\boldsymbol{B}^{\mathrm{T}} \mathrm{e}^{-\boldsymbol{A}^{\mathrm{T}} t} \boldsymbol{z} \,\mathrm{d}t = \int_0^{t_1} \| \boldsymbol{B}^{\mathrm{T}} \mathrm{e}^{-\boldsymbol{A}^{\mathrm{T}} t} \boldsymbol{z} \|^2 \mathrm{d}t \tag{8-14}$$

由于 $\| \boldsymbol{B}^{\mathrm{T}} \mathrm{e}^{-\boldsymbol{A}^{\mathrm{T}} t} \boldsymbol{z} \|^2$ 非负且连续，上式意味着任对 $t \in [0,t_1]$ 有 $\| \boldsymbol{B}^{\mathrm{T}} \mathrm{e}^{-\boldsymbol{A}^{\mathrm{T}} t} \boldsymbol{z} \|^2 = 0$，由此可得

$$\boldsymbol{B}^{\mathrm{T}} \mathrm{e}^{-\boldsymbol{A}^{\mathrm{T}} t} \boldsymbol{z} = \boldsymbol{0}, \quad t \in [0, t_1] \tag{8-15}$$

将上式对 t 求导直至 $(n-1)$ 次，再在求导结果中令 $t=0$，得到

$$\boldsymbol{z}^{\mathrm{T}}\boldsymbol{B}=\boldsymbol{0}, \quad \boldsymbol{z}^{\mathrm{T}}\boldsymbol{AB}=\boldsymbol{0}, \quad \boldsymbol{z}^{\mathrm{T}}\boldsymbol{A}^2\boldsymbol{B}=\boldsymbol{0}, \quad \cdots, \quad \boldsymbol{z}^{\mathrm{T}}\boldsymbol{A}^{n-1}\boldsymbol{B}=\boldsymbol{0} \tag{8-16}$$

即

$$\boldsymbol{z}^{\mathrm{T}}[\boldsymbol{B} \quad \boldsymbol{AB} \quad \boldsymbol{A}^2\boldsymbol{B} \quad \cdots \quad \boldsymbol{A}^{n-1}\boldsymbol{B}] = \boldsymbol{0} \tag{8-17}$$

于是②成立。

②→③：若 $\operatorname{rank}[\boldsymbol{B} \quad \boldsymbol{AB} \quad \boldsymbol{A}^2\boldsymbol{B} \quad \cdots \quad \boldsymbol{A}^{n-1}\boldsymbol{B}] < n$，则存在非零向量 $z \in R^n$ 满足式(8-17)，进而满足式(8-16)。由式(8-9) 和式(8-16)，知任对 $k \geqslant 0$ 有

$$\boldsymbol{z}^{\mathrm{T}}\boldsymbol{A}^k\boldsymbol{B} = \beta_{n-1,k}\boldsymbol{z}^{\mathrm{T}}\boldsymbol{A}^{n-1}\boldsymbol{B} + \beta_{n-2,k}\boldsymbol{z}^{\mathrm{T}}\boldsymbol{A}^{n-2}\boldsymbol{B} + \cdots + \beta_{1,k}\boldsymbol{z}^{\mathrm{T}}\boldsymbol{AB} + \beta_{0,k}\boldsymbol{z}^{\mathrm{T}}\boldsymbol{B} = \boldsymbol{0} \tag{8-18}$$

于是任对 $t \in [0,+\infty)$，下式成立

$$\boldsymbol{z}^{\mathrm{T}} \mathrm{e}^{-\boldsymbol{A}t} \boldsymbol{B} = \boldsymbol{z}^{\mathrm{T}} \left(\boldsymbol{I} - \boldsymbol{A}t + \frac{1}{2!}\boldsymbol{A}^2 t^2 - \frac{1}{3!}\boldsymbol{A}^3 t^3 + \cdots \right) \boldsymbol{B} = \boldsymbol{0} \tag{8-19}$$

即③成立。

③→④：若式(8-13) 成立，则任对 $t \in [0,+\infty)$ 有

$$\boldsymbol{W}_{\mathrm{c}}[0,t]\boldsymbol{z} = \left(\int_0^t \mathrm{e}^{-\boldsymbol{A}\tau} \boldsymbol{B}\boldsymbol{B}^{\mathrm{T}} \mathrm{e}^{-\boldsymbol{A}^{\mathrm{T}}\tau} \mathrm{d}\tau \right) \boldsymbol{z} = \int_0^t \mathrm{e}^{-\boldsymbol{A}\tau} \boldsymbol{B} (\boldsymbol{B}^{\mathrm{T}} \mathrm{e}^{-\boldsymbol{A}^{\mathrm{T}}\tau} \boldsymbol{z}) \mathrm{d}\tau = \boldsymbol{0}$$

即任对 $t \in [0,+\infty)$，能控性格拉姆矩阵 $\boldsymbol{W}_{\mathrm{c}}[0,t]$ 奇异。④成立。

④→①：已知任对 $t > 0$ 有 $\boldsymbol{W}_{\mathrm{c}}[0,t]$ 奇异，这显然意味着存在 $t_1 > 0$ 有 $\boldsymbol{W}_{\mathrm{c}}[0,t_1]$ 奇异，即①成立。

综上，引理得证。

定理 8-1　线性定常连续系统（8-1）能控的充分必要条件是存在 $t_{\mathrm{f}} > 0$ 使得 $\boldsymbol{W}_{\mathrm{c}}[0,t_{\mathrm{f}}]$ 非奇异。

证明　充分性。已知 $\boldsymbol{W}_{\mathrm{c}}[0,t_{\mathrm{f}}]$ 非奇异，设 $\boldsymbol{x}(0)$ 和 $\boldsymbol{x}_{\mathrm{f}}$ 分别为任给的初始状态和目标状态。构造允许控制

$$\boldsymbol{u}(t) = -\boldsymbol{B}^{\mathrm{T}} \mathrm{e}^{-\boldsymbol{A}^{\mathrm{T}} t} \boldsymbol{W}_{\mathrm{c}}^{-1}[0,t_{\mathrm{f}}](\boldsymbol{x}(0) - \mathrm{e}^{-\boldsymbol{A}t_{\mathrm{f}}}\boldsymbol{x}_{\mathrm{f}}), \quad t \in [0,t_{\mathrm{f}}]$$

于是

$$\begin{aligned}
\boldsymbol{x}(t_{\mathrm{f}}) &= \mathrm{e}^{\boldsymbol{A}t_{\mathrm{f}}}\boldsymbol{x}(0) + \int_0^{t_{\mathrm{f}}} \mathrm{e}^{\boldsymbol{A}(t_{\mathrm{f}}-t)} \boldsymbol{B}\boldsymbol{u}(t) \mathrm{d}t \\
&= \mathrm{e}^{\boldsymbol{A}t_{\mathrm{f}}}\boldsymbol{x}(0) - \mathrm{e}^{\boldsymbol{A}t_{\mathrm{f}}} \int_0^{t_{\mathrm{f}}} \mathrm{e}^{-\boldsymbol{A}t} \boldsymbol{B}\boldsymbol{B}^{\mathrm{T}} \mathrm{e}^{-\boldsymbol{A}^{\mathrm{T}} t} \boldsymbol{W}_{\mathrm{c}}^{-1}[0,t_{\mathrm{f}}](\boldsymbol{x}(0) - \mathrm{e}^{-\boldsymbol{A}t_{\mathrm{f}}}\boldsymbol{x}_{\mathrm{f}}) \mathrm{d}t \\
&= \mathrm{e}^{\boldsymbol{A}t_{\mathrm{f}}}\boldsymbol{x}(0) - \mathrm{e}^{\boldsymbol{A}t_{\mathrm{f}}} \left(\int_0^{t_{\mathrm{f}}} \mathrm{e}^{-\boldsymbol{A}t} \boldsymbol{B}\boldsymbol{B}^{\mathrm{T}} \mathrm{e}^{-\boldsymbol{A}^{\mathrm{T}} t} \mathrm{d}t \right) \boldsymbol{W}_{\mathrm{c}}^{-1}[0,t_{\mathrm{f}}](\boldsymbol{x}(0) - \mathrm{e}^{-\boldsymbol{A}t_{\mathrm{f}}}\boldsymbol{x}_{\mathrm{f}}) \\
&= \mathrm{e}^{\boldsymbol{A}t_{\mathrm{f}}}\boldsymbol{x}(0) - \mathrm{e}^{\boldsymbol{A}t_{\mathrm{f}}}\boldsymbol{x}(0) + \boldsymbol{x}_{\mathrm{f}} \\
&= \boldsymbol{x}_{\mathrm{f}}
\end{aligned}$$

系统能控。充分性得证。

必要性。已知系统能控，欲证存在 $t_{\mathrm{f}} > 0$ 使得 $\boldsymbol{W}_{\mathrm{c}}[0,t_{\mathrm{f}}]$ 非奇异。用反证法，设任对 $t > 0$ 有 $\boldsymbol{W}_{\mathrm{c}}[0,t]$ 奇异。由引理 8-3 知，存在非零向量 $z \in R^n$ 满足式(8-13)。分别取 $\boldsymbol{z}$ 和 $\boldsymbol{0}$ 为初始状态和目标状态，由于系统能

控，必存在 $t_1>0$ 及允许控制 $\boldsymbol{u}(t)$ 使得

$$\boldsymbol{x}(t_1)=\mathrm{e}^{\boldsymbol{A}t_1}\boldsymbol{z}+\int_0^{t_1}\mathrm{e}^{\boldsymbol{A}(t_1-t)}\boldsymbol{Bu}(t)\mathrm{d}t=\boldsymbol{0} \tag{8-20}$$

由上式可知

$$\boldsymbol{z}=-\int_0^{t_1}\mathrm{e}^{-\boldsymbol{A}t}\boldsymbol{Bu}(t)\mathrm{d}t \tag{8-21}$$

进而，由式(8-13)，有

$$\|\boldsymbol{z}\|^2=\boldsymbol{z}^{\mathrm{T}}\boldsymbol{z}=\left(-\int_0^{t_1}\mathrm{e}^{-\boldsymbol{A}t}\boldsymbol{Bu}(t)\mathrm{d}t\right)^{\mathrm{T}}\boldsymbol{z}=-\int_0^{t_1}\boldsymbol{u}^{\mathrm{T}}(t)(\boldsymbol{B}^{\mathrm{T}}\mathrm{e}^{-\boldsymbol{A}^{\mathrm{T}}t}\boldsymbol{z})\mathrm{d}t=0 \tag{8-22}$$

即 $\boldsymbol{z}=\boldsymbol{0}$，这与 $\boldsymbol{z}$ 是非零向量相矛盾。必要性得证。

2. 直接从 $\boldsymbol{A}$ 与 $\boldsymbol{B}$ 判别系统的能控性

对于系统（8-1），定义其能控性判别矩阵（简称能控矩阵）

$$\boldsymbol{Q}_{\mathrm{c}}=[\boldsymbol{B}\quad \boldsymbol{AB}\quad \boldsymbol{A}^2\boldsymbol{B}\quad \cdots\quad \boldsymbol{A}^{n-1}\boldsymbol{B}] \tag{8-23}$$

定理 8-2 线性定常连续系统（8-1）能控的充分必要条件是 $\mathrm{rank}\boldsymbol{Q}_{\mathrm{c}}=n$。

证明 充分性。已知 $\mathrm{rank}\boldsymbol{Q}_{\mathrm{c}}=n$，欲证系统能控。用反证法，设系统不能控。由定理 8-1 知，任对 $t>0$ 有 $\boldsymbol{W}_{\mathrm{c}}[0,t]$奇异。又由引理 8-3 知，$\mathrm{rank}\boldsymbol{Q}_{\mathrm{c}}<n$，这与 $\mathrm{rank}\boldsymbol{Q}_{\mathrm{c}}=n$ 相矛盾。充分性得证。

必要性。已知系统能控，欲证 $\mathrm{rank}\boldsymbol{Q}_{\mathrm{c}}=n$。用反证法，设 $\mathrm{rank}\boldsymbol{Q}_{\mathrm{c}}<n$。由引理 8-3 知，任对 $t\in[0,+\infty)$，能控性格拉姆矩阵 $\boldsymbol{W}_{\mathrm{c}}[0,t]$奇异。再由定理 8-1 知，系统不能控，这与已知矛盾。必要性得证。

在单输入系统中，$\boldsymbol{Q}_{\mathrm{c}}$ 是 $n\times n$ 的方阵，可以通过计算 $\boldsymbol{Q}_{\mathrm{c}}$ 的行列式判断 $\mathrm{rank}\boldsymbol{Q}_{\mathrm{c}}$ 是否等于 n。在多输入系统中，$\boldsymbol{Q}_{\mathrm{c}}$ 不再是 $n\times n$ 的方阵，而是 $n\times nm$ 的矩阵，其秩的确定一般来说比单输入时要复杂一些。由于 $\mathrm{rank}\boldsymbol{Q}_{\mathrm{c}}=\mathrm{rank}\boldsymbol{Q}_{\mathrm{c}}\boldsymbol{Q}_{\mathrm{c}}^{\mathrm{T}}$，所以也可以通过计算 $\boldsymbol{Q}_{\mathrm{c}}\boldsymbol{Q}_{\mathrm{c}}^{\mathrm{T}}$ 的行列式判断 $\mathrm{rank}\boldsymbol{Q}_{\mathrm{c}}$ 是否等于 n。

【例 8-4】 线性定常连续系统的状态方程为

$$\dot{\boldsymbol{x}}(t)=\begin{bmatrix}3 & \alpha-1\\1 & 2\end{bmatrix}\boldsymbol{x}(t)+\begin{bmatrix}0\\\alpha\end{bmatrix}u(t),\quad \alpha\in R$$

试分析该系统的能控性条件。

解 系统的能控矩阵

$$\boldsymbol{Q}_{\mathrm{c}}=[\boldsymbol{b}\quad \boldsymbol{Ab}]=\begin{bmatrix}0 & (\alpha-1)\alpha\\\alpha & 2\alpha\end{bmatrix}$$

若使该系统能控，当且仅当 $\alpha\neq0$ 且 $\alpha\neq1$ 时；当 $\alpha=0$ 或 $\alpha=1$ 时，系统不能控；当 $\alpha=0$ 时，系统完全不能控。

【例 8-5】 判断如下线性定常连续系统的状态方程是否能控？

$$\dot{\boldsymbol{x}}(t)=\begin{bmatrix}0 & 1 & 0\\0 & 0 & 1\\-a_0 & -a_1 & -a_2\end{bmatrix}\boldsymbol{x}(t)+\begin{bmatrix}0\\0\\1\end{bmatrix}u(t)$$

解 由已知状态方程，可计算能控矩阵

$$\boldsymbol{Q}_{\mathrm{c}}=[\boldsymbol{b}\quad \boldsymbol{Ab}\quad \boldsymbol{A}^2\boldsymbol{b}]=\begin{bmatrix}0 & 0 & 1\\0 & 1 & -a_2\\1 & -a_2 & -a_1+a_2^2\end{bmatrix}$$

这是一个三角形矩阵，斜对角线元素均为 1，不论 a_1,a_2 取何值，其秩都为 3，系统总是能控的。仔细观察系统矩阵 $\boldsymbol{A}$ 与控制向量 $\boldsymbol{b}$，其具有第二章提到过能控标准型（或能控规范型）的特殊形式$(\boldsymbol{A}_{\mathrm{c}},\boldsymbol{b}_{\mathrm{c}})$。可以证明，只要系统的状态方程是能控标准型，则系统完全能控。

【例 8-6】 判断如下线性定常连续系统的状态方程是否能控？

$$\dot{\boldsymbol{x}}(t)=\begin{bmatrix}-4 & 5\\1 & 0\end{bmatrix}\boldsymbol{x}(t)+\begin{bmatrix}-5\\1\end{bmatrix}u(t)$$

解 由已知状态方程，可计算能控矩阵

$$\boldsymbol{Q}_{\mathrm{c}}=[\boldsymbol{b}\quad \boldsymbol{Ab}]=\begin{bmatrix}-5 & 25\\1 & -5\end{bmatrix}$$

容易计算其秩为 $1<2=n$，故系统不能控。

在单输入系统中，根据 $\boldsymbol{A}$ 和 $\boldsymbol{b}$，还可以从状态向量 $\boldsymbol{x}$ 与输入 u 间的传递函数确定系统的能控性。在第二章中，已经知道输出 y 与输入 u 间的传递函数为

$$\boldsymbol{G}_{yu}(s)=\boldsymbol{C}[s\boldsymbol{I}-\boldsymbol{A}]^{-1}\boldsymbol{b} \tag{8-24}$$

而状态 $\boldsymbol{x}$ 与输入 u 间的传递函数为

$$\boldsymbol{G}_{xu}(s)=[s\boldsymbol{I}-\boldsymbol{A}]^{-1}\boldsymbol{b} \tag{8-25}$$

由此得到线性定常连续单输入系统 $\sum(\boldsymbol{A},\boldsymbol{b})$ 完全能控的充分必要条件是：式(8-25) 所示的传递函数 $\boldsymbol{G}_{xu}(s)$ 没有零点和极点相消现象；否则，被相消的极点就是不能控的模态，系统不能控。因为若传递函数 $\boldsymbol{G}_{xu}(s)$ 分子与分母约去一个相同公因子，就相当于状态变量减少了一维，系统出现了一个不能控的状态分量，故属不能控系统。

【例 8-7】 系统同例 8-6，从输入和状态向量间的传递函数确定其能控性。

解 由式(8-25)，状态 x 到输入 u 的传递函数 $\boldsymbol{G}_{xu}(s)$ 为

$$\boldsymbol{G}_{xu}(s)=[s\boldsymbol{I}-\boldsymbol{A}]^{-1}\boldsymbol{b}=\begin{bmatrix}s+4 & -5\\ -1 & s\end{bmatrix}^{-1}\begin{bmatrix}-5\\ 1\end{bmatrix}=\frac{1}{(s+5)(s-1)}\begin{bmatrix}-5(s-1)\\ (s-1)\end{bmatrix}$$

显然，传递函数中有一个相同的零点和极点 $s=1$，该极点所对应的模态 e^t 不能控，故系统为不能控系统。

【例 8-8】 系统同例 8-5，从输入与状态向量间的传递函数 $\boldsymbol{G}_{xu}(s)$ 确定其能控性。

解 由式(8-22)，状态 x 到输入 u 的传递函数 $\boldsymbol{G}_{xu}(s)$ 为

$$\boldsymbol{G}_{xu}(s)=\begin{bmatrix}s & -1 & 0\\ 0 & s & -1\\ a_0 & a_1 & s+a_2\end{bmatrix}^{-1}\begin{bmatrix}0\\ 0\\ 1\end{bmatrix}=\frac{1}{s^3+a_2s^2+a_1s+a_0}\begin{bmatrix}1\\ s\\ s^2\end{bmatrix}$$

传递函数 $\boldsymbol{G}_{xu}(s)$ 中不可能出现相同的零点和极点，故具有能控标准型系统一定能控。

【例 8-9】 判别如下三阶双输入系统的能控性。

$$\dot{\boldsymbol{x}}=\begin{bmatrix}1 & 2 & 1\\ 0 & 1 & 0\\ 1 & 0 & 3\end{bmatrix}\boldsymbol{x}+\begin{bmatrix}1 & 0\\ 0 & 1\\ 0 & 0\end{bmatrix}\begin{bmatrix}u_1\\ u_2\end{bmatrix}$$

解 分别计算 $\boldsymbol{AB}$、$\boldsymbol{A}^2\boldsymbol{B}$ 后，可得到能控矩阵 $\boldsymbol{Q}_c$

$$\boldsymbol{Q}_c=[\boldsymbol{B}\quad \boldsymbol{AB}\quad \boldsymbol{A}^2\boldsymbol{B}]=\begin{bmatrix}1 & 0 & 1 & 2 & 2 & 4\\ 0 & 1 & 0 & 1 & 0 & 1\\ 0 & 0 & 1 & 0 & 4 & 2\end{bmatrix};\ \boldsymbol{Q}_c\boldsymbol{Q}_c^{\mathrm{T}}=\begin{bmatrix}26 & 6 & 17\\ 6 & 3 & 2\\ 17 & 2 & 21\end{bmatrix}$$

易知，$\boldsymbol{Q}_c\boldsymbol{Q}_c^{\mathrm{T}}$ 非奇异，故 $\boldsymbol{Q}_c$ 满秩，系统完全能控。实际上，本例 $\boldsymbol{Q}_c$ 的行满秩从包含在 $\boldsymbol{Q}_c$ 矩阵 $[\boldsymbol{B}\quad \boldsymbol{AB}]$ 的前三列就可直接看出，所以在多输入系统中，有时并不一定要计算出 $\boldsymbol{Q}_c$ 全部的元素。这也说明，多输入系统中，系统的能控条件较容易满足。

3. 系统的能控性秩判据

定理 8-3（PBH 秩判据） 线性定常连续系统（8-1）完全能控的充分必要条件是，对系统矩阵 $\boldsymbol{A}$ 的所有特征值 $\lambda_i(i=1,2,\cdots,n)$

$$\mathrm{rank}\,[\lambda_i\boldsymbol{I}-\boldsymbol{A}\quad \boldsymbol{B}]=n,\quad i=1,2,\cdots,n \tag{8-26}$$

均成立，或等价地表示为

$$\mathrm{rank}\,[s\boldsymbol{I}-\boldsymbol{A}\quad \boldsymbol{B}]=n,\quad \forall s\in \text{复数域 } S \tag{8-27}$$

也即（$s\boldsymbol{I}-\boldsymbol{A}$）和 $\boldsymbol{B}$ 是左互质的。

这一判据由波波夫（Popov）、贝尔维奇（Belevitch）首先提出，并由豪塔斯（Hautus）最先指出其广泛应用性，故被称为 PBH 秩判据。

证明 必要性。已知系统完全能控，要证明式(8-26) 成立。

采用反证法。反设某个 λ 使 $\mathrm{rank}\,[\lambda\boldsymbol{I}-\boldsymbol{A}\quad \boldsymbol{B}]<n$，则意味着 $[\lambda\boldsymbol{I}-\boldsymbol{A}\quad \boldsymbol{B}]$ 为行线性相关，因而必存在一个非零向量 $\boldsymbol{z}$，使得

$$\boldsymbol{z}^{\mathrm{T}}[\lambda\boldsymbol{I}-\boldsymbol{A}\quad \boldsymbol{B}]=0 \tag{8-28}$$

成立，考虑到问题的一般性，由式(8-28) 可导出

$$z^{\mathrm{T}}\boldsymbol{A}=\lambda z^{\mathrm{T}}, \quad z^{\mathrm{T}}\boldsymbol{B}=0 \tag{8-29}$$

进而可得

$$z^{\mathrm{T}}\boldsymbol{B}=0,\ z^{\mathrm{T}}\boldsymbol{AB}=\lambda z^{\mathrm{T}}\boldsymbol{B}=0,\ \cdots,\ z^{\mathrm{T}}\boldsymbol{A}^{n-1}\boldsymbol{B}=0$$

于是有

$$z^{\mathrm{T}}[\boldsymbol{B}\quad \boldsymbol{AB}\quad \cdots\quad \boldsymbol{A}^{n-1}\boldsymbol{B}]=z^{\mathrm{T}}\boldsymbol{Q}_c=0 \tag{8-30}$$

已知 $z\neq 0$，欲使式(8-30) 成立，必有 $\mathrm{rank}\boldsymbol{Q}_c<n$。这意味着系统不可控，显然与已知条件相矛盾，因而反设不成立，式(8-26) 成立。考虑到 $[s\boldsymbol{I}-\boldsymbol{A}\quad \boldsymbol{B}]$ 为多项式矩阵，且对复数域 S 上除 $\lambda_i(i=1,2,\cdots,n)$ 以外的所有 s 均有 $\det(s\boldsymbol{I}-\boldsymbol{A})\neq 0$，所以式(8-26) 等价于式(8-27)。必要性得证。

充分性：已知式(8-26) 成立，欲证系统完全能控。仍然采用反证法，此略。

【例 8-10】 考察如下二阶系统，判别系统的能控性。

$$\dot{x}(t)=\begin{bmatrix}-4 & 1\\ 2 & -3\end{bmatrix}x(t)+\begin{bmatrix}1\\2\end{bmatrix}u(t)$$

解 先求出系统的特征值

$$|\lambda \boldsymbol{I}-\boldsymbol{A}|=\begin{vmatrix}\lambda+4 & -1\\ -2 & \lambda+3\end{vmatrix}=\lambda^2+7\lambda+10=(\lambda+2)(\lambda+5)$$

$\boldsymbol{A}$ 有 2 个特征值，分别为 $\lambda_1=-2$ 和 $\lambda_2=-5$。将特征值分别代入式(8-26)，有

$$\mathrm{rank}\,[\lambda_1\boldsymbol{I}-\boldsymbol{A}\quad \boldsymbol{B}]=\mathrm{rank}\begin{bmatrix}-2+4 & -1 & 1\\ -2 & -2+3 & 2\end{bmatrix}=\mathrm{rank}\begin{bmatrix}2 & -1 & 1\\ -2 & 1 & 2\end{bmatrix}=2$$

$$\mathrm{rank}\,[\lambda_2\boldsymbol{I}-\boldsymbol{A}\quad \boldsymbol{B}]=\mathrm{rank}\begin{bmatrix}-5+4 & -1 & 1\\ -2 & -5+3 & 2\end{bmatrix}=\mathrm{rank}\begin{bmatrix}-1 & -1 & 1\\ -2 & -2 & 2\end{bmatrix}=1<2$$

因为不全满足式(8-26)，表明该系统不完全能控。用能控矩阵判断也得到同样的结论。

【例 8-11】 已知线性定常系统的状态方程如下，试判别系统的能控性。

$$\dot{x}=\begin{bmatrix}0 & 1 & 0 & 0\\ 0 & 0 & -1 & 0\\ 0 & 0 & 0 & 1\\ 0 & 0 & 5 & 0\end{bmatrix}x+\begin{bmatrix}0 & 1\\ 1 & 0\\ 0 & 1\\ -2 & 0\end{bmatrix}\begin{bmatrix}u_1\\ u_2\end{bmatrix},\quad n=4$$

解 ①可求出系统的特征值为：$\lambda_1=\lambda_2=0$，$\lambda_3=\sqrt{5}$，$\lambda_4=-\sqrt{5}$。

② 将特征值分别代入式(8-26)，有

当 $\lambda_1=\lambda_2=0$ 时 $\mathrm{rank}\,[\lambda\boldsymbol{I}-\boldsymbol{A}\quad \boldsymbol{B}]=\begin{bmatrix}-1 & 0 & 0 & 0 & 0 & 1\\ 0 & 1 & 0 & 1 & 1 & 0\\ 0 & 0 & -1 & 0 & 0 & 1\\ 0 & -5 & 0 & -2 & -2 & 0\end{bmatrix}=4$

当 $\lambda_3=\sqrt{5}$ 时 $\mathrm{rank}\,[\lambda\boldsymbol{I}-\boldsymbol{A}\quad \boldsymbol{B}]=\begin{bmatrix}\sqrt{5} & -1 & 0 & 1 & 0 & 1\\ 0 & \sqrt{5} & 1 & 0 & 1 & 0\\ 0 & 0 & 0 & 1 & 0 & 1\\ 0 & 0 & -2 & 0 & -2 & 0\end{bmatrix}=4$

当 $\lambda_4=-\sqrt{5}$ 时 $\mathrm{rank}\,[\lambda\boldsymbol{I}-\boldsymbol{A}\quad \boldsymbol{B}]=\begin{bmatrix}-\sqrt{5} & -1 & 0 & 1 & 0 & 1\\ 0 & -\sqrt{5} & 1 & 0 & 1 & 0\\ 0 & 0 & 0 & 1 & 0 & 1\\ 0 & 0 & -2 & 0 & -2 & 0\end{bmatrix}=4$

上述计算结果表明，该系统满足充分必要条件式(8-26)，系统完全能控。

定理 8-4 (PBH 秩向量判据) 线性定常连续系统 (8-1) 完全能控的充分必要条件是，系统矩阵 $\boldsymbol{A}$ 不存在与 $\boldsymbol{B}$ 的所有列相正交的非零左特征向量。即对 $\boldsymbol{A}$ 的任一特征值 $\lambda_i(i=1,2,\cdots,n)$，只有向量 $z\equiv 0$ 能同时

满足

$$z^{\mathrm{T}}\boldsymbol{A}=\lambda z^{\mathrm{T}},\quad z^{\mathrm{T}}\boldsymbol{B}=0 \tag{8-31}$$

定理 8-4 的证明过程类似于定理 8-3 的证明，此略。读者可以自己证明。

一般说来，这两种 PBH 判据主要用于线性系统的理论分析中，特别是复频域分析中。

4. 具有 A 阵为约当规范型系统的能控性判别

当式(8-1) 所示线性定常连续系统的系统矩阵 $\boldsymbol{A}$ 为约当规范型时，由能控矩阵可以导出更简洁直观的能控性判据。

定理 8-5-1 若线性定常连续系统的系统矩阵 $\boldsymbol{A}$ 为对角规范型且对角元互异时，系统完全能控的充分必要条件是，系统状态方程中的控制矩阵 $\boldsymbol{B}$ 不包含全零行。

由于线性变换不改变系统的内在特性，当系统矩阵 $\boldsymbol{A}$ 的特征值 $\lambda_i(i=1,2,\cdots,n)$ 两两相异时，可通过线性变换将 $\boldsymbol{A}$ 阵变为对角规范型 $\overline{\boldsymbol{A}}$，再用定理 8-5-1 判定。

定理 8-5-2 若线性定常连续系统的系统矩阵 $\boldsymbol{A}$ 为如下所示的约当规范型，设其互异特征值为 $\lambda_1(\sigma_1$ 重)，$\lambda_2(\sigma_2$ 重)，…，$\lambda_p(\sigma_p$ 重)，且 $\sigma_1+\sigma_2+\cdots+\sigma_p=n$，即

$$\dot{\boldsymbol{x}}(t)=\begin{bmatrix}\boldsymbol{A}_1 & & & \\ & \boldsymbol{A}_2 & & \\ & & \ddots & \\ & & & \boldsymbol{A}_p\end{bmatrix}\boldsymbol{x}(t)+\begin{bmatrix}\boldsymbol{B}_1\\ \boldsymbol{B}_2\\ \vdots\\ \boldsymbol{B}_p\end{bmatrix}\boldsymbol{u}(t) \tag{8-32}$$

$$\boldsymbol{y}(t)=[\boldsymbol{C}_1\quad \boldsymbol{C}_2\quad \cdots\quad \boldsymbol{C}_p]\boldsymbol{x}(t)+\boldsymbol{D}\boldsymbol{u}(t)$$

其中

$$\boldsymbol{A}_i=\begin{bmatrix}\boldsymbol{A}_{i1} & & & \\ & \boldsymbol{A}_{i2} & & \\ & & \ddots & \\ & & & \boldsymbol{A}_{ir_i}\end{bmatrix}\in R^{\sigma_i\times\sigma_i},\ \boldsymbol{B}_i=\begin{bmatrix}\boldsymbol{B}_{i1}\\ \boldsymbol{B}_{i2}\\ \vdots\\ \boldsymbol{B}_{ir_i}\end{bmatrix},\ \boldsymbol{C}_i=[\boldsymbol{C}_{i1}\ \boldsymbol{C}_{i2}\cdots\ \boldsymbol{C}_{ir_i}],\ i\in\{1,\cdots,p\}$$

$$\boldsymbol{A}_{ij}=\begin{bmatrix}\lambda_i & 1 & & \\ & \lambda_i & \ddots & \\ & & \ddots & 1\\ & & & \lambda_i\end{bmatrix}\in R^{q_{ij}\times q_{ij}},\quad \boldsymbol{B}_{ij}\in R^{q_{ij}\times m},\ \boldsymbol{C}_{ij}\in R^{l\times q_{ij}},\ j\in\{1,\cdots,r_i\}$$

则系统能控的充分必要条件是：对任意 $i\in\{1,\cdots,p\}$，控制矩阵中的 $\boldsymbol{B}_{i1}$ 末行、$\boldsymbol{B}_{i2}$ 末行、…、$\boldsymbol{B}_{ir_i}$ 末行均线性无关。

定理 8-5 可用秩判据予以证明，此略。有兴趣的读者可参阅有关参考文献。

【例 8-12】 有单输入系统 $\dot{\boldsymbol{x}}=\begin{bmatrix}-4 & 5\\ 1 & 0\end{bmatrix}\boldsymbol{x}+\begin{bmatrix}-5\\ 1\end{bmatrix}u$，试用定理 8-5 判断系统的能控性。

解 可求得系统的特征值为 $\lambda_1=-5$；$\lambda_2=1$。

因特征值互异，$\boldsymbol{A}$ 阵可通过线性变换转化为对角规范型。

先求变换矩阵 $\boldsymbol{T}$。设 $\boldsymbol{T}=[\boldsymbol{P}_1\quad \boldsymbol{P}_2]$，根据 $\boldsymbol{A}\boldsymbol{P}_i=\lambda_i\boldsymbol{P}_i$，代入各特征值 λ_i，可求得

$$\boldsymbol{T}=[\boldsymbol{P}_1\quad \boldsymbol{P}_2]=\begin{bmatrix}-5 & 1\\ 1 & 1\end{bmatrix};\quad \boldsymbol{T}^{-1}=\begin{bmatrix}-\dfrac{1}{6} & \dfrac{1}{6}\\ \dfrac{1}{6} & \dfrac{5}{6}\end{bmatrix}$$

变换后的状态方程

$$\dot{z}=\boldsymbol{T}^{-1}\boldsymbol{A}\boldsymbol{T}z+\boldsymbol{T}^{-1}\boldsymbol{b}=\begin{bmatrix}-5 & 0\\ 0 & 1\end{bmatrix}z+\begin{bmatrix}1\\ 0\end{bmatrix}u$$

由状态方程知，$\boldsymbol{T}^{-1}\boldsymbol{b}$ 有一行为零，故系统不能控，其不能控的自然模式为 e^{t}。

【例 8-13】 考察如下状态方程描述的系统是否能控。

$$\dot{\boldsymbol{x}}(t)=\left[\begin{array}{cc|cc|ccc|c|c}1&1&&&&&&&\\&1&&&&0&&&\\\hline&&1&1&&&&&\\&&&1&&&&&\\\hline&&&&1&1&&&\\&&&&&1&1&&\\&&&&&&1&&\\\hline&&0&&&&&2&\\\hline&&&&&&&&2\end{array}\right]\boldsymbol{x}(t)+\left[\begin{array}{ccc}0&0&0\\1&0&0\\\hline0&1&0\\0&1&0\\\hline0&1&0\\0&0&1\\1&1&2\\\hline0&3&1\\\hline0&0&2\end{array}\right]\boldsymbol{u}(t)$$

解 显然，对于该 9 阶系统，其特征值为：$\lambda_1=1$（7 重），$\lambda_2=2$（2 重）。

当 $i=1$ 时，$\lambda_1=1$ 对应有 3 个约当块，其 $\boldsymbol{B}_{11}$ 末行 $[1\quad 0\quad 0]$、$\boldsymbol{B}_{12}$ 末行 $[0\quad 1\quad 0]$ 和 $\boldsymbol{B}_{13}$ 末行 $[1\quad 1\quad 2]$ 所组成的矩阵 $\boldsymbol{B}_{\sigma1}=\begin{bmatrix}1&0&0\\0&1&0\\1&1&2\end{bmatrix}$ 线性无关；

当 $i=2$ 时，$\lambda_2=2$ 对应有 2 个约当块，其 $\boldsymbol{B}_{21}$ 末行 $[0\quad 3\quad 1]$ 和 $\boldsymbol{B}_{22}$ 末行 $[0\quad 0\quad 2]$ 组成的矩阵 $\boldsymbol{B}_{\sigma2}=\begin{bmatrix}0&3&1\\0&0&2\end{bmatrix}$ 线性无关。根据定理 8-5-2，该系统完全能控。

【例 8-14】 考察系统（$\boldsymbol{A}$，$\boldsymbol{B}$）的能控性。其中 $\boldsymbol{A}=\begin{bmatrix}-1&&0&\\&-1&&\\&&3&\\&0&&-2\end{bmatrix}$，$\boldsymbol{B}=\begin{bmatrix}1&1\\3&1\\1&1\\0&0\end{bmatrix}$。

解 显然，$\lambda_1=-1$（2 重），$\lambda_2=3$，$\lambda_3=-2$。当 $i=1$ 时，$\lambda_1=-1$ 对应有 2 个约当块，其 $\boldsymbol{B}_{11}$ 末行 $[1\quad 1]$、$\boldsymbol{B}_{12}$ 末行 $[3\quad 1]$ 线性无关；当 $i=2$ 时，$\lambda_2=3$ 对应有 1 个约当块，其 $\boldsymbol{B}_{21}$ 末行 $[1\quad 1]$ 线性无关；当 $i=3$ 时，$\lambda_3=-2$ 对应有 1 个约当块，其 $\boldsymbol{B}_{31}$ 末行 $[0\quad 0]$ 出现线性相关（全零行），故该系统不能控。

四、能观性判别

1. 直接从 A 与 B 判别系统的能观性

对于系统（8-1）和 $t>0$，定义能观性格拉姆矩阵

$$\boldsymbol{W}_{\mathrm{o}}[0,t]=\int_0^t \mathrm{e}^{\boldsymbol{A}^{\mathrm{T}}\tau}\boldsymbol{C}^{\mathrm{T}}\boldsymbol{C}\mathrm{e}^{\boldsymbol{A}\tau}\mathrm{d}\tau \in R^{n\times n} \tag{8-33}$$

仿引理 8-3 的证明思路，可以证明。

引理 8-4 对于系统（8-1），下列命题等价

① 对于某个时刻 $t_1>0$ 有 $\boldsymbol{W}_{\mathrm{o}}[0,t_1]$ 奇异；

② $\mathrm{rank}[\boldsymbol{C}^{\mathrm{T}}\quad(\boldsymbol{CA})^{\mathrm{T}}\quad(\boldsymbol{CA}^2)^{\mathrm{T}}\quad\cdots\quad(\boldsymbol{CA}^{n-1})^{\mathrm{T}}]^{\mathrm{T}}<n$；

③ 存在非零向量 $\boldsymbol{z}\in R^n$ 使得

$$\boldsymbol{C}\mathrm{e}^{\boldsymbol{A}t}\boldsymbol{z}=\boldsymbol{0},\quad t\in[0,+\infty) \tag{8-34}$$

④ 任对 $t>0$ 有 $\boldsymbol{W}_{\mathrm{o}}[0,t]$ 奇异。

引理 8-5 线性定常连续系统（8-1）能观的充分必要条件是存在 $t_{\mathrm{f}}>0$ 使得 $\boldsymbol{W}_{\mathrm{o}}[0,t_{\mathrm{f}}]$ 非奇异。

证明 充分性。已知 $\boldsymbol{W}_{\mathrm{o}}[0,t_{\mathrm{f}}]$ 非奇异。对系统（8-1），令 $\boldsymbol{u}(t)\equiv 0$，则有

$$\boldsymbol{y}(t)=\boldsymbol{C}\mathrm{e}^{\boldsymbol{A}t}\boldsymbol{x}(0),\quad t\geqslant 0 \tag{8-35}$$

于是

$$\begin{aligned}\boldsymbol{W}_{\mathrm{o}}^{-1}[0,t_{\mathrm{f}}]\left(\int_0^{t_{\mathrm{f}}}\mathrm{e}^{\boldsymbol{A}^{\mathrm{T}}t}\boldsymbol{C}^{\mathrm{T}}\boldsymbol{y}(t)\mathrm{d}t\right)&=\boldsymbol{W}_{\mathrm{o}}^{-1}[0,t_{\mathrm{f}}]\left(\int_0^{t_{\mathrm{f}}}\mathrm{e}^{\boldsymbol{A}^{\mathrm{T}}t}\boldsymbol{C}^{\mathrm{T}}\boldsymbol{C}\mathrm{e}^{\boldsymbol{A}t}\boldsymbol{x}(0)\mathrm{d}t\right)\\&=\boldsymbol{W}_{\mathrm{o}}^{-1}[0,t_{\mathrm{f}}]\left(\int_0^{t_{\mathrm{f}}}\mathrm{e}^{\boldsymbol{A}^{\mathrm{T}}t}\boldsymbol{C}^{\mathrm{T}}\boldsymbol{C}\mathrm{e}^{\boldsymbol{A}t}\mathrm{d}t\right)\boldsymbol{x}(0)\\&=\boldsymbol{W}_{\mathrm{o}}^{-1}[0,t_{\mathrm{f}}]\boldsymbol{W}_{\mathrm{o}}[0,t_{\mathrm{f}}]\boldsymbol{x}(0)\\&=\boldsymbol{x}(0)\end{aligned}$$

上式给出了由 $\boldsymbol{y}(t)$ 计算 $\boldsymbol{x}(0)$ 的一种方法，同时也表明系统能观。充分性得证。

必要性。已知系统能观，欲证存在 $t_f>0$ 使得 $\boldsymbol{W}_c[0,t_f]$ 非奇异。用反证法，设任对 $t>0$ 有 $\boldsymbol{W}_o[0,t]$ 奇异。由引理 8-4 知，存在非零向量 $\boldsymbol{z}\in R^n$ 满足式(8-34)。对系统（8-1），令 $\boldsymbol{u}(t)\equiv 0$，分别取 $\boldsymbol{x}(0)=\boldsymbol{z}$ 和 $\boldsymbol{x}(0)=\boldsymbol{0}$，则这两种初始状态下的系统输出都是 $\boldsymbol{y}(t)=\boldsymbol{C}\mathrm{e}^{\boldsymbol{A}t}\boldsymbol{x}(0)\equiv\boldsymbol{0}$，从而任对 $t_1>0$，根据 $[0,t_1]$ 间的 $\boldsymbol{y}(t)$ 不能确定出 $\boldsymbol{x}(0)$ 是 $\boldsymbol{z}$ 还是 $\boldsymbol{0}$，即系统不能观，这与系统能观相矛盾。必要性得证。

对于系统（8-1），定义其能观性判别矩阵（简称能观矩阵）

$$\boldsymbol{Q}_o=\begin{bmatrix}\boldsymbol{C}\\ \boldsymbol{CA}\\ \vdots\\ \boldsymbol{CA}^{n-1}\end{bmatrix}\tag{8-36}$$

仿定理 8-2 的证明思路，可以证明

定理 8-6 线性定常连续系统（8-1）能观的充分必要条件是 $\mathrm{rank}\boldsymbol{Q}_o=n$。

【例 8-15】 判断下列系统的能观性。

① $\dot{\boldsymbol{x}}=\begin{bmatrix}-2 & 0\\ 0 & -1\end{bmatrix}\boldsymbol{x}+\begin{bmatrix}-5\\ 1\end{bmatrix}u$；$y=[1\quad 0]\boldsymbol{x}$

② $\dot{\boldsymbol{x}}=\begin{bmatrix}-1 & 1\\ 1 & -1\end{bmatrix}\boldsymbol{x}+\begin{bmatrix}2 & 2\\ 1 & 0\end{bmatrix}\boldsymbol{u}$；$\boldsymbol{y}=\begin{bmatrix}1 & 0\\ 1 & -2\end{bmatrix}\boldsymbol{x}$

解 ① $\mathrm{rank}\boldsymbol{Q}_o=\mathrm{rank}\begin{bmatrix}\boldsymbol{C}\\ \boldsymbol{CA}\end{bmatrix}=\mathrm{rank}\begin{bmatrix}1 & 0\\ -2 & 0\end{bmatrix}=1<2$，系统不能观。

② $\mathrm{rank}\,[\boldsymbol{C}^{\mathrm{T}}\quad \boldsymbol{A}^{\mathrm{T}}\boldsymbol{C}^{\mathrm{T}}]=\mathrm{rank}\begin{bmatrix}1 & 1 & -1 & -3\\ 0 & -2 & 1 & 3\end{bmatrix}=2$，系统能观。

【例 8-16】 线性定常连续系统如下，已知 $u(t)=0$，$y(t)=6\mathrm{e}^{-t}-5\mathrm{e}^{-2t}$，试求 $\boldsymbol{x}(0)$。

$$\dot{\boldsymbol{x}}(t)=\begin{bmatrix}0 & 1\\ -2 & -3\end{bmatrix}\boldsymbol{x}(t)+\begin{bmatrix}1\\ -1\end{bmatrix}u(t),\quad t\in[0,\infty)$$

$$y(t)=[1\quad 0]\boldsymbol{x}(t)+3u(t)$$

解

$$\mathrm{rank}\boldsymbol{Q}_o=\mathrm{rank}\begin{bmatrix}\boldsymbol{C}\\ \boldsymbol{CA}\end{bmatrix}=\mathrm{rank}\begin{bmatrix}1 & 0\\ 0 & 1\end{bmatrix}=2$$

系统能观，因此可根据 $u(t)$ 和 $y(t)$ 来求 $\boldsymbol{x}(0)$。利用第三章的知识可得

$$\mathrm{e}^{\boldsymbol{A}t}=\begin{bmatrix}2\mathrm{e}^{-t}-\mathrm{e}^{-2t} & \mathrm{e}^{-t}-\mathrm{e}^{-2t}\\ -2\mathrm{e}^{-t}+2\mathrm{e}^{-2t} & -\mathrm{e}^{-t}+2\mathrm{e}^{-2t}\end{bmatrix},\ t\in[0,\infty)$$

由 $u(t)=0$ 可知

$$y(t)=\boldsymbol{C}\mathrm{e}^{\boldsymbol{A}t}\boldsymbol{x}(0),\ t\in[0,\infty)$$

即

$$\begin{aligned}6\mathrm{e}^{-t}-5\mathrm{e}^{-2t}&=x_1(0)(2\mathrm{e}^{-t}-\mathrm{e}^{-2t})+x_2(0)(\mathrm{e}^{-t}-\mathrm{e}^{-2t})\\ &=[2x_1(0)+x_2(0)]\mathrm{e}^{-t}+[-x_1(0)-x_2(0)]\mathrm{e}^{-2t},t\in[0,\infty)\end{aligned}$$

因此

$$\begin{cases}2x_1(0)+x_2(0)=6\\ -x_1(0)-x_2(0)=-5\end{cases}$$

由上式求得 $x_1(0)=1$ 和 $x_2(0)=4$，故 $\boldsymbol{x}(0)=[1\quad 4]^{\mathrm{T}}$。

【例 8-17】 判断如下线性定常连续系统的状态方程是否能观？

$$\dot{\boldsymbol{x}}=\boldsymbol{A}_o\boldsymbol{x}=\begin{bmatrix}0 & 0 & -a_0\\ 1 & 0 & -a_1\\ 0 & 1 & -a_2\end{bmatrix}\boldsymbol{x};\ y=\boldsymbol{c}_o\boldsymbol{x}=[0\quad 0\quad 1]\boldsymbol{x}$$

解 由已知状态方程，可计算能观矩阵

$$\boldsymbol{Q}_o=\begin{bmatrix}\boldsymbol{C}\\ \boldsymbol{CA}\\ \boldsymbol{CA}^2\end{bmatrix}=\begin{bmatrix}0 & 0 & 1\\ 0 & 1 & -a_2\\ 1 & -a_2 & -a_1+a_2^2\end{bmatrix}$$

读者可能已经发现，这里的$\boldsymbol{Q}_o$与例8-5中的$\boldsymbol{Q}_c$完全相同，不论a_1,a_2取何值，一定满秩，系统总是能观的。仔细观察系统矩阵$\boldsymbol{A}_o$与输出向量$\boldsymbol{c}_o$，显然其具有特殊形式($\boldsymbol{A}_o$，$\boldsymbol{c}_o$)，其中系统矩阵$\boldsymbol{A}_o$是例8-5能控标准型中$\boldsymbol{A}_c$阵的转置，$\boldsymbol{c}_o$是例8-5中$\boldsymbol{b}_c$阵的转置。把凡是具有此例中$\boldsymbol{A}_o$与$\boldsymbol{c}_o$这种形式的系统，称为能观标准型（或能观规范型）。只要系统的状态空间模型是能观标准型，可以不需要计算而直接判定系统完全能观。

2. 系统的能观性秩判据

定理 8-7（PBH 秩判据） 线性定常连续系统（8-33）完全能观的充分必要条件是，对系统矩阵$\boldsymbol{A}$的所有特征值$\lambda_i(i=1,2,\cdots,n)$

$$\operatorname{rank}\begin{bmatrix}\boldsymbol{C}\\ \lambda_i\boldsymbol{I}-\boldsymbol{A}\end{bmatrix}=n,\quad i=1,2,\cdots,n \tag{8-37a}$$

均成立，或等价地表示为

$$\operatorname{rank}\begin{bmatrix}\boldsymbol{C}\\ s\boldsymbol{I}-\boldsymbol{A}\end{bmatrix}=n,\quad \forall s\in 复数域\ S \tag{8-37b}$$

也即（$s\boldsymbol{I}-\boldsymbol{A}$）和$\boldsymbol{C}$是右互质的。

定理 8-8（PBH 秩向量判据） 线性定常连续系统（8-33）完全能观的充分必要条件是，系统矩阵$\boldsymbol{A}$不存在与$\boldsymbol{C}$的所有行相正交的非零右特征向量。即对$\boldsymbol{A}$的任一特征值$\lambda_i(i=1,2,\cdots,n)$，只有向量$\boldsymbol{z}\equiv 0$能同时满足

$$\boldsymbol{A}\boldsymbol{z}=\lambda\boldsymbol{z},\quad \boldsymbol{C}\boldsymbol{z}=0 \tag{8-38}$$

3. 具有 A 阵为约当规范型系统的能观性判别

定理 8-9-1 若线性定常连续系统的系统矩阵$\boldsymbol{A}$为对角规范型且对角元互异时，系统完全能观的充分必要条件是，系统状态方程中的控制矩阵$\boldsymbol{C}$不包含全为零的列。

当系统矩阵$\boldsymbol{A}$的特征值$\lambda_i(i=1,2,\cdots,n)$两两相异时，可通过线性变换将$\boldsymbol{A}$阵变为对角规范型$\overline{\boldsymbol{A}}$，再用定理 8-9-1 判定。

定理 8-9-2 若线性定常连续系统的系统矩阵$\boldsymbol{A}$为如式(8-32)所示的约当规范型，则系统能观的充分必要条件是：对任意$i\in\{1,\cdots,p\}$，输出矩阵中的$\boldsymbol{C}_{i1}$首列、$\boldsymbol{C}_{i2}$首列、…、$\boldsymbol{C}_{ir_i}$首列均线性无关。

【例 8-18】 判断如下规范型系统的能观性。

① $\dot{\boldsymbol{x}}=\begin{bmatrix}8&0&0\\0&-1&0\\0&0&2\end{bmatrix}\boldsymbol{x}$； $\boldsymbol{y}=\begin{bmatrix}1&0&0\\0&2&3\end{bmatrix}\boldsymbol{x}$

② $\dot{\boldsymbol{x}}=\begin{bmatrix}-1&1&&&0\\&-1&&&\\&&-2&1&\\&&&-2&1\\&0&&&-2\end{bmatrix}\boldsymbol{x}$； $\boldsymbol{y}=[-5\quad 0\quad 2\quad 0\quad 0]\boldsymbol{x}$

解 ① 由定理 8-9-1，因规范型中的$\boldsymbol{C}$阵不包含全为零的列，故系统完全能观。

② 该约当型有 2 个约当块，约当块相应的$\boldsymbol{C}$阵首列为［-5］，［2］，均不为零。由定理 8-9-2，系统完全能观。

五、对偶原理

前面已经看到，能控性与能观性似乎有一定的关联。的确，它们的内在关系由卡尔曼提出的对偶原理确定。利用对偶原理，可以将对系统能控性的分析研究结果方便地应用到对其对偶系统能观性的分析研究上。

定义 8-3 称系统（$\boldsymbol{A},\boldsymbol{B},\boldsymbol{C},\boldsymbol{D}$）与系统（$\boldsymbol{A}^{\mathrm{T}},\boldsymbol{C}^{\mathrm{T}},\boldsymbol{B}^{\mathrm{T}},\boldsymbol{D}^{\mathrm{T}}$）互为对偶系统。

设系统（$\boldsymbol{A},\boldsymbol{B},\boldsymbol{C},\boldsymbol{D}$）为$\Sigma_1$，系统（$\boldsymbol{A}^{\mathrm{T}},\boldsymbol{C}^{\mathrm{T}},\boldsymbol{B}^{\mathrm{T}},\boldsymbol{D}^{\mathrm{T}}$）为$\Sigma_2$。若$\boldsymbol{\Sigma}_1$是一个$m$维输入$l$维输出的$n$阶系统，其对偶系统$\Sigma_2$就是一个$l$维输入$m$维输出的$n$阶系统。互为对偶的两个系统，输入端与输出端互换，信号传递方向相反，信号引出点和综合点互换，对应矩阵转置。只要分别写出系统（$\boldsymbol{A},\boldsymbol{B},\boldsymbol{C},\boldsymbol{D}$）的能控

(观) 矩阵和系统 ($A^{\mathrm{T}},C^{\mathrm{T}},B^{\mathrm{T}},D^{\mathrm{T}}$) 的能观 (控) 性矩阵即可证明如下对偶原理。

定理 8-10 (对偶原理)　系统 (A,B,C,D) 能控 (观) 当且仅当系统 ($A^{\mathrm{T}},C^{\mathrm{T}},B^{\mathrm{T}},D^{\mathrm{T}}$) 能观 (控), ($A,B,C,D$) 完全不能控 (观) 当且仅当 ($A^{\mathrm{T}},C^{\mathrm{T}},B^{\mathrm{T}},D^{\mathrm{T}}$) 完全不能观 (控)。

容易证明，对偶系统的传递函数矩阵互为转置，而它们的特征方程相同。

第二节　线性定常连续系统的线性变换与结构分解

采用状态空间模型描述动态系统时，为了便于揭示系统的固有特性，更好地分析与设计控制系统，经常需要对系统进行非奇异线性变换。例如，将系统矩阵 A 对角化；或将系统化为能控标准型或能观标准型。本节在讨论系统线性变换的基础上，将证明系统的能控性与能观性经线性变换后不会发生改变，并对动态系统按能控性或能观性进行规范分解。

一、非奇异线性变换

1. 基本概念

设系统的状态空间表达式

$$\begin{aligned}\dot{x}(t)&=Ax(t)+Bu(t)\\ y(t)&=Cx(t)+Du(t)\end{aligned}\tag{8-39}$$

其中 x 为 n 维状态变量。令

$$x(t)=T\,\overline{x}(t)\tag{8-40}$$

式中 T 为 $n\times n$ 维任意非奇异线性变换矩阵，则变换后的系统动态方程为

$$\begin{aligned}\dot{\overline{x}}(t)&=\overline{A}\,\overline{x}(t)+\overline{B}u(t)\\ y(t)&=\overline{C}\,\overline{x}(t)+Du(t)\end{aligned}\tag{8-41}$$

式中

$$\overline{A}=T^{-1}AT,\ \overline{B}=T^{-1}B,\ \overline{C}=CT\tag{8-42}$$

为了分析与设计的方便，一般会根据需要选择适当的变换阵 T，将状态空间模型变换到某个标准型。待分析计算结束，再通过反变换关系 $\overline{x}(t)=T^{-1}x(t)$，变换回原状态空间。由线性代数知识知，每一个非奇异的 T 阵就对应一种状态变换。

2. 非奇异线性变换的性质

第二章的第七节中已经证明经过非奇异线性变换后，无论是反映系统内在特性的特征值、稳定性，还是反映其外在关系的输入输出传递函数等都不会发生变化，可以证明系统的另两个内在特性——能控性与能观性在非奇异线性变换后也保持不变。

(1) 变换后能控性保持不变

证明　系统变换后能控矩阵的秩为

$$\begin{aligned}\mathrm{rank}\overline{Q}_{\mathrm{c}}&=\mathrm{rank}\,[T^{-1}B\quad (T^{-1}AT)T^{-1}B\quad (T^{-1}AT)^2T^{-1}B\quad\cdots\quad (T^{-1}AT)^{n-1}T^{-1}B]\\&=\mathrm{rank}\,[T^{-1}B\quad T^{-1}AB\quad T^{-1}A^2B\quad\cdots\quad T^{-1}A^{n-1}B]\\&=\mathrm{rank}T^{-1}\,[B\quad AB\quad A^2B\quad\cdots\quad A^{n-1}B]\\&=\mathrm{rank}\,[B\quad AB\quad A^2B\quad\cdots\quad A^{n-1}B]=\mathrm{rank}Q_{\mathrm{c}}\end{aligned}\tag{8-43}$$

上述证明表明，非奇异线性变换前、后的能控矩阵的秩相同，故能控性不会发生变化。

(2) 变换后能观性保持不变

类似地，系统变换后能观性矩阵的秩为

$$\begin{aligned}\mathrm{rank}\overline{Q}_{\mathrm{o}}&=\mathrm{rank}\,[(CT)^{\mathrm{T}}\quad (T^{-1}AT)^{\mathrm{T}}(CT)^{\mathrm{T}}\quad ((T^{-1}AT)^2)^{\mathrm{T}}(CT)^{\mathrm{T}}\quad\cdots\quad ((T^{-1}AT)^{n-1})^{\mathrm{T}}(CT)^{\mathrm{T}}]\\&=\mathrm{rank}\,[C^{\mathrm{T}}\quad A^{\mathrm{T}}C^{\mathrm{T}}\quad (A^2)^{\mathrm{T}}C^{\mathrm{T}}\quad\cdots\quad (A^{n-1})^{\mathrm{T}}C^{\mathrm{T}}]=\mathrm{rank}Q_{\mathrm{o}}\end{aligned}\tag{8-44}$$

故非奇异线性变换前、后的能观矩阵的秩相同，能观性不会发生变化。

非奇异变换的上述性质说明，尽管描述一个系统的状态空间模型形式可能不同，但不同形式的背后蕴涵着本质上系统内在的固有特性的相同。

二、状态空间的几种标准型式

1. 对角规范型

对角规范型指的是系统矩阵 $\boldsymbol{A}$ 为对角阵的情况，这种规范型下所有状态之间没有耦合，且可根据控制矩阵 $\boldsymbol{B}$ 与输出矩阵 $\boldsymbol{C}$ 直接判断系统的能控性与能观性。对于原非对角规范型的系统，线性代数中将矩阵对角化的方法在这里都可以运用。关于对角化的几点说明如下。

① n 阶方阵 $\boldsymbol{A}$ 可通过非奇异变化化为对角阵的充要条件是 $\boldsymbol{A}$ 有 n 个线性无关的特征向量。即

$$\overline{\boldsymbol{A}}=\boldsymbol{T}^{-1}\boldsymbol{A}\boldsymbol{T}=\mathrm{diag}[\lambda_1 \quad \lambda_2 \quad \cdots \quad \lambda_n] \tag{8-45}$$

式中的 λ_i 是 $\boldsymbol{A}$ 的特征值；变换矩阵 $\boldsymbol{T}$ 由 n 个线性无关的特征向量 $\boldsymbol{t}_i$ 组成

$$\boldsymbol{T}=[\boldsymbol{t}_1 \quad \boldsymbol{t}_2 \quad \cdots \quad \boldsymbol{t}_n] \tag{8-46}$$

特征向量 $\boldsymbol{t}_i$ 是非零向量且满足

$$\boldsymbol{A}\boldsymbol{t}_i=\lambda_i\boldsymbol{t}_i, \quad i\in\{1,2,\cdots,n\} \tag{8-47}$$

② 当方阵 $\boldsymbol{A}$ 有互异的特征值（即特征值均为特征方程的单根）时，由于属于不同特征值的特征向量是线性无关的，$\boldsymbol{A}$ 可通过非奇异变化化为对角阵。

③ $\boldsymbol{A}$ 阵为 n 阶友矩阵（即具有能控标准型中的 $\boldsymbol{A}_c$ 形式），且有互异的特征根 λ_1，λ_2，…，λ_n，采用范德蒙特（Vandermode）矩阵 $\boldsymbol{T}$ 可以将 $\boldsymbol{A}$ 对角化成 $\overline{\boldsymbol{A}}$。即

$$\boldsymbol{A}=\begin{bmatrix} 0 & 1 & 0 & \cdots & 0 \\ 0 & 0 & 1 & \cdots & 0 \\ \vdots & \vdots & \vdots & & \\ 0 & 0 & 0 & \cdots & 1 \\ -a_0 & -a_1 & -a_2 & \cdots & -a_{n-1} \end{bmatrix} \tag{8-48}$$

$$\boldsymbol{T}=\begin{bmatrix} 1 & 1 & \cdots & 1 \\ \lambda_1 & \lambda_2 & \cdots & \lambda_n \\ \lambda_1^2 & \lambda_2^2 & \cdots & \lambda_n^2 \\ \vdots & \vdots & \cdots & \vdots \\ \lambda_1^{n-1} & \lambda_2^{n-1} & \cdots & \lambda_n^{n-1} \end{bmatrix} \tag{8-49}$$

2. 约当规范型

约当规范型指的是系统阵 $\boldsymbol{A}$ 为约当阵的情况，对角规范型实际上是约当规范型的一个特例。下面仅举较为简单及常见的一种约当规范型为例。

$\boldsymbol{A}$ 阵有 m 重实数特征根 $\lambda_1=\lambda_2=\cdots=\lambda_m$，其余 $n-m$ 个特征根互异，但重根只有一个独立的特征向量 $\boldsymbol{t}_1$ 时，只能将 $\boldsymbol{A}$ 阵化为约当阵 $\boldsymbol{J}$。

$$\boldsymbol{J}=\boldsymbol{T}^{-1}\boldsymbol{A}\boldsymbol{T}=\left[\begin{array}{ccc|ccc} \lambda_1 & 1 & 0 & \cdots & \cdots & 0 \\ \vdots & \ddots & 1 & \ddots & \cdots & \vdots \\ 0 & \cdots & \lambda_1 & 0 & \ddots & 0 \\ \hline \vdots & \ddots & 0 & \lambda_{m+1} & \ddots & \vdots \\ \vdots & & \ddots & \ddots & \ddots & 0 \\ 0 & \cdots & \cdots & \cdots & 0 & \lambda_n \end{array}\right] \tag{8-50}$$

$$\boldsymbol{T}=[\boldsymbol{t}_1 \quad \boldsymbol{t}_2 \quad \cdots \quad \boldsymbol{t}_m \mid \boldsymbol{t}_{m+1} \quad \cdots \quad \boldsymbol{t}_n] \tag{8-51}$$

式中 $\boldsymbol{t}_1,\boldsymbol{t}_{m+1},\boldsymbol{t}_{m+2},\cdots,\boldsymbol{t}_n$ 是互异特征根 $\lambda_1,\lambda_{m+1},\lambda_{m+2},\cdots,\lambda_n$ 对应的特征向量，而 $\boldsymbol{t}_2,\boldsymbol{t}_3,\cdots,\boldsymbol{t}_m$ 是广义的特征向量，可由下式求得

$$[\boldsymbol{t}_1 \quad \boldsymbol{t}_2 \quad \cdots \quad \boldsymbol{t}_m]\begin{bmatrix} \lambda_1 & 1 & & \\ & \lambda_1 & \ddots & \\ & & \ddots & 1 \\ & & & \lambda_1 \end{bmatrix}=\boldsymbol{A}[\boldsymbol{t}_1 \quad \boldsymbol{t}_2 \quad \cdots \quad \boldsymbol{t}_m] \tag{8-52}$$

能控标准型和能观标准型因其特殊的形式，将在本书稍后讨论的状态反馈设计和状态观测器设计中发挥重要作用。鉴于多输入系统的能控标准型和多输出系统的能观标准型比较复杂，这里只讨论单输入能控标准型和单输出能观标准型。

3. 化能控系统的状态方程为能控标准型

定理 8-11 当且仅当单输入的系统（$\boldsymbol{A},\boldsymbol{b}$）能控时，存在状态变换矩阵 $\boldsymbol{T}_c$将（$\boldsymbol{A},\boldsymbol{b}$）转化为能控标准型，即

$$\boldsymbol{A}_c=\boldsymbol{T}_c^{-1}\boldsymbol{A}\boldsymbol{T}_c=\begin{bmatrix}0 & 1 & \cdots & 0\\ \vdots & \vdots & \ddots & \vdots\\ 0 & 0 & \cdots & 1\\ -\alpha_0 & -\alpha_1 & \cdots & -\alpha_{n-1}\end{bmatrix},\quad \boldsymbol{b}_c=\boldsymbol{T}_c^{-1}\boldsymbol{b}=\begin{bmatrix}0\\ \vdots\\ 0\\ 1\end{bmatrix} \tag{8-53}$$

其中 $\alpha_0,\cdots,\alpha_{n-1}$是 $\boldsymbol{A}$ 的特征多项式系数，即

$$|s\boldsymbol{I}-\boldsymbol{A}|=s^n+\alpha_{n-1}s^{n-1}+\cdots+\alpha_1 s+\alpha_0 \tag{8-54}$$

将能控的（$\boldsymbol{A},\boldsymbol{b}$）转化为能控标准型（$\boldsymbol{A}_c,\boldsymbol{b}_c$）的状态变换的构造公式为

$$\boldsymbol{T}_c=\boldsymbol{Q}_c\boldsymbol{L}=\boldsymbol{Q}_c\overline{\boldsymbol{Q}}_c^{-1}=[\boldsymbol{b}\quad \boldsymbol{A}\boldsymbol{b}\quad \boldsymbol{A}^2\boldsymbol{b}\cdots\quad \boldsymbol{A}^{n-1}\boldsymbol{b}]\begin{bmatrix}\alpha_1 & \alpha_2 & \cdots & \alpha_{n-1} & 1\\ \alpha_2 & \alpha_3 & \cdots & 1 & 0\\ \vdots & \vdots & \iddots & \iddots & \vdots\\ \alpha_{n-1} & 1 & \iddots & & \vdots\\ 1 & 0 & \cdots & \cdots & 0\end{bmatrix} \tag{8-55}$$

式中，$\boldsymbol{Q}_c$为（$\boldsymbol{A},\boldsymbol{b}$）的能控矩阵；$\boldsymbol{L}$ 阵为能控标准型（$\boldsymbol{A}_c,\boldsymbol{b}_c$）的能控矩阵的逆$\overline{\boldsymbol{Q}}_c^{-1}$。容易验证，能控标准型（$\boldsymbol{A}_c,\boldsymbol{b}_c$）的特征多项式系数与 $\boldsymbol{A}_c$最后一行系数有对应关系

$$\left|s\boldsymbol{I}-\begin{bmatrix}0 & 1 & \cdots & 0\\ \vdots & \vdots & \ddots & \vdots\\ 0 & 0 & \cdots & 1\\ -\alpha_0 & -\alpha_1 & \cdots & -\alpha_{n-1}\end{bmatrix}\right|=s^n+\alpha_{n-1}s^{n-1}+\cdots+\alpha_1 s+\alpha_0 \tag{8-56}$$

4. 化能观系统的状态方程为能观标准型

应用对偶原理，可以导出以下关于能观标准型的结论。

定理 8-12 当且仅当单输出系统（$\boldsymbol{A},\boldsymbol{c}$）能观时，存在状态变换矩阵 $\boldsymbol{T}_o$将（$\boldsymbol{A},\boldsymbol{c}$）转化为能观标准型

$$\boldsymbol{A}_o=\boldsymbol{T}_o^{-1}\boldsymbol{A}\boldsymbol{T}_o=\begin{bmatrix}0 & \cdots & 0 & -\alpha_0\\ 1 & \cdots & 0 & -\alpha_1\\ \vdots & \ddots & \vdots & \vdots\\ 0 & \cdots & 1 & -\alpha_{n-1}\end{bmatrix},\ \boldsymbol{c}_o=\boldsymbol{c}\boldsymbol{T}_o=[0\quad\cdots\quad 0\quad 1] \tag{8-57}$$

其中 $\alpha_0,\cdots,\alpha_{n-1}$是 $\boldsymbol{A}$ 的特征多项式系数，如式(8-56) 所示。

将能观的（$\boldsymbol{A},\boldsymbol{c}$）代数等价为能观标准型的状态变换的构造公式为

$$\boldsymbol{T}_o=(L\boldsymbol{Q}_o)^{-1},\ \boldsymbol{T}_o^{-1}=L\boldsymbol{Q}_o=\overline{\boldsymbol{Q}}_o^{-1}\boldsymbol{Q}_o=\begin{bmatrix}\alpha_1 & \alpha_2 & \cdots & \alpha_{n-1} & 1\\ \alpha_2 & \alpha_3 & \cdots & 1 & 0\\ \vdots & \vdots & & & \vdots\\ \alpha_{n-1} & 1 & & & \vdots\\ 1 & 0 & \cdots & \cdots & 0\end{bmatrix}\begin{bmatrix}c\\ cA\\ \vdots\\ cA^{n-1}\end{bmatrix} \tag{8-58}$$

式中，$\overline{\boldsymbol{Q}}_o^{-1}$阵为能观标准型（$\boldsymbol{A}_o,\boldsymbol{c}_o$）的能观矩阵的逆；$\boldsymbol{Q}_o$为（$\boldsymbol{A},\boldsymbol{c}$）的能观阵。能观标准型（$\boldsymbol{A}_o,\boldsymbol{c}_o$）的特征多项式系数与 $\boldsymbol{A}_o$ 最后一列系数有对应关系

$$\left|s\boldsymbol{I}-\begin{bmatrix}0 & \cdots & 0 & -\alpha_0\\ 1 & \cdots & 0 & -\alpha_1\\ \vdots & \ddots & \vdots & \vdots\\ 0 & \cdots & 1 & -\alpha_{n-1}\end{bmatrix}\right|=s^n+\alpha_{n-1}s^{n-1}+\cdots+\alpha_1 s+\alpha_0$$

注：这里省略了定理 8-11、定理 8-12 的证明，作为练习放在习题 8-3，有兴趣的读者可自己尝试。

【例 8-19】 试分别用状态变换方法将能控能观的单输入单输出线性定常连续系统

$$\dot{\boldsymbol{x}}(t)=\begin{bmatrix}1&2&0\\3&-1&1\\0&2&0\end{bmatrix}\boldsymbol{x}(t)+\begin{bmatrix}2\\1\\1\end{bmatrix}u(t)$$

$$y(t)=[0\quad 0\quad 1]\boldsymbol{x}(t)-4u(t)$$

转化为能控标准型和能观标准型。

解 先给出系统的特征多项式

$$|s\boldsymbol{I}-\boldsymbol{A}|=\begin{vmatrix}s-1&-2&0\\-3&s+1&-1\\0&-2&s\end{vmatrix}=s^3+\alpha_2s^2+\alpha_1s+\alpha_0=s^3-9s+2$$

即 $\alpha_0=2$，$\alpha_1=-9$，$\alpha_2=0$。再计算

$$\boldsymbol{Q}_c=[\boldsymbol{b}\quad \boldsymbol{Ab}\quad \boldsymbol{A}^2\boldsymbol{b}]=\begin{bmatrix}2&4&16\\1&6&8\\1&2&12\end{bmatrix};\ \boldsymbol{Q}_o=\begin{bmatrix}\boldsymbol{c}\\\boldsymbol{cA}\\\boldsymbol{cA}^2\end{bmatrix}=\begin{bmatrix}0&0&1\\0&2&0\\6&-2&2\end{bmatrix}$$

(1) 构造化能控标准型的状态变换矩阵

$$\boldsymbol{T}_c=\begin{bmatrix}2&4&16\\1&6&8\\1&2&12\end{bmatrix}\begin{bmatrix}-9&0&1\\0&1&0\\1&0&0\end{bmatrix}=\begin{bmatrix}-2&4&2\\-1&6&1\\3&2&1\end{bmatrix}$$

相应地

$$\boldsymbol{T}_c^{-1}\boldsymbol{A}\boldsymbol{T}_c=\begin{bmatrix}0&1&0\\0&0&1\\-2&9&0\end{bmatrix};\ \boldsymbol{T}_c^{-1}\boldsymbol{b}=\begin{bmatrix}0\\0\\1\end{bmatrix};\ \boldsymbol{c}\boldsymbol{T}_c=[3\quad 2\quad 1]$$

故能控标准型为

$$\dot{\boldsymbol{x}}_c(t)=\begin{bmatrix}0&1&0\\0&0&1\\-2&9&0\end{bmatrix}\boldsymbol{x}_c(t)+\begin{bmatrix}0\\0\\1\end{bmatrix}u(t)$$

$$y(t)=[3\quad 2\quad 1]\boldsymbol{x}_c(t)-4u(t)$$

(2) 构造化能观标准型的状态变换矩阵

$$\boldsymbol{T}_o^{-1}=\begin{bmatrix}-9&0&1\\0&1&0\\1&0&0\end{bmatrix}\begin{bmatrix}0&0&1\\0&2&0\\6&-2&2\end{bmatrix}=\begin{bmatrix}6&-2&-7\\0&2&0\\0&0&1\end{bmatrix}$$

相应地

$$\boldsymbol{T}_o^{-1}\boldsymbol{A}\boldsymbol{T}_o=\begin{bmatrix}0&0&-2\\1&0&9\\0&1&0\end{bmatrix};\ \boldsymbol{T}_o^{-1}\boldsymbol{b}=\begin{bmatrix}3\\2\\1\end{bmatrix};\ \boldsymbol{c}\boldsymbol{T}_o=[0\quad 0\quad 1]$$

故能观标准型为

$$\dot{\boldsymbol{x}}_o(t)=\begin{bmatrix}0&0&-2\\1&0&9\\0&1&0\end{bmatrix}\boldsymbol{x}_o(t)+\begin{bmatrix}3\\2\\1\end{bmatrix}u(t)$$

$$y(t)=[0\quad 0\quad 1]\boldsymbol{x}_o(t)-4u(t)$$

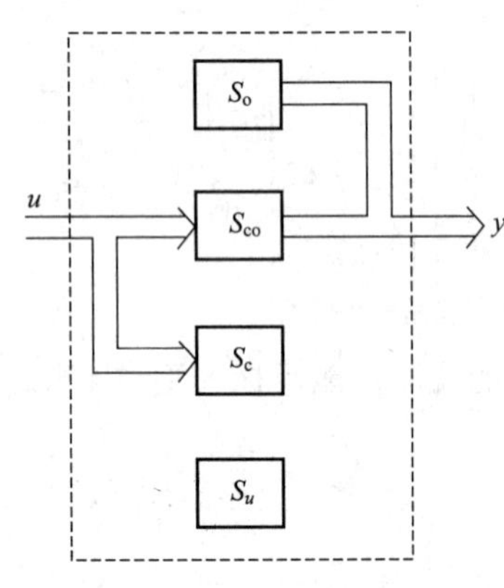

图 8-5 一个系统可能的 4 个子系统

三、结构分解

任何一个系统可能包括有如图 8-5 所示的 4 个子系统，其中，S_o 能观不能控；S_{co} 能控能观；S_c 能控不能观；S_u 不能控不能观。从图中清楚地

看到，只有能控能观的子系统 S_{co}满足传递函数（矩阵）的定义

$$G(s)U(s)=Y(s)$$

由此可见，只有完全能控能观的系统，其系统的状态空间模型与系统的传递函数（矩阵）描述才完全等价，这种情况下的传递函数（矩阵）才包含系统所有动态特性的信息。因此若仅仅依据系统的传递函数关系来设计控制系统，将可能蕴含危险。例如，若系统包含有不稳定的子系统，因为 S_o 子系统不能控，无论如何改变控制作用，都无法使之稳定；而且，对于子系统 S_{co}是必要的输入信息，对子系统 S_c 则可能是不合适的，甚至可能导致破坏系统的内部结构，这是因为子系统 S_c 不能观，其状态变化无法通过系统输出表现出来。

对于给定系统的状态空间模型，一般不会有如图 8-5 所示的标准的子空间分解形式。为了清晰地展现系统的结构特性和传递特性，简化系统的分析与设计，考虑到本节前面讨论过非奇异线性变换不改变系统固有特性的性质，可以通过非奇异线性变换把系统分解成四个明显的子空间。这个分解就称为系统的结构（规范）分解或不变子空间分解，“不变”的含义是指系统的能控性与能观性以及相应的子空间维数不因线性变换而改变。

1. 能控子空间分解

如果系统不完全能控，可将系统中的状态变量分成能控分状态$\hat{x}_c$与不能控分状态$\hat{x}_{\bar{c}}$；与之对应，系统和状态空间可分成能控子系统和不能控子系统、能控子空间与不能控子空间。设不完全能控系统的状态方程为

$$\begin{aligned}&\dot{\boldsymbol{x}}(t)=\boldsymbol{A}\boldsymbol{x}(t)+\boldsymbol{B}\boldsymbol{u}(t),\quad \boldsymbol{x}(0)=\boldsymbol{x}_0,\quad t\geqslant 0\\&\boldsymbol{y}(t)=\boldsymbol{C}\boldsymbol{x}(t)\end{aligned}\tag{8-59}$$

显然，如果系统矩阵 $\boldsymbol{A}$ 是对角阵，系统是否能控或哪部分子空间能控，只要根据定理 8-5-1，通过检验输入矩阵 $\boldsymbol{B}$ 是否有全零行就可清楚地知道。但对于一般的系统矩阵 $\boldsymbol{A}$ 有必要适当地选择非奇异线性变换 $\boldsymbol{T}$，以便于将系统分解为能控与不能控子空间。假设系统（8-59）具有如下特性

$$\operatorname{rank}\boldsymbol{Q}_c=\operatorname{rank}(\boldsymbol{B}\quad \boldsymbol{AB}\quad \boldsymbol{A}^2\boldsymbol{B}\quad \cdots\quad \boldsymbol{A}^{n-1}\boldsymbol{B})=p<n\tag{8-60}$$

则可以找到非奇异线性变换 $\boldsymbol{T}$，令

$$\boldsymbol{x}=\boldsymbol{T}\begin{bmatrix}\hat{\boldsymbol{x}}_c\\ \hat{\boldsymbol{x}}_{\bar{c}}\end{bmatrix};\ \hat{\boldsymbol{x}}=\begin{bmatrix}\hat{\boldsymbol{x}}_c\\ \hat{\boldsymbol{x}}_{\bar{c}}\end{bmatrix}=\boldsymbol{T}^{-1}\boldsymbol{x}\tag{8-61}$$

将式(8-61) 代入式(8-59)，得

$$\begin{aligned}&\begin{bmatrix}\dot{\hat{\boldsymbol{x}}}_c\\ \dot{\hat{\boldsymbol{x}}}_{\bar{c}}\end{bmatrix}=\boldsymbol{T}^{-1}\boldsymbol{A}\boldsymbol{T}\begin{bmatrix}\hat{\boldsymbol{x}}_c\\ \hat{\boldsymbol{x}}_{\bar{c}}\end{bmatrix}+\boldsymbol{T}^{-1}\boldsymbol{B}\boldsymbol{u}=\hat{\boldsymbol{A}}\hat{\boldsymbol{x}}+\hat{\boldsymbol{B}}\boldsymbol{u}\\&\boldsymbol{y}=\boldsymbol{C}\boldsymbol{T}\begin{bmatrix}\hat{\boldsymbol{x}}_c\\ \hat{\boldsymbol{x}}_{\bar{c}}\end{bmatrix}=\hat{\boldsymbol{C}}\hat{\boldsymbol{x}}\end{aligned}\tag{8-62}$$

式中$\hat{\boldsymbol{A}}$,$\hat{\boldsymbol{B}}$,$\hat{\boldsymbol{C}}$具有如下形式

$$\begin{aligned}&\hat{\boldsymbol{A}}=\boldsymbol{T}^{-1}\boldsymbol{A}\boldsymbol{T}=\underset{p\text{列}\qquad (n-p)\text{列}}{\begin{bmatrix}\hat{\boldsymbol{A}}_c & \hat{\boldsymbol{A}}_{c\bar{c}}\\ 0 & \hat{\boldsymbol{A}}_{\bar{c}}\end{bmatrix}}\begin{matrix}p\text{行}\\(n-p)\text{行}\end{matrix};\ \hat{\boldsymbol{B}}=\boldsymbol{T}^{-1}\boldsymbol{B}=\underset{m\text{列}}{\begin{bmatrix}\hat{\boldsymbol{B}}_c\\ 0\end{bmatrix}}\begin{matrix}p\text{行}\\(n-p)\text{行}\end{matrix}\\&\hat{\boldsymbol{C}}=\boldsymbol{C}\boldsymbol{T}=\underset{p\text{列}\qquad (n-p)\text{列}}{[\hat{\boldsymbol{C}}_c\quad \hat{\boldsymbol{C}}_{\bar{c}}]}\ l\text{行}\end{aligned}\tag{8-63}$$

其中，m 为输入的维数，l 为输出的维数，下标“c”表示能控，“－”表示“非”。将式(8-63) 代入式(8-62)并展开，可得 p 维的能控子系统状态空间表达式

$$\begin{aligned}&\dot{\hat{\boldsymbol{x}}}_c=\hat{\boldsymbol{A}}_c\hat{\boldsymbol{x}}_c+\hat{\boldsymbol{A}}_{c\bar{c}}\hat{\boldsymbol{x}}_{\bar{c}}+\hat{\boldsymbol{B}}_c\boldsymbol{u}\\&\boldsymbol{y}_c=\hat{\boldsymbol{C}}_c\hat{\boldsymbol{x}}_c\end{aligned}\tag{8-64}$$

与 $n-p$ 维不能控子系统的状态空间表达式

$$\begin{aligned}\dot{\hat{x}}_{\bar{c}}&=\hat{A}_{\bar{c}}\hat{x}_{\bar{c}}\\ y_{\bar{c}}&=\hat{C}_{\bar{c}}\hat{x}_{\bar{c}}\end{aligned}\tag{8-65}$$

因此，不能控但非完全不能控的（A,B,C,D）可以分解为一个p维的能控子系统和一个$n-p$ 维的完全不能控子系统，这种分解便称为是能控性分解。

任何进行上述能控分解的系统具有两个重要的特性：

① $p\times p$ 维子系统$(\hat{A}_c,\hat{B}_c,\hat{C}_c)$完全能控；

② $\hat{C}(sI-\hat{A})^{-1}\hat{B}=\hat{C}_c(sI-\hat{A}_c)^{-1}\hat{B}_c$，即能控子系统与原系统有相同的传递函数。

图 8-6 给出了能控子空间分解的框图。

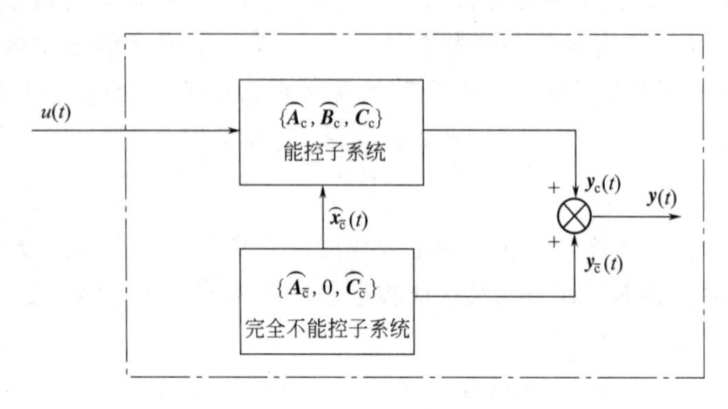

图 8-6　能控性分解示意图

下面以单变量系统为例，不加证明地给出进行能控性分解所需的变换矩阵 T。

假定系统能控性矩阵的秩为 $p(p<n)$，设变换矩阵 $T=[T_1\quad T_2]$，从能控性矩阵 Q_c 中选出 p 列向量，即

$$T_1=[b\quad Ab\quad A^2b\quad \cdots\quad A^{p-1}b]\tag{8-66}$$

显然 $n\times p$ 矩阵 T_1 是列向量独立的。T_2 的选择非常自由，只要使 T 为非奇异阵即可。在满足上述条件下，一般选择可以使后续运算尽可能简单的$n-p$ 列向量构成T_2。由此构成便可以看出，实现能控性分解的状态变换 T 不惟一，变换后的输入矩阵$\hat{B}=T^{-1}B$ 的后$n-p$ 行成为零行。

前面讨论了不能控但非完全不能控系统的能控性分解，可以将能控系统或完全不能控系统理解是上述能控性分解的特例：能控的（A,B,C,D）可以分解为一个n维的能控子系统和一个0维的完全不能控子系统；完全不能控的（A,B,C,D）可以分解为一个0维的能控子系统和一个n维的完全不能控子系统。

【例 8-20】 已知线性定常连续系统如下，请将该系统按能控性分解。

$$\dot{x}(t)=\begin{bmatrix}0&0&-1\\1&0&-3\\0&1&-3\end{bmatrix}x(t)+\begin{bmatrix}1\\1\\0\end{bmatrix}u(t)$$

$$y(t)=[0\quad 1\quad -2]x(t)+5u(t)$$

解　首先计算该系统能控矩阵的秩

$$\text{rank}Q_c=\text{rank}\begin{bmatrix}1&0&-1\\1&1&-3\\0&1&-2\end{bmatrix}=2=p<3=n$$

故系统不能控。从Q_c中选择 2 个线性无关列$\begin{bmatrix}1\\1\\0\end{bmatrix}$和$\begin{bmatrix}0\\1\\1\end{bmatrix}$，将它们作为 T 的前 2 列，再取任意 $n-p=1$ 列与这 2 列线性无关的列构成变换矩阵 T。为简单起见，将$\begin{bmatrix}0\\0\\1\end{bmatrix}$作为第 3 列，显然可以保证 $T=\begin{bmatrix}1&0&0\\1&1&0\\0&1&1\end{bmatrix}$非奇异。

则按能控性分解后的状态方程与输出方程为

$$\begin{cases}\dot{\hat{x}}(t)=T^{-1}AT\hat{x}(t)+T^{-1}bu(t)=\begin{bmatrix}0 & -1 & -1\\1 & -2 & -2\\0 & 0 & -1\end{bmatrix}\hat{x}(t)+\begin{bmatrix}1\\0\\0\end{bmatrix}u(t)\\y(t)=cT\hat{x}(t)+Du(t)=[1 \quad -1 \quad -2]\hat{x}(t)+5u(t)\end{cases}$$

其中，能控子系统为

$$\dot{\hat{x}}_c(t)=\begin{bmatrix}0 & -1\\1 & -2\end{bmatrix}\hat{x}_c(t)+\begin{bmatrix}1\\0\end{bmatrix}u(t)+\begin{bmatrix}-1\\-2\end{bmatrix}\hat{x}_{\bar{c}}(t)$$
$$y_c(t)=[1 \quad -1]\hat{x}_c(t)+5u(t)$$

完全不能控系统为

$$\dot{\hat{x}}_{\bar{c}}(t)=-\hat{x}_{\bar{c}}(t)$$
$$y_{\bar{c}}(t)=-2\hat{x}_{\bar{c}}(t)$$

2. 能观子空间分解

不完全能观系统的状态变量通过能观性分解可分成能观分状态$\hat{x}_o$与不能观分状态$\hat{x}_{\bar{o}}$；系统和状态空间可分成能观子系统和不能观子系统、能观子空间与不能观子空间。事实上，按能观性分解与按能控性分解是对偶的。若系统的能观矩阵的秩 $q<n$，即

$$\text{rank}\begin{bmatrix}C\\CA\\\vdots\\CA^{n-1}\end{bmatrix}=q<n \tag{8-67}$$

则可以找到非奇异线性变换 T^{-1}，使得系统具有以下的形式

$$\begin{bmatrix}\dot{\hat{x}}_o\\\dot{\hat{x}}_{\bar{o}}\end{bmatrix}=T^{-1}AT\begin{bmatrix}\hat{x}_o\\\hat{x}_{\bar{o}}\end{bmatrix}+T^{-1}Bu=\hat{A}\hat{x}+\hat{B}u$$
$$y=CT\begin{bmatrix}\hat{x}_o\\\hat{x}_{\bar{o}}\end{bmatrix}=\hat{C}\hat{x} \tag{8-68}$$

式中$\hat{A}$,$\hat{B}$,$\hat{C}$具有如下形式

$$\hat{A}=T^{-1}AT=\underset{q列 \quad (n-q)列}{\begin{bmatrix}\hat{A}_o & 0\\\hat{A}_{o\bar{o}} & \hat{A}_{\bar{o}}\end{bmatrix}}\begin{matrix}q行\\(n-q)行\end{matrix};\ \hat{B}=T^{-1}B=\underset{m列}{\begin{bmatrix}\hat{B}_o\\\hat{B}_{\bar{o}}\end{bmatrix}}\begin{matrix}q行\\(n-q)行\end{matrix} \tag{8-69}$$
$$\hat{C}=CT=\underset{q列 \quad (n-q)列}{[\hat{C}_o \quad 0]}\ l行$$

其中，m 为输入的维数，l 为输出的维数，下标“o”表示能观，“—”表示“非”。将式(8-69) 代入式(8-68) 并展开，可分别得到 q 维的能观子系统的状态空间表达式

$$\dot{\hat{x}}_o=\hat{A}_o\hat{x}_o+\hat{B}_o u$$
$$y_o=\hat{C}_o\hat{x}_o=y \tag{8-70}$$

与 $n-q$ 维不能观子系统的状态空间表达式

$$\dot{\hat{x}}_{\bar{o}}=\hat{A}_{o\bar{o}}\hat{x}_o+\hat{A}_{\bar{o}}\hat{x}_{\bar{o}}+\hat{B}_{\bar{o}}u$$
$$y_{\bar{o}}=0 \tag{8-71}$$

与按能控性分解类似，任何进行上述能观分解的系统具有两个重要的特性：

① $q\times q$ 维子系统$(\hat{A}_o,\hat{B}_o,\hat{C}_o)$完全能观；

② $\hat{C}(sI-\hat{A})^{-1}\hat{B}=\hat{C}_o(sI-\hat{A}_o)^{-1}\hat{B}_o$，即能观子系统与原系统有相同的传递函数。

图 8-7 显示了按能观性分解的基本结构。

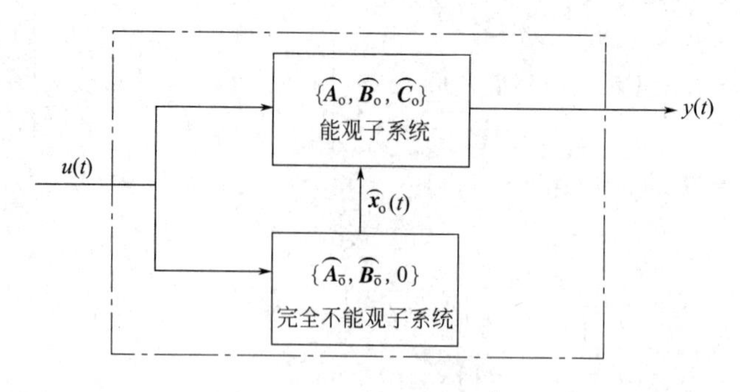

图 8-7　能观性分解示意图

下面仍以单变量系统为例，不加证明地给出进行能观性分解所需的变换矩阵 $\boldsymbol{T}^{-1}$。

假定能观性矩阵的秩为 $q(q<n)$，设变换矩阵 $\boldsymbol{T}^{-1}=\begin{bmatrix}\boldsymbol{T}_1\\ \boldsymbol{T}_2\end{bmatrix}$，其中 $\boldsymbol{T}_1$ 从能观性矩阵 $\boldsymbol{Q}_o$ 中选出 q 行向量，即

$$\boldsymbol{T}^{-1}=\begin{bmatrix}\boldsymbol{c}\\ \boldsymbol{cA}\\ \vdots\\ \boldsymbol{cA}^{q-1}\end{bmatrix} \tag{8-72}$$

$\boldsymbol{T}_2$ 的选择非常自由，只要使 $\boldsymbol{T}^{-1}$为非奇异阵即可。

【例 8-21】 已知线性定常连续系统如下，请将该系统按能观性分解。

$$\dot{\boldsymbol{x}}(t)=\begin{bmatrix}1 & 2 & -1\\ 0 & 1 & 0\\ 1 & -4 & 3\end{bmatrix}\boldsymbol{x}(t)+\begin{bmatrix}0\\ 0\\ 1\end{bmatrix}u(t)$$
$$\boldsymbol{y}(t)=[1 \quad -1 \quad 1]\boldsymbol{x}(t)$$

解　首先计算该系统能观矩阵的秩

$$\text{rank}\boldsymbol{Q}_o=\text{rank}\begin{bmatrix}\boldsymbol{c}\\ \boldsymbol{cA}\\ \boldsymbol{cA}^2\end{bmatrix}=\text{rank}\begin{bmatrix}1 & -1 & 1\\ 2 & -3 & 2\\ 4 & -7 & 4\end{bmatrix}=2=q<3=n$$

故系统不能观。从 $\boldsymbol{Q}_o$中选出 2 个线性无关的行作为 $\boldsymbol{T}_1$，再附加任意一行可与 $\boldsymbol{T}_1$ 一起构成非奇异变换矩阵 $\boldsymbol{T}^{-1}$，并计算线性变换后的各矩阵。若取 $\boldsymbol{T}^{-1}=\begin{bmatrix}1 & -1 & 1\\ 2 & -3 & 2\\ 0 & 0 & 1\end{bmatrix}$，则

$$\boldsymbol{T}=\begin{bmatrix}3 & -1 & -1\\ 2 & -1 & 0\\ 0 & 0 & 1\end{bmatrix};\ \boldsymbol{T}^{-1}\boldsymbol{AT}=\begin{bmatrix}0 & 1 & 0\\ -2 & 3 & 0\\ -5 & 3 & 2\end{bmatrix};\ \boldsymbol{T}^{-1}\boldsymbol{b}=\begin{bmatrix}1\\ 2\\ 1\end{bmatrix};\ \boldsymbol{cT}=[1 \quad 0 \quad 0]$$

能观子系统的动态方程为

$$\dot{\widehat{\boldsymbol{x}}}_o(t)=\begin{bmatrix}0 & 1\\ -2 & 3\end{bmatrix}\widehat{\boldsymbol{x}}_o(t)+\begin{bmatrix}1\\ 2\end{bmatrix}u(t)$$
$$y_o(t)=[1 \quad 0]\widehat{\boldsymbol{x}}_o(t)=y(t)$$

不能观子系统动态方程为

$$\dot{\widehat{\boldsymbol{x}}}_{\bar{o}}(t)=[-5 \quad 3]\widehat{\boldsymbol{x}}_o(t)+2\,\widehat{\boldsymbol{x}}_{\bar{o}}(t)+u(t)$$
$$y_{\bar{o}}(t)=0$$

由上述构成能控分解时的非奇异变换矩阵 $\boldsymbol{T}$ 或能观分解时的 $\boldsymbol{T}^{-1}$ 方法便可以看出，无论是按能控性分解还是按能观性分解，由于变换阵 $\boldsymbol{T}$ 或 $\boldsymbol{T}^{-1}$ 并不惟一，所以分解后的状态空间也不惟一。但能控或能观的子空间维数不会因为线性变换而发生改变；同理，变换后子系统的形式是一样的，即按能控性分解后的系统矩阵 $\boldsymbol{A}$ 与输入矩阵 $\boldsymbol{B}$ 一定具有式(8-63) 的形式；按能观性分解后的系统矩阵 $\boldsymbol{A}$ 与输出矩阵 $\boldsymbol{C}$ 一定具有式(8-69)的形式。

3. 能控能观子空间分解

应用上述结构分解的方式可以对一般不完全能控和不完全能观的系统进行分解，将状态变量分解成能控能观 x_{co}、能控不能观 $x_{c\bar{o}}$、不能控能观 $x_{\bar{c}o}$ 以及不能控不能观 $x_{\bar{c}\bar{o}}$ 四类，对应于图 8-5 中 4 个子系统 S_{co}, S_c, S_o 以及 S_u，经过规范分解的各子空间维数保持不变，它是变换过程中的不变量。具体的分解过程一般是先对系统 $(\boldsymbol{A},\boldsymbol{B},\boldsymbol{C},\boldsymbol{D})$ 进行能控性分解，再继续对已经分解出来的能控与不能控子系统进行能观性分解（亦可先能观分解再能控分解），最后得到分解后的系统 $(\hat{\boldsymbol{A}},\hat{\boldsymbol{B}},\hat{\boldsymbol{C}},\hat{\boldsymbol{D}})$，其中

$$\hat{\boldsymbol{A}}=\boldsymbol{T}^{-1}\boldsymbol{A}\boldsymbol{T}=\begin{bmatrix}\hat{\boldsymbol{A}}_{co} & 0 & \hat{\boldsymbol{A}}_{13} & 0\\ \hat{\boldsymbol{A}}_{21} & \hat{\boldsymbol{A}}_{c\bar{o}} & \hat{\boldsymbol{A}}_{23} & \hat{\boldsymbol{A}}_{24}\\ 0 & 0 & \hat{\boldsymbol{A}}_{\bar{c}o} & 0\\ 0 & 0 & \hat{\boldsymbol{A}}_{43} & \hat{\boldsymbol{A}}_{\bar{c}\bar{o}}\end{bmatrix};\ \hat{\boldsymbol{B}}=\boldsymbol{T}^{-1}\boldsymbol{B}=\begin{bmatrix}\hat{\boldsymbol{B}}_{co}\\ \hat{\boldsymbol{B}}_{c\bar{o}}\\ 0\\ 0\end{bmatrix} \tag{8-73}$$

$$\hat{\boldsymbol{C}}=\boldsymbol{C}\boldsymbol{T}=[\hat{\boldsymbol{C}}_{co}\quad 0\quad \hat{\boldsymbol{C}}_{\bar{c}o}\quad 0]$$

由此很容易写出各子空间的状态空间表达式。请读者自行完成并分析相互间的关系。

四、状态空间描述与传递函数描述的关系

在第二章第七节中已经证明状态的线性变换不改变系统的传递函数，下面进一步给出规范分解后的传递函数。

对分解后的系统 $(\hat{\boldsymbol{A}},\hat{\boldsymbol{B}},\hat{\boldsymbol{C}},\hat{\boldsymbol{D}})$ 求拉氏变换，可以得到系统传递函数关系为

$$\hat{\boldsymbol{G}}(s)=[\hat{\boldsymbol{C}}_{co}\quad 0\quad \hat{\boldsymbol{C}}_{\bar{c}o}\quad 0]\begin{bmatrix}s\boldsymbol{I}-\hat{\boldsymbol{A}}_{co} & 0 & -\hat{\boldsymbol{A}}_{13} & 0\\ -\hat{\boldsymbol{A}}_{21} & s\boldsymbol{I}-\hat{\boldsymbol{A}}_{c\bar{o}} & -\hat{\boldsymbol{A}}_{23} & -\hat{\boldsymbol{A}}_{24}\\ 0 & 0 & s\boldsymbol{I}-\hat{\boldsymbol{A}}_{\bar{c}o} & 0\\ 0 & 0 & -\hat{\boldsymbol{A}}_{43} & s\boldsymbol{I}-\hat{\boldsymbol{A}}_{\bar{c}\bar{o}}\end{bmatrix}^{-1}\begin{bmatrix}\hat{\boldsymbol{B}}_{co}\\ \hat{\boldsymbol{B}}_{c\bar{o}}\\ 0\\ 0\end{bmatrix}+\boldsymbol{D}$$

$$=[\hat{\boldsymbol{C}}_{co}\quad 0\quad \hat{\boldsymbol{C}}_{\bar{c}o}\quad 0]\begin{bmatrix}\begin{bmatrix}s\boldsymbol{I}-\hat{\boldsymbol{A}}_{co} & 0\\ -\overline{\boldsymbol{A}}_{21} & s\boldsymbol{I}-\hat{\boldsymbol{A}}_{c\bar{o}}\end{bmatrix}^{-1} & *\\ 0 & \begin{bmatrix}s\boldsymbol{I}-\hat{\boldsymbol{A}}_{\bar{c}o} & 0\\ -\overline{\boldsymbol{A}}_{43} & s\boldsymbol{I}-\hat{\boldsymbol{A}}_{\bar{c}\bar{o}}\end{bmatrix}^{-1}\end{bmatrix}\begin{bmatrix}\hat{\boldsymbol{B}}_{co}\\ \hat{\boldsymbol{B}}_{c\bar{o}}\\ 0\\ 0\end{bmatrix}+\boldsymbol{D}$$

$$=[\hat{\boldsymbol{C}}_{co}\quad 0]\begin{bmatrix}s\boldsymbol{I}-\hat{\boldsymbol{A}}_{co} & 0\\ -\overline{\boldsymbol{A}}_{21} & s\boldsymbol{I}-\hat{\boldsymbol{A}}_{c\bar{o}}\end{bmatrix}^{-1}\begin{bmatrix}\hat{\boldsymbol{B}}_{co}\\ \hat{\boldsymbol{B}}_{c\bar{o}}\end{bmatrix}+\boldsymbol{D}$$

$$=[\hat{\boldsymbol{C}}_{co}\quad 0]\begin{bmatrix}(s\boldsymbol{I}-\hat{\boldsymbol{A}}_{co})^{-1} & 0\\ * & (s\boldsymbol{I}-\hat{\boldsymbol{A}}_{c\bar{o}})^{-1}\end{bmatrix}\begin{bmatrix}\hat{\boldsymbol{B}}_{co}\\ \hat{\boldsymbol{B}}_{c\bar{o}}\end{bmatrix}+\boldsymbol{D}$$

$$=\hat{\boldsymbol{C}}_{co}(s\boldsymbol{I}-\hat{\boldsymbol{A}}_{co})^{-1}\hat{\boldsymbol{B}}_{co}+\boldsymbol{D}$$

写得更明确一点为

$$\boldsymbol{G}(s)=\hat{\boldsymbol{G}}(s)=\hat{\boldsymbol{C}}(s\boldsymbol{I}-\hat{\boldsymbol{A}})^{-1}\hat{\boldsymbol{B}}+\boldsymbol{D}=\hat{\boldsymbol{C}}_{co}(s\boldsymbol{I}-\hat{\boldsymbol{A}}_{co})^{-1}\hat{\boldsymbol{B}}_{co}+\boldsymbol{D} \tag{8-74}$$

即系统的传递函数就是该系统能控能观子系统 S_{co} 的传递函数。这进一步说明传递函数模型不能准确完整地

反映系统的许多内部特性，是对线性系统的不完全描述。从图 8-5 中也可看出，能控能观子系统 S_{co} 是输入 $\boldsymbol{u}$ 到输出 $\boldsymbol{y}$ 之间的惟一一条通道，因此作为输入输出描述的传递函数自然只能反映能控能观子系统；而状态空间表达式不仅涉及 $\boldsymbol{u}$ 和 $\boldsymbol{y}$，还涉及状态 $\boldsymbol{x}$，因此能够全面反映各个子系统，是对系统的完全描述。这正是现代控制理论区别于经典控制理论的一个重要特征。当然，如果被描述的系统能控又能观，传递函数对系统的描述也就是完全的。在控制工程实践中很少出现不能控或不能观的系统，这也是为何经典控制理论在很多实际场合的应用并未受到影响的原因。

为进一步理解状态空间描述与传递函数描述的关系，下面讨论系统极点和传递函数极点。对于系统 $(\boldsymbol{A},\boldsymbol{B},\boldsymbol{C},\boldsymbol{D})$，$\boldsymbol{A}$ 的特征值称为系统极点。在经典控制理论中，曾就单输入单输出系统学习过传递函数 $G(s)$ 的极点。显然，对于状态空间模型描述的单输入单输出系统 $(\boldsymbol{A},\boldsymbol{b},\boldsymbol{c},\boldsymbol{d})$，$G(s)$ 的极点的概念仍然适用。因为可以先由已知的状态空间模型求出传递函数 $G(s)=\boldsymbol{c}(s\boldsymbol{I}-\boldsymbol{A})^{-1}\boldsymbol{b}+\boldsymbol{d}$，然后通过 $G(s)$ 的分母多项式确定出 $G(s)$ 的极点，这种极点称为 $(\boldsymbol{A},\boldsymbol{b},\boldsymbol{c},\boldsymbol{d})$ 的传递函数极点。由式(8-74) 知道，$(\boldsymbol{A},\boldsymbol{b},\boldsymbol{c},\boldsymbol{d})$ 的传递函数极点其实就是 $(\boldsymbol{A},\boldsymbol{b},\boldsymbol{c},\boldsymbol{d})$ 的能控能观子系统的极点（即 $\hat{\boldsymbol{A}}_{co}$ 的特征值）。

注意到，由式(8-73)，有

$$
\begin{aligned}
|s\boldsymbol{I}-\hat{\boldsymbol{A}}| &= \begin{vmatrix} s\boldsymbol{I}-\hat{\boldsymbol{A}}_{co} & 0 & -\hat{\boldsymbol{A}}_{13} & 0 \\ -\hat{\boldsymbol{A}}_{21} & s\boldsymbol{I}-\hat{\boldsymbol{A}}_{c\bar{o}} & -\hat{\boldsymbol{A}}_{23} & -\hat{\boldsymbol{A}}_{24} \\ 0 & 0 & s\boldsymbol{I}-\hat{\boldsymbol{A}}_{\bar{c}o} & 0 \\ 0 & 0 & -\hat{\boldsymbol{A}}_{43} & s\boldsymbol{I}-\hat{\boldsymbol{A}}_{\bar{c}\bar{o}} \end{vmatrix} \\
&= \begin{vmatrix} s\boldsymbol{I}-\hat{\boldsymbol{A}}_{co} & 0 \\ -\hat{\boldsymbol{A}}_{21} & s\boldsymbol{I}-\hat{\boldsymbol{A}}_{c\bar{o}} \end{vmatrix} \cdot \begin{vmatrix} s\boldsymbol{I}-\hat{\boldsymbol{A}}_{\bar{c}o} & 0 \\ -\hat{\boldsymbol{A}}_{43} & s\boldsymbol{I}-\hat{\boldsymbol{A}}_{co} \end{vmatrix} \\
&= |s\boldsymbol{I}-\hat{\boldsymbol{A}}_{co}| \cdot |s\boldsymbol{I}-\hat{\boldsymbol{A}}_{c\bar{o}}| \cdot |s\boldsymbol{I}-\hat{\boldsymbol{A}}_{\bar{c}o}| \cdot |s\boldsymbol{I}-\hat{\boldsymbol{A}}_{\bar{c}\bar{o}}|
\end{aligned}
$$

因此系统 $(\boldsymbol{A},\boldsymbol{B},\boldsymbol{C},\boldsymbol{D})$ 的能控能观子系统 $(\hat{\boldsymbol{A}}_{co},\hat{\boldsymbol{B}}_{co},\hat{\boldsymbol{C}}_{co},\boldsymbol{D})$ 的极点只是 $(\boldsymbol{A},\boldsymbol{B},\boldsymbol{C},\boldsymbol{D})$ 的极点的一部分，从而说明系统极点包含传递函数极点。

在经典控制理论中，传递函数 $\boldsymbol{G}(s)$ 稳定当且仅当 $\boldsymbol{G}(s)$ 的所有极点位于 S 的左半开平面。在学习了关于系统 $(\boldsymbol{A},\boldsymbol{B},\boldsymbol{C},\boldsymbol{D})$ 的极点概念后，按照 $\boldsymbol{G}(s)$ 稳定的思路不难理解：$(\boldsymbol{A},\boldsymbol{B},\boldsymbol{C},\boldsymbol{D})$ 稳定当且仅当 $(\boldsymbol{A},\boldsymbol{B},\boldsymbol{C},\boldsymbol{D})$ 的所有极点位于 S 的左半开平面。对于单输入单输出的 $(\boldsymbol{A},\boldsymbol{b},\boldsymbol{c},\boldsymbol{d})$，由于 $\boldsymbol{G}(s)=\boldsymbol{c}(s\boldsymbol{I}-\boldsymbol{A})^{-1}\boldsymbol{b}+\boldsymbol{d}$ 的极点是 $(\boldsymbol{A},\boldsymbol{b},\boldsymbol{c},\boldsymbol{d})$ 能控能观子系统的极点，$G(s)$ 稳定等价于 $(\boldsymbol{A},\boldsymbol{b},\boldsymbol{c},\boldsymbol{d})$ 的能控能观子系统稳定，因此也称 $\boldsymbol{G}(s)$ 稳定为 $(\boldsymbol{A},\boldsymbol{b},\boldsymbol{c},\boldsymbol{d})$ 外稳定。有时为了强调与外稳定的区别，也把 $(\boldsymbol{A},\boldsymbol{b},\boldsymbol{c},\boldsymbol{d})$ 的所有极点位于 S 左半开平面的这种稳定称为 $(\boldsymbol{A},\boldsymbol{b},\boldsymbol{c},\boldsymbol{d})$ 内稳定。由系统极点与传递函数极点的关系知：$(\boldsymbol{A},\boldsymbol{b},\boldsymbol{c},\boldsymbol{d})$ 内稳定一定有 $(\boldsymbol{A},\boldsymbol{b},\boldsymbol{c},\boldsymbol{d})$ 外稳定，$(\boldsymbol{A},\boldsymbol{b},\boldsymbol{c},\boldsymbol{d})$ 外稳定不一定有 $(\boldsymbol{A},\boldsymbol{b},\boldsymbol{c},\boldsymbol{d})$ 内稳定。

【例 8-22】 试判断系统

$$
\dot{\boldsymbol{x}}(t)=\begin{bmatrix} 0 & 1 & 0 \\ 0 & 0 & 1 \\ 6 & -1 & -4 \end{bmatrix}\boldsymbol{x}(t)+\begin{bmatrix} 0 \\ 0 \\ 1 \end{bmatrix}u(t)
$$

$$
y(t)=[-4 \quad 3 \quad 1]\boldsymbol{x}(t)+2u(t)
$$

的稳定性，并说明是内稳定性还是外稳定性。

解 根据系统的特征方程，易得系统的特征根

$$
|s\boldsymbol{I}-\boldsymbol{A}|=s^3+4s^2+s-6=(s-1)(s+2)(s+3)=0
$$

该系统有 3 个极点：1，−2 和 −3。故系统不稳定，因此不是内稳定的。

系统的传递函数

$$
G(s)=[-4 \quad 3 \quad 1]\begin{bmatrix} s & -1 & 0 \\ 0 & s & -1 \\ -6 & 1 & s+4 \end{bmatrix}^{-1}\begin{bmatrix} 0 \\ 0 \\ 1 \end{bmatrix}+2
$$

$$=\frac{s^2+3s-4}{s^3+4s^2+s-6}+2=\frac{(s-1)(s+4)}{(s-1)(s^2+5s+6)}+2=\frac{2s^2+11s+16}{s^2+5s+6}$$

可见，传递函数有 2 个极点−2 和−3，故系统外稳定。

在对例 8-22 求传递函数的过程中出现了零极点相消，表明有些系统极点不是能控能观子系统的极点，这意味着例 8-22 系统或不能控或不能观（容易验证例 8-22 系统是不能观的）。如果 $(\boldsymbol{A},\boldsymbol{b},\boldsymbol{c},\boldsymbol{d})$ 能控能观，则系统极点与传递函数极点已无分别，内稳定性和外稳定性亦无分别。因此，对于单变量系统可以增加一条判别系统完全能控能观的充分必要条件：描述系统的传递函数不出现零极点相消。

第三节　线性定常连续系统的状态反馈控制

一、状态反馈控制的基本概念

无论是在经典控制理论中还是在现代控制理论中，反馈都是控制系统设计的主要方式。建立在传递函数基础上的经典控制理论采用的是输出反馈形式，一般是为满足闭环系统时域性能指标的要求而设计控制器(或补偿器)，主要解决的是单变量控制系统的设计问题。现代控制理论由于采用状态来揭示系统内部特性，更多采用状态反馈形式。由于以状态作为反馈源，可拥有更多的自由度来设计控制器，并且可以很容易地将单变量系统的控制器设计方法推广到多变量系统，这两点是状态空间方法的显著优点。设系统的状态空间模型为

$$\begin{aligned}\dot{\boldsymbol{x}}(t)&=\boldsymbol{A}\boldsymbol{x}(t)+\boldsymbol{B}\boldsymbol{u}(t)\\ \boldsymbol{y}(t)&=\boldsymbol{C}\boldsymbol{x}(t)+\boldsymbol{D}\boldsymbol{u}(t)\end{aligned}\tag{8-75}$$

则系统实施状态反馈后的基本结构如图 8-8 所示。其中，$\boldsymbol{r}(t)\in R^m$ 为参考输入，$\boldsymbol{K}\in R^{m\times n}$ 为状态反馈增益阵，状态 $\boldsymbol{x}$ 乘以 $\boldsymbol{K}$ 后反馈到输入端以计算控制量 $\boldsymbol{u}(t)$。即

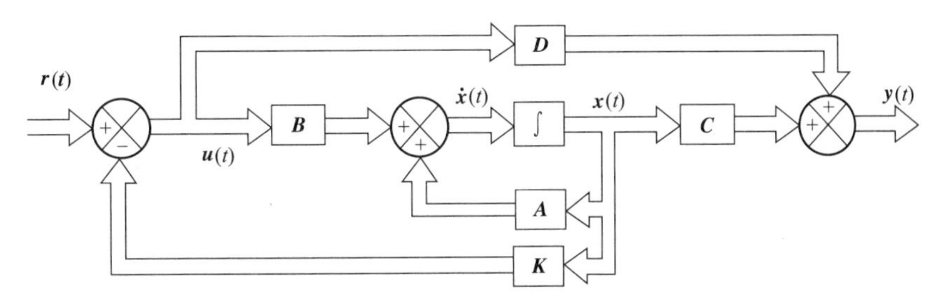

图 8-8　状态反馈系统示意图

$$\boldsymbol{u}(t)=\boldsymbol{r}(t)-\boldsymbol{K}\boldsymbol{x}(t)\tag{8-76}$$

将式(8-76) 代入式(8-75)，得到状态反馈闭环系统的状态空间表达式

$$\begin{aligned}\dot{\boldsymbol{x}}(t)&=(\boldsymbol{A}-\boldsymbol{B}\boldsymbol{K})\boldsymbol{x}(t)+\boldsymbol{B}\boldsymbol{r}(t)\\ \boldsymbol{y}(t)&=(\boldsymbol{C}-\boldsymbol{D}\boldsymbol{K})\boldsymbol{x}(t)+\boldsymbol{D}\boldsymbol{r}(t)\end{aligned}\tag{8-77}$$

如果式(8-75) 中的 $\boldsymbol{D}=0$（很多系统是这种情况)，式(8-77) 更为简单

$$\begin{aligned}\dot{\boldsymbol{x}}(t)&=(\boldsymbol{A}-\boldsymbol{B}\boldsymbol{K})\boldsymbol{x}(t)+\boldsymbol{B}\boldsymbol{r}(t)\\ \boldsymbol{y}(t)&=\boldsymbol{C}\boldsymbol{x}(t)\end{aligned}\tag{8-77′}$$

式中矩阵 $\boldsymbol{A}-\boldsymbol{B}\boldsymbol{K}$ 称为闭环状态矩阵，显然其闭环特征方程式为

$$\Delta_{\mathrm{cl}}(\lambda)=|\lambda\boldsymbol{I}-(\boldsymbol{A}-\boldsymbol{B}\boldsymbol{K})|=0\tag{8-78}$$

可见，引入状态反馈矩阵 $\boldsymbol{K}$ 以后，只改变了系统矩阵及其闭环特征值，原系统的输入矩阵 $\boldsymbol{B}$ 与输出矩阵 $\boldsymbol{C}$ 均无改变。

从前面章节中知道，闭环极点的位置决定了系统的性能。因此，对于矩阵 $\boldsymbol{A}$、$\boldsymbol{B}$、$\boldsymbol{C}$ 均为已知的系统，通过选择状态反馈矩阵 $\boldsymbol{K}$，可以有目的地选择系统的闭环特征根。这种方法就称为闭环极点配置。回忆根轨迹方法，也可将其看成是极点配置的一种。只不过根轨迹方法只通过调整一个参数使系统的闭环极点沿着一条特定的曲线（即根轨迹）进行极点的配置；而对于一个 n 阶系统的状态反馈控制系统来说，有 n 个反馈

增益参数可用来设计，反馈增益有足够的自由度可以任意设定系统所期望的闭环系统极点位置。

【例 8-23】 考虑一个频率为的 ω_0 的无阻尼振荡器，其状态方程描述为

$$\begin{bmatrix}\dot{x}_1(t)\\ \dot{x}_2(t)\end{bmatrix}=\begin{bmatrix}0 & 1\\ -\omega_0^2 & 0\end{bmatrix}\begin{bmatrix}x_1(t)\\ x_2(t)\end{bmatrix}+\begin{bmatrix}0\\ 1\end{bmatrix}u(t)$$

若希望重新设定系统的极点位于 $-2\omega_0$，即将系统的阻尼由 $\zeta=0$ 增加到 $\zeta=1$，是否可能？

解 由期望的系统闭环极点 $-2\omega_0$ 可得期望闭环特征方程为

$$\Delta^*(s)=(s+2\omega_0)^2=s^2+4\omega_0 s+4\omega_0^2=0 \tag{8-79}$$

再由式(8-78) 知加入状态反馈后的系统闭环特征方程为

$$\begin{aligned}\Delta_{\mathrm{cl}}(s)&=|s\boldsymbol{I}-(\boldsymbol{A}-\boldsymbol{bK})|=|s\boldsymbol{I}-\boldsymbol{A}+\boldsymbol{bK}|\\ &=\left|\left\{\begin{bmatrix}s & 0\\ 0 & s\end{bmatrix}-\begin{bmatrix}0 & 1\\ -\omega_0^2 & 0\end{bmatrix}+\begin{bmatrix}0\\ 1\end{bmatrix}[k_1 \quad k_2]\right\}\right|\\ &=s^2+k_2 s+\omega_0^2+k_1=0\end{aligned} \tag{8-80}$$

比较方程(8-79) 与 (8-80) 两式的系数即可得 $k_1=3\omega_0^2$，$k_2=4\omega_0$，或写成

$$K=[3\omega_0^2 \quad 4\omega_0]$$

此例通过设计状态反馈控制系统，将原系统在虚轴上一对 ω_0 的共轭极点移到了期望的 $-2\omega_0$ 处，原来无阻尼的振荡变成了有良好阻尼的临界振荡状况。那么，是否所有的系统均可通过状态反馈实现系统极点的任意配置呢？

定理 8-13 系统 (8-75) 通过状态反馈控制 (8-76) 可以任意配置系统极点的充分必要条件为系统 $(\boldsymbol{A},\boldsymbol{B})$ 完全能控，且在指定的状态空间下，状态反馈阵 $\boldsymbol{K}$ 具有惟一性。

由该定理可知，只要系统 $(\boldsymbol{A},\boldsymbol{B})$ 完全能控，则无论系统 $\boldsymbol{A}$ 是否为稳定矩阵，一定可以通过适当地选择状态反馈矩阵 $\boldsymbol{K}$，使得闭环矩阵 $\boldsymbol{A}-\boldsymbol{BK}$ 为稳定矩阵，且 $\boldsymbol{A}-\boldsymbol{BK}$ 的所有特征根可移到位于 S 左半平面的任意位置。对于不完全能控系统，则无法通过状态反馈控制改善系统的全部闭环特性，因为总有部分状态不受控制作用的影响。

二、闭环线性系统的能控性与能观性

一个能控系统 $(\boldsymbol{A},\boldsymbol{B})$ 通过状态反馈 $\boldsymbol{u}(t)=-\boldsymbol{Kx}(t)$ [这里不失一般性，令式(8-76) 中的 $\boldsymbol{r}(t)=0$] 可自由设定闭环系统 $\boldsymbol{A}-\boldsymbol{BK}$ 的极点，那么闭环系统 $(\boldsymbol{A}-\boldsymbol{BK},\boldsymbol{B})$ 是否能控？显然，若闭环系统完全能控，则通过令状态反馈 $\boldsymbol{u}(t)=\boldsymbol{Kx}(t)$，可将任意配置的系统的极点移回到原来的位置上。关于闭环系统的能控性有如下的定理。

定理 8-14 受控系统 $\Sigma=(\boldsymbol{A},\boldsymbol{B},\boldsymbol{C})$ 经过状态反馈矩阵 $\boldsymbol{K}$ 构成闭环系统 $\Sigma_{\mathrm{cl}}=(\boldsymbol{A}-\boldsymbol{BK},\boldsymbol{B},\boldsymbol{C})$后，闭环系统的能控性完全等价于原受控系统 $\Sigma=(\boldsymbol{A},\boldsymbol{B},\boldsymbol{C})$的能控性，即状态反馈控制不影响系统的能控性。

证明 可利用 PBH 秩向量法即定理 8-4 来证明该定理。用反证法。

设系统 $\Sigma=(\boldsymbol{A},\boldsymbol{B},\boldsymbol{C})$能控，而闭环系统 $\Sigma_{\mathrm{cl}}=(\boldsymbol{A}-\boldsymbol{BK},\boldsymbol{B},\boldsymbol{C})$不能控，由式(8-31) 知存在非零特征向量 $\boldsymbol{\alpha}$，有

$$\boldsymbol{\alpha}^{\mathrm{T}}(\boldsymbol{A}-\boldsymbol{BK})=\lambda\boldsymbol{\alpha}^{\mathrm{T}},\quad \boldsymbol{\alpha}^{\mathrm{T}}\boldsymbol{B}=0 \tag{8-81}$$

因此

$$\boldsymbol{\alpha}^{\mathrm{T}}\boldsymbol{A}-\boldsymbol{\alpha}^{\mathrm{T}}\boldsymbol{BK}=\lambda\boldsymbol{\alpha}^{\mathrm{T}} \tag{8-82}$$

即有

$$\boldsymbol{\alpha}^{\mathrm{T}}\boldsymbol{A}=\lambda\boldsymbol{\alpha}^{\mathrm{T}},\quad \boldsymbol{\alpha}^{\mathrm{T}}\boldsymbol{B}=0 \tag{8-83}$$

由于特征向量 $\boldsymbol{\alpha}$ 非零，根据定理 8-4，这与假设系统 $\Sigma=(\boldsymbol{A},\boldsymbol{B},\boldsymbol{C})$能控矛盾，定理得证。

注意到，定理 8-14 未提及能观性问题。事实上，状态反馈有可能会改变系统的能观性。这是因为能控系统可以通过状态反馈任意地配置闭环系统极点，这就有可能产生或改变系统的零极点相消现象，从而改变系统的能观性。

【例 8-24】 设系统矩阵为

$$\boldsymbol{A}=\begin{bmatrix}0 & 1\\ 1 & 0\end{bmatrix};\ \boldsymbol{b}=\begin{bmatrix}0\\ 1\end{bmatrix};\ \boldsymbol{c}=[0 \quad 1]$$

已知状态反馈阵 $\boldsymbol{K}^*=[1 \quad 0]$，请比较原开环系统与状态反馈控制以后的闭环系统的能控性与能观性。

解 开环系统（$\boldsymbol{A},\boldsymbol{b},\boldsymbol{c}$）的能控性与能观性判别如下：

$$\text{rank}\boldsymbol{Q}_c^o=\text{rank}[\boldsymbol{b}\quad \boldsymbol{A}\boldsymbol{b}]=\text{rank}\begin{bmatrix}0&1\\1&0\end{bmatrix}=2，系统能控；$$

$$\text{rank}\boldsymbol{Q}_o^o=\text{rank}\begin{bmatrix}\boldsymbol{c}\\\boldsymbol{c}\boldsymbol{A}\end{bmatrix}=\text{rank}\begin{bmatrix}0&1\\1&0\end{bmatrix}=2，系统能观。$$

当引入状态反馈后，闭环系统 $\Sigma_{cl}=\{\boldsymbol{A}-\boldsymbol{b}\boldsymbol{K},\boldsymbol{b},\boldsymbol{c}\}$ 的能控性与能观性判别如下：

$$\text{rank}\boldsymbol{Q}_c^c=\text{rank}[\boldsymbol{b}\quad (\boldsymbol{A}-\boldsymbol{b}\boldsymbol{K})\boldsymbol{b}]=\text{rank}\begin{bmatrix}0&1\\1&0\end{bmatrix}=2，闭环系统能控；$$

$$\text{rank}\boldsymbol{Q}_o^c=\text{rank}\begin{bmatrix}\boldsymbol{c}\\\boldsymbol{c}(\boldsymbol{A}-\boldsymbol{b}\boldsymbol{K})\end{bmatrix}=\text{rank}\begin{bmatrix}0&1\\0&0\end{bmatrix}=1，闭环系统不能观。$$

【例 8-25】 已知线性定常连续系统为

$$\dot{\boldsymbol{x}}(t)=\begin{bmatrix}1&1\\0&1\end{bmatrix}\boldsymbol{x}(t)+\begin{bmatrix}0\\1\end{bmatrix}u(t)$$

$$y(t)=[c_1\quad c_2]\boldsymbol{x}(t)$$

若给该系统施加状态反馈控制，当参数 c_1、c_2、状态反馈增益阵 $\boldsymbol{k}$ 如表 8-1 左 3 列所示数据时，请给出原系统与闭环系统的能控性与能观性。

解 由表 8-1 给出的参数，根据系统能观性的定义以及判别方法，可以分别计算出原系统与闭环系统的能观性如表中右 2 列所示。

表 8-1 c_1、c_2、$\boldsymbol{k}$ 与系统能控性、能观性的关系

c_1	c_2	$\boldsymbol{k}$	原系统	闭环系统
0	1	[1 1]	能控、不能观	能控、能观
0	1	[0 1]	能控、不能观	能控、不能观
1	1	[1 2]	能控、能观	能控、不能观
1	1	[1 1]	能控、能观	能控、能观
1	0	任意	能控、能观	能控、能观

由上述例子可见，经过状态反馈控制后，系统的能控性不变，但能观性可能改变。

那么，引入怎样的反馈控制不会改变系统的能控性与能观性呢？可以证明当引入输出反馈控制

$$\boldsymbol{u}(t)=\boldsymbol{r}(t)-\boldsymbol{F}\boldsymbol{y}(t)=\boldsymbol{r}(t)-\boldsymbol{F}\boldsymbol{C}\boldsymbol{x}(t) \tag{8-84}$$

时，系统的能控性和能观性不发生改变。

定理 8-15 若受控系统 $\Sigma=(\boldsymbol{A},\boldsymbol{B},\boldsymbol{C})$ 采用输出反馈控制式(8-84) 构成闭环系统 $\Sigma_{ycl}=(\boldsymbol{A}-\boldsymbol{B}\boldsymbol{F}\boldsymbol{C},\boldsymbol{B},\boldsymbol{C})$，则闭环系统 Σ_{ycl} 与开环系统 $\Sigma=(\boldsymbol{A},\boldsymbol{B},\boldsymbol{C})$ 关于能控性和能观性是完全等价的。

证明 对于能控性的证明完全类似于定理 8-14 的证明。而对于能观性的等价问题的证明，仍采用定理 8-8 的 PBH 秩向量法，利用式(8-38)，用反证法。

设输出反馈控制改变了系统的能观性，即假设 $\Sigma=(\boldsymbol{A},\boldsymbol{B},\boldsymbol{C})$ 能观，而 Σ_{ycl} 不能观，因此必存在非零向量 $\boldsymbol{\alpha}$ 满足

$$(\boldsymbol{A}-\boldsymbol{B}\boldsymbol{F}\boldsymbol{C})\boldsymbol{\alpha}=\lambda\boldsymbol{\alpha},\quad \boldsymbol{C}\boldsymbol{\alpha}=0$$

根据上式

$$\boldsymbol{A}\boldsymbol{\alpha}-\boldsymbol{B}\boldsymbol{F}\boldsymbol{C}\boldsymbol{\alpha}=\lambda\boldsymbol{\alpha} \tag{8-85}$$

即有

$$\boldsymbol{A}\boldsymbol{\alpha}=\lambda\boldsymbol{\alpha},\quad \boldsymbol{C}\boldsymbol{\alpha}=0 \tag{8-86}$$

因特征向量 $\boldsymbol{\alpha}$ 非零，根据定理 8-8，$\Sigma=(\boldsymbol{A},\boldsymbol{B},\boldsymbol{C})$ 不能观，这与假设矛盾，因此定理得证。

三、状态反馈极点配置

控制系统的品质很大程度上取决于其系统极点在 S 平面上的位置。因此，在对控制系统进行综合时，往往为了获得期望的控制性能而给出一组期望的极点，通过设计合适的状态反馈增益阵 $\boldsymbol{K}$，使闭环后的系统

极点恰好处于所期望的位置，此谓极点配置。

因为面对的都是实系数系统和实状态反馈增益阵，系统极点中如果有复数，复极点一定是以共轭成对的形式出现，所以若要配置复极点，总是共轭成对地配置。本小节将着重讨论单输入单输出系统的极点配置问题。先从状态反馈控制的直接设计方法入手，在此基础上介绍基于系统能控标准型的状态反馈设计方法，进一步扩展到一般的系统。

1. 状态反馈控制的直接设计方法

这种方法实际上已经在例 8-23 中应用过，下面继续通过例子介绍。

【例 8-26】 已知线性定常连续系统$(\boldsymbol{A},\boldsymbol{b},\boldsymbol{c})$

$$\dot{\boldsymbol{x}}(t)=\begin{bmatrix}-1 & 3\\ 0 & -2\end{bmatrix}\boldsymbol{x}(t)+\begin{bmatrix}1\\ 1\end{bmatrix}u(t)$$

$$y(t)=[1\quad 0]\boldsymbol{x}(t)$$

设计状态反馈控制阵$\boldsymbol{K}$，使得闭环特征根为$-5,-6$。

解 ①首先判别系统的能控性。因为根据定理 8-13，实现状态反馈控制的前提条件是受控系统（$\boldsymbol{A},\boldsymbol{b},\boldsymbol{c}$）能控。能控矩阵的秩

$$\mathrm{rank}\boldsymbol{Q}_{\mathrm{c}}=\mathrm{rank}\,[\boldsymbol{b}\quad \boldsymbol{Ab}]=\mathrm{rank}\begin{bmatrix}1 & 2\\ 1 & -2\end{bmatrix}=2$$

故系统完全能控，可以设计状态反馈控制器，并设反馈阵$\boldsymbol{K}=[k_1\quad k_2]$。

② 写出系统的期望特征多项式。给出的闭环特征根λ_i^* 意味着对系统的性能要求。

$$\Delta^*(s)=\prod_{i=1}^{n}(s-\lambda_i^*)=(s+5)(s+6)=s^2+11s+30$$

③ 写出系统状态反馈控制后的闭环特征多项式。

$$\Delta_{\mathrm{cl}}(s)=|s\boldsymbol{I}-(\boldsymbol{A}-\boldsymbol{bK})|=\left|\begin{bmatrix}s & 0\\ 0 & s\end{bmatrix}-\begin{bmatrix}-1 & 3\\ 0 & -2\end{bmatrix}+\begin{bmatrix}1\\ 1\end{bmatrix}[k_1\quad k_2]\right|$$

$$=s^2+(3+k_1+k_2)s+(2+5k_1+k_2)$$

④ 由于闭环系统特征多项式惟一，比较系统期望特征多项式$\Delta^*(s)$ 与闭环特征多项式$\Delta_{\mathrm{cl}}(s)$ 关于s 的同幂次系数，得到含 2 个未知数的 2 个关系式，联立求解方程。

$$\begin{cases}3+k_1+k_2=11\\ 2+5k_1+k_2=30\end{cases};\quad 解之，得\ K=[k_1\quad k_2]=[5\quad 3]$$

⑤ 写出状态反馈后的闭环系统Σ_{cl}的状态方程

$$\dot{\boldsymbol{x}}(t)=(\boldsymbol{A}-\boldsymbol{bK})\boldsymbol{x}(t)+\boldsymbol{b}r(t)=\begin{bmatrix}-6 & 0\\ -5 & -5\end{bmatrix}\boldsymbol{x}(t)+\begin{bmatrix}1\\ 1\end{bmatrix}r(t)$$

可见，通过引入状态反馈控制$\boldsymbol{K}$，闭环系统的特征根的确是期望的-5 与-6。图 8-9 给出了实现状态反馈控制的该系统示意图。

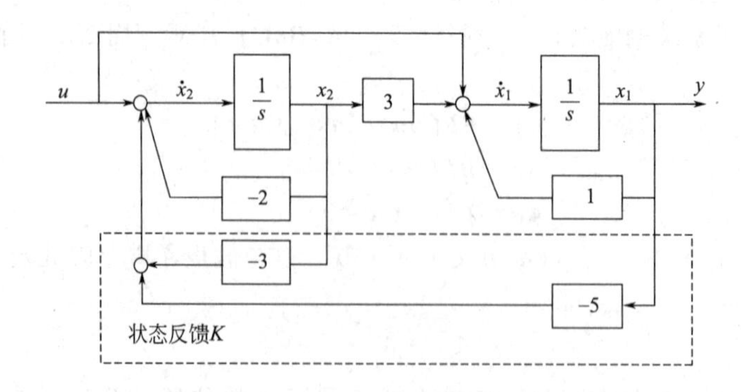

图 8-9　例 8-26 系统的状态反馈控制示意图

【例 8-27】 已知线性定常连续系统的状态方程为

$$\dot{\boldsymbol{x}}(t)=\begin{bmatrix}0&1&0\\1&0&1\\1&1&1\end{bmatrix}\boldsymbol{x}(t)+\begin{bmatrix}0\\0\\1\end{bmatrix}u(t)$$

请按照直接设计方法确定状态反馈控制阵 $\boldsymbol{K}$，使得闭环特征根为 $-1,-1,-1$。

解 ①经判别，系统完全能控，可以设计状态反馈控制器，设反馈阵 $\boldsymbol{K}=[k_1\quad k_2\quad k_3]$。

② 系统的期望特征方程为

$$\Delta^*(s)=\prod_{i=1}^{3}(s+1)=(s+1)^3=s^3+3s^2+3s+1=0$$

③ 系统的闭环特征方程

$$\Delta_{\mathrm{cl}}(s)=|s\boldsymbol{I}-(\boldsymbol{A}-\boldsymbol{bK})|=s^3+(k_3-1)s^2+(k_2-2)s+k_1-k_3=0$$

④ 比较期望特征方程 $\Delta^*(s)$ 与闭环特征方程 $\Delta_{\mathrm{cl}}(s)$ 关于 s 的同幂次系数，得

$$\begin{cases}k_3-1=3\\k_2-2=3\\k_1-k_3=1\end{cases};\quad \text{解之，得 } \boldsymbol{K}=[k_1\quad k_2\quad k_3]=[5\quad 5\quad 4]$$

⑤ 闭环系统 Σ_{cl} 的状态方程

$$\dot{\boldsymbol{x}}(t)=(\boldsymbol{A}-\boldsymbol{bK})\boldsymbol{x}(t)+\boldsymbol{b}\boldsymbol{r}(t)=\begin{bmatrix}0&1&0\\1&0&1\\-4&-4&-3\end{bmatrix}\boldsymbol{x}(t)+\begin{bmatrix}0\\0\\1\end{bmatrix}\boldsymbol{r}(t)$$

类似于例 8-26，在求取了状态反馈矩阵 $\boldsymbol{K}$ 以后，可以画出状态反馈系统图，此略。

【例 8-28】 已知线性定常连续系统（$\boldsymbol{A},\boldsymbol{b},\boldsymbol{c}$）为

$$\dot{\boldsymbol{x}}(t)=\begin{bmatrix}-2&0\\0&-1\end{bmatrix}\boldsymbol{x}(t)+\begin{bmatrix}1\\0\end{bmatrix}u(t)$$

$$y(t)=[K_0\quad K_0]\boldsymbol{x}(t)$$

请确定状态反馈矩阵 $\boldsymbol{K}$，使得闭环系统的特征根为 $-5,-6$。

解 由于 $\boldsymbol{A}$ 为对角阵，输入矩阵 $\boldsymbol{b}$ 有零元素，系统不完全能控。零元素对应的极点 $s=-1$ 是不能控的，因此系统不可能通过状态反馈任意地配置闭环系统的极点。

如果写出该系统的传递函数，则传递函数出现零极点相消情况，消去的极点正是 -1。

直接法求解状态反馈阵 $\boldsymbol{K}$ 的例 8-26 为 2 阶系统，例 8-27 的矩阵 $\boldsymbol{A}$ 与 $\boldsymbol{b}$ 的零元素较多，很容易求解。但如果用于高阶复杂的系统，求解就比较困难，需要有一种规范且方便计算机求解的系统极点配置方法，即标准型法。

2. 状态反馈控制的能控标准型设计方法

在第二节中讨论过，任何一个能控系统经非奇异线性变换可以化为能控标准型。本节将利用能控标准型的特殊结构来设计状态反馈控制，其过程规范且便于用计算机实现。

考虑 n 阶单输入单输出能控标准型系统

$$\dot{\boldsymbol{x}}(t)=\boldsymbol{A}_{\mathrm{c}}\boldsymbol{x}(t)+\boldsymbol{b}_{\mathrm{c}}\boldsymbol{u}(t) \tag{8-87}$$

$$\boldsymbol{y}(t)=\boldsymbol{C}_{\mathrm{c}}\boldsymbol{x}(t) \tag{8-88}$$

其中

$$\boldsymbol{A}_{\mathrm{c}}=\begin{bmatrix}0&1&\cdots&0\\\vdots&\vdots&\ddots&\vdots\\0&0&\cdots&1\\-\alpha_0&-\alpha_1&\cdots&-\alpha_{n-1}\end{bmatrix};\ \boldsymbol{b}_{\mathrm{c}}=\begin{bmatrix}0\\\vdots\\0\\1\end{bmatrix}$$

任意指定期望的闭环系统极点 $\{\lambda_1^*,\cdots,\lambda_n^*\}$（可以是实数或共轭复数），构成闭环系统的特征多项式

$$\Delta^*(s)=\prod_{i=1}^{n}(s-\lambda_i^*)=s^n+\alpha_{n-1}^*s^{n-1}+\cdots+\alpha_1^*s+\alpha_0^* \tag{8-89}$$

为了达到配置期望极点的目的，引入状态反馈控制

$$\boldsymbol{u}(t)=\boldsymbol{r}(t)-\boldsymbol{Kx}(t) \tag{8-90}$$

其中 $\boldsymbol{r}(t)$ 为控制系统的参考输入［为方便计算，可考虑 $\boldsymbol{r}(t)=0$］，状态反馈矩阵 $\boldsymbol{K}$ 为

$$\boldsymbol{K}_c=[k_{c1} \quad k_{c2} \quad \cdots \quad k_{cn}] \tag{8-91}$$

闭环系统的状态方程为

$$\dot{\boldsymbol{x}}(t)=(\boldsymbol{A}_c-\boldsymbol{b}_c\boldsymbol{K}_c)\boldsymbol{x}(t)+\boldsymbol{b}_c\boldsymbol{r}(t) \tag{8-92}$$

式中

$$\begin{aligned}\boldsymbol{A}_c-\boldsymbol{b}_c\boldsymbol{K}_c&=\begin{bmatrix}0&1&\cdots&0\\ \vdots&\vdots&\ddots&\vdots\\ 0&0&\cdots&1\\ -\alpha_0&-\alpha_1&\cdots&-\alpha_{n-1}\end{bmatrix}-\begin{bmatrix}0\\ \vdots\\ 0\\ 1\end{bmatrix}[k_{c1} \quad k_{c2} \quad \cdots \quad k_{cn}]\\ &=\begin{bmatrix}0&1&\cdots&0\\ \vdots&\vdots&\ddots&\vdots\\ 0&0&\cdots&1\\ -(\alpha_0+k_{c1})&-(\alpha_1+k_{c2})&\cdots&-(\alpha_{n-1}+k_{cn})\end{bmatrix}\end{aligned} \tag{8-93}$$

显然，闭环系统的系统矩阵式(8-93) 仍然为能控标准型，故闭环系统特征多项式为

$$\Delta_{cl}(s)=|s\boldsymbol{I}-(\boldsymbol{A}_c-\boldsymbol{b}_c\boldsymbol{K}_c)|=s^n+(\alpha_{n-1}+k_{cn})s^{n-1}+\cdots+(\alpha_1+k_{c2})s+(\alpha_0+k_{c1}) \tag{8-94}$$

比较式(8-89) 所示的系统期望特征方程 $\Delta^*(s)$ 与式(8-94) 所示的闭环特征方程 $\Delta_{cl}(s)$ 关于 s 的同幂次系数，不难得到所需要的状态反馈阵增益 $\boldsymbol{K}_c$ 如下：

$$\begin{cases}\alpha_0+k_{c1}=\alpha_0^* \Rightarrow k_{c1}=\alpha_0^*-\alpha_0\\ \alpha_1+k_{c2}=\alpha_1^* \Rightarrow k_{c2}=\alpha_1^*-\alpha_1\\ \qquad\vdots\\ \alpha_{n-1}+k_{cn}=\alpha_{n-1}^* \Rightarrow k_{cn}=\alpha_{n-1}^*-\alpha_{n-1}\end{cases}$$

写成更一般的公式

$$k_{ci}=\alpha_{i-1}^*-\alpha_{i-1}, \ i=1,2,\cdots,n \tag{8-95}$$

即

$$\boldsymbol{K}_c=[\alpha_0^*-\alpha_0 \quad \alpha_1^*-\alpha_1 \quad \cdots \quad \alpha_{i-1}^*-\alpha_{i-1}] \tag{8-96}$$

式中的 $\alpha_{i-1}(i=1,2,\cdots,n)$ 正是开环系统特征多项式中 s 的各阶系数，而 $\alpha_i^*(i=1,2,\cdots,n)$ 是期望特征多项式中 s 的各阶系数，所以基于能控标准型设计状态反馈控制阵 $\boldsymbol{K}$ 特别方便。

对于不是以能控标准型描述的一般能控系统，在采用能控标准型法设计状态反馈控制时，首先需要用第二节中介绍的方法将原状态空间的动态方程转换为能控标准型，然后再运用能控标准型法设计。必须指出的是，这种情况下计算得到的只是能控标准型状态空间下的状态反馈阵 $\boldsymbol{K}_c$，必须要通过线性变换返回到原状态空间，将 $\boldsymbol{K}_c$ 转换为 $\boldsymbol{K}$。因为在能控型状态空间的闭环系统为

$$\dot{\boldsymbol{x}}_c(t)=(\boldsymbol{A}_c-\boldsymbol{B}_c\boldsymbol{K}_c)\boldsymbol{x}_c(t)+\boldsymbol{B}_c\boldsymbol{r}(t) \tag{8-97}$$

如果用下标“p”表示原非能控标准型的状态空间模型，在式(8-97) 中代入以下变换式

$$\boldsymbol{x}_c(t)=\boldsymbol{T}_c^{-1}\boldsymbol{x}_p(t)\text{；}\boldsymbol{A}_c=\boldsymbol{T}_c^{-1}\boldsymbol{A}_p\boldsymbol{T}_c\text{；}\boldsymbol{B}_c=\boldsymbol{T}_c^{-1}\boldsymbol{B}_p$$

可得原状态空间的闭环系统

$$\dot{\boldsymbol{x}}_p(t)=(\boldsymbol{A}_p-\boldsymbol{B}_p\boldsymbol{K}_c\boldsymbol{T}_c^{-1})\boldsymbol{x}_p(t)+\boldsymbol{B}_p\boldsymbol{r}(t) \tag{8-98}$$

因此可得原状态空间下的状态反馈阵为

$$\boldsymbol{K}_p=\boldsymbol{K}_c\boldsymbol{T}_c^{-1} \tag{8-99}$$

下面通过例子更进一步理解设计状态反馈矩阵的能控标准型法。

【例 8-29】 已知受控系统的状态方程为

$$\dot{\boldsymbol{x}}_{\mathrm{p}}(t)=\begin{bmatrix}1 & 6 & -3\\ -1 & -1 & 1\\ -2 & 2 & 0\end{bmatrix}\boldsymbol{x}_{\mathrm{p}}(t)+\begin{bmatrix}1\\1\\1\end{bmatrix}u(t)$$

请按照能控标准型法确定状态反馈控制阵 $\boldsymbol{K}$，使得闭环特征根为 $-1+j$，$-1-j$，-4。

解　判别系统是否能控

$$\mathrm{rank}\boldsymbol{Q}_{\mathrm{c}}=\mathrm{rank}\left[\boldsymbol{b}_{\mathrm{p}}\quad \boldsymbol{A}_{\mathrm{p}}\boldsymbol{b}_{\mathrm{p}}\quad \boldsymbol{A}_{\mathrm{p}}^{2}\boldsymbol{b}_{\mathrm{p}}\right]=\mathrm{rank}\begin{bmatrix}1 & 4 & -2\\ 1 & -1 & -3\\ 1 & 0 & -10\end{bmatrix}=3$$

所以被控系统完全能控，可以设计状态反馈控制器。设反馈阵 $\boldsymbol{K}=[k_1\quad k_2\quad k_3]$。

① 写出系统的特征多项式

$$\Delta(s)=|s\boldsymbol{I}-\boldsymbol{A}_{\mathrm{p}}|=\begin{vmatrix}s-1 & -6 & 3\\ 1 & s+1 & -1\\ 2 & -2 & s\end{vmatrix}=s^3+\alpha_2 s^2+\alpha_1 s+\alpha_0=s^3-3s+2$$

显然 $\alpha_2=0$，$\alpha_1=-3$，$\alpha_0=2$。

② 将原状态方程转换为能控标准型，为此需要先求出转换矩阵 $\boldsymbol{T}_{\mathrm{c}}$

$$\boldsymbol{T}_{\mathrm{c}}=\boldsymbol{Q}_{\mathrm{c}}\boldsymbol{L}=\begin{bmatrix}1 & 4 & -2\\ 1 & -1 & -3\\ 1 & 0 & -10\end{bmatrix}\begin{bmatrix}\alpha_1 & \alpha_2 & 1\\ \alpha_2 & 1 & 0\\ 1 & 0 & 0\end{bmatrix}=\begin{bmatrix}1 & 4 & -2\\ 1 & -1 & -3\\ 1 & 0 & -10\end{bmatrix}\begin{bmatrix}-3 & 0 & 1\\ 0 & 1 & 0\\ 1 & 0 & 0\end{bmatrix}=\begin{bmatrix}-5 & 4 & 1\\ -6 & -1 & 1\\ -13 & 0 & 1\end{bmatrix}$$

$$\boldsymbol{T}_{\mathrm{c}}^{-1}=\begin{bmatrix}-5 & 4 & 1\\ -6 & -1 & 1\\ -13 & 0 & 1\end{bmatrix}^{-1}=\frac{1}{36}\begin{bmatrix}1 & 4 & -5\\ 7 & -8 & 1\\ 13 & 52 & -29\end{bmatrix}$$

$$\boldsymbol{A}_{\mathrm{c}}=\boldsymbol{T}_{\mathrm{c}}^{-1}\boldsymbol{A}_{\mathrm{p}}\boldsymbol{T}_{\mathrm{c}}=\begin{bmatrix}0 & 1 & 0\\ 0 & 0 & 1\\ -2 & 3 & 0\end{bmatrix};\ \boldsymbol{b}_{\mathrm{c}}=\boldsymbol{T}_{\mathrm{c}}^{-1}\boldsymbol{b}_{\mathrm{p}}=\begin{bmatrix}0\\0\\1\end{bmatrix}$$

③ 写出系统的期望特征多项式

$$\Delta^*(s)=\prod_{i=1}^{3}(s+\lambda_i^*)=(s+1+j)(s+1-j)(s+4)$$
$$=s^3+\alpha_2^* s^2+\alpha_1^* s+\alpha_0^*=s^3+6s^2+10s+8$$

④ 根据式(8-96)求得能控标准型状态空间的状态反馈阵 $\boldsymbol{K}_{\mathrm{c}}$

$$\boldsymbol{K}_{\mathrm{c}}=[\alpha_0^*-\alpha_0\quad \alpha_1^*-\alpha_1\quad \alpha_2^*-\alpha_2]=[8-2\quad 10+3\quad 6-0]=[6\quad 13\quad 6]$$

⑤ 利用式(8-99)求出 $\boldsymbol{K}$，以返回到原状态空间实现状态反馈

$$\boldsymbol{K}=\boldsymbol{K}_{\mathrm{p}}=\boldsymbol{K}_{\mathrm{c}}\boldsymbol{T}_{\mathrm{c}}^{-1}=[6\quad 13\quad 6]\frac{1}{36}\begin{bmatrix}1 & 4 & -5\\ 7 & -8 & 1\\ 13 & 52 & -29\end{bmatrix}=\frac{1}{36}[175\quad 232\quad -191]$$

⑥ 原状态空间下闭环系统 Σ_{pcl} 的状态方程

$$\boldsymbol{A}_{\mathrm{pcl}}=(\boldsymbol{A}_{\mathrm{p}}-\boldsymbol{b}_{\mathrm{p}}\boldsymbol{K}_{\mathrm{p}})=\frac{1}{36}\begin{bmatrix}36 & 6\times 36 & -3\times 36\\ -36 & -36 & 36\\ -72 & 72 & 0\end{bmatrix}-\frac{1}{36}\begin{bmatrix}175 & 232 & -191\\ 175 & 232 & -191\\ 175 & 232 & -191\end{bmatrix}$$

$$=\frac{1}{36}\begin{bmatrix}-139 & -16 & 83\\ -211 & -268 & 227\\ -247 & -160 & -191\end{bmatrix}$$

$$\dot{\boldsymbol{x}}_{\mathrm{p}}(t)=(\boldsymbol{A}_{\mathrm{p}}-\boldsymbol{b}_{\mathrm{p}}\boldsymbol{K}_{\mathrm{p}})\boldsymbol{x}_{\mathrm{p}}(t)+\boldsymbol{b}_{\mathrm{p}}\boldsymbol{r}(t)=\frac{1}{36}\begin{bmatrix}-139 & -16 & 83\\ -211 & -268 & 227\\ -247 & -160 & -191\end{bmatrix}\boldsymbol{x}(t)+\begin{bmatrix}1\\1\\1\end{bmatrix}\boldsymbol{r}(t)$$

至此，基于能控标准型的方法设计状态反馈控制阵$\boldsymbol{K}_{\mathrm{p}}$，使得闭环系统的极点配置到了期望的位置$-1+\mathrm{j}$，$-1-\mathrm{j}$，$-4$，尽管开环系统原来是不稳定的。

能控标准型的设计法为人们提供了一种标准的求解状态反馈矩阵$\boldsymbol{K}$的方法，其步骤可以通过计算机来完成。作为比较，读者可以试一下采用直接设计法求解此例的状态反馈阵$\boldsymbol{K}$，在该状态空间，$\boldsymbol{K}$是惟一的。

3. 单变量（SISO）系统状态反馈的零点不变性

通过系统的状态反馈可以实现闭环极点的任意配置，惟一条件是系统完全能控。那么状态反馈改变系统极点的同时，零点发生改变吗？答案是：对于单变量（SISO）系统，状态反馈不改变系统的零点；对于多变量（MIMO）系统，状态反馈对零点的影响比较复杂，已经超出本教材的范围，有兴趣的读者可以查阅相关的参考文献。

前面已经讨论过，非奇异线性变换具有不改变系统的特征方程、传递函数的特点。不失一般性，下面仅讨论能控标准型系统实施状态反馈后的零点不变性。

考虑n阶单输入单输出能控标准型系统Σ_{c}如式(8-87)与式(8-88)所示，其中

$$\boldsymbol{A}_{\mathrm{c}}=\begin{bmatrix}0 & 1 & \cdots & 0\\ \vdots & \vdots & \ddots & \vdots\\ 0 & 0 & \cdots & 1\\ -\alpha_0 & -\alpha_1 & \cdots & -\alpha_{n-1}\end{bmatrix};\ \boldsymbol{b}_{\mathrm{c}}=\begin{bmatrix}0\\ \vdots\\ 0\\ 1\end{bmatrix};\ \boldsymbol{c}_{\mathrm{c}}=[b_0\ \ \cdots\ \ b_{n-2}\ \ b_{n-1}] \tag{8-100}$$

显然，系统的开环传递函数为

$$G(s)=\frac{Y(s)}{U(s)}=\boldsymbol{c}_{\mathrm{c}}(s\boldsymbol{I}-A_{\mathrm{c}})^{-1}\boldsymbol{b}_{\mathrm{c}}=\frac{b_{n-1}s^{n-1}+\cdots+b_1s+b_0}{s^n+\alpha_{n-1}s^{n-1}+\cdots+\alpha_1s+\alpha_0}=\frac{b(s)}{a(s)} \tag{8-101}$$

其中$a(s)=0$的根即为系统的开环极点，而$b(s)=0$的根即为系统的开环零点。当引入式(8-90)所示的状态反馈控制后，闭环系统即为

$$\dot{\boldsymbol{x}}(t)=(\boldsymbol{A}_{\mathrm{c}}-\boldsymbol{b}_{\mathrm{c}}\boldsymbol{K})\boldsymbol{x}(t)+\boldsymbol{b}_{\mathrm{c}}\boldsymbol{r}(t)$$

其中

$$\boldsymbol{A}_{\mathrm{ccl}}=\begin{bmatrix}0 & 1 & \cdots & 0\\ \vdots & \vdots & \ddots & \vdots\\ 0 & 0 & \cdots & 1\\ -\alpha_0-k_1 & -\alpha_1-k_2 & \cdots & -\alpha_{n-1}-k_n\end{bmatrix}$$

因此，闭环系统传递函数为

$$\begin{aligned}G_{\mathrm{cl}}(s)&=\frac{Y(s)}{U(s)}=\boldsymbol{c}_{\mathrm{c}}(s\boldsymbol{I}-A_{\mathrm{ccl}})^{-1}\boldsymbol{b}_{\mathrm{c}}\\&=\frac{b_{n-1}s^{n-1}+\cdots+b_1s+b_0}{s^n+(\alpha_{n-1}+k_n)s^{n-1}+\cdots+(\alpha_1+k_2)s+(\alpha_0+k_1)}=\frac{b(s)}{a_{\mathrm{cl}}(s)}\end{aligned} \tag{8-102}$$

比较式(8-101)与式(8-102)，可见引入状态反馈后极点发生了改变，但系统的零点却未发生任何改变。这说明，单变量系统引入状态反馈后，系统的极点可以任意配置，而零点却无法通过状态反馈改变。

系统的动态性能在一定程度上主要取决于系统的极点，但也受到系统零点的影响，这一点希望读者注意。

4. 闭环极点位置的选择

应用极点配置法设计状态反馈控制器的第一步是选择适当的闭环极点，也就是为达到系统设计要求所需的闭环极点位置。下面从两个方面简单讨论闭环极点的配置对系统的影响。一方面是看极点位置的移动对控制作用的影响；另一方面是讨论闭环极点位置的选择对闭环系统动态性能的影响。

（1）极点位置移动对反馈作用的影响

回顾根轨迹法，随着根轨迹增益由零变化到无穷大，系统的根轨迹从开环系统的极点出发，终于开环系统的零点或无穷远处，即系统极点的位置经反馈作用后移动的距离（幅度）越大，所需的增益也就会越大。同样，在应用极点配置法进行状态反馈时，控制作用的大小与开环极点经反馈后被移动的距离（幅度）有关：移动的幅度愈大，反馈控制作用愈激烈，需要的反馈增益愈大。

为说明这点，仍以单输入单输出系统为例。设系统矩阵 $\boldsymbol{A}$ 为特征值各异的对角阵

$$\boldsymbol{A}=\mathrm{diag}[\lambda_1 \quad \lambda_2 \quad \cdots \quad \lambda_n] \tag{8-103}$$

其期望的闭环系统极点为 $\{\lambda_1^* \quad \lambda_2^* \quad \cdots \quad \lambda_n^*\}$。因为闭环系统特征多项式为

$$\begin{aligned}\Delta_{\mathrm{cl}}(s)&=|s\boldsymbol{I}-(\boldsymbol{A}-\boldsymbol{bK})|=|(s\boldsymbol{I}-\boldsymbol{A})[\boldsymbol{I}+(s\boldsymbol{I}-\boldsymbol{A})^{-1}\boldsymbol{bK}]|\\&=|s\boldsymbol{I}-\boldsymbol{A}|\cdot|[\boldsymbol{I}+(s\boldsymbol{I}-\boldsymbol{A})^{-1}\boldsymbol{bK}]|=\Delta(s)\cdot[1+\boldsymbol{K}(s\boldsymbol{I}-\boldsymbol{A})^{-1}\boldsymbol{b}]\end{aligned} \tag{8-104}$$

式中 $\Delta(s)$ 为开环系统特征多项式

$$\Delta(s)=|s\boldsymbol{I}-\boldsymbol{A}|=\prod_{i=1}^{n}(s-\lambda_i) \tag{8-105}$$

而闭环系统的期望特征多项式

$$\Delta_{\mathrm{cl}}^*(s)=\prod_{i=1}^{n}(s-\lambda_i^*) \tag{8-106}$$

由式(8-104)，即有

$$\frac{\Delta_{\mathrm{cl}}(s)}{\Delta(s)}=1+\boldsymbol{K}(s\boldsymbol{I}-\boldsymbol{A})^{-1}\boldsymbol{b} \tag{8-107}$$

因为 $\boldsymbol{A}$ 为对角阵，故有

$$\frac{\Delta_{\mathrm{cl}}(s)}{\Delta(s)}=1+\sum_{i=1}^{n}\frac{k_i b_i}{s-\lambda_i} \tag{8-108}$$

将式(8-105)、式(8-106) 代入上式，进一步在上式两边通分，并令 $s=\lambda_i$，可得

$$k_i b_i=\frac{\prod\limits_{j=1}^{n}(\lambda_i-\lambda_j^*)}{\prod\limits_{\substack{i=1\\i\neq j}}^{n}(\lambda_i-\lambda_j)} \tag{8-109}$$

该式充分显示了反馈增益的大小随开环极点与闭环极点的距离 $|\lambda_i-\lambda_j^*|$ 的增大而变大。极点移动的幅度越大，相应于特征多项式系统的变化也越大。当 $\boldsymbol{A}$ 不为对角阵时，可以得到类似的表达式和相同的结论。

如前所述，开环零点吸引着系统极点，因而移动附近有零点的极点有一定的困难。

(2) 极点位置对闭环系统性能的影响

关于如何选取系统的闭环极点有许多种方法，在此仅考虑主导极点的方法。

在第三章中曾详细讨论过自然频率为 ω_{n}、阻尼比为 ζ 且具有复根的二阶系统的动态响应，给出了极点位置与时域动态性能指标如峰值时间、超调量、调整时间等的关系。对于一般的高阶系统，可根据期望的性能选择一对主导闭环极点，将其余的极点选为具有足够衰减度的实值，使得系统有近似于二阶主导极点系统模型的动态响应。不过，此时的零点应位于 S 左半平面上离虚轴较远的地方，以避免对二阶特征产生影响。

【例 8-30】 设受控系统的方块图如图 8-10 所示。请设计状态反馈控制器并求出 A 的具体数值，以达到闭环系统对阶跃输入 R_0 的响应满足下列要求：①最大峰值 $M_{\mathrm{p}}=1.043$；②调节时间 $T_{\mathrm{s}}=5.65\mathrm{s}$；③零稳定偏差。

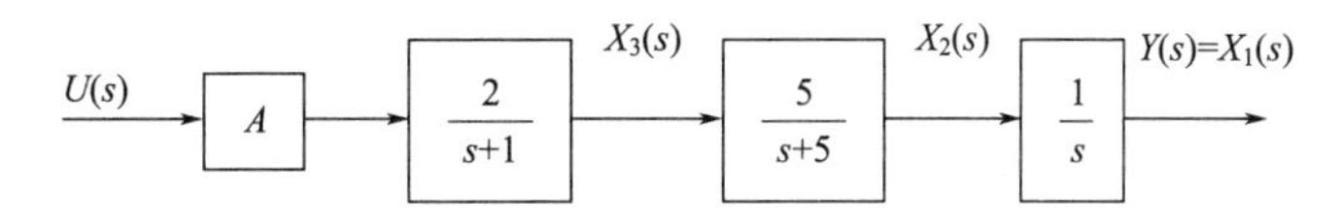

图 8-10　例 8-30 受控系统方块图

解　①首先考察系统的能控性。由于系统的开环传递函数为

$$\frac{Y(s)}{U(s)}=\frac{10A}{s(s+1)(s+5)} \tag{8-110}$$

无零极点相消情况，故系统能控，可以设计状态反馈控制器。

② 在设计状态反馈控制器时，考虑到可实现性，选择状态变量如图 8-10 中所示。并设引入的状态反馈

为 $\boldsymbol{u}(t)=\boldsymbol{r}(t)-\boldsymbol{K}\boldsymbol{x}(t)$，其中的 $\boldsymbol{K}=[k_1 \quad k_2 \quad k_3]$。由此，可画出加入状态反馈后的闭环系统方块图（请读者自己试试）。而系统的闭环传递函数

$$\frac{Y(s)}{R(s)}=\frac{10A}{s^3+(6+2Ak_3)s^2+[5+10A(k_3+k_2)]s+10Ak_1} \tag{8-111}$$

③ 因为要求闭环系统在阶跃输入时的稳态误差为零，即当 $t\to\infty$时，$e_{ss}=y(t)-R_0=0$。因此，利用终值定理得

$$y_{ss}=\lim_{t\to\infty}y(t)=\lim_{s\to0}sY(s)=\lim_{s\to0}s\frac{R_0}{s}\times\frac{10A}{s^3+(6+2Ak_3)s^2+[5+10A(k_3+k_2)]s+10Ak_1}=R_0$$

即
$$y_{ss}=R_0\frac{10A}{10Ak_1}=R_0\Rightarrow k_1=1$$

④ 因为是三阶系统，由系统要求知响应要有振荡，因此应该有一对共轭复极点，它们对闭环系统性能起到主要作用，而第三个极点应为实数极点，且远离虚轴。

由对最大峰值的要求为 $M_p=1.043$，可得

$$M_p=1.043=1+e^{-\frac{\zeta\pi}{\sqrt{1-\zeta^2}}}\Rightarrow\zeta=0.708$$

由系统对调节时间的要求为 $T_s=5.65\text{s}$，可得

$$T_s=\frac{4}{|\zeta\omega_n|}\Rightarrow\zeta\omega_n=\frac{4}{5.65}=0.708$$

因此可得到一对共轭复主导极点：$s_{1,2}=-\zeta\omega_n\pm j\omega_n\sqrt{1-\zeta^2}=-0.708\pm j0.708$。

再令另一个实极点为 $s_3=-100$，故可求得系统期望的闭环传递函数

$$\frac{Y(s)}{R(s)}=\frac{10A}{(s+100)(s+0.708\pm j0.708)}=\frac{10A}{s^3+101.4s^2+142.7s+100} \tag{8-112}$$

由此例可知，期望的极点往往由控制器设计者为满足系统的性能指标而确定。

⑤ 比较状态反馈后的闭环传递函数式(8-111) 与期望的闭环传递函数式(8-112)，令它们关于 s 的同幂次系数相等，得含 3 个未知数的 3 个方程

$$\begin{aligned}&6+2Ak_3=101.4, &&k_3=4.77\\&5+10A(k_3+k_2)=142.7, &&k_2=-3.393\\&10Ak_1=100, &&A=10\end{aligned}$$

所以，系统的开环放大系数 $A=10$，状态反馈增益阵 $\boldsymbol{K}=[1 \quad -3.393 \quad 4.77]$。

四、状态反馈镇定

系统极点决定着系统是否内稳定。所谓镇定就是通过设计状态反馈，使闭环后的系统极点均位于 S 平面的左半开平面，以使闭环系统内稳定。显然，镇定的目标是使闭环系统内稳定，而不是严格位于指定位置，故镇定问题比极点配置问题宽松。

定义 8-4 对于系统（$\boldsymbol{A},\boldsymbol{B}$），如果存在矩阵 $\boldsymbol{K}$，使得 $\boldsymbol{A}-\boldsymbol{BK}$ 的所有特征值都具有负实部，则称（$\boldsymbol{A},\boldsymbol{B}$）能镇定（Stabilizable）。

从上一节关于极点配置的讨论可知，若（$\boldsymbol{A},\boldsymbol{B}$）的完全不能控子系统稳定，由于合适的状态反馈可将（$\boldsymbol{A},\boldsymbol{B}$）的能控子系统的极点配置到左半开平面，则（$\boldsymbol{A},\boldsymbol{B}$）能镇定；若（$\boldsymbol{A},\boldsymbol{B}$）的完全不能控子系统不稳定，此时由于状态反馈无法改变其极点位置，则（$\boldsymbol{A},\boldsymbol{B}$）不能镇定。总结起来就是：

定理 8-16 （$\boldsymbol{A},\boldsymbol{B}$）能镇定，当且仅当（$\boldsymbol{A},\boldsymbol{B}$）的完全不能控子系统稳定。

【例 8-31】 已知线性定常连续系统状态方程为

$$\dot{\boldsymbol{x}}(t)=\begin{bmatrix}0&0&-1\\1&0&-3\\0&1&-3\end{bmatrix}\boldsymbol{x}(t)+\begin{bmatrix}1\\1\\0\end{bmatrix}u(t)$$

求状态反馈增益阵 $\boldsymbol{K}$ 以镇定该系统，且令其中 2 个闭环极点为−2，−3。

解 ① 先判断能控性

$$\mathrm{rank}\boldsymbol{Q}_c=\mathrm{rank}\begin{bmatrix}1&0&-1\\1&1&-3\\0&1&-2\end{bmatrix}=2<3$$

系统不能控。

② 构造能控性分解的状态变换阵

$$\boldsymbol{T}_1=\begin{bmatrix}1&0&0\\1&1&0\\0&1&1\end{bmatrix},\quad \boldsymbol{T}_1^{-1}=\begin{bmatrix}1&0&0\\-1&1&0\\1&-1&1\end{bmatrix}$$

得到
$$\hat{\boldsymbol{A}}=\boldsymbol{T}_1^{-1}\boldsymbol{A}\boldsymbol{T}_1=\begin{bmatrix}0&-1&-1\\1&-2&-2\\0&0&-1\end{bmatrix},\quad \hat{\boldsymbol{b}}=\boldsymbol{T}_1^{-1}\boldsymbol{b}=\begin{bmatrix}1\\0\\0\end{bmatrix}$$

易知，其不能控子系统的极点为-1，故（$\boldsymbol{A},\boldsymbol{b}$）能镇定。为保证闭环稳定，将闭环极点配置于$-1,-2$和$-3$。

③ 设计状态反馈使得系统镇定。设状态反馈增益阵为$\boldsymbol{K}=[k_1\quad k_2\quad k_3]$。

算法一：确定闭环系统的期望特征多项式

$$\Delta^*(s)=(s+1)(s+2)(s+3)=s^3+6s^2+11s+6$$

其闭环特征多项式

$$\Delta_{\mathrm{cl}}(s)=|s\boldsymbol{I}-(\boldsymbol{A}-\boldsymbol{b}\boldsymbol{K})|=\begin{vmatrix}s+k_1&k_2&1+k_3\\-1+k_1&s+k_2&3+k_3\\0&-1&s+3\end{vmatrix}$$
$$=s^3+(k_1+k_2+3)s^2+(3k_1+4k_2+k_3+3)s+(2k_1+3k_2+k_3+1)$$

令闭环特征多项式与期望多项式相等，得

$$\begin{cases}k_1+k_2+3=6\\3k_1+4k_2+k_3+3=11\\2k_1+3k_2+k_3+1=6\end{cases}\quad 解出\begin{cases}k_1=4+k_3\\k_2=-1-k_3\end{cases}$$

所以，实现镇定且满足其中2个闭环极点到某特定位置的状态反馈增益阵$\boldsymbol{K}=[4+k_3\quad -1-k_3\quad k_3]$，其中$k_3$为任意实数。若取$k_3=0$，则$\boldsymbol{K}=[4\quad -1\quad 0]$。

算法二：计算能控子系统的特征多项式

$$\Delta_c(s)=s^2+\alpha_1 s+\alpha_0=\begin{vmatrix}s&1\\-1&s+2\end{vmatrix}=s^2+2s+1$$

确定将能控子系统化能控标准型的状态变换

$$\boldsymbol{Q}_{c2}=\begin{bmatrix}1&0\\0&1\end{bmatrix},\quad L_2=\begin{bmatrix}2&1\\1&0\end{bmatrix}$$

$$\boldsymbol{T}_2=\boldsymbol{Q}_{c2}L_2=\begin{bmatrix}1&0\\0&1\end{bmatrix}\begin{bmatrix}2&1\\1&0\end{bmatrix}=\begin{bmatrix}2&1\\1&0\end{bmatrix}$$

确定能控子系统的期望特征多项式

$$\Delta^*(s)=s^2+\alpha_1^* s+\alpha_0^*=(s+2)(s+3)=s^2+5s+6$$

将$\boldsymbol{T}_2$扩展成对（$\hat{\boldsymbol{A}},\hat{\boldsymbol{b}}$）的变换

$$\tilde{\boldsymbol{T}}_2=\begin{bmatrix}2&1&0\\1&0&0\\0&0&1\end{bmatrix},\quad \tilde{\boldsymbol{T}}_2^{-1}=\begin{bmatrix}0&1&0\\1&-2&0\\0&0&1\end{bmatrix}$$

则实现镇定的状态反馈增益阵

$$\boldsymbol{K}=[\alpha_0^*-\alpha_0\quad \alpha_1^*-\alpha_1\quad \alpha]\tilde{\boldsymbol{T}}_2^{-1}\boldsymbol{T}_1^{-1}=[4+\alpha\quad -1-\alpha\quad \alpha]$$

其中α为任意实数。若取$\alpha=0$，则$\boldsymbol{K}=[4\quad -1\quad 0]$。

第四节 最优控制

一、最优控制概述

最优控制是现代控制理论的一个重要组成部分，是一门工程背景很强的学科分支，其研究的问题都是从具体工程实践中归纳和提炼出来的。最优控制研究的主要问题是根据已建立的被控对象的数学模型，选择一个容许的控制律，使得被控对象按预定要求运行，并使给定的某一性能指标达到极大值或极小值。下面先通过飞船月球软着陆的例子来介绍最优控制问题的数学描述。

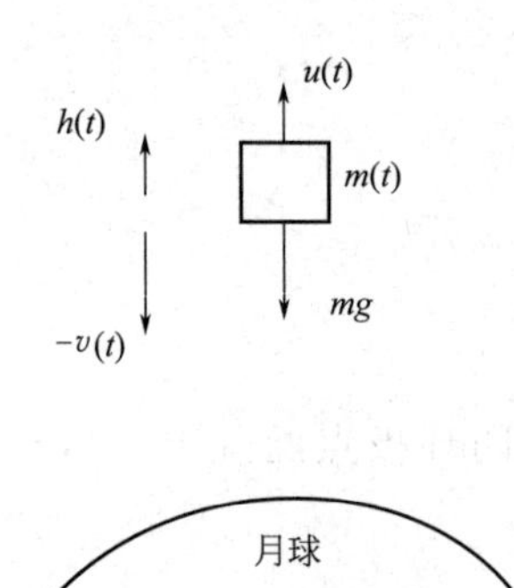

图 8-11 飞船软着陆示意图

飞船的月球软着陆指的是飞船靠发动机产生一与月球重力方向相反的推力，实现到达月球表面时的速度为零，并在登月过程中，要求选择发动机推力的最优控制律，使燃料消耗最少。软着陆示意图如图 8-11 所示，设飞船质量为 $m(t)$，高度为 $h(t)$，垂直速度为 $v(t)$，g 为月球重力加速度，$u(t)$ 为飞船发动机推力。设飞船不含燃料时的质量为 M，自 $t=0$ 时刻开始飞船进入着陆过程，此时的高度为 h_0，垂直速度为 v_0，飞船所载燃料质量为 F，从此初始状态出发，于 t_f 时刻实现软着陆，即 $h(t_f)=0$，$v(t_f)=0$，着陆过程中推力不能超过发动机所能提供的最大推力 u_{max}，则满足上述限制，且燃料消耗最少的问题可归纳如下。

运动方程

$$\begin{cases}\dot{h}(t)=v(t)\\ \dot{v}(t)=\dfrac{u(t)}{m(t)}-g\\ \dot{m}(t)=-ku(t)\end{cases}$$

其中 k 是一常数。

边界条件：

初始条件 $h(0)=h_0$，$v(0)=v_0$，$m(0)=M+F$

终端条件 $h(t_f)=0$，$v(t_f)=0$

控制约束 $0\leqslant u(t)\leqslant u_{max}$

性能指标 $J=m(t_f)$

最优控制的任务是在满足控制约束条件下，确定发动机推力的最优变化律 $u^*(t)$，使飞船由已知初始状态转移到要求的终端状态，并使性能指标 J 为最大，从而使着陆过程中燃料消耗量最小。

飞船软着陆的例子表明，任何一个最优控制问题均应包含以下四个基本组成。

(1) 系统数学模型

集总参数的被控系统数学模型通常用一组定义在 $[t_0, t_f]$上的一阶常微分方程，即状态方程来表示

$$\dot{\boldsymbol{x}}(t)=\boldsymbol{f}[\boldsymbol{x}(t),\boldsymbol{u}(t),t],\ \boldsymbol{x}(t_0)=\boldsymbol{x}_0 \tag{8-113}$$

式中，$\boldsymbol{x}(t)\in R^n$，为状态向量；$\boldsymbol{u}(t)\in R^m$，为控制向量，且在 $[t_0,t_f]$ 上分段连续；$\boldsymbol{f}(\cdot)\in R^n$，为连续向量函数，且对 $\boldsymbol{x}(t)$ 和 t 连续可微。

(2) 边界条件与目标集

系统从状态空间的一个状态转移到另一状态，其运动轨迹在状态空间中形成轨线 $\boldsymbol{x}(t)$，为了确定要求的轨线 $\boldsymbol{x}(t)$，需要给出边界条件，即状态初值 $\boldsymbol{x}(t_0)$ 和终值 $\boldsymbol{x}(t_f)$。

在最优控制问题中，初始时刻 t_0 和初始状态 $\boldsymbol{x}(t_0)$ 通常是已知的，但是终端时刻 t_f 和终端状态 $\boldsymbol{x}(t_f)$ 视具体问题而异。一般地，终端时刻 t_f 可以固定，也可以自由；终端状态$\boldsymbol{x}(t_f)$可以固定，也可以自由，或者部分固定、部分自由。因此，对终端时刻和终端状态的这种要求，可以用目标集来表示

$$\boldsymbol{\Psi}[\boldsymbol{x}(t_f),t_f]=0 \tag{8-114}$$

式中，$\boldsymbol{\Psi}(\cdot)\in R^r$，为连续可微的向量函数，$r\leqslant n$。

(3) 容许控制

控制向量的各个分量可以是具有不同物理属性的控制量。实际问题中大多数控制量受客观条件的限制，只能在一定范围内取值。控制向量的取值范围称为控制域，以 Ω 表示。凡在 $[t_0, t_f]$ 上有定义，且在控制域内取值的每一个控制函数 $\boldsymbol{u}(t)$ 均称为容许控制，记作$\boldsymbol{u}(t) \in \Omega$。通常假设容许控制是一有界连续函数或分段连续函数。

(4) 性能指标

从已知初态到目标集的转移可以通过不同的控制律来实现。性能指标是衡量系统在不同控制向量作用下性能优劣的标准。不同的最优控制问题有不同的性能指标，其一般形式可以表示为

$$J = \varphi[\boldsymbol{x}(t_f), t_f] + \int_{t_0}^{t_f} L[\boldsymbol{x}(t), \boldsymbol{u}(t), t]\,dt \tag{8-115}$$

式中 $\varphi(\cdot)$ 和 $L(\cdot)$ 为连续可微的标量函数。$\varphi[\boldsymbol{x}(t_f), t_f]$ 称为终值项，$\int_{t_0}^{t_f} L[\boldsymbol{x}(t), \boldsymbol{u}(t), t]\,dt$ 称为过程项，均具有明确的物理含义。

根据最优控制问题的基本组成部分，可以概括最优控制问题的一般提法：在系统方程(8-113) 的约束下，在时间区间 $[t_0, t_f]$ 上确定一个最优控制律 $\boldsymbol{u}^*(t) \in \Omega$，使系统状态从已知状态 $\boldsymbol{x}(t_0)$ 转移到要求的目标集(8-114)，并使性能指标(8-115) 为极大（或极小）。

由于性能指标 J 是 $\boldsymbol{x}, \boldsymbol{u}$ 的函数，而 $\boldsymbol{x}, \boldsymbol{u}$ 又是时间 t 的函数，因此 J 是一个泛函（简单地说，泛函的值是由自变量函数确定的，故也可将泛函理解为函数的函数），其最优控制问题归结为泛函求极值问题

$$\min_{\boldsymbol{u}(t) \in \Omega} \quad J = \varphi[\boldsymbol{x}(t_f), t_f] + \int_{t_0}^{t_f} L[\boldsymbol{x}(t), \boldsymbol{u}(t), t]\,dt$$

$$\text{s.t.} \quad \dot{\boldsymbol{x}}(t) = \boldsymbol{f}[\boldsymbol{x}(t), \boldsymbol{u}(t), t], \quad \boldsymbol{x}(t_0) = \boldsymbol{x}_0$$

$$\boldsymbol{\Psi}[\boldsymbol{x}(t_f), t_f] = 0$$

如果问题有解 $\boldsymbol{u}^*(t)$，$\boldsymbol{u}^*(t)$ 称为最优控制，相应的轨线 $\boldsymbol{x}^*(t)$ 称为最优轨线，由 $\boldsymbol{u}^*(t)$ 和 $\boldsymbol{x}^*(t)$ 所确定的 J^* 称为最优性能指标。

二、线性系统二次型最优控制问题

对于线性系统，若性能指标取为状态变量和控制变量二次函数的积分，则最优控制问题称为线性系统具有二次型性能指标的最优控制问题，简称线性二次型问题。由于线性二次型问题的最优解具有统一的解析表达式，且可导出一个简单的线性状态反馈控制律，易于构成闭环最优反馈控制，便于工程实现，因此线性二次型问题在现代控制理论中具有典型意义和实际工程应用价值，是最常见、最易实现的最优控制。

1. 线性二次型问题

设线性系统如图 8-12 所示，其状态方程和输出方程为

$$\begin{aligned} \dot{\boldsymbol{x}}(t) &= \boldsymbol{A}(t)x(t) + \boldsymbol{B}(t)\boldsymbol{u}(t) \\ \boldsymbol{y}(t) &= \boldsymbol{C}(t)\boldsymbol{x}(t) \end{aligned} \tag{8-116}$$

式中，$\boldsymbol{x}(t)$ 为 n 维状态向量，其初始状态为 $\boldsymbol{x}(t_0) = \boldsymbol{x}_0$；$\boldsymbol{u}(t)$ 为 m 维控制向量，$\boldsymbol{y}(t)$ 是 l 维输出向量；$\boldsymbol{A}(t)$、$\boldsymbol{B}(t)$、$\boldsymbol{C}(t)$ 则分别是 $n \times n$ 维、$n \times m$ 维和 $l \times n$ 维的状态阵、控制阵和输出阵。如果 $\boldsymbol{z}(t)$ 是 l 维期望的输出向量，令 $\boldsymbol{e}(t)$ 为误差向量，则

$$\boldsymbol{e}(t) = \boldsymbol{z}(t) - \boldsymbol{y}(t) \tag{8-117}$$

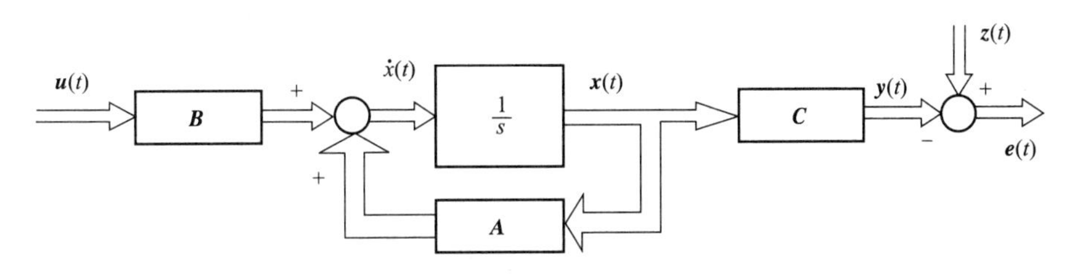

图 8-12　线性系统示意图

设二次型性能指标函数为

$$J(\boldsymbol{u})=\frac{1}{2}\boldsymbol{e}^{\mathrm{T}}(t_{\mathrm{f}})\boldsymbol{S}\boldsymbol{e}(t_{\mathrm{f}})+\frac{1}{2}\int_{t_0}^{t_{\mathrm{f}}}[\boldsymbol{e}^{\mathrm{T}}(t)\boldsymbol{Q}(t)\boldsymbol{e}(t)+\boldsymbol{u}^{\mathrm{T}}(t)\boldsymbol{R}(t)\boldsymbol{u}(t)]\mathrm{d}t \tag{8-118}$$

式中，$\boldsymbol{S}$ 为对称半正定 $n\times n$ 维（常数）终端加权阵；$\boldsymbol{Q}(t)$ 为对称半正定 $n\times n$ 维（时变）状态加权阵；$\boldsymbol{R}(t)$ 是对称正定 $m\times m$ 维（时变）控制加权阵；t_0、t_{f} 为状态转移的起始与终端时间。

二次型最优控制问题就是为给定的线性系统（8-116），寻找一个最优控制律 $u^*(t)$，使系统从初始状态 $\boldsymbol{x}_0$ 转移到终端状态 $\boldsymbol{x}(t_{\mathrm{f}})$，且满足性能指标式（8-118）最小。

2. 二次型最优问题的分类

对于上述系统，如果 $\boldsymbol{C}(t)=\boldsymbol{I}$，$\boldsymbol{z}(t)=0$，则 $\boldsymbol{e}(t)=-\boldsymbol{x}(t)$，此时性能指标为

$$J(\boldsymbol{u})=\frac{1}{2}\boldsymbol{x}^{\mathrm{T}}(t_{\mathrm{f}})\boldsymbol{S}\boldsymbol{x}(t_{\mathrm{f}})+\frac{1}{2}\int_{t_0}^{t_{\mathrm{f}}}[\boldsymbol{x}^{\mathrm{T}}(t)\boldsymbol{Q}(t)\boldsymbol{x}(t)+\boldsymbol{u}^{\mathrm{T}}(t)\boldsymbol{R}(t)\boldsymbol{u}(t)]\mathrm{d}t \tag{8-119}$$

线性二次型最优控制问题为：当系统受扰偏离平衡状态时，寻找一个控制律，使系统状态恢复到平衡状态附近，且性能指标（8-119）最小，称为状态调节器问题。

如果 $\boldsymbol{C}(t)\neq\boldsymbol{I}$，但 $\boldsymbol{z}(t)=0$，则 $\boldsymbol{e}(t)=-\boldsymbol{y}(t)$，此时性能指标为

$$J(\boldsymbol{u})=\frac{1}{2}\boldsymbol{y}^{\mathrm{T}}(t_{\mathrm{f}})\boldsymbol{S}\boldsymbol{y}(t_{\mathrm{f}})+\frac{1}{2}\int_{t_0}^{t_{\mathrm{f}}}[\boldsymbol{y}^{\mathrm{T}}(t)\boldsymbol{Q}(t)\boldsymbol{y}(t)+\boldsymbol{u}^{\mathrm{T}}(t)\boldsymbol{R}(t)\boldsymbol{u}(t)]\mathrm{d}t \tag{8-120}$$

线性二次型最优控制问题为：当系统受扰偏离输出平衡状态时，寻找一个控制律，使系统输出恢复到平衡状态附近，且性能指标（8-120）最小，称为输出调节器问题。

如果 $\boldsymbol{C}(t)\neq\boldsymbol{I}$，$\boldsymbol{z}(t)\neq0$，则线性二次型最优控制问题为寻找一个控制律，使系统输出跟踪 $\boldsymbol{z}(t)$ 的变化，且性能指标（8-118）最小，称为最优输出调节器问题。

另外，根据终端时间 t_{f} 和终端状态 $\boldsymbol{x}(t_{\mathrm{f}})$ 的不同，线性二次型最优控制问题有下面几种情况：当性能指标中终端时间 $t_{\mathrm{f}}<\infty$时，称之为有限终端时间问题；当终端时间 $t_{\mathrm{f}}\rightarrow\infty$时，称之为无限终端时间问题。如果终端状态 $\boldsymbol{x}(t_{\mathrm{f}})$ 不受限制，称之为自由终端问题；如果终端状态受到约束，则称之为终端状态受限的最优控制问题。还可根据系统是连续的还是离散的，将最优控制问题分为连续和离散的两种。

3. 二次型性能指标

二次型性能指标中的各项都具有明确的物理含义。终值项 $\frac{1}{2}\boldsymbol{e}^{\mathrm{T}}(t_{\mathrm{f}})\boldsymbol{S}\boldsymbol{e}(t_{\mathrm{f}})$ 表示在控制过程结束后，对系统终端状态跟踪误差的要求，其中系数 1/2 是为了便于运算。积分项 $\frac{1}{2}\int_{t_0}^{t_{\mathrm{f}}}\boldsymbol{e}^{\mathrm{T}}(t)\boldsymbol{Q}(t)\boldsymbol{e}(t)\mathrm{d}t$ 是系统在控制过程中动态跟踪误差的总度量，与终值项共同反映了系统的控制效果。积分项 $\frac{1}{2}\int_{t_0}^{t_{\mathrm{f}}}\boldsymbol{u}^{\mathrm{T}}(t)\boldsymbol{R}(t)\boldsymbol{u}(t)\mathrm{d}t$ 刻画了在整个控制过程中所消耗的控制能量。积分项中的这两部分是相互制约的，因为要求系统误差尽可能地小，系统的能量消耗就会增大；反之，如果是因为物理实现困难或某种其他原因对系统的能量消耗有所要求，则必须牺牲对系统控制性能的要求。因此，要使性能指标式(8-118）最小，实际上就是使控制性能和系统能耗在满足某种要求下进行折中。

性能指标中的加权阵的选取反映了人们的要求和期望，是二次型最优控制系统设计中的一个重要问题，一般可以通过经验或仿真来选取。如果要求系统控制精度高，误差尽可能地小，则应该增加权矩阵 $\boldsymbol{Q}(t)$；如果要求控制能量消耗少或对控制量 $\boldsymbol{u}(t)$ 有所限制，则应加大权矩阵 $\boldsymbol{R}(t)$。权矩阵 $\boldsymbol{Q}(t)$、$\boldsymbol{R}(t)$ 中各个对角元素值的大小分别体现了对系统状态向量$\boldsymbol{x}(t)$ 各个分量的重视程度和对控制向量各个分量的具体要求。从物理意义上看，$\boldsymbol{Q}(t)$ 和 $\boldsymbol{S}$ 至少是半正定的，而 $\boldsymbol{R}(t)$ 是正定的。如果 $\boldsymbol{Q}(t)$ 阵中某对角元素为零，就说明对其相应的状态分量没有要求，当然这些状态应该是对整个系统影响较小的分量。因而 $\boldsymbol{Q}(t)$ 应为半正定矩阵。由于任一个控制量总会消耗能量，而且在状态反馈增益阵的计算中将会用到 $\boldsymbol{R}(t)$ 的逆，所以 $\boldsymbol{R}(t)$ 必须是正定阵。如果将 $\boldsymbol{Q}(t)$、$\boldsymbol{R}(t)$ 取为时变阵，则可以在开始控制的阶段选择较小的 $\boldsymbol{Q}(t)$ 值，随时间推移逐渐增大 $\boldsymbol{Q}(t)$ 值。这样在整个控制过程中就可更均匀合理地使用控制能量，且达到较好的误差性能指标。

三、状态调节器

状态调节器问题是输出调节器问题及跟踪问题的基础，限于篇幅，本节仅简单介绍状态调节器问题。

1. 终端时间有限的状态调节器

设已知被控系统的状态方程和初始条件如下

$$\begin{cases}\dot{\boldsymbol{x}}(t)=\boldsymbol{A}(t)\boldsymbol{x}(t)+\boldsymbol{B}(t)\boldsymbol{u}(t)\\ \boldsymbol{x}(t_0)=\boldsymbol{x}_0\end{cases} \tag{8-121}$$

其中控制变量 $\boldsymbol{u}(t)$ 不受约束，即对一切 $t\in[t_0,t_f]$，$\boldsymbol{u}(t)\in R^m$，要求确定最优控制$\boldsymbol{u}^*(t)$，使终端时间有限的二次型性能指标函数(8-119）为最小。

对于上述问题，可以用变分法、极大值原理和动态规划等三种方法中的任一种求解。其最优控制的充分必要条件为

$$\boldsymbol{u}^*(t)=-\boldsymbol{R}^{-1}(t)\boldsymbol{B}^{\mathrm{T}}(t)\boldsymbol{P}(t)\boldsymbol{x}(t) \tag{8-122}$$

其中 $\boldsymbol{P}(t)$ 为 $n\times n$ 维对称非负定矩阵，是如下黎卡提（Ricatti）矩阵微分方程的解

$$\begin{cases}\dot{\boldsymbol{P}}(t)=-\boldsymbol{P}(t)\boldsymbol{A}(t)-\boldsymbol{A}^{\mathrm{T}}(t)\boldsymbol{P}(t)+\boldsymbol{P}(t)\boldsymbol{B}(t)\boldsymbol{R}^{-1}(t)\boldsymbol{B}^{\mathrm{T}}(t)\boldsymbol{P}(t)-\boldsymbol{Q}(t)\\ \boldsymbol{P}(t_f)=\boldsymbol{S}\end{cases} \tag{8-123}$$

而相应于 $\boldsymbol{u}^*(t)$ 的最优轨线 $\boldsymbol{x}^*(t)$ 是如下线性向量微分方程的解

$$\begin{cases}\dot{\boldsymbol{x}}(t)=[\boldsymbol{A}(t)-\boldsymbol{B}(t)\boldsymbol{R}^{-1}(t)\boldsymbol{B}^{\mathrm{T}}(t)\boldsymbol{P}(t)]\boldsymbol{x}(t)\\ \boldsymbol{x}(t_0)=\boldsymbol{x}_0\end{cases} \tag{8-124}$$

在式(8-122）中，令状态反馈增益阵

$$\boldsymbol{K}(t)=\boldsymbol{R}^{-1}(t)\boldsymbol{B}^{\mathrm{T}}(t)\boldsymbol{P}(t) \tag{8-125}$$

则

$$\boldsymbol{u}^*(t)=-\boldsymbol{R}^{-1}(t)\boldsymbol{B}^{\mathrm{T}}(t)\boldsymbol{P}(t)\boldsymbol{x}(t)=-\boldsymbol{K}(t)\boldsymbol{x}(t) \tag{8-126}$$

由此可见，满足线性二次型性能指标的最优控制 $\boldsymbol{u}^*(t)$ 是系统状态变量 $\boldsymbol{x}(t)$ 的线性反馈，且与初始条件无关。

此类问题的关键是求解黎卡提矩阵微分方程(8-123)，然而要求此方程的解析解往往比较困难，实际应用时常用数值方法求解。最优线性状态调节器框图如图 8-13 所示。

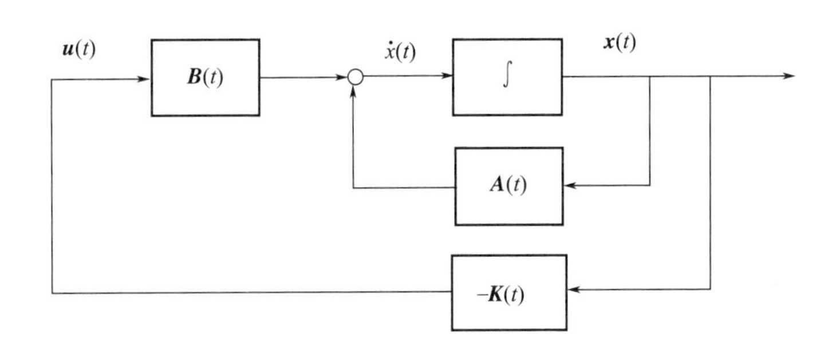

图 8-13　最优线性状态调节器框图

2. 终端时间无限的状态调节器

终端时间有限的状态调节器问题实际上考虑了系统由任意初态恢复到平衡状态的控制行为。最优控制器的设计可以保证在过程恢复快慢、终端状态偏差与控制约束之间求得一个合理的折中。但在实际的工程问题中，一方面由于达到稳态的时间不易确定，往往将终端时间取为无穷大，即将 t_f 取为∞；另一方面也由于人们往往更为关心控制系统保持平衡的能力，因而就要将有限时间终端的问题推广到无限时间，这时的状态调节器问题便称为终端时间无限（$t_f=\infty$）的状态调节器。

如果被控系统的状态方程和初始方程仍然如式(8-121）和式(8-122)，则最优控制的设计问题是求最优控制 $\boldsymbol{u}^*(t)$，使性能指标函数

$$J(\boldsymbol{u})=\frac{1}{2}\int_{t_0}^{\infty}[\boldsymbol{x}^{\mathrm{T}}(t)\boldsymbol{Q}(t)\boldsymbol{x}(t)+\boldsymbol{u}^{\mathrm{T}}(t)\boldsymbol{R}(t)\boldsymbol{u}(t)]\mathrm{d}t \tag{8-127}$$

取最小。这种情况下，由于 t_f 趋于∞时，系统趋于稳定，所以性能指标中就不再包含终端项。

因为此类问题中的二次型性能指标是在无穷大时间区间积分，所以首先要考虑它的积分是否存在。为使终端时间无限（$t_f \to \infty$）时黎卡提方程的解存在并且惟一，就要求闭环系统在 $t_f \to \infty$ 时是渐近稳定的。为此，所考虑的系统应该满足如下的限制条件：

① $\boldsymbol{A}(t), \boldsymbol{B}(t)$ 在 $t_0 \sim \infty$ 区间上应是分段连续、一致有界、并是绝对可积矩阵；

② 在时间 $t_0 \sim \infty$ 区间，系统是完全能控的；

③ $\boldsymbol{Q}(t), \boldsymbol{R}(t)$ 在 $t_0 \sim \infty$ 区间应是分段连续、有界正定的对称矩阵。

在这些限制条件下，终端时间无限（$t_f \to \infty$）调节器的解存在并且惟一。于是可以用前面处理终端时间有限调节器的同样方法，去求得终端时间无限调节器的解，即先求出时间有限调节器的解，然后取其 $t_f \to \infty$ 时的极限。因而，问题的实质又归结到求解方程(8-123)，但此时的终端条件为

$$\boldsymbol{P}(t_f)=0,\ t \in [t_0, t_f],\ t_f \to \infty \tag{8-128}$$

不妨设解为 $\boldsymbol{P}(t, t_f)$，指它是相对于终端时刻 t_f 的边界条件和以 t 为自变量的解阵，并在 $t_f \to \infty$ 时取极限

$$\lim_{t_f \to \infty} \boldsymbol{P}(t, t_f)=\overline{\boldsymbol{P}}(t) \quad (t_0<t<\infty) \tag{8-129}$$

根据前面的假设，可以证明式(8-129)的极限存在且正定对称。$\overline{\boldsymbol{P}}(t)$ 即为时间无限调节器黎卡提微分方程的解。而最优控制律为

$$\boldsymbol{u}^*(t)=-\boldsymbol{R}^{-1}(t)\boldsymbol{B}^{\mathrm{T}}(t)\overline{\boldsymbol{P}}(t)\boldsymbol{x}(t)=-\boldsymbol{K}(t)\boldsymbol{x}(t) \tag{8-130}$$

需要说明的是，在时间有限状态调节器问题中，对被控系统并没有提出系统必须能控的要求；而在时间无限的状态调节器问题中，则要求系统完全能控，这样得到的控制系统才是渐近稳定的，即在 $t_f \to \infty$ 时，系统状态趋于零。

3. 终端时间无限的定常系统状态调节器

在实际的工程控制问题中，许多被控系统都是定常的，为实现上的方便，工程上希望选取定常的加权阵，这样得到的状态反馈增益阵 $\boldsymbol{K}$ 也是定常的，从而构成一个定常的反馈控制系统。由于这种形式给工程实施带来了很大的方便，因而在实际控制工程中广为采用。

设被控的线性定常系统的状态方程和初始条件如下

$$\begin{cases}\dot{\boldsymbol{x}}(t)=\boldsymbol{A}\boldsymbol{x}(t)+\boldsymbol{B}\boldsymbol{u}(t)\\ \boldsymbol{x}(t_0)=\boldsymbol{x}_0\end{cases} \tag{8-131}$$

二次型性能指标函数为

$$J(\boldsymbol{u})=\frac{1}{2}\int_{t_0}^{\infty}[\boldsymbol{x}^{\mathrm{T}}(t)\boldsymbol{Q}\boldsymbol{x}(t)+\boldsymbol{u}^{\mathrm{T}}(t)\boldsymbol{R}\boldsymbol{u}(t)]\mathrm{d}t \tag{8-132}$$

式中 $\boldsymbol{A}, \boldsymbol{B}, \boldsymbol{Q}$ 和 $\boldsymbol{R}$ 都是有适当维数的常数矩阵，并且 $\boldsymbol{Q}$ 是非负定对称矩阵，$\boldsymbol{R}$ 是正定对称矩阵。当系统完全能控时，使性能指标函数（8-132）为最小的最优控制 $\boldsymbol{u}^*(t)$ 存在，且惟一地由下式

$$\boldsymbol{u}^*(t)=-\boldsymbol{R}^{-1}\boldsymbol{B}^{\mathrm{T}}\boldsymbol{P}\boldsymbol{x}(t)=-\boldsymbol{K}\boldsymbol{x}(t) \tag{8-133}$$

确定，其中 $\boldsymbol{P}$ 是代数黎卡提方程

$$-\boldsymbol{P}\boldsymbol{A}-\boldsymbol{A}^{\mathrm{T}}\boldsymbol{P}+\boldsymbol{P}\boldsymbol{B}\boldsymbol{R}^{-1}\boldsymbol{B}^{\mathrm{T}}\boldsymbol{P}-\boldsymbol{Q}=0 \tag{8-134}$$

的正定解。显然状态反馈增益阵

$$\boldsymbol{K}=\boldsymbol{R}^{-1}\boldsymbol{B}^{\mathrm{T}}\boldsymbol{P} \tag{8-135}$$

也是定常阵。

【例 8-32】 设被控系统的状态空间表达式为

$$\dot{\boldsymbol{x}}(t)=\begin{bmatrix}0 & 1\\ 0 & 0\end{bmatrix}\boldsymbol{x}(t)+\begin{bmatrix}0\\ 1\end{bmatrix}u(t)$$

$$y(t)=[1 \quad 0]\boldsymbol{x}(t)$$

试求使性能指标 $J(u)=\dfrac{1}{2}\int_0^{\infty}[x_1^2+ax_2^2+u^2]\mathrm{d}t$（$a>0$）为最小的最优控制。

解 这是二阶线性定常系统无限时间状态调节器问题。

① 由状态方程和性能指标可知

$$A=\begin{bmatrix}0 & 1\\0 & 0\end{bmatrix},\ B=\begin{bmatrix}0\\1\end{bmatrix},\ Q=\begin{bmatrix}1 & 0\\0 & a\end{bmatrix},\ R=1$$

可得系统能控，且 Q, R 均为正定阵，因而存在最优控制。

② 求黎卡提方程的正定解，即求

$$-PA-A^{\mathrm{T}}P+PBR^{-1}B^{\mathrm{T}}P-Q=0$$

的正定解 P

$$\begin{bmatrix}P_{11} & P_{12}\\P_{12} & P_{22}\end{bmatrix}\begin{bmatrix}0 & 1\\0 & 0\end{bmatrix}+\begin{bmatrix}0 & 0\\1 & 0\end{bmatrix}\begin{bmatrix}P_{11} & P_{12}\\P_{12} & P_{22}\end{bmatrix}-\begin{bmatrix}P_{11} & P_{12}\\P_{12} & P_{22}\end{bmatrix}\begin{bmatrix}0\\1\end{bmatrix}[0\quad 1]\begin{bmatrix}P_{11} & P_{12}\\P_{12} & P_{22}\end{bmatrix}+\begin{bmatrix}1 & 0\\0 & a\end{bmatrix}=\begin{bmatrix}0 & 0\\0 & 0\end{bmatrix}$$

可求得 $P_{11}=P_{22}=\sqrt{2+a}$，$P_{12}=1$。于是

$$P=\begin{bmatrix}\sqrt{2+a} & 1\\1 & \sqrt{2+a}\end{bmatrix}$$

③ 最优控制为

$$u^{*}(t)=-R^{-1}B^{\mathrm{T}}Px(t)=-[0\quad 1]\begin{bmatrix}\sqrt{2+a} & 1\\1 & \sqrt{2+a}\end{bmatrix}x(t)=-x_1(t)-\sqrt{2+a}\,x_2(t)$$

④ 闭环系统状态方程为

$$\dot{x}(t)=[A-BR^{-1}B^{\mathrm{T}}P]x(t)=\begin{bmatrix}0 & 1\\-1 & -\sqrt{2+a}\end{bmatrix}x(t)$$

更多的最优控制问题已经超出本书范围，有兴趣的读者可参考相应教材。

第五节　线性定常连续系统的状态观测器

第三节通过状态反馈进行极点配置时，实际上蕴含着所有的状态变量均是可以获取的这样一个前提条件。也就是说，工程上要实现状态反馈，需用传感器量测状态变量获得状态值。这样，在设计出状态反馈控制器后，就很容易地在工程上得到实现。但在许多实际系统中，只有输入变量和输出变量可以量测到，许多状态变量不易量测或根本无法量测到。解决这一问题的一种途径就是设法利用系统已知的状态空间模型、可以测量到的输入量和输出量等各种信息，先对状态变量进行估计，然后再利用估计的状态变量 $\hat{x}$ 替代真实的状态值进行反馈。实现状态估计这一功能的单元，称为状态观测器或状态估计器。图 8-14 是采用状态观测器进行状态反馈的示意框图。

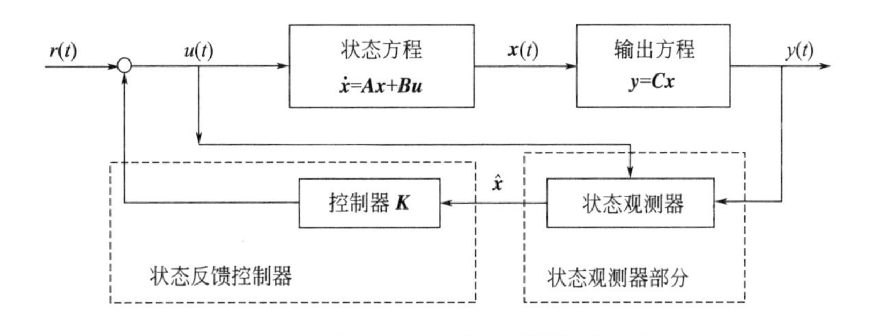

图 8-14　状态反馈与状态观测器示意图

一、状态观测器

一个显然的事实是，状态的估计值 $\hat{x}(t)$ 与状态的真值 $x(t)$ 之间必然存在误差。问题是如果用 $\hat{x}(t)$ 代表真实状态 $x(t)$ 需要满足怎样的条件？由经验知其基本条件应该包括：

① $\|\hat{x}(t)-x(t)\|\to 0$；

② $\|\hat{x}(t)-x(t)\|\to 0$ 的时间足够快。

那么如何能满足这些条件呢？考虑如下系统

$$\dot{\boldsymbol{x}}(t)=\boldsymbol{A}\boldsymbol{x}(t)+\boldsymbol{B}\boldsymbol{u}(t) \tag{8-136a}$$

$$\boldsymbol{y}(t)=\boldsymbol{C}\boldsymbol{x}(t)+\boldsymbol{D}\boldsymbol{u}(t) \tag{8-136b}$$

如果它的状态 $\boldsymbol{x}(t)$ 不可量测，由于矩阵 $\boldsymbol{A}$、$\boldsymbol{B}$、$\boldsymbol{C}$、$\boldsymbol{D}$ 以及输入已知，一个直观的想法是采用计算机仿真或物理元件模拟的方法重构出一个动力学方程与 $(\boldsymbol{A},\boldsymbol{B},\boldsymbol{C},\boldsymbol{D})$ 相同、但状态是可量测到的系统，这个重构系统的输入与 $(\boldsymbol{A},\boldsymbol{B},\boldsymbol{C},\boldsymbol{D})$ 的输入 $\boldsymbol{u}(t)$ 相同。将重构系统的状态作为 $(\boldsymbol{A},\boldsymbol{B},\boldsymbol{C},\boldsymbol{D})$ 状态的估计量，分别记 $\hat{\boldsymbol{x}}(t)$ 和 $\hat{\boldsymbol{y}}(t)$ 为重构系统的状态和输出，则重构系统的状态空间表达式

$$\dot{\hat{\boldsymbol{x}}}(t)=\boldsymbol{A}\hat{\boldsymbol{x}}(t)+\boldsymbol{B}\boldsymbol{u}(t) \tag{8-137a}$$

$$\hat{\boldsymbol{y}}(t)=\boldsymbol{C}\hat{\boldsymbol{x}}(t)+\boldsymbol{D}\boldsymbol{u}(t) \tag{8-137b}$$

图 8-15 是这种直观想法的示意图，所以状态估计又称为是状态重构。

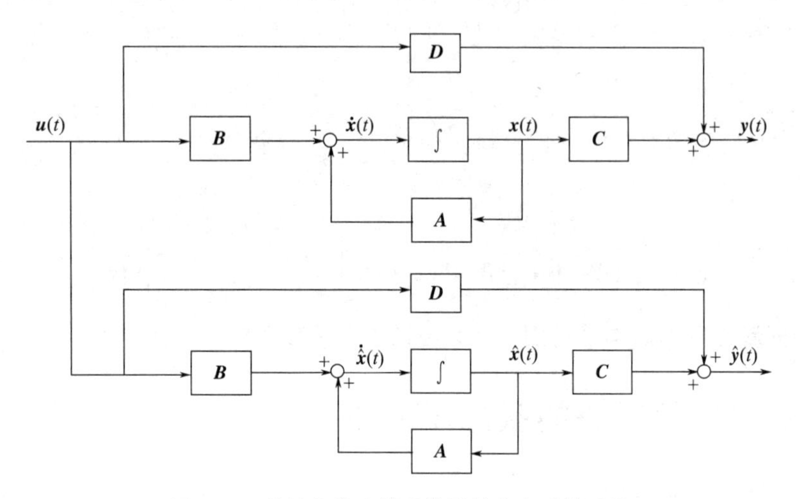

图 8-15　线性定常连续系统及其状态重构系统

记估计误差 $\tilde{x}(t)=x(t)-\hat{x}(t)$，将式(8-136a) 与式(8-137a) 相减，有

$$\dot{\tilde{\boldsymbol{x}}}(t)=\boldsymbol{A}\tilde{\boldsymbol{x}}(t) \tag{8-138}$$

从而

$$\tilde{\boldsymbol{x}}(t)=\mathrm{e}^{\boldsymbol{A}t}\tilde{\boldsymbol{x}}(0),\quad t\in[0,\infty) \tag{8-139}$$

因为 $t=0$ 时的 $\boldsymbol{x}(0)$ 不可量测到，实际中无法保证$\hat{\boldsymbol{x}}(0)=\boldsymbol{x}(0)$，这意味着 $\tilde{\boldsymbol{x}}(0)\neq 0$。如果 $\boldsymbol{A}$ 的某些特征值有正实部，那么估计误差 $\tilde{\boldsymbol{x}}(t)$ 会有越来越大的趋势，这是图 8-15 所示方法的致命缺陷。因此需要对这种方法进行修改，以满足

$$\lim_{t\to\infty}[\boldsymbol{x}(t)-\hat{\boldsymbol{x}}(t)]=0 \qquad \forall \boldsymbol{u}(t)\in R^m,\forall \boldsymbol{x}(0)\in R^n,\forall \hat{\boldsymbol{x}}(0)\in R^n \tag{8-140}$$

的要求。注意到在图 8-15 的方法中可测的输出信息 $\boldsymbol{y}(t)$ 并没有得到利用，可以就这一点来考虑对图 8-15 方法进行修改：$x(t)$ 与$\hat{\boldsymbol{x}}(t)$ 的差距会反映在 $\boldsymbol{y}(t)$ 与 $\hat{\boldsymbol{y}}(t)$ 的差距中，设计一条通道将 $\boldsymbol{y}(t)-\hat{\boldsymbol{y}}(t)$ 的信息引入到关于$\hat{\boldsymbol{x}}(t)$ 的状态方程（8-137a）中，以影响$\hat{\boldsymbol{x}}(t)$ 的行为使$\|\boldsymbol{x}(t)-\hat{\boldsymbol{x}}(t)\|$变小，这样就得到如图 8-16所示的状态观测器结构。

在图 8-16 中，$\boldsymbol{y}(t)-\hat{\boldsymbol{y}}(t)$ 经由状态观测增益阵 $\boldsymbol{H}\in R^{n\times l}$反馈到$\dot{\hat{\boldsymbol{x}}}$ 端，其状态观测器可描述为

$$\dot{\hat{\boldsymbol{x}}}(t)=\boldsymbol{A}\hat{\boldsymbol{x}}(t)+\boldsymbol{B}\boldsymbol{u}(t)+\boldsymbol{H}[\boldsymbol{y}(t)-\hat{\boldsymbol{y}}(t)] \tag{8-141a}$$

$$\hat{\boldsymbol{y}}(t)=\boldsymbol{C}\hat{\boldsymbol{x}}(t)+\boldsymbol{D}\boldsymbol{u}(t) \tag{8-141b}$$

由式(8-136a) 和式(8-141a) 可得

$$\dot{\tilde{\boldsymbol{x}}}(t)=(\boldsymbol{A}-\boldsymbol{H}\boldsymbol{C})\tilde{\boldsymbol{x}}(t) \tag{8-142}$$

从而

$$\tilde{\boldsymbol{x}}(t)=\mathrm{e}^{(\boldsymbol{A}-\boldsymbol{H}\boldsymbol{C})t}\tilde{\boldsymbol{x}}(0),\quad t\in[0,\infty) \tag{8-143}$$

式(8-143) 中的 $\boldsymbol{A}$ 与 $\boldsymbol{C}$ 是系统给定的已知矩阵，而 $\boldsymbol{H}$ 是由设计者来确定的。若所确定的 $\boldsymbol{H}$ 可以使矩阵 $\boldsymbol{A}-\boldsymbol{H}\boldsymbol{C}$ 的所有特征值都具有负实部，则估计误差 $\tilde{\boldsymbol{x}}(t)$ 必满足式(8-140) 的要求，从而克服了图 8-15 方法的缺陷。

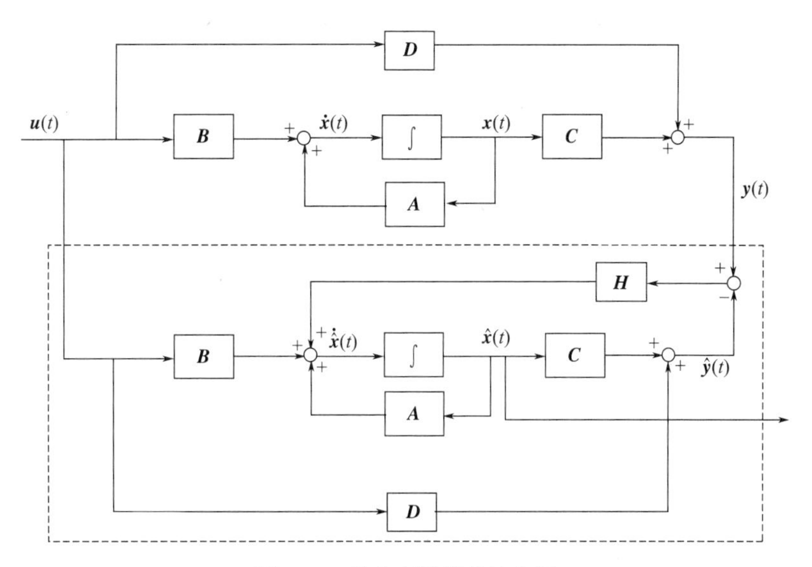

图 8-16　状态观测器的结构图

定义 8-5　对于系统（$\boldsymbol{A}$,$\boldsymbol{C}$），如果存在矩阵 $\boldsymbol{H}$，使得 $\boldsymbol{A}-\boldsymbol{HC}$ 的所有特征值都具有负实部，则称（$\boldsymbol{A}$,$\boldsymbol{C}$）能检测（Detectable）。

由于 $\boldsymbol{A}-\boldsymbol{HC}$ 和 $\boldsymbol{A}^{\mathrm{T}}-\boldsymbol{C}^{\mathrm{T}}\boldsymbol{H}^{\mathrm{T}}$ 具有相同的特征值，$\boldsymbol{A}-\boldsymbol{BK}$ 和 $\boldsymbol{A}^{\mathrm{T}}-\boldsymbol{K}^{\mathrm{T}}\boldsymbol{B}^{\mathrm{T}}$ 具有相同的特征值，因此能检测与能镇定是一组对偶的概念，即有下面的定理。

定理 8-17　系统（$\boldsymbol{A}$,$\boldsymbol{B}$,$\boldsymbol{C}$,$\boldsymbol{D}$）能镇定（检测）当且仅当（$\boldsymbol{A}^{\mathrm{T}}$,$\boldsymbol{C}^{\mathrm{T}}$,$\boldsymbol{B}^{\mathrm{T}}$,$\boldsymbol{D}^{\mathrm{T}}$）能检测（镇定）。

上述定理意味着对（$\boldsymbol{A}^{\mathrm{T}}$,$\boldsymbol{C}^{\mathrm{T}}$）的能镇定性研究就相当于对（$\boldsymbol{A}$,$\boldsymbol{C}$）的能检测性研究，由此可得与定理 8-16 对应的能检测性定理。

定理 8-18　系统（$\boldsymbol{A}$,$\boldsymbol{C}$）能检测，当且仅当（$\boldsymbol{A}$,$\boldsymbol{C}$）的完全不能观子系统稳定。

关于设计满足要求式(8-140）的状态观测器的算法，亦可由镇定算法通过对偶途径得到，这里不再详述。

从图 8-15 中可以看出，状态观测器的输入是 $\boldsymbol{u}$ 和 $\boldsymbol{y}$，状态观测器自身的状态是$\hat{\boldsymbol{x}}$，由式(8-141）可得状态观测器的动态方程

$$\dot{\hat{\boldsymbol{x}}}(t)=(\boldsymbol{A}-\boldsymbol{HC})\hat{\boldsymbol{x}}(t)+(\boldsymbol{B}-\boldsymbol{HD})\boldsymbol{u}(t)+\boldsymbol{H}\boldsymbol{y}(t) \tag{8-144}$$

称 $\boldsymbol{A}-\boldsymbol{HC}$ 的特征值为状态观测器的极点。由于式(8-144）得到的是所有 n 维状态 $\boldsymbol{x}(t)$ 的估计值，故又称为全维观测器。很多情况下，设计状态观测器不仅要满足估计误差收敛的要求，还希望提高误差收敛的速度。这样，仅仅要求 $\boldsymbol{A}-\boldsymbol{HC}$ 的所有特征值都具有负实部是不够的，还需要把 $\boldsymbol{A}-\boldsymbol{HC}$ 的特征值设计在所期望的位置。不难理解，这种期望极点的状态观测器设计问题与极点配置问题对偶，由此可得到与定理 8-13 对应的如下定理。

定理 8-19　系统（8-136）可通过动态方程（8-144）描述的全维状态观测器给出系统状态变量估计值的充分必要条件是系统完全能观，式中矩阵 $\boldsymbol{H}$ 可按照极点配置的需要进行设计，以决定状态估计误差的速率。

该定理可以更简练地表示为：当且仅当（$\boldsymbol{A}$,$\boldsymbol{C}$）能观时，$\boldsymbol{A}-\boldsymbol{HC}$ 的闭环极点可由 $\boldsymbol{H}$ 配置到复平面的任意位置。在实际选择状态观测器的期望极点时，通常希望观测器的响应速度比状态反馈系统的响应速度快 3～10 倍。状态观测器的设计可由极点配置算法通过对偶途径得到，也有直接设计法与能观标准型设计法两种，以下通过例子分别介绍。

【例 8-33】　设受控对象传递函数为$\dfrac{Y(s)}{U(s)}=\dfrac{2}{(s+1)(s+2)}$，试设计全维状态观测器，将其极点配置在 -10，-5。

解　因为是单变量系统，故 $\boldsymbol{H}$ 阵演变为向量 $\boldsymbol{h}$，首先令 $\boldsymbol{h}=[h_1\quad h_2]^{\mathrm{T}}$。

第一种方法：采用直接设计法求 $\boldsymbol{h}$。

① 判别系统的能观性并写出状态空间模型。

由于该单输入单输出系统的传递函数没有零极点对消，故系统能控能观。若选取状态变量使其为能控标准型实现，则相关矩阵为

$$\boldsymbol{A}=\begin{bmatrix}0 & 1\\ -2 & -3\end{bmatrix};\quad \boldsymbol{b}=\begin{bmatrix}0\\ 1\end{bmatrix};\quad \boldsymbol{c}=[2\quad 0];\quad d=0$$

② 状态观测器的期望特征多项式

$$\Delta_o^*(s)=\prod_{i=1}^{n}(s+\lambda_i^*)=(s+10)(s+5)=s^2+15s+50=s^2+\alpha_1^* s+\alpha_0^*$$

③ 写出观测器的闭环特征多项式

$$\Delta_o(s)=|s\boldsymbol{I}-(\boldsymbol{A}-\boldsymbol{hc})|=\begin{vmatrix}s+2h_1 & -1\\ 2+2h_2 & s+3\end{vmatrix}=s^2+(2h_1+3)s+(6h_1+2h_2+2)$$

④ 通过比较期望特征多项式与闭环特征多项式确定状态观测增益向量 $\boldsymbol{h}$，即

$$\begin{cases}2h_1+3=15\\ 6h_1+2h_2+2=50\end{cases}\Rightarrow\begin{cases}h_1=6\\ h_2=6\end{cases}$$

第二种方法：采用能观标准型方法先求出 $\boldsymbol{h}_o$，然后转换到原状态空间的 $\boldsymbol{h}$。

①、②与第一种方法相同。

③ 写出开环系统 $\boldsymbol{A}$ 的特征多项式

$$\Delta(s)=s^2+\alpha_1 s+\alpha_0=|s\boldsymbol{I}-\boldsymbol{A}|=s^2+3s+2$$

④ 确定将（$\boldsymbol{A},\boldsymbol{c}$）化为能观标准型的状态变换阵

$$\boldsymbol{T}_o^{-1}=\boldsymbol{L}\boldsymbol{Q}_o=\begin{bmatrix}3 & 1\\ 1 & 0\end{bmatrix}\begin{bmatrix}2 & 0\\ 0 & 2\end{bmatrix}=\begin{bmatrix}6 & 2\\ 2 & 0\end{bmatrix},\quad \boldsymbol{T}_o=\begin{bmatrix}0 & 0.5\\ 0.5 & -1.5\end{bmatrix}$$

⑤ 计算状态观测增益向量 $\boldsymbol{h}$

$$\boldsymbol{h}=\boldsymbol{T}_o\begin{bmatrix}\alpha_0^*-\alpha_0\\ \alpha_1^*-\alpha_1\end{bmatrix}=\begin{bmatrix}0 & 0.5\\ 0.5 & -1.5\end{bmatrix}\begin{bmatrix}50-2\\ 15-3\end{bmatrix}=\begin{bmatrix}6\\ 6\end{bmatrix}$$

⑥ 构建全维观测器，写出观测器闭环方程

$$\begin{aligned}\dot{\hat{\boldsymbol{x}}}(t)&=(\boldsymbol{A}-\boldsymbol{hc})\hat{\boldsymbol{x}}(t)+(\boldsymbol{b}-\boldsymbol{hd})u(t)+\boldsymbol{h}y(t)\\ &=\begin{bmatrix}-12 & 1\\ -14 & -3\end{bmatrix}\hat{\boldsymbol{x}}(t)+\begin{bmatrix}0\\ 1\end{bmatrix}u(t)+\begin{bmatrix}6\\ 6\end{bmatrix}y(t)\end{aligned}$$

在采用能观标准型方法时，特别要注意的是上例中的④、⑤两步，即需要先将能观系统转换为能观标准型，然后计算能观标准型状态空间下的状态观测阵 $\boldsymbol{H}_o$，其中

$$h_{oi}=\alpha_{i-1}^*-\alpha_{i-1},\quad i=1,2,\cdots,n \tag{8-145}$$

在得到能观标准型的状态观测阵 $\boldsymbol{H}_o$后，借助能观变换矩阵 $\boldsymbol{T}_o$得到原系统的状态观测阵 $\boldsymbol{H}$

$$\boldsymbol{H}=\boldsymbol{T}_o\boldsymbol{H}_o \tag{8-146}$$

读者需要注意这里 $\boldsymbol{H}$ 的求取与状态反馈控制阵$\boldsymbol{K}$ 的异同。与状态反馈一样，在确定的状态空间下，针对确定的问题设计的状态观测器阵 H 是惟一的。

一般来说，给定系统模型是传递函数的话，如果要设计状态观测器，建议用能观标准型实现较好，这样设计状态观测器时可以直接任意配置状态观测器的闭环极点，而不需要计算转换矩阵（请读者试一下例 8-33）；同样，如果是设计状态反馈控制器，则直接采用能控标准型实现更方便。

二、降维状态观测器

迄今为止，这一节所讨论的全维状态观测器是重构系统的所有状态分量，并不考虑有一些状态分量实际上是可以准确地量测，或者可用输出 $\boldsymbol{y}(t)$ 直接计算得到的。这种情况下，状态观测器是否可以只估计那些无法得到真实值的状态分量？答案是显然的，这样的观测器即被称为降维状态观测器，简称降维观测器。

假设状态能观系统的状态 $\boldsymbol{x}(t)$ 为 n 维向量，输出 $\boldsymbol{y}(t)$ 为可量测的 l 维向量。由于 $\boldsymbol{y}(t)$ 是状态分量的线性组合，所以就有 l 个状态分量不必进行估计，只需要估计 $n-l$ 个状态分量即可。设计的 $n-l$ 维观测

器，称之为降维观测器，又被称为是最小维（阶）观测器。特别地，若被观测系统为单输出，即 $l=1$，则降维观测器的最小维数为 $n-1$。

为设计降维观测器，可先将状态空间表达式变换为一种特定的形式，使得 $\boldsymbol{y}(t)$ 本身就是一部分状态分量，然后用全维状态观测器的方法设计另一部分状态分量的观测器。下面介绍降维观测器设计的具体方法。考虑完全能观的系统

$$\dot{\boldsymbol{x}}(t)=\boldsymbol{A}\boldsymbol{x}(t)+\boldsymbol{B}\boldsymbol{u}(t)$$
$$\boldsymbol{y}(t)=\boldsymbol{C}\boldsymbol{x}(t)+\boldsymbol{D}\boldsymbol{u}(t)$$

设 $\boldsymbol{C}$ 行满秩，即 $\mathrm{rank}\boldsymbol{C}=l$。构造 $Q\in R^{(n-l)\times n}$ 使 $\begin{bmatrix}Q\\ \boldsymbol{C}\end{bmatrix}$ 非奇异，对系统作状态变换 $\boldsymbol{x}(t)=\boldsymbol{T}\begin{bmatrix}\boldsymbol{z}_1(t)\\ \boldsymbol{z}_2(t)\end{bmatrix}$，且

$$\boldsymbol{T}=\begin{bmatrix}Q\\ \boldsymbol{C}\end{bmatrix}^{-1} \tag{8-147}$$

式中 $\boldsymbol{z}_1(t)$ 为 $n-l$ 维向量，$\boldsymbol{z}_2(t)$ 为 l 维向量。变换后得到

$$\dot{\boldsymbol{z}}_1(t)=\boldsymbol{A}_{11}\boldsymbol{z}_1(t)+\boldsymbol{A}_{12}\boldsymbol{z}_2(t)+\boldsymbol{B}_1\boldsymbol{u}(t) \tag{8-148}$$

$$\dot{\boldsymbol{z}}_2(t)=\boldsymbol{A}_{21}\boldsymbol{z}_1(t)+\boldsymbol{A}_{22}\boldsymbol{z}_2(t)+\boldsymbol{B}_2\boldsymbol{u}(t) \tag{8-149}$$

$$\boldsymbol{y}(t)=\boldsymbol{z}_2(t)+\boldsymbol{D}\boldsymbol{u}(t) \tag{8-150}$$

消去式(8-148) 中的 $\boldsymbol{z}_2(t)$

$$\dot{\boldsymbol{z}}_1(t)=\boldsymbol{A}_{11}\boldsymbol{z}_1(t)+\boldsymbol{A}_{12}\boldsymbol{y}(t)+(\boldsymbol{B}_1-\boldsymbol{A}_{12}\boldsymbol{D})\boldsymbol{u}(t) \tag{8-151}$$

$$\dot{\boldsymbol{y}}(t)-\boldsymbol{D}\dot{\boldsymbol{u}}(t)-\boldsymbol{A}_{22}\boldsymbol{y}(t)-\boldsymbol{A}_{22}\boldsymbol{D}\boldsymbol{u}(t)-\boldsymbol{B}_2\boldsymbol{u}(t)=\boldsymbol{A}_{21}\boldsymbol{z}_1(t) \tag{8-152}$$

可见，式(8-151)、式(8-152) 组成了一个 $n-l$ 阶系统，其状态为 $\boldsymbol{z}_1(t)$，输入为 $\boldsymbol{y}(t)$ 和 $\boldsymbol{u}(t)$，输出为 $\dot{\boldsymbol{y}}(t)-\boldsymbol{D}\dot{\boldsymbol{u}}(t)-\boldsymbol{A}_{22}\boldsymbol{y}(t)-\boldsymbol{A}_{22}\boldsymbol{D}\boldsymbol{u}(t)-\boldsymbol{B}_2\boldsymbol{u}(t)$。将全维观测器的设计方法用于该系统，可得 $n-l$ 阶观测器

$$\begin{aligned}\dot{\hat{\boldsymbol{z}}}_1(t)=&(\boldsymbol{A}_{11}-\boldsymbol{H}\boldsymbol{A}_{21})\hat{\boldsymbol{z}}_1(t)+\boldsymbol{A}_{12}\boldsymbol{y}(t)+(\boldsymbol{B}_1-\boldsymbol{A}_{12}\boldsymbol{D})\boldsymbol{u}(t)\\&+\boldsymbol{H}[\dot{\boldsymbol{y}}(t)-\boldsymbol{D}\dot{\boldsymbol{u}}(t)-\boldsymbol{A}_{22}\boldsymbol{y}(t)-\boldsymbol{A}_{22}\boldsymbol{D}\boldsymbol{u}(t)-\boldsymbol{B}_2\boldsymbol{u}(t)]\end{aligned} \tag{8-153}$$

式中 $\boldsymbol{H}\in R^{(n-l)\times(n-l)}$ 是降维状态观测器增益阵。由于式(8-153) 中的 $\dot{\boldsymbol{y}}(t)$ 和 $\dot{\boldsymbol{u}}(t)$ 容易引入噪声，所以应避免它们的出现，令

$$\hat{\boldsymbol{w}}(t)=\hat{\boldsymbol{z}}_1(t)-\boldsymbol{H}\boldsymbol{y}(t)+\boldsymbol{H}\boldsymbol{D}\boldsymbol{u}(t) \tag{8-154}$$

则

$$\begin{aligned}\dot{\hat{\boldsymbol{w}}}(t)&=\dot{\hat{\boldsymbol{z}}}_1(t)-\boldsymbol{H}\dot{\boldsymbol{y}}(t)+\boldsymbol{H}\boldsymbol{D}\dot{\boldsymbol{u}}(t)\\&=(\boldsymbol{A}_{11}-\boldsymbol{H}\boldsymbol{A}_{21})\hat{\boldsymbol{z}}_1(t)+(\boldsymbol{A}_{12}-\boldsymbol{H}\boldsymbol{A}_{22})\boldsymbol{y}(t)+(\boldsymbol{B}_1-\boldsymbol{A}_{12}\boldsymbol{D}-\boldsymbol{H}\boldsymbol{A}_{22}\boldsymbol{D}-\boldsymbol{H}\boldsymbol{B}_2)\boldsymbol{u}(t)\\&=(\boldsymbol{A}_{11}-\boldsymbol{H}\boldsymbol{A}_{21})\hat{\boldsymbol{w}}(t)+(\boldsymbol{A}_{12}-\boldsymbol{H}\boldsymbol{A}_{22}+\boldsymbol{A}_{11}\boldsymbol{H}-\boldsymbol{H}\boldsymbol{A}_{21}\boldsymbol{H})\boldsymbol{y}(t)\\&\quad+(\boldsymbol{B}_1-\boldsymbol{A}_{12}\boldsymbol{D}-\boldsymbol{H}\boldsymbol{A}_{22}\boldsymbol{D}-\boldsymbol{H}\boldsymbol{B}_2-\boldsymbol{A}_{11}\boldsymbol{H}\boldsymbol{D}+\boldsymbol{H}\boldsymbol{A}_{21}\boldsymbol{H}\boldsymbol{D})\boldsymbol{u}(t)\end{aligned} \tag{8-155}$$

式(8-155) 已是一个没有 $\dot{\boldsymbol{y}}(t)$ 和 $\dot{\boldsymbol{u}}(t)$ 的观测器。最后，由

$$\hat{\boldsymbol{z}}_1(t)=\hat{\boldsymbol{w}}(t)+\boldsymbol{H}\boldsymbol{y}(t)-\boldsymbol{H}\boldsymbol{D}\boldsymbol{u}(t)$$

$$\hat{\boldsymbol{x}}(t)=\boldsymbol{T}\begin{bmatrix}\hat{\boldsymbol{z}}_1(t)\\ \boldsymbol{y}(t)\end{bmatrix}$$

可得到降维观测器的表达式

$$\begin{aligned}\dot{\hat{\boldsymbol{w}}}(t)=&(\boldsymbol{A}_{11}-\boldsymbol{H}\boldsymbol{A}_{21})\hat{\boldsymbol{w}}(t)+(\boldsymbol{A}_{12}-\boldsymbol{H}\boldsymbol{A}_{22}+\boldsymbol{A}_{11}\boldsymbol{H}-\boldsymbol{H}\boldsymbol{A}_{21}\boldsymbol{H})\boldsymbol{y}(t)+\\&(\boldsymbol{B}_1-\boldsymbol{A}_{12}\boldsymbol{D}-\boldsymbol{H}\boldsymbol{B}_2-\boldsymbol{H}\boldsymbol{A}_{22}\boldsymbol{D}-\boldsymbol{A}_{11}\boldsymbol{H}\boldsymbol{D}+\boldsymbol{H}\boldsymbol{A}_{21}\boldsymbol{H}\boldsymbol{D})\boldsymbol{u}(t)\end{aligned} \tag{8-156}$$

$$\hat{\boldsymbol{x}}(t)=\boldsymbol{T}\begin{bmatrix}\hat{\boldsymbol{w}}(t)+\boldsymbol{H}\boldsymbol{y}(t)-\boldsymbol{H}\boldsymbol{D}\boldsymbol{u}(t)\\ \boldsymbol{y}(t)\end{bmatrix}=\boldsymbol{T}\begin{bmatrix}\boldsymbol{I}\\ 0\end{bmatrix}\hat{\boldsymbol{w}}(t)+\boldsymbol{T}\begin{bmatrix}\boldsymbol{H}\\ \boldsymbol{I}\end{bmatrix}\boldsymbol{y}(t)-\boldsymbol{T}\begin{bmatrix}\boldsymbol{H}\boldsymbol{D}\\ 0\end{bmatrix}\boldsymbol{u}(t) \tag{8-157}$$

【例 8-34】 已知状态不可量测的受控系统

$$\begin{cases}\dot{\boldsymbol{x}}(t)=\begin{bmatrix}4 & 4 & 4\\ -11 & -12 & -12\\ 13 & 14 & 13\end{bmatrix}\boldsymbol{x}(t)+\begin{bmatrix}1\\ -1\\ 0\end{bmatrix}u(t)\\ y(t)=[1\quad 1\quad 1]\boldsymbol{x}(t)\end{cases}$$

试设计降维观测器，要求状态观测器的极点为{−3,−4}。

解 ① 判别能观性。容易判得此系统完全能观。

② $\boldsymbol{c}$ 行满秩，构造 $\boldsymbol{Q}=\begin{bmatrix}1&0&0\\0&1&0\end{bmatrix}$，得非奇异的 $\begin{bmatrix}\boldsymbol{Q}\\\boldsymbol{c}\end{bmatrix}$，计算状态变换阵

$$\boldsymbol{T}=\begin{bmatrix}\boldsymbol{Q}\\\boldsymbol{c}\end{bmatrix}^{-1}=\begin{bmatrix}1&0&0\\0&1&0\\1&1&1\end{bmatrix}^{-1}=\begin{bmatrix}1&0&0\\0&1&0\\-1&-1&1\end{bmatrix}$$

变换后的系统为

$$\begin{bmatrix}\dot{\boldsymbol{z}}_1(t)\\\dot{z}_2(t)\end{bmatrix}=\begin{bmatrix}0&0&4\\1&0&-12\\1&1&5\end{bmatrix}\begin{bmatrix}\boldsymbol{z}_1(t)\\z_2(t)\end{bmatrix}+\begin{bmatrix}1\\-1\\0\end{bmatrix}u(t)$$

$$y(t)=z_2(t)$$

即 $\boldsymbol{A}_{11}=\begin{bmatrix}0&0\\1&0\end{bmatrix}$，$\boldsymbol{A}_{12}=\begin{bmatrix}4\\-12\end{bmatrix}$，$\boldsymbol{A}_{21}=[1\quad 1]$，$A_{22}=5$，$\boldsymbol{b}_1=\begin{bmatrix}1\\-1\end{bmatrix}$，$b_2=0$，$d=0$。

③ 令 $\boldsymbol{h}=[h_1\quad h_2]^{\mathrm{T}}$，则观测器特征方程为

$$\Delta_{\mathrm{cl}}=|s\boldsymbol{I}-(\boldsymbol{A}_{11}-\boldsymbol{h}\boldsymbol{A}_{21})|=\begin{vmatrix}s+h_1&h_1\\h_2-1&s+h_2\end{vmatrix}=s^2+(h_1+h_2)s+h_1$$

由于期望的观测器特征方程为

$$\Delta^*=(s+3)(s+4)=s^2+7s+12$$

令上两式相等，解之：$h_1=12$，$h_2=-5$。于是

$$\boldsymbol{h}=[12\quad -5]^{\mathrm{T}}$$

④ 计算

$$\boldsymbol{A}_{11}-\boldsymbol{h}\boldsymbol{A}_{21}=\begin{bmatrix}5&5\\-11&-12\end{bmatrix}$$

$$\boldsymbol{A}_{12}-\boldsymbol{h}A_{22}+\boldsymbol{A}_{11}\boldsymbol{h}-\boldsymbol{h}\boldsymbol{A}_{21}\boldsymbol{h}=\begin{bmatrix}-140\\60\end{bmatrix}$$

$$\boldsymbol{b}_1-\boldsymbol{A}_{12}d-\boldsymbol{h}b_2-\boldsymbol{A}_{11}\boldsymbol{h}d+\boldsymbol{h}\boldsymbol{A}_{21}\boldsymbol{h}d=\begin{bmatrix}1\\-1\end{bmatrix}$$

$$\boldsymbol{T}\begin{bmatrix}\boldsymbol{h}\\1\end{bmatrix}=\begin{bmatrix}12\\-5\\-6\end{bmatrix}$$

⑤ 降维观测器为

$$\dot{\hat{\boldsymbol{w}}}(t)=\begin{bmatrix}5&5\\-11&-12\end{bmatrix}\hat{\boldsymbol{w}}(t)+\begin{bmatrix}-140\\60\end{bmatrix}y(t)+\begin{bmatrix}1\\-1\end{bmatrix}u(t)$$

$$\hat{\boldsymbol{x}}(t)=\begin{bmatrix}1&0\\0&1\\-1&-1\end{bmatrix}\hat{\boldsymbol{w}}(t)+\begin{bmatrix}12\\-5\\-6\end{bmatrix}y(t)$$

从设计与实现的角度来看，降维观测器减少了系统中积分器的个数，在提出状态观测器的20世纪70年代，减少积分器个数为状态观测器的工程实现提供了方便；另一方面，工程中一般都有可测变量可以利用，因此降维观测器更具有实际的工程应用价值。

三、状态观测反馈系统（分离定理）

对于状态无法量测的（$\boldsymbol{A},\boldsymbol{B},\boldsymbol{C},\boldsymbol{D}$），状态观测的最终目的在于用状态估计值$\hat{\boldsymbol{x}}(t)$替代状态反馈的$\boldsymbol{u}(t)=\boldsymbol{r}(t)-\boldsymbol{K}\boldsymbol{x}(t)$中的状态真值$\boldsymbol{x}(t)$以间接实现状态反馈，即反馈律就变成$\boldsymbol{u}(t)=\boldsymbol{r}(t)-\boldsymbol{K}\hat{\boldsymbol{x}}(t)$，并形成如图8-17所示的状态观测反馈系统，又称复合系统。

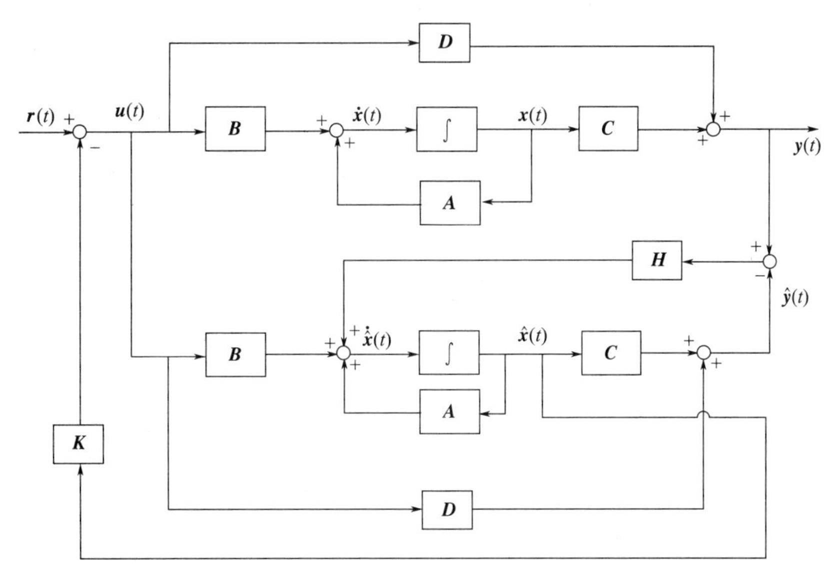

图 8-17　状态观测反馈系统的结构

对于图 8-17，容易产生疑问：当用状态估计值替代状态真值进行反馈时，状态反馈阵 $\boldsymbol{K}$ 是否需要重新设计，以保持系统的期望特征值；在状态观测器引入系统之后，状态反馈部分是否会改变已经设计好的观测器的闭环极点，观测器的反馈阵 $\boldsymbol{H}$ 是否需要重新设计？下面作进一步的分析。图 8-17 所示系统可描述为

$$\begin{cases}\dot{\boldsymbol{x}}(t)=\boldsymbol{Ax}(t)+\boldsymbol{Bu}(t)\\ \boldsymbol{y}(t)=\boldsymbol{Cx}(t)+\boldsymbol{Du}(t)\\ \dot{\hat{\boldsymbol{x}}}(t)=(\boldsymbol{A}-\boldsymbol{HC})\hat{\boldsymbol{x}}(t)+(\boldsymbol{B}-\boldsymbol{HD})\boldsymbol{u}(t)+\boldsymbol{Hy}(t)\\ \boldsymbol{u}(t)=\boldsymbol{r}(t)-\boldsymbol{K}\hat{\boldsymbol{x}}(t)\end{cases} \tag{8-158}$$

取 $\begin{bmatrix}\boldsymbol{x}\\ \hat{\boldsymbol{x}}\end{bmatrix}$ 为复合系统的状态，整理式(8-158) 可得 $2n$ 维的复合系统的状态空间表达式

$$\begin{cases}\begin{bmatrix}\dot{\boldsymbol{x}}(t)\\ \dot{\hat{\boldsymbol{x}}}(t)\end{bmatrix}=\begin{bmatrix}\boldsymbol{A} & -\boldsymbol{BK}\\ \boldsymbol{HC} & \boldsymbol{A}-\boldsymbol{BK}-\boldsymbol{HC}\end{bmatrix}\begin{bmatrix}\boldsymbol{x}(t)\\ \hat{\boldsymbol{x}}(t)\end{bmatrix}+\begin{bmatrix}\boldsymbol{B}\\ \boldsymbol{B}\end{bmatrix}\boldsymbol{r}(t)\\ \boldsymbol{y}(t)=[\boldsymbol{C}\quad -\boldsymbol{DK}]\begin{bmatrix}\boldsymbol{x}(t)\\ \hat{\boldsymbol{x}}(t)\end{bmatrix}+\boldsymbol{Dr}(t)\end{cases} \tag{8-159}$$

为了清晰地显示出该系统的特征，对式(8-159) 作状态变换

$$\boldsymbol{T}^{-1}=\begin{bmatrix}\boldsymbol{I} & 0\\ \boldsymbol{I} & -\boldsymbol{I}\end{bmatrix},\boldsymbol{T}=\begin{bmatrix}\boldsymbol{I} & 0\\ \boldsymbol{I} & -\boldsymbol{I}\end{bmatrix}$$

得到

$$\overline{\boldsymbol{A}}=\boldsymbol{T}^{-1}\begin{bmatrix}\boldsymbol{A} & -\boldsymbol{BK}\\ \boldsymbol{HC} & \boldsymbol{A}-\boldsymbol{BK}-\boldsymbol{HC}\end{bmatrix}\boldsymbol{T}=\begin{bmatrix}\boldsymbol{A}-\boldsymbol{BK} & \boldsymbol{BK}\\ 0 & \boldsymbol{A}-\boldsymbol{HC}\end{bmatrix}$$

$$\overline{\boldsymbol{B}}=\boldsymbol{T}^{-1}\begin{bmatrix}\boldsymbol{B}\\ \boldsymbol{B}\end{bmatrix}=\begin{bmatrix}\boldsymbol{B}\\ 0\end{bmatrix}$$

$$\overline{\boldsymbol{C}}=[\boldsymbol{C}\quad -\boldsymbol{DK}]\begin{bmatrix}\boldsymbol{I} & 0\\ \boldsymbol{I} & -\boldsymbol{I}\end{bmatrix}=[\boldsymbol{C}-\boldsymbol{DK}\quad \boldsymbol{DK}]$$

状态观测反馈系统（8-159）的特征多项式为

$$|s\boldsymbol{I}-\overline{\boldsymbol{A}}|=\begin{vmatrix}s\boldsymbol{I}-(\boldsymbol{A}-\boldsymbol{BK}) & -\boldsymbol{BK}\\ 0 & s\boldsymbol{I}-(\boldsymbol{A}-\boldsymbol{HC})\end{vmatrix}=|s\boldsymbol{I}-(\boldsymbol{A}-\boldsymbol{BK})|\cdot|s\boldsymbol{I}-(\boldsymbol{A}-\boldsymbol{HC})| \tag{8-160}$$

还可证明，复合系统的传递函数矩阵为

$$\boldsymbol{G}(s)=\boldsymbol{C}[s\boldsymbol{I}-(\boldsymbol{A}-\boldsymbol{BK})]^{-1}\boldsymbol{B}+\boldsymbol{D} \tag{8-161}$$

式(8-160) 表明复合系统的系统极点可分为两部分：一部分是 $\boldsymbol{A}-\boldsymbol{BK}$ 的特征值，它们与 $\boldsymbol{H}$ 无关；另一部分

是 $\boldsymbol{A}-\boldsymbol{HC}$ 的特征值，它们与 $\boldsymbol{K}$ 无关，也即这两部分的特征值相互独立，彼此不受影响。式(8-161) 表明复合系统与状态反馈系统具有相同的传递特性，与状态观测器无关。因此，状态反馈阵 $\boldsymbol{K}$ 与状态观测阵 $\boldsymbol{H}$ 可以根据各自的要求独立地进行设计。这种特性被称之为状态观测反馈系统的分离特性，相应地有以下分离定理。

定理 8-20(分离定理) 当且仅当 $(\boldsymbol{A},\boldsymbol{B},\boldsymbol{C},\boldsymbol{D})$ 能控能观时，用状态观测器的状态估计值形成状态反馈系统时，其系统的极点配置和状态观测器的设计可分别独立进行，即系统极点可以由 $\boldsymbol{K}$ 和 $\boldsymbol{H}$ 分别配置到复平面的任意位置。

分离特性也使得状态观测反馈系统设计直接分成设计 $\boldsymbol{K}$ 和设计 $\boldsymbol{H}$ 两部分。设计 $\boldsymbol{K}$ 可由极点配置算法或镇定算法来完成；设计 $\boldsymbol{H}$ 可由与极点配置或与镇定相对偶的状态观测器设计算法来完成，设计 $\boldsymbol{K}$ 和设计 $\boldsymbol{H}$ 可分别独立进行。

【例 8-35】 已知状态不可量测的受控系统 $\begin{cases}\dot{\boldsymbol{x}}(t)=\begin{bmatrix}0 & 1\\ 0 & -6\end{bmatrix}\boldsymbol{x}(t)+\begin{bmatrix}0\\ 1\end{bmatrix}u(t)\\ y(t)=\begin{bmatrix}1 & 0\end{bmatrix}\boldsymbol{x}(t)+2u(t)\end{cases}$，试对其设计状态反馈系统，使得系统极点位于 $\{-4\pm \mathrm{j}6\}$；要求状态观测器的极点为 $\{-9,-10\}$。

解 ①判别能控性和能观性。容易判得此系统能控能观。

② 设计状态观测器。期望特征多项式

$$\Delta_{\mathrm{o}}^{*}(s)=(s+9)(s+10)=s^2+19s+90$$

令 $\boldsymbol{h}=\begin{bmatrix}h_1 & h_2\end{bmatrix}^{\mathrm{T}}$，则状态观测器的闭环特征多项式

$$\Delta_{\mathrm{ocl}}(s)=|s\boldsymbol{I}-(\boldsymbol{A}-\boldsymbol{hc})|=s^2+(6+h_1)s+(6h_1+h_2)$$

与期望特征多项式 $\Delta_{\mathrm{o}}^{*}(s)$ 相比较，得到 $h_1=13$ 和 $h_2=12$。

③ 设计状态反馈控制器。期望特征多项式

$$\Delta_{\mathrm{c}}^{*}(s)=(s+4-\mathrm{j}6)(s+4+\mathrm{j}6)=s^2+8s+52$$

令 $\boldsymbol{k}=\begin{bmatrix}k_1 & k_2\end{bmatrix}$，则状态反馈控制器的闭环特征多项式

$$\Delta_{\mathrm{ccl}}(s)=|s\boldsymbol{I}-(\boldsymbol{A}-\boldsymbol{bk})|=s^2+(6+k_2)s+k_1$$

与期望特征多项式 $\Delta_{\mathrm{c}}^{*}(s)$ 相比较，得到 $k_1=52$ 和 $k_2=2$。

④ 确定状态观测反馈系统（复合系统）

$$\begin{cases}\begin{bmatrix}\dot{\boldsymbol{x}}(t)\\ \dot{\hat{\boldsymbol{x}}}(t)\end{bmatrix}=\begin{bmatrix}0 & 1 & 0 & 0\\ 0 & -6 & -52 & -2\\ 13 & 0 & -13 & 1\\ 12 & 0 & -64 & -8\end{bmatrix}\begin{bmatrix}\boldsymbol{x}(t)\\ \hat{\boldsymbol{x}}(t)\end{bmatrix}+\begin{bmatrix}0\\ 1\\ 0\\ 1\end{bmatrix}w(t)\\ y(t)=\begin{bmatrix}1 & 0 & -104 & -4\end{bmatrix}\begin{bmatrix}\boldsymbol{x}(t)\\ \hat{\boldsymbol{x}}(t)\end{bmatrix}+2w(t)\end{cases}$$

第六节 线性定常离散系统的状态空间分析法

线性定常离散系统的状态空间分析法与前面几节用于线性定常连续系统的方法在本质上没有区别。设线性定常离散系统 Σ_z 的状态空间表达式为

$$\begin{cases}\boldsymbol{x}(k+1)=\boldsymbol{A}_z\boldsymbol{x}(k)+\boldsymbol{B}_z\boldsymbol{u}(k)\\ \boldsymbol{y}(k)=\boldsymbol{C}_z\boldsymbol{x}(k)+\boldsymbol{D}_z\boldsymbol{u}(k)\end{cases}\quad k\in\{0,1,2,\cdots\} \tag{8-162}$$

其中，$\boldsymbol{A}_z\in R^{n\times n}$，$\boldsymbol{B}_z\in R^{n\times m}$，$\boldsymbol{C}_z\in R^{l\times n}$，$\boldsymbol{D}_z\in R^{l\times m}$。注意到，式中的相关矩阵下标均标注了“z”，以示与连续系统的区别，在不会混淆的情况下，下标“z”可以省略。

一、离散系统的能控性

定义 8-6 对于系统 $(\boldsymbol{A}_z,\boldsymbol{B}_z,\boldsymbol{C}_z,\boldsymbol{D}_z)$，如果对任意初态 $\boldsymbol{x}(0)\in R^n$ 和任意终态 $\boldsymbol{x}_{\mathrm{f}}\in R^n$，存在正整数 N 及无约束的控制序列 $\boldsymbol{u}(0)$，$\boldsymbol{u}(1)$，…，$\boldsymbol{u}(N-1)$，使得系统能从 $\boldsymbol{x}(0)$ 转移至 $\boldsymbol{x}(N)=\boldsymbol{x}_{\mathrm{f}}$，则称系统 $(\boldsymbol{A}_z$，

$\boldsymbol{B}_z,\boldsymbol{C}_z,\boldsymbol{D}_z$）能控；如果存在 $\boldsymbol{x}(0)\in R^n$ 和 $\boldsymbol{x}_f\in R^n$，对任意的正整数 N 及任意的无约束控制序列 $\boldsymbol{u}(0)$，$\boldsymbol{u}(1),\cdots,\boldsymbol{u}(N-1)$，都有 $\boldsymbol{x}(N)\neq\boldsymbol{x}_f$，则称（$\boldsymbol{A}_z,\boldsymbol{B}_z,\boldsymbol{C}_z,\boldsymbol{D}_z$）不能控；如果 $\boldsymbol{B}_z=0$，则称（$\boldsymbol{A}_z,\boldsymbol{B}_z,\boldsymbol{C}_z,\boldsymbol{D}_z$）完全不能控。

定理 8-21 系统（$\boldsymbol{A}_z,\boldsymbol{B}_z,\boldsymbol{C}_z,\boldsymbol{D}_z$）能控的充分必要条件是其能控判别矩阵

$$\boldsymbol{Q}_c=\begin{bmatrix}\boldsymbol{B}_z & \boldsymbol{A}_z\boldsymbol{B}_z & \cdots & \boldsymbol{A}_z^{n-1}\boldsymbol{B}_z\end{bmatrix} \tag{8-163}$$

行满秩，即 $\mathrm{rank}\boldsymbol{Q}_c=n$。当 $\mathrm{rank}\boldsymbol{Q}_c<n$ 时，系统不能控。

【例 8-36】 设单输入线性定常离散系统状态方程为

$$\boldsymbol{x}(k+1)=\begin{bmatrix}1&0&0\\0&2&-2\\-1&1&0\end{bmatrix}\boldsymbol{x}(k)+\begin{bmatrix}1\\0\\1\end{bmatrix}\boldsymbol{u}(k)$$

问：①系统是否能控？②若初始状态 $\boldsymbol{x}(0)=[2\quad 1\quad 0]^{\mathrm{T}}$，试确定使 $\boldsymbol{x}(3)=0$ 的控制序列 $u(0),u(1),u(2)$。

解 ①由能控性判断矩阵的秩

$$\mathrm{rank}\boldsymbol{Q}_c=\mathrm{rank}\begin{bmatrix}\boldsymbol{B}_z & \boldsymbol{A}_z\boldsymbol{B}_z & \boldsymbol{A}_z^2\boldsymbol{B}_z\end{bmatrix}=\mathrm{rank}\begin{bmatrix}1&1&1\\0&-2&-2\\1&-1&-3\end{bmatrix}=3=n$$

知系统能控。

② 为减少矩阵求逆的麻烦，可采用递推法来求解。令 $k=0,1,2$，可得状态序列

$$\boldsymbol{x}(1)=\boldsymbol{A}_z\boldsymbol{x}(0)+\boldsymbol{B}_z u(0)=\begin{bmatrix}1&0&0\\0&2&-2\\-1&1&0\end{bmatrix}\begin{bmatrix}2\\1\\0\end{bmatrix}+\begin{bmatrix}1\\0\\1\end{bmatrix}u(0)=\begin{bmatrix}2\\2\\-1\end{bmatrix}+\begin{bmatrix}1\\0\\1\end{bmatrix}u(0)$$

$$\boldsymbol{x}(2)=\boldsymbol{A}_z\boldsymbol{x}(1)+\boldsymbol{B}_z u(1)=\begin{bmatrix}2\\6\\0\end{bmatrix}+\begin{bmatrix}1\\-2\\-1\end{bmatrix}u(0)+\begin{bmatrix}1\\0\\1\end{bmatrix}u(1)$$

$$\boldsymbol{x}(3)=\boldsymbol{A}_z\boldsymbol{x}(2)+\boldsymbol{B}_z u(2)=\begin{bmatrix}2\\12\\4\end{bmatrix}+\begin{bmatrix}1\\-2\\-3\end{bmatrix}u(0)+\begin{bmatrix}1\\-2\\-1\end{bmatrix}u(1)+\begin{bmatrix}1\\0\\1\end{bmatrix}u(2)$$

令 $\boldsymbol{x}(3)=0$，则有

$$\begin{bmatrix}1&1&1\\-2&-2&0\\-3&-1&1\end{bmatrix}\begin{bmatrix}u(0)\\u(1)\\u(2)\end{bmatrix}=\begin{bmatrix}-2\\-12\\-4\end{bmatrix}$$

由于 $\boldsymbol{u}$ 的系数矩阵即能控性矩阵，非奇异，因而可得

$$\begin{bmatrix}u(0)\\u(1)\\u(2)\end{bmatrix}=\begin{bmatrix}1&1&1\\-2&-2&0\\-3&-1&1\end{bmatrix}^{-1}\begin{bmatrix}-2\\-12\\-4\end{bmatrix}=\frac{1}{2}\begin{bmatrix}1&1&-1\\-1&-2&1\\2&1&0\end{bmatrix}\begin{bmatrix}-2\\-12\\-4\end{bmatrix}=\begin{bmatrix}-5\\11\\-8\end{bmatrix}$$

即使 $\boldsymbol{x}(3)=0$ 的控制序列 $u(0)=-5$，$u(1)=11$，$u(2)=-8$。

二、离散系统的能观性

定义 8-7 对于系统（$\boldsymbol{A}_z,\boldsymbol{B}_z,\boldsymbol{C}_z,\boldsymbol{D}_z$），如果存在正整数 N，根据 $\{0,\cdots,N-1\}$ 间的输出 $\boldsymbol{y}(k)$ 和输入 $\boldsymbol{u}(k)$，能确定出初始状态 $\boldsymbol{x}(0)$，则称系统（$\boldsymbol{A}_z,\boldsymbol{B}_z,\boldsymbol{C}_z,\boldsymbol{D}_z$）能观或完全能观；如果对任意的正整数 N，根据 $\{0,\cdots,N-1\}$ 间的 $\boldsymbol{y}(k)$ 和 $\boldsymbol{u}(k)$ 均不能确定出初始状态 $\boldsymbol{x}(0)$，则称（$\boldsymbol{A}_z,\boldsymbol{B}_z,\boldsymbol{C}_z,\boldsymbol{D}_z$）不能观；如果 $\boldsymbol{C}_z=0$，则称（$\boldsymbol{A}_z,\boldsymbol{B}_z,\boldsymbol{C}_z,\boldsymbol{D}_z$）完全不能观。

定理 8-22 系统（$\boldsymbol{A}_z,\boldsymbol{B}_z,\boldsymbol{C}_z,\boldsymbol{D}_z$）能观的充分必要条件是其能观性判别阵

$$\boldsymbol{Q}_o=\begin{bmatrix}\boldsymbol{C}_z\\\boldsymbol{C}_z\boldsymbol{A}_z\\\vdots\\\boldsymbol{C}_z\boldsymbol{A}_z^{n-1}\end{bmatrix} \tag{8-164}$$

列满秩，即 $\text{rank}\boldsymbol{Q}_o=n$。当 $\text{rank}\boldsymbol{Q}_o<n$ 时，系统不能观。

【例 8-37】 已知线性定常离散系统的状态方程为

$$\boldsymbol{x}(k+1)=\boldsymbol{A}_z\boldsymbol{x}(k)+\boldsymbol{B}_z\boldsymbol{u}(k);\qquad y(k)=\boldsymbol{C}_{zi}\boldsymbol{x}(k);\ i=1,2$$

其中 $\boldsymbol{A}_z=\begin{bmatrix}1&0&-1\\0&-2&1\\3&0&2\end{bmatrix}$； $\boldsymbol{B}_z=\begin{bmatrix}2\\-1\\1\end{bmatrix}$； $\boldsymbol{C}_{z1}=[0\quad 1\quad 0]$； $\boldsymbol{C}_{z2}=\begin{bmatrix}0&0&1\\1&0&0\end{bmatrix}$

问：①系统是否能观？②讨论能观性的物理解释。

解 ① 当输出矩阵为 $\boldsymbol{C}_{z1}$ 时，由能观性判断矩阵的秩

$$\text{rank}\boldsymbol{Q}_{o1}=\text{rank}\begin{bmatrix}C_{z1}\\C_{z1}\boldsymbol{A}_z\\C_{z1}\boldsymbol{A}_z^2\end{bmatrix}=\text{rank}\begin{bmatrix}0&1&0\\0&-2&1\\3&4&0\end{bmatrix}=3=n$$

知系统能观。

由输出方程 $y(k)=\boldsymbol{C}_{z1}\boldsymbol{x}(k)=x_2(k)$ 可见，在第 k 步便可由输出确定状态变量 $x_2(k)$。由输出方程与状态方程可知

$$y(k+1)=x_2(k+1)=-2x_2(k)+x_3(k)$$

故在第 $k+1$ 步就可确定 $x_3(k)$。又由于

$$\begin{aligned}y(k+2)&=x_2(k+2)=-2x_2(k+1)+x_3(k+1)\\&=-2[-2x_2(k)+x_3(k)]+3x_1(k)+2x_3(k)=4x_2(k)+3x_1(k)\end{aligned}$$

所以在第 $k+2$ 步就可确定 $x_1(k)$。

该系统为三阶系统，系统能观测意味着至多三步便可由输出 $y(k)$，$y(k+1)$，$y(k+2)$ 的测量值来确定三个状态变量 $x_1(k)$，$x_2(k)$，$x_3(k)$。

② 当输出矩阵为 $\boldsymbol{C}_{z2}$ 时，由能观性判断矩阵的秩

$$\text{rank}\boldsymbol{Q}_{o2}=\text{rank}\begin{bmatrix}\boldsymbol{C}_{z2}\\\boldsymbol{C}_{z2}\boldsymbol{A}_z\\\boldsymbol{C}_{z2}\boldsymbol{A}_z^2\end{bmatrix}=2\neq n=3$$

故系统不观观测。

由系统的动态方程可得

$$\boldsymbol{y}(k)=\begin{bmatrix}x_3(k)\\x_1(k)\end{bmatrix}$$

$$\boldsymbol{y}(k+1)=\begin{bmatrix}x_3(k+1)\\x_1(k+1)\end{bmatrix}=\begin{bmatrix}3x_1(k)+2x_3(k)\\x_1(k)-x_3(k)\end{bmatrix}$$

$$\boldsymbol{y}(k+2)=\begin{bmatrix}x_3(k+2)\\x_1(k+2)\end{bmatrix}=\begin{bmatrix}3x_1(k+1)+2x_3(k+1)\\x_1(k+1)-x_3(k+1)\end{bmatrix}=\begin{bmatrix}9x_1(k)+x_3(k)\\-2x_1(k)-3x_3(k)\end{bmatrix}$$

可见，三步的输出测量值中始终没有出现 $x_2(k)$，即使再增加观测的步数，也不能得到 $x_2(k)$ 的值，故 $x_2(k)$ 是不能观的状态变量。系统中只要有一个状态变量不能观，则系统就是不完全能观的。

三、连续系统与离散系统的关联与区别

虽然，定理 8-21、定理 8-22 的证明在此已省略，但将它们与定理 8-1、定理 8-2 以及定理 8-6 进行对比，可以看出，线性定常离散系统的能控（观）性判据与线性定常连续系统的能控（观）性判据在形式上是统一的。借助这种统一的形式，可以把本章前四节中关于连续系统的结论（包括部分证明过程）和算法移植到离散系统上，只是在移植中需要注意连续系统与离散系统的主要差别。

① 连续系统的传递函数阵 $\boldsymbol{G}(s)=\boldsymbol{C}(s\boldsymbol{I}-\boldsymbol{A})^{-1}\boldsymbol{B}+\boldsymbol{D}$ 是基于 Laplace 变换而得到的，离散系统的脉冲传递函数阵 $\boldsymbol{G}(z)=\boldsymbol{C}_z(z\boldsymbol{I}-\boldsymbol{A}_z)^{-1}\boldsymbol{B}_z+\boldsymbol{D}_z$ 则是基于 z 变换的。

② 连续系统的稳定性和状态观测器误差收敛性取决于全部极点是否位于复平面的左半开平面内，而离散系统则取决于全部极点是否位于复平面的开单位圆内。

其实将上面的z与s对应，将开单位圆内与左半开平面对应，这两点差别并不影响离散系统的结果和连续系统的结果在形式上的统一。通过这种移植，不难获得线性定常离散系统关于PBH判据、约当型判据、对偶原理、能控标准型、能观标准型、结构分解、内稳定性、外稳定性、极点配置、能镇定性、状态观测器、能检测性以及分离特性等方面的结论和相关算法，它们与相应连续系统的结果在形式上是统一的。比如，离散系统外稳定当且仅当$\boldsymbol{G}(z)$的全部极点位于复平面的开单位圆内，离散系统内稳定当且仅当（$\boldsymbol{A}_z,\boldsymbol{B}_z,\boldsymbol{C}_z,\boldsymbol{D}_z$）的全部极点位于复平面的开单位圆内。对应于连续系统中的定义8-4、定义8-5，在离散系统中有相应的如下定义。

定义 8-8　对于系统（$\boldsymbol{A}_z,\boldsymbol{B}_z$），如果存在矩阵$\boldsymbol{K}$，使得$\boldsymbol{A}_z-\boldsymbol{B}_z\boldsymbol{K}$的全部特征值位于复平面的开单位圆内，则称系统（$\boldsymbol{A}_z,\boldsymbol{B}_z$）能镇定。

定义 8-9　对于系统（$\boldsymbol{A}_z,\boldsymbol{C}_z$），如果存在矩阵$\boldsymbol{H}$，使得$\boldsymbol{A}_z-\boldsymbol{H}\boldsymbol{C}_z$的全部特征值位于复平面的开单位圆内，则称系统（$\boldsymbol{A}_z,\boldsymbol{C}_z$）能检测。

其他的离散系统结果就不在此一一列举。

四、连续动态系统离散化后的能控性与能观性

在对能控能观的连续系统设计计算机控制系统时，往往需要将连续系统离散化。但值得注意的是，当其离散化后并不一定能保持连续时的能控性或能观性。现举例说明。

【例 8-38】　设连续系统的状态空间模型为

$$\dot{\boldsymbol{x}}(t)=\begin{bmatrix}0 & 1\\ -\omega^2 & 0\end{bmatrix}\boldsymbol{x}(t)+\begin{bmatrix}0\\1\end{bmatrix}\boldsymbol{u}(t);\quad y(t)=[1\quad 0]\boldsymbol{x}(t)$$

问：①该系统是否能控能观？②若将该系统离散化，其是否仍能控能观？

解　① 由于系统为能控标准型，系统一定完全能控。由能观判断矩阵

$$\mathrm{rank}\boldsymbol{Q}_o=\mathrm{rank}\begin{bmatrix}\boldsymbol{c}\\ \boldsymbol{cA}\end{bmatrix}=\mathrm{rank}\begin{bmatrix}1 & 0\\ 0 & 1\end{bmatrix}=2=n$$

知系统能观。

② 采用第七章第三节中离散化的方法离散该系统，设离散后状态方程为式(7-108)

$$\begin{aligned}\boldsymbol{x}(k+1)&=\boldsymbol{G}(T)\boldsymbol{x}(k)+\boldsymbol{H}(T)u(k)\\ \boldsymbol{y}(k)&=\boldsymbol{Cx}(k)\end{aligned}\tag{7-108}$$

式中，$\boldsymbol{G}(T)=\mathrm{e}^{\boldsymbol{A}T}$，$\boldsymbol{H}(T)=\int_0^T\mathrm{e}^{\boldsymbol{A}\tau}\boldsymbol{B}\mathrm{d}\tau$。显然，$\boldsymbol{G}(T)$即为系统的状态转移矩阵，即

$$\boldsymbol{G}(T)=\boldsymbol{\Phi}(t)=\mathscr{L}^{-1}[(s\boldsymbol{I}-\boldsymbol{A})^{-1}]=\mathscr{L}^{-1}\begin{bmatrix}s & -1\\ \omega^2 & s\end{bmatrix}^{-1}$$

$$=\mathscr{L}^{-1}\begin{bmatrix}\dfrac{s}{s^2+\omega^2} & \dfrac{1}{s^2+\omega^2}\\ \dfrac{-\omega^2}{s^2+\omega^2}\omega^2 & \dfrac{s}{s^2+\omega^2}s\end{bmatrix}=\begin{bmatrix}\cos\omega T & \dfrac{\sin\omega T}{\omega}\\ -\omega\sin\omega T & \cos\omega T\end{bmatrix}$$

$$\boldsymbol{H}(T)=\int_0^T\mathrm{e}^{\boldsymbol{A}\tau}\boldsymbol{B}\mathrm{d}\tau=\int_0^T\Phi(\tau)\boldsymbol{b}\mathrm{d}\tau=\int_0^T\begin{bmatrix}\cos\omega\tau & \dfrac{\sin\omega\tau}{\omega}\\ -\omega\sin\omega\tau & \cos\omega\tau\end{bmatrix}\begin{bmatrix}0\\1\end{bmatrix}\mathrm{d}\tau=\begin{bmatrix}\dfrac{1-\cos\omega T}{\omega^2}\\ \dfrac{\sin\omega T}{\omega}\end{bmatrix}$$

系统离散化后的状态方程为

$$\boldsymbol{x}(k+1)=\begin{bmatrix}\cos\omega T & \dfrac{\sin\omega T}{\omega}\\ -\omega\sin\omega T & \cos\omega T\end{bmatrix}\begin{bmatrix}x_1(k)\\ x_2(k)\end{bmatrix}+\begin{bmatrix}\dfrac{1-\cos\omega T}{\omega^2}\\ \dfrac{\sin\omega T}{\omega}\end{bmatrix}u(k)$$

系统离散化后的能控性矩阵为

$$\boldsymbol{Q}_c=[\boldsymbol{H}(T)\quad \boldsymbol{G}(T)\boldsymbol{H}(T)]=\begin{bmatrix}\dfrac{1-\cos\omega T}{\omega^2} & \dfrac{\cos\omega T-\cos^2\omega T+\sin^2\omega T}{\omega^2}\\ \dfrac{\sin\omega T}{\omega} & \dfrac{2\sin\omega T\cos\omega T-\sin\omega T}{\omega}\end{bmatrix}$$

系统离散化后的能观性矩阵为

$$Q_o=\begin{bmatrix}\boldsymbol{c}\\ \boldsymbol{c}\boldsymbol{G}(T)\end{bmatrix}=\begin{bmatrix}1 & 0\\ \cos\omega T & \dfrac{\sin\omega T}{\omega}\end{bmatrix}$$

可见，离散化后的能控矩阵与能观矩阵均为采样周期 T 的函数。当采样周期 $T=\dfrac{k\pi}{\omega}(k=1,2,\cdots)$ 时，能控矩阵与能观矩阵均不满秩，即 $\mathrm{rank}\boldsymbol{Q}_c=1<2=n$；$\mathrm{rank}\boldsymbol{Q}_o=1<2=n$，系统既不能控也不能观。这表明，能控能观的连续系统离散化后，若采样周期选择不当，其能控性与能观性得不到保持。但必须提醒的是：若连续系统不能控或不能观，则无论采样周期如何选择，离散化后的系统一定是不能控或不能观的。

第七节　内模控制器设计

本节简单讨论另一类被称作为内模控制器的设计问题。所谓“内模控制”指的是一种基于过程数学模型进行控制器设计的新型控制策略。本节讨论以零稳态误差渐近跟踪各类参考输入信号，包括阶跃、斜坡和正弦等的内模控制器。从第四章知道，对于阶跃输入信号，Ⅰ型系统可以实现零稳态跟踪。本节则是在控制器内引入参考输入的内模，从而可以推广这一结论，以便在更多的情况下实现零稳态误差跟踪。下面以单输入单输出系统为例。

设原有系统的状态变量模型为

$$\dot{\boldsymbol{x}}(t)=\boldsymbol{A}\boldsymbol{x}(t)+\boldsymbol{b}u(t);\quad y(t)=\boldsymbol{c}\boldsymbol{x}(t) \tag{8-165}$$

其中，$\boldsymbol{x}(t)$ 是状态向量，$\boldsymbol{u}(t)$ 是输入，$\boldsymbol{y}(t)$ 是输出。

设参考输入信号 $r(t)$ 的线性系统为

$$\dot{\boldsymbol{x}}_r(t)=\boldsymbol{A}_r\boldsymbol{x}_r(t);\quad r(t)=\boldsymbol{d}_r\boldsymbol{x}_r \tag{8-166}$$

其中初始条件未知。在这种给定的条件下，来设计所需要的反馈控制器。需要指出的是，描述参考输入信号 $r(t)$ 的系统也可以等效为

$$r^{(n)}=a_{n-1}r^{(n-1)}+a_{n-2}r^{(n-2)}+\cdots+a_1\dot{r}+a_0 r \tag{8-167}$$

其中，$r^{(n)}$ 是 $r(t)$ 的 n 阶导数。

首先考虑参考输入为阶跃信号时的设计问题。这种情况下，参考输入可由如下方程表示

$$\dot{x}_r(t)=0;\quad r(t)=x_r(t) \tag{8-168}$$

或等价地有

$$\dot{r}(t)=0 \tag{8-169}$$

将跟踪误差 e 定义为

$$e(t)=y(t)-r(t)$$

于是有

$$\dot{e}(t)=\dot{y}(t)=\boldsymbol{c}\dot{\boldsymbol{x}}(t)$$

在这里，利用了式(8-169) 的参考输入模型和式(8-165) 的控制对象模型。如果再引入两个中间变量 $\boldsymbol{z}$ 和 $\boldsymbol{w}$，且将其定义为

$$\boldsymbol{z}(t)=\dot{\boldsymbol{x}}(t);\qquad w(t)=\dot{u}(t)$$

则有

$$\begin{bmatrix}\dot{e}\\ \dot{\boldsymbol{z}}\end{bmatrix}=\begin{bmatrix}0 & \boldsymbol{c}\\ 0 & \boldsymbol{A}\end{bmatrix}\begin{bmatrix}e\\ \boldsymbol{z}\end{bmatrix}+\begin{bmatrix}0\\ \boldsymbol{b}\end{bmatrix}w \tag{8-170}$$

当式(8-170) 表示的系统为能控系统时，就可以找到反馈信号

$$w=-K_1e-K_2\boldsymbol{z} \tag{8-171}$$

使该系统稳定。这意味着跟踪误差 e 是稳定的，因此系统就能够以零稳态误差跟踪参考输入信号。对式(8-171) 求积分后，可得到系统内部的反馈控制信号为

$$u(t)=-K_1\int_0^t e(\tau)\mathrm{d}\tau-K_2\boldsymbol{x}(t) \tag{8-172}$$

与此对应的框图模型如图 8-18 所示。从中可以看出，在控制装置中，除包含有状态变量反馈外，还包括了参考阶跃输入的内模（即积分器环节）。

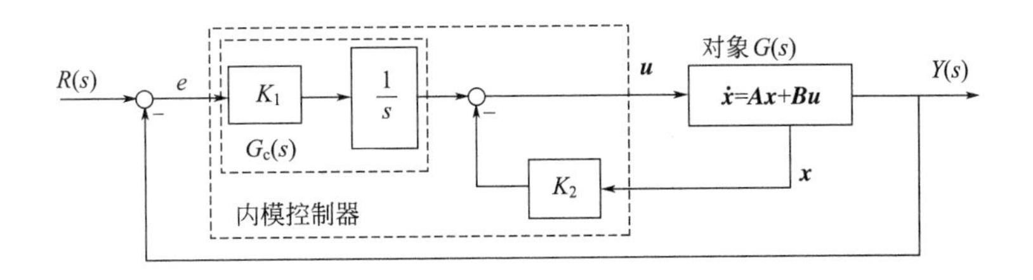

图 8-18　阶跃输入的内模控制设计示意图

【例 8-39】 考虑被控对象的传递函数模型为 $G(s)=\dfrac{1}{s^2+2s+2}$，请设计控制器，使得系统输出能以零稳态误差跟踪参考阶跃输入信号。

解 先将被控系统以能控标准型实现，即状态空间模型为

$$\dot{\boldsymbol{x}}(t)=\begin{bmatrix}0 & 1\\ -2 & -2\end{bmatrix}\boldsymbol{x}(t)+\begin{bmatrix}0\\1\end{bmatrix}\boldsymbol{u}(t);\quad y(t)=[1\quad 0]\boldsymbol{x}(t)$$

由式(8-170) 可得

$$\begin{bmatrix}\dot{e}\\ \dot{\boldsymbol{z}}\end{bmatrix}=\begin{bmatrix}0 & 1 & 0\\ 0 & 0 & 1\\ 0 & -2 & -2\end{bmatrix}\begin{bmatrix}e\\ \boldsymbol{z}\end{bmatrix}+\begin{bmatrix}0\\0\\1\end{bmatrix}w \tag{8-173}$$

经能控性检验，式(8-173) 所示系统完全能控。又根据式(8-171) 给出的关于 w 的表达式，进一步选取 $K_1=20$，$K_2=[20\ 10]$，使式(8-173) 的特征根为 $s_{1,2}=-1\pm\mathrm{j}$，$s_3=-10$，显然，这样得到的系统是渐近稳定的。因此，对任意初始跟踪误差 $e(0)$，反馈控制信号都可以保证在 $t\to\infty$，$e(t)\to 0$。

用经典控制理论的观点，观察图 8-18 给出的阶跃输入的内模控制设计图，其中 $\dot{x}=Ax+Bu$ 表示受控对象 $G(s)$，$G_c(s)=K_1/s$ 为串联控制器。内模原理表明，如果 $G(s)G_c(s)$ 中包含有 $R(s)$，$y(t)$ 就可以无误差地跟踪 $r(t)$。在例 8-38 中，$G(s)G_c(s)$ 就包含了参考输入信号 $R(s)=1/s$。

同理，若输入为斜坡信号 $r(t)=Mt(t\geqslant 0)$，其中 M 为斜坡信号的幅值。这种情况下的参考输入信号线性系统为

$$\dot{\boldsymbol{x}}_r(t)=\boldsymbol{A}_r\boldsymbol{x}_r=\begin{bmatrix}0 & 1\\ 0 & 0\end{bmatrix}\boldsymbol{x}_r \tag{8-174}$$

$$r=\boldsymbol{d}_r\boldsymbol{x}_r=[1\quad 0]\boldsymbol{x}_r$$

并且有 $\ddot{r}(t)=0$。与前面类似，将跟踪误差定义为 $e(t)=y(t)-r(t)$，于是有 $\ddot{e}=\ddot{y}=\boldsymbol{c}\ddot{\boldsymbol{x}}$。再定义中间变量 $\boldsymbol{z}(t)=\ddot{\boldsymbol{x}}(t)$；$w(t)=\ddot{u}(t)$，于是又有

$$\begin{bmatrix}\dot{e}\\ \ddot{e}\\ \dot{\boldsymbol{z}}\end{bmatrix}=\begin{bmatrix}0 & 1 & 0\\ 0 & 0 & \boldsymbol{C}\\ 0 & 0 & \boldsymbol{A}\end{bmatrix}\begin{bmatrix}e\\ \dot{e}\\ \boldsymbol{z}\end{bmatrix}-\begin{bmatrix}0\\0\\ \boldsymbol{B}\end{bmatrix}w \tag{8-175}$$

如果式(8-175) 描述的系统能控，就可以确定 $\boldsymbol{K}_i(i=1,2,3)$ 的合适取值，使得由下式

$$w=-[K_1\quad K_2\quad K_3]\begin{bmatrix}e\\ \dot{e}\\ \boldsymbol{z}\end{bmatrix} \tag{8-176}$$

确定 w 后，系统是渐近稳定的。这样，当 $t\to\infty$，$e(t)\to 0$。对式(8-176) 作二次积分，就可以得到含有内模信息的反馈控制信号 $u(t)$。从图 8-19 可以看出，此时的内模控制器中含有 2 个积分器，这正是斜坡输入的

内模形式。

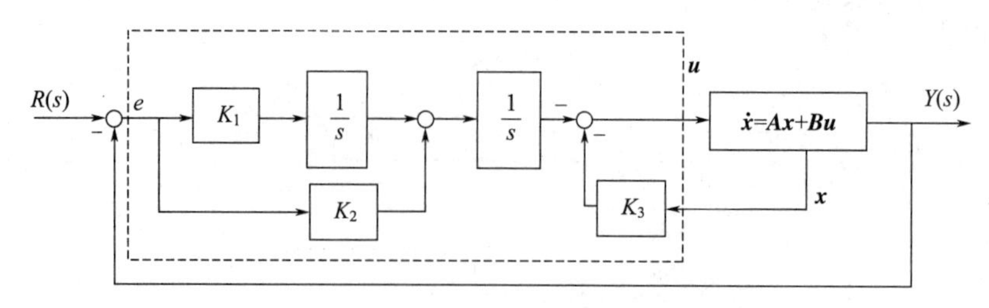

图 8-19 斜坡输入的内模控制设计示意图

本节针对阶跃输入与斜坡输入给出了内模控制设计的思想与一般步骤。类似地，可以将内模方法推广到其他参考输入。如果将干扰信号的模型也纳入到控制器设计中，还可以通过内模设计来克服持续干扰信号对系统的影响。

本章小结

本章着重讨论状态空间的基本思想，状态空间描述系统的方法，介绍基于状态空间理论的系统能控性和能观性给出了状态反馈、状态观测器、状态反馈观测复合系统的设计方法以及内模控制器设计的基本原理。通过本章的学习可以发现：现代控制理论利用“状态”的引入来从内部考察系统，使系统彻底“透明”于设计者，使得设计的自由度大大增加。

习 题 八

8-1 要求对下面微分方程描述的系统：①画出状态变量图；②写出与状态变量图对应的状态空间表达式；③写出正则形（对角化）的状态方程与输出方程；④从第③步确定系统是否完全能控与完全能观。

（1）$\frac{d^3y}{dt^3}+9\frac{d^2y}{dt^2}+26\frac{dy}{dt}+24y=5u$；　　（2）$\frac{d^3y}{dt^3}+2\frac{d^2y}{dt^2}+3\frac{dy}{dt}+3y=u$。

8-2 ①确定下列系统是否完全能观；②是否完全能控；③求出系统的传递函数；④确定每个系统分别有多少个能观与能控的状态变量；⑤判别系统是否稳定。

（1）$\dot{\boldsymbol{x}}=\begin{bmatrix}1&0\\2&2\end{bmatrix}\boldsymbol{x}+\begin{bmatrix}1\\0\end{bmatrix}u$；　$y=[2\quad 1]\boldsymbol{x}$；

（2）$\dot{\boldsymbol{x}}=\begin{bmatrix}0&1&0\\0&0&1\\0&-5&-6\end{bmatrix}\boldsymbol{x}+\begin{bmatrix}1\\1\\1\end{bmatrix}u$；$y=[0\quad 1\quad 1]\boldsymbol{x}$；

（3）$\dot{\boldsymbol{x}}=\begin{bmatrix}1&0&0\\0&2&1\\0&-2&-1\end{bmatrix}\boldsymbol{x}+\begin{bmatrix}1\\0\\1\end{bmatrix}u$；$y=[1\quad 1\quad 0]\boldsymbol{x}$；

（4）$\dot{\boldsymbol{x}}=\begin{bmatrix}-1&0&0\\0&-1&0\\0&-2&-2\end{bmatrix}\boldsymbol{x}+\begin{bmatrix}0\\1\\1\end{bmatrix}u$；$y=[1\quad 1\quad 0]\boldsymbol{x}$。

8-3 （1）试证明定理 8-11 与定理 8-12。（提示：先证充分性，用到 Cayley-Hamilton 定理，再证必要性，利用 PBH 判据）

（2）试证明：动态方程

$$\dot{\boldsymbol{x}}=\begin{bmatrix}0&0&\cdots&0&-a_n\\1&0&\cdots&0&-a_{n-1}\\0&1&\cdots&0&-a_{n-2}\\\vdots&\vdots&\vdots&\vdots&\vdots\\0&\cdots&0&1&-a_1\end{bmatrix}\boldsymbol{x}+\begin{bmatrix}1\\0\\0\\\vdots\\0\end{bmatrix}u$$

是完全能控的

8-4　已知系统状态空间表达式为

$$\dot{x}=\begin{bmatrix}a & b\\ c & d\end{bmatrix}x+\begin{bmatrix}1\\ 1\end{bmatrix}u;\ y=[1\quad 0]x$$

试确定系统满足状态完全能控和完全能观的 a,b,c,d 值。

8-5　已知系统状态空间表达式

$$\dot{x}=\begin{bmatrix}\lambda & 1 & 0\\ 0 & \lambda & 0\\ 0 & 0 & \lambda\end{bmatrix}x+\begin{bmatrix}a\\ b\\ c\end{bmatrix}u;\ y=[a\quad b\quad c]x$$

试判定：①能否适当地选择常数 a,b 和 c，使系统具有能控性？

②能否适当地选择常数 a,b 和 c，使系统具有能观性？

8-6　设系统的传递函数为 $G(s)=\dfrac{s+a}{s^3+7s^2+14s+8}$，欲使系统的状态全部能控且能观，试求 a 的取值范围。

8-7　判别下列系统的状态能控性、能观性和输出能控性。

① $\boldsymbol{A}=\mathrm{diag}(-a,-b,-c,-d)$；

$\boldsymbol{b}=[0\quad 0\quad 1\quad 1]^{\mathrm{T}}$；$\boldsymbol{c}=[1\quad 0\quad 0\quad 0]$

② $\boldsymbol{A}=\begin{bmatrix}\lambda_1 & 1 & 0 & 0\\ 0 & \lambda_1 & 0 & 0\\ 0 & 0 & \lambda_1 & 0\\ 9 & 0 & 0 & \lambda_2\end{bmatrix}$；$\boldsymbol{b}=\begin{bmatrix}0\\ \alpha_2\\ \alpha_3\\ \alpha_4\end{bmatrix}$；$\boldsymbol{c}=[0\quad \beta_2\quad \beta_3\quad \beta_4]$

③ $\boldsymbol{A}=\begin{bmatrix}20 & -1 & 0\\ 4 & 16 & 0\\ 12 & -6 & 18\end{bmatrix}$；$\boldsymbol{b}=\begin{bmatrix}\theta_1\\ \theta_2\\ \theta_3\end{bmatrix}$；$\boldsymbol{c}=[0\quad 0\quad 1]$

8-8　串联组合系统的结构图如图 8-20 所示。

① 写出系统的状态空间表达式；② 讨论系统的能控性与能观性。

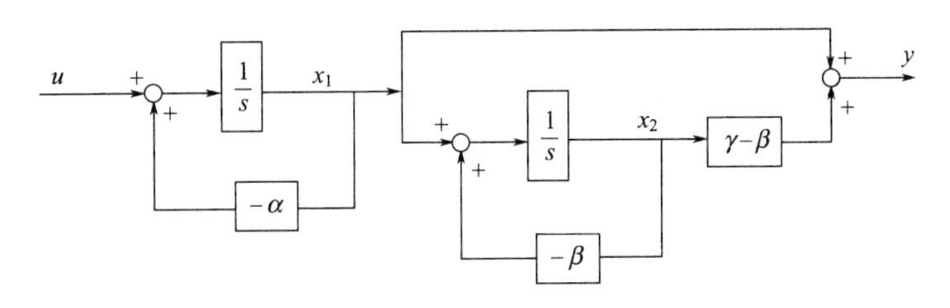

图 8-20　题 8-8 图

8-9　已知线性定常系统（$\boldsymbol{A},\boldsymbol{b},\boldsymbol{c}$）为 $\boldsymbol{A}=\begin{bmatrix}0 & \pi\\ -\pi & 0\end{bmatrix}$，$\boldsymbol{b}=\begin{bmatrix}0\\ 1\end{bmatrix}$，$\boldsymbol{c}=[1\quad 2]$。试：

① 判别系统的状态能控性、能观性和输出能控性；

② 以采样周期 $T=1$ 将系统离散化，判别离散化系统的能控性、能观性和输出能控性；

③ 以采样周期 $T=2$ 将系统离散化，判别离散化系统的能控性、能观性和输出能控性。

8-10　已知系统状态方程为 $\dot{x}=\begin{bmatrix}0 & 1\\ -4 & 0\end{bmatrix}x+\begin{bmatrix}0\\ 2\end{bmatrix}u$，试求与其相应的离散化系统为不完全能控时的采样周期 T 值。

8-11　已知系统（$\boldsymbol{A},\boldsymbol{b},\boldsymbol{c}$）的各矩阵为

$$\boldsymbol{A}=\begin{bmatrix}2 & 0 & 0\\ 0 & 4 & 1\\ 0 & 0 & 4\end{bmatrix},\ \boldsymbol{b}=\begin{bmatrix}1\\ 0\\ 1\end{bmatrix},\ \boldsymbol{c}=[1\quad 1\quad 0]$$

试判断系统的能控性。如果完全能控，将它化为能控规范型；如果不完全能控，找出其能控子空间。

8-12　已知系统（$\boldsymbol{A},\boldsymbol{b},\boldsymbol{c}$）如下

$$\boldsymbol{A}=\begin{bmatrix}1 & 2 & -1\\0 & 1 & 0\\1 & -4 & 3\end{bmatrix},\boldsymbol{b}=\begin{bmatrix}0\\0\\1\end{bmatrix},\boldsymbol{c}=[1\quad -1\quad 1]$$

要求：①判别系统的能控性。如果完全能控，请将该系统化为能控规范型，如果不完全能控，请找出其能控子空间；②判别系统的能观性。如果完全能观，请将该系统化为能观规范型，如果不完全能观，请找出其能观子空间。

8-13　判别下列系统（$\boldsymbol{A},\boldsymbol{B},\boldsymbol{C}$）的能观性，如果完全能观，请将该系统化为能观规范型；如果不完全能观，请找出其能观子空间。

$$\boldsymbol{A}=\begin{bmatrix}0 & 1 & 1\\0 & 0 & 1\\0 & 1 & 0\end{bmatrix},\ \boldsymbol{B}=\begin{bmatrix}0 & 0\\0 & 1\\1 & 0\end{bmatrix},\ \boldsymbol{C}=\begin{bmatrix}0 & 0 & 1\\0 & 1 & 0\end{bmatrix}$$

8-14　开环受控系统的系数矩阵如下：

$$\boldsymbol{A}=\begin{bmatrix}0 & 1\\-2 & -3\end{bmatrix},\quad \boldsymbol{b}=\begin{bmatrix}0\\1\end{bmatrix},\quad \boldsymbol{c}=[3\quad 1]$$

试说明状态反馈不会改变系统的能控性，但有可能改变系统的能观性。

8-15　开环受控系统（$\boldsymbol{A},\boldsymbol{b}$）的系数矩阵如下

$$\boldsymbol{A}=\begin{bmatrix}-2 & -3\\4 & -9\end{bmatrix},\quad \boldsymbol{b}=\begin{bmatrix}3\\1\end{bmatrix}$$

试求出状态反馈矩阵，使得闭环系统极点配置在$-1\pm 2\text{j}$。

8-16　设某系统由状态方程

$$\dot{\boldsymbol{x}}=\begin{bmatrix}0 & 1\\-2 & -4\end{bmatrix}\boldsymbol{x}+\begin{bmatrix}0\\2\end{bmatrix}u,\quad y=[2\quad 1]\boldsymbol{x}$$

表示。要求：①设计状态反馈矩阵$\boldsymbol{K}$，以达到将闭环极点配置在$\{-3,-6\}$的目的；②确定在初始状态$\boldsymbol{x}(0)=[1\quad -1]^{\mathrm{T}}$作用下的状态响应。

8-17　设受控系统传递函数为$\dfrac{y(s)}{u(s)}=\dfrac{10}{s^3+3s^2+2s}$，要求：

① 设计状态反馈阵，使闭环系统极点为-2，$-1\pm\text{j}$；

② 给出系统的闭环传递函数。

8-18　已知系统状态方程为

$$\dot{\boldsymbol{x}}=\begin{bmatrix}0 & 1 & 0\\0 & -1 & 1\\0 & -1 & -10\end{bmatrix}\boldsymbol{x}+\begin{bmatrix}0\\0\\10\end{bmatrix}u$$

试问能否通过状态反馈将闭环极点配置在-10，$-1\pm\text{j}\sqrt{3}$处？如有可能，请求出相应的状态反馈阵$\boldsymbol{K}$。

8-19　一个SISO系统由状态方程$\dot{\boldsymbol{x}}_{\mathrm{p}}=\boldsymbol{A}_{\mathrm{p}}\boldsymbol{x}_{\mathrm{p}}+\boldsymbol{b}_{\mathrm{p}}u$表示，其中

$$\boldsymbol{A}_{\mathrm{p}}=\begin{bmatrix}-1 & 0 & 0\\0 & -2 & -2\\-1 & 0 & -3\end{bmatrix},\quad \boldsymbol{b}_{\mathrm{p}}=\begin{bmatrix}1\\1\\1\end{bmatrix}$$

① 确定系统的能控性；

② 求出系统的特征值；

③ 求出将状态方程变换为能控标准型状态方程的变换矩阵$\boldsymbol{T}_{\mathrm{c}}$；

④ 求出将闭环极点配置为$\sigma(A_{\mathrm{cl}})=\{-2,-4,-6\}$的状态反馈矩阵$\boldsymbol{K}_{\mathrm{p}}$。

8-20　对传递函数$G=\dfrac{K}{s(s^2+8s+20)}$表示的系统设计一个以相变量为状态的状态反馈控制系统，要求性能指标达到：主导极点的衰减比$\zeta=0.5$；在阶跃输入下为零稳态偏差；且过渡过程时间$T_{\mathrm{s}}\leqslant\dfrac{1}{3}\mathrm{s}$。

① 确定满足上述性能指标的期望闭环传递函数$\Phi(s)$，并且求出满足要求的K值。

② 求出最后设计的$y(t)$，系统阶跃响应的最大峰值M_{p}、峰值时间T_{p}和整定时间T_{s}及斜坡误差系数（速

度误差系数）K_1。

8-21　已知某系统如图8-21所示，期望采用状态反馈后满足下述要求：

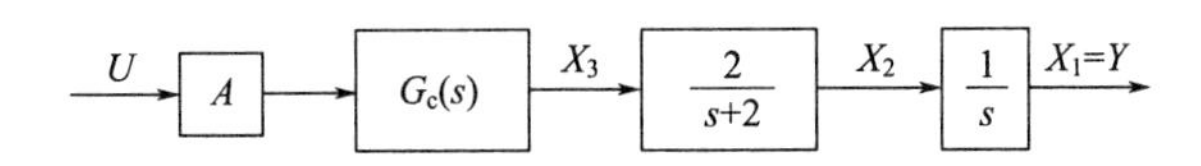

图8-21　题8-21系统结构图

① 对单位阶跃输入为零稳态偏差；

② 闭环控制系统的主导极点为$-2\pm 3\mathrm{j}$；

③ 系统在$A>0$时是稳定的；

④ 附加一个串接环节$G_c(s)$[假设$G_c(s)=1/(s+1)$，并且第3个闭环极点为-25]。

具体要求：

① 画出带状态反馈的状态变量图；

② 将设计的状态反馈控制器加到系统之后，将系统等效为单回路闭环控制系统，试确定反馈回路的等效传递函数$H_{eq}(s)$；

③ 求出含有状态变量反馈系数的闭环传递函数$Y(s)/R(s)$；

④ 确定期望的闭环传递函数；

⑤ 求出状态反馈矩阵$\boldsymbol{K}$；

⑥ 假设如②，试确定前向通道的等效传递函数$G_{eq}(s)$和放大倍数K_1；

⑦ 确定系统阶跃响应的最大峰值M_p、峰值时间T_p和整定时间T_s。

8-22　设被控系统的状态方程为

$$\dot{\boldsymbol{x}}(t)=\begin{bmatrix}0 & 0\\1 & 0\end{bmatrix}\boldsymbol{x}(t)+\begin{bmatrix}1\\0\end{bmatrix}u(t)$$

试确定使性能指标$J=\int_0^{\infty}\left(\boldsymbol{x}^{\mathrm{T}}\begin{bmatrix}0 & 0\\0 & 1\end{bmatrix}\boldsymbol{x}+\frac{1}{4}u^2\right)\mathrm{d}t$为最小的最优控制。

8-23　已知系统状态空间表达式为

$$\dot{\boldsymbol{x}}=\begin{bmatrix}0 & 472.5\\-0.82 & -43.48\end{bmatrix}\boldsymbol{x}+\begin{bmatrix}0\\246\end{bmatrix}u$$

$$\boldsymbol{y}=[1\quad 0]x$$

试设计一全维状态观测器，使观测器极点为$-1\pm\mathrm{j}$。

8-24　设受控对象传递函数为$\frac{y(s)}{u(s)}=\frac{2}{(s+1)(s+2)}$，试用直接法与化为能观标准型的两种方法设计全维状态观测器，将极点配置在-10，-10。

8-25　今有系统

①
$$\dot{\boldsymbol{x}}=\begin{bmatrix}0 & 1\\-2 & -3\end{bmatrix}\boldsymbol{x}+\begin{bmatrix}0\\1\end{bmatrix}u$$

$$y=[2\quad 0]\boldsymbol{x}$$

②
$$\dot{\boldsymbol{x}}=\begin{bmatrix}1 & 0 & 1\\1 & 0 & 0\\0 & 1 & 0\end{bmatrix}\boldsymbol{x}+\begin{bmatrix}1\\1\\0\end{bmatrix}u$$

$$\boldsymbol{y}=\begin{bmatrix}1 & 0 & 0\\0 & 1 & 0\end{bmatrix}\boldsymbol{x}$$

试用直接法与化为能观标准型的两种方法设计全维观测器，使其极点均为-3。

8-26　用化为能观标准型的方法设计全维状态观测器。已知线性定常系统的状态方程为

$$\dot{\boldsymbol{x}}=\begin{bmatrix}1 & 0 & 0\\0 & 2 & 1\\0 & 0 & 2\end{bmatrix}\boldsymbol{x}$$

$$y=[1\quad 1\quad 0]\boldsymbol{x}$$

要求：设计状态观测器，使其极点为$-3,-4,-5$。

8-27　系统

$$\dot{\boldsymbol{x}}=\begin{bmatrix}1 & 2 & 0\\3 & -1 & 1\\0 & 2 & 0\end{bmatrix}\boldsymbol{x}+\begin{bmatrix}0\\0\\1\end{bmatrix}u$$
$$y=[1\quad 1\quad 1]\boldsymbol{x}$$

试设计极点均在-4的全维观测器。并问该系统的最小维状态观测器为多少维?

8-28　已知系统动态方程为

$$\begin{cases}\dot{x}_1=-2x_1+x_2+u\\\dot{x}_2=x_1-3x_2+2u\\y=x_1-x_2\end{cases}$$

① 判断系统的稳定性；

② 若可能，设计状态反馈使闭环系统的极点位于$-2\pm \mathrm{j}2$；

③ 当系统的状态不可直接量测时，若可能，设计极点均位于-6处的最小维状态观测器。

8-29　已知被控对象的动态方程为

$$\dot{\boldsymbol{x}}(t)=\boldsymbol{A}\boldsymbol{x}(t)+\boldsymbol{b}\boldsymbol{u}(t)$$
$$y(t)=\boldsymbol{c}\boldsymbol{x}(t)$$

其中

$$\boldsymbol{A}=\begin{bmatrix}0 & 1\\-2 & -2\end{bmatrix},\quad \boldsymbol{b}=\begin{bmatrix}1\\2\end{bmatrix},\quad \boldsymbol{c}=[1\quad 0]$$

要求设计单位斜坡输入时的内模控制器，使系统闭环极点为$s_{1,2}=-1\pm \mathrm{j}1$，$s_{3,4}=-10$，并给出单位斜坡内模控制系统结构图及跟踪误差$e(t)$的响应曲线。

第九章　非线性系统分析

前面八章介绍的理论、方法均基于线性系统的假设，但对实际的物理系统稍加研究就不难发现，几乎所有的系统严格来说都是非线性的，任何一个物理元件总是存在“死区”和“饱和”现象，只是大小和影响程度不同而已。需要指出的是，实际的物理系统与在分析该系统时所用的描述它的模型并不完全等同，对一些非线性特征较弱的实际控制系统可以采用线性模型来很好地近似，而对于具有明显非线性特征的实际控制系统就不得不采用非线性模型来描述。在实际的控制系统设计中，有时为了提高系统的控制质量，可能会有意识地引入特殊的非线性环节，合理设计非线性控制系统以达到特殊的品质指标要求。例如，在时间最优控制系统中，尽管被控对象模型本身可能是线性的，但是，所采用的控制器却往往具有非线性；又譬如，为满足生产上的某些特殊要求，在控制系统设计时采用变增益控制。由于非线性控制系统具有线性系统所没有的许多特点，有必要对非线性系统有所了解。

本章主要介绍在非线性系统研究中广泛使用的相平面法、描述函数法和李雅普诺夫稳定性分析法。

第一节　控制系统中的典型非线性特性

一、典型非线性特性

1. 饱和特性

饱和特性示于图 9-1，图中 $e(t)$,$x(t)$ 分别为非线性元件的输入、输出信号，其数学表达式为

$$x(t)=\begin{cases} ke(t), & |e(t)|\leqslant a \\ ka\,\mathrm{sign}e(t), & |e(t)|>a \end{cases} \tag{9-1}$$

式中 a 为线性区宽度；k 为线性区的斜率；符号函数

$$\mathrm{sign}e(t)=\begin{cases} +1, & e(t)>0 \\ 0, & e(t)=0 \\ -1, & e(t)<0 \end{cases}$$

在控制系统中，许多元器件的运动范围由于受到能源、功率等条件的限制，都具有饱和输出特性，有时也出于工程的需要，人为地引入饱和特性用于限制过载。

2. 死区特性

死区特性示于图 9-2，其数学表达式为

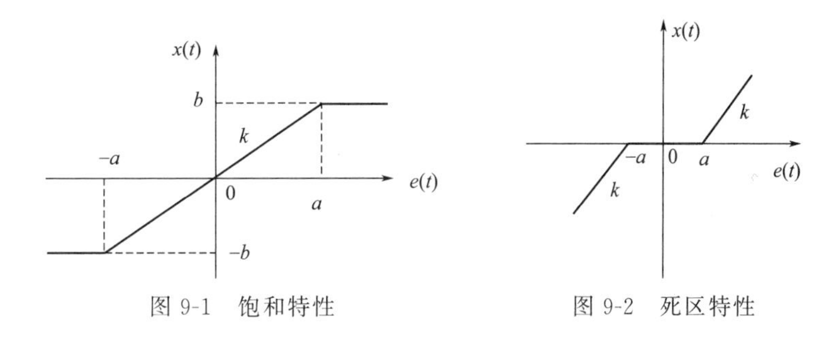

图 9-1　饱和特性　　　　图 9-2　死区特性

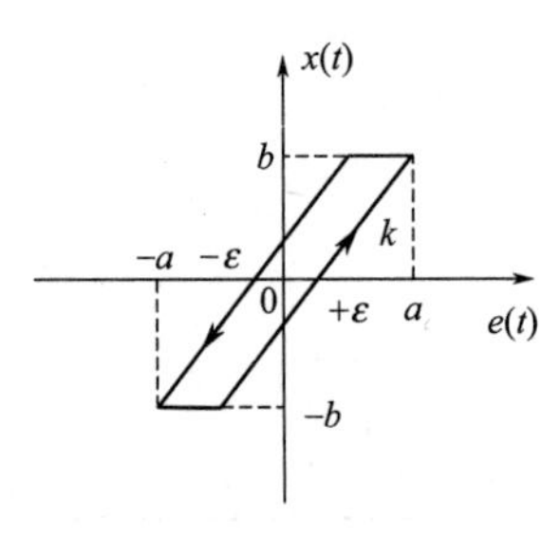

图 9-3　间隙特性

$$x(t)=\begin{cases}0, & |e(t)|\leqslant a\\ k\,[e(t)-a\,\mathrm{sign}e(t)], & |e(t)|>a\end{cases} \tag{9-2}$$

式中，a 为死区宽度；k 为线性输出的斜率。伺服电机的死区电压、测量元件的不灵敏区均属死区特性。

3. 间隙特性

间隙特性示于图 9-3，其数学表达式为

$$x(t)=\begin{cases}k\,[e(t)-\varepsilon], & \dot{x}(t)>0\\ k\,[e(t)+\varepsilon], & \dot{x}(t)<0\\ b\,\mathrm{sign}e(t), & \dot{x}(t)=0\end{cases} \tag{9-3}$$

式中，2ε 为间隙宽度，k 为间隙特性斜率。其特点是，当输入量改变方向时，输出量保持不变，一直到输入量的变化超出一定数值（间隙消除）后，输出量才跟着变化。各种传动机构中，由于加工精度和运动部件的动作需要，总会存在间隙。如齿轮传动的齿隙、液压传动的油隙等均属间隙特性。

4. 继电器特性

一般情况下的继电器特性示于图 9-4，其数学表达式为

$$x(t)=\begin{cases}0, & -ma\leqslant e(t)\leqslant a,\dot{e}(t)>0\\ 0, & -a\leqslant e(t)\leqslant ma,\dot{e}(t)<0\\ b\,\mathrm{sign}e(t), & |e(t)|>a\\ b, & ma<e(t)\leqslant a,\dot{e}(t)<0\\ -b, & -a\leqslant e(t)<-ma,\dot{e}(t)>0\end{cases} \tag{9-4}$$

式中，a 为继电器吸合电压；ma 为继电器释放电压；b 为饱和输出。由于继电器的吸合电压和释放电压不相等，故继电器特性不仅含有死区特性和饱和特性，而且还出现滞环特性。式(9-4) 中，若 $a=0$，称这种特性为理想继电器特性，其特性示于图 9-5(a)；若 $m=1$，称这种特性为含死区无滞环的继电器特性，其特性示于图 9-5(b)；若 $m=-1$，则称这种特性为仅含滞环的继电器特性，其特性示于图 9-5(c)。

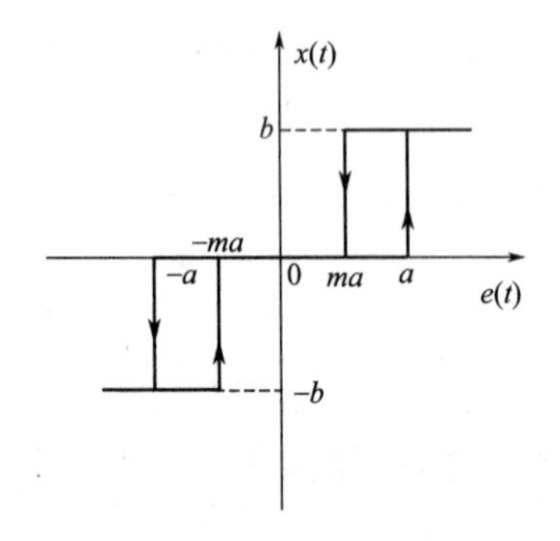

图 9-4　具有滞环的继电器特性

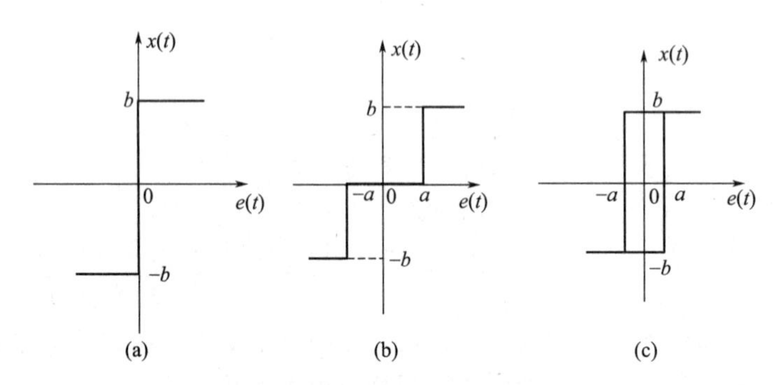

图 9-5　几种特殊情况下的继电器特性

5. 变增益特性

变增益特性如图 9-6 所示，其数学表达式为

$$x(t)=\begin{cases}k_1e(t), & |e(t)|\leqslant a\\ k_2e(t), & |e(t)|>a\end{cases} \tag{9-5}$$

式中，k_1 和 k_2 为变增益特性斜率；a 为切换点。

除上述这些典型的非线性特性外，在控制系统中可能还会遇到一些更为复杂的非线性特性，但许多都可以视为上述这些典型非线性特性的不同组合，如图 9-7(a) 所示死区-线性-饱和特性及图 9-7(b) 所示死

区-继电器-线性特性等。

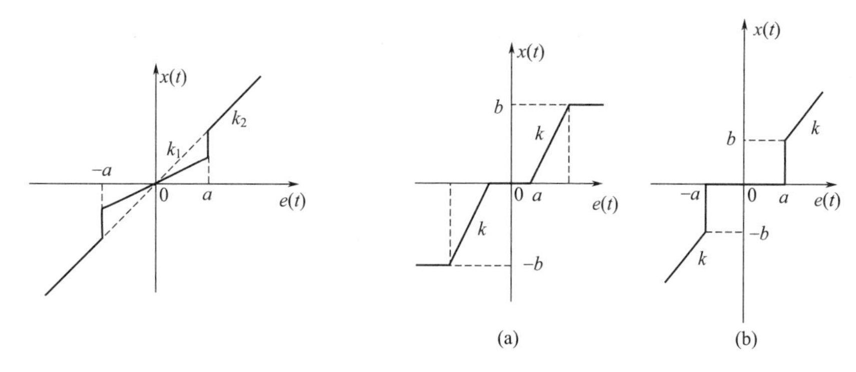

图 9-6 变增益特性　　图 9-7 典型非线性特性的若干组合

二、非线性控制系统的特殊性

系统中只要存在一个非线性环节，则该系统就称为非线性系统。非线性系统具有许多特殊的运动特性，主要表现在以下几个方面。

(1) 不满足叠加原理

线性系统一定满足叠加原理（包括叠加性与均匀性），非线性系统不满足叠加原理。所以，叠加原理可作为是否线性系统的判断条件。线性系统中，由于运动特征与输入的幅值、系统的初始状态无关，通常在典型输入函数与零初始条件下研究系统的特性。由于非线性系统不满足叠加原理，前面章节中用于线性系统分析的方法都不能采用，系统中串联的各环节位置一般不能交换，否则会导致错误的结论。

(2) 稳定性

线性系统的稳定性仅取决于系统本身的结构与参数，与外部作用的大小、形式以及初始条件都无关。线性系统若稳定，意味着无论受到多大的扰动，一旦扰动消失，系统将回复到系统惟一的平衡点（原点）。非线性系统的稳定性除了与系统本身的结构与参数有关外，还与外作用以及初始条件有关。讨论非线性系统稳定性一定是针对具体的平衡点，而平衡点可能不止一个。所以可能一个系统中某些平衡点是稳定的，某些是不稳定的；也可能平衡点在小扰动时是稳定的，在大扰动时就不稳定的。稳定性分析远比线性系统要复杂。

(3) 正弦响应

线性系统在正弦信号输入下，系统的稳态输出一定是与输入同频率的正弦信号，仅是幅值、相位与输入不同，且输入信号振幅的变化仅使输出响应的振幅成比例变化。非线性系统在正弦信号的作用下，其稳态输出响应不仅与系统本身的结构与参数有关，还与输入信号的幅值大小密切相关，且常含有输入信号中所没有的频率分量。

(4) 自激振荡（极限环振荡）

描述线性系统的微分方程可能有一个周期运动解，但这一周期运动实际上不能稳定地持续下去。例如，当 $\zeta=0$ 时，二阶系统作等幅周期振荡，其表达式为 $y(t)=A\sin(\omega t+\varphi)$，其频率 ω 取决于系统的结构与参数，振幅 A 和相位 φ 取决于初始状态。一旦系统受到扰动，A 和 φ 的值都会改变，所以这种周期运动是不稳定的。而非线性系统不同，即使没有输入作用，它也有可能产生一定频率与振幅的周期振荡，并且在受到扰动时，周期振荡运动仍有可能保持原来的频率与振幅不变，也就是说这种周期运动具有稳定性。非线性系统出现的这种特有的稳定周期运动称为自激振荡，或极限环振荡。著名的瑞典学者、自动化专家 Åström 提出的 PID 控制器参数自动整定的方法，即是极限环振荡原理的巧妙应用。

三、非线性控制系统的分析方法

由于非线性系统的复杂性和特殊性，至今缺乏分析与研究非线性系统的通用方法。一些针对特定非线性系统的分析方法都有一定的适用范围。本章介绍的相平面法与描述函数法是在工程中处理非线性系统的经典方法。李雅普诺夫方法是既适用于线性系统又适用于非线性系统稳定性分析的通用方法。

随着计算机的普及，数值求解非线性微分方程的方法成为分析、研究、设计非线性系统的有效方法，计算机仿真已成为研究非线性系统的重要手段，其应用会愈加广泛。

第二节　相平面法

相平面法是一种求解一阶、二阶线性或非线性微分方程的图解法，由 Poincare. H 于 1885 年首先提出，通过将一阶和二阶系统的运动过程转化为位置 x 和速度 $\dot{x}$ 平面上的轨迹，用来分析系统的稳定性、平衡位置、时间响应和稳态精度及初始条件和参数对系统运动的影响。

一、相平面的基本概念

1. 相平面、相轨迹

设一个二阶定常系统可以用微分方程

$$\ddot{x}(t)=f[x(t),\dot{x}(t)],\qquad x(t)\in R,\ t\in[0,\infty) \tag{9-6}$$

表示。其中 $f(x,\dot{x})$ 是 x 和 $\dot{x}$ 的线性或非线性函数。在非全零初始条件（$x_0,\dot{x}_0$）或输入作用下，系统的运动可以用解析解 $x(t)$ 和 $\dot{x}(t)$ 描述。

取 $\boldsymbol{x}=\begin{bmatrix}x\\ \dot{x}\end{bmatrix}$ 为该系统的状态，以 x 为横坐标、$\dot{x}$ 为纵坐标构成坐标平面，称为相平面，则系统的每一个状态均对应于该平面上的一点。随着时间 t 的变化，这一点在 x-$\dot{x}$ 平面上描绘出的轨迹，表征了系统状态的演变过程，称状态轨迹 $\boldsymbol{x}(t)=\begin{bmatrix}x(t)\\ \dot{x}(t)\end{bmatrix}$ 为相轨迹，如图9-8所示。可以看出，其中相轨迹图（a）是由图（b）x-t、图（c）$\dot{x}$-t 合成而得到的。

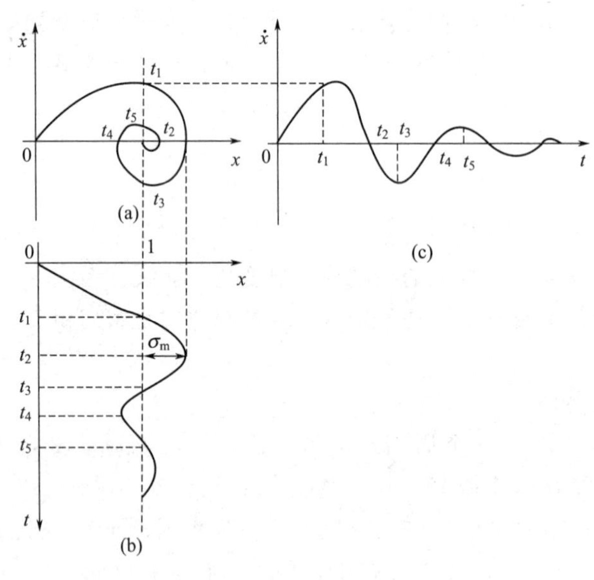

图 9-8　相轨迹

2. 相平面图

不同初始条件下的系统运动形成不同的相轨迹，形成相轨迹簇，相平面和相轨迹簇构成相平面图。相平面图清楚地表示了系统在各种初始条件或输入作用下的运动过程。利用相平面图分析系统性能的方法称为相平面法。

二、相轨迹的性质

1. 相轨迹的斜率与普通点

相轨迹在相平面上任意一点（x,$\dot{x}$）处的斜率为

$$\frac{\mathrm{d}\dot{x}}{\mathrm{d}x}=\frac{\mathrm{d}\dot{x}/\mathrm{d}t}{\mathrm{d}x/\mathrm{d}t}=\frac{f(x,\dot{x})}{\dot{x}} \tag{9-7}$$

只要在点（x,$\dot{x}$）处不同时满足$\dot{x}=0$和$f(x,\dot{x})=0$，则相轨迹的斜率就是一个确定的值。这样，通过该点的相轨迹不可能多于一条，相轨迹不会在该点相交，称这些点是相平面上的普通点。

2. 相轨迹的奇点

相平面上同时满足$f(x,\dot{x})=0$和$\dot{x}=0$的点，相轨迹的斜率$\frac{\mathrm{d}\dot{x}}{\mathrm{d}x}=\frac{0}{0}$不确定，表明系统可以按任意方向趋近或离开，通过该点的相轨迹有一条以上，称这些相轨迹的交点为奇点。由奇点定义知，奇点一定位于相平面的横轴上。又由于在奇点处，系统运动的速度与加速度同时为零，对于二阶系统来说，系统不再运动，处于平衡状态，故**奇点也称为平衡点**。

3. 相轨迹的运动方向

相轨迹具有下列特征或规律：在相平面的上半平面，$\dot{x}>0$，表明x单调上升，相迹点沿相轨迹向x轴的正方向移动，故相轨迹的箭头方向为从左向右；同理，在相平面的下半平面$\dot{x}<0$，相轨迹箭头向左。总之，相迹点在相轨迹上总是按顺时针方向运动。

4. 相轨迹通过 x 轴的方向

相轨迹总是以垂直方向穿过x轴。因为在x轴上的所有点均满足$\dot{x}=0$，所以除同时满足$f(x,\dot{x})=0$的奇点外，在其他点上的斜率$\frac{\mathrm{d}\dot{x}}{\mathrm{d}x}\to\infty$。这表示相轨迹与$x$轴正交。

三、相轨迹的绘制

绘制相轨迹是相平面法的基础。绘制相轨迹的方法主要有：解析法，图解法，本小节简要地介绍前两种作图法。

1. 解析法

当描述系统的微分方程比较简单时，可以解析计算出x-$\dot{x}$的函数关系，并绘制在x-$\dot{x}$平面上。对于式(9-6)所描述的二阶系统，显然有

$$\frac{\ddot{x}}{\dot{x}}=\frac{f(x,\dot{x})}{\dot{x}}=\frac{\mathrm{d}\dot{x}/\mathrm{d}t}{\mathrm{d}x/\mathrm{d}t}=\frac{\mathrm{d}\dot{x}}{\mathrm{d}x}$$

所以

$$\dot{x}\,\mathrm{d}\dot{x}=f(x,\dot{x})\mathrm{d}x \tag{9-8}$$

对式(9-8)两边求积分，可得x-$\dot{x}$的函数关系

$$\dot{x}^2=2\int f(x,\dot{x})\mathrm{d}x+c \tag{9-9}$$

其中c为积分常数，取决于初始条件。

【例 9-1】 设有二阶系统$\ddot{x}(t)+\omega_n^2x(t)=0$，请用解析法求$x$-$\dot{x}$的关系并绘制图。

解 因为

$$\ddot{x}(t)=f[x(t),\dot{x}(t)]=-\omega_n^2x(t)$$

运用式(9-9)，有

$$\dot{x}^2=-2\int\omega_n^2x\,\mathrm{d}x+c=-\omega_n^2x^2+c$$

上式可改写为

$$\frac{\dot{x}^2}{A^2\omega_n^2}+\frac{x^2}{A^2}=1$$

式中 $A^2=\frac{c}{\omega_n^2}$，是由初始条件（$x_0,\dot{x}_0$）决定的常数。方程表明这是一个在相平面上以原点为圆心的椭圆，其相轨迹如图 9-11(a) 所示；系统的响应是一个等幅振荡的周期运动。当初始条件不同时，相轨迹是以（$x_0,\dot{x}_0$）为起始点的椭圆簇［图 9-11(a) 中只画出了其中一个椭圆］。

2. 图解法

图解法求取相轨迹不需要求解微分方程，而是根据相轨迹的规律来绘制，这对于求解困难的非线性微分方程尤显重要。图解法需要逐步作图，其准确性取决于作图的步数。

(1) 等倾斜线法

等倾斜线法的基本思想是先在相平面上确定相轨迹斜率相等的点的方程，按该方程绘出等倾斜线，进而绘出相轨迹的切线方向场，然后从初始条件出发，沿方向场逐步绘制相轨迹。

由式(9-7) 可求得相平面上某点处的相轨迹斜率 $\frac{d\dot{x}}{dx}=\frac{f(x,\dot{x})}{\dot{x}}$。若取斜率为常数 a，则上式可改写成

$$a=\frac{f(x,\dot{x})}{\dot{x}}=\frac{d\dot{x}}{dx} \tag{9-10}$$

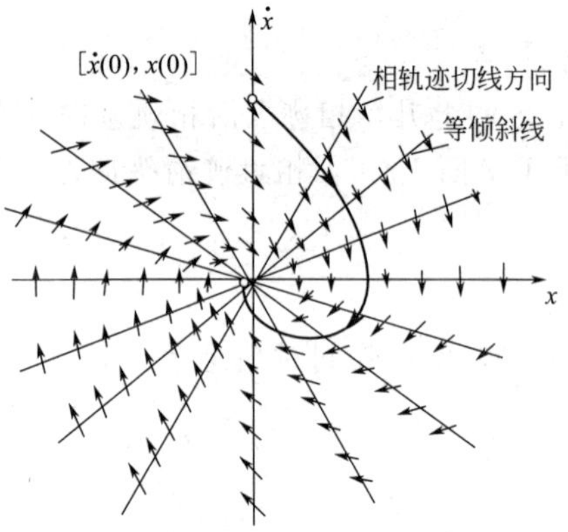

式(9-10) 称为等倾斜线方程。给定不同的 a 值，可在相平面上绘出相应的等倾斜线。在各等倾斜线上作出斜率为 a 的短线段，并以箭头表示切线方向，则构成相轨迹切线的方向场。沿方向场画连续曲线就可以绘制出相平面图。

图 9-9 相平面中等倾斜线方向场图

如图 9-9 所示。它表示了一个二阶衰减振荡过程的相轨迹方向场，其微分方程式为

$$\ddot{x}(t)+2\zeta\omega_n\dot{x}(t)+\omega_n^2x(t)=0$$

因为

$$\ddot{x}=f(x,\dot{x})=-2\zeta\omega_n\dot{x}-\omega_n^2x$$

由式(9-7) 有

$$\frac{d\dot{x}}{dx}=\frac{f(x,\dot{x})}{\dot{x}}$$

等倾斜线方程可求取如下

$$\dot{x}\frac{d\dot{x}}{dx}+2\zeta\omega_n\dot{x}+\omega_n^2x=0$$

令 $\frac{d\dot{x}}{dx}=a$，它是相轨迹的切线斜率，代入上式，得

$$\dot{x}a=-2\zeta\omega_n\dot{x}-\omega_n^2x$$

从而

$$\frac{\dot{x}}{x}=\frac{-\omega_n^2}{2\zeta\omega_n+a}$$

当 a 为常数时，$\dot{x}=kx$，其中 $k=\frac{-\omega_n^2}{2\zeta\omega_n+a}$。给定不同的 a 值，可得到一簇过原点的直线。再按 a 值在 $\dot{x}=kx$ 上画出代表相轨迹通过等倾斜线切线方向的短线段。根据这些短线段表示的方向场，很容易绘制出从某一点开始的特定的相轨迹。

当等倾斜线为直线时，本方法十分方便，但若为曲线，等倾斜线法难以采用。

(2) δ 法

δ 法的基本思想就是在原微分方程中引入一个表示为 $x,\dot{x},t$ 函数的 δ 函数，使之成为二阶等幅振荡形式。在 $x,\dot{x},t$ 变化较小时，将 δ 认为是一个常量，这样可得到一小段圆弧，将这些小段圆弧连接起来，可获得完整的相平面图。

对于如式(9-6) 所示系统用 δ 法时，先作变形，即方程两边同时加上 $\omega_n^2x(t)$，得

$$\ddot{x}(t)+\omega_n^2x(t)=f[x(t),\dot{x}(t)]+\omega_n^2x(t)$$

令

$$\delta(t)=\frac{f[x(t),\dot{x}(t)]+\omega_n^2 x(t)}{\omega_n^2} \tag{9-11}$$

则
$$\ddot{x}(t)+\omega_n^2 x(t)=\omega_n^2\delta(t)$$

即
$$\ddot{x}(t)+\omega_n^2[x(t)-\delta(t)]=0 \tag{9-11a}$$

其中 δ 是 $x(t)$ 和 $\dot{x}(t)$ 的函数。自某一初始点 $\begin{bmatrix}x_0\\\dot{x}_0\end{bmatrix}$ 开始，将 $\begin{bmatrix}x(t)\\\dot{x}(t)\end{bmatrix}$ 视为 $\begin{bmatrix}x_0+\Delta x(t)\\\dot{x}_0+\Delta\dot{x}(t)\end{bmatrix}$，$\Delta x(t)$ 和 $\Delta\dot{x}(t)$ 均为微小增量，则在这一微小变化范围内，$\delta(t)$ 可近似为常数。由例 9-1 知，在这一范围内，方程 $\ddot{x}(t)+\omega_n^2[x(t)-\delta(t)]=0$ 在 x-$\dot{x}$ 平面上为一小段圆弧，其圆心为 $\begin{bmatrix}\delta\\0\end{bmatrix}$、半径是 $\begin{bmatrix}x_0\\\dot{x}_0\end{bmatrix}-\begin{bmatrix}\delta\\0\end{bmatrix}$ 的模。作图时，第一小段圆弧的起点取自初始条件；第二小段圆弧的起点取自第一小段圆弧的终点；如此将各小段圆弧连接起来，即可得相轨迹。

【例 9-2】 绘制由下列非线性微分方程描述的系统的相轨迹 $\ddot{x}(t)+\dot{x}(t)+x^3(t)=0$，已知初始条件 $x(0)=1$，$\dot{x}(0)=0$。

解 对上述方程作变形（令 $\omega_n^2=1$）

$$\ddot{x}(t)+x(t)=-\dot{x}(t)-x^3(t)+x(t)=\delta(t)$$

对初始条件 $\begin{bmatrix}x(0)\\\dot{x}(0)\end{bmatrix}=\begin{bmatrix}1\\0\end{bmatrix}$，可求出

$$\delta=-\dot{x}(0)-x^3(0)+x(0)=0$$

则圆弧的起点为 $A=\begin{bmatrix}1\\0\end{bmatrix}$、圆心为 $\begin{bmatrix}0\\0\end{bmatrix}$，以 A 为起点、$\begin{bmatrix}0\\0\end{bmatrix}$ 为圆心画一小段圆弧到 B 点，再以 B 点为新的起点重复上述步骤，如此下去，可得到的相轨迹如图 9-10 所示。

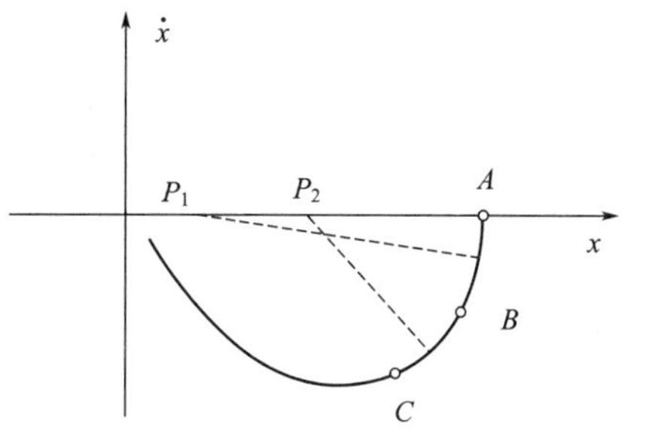

图 9-10　例 9-2 的相轨迹

四、二阶线性系统的相轨迹

线性系统是非线性系统的特例，所以这里先研究一下二阶线性系统的相轨迹。

二阶线性系统自由运动的微分方程

$$\ddot{x}(t)+2\zeta\omega_n\dot{x}(t)+\omega_n^2 x(t)=0$$

式中，令 $\ddot{x}=\dot{x}=0$，可得惟一解 $x_e=0$，这表明二阶线性系统的奇点（平衡点）就是相平面的原点。根据二阶系统的极点 λ_1,λ_2 在复平面上的位置分布，相轨迹不同。

① 当 $\zeta=0$ 时，λ_1,λ_2 为一对共轭纯虚根，系统的自由响应为等幅振荡过程，相轨迹是一簇同心椭圆，其中一条轨迹如图 9-11(a) 所示。

② 当 $0<\zeta<1$ 时，λ_1,λ_2 为一对具有负实部的共轭复根，系统处于欠阻尼状态，系统的自由响应为衰减振荡过程。对应的相轨迹为一簇收敛的对数螺旋线，其中一条轨迹如图 9-11(b)所示；对于奇点不在原点的衰减振荡过程，相轨迹如图 9-11(c)所示。

③ 当 $1\leqslant\zeta$ 时，λ_1,λ_2 为两个负实根，系统处于过阻尼或临界阻尼状态，系统的自由响应按指数衰减。对应的相轨迹是一簇趋向相平面原点的抛物线，如图 9-11(d) 所示。

④ 当 $-1<\zeta<0$ 时，λ_1,λ_2 为一对具有正实部的共轭复根，系统的自由响应振荡发散。对应的相轨迹是发散的对数螺旋线，其中一条轨迹如图 9-11(e) 所示。

⑤ 当 $\zeta<-1$ 时，λ_1,λ_2 为两个正实根，系统的自由响应为非周期发散状态。对应的相轨迹是发散的抛物线簇，如图 9-11(f) 所示。

在相平面上，相轨迹全面表征了系统状态的运动过程，随着时间 t 由小到大的变化，状态沿相轨迹按箭头方向运行。

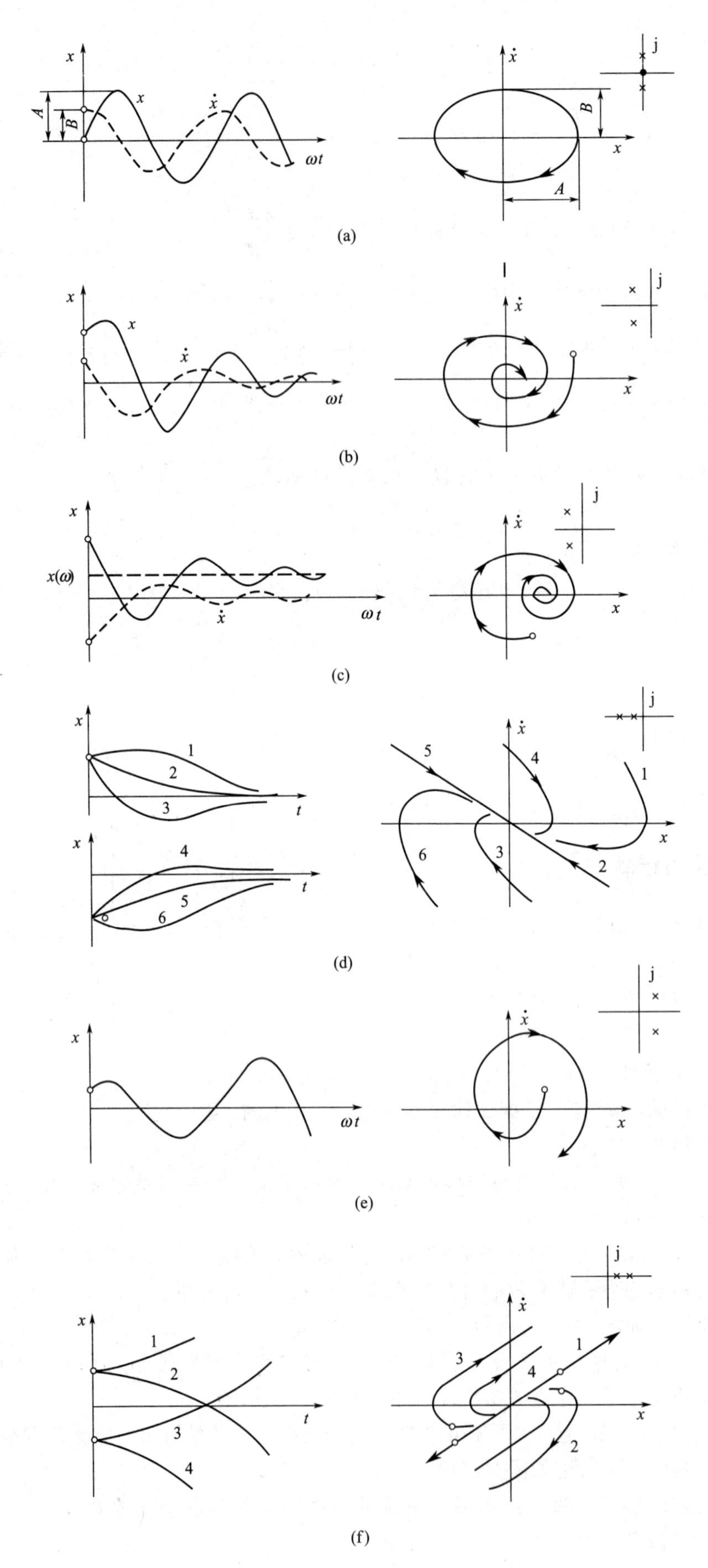

图 9-11 二阶系统过渡过程曲线与相轨迹图

五、非线性系统的相轨迹

在非线性系统的分析中，极限环等幅振荡非常重要。根据极限环内外相轨迹的运动方向和趋势，极限环分为四种类型，如图 9-12 所示。其中图（a）为稳定极限环，不论初始条件如何，相轨迹总收敛于极限环，即系统状态趋向于等幅振荡；图（b）为不稳定极限环；图（c）和图（d）为半稳定极限环，相轨迹能否收敛于极限环，取决于初始状态和受扰情况。在一些复杂的非线性系统中，可能存在两个以上的极限环（如图 9-13所示)，若极限环内外有不封闭的相轨迹，即在该极限环内外，相轨迹或收敛于它，或由它发散而去，这种极限环称为孤立极限环。

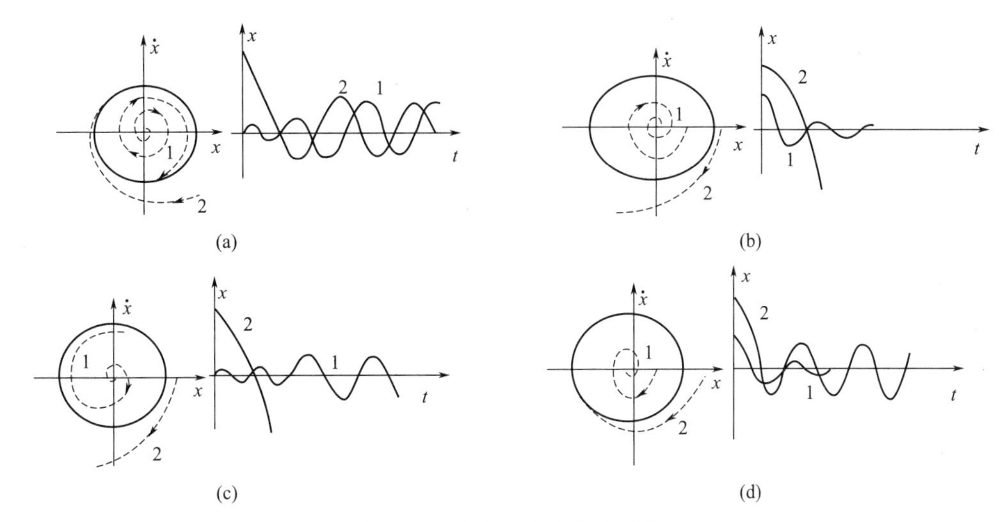

图 9-12　极限环稳定性示意图

奇点的几种情形如图中所示：图 9-14 中的 A 点称为稳定焦点，它的某个范围内的任一相轨迹都螺旋收敛于该点；图 9-12(a) 中的原点为不稳定焦点，该点周围的相轨迹呈螺旋状发散；奇点周围相轨迹呈单调收敛时，该奇点称为稳定节点，如图 9-11(d) 中的原点；奇点周围相轨迹呈单调发散时，该奇点称为不稳定节点，如图 9-14 中的 C 点；图 9-14 的 B 点周围的一些相轨迹先是趋近 B，随后在尚未达到 B 之前又远离 B 而去，这种点称为鞍点，更详细的如图 9-15 所示。

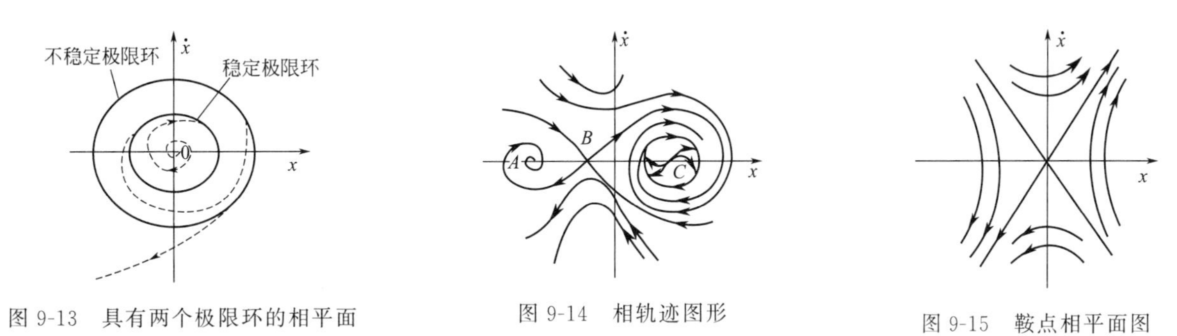

图 9-13　具有两个极限环的相平面

图 9-14　相轨迹图形

图 9-15　鞍点相平面图

奇点可能是相轨迹的发射点，也可能是收敛点，是收敛点时，它表示了系统的稳定工作点。

六、由相轨迹求时间解

在相平面图中没有明确标出时间，但同一条相轨迹上从点 $A=\begin{bmatrix}x_A\\ \dot{x}_A\end{bmatrix}$ 到点 $B=\begin{bmatrix}x_B\\ \dot{x}_B\end{bmatrix}$ 的运行时间 t_{AB} 可以用

$$t_{AB}=\frac{x_B-x_A}{(\dot{x}_A+\dot{x}_B)/2} \tag{9-12}$$

近似估计，其中（$\dot{x}_A+\dot{x}_B$）/2 表示从 A 到 B 间的平均速度。

七、相平面分析

许多非线性控制系统所含有的非线性特性可以分段线性化。用相平面法分析这类系统时，一般采用“分区一衔接”的方法。首先，根据非线性特性的线性分段情况，用几条分界线把相平面分成几个线性区域，在每一线性区域用线性微分方程来描述；其次，分别绘出各线性区域内线性系统的相平面图；最后，将相邻区间的相轨迹衔接成连续的曲线，形成完整的非线性系统相平面图。这时就可以对非线性系统进行稳定性分析和极限环振荡状态的分析。这里主要介绍非线性系统相平面图的绘制方法和非线性系统特性分析的基本概念。

图 9-16(a) 为一个带有非线性环节的控制系统，其非线性环节 N 是典型变增益特性：

$$y(t)=\begin{cases}x(t), & |x(t)|>x_0\\ k_1x(t), & |x(t)|\leqslant x_0\end{cases}$$

其线性部分

$$G(s)=\frac{K}{s(Ts+1)}$$

它对应的微分方程为

$$T\ddot{C}(t)+\dot{C}(t)=Ky(t)$$

参照图 9-16(a)，有

$$x(t)=R(t)-C(t)$$

于是可得闭环系统方程式为

$$T\ddot{x}(t)+\dot{x}(t)+Ky(t)=T\ddot{R}(t)+\dot{R}(t)$$

取系统输入 $R(t)$ 为阶跃信号，因在 $t>0$ 时有

$$\ddot{R}(t)=\dot{R}(t)=0$$

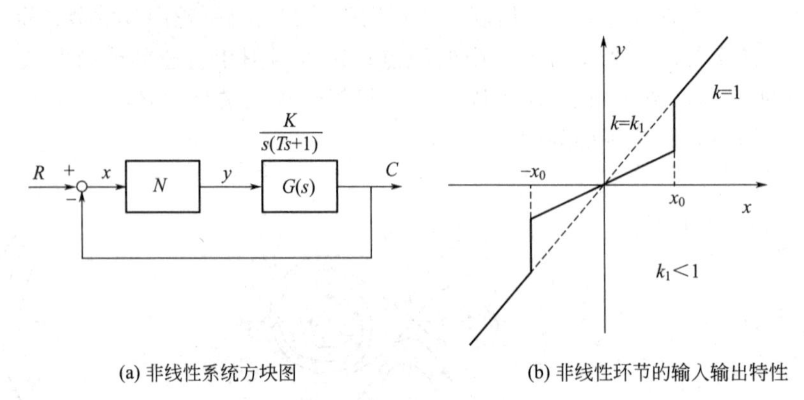

(a) 非线性系统方块图　　(b) 非线性环节的输入输出特性

图 9-16　非线性系统图

所以

$$T\ddot{x}(t)+\dot{x}(t)+Ky(t)=0,\ t>0$$

这是一个非线性微分方程，采用分段线性化方法可以得到

$$T\ddot{x}(t)+\dot{x}(t)+Kx(t)=0,\quad |x(t)|>x_0,\quad t>0$$

$$T\ddot{x}(t)+\dot{x}(t)+Kk_1x(t)=0,\quad |x(t)|\leqslant x_0,\quad t>0$$

图 9-17 显示了方程

$$T\ddot{x}(t)+\dot{x}(t)+Kk_1x(t)=0$$

$$T\ddot{x}(t)+\dot{x}(t)+Kx(t)=0$$

的相平面图，图 9-17(a)为过阻尼，图 9-17(b) 为欠阻尼。从图中可见它们的奇点都位于原点，一为稳定节点，一为稳定焦点。

现在将两条相轨迹分区域合并到一张图上，如图 9-18 所示。即先将相平面分为两个区域：$|x| \leqslant x_0$ 为Ⅰ区，$|x| > x_0$ 为Ⅱ区共两块。从初始点 A 开始，按Ⅱ区规律到边界线上，得到轨迹 AB，在Ⅰ区内按Ⅰ区规律到边界线，得到轨迹 BC；再以 C 为起始点不断地进行下去，直到达到奇点 0，这样便得到完整的相轨迹。比较图 9-18 和图 9-17 可知采用变增益，加快了系统的收敛速度，从而缩短了过渡过程。由此可知，选择合理的非线性特性，可以有效地改善系统的动态品质。

从图 9-17 和图 9-18 可以看出，虽然两条相轨迹都有自己的奇点，但它们的奇点重合且位于Ⅰ区内，系统只能以Ⅰ区的规律收敛于该点，可以设想，若Ⅱ区相轨迹的稳定奇点是Ⅰ区内的另外一点，则该点是非线性系统相轨迹无法收敛到的，这样的奇点称为虚奇点，而可收敛到的奇点称为实奇点。利用虚实奇点可以方便地判断系统的稳定趋向和出现极限环振荡的可能性。例如系统在各区域内均无实奇点可收敛达到时，必然会产生振荡。

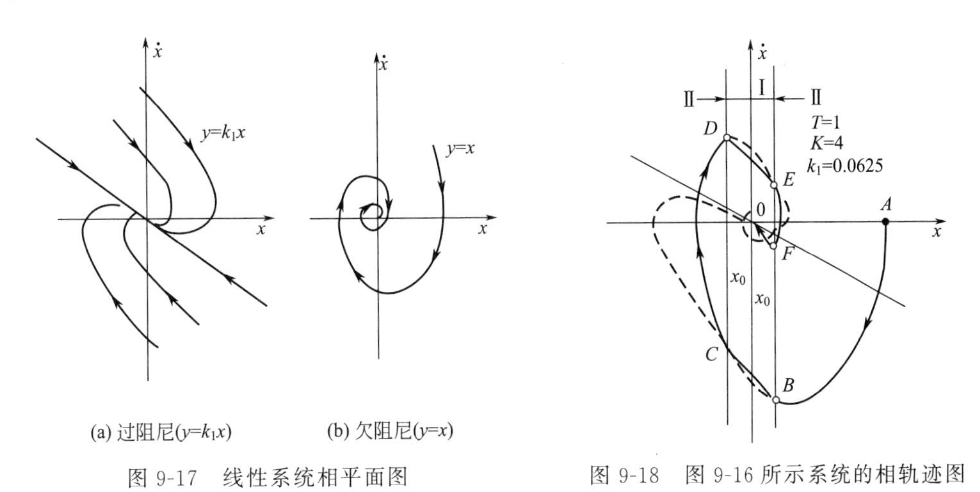

(a) 过阻尼($y=k_1x$)　(b) 欠阻尼($y=x$)

图 9-17　线性系统相平面图　　图 9-18　图 9-16 所示系统的相轨迹图

【例 9-3】 如图 9-19 所示，这是一个带有继电器非线性环节的系统，试绘制系统的相平面图，并进行系统分析。

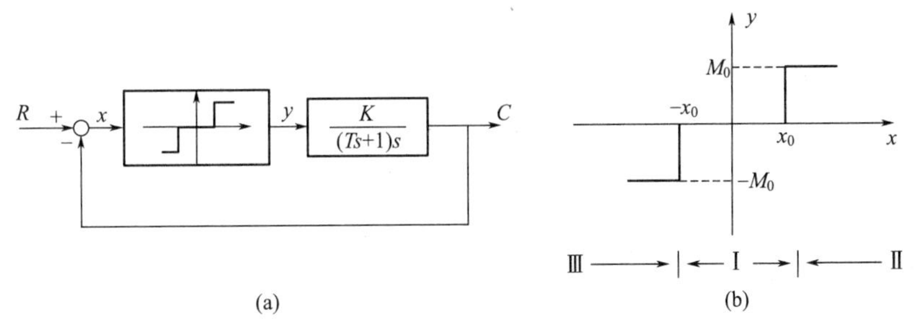

图 9-19　带有继电器非线性环节的系统

解　根据非线性环节输入幅值不同可划分出三个线性区。

Ⅰ区：　$y(t)=0$　　$-x_0<x(t)<x_0$

Ⅱ区：　$y(t)=M_0$　　$x(t) \geqslant x_0$

Ⅲ区：　$y(t)=-M_0$　　$x(t) \leqslant -x_0$

闭环系统微分方程为

$$T\ddot{x}(t)+\dot{x}(t)+Ky(t)=T\ddot{R}(t)+\dot{R}(t)$$

取 $R(t)$ 为单位阶跃，因在 $t>0$ 时有 $\ddot{R}(t)=\dot{R}(t)=0$，所以各区的方程式为

Ⅰ区　$T\ddot{x}(t)+\dot{x}(t)=0$　　$x_0>x(t)>-x_0,\ t>0$

Ⅱ区　$T\ddot{x}(t)+\dot{x}(t)+KM_0=0$　　$x(t) \geqslant x_0,\ t>0$

Ⅲ区　$T\ddot{x}(t)+\dot{x}(t)-KM_0=0$　　$x(t) \leqslant -x_0,\ t>0$

利用等倾斜线法可以得到如图 9-20 和图 9-21 所示的各区的相平面图。由此两图可以得到如图 9-22 所示

的起点分别为 A 和 B 的两条相轨迹。在这些图中，若 T 发生变化，则引起Ⅰ区等倾斜线的变化，如图 9-23 所示，从而引起系统收敛速度的变化。从上面可知，该系统是衰减振荡的，它最终收敛于死区内横轴上的某一点，具体的收敛点由初始状态决定。另一方面，KM_0 的变化也会影响系统的动态特性，KM_0 数值变大，则振荡加剧，收敛变慢。

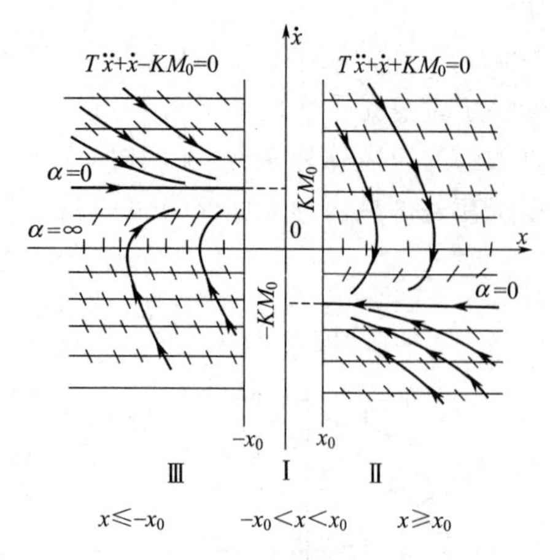

图 9-20　饱和非线性段对应的相平面图

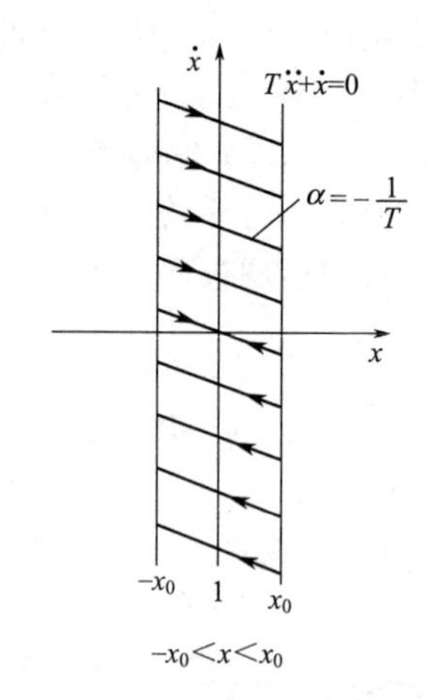

图 9-21　死区非线性段对应的相平面图

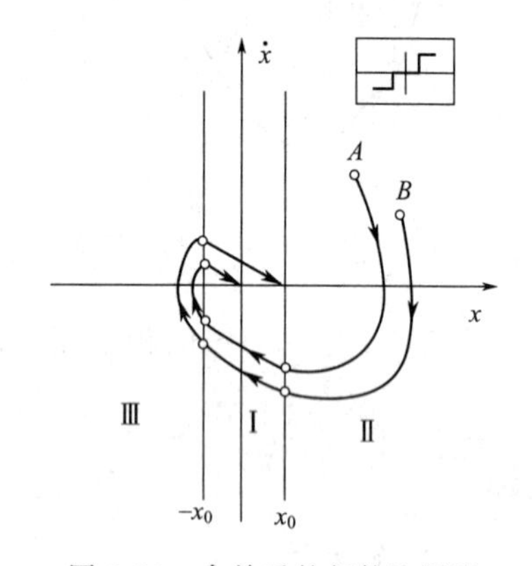

图 9-22　合并后的相轨迹图形

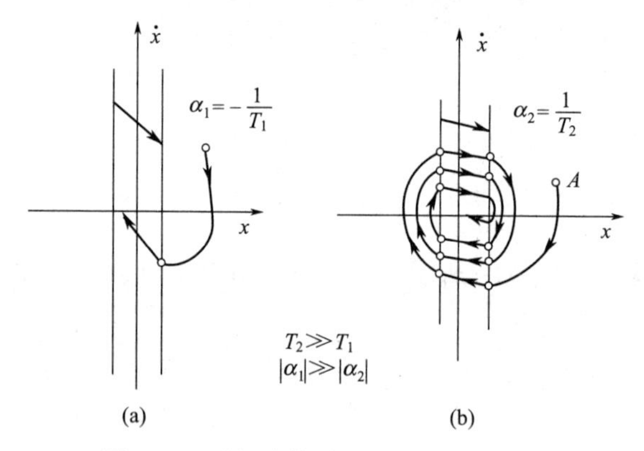

图 9-23　时间常数不同时的相轨迹图形

按照上述方法，可以得到一系列带有继电器非线性环节的系统的相平面图，如图 9-24 所示。其中图（a）、（b）两个系统在区Ⅰ、Ⅱ均有不稳定奇点，故总的系统相平面图中出现极限环，系统将产生自激振荡；图（a）中由于滞环作用，易形成较大的极限环；图（c）中由于存在死区，且在死区内 x 轴上的任一点均为稳定奇点，故当系统进入死区后，系统可能稳定下来，但是当死区范围较小而且线性部分时间常数较大时，极易产生极限环振荡，如图（d）中所示。

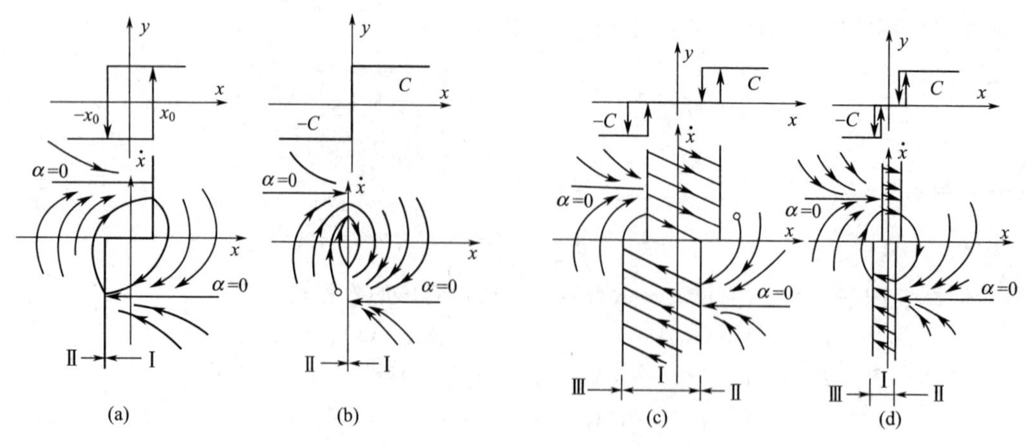

图 9-24　几种非线性系统的相平面图

由此可以看出，带有继电器非线性环节的控制系统是否会出现极限环振荡以及振荡的幅值和频率大小主要由继电器特性和线性部分的特性决定。

在非线性控制系统中通常采用内部反馈的方法来抑制或消除极限环振荡。如图9-25所示的温度双位控制系统，被控对象 $G_0(s)=\dfrac{K_0}{T_0 s}$，执行机构 $G_1(s)=\dfrac{K_1}{T_1 s}$，$K_2$ 为变量 Z 的反馈系数，输入 $R(t)=0$，非线性环节

$$y(t)=\begin{cases}M_0, & x(t)\geqslant 0\\ -M_0, & x(t)<0\end{cases}$$

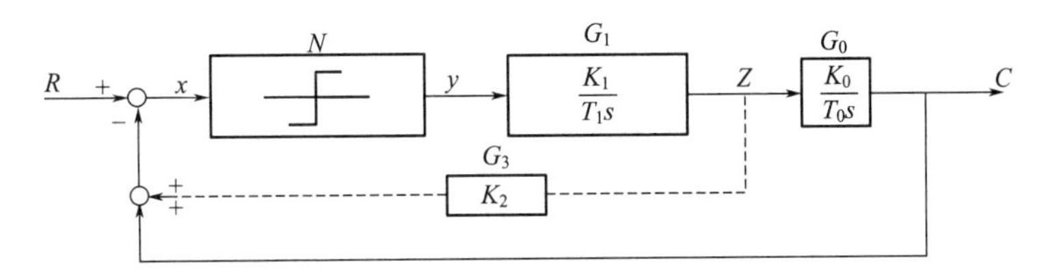

图9-25　温度双位控制系统方块图

当不引入内部线性反馈 K_2Z 时，系统微分方程为

$$T_0T_1\ddot{C}(t)=-K_0K_1M_0,\qquad C(t)>0$$

$$T_0T_1\ddot{C}(t)=K_0K_1M_0,\qquad C(t)\leqslant 0$$

将相平面分为两个区：$C>0$ 和 $C\leqslant 0$，在每个区内，求出相轨迹方程

$$\dot{C}^2=-KC+A,\qquad C>0$$

$$\dot{C}^2=KC+A,\qquad C\leqslant 0$$

其中 $K=\dfrac{2K_0K_1M_0}{T_0T_1}$，$A$ 是由起点决定的常数。上述相轨迹方程表明Ⅰ区和Ⅱ区的相轨迹关于 $\dot{C}$ 轴对称，将它们合并起来可得相平面图如图9-26所示。该图显示，对任何非零起点，系统都将产生振荡，只是振荡的幅度和周期不同。

引入内部线性反馈 K_2Z 后，系统微分方程

$$T_0T_1\ddot{C}(t)=-K_0K_1M_0,\qquad C(t)+K_2Z(t)>0$$

$$T_0T_1\ddot{C}(t)=K_0K_1M_0,\qquad C(t)+K_2Z(t)\leqslant 0$$

由 $C=\dfrac{K_0}{T_0 s}Z$，可得 $Z=\dfrac{T_0\dot{C}}{K_0}$，故分界线方程 $C+K_2Z=0$ 等价于

$$C+\frac{K_2}{K_0}T_0\dot{C}=0\tag{9-13}$$

它将相平面分为 $C+\dfrac{K_2}{K_0}T_0\dot{C}>0$ 的Ⅰ区和 $C+\dfrac{K_2}{K_0}T_0\dot{C}\leqslant 0$ 的Ⅱ区。新的相平面图如图9-27所示，从图中可以看到，分界线的变化破坏了原系统产生封闭曲线的条件，使相轨迹变为内螺旋形，并收敛于原点。

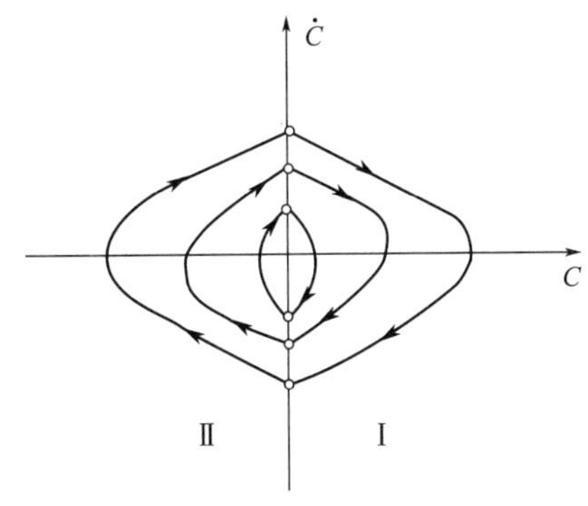

图9-26　无内部反馈时的相平面图

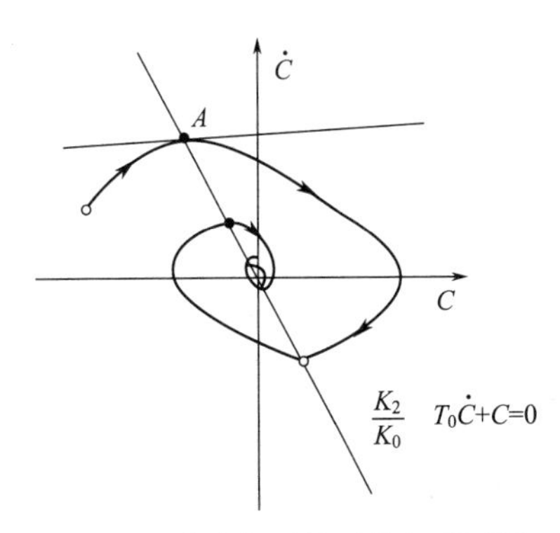

图9-27　有内部反馈时的相平面图

引入内部反馈后，系统由等幅振荡变为衰减振荡，衰减振荡的次数与分界线的斜率有关。K_2 增大，则衰减振荡次数减少；当 K_2 增大到一定值时，控制过程就接近于最小时间控制。对Ⅱ区内的任一起点 $\boldsymbol{P}=\begin{bmatrix}p_1\\p_2\end{bmatrix}$ 存在一个 K_2，使得其相轨迹在Ⅰ区直接到达原点。

K_2 的值可以由起点 $\boldsymbol{P}$ 和从 $\boldsymbol{P}$ 出发的相轨迹与分界线的交点 $\boldsymbol{Q}$ 求得。

第三节　描述函数法

描述函数指的是系统中非线性环节在正弦信号作用下的输出可用一次谐波分量来近似，由此导出该非线性环节的近似等效频率特性。这时，非线性系统就近似为一个线性系统，第六章中介绍的频域分析设计方法就可推广应用至此。描述函数法由 P. J. Daniel 于 1940 年提出，主要用于分析在无外作用的情况下，非线性系统的稳定性与自激振荡问题。这种方法不受系统阶次的限制，一般都能给出较为满意的结果，因而得到广泛的应用，但它只能用于研究系统的频率响应特性，不能给出时间响应的确切信息。

一、描述函数的概念

就本质而言，描述函数法就是在正弦输入下的非线性环节输出只取基波（一次谐波）分量，忽略其他高次谐波分量的一种近似方法。设非线性环节的输入、输出特性为

$$y=f(x) \tag{9-14}$$

在输入正弦信号 $x(t)=A\sin\omega t$ 的作用下，其输出信号 $y(t)$ 一般是非正弦周期信号。将 $y(t)$ 展开为傅里叶级数，得

$$y(t)=A_0+\sum_{n=1}^{\infty}(A_n\cos n\omega t+B_n\sin n\omega t)=A_0+\sum_{n=1}^{\infty}C_n\sin(n\omega t+\phi_n) \tag{9-15}$$

式中

$$A_n=\frac{1}{\pi}\int_0^{2\pi}y(t)\cos n\omega t\,\mathrm{d}(\omega t) \tag{9-15a}$$

$$B_n=\frac{1}{\pi}\int_0^{2\pi}y(t)\sin n\omega t\,\mathrm{d}(\omega t) \tag{9-15b}$$

$$C_n=\sqrt{A_n^2+B_n^2} \tag{9-15c}$$

$$\phi_n=\arctan\frac{A_n}{B_n} \tag{9-15d}$$

直流分量

$$A_0=\frac{1}{2\pi}\int_0^{2\pi}y(t)\,\mathrm{d}(\omega t) \tag{9-15e}$$

若非线性特性是中心对称的，则 $y(t)$ 具有奇对称性，$A_0=0$。输出 $y(t)$ 中的基波分量为

$$y_1(t)=A_1\cos\omega t+B_1\sin\omega t=C_1\sin(\omega t+\phi_1) \tag{9-16}$$

描述函数定义为非线性环节稳态正弦响应中的基波分量与输入正弦信号的复数比，其模是 $y_1(t)$ 与 $x(t)$ 的振幅比（通常是输入信号振幅 A 的函数），其幅角是 $y_1(t)$ 与 $x(t)$ 的相位差。

$$N(A)=\frac{C_1}{A}\mathrm{e}^{\mathrm{j}\phi_1}=\frac{\sqrt{A_1^2+B_1^2}}{A}\mathrm{e}^{\mathrm{j}\arctan(A_1/B_1)}=\frac{B_1}{A}+\mathrm{j}\frac{A_1}{A}=\frac{B_1}{A}(\cos\phi_1+\mathrm{j}\sin\phi_1) \tag{9-17}$$

式中，C_1 为非线性环节输出信号中基波分量的振幅；A 为输入正弦信号的振幅；ϕ_1 为非线性环节输出信号中基波分量与输入正弦的相位差。

描述函数的定义中只考虑了用非线性环节输出中的基波分量来描述其特性，忽略了高次谐波的影响，故这种方法称为谐波线性化。应当注意的是，线性环节的频率特性与输入正弦信号的幅值无关，而描述函数是输入正弦信号振幅的函数。因此，描述函数只是在形式上借用了线性系统频率响应的概念，而本质上则保留了非线性的基本特征。

二、典型非线性特性的描述函数

1. 理想继电特性

对于如图 9-28(a) 所示的继电器非线性环节，其数学描述

$$y(t)=\begin{cases}C, & x>0\\ -C, & x<0\end{cases} \tag{9-18}$$

由于继电特性的输入输出关系关于原点对称，故 $A_0=0$；又由于 $y(t)$ 是单值奇对称的，所以，$A_n=0$，$\phi_n=0$。在正弦输入信号 $x(t)=A\sin\omega t$ 作用下，其输出信号 $y(t)$ 是如图 9-28(b)所示的矩形波，用傅里叶级数将其展开为一系列谐波分量之和

$$y(t)=\sum_{n=1}^{\infty}B_n\sin n\omega t,\quad n=1,3,5,\cdots$$

其基波分量为

$$y_1(t)=B_1\sin\omega t$$

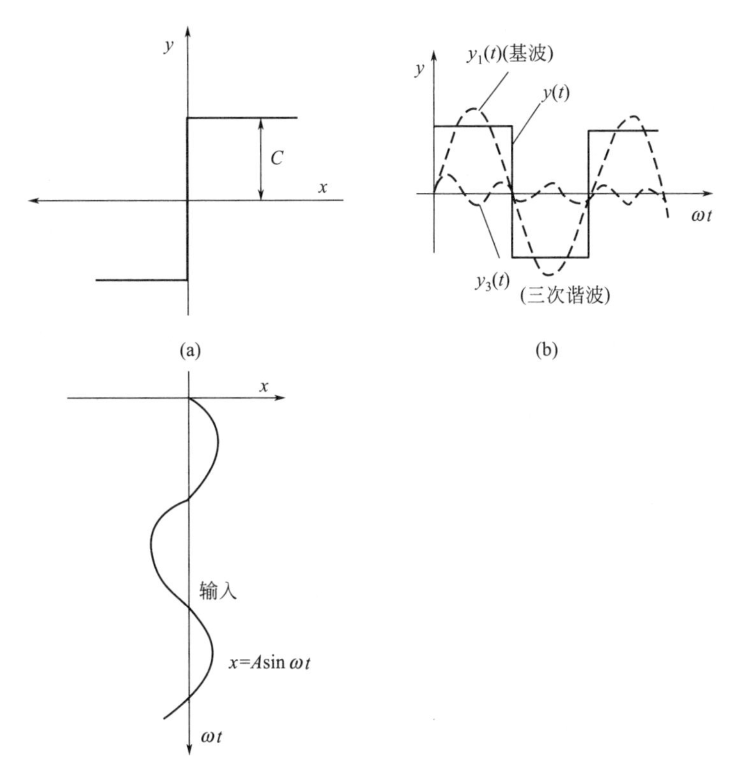

图 9-28　继电器非线性环节及其输入输出波形

式中

$$B_1=\frac{1}{\pi}\int_0^{2\pi}y(t)\sin\omega t\,\mathrm{d}(\omega t)=\frac{4}{\pi}\int_0^{\pi/2}C\sin\omega t\,\mathrm{d}(\omega t)=\frac{4C}{\pi} \tag{9-19}$$

继电特性输出的三次谐波分量

$$B_3=\frac{1}{\pi}\int_0^{2\pi}y(t)\sin 3\omega t\,\mathrm{d}(\omega t)=\frac{4}{\pi}\int_0^{\pi/6}C\sin\omega t\,\mathrm{d}(\omega t)=\frac{4C}{3\pi}$$

由此可见，三次谐波的频率增加了 3 倍，而幅值是一次谐波分量的 1/3，如图 9-28(b) 中虚线所示。同时根据定义可求出描述函数为

$$N(A)=\frac{4C}{A\pi} \tag{9-20}$$

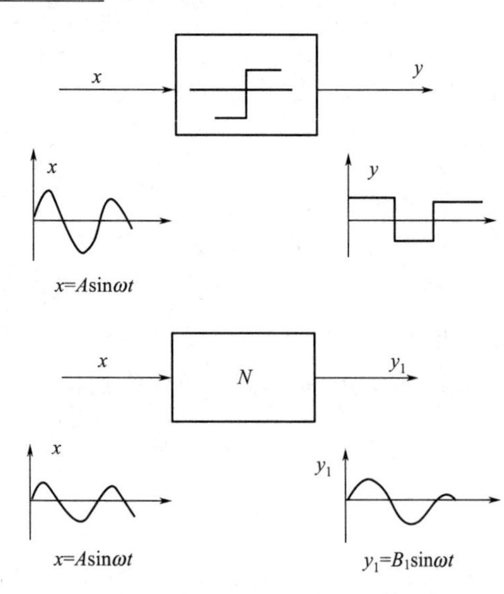

图 9-29　等效谐波线性化示意图

对于此非线性环节的等效变换过程如图 9-29 所示。

2. 死区与饱和特性

设一个具有死区和饱和的单值非线性环节及其输入输出特性如图 9-30 所示。输出 $y(t)$ 的数学描述

$$y(t)=\begin{cases}0, & 0\leqslant \omega t\leqslant \psi_1\\ k(A\sin\omega t-b_1), & \psi_1<\omega t\leqslant \psi_2\\ k(b_2-b_1), & \psi_2<\omega t\leqslant \dfrac{\pi}{2}\end{cases} \tag{9-21}$$

取正弦输入信号 $x(t)=A\sin\omega t$ $(A\geqslant b_2)$，用傅里叶级数将 $y(t)$ 展开并整理得到

$$y(t)=\sum_{n=1}^{\infty}B_n\sin n\omega t$$

其基波分量

$$y_1(t)=B_1\sin\omega t$$

式中

$$\begin{aligned}B_1&=\frac{1}{\pi}\int_0^{2\pi}y(t)\sin\psi\,\mathrm{d}\psi \qquad (\psi=\omega t)\\ &=\frac{4}{\pi}\int_0^{\frac{\pi}{2}}y(t)\sin\psi\,\mathrm{d}\psi\\ &=\frac{4}{\pi}\left(\int_{\psi_1}^{\psi_2}y(t)\sin\psi\,\mathrm{d}\psi+\int_{\psi_2}^{\frac{\pi}{2}}y(t)\sin\psi\,\mathrm{d}\psi\right)\\ &=\frac{4}{\pi}\int_{\psi_1}^{\psi_2}k(A\sin\psi-b_1)\sin\psi\,\mathrm{d}\psi+\frac{4}{\pi}\int_{\psi_2}^{\frac{\pi}{2}}C\sin\psi\,\mathrm{d}\psi\\ &=\frac{2kA}{\pi}\left(\psi_2-\psi_1-\frac{1}{2}\sin2\psi_2+\frac{1}{2}\sin2\psi_1\right)+\frac{4kb_1}{\pi}(\cos\psi_2-\cos\psi_1)+\frac{4C}{\pi}\cos\psi_2\end{aligned}$$

将 $C=k(b_2-b_1)$，$\psi_1=\arcsin\dfrac{b_1}{A}$，$\psi_2=\arcsin\dfrac{b_2}{A}$代入上式，可得

$$B_1=\frac{2kA}{\pi}\left[\arcsin\frac{b_2}{A}-\arcsin\frac{b_1}{A}+\frac{b_2}{A}\sqrt{1-\left(\frac{b_2}{A}\right)^2}-\frac{b_1}{A}\sqrt{1-\left(\frac{b_1}{A}\right)^2}\right] \quad (A\geqslant b_2) \tag{9-22}$$

$$N(A)=\frac{B_1}{A}=\frac{2k}{\pi}\left[\arcsin\frac{b_2}{A}-\arcsin\frac{b_1}{A}+\frac{b_2}{A}\sqrt{1-\left(\frac{b_2}{A}\right)^2}-\frac{b_1}{A}\sqrt{1-\left(\frac{b_1}{A}\right)^2}\right] \quad (A\geqslant b_2) \tag{9-23}$$

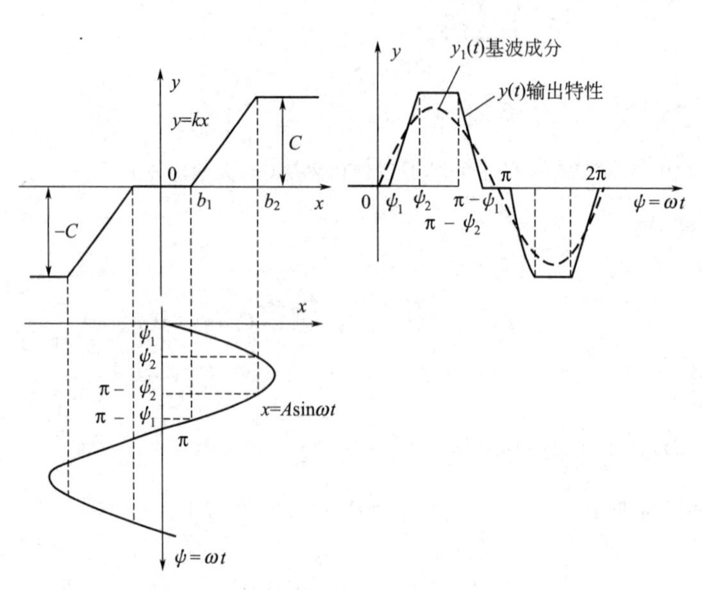

图 9-30　死区-线性-饱和非线性环节及其输入输出波形

由式(9-23)很容易求出如图 9-31 所示死区非线性环节和如图 9-32 所示饱和非线性环节的描述函数。

对于死区特性，令

$$\begin{cases} b_1 = b \\ b_2 = A\sin\psi_2 = A\sin\dfrac{\pi}{2} = A \end{cases}$$

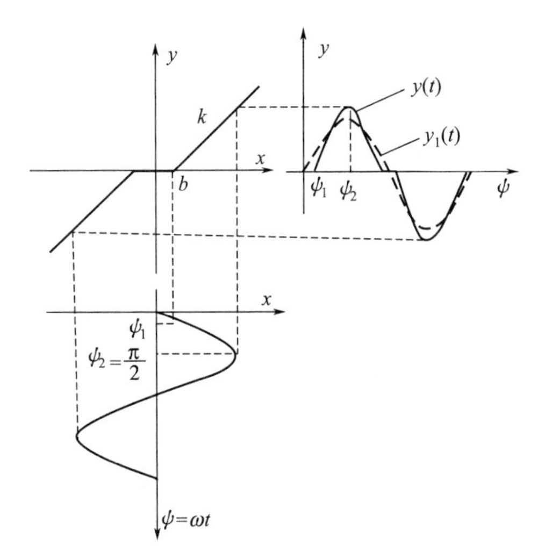

图 9-31 死区非线性环节及其输入输出波形

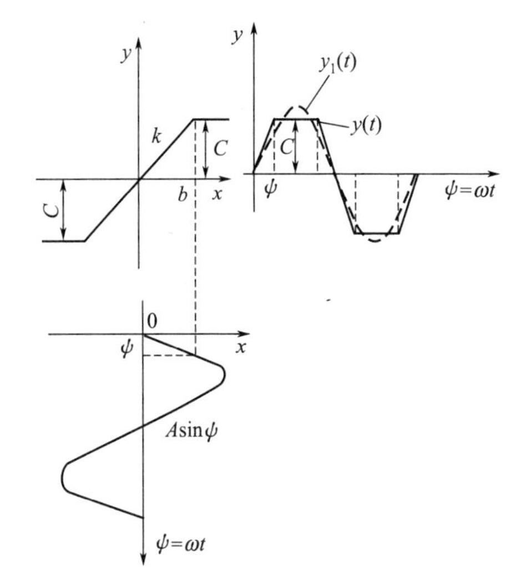

图 9-32 饱和非线性环节及其输入输出波形

则有

$$N(A) = k - \frac{2k}{\pi}\left[\arcsin\frac{b}{A} + \frac{b}{A}\sqrt{1-\left(\frac{b}{A}\right)^2}\right] \quad (A \geqslant b) \tag{9-24}$$

对于饱和特性，令

$$\begin{cases} b_1 = 0 \\ b_2 = b \end{cases}$$

则有

$$N(A) = \frac{2k}{\pi}\left[\arcsin\frac{b}{A} + \frac{b}{A}\sqrt{1-\left(\frac{b}{A}\right)^2}\right] \quad (A \geqslant b) \tag{9-25}$$

从上面的计算可以看出，单值非线性环节的基波分量没有相位移，这类非线性环节的描述函数是一个实数，其值随输入正弦信号振幅 A 的大小而变化。根据描述函数的定义，有

$$y_1(t) = N(A)x(t) \tag{9-26}$$

即 $N(A)$ 相当于一个等效线性环节的放大系数。

上面讨论的是单值非线性环节，下面讨论非单值非线性环节。所谓非单值，指的是在同一个输入值时输出不止一个。非单值非线性将使描述函数具有相位差。

3. 死区与滞环继电特性

注意到滞环与输入信号及其变化率的关系，由作图法可获得 $y(t)$，如图 9-33 所示。输出 $y(t)$ 为一移相的矩形波，其数学表达式为

$$y(t) = \begin{cases} 0, & 0 \leqslant \omega t \leqslant \psi_1 \\ C, & \psi_1 < \omega t \leqslant \psi_2 \\ 0, & \psi_2 < \omega t \leqslant \pi \end{cases} \tag{9-27}$$

式中 C 为继电元件的输出值。

$$\psi_1 = \arcsin\frac{b}{A}$$

$$\psi_2 = \pi - \arcsin\frac{mb}{A}$$

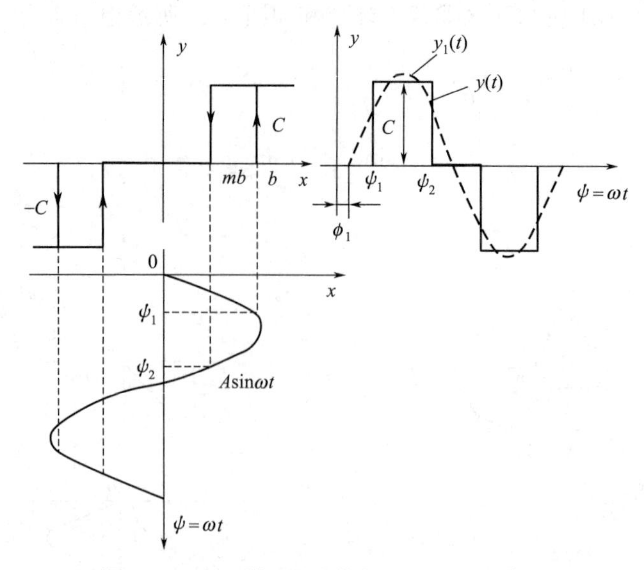

图 9-33　死区滞环继电特性和正弦响应曲线

由于该特性为非单值函数，在正弦输入信号 $x(t)=A\sin\omega t$ $(A\geqslant b)$ 输入下的输出波形既非奇函数，也非偶函数，故需分别求 A_1 和 B_1。由式(9-15)

$$A_1=\frac{1}{\pi}\int_0^{2\pi}y(t)\cos\omega t\,\mathrm{d}(\omega t)=\frac{2}{\pi}\int_{\psi_1}^{\psi_2}C\cos\omega t\,\mathrm{d}(\omega t)=\frac{2Cb}{\pi A}(m-1)\quad(A\geqslant b)$$

$$B_1=\frac{1}{\pi}\int_0^{2\pi}y(t)\sin\omega t\,\mathrm{d}(\omega t)=\frac{2}{\pi}\int_{\psi_1}^{\psi_2}C\sin\omega t\,\mathrm{d}(\omega t)$$

$$=\frac{2C}{\pi}\left[\sqrt{1-\left(\frac{mb}{A}\right)^2}+\sqrt{1-\left(\frac{b}{A}\right)^2}\right]\quad(A\geqslant b)$$

于是，描述函数为

$$N(A)=\frac{B_1}{A}+\mathrm{j}\frac{A_1}{A}=\frac{2C}{\pi A}\left[\sqrt{1-\left(\frac{mb}{A}\right)^2}+\sqrt{1-\left(\frac{b}{A}\right)^2}\right]+\mathrm{j}\frac{2Cb}{\pi A^2}(m-1)\quad(A\geqslant b)\tag{9-28}$$

在式(9-28)中，若取 $b=0$，就得到如式(9-20)所示的理想继电特性的描述函数；若取 $m=1$，就得到三位置死区继电特性的描述函数

$$N(A)=\frac{4C}{\pi A}\sqrt{1-\left(\frac{b}{A}\right)^2}\quad(A\geqslant b)\tag{9-29}$$

若取 $m=-1$，就得到具有滞环的两位置继电特性的描述函数

$$N(A)=\frac{4C}{\pi A}\sqrt{1-\left(\frac{b}{A}\right)^2}-\mathrm{j}\frac{4Cb}{\pi A^2}\quad(A\geqslant b)\tag{9-30}$$

表 9-1　常见非线性特性的描述函数及负倒描述函数曲线

类型	非线性特性	描述函数 $N(A)$	负倒描述函数曲线 $-\frac{1}{N(A)}$
饱和特性	y, k, −a, 0, a, x	$\frac{2k}{\pi}\left[\arcsin\frac{a}{A}+\frac{a}{A}\sqrt{1-\left(\frac{a}{A}\right)^2}\right]$ $(A\geqslant a)$	Im, $-\frac{1}{k}$, Re, $A\to\infty$, $A=a$, 0
死区特性	y, k, −Δ, 0, Δ, x	$\frac{2k}{\pi}\left[\frac{\pi}{2}-\arcsin\frac{\Delta}{A}-\frac{\Delta}{A}\sqrt{1-\left(\frac{\Delta}{A}\right)^2}\right]$ $(A\geqslant\Delta)$	Im, $-\frac{1}{k}$, Re, $A=\Delta$, $A\to\infty$, 0

续表

类型	非线性特性	描述函数 $N(A)$	负倒描述函数曲线 $-\frac{1}{N(A)}$
理想继电特性	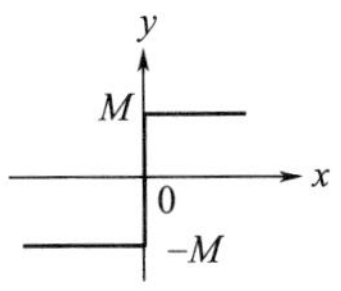	$\frac{4M}{\pi A}$	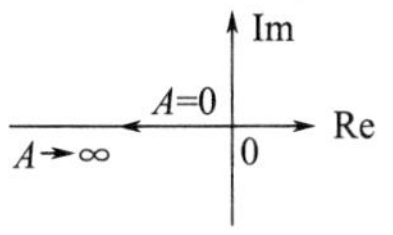
死区继电特性	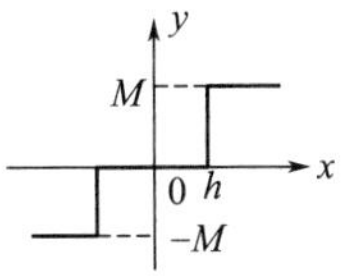	$\frac{4M}{\pi A}\sqrt{1-\left(\frac{h}{A}\right)^2}$ $(A\geqslant h)$	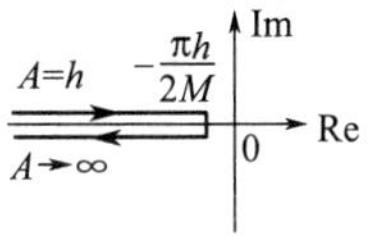
滞环继电特性	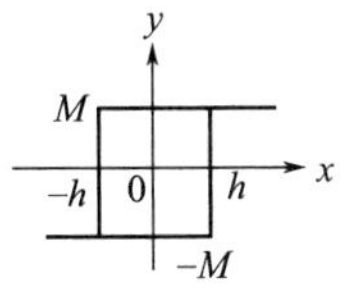	$\frac{4M}{\pi A}\sqrt{1-\left(\frac{h}{A}\right)^2}-\mathrm{j}\frac{4Mh}{\pi A^2}$ $(A\geqslant h)$	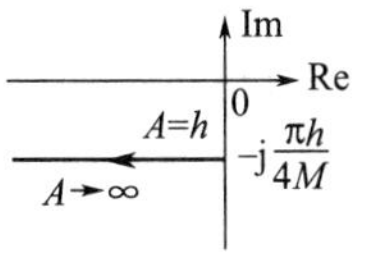
死区加滞环继电特性	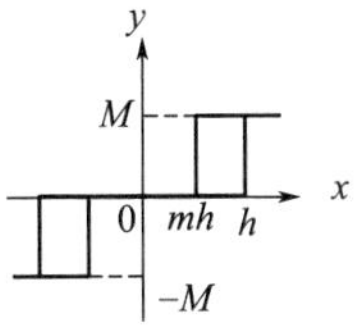	$\frac{2M}{\pi A}\left[\sqrt{1-\left(\frac{mh}{A}\right)^2}+\sqrt{1-\left(\frac{h}{A}\right)^2}\right]+\mathrm{j}\frac{2Mh}{\pi A^2}(m-1)$ $(A\geqslant h)$	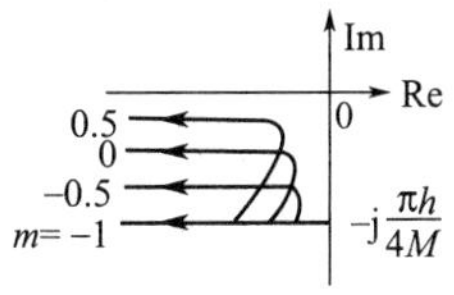
间隙特性	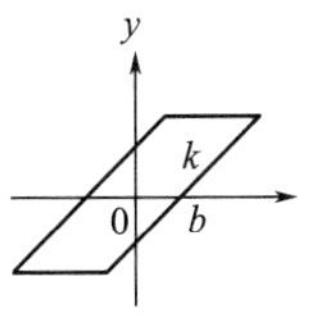	$\frac{k}{\pi}\left[\frac{\pi}{2}+\arcsin\left(1-\frac{2b}{A}\right)+2\left(1-\frac{2b}{A}\right)\sqrt{\frac{b}{A}\left(1-\frac{b}{A}\right)}\right]+\mathrm{j}\frac{4kb}{\pi A}\left(\frac{b}{A}-1\right)$ $(A\geqslant b)$	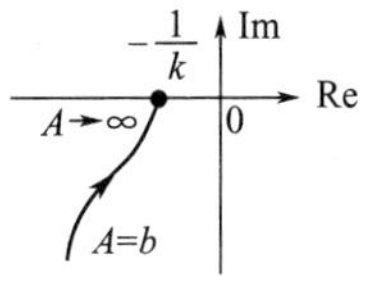
死区加饱和特性	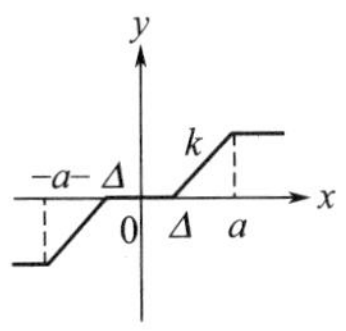	$\frac{2k}{\pi}\arcsin\left[\frac{a}{A}+\arcsin\frac{\Delta}{A}+\frac{a}{A}\sqrt{1-\left(\frac{a}{A}\right)^2}-\frac{\Delta}{A}\sqrt{1-\left(\frac{\Delta}{A}\right)^2}\right]$ $(A\geqslant a)$	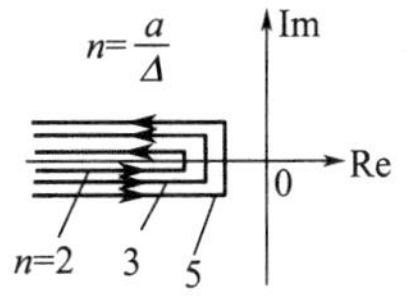

更多的非线性特性的描述函数这里不再推导，请参见表 9-1。表中最后一列负倒描述函数曲线 $-\frac{1}{N(A)}$，将在后面描述函数的应用中用到。

三、描述函数分析法

1. 运用描述函数法的前提条件

利用描述函数法分析非线性系统是需要满足一定条件：①非线性系统的结构图可以简化成只有一个非线性环节 $N(A)$ 和一个线性部分 $G(s)$ 相串联的形式，如图 9-34 所示；②非线性环节的输入输出特性是奇对称的，即 $y(-x)=-y(x)$，保证非线性特性在正弦输入信号下的输出不包含常值分量，而且 $y(t)$ 中的基波分量幅值占优；③线性部分具有较好的低通滤波性能，这样，非线性环节产生的高次谐波分量可以在系统内部被充分地衰减掉，使得闭环回路里近似地只有基波分量流通，且线性部分的阶次越高，低通滤波性能越好，用描述函数法所得的分析结果的准确性也越高。当以上这些条件满足时，可以将非线性环节近似成线性环节来处理，将描述函数当作是“频率特性”，借用线性系统频域法中的 Nyquist 稳定判据分析系统的稳定性。

2. 非线性系统的稳定性分析

设非线性系统满足上述前提条件，其结构如图 9-34 所示，且图中 $G(s)$ 的极点均在左半 S 平面，则系统的闭环频率特性为

$$\Phi(\mathrm{j}\omega)=\frac{C(\mathrm{j}\omega)}{R(\mathrm{j}\omega)}=\frac{N(A)G(\mathrm{j}\omega)}{1+N(A)G(\mathrm{j}\omega)} \tag{9-31}$$

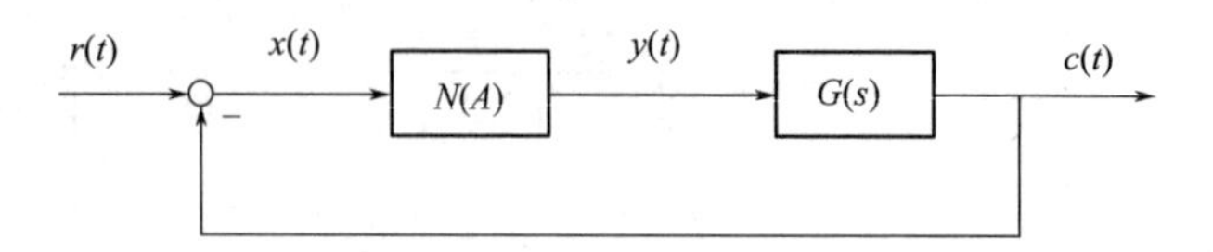

图 9-34　用描述函数近似的非线性系统典型结构图

闭环系统的特征方程为

$$1+N(A)G(\mathrm{j}\omega)=0 \tag{9-32}$$

注意到式(9-31) 是原非线性系统的一个近似线性模型，根据线性系统稳定性理论，当有 ω 满足式(9-32) 时，特征方程存在纯虚根，系统出现等幅振荡。即当

$$G(\mathrm{j}\omega)=-\frac{1}{N(A)} \tag{9-32a}$$

系统处于稳定边界。式中的$-\frac{1}{N(A)}$称为负倒描述函数，可以将它理解为广义的（-1，j0）点。由第六章介绍的 Nyquist 稳定判据，当 $G(s)$ 在 S 右半平面没有极点时，（$P_{\mathrm{R}}=0$），要使系统稳定，必须 $Z=0$，意味着 $G(\mathrm{j}\omega)$ 曲线不能包围$-\frac{1}{N(A)}$曲线，否则系统不稳定。由此可得出非线性系统稳定性的推广 Nyquist 稳定判据：

若 $G(\mathrm{j}\omega)$ 曲线不包围$-\frac{1}{N(A)}$曲线，则非线性系统稳定；若 $G(\mathrm{j}\omega)$ 曲线包围$-\frac{1}{N(A)}$曲线，则非线性系统不稳定；若 $G(\mathrm{j}\omega)$ 曲线与$-\frac{1}{N(A)}$曲线有交点，则在交点处必然满足式(9-32)，非线性系统作等幅周期运动；如果等幅周期运动稳定地持续进行，即称系统自激振荡（简称自振）或极限环振荡，且利用自振条件式(9-32) 可求得振荡的振幅是交点处$-\frac{1}{N(A)}$的 A，振荡频率是交点处 $G(\mathrm{j}\omega)$ 中的 ω。

3. $-\frac{1}{N(A)}$曲线的绘制及其特点

由于$-\frac{1}{N(A)}$是正弦输入振幅 A 的函数，所以它不是像点（-1,j0）那样是在负实轴上的固定点，而是随 A 变化沿负倒描述函数曲线移动的“动点”。以前面介绍过的理想继电特性为例，其描述函数为

$$N(A)=\frac{4C}{A\pi}$$

负倒描述函数则为

$$-\frac{1}{N(A)}=-\frac{A\pi}{4C}$$

当 $A=0\to\infty$变化时，$-\frac{1}{N(A)}$在复平面中对应地可得到从原点出发沿负实轴趋于$-\infty$的直线，如图 9-35 所示。由于理想继电特性的描述函数是单值函数，$-\frac{1}{N(A)}$曲线也是单值函数，且与负实轴重叠。

可见，依据非线性特性的描述函数 $N(A)$，先写出 $-\dfrac{1}{N(A)}$ 的表达式，令 A 从小到大取值，并在复平面上描点，就可以绘制出对应的 $-\dfrac{1}{N(A)}$ 曲线，曲线上的箭头方向表明 A 的增加方向。在同一张图上，按照第六章中的方法绘制出 $G(\mathrm{j}\omega)$ 曲线，就可以由推广 Nyquist 稳定判据判别系统的稳定性。表 9-1 的最后一列给出了常见非线性特性对应的负倒描述函数曲线。

在图 9-35 中，若 $G(s)$ 是 2 型三阶系统，相应的幅相曲线如图 9-35 中的 $G_1(\mathrm{j}\omega)$，它将 $-\dfrac{1}{N(A)}$ 曲线完全包围，非线性系统不稳定；若 $G(s)$ 是 1 型二阶系统，其幅相曲线如图 9-35 中的 $G_2(\mathrm{j}\omega)$，它没有包围 $-\dfrac{1}{N(A)}$ 曲线，此时非线性系统稳定；若 $G(s)$ 的幅相曲线如图中 $G_3(\mathrm{j}\omega)$ 所示，其与 $-\dfrac{1}{N(A)}$ 有交点，对应系统存在周期运动，如果周期运动能稳定持续进行，则系统产生自振（极限环振荡）。

4. 自激振荡特点及分析

自振是在没有外部激励条件下，系统内部自身产生的稳定的周期运动，即当系统受到微小扰动作用时偏离原来的周期运动状态，在扰动消失后，系统运动能重新回到原来的等幅振荡过程。

在 $G(\mathrm{j}\omega)$ 曲线与 $-\dfrac{1}{N(A)}$ 曲线有交点时，交点处必然满足式(9-32) 的条件，即

$$G(\mathrm{j}\omega)N(A)=-1 \tag{9-33}$$

或写成幅值条件与相位条件

$$\left.\begin{aligned}|G(\mathrm{j}\omega)\|N(A)|=1\\ \angle N(A)+\angle G(\mathrm{j}\omega)=-\pi\end{aligned}\right\} \tag{9-33a}$$

参照图 9-34，可以看出式(9-33) 的意义是，在无外作用下，正弦输入 $x(t)$ 经过非线性环节与线性环节后，输出信号 $c(t)$ 幅值不变，相位相差 180°，经反馈反相后，恰好与输入信号相吻合，系统输出满足自身输入的需求，因此系统可能产生不衰减的振荡。所以式(9-33) 是系统自振的必要条件。

设非线性系统的 $G(\mathrm{j}\omega)$ 曲线与 $-\dfrac{1}{N(A)}$ 曲线有两个交点 a 与 b，如图 9-36 所示，说明系统中可能产生两个不同振幅和频率的周期运动，这两个周期运动是否都能够维持下去，需要具体分析。

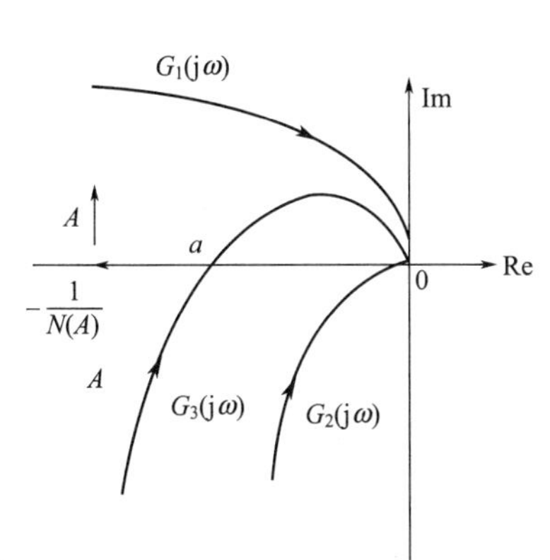

图 9-35 非线性系统稳定性分析

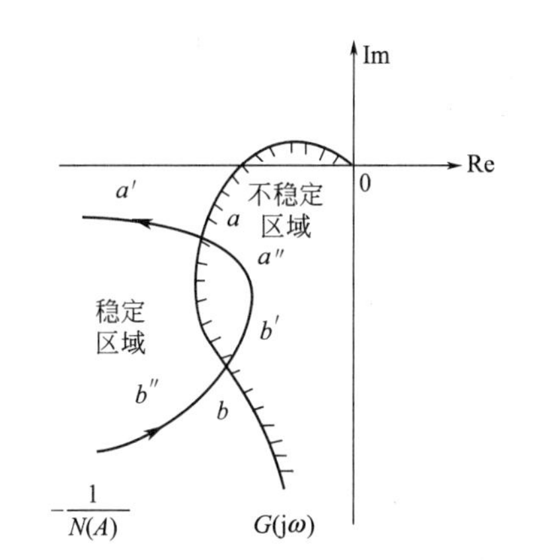

图 9-36 自激振荡分析

首先，可以根据推广 Nyquist 稳定判据判定图 9-36 由 $G(\mathrm{j}\omega)$ 分隔成了如图所示的稳定区域与不稳定区域；然后再来分析交点处受到外界扰动后的情况。假设系统原来工作在 a 点，如果受到外界干扰，使得非线性特性的输入振幅 A 增大，则工作点将由 a 点移至 a' 点，由于点 a' 处于稳定区域，系统有稳定的趋势，振荡将衰减导致振幅 A 逐渐减小，工作点回到 a 点；反之，如果系统受到干扰使振幅 A 减小，则工作点将移至处于不稳定区域的 a'' 点，此时，系统不稳定，振荡加剧，振幅 A 逐渐增大，工作点随 A 的增大而从 a'' 点又回到 a 点，故 a 点是稳定的自振点，称 a 点的自振为稳定极限环。同理，假设系统原来工作在 b 点，如果由于干扰使得 A 增大，则工作点移至不稳定区域的 b' 点，A 继续增大，工作点远离 b 点而向 a 点移动；

反之，如果外界扰动使得 A 减小，则工作点落到稳定区域的 b''点，A 将会继续减小，直到振荡消失，所以 b 点对应的周期运动是不稳定的，称 b 点的自振荡为不稳定极限环。

图 9-37 给出一些常见的稳定或不稳定的极限环情况。

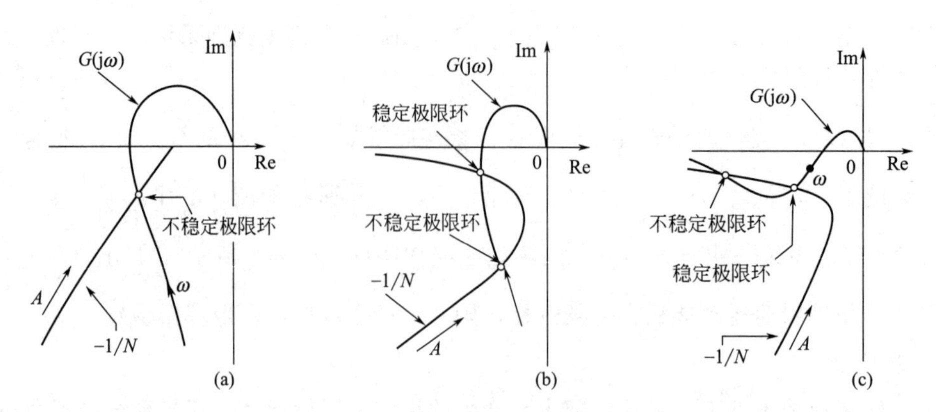

图 9-37　常见情况的自激振荡分析

【例 9-4】 设某闭环系统的构成如图 9-38 所示，试分析系统的稳定性。

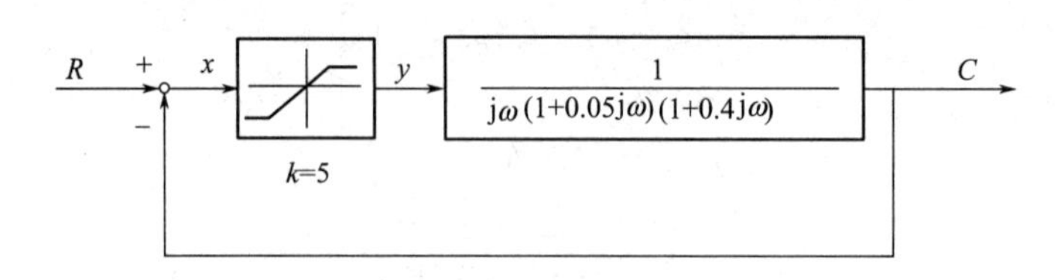

图 9-38　非线性系统结构图

解　如图，该系统的非线性环节为饱和特性，线性部分由一个积分环节和两个一阶滞后环节串联而成，为 I 型系统。下面来分析一下它的稳定性。

首先由式(9-25) 知，该饱和非线性环节的描述函数为

$$N(A)=\frac{2k}{\pi}\left[\arcsin\frac{b}{A}+\frac{b}{A}\sqrt{1-\left(\frac{b}{A}\right)^2}\right]\quad(A\geqslant b)$$

此例的 $k=5$。由图 9-38 知，线性部分的频率特性函数为

$$G(\mathrm{j}\omega)=\frac{k_1}{\mathrm{j}\omega(1+0.05\mathrm{j}\omega)(1+0.4\mathrm{j}\omega)}$$

其中 $k_1=1$。在幅相平面上分别作出 $-\dfrac{1}{N(A)}$ 和 $G(\mathrm{j}\omega)$ 两条曲线，如图 9-39 所示。

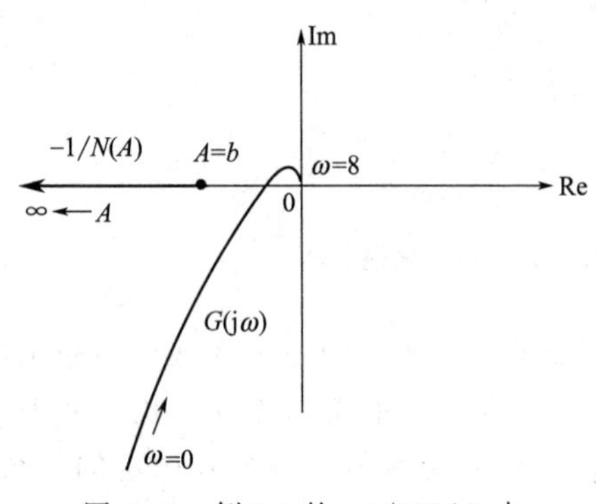

图 9-39　例 9-4 的 $-1/N(A)$ 与 $G(\mathrm{j}\omega)$ 曲线图

按照已给出的条件，可求出 $G(\mathrm{j}\omega)$ 在 $\omega=7.07$ 处与实轴有交点 -0.0444；而曲线 $-\dfrac{1}{N(A)}$ 在 $A=b$ 处到达负实轴的最右端，此时 $N(A)=5$，$-\dfrac{1}{N(A)}=-0.2$。故两条曲线在实轴上并无交点，即系统不产生极限环振荡，系统稳定。但是当 k 增大或 k_1 增大时，两曲线会出现相交情况，系统可能出现极限环振荡。

【例 9-5】 已知非线性系统结构图如图 9-40 所示（图中 $M=h=1$）。

① 当 $G_1(s)=\dfrac{1}{s(s+1)}$，$G_2(s)=\dfrac{2}{s}$，$G_3(s)=1$ 时，试分析系统是否会产生极限环振荡。如果产生，请给出振荡的幅值与频率；

② 当①中的 $G_3(s)=s$ 时，试分析该改变对系统的影响。

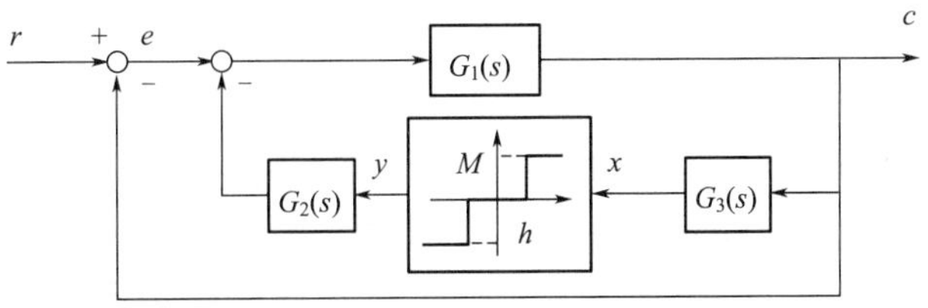

图 9-40　例 9-5 的非线性系统结构图

解　①根据前提条件①，首先要将结构图简化成非线性部分 $N(A)$ 与等效的线性部分 $G(s)$ 相串联的结构形式，其化简过程如图 9-41 所示。

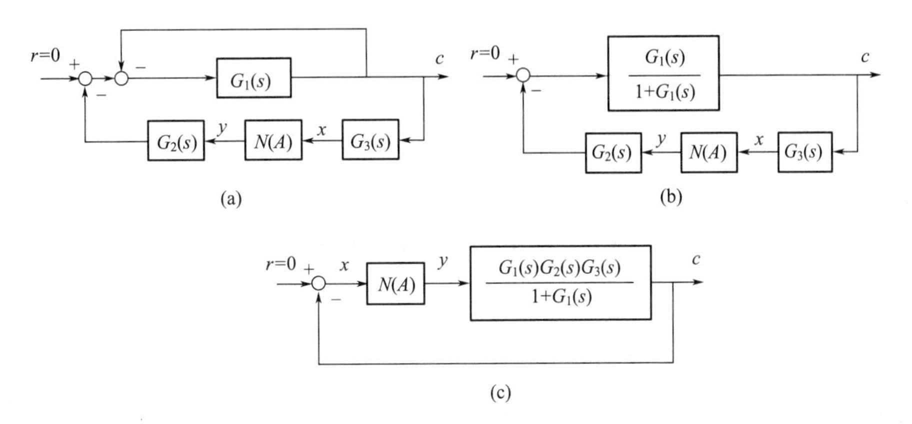

图 9-41　例 9-5 非线性系统结构图的化简过程

等效线性部分的传递函数

$$G(s)=\frac{G_1(s)G_2(s)G_3(s)}{1+G_1(s)}=\frac{\frac{1}{s(s+1)}\times\frac{2}{s}\times 1}{1+\frac{1}{s(s+1)}}=\frac{2}{s(s^2+s+1)}$$

非线性部分的描述函数

$$N(A)=\frac{4C}{A\pi}\sqrt{1-\left(\frac{b}{A}\right)^2}=\frac{4M}{A\pi}\sqrt{1-\left(\frac{h}{A}\right)^2}$$

绘出 $-\frac{1}{N(A)}$ 和 $G(\mathrm{j}\omega)$ 两条曲线如图 9-42 所示。可见，$-\frac{1}{N(A)}$ 曲线在 a 点穿入 $G(\mathrm{j}\omega)$ 曲线后，又在 b 点［与 a 点位置相同，但对应较大的 A 值，图中为了看得更清楚，已经将本该与实轴重合的 $-\frac{1}{N(A)}$ 放大］穿出 $G(\mathrm{j}\omega)$ 曲线，系统存在自振点 b。由自振条件，可得

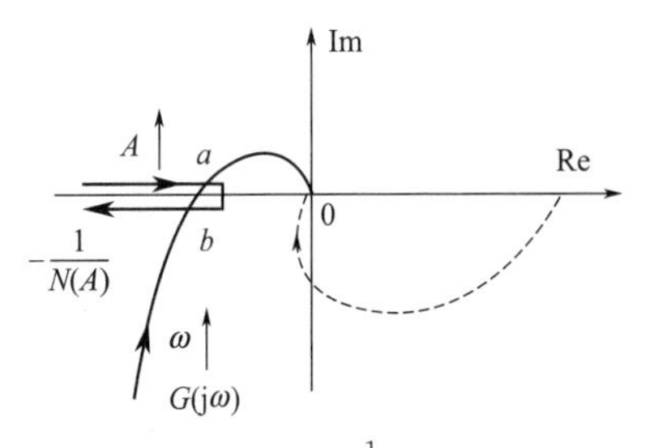

图 9-42　例 9-5 的 $-\frac{1}{N(A)}$ 和 $G(\mathrm{j}\omega)$ 曲线

$$-\frac{4M}{A\pi}\sqrt{1-\left(\frac{h}{A}\right)^2}=\frac{\mathrm{j}\omega(1-\omega^2+\mathrm{j}\omega)}{2}=-\frac{\omega^2}{2}+\mathrm{j}\frac{\omega(1-\omega^2)}{2}$$

比较上式等号两边的实部、虚部，得

$$\begin{cases}\frac{4M}{A\pi}\sqrt{1-\left(\frac{h}{A}\right)^2}=\frac{\omega^2}{2}\\ 1-\omega^2=0\end{cases}$$

将已知条件 $M=h=1$ 代入上式，解出 $\omega=1$，$A=2.29$（对应较大的那个 A 值）。

② 当 $G_3(s)=s$ 时，非线性环节的描述函数不变，线性环节的传递函数为

$$G(s)=\frac{G_1(s)G_2(s)G_3(s)}{1+G_1(s)}=\frac{\dfrac{1}{s(s+1)}\times\dfrac{2}{s}\times s}{1+\dfrac{1}{s(s+1)}}=\frac{2}{s^2+s+1}$$

$G(\mathrm{j}\omega)$ 曲线如图 9-42 中的虚线所示。显然，此时 $G(\mathrm{j}\omega)$ 不包围 $-\dfrac{1}{N(A)}$ 曲线，系统稳定。可见，适当地改变系统的结构与参数可以避免产生极限环振荡。

读者可以发现，在本节所述的各个例子中，非线性环节的输入输出关系均为 $y=f(x)$，然而在实际过程中非线性环节本身还存在着惯性和纯滞后，例如

$$(Ts+1)y=f(x)$$

或

$$y=\mathrm{e}^{-\tau s}f(x)$$

由于描述函数只适用于求取相当于放大环节的非线性特性的近似线性模型，而无法解决动态特性，故需要先将惯性和纯滞后从非线性环节中分离出去，即引入中间变量 y_1，令

$$y_1=f(x);\quad (Ts+1)y=y_1$$

或

$$y_1=f(x);\quad y=\mathrm{e}^{-\tau s}y_1$$

再将分离出来的动态部分合并到线性部分中去，然后应用描述函数法进行处理。

若非线性系统中出现两个以上的非线性环节，则其总的描述函数并不等于各环节描述函数之积，只能将它们合并求出总的描述函数。例如：$y=f_1(x)$，$z=f_2(y)$，这是两个非线性环节串联，只能将它们合并为 $z=f_2[f_1(x)]=f(x)$ 来处理。这时还要仔细分析各非线性环节，考察是否可以作出简化，一般是将那些对系统影响不大的非线性环节忽略。

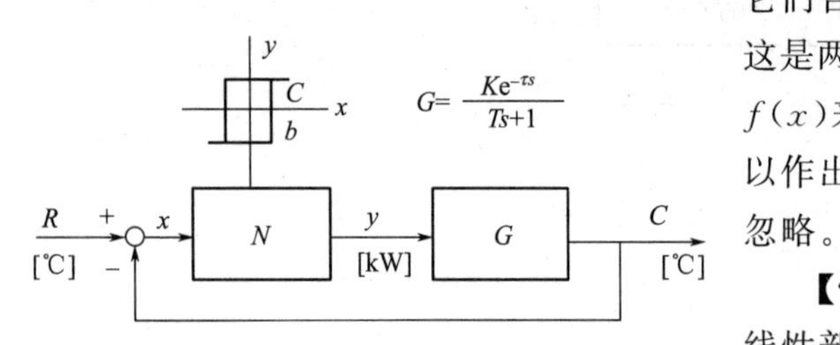

图 9-43　例 9-6 的温度双位控制系统结构图

【例 9-6】 图 9-43 所示的系统为一个温度双位控制系统，线性部分的传递函数

$$G(\mathrm{j}\omega)=\frac{K\mathrm{e}^{-\mathrm{j}\omega\tau}}{1+\mathrm{j}\omega T}\quad (℃/\mathrm{kW})$$

非线性环节为继电器特性，系统各参数为

$$\tau=0.1\mathrm{min},\ T=2\mathrm{min},\ b=0.1℃,\ K=15℃/\mathrm{kW},\ C=1\mathrm{kW}$$

试分析该系统的稳定性。

解　在式(9-28) 中取 $m=-1$，可得该系统中非线性环节的描述函数

$$N(A)=\frac{4C}{\pi A}\sqrt{1-\left(\frac{b}{A}\right)^2}-\mathrm{j}\,\frac{4Cb}{\pi A^2},\quad A\geqslant b$$

于是

$$-\frac{1}{N(A)}=-\frac{\pi}{4C}\sqrt{A^2-b^2}-\mathrm{j}\,\frac{\pi b}{4C}$$

利用计算机绘图，在复平面上绘出 $-\dfrac{1}{N(A)}$ 和 $G(\mathrm{j}\omega)$ 如图 9-44 所示，此两曲线相交于 P 点，P 点为一极限环。从图中可以查出极限环的振幅为 1.24（℃）、频率为 7.24（1/min），$G(\mathrm{j}\omega)$ 线的下方为不稳定区域，当外界扰动使非线性环节输入振幅减小为 $A_1<1.24$ 时，由于 $G(\mathrm{j}\omega)$ 曲线包围 $-\dfrac{1}{N(A_1)}$ 点，系统不稳定，振幅将增大；当外界扰动使非线性环节输入振幅增大为 $A_2>1.24$ 时，由于 $G(\mathrm{j}\omega)$ 曲线不包围 $-\dfrac{1}{N(A_2)}$ 点，系统稳定，振幅将减小，因此 P 点为一稳定极限环。

综上所述，将用描述函数法分析系统稳定性和进行控制系统初步设计的方法小结如下。

① 描述函数公式适用于求相当于放大环节的非线性特性的线性化近似。

② 描述函数法可以用来判别具有较好低通滤波特性的控制系统的稳定性。

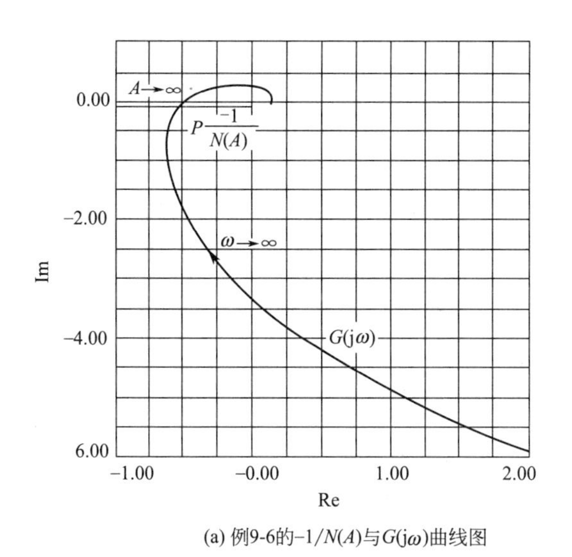

(a) 例9-6的$-1/N(A)$与$G(j\omega)$曲线图

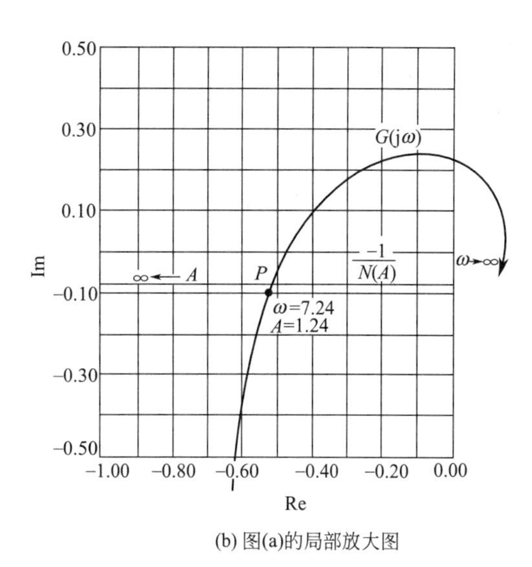

(b) 图(a)的局部放大图

图 9-44　例 9-6 温度控制系统特性图

③ 在使用描述函数法时，需对系统方块图进行变换，即将线性部分和非线性部分分成两部分，非线性部分为①中所述的非线性环节。

④ 在复平面或对数幅相平面上绘制$-\dfrac{1}{N(A)}$和$G(j\omega)$的特性曲线，一种简洁的方法是使用计算机绘制，当然也可用手工绘制，其自变量分别为A和ω。

⑤ 将描述函数与 Nyquist 稳定判据相结合，判别系统的稳定性。若系统有极限环振荡，则进一步分析极限环的稳定性，并从图上查出或用计算机精确计算出极限环振荡的振幅A和频率ω；如果根据图示分析不符合设计要求，则需调整有关参数或修改系统结构，直到达到相应要求的稳定性。

第四节　李雅普诺夫稳定性分析

稳定是系统的重要特征和正常工作的必要条件。1892 年，俄国学者李雅普诺夫（A. M. Lyapunov）建立了基于状态空间描述的稳定性理论，提出依赖于线性系统微分方程的解来判断稳定性的第一方法（间接法）和利用经验和技巧构造李雅普诺夫函数来判断稳定性的第二方法（直接法）。李雅普诺夫提出的稳定性理论是确定系统稳定性的一般理论，不仅适用于单变量、线性、定常、连续系统，还适用于多变量、非线性、时变、离散系统，因此得到广泛的应用。

一、自治系统及其平衡状态

一个连续定常系统可用状态空间表达式描述为

$$\begin{cases}\dot{\boldsymbol{x}}(t)=\boldsymbol{f}(\boldsymbol{x}(t),\boldsymbol{u}(t))\\ \boldsymbol{y}(t)=\boldsymbol{g}(\boldsymbol{x}(t),\boldsymbol{u}(t))\end{cases}\quad t\in[0,\infty) \tag{9-34}$$

上面的表达形式可描述线性连续定常系统也可描述非线性连续定常系统：若$\boldsymbol{f}$和$\boldsymbol{g}$是线性函数，即

$$\begin{cases}\boldsymbol{f}(\boldsymbol{x}(t),\boldsymbol{u}(t))=\boldsymbol{A}x(t)+\boldsymbol{B}\boldsymbol{u}(t)\\ \boldsymbol{g}(\boldsymbol{x}(t),\boldsymbol{u}(t))=\boldsymbol{C}x(t)+\boldsymbol{D}\boldsymbol{u}(t)\end{cases}$$

则系统（9-34）是线性系统；若$\boldsymbol{f}$或$\boldsymbol{g}$是非线性函数，则系统（9-34）是非线性系统。

定义 9-1　状态空间描述为

$$\dot{\boldsymbol{x}}(t)=\boldsymbol{f}(\boldsymbol{x}(t)),\quad \boldsymbol{x}(t)\in R^{n},t\in[0,\infty) \tag{9-35}$$

的动态系统称为自治系统。

自治系统从初始时刻t_0、初始状态$\boldsymbol{x}_0$出发的状态轨迹记为$\boldsymbol{x}(t;\boldsymbol{x}_0,t_0)$，一般默认初始时刻$t_0=0$，状态轨迹简记为$\boldsymbol{x}(t;\boldsymbol{x}_0)$。显然，线性自治系统的描述为

$$\dot{x}(t)=Ax(t),\quad x(t)\in R^n,t\in[0,\infty) \tag{9-36}$$

微分方程的解 $x(t;x_0)=e^{At}x_0$ 即为状态轨迹。

定义 9-2 $x_e\in R^n$ 称为自治系统（9-35）的平衡状态，当且仅当

$$f(x_e)=0 \tag{9-37}$$

若已知状态方程（9-35），令 $\dot{x}=0$ 所求得的解 x 便是平衡状态 x_e。如果自治系统的初始状态是平衡状态，那么自治系统的状态永远处于该平衡状态不变，这与直觉是一致的。不难看出，状态空间的原点是任一线性自治系统的一个平衡状态。

分析由图 9-45 所示的几个例子。图 9-45(a) 为单摆，仅当其位于垂直线的 O 点处时，单摆才不动，因而点 O 是它惟一的平衡状态；图 9-45(b) 为倒摆，其底部用轴承连接，可在竖直平面内摆动，当它严格位于垂直向上 O 点位置时，也应保持不动，所以 O 点也是平衡状态；对于图 9-45(c) 所示小球，若轻轻将小球放在水平平面内任何一个位置，它都将保持不动，所以平面上任一点都是平衡状态。

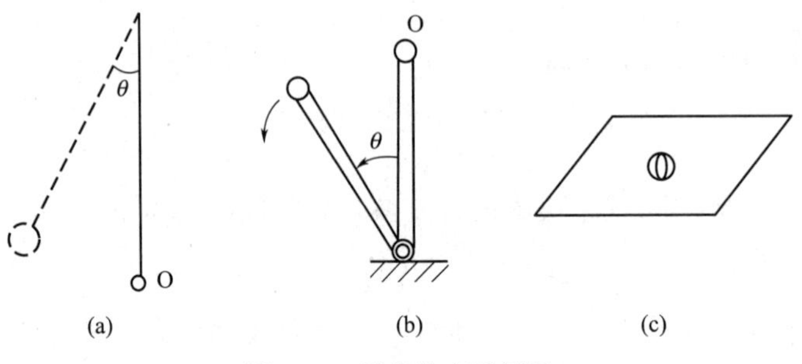

图 9-45 平衡状态示例图

【例 9-7】 试求如下自治系统的平衡状态

① $\begin{cases}\dot{x}_1(t)=-x_1(t)\\ \dot{x}_2(t)=x_1(t)+x_2(t)-[x_2(t)]^3\end{cases}$；

② $\begin{bmatrix}\dot{x}_1(t)\\ \dot{x}_2(t)\end{bmatrix}=\begin{bmatrix}0 & 1\\ -2 & -3\end{bmatrix}\begin{bmatrix}x_1(t)\\ x_2(t)\end{bmatrix}$；

③ $\begin{bmatrix}\dot{x}_1(t)\\ \dot{x}_2(t)\end{bmatrix}=\begin{bmatrix}0 & 1\\ 0 & 0\end{bmatrix}\begin{bmatrix}x_1(t)\\ x_2(t)\end{bmatrix}$。

解

① 令 $\begin{cases}-x_{e1}=0\\ x_{e1}+x_{e2}-x_{e2}^3=0\end{cases}$，解之，可得到 3 个平衡状态：$\begin{bmatrix}0\\0\end{bmatrix}$，$\begin{bmatrix}0\\1\end{bmatrix}$和$\begin{bmatrix}0\\-1\end{bmatrix}$。

② 令方程 $\begin{cases}x_{e2}=0\\ -2x_{e1}-3x_{e2}=0\end{cases}$，解之，得到系统惟一平衡状态：$\begin{bmatrix}0\\0\end{bmatrix}$，即原点。

③ 令方程 $x_{e2}=0$ 得，R^2 中直线 $x_2=0$ 上的每一点都是平衡状态。

二、李雅普诺夫稳定性定义

李雅普诺夫在 1892 年发表了著名的博士论文《运动稳定性一般问题》，文中采用柯西（Cauchy）关于极限描述的 ε—δ 语言，给出了如下有关自治系统在平衡状态稳定和渐近稳定等概念，影响至今。

对于任意 $\alpha>0$，记 x_e 的邻域 $S_\alpha(x_e)=\{x\in R^n \mid \|x-x_e\|<\alpha\}$。

定义 9-3 设 x_e 是自治系统（9-35）的平衡状态，如果对任意小的 $\varepsilon>0$，存在 $\delta>0$，使得对任意初始状态 $x_0\in S_\delta(x_e)$ 和任意 $t\in[0,\infty)$，有 $x(t;x_0)\in S_\varepsilon(x_e)$，则称系统(9-35)在 x_e 是李雅普诺夫意义下稳定的，简称 x_e 是稳定的。

定义 9-4 设 x_e 是自治系统（9-35）的平衡状态，如果存在 $\varepsilon>0$，对任意 $\delta>0$，不论它取多么小，存在初始状态 $x_0\in S_\delta(x_e)$ 和 $t\in[0,\infty)$，有 $x(t;x_0)\notin S_\varepsilon(x_e)$，即只要有一条从 x_0 出发的轨迹跨出了 $S_\varepsilon(x_e)$，则称系统（9-35）在 x_e 不稳定。

直观地讲，图 9-45(a) 所示单摆系统的平衡状态 O 是稳定的，对于 O 的任意邻域，只要单摆偏离 O 足够小，则单摆的运动不会超出这个邻域；图 9-45(b) 所示倒摆系统的平衡状态 O 是不稳定的，若倒摆稍偏离 O，摆就会立即倒下，远离 O；图 9-45(c) 所示小球系统的每一个平衡状态都是稳定的，对于它的某个平衡状态 O 的任意一个邻域，只要小球偏离 O 足够小，则小球会静止在这个邻域内。

要注意到，当自治系统作非衰减的振荡运动时，$\boldsymbol{x}(t;\boldsymbol{x}_0)$ 是状态空间的一条不收敛的曲线，按照定义 9-3，只要 $\|\boldsymbol{x}(t;\boldsymbol{x}_0)-\boldsymbol{x}_e\|<\varepsilon$，则认为系统在 $\boldsymbol{x}_e$ 稳定。这与在前八章所学的线性定常系统稳定性有点差异。比如：原点是系统

$$\begin{bmatrix}\dot{x}_1(t)\\ \dot{x}_2(t)\end{bmatrix}=\begin{bmatrix}-1 & 0\\ 0 & 0\end{bmatrix}\begin{bmatrix}x_1(t)\\ x_2(t)\end{bmatrix}$$

的一个平衡状态，对任意 $\varepsilon>0$，取 $\delta=\varepsilon/2$，则对满足 $\left\|\boldsymbol{x}_0-\begin{bmatrix}0\\0\end{bmatrix}\right\|<\delta$ 的任意 $\boldsymbol{x}_0=\begin{bmatrix}x_{01}\\x_{02}\end{bmatrix}$ 和任意 $t\in[0,\infty)$，有

$$\left\|\boldsymbol{x}(t;\boldsymbol{x}_0)-\begin{bmatrix}0\\0\end{bmatrix}\right\|=\left\|\begin{bmatrix}\mathrm{e}^{-t}x_{01}\\ x_{02}\end{bmatrix}-\begin{bmatrix}0\\0\end{bmatrix}\right\|\leqslant\|\boldsymbol{x}_0\|<\varepsilon$$

该系统在原点稳定。而通过其系统极点 -1 和 0 可知，该系统不是内稳定的。因此，下面排除了非衰减振荡运动情形的渐近稳定概念更有价值。

定义 9-5 若系统的平衡状态不仅具有李雅普诺夫意义下的稳定性，且有

$$\lim_{t\to\infty}\|\boldsymbol{x}(t;\boldsymbol{x}_0)-\boldsymbol{x}_e\|\to 0 \tag{9-38}$$

则称系统 (9-35) 在 $\boldsymbol{x}_e$ 渐近稳定。这时，从 $S(\delta)$ 出发的轨迹不仅不会超出 $S(\varepsilon)$，且当$t\to\infty$时收敛于 $\boldsymbol{x}_e$。

由定义 9-3 和定义 9-5 知：若系统在 $\boldsymbol{x}_e$ 渐近稳定，它必在 $\boldsymbol{x}_e$ 稳定；若系统在 $\boldsymbol{x}_e$ 稳定，它不一定在 $\boldsymbol{x}_e$ 渐近稳定。

图 9-46 是二阶系统李雅普诺夫稳定性的几何解释。图中的曲线 1,2,3,4 是各种情况下的 $\boldsymbol{x}(t;\boldsymbol{x}_0)$ 在 x_1-x_2 平面上的图形。图 9-46(a)、(b) 表示平衡状态 $\boldsymbol{x}_e$ 是渐近稳定的；图 9-46(c) 表示平衡状态 $\boldsymbol{x}_e$ 是稳定的但不是渐近稳定的，因为系统运动 $\boldsymbol{x}(t;\boldsymbol{x}_0)$ 始终在$S_\varepsilon(\boldsymbol{x}_e)$内但并不趋向 $\boldsymbol{x}_e$；图 9-46(d) 表示平衡状态 $\boldsymbol{x}_e$ 是不稳定的，因为无论把 δ 规定得多么小，从 $S_\delta(\boldsymbol{x}_e)$ 内部任意点出发的运动总要逸出 $S_\varepsilon(\boldsymbol{x}_e)$，惟一的例外是出发于点 $\boldsymbol{x}_e$ 本身的运动，但这意味着要规定 $\delta=0$，与李雅普诺夫稳定性定义要求的 $\delta>0$ 不符合。

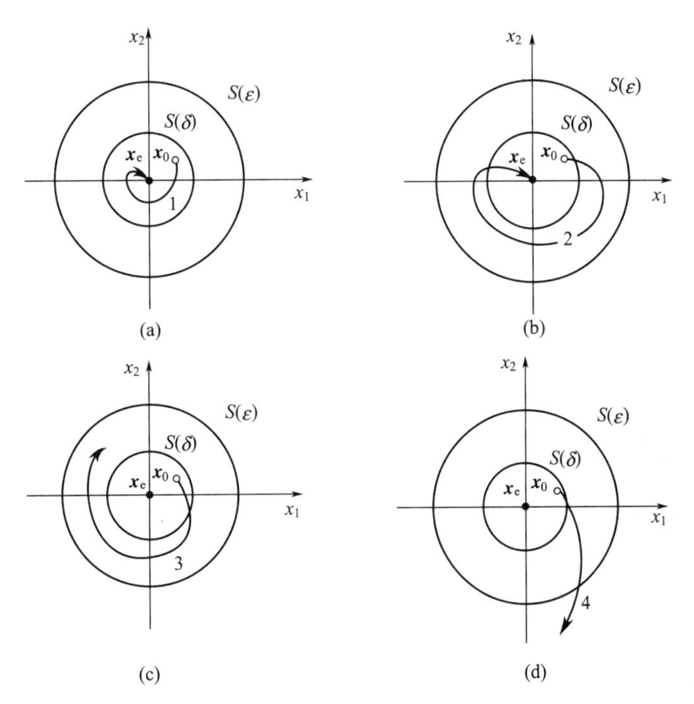

图 9-46 李雅普诺夫稳定性示例图

定义 9-6 设自治系统（9-35）在其平衡状态 $\boldsymbol{x}_e$ 稳定，如果对任意初始状态 $\boldsymbol{x}_0 \in R^n$，都有 $\lim\limits_{t\to\infty}\|\boldsymbol{x}(t;\boldsymbol{x}_0)-\boldsymbol{x}_e\|\to 0$，则称系统（9-35）在 $\boldsymbol{x}_e$ 全局渐近稳定，或称大范围稳定。对于线性系统，如果它是渐近稳定的，必具有大范围稳定性，因为线性系统稳定性与初始条件无关。非线性系统的稳定性一般与初始条件的大小密切相关，通常只能在小范围内稳定。

容易理解，若系统在 $\boldsymbol{x}_e$ 全局渐近稳定，则 $\boldsymbol{x}_e$ 必是该系统的惟一平衡状态。由定义 9-5 和定义 9-6 知：若系统在 $\boldsymbol{x}_e$ 全局渐近稳定，它必在 $\boldsymbol{x}_e$ 渐近稳定；若系统在 $\boldsymbol{x}_e$ 渐近稳定，它不一定在 $\boldsymbol{x}_e$ 全局渐近稳定。

要注意的是，按照李雅普诺夫意义下的稳定性定义，当系统作不衰减的振荡运动时，将在平面描绘出一条不收敛的曲线，只要不超过 $S(\varepsilon)$，则认为是稳定的，如线性系统的无阻尼自由振荡和非线性系统的稳定极限环。这与经典控制理论中的稳定性定义是有差异的。经典控制理论的稳定等价于李雅普诺夫意义下的一致渐近稳定。

李雅普诺夫基于上述稳定性的定义，提出了两种判别系统稳定性的通用方法，分别称为李雅普诺夫间接法（又称为第一法）和直接法（又称为第二法），下面分别介绍。

三、李雅普诺夫稳定性的间接判别法

李雅普诺夫间接法是利用状态方程解的特性来判断系统稳定性的方法，它适用于线性定常或时变系统以及可线性化的非线性系统。

1. 线性定常系统的特征值判据

定理 9-1 线性定常系统$\dot{\boldsymbol{x}}=\boldsymbol{A}\boldsymbol{x}$ 渐近稳定的充分必要条件是：系统矩阵 $\boldsymbol{A}$ 的全部特征值均位于复平面的左半平面，即

$$\mathrm{Re}[\boldsymbol{A}(\lambda_i)]<0,\qquad i=1,2,\cdots,n \tag{9-39}$$

证明 不失一般性，假设 $\boldsymbol{A}$ 阵的特征值 $\lambda_1,\lambda_2,\cdots,\lambda_n$ 各不相同，根据线性代数理论，存在非奇异线性变换 $\boldsymbol{x}=\boldsymbol{P}\bar{\boldsymbol{x}}$（其中 $\boldsymbol{P}$ 由特征值λ_i 对应的特征向量构成，是一常数阵），使得 $\boldsymbol{A}$ 阵对角化成$\bar{\boldsymbol{A}}=\boldsymbol{P}^{-1}\boldsymbol{A}\boldsymbol{P}$，其对角元素为 $\boldsymbol{A}$ 的特征值λ_i。

设原状态方程的初始状态为 $\boldsymbol{x}(0)$，变换后的状态方程解为

$$\bar{\boldsymbol{x}}(t)=\mathrm{e}^{\bar{\boldsymbol{A}}t}\bar{\boldsymbol{x}}(0)=\mathrm{diag}[\mathrm{e}^{\lambda_1 t}\quad \mathrm{e}^{\lambda_2 t}\quad \cdots\quad \mathrm{e}^{\lambda_n t}]\bar{\boldsymbol{x}}(0)$$

原状态方程的解为

$$\boldsymbol{x}(t)=\boldsymbol{P}\bar{\boldsymbol{x}}=\boldsymbol{P}\mathrm{e}^{\bar{\boldsymbol{A}}t}\bar{\boldsymbol{x}}(0)=\boldsymbol{P}\mathrm{e}^{\bar{\boldsymbol{A}}t}\boldsymbol{P}^{-1}\boldsymbol{x}(0)=\mathrm{e}^{\boldsymbol{A}t}\boldsymbol{x}(0)$$

故

$$\mathrm{e}^{\boldsymbol{A}t}=\boldsymbol{P}\mathrm{e}^{\bar{\boldsymbol{A}}t}\boldsymbol{P}^{-1}=\boldsymbol{P}\mathrm{diag}[\mathrm{e}^{\lambda_1 t}\quad \mathrm{e}^{\lambda_2 t}\quad \cdots\quad \mathrm{e}^{\lambda_n t}]\boldsymbol{P}^{-1}$$

将上式展开，矩阵 $\mathrm{e}^{\boldsymbol{A}t}$ 的每一元素都是 $\mathrm{e}^{\lambda_1 t},\mathrm{e}^{\lambda_2 t},\cdots,\mathrm{e}^{\lambda_n t}$ 的线性组合，因而可写成矩阵多项式

$$\mathrm{e}^{\boldsymbol{A}t}=\sum_{i=1}^{n}R_i\mathrm{e}^{\lambda_i t}=R_1\mathrm{e}^{\lambda_1 t}+R_2\mathrm{e}^{\lambda_2 t}+\cdots+R_n\mathrm{e}^{\lambda_n t}$$

所以，$\boldsymbol{x}(t)$ 可以显式地表示出与特征值 λ_i 的关系，即

$$\boldsymbol{x}(t)=\mathrm{e}^{\boldsymbol{A}t}\boldsymbol{x}(0)=[R_1\mathrm{e}^{\lambda_1 t}+R_2\mathrm{e}^{\lambda_2 t}+\cdots+R_n\mathrm{e}^{\lambda_n t}]\boldsymbol{x}(0)$$

显然，当式(9-39) 成立时，对于任意的初始值 $\boldsymbol{x}(0)$，均有$\boldsymbol{x}(t)|_{t\to\infty}\to 0$，系统渐近稳定。但只要有一个特征值的实部大于零，对于某些 $\boldsymbol{x}(0)\neq 0$，$\boldsymbol{x}(t)$ 就会无限增大，系统不稳定。如果只有一个（或一对，且均不能是重根）特征值的实部等于零，其余特征值均小于零，$\boldsymbol{x}(t)$ 便含有常数项或三角函数项，则系统是李雅普诺夫意义下稳定的。

考虑：为何实部等于零的特征值不能有重根？

2. 非线性定常系统的特征值判据

当描述非线性系统的函数具有连续光滑性质时，可应用泰勒级数展开，得到近似的线性形式。李雅普诺夫间接法的实质是通过考察线性形式所对应的线性系统的稳定性来分析原非线性系统的稳定性，所以是一种近似方法。

设非线性系统方程为

$$\dot{\boldsymbol{x}}=\boldsymbol{f}(\boldsymbol{x}) \tag{9-40}$$

其中 $\boldsymbol{x}=(x_1,x_2,\cdots,x_n)^{\mathrm{T}}$，$\boldsymbol{f}=(f_1,f_2,\cdots,f_n)^{\mathrm{T}}$，设系统的平衡点为 $\boldsymbol{x}_{\mathrm{e}}$，在 $\boldsymbol{x}_{\mathrm{e}}$ 处将$\boldsymbol{f}(\boldsymbol{x})$函数展开为泰勒级数，可以得到

$$\dot{\boldsymbol{x}}=\frac{\partial}{\partial \boldsymbol{x}^{\mathrm{T}}}f(\boldsymbol{x})\bigg|_{\boldsymbol{x}=\boldsymbol{x}_{\mathrm{e}}}(\boldsymbol{x}-\boldsymbol{x}_{\mathrm{e}})+B(\boldsymbol{x},\boldsymbol{x}_{\mathrm{e}}) \tag{9-41}$$

称其中

$$\frac{\partial}{\partial \boldsymbol{x}^{\mathrm{T}}}f(\boldsymbol{x})=\begin{bmatrix}\dfrac{\partial f_1}{\partial x_1} & \dfrac{\partial f_1}{\partial x_2} & \cdots & \dfrac{\partial f_1}{\partial x_n}\\ \dfrac{\partial f_2}{\partial x_1} & \dfrac{\partial f_2}{\partial x_2} & \cdots & \dfrac{\partial f_2}{\partial x_n}\\ \vdots & \vdots & & \vdots\\ \dfrac{\partial f_n}{\partial x_1} & \dfrac{\partial f_n}{\partial x_2} & \cdots & \dfrac{\partial f_n}{\partial x_n}\end{bmatrix}=\boldsymbol{A}=[a_{ij}]_{n\times n} \tag{9-42}$$

为雅可比（Jacobian）矩阵，$\boldsymbol{B}(\boldsymbol{x},\boldsymbol{x}_{\mathrm{e}})$ 为泰勒展开的高阶余项。

令 $\boldsymbol{z}=\boldsymbol{x}-\boldsymbol{x}_{\mathrm{e}}$，忽略高次余项 $\boldsymbol{B}(\boldsymbol{x},\boldsymbol{x}_{\mathrm{e}})$，则得到已经是线性化的近似模型

$$\dot{\boldsymbol{z}}=\boldsymbol{A}\boldsymbol{z} \tag{9-43}$$

如果近似的线性系统（9-43）可以代表非线性系统（9-40），则可在此应用定理 9-1。

① 若线性系统（9-43）为渐近稳定或不稳定，则所对应的非线性系统（9-40）的平衡点 $\boldsymbol{x}_{\mathrm{e}}$ 也分别是渐近稳定的或不稳定的；即若 $\boldsymbol{A}$ 的所有特征值具有负实部，则平衡点 $\boldsymbol{x}_{\mathrm{e}}$ 稳定，若 $\boldsymbol{A}$ 的特征值有一个有正实部，则平衡点 $\boldsymbol{x}_{\mathrm{e}}$ 不稳定。

② 若矩阵 $\boldsymbol{A}$ 无正实部特征值，但有零特征值时，系统（9-40）的平衡点 $\boldsymbol{x}_{\mathrm{e}}$ 的稳定性由高阶项 $\boldsymbol{B}(\boldsymbol{x},\boldsymbol{x}_{\mathrm{e}})$ 决定。

由此可见，李雅普诺夫间接法的基础是线性系数矩阵 $\boldsymbol{A}$，但它是局部性的，其局域的大小由函数 $\boldsymbol{f}(\boldsymbol{x},t)$ 及其泰勒展开级数的性质决定；同时，当特征值出现零时（即使其余的特征值均为负实部），无法肯定地作出正确判断。

【例 9-8】 求自治系统$\dot{x}(t)=-[x(t)]^2+x(t)$，$t\in[0,\infty)$ 的平衡点，并分析其稳定性。

解 ① 显然这是一个非线性系统，令$\dot{x}(t)=0$，即

$$-x_{\mathrm{e}}^2+x_{\mathrm{e}}=0$$

可得到该系统有 2 个平衡状态：$x_{\mathrm{e}1}=0$，$x_{\mathrm{e}2}=1$。

② 将该非线性系统泰勒展开，并取一次项。

在平衡点 $x_{\mathrm{e}1}=0$ 处

$$\dot{x}=\frac{\mathrm{d}f}{\mathrm{d}x}\bigg|_{x_{\mathrm{e}}=0}(x-0)=(-2x+1)\big|_{x_{\mathrm{e}}=0}(x-0)=x-0$$

在平衡点 $x_{\mathrm{e}2}=1$ 处

$$\dot{x}=\frac{\mathrm{d}f}{\mathrm{d}x}\bigg|_{x_{\mathrm{e}}=1}(x-1)=(-2x+1)\big|_{x_{\mathrm{e}}=1}(x-1)=-(x-1)$$

由李雅普诺夫间接法判断，可知，该系统在平衡状态 $x_{\mathrm{e}}=0$ 处不稳定；在平衡状态 $x_{\mathrm{e}}=1$ 处渐近稳定。

事实上，该自治系统从初始状态 $x_0\in R$（$x_0\neq 0$）出发的运动解析式为

$$x(t)=\frac{1}{1-\left(1-\dfrac{1}{x_0}\right)\mathrm{e}^{-t}}$$

$x(t)$ 的运动曲线如图 9-47 所示。从图中可以直观地看出，该系统在平衡状态 $x_{\mathrm{e}}=0$ 和 $x_{\mathrm{e}}=1$ 处的情况证明了上述结论。

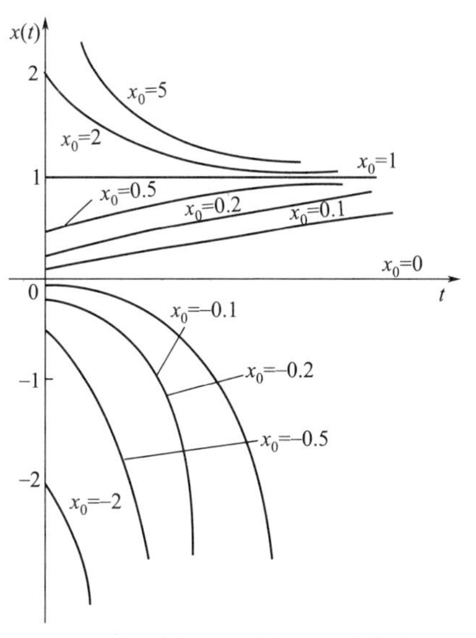

图 9-47　例 9-8 系统的运动曲线

若 $\boldsymbol{x}_{\mathrm{e}}$ 是$\dot{\boldsymbol{x}}(t)=\boldsymbol{f}[\boldsymbol{x}(t)]$的平衡状态，利用坐标平移$\tilde{\boldsymbol{x}}(t)=\boldsymbol{x}(t)-\boldsymbol{x}_{\mathrm{e}}$，可知原点是$\dot{\tilde{\boldsymbol{x}}}(t)=\boldsymbol{f}[\tilde{\boldsymbol{x}}(t)-\boldsymbol{x}_{\mathrm{e}}]$的平衡状态，并且由

$\|\tilde{\boldsymbol{x}}(t)-0\|=\|\boldsymbol{x}(t)-\boldsymbol{x}_e\|$知：系统$\dot{\boldsymbol{x}}(t)=\boldsymbol{f}[\boldsymbol{x}(t)]$在$\boldsymbol{x}_e$稳定、渐近稳定和全局渐近稳定分别等价于系统$\dot{\tilde{\boldsymbol{x}}}(t)=\boldsymbol{f}[\tilde{\boldsymbol{x}}(t)-\boldsymbol{x}_e]$在原点稳定、渐近稳定和全局渐近稳定。因此，对李雅普诺夫稳定性的讨论可以只在零平衡状态进行。

四、李雅普诺夫稳定性的直接判别法

先来考察一个具体系统的李雅普诺夫稳定性。

【例 9-9】 如图 9-48 的一阶 RC 电路。分析系统在开关 S 断开后的李雅普诺夫稳定性。

解 选择状态 x 为电容的电压，得到状态方程

$$\dot{x}(t)=-\frac{1}{RC}x(t)$$

它的解是

$$x(t)=x(0)\mathrm{e}^{-\frac{t}{RC}}$$

显然该系统在平衡状态 $x_e=0$ 是渐近稳定的。

前面的例子都是通过求解状态方程来进行李雅普诺夫稳定性判别的，对于许多非线性系统，其状态方程往往无法求解，那么是否可以不通过求解状态方程来判别李雅普诺夫稳定性呢？尝试从能量的观点来考察图 9-48 所示电路系统，由电学原理知道，电容的电能为

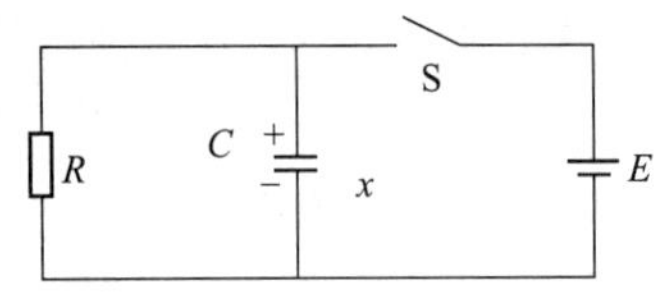

图 9-48　例 9-9 系统电路图

$$V(x)=\frac{1}{2}Cx^2$$

在该系统中，电能随时间的变化率是

$$\dot{V}(x)=Cx\dot{x}=-\frac{x^2}{R}$$

只要 $x\neq0$，就有 $V(x)>0$ 和 $\dot{V}(x)<0$。表明该系统的运动是一个放电过程，其能量随时间而衰减，直到系统运动达到平衡状态时其能量为零，运动停止在平衡状态$x_e=0$。由此就可判断该系统在 $x_e=0$ 渐近稳定。这样，利用能量函数进行了李雅普诺夫稳定性判别，在判别过程中未求解状态方程。

对于电学、力学等实际上存在能量概念的物理系统，可以给出系统的能量函数。但是并非所有的系统都具有能量概念，例如经济系统、社会系统。对于难以写出能量函数表达式的实际系统来说，李雅普诺夫将上述能量函数的概念推广，引入了广义能量函数，称为李雅普诺夫函数。该函数与状态 $x_1,x_2,\cdots,x_n$ 有关，是一个标量函数，记为 $V(\boldsymbol{x},t)$；若不显含时间 t，则记为 $V(\boldsymbol{x})$。考虑到能量总大于零，故为正定函数；能量的衰减特性用一阶导数$\dot{V}(\boldsymbol{x},t)$表示。遗憾的是，至今没有构造李雅普诺夫函数的通用办法，需要凭经验与技巧。

1. 标量函数定号性

在下面讨论中，设 $V(\boldsymbol{x})$ 是从 R^n 到 R 的标量函数。

① 正定性　如果 $V(\boldsymbol{x})$ 对任意的非零状态 $\boldsymbol{x}\in R^n$，有 $V(\boldsymbol{x})>0$，且在 $\boldsymbol{x}=0$ 处 $V(0)=0$，则称 $V(\boldsymbol{x})$正定。例如 $V(\boldsymbol{x})=x_1^2+x_2^2$ 正定。

② 负定性　如果$-V(\boldsymbol{x})$正定，则称 $V(\boldsymbol{x})$负定。例如 $V(\boldsymbol{x})=-(x_1^2+x_2^2)$。

③ 正半定　在 $\boldsymbol{x}=0$ 处 $V(0)=0$，且对其他任意非零 $\boldsymbol{x}\in R^n$，有 $V(\boldsymbol{x})\geqslant0$，则称 $V(\boldsymbol{x})$正半定。例如 $V(\boldsymbol{x})=(x_1+x_2)^2$ 正半定。

④ 负半定　如果$-V(\boldsymbol{x})$正半定，则称 $V(\boldsymbol{x})$负半定。例如 $V(\boldsymbol{x})=-(x_1+2x_2)^2$ 负半定。

⑤ 不定性　如果 $V(\boldsymbol{x})$可正可负，则称 $V(\boldsymbol{x})$ 不定。

关于$V(\boldsymbol{x},t)$ 正定性的提法是：标量函数$V(\boldsymbol{x},t)$ 对于 $t>t_0$ 及所有非零状态都有 $V(\boldsymbol{x},t)>0$，且 $V(0,t)=0$，则称$V(\boldsymbol{x},t)$ 正定。关于$V(\boldsymbol{x},t)$ 的其他定号性提法与此类同。

二次型函数是一类重要的标量函数，常用来作为线性系统的李雅普诺夫函数，记

$$V(\boldsymbol{x})=\boldsymbol{x}^{\mathrm{T}}\boldsymbol{P}\boldsymbol{x}=[x_1\cdots x_n]\begin{bmatrix}p_{11} & \cdots & p_{1n}\\ \vdots & & \vdots\\ p_{n1} & \cdots & p_{nn}\end{bmatrix}\begin{bmatrix}x_1\\ \vdots\\ x_n\end{bmatrix} \tag{9-44}$$

式中 $\boldsymbol{P}$ 为 $n\times n$ 实对称矩阵，有 $p_{ij}=p_{ji}$，显然满足 $V(0)=0$，其定号性由如下的赛尔维斯特（Sylvester）准则判定。

当 $\boldsymbol{P}$ 矩阵的各阶顺序主子式均大于零时，即

$$p_{11}>0,\ \begin{vmatrix}p_{11} & p_{12}\\ p_{21} & p_{22}\end{vmatrix}>0,\ \cdots,\ \begin{vmatrix}p_{11} & \cdots & p_{1n}\\ \vdots & & \vdots\\ p_{n1} & \cdots & p_{nn}\end{vmatrix}>0 \tag{9-45}$$

则 $\boldsymbol{P}$ 为正定矩阵，这等价于 $V(\boldsymbol{x})$ 正定。当 $\boldsymbol{P}$ 阵的各阶顺序主子行列式负、正相间时，即

$$p_{11}<0,\ \begin{vmatrix}p_{11} & p_{12}\\ p_{21} & p_{22}\end{vmatrix}>0,\ \cdots,\ (-1)^n\begin{vmatrix}p_{11} & \cdots & p_{1n}\\ \vdots & & \vdots\\ p_{n1} & \cdots & p_{nn}\end{vmatrix}>0 \tag{9-46}$$

则 $\boldsymbol{P}$ 为负定矩阵，这等价于 $V(\boldsymbol{x})$ 负定。

下面不加证明地给出关于李雅普诺夫直接法稳定性定理。

2. 李雅普诺夫直接法诸稳定性定理

设系统状态方程为 $\dot{\boldsymbol{x}}=\boldsymbol{f}(\boldsymbol{x})$，其平衡状态满足 $\boldsymbol{f}(0)=0$，不失一般性，把状态空间原点作为平衡状态，并设系统在原点邻域存在 $V(\boldsymbol{x})$ 对 $\boldsymbol{x}$ 的连续的一阶偏导数。

定理 9-2　若①$V(\boldsymbol{x})$ 正定；②$\dot{V}(\boldsymbol{x})$负定，则系统在原点渐近稳定。

注：$\dot{V}(\boldsymbol{x})$负定表示沿系统的任何一条状态轨迹能量随时间连续单调地衰减，故与渐近稳定性定义叙述一致。

③ 除满足条件①及②外，如果随着 $\|\boldsymbol{x}\|\to\infty$，有 $V(\boldsymbol{x})\to\infty$，则系统在原点全局渐近稳定。

【例 9-10】　试判别非线性定常系统 $\begin{cases}\dot{x}_1=x_2-x_1(x_1^2+x_2^2)\\ \dot{x}_2=-x_1-x_2(x_1^2+x_2^2)\end{cases}$ 的稳定性。

解　令 $\dot{x}_1=0$，$\dot{x}_2=0$，求得原点为系统惟一平衡状态。因此，在原点处讨论稳定性。

取李雅普诺夫函数

$$V(\boldsymbol{x})=x_1^2+x_2^2$$

则

$$\dot{V}(\boldsymbol{x})=\frac{\partial V(\boldsymbol{x})}{\partial x_1}\dot{x}_1+\frac{\partial V(\boldsymbol{x})}{\partial x_2}\dot{x}_2=2x_1\dot{x}_1+2x_2\dot{x}_2$$

将系统原状态方程代入上式，得

$$\begin{aligned}\dot{V}(\boldsymbol{x})&=2x_1[x_2-x_1(x_1^2+x_2^2)]+2x_2[-x_1-x_2(x_1^2+x_2^2)]\\ &=-2(x_1^2+x_2^2)^2\end{aligned}$$

上式显示 $\dot{V}(\boldsymbol{x})$ 负定。故系统在原点渐近稳定。对于 $V(\boldsymbol{x})=x_1^2+x_2^2$，有 $\lim\limits_{\|x\|\to\infty}V(\boldsymbol{x})=\infty$，所以系统在原点全局渐近稳定。

定理 9-2 的正确性可以从本例 $V(\boldsymbol{x})$ 的几何图形中进一步得到直观解释。因为

$$V(\boldsymbol{x})=x_1^2+x_2^2=C,\quad C>0$$

的几何图形是在 x_1-x_2 平面上以原点为中心，$\sqrt{C}$ 为半径的一簇圆，如图 9-49所示。如果系统存储的能量越大，则其相应的状态向量到原点的距离越远。$\dot{V}(\boldsymbol{x})$ 为负定时，$\boldsymbol{x}(t)$ 的流向是从圆的外侧向内侧，从而使 $V(\boldsymbol{x})$ 收敛于 0，运动轨迹趋于原点。

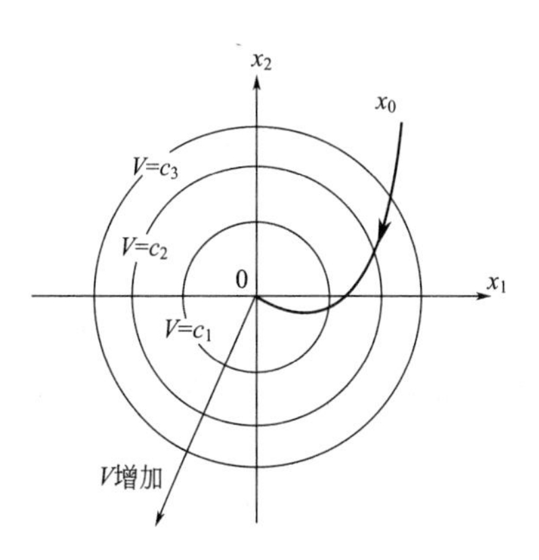

图 9-49　能量函数的几何解释示意图

【例 9-11】 设线性系统状态方程为

$$\begin{cases}\dot{x}_1=x_2\\ \dot{x}_2=-x_1-x_2\end{cases} \tag{9-47}$$

试确定系统在平衡状态的稳定性。

解 令$\dot{x}_1=0$，$\dot{x}_2=0$，可求得原点为系统惟一的平衡状态。

如仍取李雅普诺夫函数

$$V(\boldsymbol{x})=x_1^2+x_2^2$$

则
$$\dot{V}(\boldsymbol{x})=2x_1\dot{x}_1+2x_2\dot{x}_2=-2x_2^2$$

此$\dot{V}(\boldsymbol{x})$不是负定的，而是负半定的，稳定性无法判定。现重新选取李雅普诺夫函数

$$V(\boldsymbol{x})=\frac{1}{2}[(x_1+x_2)^2+2x_1^2+x_2^2]$$

则
$$\dot{V}(\boldsymbol{x})=(x_1+x_2)(\dot{x}_1+\dot{x}_2)+2x_1\dot{x}_1+x_2\dot{x}_2=-(x_1^2+x_2^2)$$

此$\dot{V}(\boldsymbol{x})$负定，系统在原点渐近稳定。又因为

$$\lim_{\|\boldsymbol{x}\|\to\infty}\frac{1}{2}[(x_1+x_2)^2+2x_1^2+x_2^2]=\infty$$

系统在原点全局渐近稳定。

可见，李雅普诺夫函数［正定的$V(\boldsymbol{x})$］的选取不是惟一的，但只要找到一个$V(\boldsymbol{x})$满足定理所述条件，便可对原点的稳定性作出判断。注意到，定理 9-2 给出的条件只是充分条件，并不是充分必要条件，如果所选取的$V(\boldsymbol{x})$的导数不是负定的，不能断言该系统在原点不稳定，因为很可能还没有找到合适的李雅普诺夫函数，这时需要重新选取（如此例）。

寻找符合定理 9-2 条件的$V(\boldsymbol{x})$的困难在于$V(\boldsymbol{x})$必须满足$\dot{V}(\boldsymbol{x})$负定的要求，这个要求相当苛刻，下面所要介绍的定理给出了要求较弱一些的全局渐近稳定条件。

定理 9-3 若①$V(\boldsymbol{x})$正定；②$\dot{V}(\boldsymbol{x})$负半定；③$\lim\limits_{\|\boldsymbol{x}\|\to\infty}V(\boldsymbol{x})=\infty$；④对于任意非零初始状态$\boldsymbol{x}_0\in R^n$，其$\dfrac{\mathrm{d}V[\boldsymbol{x}(t;\boldsymbol{x}_0)]}{\mathrm{d}t}$不恒等于零，则系统在原点全局渐近稳定。

注：对于条件②，如果某个非零$\boldsymbol{x}_0$的$\dfrac{\mathrm{d}V[\boldsymbol{x}(t;\boldsymbol{x}_0)]}{\mathrm{d}t}$恒等于零，沿此状态轨迹$\boldsymbol{x}(t;\boldsymbol{x}_0)$，能量函数将保持在某个$V[\boldsymbol{x}(t;\boldsymbol{x}_0)]=C$不下降，这意味着轨迹$\boldsymbol{x}(t;\boldsymbol{x}_0)$不会趋向原点，非线性系统中出现的极限环便属于这类情况。如果条件④成立，在某个时间$t_1\in(0,\infty)$，必会出现$\dfrac{\mathrm{d}V[\boldsymbol{x}(t_1;\boldsymbol{x}_0)]}{\mathrm{d}t}<0$。能量函数终将离开$V(\boldsymbol{x})=C$下降，从而使$\boldsymbol{x}(t;\boldsymbol{x}_0)$继续向原点收敛。

如何判断在非零状态下$V[\boldsymbol{x}(t;\boldsymbol{x}_0)]$的导数是否有恒为零的情况，可按如下方法进行：令$\dfrac{\mathrm{d}V[\boldsymbol{x}(t;\boldsymbol{x}_0)]}{\mathrm{d}t}\equiv 0$，将状态方程代入，若能导出非零解，表示对$\boldsymbol{x}\neq 0$，$\dfrac{\mathrm{d}V[\boldsymbol{x}(t;\boldsymbol{x}_0)]}{\mathrm{d}t}\equiv 0$的条件是成立的；若导出的是全零解，表示只有原点满足$\dfrac{\mathrm{d}V[\boldsymbol{x}(t;\boldsymbol{x}_0)]}{\mathrm{d}t}\equiv 0$的条件。

由定理 9-3，讨论例 9-11 中的系统。若选取李雅普诺夫函数$V(\boldsymbol{x})=x_1^2+x_2^2$，则$\dfrac{\mathrm{d}V(\boldsymbol{x})}{\mathrm{d}t}=2x_1\dot{x}_1+2x_2\dot{x}_2=-2x_2^2$半负定，且$\lim\limits_{\|\boldsymbol{x}\|\to\infty}V(\boldsymbol{x})=\infty$。考察$V(\boldsymbol{x})=x_1^2+x_2^2$是否满足定理 9-3 中的条件④。采用反证法，如果证明成真，则条件④不满足。

设系统存在非零$\boldsymbol{x}_0\in R^n$，其状态轨迹为$\boldsymbol{x}(t;\boldsymbol{x}_0)=\begin{bmatrix}x_1(t;\boldsymbol{x}_0)\\ x_2(t;\boldsymbol{x}_0)\end{bmatrix}$，并设$\dfrac{\mathrm{d}V[\boldsymbol{x}(t;\boldsymbol{x}_0)]}{\mathrm{d}t}$恒等于零，这等价于$\dfrac{\mathrm{d}V[\boldsymbol{x}(t;\boldsymbol{x}_0)]}{\mathrm{d}t}\equiv 0$，即$\dot{V}(\boldsymbol{x})=-2x_2^2\equiv 0$，有

$$x_2(t;\boldsymbol{x}_0)=0,\qquad t\in[0,\infty) \tag{9-48}$$

把上式代入方程(9-47)，得

$$x_1(t;\boldsymbol{x}_0)=0,\qquad t\in[0,\infty) \tag{9-49}$$

式(9-48) 和式(9-49) 表明 $\boldsymbol{x}_0=0$，与非零 $\boldsymbol{x}_0$ 的假设矛盾，因此条件④满足。即存在非零状态，使得 $\frac{\mathrm{d}V[\boldsymbol{x}(t;\boldsymbol{x}_0)]}{\mathrm{d}t}$ 不恒等于零，故系统在原点全局渐近稳定。

定理 9-4 若① $V(\boldsymbol{x})$ 正定；② $\dot{V}(\boldsymbol{x})$ 负半定，则系统在原点是李雅普诺夫意义下稳定的。

对比定理 9-3 与定理 9-4 可以看到，只要 $V(\boldsymbol{x})$ 满足定理 9-3 的条件①和②，那么至少系统在原点稳定；若 $V(\boldsymbol{x})$ 还满足定理 9-3 的条件③和④，则系统在原点全局渐近稳定。如果系统运动的能量函数发散，它必在原点不稳定，由此不难理解下面的定理。

定理 9-5 若① $V(\boldsymbol{x})$ 正定；② $\dot{V}(\boldsymbol{x})$ 正定；则系统在原点不稳定。

注：$\dot{V}(\boldsymbol{x})$ 正定表示沿系统的任何一条状态轨迹能量函数随时间增大，故状态轨迹在原点邻域发散。

【例 9-12】 设线性系统的状态方程为 $\begin{cases}\dot{x}_1=x_1+x_2\\ \dot{x}_2=-x_1+x_2\end{cases}$，判断系统在平衡状态的稳定性。

解 显然原点为该系统的惟一平衡状态。

选取有连续一阶偏导数的正定标量函数 $V(\boldsymbol{x})=x_1^2+x_2^2$，则

$$\frac{\mathrm{d}V(\boldsymbol{x})}{\mathrm{d}t}=2x_1\dot{x}_1+2x_2\dot{x}_2=2x_1(x_1+x_2)+2x_2(-x_1+x_2)=2x_1^2+2x_2^2$$

正定，因此系统在原点不稳定。实际上这是一个线性系统，容易判定它不稳定。

【例 9-13】 试判断非线性系统 $\dot{x}=ax+x^2$ 在平衡状态的稳定性。

解 这实际上是一个可线性化的非线性系统的典型例子。令 $\dot{x}=0$，求得系统有 2 个平衡状态：$x_{\mathrm{e}1}=0$ 和 $x_{\mathrm{e}2}=-a$。

对于在原点的平衡状态，选 $V(\boldsymbol{x})=x^2$，有

$$\dot{V}(\boldsymbol{x})=2ax^2+2x^3=2x^2(a+x)$$

于是，当 $a<0$ 时，系统在原点处的平衡状态是局部（$x<-a$）渐近稳定的；根据定理 9-5，当 $a>0$ 时，原点显然是不稳定的；当 $a=0$ 时，原点也是不稳定的 $[x>0,\dot{V}(\boldsymbol{x})>0]$。上述结论也可以从状态方程直接看出。

对于平衡状态 $x_{\mathrm{e}2}=-a$，作坐标变换，使得 $z=x+a$，得到新的状态方程

$$\dot{z}=-az+z^2$$

因此，通过与原状态方程对比可以断定，对于原系统在状态空间 $x=-a$ 处的平衡状态，当 $a>0$ 时是渐近稳定的；当 $a<0$ 时是不稳定的。

基于李雅普诺夫直接法发展起来的方法还有许多，如用于判断非线性系统平衡状态渐近稳定性充分条件的克拉索夫斯基方法，用于构成非线性系统李雅普诺夫函数的阿塞尔曼法、舒茨-基布生的变量梯度法，用于构成吸引域的波波夫方法等。在此不一一介绍，有兴趣的读者可进一步查阅资料。

五、线性连续定常系统的李雅普诺夫稳定性分析

李雅普诺夫稳定性直接判别方法是通用的分析方法，不仅对非线性系统，而且对线性系统也适用。第八章介绍过线性系统的内稳定，下面不加证明地给出这两种稳定性之间的关系。

定理 9-6 线性系统($\boldsymbol{A},\boldsymbol{B},\boldsymbol{C},\boldsymbol{D}$) 内稳定的充分必要条件是其对应的线性自治系统［式(9-36)］

$$\dot{\boldsymbol{x}}(t)=\boldsymbol{A}x(t) \tag{9-36}$$

在原点全局渐近稳定。

根据定理 9-6，线性连续定常系统内稳定的判别问题可以等价转换为对其自治系统在原点全局渐近稳定的判别，从而将李雅普诺夫直接法与线性系统内稳定性紧密联系起来。

运用李雅普诺夫直接法的关键在于寻找一个符合条件的李雅普诺夫函数 $V(\boldsymbol{x})$，对于线性自治系统，选

取正定的二次型函数 $\boldsymbol{x}^{\mathrm{T}}\boldsymbol{P}\boldsymbol{x}$ 作为李雅普诺夫函数 $V(\boldsymbol{x})$，即

$$V(\boldsymbol{x})=\boldsymbol{x}^{\mathrm{T}}\boldsymbol{P}\boldsymbol{x} \tag{9-50}$$

定理 9-7 给定 $\boldsymbol{A}\in R^{n\times n}$ 和正定矩阵 $\boldsymbol{Q}\in R^{n\times n}$。有正定的 $\boldsymbol{P}\in R^{n\times n}$，满足方程

$$\boldsymbol{A}^{\mathrm{T}}\boldsymbol{P}+\boldsymbol{P}\boldsymbol{A}=-\boldsymbol{Q} \tag{9-51}$$

当且仅当式(9-51) 在原点全局渐近稳定。

有兴趣的读者可自己证明该定理的充分必要性。

式(9-51) 称为连续系统的李雅普诺夫代数方程，简称李雅普诺夫方程。

注意到，李雅普诺夫直接法应用于非线性系统时的判据只是充分条件，但在应用于线性定常系统时，由定理 9-7 给出的判据是充分必要条件。任给一个维数合适的正定 $\boldsymbol{Q}$，若对应的李雅普诺夫方程 (9-51) 有正定解，则系统在原点全局渐近稳定；若从李雅普诺夫方程解不出正定的 $\boldsymbol{P}$，则系统在原点不是全局渐近稳定的。由定理 9-6 和定理 9-7 直接可得如下推论。

推论 9-1 给定 $\boldsymbol{A}\in R^{n\times n}$ 和正定矩阵 $\boldsymbol{Q}\in R^{n\times n}$。存在正定 $\boldsymbol{P}\in R^{n\times n}$ 满足式(9-51) 的充分必要条件是系统 $(\boldsymbol{A},\boldsymbol{B},\boldsymbol{C},\boldsymbol{D})$ 内稳定。

由此推论可以不通过求 $\boldsymbol{A}$ 的特征值来判定 $(\boldsymbol{A},\boldsymbol{B},\boldsymbol{C},\boldsymbol{D})$ 的内稳定性。由于 $\boldsymbol{Q}\in R^{n\times n}$ 是任意正定阵，实际应用时为了计算上的方便，常取 $\boldsymbol{Q}=\boldsymbol{I}$。

【例 9-14】 试判别下列系统是否内稳定

① $\begin{cases}\dot{\boldsymbol{x}}(t)=\begin{bmatrix}1 & -3\\1 & -2\end{bmatrix}\boldsymbol{x}(t)+\begin{bmatrix}0\\1\end{bmatrix}u(t)\\ y(t)=[-4\quad 5]\boldsymbol{x}(t)\end{cases}$；

② $\begin{cases}\dot{\boldsymbol{x}}(t)=\begin{bmatrix}0 & 0\\1 & -6\end{bmatrix}\boldsymbol{x}(t)+\begin{bmatrix}0\\1\end{bmatrix}u(t)\\ y(t)=[0\quad 1]\boldsymbol{x}(t)+2u(t)\end{cases}$；

③ $\dot{\boldsymbol{x}}(t)=\begin{bmatrix}0 & 1\\1 & 0\end{bmatrix}\boldsymbol{x}(t)$。

解 对上面 3 个系统均取

$$\boldsymbol{Q}=\begin{bmatrix}1 & 0\\0 & 1\end{bmatrix},\ \boldsymbol{P}=\begin{bmatrix}p_{11} & p_{12}\\p_{12} & p_{22}\end{bmatrix}$$

系统①的连续时间李雅普诺夫方程为

$$\begin{bmatrix}1 & 1\\-3 & -2\end{bmatrix}\begin{bmatrix}p_{11} & p_{12}\\p_{12} & p_{22}\end{bmatrix}+\begin{bmatrix}p_{11} & p_{12}\\p_{12} & p_{22}\end{bmatrix}\begin{bmatrix}1 & -3\\1 & -2\end{bmatrix}=\begin{bmatrix}-1 & 0\\0 & -1\end{bmatrix}$$

即

$$\begin{cases}2p_{11}+2p_{12}=-1\\-3p_{11}-p_{12}+p_{22}=0\\-6p_{12}-4p_{22}=-1\end{cases}$$

解得 $p_{11}=3$，$p_{12}=-3.5$，$p_{22}=5.5$。由 $p_{11}>0$ 和 $p_{11}p_{22}-p_{12}^2=4.25>0$，知

$$\boldsymbol{P}=\begin{bmatrix}3 & -3.5\\-3.5 & 5.5\end{bmatrix}>0$$

故系统内稳定。

系统②的连续时间李雅普诺夫方程为

$$\begin{bmatrix}0 & 1\\0 & -6\end{bmatrix}\begin{bmatrix}p_{11} & p_{12}\\p_{12} & p_{22}\end{bmatrix}+\begin{bmatrix}p_{11} & p_{12}\\p_{12} & p_{22}\end{bmatrix}\begin{bmatrix}0 & 0\\1 & -6\end{bmatrix}=\begin{bmatrix}-1 & 0\\0 & -1\end{bmatrix}$$

即

$$\begin{cases}2p_{11}=-1\\p_{22}-6p_{12}=0\\-12p_{22}=-1\end{cases}$$

该方程组无解，故系统不是内稳定的。

系统③的连续时间李雅普诺夫方程为

$$\begin{bmatrix}0 & 1\\1 & 0\end{bmatrix}\begin{bmatrix}p_{11} & p_{12}\\p_{12} & p_{22}\end{bmatrix}+\begin{bmatrix}p_{11} & p_{12}\\p_{12} & p_{22}\end{bmatrix}\begin{bmatrix}0 & 1\\1 & 0\end{bmatrix}=\begin{bmatrix}-1 & 0\\0 & -1\end{bmatrix}$$

求出其通解

$$\boldsymbol{P}=\begin{bmatrix}p_{11} & -0.5\\-0.5 & -p_{11}\end{bmatrix}$$

而由 $p_{11}(-p_{11})-(-0.5)^2=-p_{11}^2-0.25<0$ 可知，无论 p_{11} 取何值都不能使 $\boldsymbol{P}>0$。故系统不是内稳定的。

由定理 9-7 可以推知，若系统的非零状态轨迹不存在 $\dot{V}(\boldsymbol{x})$ 恒为零时，$\boldsymbol{Q}$ 矩阵可为正半定的，即允许单位矩阵中主对角线上部分元素为零（取法不是惟一的，只要既简单又能导出确定的平衡状态的解即可），而解得的 $\boldsymbol{P}$ 矩阵仍应是正定的。

六、离散系统的李雅普诺夫稳定性分析

离散系统李雅普诺夫稳定性分析的思路与连续系统基本相同，最大的不同有两点：一是离散系统采用 $V(\boldsymbol{x})$ 在相邻时刻的差 $\Delta V(\boldsymbol{x}(k))=V(\boldsymbol{x}(k+1))-V(\boldsymbol{x}(k))$ 取代了连续系统采用的 $V(\boldsymbol{x})$ 对时间的导数 $\dot{V}(\boldsymbol{x})$；二是离散时间李雅普诺夫方程与连续时间李雅普诺夫方程形式不同。这里简单介绍离散系统李雅普诺夫稳定性分析的主要结论。

定义离散自治系统

$$\boldsymbol{x}(k+1)=\boldsymbol{f}_z(\boldsymbol{x}(k)),\quad \boldsymbol{x}(k)\in R^n,\ k\in\{0,1,\cdots\} \tag{9-52}$$

记 $\boldsymbol{x}_z(k;\boldsymbol{x}_0)$ 为该自治系统从初始状态 $\boldsymbol{x}_0$ 出发的状态轨线。下面给出离散系统的相关定义与定理。

定义 9-7 $\boldsymbol{x}_e\in R^n$ 称为离散自治系统（9-52）的平衡状态当且仅当

$$\boldsymbol{f}_z(\boldsymbol{x}_e)=\boldsymbol{x}_e$$

定义 9-8 设 $\boldsymbol{x}_e$ 是离散自治系统（9-52）的平衡状态，如果对任意 $\varepsilon>0$，存在 $\delta>0$，使得对任意初始状态 $\boldsymbol{x}_0\in S_\delta(\boldsymbol{x}_e)$ 和任意 $k\in\{0,1,\cdots\}$，有 $\boldsymbol{x}_z(k;\boldsymbol{x}_0)\in S_\varepsilon(\boldsymbol{x}_e)$，则称系统(9-52)在 $\boldsymbol{x}_e$ 稳定。

定义 9-9 设离散自治系统（9-52）在其平衡状态 $\boldsymbol{x}_e$ 稳定，如果对任意初始状态 $\boldsymbol{x}_0\in R^n$，有 $\lim\limits_{k\to\infty}\|\boldsymbol{x}_z(k;\boldsymbol{x}_0)-\boldsymbol{x}_e\|\to 0$，则称系统（9-52）在 $\boldsymbol{x}_e$ 全局渐近稳定。

定理 9-8 设原点是系统（9-52）的平衡状态，如果存在一个标量函数 $V(\boldsymbol{x})$，满足

① $V(\boldsymbol{x})$正定；② $V(\boldsymbol{f}_z(\boldsymbol{x}))-V(\boldsymbol{x})$负定；③ $\lim\limits_{\|\boldsymbol{x}\|\to\infty}V(\boldsymbol{x})=\infty$

则系统（9-52）在原点全局渐近稳定。

定理 9-9 设原点是系统（9-52）的平衡状态，如果存在一个标量函数 $V(\boldsymbol{x})$，满足

① $V(\boldsymbol{x})$ 正定；② $V(\boldsymbol{f}_z(\boldsymbol{x}))-V(\boldsymbol{x})$半负定；③ $\lim\limits_{\|\boldsymbol{x}\|\to\infty}V(\boldsymbol{x})=\infty$；④ 对于任意非零初始状态 $\boldsymbol{x}_0\in R^n$，其

$$V(\boldsymbol{f}_z(\boldsymbol{x}_z(k;\boldsymbol{x}_0)))-V(\boldsymbol{x}_z(k;\boldsymbol{x}_0)),\quad k\in\{0,1,\cdots\}$$

不恒等于 0，则系统（9-52）在原点全局渐近稳定。

定理 9-10 线性离散定常系统（$\boldsymbol{A}_z,\boldsymbol{B}_z,\boldsymbol{C}_z,\boldsymbol{D}_z$）内稳定的充分必要条件是其对应的自治系统 $\boldsymbol{x}(k+1)=\boldsymbol{A}_z\boldsymbol{x}(k)$在原点全局渐近稳定。

定理 9-11 系统 $\boldsymbol{x}(k+1)=\boldsymbol{A}_z\boldsymbol{x}(k)$在原点全局渐近稳定的充分必要条件是，对任意正定 $\boldsymbol{Q}\in R^{n\times n}$，存在正定 $\boldsymbol{P}\in R^{n\times n}$，满足离散时间李雅普诺夫方程

$$\boldsymbol{A}_z^{\mathrm{T}}\boldsymbol{P}\boldsymbol{A}_z-\boldsymbol{P}=-\boldsymbol{Q} \tag{9-53}$$

证明 充分性。设矩阵方程(9-53)成立，取李雅谱诺夫函数为 $V(\boldsymbol{x})=\boldsymbol{x}^{\mathrm{T}}\boldsymbol{P}x$，显然$V(\boldsymbol{x})$正定，再由

$$V(\boldsymbol{A}_z\boldsymbol{x})-V(\boldsymbol{x})=\boldsymbol{x}^{\mathrm{T}}\boldsymbol{A}_z^{\mathrm{T}}\boldsymbol{P}\boldsymbol{A}_z\boldsymbol{x}-\boldsymbol{x}^{\mathrm{T}}\boldsymbol{P}\boldsymbol{x}=\boldsymbol{x}^{\mathrm{T}}(\boldsymbol{A}_z^{\mathrm{T}}\boldsymbol{P}\boldsymbol{A}_z-\boldsymbol{P})\boldsymbol{x}=-\boldsymbol{x}^{\mathrm{T}}\boldsymbol{Q}\boldsymbol{x}$$

可知 $V(\boldsymbol{A}_z\boldsymbol{x})-V(\boldsymbol{x})$负定，于是系统 $\boldsymbol{x}(k+1)=\boldsymbol{A}_z\boldsymbol{x}(k)$在原点全局渐近稳定。

必要性。若系统 $\boldsymbol{x}(k+1)=\boldsymbol{A}_z\boldsymbol{x}(k)$ 在原点全局渐近稳定，对任意正定 $\boldsymbol{Q}\in R^{n\times n}$，取

$\boldsymbol{P}=\sum_{k=0}^{\infty}(\boldsymbol{A}_z^{\mathrm{T}})^k\boldsymbol{Q}\boldsymbol{A}_z^k$，类似于定理 9-7 证明的思路，可以证得 $\boldsymbol{P}>0$ 且

$$\boldsymbol{A}_z^{\mathrm{T}}\boldsymbol{P}\boldsymbol{A}_z-\boldsymbol{P}=-\boldsymbol{Q}$$

推论 9-2 离散线性定常系统（$\boldsymbol{A}_z,\boldsymbol{B}_z,\boldsymbol{C}_z,\boldsymbol{D}_z$）内稳定当且仅当对任意正定 $\boldsymbol{Q}\in R^{n\times n}$，存在正定 $\boldsymbol{P}\in R^{n\times n}$，满足

$$\boldsymbol{A}_z^{\mathrm{T}}\boldsymbol{P}\boldsymbol{A}_z-\boldsymbol{P}=-\boldsymbol{Q}$$

类似于前面线性连续定常系统，由于 $\boldsymbol{Q}\in R^{n\times n}$ 是任意正定阵，计算时常取 $\boldsymbol{Q}=\boldsymbol{I}$。

【例 9-15】 试判定如下系统是否内稳定

$$\boldsymbol{x}(k+1)=\begin{bmatrix}0 & -0.5\\1 & -1\end{bmatrix}\boldsymbol{x}(k)$$

解 取 $\boldsymbol{Q}=\begin{bmatrix}1 & 0\\0 & 1\end{bmatrix}$，$\boldsymbol{P}=\begin{bmatrix}p_{11} & p_{12}\\p_{12} & p_{22}\end{bmatrix}$，其离散时间李雅普诺夫方程为

$$\boldsymbol{A}_z^{\mathrm{T}}\boldsymbol{P}\boldsymbol{A}_z-\boldsymbol{P}=-\boldsymbol{Q}$$

即

$$\begin{bmatrix}0 & 1\\-0.5 & -1\end{bmatrix}\begin{bmatrix}p_{11} & p_{12}\\p_{12} & p_{22}\end{bmatrix}\begin{bmatrix}0 & -0.5\\1 & -1\end{bmatrix}-\begin{bmatrix}p_{11} & p_{12}\\p_{12} & p_{22}\end{bmatrix}=\begin{bmatrix}-1 & 0\\0 & -1\end{bmatrix}$$

解之

$$\begin{cases}p_{22}-p_{11}=-1\\-1.5p_{12}-p_{22}=0\\0.25p_{11}+p_{12}=-1\end{cases}$$

得

$$\boldsymbol{P}=\begin{bmatrix}4 & -2\\-2 & 3\end{bmatrix}>0$$

故系统内稳定。

本章小结

非线性特性广泛存在于实际系统中，只不过非线性的作用有强有弱，系统所受到的非线性影响有大有小。在控制系统分析与设计中，当非线性作用不明显时，往往把它当作线性系统加以处理。但在许多情况下，非线性的影响不可忽视，必须用相应的分析处理方法。由于非线性系统复杂多样，各种非线性系统处理方法都有其各自的适用范围，故在应用时，要具体而细致地分析所面临的非线性系统，选用适合条件的方法。就本章介绍的方法而言，描述函数法适用于求相当于放大环节的非线性特性，是一种线性化的近似，且要求控制系统有较好的低通滤波特性。主要用于分析系统的稳定性，确定系统出现极限环振荡时振幅和频率，但无法给出系统动态品质方面更精确的信息。相平面分析法通过图解分析，直观地反映了系统的动态状况，但主要针对二阶系统。由相平面图，可以分析非线性系统的稳定性和极限环振荡状况，并根据分析结果来改进系统的特性和结构，从而利用非线性特性来改善系统的动态和静态品质。相平面法主要适用于可采用分段线性化方法处理的非线性环节。李雅普诺夫稳定性是现代控制理论的重要概念，虽然它作为力学概念被提出的时候控制理论还未诞生。

总而言之，非线性系统复杂多样，无论是它的模型、稳定性分析，或是控制系统设计等各个方面，都有大量的问题尚待解决。本章只是介绍了一些最基本的概念和基本的分析方法。

习题九

9-1 什么是非线性系统？它与线性系统有什么区别？

9-2 常见的非线性环节有哪些？

9-3 简述相平面法的实质。为何它是分析二阶系统的有效方法？相轨迹的绘制方法主要有哪些？

9-4 求系统 $\ddot{x}+\dot{x}=0$ 的奇点。

9-5 用等倾斜线法画出系统 $\ddot{x}+2\zeta\omega\dot{x}+\omega^2x=0$ 的相平面图，方程中的 $\zeta=0.5$，$\omega=1$。

9-6　设一阶非线性系统的微分方程为 $\dot{x}=-x+x^3$，试确定系统有几个平衡状态，分析平衡状态的稳定性，并绘出系统的相轨迹。

9-7　已知非线性系统的微分方程为

① $\ddot{x}+(3\dot{x}-0.5)\dot{x}+x+x^2=0$；　② $\ddot{x}+x\dot{x}+x=0$；

③ $\ddot{x}+\sin x=0$。

试求系统的奇点，并概略绘制奇点及其类型，并用等倾斜线法绘制相平面图。

9-8　简述描述函数分析法的实质及求取方法。

9-9　某死区非线性特性如图 9-50 所示，试画出该环节在正弦输入下的输出波形，并求出其描述函数N(A)。

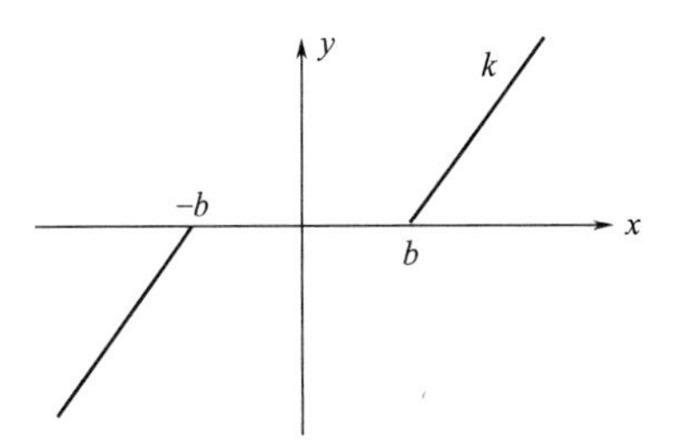

图 9-50　死区特性

9-10　给定非线性系统的微分方程

$$\ddot{x}+\dot{x}=1 \quad (\dot{x}-x>0)$$

$$\ddot{x}+\dot{x}=-1 \quad (\dot{x}-x<0)$$

试用描述函数法分析系统的稳定性。

9-11　试确定图 9-51 所示系统的极限环的振幅和频率，并指出该极限环的稳定性。

9-12　非线性系统如图 9-52 所示。设 $a=1$，$b=3$。试用描述函数法分析系统的稳定性。为使系统稳定，继电器的参数 a、b 应如何调整？

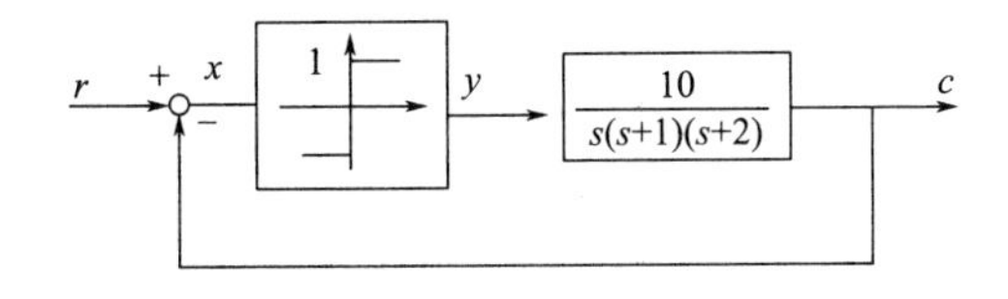

图 9-51　题 9-11 图

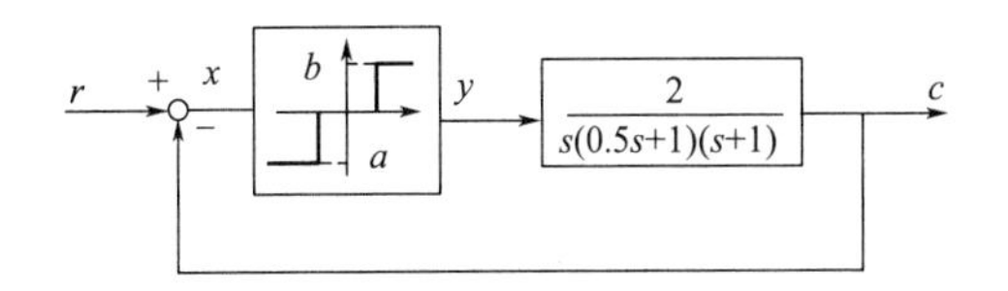

图 9-52　题 9-12 图

9-13　将图 9-53(a)、(b)、(c) 所示的非线性系统化简成非线性部分 $N(A)$ 和等效的线性部分 $G(s)$ 相串联单位反馈系统，并写出其线性部分的传递函数 $G(s)$。

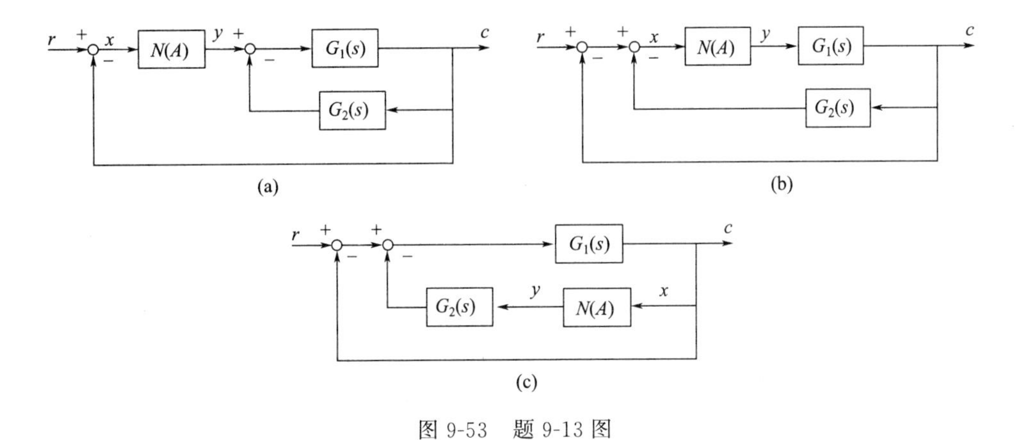

图 9-53　题 9-13 图

9-14　试确定下列二次型是否正定。

① $V(x)=-x_1^2+4x_2^2+x_3^2+2x_1x_2-6x_2x_3-2x_1x_3$

② $V(x)=x_1^2+2x_3^2-2x_1x_2+6x_2x_3$

9-15　试确定下列二次型为正定时，待定常数的取值范围。

① $V(x)=ax_1^2+bx_2^2+cx_3^2+2x_1x_2-4x_2x_3-2x_1x_3$

② $V(x)=x_1^2+x_2^2+ax_3^2+2x_1x_2+2x_2x_3-2x_3x_1$

9-16　试确定下列系统在其平衡状态的稳定性。

① $\begin{bmatrix}\dot{x}_1\\ \dot{x}_2\end{bmatrix}=\begin{bmatrix}0 & 1\\ -2 & -3\end{bmatrix}\begin{bmatrix}x_1\\ x_2\end{bmatrix}$　② $\begin{bmatrix}\dot{x}_1\\ \dot{x}_2\end{bmatrix}=\begin{bmatrix}-x_1+x_2+x_1(x_1^2+x_2^2)\\ -x_1-x_2+x_2(x_1^2+x_2^2)\end{bmatrix}$

9-17 试用李雅普诺夫第二方法确定图 9-54 所示系统渐近稳定时 K 的取值范围。

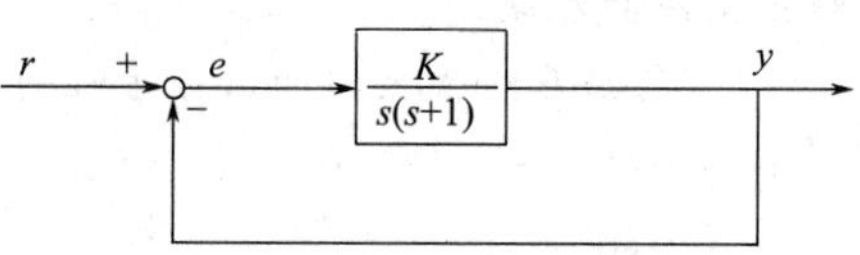

图 9-54 题 9-17 图

9-18 试用李雅普诺夫第二方法确定使下述系统在平衡状态稳定 a,b 的取值范围。

$$\begin{bmatrix}\dot{x}_1\\ \dot{x}_2\end{bmatrix}=\begin{bmatrix}x_2\\ -ax_2-bx_2^3-x_1\end{bmatrix}$$

9-19 试确定下列离散系统在平衡状态的稳定性。

$$\begin{bmatrix}x_1(k+1)\\ x_2(k+1)\\ x_3(k+1)\end{bmatrix}=\begin{bmatrix}1 & 3 & 0\\ -3 & -2 & -3\\ 1 & 0 & 0\end{bmatrix}\begin{bmatrix}x_1(k)\\ x_2(k)\\ x_3(k)\end{bmatrix}$$

附录 拉普拉斯变换

1. 拉普拉斯变换的定义

单值函数 $f(t)$ 在 $(0,\infty)$ 区间有定义时，$f(t)$ 的拉普拉斯积分

$$F(s)=\int_0^\infty f(t)\mathrm{e}^{-st}\mathrm{d}t,\ s\ 为复变量$$

称为 $f(t)$ 的拉普拉斯变换，记为

$$\mathscr{L}[f(t)]=F(s)$$

如果 $f(t)$ 在有限区间内的不连续点的数目是有限的，并在 t 大于某个时间 T 时，存在满足 $|f(t)|\mathrm{e}^{-at}<M$ 的正实数 a 和 M，那么 $\int_0^\infty f(t)\mathrm{e}^{-st}\mathrm{d}t$ 对 $\mathrm{Re}(s)>a$ 的所有复数 s 是绝对收敛的。

2. 拉普拉斯变换的定理和运算

如果 $f(t)$、$f_1(t)$ 和 $f_2(t)$ 是可以进行拉普拉斯变换的，它们的拉普拉斯变换分别是 $F(s)$、$F_1(s)$ 和 $F_2(s)$，那么可以证明如下定理。

(1) 线性定理

$$\mathscr{L}[af(t)]=aF(s)$$

$$\mathscr{L}[af_1(t)+bf_2(t)]=aF_1(s)+bF_2(s)$$

(2) t 域内的位移定理

$$\mathscr{L}[f(t-p)\cdot 1(t-p)]=\mathrm{e}^{-ps}F(s)$$

(3) t 域内的卷积定理

$$\mathscr{L}\left[\int_0^t f_1(t-\tau)f_2(\tau)\mathrm{d}\tau\right]=F_1(s)F_2(s)$$

$$f_1(t)*f_2(t)=\int_0^t f_1(t-\tau)f_2(\tau)\mathrm{d}\tau=\int_0^t f_2(t-\tau)f_1(\tau)\mathrm{d}\tau$$

(4) 函数乘以或除以 t

$$\mathscr{L}[tf(t)]=-\frac{\mathrm{d}F(s)}{\mathrm{d}s}$$

$$\mathscr{L}\left[\frac{f(t)}{t}\right]=\int_s^\infty F(s)\mathrm{d}s$$

(5) s 域内的位移定理

$$\mathscr{L}[\mathrm{e}^{-at}f(t)]=F(s+a)$$

(6) 相似定理

$$\mathscr{L}\left[f\left(\frac{t}{a}\right)\right]=aF(as)$$

(7) t 域内的微分定理

设 $\frac{\mathrm{d}^n f(t)}{\mathrm{d}t^n}$ 是可以进行拉普拉斯变换的，则

$$\mathscr{L}_\pm\left[\frac{\mathrm{d}f(t)}{\mathrm{d}t}\right]=sF(s)-f(0_\pm)$$

$$\mathscr{L}_{\pm}\left[\frac{\mathrm{d}^2 f(t)}{\mathrm{d}t^2}\right]=s^2F(s)-sf(0_{\pm})-f'(0_{\pm})$$

$$\vdots$$

$$\mathscr{L}_{\pm}\left[\frac{\mathrm{d}^n f(t)}{\mathrm{d}t^n}\right]=s^nF(s)-s^{n-1}f(0_{\pm})-s^{n-2}f'(0_{\pm})-\cdots-sf^{(n-2)}(0_{\pm})-f^{(n-1)}(0_{\pm})$$

这里及以后公式中的下标符号±是指当 $f(0_+)\neq f(0_-)$时，拉普拉斯积分的下限是 0_+ 或是 0_-。$f^{(i)}$ 代表 $\mathrm{d}^i f/\mathrm{d}t$。

(8) t 域内的积分定理

$$\mathscr{L}_{\pm}\left[\int f(t)\mathrm{d}t\right]=\frac{F(s)}{s}+\frac{1}{s}\left[\int f(t)\mathrm{d}t\right]_{t=0\pm}$$

$$\mathscr{L}_{\pm}\left[\iint f(t)\mathrm{d}t\mathrm{d}t\right]=\frac{F(s)}{s^2}+\frac{1}{s^2}\left[\int f(t)\mathrm{d}t\right]_{t=0\pm}+\frac{1}{s}\left[\iint f(t)\mathrm{d}t\mathrm{d}t\right]_{t=0\pm}$$

$$\vdots$$

$$\mathscr{L}_{\pm}\left[\int\cdots\int f(t)(\mathrm{d}t)^n\right]=\frac{F(s)}{s^n}+\sum_{k=1}^{n}\frac{1}{s^{n-k+1}}\left[\int\cdots\int f(t)(\mathrm{d}t)^k\right]_{t=0\pm}$$

(9) 终值定理

设 $\mathrm{d}f/\mathrm{d}t$ 是可以拉普拉斯变换的，$\lim\limits_{t\to\infty}f(t)$ 存在，并且除在原点处惟一的极点外，$sF(s)$ 在包含 $\mathrm{j}\omega$ 轴的右半平面是解析的，则有

$$\lim_{t\to\infty}f(t)=\lim_{s\to 0}sF(s)$$

(10) 初值定理

设 $\mathrm{d}f/\mathrm{d}t$ 是可以拉普拉斯变换的，$\lim\limits_{s\to\infty}sF(s)$ 存在，则有

$$f(0_+)=\lim_{s\to\infty}sF(s)$$

3. 拉普拉斯的反变换

数学上，拉普拉斯反变换通过下述公式计算

$$f(t)=\frac{1}{2\pi\mathrm{j}}\int_{c-j\infty}^{c+j\infty}F(s)\mathrm{e}^{st}\mathrm{d}t,\quad t>0$$

其中，c 大于 $F(s)$ 所有奇点的实部。

拉普拉斯反变换记为

$$f(t)=\mathscr{L}^{-1}[F(s)]$$

计算上述复变函数积分往往有困难，所以一般求拉普拉斯反变换都是先对 $F(s)$ 进行部分分式分解，再查表求得 $f(t)$。

4. 拉普拉斯变换表

序号	$F(s)$	$f(t)\ (t\geqslant 0)$
1	1	$\delta(t)$或 $u_0(t)$，$t=0$ 时的单位冲激
2	$\frac{1}{s}$	1 或 $u_{-1}(t)$，单位阶跃在 $t=0$ 时开始
3	$\frac{1}{s^2}$	$tu_{-1}(t)$，单位斜坡
4	$\frac{1}{s^n}$	$\frac{1}{(n-1)!}t^{n-1}$，n 为正整数
5	$\frac{1}{s}\mathrm{e}^{-as}$	$u_{-1}(t-a)$
6	$\frac{1}{s}(1-\mathrm{e}^{-as})$	$u_{-1}(t)-u_{-1}(t-a)$
7	$\frac{1}{s+a}$	e^{-at}
8	$\frac{1}{(s+a)^n}$	$\frac{1}{(n-1)!}t^{n-1}\mathrm{e}^{-at}$，$n$ 为正整数
9	$\frac{1}{s(s+a)}$	$\frac{1}{a}(1-\mathrm{e}^{-at})$

续表

序号	$F(s)$	$f(t)\ (t\geqslant 0)$
10	$\dfrac{1}{s(s+a)(s+b)}$	$\dfrac{1}{ab}\left(1-\dfrac{b}{b-a}e^{-at}+\dfrac{a}{b-a}e^{-bt}\right)$
11	$\dfrac{s+\alpha}{s(s+a)(s+b)}$	$\dfrac{1}{ab}\left[\alpha-\dfrac{b(\alpha-a)}{b-a}e^{-at}+\dfrac{a(\alpha-b)}{b-a}e^{-bt}\right]$
12	$\dfrac{1}{(s+a)(s+b)}$	$\dfrac{1}{b-a}(e^{-at}-e^{-bt})$
13	$\dfrac{s}{(s+a)(s+b)}$	$\dfrac{1}{a-b}(ae^{-at}-be^{-bt})$
14	$\dfrac{s+\alpha}{(s+a)(s+b)}$	$\dfrac{1}{b-a}[(\alpha-a)e^{-at}-(\alpha-b)e^{-bt}]$
15	$\dfrac{1}{(s+a)(s+b)(s+c)}$	$\dfrac{e^{-at}}{(b-a)(c-a)}+\dfrac{e^{-bt}}{(c-b)(a-b)}+\dfrac{e^{-ct}}{(a-c)(b-c)}$
16	$\dfrac{s+\alpha}{(s+a)(s+b)(s+c)}$	$\dfrac{(\alpha-a)e^{-at}}{(b-a)(c-a)}+\dfrac{(\alpha-b)e^{-bt}}{(c-b)(a-b)}+\dfrac{(\alpha-c)e^{-ct}}{(a-c)(b-c)}$
17	$\dfrac{\omega}{s^2+\omega^2}$	$\sin\omega t$
18	$\dfrac{s}{s^2+\omega^2}$	$\cos\omega t$
19	$\dfrac{s+\alpha}{s^2+\omega^2}$	$\dfrac{\sqrt{\alpha^2+\omega^2}}{\omega}\sin(\omega t+\phi),\ \phi=\arctan\dfrac{\omega}{\alpha}$
20	$\dfrac{s\sin\theta+\omega\cos\theta}{s^2+\omega^2}$	$\sin(\omega t+\theta)$
21	$\dfrac{1}{s(s^2+\omega^2)}$	$\dfrac{1}{\omega^2}(1-\cos\omega t)$
22	$\dfrac{s+\alpha}{s(s^2+\omega^2)}$	$\dfrac{\alpha}{\omega^2}-\dfrac{\sqrt{\alpha^2+\omega^2}}{\omega^2}\cos(\omega t+\phi),\ \phi=\arctan\dfrac{\omega}{\alpha}$
23	$\dfrac{1}{(s+a)(s^2+\omega^2)}$	$\dfrac{e^{-at}}{a^2+\omega^2}+\dfrac{1}{\omega\sqrt{a^2+\omega^2}}\sin(\omega t-\phi),\ \phi=\arctan\dfrac{\omega}{a}$
24	$\dfrac{1}{(s+a)^2+b^2}$	$\dfrac{1}{b}e^{-at}\sin bt$
24a	$\dfrac{1}{s^2+2\zeta\omega_n s+\omega_n^2}$	$\dfrac{1}{\omega_n\sqrt{1-\zeta^2}}e^{-\zeta\omega_n t}\sin\omega_n\sqrt{1-\zeta^2}\,t$
25	$\dfrac{s+a}{(s+a)^2+b^2}$	$e^{-at}\cos bt$
26	$\dfrac{s+\alpha}{(s+a)^2+b^2}$	$\dfrac{\sqrt{(\alpha-a)^2+b^2}}{b}e^{-at}\sin(bt+\phi),\ \phi=\arctan\dfrac{b}{\alpha-a}$
27	$\dfrac{1}{s[(s+a)^2+b^2]}$	$\dfrac{1}{a^2+b^2}+\dfrac{1}{b\sqrt{a^2+b^2}}e^{-at}\sin(bt-\phi)$ $\phi=\arctan\dfrac{b}{-a}$
27a	$\dfrac{1}{s(s^2+2\zeta\omega_n s+\omega_n^2)}$	$\dfrac{1}{\omega_n^2}-\dfrac{1}{\omega_n^2\sqrt{1-\zeta^2}}e^{-\zeta\omega_n t}\sin(\omega_n\sqrt{1-\zeta^2}\,t+\phi)$ $\phi=\arccos\zeta$
28	$\dfrac{s+\alpha}{s[(s+a)^2+b^2]}$	$\dfrac{\alpha}{a^2+b^2}+\dfrac{1}{b}\sqrt{\dfrac{(\alpha-a)^2+b^2}{a^2+b^2}}e^{-at}\sin(bt+\phi)$ $\phi=\arctan\dfrac{b}{\alpha-a}-\arctan\dfrac{b}{-a}$
29	$\dfrac{1}{(s+c)[(s+a)^2+b^2]}$	$\dfrac{e^{-ct}}{(c-a)^2+b^2}+\dfrac{e^{-at}\sin(bt-\phi)}{b\sqrt{(c-a)^2+b^2}}$ $\phi=\arctan\dfrac{b}{c-a}$

续表

序号	$F(s)$	$f(t)\ (t\geqslant 0)$
30	$\dfrac{1}{s(s+c)[(s+a)^2+b^2]}$	$\dfrac{1}{c(a^2+b^2)}-\dfrac{e^{-ct}}{c[(c-a)^2+b^2]}+\dfrac{e^{-at}\sin(bt-\phi)}{b\sqrt{a^2+b^2}\sqrt{(c-a)^2+b^2}}$ $\phi=\arctan\dfrac{b}{-a}+\arctan\dfrac{b}{c-a}$
31	$\dfrac{s+\alpha}{s(s+c)[(s+a)^2+b^2]}$	$\dfrac{\alpha}{c(a^2+b^2)}+\dfrac{(c-\alpha)e^{-ct}}{c[(c-a)^2+b^2]}+\dfrac{\sqrt{(\alpha-a)^2+b^2}}{b\sqrt{a^2+b^2}\sqrt{(c-a)^2+b^2}}e^{-at}\sin(bt+\phi)$ $\phi=\arctan\dfrac{b}{\alpha-a}-\arctan\dfrac{b}{-a}-\arctan\dfrac{b}{c-a}$
32	$\dfrac{1}{s^2(s+a)}$	$\dfrac{1}{a^2}(at-1+e^{-at})$
33	$\dfrac{1}{s(s+a)^2}$	$\dfrac{1}{a^2}(1-e^{-at}-ate^{-at})$
34	$\dfrac{s+\alpha}{s(s+a)^2}$	$\dfrac{1}{a^2}[\alpha-\alpha e^{-at}+a(a-\alpha)te^{-at}]$
35	$\dfrac{s^2+\alpha_1 s+\alpha_0}{s(s+a)(s+b)}$	$\dfrac{\alpha_0}{ab}+\dfrac{a^2-\alpha_1 a+\alpha_0}{a(a-b)}e^{-at}-\dfrac{b^2-\alpha_1 b+\alpha_0}{b(a-b)}e^{-bt}$
36	$\dfrac{s^2+\alpha_1 s+\alpha_0}{s[(s+a)^2+b^2]}$	$\dfrac{\alpha_0}{c^2}+\dfrac{1}{bc}[(a^2-b^2-\alpha_1 a+\alpha_0)+b^2(\alpha_1-2a)^2]^{1/2}e^{-at}\sin(bt+\phi)$ $\phi=\arctan\dfrac{b(\alpha_1-2a)}{a^2-b^2-\alpha_1 a+\alpha_0}-\arctan\dfrac{b}{-a}$ $c^2=a^2+b^2$
37	$\dfrac{1}{(s^2+\omega^2)[(s+a)^2+b^2]}$	$\dfrac{(1/\omega)\sin(\omega t+\phi_1)+(1/b)e^{-at}\sin(bt+\phi_2)}{[4a^2\omega^2+(a^2+b^2-\omega^2)^2]^{1/2}}$ $\phi_1=\arctan\dfrac{-2a\omega}{a^2+b^2-\omega^2},\phi_2=\arctan\dfrac{2ab}{a^2-b^2+\omega^2}$
38	$\dfrac{s+\alpha}{(s^2+\omega^2)[(s+a)^2+b^2]}$	$\dfrac{1}{\omega}\left(\dfrac{\alpha^2+\omega^2}{c}\right)^{1/2}\sin(\omega t+\phi_1)+\dfrac{1}{b}\left[\dfrac{(\alpha-a)^2+b^2}{c}\right]^{1/2}e^{-at}\sin(bt+\phi_2)$ $c=(2a\omega)^2+(a^2+b^2-\omega^2)^2$ $\phi_1=\arctan\dfrac{\omega}{a}-\arctan\dfrac{2a\omega}{a^2+b^2+\omega^2}$ $\phi_2=\arctan\dfrac{b}{\alpha-a}+\arctan\dfrac{2ab}{a^2-b^2+\omega^2}$
39	$\dfrac{s+\alpha}{s^2[(s+a)^2+b^2]}$	$\dfrac{1}{c}\left(\alpha t+1-\dfrac{2\alpha a}{c}\right)+\dfrac{[b^2+(\alpha-a)^2]^{1/2}}{bc}e^{-at}\sin(bt+\phi)$ $c=a^2+b^2$ $\phi=2\arctan\left(\dfrac{b}{a}\right)+\arctan\dfrac{b}{\alpha-a}$
40	$\dfrac{s^2+\alpha_1 s+\alpha_0}{s^2(s+a)(s+b)}$	$\dfrac{\alpha_1+\alpha_0 t}{ab}-\dfrac{\alpha_0(a+b)}{(ab)^2}-\dfrac{1}{a-b}\left(1-\dfrac{\alpha_1}{a}+\dfrac{\alpha_0}{a^2}\right)e^{-at}-\dfrac{1}{1-b}$ $\left(1-\dfrac{\alpha_1}{b}+\dfrac{\alpha_0}{b^2}\right)e^{-bt}$

参 考 文 献

[1] 孙优贤，王慧．自动控制原理．北京：化学工业出版社，2011.

[2] 周春晖．化工过程控制原理．2 版．北京：化学工业出版社，1998.

[3] 沈平，赵宏，孙优贤．过程控制理论基础．杭州：浙江大学出版社，1991.

[4] John J. D'azzz，Constantine H. Houpis. Linear Control System Analysis and Design. Fourth Edition. 北京：清华大学出版社和 McGraw-Hill 联合出版，2002.

[5] Gene F. Franklin，J. David Powell and Abbas Emami-Naeini 著．动态系统的反馈控制．4 版．朱丹丹，张丽珂，原新等译，北京：电子工业出版社，2004.

[6] Richard C. Dorf and Robert H. Bishop. 现代控制系统．8 版．谢红卫，邹逢兴，张明等译．北京：高等教育出版社，2001.

[7] Karl Johan Åström and Richard M. Murray. Feedback Systems. Princeton University Press，2007.

[8] Benjamin C. Kuo and Farid Golnaraghi. Automatic Control System. Eighth Edition. 影印版．北京：高等教育出版社，2003.

[9] Morris Drieis. Linear Control Systems Engineering. 北京：清华大学出版社和 McGraw-Hill 联合出版，2000.

[10] 胡寿松．自动控制原理．5 版．北京：科学出版社，2007.

[11] 李友善．自动控制原理．3 版．北京：国防工业出版社，2005.

[12] 王划一．自动控制原理．北京：国防工业出版社，2001.

[13] 王永骥，王金城，王敏．自动控制原理．2 版．北京：化学工业出版社，2007.

[14] 王显正，陈正航，王旭永．控制理论基础．北京：科学出版社，2004.

[15] 余成波，张莲，胡晓倩，徐霞．自动控制原理．北京：清华大学出版社，2006.

[16] 张爱民．自动控制原理．北京：清华大学出版社，2006.

[17] 冯巧玲．自动控制原理．2 版．北京：北京航空航天大学出版社，2007.

[18] 卢京潮．自动控制原理．西安：西北工业大学出版社，2004.

[19] 田玉平．自动控制原理．北京：科学出版社，2006.

[20] 吴麒．自动控制原理（上下册)．北京：清华大学出版社，1992.

[21] 郑大钟．线性系统理论．2 版．北京：清华大学出版社，2002.

[22] 涂奉生，董达生，杨永．多变量线性控制系统（状态空间方法)．北京：煤炭工业出版社，1988.

[23] 陈树中，韩正之，胡启迪．线性系统控制理论．上海：华东师范大学出版社，2000.

[24] 何关钰．线性控制系统理论．沈阳：辽宁人民出版社，1982.

[25] 尤昌德．线性系统理论基础．北京：电子工业出版社，1985.

[26] 程鹏，王艳东．现代控制理论基础．北京：北京航空航天大学出版社，2004.

[27] W. M. 旺纳姆．线性多变量控制：一种几何方法．姚景君，王恩平译．北京：科学出版社，1984.

[28] 刘豹，唐万生．现代控制理论．3 版．北京：机械工业出版社，2006.

[29] 周春晖，厉玉鸣．控制原理例题习题集．北京：化学工业出版社，2001.

[30] 王诗宓，杜继宏，窦曰轩．自动控制理论例题习题集．北京：清华大学出版社，施普林格出版社，2002.

[31] 王万良．自动控制原理．北京：高等教育出版社，2008.

[32] 王万良．现代控制工程．北京：高等教育出版社，2011.

[33] 张庆灵，邱占芝．网络控制系统．北京：科学出版社，2007.

[34] 李洪波，孙增圻，孙富春．网络控制系统的发展现状及展望．控制理论与应用．2010（02)：238-243.

[35] 游科友，谢立华．网络控制系统的最新研究综述．自动化学报，2013，39（2)：101-118.

[36] 芮万智，江汉红，侯重远．网络控制系统研究综述与展望．信息与控制．2012，41（1)：83-88.

[37] 陈维新．线性代数．北京：科学出版社，2002.

[38] 项国波．非线性控制系统．北京：中国电力出版社，2014.